"十二五"普通高等教育本科国家级规划教材

并行计算系列丛书

并行算法的设计与分析

Bingxing Suanfa de Sheji yu Fenxi

（第3版）

陈国良　编著

高等教育出版社·北京
HIGHER EDUCATION PRESS　BEIJING

内容提要

第3版在修订版的基础上进行了大幅度的修订,新增加3章、重写3章、改写8章。本书系统深入地讨论了计算机领域中诸多计算问题的并行算法的设计和分析方法。在着重介绍各种并行计算模型上的常用和典型的并行算法的同时,也力图反映本学科的最新成就、学科前沿和发展趋势。

全书共分二十章,包括基础篇4章(绪论、设计技术、前缀计算、排序和选择网络),并行算法篇9章(排序和选择算法、分布式算法、并行搜索、选路算法、串匹配、表达式求值、上下文无关语言、图论算法、计算几何),数值并行算法篇3章(矩阵运算、数值计算、快速傅氏变换),理论篇4章(组合搜索、随机算法、VLSI计算理论、并行计算理论)。

本书取材丰富,内容系统深入,可作为高等学校计算机及其他信息类有关专业高年级本科生和研究生的教材,也可供从事计算机科学理论和并行算法研究的科技人员阅读参考。

本书初版曾获1994年度教育部高等学校优秀教材一等奖和1997年度国家级教学成果二等奖。

图书在版编目(CIP)数据

并行算法的设计与分析/陈国良编著. —3版. —北京:高等教育出版社,2009.8(2014.10重印)
ISBN 978–7–04–026436–4

Ⅰ. 并… Ⅱ. 陈… Ⅲ. 并行算法 - 高等学校 - 教材
Ⅳ. TP301.6

中国版本图书馆 CIP 数据核字(2009)第 042797 号

策划编辑	耿 芳	责任编辑	张海波	封面设计	王凌波	责任绘图	杜晓丹
版式设计	范晓红	责任校对	王 雨	责任印制	毛斯璐		

出版发行	高等教育出版社	网　址	http://www.hep.edu.cn
社　址	北京市西城区德外大街4号		http://www.hep.com.cn
邮政编码	100120	网上订购	http://www.landraco.com
印　刷	国防工业出版社印刷厂		http://www.landraco.com.cn
开　本	787×1092 1/16		
印　张	52.5	版　次	1994年5月第1版
字　数	1 010 000		2009年8月第3版
购书热线	010-58581118	印　次	2014年10月第3次印刷
咨询电话	400-810-0598	定　价	66.00元

本书如有缺页、倒页、脱页等质量问题,请到所购图书销售部门联系调换
版权所有　侵权必究
物 料 号　26436–A0

作 者 介 绍

陈国良,中国科学技术大学教授,博士生导师,中国科学院院士,首届高等学校国家教学名师。1938年6月生于安徽省颍上县,1961年毕业于西安交通大学无线电系计算数学与计算仪器专业。1981—1983年在美国普度大学作访问学者,1984年至今曾多次应邀赴东京大学、普度大学、澳大利亚国立大学、新南威尔士大学、昆士兰大学、格里福斯大学、堪萨斯城市大学、衣阿华大学、威斯康星大学、Maharish国际大学、香港理工大学、澳门大学、北京大学、国防科技大学等讲学交流。现任中国科学技术大学软件学院院长,国家高性能计算中心(合肥)主任,国际高性能计算(亚洲)常务理事,教育部高等学校计算机基础课程教学指导委员会主任,中国计算机学会理事和高性能计算专业委员会主任等。曾任教育部高等学校计算机科学与技术教学指导委员会副主任,安徽省计算机学会理事长,全国自然科学名词审定委员会委员和中国科学技术大学计算机系主任等。

陈国良教授长期从事计算机科学技术的研究与教学工作。主要研究领域为并行算法和高性能计算及其应用等。先后承担10多项国家863计划、国家攀登计划、国家自然科学基金、国家973计划、教育部博士点基金等科研项目。取得了多项被国内外广泛引用、达国际先进水平的科研成果,发表论文200多篇,出版著作9部、译著5部,参与主编计算机类辞典、词汇5部。曾获国家科技进步二等奖、国家级教学成果二等奖、教育部科技进步一等奖、中国科学院科技进步二等奖和自然科学三等奖、全国优秀教材一等奖、全国学术著作优秀奖、水利部大禹一等奖、安徽省科技进步二等奖、安徽省教学成果特等奖和一等奖、国家科委高技术研究与发展计划三等奖、教育部科技进步三等奖共19项,并获2001年度"国家863计划15周年先进个人重要贡献奖"。

陈国良教授长期以来,围绕着并行算法的教学与研究,逐渐形成了一套完整的"算法理论—算法设计—算法实现—算法应用"的并行算法学科体系,提出了"并行机结构—并行算法—并行编程"一体化的并行计算研究方法,营造了我国并行算法类的教学基地。他先后指导培养研究生100多名,为我国培养了一批在国内外从事算法研究的高级人才。曾荣获安徽省优秀教师、安徽省劳动模范称号和2001年度宝钢教育基金优秀教师特等奖。

陈国良教授是我国非数值并行算法研究的学科带头人。他率先创建的我国第一个国家高性能计算中心是我国并行算法研究、环境科学与工程计算软件的重要基地,在学术界和教育界有一定的影响和地位。

序　言

　　高性能计算机是一个国家经济和科技实力的综合体现,也是促进经济、科技发展,社会进步和国防安全的重要工具,已成为世界各国竞相争夺的战略制高点。一些发达国家纷纷制定战略计划,提出很高目标,投入大量资金,加速研究开发步伐。多年来,随着大规模集成电路技术的不断进步,以多 CPU 为基础的高性能并行计算机得到了迅速的发展,其高端系统正向百万亿次、千万亿次迈进。我国近十年来,对高性能并行计算的研究开发也给予了很大重视,取得了长足进步和可贵经验,研制出了具有相当水平的并行机系统,但与发达国家相比,差距仍然甚大,在高性能并行计算的应用开发与相关的人才培养教育方面尤显不足。如何使高性能并行机系统深入充分地在国民经济、科研和社会应用的发展中发挥作用,实为当务之急,引起人们的普遍关心。

　　由中国科技大学陈国良教授主编的这套丛书,正适应了我国高性能并行计算研究、开发、应用、教育之需。本丛书由《并行算法的设计与分析》、《并行计算机体系结构》和《并行算法实践》三大部分组成,而以《并行计算——结构·算法·编程》为全丛书之提要。该丛书以并行计算为主题,对并行计算的硬件平台(当代主流并行计算机系统)、并行计算的理论基础(并行算法的设计与分析)和并行计算的软件支撑(并行程序设计)全面系统地展开了讨论,内容丰富,取材新近,具有相当的深度和广度,涵盖了并行计算机体系结构和并行算法的理论、设计和实践的各个方面,是国内外不多见的优秀著作。

　　陈国良教授是国家高性能计算中心(合肥)主任,长期从事并行算法和并行计算机体系结构的研究,本套丛书是作者几十年从事教学与科研工作的结晶,是目前国内该领域内容涵盖最为全面的系列著作。它的出版必将对进一步推动我国并行计算学科的发展与应用推广产生深远的影响。

张效祥
2002 年 8 月

第 3 版前言

指导思想　　本着贯彻教育部质量工程,提高教学质量和培养学生创新能力的精神,我们修订了《并行算法的设计与分析》。在计算机科学中,并行算法是比较偏理论的,我们试图通过一些思想新奇、设计精巧和分析严谨的算法,来激发学生的原始创新能力。在学习此课程时,不仅仅是为了学习某些具体算法的设计和分析方法,更重要的是,要了解这些算法产生的背景,源于什么动机,它的来龙去脉,为什么会设计出如此令人惊叹叫绝和鲜为人知以及对学科有着深远影响的经典算法,这才是我们学习此书的初衷。

《并行算法的设计与分析》是"并行计算系列丛书"中的一个分册。修订此书时,在对整个丛书的内容统一规划和分工的基础上,按照各分册的主题内容,对各分册的内容进行了必要的调整。本分册是并行计算的理论基础部分,所以着重讲述并行算法的设计和分析方法,同时也涉及了并行算法中比较偏理论的一些内容。至于并行算法的实现(硬件平台和软件支撑)就划分给丛书的其他分册了。

内容规划　　《并行算法的设计与分析》的章节内容可大致分为① 基础篇:包括绪论(第一章)、设计技术(第二章)、前缀计算(第三章)、排序和选择网络(第四章)。② 并行算法篇:包括排序和选择算法(第五章)、分布式算法(第六章)、并行搜索(第七章)、选路算法(第八章)、串匹配(第九章)、表达式求值(第十章)、上下文无关语言(第十一章)、图论算法(第十五章)、计算几何(第十六章)。③ 数值并行算法篇:包括矩阵运算(第十二章)、数值计算(第十三章)、快速傅氏变换(第十四章)。④ 理论篇:包括组合搜索(第十七章)、随机算法(第十八章)、VLSI 计算理论(第十九章)、并行计算理论(第二十章)。

修订说明　　此次修订对前一版作了大幅度的修改。重写了第一章(绪论)。第二章(设计技术)保留不变。新增加了第三章(前缀计算),改写了原书第三章的第 3.4 节(AKS 网络)并重新编号为第四章(排序和选择网络)。整合了原书第四章和第五章的第 5.1 节及 5.2 节形成了第五章(排序和选择算法)。将原书第五章的第 5.3 节至第 5.6 节与新增加的"构造生成树算法"和"环上选举算法"合在一起形成了第六章(分布式算法)。第七章(并行搜索)保留不变。第八章(选路算法)中新增加了第 8.5.2 节(阻塞网络中的自选路算法)和第 8.5.3 节(可重排网络中的中级选路算法)。重写了第九章(串匹配)。第十章(表达式求值)中新增加了第 10.5.3 节(有限自动机确定化并行算法)和第 10.5.4 节(确定自动机的最小化并行算法)。第十一章(上下文无关语言)中新增加了第 11.3 节(任意上下文无关语言的并行语法分析)。第十二章(矩阵运算)中的第 12.1.4 节的内容替换为"SIMD-CC 模型上的矩阵转置"。第十三章(数值计算)中新增加了第 13.1 节(三对角方程组的求解)。第十四章(快速傅氏变换)和第十五章(图论算法)保留不变。第十六章中,删去了图像分析的内容,加强了计算几何的内容,将原书第 16.3 节、16.4 节和 16.5 节整合并加以补充成为新的第 16.1 节(判定问题),保留原书第 16.6 节(构造问题),新增加了第 16.3 节(Voronoi 图问题)和第 16.4 节(平面点集的三角剖分)。将原书第七章的第 7.1 节和第 7.3 节的内容压缩后放入第十七章(组合搜索)的第 17.1 节,7.2 节和第 7.4 节的内容压缩后放入第 17.2 节,删去了原书第 17.4 节,新增加了第 17.5 节(动态规划)。第十八章(随机算法)和第十九章(VLSI 计算理论)保留不变。改写了原书第二十章中第 20.5 节的部分内容。

此外,对全书中的专业术语都加注了英文名,这样书末附录 C 就变成了"专业术语中英文对照表及索引"。同样,书末的附录 B 也作了相应的修改与补充。最后,对全书的某些排版错误也进行了纠正,但有些错误可能仍然存在,欢迎读者批评指正。

使用指南 本书内容相当丰富,在教学中由于受学时的限制,所以只能讲授最最基本的内容。若以 60 学时为限,则建议讲授章节及其学时分配为:第一章:4 学时,第二章:4 学时,第三章:3 学时,第四章:3 学时,第五章:4 学时,第六章:3 学时,第八章:3 学时,第九章:4 学时,第十二章:4 学时,第十三章:3 学时,第十四章:3 学时,第十五章:4 学时,第十六章:3 学时,第十七章:4 学时,第十八章:4 学时,第十九章:4 学时,第二十章:3 学时。

具体讲授时,请教师按照各章前的讲授要点,根据不同的专业要求和听课对象,自行选取和调整之。

感谢 本次修订,邀请了曾经听取我讲授此课,现在已工作在教学和科研第一线具有丰富实践经验的几位老师及几位研究生参加了有关章节的修订工作:他们是徐云教授和赵裕众同学(第三章、第 9.1.4 节、第 12.1.4 节和第 13.1 节),黄刘生教授和方维同学(第六章),钟诚教授(第九章),孙玉强教授(第 10.5.3 节、10.5.4 节和第 11.3 节),裴继红教授和董兰芳教授(第十六章),孙广中老师(第十七章)和吕敏老师(第 3.4 节和第 20.5 节)等。特别是,孙广中老师领导国家高性能计算中心(合肥)的吕强、方维、吴超、袁晶、闫明等同学完成了书稿的电子文档,作了全书的专业术语中英文对照表及索引(附录 C),并对书末的附录 B 进行了修改和补充。对于他们的辛勤劳动,作者尤为感谢。另外,我们也非常感谢国家自然基金委对本书出版工作的大力支持和资助。

尽管我们尽了最大努力修订了此书,但限于业务能力和时间仓促,仍有不少章节内容尚待进一步修订,作者为此深感歉意。

陈国良
中国科学技术大学
2008 年 11 月 17 日

修订版前言

并行算法类的教学体系　　20世纪80年代初期,中国科学技术大学就开始了并行算法的研究和教学工作。20年来我们围绕着并行算法的教学,相继开设了如下图所示的以**并行算法的设计与分析**(包括并行排序和选择算法、VLSI计算理论与并行算法、并行图论算法、分布式算法等)为核心的并行计算机体系结构、并行算法编程实践、并行计算、高性能计算导论、可计算性与计算复杂性和算法研究的数学基础等11门课程,逐渐形成了一套完整的并行算法类的教学体系。教学对象从计算机专业的研究生扩大到本科生,从计算机专业拓宽到非计算机专业,从而带动了教材建设,促进了学科发展,壮大了师资队伍,完善了教学环节。与此同时也逐渐形成了我国并行算法研究的一套完整的学科体系,即**算法理论—算法设计与分析—算法实现—算法应用基础**。

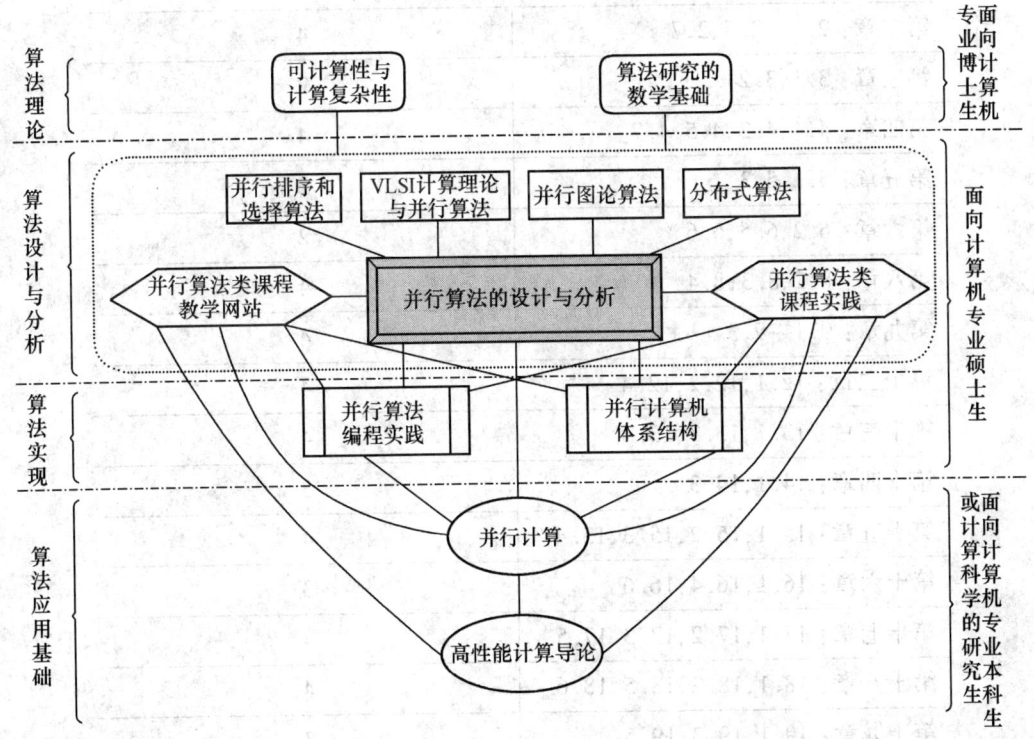

修订说明　　近几年来由于各式各样的并行计算机,特别是PC机群的普遍使用,广大读者对学习并行算法的热忱也日益高涨。《**并行算法的设计与分析**》自出版到现在已有8

年之久,此书早已脱销,且部分内容也待修订。为了尽快满足全国广大读者的急需以及考虑到 1999 年曾出版了《并行计算——结构·算法·编程》一书(此书有些章节已是本书所要修订的内容),所以本次只对原并行算法的设计与分析作了稍许的修订。具体修订部分包括:① 在每一章开头都补充了本章"讲授要点",这是从作者多年讲授并行算法课程中归纳出来的,仅供讲课老师参考;② 重新改写了第一章,对当今主流的并行计算机的体系结构,更实用的并行计算模型以及并行算法的编程实现模型等均补充了新内容;③ 在第十八章中补充了"随机算法的设计方法"一小节(18.1.3),对随机算法的最新设计思路、方法和技术作了总结;④ 为了反映学科的新进展,有些章节中补充了新的参考文献,以期读者跟踪阅读;⑤ 附录 B 中增加了第三章比较器网络中算法复杂度一览表;⑥ 增加了专业术语和有关名词的索引;⑦ 对全书的错误进行了纠正,但有些错误可能仍然存在。

修订教材的使用方法 《并行算法的设计与分析》经过长期的教学使用,对原来建议的讲授章节及学时分配,重新调整如下:

建议讲授章节	供参考的学时分配
第一章:1.1,1.2,1.4	4
第二章:2.1~2.5,2.7	4
第三章:3.1,3.2	2
第四章:4.1,4.2,4.5,4.7	4
第五章:5.1,5.3	2
第六章:6.2,6.5,6.6	2
第八章:8.2,8.3,8.4	4
第九章:9.1~9.3	4
第十二章:12.1,12.2,12.4	4
第十三章:13.1,13.3,13.4	4
第十四章:14.1,14.3	3
第十五章:15.1,15.2,15.3,15.4	4
第十六章:16.1,16.4,16.6	3
第十七章:17.1,17.2,17.3,17.5	4
第十八章:18.1,18.2,18.5,18.6	4
第十九章:19.1,19.3,19.5	3
第二十章:20.1,20.2,20.5	3

值得说明的是,出于讲授学时受限的考虑,将第七章、第十章和第十一章列为任选讲授章节;而第二十章恢复成讲授章节是为了给学生从事算法理论研究打下初步基础。至于第十二章(矩阵运算)和第十三章(数值计算)的相关内容,作者在《并行计算——结构·算法·编程》(高等教育出版社,2001.5)一书中作了较大的修改与补充,建议讲授时可参考那本书的第九章(稠密矩阵运算)和第十章(线性方程组的求解)。此外,凡是带 * 号的章节是供任选讲授的,授课老师可根据听课对象、不同专业的特点而按需增删讲授内容。

由于时间仓促,此次未能做较全面的修订,作者深感歉意。

陈国良

中国科学技术大学

2002 年 3 月 20 日

初 版 前 言

最近几年来,由于元器件极限速度的限制,使得高性能计算机的研究热点主要集中在计算并行度的开发上,这样便促进了并行算法研究的深入和迅速发展。在此情况下,尽管目前并行算法的理论体系仍处于发展阶段,但其很多基本内容,研究方法已渐趋稳定和成熟,从而有可能将并行算法这门学科从学术论坛上搬上大学的讲台。作者从1984年以来已为计算机系的研究生和高年级学生讲授此课程多次,每次讲稿都有较大的变化,内容都不断地充实和完善。在此基础上,1992年又广泛地征求了国内同行专家的意见,同时也及时参照了国外最新同类教材,最后报请国家教育委员会高等学校计算机科学教学指导委员会审定,确定了该课程的教学大纲和书稿的基本内容。

按照审定的内容,本课程是属于算法研究的三个层次(并行算法理论,并行算法的设计和分析,并行算法的实现)的中间层次,即它不去重点研究算法理论中的某些基本问题,而是着重研究可有效并行求解问题类(即用多项式数目的处理器可在多对数时间内求解的 NC-类问题)的算法的设计和分析方法,而且也略去了并行算法的具体实现环节(如并行语言、编译、执行环境与工具等)。同时本课程也是遵循计算机学科中有关算法研究的经典内容进行组织的,它严格区别于并行数值计算与分析课程(这些课程主要是研究数学计算原理、方法、精度与稳定性等问题)。所以对于本课程所涉及的一些数值计算问题,乃是按照上述原则,直接根据数值分析中的数学原理,密切结合体系结构和计算模型,详细讨论其有效并行算法的设计和分析的方法。

全书共分二十章,大体上可分为三大部分:第一部分讲述并行算法的基础知识及其基本设计技术(第一、二章),包括并行机分类及处理器互连网络、并行计算模型、并行算法的定义、分类、表达和度量以及并行算法的基本设计方法等;第二部分讨论各种专用和通用并行计算模型上的计算机领域中诸多常用计算问题(诸如排序,选择,归并,搜索,组合运算,模式串匹配,表达式求值,语言识别和语法分析,矩阵运算,数值求解,FFT 变换,计算几何,图论问题,组合搜索等)的确定性并行算法(第三章至第十七章)和非确定性并行算法(第十八章)的设计和分析方法;第三部分涉及算法理论中的一些问题(第十九、二十章),主要包括 VLSI 计算理论和并行计算模型的能力、限制及其等价性以及与并行计算有关的 NC-理论问题。书中取材内容具有相当的广度,基本上包含了并行算法学科中主要的研究内容和主要的研究方面。

国家教育委员会(现教育部)已把并行算法的设计和分析列为高等学校计算机专业的专业选修课。学生应在学过数据结构、计算机体系结构、图论和算法设计与分析等课程之后学习本课程。全书的内容可根据不同的教学学时的规定和不同的读者对象进行不同的组合。作为必须讲授和最低 60 学时的教学要求,建议讲授章节及其相应的学时分配如下:

第一章(2 学时):1.1 节 ~ 1.3 节;

第二章(2 学时):2.2 节 ~ 2.4 节;

第三章(2 学时):3.1 节,3.2 节;

第四章(4 学时):4.1 节,4.4 节,4.5 节,4.7 节;

第五章(2 学时):5.1 节,5.3 节;

第六章(2 学时):6.2 节,6.4 节;

第七章(2 学时):7.1 节,7.3 节;

第八章(2 学时):8.2 节,8.4 节;

第九章(3 学时):9.1 节 ~ 9.3 节;

第十章(2 学时):10.1 节 ~ 10.3 节;

第十一章(2 学时):11.1 节,11.2 节;

第十二章(4 学时):12.2 节 ~ 12.4 节;

第十三章(3 学时):13.1 节,13.2 节,13.4 节;

第十四章(4 学时):14.1 节 ~ 14.3 节;

第十五章(4 学时):15.2 节 ~ 15.4 节;

第十六章(3 学时):16.1 节,16.4 节,16.6 节;

第十七章(4 学时):17.1 节 ~ 17.4 节;

第十八章(4 学时):18.2 节,18.3 节,18.6 节;

第十九章(4 学时):19.1 节,19.3 节,19.5 节。

  书中其余部分的内容是作为学生阅读和参考用的。而带有 * 号的章节是任选的,它们或是预备性的知识(要求读者课前预习),或是深入研究性质的内容(鼓励面向研究的读者阅读)。每章之后均附有适量的密切结合课文的习题;同时也开列了本章所引用的主要参考文献。全书最后附录了算法复杂界一览表,以便读者随时查阅。同时为了供读者不断补充某些计算问题的最新研究成果,最后还提供了一张备用表。

  本书在撰写中,曾直接或间接地引用了许多专家、学者的文献,作者深表感谢;但也有很多作者的优秀论文未能被引用,作者亦深表歉意。在本书的内容取舍和章节安排方面,马绍汉教授、唐策善教授、康立山教授、张德富教授和张丽君教授等提出了很多宝贵意见;书稿付梓前,承蒙张德富教授进行了终审,提出了不少中肯的修改意见,作者谨此一并表示谢意。

  中国科学技术大学的历届学生们,在听取我的讲授中,曾提出过很多可贵的建议,不断地丰富和充实了本书的内容。对于他们的辛勤劳动和良好的愿望,作者尤为感谢。

《并行算法的设计与分析》一书，在国内被推荐为高等学校试用教材，作者感到非常高兴，但也深深地意识到，限于作者水平，加之时间仓促，书中定有不少欠妥和错误之处，恳请诸位批评指正。

陈国良

于中国科学技术大学

1993 年 6 月 3 日

目 录

第一章 绪论 1
  1.1 引言 2
  1.2 并行算法的硬件基础 3
    1.2.1 并行计算机体系结构 3
    1.2.2 并行计算机互连网络 11
    1.2.3 并行计算机存储组织 22
  1.3 并行计算模型 24
    1.3.1 模型的定义、功能和分类 25
    1.3.2 共享存储模型 25
    1.3.3 分布存储模型 28
    1.3.4 层次存储模型 34
    1.3.5 其他并行计算模型 37
  1.4 并行算法的基础知识 39
    1.4.1 并行算法的定义 40
    1.4.2 并行算法的表达 41
    1.4.3 并行算法的复杂性 42
    1.4.4 并行算法的同步和通信 45
  1.5 并行算法的性能分析 47
    1.5.1 算法的执行速度 47
    1.5.2 算法使用的处理器数 48
    1.5.3 并行算法的 WT 表示 50
    1.5.4 并行算法的通信成本 53
  习题 54
  参考文献 59

第二章 设计技术 62
  2.1 平衡树方法 63
    2.1.1 求取最大值 63
    2.1.2 计算前缀和 63
  2.2 倍增技术 67
    2.2.1 表序问题的计算 68
    2.2.2 求森林的根 69
  2.3 分治策略 70
    2.3.1 SIMD 模型上分治算法的描述 70
    2.3.2 SIMD 共享存储模型上的 FFT 算法 71
  2.4 划分原理 73
    2.4.1 归并原理 74
    2.4.2 划分算法与归并算法 74
  2.5 流水线技术 75
    2.5.1 一维阵列上的流水线归并排序原理 76
    2.5.2 一维阵列上的流水线归并排序算法 76
  *2.6 加速级联策略 78
    2.6.1 常数时间求最大值算法 78
    2.6.2 双对数时间算法 79
    2.6.3 加速级联算法 80
  2.7 破对称技术 81
    2.7.1 基本着色算法 81
    2.7.2 快速 3-着色算法 82
    2.7.3 最优 3-着色算法 83
  习题 84
  参考文献 86

第三章 前缀计算 88
  3.1 引言 89
    3.1.1 前缀计算的定义 89
    3.1.2 前缀计算的应用 90
  3.2 并行前缀计算算法 90
    3.2.1 组合网络上的前缀计算 91
    3.2.2 互连网络上的前缀计算 95
    3.2.3 PRAM 模型上的前缀计算 98
  *3.3 线性递归方程求解 103
    3.3.1 平易线性递归方程求解算法 103
    3.3.2 更优线性递归方程求解算法 104
  3.4 排序 107
    3.4.1 基排序 107
    3.4.2 快排序 109
  *3.5 最大和子序列 112
    3.5.1 简单串行算法 112
    3.5.2 易于并行化的串行算法 113

3.5.3 并行算法 ………………………………… 116
习题 ………………………………………………… 118
参考文献 …………………………………………… 119

第四章 排序和选择网络 ………………………… 120
4.1 Batcher 归并和排序网络 …………………… 121
4.1.1 比较操作和 [0,1] 原理 ………………… 121
4.1.2 奇偶归并网络 …………………………… 122
4.1.3 双调归并网络 …………………………… 124
4.1.4 Batcher 排序网络 ……………………… 125
4.2 (m,n)-选择网络 …………………………… 128
4.2.1 分组选择网络 …………………………… 128
4.2.2 平衡分组选择网络 ……………………… 132
*4.3 AKS 排序网络 ……………………………… 133
4.3.1 扩展器 …………………………………… 133
4.3.2 对分器 …………………………………… 135
4.3.3 分离器 …………………………………… 137
4.3.4 AKS 排序网络的构造及分析 ………… 138
习题 ………………………………………………… 142
参考文献 …………………………………………… 143

第五章 排序和选择算法 ………………………… 145
5.1 Stone 双调排序算法 ………………………… 146
5.1.1 均匀洗牌函数及其性质 ………………… 146
5.1.2 Stone 的观察及其计算模型 …………… 146
5.1.3 Stone 的并行排序算法 ………………… 149
5.2 Thompson 和 Kung 双调排序算法 ………… 151
5.2.1 处理器编号方式 ………………………… 151
5.2.2 Thompson 和 Kung 的观察 …………… 152
5.2.3 Thompson 和 Kung 的双调排序
      算法 …………………………………… 153
*5.3 Preparata 和 Vuilemin 双调排序算法 …… 156
5.3.1 算法原理 ………………………………… 156
5.3.2 流水线技术 ……………………………… 158
5.3.3 算法描述 ………………………………… 159
5.4 Akl 并行 k-选择算法 ……………………… 160
5.4.1 算法原理及物理描述 …………………… 161
5.4.2 并行 k-选择算法 ……………………… 161
5.4.3 算法分析 ………………………………… 163
5.5 Valiant 并行归并算法 ……………………… 164
5.5.1 归并算法的基本原理 …………………… 164
5.5.2 $k=\lfloor\sqrt{pq}\rfloor$ 时 Valiant 归并 ………………… 165
5.5.3 $k=\lfloor r\sqrt{pq}\rfloor$ 时 Valiant 归并 ……………… 166

*5.6 Hirschberg 并行桶排序算法 ……………… 167
5.6.1 并行桶排序算法原理 …………………… 167
5.6.2 并行桶排序算法描述 …………………… 168
5.7 Preparata 并行枚举排序算法 ……………… 169
5.7.1 枚举排序及其实现方法 ………………… 169
5.7.2 排序算法的设计和分析 ………………… 171
*5.8 Cole 并行归并排序算法 …………………… 173
5.8.1 使用覆盖和位序的归并方法 …………… 173
5.8.2 Cole 最佳排序算法 …………………… 175
5.8.3 算法的正确性证明及分析 ……………… 177
5.9 MIMD-CREW 模型上的异步枚举排序
    算法 ………………………………………… 183
5.9.1 算法原理和描述 ………………………… 183
5.9.2 算法举例和分析 ………………………… 184
5.10 MIMD-TC 模型上的异步快排序算法 …… 185
5.10.1 算法原理和描述 ……………………… 185
5.10.2 算法举例和分析 ……………………… 187
习题 ………………………………………………… 188
参考文献 …………………………………………… 189

第六章 分布式算法 ……………………………… 191
6.1 分布式算法概述 ……………………………… 192
6.1.1 分布式算法特点 ………………………… 192
6.1.2 计算模型 ………………………………… 193
6.1.3 复杂性度量 ……………………………… 195
6.2 构造生成树算法 ……………………………… 195
6.2.1 广播和敛播算法 ………………………… 196
6.2.2 构造生成树 ……………………………… 199
6.2.3 构造深度优先生成树 …………………… 201
6.2.4 不指定根构造生成树 …………………… 203
6.2.5 最小生成树 ……………………………… 206
6.3 环上选举算法 ………………………………… 210
6.3.1 LCR 算法 ………………………………… 211
6.3.2 改进算法 ………………………………… 212
6.4 分布式 k-选择算法 ………………………… 214
6.4.1 随机 k-选择算法 ……………………… 214
6.4.2 确定 k-选择算法 ……………………… 216
6.4.3 分布式求中值算法 ……………………… 218
*6.5 定序与排序 …………………………………… 220
6.5.1 定序算法 ………………………………… 220
6.5.2 排序算法 ………………………………… 224
习题 ………………………………………………… 226

参考文献 …… 226

*第七章 并行搜索 …… 228
- 7.1 单处理机上的搜索 …… 229
  - 7.1.1 单处理机上的顺序搜索 …… 229
  - 7.1.2 单处理机上有序表的对半搜索 …… 229
- 7.2 SIMD 共享存储模型上有序表的搜索 …… 230
  - 7.2.1 SIMD-EREW 模型上的搜索 …… 230
  - 7.2.2 SIMD-CREW 模型上的搜索 …… 231
- 7.3 SIMD 共享存储模型上随机序列的搜索 …… 234
  - 7.3.1 SIMD-SM 模型上的随机序列搜索算法描述 …… 235
  - 7.3.2 SIMD-SM 模型上的随机序列搜索算法分析 …… 235
- 7.4 树连接的 SIMD 模型上随机序列的搜索 …… 236
  - 7.4.1 提问 …… 236
  - 7.4.2 维护 …… 237
- 7.5 网孔连接的 SIMD 模型上随机序列的搜索 …… 238
  - 7.5.1 提问 …… 239
  - 7.5.2 维护 …… 242
- 7.6 MIMD 共享存储模型上有序表的搜索 …… 242
  - 7.6.1 AVL 树及其顺序插入算法 …… 242
  - 7.6.2 Ellis 并行搜索和插入算法 …… 244
- 习题 …… 247
- 参考文献 …… 248

第八章 选路算法 …… 249
- 8.1 引言 …… 250
- 8.2 贪心选路算法 …… 251
  - 8.2.1 一维阵列上的贪心选路算法 …… 251
  - 8.2.2 二维阵列上贪心选路算法的分析 …… 253
  - 8.2.3 蝶形网络上的贪心选路算法 …… 255
- 8.3 随机和确定选路算法 …… 257
  - 8.3.1 二维阵列上的随机选路算法 …… 257
  - 8.3.2 超立方网络上的随机选路算法 …… 259
  - 8.3.3 二维阵列上的确定选路算法 …… 260
- 8.4 数据的分布和集中 …… 262
  - 8.4.1 数据的分布 …… 262
  - 8.4.2 多到一选路算法 …… 266
- *8.5 线路交换模式下的选路算法 …… 267
  - 8.5.1 阻塞网络中的竞争分析 …… 267
  - 8.5.2 阻塞网络中的自选路算法 …… 270
  - 8.5.3 可重排网络中的中级选路算法 …… 273
- 习题 …… 279
- 参考文献 …… 280

第九章 串匹配 …… 282
- 9.1 字符串精确匹配并行算法 …… 283
  - 9.1.1 KMP 串匹配顺序算法 …… 283
  - 9.1.2 分布存储系统上精确串匹配并行算法 …… 285
  - 9.1.3 基于比较指纹函数值的串匹配算法及其并行化 …… 289
  - *9.1.4 串匹配的平均时间复杂度分析 …… 291
  - *9.1.5 后缀树上的串匹配 …… 300
- 9.2 多模式匹配并行算法 …… 310
  - 9.2.1 多模式匹配问题 …… 310
  - 9.2.2 可重构网孔机器上多模式匹配并行算法 …… 310
- 9.3 允许 k-差别的近似串匹配并行算法 …… 314
  - 9.3.1 编辑距离与允许 k-差别的近似串匹配问题 …… 315
  - 9.3.2 PRAM 模型上允许 k-差别的近似串匹配并行算法 …… 317
- 9.4 允许 k-误配的近似串匹配并行算法 …… 324
  - 9.4.1 汉明距离与允许 k-误配的近似串匹配问题 …… 324
  - 9.4.2 LARPBS 计算模型及其基本数据移动操作 …… 325
  - 9.4.3 LARPBS 模型上允许 k-误配的近似串匹配并行算法 …… 327
- *9.5 最长公共子序列查找并行算法 …… 331
  - 9.5.1 求解最长公共子序列问题的顺序算法 …… 332
  - 9.5.2 BSR 模型上求解最长公共子序列问题的并行算法 …… 334
  - 9.5.3 心动阵列处理器结构上求解最长公共子序列问题的并行算法 …… 339
- 习题 …… 347
- 参考文献 …… 348

*第十章 表达式求值 …… 351
- 10.1 构造表达式树 …… 352
  - 10.1.1 全括号表达式的表达式树 …… 352
  - 10.1.2 表达式树上的括号操作 …… 353

10.1.3	计算 $match(i)$ 的并行算法	355
10.2	填充游戏用于表达式求值	356
10.2.1	二叉树上的填充游戏	356
10.2.2	填充游戏用于算术表达式求值	357
10.3	最优的并行表达式求值算法	359
10.4	一般表达式求值算法	363
10.4.1	一般表达式与直线程序	363
10.4.2	仅有乘法操作符的 dag 的计算	364
10.4.3	仅有加法操作符的 dag 的计算	365
10.4.4	gbdag 图和直线程序的计算	366
10.5	正则表达式到确定自动机的最优并行转换	369
10.5.1	基本概念和术语	370
10.5.2	正则表达式到非确定有限自动机的 HU 转换方法	371
10.5.3	有限自动机确定化并行算法	375
10.5.4	确定自动机的最小化并行算法	377
习题		380
参考文献		381

*第十一章　上下文无关语言　383

11.1	一般的上下文无关语言的并行识别	384
11.1.1	基本概念和术语	384
11.1.2	残缺部分语法树及其合成规则	386
11.1.3	共享存储模型上歧义性上下文无关语言并行识别算法	388
11.2	一般上下文无关语言的并行语法分析	391
11.2.1	基本概念和算法原理	391
11.2.2	SIMD-CREW 模型上一般上下文无关语言的语法分析算法	393
11.3	任意上下文无关语言的并行语法分析	397
11.3.1	基本概念与算法原理	397
11.3.2	SIMD-LC 模型上任意上下文无关语言的并行语法分析算法	399
11.4	括号语言的最优并行识别和语法分析	401
11.4.1	基本概念和算法原理	401
11.4.2	算法的具体实现	402
11.4.3	树的压缩技术	404
11.4.4	SIMD-CREW 模型上括号语言的语法分析算法	407
习题		408
参考文献		409

第十二章　矩阵运算　410

12.1	矩阵转置	411
12.1.1	单处理机上的矩阵转置算法	411
12.1.2	SIMD-MC^2 模型上的矩阵转置	411
12.1.3	SIMD-PS 模型上的矩阵转置	414
12.1.4	SIMD-CC 模型上的矩阵转置	416
12.2	矩阵相乘	418
12.2.1	单处理机上的矩阵相乘	418
12.2.2	SIMD-MC^2 模型上的矩阵乘法	419
12.2.3	SIMD-CC 模型上的矩阵乘法	421
12.2.4	MIMD 机器上的矩阵乘法	424
*12.3	矩阵和向量相乘	427
12.3.1	树连接的机器上的矩阵和向量乘法	428
12.3.2	树网结构上的矩阵和向量乘法	429
12.4	心动阵列上的矩阵运算	430
12.4.1	二维六角形阵列上的矩阵乘法	430
12.4.2	二维六角形阵列上方阵的 LU 分解	432
*12.4.3	六角形阵列上的方阵求逆	435
12.4.4	一维阵列上求解三角形线性系	437
习题		439
参考文献		443

第十三章　数值计算　444

13.1	三对角方程组的求解	445
13.1.1	三对角方程组直接求解法	445
13.1.2	三对角方程组奇偶归约求解法	447
13.2	n 阶线性方程组的求解	449
13.2.1	SIMD-CREW 模型上的 Gauss-Jordan 算法	450
13.2.2	MIMD-CREW 模型上的 Gauss-Seidel 算法	452
*13.2.3	紧耦合多处理机系统中 LU 算法的效率分析	454
*13.3	非线性方程的求根	457
13.3.1	SIMD-CREW 模型上的求根算法	457
13.3.2	MIMD-CREW 模型上的牛顿求根法	459

*13.3.3 Fibonacci 分点法异步求根算法 461
13.4 偏微分方程的差分求解 463
　13.4.1 偏微分方程的差分数值求解法 464
　13.4.2 SIMD-MC^2 模型上的 PDE 求解方法 465
13.5 方阵的特征值与特征向量 Jacobi 方法 469
　13.5.1 对称方阵对角化方法 469
　13.5.2 SIMD-CC 模型上的求特征值算法 471
习题 473
参考文献 475

第十四章 快速傅氏变换 476
14.1 快速傅里叶变换 477
　14.1.1 顺序的 FFT 算法 477
　*14.1.2 FFT 应用于多项式乘积 478
14.2 DFT 直接并行计算法 480
　14.2.1 SIMD 模型上系数矩阵的计算 480
　14.2.2 SIMD-MT 模型上的 DFT 算法 481
14.3 并行 FFT 算法 484
　14.3.1 SIMD-MC^2 模型上的 FFT 算法 484
　14.3.2 SIMD-BF 模型上的 FFT 算法 486
　*14.3.3 SIMD-PS 模型上的 FFT 计算 488
　14.3.4 SIMD-CC 模型上的 FFT 计算 490
　*14.3.5 一维心动阵列上的 DFT 计算 495
*14.4 心动阵列上的卷积与滤波计算 496
　14.4.1 一维卷积在线性阵列上的实现 497
　14.4.2 无限冲激滤波在线性阵列上的实现 498
　14.4.3 中值滤波在线性阵列上的实现 499
习题 501
参考文献 503

第十五章 图论算法 504
15.1 图的并行搜索 505
　15.1.1 p-深度优先搜索 505
　15.1.2 p-宽深优先搜索 506
　15.1.3 p-宽度优先搜索 506
15.2 图的传递闭包 508
　15.2.1 传递闭包问题 508
　15.2.2 SIMD-CC 模型上的传递闭包算法 509
　15.2.3 二维心动阵列上的传递闭包算法 510
15.3 图的连通分量 513
　15.3.1 SIMD-CC 模型上的连通分量算法 513
　15.3.2 SIMD-SM 模型上的连通分量算法 515
　15.3.3 SIMD-TC 模型上的连通分量算法 516
　15.3.4 SIMD-MT 模型上的连通分量算法 518
15.4 图的最短路径 521
　15.4.1 所有顶点对间的最短路径算法 521
　*15.4.2 MIMD-SM 模型上单源最短路径算法 524
15.5 图的最小生成树 528
　15.5.1 SIMD-EREW 模型上最小生成树算法 528
　*15.5.2 MIMD-SM 模型上最小生成树算法 532
　15.5.3 树机模型上最小生成树算法 535
*15.6 图的着色 538
　15.6.1 二分图的边着色算法 538
　15.6.2 外平面图最优顶点着色 540
　15.6.3 外平面图最优边着色算法 546
　15.6.4 Halin 图最优边着色算法 549
习题 553
参考文献 556

第十六章 计算几何 558
*16.1 判定问题 559
　16.1.1 近邻问题 559
　16.1.2 相交问题 563
　16.1.3 包含问题 569
16.2 构造问题 574
　16.2.1 求凸壳问题的下界 575
　16.2.2 顺序求凸壳算法 575
　16.2.3 SIMD-MT 模型上的求凸壳算法 577
　16.2.4 SIMD-EREW 模型上的求凸壳算法 579
16.3 Voronoi 图问题 585
　16.3.1 基本概念 585
　16.3.2 构造 Voronoi 图的串行分治算法 587
　16.3.3 超立方模型上构造 Voronoi 图算法 588
　16.3.4 SIMD-CREW 模型上构造 Voronoi 图算法 593
16.4 平面点集的三角剖分 598
　16.4.1 基本概念 598
　16.4.2 Delaunay 三角剖分串行算法 600
　16.4.3 Delaunay 三角剖分并行算法 604
习题 609

参考文献 610
第十七章 组合搜索 613
*17.1 产生排列的算法 614
17.1.1 产生词典序的排列算法 614
17.1.2 串行排列算法的并行化 616
17.1.3 自适应排列产生器 621
*17.2 产生组合的算法 623
17.2.1 产生组合的顺序算法 623
17.2.2 产生组合的并行算法 624
17.3 分支限界法的搜索 629
17.3.1 8-谜问题 630
17.3.2 串行分支限界算法 631
17.3.3 用串行分支限界法求 TSP 633
17.3.4 并行 TSP 算法 637
17.4 串行的 α-β 搜索算法 639
17.4.1 博弈树与最小最大原理 639
17.4.2 串行的 α-β 算法 640
17.4.3 MIMD 模型上 α-β 搜索算法 642
17.5 动态规划 648
17.5.1 矩阵链乘问题 649
17.5.2 最短路径问题 653
17.5.3 0/1 背包问题 654
习题 656
参考文献 659
第十八章 随机算法 661
18.1 引言 662
18.1.1 概率论的基本知识 662
18.1.2 随机算法的模型及其度量 666
18.1.3 随机算法的设计方法 666
18.2 部分独立集 668
18.2.1 有向环图 669
18.2.2 平面图 670
18.3 三角形平面细图中点的位置 672
18.3.1 细图层次 673
18.3.2 细图层次的构造算法 673
*18.4 模式匹配 675
18.4.1 指纹函数 676
18.4.2 串匹配 679
18.4.3 二维数组的匹配 680
18.5 多项式恒等式的验证 682
18.5.1 基本技术 682
18.5.2 矩阵乘积的验证 683
18.6 排序 685
18.6.1 随机采样与随机快排序 685
18.6.2 并行随机快排序算法 686
18.6.3 快速随机并行排序算法 688
*18.7 最大匹配和完备匹配 691
18.7.1 图的代数性质 692
18.7.2 测试完备匹配存在的随机算法 694
习题 698
参考文献 699
第十九章 VLSI 计算理论 701
19.1 VLSI 电路模型和计算模型 702
19.1.1 VLSI 电路模型 702
19.1.2 VLSI 计算模型 704
*19.2 VLSI 面-时下界理论 706
19.2.1 几种基本的下界论点 706
19.2.2 信息流和穿越序列 708
19.3 典型计算图的结构布局法 710
19.3.1 树的布局 710
19.3.2 网孔和树网的布局 712
19.3.3 洗牌交换网的布局 713
19.3.4 立方环的布局 715
19.3.5 蝶形网的布局 717
19.4 典型计算图的布局下界 718
19.4.1 树的布局下界 718
19.4.2 树网的布局下界 720
19.4.3 洗牌交换网的布局下界 723
19.4.4 蝶形网的布局下界 724
19.5 分治布局法 724
19.5.1 分离集 725
19.5.2 强分离集 727
19.5.3 通道生成 728
*19.5.4 分治布局法 729
*19.6 VLSI 布局理论 732
19.6.1 平面图的分离定理 732
19.6.2 图的交叉点数 733
19.6.3 布局下界定理 734
习题 736
参考文献 737
第二十章 并行计算理论 738
20.1 不同 PRAM 模型的相互模拟 739

20.1.1 在 PRAM-EREW 上模拟 PPRAM-CRCW ·········· 739
*20.1.2 在 CPRAM-CRCW 上模拟 PPRAM-CRCW ·········· 740
*20.1.3 在 APRAM-CRCW 上模拟 PPRAM-CRCW ·········· 742
20.2 PRAM-CREW 的下界 ·········· 743
 20.2.1 理想的 PRAM 模型 ·········· 743
 20.2.2 形式描述 ·········· 744
 20.2.3 特定问题的下界 ·········· 746
*20.3 PRAM-EREW 的下界 ·········· 747
 20.3.1 工具和方法 ·········· 747
 20.3.2 主要下界 ·········· 748
*20.4 PRAM-CRCW 的下界 ·········· 750
 20.4.1 PRAM-CRCW 与无界扇入电路 ·········· 751
 20.4.2 无界扇入电路的下界 ·········· 757

*20.5 并行复杂性理论 ·········· 762
 20.5.1 串行复杂性理论简介 ·········· 762
 20.5.2 问题的可并行化 ·········· 763
 20.5.3 NC 类和 RNC 类 ·········· 766
 20.5.4 P-完全问题范例 ·········· 770
 20.5.5 小结 ·········· 778
习题 ·········· 778
参考文献 ·········· 779
附录 A 复杂度表示及其符号 ·········· 781
 A.1 大-O 及其运算 ·········· 781
 A.2 大-Ω 和大-Θ ·········· 781
 A.3 小-o 和小-ω ·········· 782
附录 B 算法复杂界一览表 ·········· 783
附录 C 专业术语中英文对照表及索引 ·········· 797

第一章 绪 论

内容提要 本章从简要地介绍什么是并行算法、为什么需要并行和如何研究并行算法等入手,首先讲述并行算法的硬件基础,包括并行计算机的体系结构,互连网络和存储组织;然后讨论并行计算模型,包括并行计算模型的定义、功能和分类,共享存储模型,分布存储模型,层次存储模型和其他并行计算模型;接着介绍并行算法的基础知识,包括并行算法的定义、分类和表达,并行算法的复杂性,并行算法的同步和通信;最后分析并行算法的性能,包括并行算法的执行速度,所使用的处理器数,WT 表示和通信成本。

讲授要点 ① 引言:什么是并行算法;为什么需要并行;如何研究并行算法。② 并行计算机结构模型:并行向量处理机(PVP);对称多处理机(SMP);大规模并行处理机(MPP);分布共享存储多处理机(DSM)和工作站机群(COW)。③ 并行计算机访存模型:均匀存储访问模型(UMA);非均匀存储访问模型(NUMA);全高速缓存访问模型(COMA);高速缓存一致性非均匀存储访问模型(CC-NUMA)和非远程存储访问模型(NORAM)。④ 并行计算机常用互连网络:静态互连网络(一维线性阵列、二维网孔、树和树网、超立方、洗牌交换等)及其相互比较与嵌入;动态互连网络(公共总线、交叉开关和多级互连网络)及其相互比较。⑤ 并行计算机存储组织:存储器的层次结构;层间数据传输;各层存储器性能参数;高速缓存一致性问题。⑥ 并行计算模型:模型的定义、功能和分类;共享存储模型(PRAM、APRAM);分布存储模型(固定连接的 SIMD、BSP、LogP);层次存储模型(HMM、UMH、RAM(h)、Memory-LogP、DRAM(h)、HPM);其他并行计算模型。⑦ 并行算法的基础知识:并行算法的定义和分类;并行算法的形式表达;并行算法的复杂性;并行算法的同步和通信。⑧ 并行算法的性能分析:算法的运行时间和加速比;算法所使用的处理器数;并行算法的 WT 表示和 Brent 定理等。

1.1 引言

并行计算机的发展带动了并行算法的研究。本小节将简单介绍一下为什么需要并行，如何研究并行算法，并行算法的研究历史及其现今的新机遇与新挑战等。

1. 什么是并行算法

简单地讲，**算法**(Algorithm)就是求解问题的方法和步骤，而**并行算法**(Parallel Algorithm)就是用多台处理机联合求解问题的方法和步骤，其执行过程是将给定的问题首先分解成若干个尽量相互独立的子问题，然后使用多台计算机同时求解，从而最终求得原问题的解。人们之所以对并行性感兴趣，是因为在现实世界中存在着固有的并行性。其实在日常生活中，你可能自觉或不自觉地都在运用着并行，比如一边听演讲，一边记笔记就是听觉、视觉和手写的并行。这类例子不胜枚举。然而，在处理很多事务时，比如进行推理和计算，人们又习惯用串行方式，在这种情况下，要改用而且要用好并行性也并非易事。同时，就计算科学而言，并行计算理论仍处于发展阶段，特别是早期的并行机均很昂贵，编写并行软件又很难，所以并行性的优点尚未被充分发挥出来。

2. 为什么需要并行

首先，对于那些要求快速计算的应用问题，单处理机由于器件受物理速度的限制而无法满足要求，所以使用多台处理机联合求解就势在必行了；其次，对于那些大型、复杂的科学工程计算问题，为了提高计算精度，往往需要加密计算网格，而细网格的计算也意味着大计算量，它通常需要在并行机上实现；最后，对于那些实时性要求很高的应用问题，传统的串行处理往往难以满足实时性的需要而必须在并行机上用并行算法求解。特别是在当今，常规的处理器性能跟不上 Moore **定律**(Moore's Law)(其推广的说法是：在给定的价格下，计算能力每 18 个月将翻一番)时，采用并行方式就成了提高速度的主要手段。

3. 如何研究并行算法

并行算法的研究可分为并行计算理论、并行算法的设计与分析以及并行算法的实现三个层次。其中并行计算理论主要研究并行计算模型、计算问题的时间下界、问题的可并行化、NC 类问题和 P-完全问题等。并行算法的设计与分析着重研究计算机科学中那些可用多项式数目的处理器、在**对数多项式**(Polylogarithmic)时间内可求解的诸多常用的计算问题的并行算法的设计与分析方法。并行算法的实现主要研究并行算法的硬件实现平台(即并行计算机)和软件支持环境(并行编程)等。

4. 并行算法研究的回顾

从历史上看,并行算法研究的高峰期似乎在 20 世纪 70 年代和 80 年代。这一阶段,在各种不同互连结构的 SIMD 模型和共享存储的 SIMD 模型上设计出了很多优秀的非数值并行算法,它们在整个并行算法研究历史上占据着辉煌的一页。相应地,在 20 世纪 80 年代中期和 90 年代初期出版了几部非常优秀的并行算法方面的专著和教材[1-9]。90 年代中期以后,并行算法的研究渐渐面向实际且内容有所拓宽,不但研究并行算法的设计与分析,而且也同时兼顾并行机体系结构和并行程序设计。这集中表现在上述几本书的作者,有的在书名中更强调了并行计算而出版了第二版,有的将内容扩充,另出版了新书[10-13]。尽管并行算法的研究历史似乎有些起伏,但一直在前进和发展着,而且更面向实用。

5. 并行算法研究的新机遇与新挑战

近几年来,随着半导体器件工艺水平的提高,计算技术和通信网络的迅速发展,双 CPU 或 4CPU 的高档机已随处可见;而在大学和研究所的各专业实验室中,自行用多台 PC 机搭建的机群系统也越来越多,这就给推广普及并行算法提供了硬件平台;特别是近几年来多核处理器的出现,单核处理器已渐被淘汰,这就迫使人们不得不学习并行算法。随着现今并行机的普及,并行机的用户对学习和使用并行算法的要求也甚为迫切,这就给我们研究并行算法带来新的机遇,它将使并行算法的研究产生一个新的飞跃。与此同时,近几年来由于硬件技术的飞速发展,使得拥有成千上万乃至数十万个 CPU 的高端并行机相继研制成功,如何充分、有效地利用如此巨量的 CPU 来设计并行算法,成为并行算法研究面对的一个极富挑战性的问题。

1.2 并行算法的硬件基础

因为任何实用并行算法都要使用某种并行程序设计语言,将算法编程实现在某台并行机上而求解具体应用问题,所以并行计算机是并行算法的硬件平台。本节依次讨论并行计算机的体系结构、并行计算机的互连网络和并行计算机的存储组织等。

1.2.1 并行计算机体系结构

1. 并行计算机系统的发展谱[14]

并行计算机(Parallel Computer)是相对串行计算机而言的,所谓**串行计算机**

(Serial Computer)就是只有单个处理单元顺序执行计算程序的计算机,所以也称为**顺序计算机**(Sequential Computer)。顺序计算机最早是从位串行操作到字并行操作、从定点运算到浮点运算改进而来的;然后它按照图 1.1 所示的过程逐步演变出各种并行计算机系统:从顺序**标量处理**(Scalar Processing)计算机开始,首先用**先行**(Look-Ahead)技术预取指令,以重叠操作实现功能并行;支持功能并行可使用多功能部件和流水线两种方法;而流水线技术对处理向量数据元素重复相同的操作表现出强大的威力,从而产生了**向量流水线**(Vector-Pipelining)计算机(包括存储器到存储器和寄存器到寄存器两种结构);不同于时间上并行的流水线计算机,另一分支的并行机是空间上并行的 SIMD(单指令流多数据流)并行机,它用同一控制器同步地控制所有处理器阵列执行相同操作来开发空间上的并行性;如果用不同的控制器异步地控制相应的处理单元执行各自的操作,则派生出另一类非常主要的 MIMD(多指令流多数据流)并行机;其中,如果各处理单元通过公用存储器中的共享变量来实现相互通信,则称为**多处理机**(Multiprocessors);如果处理单元之间使用消息传递的方式来实现相互通信,则称为**多计算机**(Multicomputers),它也是当今最流行的并行计算机。

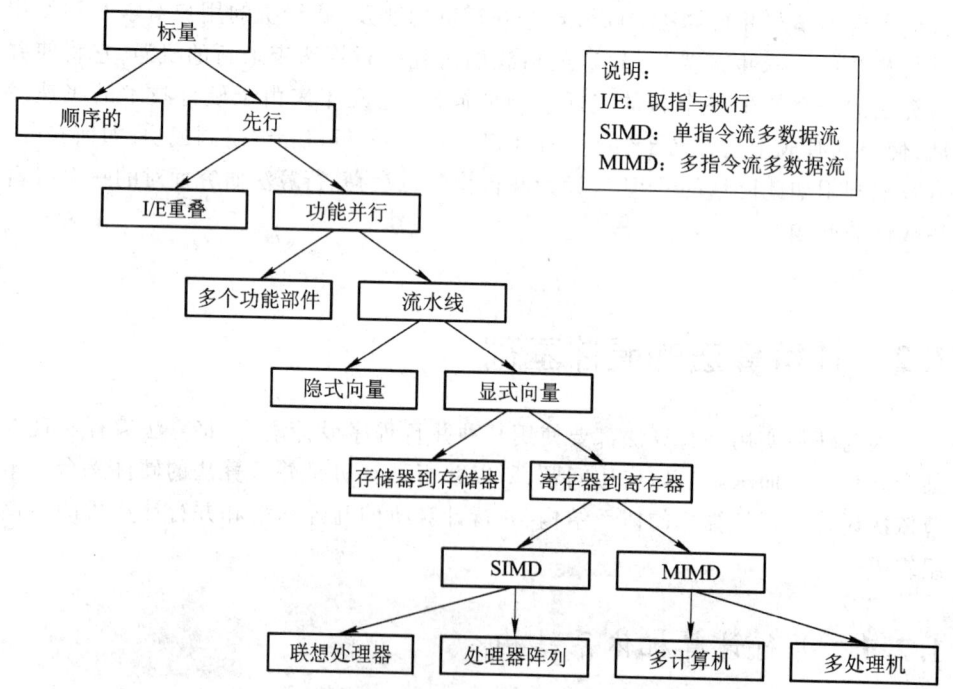

图 1.1 从标量到向量和并行计算机的演变

2. Flynn 分类法[15]

1966 年 Flynn 按照指令流和数据流的多倍性概念将计算机系统结构进行了分类。其中,指令流系指机器执行的指令序列,数据流系指指令流调用的数据序列,而多倍性系指机器的瓶颈部件上可能并行执行的最大指令或数据的个数。根据指令流和数据流的不同组合,计算机系统可分为如图 1.2(a)所示的**单指令流单**

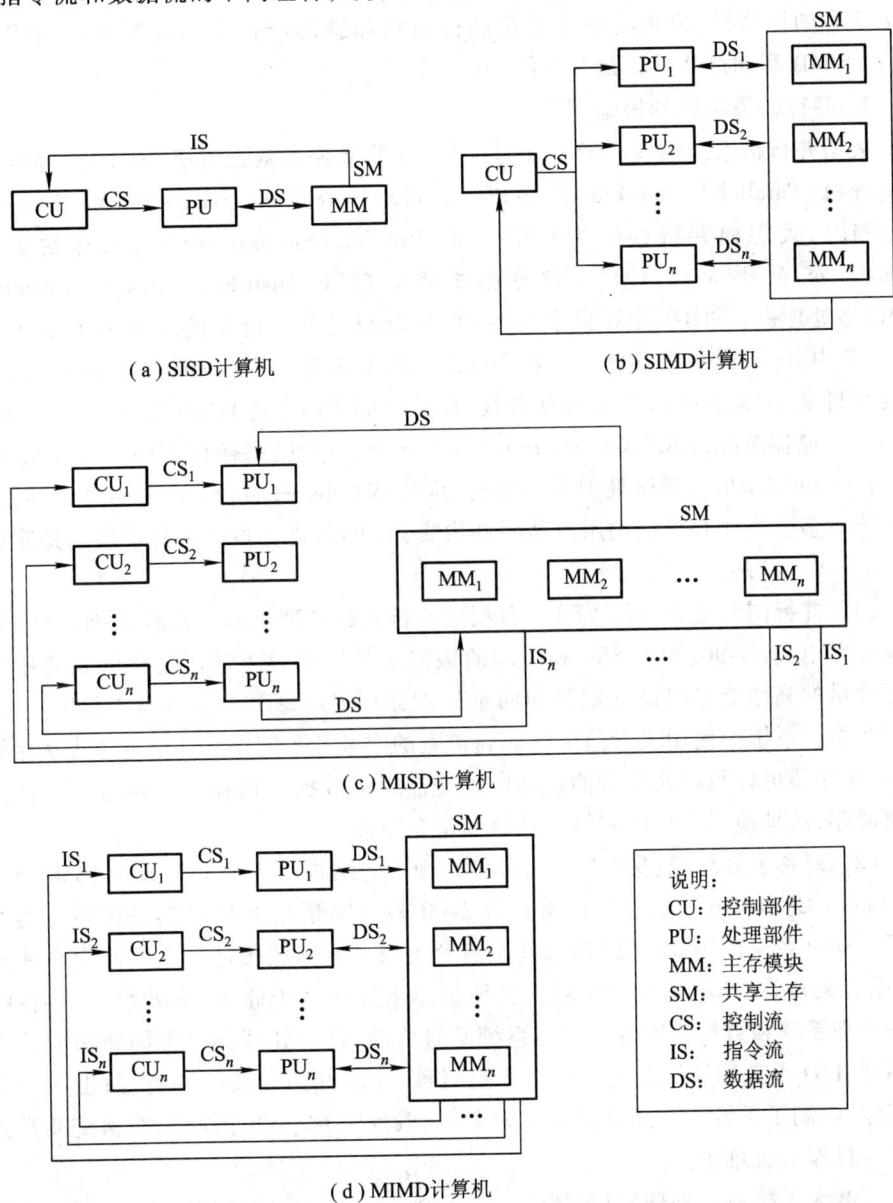

(a) SISD 计算机

(b) SIMD 计算机

(c) MISD 计算机

(d) MIMD 计算机

说明:
CU:控制部件
PU:处理部件
MM:主存模块
SM:共享主存
CS:控制流
IS:指令流
DS:数据流

图 1.2　计算机系统的 Flynn 分类法

数据流(Single Instruction Stream Single Data Stream,SISD),图 1.2(b)所示的**单指令流多数据流**(Single Instruction Stream Multiple Data Stream,SIMD),图 1.2(c)所示的**多指令流单数据流**(Multiple Instruction Stream Single Data Stream,MISD)和图 1.2(d)所示的**多指令流多数据流**(Multiple Instruction Stream Multiple Data Stream,MIMD)。其中,SISD 就是传统的**单处理机**(又称**串行机**或**顺序机**),MISD 是一种不太实际的计算机,但也有的学者把超标量机和**脉动**(Systolic)阵列机归属于此类,而 SIMD 和 MIMD 就是最常见的并行计算机。

3. 并行计算机结构模型[16,51]

大型并行机系统结构一般可分为六类:**单指令流多数据流机**(SIMD),**并行向量处理机**(Parallel Vector Processor,PVP),**对称多处理机**(Symmetric Multiprocessor,SMP),**大规模并行处理机**(Massively Parallel Processor,MPP),**工作站机群**(Cluster of Workstation,COW)和**分布式共享存储**(Distributed Shared Memory,DSM)多处理机。SIMD 计算机多为专用,其余的五种并行机的结构模型示于图 1.3。其中 B(Bridge)是存储总线和 I/O 总线间的接口,DIR(Cache Directory)是高速缓存目录,IOB(I/O Bus)是 I/O 总线,LD(Local Disk)是本地磁盘,MB(Memory Bus)是存储器总线,NIC(Network Interface Circuitry)是网络接口电路,P/C(Microprocessor and Cache)是微处理器和高速缓存,SM(Shared Memory)是共享存储器。目前绝大多数当代并行机均用商品硬件构成,而 PVP 计算机的部件很多都是**定制**(Custom-Made)的。

(1) **并行向量处理机(PVP)** 典型的并行向量处理机的结构示于图 1.3(a)。Cray C-90、Cray T-90、NEC SX4 和我国的银河 1 号等都是 PVP。这样的系统中包含了少量的高性能专门设计定制的向量处理器(VP),每个至少具有 1 Gflop/s 的处理能力。系统中使用了专门设计的高带宽的交叉开关网络将 VP 连向共享存储模块,存储器可以每秒兆字节的速度向处理器提供数据。这样的机器通常不使用高速缓存,而是使用大量的向量寄存器和指令缓冲器。

(2) **对称多处理机(SMP)** 对称多处理机的结构示于图 1.3(b)。IBM R50、SGI Power Challenge、DEC Alpha 服务器 8400 和我国曙光 1 号等都是这种类型的机器。SMP 系统使用商品微处理器(具有片上或外置高速缓存),它们经由高速总线(或交叉开关)连向共享存储器。这种机器主要应用于商务,例如数据库、在线事务处理系统和数据仓库等。因为系统是对称的,每个处理器可等同地访问共享存储器、I/O 设备和操作系统服务。正是对称,才能开拓较高的并行度;也正是共享存储,限制了系统中的处理器不能太多(一般少于 64 个),同时总线和交叉开关互连一旦作成也难于扩展。

(3) **大规模并行处理机(MPP)** 大规模并行处理机的结构示于图 1.3(c)。

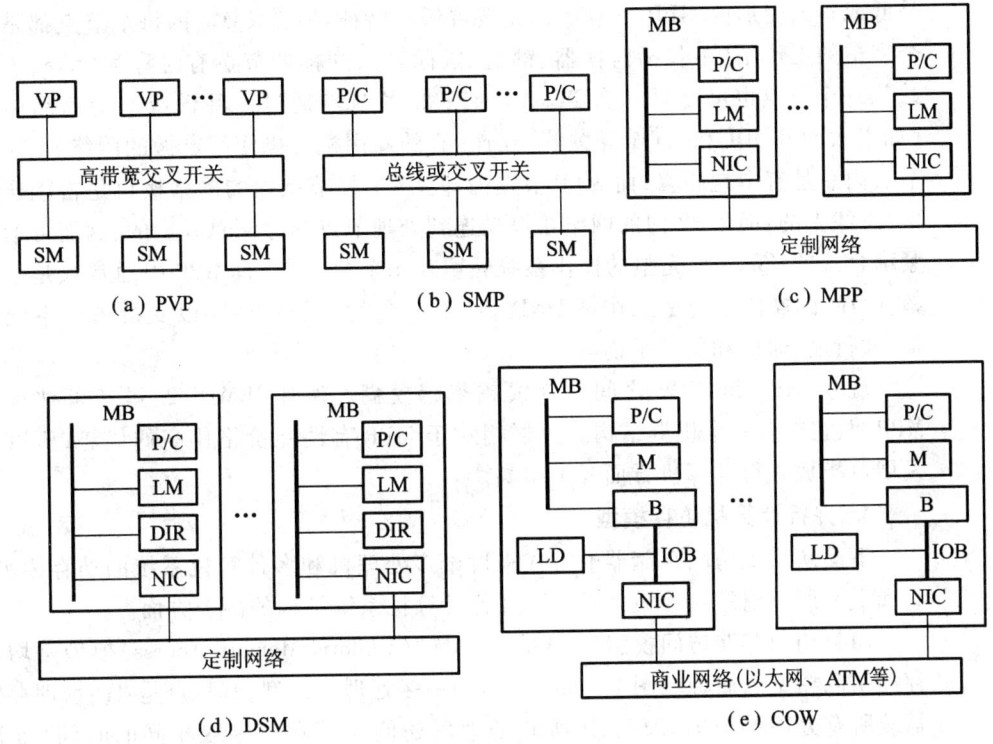

图 1.3　五种并行机结构模型

Intel Paragon IBM SP2、Intel TFLOPS 和我国的曙光-1000 等都是这种类型的机器。MPP 一般是指超大型(Very Large-Scale)计算机系统,它具有如下特性:① 处理节点采用商品微处理器;② 系统中有物理上的分布存储器;③ 采用高通信带宽和低延迟的互连网络(专门设计和定制的);④ 能扩放至成百上千乃至上万个处理器;⑤ 它是一种异步的 MIMD 机器,程序由多个进程组成,每个都有其私有地址空间,进程间采用消息传递相互作用。MPP 的主要应用是科学计算、工程模拟和信号处理等以计算为主的领域。

(4) 分布共享存储多处理机(DSM)　分布(式)共享存储多处理机的结构示于图 1.3(d)。Stanford DASH、Cray T3D 和 SGI/Cray Origin 2000 等属于此类结构。高速缓存目录(DIR)用以支持分布高速缓存的一致性。DSM 和 SMP 的主要差别是,DSM 在物理上有分布在各节点中的局存,从而形成了一个共享的存储器。对用户而言,系统硬件和软件提供了一个单地址的编程空间。DSM 相对于 MPP 的优越性是编程较容易。

(5) 工作站机群(COW)　工作站机群结构示于图 1.3(e)。Berkeley NOW、Alpha Farm、Digital Trucluster 等都是较早的 COW 结构。在有些情况下,机群往往

是低成本的变形的 MPP。COW 的重要界线和特征是：① COW 的每个节点都是一个完整的工作站(不包括监视器、键盘、鼠标等)，这样的节点有时称为"无头工作站"，一个节点也可以是一台 PC 或 SMP；② 各节点通过一种低成本的商品网络(如以太网、FDDI 和 ATM 开关等)互连(有的商用机群也使用定做的网络)；③ 各节点内总是有本地磁盘，而 MPP 节点内却没有；④ 节点内的网络接口是松耦合到 I/O 总线上的，而 MPP 内的网络接口是连到处理节点的存储总线上的，因而可谓是紧耦合式的；⑤ 一个完整的操作系统驻留在每个节点中，而 MPP 中通常只是个微核，COW 的操作系统是工作站 UNIX，加上一个附加的软件层以支持单一系统映像、并行度、通信和负载平衡等。

现今，MPP 和 COW 之间的界线越来越模糊。例如 IBM SP2，虽然可被视为 MPP，但它却有一个机群结构。机群相对于 MPP 有性能价格比高的优势，所以在发展可扩放并行计算机方面呼声很高。

4. 并行计算机访存模型[13]

下面从系统访问存储器的模式来讨论多处理机和多计算机系统的访存模型，它和上节所讨论的结构模型是实际并行计算机系统结构的两个方面。

(1) 均匀存储访问模型(UMA)　UMA(Uniform Memory Access)模型是均匀存储访问模型的简称。图 1.4 示出了 UMA 多处理机模型，其特点是：① 物理存储器被所有处理器均匀共享；② 所有处理器访问任何存储字取相同的时间(此即"均匀存储访问"名称的由来)；③ 每台处理器可带私有高速缓存；④ 外围设备也可以一定形式共享。这种系统由于高度共享资源而称为**紧耦合系统**(Tightly Coupled System)。当所有的处理器都能等同地访问所有 I/O 设备、能同样地运行执行程序(如操作系统内核和 I/O 服务程序等)时称为对称多处理机(SMP)；如果只有一台或一组处理器(称为主处理器)，它能执行操作系统并能操纵 I/O，而其余的处理器无 I/O 能力(称为从处理器)，只在主处理器的监控之下执行用户代码，这时称为非对称多处理机。一般而言，UMA 结构适于通用或分时应用。

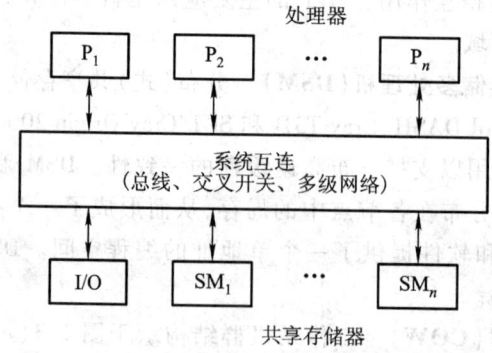

图 1.4　UMA 多处理机模型

(2) **非均匀存储访问模型(NUMA)** NUMA(Nonuniform Memory Access)模型是非均匀存储访问模型的简称。图 1.5 示出了 NUMA 多处理机模型,其中图 1.5(a)为共享本地存储器的 NUMA,图 1.5(b)为层次式机群 NUMA。NUMA 的特点是:① 被共享的存储器在物理上是分布在所有的处理器中的,其所有本地存储器的集合就组成了全局地址空间;② 处理器访问存储器的时间是不一样的,访问本地存储器(LM)或群内共享存储器(CSM)较快,而访问外地的存储器或全局共享存储器(GSM)较慢(此即"非均匀存储访问"名称的由来);③ 每台处理器照例可带私有高速缓存,且外设也可以某种形式共享。

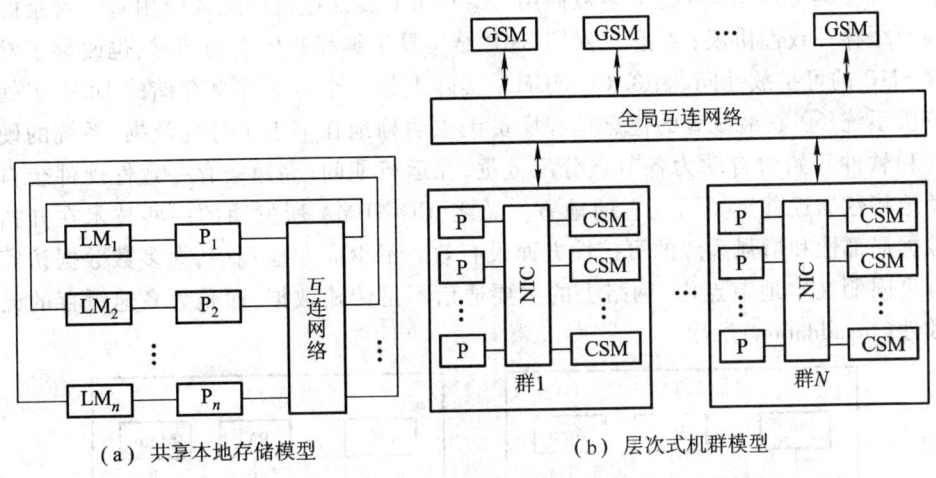

图 1.5 NUMA 多处理机模型

(3) **全高速缓存访问模型(COMA)** COMA(Cache-Only Memory Access)模型是全高速缓存存储访问的简称。图 1.6 示出了 COMA 多处理机模型,它是 NUMA 的一种特例。其特点是:① 各处理器节点中没有存储层次结构,全部高速缓存组成了全局地址空间;② 利用分布的高速缓存目录 D 进行远程高速缓存的访

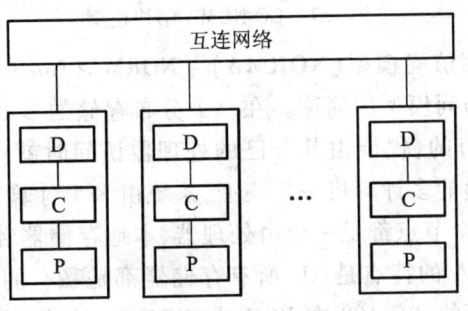

图 1.6 COMA 多处理机模型

问;③ COMA 中的高速缓存容量一般都大于二级高速缓存容量;④ 使用 COMA 时,数据开始时可任意分配,因为在运行时它最终会被迁移到要用到它们的地方。这种结构的机器实例有瑞典计算机科学研究所的 DDM 和 Kendall Square Research 公司的 KSRI 等。

(4) **高速缓存一致性非均匀存储访问模型(CC-NUMA)** CC-NUMA(Coherent Cache Nonuniform Memory Access)模型是高速缓存一致性非均匀存储访问模型的简称。图 1.7 示出了 CC-NUMA 多处理机模型,其中 RC 表示远程高速缓存。它实际上是将一些 SMP 机器作为一个单节点且彼此连接起来所形成的一个较大的系统。其特点是:① 绝大多数商用 CC-NUMA 多处理机系统都使用基于目录的高速缓存一致性协议;② 它在保留 SMP 结构易于编程的优点的同时,也改善了常规 SMP 的可扩放性问题;③ CC-NUMA 实际上是一个分布共享存储的 DSM 多处理机系统;④ 它最显著的优点是程序员无须明确地在节点上分配数据,系统的硬件和软件开始时自动为各节点分配数据,在运行期间,高速缓存一致性硬件会自动地将数据迁移至要用到它的地方。总之,CC-NUMA 所发明的一些技术在开拓数据局部性和增强系统的可扩性方面很有效。不少商业应用中,大多数数据访问都可限制在本地节点内,网络上的主要通信不是传输数据,而是为高速缓存的**无效性**(Invalidation)所用。

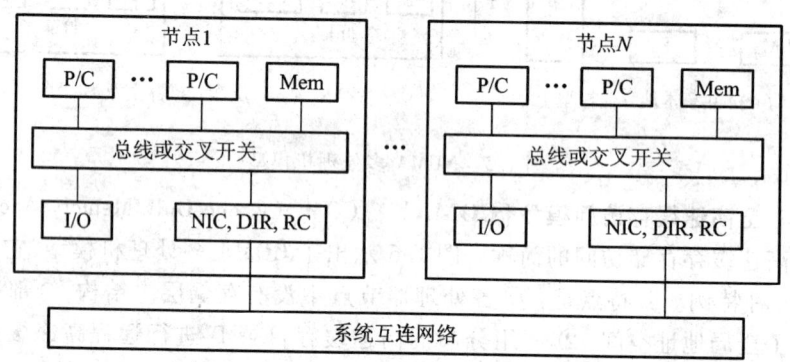

图 1.7 CC-NUMA 结构模型

(5) **非远程存储访问模型(NORMA)** NORMA(No-Remote Memory Access)模型是非远程存储访问模型的简称。在一个分布存储的多处理机系统中,如果所有的存储器都是私有的,仅能由其自己的处理器访问时就称为 NORMA。图 1.8 示出了基于消息传递的多计算机一般模型,系统由多个计算节点通过消息传递互连网络连接而成,每个节点都是一台由处理器、本地存储器和/或 I/O 外设组成的自治计算机。NORMA 的特点是:① 所有存储器都是私有的;② 绝大多数 NUMA 都不支持远程存储器的访问;③ 在 DSM 中,NORMA 就消失了。

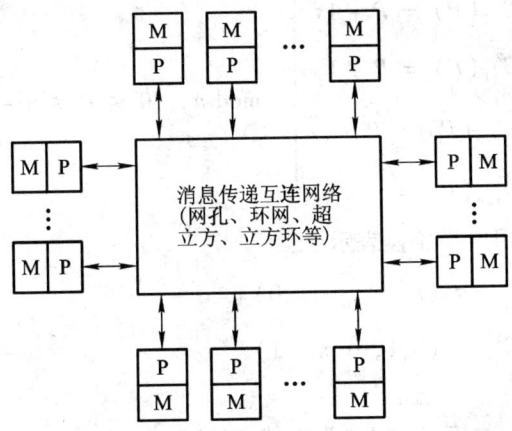

图 1.8 消息传递多计算机一般模型

1.2.2 并行计算机互连网络

在并行机中如何将各个处理器或处理器与存储器互连起来是个关键问题,本节引入几种典型的在并行计算模型中经常使用的互连网络[17]。

1. 静态互连网络

所谓**静态互连网络**(Static Interconnection Networks)是指各节点之间有着固定的连接的一类网络,在算法执行过程中,这种点到点连接关系始终保持不变。典型的静态互连网络如下:

(1) **一维线性连接** 一维连接又称为**线性阵列**(Linear Array),简记为 LA。这种连接方式是并行机中最简单、最基本的互连方式。其中每个处理器只与其左、右近邻相连,所以也称为二近邻连接。这种连接方式是心动结构的最基本形式。当首尾处理器相连时可构成循环移位连接,在拓扑结构上等同于环。

约定处理器的数目 $n = 2^m$(m 为正整数),令其地址的二进制表示式为 $P = p_{m-1}p_{m-2}\cdots p_0$(下同),则线性阵列的连接函数 LC 可定义如下:

$$\left. \begin{array}{l} LC_{-1}(P) = P - 1, \quad 1 \leq P \leq n - 1 \\ LC_{+1}(P) = P + 1, \quad 0 \leq P \leq n - 2 \end{array} \right\} \tag{1.1}$$

其中,LC_{-1} 和 LC_{+1} 分别表示左连接和右连接。

(2) **网孔连接** 在**网孔连接**(Mesh-Connected)中,各处理器置于 q-维网格的格点上。当 $q = 2$ 时,就是四近邻连接,简记为 MC^2,其中每个处理器只与其上、下、左、右近邻相连,连接函数 MC^2 可定义如下:

$$\left.\begin{array}{l}MC_{-1}^2(P) = P - 1\\ MC_{+1}^2(P) = P + 1\\ MC_{-\sqrt{n}}^2(P) = P - \sqrt{n}\\ MC_{+\sqrt{n}}^2(P) = P + \sqrt{n}\end{array}\right\} \mod n, \quad 0 \leq P \leq n-1 \quad (1.2)$$

上述连接函数也可用置换轮换表示之：

$$\left.\begin{array}{l}MC_{-1}^2 = (n-1,\cdots,1,0)\\ MC_{+1}^2 = (0,1,\cdots,n-1)\\ MC_{-\sqrt{n}}^2 = \prod_{j=0}^{\sqrt{n}-1}(j+n-\sqrt{n},\cdots,j+2\sqrt{n},j+\sqrt{n},j)\\ MC_{+\sqrt{n}}^2 = \prod_{j=0}^{\sqrt{n}-1}(j,j+\sqrt{n},j+2\sqrt{n},\cdots,j+n-\sqrt{n})\end{array}\right\} \quad (1.3)$$

例 1.1 对于如图 1.9 所示的 $n=16$ 的二维网孔, $MC_{-1}^2=(15,14,\cdots,1,0)$, $MC_{+1}^2=(0,1,\cdots,14,15)$, $MC_{-4}^2=(15,11,7,3)(14,10,6,2)(13,9,5,1)(12,8,4,0)$ 和 $MC_{+4}^2=(0,4,8,12)(1,5,9,13)(2,6,10,14)(3,7,11,15)$。□

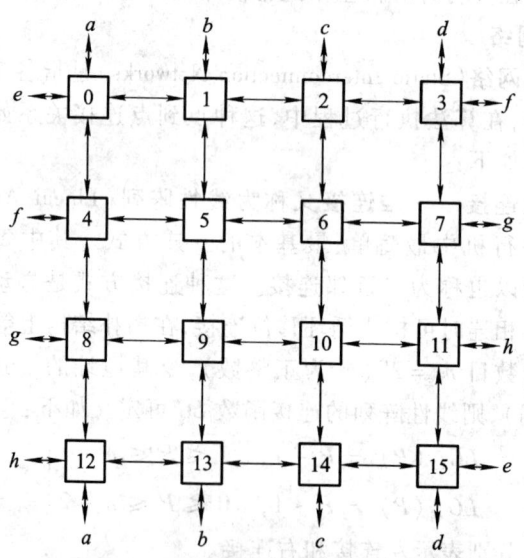

图 1.9 $n=16$ 的二维网孔

在 MC^2 模型上已设计出许多有效的并行算法，但 MC^2 的通信功能较差，在最坏情况下，任意两处理器之间的信息交换至少需要 $\sqrt{n}-1$ 步。

（3）**树形连接** 二叉树是大家非常熟悉的数据结构。**树连接**(Tree-Connected)简记为 TC,除了根节点和叶节点外,每个内节点都与其父节点和两个子节点相连,因此二叉树连接可视为三近邻连接。假定二叉树有 d 级(也称为 d 层,编号自根至叶为 $0 \sim d-1$),则共有 $n = 2^d - 1$ 个节点。图 1.10 示出了 $d = 4$ 的二叉树。树的典型用法是,根和叶节点具有 I/O 功能,且叶节点执行并行运算,而内节点仅负责叶节点间的通信,最长通信路径为树高。显然,根易成通信瓶颈。为此可使用 X-**树**,使得同级的兄弟节点彼此相连[18]。

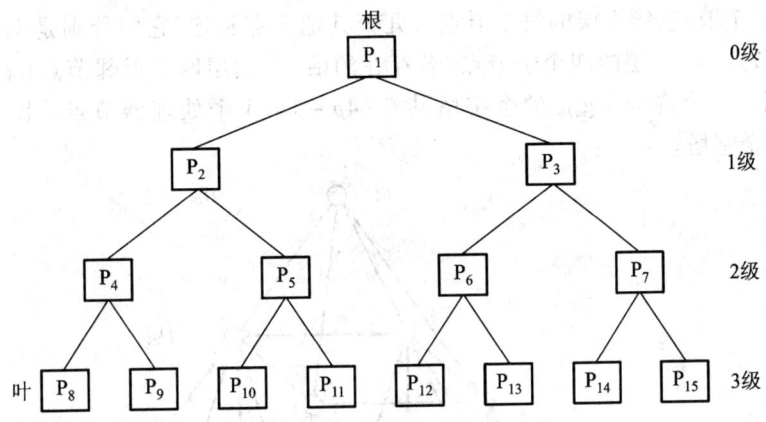

图 1.10 四级二叉树

就通信功能而言,树优于网孔。两者的结合就产生了树网连接。

(4) **树网连接** 树网(Mesh of Tree)简记为 MT。如果去掉原网孔中的水平和垂直连接,而各行各列代之以二叉树就可构成此种结构。如此处理,如图 1.11 所示,原网孔格点上的处理器就变成了二叉树的叶节点处理器,它们通过相应的行

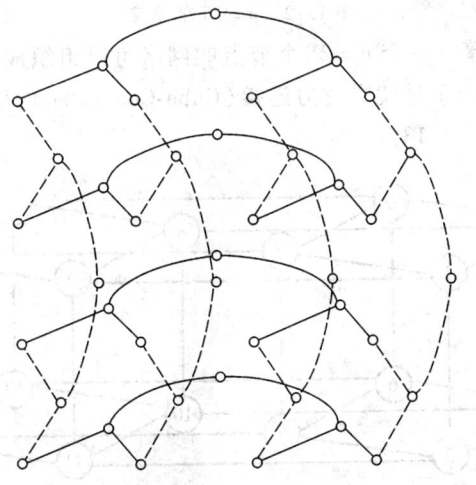

图 1.11 4×4 树网

树和列树相互通信。数据的入出经过树根。这种结构,既具有良好的通信功能,又能继承网孔上很多有效算法,同时也非常适合于 VLSI 集成化,所以在其上已经发展出了很多并行算法。

(5) **金字塔连接** 金字塔(Pyramid)结构也是树与网孔的结合,它在图像处理中颇为有用。一个规模为 p 的金字塔是一棵高度为 $\log_4 p$ 的完全四叉树,其中,$p = k^2$ 是二维网孔形成的金字塔之底。金字塔的层数自底向上从 0 开始递增编号,顶部只有一个节点,第 k 层的每个节点与九个其他节点相连,它们分别是 $k-1$ 层的一个父节点、$k+1$ 层的四个子节点(若存在的话)和同层四个近邻节点(若存在的话)。因此一个高为 $\log_4 p$ 的金字塔共有 $(4p-1)/3$ 个处理器节点。图 1.12 是 $p=16$ 的金字塔。

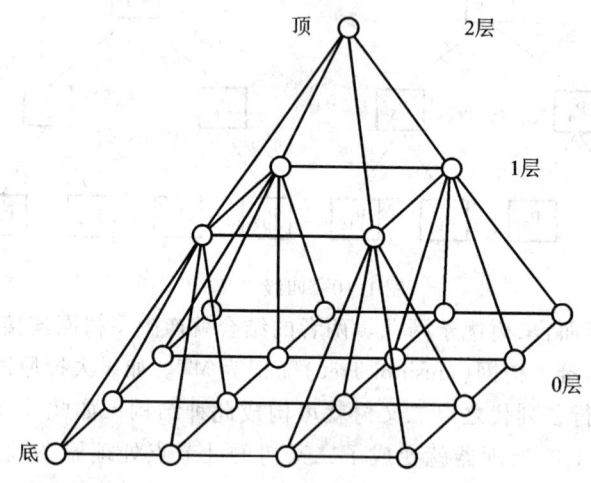

图 1.12　$p=16$ 的金字塔

(6) **超立方连接** 一个 $n=2^q$ 个节点的网络可以组织成一个 q-维**超立方**(Hypercube)连接。当 $q=3$ 时就是**立方连接**(Cube-Connected),简记为 CC。一个 $q=4$ 的超立方连接示于图 1.13。

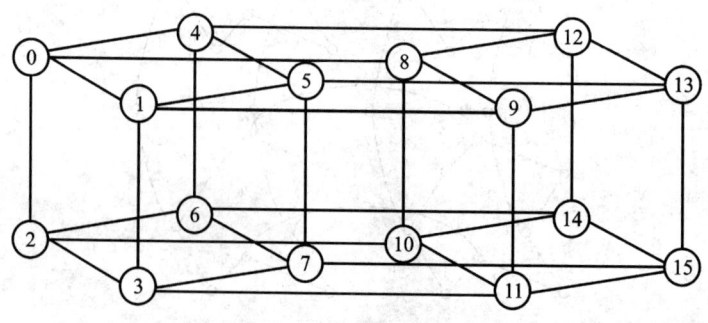

图 1.13　4-维超立方

在超立方连接中,如果顶点采用合适的标记方法,使得每维中处理器编号的二进制表示仅一位不同,则其连接函数 CC 可定义如下:

$$CC_i(p_{m-1}\cdots p_{i+1}p_ip_{i-1}\cdots p_0) = p_{m-1}\cdots p_{i+1}\bar{p}_ip_{i-1}\cdots p_0 \tag{1.4}$$

其中,$0 \leq i < m$,$\bar{p}_i = 1 - p_i$。

CC_i 也可用置换轮换表示之:

$$CC_i = \prod_{j=0}^{n-1}(j, CC_i(j)), \quad (0 \leq i < m) \tag{1.5}$$

$(j 的第 i 位 = 0)$

例 1.2 对于 $n = 8$ 的立方连接,$CC_0 = (0,1)(2,3)(4,5)(6,7)$,$CC_1 = (0,2)(1,3)(4,6)(5,7)$ 和 $CC_3 = (0,4)(1,5)(2,6)(3,7)$。□

立方连接是一种非常通用的互连结构。但由于 q-维超立方中每个节点将与 q 个近邻相连,当问题的规模增大时,将导致工程技术实现的困难,从而在某种意义上限制了超立方网络的应用。

(7) 立方环连接 立方环(Cube-Connected-Cycles)简记为 CCC,是由 Preparata 等于 1981 年提出的一种通用互连结构[19]。它结合了环网与立方连接的优点及性质,在立方网络的每个顶点代之以一个环,故得名为带环的立方网络,简称为立方环。在此网络中,每个顶点的度 ≤ 3,从而与问题的规模无关。这一点对 VLSI 的实现极为重要。

CCC 的构造如下:令 $n = 2^q$,其中 $q \leq r + 2^r$,r 取满足 $r + 2^r \geq q$ 的最小整数。在环内:编号为 j 的顶点与编号为 $(j+1) \bmod 2^r$ 的顶点相连,其中,$0 \leq j < n$;在环间:编号为 $(l2^r + j)$ 的顶点与编号为 $[l2^r + j + (1 - 2l_j)2^j]$ 的顶点相连,其中,$0 \leq l \leq 2^{2^r}$,$0 \leq j < 2^r$,且 l_j 是 l 的二进制表示的第 j 位(最右为第 0 位)的值,$(1 - 2l_j)2^j$ 表示将 l 的二进制第 j 位取反。可见每个环是由 2^r 根连线连接而成的。每个环的下标为 l(共有 2^{q-r} 个环)。若将每个环上的顶点集视为一个超顶点,则 CCC 就蜕化为一个 $q - r$ 维的立方网络了。图 1.14 示出了一个 $n = 32(q = 5, r = 2)$ 的 CCC 网络。它共有 2^{5-2} 个环,每个环内共有 $2^r = 4$ 个顶点。

若每个顶点上的处理器的编号 i 的二进制表示有 q 位,它可分解为一对整数 (l, p),其中,l 占 $q - r$ 位,p 占 r 位,且满足 $l2^r + p = i$,$0 \leq i < n$。于是每个处理器有三个与其他处理器相连的连接函数 F(Forward)、B(Backward) 和 L(Lateral),定义如下:

$$\left.\begin{array}{ll} 环内 & F(l,p) \text{ 连向 } B(l, (p+1) \bmod 2^r) \\ & B(l,p) \text{ 连向 } F(l, (p-1) \bmod 2^r) \\ 环间 & L(l,p) \text{ 连向 } F(l + \varepsilon 2^p, p) \end{array}\right\} \tag{1.6}$$

其中,$\varepsilon = 1 - 2l_p$。

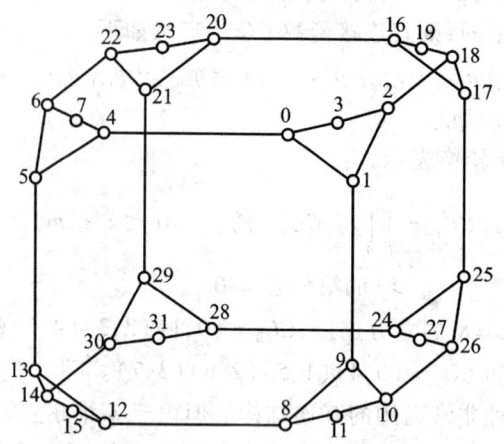

图 1.14 $n=32$ 的 CCC 结构

Galil 和 Paul 研究表明,CCC 能够有效地模拟许多网络,所以是一种非常通用的互连网络[20]。

(8) **洗牌交换连接** **洗牌交换**(Shuffle-Exchange)连接简记为 SE,是另一类非常有用的互连网络[21]。其名称来源于"洗牌"游戏,即将一叠牌对分为两半,然后依次从两半中各取其一相互交叠起来。这种方法也常称为**均匀洗牌**(Perfect Shuffle)。但洗牌方式作为一种连接函数往往不够充分,为此引入**交换**(Exchange)连接与之配合,形成一种所谓洗牌交换连接,其洗牌和交换连接函数可定义如下:

$$\left.\begin{aligned} SH(p_{m-1}p_{m-2}\cdots p_1p_0) &= p_{m-2}p_{m-3}\cdots p_0p_{m-1} \\ EX(p_{m-1}p_{m-2}\cdots p_1p_0) &= p_{m-1}p_{m-2}\cdots p_1\bar{p}_0 \end{aligned}\right\} \quad (1.7)$$

显然,洗牌功能相当于循环左移一位;交换功能相当于奇、偶相邻地址中的内容两两交换。

同样,SH 和 EX 也可用置换轮换表示之:

$$\left.\begin{aligned} SH(P) &= \prod_{j=0}^{n-1}(j,SH(j),SH^2(j),\cdots) \quad (j \text{ 不在前一轮换中}) \\ EX(P) &= \prod_{j=0}^{n-1}(j,j+1) \quad (j \text{ 是偶数}) \end{aligned}\right\} \quad (1.8)$$

其中,$SH^i(p)$ 表示应用洗牌函数 i 次。

在应用中,有时还要将洗牌连接倒过来用,此即**逆洗牌**(Unshuffle),其连接函数可类似定义如下:

$$UNSH(p_{m-1}p_{m-2}\cdots p_1p_0) = p_0p_{m-1}\cdots p_2p_1$$

显然,其功能相当于循环右移一位。

例 1.3 对于如图 1.15 所示的 $n=8$ 的洗牌交换连接,$SH(P)=(0)(1,2,4)(3,6,5)(7)$ 和 $EX(P)=(0,1)(2,3)(4,5)(6,7)$。□

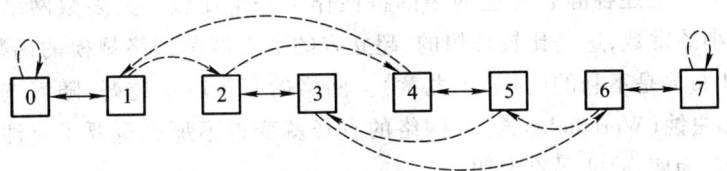

图 1.15 $n=8$ 的洗牌交换连接

洗牌交换连接能方便地模拟超立方网络的功能,所以颇受欢迎。但由于其连接不规整,给网络的 VLSI 布局带来了困难。

(9) **蝶形连接** 蝶形(Butterfly)连接是与快速傅里叶变换(FFT)密切相关的互连结构。从拓扑结构上讲,它与多级立方网络、榕树网络和归并网络颇为相似。如图 1.16 所示,它共有 $(k+1)2^k$ 个节点,组成 $(k+1)$ 行(第 0 行到第 k 行),其中,第 0 行和第 k 行可视为等同,且每行有 $n=2^k$ 个节点。如令 $P_{r,i}(1 \le r \le k, 0 \le i \le n)$ 代表处于第 r 行的第 i 个处理器,那么在第 $r(r>0)$ 行上的处理器 $P_{r,i}$ 将连向 $P_{r-1,j}$,其中,j 或等于 i,或 j 与 i 的二进制表示仅在第 r 位不同(从左边数起)。此种网络由很多蝶状的图形组成,且整个网络由下而上蝴蝶的翅膀宽度按指数增大。

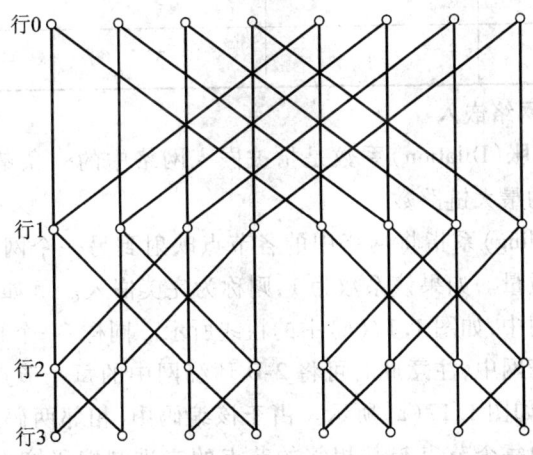

图 1.16 $k=3, n=8$ 的蝶形连接

2. 静态互连网络比较

定义 1.1 射入或射出一个节点的边数称为**节点度**(Node Degree)。在单向网络中,入射和出射边之和称为节点的度。

定义 1.2 网络中任何两个节点之间的最长距离(即最大路径数),称为**网络直径**(Network Diameter)。

表 1.1 将上述各静态互连网络的特性作了一个比较。大多数网络的节点度都是一个小的常数,这是比较理想的,超立方的节点度是网络规模的函数,这对网络的 VLSI 布局是不利的(见第十九章)。网络的直径越小越好,随着选路技术的革新,例如**虫蚀**(Wormhole)选路,网络的直径就变得不那么重要了。注意全书中的对数以 2 为底,除非另有说明。

表 1.1 静态互连网络特性比较一览表

网络名称	网络规模	节点度	网络直径
线性阵列	n	2	$O(n)$
网孔	$\sqrt{n}\times\sqrt{n}$	4	$O(\sqrt{n})$
二叉树	n	3	$O(\log n)$
树网	n	6	$O(\log n)$
金字塔	n	9	$O(\log n)$
超立方	n	$O(\log n)$	$O(\log n)$
立方环	n	3	$O(\log n)$
洗牌交换	n	3	$O(\log n)$

3. 静态互连网络嵌入

定义 1.3 **膨胀**(Dilation)系数是指被嵌入网络中的一条链路在所要嵌入的网络中对应所需的最大链路数。

嵌入(Embedding)系指将网络中的各节点映射到另一个网络中去,用膨胀系数来描述嵌入的质量。如果该系数为 1,则称为完美嵌入。例如,一个环网可完美嵌入到 2-D 环绕网中,如图 1.17(a)中的粗线所示。同样,一个超立方网也可以完美嵌入到 2-D 环绕网中,注意此时可将 2-D 环绕网中的每个节点的 x,y 坐标用**葛莱**(Gray)码标记,如图 1.17(a)所示。由于该编码中,相邻两码字仅有一位不同,这正好与超立方中每个节点与其相邻的节点的二进制编码恰恰仅一位不同相一致,如图 1.17(b)所示。

并非所有网络之间均可实现完美嵌入。例如,一棵完全二叉树,除非其高度为 2,否则无法将其完美嵌入到 2-D 网孔中。图 1.18 示出了一棵完全二叉树嵌入到 2-D 网孔中的所谓"H-树"嵌入法[42]。图中标有 A 的节点是"H-树"嵌入所需

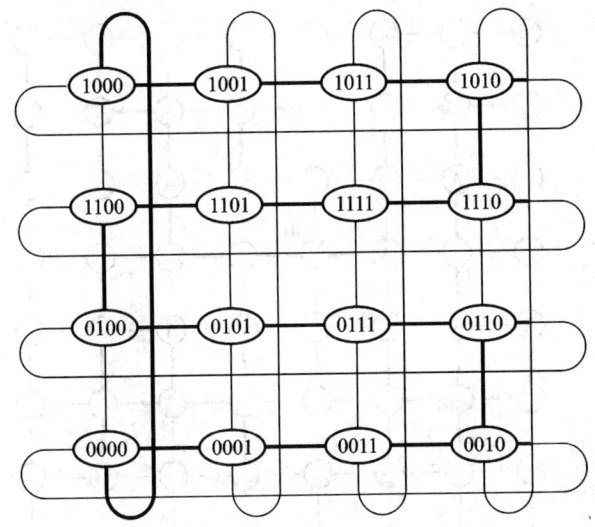

(a) 2-D 环绕网中的葛莱编码

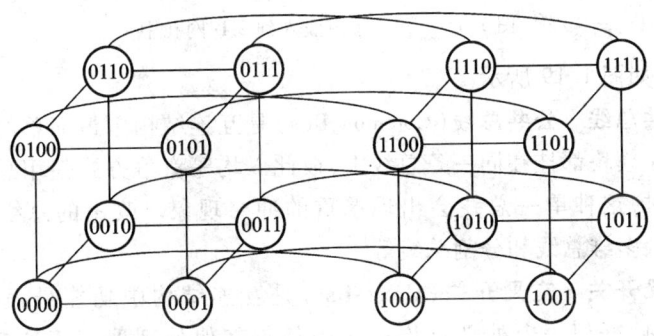

(b) 超立方中节点的编码

图 1.17 环网和超立方嵌入 2-D 环绕网中

的附加节点,带阴影的节点为树的节点。注意从根节点到树的下一层节点以及再下一层节点之间均需两条链路,所以其膨胀系数为 2。当树更高时,该系数亦随之增大。一般而言,对于高度为 h 的完全二叉树,其膨胀系数为 $\lceil h/2 \rceil$*。

4. 动态互连网络

与前述的静态互连网络不同,在**动态互连网络**(Dynamic Interconnection Networks)中,各节点之间是用 2×2 开关单元相连的,在算法执行过程中,可按不同的要求动态地改变连接组态。典型动态互连网络为公共总线、交叉开关和多级互连

---

* $\lceil x \rceil$ 表示大于或等于 x 的最小整数。同样,$\lfloor x \rfloor$ 表示小于或等于 x 的最大整数,全书同。

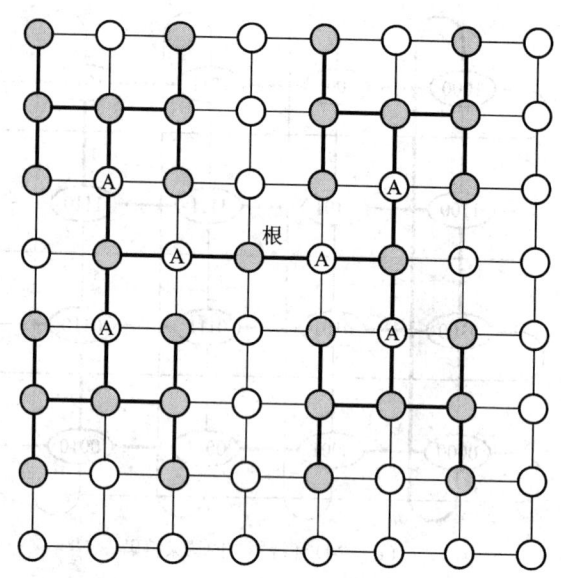

图 1.18　将二叉树嵌入到 2-D 网孔中

网络等三种,如图 1.19 所示。

(1) **公共总线**　公共总线(Common Bus)是互连结构中最简单的情况。所有处理器和存储模块都挂在同一条总线上,彼此以均等竞争方式使用总线。当处理器数目较多时,这种单一总线会出现严重的冲突现象。改进的总线结构有多总线、多级总线、多维总线和分割总线等[17]。

(2) **交叉开关**　交叉开关(Cross-Bar)是互连结构中功能最强的全连接方式。任何时刻,任何一个处理器均可访问任一其他处理器而无冲突现象存在。但对于 $n \times n$ 的交叉开关而言,其设备量(连接点数)是 n^2,所以当处理器数目大时,成本和复杂的连接都是不得不考虑的问题。

(3) **多级互连网络**　多级互连网络(Multistage Interconnection Networks)是介于总线和交叉开关这两个极端情况之间的一种互连网络。对于一个 $n \times n$ 的多级阻塞互连网络而言,它允许冲突存在,设备量和延迟级数通常是 $O(n \log n)$ 和 $O(\log n)$。常用的多级互连网络有间接二进制 n 立方网络、Ω 网络、基准网络和 Benes 网络等[17]。

5. 动态互连网络比较

表 1.2 将上述三种动态互连网络的重要性作了比较。显然,总线造价最低,但易冲突;交叉开关造价最高,但带宽和选路性能最好;多级互连网络是总线和交叉开关的折中,主要优点是采用模块结构,可扩展性好,但延迟随网络规模对数增长。

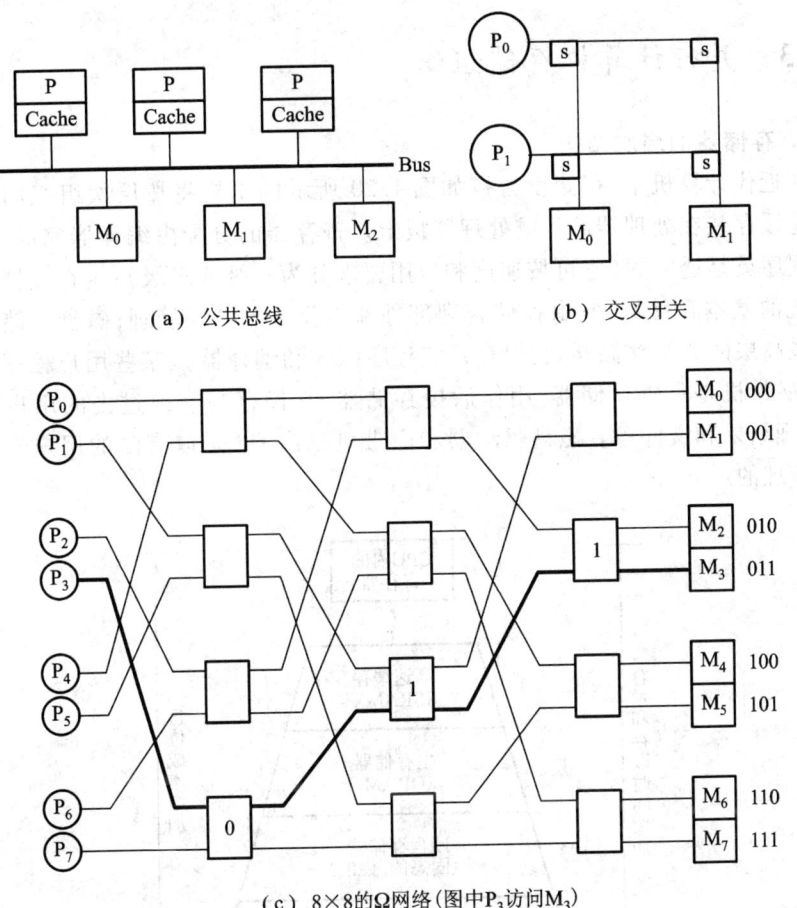

(a) 公共总线　　(b) 交叉开关

(c) 8×8 的 Ω 网络（图中 P_3 访问 M_3）

图 1.19　三种动态的 MIMD 机器互连结构

表 1.2　动态互连网络特性比较一览表

网络特性	总线系统（n 台处理器，总线宽度为 w 位）	$n\times n$ 多级互连网络（2×2 开关，线宽为 w 位）	$n\times n$ 交叉开关（线宽为 w 位）
最小延迟	轻负载时恒定	$O(\log n)$	恒定
带宽	$O(w/n) \sim O(w)$	$O(w) \sim O(nw)$	$O(w) \sim O(nw)$
开关复杂性	$O(n)$	$O(n\log n)$	$O(n^2)$
连线复杂性	$O(w)$	$O(nw\log n)$	$O(n^2 w)$
连接特性	一次只能一对一	阻塞型网络	全置换

1.2.3 并行计算机存储组织

1. 存储器的层次结构

在近代计算机中,存储设备按如图1.20所示的结构将按层次组织的寄存器和高速缓存装在处理器芯片或处理器板上。寄存器的分配由编译器完成;高速缓存对程序员是透明的(它可按速度和应用要求分为一级或多级);主存储器是计算机系统的基本存储器,它由存储管理部件和操作系统共同管理;磁盘存储器被看作是最高层的联机存储器,它保存系统程序(OS和编译器)、某些用户程序及其数据集;磁带机是脱机存储器,用作后援存储器,它保存当前或过去的用户程序副本、处理结果和文件等。磁盘驱动器和磁带机是由OS采取有限的用户干预方式进行管理的。

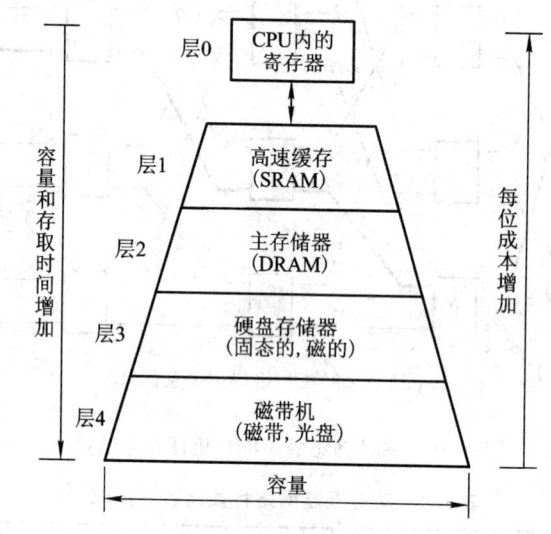

图1.20 存储器的层次结构

2. 存储器相邻层之间的数据传输

存储器相邻层之间的数据传输是按如图1.21所示以不同的单位进行的:CPU和高速缓存之间数据按字(4 B)传输(高速缓存(M1)通常分成一些高速缓存块,有的作者称之为**高速缓存行**(Cache Line),每块典型值是8个字);高速缓存和主存储器(M2)之间数据按**块**(Block)(32 B)传输;主存储器和磁盘(M3)之间数据按**页**(Page)(每页可包含128个块)传输;磁盘和磁带机(M4)之间数据按**段**(Segment)(段的大小由用户按需要而定)传输。

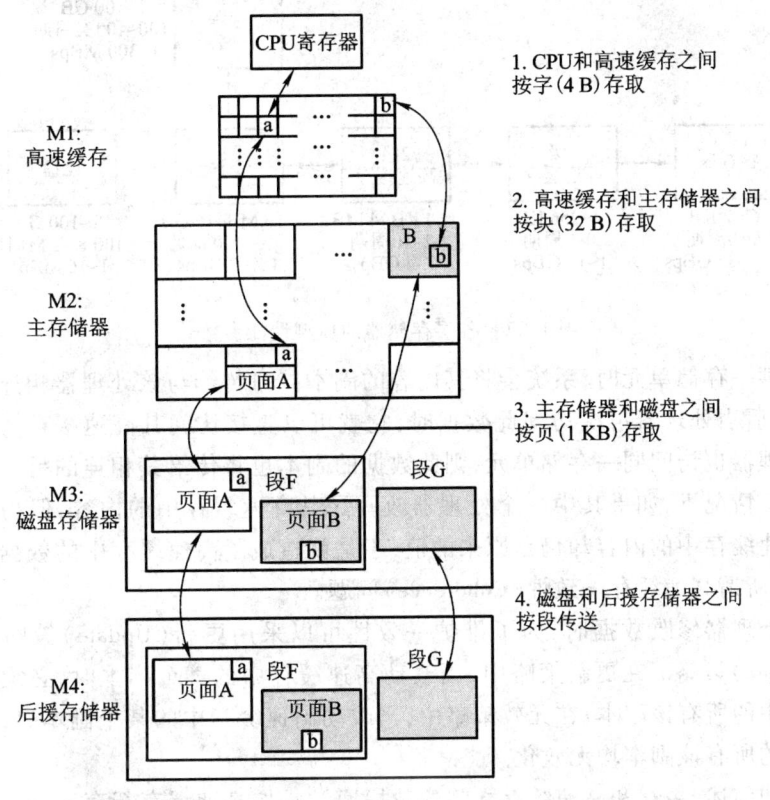

图 1.21 存储器相邻层之间的数据传输

3. 各层存储器的典型性能参数

(1) **存储器的层次结构** 在近代计算机中,为了加快处理器与存储器之间的数据移动,存储器通常按图 1.20 所示的层次结构进行组织。每一层均可用三个参数来表征:① **容量** C(Capacity):表示各层的物理存储器件能保存多少字节的数据;② **延迟** L(Latency):表示读取各层物理器件中一个字所需的时间;③ **带宽** B(Bandwidth):表示在 1 秒钟内各层的物理器件中能传送多少字节。各层存储器及其相应的典型的 C、L、B 值示于图 1.22 中。

(2) **存储器带宽的估算** 假定字长为 64 位,即 8 B。对于 RISC 类型机器中的加法操作,它从寄存器中取两个 64 位的字相加后再回送至寄存器。通常 RISC 加法指令可在单拍内完成,如果使用 100 MHz 的时钟,那么存储带宽将是 $3 \times 8 \times 100 \times 10^6 = 2.4$ GBps。可见,较快的时钟和处理器中较高的并行操作,可获得较宽的带宽。

4. 高速缓存一致性问题

在多层存储系统中,为了平滑处理器和主存储器的速度,当某一处理器第一

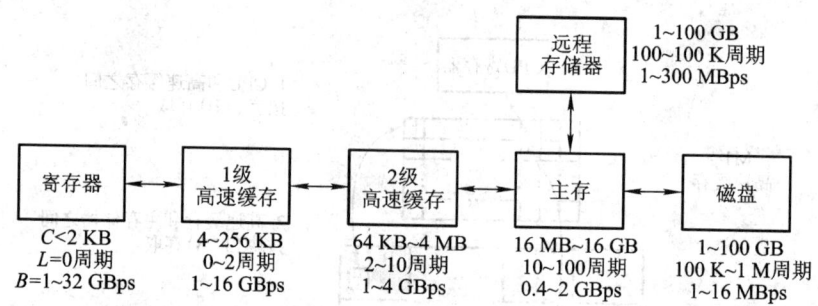

图 1.22 各层存储器的典型性能参数

次访问某一存储单元时,系统会将其内容的副本同时传给与该处理器相连的高速缓存,以后当处理器再次访问此数据时,它就可以直接访问其高速缓存。如果另一个处理器也访问同一存储单元,则此数据的副本也将传给其相连的另一高速缓存。在此情况下,如果其中一个处理器改写了其高速缓存中的内容,但另一处理器的高速缓存中的内容却仍是原来的值,于是就造成了高速缓存中的数据不一样了,此即所谓高速缓存**一致性**(Coherence)问题。

当处理器修改数据时,为了维护一致性可以采用**更新**(Update)策略或**无效**(Invalidate)策略。在更新策略中,当改动高速缓存中的某个副本时,必须同时更新系统中的所有该副本;在无效策略中,当改动高速缓存中的某个副本时,必须使系统中的所有该副本均无效化。

已如前述,主存和高速缓存之间的数据通常是按高速缓存行存取的。在多处理机系统中,不同的处理器可能需要同一个主存块(即高速缓存行)中的不同部分(字),尽管实际上这些字不是共享的,但如果一个处理器对该块的某一部分改写,则该块在其他高速缓存上的副本就要全部进行更新或无效化。这就是所谓的**假共享**(False Sharing)。假共享会使某一高速缓存行中的数据在不同的处理器之间造成乒乓效应,从而给系统性能带来负面影响。

1.3 并行计算模型

下面所讲的并行计算模型实际上是指并行算法设计与分析的模型,不涉及并行算法实现的程序设计模型和并行算法执行的程序执行模型。并行程序设计模型侧重于并行算法如何用某种程序设计语言正确地编程实现,而并行程序执行模型则侧重于并行算法如何在具体机器上运行以优化其性能。

1.3.1 模型的定义、功能和分类

1. 并行计算模型的定义

并行计算模型(Parallel Computational Model)是算法设计者与体系结构之间的一座桥梁,是设计与分析并行算法的基础;它屏蔽掉不同并行机的具体差异,从并行机中抽取若干个能反映计算特性的、为数不多的可计算或可测量的一组机器参数(也称为模型参数);并能按照模型所定义的计算行为构造出**成本函数**(Cost Function),以此分析所设计的并行算法的时空复杂度。

可见,机器参数(包括 CPU 性能参数、存储器参数、通信网络参数等)、计算行为(可为同步方式或异步方式等)和成本函数(其自变量是机器参数)构成了并行计算模型的三要素。

2. 并行计算模型的基本功能

根据上述模型的定义可知,首先算法设计者能够按照计算模型所定义的计算行为来设计同步式的或异步式的并行算法;然后,根据一组模型参数并依照计算行为(例如算法可以按**相**(Phase)或**超级步**(Supersteps)行进等)构造成本函数,其中模型参数或可定量计算出或可用小测试程序实际测量出;最后,当成本函数可解析计算时,我们就可在算法实际运行前对其进行时空复杂度的理论分析,当然这种分析是在数量级上进行的。

3. 并行计算模型的分类

在此,我们以系统的存储器为中心进行分类。以下依次讨论共享存储器并行计算模型,包括共享存储器的 SIMD 模型(即 PRAM 模型)和共享存储的 MIMD 模型(即 APRAM 模型);分布存储器的并行计算模型,包括固定互连网络连接的 SIMD 模型以及大同步 MIMD 模型(即 BSP 模型)和异步 MIMD 模型(即 LogP 模型)等;层次存储的并行计算模型,包括均匀层次存储模型 UMH 和分布层次存储模型 DRAM(h)等。还有其他并行计算模型,包括异步通信模型、比较器网络与心动阵列模型、判定树和有向无环图模型等。

1.3.2 共享存储模型

1. 共享存储 SIMD 同步模型

(1) **PRAM** 模型描述　并行随机存取机器(Parallel Random Access Machine, PRAM)模型[22]也称为共享存储器的 SIMD 模型,是一种抽象的并行计算模型。在这种模型中,假定存在着一个容量无限大的共享存储器;有有限或无限个功能相

同的处理器,且其均具有简单的算术运算和逻辑判断功能;在任何时刻各处理器均可通过共享存储单元相互交换数据。根据处理器对共享存储单元同时读、同时写的限制,PRAM 模型又可分为:① **不允许同时读和同时写**(Exclusive-Read and Exclusive-Write)的 PRAM 模型,简记之为 **PRAM-EREW**(也写作 SIMD-EREW);② **允许同时读但不允许同时写**(Concurrent-Read and Exclusive-Write)的 PRAM 模型,简记之为 **PRAM-CREW**(也写作 SIMD-CREW);③ **允许同时读和同时写**(Concurrent-Read and Concurrent-Write)的 PRAM 模型,简记之为 **PRAM-CRCW**(也写作 SIMD-CRCW)。显然,允许同时写是不现实的,于是又对 PRAM-CRCW 模型做了进一步的约定:① 只允许所有的处理器同时写相同的数,此时称之为**公共**(Common)的 PRAM-CRCW,简记之为 **CPRAM-CRCW**;② 只允许最优先的处理器先写,此时称为**优先**(Priority)的 PRAM-CRCW,简记之为 PPRAM-CRCW;③ 允许任意处理器自由写,此时称为**任意**(Arbitrary)的 PRAM-CRCW,简记之为 **APRAM-CRCW**。上述模型中,PRAM-EREW 是最弱的计算模型,而 PRAM-CRCW 是最强的计算模型。

令 T_M 表示某一并行算法在并行计算模型 M 上的运行时间,则

$$T_{EREW} \geq T_{CREW} \geq T_{CRCW} \tag{1.9}$$

1979 年,Eckstein 曾采用二叉树的方法来解决读写冲突问题[23]。为了解决读冲突,只允许一个处理器从共享存储单元取内容,然后,通过树向所有其他的处理器播送此数据。为了解决写冲突,将树用作一种竞赛机构,确保仅有一个处理器写内容。这样,一个具有时间复杂度 T 和空间复杂度 S 的 PRAM-CREW 或 PRAM-CRCW 算法,可在 PRAM-EREW 上模拟实现,其复杂度分别为:

$$\begin{aligned} T_{EREW} &= O(T_{CREW} \cdot \log p) = O(T_{CRCW} \cdot \log p) \\ S_{EREW} &= O(S_{CREW} \cdot p) = O(S_{CRCW} \cdot p) \end{aligned} \tag{1.10}$$

其中,p 为处理器数目。可见用二叉树解决读写冲突是费空间的。

1983 年,Vishkin 曾提出了另一种解决读写冲突的方法[24],其结果是

$$\begin{aligned} T_{EREW} &= O(T_{CREW} \cdot \log^2 p) = O(T_{CRCW} \cdot \log^2 p) \\ S_{EREW} &= O(S_{CREW} + p) = O(S_{CRCW} + p) \end{aligned} \tag{1.11}$$

显然,此方法省了空间,却增加了时间。

有关各计算模型的相互模拟,将放在本书的最后一章予以仔细研究。

(2) **PRAM 模型优点**　著名的 PRAM 模型有很多优点:它特别适合于并行算法的表达、分析和比较;使用简单,很多诸如处理器间通信、存储管理和进程同步等并行机的低级细节均隐含于模型中;易于设计算法和稍加修改便可运行在不同的并行机上;且有可能在 PRAM 模型中加入一些诸如同步和通信等需要考虑的问题。

（3）**PRAM 模型缺点**　PRAM 是一个同步模型,这就意味着所有的指令均按锁步(Lockstep)方式操作,用户虽感觉不到同步的存在,但它的确是很费时的;共享单一存储器的假定,显然不适合于分布存储的异步的 MIMD 机器;假定每个处理器均可在单位时间内访问任何存储单元而略去存取竞争和有限带宽等是不现实的。

（4）**PRAM 模型推广**　随着人们对 PRAM 的理解深化,在使用它的过程中也对其做了若干推广,主要有:存储竞争模型[25,26],它将存储器分成一些模块,每个模块一次可处理一个访问,从而可在模块级处理存储器的竞争;延迟模型[27],它考虑了信息的产生到能够使用之间的通信延迟;局部 PRAM 模型[28],此模型考虑到了通信带宽,它假定每个处理器均有无限的本地存储器,而访问全局存储器是较昂贵的;分层存储模型[29],它将存储器视为分层的存储模块,每个模块由其大小和传送时间表征,多处理机由模块树表示,叶为处理器;异步 PRAM 模型[30],它是下一节要讨论的更实用的并行计算模型之一。

尽管 PRAM 模型是很不实际的并行计算模型,但在目前算法界仍被广泛使用,且被普遍地接受下来,特别是算法理论研究者非常喜欢它。下面将介绍几种更为实用的并行计算模型,主要包括 APRAM、BSP 和 LogP 等。

2. 共享存储 MIMD 异步模型

（1）**APRAM 模型特点**　分相(Phase)PRAM 模型是一个**异步 PRAM 模型**(Asynchronization PRAM),简记之为 APRAM,系由 p 个处理器组成,其特点是每个处理器都有其本地存储器、局部时钟和局部程序;处理器间的通信经过共享全局存储器;无全局时钟,各处理器异步地独立执行各自的指令;处理器任何时间依赖关系需明确地在各处理器的程序中加入**同步(路)障**(Synchronization Barrier);一条指令可在非确定但有限的时间内完成。

（2）**APRAM 模型中的指令类型**　APRAM 模型中有四类指令:① 全局读:将全局存储器单元中的内容读入本地存储器单元中;② 局部操作:对本地存储器中的内容执行操作,其结果存入本地存储器中;③ 全局写:将本地存储器单元中的内容写入全局存储器单元中;④ 同步:同步是计算中的一个逻辑点,在该点各处理器均需等待别的处理器到达后才能继续执行其局部程序。

（3）**APRAM 模型中的计算**　在 APRAM 模型中,计算系由一系列用同步障分开的全局相所组成。如图 1.23 所示,在各全局相内,每个处理器异步地运行其局部程序;每个局部程序中的最后一条指令是一条同步障指令;各处理器均可异步地读取和写入全局存储器,但在同一相内不允许两个处理器访问同一单元。正是因为不同的处理器访问存储单元总是由一同步障所分开,所以指令完成的时间上的差异并不影响整个计算。

```
                处理器 1         处理器 2         处理器 3
                read x₁          read x₃          read xₙ
                read x₂          *                *
     phase 1    *                write to B       *
                write to A       write to C       write to D
     同步障    ─────────────────────────────────────────────
                read B           read A           read C
     phase 2    *                *
                write to B       write to D
     同步障    ─────────────────────────────────────────────
                *                write to C       write to B
                read D                            read A
     phase 3    *                                  *
                                                  write to B
     同步障    ─────────────────────────────────────────────
```

图 1.23 APRAM 中的异步计算（ * 表示局部操作）

（4） **APRAM 模型中的时间计算** 使用 APRAM 模型计算算法的时间复杂度时，假定局部操作取单位时间；全局读/写时间为 d，它定量化了读/写延迟，代表读/写全局存储器的平均时间，d 随机器中的处理器增加而增加；同步障的时间为 B，它是处理器数 p 的非降函数 $B = B(p)$。在 APRAM 中假定上述参数服从如下关系：

$$2 \leqslant d \leqslant B \leqslant p \tag{1.12}$$

同时 $B(p) \in O(d \log p)$ 或 $B(p) \in O(d \log p/\log d)$。令 t_{ph} 为全局相内各处理器指令执行时间中最长者，则整个程序运行时间 T 为各相的时间之和加上 B 与同步障次数的积，即

$$T = \sum t_{ph} + B \times 同步障次数 \tag{1.13}$$

总之，APRAM 模型比起 PRAM 来更接近于实际的并行机，且保留了 PRAM 编程的简捷性；由于使用了同步障，所以不管各处理器的延迟多长，程序必定是正确的，且因为 APRAM 模型中的成本参数是定量化的，所以算法的分析也是不难的。

1.3.3 分布存储模型

1. 固定连接的 SIMD 模型

固定互连网络连接的 SIMD 模型简记为 SIMD-IN 模型。早期诸多实验性的和

商品并行机几乎都是基于这种结构。其中各处理器(包括算术逻辑单元和本地存储器)通过前节所介绍的各种互连网络连接起来,从而形成各种不同互连结构的分布存储 SIMD 模型,常用的有:① 采用一维线性连接的 SIMD 模型,简记之为 SIMD-LC;② 采用网孔连接的 SIMD 模型(在二维情况下,简记之为 SIMD-MC);③ 采用树形连接的 SIMD 模型,简记之为 SIMD-TC;④ 采用树网连接的 SIMD 模型,简记之为 SIMD-MT;⑤ 采用立方连接的 SIMD 模型,简记之为 SIMD-CC(有时也称为超立方连接 SIMD 模型,简记之为 SIMD-HC);⑥ 采用立方环连接的 SIMD 模型,简记之为 SIMD-CCC;⑦ 采用洗牌交换连接的 SIMD 模型,简记之为 SIMD-SE;⑧ 采用蝶形连接的 SIMD 模型,简记之为 SIMD-BF;⑨ 采用多级互连网络连接的 SIMD 模型,简记之为 SIMD-MIN 等。

2. 大同步 BSP 模型

(1) **BSP 模型的基本参数**　大同步并行(Bulk Synchronous Parallel, BSP)模型[32]早期最简单的版本称为 **XPRAM 模型**,它作为计算机语言和体系结构之间的桥梁,是以下述三个属性描述的分布存储的多计算机模型:① 处理器/存储器模块(下文也简称为处理器);② 施行处理器/存储器模块对之间点到点信息传递的选路器;③ 执行以时间间隔 L 为周期的所谓路障同步器。相应地,BSP 模型将并行机的上述特性抽象为三个定量参数 p、g、L,它们分别对应于处理器数、选路器吞吐率(亦称带宽因子)、全局同步之间时间间隔。

(2) **BSP 模型中的计算行为**　在 BSP 模型中,计算系由一系列用全局同步分开的周期为 L 的**超级步**(Supersteps)所组成。在各超级步中,每个处理器均执行局部计算,并通过选路器接收和发送消息;然后做一全局检查,以确定该超级步是否已由所有的处理器完成:若是,则前进到下一超级步,否则下一个 L 周期被分配给未完成的超级步。

(3) **BSP 成本函数**　在 BSP 的一个超级步中,其计算模型如图 1.24 所示。按此可构造出 BSP 的一个超级步成本函数如下:

$$T_{super} = \max_{processes}\{w_i\} + \max\{h_i g\} + L \tag{1.14}$$

其中, w_i 是进程 i(process$_i$)的局部计算时间, h_i 是进程 i 发送或接收的最大信包数, g 是带宽的倒数(时间步/信包), L 是路障同步时间(注意,在 BSP 成本函数中并未考虑 I/O 的传送时间)。所以,在 BSP 计算中,如果用 s 个超级步,则总运行时间为

$$T_{BSP} = \sum_{i=0}^{s-1} w_i + g\sum_{i=0}^{s-1} h_i + sL \tag{1.15}$$

(4) **BSP 模型的性质和特点**　BSP 模型属于分布存储的 MIMD 计算模型,其特点是:① 它将处理器和选路器分开,强调了计算任务和通信任务的分开,而选路

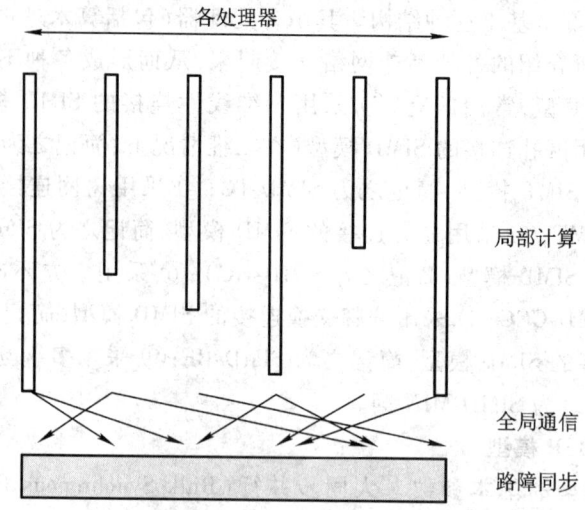

图 1.24 BSP 一个超级步中的计算模式

器仅施行点到点的消息传递,不提供集合、复制或广播等功能,这样做既掩盖了具体的互连网络拓扑,又简化了通信协议;② 采用路障方式的以硬件实现的全局同步是在可控的粗粒度级,从而提供了执行紧耦合同步式并行算法的有效方式,而程序员并无过分的负担;③ 在分析 BSP 模型的性能时,假定局部操作可在一个时间步内完成,而在每一超级步中,一个处理器至多发送或接收 h 条消息(称为 h-relation)。假定 s 是传输建立时间,所以传送 h 条消息的时间 $gh+s$,如果 $gh \geqslant 2s$,则 L 至少应 $\geqslant gh$。很清楚,硬件可将 L 设置尽量小(例如使用流水线或宽的通信带宽使 g 尽量小),而软件可以设置 L 之上限(因为 L 愈大,并行粒度愈大)。在实际使用中,g 可定义为处理器每秒所能完成的局部计算数目与选路器每秒所能传输的数据量之比。如果能合适地平衡计算和通信,则 BSP 模型在可编程性方面具有主要优点,它可直接在 BSP 模型上执行算法(不是自动地编译它们),此优点将随着 g 的增加而更加明显;④ 为 PRAM 模型所设计的算法,均可采用在每个 BSP 处理器上模拟一些 PRAM 处理器的方法实现之。理论分析证明,这种模拟在常数因子范围内是最佳的,只要**并行宽松度**(Parallel Slackness),即每个 BSP 处理器所能模拟的 PRAM 处理器的数目足够大。在并发情况下,多个处理器同时访问分布式的存储器会引起一些问题,但使用散列方法可使程序均匀地访问分布式存储器。在 PRAM-EREW 情况下,如果所选用的散列函数足够有效,则 L 至少是对数的,于是模拟可达最佳,这是因为欲在 p 个物理处理器的 BSP 模型上模拟 $v \geqslant p \log p$ 个虚拟处理器,可将 $v/p \geqslant \log p$ 个虚拟处理器分配给每个物理处理器。在一个超级步内,v 次存取请求可均匀摊开,每个处理器大约 v/p 次,因此机器执行本次超级步

的最佳时间为 $O(v/p)$,且概率是高的。同样,在 v 个处理器的 PRAM-CRCW 模型中,能够在 p 个处理器(如果 $v=p^{1+\varepsilon},\varepsilon>0$)和 $L \geqslant \log p$ 的 BSP 模型上用 $O(v/p)$ 的时间也可达到最佳模拟。

(5) **对 BSP 模型的评注** ① 在并行计算时,L. G. Valiant 试图也为软件和硬件之间架起一座类似于冯·诺依曼机的桥梁,他论证了 BSP 模型可以起到这样的作用,正是因为如此,BSP 模型也常称为桥模型;② 一般而言,分布存储的 MIMD 模型编程能力均较差,但在 BSP 模型中如果计算和通信可合适地平衡(例如 $g=1$),则它在可编程方面呈现出主要的优点;③ 在 BSP 模型上,曾直接实现了一些重要的算法(如矩阵乘、并行前缀运算、FFT 和排序等),它们均避免了自动存储管理的额外开销;④ BSP 模型可有效地在超立方网络和光交叉开关互连技术上实现,表明该模型与特定的工艺技术无关,只要选路器有一定的通信吞吐率;⑤ 在 BSP 模型中,超级步的长度必须能充分地适应任意的 h-relation,这一点是人们最不喜欢的;⑥ 在 BSP 模型中,在超级步开始发送的消息,即使网络延迟时间比超级步的长度短,它也只能在下一个超级步才能使用;⑦ BSP 模型中的全局路障同步假定是用特殊的硬件支持的,这在很多并行机中可能没有相应的现成的硬件机构;⑧ Valiant 所提出的编程模拟环境,在算法模拟时的常数可能不是很小的,如果考虑进程间的切换(可能不仅要设置寄存器,而且可能还有部分高速缓存),则此常数可能很大。

3. 异步 LogP 模型

(1) **LogP 模型提出的背景** ① 根据技术发展的趋势:20 世纪 90 年代末和未来的并行机发展的主流之一是大规模并行机,即 MPP(Massively Parallel-Processors),它系由成千个功能强大的处理器/存储器节点,通过受限带宽和可观延迟的互连网络所构成。所以建立并行计算模型应充分考虑此情况,这样,基于此模型的并行算法才能在现有和未来的并行机上有效运行;② 根据已有的编程经验:现有的共享存储、消息传递和数据并行等编程风范都很流行,但尚无一个公认的和占支配地位的编程方式,因此应寻求一种与上述任一特定编程风范无关的计算模型;③ 根据现有的理论模型:共享存储 PRAM 模型用于开发并行算法还不够合适,因为它们既未包含分布存储的情况,也未考虑通信同步等实际因素,从而也不能精确地反映运行在真实并行机上的算法的性态。所以在此背景下,一个以 MPP 为背景的新计算模型,即 LogP 模型,便由 D. Culler 等人提出了[33]。

(2) **LogP 模型的参数** LogP 模型是一种分布存储的、点到点通信的多处理机模型,其中通信网络由一组参数来描述,但它并不涉及具体的网络结构,也不假定算法一定要用显式的消息传递操作进行描述。很凑巧,LogP 恰好是以下几个定量参数的拼写,其中,① L(Latency)表示在网络中消息从源到目的地的延迟;②

o(Overhead)表示处理器发送或接收一条消息所需的**额外开销**(包含操作系统核心开销和网络软件开销),在此期间内它不能进行其他的操作;③ g(Gap)表示处理器可连续进行消息发送或接收的最小时间间隔;④ P(Processor)表示处理器/存储器模块数。很显然,g 的倒数相应于处理器的通信带宽;而 L 和 g 反映了通信网络的容量。L、o 和 g 都可以表示成处理器周期(假定一个周期完成一次局部操作,并定义为一个时间单位)的整倍数。

(3) **对 LogP 模型的论证** ① LogP 模型充分揭示了分布存储并行机的性能瓶颈,用 L、o 和 g 三个参数刻画了通信网络的特性,但却屏蔽了网络拓扑、选路算法和通信协议等具体细节。本质上讲,通信网络是一个启动率为 g、延迟为 L、端点处理器开销为 o 的流水线部件;网络的容量假定是有限的,在任何时刻至多只能有 L/g 条消息从一个处理器传到另一个处理器,且任何消息均可在有限但非确定的时间内到达目的地;在网络容限范围内,点到点传输一条消息的时间为 $2 \cdot o + L$。② 尽管拓扑结构对网络性能影响很大,但 LogP 模型在计算通信时间时却屏蔽了这一点,这是因为通过上千个节点的网络(如超立方、蝶形网、网孔、胖树等)的平均距离分析,发现它们的差别仅为 2 倍,而这种差别对整个消息传输时间的影响是很小的。③ 对于一个具体的并行机,由通道带宽为 w,经过 h 个**跨步**(Hops)的网络传送一个 m 位的消息所花的时间为 $t(m,h) = T_{send} + \lceil m/w \rceil + h \cdot r + T_{rev}$,其中 T_{send} 为发送开销,即第一位数据被送到网络之前处理器为网络接口准备数据的时间;T_{rev} 为接收开销,即从最后一位数据到达直接接收处理器用此数据进行处理的时间;$\lceil m/w \rceil$ 为将消息的最后一位送到网上所需的时间;$h \cdot r$ 是最后一位数据通过网络达到目的节点的时间(r 为中继节点的时延)。对 LogP 而言,合理的参数选取是:$o = (T_{send} + T_{rev})/2$,$L = h \cdot r + \lceil m/w \rceil$,$g = \lceil m/b \rceil$($b$ 为**对剖宽度**,即把图分成两个相等部分时所需移去的最小边数)。此外,通过对具有上千个处理器的典型并行机的测试和分析,发现在网络空载或轻载时 $t(m,h)$ 中起主导作用的是 T_{send} 和 T_{rev}(这就意味着通信接口部件对系统性能影响更大),而它们对网络和结构却不敏感。但是如果网络重载时就会出现竞争资源的现象,从而等待时间将迅速增加,正是因为如此,LogP 模型对网络的容量加以了限制。④ 在 LogP 模型中,假定每个节点只有一个处理器,它既用于计算,又负责接收和发送消息,所以为了发送和接收一个字处理器均要付出开销 o。对于长的消息,某些并行机提供了专门的硬件支持,但这样做充其量也只能使每个节点的性能提高一倍,所以在 LogP 模型中对长消息不做特别处理。⑤ 尽管在某些并行机中,使用了特殊的硬件支持数据的广播、前缀运算或全局同步等,但 LogP 模型中必须通过隐含地发送消息来执行这些操作,因为用硬件完成这些操作,其功能是受到限制的(例如它们可能只对整数有效而对浮点数则不行)。

此外,对于 LogP 模型设计算法时最常用的全局操作是路障,它是一种由硬件支持的原语操作。用硬件支持这一操作比对全局数据进行操作要简单,而且路障作为原语的优点是假定处理器以同步方式退出路障,从而简化算法的分析。
⑥ 在 LogP 模型中使用了无竞争的通信模式,因为用这种模式重复传输时可以利用整个带宽,反之其他的通信模式往往依赖于选路算法、路由缓冲器数和互连拓扑结构,而 LogP 模型将网络的内部结构抽象为几个性能参数,它就不能区别互连结构的优劣了。LogP 模型能够反映各种通信模式的一种可能的推广方式是为 g 提供多个备选值,对于特定的通信模式可以采用适当的 g 进行算法分析。⑦ 在 LogP 模型中提倡使用**多线程**(Multithreading)技术来屏蔽网络延迟(但此技术受通信带宽和进程切换开销的限制)。

(4) **对 LogP 模型的评注** ① LogP 模型将现代和将来的并行机的特性进行了精确的综合,以少量的参数 L、o、g 和 P 刻画了并行机的主要瓶颈。这个模型的详尽程度足以反映并行算法设计时的主要问题,而其简捷性也足以支持详细的算法分析。对于那些非平易的算法,用这种比较复杂的模型(显然比 PRAM 复杂得多)来分析时仍是可操作的,因为这些参数的重要程度在不同的环境下是不同的,往往可以略去其中一个或几个参数而使模型更简单一些。② LogP 模型无须说明编程风格或通信协议,它可以等同地用于共享存储、消息传递和数据并行等各种风范。③ LogP 模型的可用性已由诸如播送、求和、FFT、LU 分解、排序、图的连通性等算法加以证实,并且它们都已在 CM-5 机器上加以实现。④ 事实上,如果使 LogP 模型中的参数 $g=0, l=0$ 和 $o=0$,则 LogP 就等同于 PRAM;同时 LogP 模型也是 BSP 模型的改进和细化:例如,在一个超级步中并非所有的处理器都发送或接收 h 条那么多的消息;在一个超级步中消息一旦到达处理器就可立即使用它,而不必像 BSP 那样一定要等到下一个超级步;LogP 模型全部采用消息同步,而不像 BSP 那样要用专门的硬件支持。总之,尽管 LogP 模型的可用性还有待于用大量的算法实例进一步证实,但它毕竟打开了研究模型的新途径,它不仅为算法设计者提供了设计适合于近代并行机的巨量并行算法的手段,而且对设计并行机体系结构也提供了指导性意见。

4. 对 BSP 和 LogP 的评注

(1) **从 BSP 到 LogP** BSP 把所有的计算和通信视为一个整体行为而不是一个单独的进程和通信的个体活动,它采用各进程延迟通信的办法,将诸消息组合成一个尽可能大的通信实体施行选路传输,这就是所谓的**整体大同步**(Bulk Synchronization)。它简化了算法(程序)的设计和分析,当然就牺牲了运行时间,因为延迟通信意味着所有的进程均必须等待最慢者。一种改进的办法是采用**子集同步**(Subset Synchronization),即将所有的进程按快慢程度分成若干个子集,于是整体的大同步就演变为子集内的同步。如果子集小到其中只包含成对的发/收者，则它就变成了异步的**个体同步**，这就是 LogP 模型了。也就是说，如果在 BSP 中考虑个体通信所造成的**开销**(Overhead)而去掉**路障**(Barrier)同步，就变成了 LogP，即

$$BSP + Overhead - Barrier = LogP$$

(2) **BSP 的大同步机理**　BSP 模型的创始人 L. G. Valiant 曾从理论上论证并行计算不必优化在**单一消息**(Single-Message)级，他认为整体大同步能大大简化并行计算(算法和编程)的设计、分析、验证、性能预测和具体实现，而基于成对消息传递的个体异步并行计算(例如 LogP 模型)，在时间上的得益比起对计算性能上难以分析和预测来说，并不合算。目前，对 BSP 模型的质疑主要集中在两点，即延迟通信至某一特定点和频繁的路障同步，会不会造成性能下降和使成本过于昂贵。BSP 模型的支持者们对这两个问题进行了研究，回答是：延迟通信能提供更多的优化通信的机会，采用组合小的消息和全局通信调度能减少拥挤和竞争；路障同步对共享存储结构是不太费时的，而对分布存储的结构，主要是目前低层软件绝大多数都不支持访问相应的硬件，所以比较昂贵，但不管怎样，路障同步所造成的成本可折合到全局通信中而予以部分地抵消。

(3) **BSP 和 LogP 的比较**　① 现今最流行的并行计算模型是 BSP 和 LogP，已经证明两者本质上是等效的，且可以相互模拟：用 BSP 去模拟 LogP 所进行的计算时，通常会慢常数倍，而用 LogP 去模拟 BSP 所进行的计算时，通常会慢对数倍；② 直观上讲，BSP 为算法(和程序)提供了更多方便，而 LogP 却提供了较好的对机器资源的控制；③ BSP 所引起的精确度方面的损失比起其所提供的更结构化的编程风格的优点来是小的。总之，BSP 模型在简明性、性能的可预测性、可移植性和结构化可编程性等方面更受人欢迎和喜爱。

1.3.4　层次存储模型

在上述的并行计算模型中，均假定机器的存储系统具有一级(层)主存，且访问时间均为单位时间。但在近代的计算机中，如 1.2.3 节所述，存储系统是分层的，包括寄存器、高速缓存(一级或二级)、主存和外存，不同层次的存储器其访问时间是不一样的，均视为单位时间显然是不精确的，所以在并行计算模型中对存储系统分层考虑是十分必要的。

1. 串行计算系统的层次存储模型

(1) **HMM 和 HMM-BT 模型**　HMM (Hierarchical Memory Model)[34]和 HMM-BT (HMM with Block Transfer)[35]是两个较早的串行计算系统的层次存储模

型,它们都是面向地址的,也就是访问的数据地址决定了访存开销。对于 HMM 而言,假定对内存地址 a 的访问其开销函数为 $f(n)$,则 $f(a)$ 是地址 a 的单调升函数。HMM-BT 在 HMM 的基础上增加了块传输,对于长度为 b、起始地址为 a 的块,其访存开销函数为 $f(a)+b-1$。HMM 模型和 HMM-BT 模型对顺序访问有效,适合于磁带之类的顺序存储介质,而对随机访问高速缓存、磁盘等不适用。

(2) **UMH 模型** 在**均匀存储层次**(Uniform Memory Hierarchy, UMH)[29]模型中,本地存储包括寄存器、高速缓存(L1 和 L2)、本地内存和磁盘等,其访存开销为存储层次数 k(而不是数据地址)的函数 $f(k)$,且假定每层访问开销是固定的。算法访存时总是重复地从远层存储取数,而忽略下次访问可以从近层存储取数。该模型假定存储访问与计算重叠,同时希望所有存储层次都提供数据预取技术。

(3) **RAM(h)模型** RAM(h)模型[36]是将单层**随机访问存储**(Random Access Memory, RAM)模型推广到具有 h-层存储,且各层访问开销是非均匀一致的。

令 $d_i(s)$ 是访问第 s 层中第 i 条数据的访问开销

$$d_i(s) = \begin{cases} 0, & \text{数据 } i \text{ 在寄存器中的访问时间}(s=0) \\ t_c, & \text{数据 } i \text{ 在高速缓存中的访问时间}(s=1) \\ t_m, & \text{数据 } i \text{ 在主存中的访问时间}(s=2) \\ t_s, & \text{数据 } i \text{ 在远程辅存中的访问时间}(s=3) \end{cases} \quad (1.16)$$

令 $f_i(s)$ 是访问第 s 层中第 i 条数据的次数(频率),则算法的存储复杂度平均期望值 $m(n)$ 为

$$m(n) = \frac{\sum_{i=1}^{p(n)} \sum_{s=1}^{h} f_i(s) d_i(s)}{\sum_{i=1}^{p(n)} \sum_{s=1}^{h} f_i(s)} \quad (1.17)$$

数据在层次存储之间移动总次数与浮点操作次数的比 $q(n)$ 为

$$q(n) = \frac{\sum_{i=1}^{p(n)} \sum_{s=1}^{h} f_i(s)}{C(n)} \quad (1.18)$$

其中 n 为问题规模,$p(n)$ 为算法用到的数据数目,$C(n)$ 为算法的时间复杂度(可用浮点操作次数代之)。

显然,算法每次浮点操作中存储访问时间 T_{fp} 为

$$T_{fp} = m(n) q(n) \quad (1.19)$$

此外,RAM(h)模型并不要求数据存取与计算之间的重叠,并且对存储的读/写时间不加区别。

2. 并行计算系统的层次存储模型

(1) **Memory-LogP 模型** Memory-LogP 模型[37]关注并行机的分布存储体系结构向以共享存储 SMP 为节点的机群系统过渡的趋势。该模型试图在可测量的系统参数基础上预测算法的性能,它将存储层次嵌入到通信模型中,把网络通信开销与层次存储结合起来,不希望过于精确化存储层次模型,而对 LogP 模型作适当的推广,把它的网络延迟参数 l 扩展为一个通信开销函数 $l = f(s,d)$,其中,s 为应用数据集合大小,d 为数据分布。这样,总的通信开销 l 包括数据收集开销、将数据复制到网络缓冲的开销和网络开销以及中间件实现引起的开销等。

令 o_j 和 L_j 表示硬件开销平均成本和第 j 层与第 $j-1$ 层存储之间传输数据所造成的延迟,α_j、β_j 和 β'_j 分别为传输 w 个字时指令执行的重叠、连续延迟和非连续延迟的百分数,则在 m 层存储系统中传输 w 个字时的每个字的平均成本 T_{word} 为

$$T_{\text{word}} = o + l + \sum_{j=1}^{m}(1-\alpha_j)o_j + \sum_{j=1}^{m}(1-\beta_j)L_j + \sum_{j=1}^{m}(1-\beta'_j)L_j \quad (1.20)$$

可见,Memory-LogP 模型将系统和应用特点整合进存储通信开销,它分为不可避免的系统开销和可通过重叠隐藏的延迟两部分。

(2) **DRAM(h)模型** DRAM(h)是**分布式** RAM(h)(Distributed RAM(h))模型[38],它以 RAM(h)为本地存储模型,通过互连网络把 p 个本地处理器节点连接起来,节点之间使用点到点消息传递交换信息。在此模型中,把消息传递统一视为另一层存储层次访问。实际上,DRAM(h) = RAM(h) + LogP,前者为基于 RAM(h)的本地存储层次访问模型,后者是基于 LogP 的远程存储访问模型。模型假定数据起始分布在主存中,因此 DRAM(h)模型不考虑磁盘。消息传递使用阻塞的发送和接收,发送视为写存储操作,接收视为读存储操作。发送和接收视为一次存储访问开销,且开销相同,其开销可用 LogP 模型分析之;模型把集合消息传递看作并发的存储访问。

此并行计算模型的存储复杂度分析以 RAM(h)模型分析方法为基础,并把它扩展到包含远程存储访问中。存储访问成本由存储层次和数据的可重用性决定,其中数据的存储和传输以块(高速缓存行)的形式进行。具体的本地存储访问成本和远程存储访问成本函数分析较复杂,有兴趣者可参考文献[38]。

(3) **HPM 模型** 层次并行和存储(Hierarchical Parallelism and Memory,HPM)模型[39]可用来同时描述同构(质)并行系统中的层次并行性和层次存储特性。它使用并行函数 HP 描述系统中的多级并行性,使用存储函数 Hm 展示分层存储特性,并用绑定关系 HB 将多级并行性与层次存储联系起来。

HPM 模型能更清楚地表示为 $HPM(p,hp,Hm,HB,HP)$,其中,p 是处理器的总

数目,hp 是模型中并行性的级数。更准确地说,$Hm = \{hm, hc\}$ 是总的层次存储的层数,其中,hm 表示存储层次数,hc 表示通信级数。$HP = \{P_1, \cdots, P_{hp}\}$ 是描述多级并行性的并行函数。$HB = \{hl_1, \cdots, hl_{hp}\}$,其中 hl_i 描述 P_i 子系统之间的数据传输方式:如果 $hl_i = k$,表示 P_i 子系统间数据交换是经由共享存储器的;如果 $hl_i = k^+$,表示 P_i 子系统间数据交换是经由网络的消息传递完成的。

用 HPM 模型能精确地描述 SMP 系统、MPP 系统和 SMP 机群系统中的存储特性和通信特性,但用其来设计和分析并行算法是比较困难的。

1.3.5 其他并行计算模型

1. 异步通信分布式计算模型

一个基于**异步通信**的**分布式计算模型**,简记之为 MIMD-AC,可以抽象为一个无向图 $G(V, E)$,其中,顶点集对应于处理器集合,边集对应于处理器间双向通信链集合。每个处理器都赋予唯一的编号,且只具有知晓与其有线相连的近邻处理器的局部知识。系统中并无共享存储器,各处理器之间的通信是通过发送和接收消息完成的。在算法运行期间,每个处理器除了执行自己的计算任务外,还向邻近的处理器发送消息和接收并处理来自邻近处理器的消息。假定计算时间远远小于通信时间,并且假定通信链是无故障的,这样每个处理器发送给近邻处理器的消息总可在有限的(但不确定的)时间内到达。在一条通信链上同一方向上所到达的消息,服从**先进先出**(First-In First-Out, FIFO)的规则。

在这种基于异步通信的分布式计算模型上开发的算法也称为**分布式算法**(Distributed Algorithm),度量它的标准主要是通信复杂度。

2. 比较器网络[40]

对于基于比较关系运算的一大类计算问题,可直接使用**比较器网络**(Comparator Network)求解,该网络系由 Batcher **比较器**(Comparator)根据一定的拓扑结构按级(列)排列而成[41]。这种比较器是一个两输入/两输出的比较交换单元,可将两输入数据按大小自动分别置于两个输出端。对于一个 $n \times n$ 的比较器网络而言,通常假定只能有 $n/2$ 对数据可同时进行比较交换操作,而且还要限制在每一级任何一个数都不能与两个或两个以上的其他数同时进行比较,否则后继的条件交换就会比较复杂且影响连线的规整性。本书的第四章将专门讨论比较器网络在排序和选择算法中的应用。

3. 心动阵列和波前阵列[42]

这两种结构统称为 VLSI 阵列,因以大量相同的处理单元(简称为 PE)按规整的几何形状排成阵列的形式而得名。这种计算模型是面向具体问题的,对算法有较强的依赖性。由于阵列的局部连接性,使得它们特别适合于具有相关关系的线性递推运算。

心动阵列(Systolic Array)[43]是美国 CMU 的 H. T. Kung 等人在研究算法和专用芯片结构关系时提出的。在心动阵列中,数据从存储器中有节奏地流出并"压入"阵列,经过许多连成流水线的 PE,在时钟的同步下,沿途得到连续有效的处理,最终返回至存储器。心动阵列实际上是某些算法的硬件直接实现,它把算法中的内在并行性体现在由具有相同运算功能的 PE,按规整的拓扑结构连接起来的 VLSI 阵列中。心动阵列本质上是一种线性时间阵列。数据在阵列内的相邻 PE 之间流动,时时处处都花费相同的时间间隔。因此,任何算法若能在抽象代数空间中找到一种线性表示,就至少存在着一种心动阵列来实现它。心动阵列可以解决一大类诸如矩阵运算、数字信号与图像处理的计算等问题。

心动阵列的所有操作必须由一个全局统一的时钟来控制,这对超大规模和超高速的阵列是难以实现的。为此可在处理器阵列中引入数据流计算原理,从而导致了**波前阵列**(Wave Front Array)的出现[44],即波前阵列 = 心动阵列 + 数据流计算方式。在波前阵列中,每个 PE 按**数据驱动**(Data Driven)方式工作,只有当其所需的全部数据从相邻的 PE 到达后才由静止态转为工作态。阵列中的 PE 随着数据的流动轮流处于静止和工作态,工作态的 PE 分布犹如水面上波纹一样沿数据流动方向推进,故得名"波前"。这样的一个全局异步的处理器阵列,用正确的数据序列取代心动阵列中的时钟序列,从而省去了全局的控制与同步。但正是由于波前阵列中无统一的时钟,PE 间数据的传递靠**信号交换式**(Hand Shaking)进行,从而致使通信开销增大。

在本书的第二十章将会对这种模型的一些理论问题进行详细讨论。

4. 判定树

所谓**判定树**(Decision Tree)实际上是一棵二叉树,其中每个内节点代表一个判定(或测试)步。判定自根节点开始,并按测试结果控制转移到它的某个子节点,这样的判定和转移过程直至到达某个叶节点,在那里就可得到输出。显然,判定树的深度就是相应的算法所花费的时间。

在判定树模型上执行算法时,通常只考虑数据之间的比较,而略去数据的通信和其他的附加计算,所以**判定树模型**也常称为**比较树模型**。

如果在判定树的每个内节点,不止一个判定和测试,而允许若干个(例如 p 个)测试同时进行,则这样的判定树模型就称为 p-**阶判定树**。一个 p-阶判定树的每个内节点可同时执行 $q(q \leq p)$ 对数的比较,每个内节点有 2^q 个子节点,其中每个子节点对应于一种可能的比较结果。Valiant[45]证明了用 k 台处理器从 n 个元素中选取最大者的时间界为 $n/k + \log \log k + O(1)$,他所使用的模型就是 k 阶并行判定树模型。

5. 有向无环图

有向无环图 dag(Directed Acyclic Graph)是一种与体系结构无关的计算模型,它特别适合于数值计算。其中无入射弧的顶点为输入;无射出弧的顶点为输出;每个有两条入射弧和一条射出弧的内顶点代表了花费单位时间的一种操作。具有 n 个输入顶点的 dag 表示一种输入规模为 n 的无分支指令的操作,所以一个算法可用一簇 dag $\{G_n\}$ 表示,其中 G_n 相应于具有 n 个输入的算法。

在 dag 模型上并行执行某一特定算法时可按一定的策略为各内顶点分配处理器。每个内顶点完成该顶点所指明的操作。各个内顶点所执行的操作隐含着一定的优先关系。同时假定通信时间是不考虑在内的。

例 1.4 在 dag 模型上计算两个 $n \times n$ 的矩阵乘积 $C(i,j) = \sum_{l=1}^{n} A(i,l) \times B(l,j)$ 时,可使用 n 个处理器计算 C 的每个分量。所以共使用 n^3 个处理器在 $O(\log n)$ 时间内计算出乘积 C。图 1.25 示出了两个 4×4 矩阵相乘的情况。□

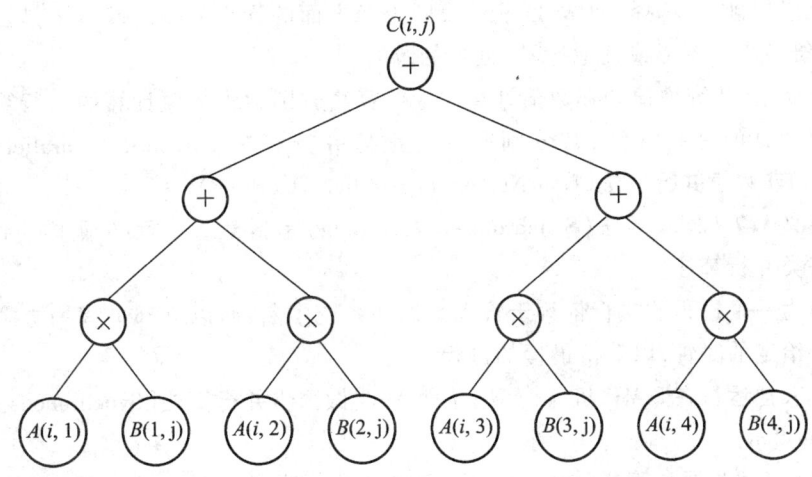

图 1.25　在 dag 模型上计算两个 4×4 矩阵之积

1.4　并行算法的基础知识

本节介绍并行算法的若干基础知识,包括并行算法的定义、分类和表达,算法复杂度渐进表示、算法执行时间归一化和并行算法的复杂性度量,以及并行算法中的同步和通信等。

1.4.1 并行算法的定义

算法是解题方法的精确描述,是一组有穷的规则,这些规则规定了解决某一特定类型问题的一系列运算。所谓并行算法可以朴素地解释为适合于在各种并行计算模型上求解问题和处理数据的算法。

定义 1.4 **并行算法**(Parallel Algorithm)是一些可同时执行的诸进程的集合,这些进程互相作用和协调动作从而得到给定问题的解。

并行算法可从不同的角度加以分类:数值计算的和非数值计算的;同步的、异步的和分布式的;SIMD 机器上的、MIMD 机器上的和 VLSI 结构上的,等等。

定义 1.5 **数值计算**(Numerical Computation)是指基于代数关系运算的一类诸如矩阵运算、多项式求值、解线性方程组等计算问题。基本上属于数值分析(对以数字形式表示的问题求数值解)的范畴。

定义 1.6 **非数值计算**(Non-Numerical Computation)是指基于比较关系运算的一类诸如排序、选择、搜索、匹配以及图论等方面的计算问题。基本上是属于符号(字符、数字、图形或其他记号)处理的范畴。

相应地,研究数值和非数值计算问题的算法分别称为数值计算的并行算法和非数值计算的并行算法,常分别简称为**数值并行算法**(Numerical Parallel Algorithm)和**非数值并行算法**(Non-Numerical Parallel Algorithm)。

定义 1.7 **同步算法**(Synchronized Algorithm)是指某些进程必须等待别的进程的一类并行算法。

因为一个进程的执行依赖于输入数据和系统中断,所以全部进程均必须同步于一个给定的时钟,以等待最慢的进程。

有人把运行在 SIMD 机器模型上的算法叫做**同步并行算法**(Synchronous Parallel Algorithm)。

定义 1.8 **异步算法**(Asynchronized Algorithm)是指诸进程的执行一般不必相互等待的一类并行算法。

在此情况下,进程的通信是通过动态地读取(修改)共享存储器的全局变量来实现。

有人把运行在 MIMD 共享存储模型上的算法叫做**异步并行算法**(Asynchronous Parallel Algorithm)。

定义 1.9 **分布算法**(Distributed Algorithm)是指由通信链路连接的多个**场点**(Site)或节点,协同完成问题求解的一类并行算法。

按照上述意义,在局网环境下进行的计算称为**分布计算**(Distributed Computing)。在 Internet 流行的今天,可把**工作站机群**(Cluster of Workstations,COW)环境下进行的计算称为**网络计算**(Network Computing),推而广之,有人把基于 Internet 的计算则称为**元计算**(Metacomputing)。

定义 1.10 **VLSI 并行算法**是指在 VLSI 计算模型上开发的一类并行算法。

定义 1.11 **确定性算法**(Deterministic Algorithm)是指算法的每一步都能明确地指明下一步应该如何行进的一种算法。

定义 1.12 **随机算法**(Randomized Algorithm)是指算法的某一步,随机地从指定范围内选取某个或某几个参数,由其来确定算法的下一步走向的一种算法。

定义 1.13 **有效并行算法**(Efficient Parallel Algorithm)是指使用多项式数目的处理器能在**对数多项式**(Polylogarithmic)时间内求解某一问题的一类并行算法。

定义 1.14 **近似算法**(Approximate Algorithm)是指对于 NP 难解问题寻求一个满意的可近似解的一类算法。

1.4.2 并行算法的表达

描述一个算法,可以使用自然语言进行物理描述;也可使用某种程序设计语言进行形式化描述。语言的选用,应避免二义性,且力图直观、易懂而不苛求严格的语法格式。像描述串行算法所选用的语言一样,类-ALGOL、PIDGIN-ALGOL、类-Pascal 等语言均可选用。在这些语言中,允许使用任何类型的数学描述,通常也无数据类型的说明部分,但只要需要,任何数据类型都可引进。

在描述并行算法时,所有描述串行算法的语句及过程调用等均可使用,而只是为了表达并行性而引入如下几条并行语句:

Par-do 语句 当算法的若干步要并行执行时,可使用"do in parallel"语句,简记之为"par-do"进行描述:

$$\text{for } i = 1 \text{ to } n \text{ \textbf{par-do}}$$
$$\vdots$$
$$\textbf{end for}$$

其中"end for"也可代之以"odrap"。

for all 语句 当几个处理器同时执行相同的操作时,可以使用"for all"语句描述之:

$$\text{for all } P_i, \text{where } 1 \leq i \leq k \text{ do}$$
$$\vdots$$
$$\textbf{end for}$$

注意,为了算法书写简洁,在意义明确的前提下,参数类型总是省去,同时对语句对"begin … end"的使用也不做严格要求。

1.4.3 并行算法的复杂性

1. 算法复杂度的渐近表示

一个算法的**复杂度**(Complexity)又称**复杂性**,是指它所包含的工作量。例如串行算法(又叫顺序算法)的复杂度是指运算时间步和存储空间。它们都是求解问题规模 n 的函数,当 n 趋向无穷大时,就得到算法复杂度的**渐近表示**(Asymptotic Notation)。一般而言,我们关心的是 n 充分大时的复杂度,这时它与渐近复杂度相差不多,在算法分析时,往往对这两者不予区分。

对算法进行分析时,常使用**上界**(Upper Bound)、**下界**(Lower Bound)和**精确界**(Tight Bound)的概念。下面就精确地定义它们。

定义 1.15 令 $f(n)$ 和 $g(n)$ 是定义在自然数集合 **N** 上的两个函数,如存在两个正常数 c 和 n_0,使得对于所有 $n \geq n_0$ 均有 $f(n) \leq c \cdot g(n)$,则称 $g(n)$ 是 $f(n)$ 的一个**上界**,记做 $f(n) = O(g(n))$。

定义 1.16 $f(n)$ 和 $g(n)$ 定义如上,如存在两个正常数 c 和 n_0,使得对于所有 $n \geq n_0$ 均有 $f(n) \geq c \cdot g(n)$,则称 $g(n)$ 是 $f(n)$ 的一个**下界**,记做 $f(n) = \Omega(g(n))$。

定义 1.17 $f(n)$ 和 $g(n)$ 定义如上,如存在正常数 c_1、c_2 和 n_0,使得对于所有 $n \geq n_0$ 均有 $c_1 \cdot g(n) \leq f(n) \leq c_2 \cdot g(n)$,则称 $g(n)$ 是 $f(n)$ 的一个**精确界**,又称**紧致界**,记做 $f(n) = \Theta(g(n))$。

注意,在求 $f(n)$ 的上界时总是试图求出最小的 $g(n)$,使得 $f(n) \leq c \cdot g(n)$;而在求 $f(n)$ 的下界时总是试图求出最大的 $g(n)$,使得 $f(n) \geq c \cdot g(n)$;一个算法的复杂度为 $f(n) = \Theta(g(n))$,就意味着此算法在最好和最坏情况下的复杂度,在一个常量因子范围内是相同的。

图 1.26 给出了上界、下界和紧致界的几何解释。

例 1.5 例如,如果 $f(n) = 10n, g(n) = n^2/5$,则 $f(n) = O(n), g(n) = \Omega(n^2)$ 和 $g(n) = \Theta(f(n)^2)$。□

现在,按照算法复杂度,又可把算法分成两类:凡是复杂度函数上界是多项式界的算法称之为**多项式时间算法**(Polynomial-time Algorithm);而复杂度函数上界是指数界的算法称之为**指数时间算法**(Exponential-time Algorithm)。

几种常见的多项式与指数函数的关系如下:

$$\left. \begin{array}{l} O(1) < O(\log n) < O(n) < O(n\log n) < O(n^2) < O(n^3) \\ O(2^n) < O(n!) < O(n^n) \end{array} \right\} \quad (1.21)$$

图 1.27 示出了几种函数曲线之间的相互关系。

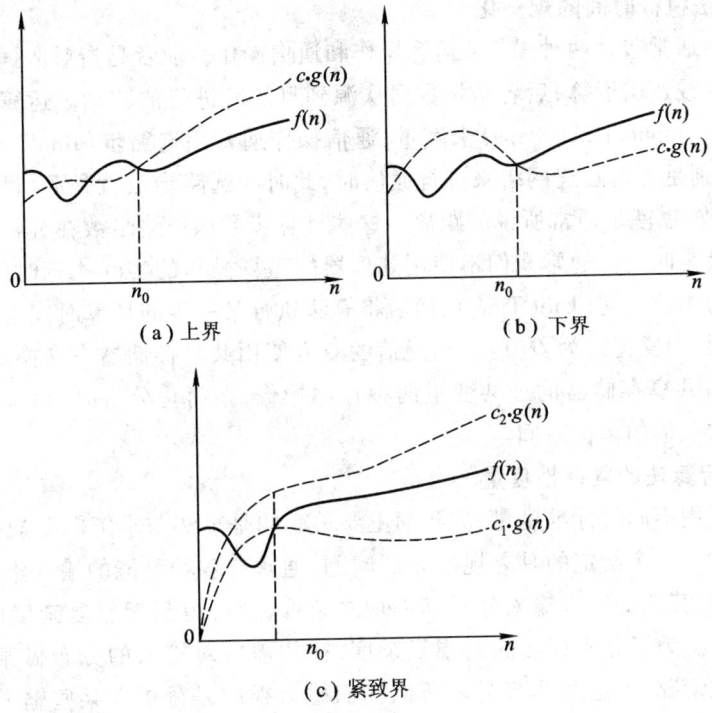

(a) 上界　　(b) 下界　　(c) 紧致界

图 1.26　上界、下界和紧致界的几何解释

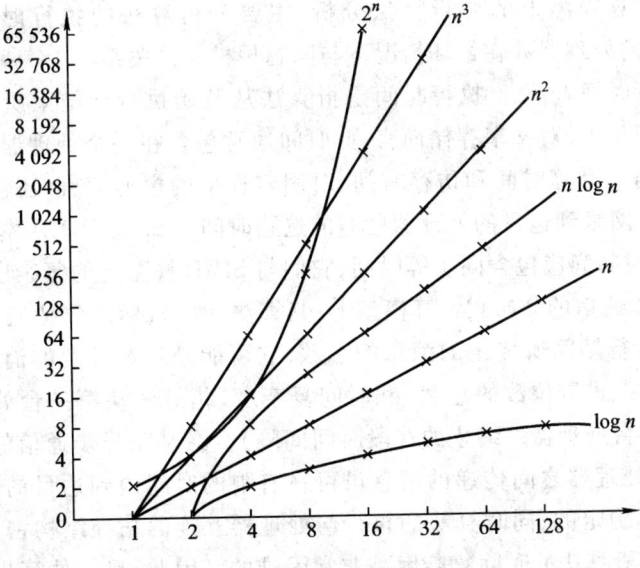

图 1.27　几种常见的函数曲线

2. 算法执行时间的规一化

算法中通常包含两种操作：运算操作和通信操作。前者是指对数据所执行的基本的算术或逻辑运算；后者是指数据从源到目的所进行的移动。运算操作通常用**计算步**(Computational Steps)来度量；通信操作通常用**选路步**(Routing Steps)数来度量，特别是经由互连网络来进行通信时，此时的选路步数就是源、目之间的**跨步**(Hops)数，也就是通常所说的距离。这些计算步数和选路步数在分析算法时将等效地转换为时间。通常我们不使用处理器的运算操作的实际执行时间，而是将其规一化为**单位时间**(Unit Time)，然后将算法执行某一步的计算时间表示成常数倍单位时间，通常记之为 $O(1)$。当通信的双方使用共享存储器来交换数据时，就涉及读和写共享存储器的公共变量两种存储操作，在简化分析时，每次存储访问时间也取常数倍的单位时间。

3. 并行算法的复杂性度量

算法可用不同的标准度量，但我们主要关心的是算法与求解问题规模 n 之间的关系。对于一个给定的具有规模 n 的问题，通常有各种可能的输入集合。在算法分析时，对算法的所有输入分析其平均复杂度，即可得到**期望复杂度**(Expected Complexity)。为了分析算法的期望复杂度，往往需要对输入的分布做某种假定。但在大多数情况下，这并非容易。所以我们感兴趣的是分析在某些输入时，使得算法的时空复杂度呈现最坏情况下的算法复杂度，这样的复杂度称为**最坏情况下复杂度**(Worst-Case Complexity)。

在给定计算模型上的并行算法分析，主要分析算法的**执行时间**(Execution Time)和所需的处理器数在最坏情况下与问题规模 n 的关系。

(1) **执行时间 $t(n)$**　执行时间是指算法从开始执行到结束所经过的时间。① 在 SIMD 模型上，对共享存储而言，此时间通常包含在一个处理器内执行算术、逻辑运算所需的计算时间和访存时间；对固定连接的模型而言，还包括数据从源处理器经互连网络到达目的处理器所需的选路时间。② 在 MIMD 模型上：对共享存储而言，其时间尚应包含同步等时间，它们与 SIMD 模型上的复杂度度量基本一致。③ 在异步通信的分布式计算模型上：其算法的度量标准包括通信复杂度(指算法在整个执行期间所传送的消息的总数，它可能是基本长度的消息总数，或者是传送消息的二进制位数的总和)和时间复杂度(指算法从第一台处理器上开始执行到最后一台处理器上终止的这段时间间隔)。在基于异步通信的分布式计算模型中，由于处理器之间传递的消息虽可在有限的时间内到达目的地，但此时间的长短却是不确定的；同时算法的执行与处理器互连的拓扑结构密切相关，所以要想精确地分析算法的时间复杂度是非常困难的。因此，目前估算出的复杂度都是假定相邻处理器之间的通信可在 $O(1)$ 时间内完成这一基础上得出的。④ 在

VLSI 计算模型上;算法复杂度的度量标准是芯片面积 A 和计算时间 T,且常用 AT^2 度量之[42](详见本书第十九章)。

(2) **处理器数** $p(n)$ 它是指算法所使用的处理器数。在设计并行算法时,通常是事先给定;或者取算法执行中实际所需的处理器数(参见 1.5.2 节讨论)。

1.4.4 并行算法的同步和通信

1. 同步

同步(Synchronization)是在时间上使各执行计算的处理器(或进程)在某一点必须相互等待,以确保它们正确的执行顺序或对共享可写数据的正确访问。在 PRAM 模型中,系统中所有的处理器在统一的公共时钟下同步地进行操作(即所谓的锁步方式);在 APRAM 中,系统中各处理器在各自的时钟下进行操作(即所谓异步方式)。在异步方式下,如果某一处理器要访问某一数据,我们要确保它能得到正确的数据,此时就需要某种方式的同步。通常,在共享存储的系统中,可以使用**临界区**(Critical Section)的办法以互斥的方式进行同步,或者可以使用路障的办法以强行等待的方式实现同步;在分布存储系统中,也可以使用**消息传递**(Message Passing)的办法以发送和接收通信方式达到同步的目的。

下面以在 APRAM 模型上求 n 个数的和为例说明算法中如何使用临界区的办法实现同步以达到正确计算的目的。

假定系统中有 p 个处理器 $P_0,\cdots,P_{p-1}$;输入数组 $A=(a_0,\cdots,a_{n-1})$ 存储在共享存储器中;全局变量 S 用于存放结果;局部变量 L 包含了处理器中的子和;每个处理器 P_i 有用做 for 循环的下标 j(局部变量),$j=i\sim n$; lock 和 unlock 在**临界区**内执行,加锁是个原子动作,没有进程可以锁住加锁的变量;在 for 结构中,各进程异步地执行各语句,并且结束在"end for";一旦各个进程都到达了 end for 语句,一个单一的进程继续执行 end for 语句之后的下一语句。

算法 1.1 APRAM 模型上的求和算法

输入:数组 $A=(a_0,\cdots,a_{n-1})$;处理器数 p;P_i 之下标 j。
输出:A 之元素的和存于全局变量 S 中。
begin
    (1) $S\leftarrow 0$
    (2) **for all** P_i **where** $0\leqslant i\leqslant p-1$ **do**
        (2.1) $L\leftarrow 0$
        (2.2) **for** $j=i$ **to** n **step** p **do**
            $L\leftarrow L+a_j$

    end for
  (2.3) **lock**(S)
      $S \leftarrow S + L$
  (2.4) **unlock**(S)
  end for
end

该算法最坏情况下的时间复杂度分析,当作习题 1.15。

2. 通信

通信(Communication)是在空间上对各并发执行的进程施行数据交换。在 MIMD 共享存储模型中,因为每个处理器都能执行各自的局部程序,所以对于一个给定的算法,在运行期间,不同的处理器的局部存储器和共享全局存储器之间可能要交换数据,这就引起了所谓通信问题。在此情况下,通信可由下述**通信原语**(Communication Primitive)表述:

  global read(X,Y) /*将全局存储器中数据 X 读入局部变量 Y 中*/
  global write(U,V) /*将局部数据 U 写入共享存储变量 V 中*/

类似地,在 MIMD 分布存储模型中,每个处理器假定都有各自的局部存储器。在此情况下,各处理器之间的通信可由下述通信原语表述:

  send(X,i) /*处理器 P 发送数据 X 给 P_i;然后继续执行其下一条指令*/
  receive(Y,j) /*处理器 P 等待从 P_j 接收数据 Y;存储 Y;继续执行其下一条
       指令*/

下面以在 MIMD 分布存储模型上的矩阵向量乘法为例,说明算法中如何使用通信原语进行通信。

假定通信链为一环。将 A 和 x 划分成 p 块:$A = (A_1, \cdots, A_p)$ 和 $x = (x_1, \cdots, x_p)$,其中 A_i 的尺寸为 $n \times r$,而 x_i 的尺寸为 r。假定有 $p \leq n$ 个处理器,$r = n/p$ 为一整数。为了计算 $y = Ax$,先由处理器 P_i 计算 $z_i = A_i x_i (1 \leq i \leq p)$;再累加求和 $z_1 + \cdots + z_p$。

假定 P_i 开始在其本地存储器中保存 $B = A_i$ 和 $w = x_i (1 \leq i \leq p)$,各处理器可局部计算乘积 Bw;然后采用在环中顺时针循环部分和的方法将这些向量累加起来;最终输出向量保存在 P_1 中,每一个处理器都执行下述算法:

算法 1.2 MIMD 分布存储模型上的矩阵向量乘算法

输入:处理器号 i,处理器数 p,第 i 个大小为 $n \times r$ 的子矩阵 $B = A(1:n,(i-1)r+1:ir)$,其中 $r = n/p$,第 i 个大小为 r 的子向量 $w = (x(i-1)r+1:ir)$。

输出:P_i 计算 $y = A_1 x_1 + \cdots + A_i x_i$,并向右传送此结果;算法结束时,$P_1$ 保存乘

积 Ax。
begin
 (1) **compute** $z = Bw$
 (2) **if** $i = 1$ **then** $y_i \leftarrow 0$ **else** receive$(y, left)$ **end if**
 (3) $y \leftarrow y + z$
 (4) send$(y, right)$
 (5) **if** $i = 1$ **then** receive$(y, left)$ **end if**
end

在上述算法中,每个处理器 P_i 开始计算 $A_i x_i$,并将结果存在局部变量 z 中;在第(2)步 P_1 将 y_1 置为 0,而其他的处理器的执行程序被挂起,等待接收来自其左邻的数据;P_1 在第(3)步和第(4)步分别设置 $y = A_1 x_1$,并向其右邻发送此结果;此时 P_2 接收 $A_1 x_1$,并在第(3)步计算 $A_1 x_1 + A_2 x_2$,然后在第(4)步将其发给右邻。当所有的程序结束时,P_1 中便保存了乘积 $y = Ax$。

算法的计算主要是在第(1)步和第(3)步,其时间 $t_{comp} = \alpha(n^2/p)$,其中 α 为某一常数;另外,处理器 P_1 必须等待部分和 $A_1 x_1 + \cdots + A_p x_p$ 已经积累完毕后才能执行第(5)步。所以,通信时间 t_{comm} 正比例于 $p \cdot comm(n)$,其中 $comm(n)$ 是在相邻处理器之间传送 n 个数所需的时间。此值近似地为 $\sigma + n\tau$,其中 σ 是传输建立时间,τ 是信息传输率。所以算法总的执行时间 $t(n) = t_{comp} + t_{comm} = \alpha(n^2/p) + p(\sigma + n\tau)$。显然,在计算时间和通信时间之间存在某一折中。特别是,当 $\alpha(n^2/p) = p(\sigma + n\tau)$ 时,$t(n)$ 取最小值,因此,$p = n\sqrt{\alpha/(\sigma + n\tau)}$。

1.5 并行算法的性能分析

本节讨论并行算法的有关性能分析,包括算法的运行时间和加速,算法所使用的处理器数和效率,算法的 WT 表示和成本以及分布存储和共享存储中的通信成本等。

1.5.1 算法的执行速度

1. 运行时间

并行算法的**运行时间**(Running Time)也就是执行时间,系指在给定计算模型上求解问题所需的时间。更准确地说,就是从并行机中第一个处理器开始计算到最后一个处理器产生输出结果这一段所掠过的时间。如第 1.4.3 节所述,运行时间可用算法执行的计算步数和选路步数来测量,因为每一步都假定取为常数倍单位时间了。并行运行时间通常都是求解问题规模 n 的函数,故记之为 $t_p(n)$。有些情况也将并行运行时间表示成处理器数目 p 之函数,简记之为 $t(p)$,此时为了简化表示,问题规模 n 通常是略去的。一旦我们推导出了求解给定问题的算法的运行时间,总是希望与求解该问题的时间上界和下界进行比较,以明确所设计算法的性能优劣等。关于该时间的计算,参见前面 1.4.3 节的讨论。

2. 加速

加速(Speedup) $s_p(n) = t_s(n)/t_p(n)$。其中,$t_s(n)$ 是求解一个问题的最快的串行算法在最坏情况下的运行时间;而 $t_p(n)$ 是求解同一问题的并行算法在最坏情况下的运行时间。可见,加速比是评价算法的并行性对运行时间改进的程度。因为任何并行算法都能在一台串行机上模拟,所以 $t_s(n) \leq p(n) \cdot t_p(n)$,其中 $p(n)$ 是处理器的数目。

3. 加速的讨论

(1) $s_p(n) \leq p$ 对于一个给定的计算问题,使用 p 个处理器的并行算法所能达到的加速至多为 p。当 $s_p(n) = p$ 时称为**线性加速**(Linear Speedup)。不能达到线性加速,可能是因为一个计算问题很难分解成一些可并行执行的子问题;或者因为诸子问题计算过程中涉及太多的通信等。

(2) $s_p(n) > p$ 当加速大于处理器数时,称之为**超线性加速**(Superlinear Speedup),这在某些并行算法中会出现。例如,有的并行搜索算法允许不同的处理器在不同的分支方向上同时搜索,找到解的处理器会中止那些在串行算法中所作的无谓的搜索分支。又如,当大量的处理器所操作的数据都在高速缓存中时,这种高速缓存效应所造成的计算时间下降会补偿由通信所造成的开销。

(3) **Minsky 猜想**(Minsky's Conjecture)   Minsky 曾经猜想,并行算法所可能达到的加速随所使用的处理器的数目对数增长。在以后章节中,我们所研究的并行算法很多均可达到对数加速。

(4) $s_p(n)$ 与 p 的**一般关系**   对于给定问题,假定算法用 p 个处理器和 q 个处理器的运行时间分别为 $t(p)$ 和 $t(q)$,若 $q < p$,则 $t(p) \leq t(q) \leq t(p) + \frac{p \cdot t(p)}{q}$。此式实际上给出了使用较少处理器时机器运行时间的上界。

1.5.2 算法使用的处理器数

1. 选用处理器数遵循的标准

求解给定问题所需的处理器的数目,显然是问题规模 n 的函数,记之为 $p(n)$,

也常简记之为 p。当 n 很大时，$p(n) > n$ 是不合适的。通常 $p(n)$ 应是 n 的**亚线性函数**(Sublinear Function)。虽然 $p(n) = \log n$ 或 $p(n) = \sqrt{n}$ 也是 n 的亚线性函数，但它们的取值对实际的计算机系统而言并不灵活。因此，$p(n)$ 通常限制为 $p(n) = n^{1-\varepsilon}$，$0 < \varepsilon < 1$。选用处理器数的一般考虑，见以下讨论第 5 点。

2. 效率

效率(Efficiency) $E_p(n) = s_p(n)/p(n)$，它反映了并行系统中处理器的利用情况。因为有时候一个并行算法虽有好的加速，但处理器的利用率可能很低，特别是处理器数 $p(n)$ 不固定时 $s_p(n)$ 不是一个最好的评价标准。不难推知，$0 \leq E_p(n) \leq 1$。

3. 成本

成本(Cost) $c(n)$ 定义为并行算法的运行时间 $t(n)$ 与其所需的处理器数 $p(n)$ 的乘积，即 $c(n) = t(n) \cdot p(n)$。换句话说，成本等于最坏情况下求解一个问题时的总的执行步数。

定义 1.18　如果求解一个问题的并行算法之成本，在数量级上等于最坏情况下串行求解此问题所需的执行步数，则称此并行算法是**成本最优**(Cost Optimality)的。

4. 可扩放性

除了上面介绍的加速和效率外，**可扩放（展）性**(Scalability) 也是评价并行算法的重要性能指标之一。其含义是在确定的应用背景下，算法（或程序）的性能能否随处理器数的增加而按比例地提高。目前已经提出了很多可扩放性度量标准，主要有**等效率**(ISO-Efficiency)[47]、**等速度**(ISO-Speed)[48] 和**平均延迟**(Average Latency)[49] 等度量标准，限于篇幅，在此就不一一介绍了，有兴趣的读者可参阅文献[13]。

5. 有关处理器数目的讨论

通俗地讲，为了减少运行时间，希望使用较多的处理器，而为了提高效率应尽量使用较少的处理器。

（1）**少者为佳**　对于求解同一问题使用不同处理器数目的两个并行算法，显然使用较少处理器数的算法为好。因为处理器数多了，一方面成本昂贵，另一方面技术上也难管理，特别是当处理器数为巨量时很难保证各处理器的利用率都高。

（2）**最优处理器数**　在有些情况下，算法的运行时间同时是 n 和 p 的函数，通过求最佳运行时间，我们就可以求出算法所要求的最佳处理器数。

（3）**最少处理器数**　对于某些大型复杂的应用问题，为了确保能够正常并行求解，此时可能至少需要一定数量的处理器；或者为了满足给定问题求解的时间下界,算法可能至少需要一定数量的处理器。

（4）**最多处理器数** 对于某些应用问题,其本身具有一定的**并行度**(Degree of Parallelism),即在任何给定时间可同时执行的最大任务数。此时求解此问题的并行算法所使用的最大处理器数不能超过该问题的并行度。

1.5.3 并行算法的 WT 表示

1. Brent 定理

并行算法所完成的**工作量**(Workload)可定义为它所使用的总的运算(操作)数量(也常称为计算负载、工作负载)。算法的 **WT**(Work-Time)表示方法允许将算法自上而下分为**高层描述和低层描述**。其中,在进行高层描述时,并行算法可不必指明使用多少台处理器,也不必关心如何将哪些操作分配给哪些处理器,而是集中精力设计算法;在进行低层描述时,则可使用下述的 Brent 调度原理[50],将算法的工作量分配给指定的处理器,使得算法的工作量用 p 台处理器可在规定的时间内执行完毕。

Brent 定理(Brent's Theorem) 令 $W(n)$ 是一并行算法 A 在运行时间 $T(n)$ 内所执行的运算数量,则 A 使用 p 台处理器可在 $t(n) = O(W(n)/p + T(n))$ 时间内执行完毕。

证明 令 $W_i(n)$ 是在时间 $i(1 \leq i \leq T(n))$ 所执行的运算数量,则使用 p 台处理器可在小于等于 $\lceil W_i(n)/p \rceil$ 并行步内模拟它。如果模拟是成功的,则在相应于 p 台处理器的 SIMD 共享存储模型上共花费了小于等于 $\sum_i \lceil W_i(n)/p \rceil$ 并行步。而 $\sum_i \lceil W_i(n)/p \rceil \leq \sum_i (\lfloor W_i(n)/p \rfloor + 1) \leq W(n)/p + T(n)$。所以定理得证。□

使用 Brent 定理的关键是如何尽可能地将每个时间步的计算量 $W_i(n)$ 均摊给 p 台处理器;而且每个处理器均必须知道它是否是活动的,如果是活动的,它还必须知道它所应执行的指令和相应的操作数等。

下面以 $n = 2^k$ 个数的求和为例,分别示例算法的高层描述和低层描述。

算法 1.3 PRAM 模型上的 n 个数的求和算法

输入: $n = 2^k$ 个数存入数组 A 中。

输出: 和 $S = \sum_{i=1}^{n} A(i)$。

begin

    (1) **for** $i = 1$ **to** n **par-do**

        $B(i) \leftarrow A(i)$

end for
(2) for $h=1$ to $\log n$ do
  for $i=1$ to $n/2^h$ par-do
    $B(i) \leftarrow B(2i-1) + B(2i)$
  end for
end for
(3) $S \leftarrow B(1)$
end

算法 1.3 的运行时间 $T(n)$ 显然为 $O(\log n)$。而第(1)步的运算量为 n;第(2)步的第 j 次迭代时的运算量为 $n/2^{j-1}$。所以算法的总运算量 $W(n) = n + \sum_{j=1}^{\log n}(n/2^j) + 1 = O(n)$。

为了对 n 个数的求和算法进行低层描述,假定 PRAM 模型中有 $p = 2^q \leq n$ 个处理器 $P_1, P_2, \cdots, P_p$。令 $l = n/p = 2^{k-q}$。输入数组 A 被分成 p 个子数组,使得处理器 P_s 负责处理第 s 个子数组 $A(l(s-1)+1), A(l(s-1)+2), \cdots, A(ls)$。在第 h 级可能的并行运算数目为 $n/2^h = 2^{k-h}$。如果 $2^{k-h} \geq p = 2^q$(即 $k-h-q \geq 0$),则这些运算可均匀地分配给 p 台处理器;如果 $k-h-q < 0$,则这些运算分摊给前 2^{k-h} 个处理器。由第 s 个处理器所执行的算法可设计如下。

算法 1.4　PRAM 模型上的求和算法(处理器 P_s)

输入:输入数组 A 存在共享存储器中;处理器数 $p = 2^q$ 和 P_s 之下标 s 是局部变量。

输出:A 之元素的和存于全局变量 S 中;数组 A 保持原值。

begin
(1) for $j=1$ to $l=n/p$ do
  $B(l(s-1)+j) \leftarrow A(l(s-1)+j)$
end for
(2) for $h=1$ to $\log n$ do
 (2.1) if $(k-h-q \geq 0)$ then
   for $j = 2^{k-h-q}(s-1)+1$ to $2^{k-h-q}s$ do
    $B(j) \leftarrow B(2j-1) + B(2j)$
   end for
  end if
 (2.2) if $(s \leq 2^{k-h})$ then
   $B(s) \leftarrow B(2s-1) + B(2s)$

      end if
    end for
(3) if($s=1$) then $S \leftarrow B(1)$ end if
end

现估计一下算法 1.4 运行时间：算法第(1)步的执行时间 $t_1(n)=O(n/p)$；第(2)步的第 h 次迭代时所用的时间 $t_2(n)=O(n/(2^h p))$（因为一个处理器至多执行 $\lceil n/(2^h p) \rceil$ 次运算）；第(3)步所用的时间 $t_3(n)=O(1)$。因此算法 1.4 的总的运行时间 $t(n)=O\left(\dfrac{n}{p}\sum_{h=1}^{\log n}\left\lceil\dfrac{n}{2^h p}\right\rceil\right)=O(n/p+\log n)$。它和使用 Brent 定理所得的结果是一样的。

例 1.6 假定 $n=8$，$p=4$，则根据算法 1.4，处理器 P_1、P_2、P_3 和 P_4 的执行情况如图 1.28 所示。□

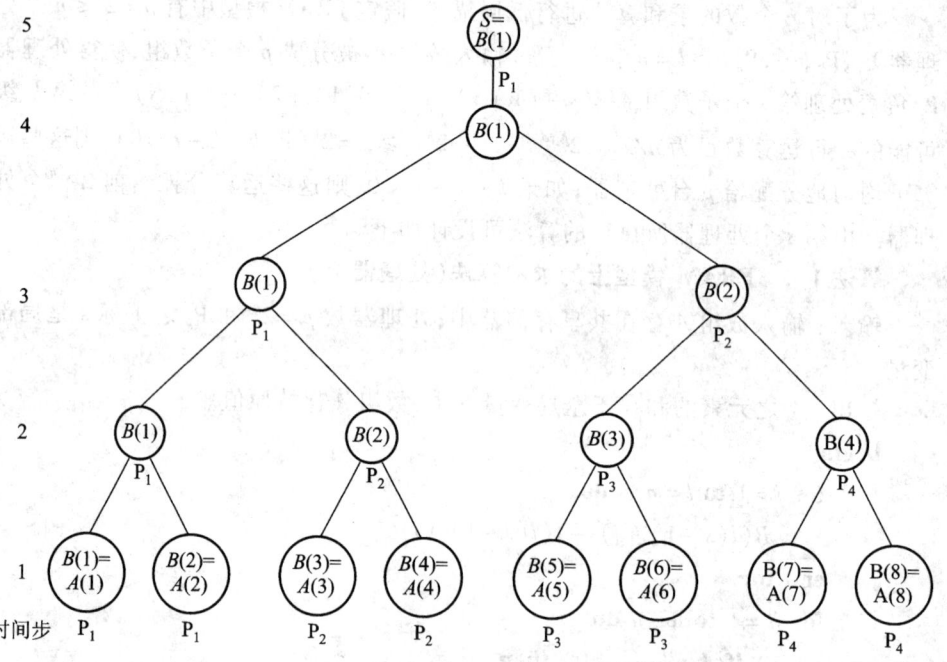

图 1.28 计算 8 个数的和与 4 个处理器的分配情况

2. $W(n)$ 和 $c(n)$ 的对比

  $W(n)$ 和 $c(n)$ 密切相关。给定一个运行时间为 $T(n)$、运算量为 $W(n)$ 的高层描述的并行算法，那么此算法在 PRAM 模型上用 p 台处理器在 $t(n)=O(W(n)/p+T(n))$ 时间内可模拟之，相应的成本 $c(n)=t(n)\cdot p=O(W(n)+p\cdot T(n))$。由此可知，当 $p=O(W(n)/T(n))$ 时，$W(n)$ 和 $c(n)$ 两者是渐近一致的；而对任意

的 p，$c(n) > W(n)$。这是因为 $W(n)$ 是度量算法所使用的总的运算数量，与有效的处理器数无关；而 $c(n)$ 是度量算法相对于使用 p 台处理器时的成本。通常一个算法在运行过程中，不一定都能充分地利用有效的处理器去工作。

1.5.4 并行算法的通信成本

本节部分内容涉及算法编程实现时的性能优化问题。这里分别讨论分布存储和共享存储计算机中一对处理器之间交换或共享信息时所造成的通信开销。

1. 分布存储通信成本

在分布存储并行机中，两个节点之间可通过网络收/发一条消息进行通信，其所需时间包括启动时间和网络延迟时间等。

(1) **通信延迟参数**　通信延迟参数主要有：t_s 是启动时间（包括打包、执行选路算法等），t_h 是节点延迟时间（即消息头穿越节点的时间），t_w 是传输每个字的时间（它是通道带宽的倒数）。

(2) **通信成本函数**　通过 l 条链路传输长度为 m 的消息总通信时间为

$$t_{comm} = t_s + l \cdot t_h + m \cdot t_w \tag{1.22}$$

(3) **简化的通信成本函数**　为了减少通信成本，应尽量采用大块传输方式、减少传输的数据和缩短消息传输距离。因为通常 t_w 比 t_h 大得多，所以可以使用如下简化的通信成本函数

$$t_{comm} = t_s + m \cdot t_w \tag{1.23}$$

略去了 $l \cdot t_h$ 这一项，就意味着任意一对节点之间通信开销均一样，其通信函数与具体的并行机互连结构无关（它与全连接互连网络相对应），从而方便了算法的设计与分析。

2. 共享存储通信成本

在共享存储的并行机中，两个处理器之间可通过存取共享变量进行通信，其所需的时间分析起来比较困难，特别是对于具有高速缓存的共享存储计算机更是如此。以下，作一些假定，尽量比照上述分布存储的通信成本函数来讨论共享存储的通信成本。尽管准确性是差的，但至少提供了一种分析共享存储通信成本的粗略方法。

(1) **存储开销参数及其通信成本**　我们可以看到，存取一个远程字会导致某一高速缓存行被取到本地高速缓存中来。此过程所需的时间包括一致性开销、网络开销和内存开销。由于不知道每次存取时采用何种一致性操作，也不知道内存中数据字的具体地址，所以只好假定存取共享数据的高速缓存行的开销为常数，并且也相应地称其为 t_s。另外，由于访问共享数据比存取本地数据更慢，所以可以

把存取共享数据的每个字的成本定为 t_w(显然 t_w 与存储带宽有关)。如此一来,任意一对处理器之间共享 m 个字的通信成本仍可使用上节的式 1.23 $t_s + m \cdot t_w$。

(2) **关于共享存储通信成本的讨论** 在共享地址空间的计算机中,使用了与分布存储计算机相同的公式 $t_s + m \cdot t_w$ 作为通信成本函数,这似乎过于简单,但它却粗略地反映了这种体系结构中所涉及的高速缓存一致性开销(t_s)和存取共享数据的开销($m \cdot t_w$)。不过用常量 t_s 来反映存取远程字所导致的高速缓存一致性开销是做了很多的假定的,包括存取操作假定只读访问且无竞争、忽略了有限高速缓存的影响、不考虑假共享等。另外,$t_s + m \cdot t_w$ 公式也不考虑计算与通信的重叠。如果我们将优化内存数据的布局、有限的高速缓存所导致的颠簸、假共享、无效更新一致性协议的开销具体量化以及共享访问的争用等有关开销都放到一个统一的通信成本函数中,将会使其过于复杂而难以计算,从而不实用。

习 题

1.1 一个无向 **Bruijn** 网络(Bruijn Network)具有 $n = 2^k$ 个节点,每个节点可用 k 位二进制数字 $b_{k-1}b_{k-2}\cdots b_1 b_0$ 表示,其中 $b_j \in (0, 1, \cdots, d-1)$,$j = 0, 1, \cdots, k-1$。$b_{k-1}b_{k-2}\cdots b_1 b_0$ 的近邻是 $b_{k-2}b_{k-3}\cdots b_1 b_0 q$ 和 $q b_{k-1} b_{k-2} \cdots b_2 b_1$。

(a) 试问该网络的节点度和直径是多少?

(b) 试画出 $d = 2$ 和 $k = 3$ 的 Bruijn 网络。

1.2 一个如图 1.29 所示的 Benes 网络是由两个背靠背的蝶形网络组成。对于一个 s-维的 Benes 网络,它有 $2s+1$ 级,每级有两个 2×2 的开关单元(图中 $s = 2$),它有"直通"和"交换"两种状态。此网络是属于**可重排网络**(Rearrangeable Network)类型,它能实现从输入到输出的任意**置换**(Permutation)。在图 1.29 中实现了 $\begin{pmatrix} 1 & 2 & 3 & 4 & 5 & 6 & 7 & 8 \\ 5 & 4 & 3 & 1 & 8 & 7 & 6 & 2 \end{pmatrix}$ 的置换。请你仿照此办法,来实现 $\begin{pmatrix} 1 & 2 & 3 & 4 & 5 & 6 & 7 & 8 \\ 8 & 7 & 6 & 5 & 4 & 3 & 2 & 1 \end{pmatrix}$ 的置换,即如何设置各个 2×2 开关单元的"直通"或"交换"

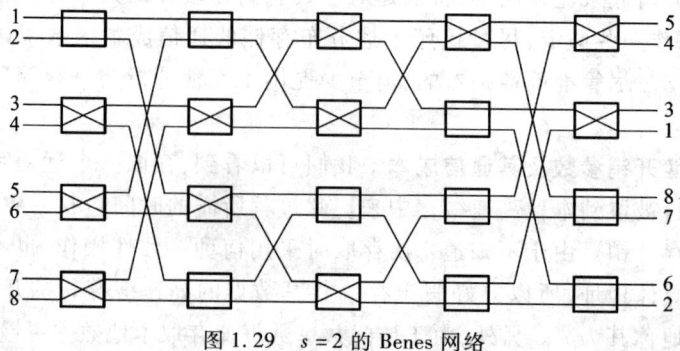

图 1.29 $s = 2$ 的 Benes 网络

状态？

1.3 对于一个 $n \times n$ 的网孔结构,令位于第 j 行和第 k 列 $(0 \leq j, k \leq n-1)$ 的处理器为 $P_i(0 \leq i \leq n^2 - 1)$。如 P_i 按图 1.9 所示的顺序进行编号。试写出下标 i 的表达式。

1.4 加减 2^i (plus-minus 2^i) 互连网络,简记之为 PM2I,它可对地址的二进制表示施行 $\pm 2^i$ 操作。这种互连函数可定义如下:
$$PM2_{\pm i}(P) = P \pm 2^i (\bmod n), 1 \leq i < m, 1 \leq P < n \qquad (1.24)$$
(a) 试画出 $n = 8$ 的 PM2I 网络;
(b) 它和互连函数 MC^2 有何等价关系?

1.5 在图 1.19(c) 所示的 Ω 网络中,P_3 访问 M_3 的路由控制是采用了所谓终端标记法,即 M_3 的下标的二进制 011,控制自左向右逐级选路,其中"0"位控制将开关单元的输入与其上输出端相连,而"1"位控制将输入与其下输出端相连。读者不妨试一下,如果同时将 P_0 连向 M_0,P_4 连向 M_2,会出现什么情况?

1.6 给定一个 4×4 的不带环绕 2-D 网孔和一个 16 个节点的一维线性阵列,试说明:
(a) 如何将此线性阵列嵌入到 2-D 网孔中,膨胀系数 = ?
(b) 如何将此 2-D 网孔嵌入到线性阵列中,膨胀系数 = ?

1.7 考虑如图 1.30 所示的高速缓存一致性问题。两个处理器 P_0 和 P_1 通过共享总线与全局可存取的内存相连。假定 P_0 和 P_1 加载了同样变量 $x = 1$,此时该变量将有三个副本。现在,如果 P_0 将变量副本 $x = 1$ 改写为 $x = 3$,这样它与原来的两个变量副本就不一致了。为此,可使用:

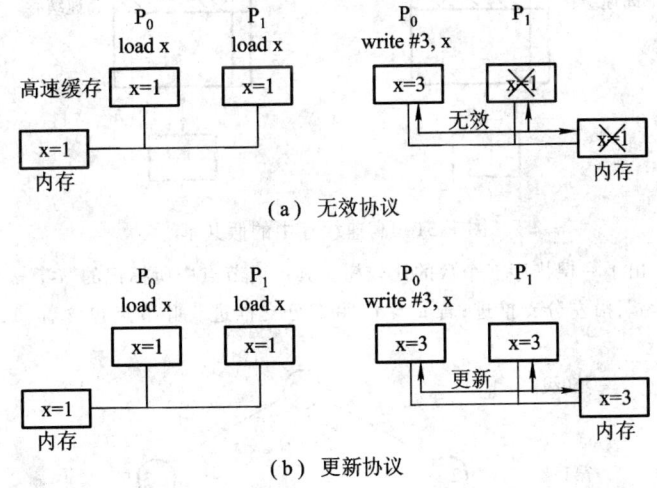

图 1.30 多处理器系统的高速缓存一致性

(a) 无效协议:当本地高速缓存中变量的某个副本被改写时,其他高速缓存(即远程高速缓存)中的同一副本和主存中的变量都被无效化,如图 1.30(a) 所示。

(b) 更新协议:当本地高速缓存中的变量副本被改写时,其他远程高速缓存中的同一副本和主存中的变量都作相同的改写,如图 1.30(b) 所示。

请你思考一下,上述无效协议和更新协议可能的实现方法。

1.8 考虑如图 1.31 所示的高速缓存的假共享现象。假定一个块(高速缓存行)由从 0 到 7,共 8 个字组成。现在两个处理器访问同一高速缓存行的不同部分:P_0 访问字 3,而 P_1 访问字 5。如果 P_0 改写了字 3,则按照高速缓存一致性协议,将无效化或更新 P_1 中的高速缓存行,即使 P_1 并未访问字 3。假定 P_1 现在又改写了字 5,则按照高速缓存一致性协议,则反过来又会将无效化或更新 P_0 中的高速缓存行,即使 P_0 也许未访问字 5。这样假共享就会造成高速缓存行的数据在两个处理器之间像打乒乓球一样来回传动。你能想出一个方法来解决假共享问题吗?

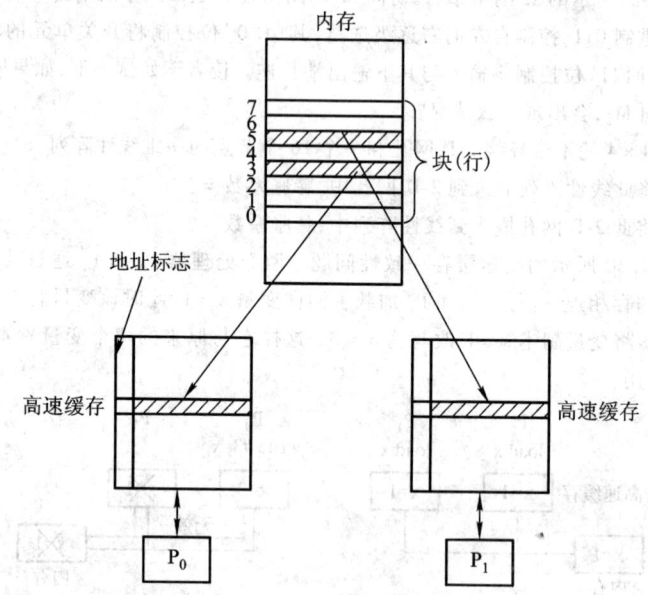

图 1.31 高速缓存中的假共享

1.9 图 1.32 示出了一棵排序三个数的比较树。其中内节点中所标记的"$i:j$"表示 a_i 与 a_j 相比较:若 $a_i < a_j$,沿左分支推进;若 $a_i > a_j$,沿右分支推进。叶节点包含着 $\{1,\cdots,n\}$ 的一种

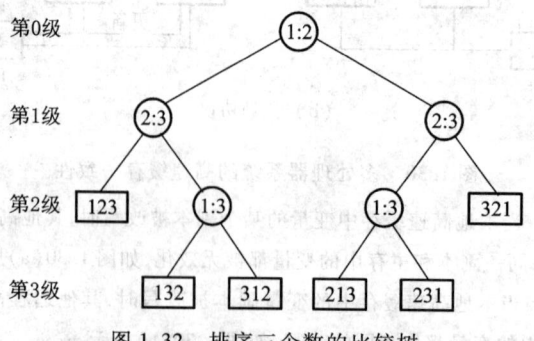

图 1.32 排序三个数的比较树

置换 $\{\pi(1),\cdots,\pi(n)\}$ 使得 $a_{\pi(1)} < a_{\pi(2)} < \cdots < a_{\pi(n)}$。试用这种比较树建立排列 n 个数的下界。

1.10 考虑用 dag 模型按如下两种方式计算 $n=2^3$ 的和 S：
(a) 先计算 $A(1)+A(2)$；再计算 $A(1)+A(2)+A(3)+\cdots$；
(b) 先计算 $A(1)+A(2),A(3)+A(4),\cdots,A(7)+A(8)$；再计算 $A(1)+A(2)+A(3)+A(4),\cdots$。试画出上述两种计算方式的 dag 图。

1.11 假定 $n=2^m$，n 个待加的数的集合 $A=\{a_0,\cdots,a_{n-1}\}$，系统中有 n 个处理器 $P_0,\cdots,P_{n-1}$：
(a) 试设计一个 SIMD-CC 模型上的求和算法；
(b) 试设计一个 SIMD-SE 模型上的求和算法。

1.12 在给定时间 t 内，尽可能多地计算输入值的和也是一个求和问题。在 LogP 模型上求此问题时，如果 $t<L+2\cdot o$，则在一个单处理机上即可最快地完成；如果 $t>L+2\cdot o$，则根处理器应在 $t-1$ 时间完成局和的接收工作，然后用一个单位的时间完成加运算而得最终的全和。而根的远程子节点应在 $(t-1)-(L+2\cdot o)$ 时刻开始发送数据，其兄妹子节点应依次在 $(t-1)-(L+2\cdot o+g),(t-1)-(L+2\cdot o+2g),\cdots$ 时刻开始发送数据。图 1.33 示出了 $t=28,p=8,L=5,o=2,g=4$ 的 LogP 模型上的通信(即发送/接收)调度树。试分析此通信调度树的工作原理和图中节点中的数值是如何计算的。

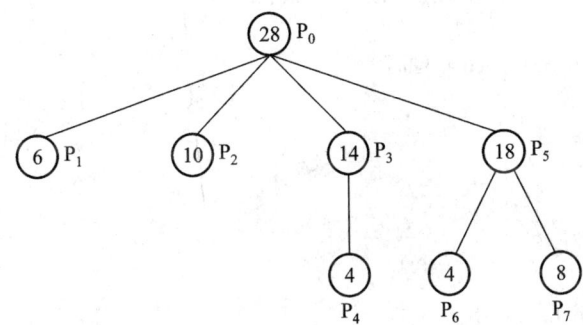

图 1.33　$t=28,p=8,L=5,o=2,g=4$ 的通信调度树

1.13 按照图 1.33 通信调度树，在 LogP 模型上的处理器进行连续接收和发送时必须相间时间间隔 g，但可以用通信开销 o 和计算局和的时间来填充，从而可掩盖 g 的开销。一般而言，对于某处理器，若它有 k 个子节点，则它必须接收 k 个消息，所以至少要做 $k(g-o)$ 次局部加法来填充所有的 g，因此在它接收 k 个消息中，至少要 $k(g-o-1)$ 次自身内部数的加法来填充，这样才能充分掩盖 g 的开销。图 1.34 示出了按照图 1.33 所示的通信调度树的计算时间调度图。试分析此计算调度图的工作原理和处理器 P_0 与 P_5 填充计算情况。

1.14 参照图 1.35，试分析如下用 BSPLib 并行求四个整数 1、2、3、4 的前缀和的过程。

```
/* 用 BSPLib 求前缀和 */
#include "bsp.h"
int bsp_allsums(int x){
```

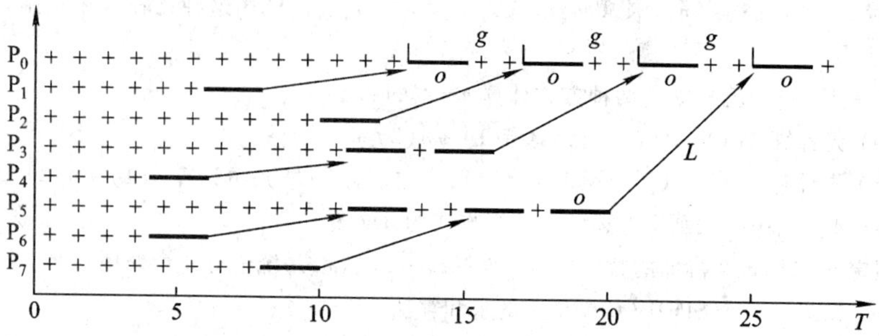

图 1.34 $t=28, p=8, L=5, o=2, g=4$ 的计算调度图

```
        int i, left, right;
    bsp_push_reg(& right, sizeof(int));
    bsp_push_reg(& left, sizeof(int));
    bsp_sync();
    right = x;
    for(i = 1; i < bsp_nprocs(); i *= 2){
       if(bsp_pid() + i < bsp_nprocs())
          bsp_put(bsp_pid() + i; & right, & left, 0, sizeof(int));
       bsp_sync();
       if(bsp_pid() >= i) right = left + right;
    }
    bsp_pop_reg(&right);
    bsp_pop_reg(&left);
    return right;
}
void main(){
    bsp_begin(bsp_nprocs);
    printf("% d sum is % d\n", bsp_pid(), bsp_allsums(1 + bsp_pid()));
    bsp_end();
}
```

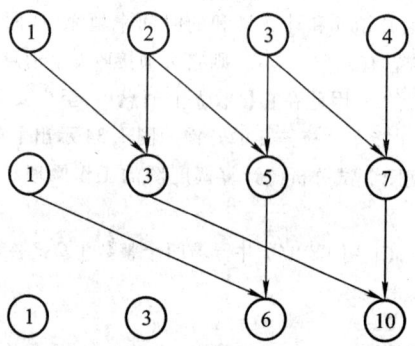

图 1.35 求整数 1、2、3、4 的前缀和过程

1.15 试分析算法 1.1 的时间复杂度，包括：

(a) 分别求出进程生成时间、局部求和时间、求全和时间、同步时间和算法的总时间。

(b) 求出算法所使用的最优处理器数。

参 考 文 献

[1] Akl S G. Parallel sorting algorithms. San Diego, CA: Academic Press, 1985.

[2] Quinn M J. Designing efficient algorithms for parallel computers. [S. l.]: McGraw-Hill Book Company, 1987.

[3] Gibbon A, Rytter W. Efficient parallel algorithms. [S. l.]: Cambridge University Press, 1988.

[4] Akl S G. The design and analysis of parallel algorithms. Englewood Cliffs, NJ: Prentice-Hall, 1989.

[5] Jájá J. An introduction to parallel algorithms. Reading MA: Addison-Wesley, 1992.

[6] Leighton F T. Introduction to parallel algorithms and architectures: arrays, trees and hypercubes. San Mateo, CA: Morgan Kaufmann, 1992.

[7] Reif J H, ED. Synthesis of parallel algorithms. San Mateo, CA: Morgan Kaufmann, 1993.

[8] Kumar V, Gupta A. Introduction to parallel computing: design and analysis of algorithms. [S. l.]: Benjamin/Cummings Publishing Company, Inc. , 1994.

[9] 陈国良. 并行算法的设计与分析. 北京: 高等教育出版社, 1994(第一版), 2002(第二版).

[10] Quinn M J. Parallel computing: theory and practice. 2nd ed. New York, NY: McGraw-Hill, 1994.

[11] Akl S G. Parallel computation models and methods. Englewood Cliffs, NJ: Prentice-Hall, 1997.

[12] Grama A, Gupta A. Introduction to parallel computing. 2nd ed. [S. l.]: Benjaming/Cummings Publish Company, Inc. , China Machine Press, 2003.

[13] 陈国良. 并行计算——结构·算法·编程. 北京: 高等教育出版社, 1999(第一版), 2003(第二版).

[14] Huang K. 高等计算机系统结构——并行性、可扩展性、可编程性. 王鼎兴译. 北京: 清华大学出版社, 桂林: 广西科学技术出版社, 1995.

[15] Flynn M J. Very high-speed computing systems. Proc. of the IEEE, 1956, 54(2): 1901-1909.

[16] Hwang K, Xu Z W. Scalable parallel computing: technology, architecture, programming. [S. l.]: McGraw-Hill, 1998.

[17] 王鼎兴, 陈国良. 互连网络结构分析. 北京: 科学出版社, 1990.

[18] Sequin C H, Despain A M, Patterson D A. Communication in X-tree: a modular-processor system. ACM 78 Proc. Washington D C, 1978.

[19] Preparata F P, Vuillemin J. The cube-connected cycles: versatile network for parallel computation. Comm. of the ACM, 1981, 24(5): 300-309.

[20] Galil Z, Paul W J. An efficient general-purpose parallel computer. J. of the ACM, 1983. 30(2):

360-387.

[21] Stone H S. Parallel processing with a perfect shuffle. IEEE Trans. On Comput., 1971. C-20(2): 153-161.

[22] Forture S, Wyllie J. Parallelism in random access machines. Proc. 10th Annu. ACM Symp. on the Theory of Computing, 1987, 114-118.

[23] Eckstein D M. BFS and biconnectivity. Tech. Rep. 79, 11, Dept. of Computer Science Iowa State Univ. of Sci. And Tech. Ames Iowa, 1979.

[24] Vishkin U. Implementation of simultaneous memory access in models that forbit It. J. of Algorithms, 1983. 4(1): 45-50.

[25] Karp R M. Efficient PRAM simulation on a distributed memory machine. Proc. of 24th Annual ACM Symp. of the Theory of Computing, 1992. 5, 318-326.

[26] Mehlhorn K, Vishkin U. Randomized and determined simulations of PRAMs by parallel machine with restricted granularity of parallel memories. Acta Informatica, 1984, 21: 339-374.

[27] Papadimitriou C H, Yannakakis M. Towards an architecture-independent analysis of parallel algorithms. Proc. 20th Ann. ACM Symp. Theory of Computing, 1988, 510-513.

[28] Aggarwal A. Communication complexity of PRAMs. Theoretical Computing Science, 1990. 3, 3-28.

[29] Alpern B. The uniform memory hierarchy model of computation. Algorithmica, 1993.

[30] Gibbons P B. A more practical PRAM model. Proc. of the ACM Symp. on Parallel Algorithms and Architectures, 1989, 158-168.

[31] 陈国良. 更实际的并行计算模型. 小型微型计算机系统, 1995, 16(2): 1-9.

[32] Valiant L G. A bridging model for parallel computation. Comm. of the ACM, 1990, 33(8): 103-111.

[33] Culler D. LogP: Towards a realistic model of parallel computation. Proc. of 4th ACM SIGPLAN Symp. on Principles & Practices of Parallel Programming, 1993, 1-12.

[34] Aggarwal A, Alpern B. A model for hierarchical memory, Proc. of 24th Annual ACM Symp. of the Theory of Computing, 1987, 305-314.

[35] Aggarwal A, Alpern B. Hierarchical memory with blocktransfer. In: Proceedings of the 28th Annuls IEEE Symposium on Foundations of Computer Science, Los Angels, California, USA, 1987, 204-216.

[36] Cook S A, Reckhow R A. Time bounded random access machines, Journal of Computer and Systems Sciences, 1973, 7(4): 354-375.

[37] Cameron K, Sun X H. Quantifying locality effect in data access delay: memory LogP. Proc. of 2003 IEEE International Parallel and Distributed Processing Symposium (IPDPS 2003), Nice, France, April, 2003.

[38] 张云泉. 面向高性能数值计算的并行计算模型 DRAM(h). 计算机学报, 2003, 26(12): 1660-1670.

[39] Qiao X Z. Algorithm Optimization on HPM Model. PDPTA 2003: 365-371, Hamid R. Arabnia,

Youngsong Mun(Eds.):Proceedings of the International Conference on Parallel and Distributed Processing Techniques and Applications, PDPTA'03, June 23-26, 2003, Las Vegas, Nevada, USA, Volume 1. CSREA Press, 2003.

[40] 陈国良. 并行算法——排序和选择. 合肥:中国科学技术出版社,1990.

[41] Batcher K E. Sorting networks and their applications. 1968 SJCC, AMPS Proc., Atlantic City, NJ 1968,307-314.

[42] 陈国良,陈崚. VLSI 计算理论与并行算法. 合肥:中国科学技术大学出版社,1991.

[43] Kung H T. Why systolic architecture. Computer,1982,(15)1:37-46.

[44] Kung S Y. Wave front array processor: language, architecture and applications. IEEE Trans. on Comput.,1982,C-3(11):1054-1066.

[45] Valiant L G. Parallelism in computation problems. SIAM J. Comput. 1975,4(3):348-355.

[46] Minsky M, Papert S. On some associative, parallel and analog computations, associative information techniques. E. J. Jacks(Ed.), American Elsevier, New York,1971.

[47] Kumar V, Rao V N. Parallel depth-first search, Part II: Analysis. Int'I J. of Parallel Programming,1987,16(6):501-519.

[48] Sun X H, Rover D T. Scalability of parallel algorithm-machine combinations. IEEE Trans. on Parallel and Distributed Systems,1994,5(6):599-613.

[49] Zhang X D, Yan Y, He K Q. Latency metric: an experimental method for measuring and evaluating parallel program and architecture scalability. J. of Parallel and Distributed Computing,1994,22:392-410.

[50] Brent R P. The parallel evaluation of general arithmetic expressions. J. of the ACM,1974,21(2):201-208.

[51] 陈国良,吴俊敏,章锋,等. 并行计算机体系结构. 北京:高等教育出版社,2002.

第二章 设计技术

内容提要 设计并行算法大体上有三种方法：① 检测和开拓现有串行算法中的固有并行性而直接将其并行化；② 修改已有的并行算法使其可求解另一类相似问题；③ 从问题本身的描述出发，从头开始设计一个全新的并行算法。对一类具有内在顺序性的串行算法则难于并行化；修改已有的并行算法有赖于特定的一类问题；设计全新的并行算法，尽管技术上尚不成熟且似乎又有些技巧，但也不是无章可循。本章将介绍目前普遍使用的几种设计方法，包括：平衡树方法；倍增技术；分治策略；划分原理；流水线技术；加速级联策略以及破对称方法等[1]。

讲授要点 ① 思路与方法：划分法是设计并行算法的最自然朴素的方法，系将一个计算任务分解成若干个规模大致相等的子任务而并行求解之；分治法是求解问题的一种策略，系将某个规模大而难以求解的问题，逐次化为一些小规模可求解的子问题而递归求解之；流水线法是一种基于空间并行与时间重叠的问题求解方法，是并行处理技术中普遍使用的方法；平衡树法、倍增法和破对称法是针对问题本身特点而采用的一种有效设计方法。② 启迪与思考：每介绍一种设计技术，均给出一至二个算法实例，启发读者补充新的算例；考虑哪些方法是可普遍采用的，哪些方法是非普适的；鼓励读者提出并行算法新的设计方法。③ 是指南而不是手册：所介绍的设计技术与方法，只能作为设计并行算法的一般性指南，而不能作为可直接照搬的手册使用。

2.1 平衡树方法

平衡树(Balanced Tree)方法是将输入元素作为叶节点构筑一棵**平衡二叉树** (Balanced Binary Tree),然后自叶向根往返遍历。此法成功的部分原因是在树中能快速地存取所需要的信息。平衡二叉树的方法可推广到内节点的子节点的数目不止两个的任意平衡树。这种方法对数据的播送、压缩、抽取和前缀计算等甚为有效。

2.1.1 求取最大值

使用平衡二叉树求取数的最大值时,根节点给出问题的解;叶节点存放待处理的数据;内节点执行相应子问题的计算。在树的同一深度上各内节点并行计算。

令 $n = 2^m$,A 是一个 $2n$ 维的数组;待求最大值的 n 个数开始存放在 $A(n),A(n+1),\cdots,A(2n-1)$;所求得的最大值置于 $A(1)$,于是算法描述如下:

算法 2.1　SIMD-TC 模型上求最大值算法

输入:$n = 2^m$ 个数存在数组 $A(n:2n-1)$ 中。

输出:最大数置于 $A(1)$ 中。

begin
    for $k = m - 1$ to 0 do
        for $j = 2^k$ to $2^{k+1} - 1$ par-do
            $A(j) \leftarrow \max\{A(2j), A(2j+1)\}$
        end for
    end for
end

显然算法的时间 $t(n) = O(\log n)$,总比较次数为 $O(n)$,而最大的处理器数 $p(n) = n/2$。

2.1.2 计算前缀和

对于取值于集合 S 上的满足二元**结合律**(Associative)运算 $*$ 的 n 个元素$\{x_1, \cdots, x_n\}$的序列,所谓 n 个元素的**前缀和**(Prefix Sum)是指如下定义的 n 个部分和

（或积）：

$$s_i = x_1 * x_2 * \cdots * x_i, \quad 1 \leq i \leq n$$

显然，使用等式 $s_i = s_{i-1} * x_i (2 \leq i \leq n)$ 计算前缀和的平易的串行算法具有固有的顺序性，且时间为 $O(n)$。

使用**平衡二叉树**计算前缀和时，在自叶向根**正向遍历**（Forward Traversal）过程中，各内节点对其相应的子节点应用一次 * 运算，因此每个节点 v 保存了根在 v 的子树的叶中所存储元素的和；在自根向叶**反向遍历**（Backward Traversal）过程中，将计算出给定高度上各节点中所存储的元素的前缀和[2,3]。

下面给出一个非递归求前缀和算法。令 $A(i) = x_i (1 \leq i \leq n)$；令 $B(h,j)$ 和 $C(h,j)$ 是辅助变量集（$0 \leq h \leq \log n, 1 \leq j \leq n/2^h$），其中数组 B 用于记录正向遍历时树中各节点的信息，而数组 C 用于记录反向遍历时树中各节点的信息。

算法 2.2　SIMD-TC 模型上非递归求前缀和算法

输入：$n = 2^k$ 的数组 A，k 为非负整数。

输出：数组 C，其中 $C(0,j)$ 是第 j 个前缀和（$1 \leq j \leq n$）。

begin
  （1）**for** $j = 1$ **to** n **par-do**　　/* 初始化 */
        $B(0,j) \leftarrow A(j)$
    end for
  （2）**for** $h = 1$ **to** $\log n$ **do**　　/* 正向遍历 */
      for $j = 1$ **to** $n/2^h$ **par-do**
          $B(h,j) \leftarrow B(h-1, 2j-1) * B(h-1, 2j)$
      end for
    end for
  （3）**for** $h = \log n$ **to** 0 **do**　　/* 反向遍历 */
      for $j = 1$ **to** $n/2^h$ **par-do**
        （i）**if** $j =$ even **then** $C(h,j) \leftarrow C(h+1, j/2)$ **end if**
        （ii）**if** $j = 1$ **then** $C(h,1) \leftarrow B(h,1)$ **end if**
        （iii）**if** $j =$ odd > 1 **then** $C(h,j) \leftarrow C(h+1, (j-1)/2) * B(h,j)$ **end if**
      end for
    end for
end

例 2.1　令 $n = 8$，参照图 2.1(a)。开始时对于所有 $1 \leq j \leq 8$，$B(0,j)$ 相应于树的叶节点。在正向遍历时，变量 $B(1,j)$（$1 \leq j \leq 4$）相应于高度为 1 的内节点；变量

$B(2,j)(1 \leq j \leq 2)$ 相应于高度为 2 的内节点;树根中存储了变量 $B(3,1)$。在反向遍历时,参照图 2.1(b),开始置 $C(3,1) = B(3,1)$;下一步产生 $C(2,1) = B(2,1)$ 和 $C(2,2) = B(2,2)$,因此 $C(2,1)$ 和 $C(2,2)$ 保存了相应于输入 $B(2,1)$ 和 $B(2,2)$ 的前缀和;类似地,$C(1,1)$、$C(1,2)$、$C(1,3)$ 和 $C(1,4)$ 相应于输入 $B(1,1)$、$B(1,2)$、$B(1,3)$ 和 $B(1,4)$ 的前缀和;最后 $C(0,j)(1 \leq j \leq 8)$ 中保持了原输入 $A(j)(1 \leq j \leq 8)$ 的前缀和。□

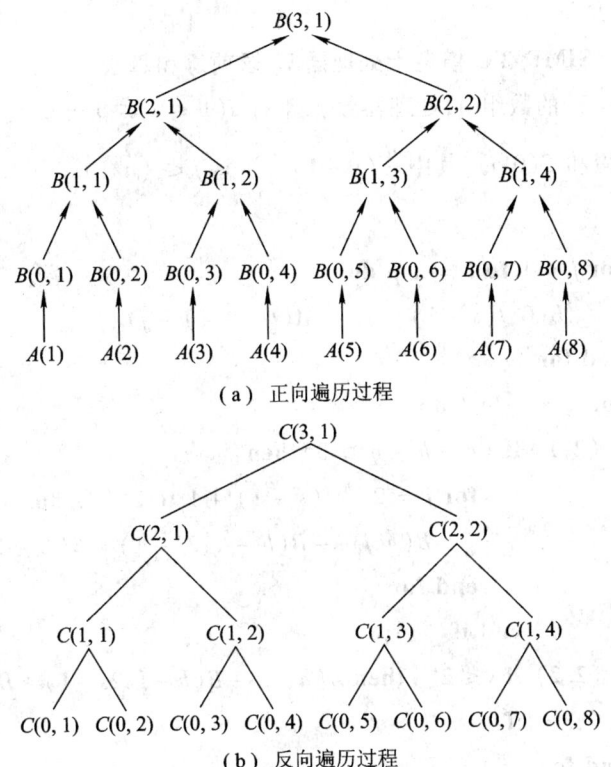

(a) 正向遍历过程

(b) 反向遍历过程

图 2.1 平衡二叉树上求前缀和

采用 WT 表示法分析上述算法。令 $n = 2^k$,则算法共有 $2k + 2$ 个并行步。令 $W_{1,1}$ 表示算法第 (1) 步执行的运算数,$W_{i,m}$ 表示算法第 $i(i = 2,3)$ 步第 m 次迭代时所执行的运算数。则 $W_{1,1} = n$,$W_{2,m} = n/2^m = 2^{k-m} (1 \leq m \leq k)$,$W_{3,m} = 2^m (0 \leq m \leq k)$。所以总运算量

$$W(n) = W_{1,1} + \sum_{m=1}^{k} W_{2,m} + \sum_{m=0}^{k} W_{3,m}$$

$$= n + 2^k \sum_{m=1}^{k} 2^{-m} + \sum_{m=0}^{k} 2^m$$

$$= n + n(1 - 1/n) + 2n - 1 = O(n)$$

在上述算法中并未涉及要用多少处理器和怎样分配它。现在来讨论此问题。假定 SIMD 共享模型中有 $p = 2^q \leq n = 2^k$ 个处理器 $P_1, \cdots, P_p$,并令 $l = n/p = 2^{k-q}$。将输入数组划分成 p 个子数组,使得处理器 P_s 负责处理子数组 $A(l(s-1)+1)$,$A(l(s-1)+2), \cdots, A(ls)$。在二叉树高度 h 上,正向和反向遍历中所产生的值 $B(h,\cdot)$ 和 $C(h,\cdot)$ 也以类似方式分配给各处理器。由第 s 个处理器所执行的算法的形式描述如下。

算法 2.3 SIMD-TC 模型上处理器 P_s 求前缀和算法

输入:$n = 2^k$ 的数组 A,处理器数 p,下标 $s(1 \leq s \leq p = 2^q)$。

输出:前缀和 $C(0,j)$,其中 $\frac{n}{p}(s-1) + 1 \leq j \leq (n/p)s$。

Begin

(1) **for** $j = 1$ **to** $l = n/p$ **do**

$$B(0, l(s-1) + j) \leftarrow A(l(s-1) + j)$$

end for

(2) **for** $h = 1$ **to** k **do**

(2.1) **if** $(k - h - q \geq 0)$ **then**

for $j = 2^{k-h-q}(s-1) + 1$ **to** $2^{k-h-q}s$ **do**

$$B(h,j) \leftarrow B(h-1, 2j-1) * B(h-1, 2j)$$

end for

end if

(2.2) **if** $s \leq 2^{k-h}$ **then** $B(h,s) \leftarrow B(h-1, 2s-1) * B(h-1, 2s)$ **end if**

end for

(3) **for** $h = k$ **to** 0 **do**

(3.1) **if** $(k - h - q \geq 0)$ **then**

for $j = 2^{k-h-q}(s-1) + 1$ **to** $2^{k-h-q}s$ **do**

(i) **if** $j = $ even **then** $C(h,j) \leftarrow C(h+1, j/2)$ **end if**

(ii) **if** $j = 1$ **then** $C(h,1) \leftarrow B(h,1)$ **end if**

(iii) **if** $j = $ odd > 1 **then** $C(h,j) \leftarrow C(h+1, (j-1)/2) * B(h,j)$ **end if**

end for

end if

(3.2) if $s \leq 2^{k-h}$ then
　　(i) if $s = $ even then $C(h,s) \leftarrow C(h+1,s/2)$ end if
　　(ii) if $s = 1$ then $C(h,1) \leftarrow B(h,1)$ end if
　　(iii) if $s = $ odd > 1 then $C(h,s) \leftarrow C(h+1,(s-1)/2)*B(h,s)$ end if
　end if
end for
end

例 2.2　令 $n = 8$ 和 $p = 2$，试考虑相应于处理器 P_2 算法执行情况。参照图 2.2，在算法的第(1)步，P_2 将设置 $B(0,5) = A(5)$, $B(0,6) = A(6)$, $B(0,7) = A(7)$ 和 $B(0,8) = A(8)$；算法执行第(2)步，在正向遍历时，P_2 在 $h = 1,2$ 时是活动的，而在 $h = 3$ 时是空闲的。因此 P_2 在第(2)步的循环中产生 $B(1,3)$, $B(1,4)$ 和 $B(2,2)$；类似地，在反向遍历时，P_2 在 $h = 3$ 时是空闲的，而在 $h = 2,1,0$ 时是活动的，因此 P_2 将产生和 $C(2,2)$、$C(1,3)$、$C(1,4)$、$C(0,5)$、$C(0,6)$、$C(0,7)$ 及 $C(0,8)$。□

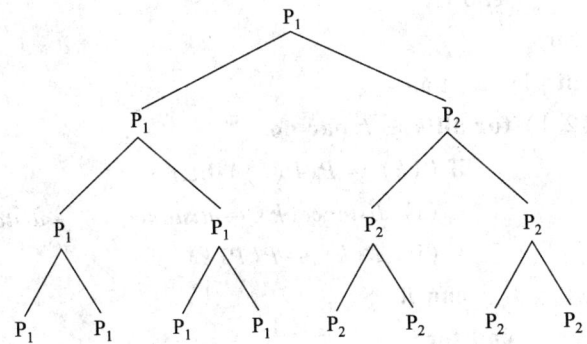

图 2.2　$n = 8, p = 2$ 时求前缀和之处理器分配情况

2.2　倍增技术

倍增技术(Doubling Technique) 又称**指针跳越**(Pointer Jumping) 技术，特别适合处理以链表或有向有根树之类表示的数据结构，在图论和链表算法中有着广泛的应用[4-6]。每当递归调用时，所要处理的数据之间的距离将逐步加倍，经过 k 步后就可完成距离为 2^k 的所有数据的计算。下面以求表列中元素的**位序**(Rank)，下文也称**次第**，简称**表序问题**(List Ranking Problem)[7]，以及求森林的根为例，来说

明此项技术的具体使用。

2.2.1 表序问题的计算

令 L 是 n 个元素的表列,且每个元素分配一个处理器。所谓表序问题就是给表列中每个元素 k 指定一个它在表列中的**位序号** $rank(k)$,$rank(k)$ 可视为元素 k 至表尾的距离。为此每个元素 k 都有一个指向下一个元素的指针 $next(k)$。如果 k 是表中最后一个元素,则 $next(k) = k$。具体算法形式描述如下:

算法 2.4　SIMD-EREW 模型上求元素表序算法
输入:n 个元素的表列 L。
输出:$rank(k)$,$k \in L$。
begin
　(1) **for all** $k \in L$ **par-do**
　　(1.1) $P(k) \leftarrow next(k)$
　　(1.2) **if** $P(k) \neq k$ **then** $distance(k) \leftarrow 1$ **else** $distance(k) \leftarrow 0$
　　　end if
　end for
　(2) **repeat** $\lceil \log n \rceil$ **times**
　　(2.1) **for all** $k \in L$ **par-do**
　　　if $P(k) \neq P(P(k))$ **then**
　　　　(i) $distance(k) \leftarrow distance(k) + distance(P(k))$
　　　　(ii) $P(k) \leftarrow P(P(k))$
　　　end if
　　end for
　　(2.2) **for all** $k \in L$ **par-do**
　　　$rank(k) \leftarrow distance(k)$
　　end for
　end repeat
end

显然,算法 2.4 的 $t(n) = O(\log n)$,$p(n) = n$。

例 2.3　令 $n = 7$。图 2.3 示例出算法 2.4 的执行过程。其中带箭头的弧为指针 $P(k)$;弧上的数字为 $distance(k)$ 的值。开始时,在算法第(1.1)步 $P(k)$ 进行初始化;在第(1.2)步计算出 $distance(k)$ 的值。算法总共迭代三次,各元素的指针 $P(k)$ 和 $distance(k)$ 依次标注在图 2.3 中。□

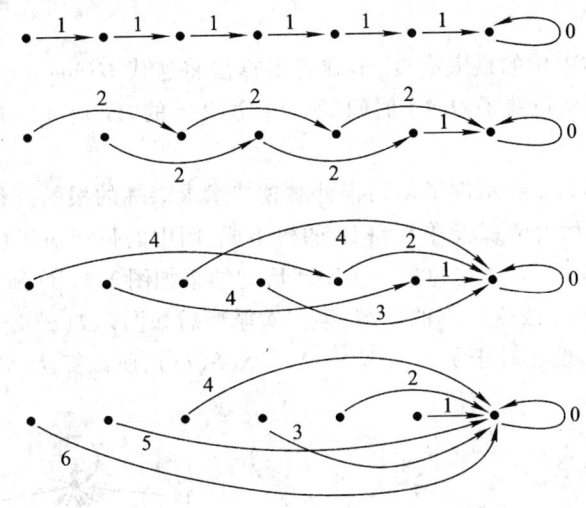

图 2.3 $n = 7$ 时算法 2.4 的执行过程

2.2.2 求森林的根

令**森林**(Forest)F 是一组有根有向树,其中 F 由长为 n 的数组 P 指定,使得:如果 (i,j) 是 F 中的一条弧,则 $P(i) = j$,即 j 是 i 的父亲;如果 i 是一个根,则 $P(i) = i$。所谓**求森林的根**(Finding the Roots of A Forest)的问题,就是对于每个节点 $j(1 \leq j \leq n)$,确定包含该节点的树的根 $S(j)$。开始时,每个节点 i 的后继 $S(i)$ 定义为 $P(i)$。指针跳越技术就是用后继的后继去修改每个节点的后继。重复使用此法,一个节点的后继就变成了越来越靠近树根的祖先。所以节点及其后继之间的距离将逐次加倍,经过 k 次迭代后,i 和 $S(i)$ 之间的距离则为 2^k。下面给出算法的高层描述。

算法 2.5 SIMD-CREW 模型上求森林根的算法

输入: 森林 F,弧由 $(i, P(i))$ 指定,$1 \leq i \leq n$。
输出: 对每个节点 i,输出包含 i 的树的根 $S(i)$。
begin
　　for $1 \leq i \leq n$ **par-do**
　　(1) $S(i) \leftarrow P(i)$
　　(2) **while** $S(i) \neq S(S(i))$ **do**
　　　　$S(i) \leftarrow S(S(i))$
　　end while

        end for
    end

令 h 是森林中树的最大高度,不难看出算法将迭代 $O(\log n)$ 次,每次迭代做了 $O(n)$ 次运算而花费了 $O(1)$ 时间。所以算法 2.5 的 $t(n) = O(\log n)$,$W(n) = O(n\log n)$。

例 2.4 图 2.4 中示例了使用指针跳跃技术求森林的根的过程。本例中,如图 2.4(a) 所示,森林由两棵根在 8 和 13 的树组成。图中的弧相应于 $(i,P(i))(1 \leq i \leq 13)$。算法执行 while 语句的第一次循环后的结果如图 2.4(b) 所示,致使节点 1、2、3、4、5、9、10 和 11 改变它们的后继;第二次循环后如图 2.4(c) 所示,使得两棵树的高度都变为 1。现在对于所有 i,有 $S(i) = S(S(i))$,所以算法结束。

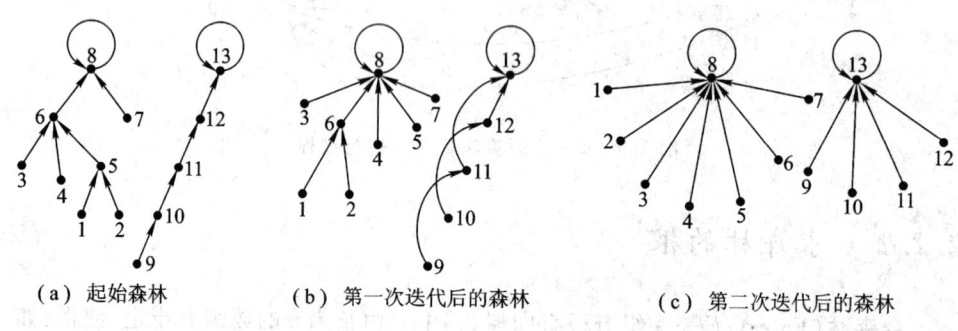

(a) 起始森林　　(b) 第一次迭代后的森林　　(c) 第二次迭代后的森林

图 2.4　使用指针跳跃技术求森林的根

2.3　分治策略

分治(Divide and Conquer)策略是一种问题求解的方法学,其思想是将原问题分解成若干个特性相同的子问题分而治之。若所得的子问题规模仍嫌太大,可反复使用分治策略直至很易求解诸子问题为止。使用分治法时,子问题的类型通常和原问题的类型相同,因此很自然地导致**递归**(Recursion)过程。

2.3.1　SIMD 模型上分治算法的描述

并行分治策略分为三步:① 将输入划分成若干个规模近于相等的子问题;② 同时递归地求解各个子问题;③ 归并各子问题的解成为原问题的解,在 SIMD 模型上它可形式描述如下[8]:

算法 2.6　SIMD 模型上的分治算法
输入：问题的输入集合 I。
输出：问题的解输出 O。
Procedure $D \& C(I,O)$
begin
　　if $SMALL(I,O)$ **then return**($ANSWER(I,O)$)
　　　　　　/* 如果问题规模足够小，则直接返回 $ANSWER$ */
　　else/* 将问题的输入划分成 k 个同类型的子问题 $S_1, S_2, \cdots, S_k$
　　　　　并行执行 k 次递归调用；将子问题的解与 I 中某些可能值结
　　　　　合，产生输出解 O */
　　　(1) $SPLIT\ INPUT(I: S_1, S_2, \cdots, S_k)$
　　　(2) **for** $i = 1$ **to** k **par-do**
　　　　　　$D \& C(S_i, T_i)$
　　　　　end for
　　　(3) $COMBINE(T_1, \cdots, T_k, I, O)$
　　end if
end

　　上述算法中的 $SMALL$ 是布尔量，当其为真时返回由 $ANSWER$ 直接计算出的结果；否则 $SMALL$ 的值为假时，则执行 $SPLIT\ INPUT$、$D \& C$ 和 $COMBINE$。

　　一个问题能否用分治策略求解，主要看它能否有效地执行上述的问题分解和归并。如归并开销过大，可使用**流水线**式，即**级联分治**（Cascading Divide-and-Conquer）策略[9]进行归并（如第五章的 Cole 归并排序就是使用此法）。

2.3.2　SIMD 共享存储模型上的 FFT 算法

　　令 W_n 是一个 $n \times n$ 的矩阵，其行和列的编号均为 $0 \sim n-1$，使得 $W_n(j,k) = \omega^{jk}$，其中 $0 \leq j, k \leq n-1$，$\omega = e^{i2\pi/n} = \cos\dfrac{2\pi}{n} + i\sin\dfrac{2\pi}{n}$，$i = \sqrt{-1}$。令 $\boldsymbol{x}$ 是个 n 维向量，则定义在复数域上的离散傅氏变换 $\boldsymbol{y} = W_n\boldsymbol{x}$（以下讨论假定 n 为 2 的方幂）。

　　令 j 是偶下标，即 $j = 2l (0 \leq l \leq n/2 - 1)$，则按照 DFT 定义，且注意 $\omega^{ln} = (\omega^n)^l = 1$，有

$$y_j = y_{2l} = \sum_{k=0}^{n-1} \omega^{2lk} x_k$$

$$= x_0 + \omega^{2l} x_1 + \omega^{4l} x_2 + \cdots + \omega^{2l(\frac{n}{2}-1)} x_{\frac{n}{2}-1} + x_{\frac{n}{2}} +$$

$$\omega^{2l} x_{\frac{n}{2}+1} + \omega^{4l} x_{\frac{n}{2}+2} + \cdots + \omega^{2l(\frac{n}{2}-1)} x_{n-1}$$

$$= \left(x_0 + x_{\frac{n}{2}}\right) + \omega^{2l}\left(x_1 + x_{\frac{n}{2}+1}\right) + \omega^{4l}\left(x_2 + x_{\frac{n}{2}+2}\right) + \cdots +$$

$$\omega^{2l(\frac{n}{2}-1)}\left(x_{\frac{n}{2}-1} + x_{n-1}\right) \tag{2.1}$$

很清楚,$\omega^2 = e^{i2\pi/(n/2)}$,所以 ω^2 是单位 $n/2$ 次元根。由此可知,向量 $z^{(1)} = (y_0, y_2, \cdots, y_{n-2})^T$ 是向量 $\left(x_0 + x_{\frac{n}{2}}, x_1 + x_{\frac{n}{2}+1}, \cdots, x_{\frac{n}{2}-1} + x_{n-1}\right)^T$ 的 DFT。

令 j 是奇下标,即 $j = 2l + 1$,且注意到 $\omega^{n/2} = e^{i\pi} = -1$,则有

$$y_{2l+1} = \left(x_0 - x_{\frac{n}{2}}\right) + \omega^{2l} \cdot \omega\left(x_1 - x_{\frac{n}{2}+1}\right) + \omega^{4l} \cdot \omega^2\left(x_2 - x_{\frac{n}{2}+2}\right) + \cdots +$$

$$\omega^{2l(\frac{n}{2}-1)} \cdot \omega^{\frac{n}{2}-1}\left(x_{\frac{n}{2}-1} - x_{n-1}\right) \tag{2.2}$$

所以,向量 $z^{(2)} = (y_1, y_3, \cdots, y_{n-1})^T$ 是向量

$$\left(x_0 - x_{\frac{n}{2}}, \omega\left(x_1 - x_{\frac{n}{2}+1}\right), \cdots, \omega^{\frac{n}{2}-1}\left(x_{\frac{n}{2}-1} - x_{n-1}\right)\right)^T$$

的 DFT。此计算过程示于图 2.5 中,其中上面的 DFT$(n/2)$ 产生偶下标的输出 $z^{(1)}$;而下面的 DFT$(n/2)$ 产生奇下标的输出 $z^{(2)}$。

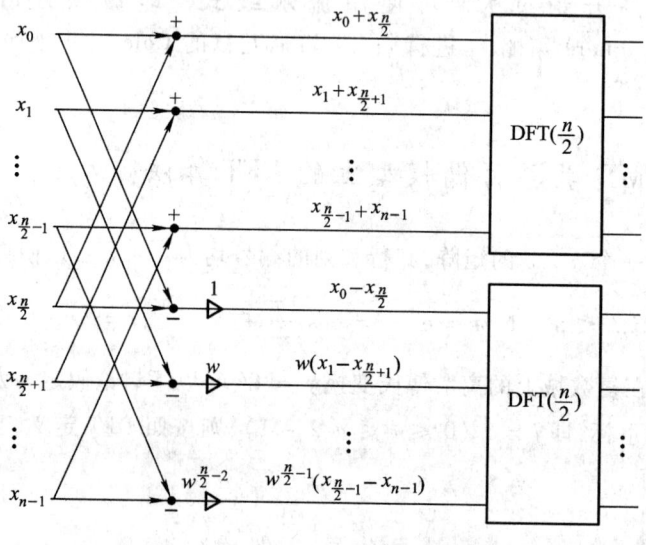

图 2.5 DFT 计算过程

算法 2.7　SIMD-EREW 模型上的 FFT 算法

输入：n 维向量 $\boldsymbol{x} = (x_0, \cdots, x_{n-1})^T$，其元素为复数，$\omega = \mathrm{e}^{\mathrm{i}2\pi/n}$。

输出：$\boldsymbol{x}$ 的 DFT $\boldsymbol{y} = (y_0, \cdots, y_{n-1})^T$。

Procedure PAR FFT$(\boldsymbol{x}, \boldsymbol{y})$

begin

(1) **if** $n = 2$ **then** $y_0 \leftarrow x_0 + x_1$; $y_1 \leftarrow x_0 - x_1$ **end if**

(2) **for** $l = 0$ **to** $n/2 - 1$ **par-do**

　　(2.1) $u_l \leftarrow x_l + x_{\frac{n}{2}+l}$

　　(2.2) $u_l \leftarrow \omega^l \left(x_l - x_{\frac{n}{2}+l} \right)$

end for

(3) Recursively Call：

　　(3.1) PAR FFT$\left((u_0, u_1, \cdots, u_{\frac{n}{2}-1}), \boldsymbol{z}^{(1)} = \left(z_0^{(1)}, z_1^{(1)}, \cdots, z_{\frac{n}{2}-1}^{(1)} \right) \right)$

　　(3.2) PAR FFT$\left((v_0, v_1, \cdots, v_{\frac{n}{2}-1}), \boldsymbol{z}^{(2)} = \left(z_0^{(2)}, z_1^{(2)}, \cdots, z_{\frac{n}{2}-1}^{(2)} \right) \right)$

(4) **for** $j = 0$ **to** $n - 1$ **par-do**

　　(4.1) **if** $j = $ even **then** $y_j \leftarrow z_{j/2}^{(1)}$ **end if**

　　(4.2) **if** $j = $ odd **then** $y_j \leftarrow z_{(j-1)/2}^{(2)}$ **end if**

end for

end

上述算法的复杂度为 $T(n) = T(n/2) + O(1)$ 和 $W(n) = 2W(n/2) + O(n)$，求解之得 $T(n) = O(\log n)$，$W(n) = O(n\log n)$。

2.4　划分原理

划分原理(Partitioning Principle)又称分组原理，用其求解问题时可分为两步：① 将给定的问题分割成 p 个独立的几乎等尺寸的子问题；② 用 p 台处理器并行求解诸子问题。它和分治策略的共同点是两者均试图将原问题分解成可并行求解的子问题；但分治策略的注意力集中在子问题解的归并上，而划分原理的侧重点是留心划分问题，使得子问题的解很容易被组合成原问题的解。下面结合**归并**(Merging)问题来说明此原理的使用。

给定具有**偏序**(Partial Order)关系 ≤ [即 ≤ 是**自反的**(Reflexive)、**反对称的**

(Antisymmetric)和**传递的**(Transitive)]的集合 S;如果对于每对元素 $a,b \in S$,要么 $a \leq b$,要么 $b \leq a$,则称 S 是**线性序**(Linearly Ordered)或**全序**(Totally ordered)的。令 $A=(a_1,a_2,\cdots,a_n)$ 和 $B=(b_1,b_2,\cdots,b_n)$ 是元素取值于线性序集合 S 上的两个非降序列,所谓归并就是将 A 和 B 合并成一个有序序列 $C=(c_1,c_2,\cdots,c_{2n})$。

2.4.1 归并原理

令 $X=(x_1,x_2,\cdots,x_t)$,$x_i \in S$。所谓 x 在 X 中的**位序**(又称**次第**,Rank),记之为 $rank(x:X)$,就是 X 中 $\leq x$ 的元素的数目。令 $Y=(y_1,y_2,\cdots,y_s)$,$y_i \in S$。所谓 $rank(Y:X)=(r_1,r_2,\cdots,r_s)$ 就是 Y 在 X 中的位序,其中 $r_i=rank(y_i:X)$。

例 2.5 令 $X=(25,-13,26,31,54,7)$,$Y=(13,27,-27)$,则 $rank(Y:X)=(2,4,0)$。□

这样一来,归并问题就能视为确定每个来自集合 A 或 B 的元素 x 在集合 $A \cup B$ 中的位序。如果 $rank(x:A \cup B)=i$,则 $c_i=x$,其中 c_i 是所希望的有序序列中的第 i 个元素。因为 $rank(x:A \cup B)=rank(x:A)+rank(x:B)$,所以归并问题的求解可以采用确定整数数组的 $rank(A:B)$ 和 $rank(B:A)$ 的方法而得到[10]。而求一个元素在另一个有序集合中的位序可以使用**对半搜索**(Binary Search)的方法,其时间界为 $O(\log n)$。很明显,在施行归并时,可以并行地求各元素的位序,这就意味着,归并长度为 n 的有序序列可在 $O(\log n)$ 时间内完成,而使用了 $O(n\log n)$ 次比较操作。

2.4.2 划分算法与归并算法

先参照图 2.6 描述划分算法,再讨论归并算法[11,12]。

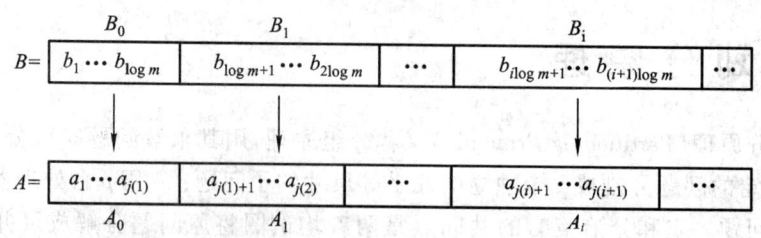

图 2.6 算法 2.8 所产生的划分

算法 2.8 **SIMD-CREW 模型上的划分算法**

输入:两非降数组 $A=(a_1,\cdots,a_n)$ 和 $B=(b_1,\cdots,b_m)$,其中 $\log m$ 和 $k(m)=$

$m/\log m$ 都是整数。

输出：$k(m)$ 配对 A 和 B 的子序列 (A_i, B_i)，使得 $|B_i| = \log m$，$\sum_i |A_i| = n$，且对于所有 $1 \leq i \leq k(m) - 1$，A_i 和 B_i 中的每一个元素都大于 A_{i-1} 和 B_{i-1} 中的每一个元素。

begin

(1) $j(0) \leftarrow 0; j(k(m)) \leftarrow n$

(2) **for** $i = 1$ **to** $k(m) - 1$ **par-do**

    (2.1) rank $b_{i\log m}$ in A using binary search

    (2.2) $j(i) \leftarrow rank(b_{i\log m} : A)$

end for

(3) **for** $i = 0$ **to** $k(m) - 1$ **par-do**

    (3.1) $B_i \leftarrow (b_{i\log m + 1}, \cdots, b_{(i+1)\log m})$

    (3.2) $A_i \leftarrow (a_{j(i)+1}, \cdots, a_{j(i+1)})$

end for

end

不难证明，算法 2.8 的 $t(n) = O(\log n)$，$W(n) = O(n + m)$。

例 2.6 令 $A = (4, 6, 7, 10, 12, 15, 18, 20)$，$B = (3, 9, 16, 21)$。本例中 $m = 4$，$k(m) = 2$。因为 $rank(9:A) = 3$，所以可以得两对划分：$A_0 = (4, 6, 7)$，$B_0 = (3, 9)$ 和 $A_1 = (10, 12, 15, 18, 20)$，$B_1 = (16, 21)$。显然，$A_1$ 和 B_1 中的每一元素都大于 A_0 和 B_0 中的每一元素，因此可以成对归并 (A_0, B_0) 和 (A_1, B_1) 而将 A 和 B 归并。

如上例所示，使用划分算法完成了两序列的划分后，归并 A 和 B 的问题就变为成对子序列 (A_i, B_i) 的归并问题了。记住，对所有的 i，$|B_i| = \log m$。如果 $|A_i| = O(\log n)$，则可使用最佳顺序归并算法，在 $O(\log n)$ 的时间内完成 (A_i, B_i) 的归并。否则，也可使用划分算法将 A_i 划分成长度为 $O(\log n)$ 的一些块，这可在 $O(\log \log n)$ 时间使用 $O(|A_i|)$ 次操作完成。所以，可使每个待归并的子序列长度均为 $O(\log n)$ 而不会渐近地增加复杂界。因此，归并两个长度各为 n 的有序序列 A 和 B，可在 $O(\log n)$ 时间内用 $O(n)$ 次操作完成。

2.5 流水线技术

在并行处理中，**流水线**（Pipelining）技术是一项重要的并行技术。它在 VLSI 并行算法中表现得尤为突出。其基本思想是将一个计算任务 t，分成一系列子任

务 $t_1, t_2, \cdots, t_m$，使得一旦 t_1 完成，后继的子任务就可立即开始，并以同样的速率进行计算。下面以一维阵列上归并排序为例，说明流水线技术的使用[13]。

2.5.1 一维阵列上的流水线归并排序原理

使用流水线归并排序时：① 输入序列不必在算法开始前加载到阵列的各处理器中，而是以流水线方式逐步注入到阵列中；② 输入序列的长度是可变的。

假定 $n=2^r$（r 为正整数），$p(n)=r+1$（编号从 1 到 $r+1$）。除首处理器只有一个输入和尾处理器只有一个输出外，其余各处理器均有两个输入和两个输出（参见图 2.7）。系统中各处理器同步运行。在一个时间周期内，P_1 从输入序列中读取一个数并将其作为结果输出之；$P_i (2 \leqslant i \leqslant r+1)$ 从 P_{i-1} 接收两个长度为 2^{i-2} 的子序列，并将其归并成一个长度为 2^{i-1} 的子序列。P_1 到 P_r 在它们上面和下面两输出线上交替地产生所归并的子序列。每个处理器（P_1 除外）当其前驱处理器的一条线已经产生了一个完整的子序列，而另一条线上的下一个子序列的第一个元素已出现时就开始归并。

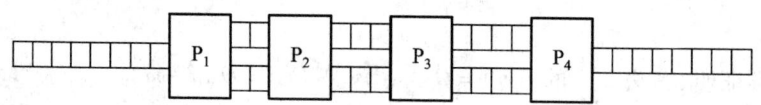

图 2.7　一维流水线阵列（$r=3$）

令 q_1 和 $q_{2(r+1)}$ 分别表示输入和输出队列，则处理器 P_i 和 P_{i+1} 之间通过队列 q_{2i} 和 q_{2i+1} 进行通信。因为 P_i 所产生的归并的子序列交替地出现在 q_{2i} 和 q_{2i+1} 中，所以必须指明，两队列中哪个在接收输出。为此引入整数 $a, b, c (0 \leqslant b < c)$ 且 $a \bmod c = b$，即 a 除以 c 时余数为 b。这样，如果由 P_i 所产生的现行子序列置于 q_{2i+j} 中，则下一个子序列将置于 $q_{2i+(j+1) \bmod 2}$，其中 $j=0$ 或 1。

在上述阵列中执行归并排序时，第 1 步由 P_1 执行；第 2 步由 $P_2, \cdots, P_r$ 执行；第 3 步由 P_{r+1} 执行。

2.5.2 一维阵列上的流水线归并排序算法

算法 2.9　**SIMD-LC 模型上的归并排序算法**
输入：$S=(x_n, x_{n-1}, \cdots, x_1)$，$x_1$ 在先，x_n 最后，$n=2^r$。
输出：非降有序序列。
begin
　　Do step 1,2 and 3 **par-do**

(1) P_1 performs the following steps
    (1.1) read x_1 from q_1
    (1.2) $j \leftarrow 0$
    (1.3) **for** $i = 2$ **to** n **do**
        (i) place x_{i-1} on q_{2+j}
        (ii) read x_i from q_1
        (iii) $j \leftarrow j + 1$ **mod** 2
    end for
    (1.4) place x_n on q_3
(2) **for** $i = 2$ **to** r **par-do**
    (2.1) $j \leftarrow 0$
    (2.2) $k \leftarrow 1$
    (2.3) **while** $k \leqslant n$ **do**
        if ($q_{2(i-1)}$ is 2^{i-2} elements long **and** $q_{2(i-1)+1}$ contains one element)
        then (i) **for** $m = 1$ **to** 2^{i-1} **do**
            P_i compares the first element in $q_{2(i-1)}$ to the first element in $q_{2(i-1)+1}$ removes the larger of the two and places it on q_{2i+i}
        end for
        (ii) $j \leftarrow j + 1$ **mod** 2
        (iii) $k \leftarrow k + 2^{i-1}$
    end if
    end while
    end for
(3) **if** (q_{2r} is 2^{r-1} elements long **and** q_{2r+1} contains one element)
    then for $m = 1$ **to** 2^r **do**
        P_{r+1} compares the first element in q_{2r} to the first element in q_{2r+1} removes the larger of the two and places it on $q_{2(r+1)}$
    end for
end if

end

现在分析一下算法复杂度。处理器 P_i 一旦在某一条输入线上有长度为 2^{i-2} 的子序列,而另一条输入线上有一个元素出现,就开始归并,即在 P_{i-1} 开始之后的 $2^{i-2}+1$ 个周期 P_i 就开始归并。如令 P_1 开始的周期为 1,则 P_i 将在 $\left(1+\sum_{j=0}^{i-2}(2^j+1)\right) = (2^{i-1}+i-1)$ 个周期之后开始处理第 1 个输入。当处理完所有其余的 $n-1$ 个元素之后,P_i 将停止在第 $((n-1)+2^{i-1}+i-1)$ 个周期。因为 P_{r+1} 是最后一个停止的处理器,所以排序将在第 $(n+2^r+r-1) = (2n+\log n-1)$ 个周期完成。因此算法 2.9 的运行时间 $t(n) = O(n)$,所以其成本 $c(n) = O(n(\log n+1)) = O(n\log n)$,显然它是成本最优的。

*2.6 加速级联策略

为了获得一个快速最优的算法,可以将一个最优但相对不快的算法与另一个非常快但不是最优的算法**级联**(也称**串接**,Cascading)起来,形成**加速级联算法**(Accelerated Cascading Algorithm)[14]。具体做法是:首先,使用最优算法,直到求解问题规模减到某一阈值;接着,使用快而非最优的算法,继续完成问题的求解。加速级联算法一个重要特例是:① 将输入划分成一些不相交的子输入;② 使用最优串行算法并发求解子问题;③ 使用一个快速的并行算法归并子问题的解。下面以求最大值为例来说明此策略的应用。

2.6.1 常数时间求最大值算法

令 A 是存有 p 个取值于线性序集合 S 上的元素的数组;布尔数组 B 保存了所有数对比较的结果;符号 $\wedge$ 表示**布尔与**(Boolean AND)。下面是一个基于枚举比较方法的求最大值算法。注意,假定数组中的元素 x_i 都是不同的,否则,对每个 i,x_i 可用一对数 (x_i,i) 代替,且推广 "$\geq$" 关系如下:当且仅当 $x_i>x_j$ 或 $x_i=x_j$ 且 $i>j$ 时,$(x_i,i)>(x_j,j)$。

算法 2.10 SIMD-CRCW 模型上的枚举求最大值算法
输入:存有 p 个不同元素的数组 A。
输出:布尔数组 M,当且仅当 $A(i) = \max\{A\}$ 时,$M(i)=1$。
begin
　　(1) **for** $1 \leq i,j \leq p$ **par-do**

```
                if A(i) ⩾ A(j) then B(i,j) ← 1
                                else B(i,j) ← 0
            end if
        end for
    (2) for 1 ⩽ i ⩽ p par-do
            M(i) ← B(i,1) ∧ B(i,2) ∧ ⋯ ∧ B(i,p)
        end for
end
```

上述算法第(1)步要求同时读操作;第(2)步,如果允许同时写相同的值,则执行时间为 $O(1)$。所以,算法 2.10 在 SIMD-CRCW 模型上的运行时间为 $O(1)$,使用了 $O(p^2)$ 次比较操作。

2.6.2 双对数时间算法

在平衡二叉树(**对数深度**)上求最大值(算法 2.1)的时间为 $O(\log n)$,总运算次数为 $O(n)$。但可以在**双对数深度树**(Doubly Logarithmic-Depth Tree)上加快算法的运行。为此,构造一棵具有 x_i 作为叶节点的平衡双对数深度树,使得节点 u 的子节点数目为 $\lceil \sqrt{n_u} \rceil$(确保树深为双对数),其中 n_u 是根在 u 的子树的叶节点数目。每个内节点都用来保存其子树中的最大元素,可用算法 2.10 在常数时间内求出。

给定一棵有根树,定义节点 u 的**层**(Level)为从 u 到根路径上的边数。显然根节点的层为零。为了清楚起见,假定 $n = 2^{2^k}$(k 为某一整数)。一棵具有 n 个叶节点的双对数深度树,其根有 $2^{2^{k-1}} = \sqrt{n}$ 个子节点,而每个子节点又有 $2^{2^{k-2}}$ 个子节点。一般而言,第 i 层的每个节点有 $2^{2^{k-i-1}}$ 个子节点($0 \leqslant i \leqslant k-1$)。在 k 层的每个节点只有两个叶子作为其子节点。

例 2.7 一棵 $n = 16$ 的双对数深度树示于图 2.8 中。其中根有 4 个子节点,其余内节点只有两个子节点。每个内节点计算相应于该节点的子节点中的元素最大值。□

不难用归纳法证得双对数深度树中第 i 层的节点数目为 $2^{2^k - 2^{k-i}}$($0 \leqslant i < k$)。第 k 层的节点数为 $2^{2^{k-1}} = n/2$。显然树深度为 $k + 1 = \log \log n + 1$。

当用双对数深度树求最大值时,算法从高度 1 开始自底向上行进。采用算法 2.10,任意层的最大值可在 $O(1)$ 时间内计算出。所以,求最大值的时间 $T(n) = O(\log \log n)$,可见它比对数深度的平衡二叉树上求最大值要快指数倍。

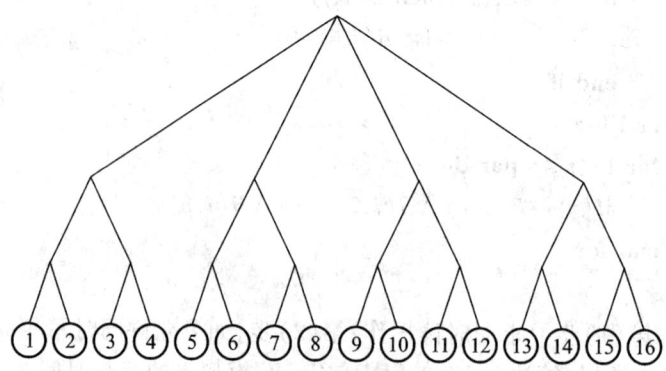

图 2.8　16 个节点的双对数深度树(数字为叶节点序号)

不难估计新算法的运算量：在第 i 层每个节点所执行的运算数量为 $O((2^{2^{k-i-1}})^2), 0 \leq i < k$，所以第 i 层的总运算数量为 $O((2^{2^{k-i-1}})^2 \cdot 2^{2^k - 2^{k-i}}) = O(2^{2^k}) = O(n)$。因此，算法的总运算量为 $W(n) = O(n \log \log n)$。所以，尽管新算法是非常快的，但其运算量相对于对数深度的二叉树上的算法却不是最优的。下面讲解如何利用加速级联策略使快速算法达到最优。

2.6.3　加速级联算法

已经有了一个在对数深度树上运行时间为 $O(\log n)$ 的最优求最大值算法和在双对数深度树上运行时间为 $O(\log \log n)$ 的非常快的但非最优的求最大值算法。现在使用加速级联策略将两者级联起来，以产生一个快而最优的求 n 个数的最大值算法。具体实现分两步：

第一步：运行对数深度的平衡二叉树算法，从树叶开始向上直到 $\lceil \log \log \log n \rceil$ 层。由于逐次向上每层将使候选的数目减少 $1/2$，所以在该算法结束时，最大数将处于 $n' = O(n/\log \log n)$ 个元素之中，并且至此所使用的运算数量为 $O(n)$，相应的时间为 $O(\log \log n)$。

第二步：对第一步所产生的 n' 个最大值的候选数，运行双对数深度树算法。此步所要求的时间为 $O(\log \log n') = O(\log \log n)$，使用的运算量 $W(n') = O(n' \log \log n') = O(n)$。

所以，整个算法的运行时间为 $O(\log \log n)$，而运算量为 $O(n)$。它是在允许同时写相同数的 SIMD-CRCW 模型上求 n 个数最大值的最优 WT 算法。

2.7 破对称技术

破对称(Symmetry Breaking)[15-17],顾名思义就是打破某些问题的对称性。这种破对称技术常用在图论问题(第十五章)和随机算法(第十八章)的设计上。本节以有向环图的顶点着色为例,说明这种技术的基本思想和实现方法。

令 $G=(V,E)$ 是一有向环(即每个顶点的入度和出度均为 1),且对于任意两顶点 $u,v \in V$,必存在一条从 u 到 v 的路径。所谓 G 的 **k-着色**(k-Coloring)就是一种映射 $c:V \to \{0,1,\cdots,k-1\}$,使得如果 $(i,j) \in E$,则 $c(i) \neq c(j)$。

给**有向环**(Directed Cycle)的顶点着色最直接的办法是从某一顶点开始,给各顶点相间(交替)地着色,但对回路而言,可能需要第三种颜色,很明显这种简单的顺序着色算法是最优的,但似乎不能导出一个快速并行算法。使用并行的方法着色,主要困难在于问题的明显对称性,因为并行地给很多顶点指派一种颜色就意味着这些顶点是可以与其余顶点区分开的,但是在图中所有的顶点都是相同的。因此,必须引入某种技术将顶点划分成若干类,使得每类可指派相同的颜色。

2.7.1 基本着色算法

对于有向环图 $G=(V,E)$,令数组 S 表示 G 的弧,使得对于 $1 \leq i,j \leq n$,每当 $(i,j) \in E$ 时,$S(i)=j$。注意,可以设置 $P(S(i))=i(1 \leq i \leq n)$,立即得到顶点的**前驱**(Predecessor)关系。

假定开始时,顶点 i 的颜色 $c(i)=i$。令 i 的二进制表示为 $i_{l-1}i_{l-2}\cdots i_k \cdots i_1 i_0$,则 $c(i)_k$ 表示取 $c(i)$ 的第 k 位的二元值,于是有下述基本的着色算法。

算法 2.11 SIMD-EREW 模型上的基本着色算法
输入:尺寸为 n 的数组 S 表示有向环的弧;初始顶点着色 $c(i)$。
输出:有向环顶点着色 $c'(i)$。
begin
    for $i=1$ **to** n **par-do**
        (1) 令 k 是 $c(i)$ 和 $c(S(i))$ 的二进制位不同的最低有效位
        (2) $c'(i) \leftarrow 2k+c(i)_k$
    end for
end

例 2.8 对于图 2.9(a)所示的有向环,令 $c(i) = i$(给所有顶点初始着色)。图 2.9(b)中,对于每个顶点列出了初始着色 c、k 和新的着色 c' 的值。在本例中,使用算法 2.11 将着色数从 15 降到 6。□

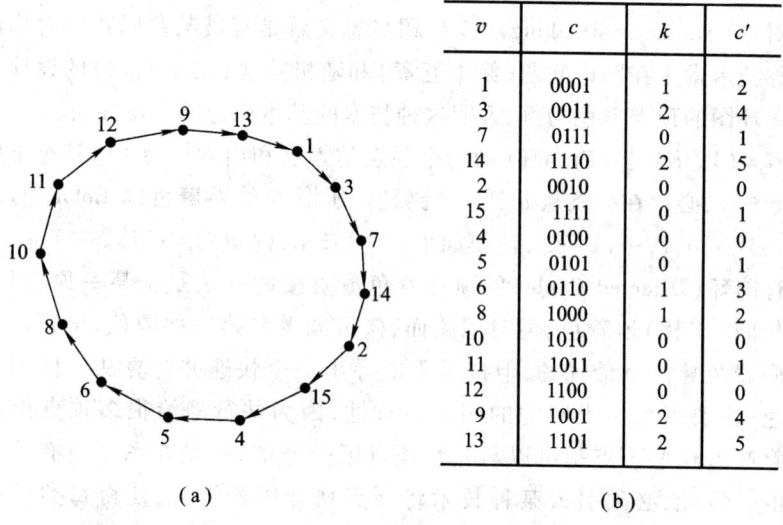

v	c	k	c'
1	0001	1	2
3	0011	2	4
7	0111	0	1
14	1110	2	5
2	0010	0	0
15	1111	0	1
4	0100	0	0
5	0101	0	1
6	0110	1	3
8	1000	1	2
10	1010	0	0
11	1011	0	1
12	1100	0	0
9	1001	2	4
13	1101	2	5

(a)　　　　　　　　　　(b)

图 2.9　有向环的基本着色算法示例

现在证明一下上述算法的正确性。因为 c 是一种初始着色,所以下标 k 总是存在的。假定对于某一 $(i,j) \in E$,有 $c'(i) = c'(j)$,此时 $c'(i) = 2k + c(i)_k$ 和 $c'(j) = 2l + c(j)_l$,其中 k 和 l 由算法第(2)步决定。因为 $c'(i) = c'(j)$,必定有 $k = l$,即 $c(i)_k = c(j)_k$,它与 k 的定义有矛盾,因此每当 $(i,j) \in E$ 时,必有 $c'(i) \neq c'(j)$,即算法能产生有效的着色 c'。

假定识别 k 可在 $O(1)$ 时间内完成,则算法的时间界和运算量是明显的。

2.7.2　快速 3-着色算法

首先,估计一下运行算法 2.11 后新着色数。令 $t(t > 3)$ 是表示初始着色 c 的二进制位数,则表示 c' 需要 $\lceil \log t \rceil + 1$ 位。如果 c 的着色数为 q,其中 q 满足 $2^{t-1} < q \leq 2^t$,则着色 c' 至多使用 $2^{\lceil \log t \rceil + 1} = O(t) = O(\log q)$ 种颜色。所以颜色的数目指数减少。

可以重复使用算法 2.11,以进一步减少着色数,只要 t 满足 $t > \lceil \log t \rceil + 1$(即 $t > 3$)。对于 $t = 3$ 的情况,因为 $c'(i) = 2k + c(i)_k$,且 $0 \leq k \leq 2$,所以 $0 \leq c'(i) \leq 5$,因此算法 2.11 将产生至多六种颜色。

其次，估计一下为达到此着色数所需的迭代次数。为此先引入如下表示法：令 $\log^{(i)} x$ 定义为：$\log^{(1)} x = \log x, \log^{(2)} x = \log \log x$ 和 $\log^{(i)} x = \log(\log^{(i-1)} x)$；令 $\log^* x = \min\{i \mid \log^{(i)} x \leq 1\}$。$\log^* x$ 是一个增长得非常慢的函数。对于所有 $x \leq 2^{65\,536}$，此函数定界于 5。

从初始着色 $c(i) = i (1 \leq i \leq n)$ 开始，第一次应用算法 2.11，着色数减至 $O(\log n)$；第二次应用算法 2.11，着色数减至 $O(\log \log n) = O(\log^{(2)} n)$。所以经过 $O(\log^* n)$ 次迭代后，着色数将减至小于或等于 6。

最后，为了将着色数减至 3，尚需迭代 3 次，每次处理某一特定颜色的顶点。对于 $3 \leq l \leq 5$，做法如下：对于每个着有颜色 l 的顶点 i，用 $\{0, 1, 2\}$ 中最小可能的颜色重新给其着色（即顶点 i 的颜色应与其前驱和后继顶点的颜色不同），每次迭代时间为 $O(1)$，运算次数为 $O(n)$。经过最后一次迭代后，就可在相同渐近界内得到 3-着色。

例 2.9　对图 2.9 的结果使用上述方法来减少着色数。使用算法 2.11 后的顶点颜色为 0,1,2,3,4,5。首先，只有顶点 6 的颜色是 3，且因其近邻顶点 5 和 8 已着色成 1 和 2，所以顶点 6 可重新着色成 0。其次，顶点 3 和 9 重新着为 0 和 1。最后，顶点 13 和 14 被重新着色为 0 和 2。□

如上所述，为了给有向环顶点进行 3-着色，首先要迭代算法 2.11 共 $O(\log^* n)$ 次；再继以对着有颜色 3~5 的顶点重新着色。所以 $O(\log^* n)$ 的时间和 $O(n\log^* n)$ 次操作是需要的。

2.7.3　最优 3-着色算法

上节的算法以极快的速度打破了有向环中的对称性，但却具有非线性的运算量。为了达到最优，要用到排序操作。假定排序 n 个数的时间为 $O(\log n)$，运算量为 $O(n)$（见第五章）。

所介绍的最优 3-着色算法分为三步：① 使用算法 2.11 将顶点着色成 $O(\log n)$ 种颜色；② 按照颜色将顶点排序（因此具有同样颜色的顶点都集中在一起）；③ 对每组具有相同颜色的顶点重新着色。具体算法形式描述如下：

算法 2.12　**SIMD-EREW 模型上的有向环 3-着色算法**

输入：长度为 n 的有向环。

输出：有向环顶点 3-着色。

begin

　　(1) **for** $1 \leq i \leq n$ **par-do**

　　　　$c(i) \leftarrow i$

    end for
  (2) 使用算法 2.11 一次
  (3) 将顶点按颜色排序
  (4) **for** $i = 3$ **to** $2\lceil \log n \rceil$ **do**
    for all vertices v of color i **par-do**
      用 $\{0,1,2\}$ 中最小的且与 v 两相邻顶点不同的颜色给顶点 v 着色
    end for
  end for
end

  算法执行第(2)步，无相邻顶点会着相同的颜色，所以相同颜色中无两个顶点是相邻的，从而可确保第(4)步重新着色可有效地执行。

  算法的复杂度可分析如下：第(1)步和第(2)步用 $O(1)$ 时间和 $O(n)$ 次操作；第(3)步用 $O(\log n)$ 时间和 $O(n)$ 次操作。排序后，可假定所有同种颜色的顶点都位于一片相邻的存储单元中，且每种颜色中第一个和最后一个顶点的地址都已知。令 n_i 是着色 i 的顶点数目。重新给它们着色花费的时间为 $O(1)$，使用了 $O(n_i)$ 次操作。所以，第(4)步用了 $O(\log n)$ 时间，使用的操作总数为 $O\left(\sum_i n_i\right) = O(n)$。

习 题

2.1 下面是平衡二叉树上递归求前缀和算法：

ALGORITHM *Prefix Sum*

输入：$n = 2^k$ 的数组 $(x_1, \cdots, x_n)$，k 为非负整数。
输出：前缀和 $s_i (1 \leq i \leq n)$。
begin
  (1) **if** $n = 1$ **then** $s_1 \leftarrow x_1$ **end if**
  (2) **for** $1 \leq i \leq n/2$ **par-do** $y_i \leftarrow x_{2i-1} * x_{2i}$
  end for
  (3) Recursively compute the prefix sums of $\{y_1, \cdots, y_{n/2}\}$ and store them in $z_1, \cdots, z_{n/2}$
  (4) **for** $1 \leq i \leq n$ **par-do**
    $i =$ even: $s_i \leftarrow z_{i/2}$
    $i = 1 : s_i \leftarrow z_1$
    $i =$ odd $> 1 : s_i \leftarrow z_{(i-1)/2} * x_i$

        end for
    end

(a) 示例 $n = 8$ 时上述算法的计算过程；

(b) 证明上述算法的复杂度为 $T(n) = O(\log n), W(n) = O(n)$。

2.2 使用指针跳跃技术，参照算法 2.5，可以计算出有向有根树中每个节点 i 到其根这段路径上诸节点的权和，如果每个节点 i 均指定一个权 $W(i)$。

(a) 试设计一个完成上述计算的并行算法，其中，

ALGORITHM *Weights Sum*

输入：① 森林 F，弧由 $(i, P(i))$ 指定；

      ② 每个节点 i 包含权 $W(i)$；

      ③ 对于根 $r, W(r) = 0$。

输出：对每个节点 i，设置 $W(i) =$ 从 i 到其树根路径上诸节点的权和。

begin

    ⋮

end

(b) 参照图 2.4，开始时假定对所有 $i \neq 8$ 和 13，$W(i) = 1$。根据你所设计的方法，完成 $W(i)$ 的计算。

2.3 **压缩**(Compression)**技术**，又称**倒塌**(Collapsing)**技术**，也是设计算法的一种基本技术。令 $X = (x_1, \cdots, x_n)$ 是 n 个分量的数组。对每奇数下标 i，并行递归将 x_i 和 x_{i+1} 压缩为一个单个分量。这样压缩若干次后，就可得到一个所希望的单一分量。试问：

(a) 共压缩了多少次？

(b) 如果 n 不是 2 的方幂，应如何处理？它会影响算法的复杂界吗？

2.4 试证明算法 2.7 计算一个 n-维向量的 DFT 所需的时间为 $O(\log n)$ 和共使用了 $O(n\log n)$ 次算术运算。

2.5 假定向量 $\boldsymbol{x} = (2, i, 1-i, 0, 1, -i, 0, 0)^T$。根据算法 2.7：

(a) 试计算 $\boldsymbol{x}$ 的 DFT $\boldsymbol{y}$；

(b) 画出其相应的蝶形计算图。

提示：

$$W = \begin{pmatrix} 1 & 1 & 1 & 1 & 1 & 1 & 1 & 1 \\ 1 & \omega & i & \omega' & -1 & -\omega & -i & -\omega' \\ 1 & i & -1 & -i & 1 & i & -1 & -i \\ 1 & \omega' & -i & \omega & -1 & -\omega' & i & -\omega \\ 1 & -1 & 1 & -1 & 1 & -1 & 1 & -1 \\ 1 & -\omega & i & -\omega' & -1 & \omega & -i & \omega' \\ 1 & -i & -1 & i & 1 & -i & -1 & i \\ 1 & -\omega' & -i & -\omega & -1 & \omega' & i & \omega \end{pmatrix}$$

其中 $\omega = \left(\dfrac{\sqrt{2}}{2}\right) + i\left(\dfrac{\sqrt{2}}{2}\right)$

$$\omega' = \left(-\frac{\sqrt{2}}{2}\right) + i\left(\frac{\sqrt{2}}{2}\right)$$

2.6 假定有一个 n 阶多项式 $p(x)$，欲求 $x = x_0$ 处 $p(x)$ 的值。可使用分治方法求解如下（为简单起见，令 $n = 2^k - 1$，k 为整数）：将 $p(x)$ 表示成 $p(x) = r(x) + x^{(n+1)/2}q(x)$，其中 $r(x)$ 和 $q(x)$ 均是 $2^{k-1} - 1$ 阶多项式；并行递归计算 $r(x_0)$、$q(x_0)$ 和 $p(x_0)$；归并所得结果就可计算出 $p(x_0)$。

(a) 按上述方式试求多项式 $p(x) = a + bx + cx^2 + dx^3 + ex^4 + fx^5 + gx^6 + hx^7$ 在 $x = x_0$ 处的值；

(b) 计算时间是多少？

2.7 假定数组 A 和 B 是两个长度各为 n 和 m 的非降序列，使用算法 2.8 就可将它们划分成成对的子序列 (A_i, B_i)，使得 $|B_i| = O(\log m)$，$\sum_i |A_i| = n$，且 A_i 和 B_i 中的每一元素都大于 A_{i-1} 和 B_{i-1} 中的每一元素。

(a) 试证明算法 2.8 的正确性；

(b) 试分析算法 2.8 的复杂度；

(c) 试分析算法 2.8 使用的是什么计算模型。

2.8 假定输入序列 $S = (1,5,3,2,8,7,4,6)$。参照图 2.7 所示的一维流水线阵列，按照算法 2.9，逐步示出流水线归并排序的全过程。

2.9 使用双对数深度树，设计一个类似于算法 2.1 的求 n 个元素最大值的算法，其中假定 $n = 2^{2^k}$（k 为某一正整数）。

2.10 令 $T = (V, E)$ 是一棵用 $(i, P(i))$（$1 \leq i \leq n$）表示的有根树，其中 $V = \{1, 2, \cdots, n\}$，$p(i)$ 是 i 的父节点。如果 r 是根，则 $p(r) = 0$。试设计一个 SIMD-CREW 模型上的树 T 的 3-着色算法，其运行时间为 $O(\log^* n)$，使用了 $O(n\log^* n)$ 次操作。

参 考 文 献

[1] JáJá J. An introduction to parallel algorithms. [S. l.]: Addison-Wesley Publishing Company, 1992.

[2] Ladner R E, Fischer M J. Parallel prefix computation. JACM, 1980, 27(4):831-838.

[3] Dekel E, Sahni S. Parallel scheduling algorithms. Operations Research, 1983, 31(1):24-49.

[4] Hirschberg D S. Parallel algorithms for the transitive closure and the connected components problems. Proc. 8th Annu. ACM Symp. on Theory of Computing, Hershey, PA, New York: ACM Press, 1976, 55-57.

[5] Savage C. Parallel algorithms for graph theoretic problems. PhD thesis, Comput. Sci. Dept., Univ. of Illinois, Urbana, IL, 1978.

[6] JáJá J. Graph connectivity problems on parallel computers, Tech. Rep. CS-78-05, Dept. of comput. Sci., Pennylvania State Univ., University Park, PA, 1978.

[7] Wyllie J C. The complexity of parallel computations. PhD thesis, Comput. Sci. Department, Cornell Univ., Ithaca, NY, 1979.

[8] Horowitz E, Zorat A. Divide and conquer for parallel processing. IEEE Trans. on Comput., 1983, C-32(6):582-585.

[9] Atallah M J, Cole R, Goodrich M T. Cascading divide-and-conquer: A technique for designing parallel algorithms. SIAM J. Comput., 1989, 18(3):499-532.

[10] Preparata F P. New parallel-sorting schemes. IEEE Trans. on Comput., 1978, C-27(7): 669-673.

[11] Shiloach Y, Vishkin U. Finding the maximum, merging and sorting in a parallel computation model. J. of Algorithms, 1981, 2(1):88-102.

[12] Valiant L G. Parallelism in comparison problems. SIAM J. Comput., 1975, 4(3):348-355.

[13] Todd S. Algorithms and hardware for a merge sort using multiple processors. IBM J. Res. Develop., 1978, 22(5):509-517.

[14] Cole R, Vishkin U. Approximation coin tossing with applications to list, tree and graph problems. Proc 27th Annu. IEEE Symp. on Foundations of Computer Science, Toronto, Canada, Piscataway, NJ: IEEE Press, 1986, 478-491.

[15] Goldberg A V, Plotkin S A, Shannon G E. Parallel symmetry-breaking in sparse graphs. Proc. 19th Annu. ACM Symp. on Theory of Computing, 1987, 315-324.

[16] Cole R, Vishkin U. Deterministic coin tossing with applications to optimal parallel list ranking. Information and Control, 1986, 70(1):32-53.

[17] Wagner W, Han Y. Parallel algorithms for bucket sorting and the data dependent prefix problem. Proc. Int'l Conf. on Parallel Processing, St. Charles, IL, 1986, 924-930.

第三章 前缀计算

内容提要 前缀计算是一种常用的并行算法设计模块,对它的深入了解不但可以帮助我们领会并行算法的一些基本设计技巧,而且有助于我们使用这一模块设计其他算法。本章从前缀计算的定义入手,首先介绍了各种不同并行计算模型上的前缀计算算法,然后给出了前缀计算在一些问题中的应用。期望读者能对前缀计算问题有个较深入的理解,并能够在实际问题的算法设计中灵活运用这一模块。

讲授要点 ① 前缀计算的定义:前缀计算所满足的数学性质,注意一般的前缀计算并不满足交换律。② 在各种不同并行计算模型上的前缀计算算法及其时间复杂度和成本的分析:递归前缀计算网络,高低前缀计算网络,奇偶前缀计算网络,超立方上的前缀计算算法,二维网孔上的前缀计算算法和 PRAM 模型上的前缀计算算法等。③ 前缀计算在几个问题中的应用:求解线性递归方程,基排序,快排序以及计算最大和子序列等。

3.1 引　　言

在前面的章节中,我们介绍了设计并行算法的几种基本技术。熟练地掌握并应用这些技术会帮助我们设计出高效的并行算法,但并不局限于此,我们也可使用一些设计好的算法模块,只需将它们适当地组装起来,所以理解这些基本的模块对我们设计算法至关重要。

在本章中,我们将介绍一种很简单但是却应用广泛的**前缀计算**(Prefix Computation)算法模块[1,2]。前面在介绍平衡树方法的时候,我们曾经对前缀和计算进行过讨论,并给出了树结构上的并行前缀和计算算法。在这里,我们要将前缀和计算推广到更一般的形式,数据的类型并不局限于数字,而计算的类型也并不局限于求和。

3.1.1 前缀计算的定义

给定一个集合 χ,以及一个定义在集合 χ 上的操作 $\circ$,使得:

(1) $\circ$ 是**二元的**(Binary): $\circ$ 只操作于集合 χ 中的一对元素。

(2) 在操作 $\circ$ 下集合 χ 是**封闭的**(Closed): 如果 x_i 和 x_j 是集合中的元素,那么 $x_i \circ x_j$ 同样也是。

(3) 操作 $\circ$ 满足**结合律**(Associative): 如果 x_i、x_j 和 x_k 均为 χ 中的元素,那么有 $(x_i \circ x_j) \circ x_k = x_i \circ (x_j \circ x_k) = x_i \circ x_j \circ x_k$。

例 3.1 χ 是一个数集(例如整数集或者实数集), $\circ$ 是在这些数字上的二元关联运算(例如加法、乘法、最大值或者最小值)。□

例 3.2 χ 是一个在有限字符集上的字符串集合, $\circ$ 是连接操作。□

例 3.3 χ 只包括两个布尔值 true 和 false, $\circ$ 是逻辑运算,例如与(And)、或(Or)、异或(Exclusive-Or)。□

注意例 3.1 和例 3.3 中的操作都是**可交换的**(Commutative),也就是说,对于 χ 中的两个元素 x_i 和 x_j, $x_i \circ x_j = x_j \circ x_i$,而例 3.2 中的操作是不可交换的。

定义 3.1 给定序列 $X = \{x_0, x_1, \cdots, x_{n-1}\}, x_i \in \chi$,计算 $S = \{s_0, s_1, \cdots, s_{n-1}\}$ 的过程称为前缀计算,其中 $s_0 = x_0, s_i = s_{i-1} \circ x_i (i = 1, 2, \cdots, n-1)$。

类似地,我们还可以定义后缀计算:

定义 3.2 给定序列 $X = \{x_0, x_1, \cdots x_{n-1}\}, x_i \in \chi$,计算 $A = \{a_0, a_1, \cdots, a_{n-1}\}$ 的过程称为**后缀计算**(Suffix Computation),其中 $a_{n-1} = x_{n-1}, a_i = x_i \circ a_{i+1} (i = n-2, n-3, \cdots, 0)$。

除特别说明外,我们均假设操作 $\circ$ 在常数时间内就可以完成。由于对 s_{n-1} 的计算需要组合所有的 x_i,所以前缀计算的下界就为 $\Omega(n)$。容易发现,前面我们介绍的树结构上的前缀和计算算法同样适用于一般的前缀计算,只不过操作类型从 $*$ 变成了 $\circ$。但是应当注意前缀计算与前缀和计算的差别,前缀计算并不要求满足交换律,这使得某些前缀和计算算法并不能适用于一般的前缀计算,在后面的章节中,我们就会看到这一点。

3.1.2 前缀计算的应用

前缀计算的应用非常广泛,甚至在一些表面上看起来和前缀计算毫无关系的问题中,你都可以发现它的影子[3]。下面我们将给出前缀计算的一些应用,在此只对其中的一部分问题进行讨论,余者留给读者作为习题。

(1) 按照字典序比较字符串。例如,要确定在一本字典中单词"strategy"是否应该出现在"stratification"的前面(习题 3.8)。
(2) **求解线性递归**(Solving Linear Recurrences)**方程**[4]。例如,解递归方程 $z_i = a_i z_{i-1} + b_i z_{i-2}$(3.3 节)。
(3) 进行**基排序**(Radix Sort)(3.4.1 节)。
(4) 进行**快排序**(Quick Sort)(3.4.2 节)。
(5) 计算**最大和子序列**(Maximum Sum Subsequence)[5,6](3.5 节)。
(6) 计算两个二进制数的和(习题 3.9)。
(7) 求解三对角线性方程组[7](习题 3.10)。
(8) 从数组中删除被标记的元素。
(9) 实现某些树上的操作。例如,计算树中每个节点的深度。

3.2 并行前缀计算算法

前缀计算可以在多种不同的并行计算模型上实现,包括组合网络、互连网络、PRAM 模型等。从本节开始,我们将陆续讨论各种并行计算模型上的并行前缀计算算法。

3.2.1 组合网络上的前缀计算

在本节中,我们将研究**组合网络**(Combinational Circuit)上的前缀计算算法,首先考虑较简单的前缀和计算。对于输入序列 $\{x_0, x_1, \cdots, x_{n-1}\}$,要求计算 $s_0 = x_0$, $s_1 = x_0 + x_1$, $s_2 = x_0 + x_1 + x_2$, $\cdots$, $s_{n-1} = x_0 + x_1 + \cdots + x_{n-1}$。在计算前缀和的组合网络中,我们使用"**加法器**"(Adder)作为基本的元器件。每个加法器都有两个输入端和一个输出端,它将两个输入的值相加,其结果送到输出端。

1. 递归前缀计算网络(Recursive Prefix Computation Circuit)

(1) **构造** 假设 n 为 2 的幂,使用前面介绍过的分治技术,分别计算偶数项 $\{x_0, x_2, \cdots, x_{n-2}\}$ 和奇数项 $\{x_1, x_3, \cdots, x_{n-1}\}$ 的前缀和,这只需要两个 $n/2$ 大小的组合网络。在偶数项网络中,可计算出前缀和 $x_0, x_0 + x_2, \cdots, x_0 + x_2 + \cdots + x_{n-2}$;而在奇数项网络中,可计算出前缀和 $x_1, x_1 + x_3, \cdots, x_1 + x_3 + \cdots + x_{n-1}$。将这两部分的前缀和进行合并,其中偶数项前缀和 $x_0 + x_2 + \cdots + x_{2i}$ 和奇数项前缀和 $x_1 + x_3 + \cdots + x_{2i-1}$ 相加,得到 s_{2i};而偶数项前缀和 $x_0 + x_2 + \cdots + x_{2i}$ 和奇数项前缀和 $x_1 + x_3 + \cdots + x_{2i+1}$ 相加,得到 s_{2i+1}。除了 $s_0 = x_0$ 不用计算之外,其余的前缀和都需要将奇数项前缀和与偶数项前缀和相加,这需要 $n - 1$ 个加法器。图 3.1 示出了 8 个元素的递归前缀和计算网络。

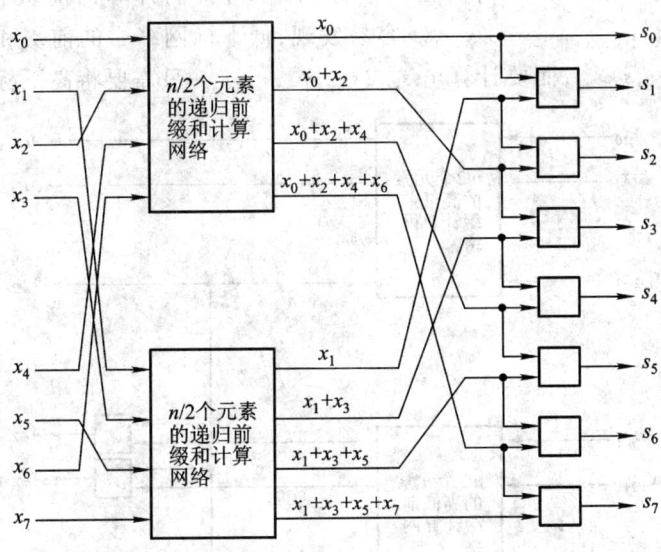

图 3.1 递归前缀和计算网络

(2) 分析　容易发现这个递归网络的宽度为 n，现在让我们来考虑它的延迟级数(延迟级数定义为穿过网络的任一路线上最多的加法器数)。假设 n 为 2 的幂，令 $D_{RE}(n)$ 为大小为 n 的递归前缀和计算网络的延迟级数，则 $D_{RE}(1) = 0$，对于 $n \geqslant 2$，有

$$D_{RE}(n) = D_{RE}(n/2) + 1 \tag{3.1}$$

解得

$$D_{RE}(n) = \log n \tag{3.2}$$

令 $C_{RE}(n)$ 为大小为 n 的递归前缀和前缀网络所需的加法器数，则 $C_{RE}(1) = 0$，对于 $n \geqslant 2$，有

$$C_{RE}(n) = 2C_{RE}(n/2) + n - 1 \tag{3.3}$$

解得

$$C_{RE}(n) = n\log n - n + 1 \tag{3.4}$$

注意，在计算的过程中使用了加法的交换律，所以它并不适用于前缀计算中更一般的情况。

2. 高低前缀计算网络(High-Low Prefix Computation Circuit)[8,9]

(1) 构造　现在让我们使用划分方法来研究上述问题，如图 3.2 所示，先把输入按下标的大小分为两半，再分别计算低下标元素 $\{x_0, x_1, \cdots, x_{n/2-1}\}$ 和高下标元素 $\{x_{n/2}, x_{n/2+1}, \cdots, x_{n-1}\}$ 的前缀和。在低下标网络中，我们计算出前缀和 $x_0, x_0 + x_1, \cdots, x_0 + x_1 + \cdots + x_{n/2-1}$；而在高下标网络中，我们计算出前缀和 $x_{n/2}, x_{n/2} + x_{n/2+1}, \cdots, x_{n/2} + x_{n/2+1} + \cdots + x_{n-1}$。容易发现，低下标网络中的前缀和就是我们要求的 $s_0, s_1, \cdots, s_{n/2-1}$，而要计算出 $s_{n/2}, s_{n/2+1}, \cdots, s_{n-1}$，只需要将高下标网络的前缀

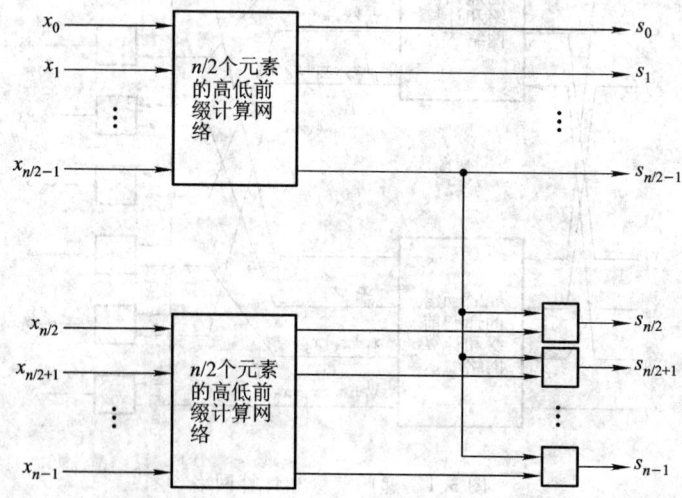

图 3.2　高低前缀和计算网络

和加上 $s_{n/2-1}$，这只需要 $n/2$ 个加法器。

(2) **分析** 高低前缀计算网络的宽度为 n。假设 n 为 2 的幂，令 $D_{UL}(n)$ 为大小为 n 的高低前缀计算网络的延迟级数，则 $D_{UL}(1)=0$，对于 $n \geq 2$，有

$$D_{UL}(n) = D_{UL}(n/2) + 1 \tag{3.5}$$

解得

$$D_{UL}(n) = \log n \tag{3.6}$$

令 $C_{UL}(n)$ 为大小为 n 的高低前缀计算网络所需的加法器数，则 $C_{UL}(1)=0$，对于 $n \geq 2$，有

$$C_{UL}(n) = 2C_{UL}(n/2) + n/2 \tag{3.7}$$

解得

$$C_{UL}(n) = (n/2)\log n \tag{3.8}$$

注意，在高低前缀网络的计算过程中，并没有使用加法交换律，这使得它可以应用到更一般的前缀计算。只不过对于不同的前缀计算类型，我们需要更换不同的元器件（如在例 3.3 中，取代加法器的将是与门、非门或者与非门）。图 3.3 示出了 8 个元素的高低前缀和计算网络。

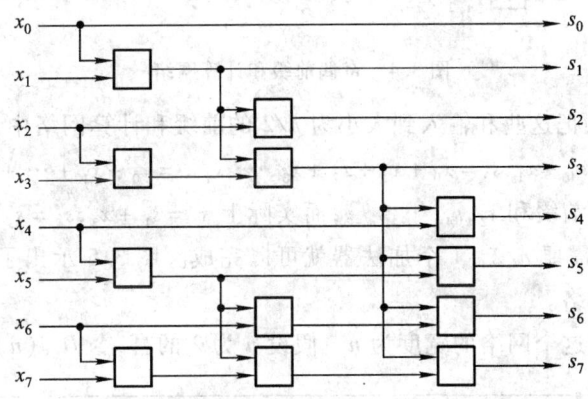

图 3.3　8 个元素的高低前缀和计算网络

和前面介绍过的递归前缀计算网络相比，高低前缀计算网络使用了更少的加法器，但却具有相同的延迟级数，它在整体上要优于递归前缀计算网络。

3. 奇偶前缀计算网络（Odd-Even Prefix Computation Circuit）[8]

(1) **构造** 让我们换一种思路来解决这个问题，同样使用分治的思想，但是与前面算法不同的是：① 首先将问题的大小从 n 降到 $n/2$；② 递归地解决这个新问题（使用大小为 $n/2$ 的组合网络）；③ 最终，把计算结果组合起来，得到序列 $\{s_0, s_1, \cdots, s_{n-1}\}$。

如图 3.4 所示，组合网络首先计算 x_{2i-2} 和 x_{2i-1} 的和，这需要 $n/2$ 个加法器 A_1，

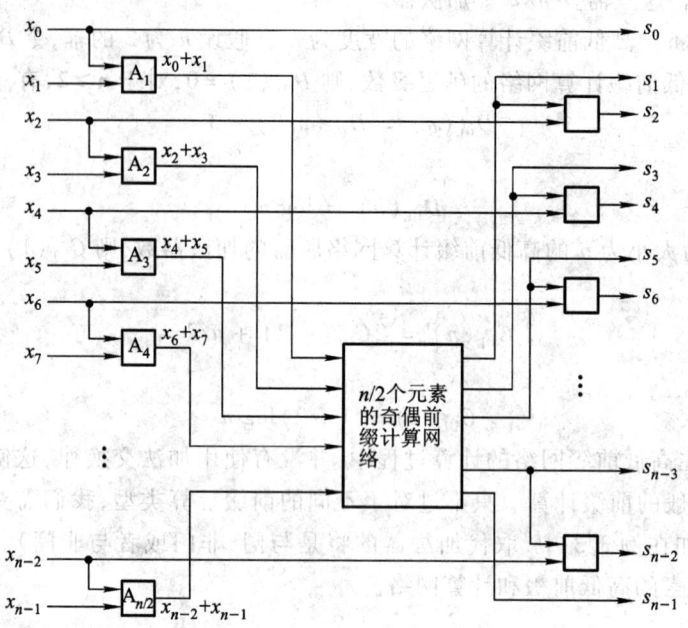

图 3.4 奇偶前缀和计算网络

$A_2, \cdots, A_{n/2}$;其次把这些和输入到大小为 $n/2$ 的前缀和计算网络中,得到下标为奇数的前缀和 $s_1 = x_0 + x_1, s_3 = x_0 + x_1 + x_2 + x_3, \cdots, s_{n-1} = x_0 + x_1 + \cdots + x_{n-1}$;然后再计算下标为偶数的前缀和 $s_2, s_4, \cdots, s_{n-2}$,而实际上 $s_2 = s_1 + x_2, s_4 = s_3 + x_4, \cdots, s_{n-2} = s_{n-3} + x_{n-2}$,这只需要 $n/2 - 1$ 个加法器就可以完成。图 3.5 示出了 8 个元素的奇偶前缀和计算网络。

（2）分析　这个网络的宽度为 n。假设 n 为 2 的幂,令 $D_{OE}(n)$ 为大小为 n 的

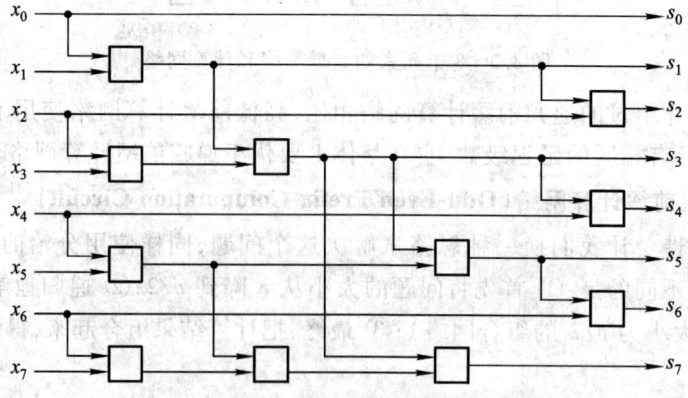

图 3.5　8 个元素的奇偶前缀和计算网络

奇偶前缀网络的延迟级数,则 $D_{OE}(1)=0, D_{OE}(2)=1, D_{OE}(4)=2$,对于 $n>4$,有

$$D_{OE}(n) = D_{OE}(n/2) + 2 \tag{3.9}$$

解得

$$D_{OE}(n) = 2\log n - 2 \tag{3.10}$$

令 $C_{OE}(n)$ 为大小为 n 的奇偶前缀计算网络所需的加法器数,则 $C_{OE}(1)=0$,$C_{OE}(2)=1$,对于 $n>2$,有

$$C_{OE}(n) = C_{OE}(n/2) + n - 1 \tag{3.11}$$

解得

$$C_{OE}(n) = 2n - \log n - 2 \tag{3.12}$$

在奇偶前缀计算网络中,我们同样没有用到加法交换律,所以它同样适用于一般的前缀计算。

4. 小结

让我们对高低前缀计算网络和奇偶前缀计算网络作一番比较,如表 3.1 所示。

高低前缀计算网络使用了更多的加法器,但是相应的延迟级数也较小;而奇偶前缀计算网络的情况则正好相反。这就允许我们根据不同的情况作出不同的选择:当拥有较多的加法器时,我们更倾向于选择高低前缀计算网络;而当加法器数目较少时,奇偶前缀计算网络是不错的选择。

表 3.1 高低网络与奇偶网络性能比较一览表

	高低前缀计算网络	奇偶前缀计算网络
宽度	n	n
延迟级数	$\log n$	$2\log n - 2$
加法器数	$(n/2)\log n$	$2n - \log n - 2$

3.2.2 互连网络上的前缀计算

在并行计算机互连网络中,超立方和二维网孔是两种常用的互连网络,本节给出在这两种互连网络上的前缀计算算法。

1. 超立方上的前缀计算[1]

首先,介绍超立方上的并行前缀计算算法。给定一个超立方连接的并行计算机,其中有 n 台处理器 $P_0, P_1, \cdots, P_{n-1}$($n$ 为 2 的幂)。要求计算序列 $\{x_0, x_1, \cdots, x_{n-1}\}$ 的前缀 $\{s_0, s_1, \cdots, s_{n-1}\}$,并将计算结果 s_i 保存到处理器 P_i 中。

在这里,要用到前面介绍过的倍增技术。在每个处理器 P_i 中都设置两个寄存器 $A(i)$ 和 $B(i)$。初始时,$A(i)$ 和 $B(i)$ 的值均为 $x_i(0 \leq i \leq n-1)$;当算法结束时,$A(i)$ 的值就是我们要求的 s_i,而 $B(i)$ 的值为 s_n。算法中共包含 $\log n$ 次循环,在第 j 次循环中($0 \leq j \leq \log n - 1$),需要使用第 j 维上的 $n/2$ 对处理器进行计算。也就是说,如果将每台处理器 P_i 的下标 i 表示成二进制形式,并记 i_j^0 和 i_j^1 为两个在其余位上均相同但是在第 j 位上不同的数,那么这样的数共有 $n/2$ 对,在第 j 次循环中,将使用这 $n/2$ 对下标为 i_j^0 和 i_j^1 的处理器进行计算。算法可形式描述如下:

算法 3.1　SIMD-CC 模型上的前缀计算算法

输入:大小为 n 的数组 X,其中 n 为 2 的幂,操作类型 $\circ$。

输出:数组 A,其中 $A(i)$ 的值就是第 i 个前缀 $s_i(0 \leq i \leq n-1)$。

begin
 (1) **for** $j = 0$ **to** $n - 1$ **par-do** /* 初始化 */
  (1.1) $A(j) \leftarrow X(j)$
  (1.2) $B(j) \leftarrow X(j)$
 end for
 (2) **for** $j = 0$ **to** $\log n - 1$ **do**
  for all $i_j^0 < i_j^1$ **par-do**
   (i) $A(i_j^1) \leftarrow A(i_j^1) \circ B(i_j^0)$
   (ii) $B(i_j^1) \leftarrow B(i_j^1) \circ B(i_j^0)$
   (iii) $B(i_j^0) \leftarrow B(i_j^1)$
  end for
 end for
end

当 $n = 8$ 时,算法的运行情况如图 3.6 所示。每台处理器 P_i 都保存有两个值,上面的值为 $A(i)$,下面的值为 $B(i)$。在图 3.6 中,使用 X_{ij} 来代表 $x_i \circ x_{i+1} \circ \cdots \circ x_j$ 的值,箭头的方向就是每一步中 $B(i_j^0)$ 传输的方向。可以看出,当算法结束时,$A(i)$ 的值就为 X_{0i},而 $B(i)$ 的值为 X_{0n-1}。显然,算法的时间复杂度 $t(n) = O(\log n)$,处理器数为 $p(n) = n$,算法的成本为 $c(n) = O(n \log n)$,这不是一个成本最优算法。

2. 二维网孔上的前缀计算[10]

下面给出二维网孔上的前缀计算算法,给定一个二维网孔连接的并行计算机,其中有 n 台处理器 $P(0,0),P(0,1),\cdots,P(\sqrt{n}-1,\sqrt{n}-1)$,要求计算序列 $\{x_0, x_1,\cdots,x_{n-1}\}$ 的前缀 $\{s_0,s_1,\cdots,s_{n-1}\}$。初始时,处理器 $P(i,j)$ 保存元素 $x_{i\sqrt{n}+j}$,其中

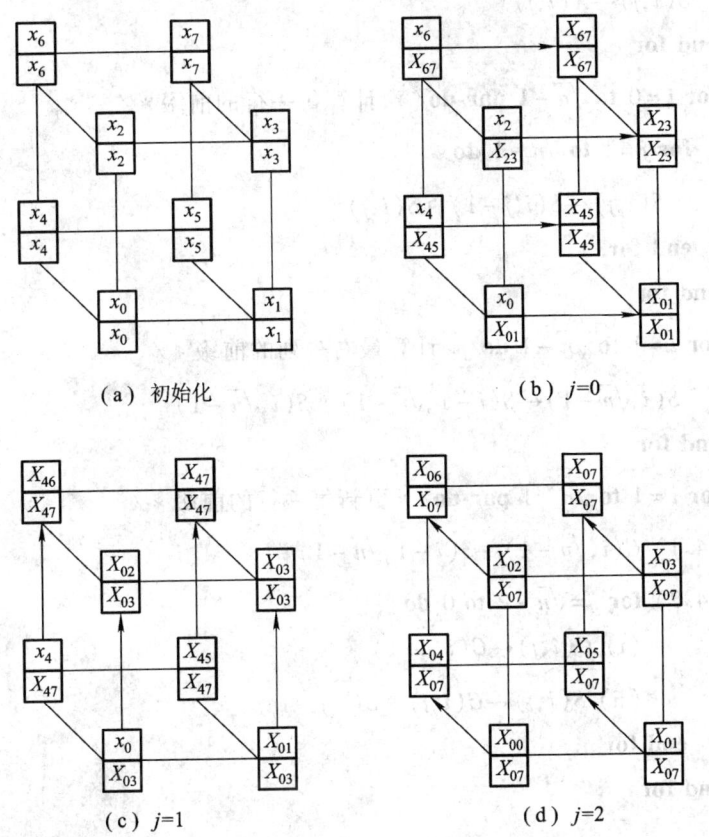

图 3.6 超立方上的前缀计算

$0 \leq i,j \leq \sqrt{n}-1$。

首先,并行地计算二维网孔中每一行元素的前缀,对第 i 行,得到 $x_{i\sqrt{n}}, x_{i\sqrt{n}} \circ x_{i\sqrt{n}+1}, \cdots, x_{i\sqrt{n}} \circ x_{i\sqrt{n}+1} \circ \cdots \circ x_{i\sqrt{n}+\sqrt{n}-1}$;然后,单独计算最右一列元素的前缀,这样最右一列处理器 $P(i,\sqrt{n}-1)$ 就得到前缀 $s_{i\sqrt{n}+\sqrt{n}-1}$;最后,把第 i 行得到的前缀值 $s_{i\sqrt{n}-1}$ 播送到第 $i+1$ 行,并和第一步中得到的前缀值进行合并。算法可形式描述如下:

算法 3.2 SIMD-MC^2 模型上的前缀计算算法

输入:数组 $X_{\sqrt{n}\times\sqrt{n}}$,操作类型 $\circ$。

输出:数组 $S_{\sqrt{n}\times\sqrt{n}}$,其中 $S(i,j)$ 的值就是前缀 $s_{i\sqrt{n}+j}$ $(0 \leq i,j \leq \sqrt{n}-1)$。

begin

(1) **for all** $P(i,j)$ **par-do**/ *初始化* /

$\quad\quad\quad\quad\quad S(i,j) \leftarrow X(i,j)$

$\quad\quad\quad$ **end for**

(2) **for** $i = 0$ **to** $\sqrt{n} - 1$ **par-do**/ * 计算每一行的前缀 * /

$\quad\quad\quad$ **for** $j = 1$ **to** $\sqrt{n} - 1$ **do**

$\quad\quad\quad\quad\quad S(i,j) \leftarrow S(i,j-1) \circ S(i,j)$

$\quad\quad\quad$ **end for**

$\quad\quad$ **end for**

(3) **for** $i = 1$ **to** $\sqrt{n} - 1$ **do**/ * 计算最右一列的前缀 * /

$\quad\quad\quad S(i,\sqrt{n}-1) \leftarrow S(i-1,\sqrt{n}-1) \circ S(i,\sqrt{n}-1)$

$\quad\quad$ **end for**

(4) **for** $i = 1$ **to** $\sqrt{n} - 1$ **par-do**/ * 更新每一行的前缀 * /

$\quad$ (4.1) $C(i,\sqrt{n}-1) \leftarrow S(i-1,\sqrt{n}-1)$

$\quad$ (4.2) **for** $j = \sqrt{n} - 2$ **to** 0 **do**

$\quad\quad\quad$ (i) $C(i,j) \leftarrow C(i,j+1)$

$\quad\quad\quad$ (ii) $S(i,j) \leftarrow C(i,j) \circ S(i,j)$

$\quad\quad\quad$ **end for**

$\quad\quad$ **end for**

end

当 $n = 16$ 时,算法的运行情况如图 3.7 所示。这里仍然使用 X_{ij} 来代表 $x_i \circ x_{i+1} \circ \cdots \circ x_j$ 的值,图中箭头的方向就是每一步中数据传输的方向。易见,算法时间复杂度 $t(n) = O(\sqrt{n})$,处理器数为 $p(n) = n$,算法的成本为 $c(n) = O(n\sqrt{n})$,这不是一个成本最优算法。

3.2.3 PRAM 模型上的前缀计算

现在,让我们考虑在 PRAM 模型上的前缀计算。事实上,前面介绍的前缀算法都可以在 PRAM 模型上等效地实现。例如对第 3.2.2 节中超立方上的前缀算法,可以在 PRAM 模型上这样进行模拟:同样假设有 n 台处理器,当超立方上相邻的两台处理器进行数据传输时,相应的 PRAM 上的两台处理器则通过共享存储器交换数据。显而易见,这个 PRAM 算法的时间复杂度为 $O(\log n)$。类似地,对于第 3.2.1 节中的前缀组合网络,在 PRAM 模型上也可以设计出相应的算法。尽管

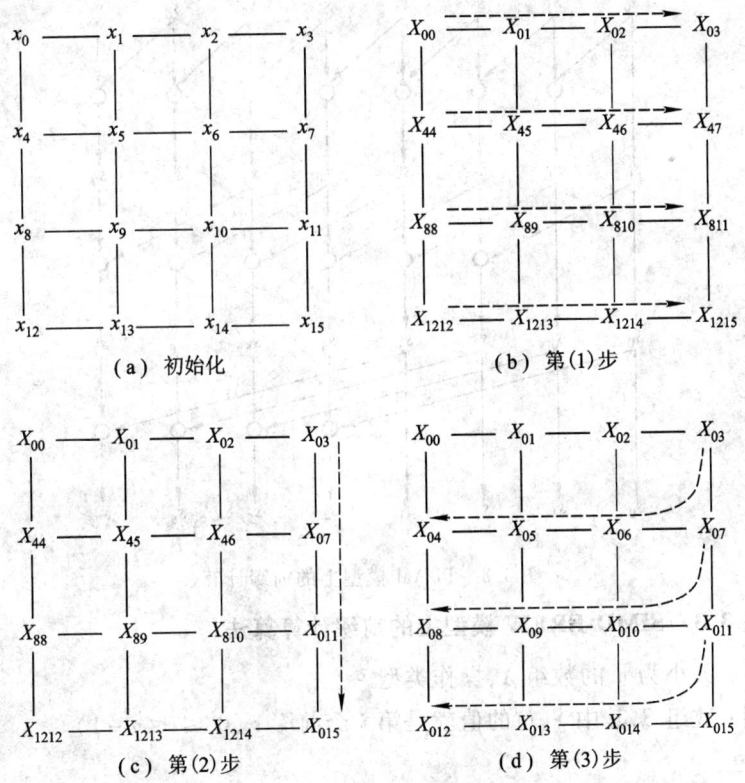

图 3.7 二维网孔上的前缀计算

如此,仍然有必要对 PRAM 模型上的前缀算法单独进行讨论。因为在 PRAM 模型中,没有了网络结构的限制,不同的处理器之间可以通过共享存储自由地通信,这使得我们有可能设计出更简洁、高效的并行算法。

1. 简单算法

(1) **算法描述** 在 PRAM 上假设有 n 台处理器 $P_0, P_1, \cdots, P_{n-1}$,其中 n 为 2 的幂。开始时,处理器 P_i 从输入中读取 x_i,并同时将 s_i 的初始值设为 x_i,这只需要常数的时间。算法中共包含 $\log n$ 次循环,在每一次循环中,都使用下标相隔距离为上一次循环时两倍的一对 s 值进行计算。也就是说,在第一次循环中,计算 $s_1 \leftarrow s_0 \circ s_1, s_2 \leftarrow s_1 \circ s_2, \cdots, s_{n-1} \leftarrow s_{n-2} \circ s_{n-1}$;在第二次循环中,计算 $s_2 \leftarrow s_0 \circ s_2, s_3 \leftarrow s_1 \circ s_3, \cdots, s_{n-1} \leftarrow s_{n-3} \circ s_{n-1}$;在最后一次循环中,计算 $s_{n/2} \leftarrow s_0 \circ s_{n/2}, s_{n/2+1} \leftarrow s_1 \circ s_{n/2+1}, \cdots, s_{n-1} \leftarrow s_{n/2-1} \circ s_{n-1}$。

图 3.8 中显示了 $n = 8$ 时的计算情形。算法可形式描述如下:

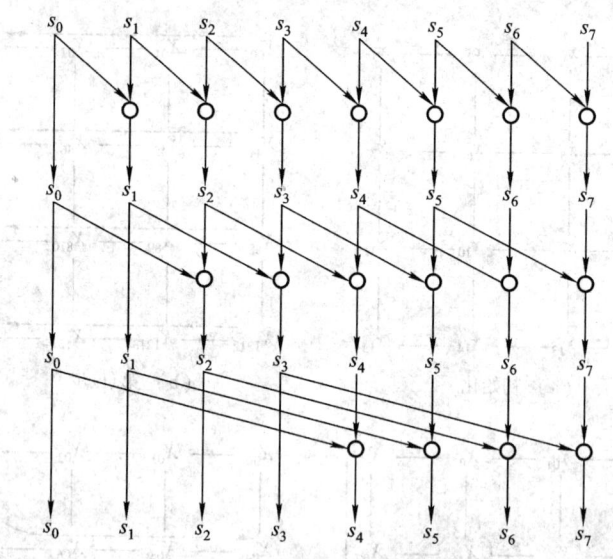

图 3.8　PRAM 模型上的前缀计算

算法 3.3　SIMD-EREW 模型上的前缀计算算法

输入：大小为 n 的数组 X，操作类型 $\circ$。
输出：数组 S，其中 $S(i)$ 的值就是第 i 个前缀 $s_i(0 \leq i \leq n-1)$。
begin
　（1）**for** $j = 0$ **to** $n - 1$ **par-do** /*初始化*/
　　　　$S(j) \leftarrow X(j)$
　　　end for
　（2）**for** $j = 0$ **to** $\log n - 1$ **do**
　　　　for $i = 2^j$ **to** $n - 1$ **par-do**
　　　　　$S(i) \leftarrow S(i - 2^j) \circ S(i)$
　　　　end for
　　　end for
end

（2）**算法分析**　容易看出，算法耗费的时间为 $O(\log n)$，由于 $p(n) = n$，所以算法的成本为 $c(n) = p(n) \times t(n) = n \times O(\log n) = O(n \log n)$，上述算法并不是成本最优的。它使用了过多的处理器，实际上计算过程中很多处理器都是空闲的。例如在图 3.8 的最后一步中，有一半的处理器都是空闲的。

2. 成本最优算法

（1）**算法描述**　假设在 PRAM 模型中有 p 台处理器 $P_0, P_1, \cdots, P_{p-1}$，试将输入

序列 $\{x_0, x_1, \cdots, x_{n-1}\}$ 划分为 p 个长度为 k 的子序列,其中 $k = n/p$:

$$Y_0 = x_0, x_1, \cdots, x_{k-1}$$
$$Y_1 = x_k, x_{k+1}, \cdots, x_{2k-1}$$
$$\vdots$$
$$Y_{p-1} = x_{n-k}, x_{n-k+1}, \cdots, x_{n-1}$$

处理器 P_i 首先读入子序列 $Y_i (0 \leq i \leq p-1)$,并在 Y_i 上应用串行算法求前缀,获得 $s_{ik}, s_{ik+1}, \cdots, s_{(i+1)k-1}$,其中 $s_{ik+j} = x_{ik} \circ x_{ik+1} \circ \cdots \circ x_{ik+j}(j = 0, 1, \cdots, k-1)$。这一步在所有处理器上都是并行执行的。由于每台处理器都要执行 k 次操作求前缀,所以这一步需要耗费 $O(k)$ 时间。

现在使用上一节中所讲的并行前缀计算算法来计算序列 $\{s_{k-1}, s_{2k-1}, \cdots, s_{n-1}\}$ 的前缀。当这一步完成时,s_{ik-1} 的值就变为 $s_{k-1} \circ s_{2k-1} \circ \cdots \circ s_{ik-1} (i = 1, 2, \cdots, p)$,这一步所耗费的时间为 $O(\log p)$。

最后,处理器 $P_i (1 \leq i \leq p-1)$ 执行操作 $s_{ik+j} \leftarrow s_{ik-1} \circ s_{ik+j}$,其中 $j = 0, 1, \cdots, k-2$。在每台处理器内部,这个操作是串行执行的,所以需要耗费 $O(k)$ 时间。算法可形式描述如下,它以序列 X 和操作 $\circ$ 作为输入,并返回前缀 S 作为输出。

算法 3.4　SIMD-EREW 模型上的成本最优前缀计算算法

输入:大小为 n 的数组 X,操作类型 $\circ$。
输出:数组 S,其中 $S(i)$ 的值就是第 i 个前缀 $s_i (0 \leq i \leq n-1)$。
begin
　(1) **for** $i = 0$ **to** $p-1$ **par-do**/ * 求子序列 Y_i 的前缀 * /
　　　(1.1) $S(ik) \leftarrow X(ik)$
　　　(1.2) **for** $j = 1$ **to** $k-1$ **do**
　　　　　　$S(ik+j) \leftarrow S(ik+j-1) \circ X(ik+j)$
　　　end for
　end for
　(2) **for** $j = 0$ **to** $\log p - 1$ **do**/ * 调用算法 3.3 求 p 个元素的前缀 * /
　　　for $i = 2^j + 1$ **to** p **par-do**
　　　　　$S(ik-1) \leftarrow S((i-2^j)k-1) \circ S(ik-1)$
　　　end for
　end for
　(3) **for** $i = 1$ **to** $p-1$ **par-do**
　　　for $j = 0$ **to** $k-2$ **par-do**
　　　　　$S(ik+j) \leftarrow S(ik-1) \circ S(ik+j)$

　　　　end for
　　end for
end

（2）**算法分析**　第(1)步和第(3)步都只需要 $O(k)$ 时间,而第(2)步需要耗费 $O(\log p)$ 时间。因为 $k = n/p$,所以算法的运行时间为 $t(n) = O(2k) + O(\log p) = O(n/p + \log p)$。不妨取处理器数 $p = n/\log n$,那么算法的时间复杂度就为 $t(n) = O(\log n)$,和算法 3.3 相比,使用了更少的处理器,但是却没有影响到算法的运行时间。算法的成本为 $c(n) = p \times t(n) = n/\log n \times O(\log n) = O(n)$,它是成本最优的。例 3.4 中展示了算法 3.4 对 16 个数的前缀和的计算过程。

例 3.4　取 $n = 16$,序列 $X = \{0, 1, \cdots, 15\}$,要求计算序列 X 的前缀和,我们使用 4 台处理器 P_0、P_1、P_2、P_3 进行计算。在第(1)步中,P_0 计算序列 $\{0,1,2,3\}$ 的前缀和,得到 $\{0,1,3,6\}$;P_1 并行地计算序列 $\{4,5,6,7\}$ 的前缀和,得到 $\{4,9,15,22\}$;类似地,P_2 和 P_3 得到 $\{8,17,27,38\}$ 和 $\{12,25,39,54\}$。在第(2)步中,并行计算序列 $\{6,22,38,54\}$ 的前缀和,得到 $\{6,28,66,120\}$。在第(3)步中,P_1 对 $\{4,9,15\}$ 中的每个元素都加上 6,P_2 对 $\{8,17,27\}$ 中的每个元素都加上 28,P_3 对 $\{12,25,39\}$ 中的每个元素都加上 66。这样我们就得到前缀和 $\{0,1,3,6,10,15,21,28,36,45,55,66,78,91,105,120\}$,算法的计算过程如图 3.9 所示。□

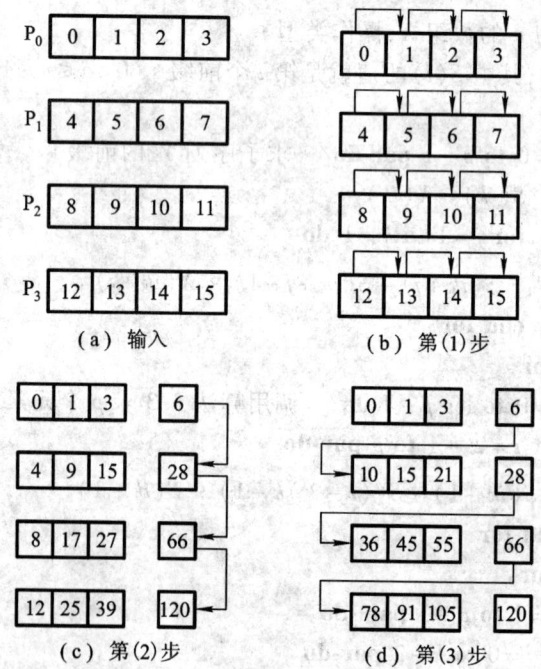

图 3.9　PRAM 上的最优前缀和计算

（3）**算法讨论**　对于算法 3.4，有几点应该指出的是：① 在算法 3.4 中，我们展示了在一个只有 p 个处理器的 PRAM 模型中，如何运行一个原本为 n 个处理器设计的并行算法（$p < n$）。这种"**自模拟**"（Self Simulation）形式在实际中非常有用，它告诉我们即使没有理论上所要求的处理器数，并行计算机如何运行算法并解决问题。② 在设计算法的过程中，我们可以确定在不增加算法运行时间的前提下，解决问题所需要的最少的处理器数目。除了在理论上的意义外，这个结果在实际中也非常重要，特别是在并行计算机的处理器数目都是固定的情况下。③ 在实际实现算法 3.4 时，可能会引入一些额外的开销，特别是在输入和输出阶段。所以如果并不是很在意成本最优，算法 3.3 可能会更好。

到这里，我们对并行前缀算法的讨论告一段落。下面，将介绍并行前缀计算的一些应用。为了方便起见，在后面的讨论中，将统一使用 PRAM 模型。

*3.3　线性递归方程求解

考虑这样一个 n 阶线性递归（nth-Order Linear Recurrence）方程

$$z_i = u_{i,1}z_{i-1} + u_{i,2}z_{i-2} + \cdots + u_{i,n}z_{i-n} + v_i \quad (i > n)$$

其中所有系数均为实数。假设方程的初值 $z_1, z_2, \cdots, z_n$ 已知，并且系数 $u_{i,1}, u_{i,2}, \cdots, u_{i,n}$ 和 v_i 的值都已经给出（$i > n$），要求计算 $z_{n+1}, z_{n+2}, \cdots, z_{n+m}$。容易发现，求解此方程的串行算法的时间复杂度为 $O(mn)$。

3.3.1　平易线性递归方程求解算法

（1）**算法描述**　现在，让我们考虑它在 PRAM 模型上的并行算法，可以把上面的方程改写成下面的向量形式：

$$z_i = z_{i-1} U_i$$

其中

$$z_i = (z_i, z_{i-1}, \cdots, z_{i-n+1}, 1)$$
$$z_{i-1} = (z_{i-1}, z_{i-2}, \cdots, z_{i-n}, 1)$$

$$U_i = \begin{pmatrix} u_{i,1} & 1 & 0 & \cdots & 0 & 0 \\ u_{i,2} & 0 & 1 & \cdots & 0 & 0 \\ \vdots & \vdots & \vdots & & \vdots & \vdots \\ u_{i,n-1} & 0 & 0 & \cdots & 1 & 0 \\ u_{i,n} & 0 & 0 & \cdots & 0 & 0 \\ v_i & 0 & 0 & \cdots & 0 & 1 \end{pmatrix}$$

这样,只要我们计算出向量 z_i 的值,也就得到了 z_i 的值,而实际上
$$z_i = z_n \times U_{n+1} \times U_{n+2} \times \cdots \times U_i$$
z_n 和 $U_{n+1}, U_{n+2}, \cdots, U_i$ 的值都是已知的,这实际上是一个前缀计算过程,只不过操作类型由 $\circ$ 变成了 $\times$。假设我们有 p 台处理器 $P_0, P_1, \cdots, P_{p-1}$,并记 $k = m/p$,算法可形式描述如下:

算法 3.5 SIMD-EREW 模型上的线性递归方程求解算法

输入:n 阶线性递归方程 $z_i = u_{i,1} z_{i-1} + u_{i,2} z_{i-2} + \cdots + u_{i,n} z_{i-n} + v_i$,以及初值 $z_1, z_2, \cdots, z_n$。

输出:$z_{n+1}, z_{n+2}, \cdots, z_{n+m}$ 的值。

begin

(1) **for** $i = 0$ **to** $p - 1$ **par -do**

　　for $j = 1$ **to** k **do**

　　　　构造矩阵 U_{n+ik+j}

　　end for

end for

(2) 调用算法 3.4 计算

$$U_{n+i} = U_{n+1} \times U_{n+2} \times \cdots \times U_{n+i}$$

其中 $2 \le i \le m$

(3) **for** $i = 0$ **to** $p - 1$ **par -do**

　　for $j = 1$ **to** k **do**

　　　　$z_{n+ik+j} = z_n U_{n+ik+j}$

　　end for

end for

end

(2) **算法分析** 在算法的第(1)步中,每台处理器都需要构造出 k 个大小为 $(n+1) \times (n+1)$ 的矩阵,这需要 $O(kn^2) = O(mn^2/p)$ 的时间;在第(2)步中,调用前面的前缀算法计算 m 个矩阵的前缀乘积,目前最好的串行矩阵相乘算法的时间复杂度为 $O(n^\epsilon)$,其中 $2 < \epsilon < 2.38$,所以这一步所需的时间为 $O((m/p + \log p) n^\epsilon)$;最后在第(3)步中,计算向量 z_{n+i},其中 $1 \le i \le m$,这需要计算向量和矩阵的乘积,这一步的时间复杂度为 $O(kn^2) = O(mn^2/p)$。所以整个算法的时间主要取决于第(2)步,如果取 $p = m/\log m$,那么算法的时间复杂度就为 $O(n^\epsilon \log m)$。

3.3.2 更优线性递归方程求解算法

(1) **算法描述** 注意,在前面的计算中,向量 z_i 和 z_{i+1} 之间有大量的值是重叠

的。对这些值的重复计算会增加算法运行的时间,为此可以对上述算法作这样的改进:

记 V_i 为 n 个矩阵 U_i 的乘积

$$V_i = U_{(i-1)n+1} \times U_{(i-1)n+2} \times \cdots \times U_{in} \quad (2 \leqslant i \leqslant m/n+1)$$

记 x_i 为向量

$$x_i = (z_{in}, z_{in-1}, \cdots, z_{(i-1)n+1}, 1) \quad (1 \leqslant i \leqslant m/n+1)$$

于是有

$$x_i = x_1 V_2 \times V_3 \times \cdots \times V_i$$

因为 $x_1 = (z_n, z_{n-1}, \cdots, z_1, 1)$ 的值和 $V_i(i \geqslant 2)$ 的值都是已知的,对于每个 $i > 1$,都可以容易地计算出相应的 x_i,而通过 x_i 就可以得到 $z_{in}, z_{in-1}, \cdots, z_{(i-1)n+1}$ 的值,这就求得了递归方程的解。

问题的关键是要计算 $V_2 \times V_3 \times \cdots \times V_i$,这仍然是一个前缀计算过程,只需将操作类型。代之以矩阵相乘。假设给定 $z_1, z_2, \cdots, z_n$,需要计算 $z_{n+1}, z_{n+2}, \cdots, z_{n+m}$($m \geqslant 1$)。仍假设有 p 台处理器 $P_0, P_1, \cdots, P_{p-1}$,并记 $k = m/p$,下面的 PRAM 并行算法计算 $x_2, x_3, \cdots, x_{m/n+1}$,从而确定相应的 z 值,算法可形式描述如下:

算法 3.6 SIMD-EREW 模型上的更优线性递归方程求解算法

输入: n 阶线性递归方程 $z_i = u_{i,1} z_{i-1} + u_{i,2} z_{i-2} + \cdots + u_{i,n} z_{i-n} + v_i$,以及初值 $z_1, z_2, \cdots, z_n$。

输出: $x_2, x_3, \cdots, x_{m/n+1}$ 的值(从中可以得到相应 $z_{n+1}, z_{n+2}, \cdots, z_{n+m}$ 的值)。

begin

(1) for $i = 0$ to $p - 1$ par-do

    for $j = 1$ to k do

        构造矩阵 U_{n+ik+j}

    end for

end for

(2) for $i = 0$ to $p - 1$ par-do

    for $j = 1$ to k/n do

        $V_{ik/n+j+1} = U_{ik+jn+1} \times U_{ik+jn+2} \times \cdots \times U_{ik+jn+n}$

    end for

end for

(3) 调用算法 3.4 计算

    $V_i = V_2 \times V_3 \times \cdots \times V_i$

    其中 $3 \leqslant i \leqslant m/n+1$

(4) for $i = 0$ to $p - 1$ par-do

for $j = 1$ to k/n do
$$x_{ik/n+j+1} = x_1 V_{ik/n+j+1}$$
end for
end for
end

(2) 算法分析 算法 3.6 和算法 3.5 的第(1)步相同,这需要 $O(kn^2) = O(mn^2/p)$ 的时间;在第(2)步中,每台处理器都需要计算 k/n 个矩阵 V,所需的时间为 $O(n^{\epsilon+1} \times k/n) = O(kn^\epsilon) = O(n^\epsilon m/p)$;算法的第(3)步是一次前缀计算,时间复杂度为 $O((m/np + \log p)n^\epsilon)$;最后每台处理器计算向量 x 的值,需耗时 $O(n^\epsilon \times k/n) = O(mn^{\epsilon-1}/p)$。和算法 3.5 相比,算法 3.6 的计算量更小,但是从量级上看,两个算法的时间复杂度相同,均为 $O(n^\epsilon m/p)$(假设 $m/p > \log p$)。如果取 $p = m/\log m$,那么算法 3.6 的时间复杂度为 $O(n^\epsilon \log m)$。和串行算法相比,算法 3.6 对于 m 是最优的,但是对于 n 来说却不是最优的,所以它比较适合于计算低阶的线性递归方程。

例 3.5 对 $n = 2, m = 6$ 时算法的执行过程举例说明。假设已知 z_1 和 z_2,需要计算
$$z_i = u_{i,1}z_{i-1} + u_{i,2}z_{i-2} + v_i (i = 3, 4, \cdots, 8)$$
记
$$\mathbf{z}_i = (z_i, z_{i-1}, 1)$$
$$\mathbf{U}_i = \begin{pmatrix} u_{i,1} & 1 & 0 \\ u_{i,2} & 0 & 0 \\ v_i & 0 & 1 \end{pmatrix}$$

这样, $\mathbf{z}_i = \mathbf{z}_{i-1} \mathbf{U}_i$ 就变成
$$\mathbf{z}_3 = \mathbf{z}_2 \mathbf{U}_3$$
$$\mathbf{z}_4 = \mathbf{z}_3 \mathbf{U}_4$$
$$= \mathbf{z}_2 \mathbf{U}_3 \times \mathbf{U}_4$$
$$\mathbf{z}_5 = \mathbf{z}_4 \mathbf{U}_5$$
$$= \mathbf{z}_2 \mathbf{U}_3 \times \mathbf{U}_4 \times \mathbf{U}_5$$
$$\mathbf{z}_6 = \mathbf{z}_5 \mathbf{U}_6$$
$$= \mathbf{z}_2 \mathbf{U}_3 \times \mathbf{U}_4 \times \mathbf{U}_5 \times \mathbf{U}_6$$
$$\mathbf{z}_7 = \mathbf{z}_6 \mathbf{U}_7$$
$$= \mathbf{z}_2 \mathbf{U}_3 \times \mathbf{U}_4 \times \mathbf{U}_5 \times \mathbf{U}_6 \times \mathbf{U}_7$$

$$z_8 = z_7 U_8$$
$$= z_2 U_3 \times U_4 \times U_5 \times U_6 \times U_7 \times U_8$$

现在,
$$x_1 = (z_0, z_1, 1) = z_2$$
$$x_2 = (z_4, z_3, 1) = z_4$$
$$x_3 = (z_6, z_5, 1) = z_6$$
$$x_4 = (z_8, z_7, 1) = z_8$$

而
$$V_2 = U_3 \times U_4$$
$$V_3 = U_5 \times U_6$$
$$V_4 = U_7 \times U_8$$

这样,我们得到
$$x_2 = x_1 V_2$$
$$x_3 = x_1 V_2 \times V_3$$
$$x_4 = x_1 V_2 \times V_3 \times V_4 \square$$

3.4 排 序

基排序和快排序是两种常用的串行排序算法,表面上看,它们和前缀计算并无多少关联,但实际上在下面的章节中,我们会发现前缀计算可以有效地对多种操作进行并行化。这些并行化了的操作不但可以应用在基排序和快排序中,也同样适用于其他一些问题。

3.4.1 基排序

1. 串行基排序

给定一个待排序的整数数组 X,在串行**基排序**(Radix Sort)时,算法从低位到高位对数组进行扫描,首先从第 0 位开始,比较数组 X 中所有元素的第 0 位,将值为 0 的元素往前移,并同时将值为 1 的元素往后移。假设数组中元素的最大位数为 m,那么算法共需要进行 m 次循环。图 3.10 显示了 8 个元素的串行基排序过程,其中 X_i 为 X 的第 i 位的值。容易看出,串行基排序的时间复杂度为 $O(mn)$。

数组 X	5	7	3	1	4	2	7	2
第 0 位 X_0	1	1	1	1	0	0	1	0
排序	4	2	2	5	7	3	1	7
第 1 位 X_1	0	1	1	0	1	1	0	1
排序	4	5	1	2	2	7	3	7
第 2 位 X_2	1	1	0	0	0	1	0	1
排序	1	2	2	3	4	5	7	7

图 3.10 8 个元素的串行基排序

2. 并行基排序

（1）**算法描述** 现在,让我们考虑并行的情形。对 X_i 的值可以并行地进行计算,但问题是当得到 X_i 的值以后,如何确定 X 中各个元素的新位置。这里,又要用到前面介绍过的前缀计算。为了确定第 i 位为 0 的元素的新位置,只需要将数组 X_i 的值取反,得到 $\widetilde{X}_i$,并计算数组 $\widetilde{X}_i$ 的前缀和 S_i^0,而 $S_i^0 - 1$ 的值即为第 i 位为 0 的元素的新位置；而为了确定第 i 位为 1 的元素的新位置,只需要计算数组 X_i 的后缀和 S_i^1,而 $n - S_i^1$ 的值即为第 i 位为 1 的元素的新位置。算法可形式描述如下：

算法 3.7 SIMD-EREW 模型上的基排序算法

输入：待排序的数组 X, X 中元素的最大位数 m。

输出：已排序的数组 X。

begin
  for $i = 0$ to $m - 1$ do
    （1） for $j = 0$ to $n - 1$ par-do
      计算 $X_i(j)$ 的值
    end for

    （2）调用算法 3.4 计算序列 $\widetilde{X}_i$ 的前缀和 S_i^0
    （3）调用算法 3.4 计算序列 X_i 的后缀和 S_i^1
    （4） for $j = 0$ to $n - 1$ par-do
      if $X_i(j) = 0$ then
        $Q(S_i^0(j) - 1) \leftarrow X(j)$
      else
        $Q(n - S_i^1(j)) \leftarrow X(j)$
      end if
    end for

　　　　　(5) **for** $j = 0$ **to** $n - 1$ **par-do**
　　　　　　　　$X(j) \leftarrow Q(j)$
　　　　　　end for
　　　end for
　end

　　(2) **算法分析**　假设有 p 台处理器,在算法的第(1)步中每台处理器都分配到 n/p 个数,计算所需的时间为 $O(n/p)$;第(2)步和第(3)步都是一次前缀计算,时间复杂度为 $O(n/p + \log p)$,其中在第(3)步中要对原有的算法 3.4 作一点小修改,计算的方向改为从后向前,用来计算后缀和;在第(4)步和第(5)步中,使用一个辅助数组 Q 对数组 X 进行更新,这需要 $O(n/p)$ 时间。所以整个算法的时间复杂度为 $O((n/p + \log p)m)$。图 3.11 示出了对第 0 位的并行排序过程。

数组 X	5	7	3	1	4	2	7	2
第 0 位 X_0	1	1	1	1	0	0	1	0
取反 $\widetilde{X}_0$	0	0	0	0	1	1	0	1
$\widetilde{X}$ 的前缀和 S_0^0	0	0	0	0	1	2	2	3
$S_0^0 - 1$	-1	-1	-1	-1	0	1	1	2
X_0 的后缀和 S_0^1	5	4	3	2	1	1	1	0
$n - S_0^1$	3	4	5	6	7	7	7	8
排序	4	2	2	5	7	3	1	7

图 3.11　对 8 个元素第 0 位的并行基排序

3.4.2　快排序

1. 串行快排序

首先回忆一下**快排序**(Quick Sort)的算法流程:给定一个待排序的数组 X,先需要挑选一个划分元 a,根据划分元 a 就可以把数组 X 分为小于 a、等于 a 和大于 a 的三段。然后对这三段递归地进行排序。我们知道,串行快排序的平均时间复杂度为 $O(n\log n)$,最坏时间复杂度为 $O(n^2)$。

2. 并行快排序

(1) **算法描述**　现在,让我们考虑在 PRAM 模型上的并行快排序算法。在并行的情况下,需要设置一个段标记数组 *Segflag* 来记录每个划分段的位置,在每一段的段头,相应的 *Segflag* 的值被设为 1,其余的值被设为 0。为了方便起见,我们总是取每一段的第一个元素作为划分元,并设置一个划分元数组 *Pivot*,用来存储划分元的值。除此之外，我们还使用数组 F 来记录在每一步中每个元素与划分元的比较结果，$F(i)$ 的取值有三种，分别为 <、= 和 >。于是可以这样来设计算法：

① 根据段标记数组 $Segflag$ 来确定划分元数组 $Pivot$ 的值。因为总是取段首元素为划分元，所以对 $Segflag(i)=1$ 的元素，$Pivot(i)$ 的值就为 $X(i)$；而对 $Segflag(i)=0$ 的元素，如果设 $X(i)$ 所在的子段的段首为 $X(h)$，那么 $Pivot(i)$ 的值实际上就应和 $Pivot(h)$ 相等。我们可以使用下面的公式来统一计算 $Pivot(i)$ 的值：

$$Pivot(0) = X(0)$$
$$Pivot(i) = (1 - Segflag(i))\, Pivot(i-1) + Segflag(i) X(i)$$

这实际上是一个一阶的线性递归方程，可以使用算法 3.6 对数组 $Pivot$ 进行计算。

② 并行地对数组 X 和划分元数组 $Pivot$ 进行比较，得到比较结果 F。

③ 根据比较结果 F 确定数组 X 中每个元素的新位置。这实际上和算法 3.7 有些类似，与之不同的是在算法 3.7 中我们只是对 0 和 1 进行处理，但是在这里处理的类型增加了 <、= 和 > 3 种。我们可以使用和算法 3.7 类似的方法进行计算。

④ 根据排序的结果更新 $Segflag$ 数组的值。对于 $Segflag(0)$ 的值，始终将其置为 1，而对于其他的 $Segflag(i)$，只需要检查 $X(i)$ 和 $X(i-1)$ 的值，如果 $X(i)$ 的值等于 $Pivot(i)$，这表明 $X(i)$ 的值等于划分元，将 $Segflag(i)$ 置为 1；如果 $X(i-1)$ 的值等于 $Pivot(i-1)$，这表明 $X(i)$ 应为段首元素，同样可将 $Segflag(i)$ 置为 1；对于其他的 $Segflag(i)$，均将其置为 0。

⑤ 返回第一步，循环进行计算。

注意，在上面的算法中，我们并不知道算法何时终止，所以还需要设置一个终止条件。我们只需要比较元素 $X(i)$ 和 $X(i+1)$ 的大小，记为 $C(i)$。如果 $X(i) \leq X(i+1)$，那么置 $C(i)$ 的值为 1；否则，置 $C(i)$ 的值为 0，这在 PRAM 模型下可以并行地计算。然后并行计算数组 C 中所有元素的与，当值为 1 时，就表明对数组 X 的排序已经完成。算法可形式描述如下：

算法 3.8　SIMD-EREW 模型上的快排序算法

输入：大小为 n 的待排序数组 X。

输出：已排序的数组 X。

begin

（1）/* 初始化 $Segflag$ 数组 */

  （1.1）$Segflag(0) \leftarrow 1$

  （1.2）**for** $i=1$ **to** $n-1$ **par-do**

    $Segflag(i) \leftarrow 0$

  end for

（2）**while** 数组 X 不是有序的 **do**

(2.1) 调用算法 3.6 计算 $Pivot(0), Pivot(1), \cdots, Pivot(n-1)$

(2.2) **for** $i = 0$ **to** $n-1$ **par-do**/ * $F(i)$ 的值可为 <, =, > */
   $F(i) \leftarrow compare(X(i), Pivot(i))$
  end for

(2.3) 使用和算法 3.7 类似的方法,根据比较结果 F 计算 X 中元素的新位置,并对数组 X 进行排序

(2.4) **for** $i = 1$ **to** $n-1$ **par-do**/ * 更新 $Segflag$ 数组 */
   if $X(i) = Pivot(i)$ **or** $X(i-1) = Pivot(i-1)$ **then**
    $Segflag(i) \leftarrow 1$
   else
    $Segflag(i) \leftarrow 0$
   end if
  end for
 end while
end

(2) **算法分析** 假设有 $n/\log n$ 台处理器,算法的第(1)步是一个初始化过程,需要的时间为 $O(\log n)$;在第(2.1)步中,使用了算法 3.6 进行计算,由于计算的是一个一阶线性递归方程,所以时间复杂度也为 $O(\log n)$;在第(2.2)步中,并行地对数组 X 和划分元数组 $Pivot$ 进行比较,所需时间为 $O(\log n)$;在第(2.3)步中,使用和算法 3.7 类似的方法,时间复杂度为 $O(\log n)$;最后在第(2.4)步中,对数组 $Segflag$ 进行更新,需耗时 $O(\log n)$,所以在算法 3.8 的每一次循环中,我们都需要耗费 $O(\log n)$ 的时间。和串行快排序类似,算法 3.8 的性能取决于对数组的划分是否均匀。算法 3.8 的平均时间复杂度为 $O(\log n \log n) = O(\log^2 n)$。图 3.12 中显示了对 8 个元素的并行快排序过程。

数组 X	6.4	9.2	3.4	1.6	8.7	4.1	9.2	3.4
段标记数组 $Segflag$	1	0	0	0	0	0	0	0
划分元数组 $Pivot$	6.4	6.4	6.4	6.4	6.4	6.4	6.4	6.4
比较结果 F	=	>	<	<	>	<	>	<
排序	3.4	1.6	4.1	3.4	6.4	9.2	8.7	9.2
段标记数组 $Segflag$	1	0	0	0	1	0	0	0
划分元数组 $Pivot$	3.4	3.4	3.4	3.4	6.4	9.2	9.2	9.2
比较结果 F	=	<	>	=	=	=	<	=
排序	1.6	3.4	3.4	4.1	6.4	8.7	9.2	9.2
段标记数组 $Segflag$	1	1	1	1	1	1	1	1

图 3.12 8 个元素的并行快排序

*3.5 最大和子序列

定义 3.3 最大和子序列(Maximum Sum Subsequence):给定一个数字序列 $X = \{x_0, x_1, \cdots, x_{n-1}\}$,其中和 $x_u + x_{u+1} + \cdots + x_v$ 最大的子序列 $\{x_u, x_{u+1}, \cdots, x_v\}$ 称为最大和子序列[5,6]。

当集合中所有数字都为正值时,问题的解是平凡的:拥有最大和的子序列就是整个序列本身。而当序列中包含负数时,问题会变得复杂一点。

3.5.1 简单串行算法

(1) **算法描述** 注意,最大和子序列问题存在一个下界 $\Omega(n)$,因为算法至少需要检查每个 x_i 一次。事实上,确实存在串行算法可以达到这个下界。算法从 x_0 到 x_{n-1} 对序列进行扫描,并保存到目前为止找到的最大和子序列的路径。最大和初始化为 x_0。假设已经找到 $x_0, x_1, \cdots, x_{i-1}$ 的最大和子序列,当考虑 x_i 时,我们发现 $x_0, x_1, \cdots, x_i$ 的最大和子序列的和应为下面两个值中的较大者:① 在 $\{x_0, x_1, \cdots, x_{i-1}\}$ 中找到的最大和子序列的和,也就是到目前为止已经找到的最大和(记作 $Maxseen$);② 以 x_i 结尾的一个子序列的和(记作 $Maxhere$)。

如图 3.13 所示,两个下标 u 和 v 标记了 $Maxseen$ 对应的子序列,而 q 和 i 标记了 $Maxhere$ 对应的子序列。算法 3.9 给出了求最大和子序列的串行算法。当算法结束时,子序列 $\{x_u, x_{u+1}, \cdots, x_v\}$ 就是要求的最大和子序列,$Maxseen$ 是最大和子序列的和。

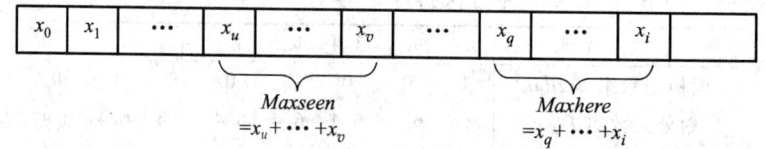

图 3.13 串行算法计算最大和子序列

算法 3.9 计算最大和子序列的串行算法

输入:大小为 n 的数组 X。
输出:最大和子序列的下标 u 和 v。
begin
(1) /* 初始化 $Maxseen$ */

(1.1) $Maxseen \leftarrow X(0)$

(1.2) $u \leftarrow 0$

(1.3) $v \leftarrow 0$

(2) /* 初始化 $Maxhere$ */

(2.1) $Maxhere \leftarrow X(0)$

(2.2) $q \leftarrow 0$

(3) **for** $i = 1$ **to** $n - 1$ **do**

(3.1) **if** $Maxhere \geq 0$ **then**

$Maxhere \leftarrow Maxhere + X(i)$

else

(i) $Maxhere \leftarrow X(i)$

(ii) $q \leftarrow i$

end if

(3.2) **if** $Maxseen < Maxhere$ **then**

(i) $Maxseen \leftarrow Maxhere$

(ii) $u \leftarrow q$

(iii) $v \leftarrow i$

end if

end for

end

（2）**算法分析** 算法只对输入序列扫描一遍，并且对每个 x_i 都只进行了常数次操作，所以算法的时间复杂度为 $O(n)$。

例 3.6 记 $X = \{-4, 2, 6, -1, -7, 4, 2, 1\}$，算法 3.9 的计算过程如图 3.14 所示。最大和子序列为 $\{2, 6\}$，最大和为 8。□

3.5.2 易于并行化的串行算法

（1）**算法描述** 直接对算法 3.9 进行并行化是困难的，因为在算法的每次循环中都要检查一个新元素以便对目前得到的最大和子序列进行更新。但使用前缀计算可以解决此问题：

① 首先计算序列 $\{x_0, x_1, \cdots, x_{n-1}\}$ 的前缀和 $s_0, s_1, \cdots, s_{n-1}$，其中 $s_i = \sum_{j=0}^{i} x_j$ $(0 \leq i \leq n-1)$。

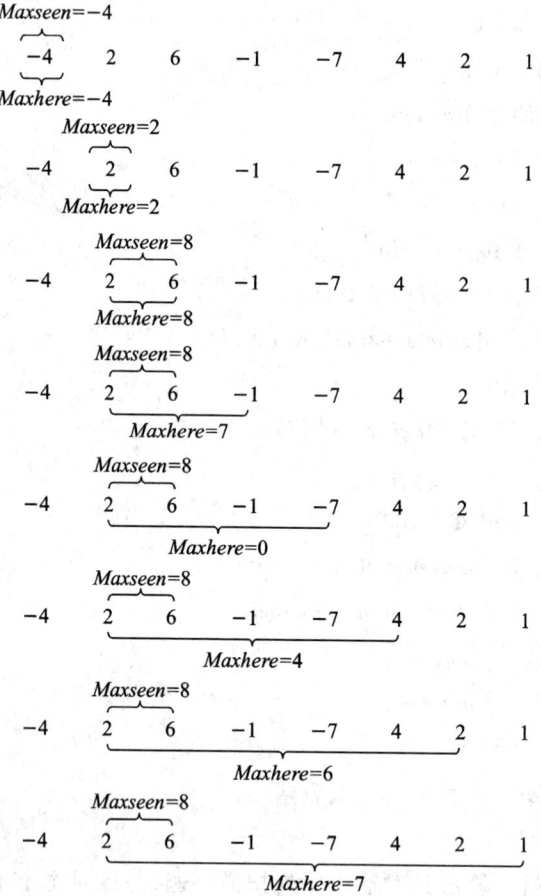

图 3.14　串行算法计算最大和子序列

② 对每个 i，找出 s_i 到 s_{n-1} 中的最大值，记作 s_{m_i}（这实际上是序列的后缀最大值），其中 m_i 为所找到的最大值的下标，$s_{m_i} = \max\limits_{i \leqslant j \leqslant n-1} \{s_j\}$（$0 \leqslant i \leqslant n-1$）。

③ 对每个 i，计算以 x_i 开始的子序列的最大和 $maxsum_i = s_{m_i} - s_i + x_i$（$0 \leqslant i \leqslant n-1$）。

④ 那么整个序列的最大和子序列的和就为 $M = \max\limits_{0 \leqslant i \leqslant n-1} \{maxsum_i\}$。记 u 为找到最大和时对应的 $maxsum_i$ 的下标，那么最大和子序列就为 $\{x_u, x_{u+1}, \cdots, x_v\}$，其中 $v = m_u$。算法可形式描述如下：

算法 3.10　计算最大和子序列的易于并行化的串行算法

输入：大小为 n 的数组 X。

输出：最大和子序列的下标 u 和 v。

begin

(1) /* 计算序列 X 的前缀和 */

    (1.1) $S(0) \leftarrow X(0)$

    (1.2) **for** $i = 1$ **to** $n - 1$ **do**

        $S(i) \leftarrow S(i-1) + X(i)$

    end for

(2) /* 计算序列 S 的后缀最大值 */

    (2.1) $S_m(n-1) \leftarrow S(n-1)$

    (2.2) $m(n-1) \leftarrow n-1$

    (2.3) **for** $i = n-2$ **to** 0 **do**

        if $S(i) \geqslant S_m(i+1)$ **then**

            (i) $S_m(i) \leftarrow S(i)$

            (ii) $m(i) \leftarrow i$

        else

            (i) $S_m(i) \leftarrow S_m(i+1)$

            (ii) $m(i) \leftarrow m(i+1)$

        end if

    end for

(3) **for** $i = 0$ **to** $n - 1$ **do**

    $maxsum(i) \leftarrow S_m(i) - S(i) + X(i)$

end for

(4) /* 计算 M */

    (4.1) $M \leftarrow maxsum(0)$

    (4.2) $u \leftarrow 0$

    (4.3) $v \leftarrow 0$

    (4.4) **for** $i = 1$ **to** $n - 1$ **do**

        if $maxsum(i) > M$ **then**

            (i) $M \leftarrow maxsum(i)$

            (ii) $u \leftarrow i$

            (iii) $v \leftarrow m(i)$

        end if

    end for

end

(2) 算法分析 易见,算法 3.10 的时间复杂度仍为 $O(n)$,和算法 3.9 相比,算法 3.10 的计算量更大一些,它并不是一个很好的串行算法。但通过对它的并行化,我们可以设计出高效的并行算法。

例 3.7 记 $X = \{-4, 2, 6, -1, -7, 4, 2, 1\}$,算法 3.10 的计算过程如图 3.15 所示。最大和子序列为 $\{x_1, x_2\}$,也就是 $\{2, 6\}$,最大和为 8。□

输入	i	0	1	2	3	4	5	6	7
	x_i	-4	2	6	-1	-7	4	2	1
第一步	s_i	-4	-2	4	3	-4	0	2	3
第二步	s_{m_i}	4	4	4	3	3	3	3	3
	m_i	2	2	2	3	7	7	7	7
第三步	$maxsum_i$	4	8	6	-1	0	7	3	1
第四步		\multicolumn{8}{c}{$M = 8, u = 1, v = m_u = 2$}

图 3.15 最大和子序列的串行计算

3.5.3 并行算法

(1) 算法描述 对于算法 3.10,我们可以容易地在 PRAM 模型上对其并行化。算法的第(1)步是一次前缀和计算,可以使用算法 3.4 进行计算。算法的第(2)步实际上也是一次前缀计算,所以同样可以使用算法 3.4 进行计算(要作一点小修改)。在第(3)步中,对每个 $maxsum_i$ 的计算都只需要一次减法和一次加法,这只需要常数时间。最后在第(4)步中,需要计算 n 个 $maxsum_i$ 的最大值,在 CRCW 模型中,对最大值 M 的计算可以在常数时间内完成。假设有 p 台处理器,并记 $k = n/p$,算法可形式描述如下:

算法 3.11 SIMD-CRCW 模型上的最大和子序列求解算法
输入:大小为 n 的数组 X。
输出:最大和子序列的下标 u 和 v。
begin
(1) 调用算法 3.4 计算序列 X 的前缀和 S。
(2) 调用算法 3.4 计算序列 S 的后缀最大值 S_m,并返回最大值的下标数组 m。
(3) **for** $i = 0$ **to** $p - 1$ **par-do**
　　　for $j = 0$ **to** $k - 1$ **do**
　　　　$maxsum(ik+j) \leftarrow S_m(ik+j) - S(ik+j) + X(ik+j)$

　　　　　end for
　　　end for
(4) **for** $i = 0$ **to** $p - 1$ **par-do**
　　(4.1) $D(i) \leftarrow maxsum(ik)$
　　(4.2) $W(i) \leftarrow ik$
　　(4.3) **for** $j = 1$ **to** $k - 1$ **do**
　　　　　if $maxsum(ik + j) > D(i)$ **then**
　　　　　　(i) $D(i) \leftarrow maxsum(ik + j)$
　　　　　(ii) $W(i) \leftarrow ik + j$
　　　　　end if
　　　end for
　　(4.4) $M \xleftarrow{\max} D(i)$
　　(4.5) **if** $M = D(i)$ **then**
　　　　　$u \xleftarrow{\min} W(i)$
　　　　end if
　　(4.6) $v \leftarrow m(u)$
　　end for
end

(2) **算法分析** 算法第(1)步和第(2)步所需的时间均为 $O(n/p + \log p)$；在第(3)步中，每台处理器都需计算 n/p 个值，需耗时 $O(n/p)$；最后第(4)步中，每台处理器需计算 n/p 个值的最大值，时间复杂度为 $O(n/p)$，所以整个算法的时间复杂度为 $O(n/p + \log p)$。如果取 $p = n/\log n$，那么算法的时间复杂度就为 $O(\log n)$，成本为 $c(n) = p(n) \times t(n) = O(n)$，这是一个成本最优算法。

需要注意的是：① 在第(2)步中，我们使用了修改过的算法 3.4，它以序列 S 和函数 max 作为输入，从 $n-1$ 到 0 扫描序列，并返回 S_m 和 m；② 在步骤(4.1)~(4.3)中，处理器 P_i 寻找 $maxsum(ik), maxsum(ik+1), \cdots, maxsum((i+1)k-1)$ 中的最大值，最大值被存储在 $D(i)$ 中，最大值的下标为 $W(i)$（对所有的 i，这些都是并行执行的）；③ 在步骤(4.4)中，我们使用了同时写指令来寻找 $D(i)$ 中的最大值，并将其存储在 M 中（如果存在多个最大值，则随机从中选取一个并将其写入 M）；④ 在步骤(4.5)中，我们把 X 的最大值子序列的起始点存储在变量 u 中，所有的处理器都比较自身的 $D(i)$ 与 M 的大小，如果相同，就将相应的下标 $W(i)$ 写入 u（如果有多台处理器同时要求写入，将写入其中的最小值）。

习　题

3.1　在 PRAM 模型上设计一个并行算法，模拟 3.2.1 节的奇偶前缀计算网络，并分析算法的时间复杂度、处理器数目、成本以及总计算量。

3.2　结合高低前缀计算网络和奇偶前缀计算网络的优点，试设计出延迟级数为 $\log n$、加法器数为 $O(n)$ 的前缀计算网络。

提示：在高低前缀计算网络中使用奇偶前缀计算网络递归计算[11]。

3.3　在 n 个处理器的洗牌交换连接上设计前缀计算算法，并对你的算法进行分析。

3.4　通过使用分治技术，我们对某些操作（比如加法、乘法、求最大值、求最小值）的前缀计算可以设计出时间复杂度为 $O(\log \log n)$，处理器数目为 $n/\log \log n$ 的算法。和算法 3.4 相比，它使用了更多的处理器，但同时也获得了更快的计算速度。我们这样来设计算法：

(1) 将长度为 n 的输入序列 X 均匀划分为 $\sqrt{n}$ 个子序列，每个子序列的长度都为 $\sqrt{n}$，而对每个子序列，我们都使用 $\sqrt{n}$ 台处理器递归地计算前缀，并记第 i 个子序列的前缀为 $\{s(i,1), s(i,2), \cdots, s(i,\sqrt{n})\}$。

(2) 使用 n 台处理器计算序列 $\{s(1,\sqrt{n}), s(2,\sqrt{n}), \cdots, s(\sqrt{n}-1,\sqrt{n})\}$ 的前缀，并记计算结果为 $\{s'(1,\sqrt{n}), s'(2,\sqrt{n}), \cdots, s'(\sqrt{n}-1,\sqrt{n})\}$。

(3) 对第 $i+1$ 个子序列，将 $s'(i,\sqrt{n})$ 的值和 $\{s(i+1,1), s(i+1,2), \cdots, s(i+1,\sqrt{n})\}$ 的值进行合并，从而得到最终的前缀值，其中 $i = 1, 2, \cdots, \sqrt{n}-1$，对每个子序列，我们都使用 $\sqrt{n}$ 台处理器进行计算。

试问：

(a) 通过解递归方程 $t(n) = t(\sqrt{n}) + O(1)$ 说明上述算法可以使用 n 台处理器在 $O(\log \log n)$ 时间内完成计算。

(b) 如何在不影响算法时间复杂度的前提下，将处理器数目降低至 $O(n/\log \log n)$，从而达到成本最优？

3.5　给定初值 s_0 和系数 $\{a_1, a_2, \cdots, a_n\}, \{b_1, b_2, \cdots, b_n\}, \{d_1, d_2, \cdots, d_n\}, \{e_1, e_2, \cdots, e_n\}$，根据下面的式子在 PRAM 模型上并行计算 $\{s_1, s_2, \cdots, s_n\}$，其中对于所有 $i < 0$，都有 $s_i = 0$。

(a) $s_i = a_i s_{i-1} + b_i$

(b) $s_i = a_i s_{i-1} + b_i s_{i-2}$

(c) $s_i = (a_i s_{i-1} + b_i)/(e_i s_{i-1} + d_i)$

(d) $s_i = (s_{i-1}^2 + a_i^2)^{1/2}$

3.6　在算法 3.8 中，我们使用每一段的第一个元素作为划分元，修改这个算法，随机挑选一个元素作为划分元。

3.7　给定一个二维的数值矩阵 I，要求找到其中数值和最大的子矩阵。在 PRAM 模型上使用前缀计算的方法解决这一问题，并给出算法的时间复杂度。

3.8 在 PRAM 模型上设计一个并行算法，使用前缀计算的方法，按照字典序比较两个字符串的大小。

3.9 给定两个 n 位的二进制数 a 和 b，其二进制表示分别为 $a_{n-1}a_{n-2}\cdots a_0$ 和 $b_{n-1}b_{n-2}\cdots b_0$，在 PRAM 模型上设计一个并行算法，计算 a 和 b 的和 $s = s_n s_{n-1}\cdots s_0$。

3.10 通过使用前缀计算的方法解下面的方程组：

$$b_1 = a_{11}x_1 + a_{12}x_2,$$
$$b_2 = a_{21}x_1 + a_{22}x_2 + a_{23}x_3,$$
$$b_3 = a_{32}x_2 + a_{33}x_3 + a_{34}x_4,$$
$$\vdots$$
$$b_{n-1} = a_{n-1,n-2}x_{n-2} + a_{n-1,n-1}x_{n-1} + a_{n-1,n}x_n,$$
$$b_n = a_{n,n-1}x_{n-1} + a_{n,n}x_n$$

参 考 文 献

[1] Selim G A. Parallel computation: models and methods. [S. l.]: Prentice Hall, 1997.

[2] Blelloch G E. Prefix sums and their applications. In: Reif J H, editor, Synthesis of Parallel Algorithms, Morgan-Kaufmann, San Mateo, CA, 1993, chapt. 1, 35-60.

[3] Blelloch G E. Scans as primitive parallel operations. IEEE Trans. on Comput., 1989, C-38(11): 1526-1538.

[4] Kogge P M, Stone H S. A parallel algorithm for the efficient solution of a general class of recurrence equations. IEEE Trans. on Comput., 1973, C-22(8): 786-793.

[5] Akl S G, Guenther G R. Application of broadcasting with selective reduction to the maximal sum subsegment problem. International Journal of High Speed Computing, 1991, 3(2): 107-119.

[6] Perumalla K, Deo N. Parallel algorithms for maximum subsequence and maximum subarray. Parallel Processing Letters, 1995, 5: 367-373.

[7] Stone H S. An efficient parallel algorithm for the solution of a tridiagonal linear system of equations. JACM, 1973, 20(1): 27-38.

[8] Jordan H F, Alaghband G. Fundamentals of parallel processing. [S. l.]: Prentice Hall, 2003.

[9] Lakshmivarahan S, Khall S K. Parallel computing using the prefix problem. [S. l.]: Oxford University Press, 1994.

[10] Omer Egecioglu, Ashok S. Optimal parallel prefix on mesh architectures. Parallel Algorithms Appl., 1993, 1: 191-209.

[11] Ladner R E, Fischer M J. Parallel prefix computation. JACM, 1980, 27(4): 831-838.

第四章 排序和选择网络

内容提要 排序和选择在计算机科学中占有相当重要的地位。这不仅是由于它们有着广阔的应用前景,而且其本身也具有理论研究的意义。非但如此,在已发现的各种著名算法中,排序和选择的研究方法、求解思路、算法的设计和分析技巧,对设计与分析其他问题的并行算法都颇值得借鉴。本章专门讨论比较器网络上的排序和选择算法,其原因主要是:① 它是历史上研究得最早的并行算法;② 其结构的简洁性和固有的并行性易于学习和理解并行算法;③ 其算法的构造思想也常可实现在其他并行计算模型中。本章主要内容包括 Batcher 的归并和排序网络,(m,n)-选择网络和 Patterson 的 AKS 排序网络。

讲授要点 ① 比较器网络与 $[0,1]$ 原理:构造比较器网络时对同时能执行 CCI 操作和对参与比较的数的限制条件;$[0,1]$ 原理的作用及其证明法。② 奇偶归并网络:网络构造法及其正确性证明;网络复杂度 C_{OE}^M 和 D_{OE}^M 的推导。③ 双调归并网络:双调序列定义;Batcher 定理及其 Stone 证明法;网络的递归构造及其复杂度 C_{BIT}^M 和 D_{BIT}^M 的分析。④ Batcher 排序网络:排序网络构造法;奇偶排序网络和双调排序网络的复杂度 C_{OE}^S、D_{OE}^S、C_{BIT}^S 和 D_{BIT}^S 的分析。⑤ (m,n)-选择网络:Alekseyev 选择网络的构造及其复杂度 C_A^P 和 D_A^P 的分析;平衡分组选择网络的构造及其复杂度 C_C^P 和 D_C^P 的分析。

4.1 Batcher 归并和排序网络

定义 4.1 给定 n 个数的序列 $a_1,\cdots,a_n$,找出一种置换 π,它将给定的序列映射到一个**非降序列**(Non-decreasing Order) $a_{\pi(1)},\cdots,a_{\pi(n)}$,使得对于所有的 i,满足 $a_{\pi(i)} \leqslant a_{\pi(i+1)}$。此过程称为**排序**(Sorting)。

定义 4.2 给定两个递升序列:$a_1 \leqslant \cdots \leqslant a_n$ 和 $b_1 \leqslant \cdots \leqslant b_m$,重新排列它们为一个递升序列 $c_1 \leqslant \cdots \leqslant c_{n+m}$。此过程称为**归并**(Merging)。

定义 4.3 从给定的 n 个数中选取其中第 k 个最小或最大者,称为 k-**选择**(k-Selection)。

定义 4.4 从 n 个数中选取其前 m 个最小或最大者,称为 (m,n)-**选择**。

4.1.1 比较操作和 [0,1] 原理

1. 比较操作

由上述定义可知,求解这一类问题的基本操作是两个数之间的**比较和条件交换**(Compare and Conditionally Interchange)操作,简记为 CCI 操作。直接实现 CCI 操作的一种专用硬件结构。称为**比较器网络**(Comparator Network)。它的基本组成单元是图 4.1 所示的 Batcher 比较器[1]。**比较器**(Comparator)是一个两输入、两输出的比较交换单元,可将两输入 A 和 B 进行比较,将其大者置于标有"H"的输出端,而小者在"L"输出端。有时为了需要,可将"H"和"L"位置对换,同时在方框中置一"×"号。对于大尺寸的比较器网络,比较器常用图 4.1(b)所示的画法。

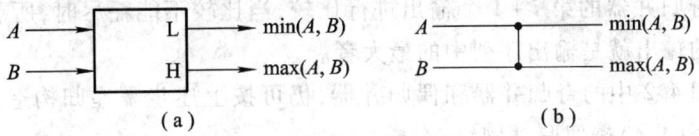

图 4.1 Batcher 比较器

为了完成排序和选择功能,可将诸比较器按照一定的拓扑结构互连起来构成排序或选择网络。但要特别说明的是,在像这样一个 $n \times n$ 的网络中,通常都假定只能有 $n/2$ 个 CCI 操作可同时进行,而且必须限制任何一个数都不能同时与两个或两个以上的其他数进行比较,否则相继的条件交换就比较复杂。

2. [0,1] 原理

对于一个给定的网络,欲证实其能否对所有的输入序列排序,并非简单,因为

要一一验证 n 个输入的 $n!$ 种不同的排列的正确性。但可使用下述的二值 $[0,1]$ 原理([0,1]Principle),将上述验证次数由 $n!$ 降至 2^n 次。

定理 4.1([0,1]原理)[2]   如果一个 n 输入的网络能排序所有 2^n 种 0,1 序列,那么它也能排序 n 个数的任意序列。

证明   令 $f(x)$ 是任一单调函数,当且仅当 $a_i \le a_j$ 时 $f(a_i) \le f(a_j)$。很明显,如果一给定网络能将序列 $(a_1, a_2, \cdots, a_n)$ 转换成序列 $(b_1, b_2, \cdots, b_n)$,那么它也一定能将序列 $(f(a_1), f(a_2), \cdots, f(a_n))$ 转换成序列 $(f(b_1), f(b_2), \cdots, f(b_n))$。因此,如果在将 $(a_1, a_2, \cdots, a_n)$ 转换成 $(b_1, b_2, \cdots, b_n)$ 时,存在某一 i 使 $b_i > b_{i+1}$,那么在将 $(f(a_1), f(a_2), \cdots, f(a_n))$ 转换成 $(f(b_1), f(b_2), \cdots, f(b_n))$ 时,必将会有这样的情况:如果 $f(b_i) \ne f(b_{i+1})$,则 $f(b_i) > f(b_{i+1})$。现在令 $f(x)$ 是一特定的单调函数,它对于所有的 $b_j < b_i$ 有 $f(b_j) = 0$,而对所有 $b_j \ge b_i$ 有 $f(b_j) = 1$。如此一来,因为 $f(b_i) = 1$ 和 $f(b_{i+1}) = 0$,所以 $(f(b_1), f(b_2), \cdots, f(b_n))$ 不是一个 0 和 1 的有序序列。换句话说,网络不能对输入的 0,1 序列 $(f(a_1), f(a_2), \cdots, f(a_n))$ 排序。因此,如果一个网络不能排序任意数列,那么必有某一个 0,1 序列,它也不能排序。□

4.1.2 奇偶归并网络

奇偶归并网络(Odd-Even Merging Network),简记为 O-E 归并网络。一个 (1,1) 归并网络就是图 4.1 所示的比较器。对于一个 (n,m) 奇偶归并网络,可按图 4.2 所示的方法递归构造之,其过程如下:首先将两个输入序列中的奇数号码的数送给"奇归并器",而偶数号码的数送给"偶归并器";然后将两归并的有序输出进行 CCI 操作:其中 d_1 不参与比较,它就是输出序列中的最小者,偶归并器的第 i 个输出与奇归并器的第 $i+1$ 个输出进行比较,当比较不能耗尽时,所剩下的奇或偶归并器的输出就是输出序列中的最大者。

至于图 4.2 中的奇归并器和偶归并器,仍可按上述步骤递归构造之。图 4.3 示出了一个 (4,4) 奇偶归并网络。

定理 4.2   Batcher 奇偶归并网络能产生正确的归并。

证明   如果 $mn > 1$,则 $(a_1, a_3, \cdots, a_{2\lceil n/2 \rceil - 1})$ 和 $(b_1, b_3, \cdots, b_{2\lceil m/2 \rceil - 1})$ 归并成一个有序序列 $(d_1, d_2, \cdots, d_{\lceil n/2 \rceil + \lceil m/2 \rceil})$;而 $(a_2, a_4, \cdots, a_{2\lfloor n/2 \rfloor})$ 和 $(b_2, b_4, \cdots, b_{2\lfloor m/2 \rfloor})$ 归并成有序序列 $(e_1, e_2, \cdots, e_{\lfloor n/2 \rfloor + \lfloor m/2 \rfloor})$。施行 CCI 操作 $e_1:d_2; e_2:d_3; \cdots; e_{\lfloor n/2 \rfloor + \lfloor m/2 \rfloor}:d^*$,以得到序列 $(d_1, e_1, d_2, e_2, d_3, \cdots, d_{\lfloor m/2 \rfloor + \lfloor n/2 \rfloor}, e_{\lfloor m/2 \rfloor + \lfloor n/2 \rfloor}, d^*, d^{**})$。其中,如果 m 和 n 均为偶数,则 $d^* = d_{\lfloor m/2 \rfloor + \lfloor n/2 \rfloor + 1}$ 和 $d^{**} = d_{\lfloor m/2 \rfloor + \lfloor n/2 \rfloor + 2}$ 均不存在。很显然,最后一级 CCI 操作所需的比较器数为 $\lfloor (m+n-1)/2 \rfloor$。

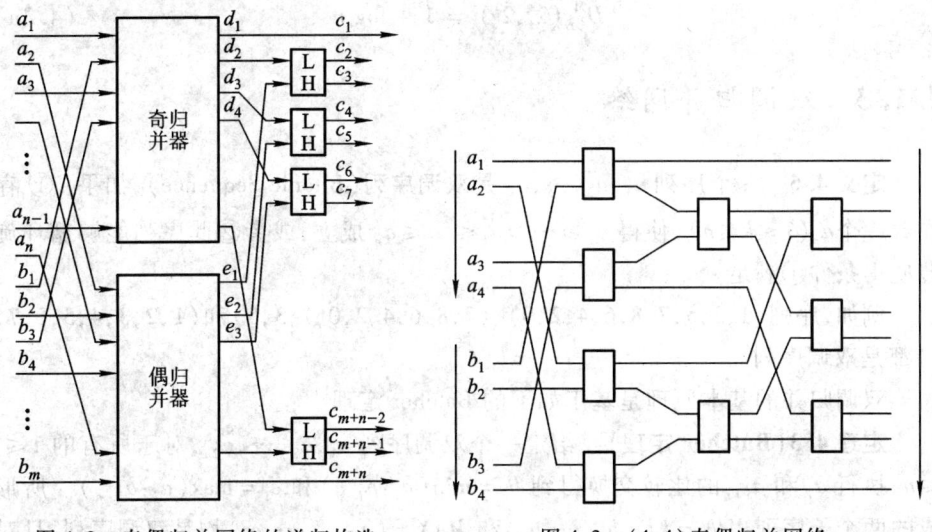

图 4.2 奇偶归并网络的递归构造　　图 4.3 (4,4)奇偶归并网络

现在可使用 [0,1] 原理来验证网络的正确性。显然可假定序列 $(a_1, a_2, \cdots, a_n)$ 由 k 个 0 继以 $n-k$ 个 1 组成;而序列 $(b_1, b_2, \cdots, b_m)$ 由 l 个 0 继以 $m-l$ 个 1 组成。因此序列 $(d_1, d_2, \cdots)$ 正好由 $(\lceil k/2 \rceil + \lceil l/2 \rceil)$ 个 0 继以若干个 1 组成;而序列 $(e_1, e_2, \cdots)$ 将由 $(\lfloor k/2 \rfloor + \lfloor l/2 \rfloor)$ 个 0 继以若干个 1 组成。很明显,$(\lceil k/2 \rceil + \lceil l/2 \rceil)$ 与 $(\lfloor k/2 \rfloor + \lfloor l/2 \rfloor)$ 之差或为 0,或为 1,或为 2。但最终的序列 $(c_1, c_2, \cdots, c_{m+n})$ 总是有序的(这一结论,作为练习留给读者去证明)。□

令 $C_{OE}^M(m, n)$ 是奇偶归并网络归并两个长度为 m 和 n 的有序序列所需的比较器数,则

$$C_{OE}^M(m,n) = \begin{cases} mn, & \text{如果 } mn \leq 1 \\ C_{OE}^M(\lceil m/2 \rceil, \lceil n/2 \rceil) + C_{OE}^M(\lfloor m/2 \rfloor, \lfloor n/2 \rfloor) \\ \quad + \lfloor (m+n-1)/2 \rfloor, & \text{如果 } mn \geq 1 \end{cases} \quad (4.1)$$

Knuth[2] 已推导出,当 $n \to \infty$ 时,$C_{OE}^M(n, n) = O(n \log n)$。当 $m = n = 2^t$ 时,则 (4.1) 的解为

$$C_{OE}^M(n, n) = 2 C_{OE}^M(n/2, n/2) + n - 1 = n \log n + 1 \quad (4.2a)$$

同样,不难推得

$$C_{OE}^M(2^t = n) = (n/2)(\log n - 1) + 1 \quad (4.2b)$$

令 $D_{OE}^M(m, n)$ 是奇偶归并网络归并两个长度为 m 和 n 的有序序列所需的延迟级数(延迟级数定义为穿过网络的任一路线上最多的比较器数),则

$$D_{OE}^M(m, n) = 1 + \max\{D_{OE}^M(\lceil m/2 \rceil, \lceil n/2 \rceil), D_{OE}^M(\lfloor m/2 \rfloor, \lfloor n/2 \rfloor)\} \quad (4.3)$$

当 $m = n = 2^t$ 时

$$D_{OE}^{M}(2^t, 2^t) = 1 + \log n \tag{4.3a}$$

4.1.3 双调归并网络

定义 4.5 一个序列 $a_1, a_2, \cdots, a_n$ 是**双调序列**(Bitonic Sequence),如果:① 存在着一个 $a_k(1 \leq k \leq n)$,使得 $a_1 \geq \cdots \geq a_k \leq \cdots \leq a_n$ 成立;或者② 此序列能够循环旋转使得条件①满足。

例如,序列 $(1,3,5,7,8,6,4,2,0)$、$(7,8,6,4,2,0,1,3,5)$ 和 $(1,2,3,4,5,6,7,8)$ 都是双调序列。

双调归并的基本原理是基于如下的 Batcher 定理[1]:

定理 4.3(Batcher 定理) 给定一个双调序列 $a_1, a_2, \cdots, a_{2n}$,对于所有的 $1 \leq i \leq n$,执行 a_i 和 a_{i+n} 的比较交换得到 $b_i = \min(a_i : a_{i+n})$ 和 $c_i = \max(a_i : a_{i+n})$。所形成的两个子序列 $MIN = (b_1, b_2, \cdots, b_n)$ 和 $MAX = (c_1, c_2, \cdots, c_n)$ 均是双调序列,且对于所有的 $1 \leq i, j \leq n$,满足 $b_i \leq c_j$。

证明 在此采用 Stone 证明法[3],兹分以下几种情况证明:

① 假定 $a_1, a_2, \cdots, a_n$ 是单调升序列,记之为"/";$a_{n+1}, a_{n+2}, \cdots, a_{2n}$ 是单调降序列,记之为"\"。比较交换的作用系对"/"和"\"两者进行叠合,其结果犹如"×"。这样其下半部"∧"对应于 MIN 序列,而上半部"∨"对应于 MAX 序列,很清楚这两个输出序列均是双调的,并且 MIN 中的每一元素均不会超过 MAX 中的任一元素。因此,对于 a 序列中一半升、一半降的特殊情况,定理已得证。

② 如果旋转原序列 a,根据双调序列的定义可知,旋转 a 序列的后果只是造成 MIN 和 MAX 亦做相应的旋转,但比起 a 序列,它们的旋转周期各减半,而它们仍是双调的。

③ 如果 a 的两个**单调序列**(Monotonic Sequence),不像①中假定的那样两者长度相等。但是,根据上述,很容易看出,这只是将 MIN 和 MAX 分别做了循环移位,而 MIN 中没有一个元素会比 MAX 中的任一元素大。□

Batcher 定理直接给出了如图 4.4 所示的**双调归并网络**(Bitonic Merging Network)的递归构造方法,一个 $2n$ 个输入的双调归并网络可以遵循 Batcher 定理,首先并行地进行两两比较,分别形成两个大小为 n 的 MIN 和 MAX 序列;因为 MIN 和 MAX 都是双调的,它们可继续按照 Batcher 定理形成四个大小为 $n/2$ 的 MIN 和 MAX 双调序列。此过程一直重复到最后使诸 MIN 和 MAX 序列中都只有两个元素为止。显然,一个 $(1,1)$ 双调归并网络就是图 4.1 所示的比较器,一个 $(4,4)$ 双调归并网络示于图 4.5。

令 $C_{BIT}^{M}(n)$ 是双调归并网络归并长度为 n 的双调序列所需的比较器数,则

$$C_{\text{BIT}}^{M}(n) = C_{\text{BIT}}^{M}(\lceil n/2 \rceil) + C_{\text{BIT}}^{M}(\lfloor n/2 \rfloor) + \lfloor n/2 \rfloor, \quad n \geq 2 \tag{4.4}$$

当 $n = 2^t$ 时,则

$$C_{\text{BIT}}^{M}(2^t) = 2C_{\text{BIT}}^{M}(n/2) + n/2 = (n/2)\log n \tag{4.4a}$$

同样,不难推得

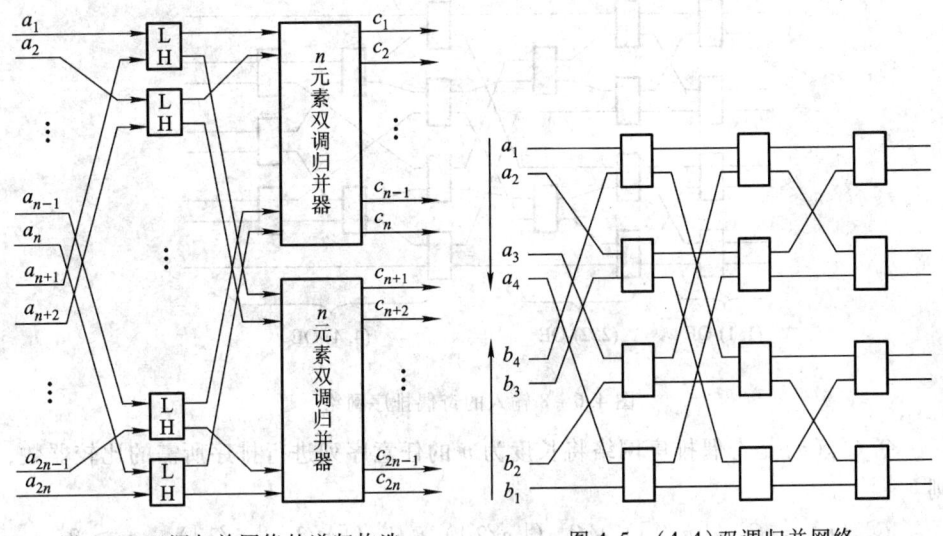

图 4.4 双调归并网络的递归构造　　图 4.5 (4,4)双调归并网络

$$C_{\text{BIT}}^{M}(2n) = n + n\log n \tag{4.4b}$$

令 $D_{\text{BIT}}^{M}(n)$ 是双调归并网络归并长度为 n 的双调序列所需的延迟级数,则

$$D_{\text{BIT}}^{M}(n) = \lceil \log n \rceil, \quad n \geq 2 \tag{4.5}$$

$$D_{\text{BIT}}^{M}(2n) = 1 + \lceil \log n \rceil \tag{4.5a}$$

4.1.4 Batcher 排序网络

输入长度为 n 的任意序列的**排序网络**(Sorting Network),可由前面所讲的奇偶归并网络或双调归并网络构造而成,其步骤可非形式描述如下:

(1) 对输入数进行两两比较,以形成长度为 2 的诸有序序列。

(2) 使用奇偶归并网络或双调归并网络,对两两长度各为 2 的有序序列施行归并,以形成一些长度为 4 的有序序列。

(3) 重复上述步骤,直到形成两个长度各为 $n/2$ 的有序序列。

(4) 使用奇偶归并网络或双调归并网络,对两个长度各为 $n/2$ 的有序序列施行归并,最终就可形成一个完整的有序序列。

1. 奇偶排序网络

一个长度为 n 的任意序列的**奇偶排序网络**（Odd-Even Sorting Network），可以逐次使用 $(1,1)$ 奇偶归并网络，$(2,2)$ 奇偶归并网络，$\cdots$，$(n/2,n/2)$ 奇偶归并网络构造之。一个 8 输入的奇偶排序网络示于图 4.6。

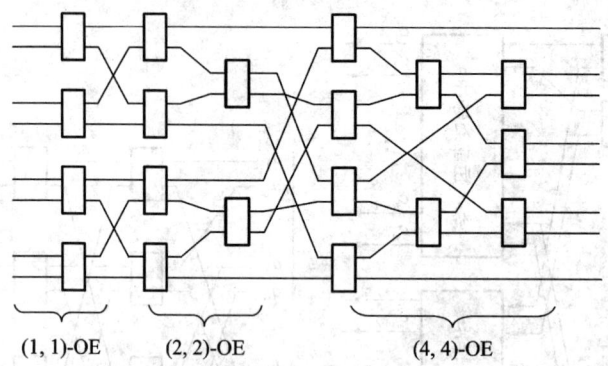

图 4.6　8 输入的奇偶排序网络

令 $C_{OE}^S(n)$ 是奇偶排序网络将长度为 n 的任意序列进行排序所需的比较器数，则

$$C_{OE}^S(n) = C_{OE}^S(\lceil n/2 \rceil) + C_{OE}^S(\lfloor n/2 \rfloor) + C_{OE}^M(\lceil n/2 \rceil, \lfloor n/2 \rfloor), \quad n \geq 2$$
(4.6)

当 $n = 2^t$ 时，且注意 $C_{OE}^S(1) = 0$ 和 $C_{OE}^M(1,1) = 1$，则上述方程可求解如下：

$$\begin{aligned}
C_{OE}^S(2^t) &= 2C_{OE}^S(2^t/2) + C_{OE}^M(2^t/2, 2^t/2) \\
&= 2^{t-1} C_{OE}^M(1,1) + 2^{t-2} C_{OE}^M(2^t/2^{t-1}, 2^t/2^{t-1}) + \cdots + \\
&\quad 2^1 C_{OE}^M(2^t/2^2, 2^t/2^2) + 2^0 C_{OE}^M(2^t/2, 2^t/2) \\
&= 2^{t-1} + \sum_{i=2}^{t} 2^{t-i} C_{OE}^M(2^{i-1}, 2^{i-1})
\end{aligned}$$
(4.6a)

根据 (4.2a)，$C_{OE}^M(2^{i-1}, 2^{i-1}) = 1 + 2^{i-1}(i-1)$，所以

$$C_{OE}^S(2^t) = 2^{t-1} + \sum_{i=2}^{t} 2^{t-i}(1 + i2^{i-1} - 2^{i-1}) = 2^{t-2}(t^2 - t + 4) - 1$$

即

$$C_{OE}^S(n) = (n/4)(\log^2 n - \log n + 4) - 1$$
(4.6b)

令 $D_{OE}^S(n)$ 是奇偶排序网络将长度为 n 的任意序列进行排序所需的延迟级数，当 $n = 2^t$ 时，参照 (4.6a)，很明显

$$D_{OE}^S(n) = D_{OE}^S(2^t) = 1 + \sum_{i=2}^{t} D_{OE}^M(2^{i-1}, 2^{i-1})$$

根据(4.3a), $D_{OE}^{M}(2^{i-1}, 2^{i-1}) = 1 + \log 2^{i-1} = i$, 所以

$$D_{OE}^{S}(2^t) = 1 + \sum_{i=2}^{t} i = (1/2)(t + t^2) = (1/2)(\log n + \log^2 n) \quad (4.7)$$

Knuth[2]曾指出, 对于任意的 n, 奇偶排序网络的延迟一般可表示为

$$D_{OE}^{S}(n) = \binom{1 + \lceil \log n \rceil}{2} = \lceil \log n \rceil (1 + \lceil \log n \rceil)/2, \quad n \geq 2 \quad (4.7a)$$

Batcher 奇偶排序网络, 在 $n \leq 8$ 时其所需的比较器数认为是最少的, 但在 $n > 8$ 时却不然[4]。

2. 双调排序网络

一个长度为 n 的任意序列的**双调排序网络**(Bitonic Sorting Network), 可以逐次使用 $(1,1)$ 双调归并网络, $(2,2)$ 双调归并网络, …, $(n/2, n/2)$ 双调归并网络构造之。一个 8 输入的双调排序网络示于图 4.7, 其中标有"×"号的比较器其 max 输出在上, 而 min 输出在下, 之所以这样做是为了形成双调序列。

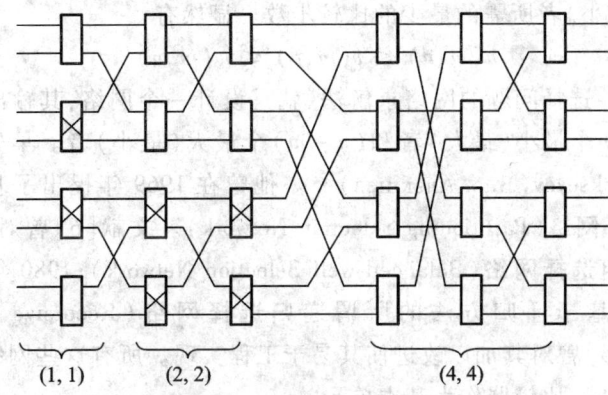

图 4.7　8 输入的双调排序网络

令 $C_{BIT}^{S}(n)$ 是双调排序网络将长度为 n 的任意序列进行排序所需的比较器数, 则

$$C_{BIT}^{S}(n) = C_{BIT}^{S}(\lceil n/2 \rceil) + C_{BIT}^{S}(\lfloor n/2 \rfloor) + C_{BIT}^{M}(n), \quad n \geq 2 \quad (4.8)$$

当 $n = 2^t$ 时, 参照(4.6a), 则有

$$C_{BIT}^{S}(2^t) = 2^{t-1} + \sum_{i=2}^{t} 2^{t-i} C_{BIT}^{M}(2^{i-1}, 2^{i-1})$$

因为, $C_{BIT}^{M}(2^{i-1}, 2^{i-1}) = i2^{i-1}$, 所以

$$C_{BIT}^{S}(2^t) = 2^{t-1} + \sum_{i=2}^{t} 2^{t-i}(i2^{i-1}) = (2^t/4)(t^2 + t)$$

即

$$C_{\text{BIT}}^{\text{S}}(n) = (n/4)(\log^2 n + \log n) \tag{4.8a}$$

令 $D_{\text{BIT}}^{\text{S}}(n)$ 是双调排序网络将长度为 n 的任意序列进行排序所需的延迟级数,参照(4.7)和(4.7a),显然有

$$D_{\text{BIT}}^{\text{S}}(n) = \lceil \log n \rceil (1 + \lceil \log n \rceil)/2, \quad n \geq 2 \tag{4.9}$$

$$D_{\text{BIT}}^{\text{S}}(2^t) = (1/2)(t^2 + t) = (1/2)(\log^2 n + \log n) \tag{4.9a}$$

4.2 (m,n)-选择网络

选择问题通常系指 **k-选择**和**(m,n)-选择**((m,n)-Selection)。两者在意义上虽不同,但却有明显的关系。令 $v(m,n)$ 表示从 n 个数中选出第 m 个最大(最小)者所需的最少的比较步数($1 \leq m \leq n$);$u(m,n)$ 表示从 n 个数中选出 m 个最大(最小)者所需的最少的比较步数;$w(m,n)$ 表示从 n 个数中选出第一个、第二个直至第 m 个最大(最小)者所需的最少的比较步数。显然有

$$u(m,n) \leq v(m,n) \leq w(m,n) \tag{4.10}$$

对于(m,n)-选择问题的网络求解法,就是设计一个网络,其输出端能将 n 个输入数区分出 m 个最小(最大)者和 $(n-m)$ 个最大(最小)者。早先研究选择网络的是 V. E. Alekseyev(В. э. Алзкщев)[5]。他曾在1969年提出了基于分组思想的所谓**分组选择网络**(Partitioning Selection Network)。文献[6]曾对其加以改进,提出了**平衡分组选择网络**(Balanced-well Selection Network);1980年 A. C. C. Yao 提出了另一类基于递归方法的所谓**递归选择网络**(Recursive Selection Network)[7];文献[8]曾对其加以改进使其易于工程实现。所有这些网络都是使用图4.1所示的 Batcher 比较器作为基本单元。

4.2.1 分组选择网络

不失一般性,以下仅讨论选取最小者的选择网络。

使用分组原理构造一个(m,n)-选择网络的步骤如下(参照图4.8):

① 将 n 个输入数分成若干个尺寸相等的(可能最后一组除外)小组(即子序列)。

② 分别将上述各子序列施行排序(例如可用4.1.4节的 Batcher 排序网络)。

③ 分别将上述已排序的子序列两两对接起来(称为**排序对接法**)形成一些双调序列;对这些双调序列,使用 Batcher 定理两两进行比较交换,分别形成 MAX 和 MIN 序列;弃去 MAX 序列;使用排序(或归并)网络将 MIN 序列整序成有序序列;

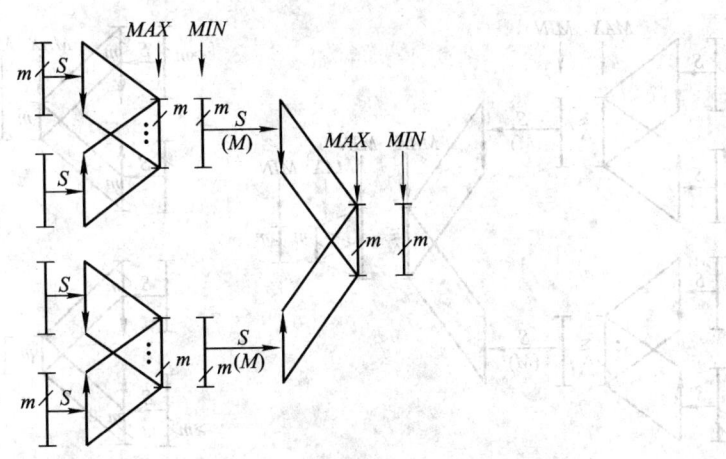

图 4.8 分组选择过程（$g \leq n/m$，S 表示排序，M 表示归并）

继续使用排序对接法和 Batcher 定理重复之，直至 MIN 序列中恰好包含了所需选择的 m 个最小者为止。

显然，在分组选择网络中，分组的方法是个关键问题。下述定理阐述了这一点：

定理 4.4[6]　对于一个 (m,n)-选择问题，如果采用 $g \leq n/m$ 分组法和排序对接法，则最终一定能实现正确的选择。

证明　兹分以下几种情况讨论：

① 参照图 4.8，如果 $g = n/m$，并用排序对接法和 Batcher 定理形成后继的双调序列，则这样的两两比较交换共有 $(g-1)$ 次，每次比较交换后删去 m 个数（即相应的 MAX 序列），所以最终只剩下 $n - (g-1)m = m$ 个数，它就是所希望选择的 m 个最小者。

② 参照图 4.9(a)，如果 $g < n/m$，可采用类似①的办法而最终所得的双调 MIN 序列将包含多于 m 个最小的数。但可以重复使用 Batcher，一直到所得的 MIN 序列中正好包含了所希望的 m 个最小的数。

③ 参照图 4.9(b)，当 $g < n/m$ 时，使用排序对接后，只取每组中前面 m 个最小的数进行两两比较交换，而形成诸 MIN 序列，此后的过程同①。□

使用上述分组方法（即 Alekseyev 方法）所构造的一个 $(4,16)$-选择网络示于图 4.10。

参照图 4.10，我们不难推出上述分组选择网络所需的比较器数 $C_A^P(m,n)$：

$$C_A^P(m,n) \leq (g-1)(2C_{OE}^S(m) + m)$$

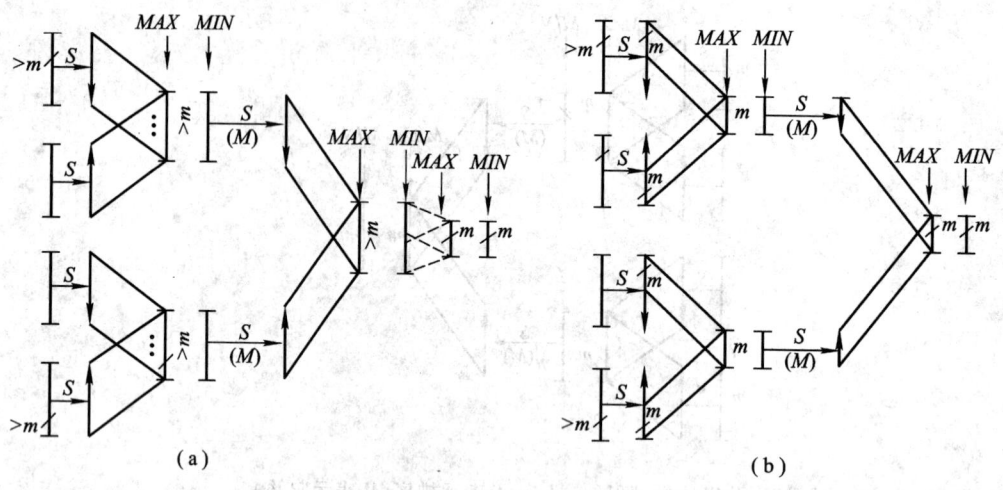

图 4.9 $g < n/m$ 的分组选择过程

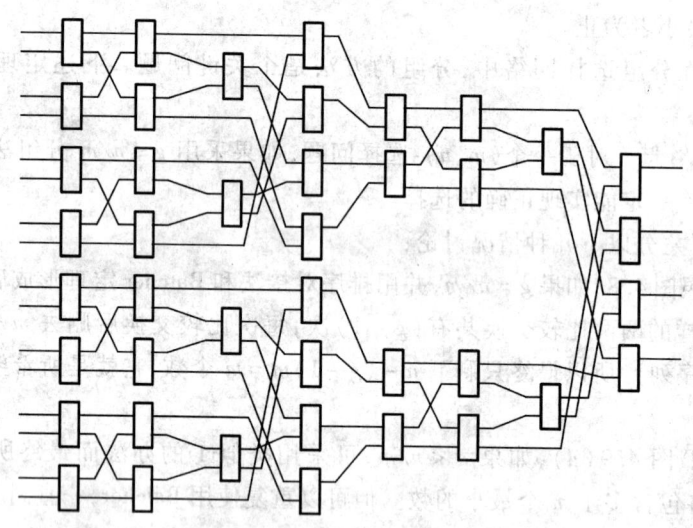

图 4.10 (4,16)-分组选择网络

$$= (n - m)(1 + 2C_{OE}^{S}(m)/m) \tag{4.11}$$

将(4.6b)代入(4.11),有

$$C_{A}^{P}(m,n) \leqslant (n - m)[(1/2)\log^2 m - (1/2)\log m + 3 - 2/m] \tag{4.11a}$$

令 $D_{A}^{P}(m,n)$ 表示分组选择网络所需的延迟级数,则不难推出

$$D_A^P(m,n) = \log \frac{n}{m}(1 + D_{OE}^S(m)) = \log \frac{n}{m}\left(1 + \frac{1}{2}\log^2 m + \frac{1}{2}\log m\right)$$
(4.12)

Alekseyev 曾对选择网络导出了一个有趣的下界。令 $u'(m,n)$ 表示将 n 个输入中的 m 个最大者送到指定的输出端时网络所需的最少的比较器数,则有

定理 4.5 $u'(m,n) \geq (n-m)\lceil \log(m+1) \rceil$。

证明 根据选择问题的对称性,此定理可等效地证明选择 m 个最小者所需的比较器的下界。可以把数 (l,u) 附加到一个比较器网络的每条线段上。如图 4.11 所示,其中 l 和 u 分别表示当输入是 $(1,2,\cdots,n)$ 的一种排列时在该位置可出现的最小值和最大值。令 l_i 和 l_j 是比较 $a_i:a_j$ 之前,在线段 i 和 j 上的下界,并令 l_i' 和 l_j' 是进行比较之后对应的下界,于是有

$$\left.\begin{array}{l} l_i' = \min(l_i, l_j) \\ l_j' \leq l_i + l_j \end{array}\right\}$$
(4.13)

上式并非显而易见,读者可参阅文献[2]的第 239 页上练习 24 的证明。

现在重新以另一种方式解释网络的操作(见图 4.12):假定所有的输入线都含有 0,而且每个比较器把它的输入中较小者置于上边的线段,并把较大者"+1"置于下边的线段,得到的数 $(b_1, b_2, \cdots, b_n)$ 在整个网络中均有性质:

$$2^{b_j} \geq l_i$$
(4.14)

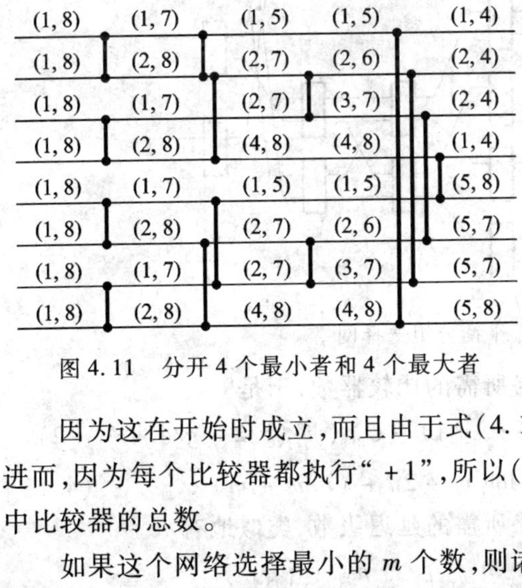

图 4.11 分开 4 个最小者和 4 个最大者

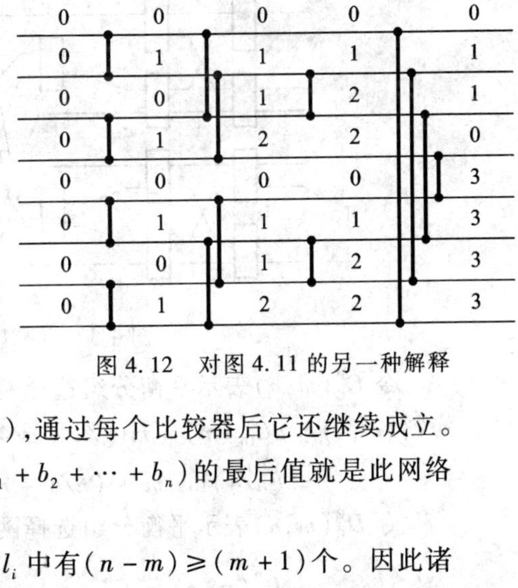

图 4.12 对图 4.11 的另一种解释

因为这在开始时成立,而且由于式(4.13),通过每个比较器后它还继续成立。进而,因为每个比较器都执行"+1",所以 $(b_1 + b_2 + \cdots + b_n)$ 的最后值就是此网络中比较器的总数。

如果这个网络选择最小的 m 个数,则诸 l_i 中有 $(n-m)$ 个 $\geq (m+1)$ 个。因此诸 b_j 中有 $(n-m)$ 个必然 $\geq \lceil \log(m+1) \rceil$。 □

4.2.2 平衡分组选择网络

如果仔细分析一下上节的分组选择网络,就会发现该网络尚可进一步改进。因为一个双调序列可以使用双调归并网络(4.1.3节)进行排序,没有必要使用奇偶排序网络(4.1.4节)进行排序。事实上,一旦开始时使用奇偶排序法而得到一系列的双调序列之后,就能重复使用"比较交换—双调归并—比较交换"这样的重复步骤一直到最终完成选择为止。正如文献[6]所分析的那样,按照这种方法所构造的选择网络,不管在所使用的比较器数方面,还是延迟级数方面,均比上节的分组选择网络更经济和快速。因为这种网络也是基于分组原理构成的,而且它在既确保使用较少的比较器的同时,又能有较短的延迟,因而具有良好的平衡性,故取名为**平衡分组选择网络**。一个(4,16)-选择问题的平衡分组选择网络示于图4.13。

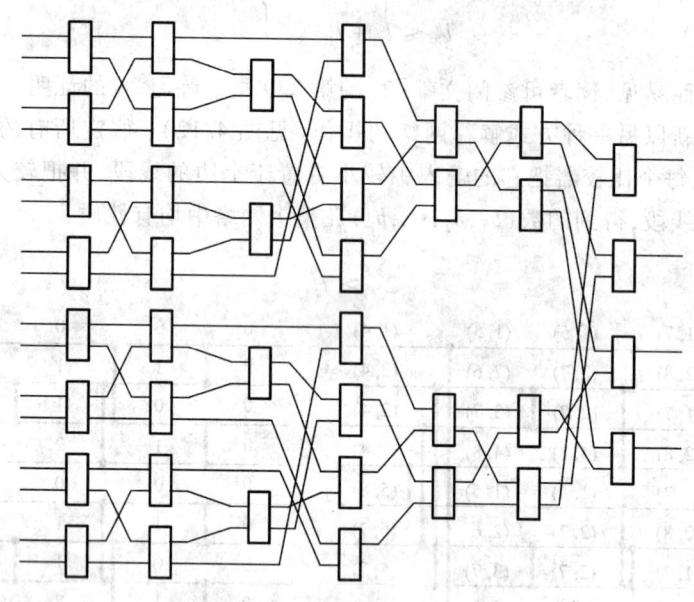

图 4.13 (4,16)-平衡分组选择网络

令 $C_C^P(m,n)$ 表示平衡分组选择网络所需的比较器数,于是

$$C_C^P(m,n) = gC_{OE}^S(m) + m(g/2 + g/4 + \cdots + 1) + C_{BIT}^M(m)(g/2 + g/4 + \cdots + 2)$$
$$= (n/4)\log^2 m + (n/4 - m)\log m + 2n - (n/m + m) \quad (4.15)$$

令 $D_C^P(m,n)$ 表示平衡分组选择网络所需的延迟级数,类似地有

$$D_C^P(m,n) = D_{OE}^S(m) + \log\frac{n}{m} + \left(\log\frac{n}{m} - 1\right)D_{BIT}^M(m)$$

$$= \log \frac{n}{m}(1 + \log m) + \frac{1}{2}\log m(\log m - 1) \qquad (4.16)$$

可见,平衡分组选择网络较之分组选择网络平均加速了 $O(\log m)$ 倍。

*4.3 AKS 排序网络

1983 年,Ajtai、Komlós 和 Szemerédi 等三人以扩展图作为基础,构造了一种大小为 $O(n\log n)$、深度为 $O(\log n)$、基于划分策略的排序网络[9,10],并取他们三个人名字的首字母将其命名为 AKS 排序网络。AKS 排序网络的规模(比较器的个数)和深度(延迟级数)在理论上都达到了最好的下界,因而被认为是目前最优的排序网络,并行排序网络理论的里程碑。

但是 AKS 排序网络十分复杂,目前尚无实用的扩展图结构,算法复杂度中过大的常数使它无法在工程技术中实现,致使 Batcher 排序网络在实用中反而更快。所以,迄今为止,关于 AKS 排序网络的研究只停留在理论上,实用价值很低,仅可视作一种纯理论的结果。但是它的思想新颖,方法独特,复杂度好,所以值得我们认真分析、研究。

由于 AKS 排序网络的原始版本很难理解,所以本书的前两版主要介绍由 Patterson 在 1987 年提出的简化的和改进的 AKS 排序网络[11]。尽管如此,原来的内容仍具有相当的难度,所以为了便于教学,本次修订时又参考了文献[15],对这部分内容作了进一步的简化,以便于读者能够概要地理解整个排序过程。

4.3.1 扩展器

AKS 排序网络的基本构成单元是**扩展器**(Expander),它能够在常数时间内将输入的序列划分成两部分。在给出扩展器的定义前,我们先介绍相关的图论知识。

定义 4.6 如果图 $G = (V,E)$ 的顶点集合 V 能划分成两个非空子集 V_1 和 V_2,使得同一子集中的任何两个顶点都不相邻,则称该图为**二分图**(Bipartite Graph)。如果图 G 的每个顶点都恰好与 k 个顶点相邻,则称图 G 是 k **正则图**(k-Regular Graph)。

令 $\Gamma(U)$ 表示 G 中与顶点子集 U 相邻的所有顶点的集合。

定义 4.7 如果含有 n 个顶点的二分图 $G = (V,E)$ 满足下面三个条件:
(1) $|V_1| = |V_2| = n/2$;
(2) G 的每个顶点都恰有 k 个邻点;

(3) V_1 或 V_2 的每个非空子集 U 都满足 $\dfrac{|\Gamma(U)|}{\min\{\varepsilon n/2,|U|\}} \geq \dfrac{1-\varepsilon}{\varepsilon}$,其中 $0 < \varepsilon < 1/2$,则称 G 是 (k,ε)-**扩展器**((k,ε)-Expander)。

例 4.1 令 $|V_1|=|V_2|=4, d=3, \varepsilon = 1/4$。图 4.14 表示的就是一个 $(3,1/4)$-扩展器。这里,$\dfrac{1-\varepsilon}{\varepsilon}=3$,并且对于点集 V_1 或 V_2 的任意一个非空子集 U 都有 $\min\{\varepsilon n/2,|U|\}=1$。易证,对所有这样的子集 U,恒有 $|\Gamma(U)| \geq 3$。 □

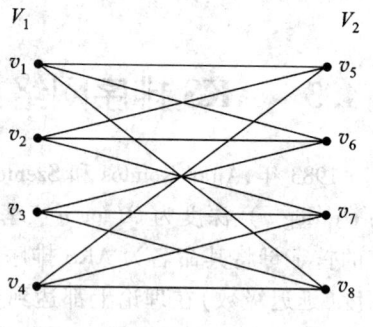

图 4.14 $(3,1/4)$-扩展器

业已证明,给定 $\varepsilon(0<\varepsilon<1/2)$,存在某个很大的常数 k,使得对于充分大的 n,总能找到一个 (k,ε)-扩展器[12-14]。因为 $0<\varepsilon<1/2$[即 $(1-\varepsilon)/\varepsilon>1$],所以 V_1 或 V_2 的每个充分小的子集 U 都被扩展了 $(1-\varepsilon)/\varepsilon$ 倍(如图 4.15 所示),这里"充分小"指的是 $|U| \leq \varepsilon n/2$。

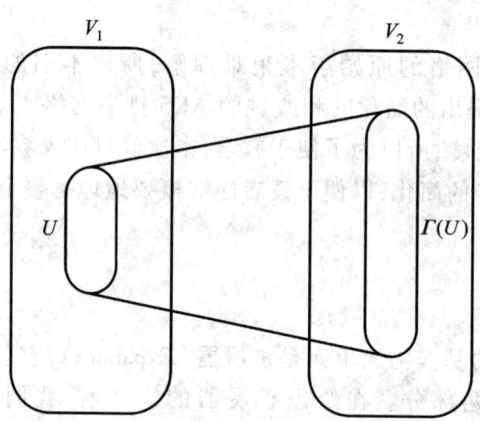

图 4.15 V_1 中的较小子集 U 被"扩展"成 V_2 中的较大子集 $\Gamma(U)$

定义 4.8 图 G 的一个 k **边染色**(Edge k-Colouring)是指 k 种颜色对 $E(G)$ 中元素的一种分配,使得相邻两条边所染的颜色不相同。

定义 4.9 设 $M \subseteq E(G)$,如果 G 的每个顶点都是 M 中某条边的端点,而且 M 中的任意两条边在 G 中均不相邻,则称 M 是 G 的一个**完备匹配**(Perfect Matching)。

易见,最大度为 k 的二分图必有一个 k 边染色,所以每个 (k,ε)-扩展器都存在一个 k 边染色。而且,(k,ε)-扩展器是 k 正则图,所以染同种颜色的边恰好构成 G

的一个完备匹配。因此,我们可以将给定的(k,ε)-扩展器 G 的边集划分成 k 个不相交的完备匹配 $M_1, M_2, \cdots, M_k$。例如,图 4.14 所示的 $(3, 1/4)$-扩展器可以划分成如图 4.16 所示的三个不相交的完备匹配。

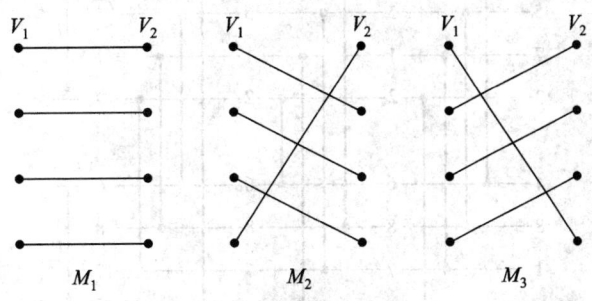

图 4.16 $(3, 1/4)$-扩展器划分成三个不相交完备匹配

4.3.2 对分器

设 $X = \{x_1, x_2, \cdots, x_n\}$ 是一个待排序的序列,把每个元素 x_i 看作是 (k, ε)-扩展器 G 的一个顶点,使得 $V_1 = \{x_1, x_2, \cdots, x_{n/2}\}$,$V_2 = \{x_{n/2+1}, x_{n/2+2}, \cdots, x_n\}$。利用 G 的一组不相交的完备匹配 $M_1, M_2, \cdots, M_k$,就可以为 X 构造一个**划分网络**(Splitting Circuit),即下面定义的 ε-对分器。

定义 4.10 设 $M_1, M_2, \cdots, M_k$ 是 (k, ε)-扩展器的一组不相交的完备匹配。ε-**对分器**(ε-Halver)是这样一个网络:在第 i 个阶段,并行地将完备匹配 M_i 每条边连接的两个顶点进行比较交换操作,其中 $i = 1, 2, \cdots, k$。k 个阶段后该网络把输入的长为 n 的序列划分为两个长为 $n/2$ 的序列 V_1 和 V_2。

例 4.2 令 $X = \{6, 5, 7, 3, 4, 8, 1, 2\}$,图 4.17 就是利用图 4.16 所示的三个不相交的完备匹配构造的 1/4-对分器,它将 X 划分成了两个序列 V_1 和 V_2,但是它不能确保 V_1 中的元素都小于等于 V_2 中的元素,例如,V_1 中的元素 5 就大于 V_2 中的元素 4。□

定义 4.11 如果 V_1 中的元素都小于等于 V_2 中的元素,我们称此划分是正确的。若 $x \in V_1$ 大于 V_2 中的某个元素或者 $y \in V_2$ 小于 V_1 中的某个元素,我们称 x 和 y 这样的元素为**错位元素**(Strangers)。

例 4.2 中的元素 5 和 4 就是两个错位元素。

引理 4.1 令 G 是一个 (k, ε)-扩展器,用基于 G 构造的 ε-对分器对 n 个元素实行划分后,每个序列中的错位元素至多有 $\varepsilon n/2$ 个,因此总的错位元素至多有 εn 个。

证明 不失一般性,设 $X = \{1, 2, \cdots, n\}$ 是待施行划分的序列,将其输入到 $(k,$

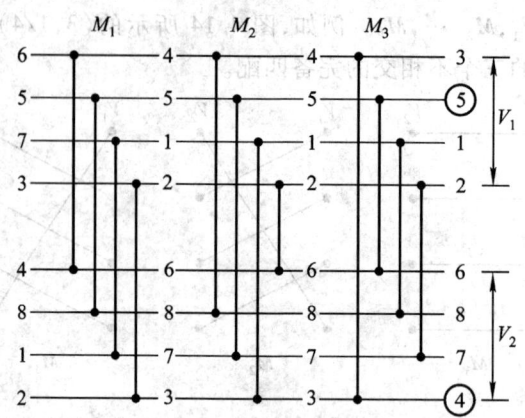

图 4.17 ε-对分器

ε)-扩展器 G 的顶点上,使 $V_1 = \{1, 2, \cdots, n/2\}$, $V_2 = \{n/2+1, n/2+2, \cdots, n\}$。$\varepsilon$-对分器将 X 划分结束后,我们用 X_1 和 X_2 分别表示 V_1 和 V_2 中错位元素的集合(例如图 4.17 中,$X_1 = \{5\}$, $X_2 = \{4\}$)。显然 $|X_1| = |X_2|$。所以只需证明 $|X_1| \leq \varepsilon n/2$。

反证,假设 $|X_1| > \varepsilon n/2$。易见 X_1 中的每个元素 x 都满足:

$$\frac{n}{2} + 1 \leq x \leq n$$

设 $\Gamma(X_1)$ 是划分后与 X_1 相邻的元素集合,则 $\Gamma(X_1) \subseteq V_2$。令 y 是 $\Gamma(X_1)$ 的任意一个元素。假设 G 中放置元素 x 的顶点是 $v_1 (\in V_1)$,放置元素 y 的顶点是 v_2 ($\in V_2$)。由 ε-对分器的定义可知,v_1 中的元素会在某个阶段与 v_2 中的元素进行比较交换,较大者放入 v_2 中。因此,v_2 中的元素只增不减,而 v_1 中的元素只减不增。所以 $\frac{n}{2} + 1 \leq x < y \leq n$,从而有

$$X_1 \cup \Gamma(X_1) \subseteq \left\{\frac{n}{2} + 1, \frac{n}{2} + 2, \cdots, n\right\}$$

因此有

$$|X_1| + |\Gamma(X_1)| \leq \frac{n}{2} \tag{4.17}$$

再由 (k, ε)-扩展器的定义知

$$\frac{|\Gamma(X_1)|}{\min\{\varepsilon n/2, |X_1|\}} \geq \frac{1-\varepsilon}{\varepsilon}$$

注意,这里我们假设 $|X_1| > \varepsilon n/2$,所以

$$|\Gamma(X_1)| \geq \frac{1-\varepsilon}{\varepsilon} \times \frac{\varepsilon n}{2} = \frac{1-\varepsilon}{2}n \qquad (4.18)$$

由式(4.17)和式(4.18)可得

$$|X_1| \leq \frac{n}{2} - |\Gamma(X_1)| \leq \frac{n}{2} - \frac{1-\varepsilon}{2}n = \frac{\varepsilon n}{2}$$

与我们的假设矛盾,所以 $|X_1| \leq \varepsilon n/2$。引理得证。□

4.3.3 分离器

现在我们用上面介绍的 ε-对分器来构造更为复杂的网络——$(\lambda, \sigma, \varepsilon)$-分离器。

定义 4.12 $(\lambda, \sigma, \varepsilon)$-分离器($(\lambda, \sigma, \varepsilon)$-Separator)是由 ε-对分器构成的网络,其中 $\lambda = 2^{1-q}, \sigma = q\varepsilon, q$ 是构成分离器网络时 ε-对分器的层(Level)数。

输入 n 个元素,$(\lambda, \sigma, \varepsilon)$-分离器按如下规则将其划分为四个序列:$A_1, A_2, A_3$ 和 A_4。先将 n 个元素输入到一个 ε-对分器中,输出大小为 $n/2$ 的上下两个序列。再把这两个序列分别输入到两个 ε-对分器中,各产生两个大小为 $n/4$ 的子序列。按上述步骤继续,共执行 q 步。最后由上而下形成了 $2q$ 个子序列。把两端的子序列分别记作 A_1 和 A_4,剩余的元素按上、下分别合并成 A_2 和 A_3。

相对于输入而言,A_1, A_2, A_3 和 A_4 为近似有序排列。同样地,将不在其自然序列位置上的元素仍称为错位元素。

一个 $(\lambda, \sigma, \varepsilon)$-分离器具有下述性质:

(1) $|A_1| = |A_4| = \lambda n/2$,$|A_2| = |A_3| = (1-\lambda)n/2$。

(2) A_1 或 A_4 中的错位元素至多 $\sigma \lambda n/2$ 个(习题 4.8)。

例 4.3 取 $\varepsilon = 1/72, q = 4$,则有 $\lambda = 2^{1-q} = 1/8, \sigma = q\varepsilon = 1/18$,图 4.18 即是一个 $q = 4$ 的 $(\lambda, \sigma, \varepsilon)$-分离器。□

综上所述,$(\lambda, \sigma, \varepsilon)$-分离器是由 q 层 ε-对分器构成,其中 q 是一个常数。每个 ε-对分器都基于同一个 (k, ε)-扩展器,其中 k 是扩展器的顶点度数,同时也是 ε-对分器的并行执行比较交换操作的阶段数。因为 k 是一个常数(但很大),所以 ε-对分器的深度为常数,因此 $(\lambda, \sigma, \varepsilon)$-分离器的深度也是常数。

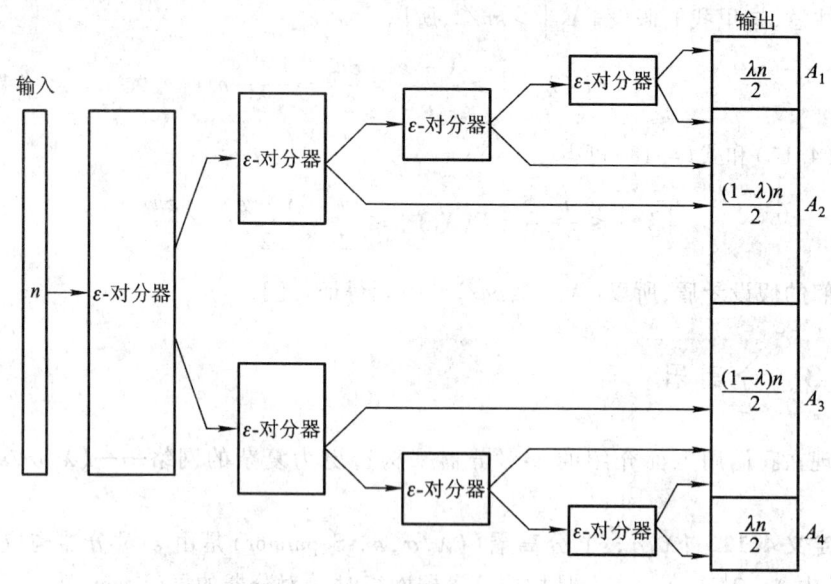

图 4.18 $(\lambda, \sigma, \varepsilon)$-分离器

4.3.4 AKS 排序网络的构造及分析

1. AKS 排序网络的构造原理

现在我们构造一棵二叉树,树的每个顶点都放置一个分离器。待排序的序列从根输入,自根向叶传播元素,直到在叶的位置自上而下形成有序序列。

我们称接收到的所输入的树的顶点是活动的,每个顶点每隔一步就变成活动的。活动的顶点(除了树根和树叶)并行执行下述操作(见图 4.19):

(1) 将输入的元素划分为四个序列:A_1, A_2, A_3 和 A_4。

(2) 将 A_2 和 A_3 分别传给左儿子和右儿子。

(3) 将 A_1 和 A_4 传给父亲。

上述的操作(3)看起来似乎违反了网络中不允许反馈的性质,这样叙述只是为了描述方便,以便于在概念上理解网络执行的操作。实际上,AKS 网络分成若干级(Layer),每一级都是这棵二叉树的副本。下文中提到的顶点、根和叶均指构成网络的二叉树的顶点、根和叶。

每当活动的顶点要将 A_1 和 A_4 传给父亲时,它实际上是将 A_1 和 A_4 传给一个以前从未使用过的顶点,即其父亲在下一级二叉树的副本。

活动的根也同样执行上述的三个操作,只是在执行操作(3)时,将 A_1 和 A_4 传给下一级二叉树的根。当一个元素传到叶时,就认为是到达终点了。叶只执行一

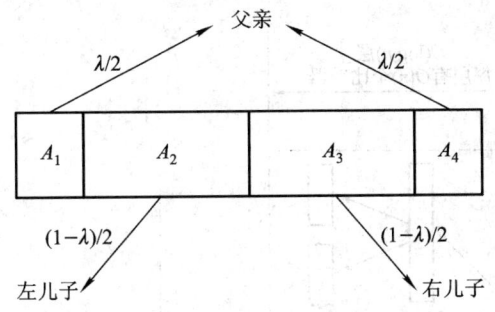

图 4.19　活动的非根、叶的顶点执行的操作

个操作:输出到达该叶的元素(见图 4.20)。注意,待排序的序列从第一级二叉树的根输入,有序序列从最后一级二叉树的叶输出。

如图 4.20 所示,每棵树有 $2n-1$ 个顶点,AKS 排序网络中有 $O(\log n)$ 棵这样的二叉树,从而树的每个顶点都有 $O(\log n)$ 个副本,每级一个。下文中凡提及一个顶点或根时,指的是当时正在使用的该顶点或根的副本。然而一个顶点的所有副本并不是一样大的,第 $i+1$ 级副本中放置的分离器宽度比第 i 级副本小,这是因为输入到该顶点的元素数随着级数的增加而逐渐减少。

我们用 $r(i)$ 来表示第 i 级根的容量(即输入到根的元素个数的上界)。既然待排序序列长为 n,则有初始值 $r(0)=n$。在叶之上的每个活动顶点都有如下性质:

(1) 第 i 级时位于第 L 层的顶点容量为 $n(i)=r(i)a^L$,其中常数 $a>1, L\geqslant 1$。

(2) 第 $i+1$ 级时根的容量 $r(i+1)=br(i)$,其中常数 $b<1$。

如图 4.21 所示,在第 $i+1$ 级,位于第 L 层的顶点接收到的元素数是

$$n(i+1) = \frac{1-\lambda}{2}r(i)a^{L-1} + 2\lambda r(i)a^{L+1} = br(i)a^L = r(i+1)a^L$$

其中 $b = \frac{1-\lambda}{2a} + 2\lambda a$,如取 $\lambda=1/8, a=3$,即得 $b=43/48$。

注意,$(\lambda,\sigma,\varepsilon)$-分离器在划分输入序列时可能产生错位元素。树的根对应着输入元素的完整集合,如果其左、右儿子分别对应于有序集合的左半部分和右半部分,则称树的每个顶点对应着元素的一个自然段。一个给定元素 x,如果它不在相应顶点的自然段内,就称其为树中该顶点的错位元素。可以证明,当根中的元素个数小于等于某个特定值 α 时,就没有元素会放在树的错误一半中。显然,α 的值依赖于 $(\lambda,\sigma,\varepsilon)$-分离器的三个参数 $\lambda,\sigma,\varepsilon$(习题 4.9)。

假设在 s 步后输入给根的元素数为 α,注意 $r(0)=n$,则有

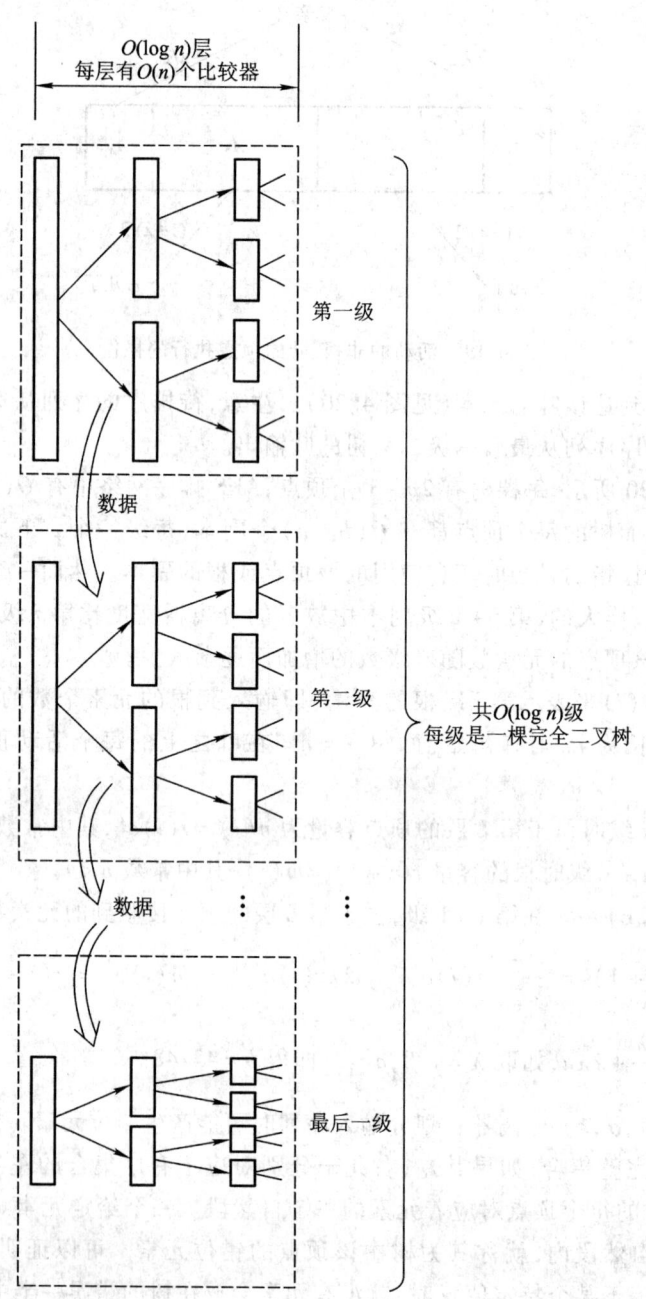

图 4.20　AKS 排序网络:树的每个顶点都是一个 $(\lambda, \sigma, \varepsilon)$-分离器

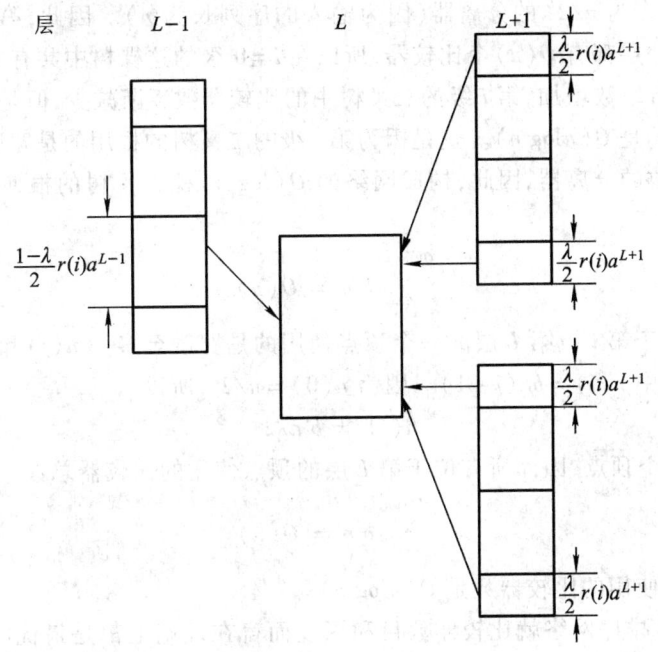

图 4.21 输入给 L 层每个顶点的元素数

$$r(s) = b^s n = \alpha$$

所以 $s = O(\log n)$。这时,没有元素会放在树的错误的一半中。在这一步,根能将其接收到的元素划分成上下两半,上面一半中的元素都小于等于下面一半中的元素。这可以使用 Batcher 排序网络(例如奇偶排序网络)对其排序来实现。因为 α 是常数,所以只需要常数时间即可完成排序,而且需要的比较器数也是常数。然后将 $\alpha/2$ 个较小的元素和 $\alpha/2$ 个较大的元素分别传给两个儿子,以这两个儿子分别作为两棵子树的根,形成两个相互独立的子树。

这时新的子树的根接收到的元素数最多是 $a\alpha$,常数步以后即能使该数量减少到小于等于 α。如上,以此为根的子树在常数时间内又可以分成两个分离的子树,依此类推。因此,每隔常数步在 AKS 排序网络中分离出新的子树,经过 $O(\log n)$ 步,操作结束,并在最后一级的二叉树的树叶由上至下输出有序序列。

2. AKS 排序网络复杂度分析

每棵树都有 $1 + \log n$ 层(根在第 0 层而叶在第 $\log n$ 层)。每层的顶点都是一个深度为常数的分离器。整个 AKS 排序网络有 $O(\log n)$ 级(即二叉树的副本数)。从第一级到最后一级需要 $O(\log n)$ 步,最后一级从第 0 层到最后一层又需要 $O(\log n)$ 步。因此 AKS 排序网络的深度是 $O(\log n)$。

一棵二叉树的第 L 层有 2^L 个顶点。在第 $i = 0$ 级,每个顶点都是一个深度为常数、宽度至多为 $n/2^L$ 的分离器(因为输入的序列长为 n)。因此,第 0 级的这棵二叉树的每一层都有 $O(n)$ 个比较器,所以在 $i=0$ 级的这棵树中共有 $O(n\log n)$ 个比较器。随着级数增加,第 i 级的二叉树中的比较器数逐渐减少,但是整个网络中的比较器数仍是 $O(n\log n)$。这是因为第 i 级的二叉树的根用的是宽度至多为 $b^i n$ 和深度为常数的分离器,因此,构成网络的 $O(\log n)$ 棵二叉树的根使用的比较器总数为

$$\sum_{i=0}^{O(\log n)} b^i n = O(n)$$

同理,位于第 i 级第 L 层的一个顶点使用的是宽度至多为 $n(i)$ 和深度为常数的分离器,其中 $n(i) = bn(i-1)$。因为 $n(0) = n/2^L$,所以

$$n(i) = b^i n/2^L$$

第 L 层有 2^L 个顶点,因而所有位于第 L 层的顶点使用的比较器总数

$$\sum_{i=0}^{O(\log n)} b^i n = O(n)$$

故,整个网络使用的比较器数是 $O(n\log n)$。

注:AKS 排序网络就比较器数目和深度而言在理论上都是最优的,但是其深度中 $\log n$ 的系数非常大,目前得到的最优结果是 6 000 左右,也就是说该网络的深度是 $6\,000 \times \log n$,太大而不能实用。AKS 排序网络的构造也非常复杂。所以寻找一个简单、易构造的排序网络使其深度为 $\delta_1 \log n$、规模为 $\delta_2 n\log n$ 仍是一个很有挑战性的未解决问题,这里要求 δ_1 和 δ_2 是两个小的常数。

习　题

4.1　令 $f = (\lceil k/2 \rceil + \lceil l/2 \rceil) - (\lfloor k/2 \rfloor + \lfloor l/2 \rfloor)$,试继续完成当 $f = 0, 1, 2$ 时定理 4.2 的证明,即序列 $(c_1, c_2, \cdots, c_{m+n})$ 总是有序的。

4.2　当 $m = n = 2^t$ 时,试求解递归方程(4.1)和(4.4),即
$$C_{OE}^{M}(m,n) = C_{OE}^{M}(\lceil m/2 \rceil, \lceil n/2 \rceil) + C_{OE}^{M}(\lfloor m/2 \rfloor, \lfloor n/2 \rfloor)$$
$$+ \lfloor (m+n-1)/2 \rfloor, mn \geq 1$$
$$C_{BIT}^{M}(n) = C_{BIT}^{M}(\lceil n/2 \rceil) + C_{BIT}^{M}(\lfloor n/2 \rfloor) + \lfloor n/2 \rfloor, n \geq 2$$

4.3　(a) 试构造出一个 (8,8) 奇偶归并网络;
　　(b) 试构造出一个 16 输入的双调排序网络。

4.4　判定下列序列是双调序列吗?为什么?如果是双调序列,它们所形成的 MIN 序列和 MAX 序列是什么?
　　(a) $A = (-5, -9, -10, -5, 2, 7, 35, 37)$;
　　(b) $B = (21, 18, 14, 10, -6, -4, 0, 1, 2, 19, 31, 30, 29, 22, 21, 21)$。

4.5 (a) 试写出双调归并算法的形式描述；
    (b) 试写出 Alekseyev 分组选择算法的形式描述；
    (c) 试写出平衡分组选择算法的形式描述。

4.6 试证明：
    (a) $C_C^P(m,n) \leq C_A^P(m,n)$；
    (b) $D_C^P(m,n) \leq D_A^P(m,n)$。

4.7 A. C. C. Yao 所提出的求解 (m,n)-选择问题的递归选择网络的原理框图如图 4.22 所示。
    (a) 试解释此选择网络的工作原理；
    (b) 如令 $C_y^r(m,n)$ 表示该递归选择网络所需的比较器数。试写出 $C_y^r(m,n)$ 的递归方程。

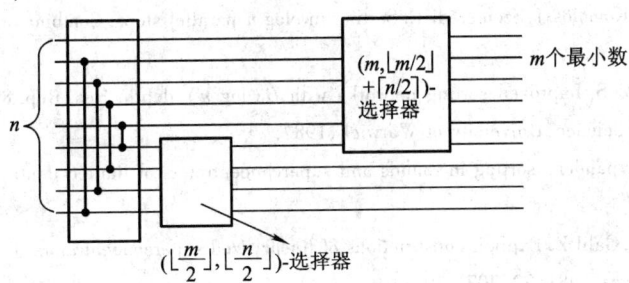

图 4.22 (m,n)-递归选择网络

4.8 试证明：$(\lambda,\sigma,\varepsilon)$-分离器将长为 n 的序列划分为四个序列：A_1,A_2,A_3 和 A_4，其中 A_1 或 A_4 中的错位元素至多 $\sigma\lambda n/2$ 个。

4.9 (a) 试证明：AKS 排序网络排序时，如果根处理的元素个数降至某个常数 α，则在根的两个子树中都没有错位元素。
    (b) 试用该网络的参数 λ,σ 和 ε 表示这个常数 α。（提示：可参考本书修订版相关章节）

4.10 AKS 排序网络的深度中系数很大的原因在于使用的 ε-对分器。ε-对分器是基于 (k,ε)-扩展器构造的，其中 k 是个非常大的常数。试设计一个新的方式构造 ε-对分器以弥补这一缺点。

4.11 试设计一个排序网络，使其比 Batcher 排序网络更快却比 AKS 排序网络实用。（提示：使用 Batcher 排序网络和 AKS 排序网络设计一个网络，使得对 n 个元素排序时，在 $k_1 \log^{3/2} n$ 时间内使用 $k_2 n \log^{3/2} n$ 个比较器，其中 k_1 和 k_2 是两个小常数）

参 考 文 献

[1] Batcher K E. Sorting networks and their applications. 1968 SJCC, AFIPS Proc. Atlantic city, NJ, 1968, 307-314.

[2] Knuth D E. The art of computer programming Vol. 3: Sorting and Searching. [S. l.]: Addison-Wesley, 1973.

[3] Stone H S. Parallel processing with the perfect shuffle. IEEE Trans. on Computers,1971,C-20(2):153-1961.

[4] 陈国良.并行算法——排序和选择.合肥:中国科学技术大学出版社,1990.

[5] Alekseyev V E. Sorting algorithms with minimum memory. Kibernetika,1969,5(5):99-103.

[6] 陈国良.平衡分组选择网络.计算机研究与发展,1984,21(11):9-21.

[7] Yao A C C. Bounds on selection networks. SIAM J. Comput.,1980,9(3):566-582.

[8] 陈国良.平衡递归选择网络.计算机研究与发展,1984,21(4):7-17.

[9] Ajtai M, Komolös J, Szemekédi E. An $O(n\log n)$ sorting network. Proc. 15th Annu. ACM Symp. on Theory of computing, Boston, Mass. April 1983,1-9.

[10] Ajtai M, Komolös J, Szemerédi E. Sorting in $c\log n$ parallel steps. Combinatorica,1983,3(1):1-19.

[11] Paterson M S. Improved sorting networks with $O(\log n)$ depth. Res. Rep. 89, Department of Computer Science, University of Warwick,1987.

[12] Alon N. Expanders, sorting in rounds and superconcentrators of limited depth. STOC,1985,98-102.

[13] Gabber O, Galil Z. Explicit constructions of linear sized superconcentrators. J. of Computer System Sciences,1981,22:407-420.

[14] Lubotzky A, Phillips L, Sarnak P. Ramanujan conjecture and explicit construction of expanders and superconcentrators. STOC,1986.

[15] Akl S G. Parallel computation: models and methods. New Jersey: Prentice Hall, 1997.

第五章 排序和选择算法

内容提要 本章主要讨论SIMD互连网络和共享存储模型以及MIMD共享存储模型上的排序、归并和选择算法:包括SIMD-SE模型上Stone双调排序算法;SIMD-MC^{2}模型上Thompson和Kung双调排序算法;SIMD-CCC模型上Preparata和Vuilemin双调排序算法;SIMD-EREW模型上Akl k-选择算法;SIMD-CREW模型上Valiant归并算法;SIMD-EREW模型上Hirschberg桶排序算法;SIMD-CREW模型上Preparata枚举排序算法;SIMD-CREW模型上Cole归并排序算法;MIMD-CREW模型上异步枚举排序算法和MIMD-TC模型上异步快排序算法。它们都是当今典型而著名的并行算法,蕴涵着各种不同的新颖思想、设计技巧和分析方法。值得读者认真学习和研究。

讲授要点 ① Stone排序算法:序列主位的定义;Stone对双调排序网络中主位变化规律与连续均匀洗牌网络时主位变化规律的观察;结合图5.2和图5.3讲解Stone在SIMD-SE模型上双调排序算法。② Thompson和Kung排序算法:网孔网络中处理器三种编号方式;结合例5.2阐述Thompson和Kung对网孔连接的SIMD机器上实现双调排序时处理器的合理编号方法;结合图5.9介绍Thompson和Kung的算法以及洗牌行主编号网孔阵列机上双调排序算法的复杂度分析。③ Valiant归并算法:算法原理与平方根划分法;$k=\sqrt{pq}$时的Valiant归并算法;递归调用时处理器数是否充分的证明;递归结束条件及算法复杂度分析;建议读者构想一个具体的算例以了解Valiant归并算法的过程。④ Preparata枚举排序算法:枚举排序算法的一般步骤;示例说明如何使用归并两序列的方法计算元素的$rank$值;以$n=16$为例,逐步展示用Valiant归并方式实现枚举排序(算法5.8)的全过程;使用归纳法证明算法5.8各步所需的处理器数和时间步骤。⑤ 异步枚举排序算法:异步算法一般执行过程(进程生成,进程指派,进程执行);结合算法5.10和例5.8,介绍异步算法的设计和执行中的进程调度以及时间(计算时间,生成进程时间,进程调度时间)复杂度分析方法。

5.1 Stone 双调排序算法

在不同的 SIMD 互连网络模型上所实现的排序算法中,较早研究的是双调排序算法,其主要思想是模仿 Batcher 双调排序网络中数据移动的行迹。Stone 首先对 Batcher 网络中的数据移动做了某些重要的观察,并以此为基础导出了几种著名的并行算法[1]。其中,他发现了 Batcher 排序网络中数据变化的规律和洗牌交换网络的固有性质有着相似之处,从而提出了 SIMD-SE 模型上的双调排序算法。

5.1.1 均匀洗牌函数及其性质

在第一章曾对**均匀洗牌函数**做了如下的定义:

$$SH(p_{m-1}p_{m-2}\cdots p_1p_0) = p_{m-2}p_{m-3}\cdots p_0p_{m-1} \tag{5.1}$$

或

$$SH(P) = \prod_{j=0}^{n-1}(j, SH(j), SH^2(j), \cdots) \tag{5.2}$$
$$(j \text{ 不在前一轮换中})$$

其中,P 为处理器地址,其二进制表示为 $p_{m-1}\cdots p_0$,且约定处理器数 $n = 2^m$。

均匀洗牌函数具有以下两个甚为有用的性质:

性质 1 连续洗牌 m 次,则数据项回复到原始位置。

性质 2 假定各数据项最初位于一对其二进制地址仅在 0 位不同的处理器中,则经过 $k(1 \leq k \leq m)$ 次均匀洗牌后,这些数据项将位于其二进制地址仅在 $m - k$ 位不同的各对处理器中。

图 5.1 可以帮助读者理解此性质。

5.1.2 Stone 的观察及其计算模型

为了讨论的方便,将一个 8 输入的 Batcher 双调排序网络重画于图 5.2 中。约定:标有"0"的比较器就是图 4.1(a)所示的比较器(命名为**升序**比较器);标有"1"的比较器就是具有"×"号的比较器(命名为**降序**比较器);标有"-1"的比较器其输出端不改变它输入大小之顺序(命名为**恒序**比较器)。

从图 5.2 可看出,一个 $n = 8$ 的双调排序网络,经第一级后首先形成了两个长度各为 4 的双调序列;经第二级后形成了一个长度为 8 的双调序列;第三级将长度为 8 的双调序列调整成长度为 8 的有序序列。如果将图 5.2 的各输入按序编号,且相应

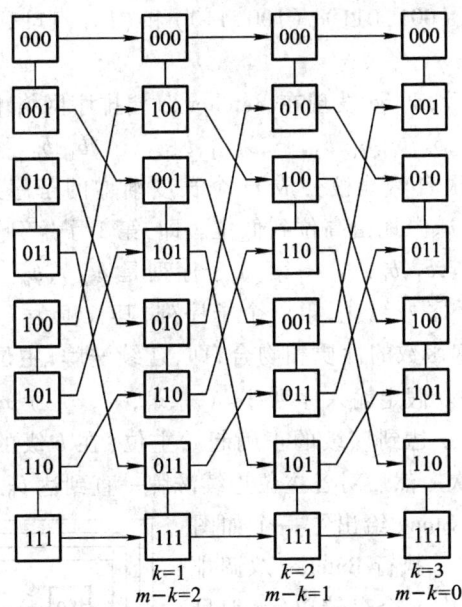

图 5.1 示例均匀洗牌函数的性质 2

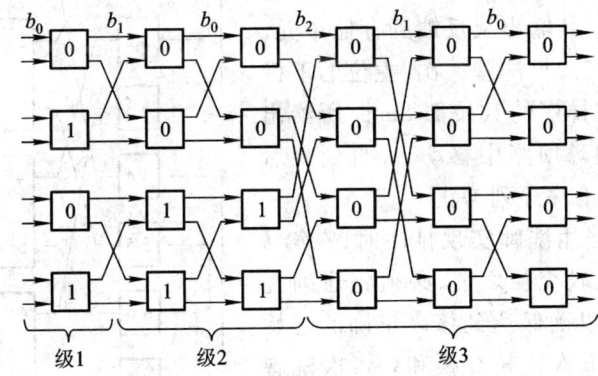

图 5.2 8 输入的 Batcher 双调排序网络

地用其二进制 $b_0 + b_1 2^1 + \cdots + b_{m-1} 2^{m-1}$ 表示,那么在同一列参与比较的各数对只有一位二进制位不同。同时可发现,这些不同的位将随着网络各列的不同呈现出有规律的变化。Stone 首先观察到了此规律,为此他做了如下的定义。

定义 5.1 所谓 Batcher 双调排序网络中各列的**主位**(Pivot),系指参加两两比较的数对的二进制表示中的那些不同的位。

例如,在图 5.1 的输入级,两两比较的 4 个数对为 $(000,001),(010,011)$,

(100,101)和(110,111),其主位是第 0 位,即 b_0;继输入级之后的那一列中的诸比较数对为(000,010),(001,011),(100,110)和(101,111),其主位是第 1 位,即 b_1。

做了上述定义之后,Stone 发现在 Batcher 双调排序网络中,从输入级开始,相继各列的主位为 $b_0,b_1,b_0,b_2,b_1,b_0,\cdots,b_{m-1},b_{m-2},\cdots,b_1,b_0$。也就是说,Batcher 的排序网络的主位序列很自然地被分成 m 个长度渐增的子序列,而且在每一序列中,主位的下标将依次减一地由高位到低位。即,第 1 子序列是 b_0;第 2 子序列是 b_1,b_0;第 3 子序列是 b_2,b_1,b_0;……;第 m 子序列是 $b_{m-1},b_{m-2},\cdots,b_1,b_0$。也就是说,主位序列由 m 个子序列组成,第 k 个子序列,其长度为 k,主位依次从 b_{k-1} 到 b_0。这正好与均匀洗牌函数的性质相吻合,即,连续洗牌,主位将从最高位顺推至次高位,一直到最低位。假定输入序列 $S=(x_0,x_1,\cdots,x_{n-1}),n=2^m$,显然为了实现双调排序,在各个级为了达到该级的正确起始主位(在 k 级的起始主位是 b_{k-1}),必须将序列洗牌若干次。然后对各主位连续洗牌一直到达 b_0。

按照上面的叙述,Stone 给出了一个如图 5.3 所示的利用均匀洗牌执行 Batcher 双调排序的并行计算模型,其中 n 个存储单元(编号从 0 到 $n-1$)存放待排序的数;$n/2$ 个比较器(编号从 0 到 $n/2-1$),其输入来自于按洗牌连接的存储单元,其输出又反馈到存储单元。存储单元中的内容,每洗牌一次,主位的下标就减一。这样被排序的数按照 Stone 所给出的算法在这种闭环回路中移动,一直到最后形成一个完全的有序序列为止。

如前所述,当用洗牌实现排序时,在第 k 级执行第一次比较交换之前,必须将序列洗牌 $m-k+1$ 次,以确保达到该级正确的起始主位,然后继以 k 次比较交换和 $k-1$ 次洗牌才能完成正确的排序。显然在第 k 级之前的 $m-k+1$ 次洗牌操作比较器必须屏蔽掉;然后在该级执行 k 次比较交换,比较器视需要工作在升序或降序状态,以产生一双调序列。

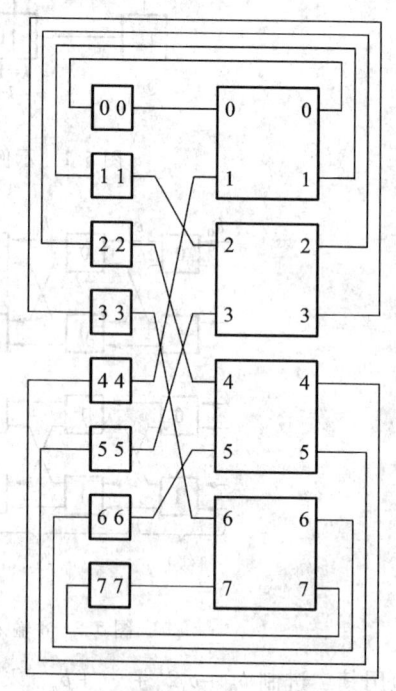

图 5.3 Stone 并行计算模型

为了区分比较器的工作状态,使用数组 $MASK$,其第 i 个分量决定第 i 个比较器的状态:

$$MASK(i) = \begin{cases} 0, & \text{当比较器工作在升序状态} \\ 1, & \text{当比较器工作在降序状态} \\ -1 & \text{当比较器工作在恒序状态} \end{cases}$$

参照图 5.2,由于在 Batcher 双调排序网络的不同列各比较器的状态亦是变化的,所以长度为 n 的数组 MASK 也要相应地被洗牌。例如在网络的第一列各比较器的状态依次是 0,1,0,1;第二列和第三列依次为 0,0,1,1;以后各列全为 0。所以 MASK 亦必须按此规律洗牌。

在 Stone 的并行计算模型中,比较器的功能是比较复杂的,每个都必须能:① 从两个不同的存储单元读取序列 S 的两个数;② 从存储单元读取 MASK 的一项;③ 按需要修改其状态;④ 将两个输出选路至不同的存储单元;⑤ 计算和交换 MASK 数组。此外,由于比较器要同时保存两个待比较的数和 MASK 的一项,所以每个比较器至少要有三个寄存器,还要有一个寄存器存放在洗牌 MASK 过程中 MASK 的第二部分(即后 $n/2$ 位)。

5.1.3 Stone 的并行排序算法

1. 算法调用的宏指令

(1) $Circulate(S)$ 的功能为:
  ① 将存储单元中的数据,按均匀洗牌方式送入比较器。
  ② 将 MASK 数组的前 2^{m-1} 个分量按均匀洗牌方式送入比较器。
  ③ 根据 $MASK(i) = 0,1$ 或 -1,确定比较器 i 的状态。
  ④ 将比较器的输出反馈回存储单元。

(2) $Shuffle(MASK)$ 的功能为:
  ① 将后 2^{m-1} 个存储单元中的 MASK 分量,按均匀洗牌方式送入比较器。
  ② 将每个比较器中的 MASK 的两个分量不改变顺序地反馈至存储单元。

(3) $MASK(j)$ 的功能是计算 MASK 数组的各分量,给定一整数 j,生成一长度为 2^m 的如下数组:

$$MASK = \begin{cases} -1, & -1, & -1, & -1, & \cdots, & -1, & -1 & \text{如果 } j = -1 \\ 0, & 1, & 0, & 1, & \cdots, & 0, & 1 & \text{如果 } j \leqslant m-1 \\ 0, & 0, & 0, & 0, & \cdots, & 0, & 0 & \text{如果 } j = m \end{cases}$$

2. 算法的形式描述

算法 5.1 SIMD-SE 模型上的双调排序算法

输入:$S = (x_0, x_1, \cdots, x_{n-1}), n = 2^m$。

输出:非降有序序列。

begin
    for $s=1$ **to** m **do**
      （1）$mask(-1)$
      （2）**for** $k=1$ **to** $m-s$ **do**
          $Circulate(S)$
      end for
      （3）$mask(s)$
      （4）**for** $k=m-s+1$ **to** m **do**
          （4.1）$Circulate(S)$
          （4.2）$Shuffle(MASK)$
      end for
    end for
end

例 5.1 对于序列 $S=(4,8,1,3,2,7,5,6)$，Stone 并行排序算法的执行过程示于图 5.4。其中待排序的数置于各存储单元中，$MASK$ 的值置于相应的比较器中。□

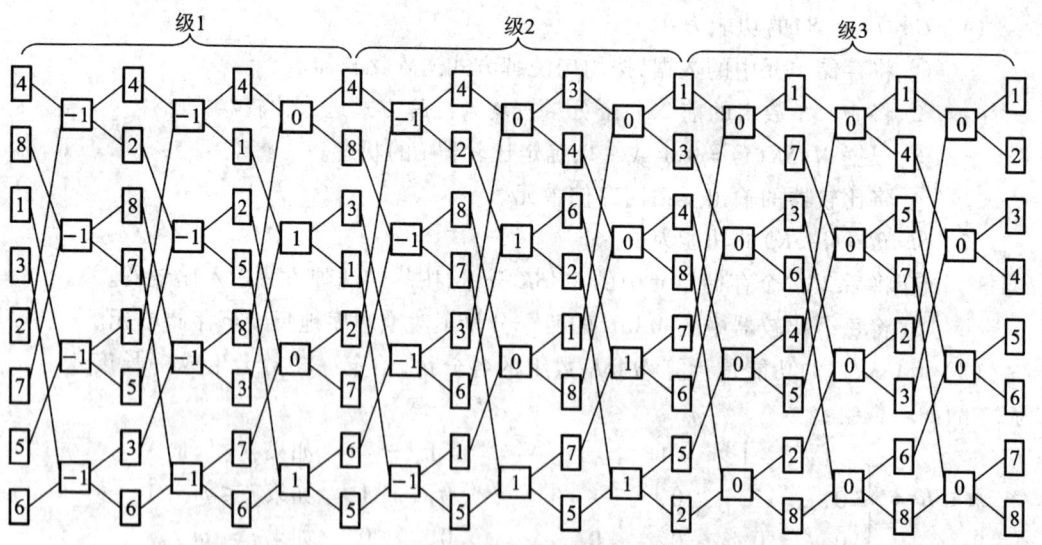

图 5.4 Stone 排序过程示例 ($n=8$)

3. 算法分析

算法时间主要花费在 $Circulate$ 步上。整个算法执行 m 遍，每遍平均执行 m 次

$Circulate$ 操作,所以总共需 m^2 次操作,即 $t(n)=O(\log^2 n)$,而 $p(n)=n/2$,所以成本 $c(n)=O(n\log^2 n)$。

5.2 Thompson 和 Kung 双调排序算法

并行算法中的一个重要方面是研究机器的互连结构对并行算法的影响问题。探讨这种依赖关系对改善并行算法的性能和构造合适的互连网络两者均有很大的意义。Thompson 和 Kung 曾研究指出:在以网孔连接的 $n\times n$ 个处理器所构成的并行计算机中,排序 n^2 个数所需的时间为 $O(n)$,相对于单处理机上的最佳排序算法平均加速了 $O(\log n)$ 倍[2]。由于这种并行机是一种技术比较成熟且非常适合于 VLSI 集成化的计算模型,所以发展这类并行算法具有重要的意义。当我们在这类并行机上研究算法时,假定指令集中至少包含两类指令:处理器之间传送数据的选路指令,其执行时间为 t_R;处理器内两数据比较交换指令,其执行时间为 t_C。相邻处理器中的两数比较交换可在 $2t_R+t_C$ 时间步内完成。二维网孔连接的 $n\times n$ 个处理器可按下节所述的方式进行编号。

5.2.1 处理器编号方式

排序问题与处理器的编号方式有关,假定待排序的 n^2 个数开始时已加载到 $n\times n$ 的处理器阵列中。在此意义上,所谓排序问题可以由移动第 j 个最小者到编号为 j 的处理器中($j=0,\cdots,n^2-1$)加以完成。Thompson 和 Kung 曾考虑了图 5.5 所示的三种常用的处理器编号方式,即**行主编号**(Row-Major Indexing)、**洗牌行主编号**(Shuffle Row-Major Indexing)和**蛇形行主编号**(Snake-Like Row-Major Indexing)。在特定的处理器编号方式下,排序问题能够通过选路和比较来解决。但不管哪种编号方式,在网孔连接的机器上进行排序时,因最长的路径是由对调两对

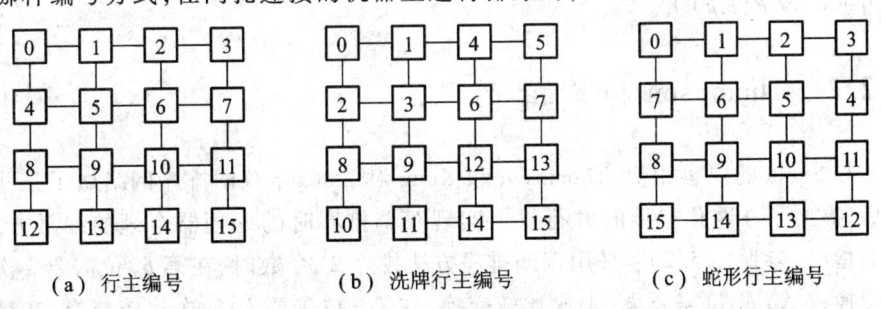

(a) 行主编号　　　　　(b) 洗牌行主编号　　　　　(c) 蛇形行主编号

图 5.5　处理器编号方式

角上的元素来决定的(参照图 5.6 可知至少需要 $4(n-1)$ 选路步),所以这说明没有一种算法能在少于 $\Omega(n)$ 步内完成 n^2 个数的排序。

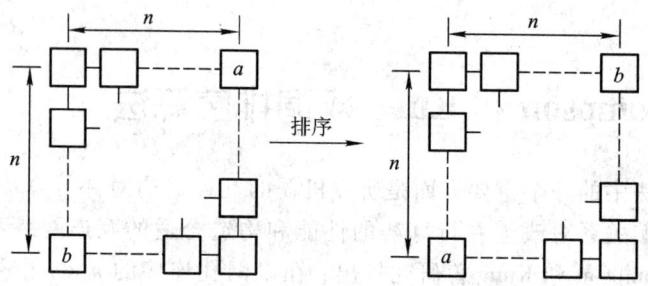

图 5.6　图示排序下界

1. 行主编号

如图 5.5(a)所示,令置于第 j 行和第 k 列的处理器为 P_i,则行主编号满足如下规则:

$$i = jn + k, 0 \le i \le n^2 - 1, 0 \le j, k \le n - 1 \tag{5.3}$$

2. 蛇形行主编号

如图 5.5(c)所示,令置于第 j 行和第 k 列的处理器为 P_i,则蛇形行主编号满足如下规则:

$$i = \begin{cases} jn + k, & j \text{ 是偶数} \\ jn + n - k - 1, & j \text{ 是奇数} \end{cases} \tag{5.4}$$

其中,i、j、k 取值如上。

3. 洗牌行主编号

令 P_i 占据行主编号的处理器阵列中的位置 $P(j,k)$,其中 $0 \le i \le n^2 - 1, 0 \le j, k \le n - 1$;又令 $b_1 b_2 b_3 \cdots b_q$ 是下标 i 的二进制表示,且 $b_1 b_{\frac{q}{2}+1} b_2 b_{\frac{q}{2}+2} \cdots b_{\frac{q}{2}} b_q$ 是其洗牌之结果。如果该结果是 i' 的二进制表示($0 \le i' \le n^2 - 1$),那么在图 5.5(b)中,$P_{i'}$ 将占据位置 $P(j,k)$ 上。

5.2.2　Thompson 和 Kung 的观察

和 Stone 的观察相似,Thompson 和 Kung 对 Batcher 双调排序网络做了某些观察后,提出了在网孔连接的并行机上实现双调排序时的处理器合理的编号方式。他们指出(参照图 5.2):采用双调排序方法排序 2^k 个数时,在第 b_0 位需要 k 次比较交换;在第 b_1 位需要 $k-1$ 次比较交换;在第 j 位需要 $k-j$ 次比较交换;在最高位只需一次比较交换。对于某一特定的编号方式,在第 i 位和第 j 位上各数对施行比较交换时所需移动的单位步距是不同的。对于双调排序算法,最佳的处理器编号应能使花费在比较交换步上的时间最小化。显然这种最佳化的必要条件是在第 j 位上的比较交换的代价不应比第 $j+1$ 位大。所以最佳的处理器编号方式应使得相应于 b_0 位,b_1 位,$\cdots$,b_k 位所做的选路和比较步数依次减少。按此推断,行主编号方式不如洗牌行主编号方式。

例 5.2 假定 $n^2 = 2^k = 16$ 个待排序的数已加载到顺序编号的处理器阵列中,在 Batcher 双调排序网络中,按 b_0 位比较的数对是:$(0,1)$,$(2,3)$,$(4,5)$,$(6,7)$,$(8,9)$,$(10,11)$,$(12,13)$ 和 $(14,15)$;按 b_1 位比较的数对是:$(0,2)$,$(1,3)$,$(4,6)$,$(5,7)$,$(8,10)$,$(9,11)$,$(12,14)$ 和 $(13,15)$;按 b_2 位比较的数对是:$(0,4)$,$(1,5)$,$(2,6)$,$(3,7)$,$(8,12)$,$(9,13)$,$(10,14)$ 和 $(11,15)$;按 b_3 位比较的数对是:$(0,8)$,$(1,9)$,$(2,10)$,$(3,11)$,$(4,12)$,$(5,13)$,$(6,14)$ 和 $(7,15)$。参照图 5.5(a) 和图 5.5(b) 所示的行主编号和洗牌行主编号可知,在行主编号时,相应于 b_0、b_1、b_2、b_3 各比较数对选路时所需移动的步距依次为 1、2、1、2;在洗牌行主编号时,相应于 b_0、b_1、b_2、b_3 各比较数对选路时所需移动的步距依次为 1、1、2、2。而在 Batcher 双调排序网络中,第 b_0、b_1、b_2、b_3 各位所需进行比较交换的次数依次为 4、3、2、1。所以在洗牌行主编号的阵列处理机上执行双调排序所需的总的选路步距 $(1 \times 4 + 1 \times 3 + 2 \times 2 + 2 \times 1 = 13)$ 比行主编号的阵列处理机上总的选路步距 $(1 \times 4 + 2 \times 3 + 1 \times 2 + 2 \times 1 = 14)$ 要少。□

5.2.3 Thompson 和 Kung 的双调排序算法

形式描述网孔阵列机上的双调排序算法涉及许多具体细节问题(如比较器的状态设置屏蔽问题等),读者可参考文献[3]进一步学习。本节以排序 4×4 个数为例,着重说明算法的原理和执行步骤。

1. 行主编号的网孔阵列机上的双调排序算法

假定待排序的序列开始时已加载至一台 4×4 的行主编号的网孔阵列上,于是双调排序算法可物理描述如下:

(1) 如图 5.7(a) 所示,将一个 4×4 的输入元素阵列视为 8 个 1×2 的子阵列,它们可以同时施行 $(1,1)$ 双调排序,其中箭头指向大数。

(2) 如图 5.7(b) 所示,将一个 4×4 的阵列视为 4 个 2×2 的子阵列,它们可以同时施行 $(2,2)$ 双调排序。

(3) 如图 5.7(c) 所示,将一个 4×4 的阵列视为 2 个 2×4 的子阵列,它们可以同时施行 $(4,4)$ 双调排序。

(4) 如图 5.7(d) 所示,一个 4×4 的阵列可施行 $(8,8)$ 双调排序,最后形成一个长度为16的有序序列。

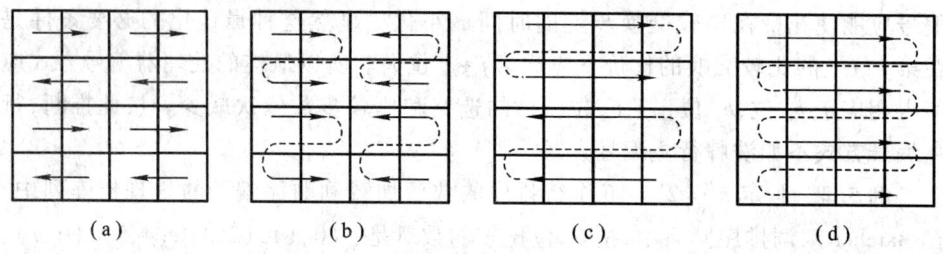

图 5.7 行主编号的 4×4 网孔阵列机上的双调排序

文献[3]分析了在行主编号的 $n \times n$ 的网孔阵列上实现 n^2 个数的 Batcher 双调排序时的时间复杂度为

$$t(n^2) = [14(n-1) - 8\log n]t_R + (2\log^2 n + \log n)t_C$$
$$+ (4.5\log^2 n + 1.5\log n)t_E \qquad (5.5)$$

其中,t_E 为寄存器交换所需的时间,t_R 为选路时间,t_C 为比较器施行比较时间。通常 $t_R \geq t_C \geq t_E$,因此 $t(n^2) = O(n)$。

2. 洗牌行主编号的网孔阵列机上的双调排序算法

假定网孔阵列规模为 4×4,其编号是洗牌行主的。注意使用图 4.1(b)所示的比较器表示方法,两平行线之间带箭头的竖线表示比较器是升或降序。一个按此表示的16个数的双调排序网络示于图 5.8。参照该图,在如图 5.9 所示的洗牌行主编号的 4×4 阵列上的双调排序算法的过程可非形式描述如下:

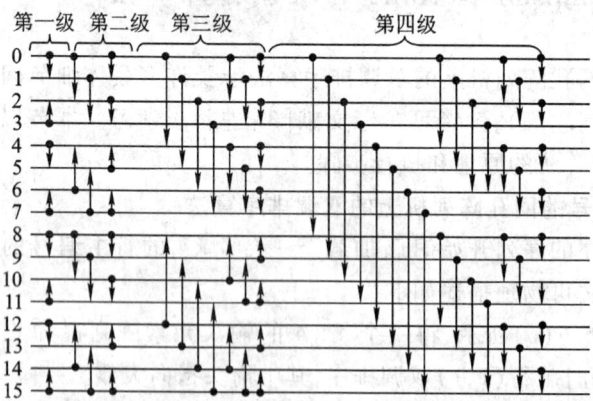

图 5.8 16 个数的双调排序网络

(1) 使用比较交换方法,成对归并相邻的 1×1 矩阵,时间为 $2t_R + t_C$。

(2) 成对归并 1×2 矩阵。注意一对数排成升序,另一对数排成降序(在所有双调归并中总是如此),时间为 $4t_R + 2t_C$。

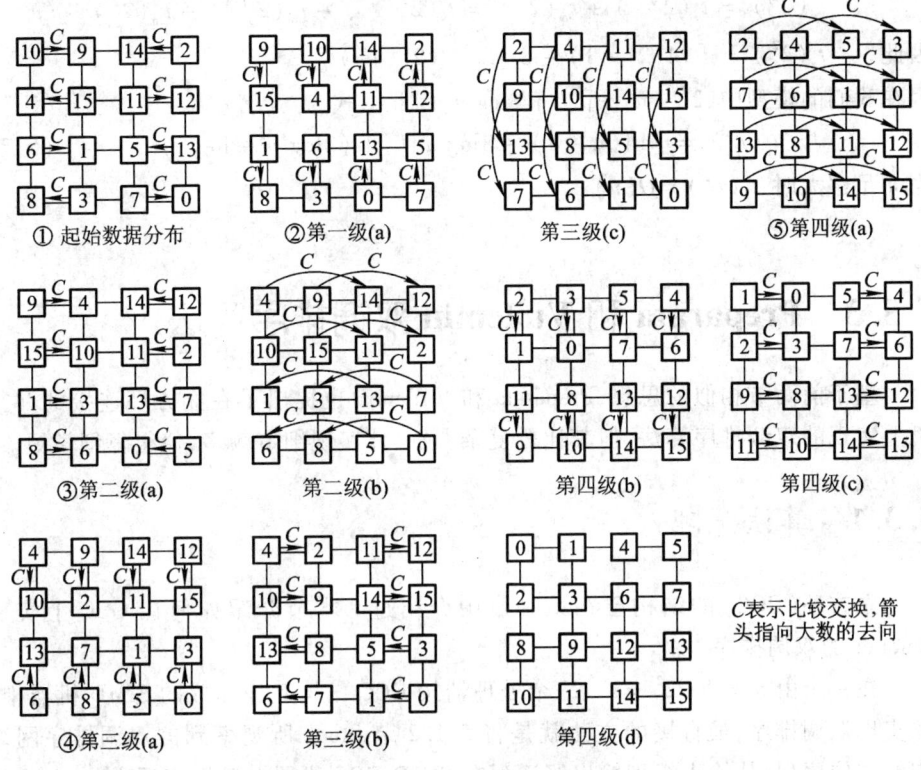

图 5.9 洗牌行主编号的 4×4 网孔阵列机上的双调排序

(3) 成对归并 2×2 矩阵,时间为 $8t_R + 3t_C$。

(4) 归并两个 2×4 矩阵,时间为 $12t_R + 4t_C$。

令 $t_m(2^i)$ 是归并在处理器 0 到处理器 $2^i - 1$ 中的双调序列所需的时间,其中处理器是洗牌行主编号的。每比较交换一次就需要 $2^{\lceil i/2 \rceil} t_R + t_C$ 个时间步,而且此问题归结为:将处理器 $0 \sim 2^{i-1} - 1$ 中的数与处理器 $2^{i-1} \sim 2^i - 1$ 中的数进行双调归并。可以发现后两者的归并是可以并行执行的,因此有

$$t_m(1) = 0$$
$$t_m(2^i) = t_m(2^{i-1}) + 2^{\lceil i/2 \rceil} t_R + t_C$$

所以

$$t_m(2^i) = \begin{cases} (3 \cdot 2^{(i+1)/2} - 4)t_R + it_C, & i \text{ 是奇数} \\ (4 \cdot 2^{i/2} - 4)t_R + it_C, & i \text{ 是偶数} \end{cases} \tag{5.6}$$

令 $t_s(2^{2j})$ 是在 $n \times n$ 方阵上实现相应的双调排序算法所需的时间,则

$$t_s(1) = 0$$

$$t_s(2^{2j}) = t_s(2^{2j-1}) + t_m(2^{2j}) = t_s(2^{2(j-1)}) + t_m(2^{2j-1}) + t_m(2^{2j})$$

因此，$t_s(2^{2j}) = [14(2^j - 1) - 8j]t_R + (2j^2 + j)t_C$

因在我们的模型中，$2^{2j} = n^2$，所以，$j = \log n$，因此上式为

$$t_s(n^2) = [14(n - 1) - 8\log n]t_R + (2\log^2 n + \log n)t_C \tag{5.7}$$

当 n 足够大时，$t_s(n^2) = O(n)$。

*5.3 Preparata 和 Vuilemin 双调排序算法

基于前两节相似的思想，Preparata 和 Vuilemin 也提出了在立方环连接的并行机上实现的双调排序算法，但其比较复杂，且具体实现细节颇多，值得仔细学习。

5.3.1 算法原理

立方环(CCC)的结构已在第一章中介绍过。本节介绍如何在 CCC 上实现 Batcher 的双调排序[4]。

在一个由 $n = 2^r \cdot 2^{2^r} = s \cdot 2^s$ 个处理器按 CCC 结构互连而成的 SIMD 机器中，欲实现双调排序，最直接的方法就是将 5.1.2 节 Stone 所观察到的双调排序网络中的主位序列，从输入级到输出级逐列在 SIMD-CCC 机器上模拟实现之。

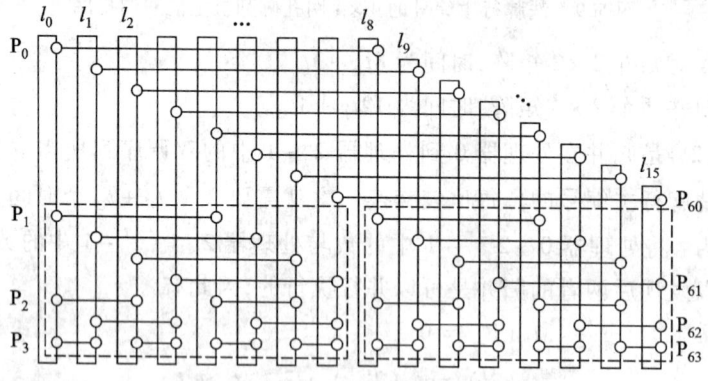

图 5.10 $n = 64$ 的 CCC 网络

为了具体对照起见，以 $n = 64$ 为例讨论。首先，一个 $n = 64$ 的 CCC 可画成如图 5.10 所示的形式。其中 16 个环 $l_0 \sim l_{15}$ 依次沿水平方向垂直放置，各环内有 4 个处理器，依次编号为 $P_0 \sim P_3, P_4 \sim P_7, \cdots, P_{56} \sim P_{59}, P_{60} \sim P_{63}$。其次，一个 $n = 64$ 的双调排序网络，从输入端开始依次执行 $(1,1)$ 归并，$(2,2)$ 归并，$\cdots$，$(32,32)$ 归并，

即可完成排序,其相应各列的主位可排成如图 5.11 所示的三角形阵列。必须把此三角形阵列中的主位所规定的数对间的比较交换操作,按照顺序逐一在 CCC 网络中各成对处理器(在环内的或环间的)上实现之。在具体实现方法上,可以先把每个环内处理器中的数用某种方法进行排序(例如**冒泡排序**),即实现图 5.11 中虚线框中各主位上的数对比较交换;然后利用双调归并方法逐次实现两个相邻环的排序、4 个相邻环的排序……,总共进行了 s 次归并排序(同时注意相邻环的归并时,一个环中的序列是升序的,另一个是降序的)。

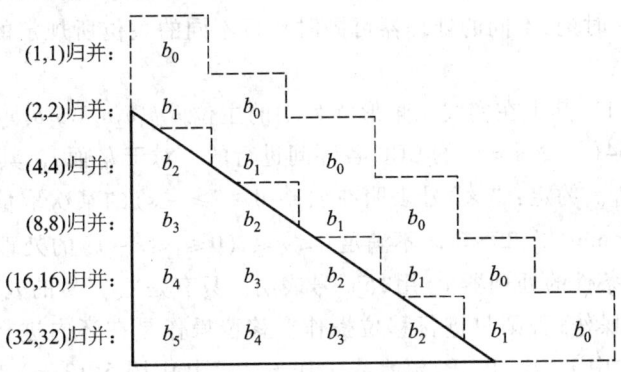

图 5.11 $n = 64$ 的三角形主位阵列

对于 $n = 64$ 的 CCC 网络上的双调排序过程可简述如下:首先在 $l_0 \sim l_{15}$ 中调用冒泡排序将各环内的数据排序好,这相当于完成了 $(1,1)$ 和 $(2,2)$ 归并排序,即完成了 b_0 和 $b_1 b_0$ 主位序列所规定的操作;接着在 l_0 与 l_1, l_2 与 $l_3, \cdots, l_{14}$ 与 l_{15} 之间,按照 Batcher 定理施行主位 b_2 所规定的各数对的比较交换,继而在 $l_0 \sim l_{15}$ 内再次调用冒泡排序将各环内数据排序之,于是在每两相邻环中就形成了长度为 8 的有序序列,这相当于完成了 $(4,4)$ 归并排序,即完成了 $b_2 b_1 b_0$ 主位序列所规定的操作;然后在 l_0 与 l_2, l_1 与 $l_3, \cdots, l_{12}$ 与 l_{14}, l_{13} 与 l_{15} 之间,按照 Batcher 定理施行主位 b_3 所规定的各数对的比较交换,紧跟着在各环内再次调用冒泡排序,最终在每 4 个相邻环中就形成了长度为 16 的有序序列,这相当于完成了 $(8,8)$ 归并排序,即完成了 $b_3 b_2 b_1 b_0$ 主位序列所规定的操作;……,一直到完成了 $(32,32)$ 归并排序,即完成了 $b_5 b_4 b_3 b_2 b_1 b_0$ 主位序列所规定的操作。这时排序宣告完成。

按照上述的方法,仅在环间施行主位操作就有 $\sum_{i=1}^{2^r} i = O(\log^2 n)$ 次,而每一个主位操作也需要重复 $O(\log n)$ 次(因为对于每个主位,每次只有 $2^{2^r}/2$ 个数对同时参与比较,而每一个主位的总的比较数对为 $2^r \cdot 2^{2^r}/2$,所以每个主位操作需做 $2^r = O(\log n)$ 次重复比较)。所以总的时间复杂度为 $O(\log^3 n)$,这比在 SIMD-SE 上实现双调排序的复杂度要高。但若使用流水线技术可以使得 SIMD-CCC 上的双调排序的复杂度和它相当。

5.3.2 流水线技术

如果注意到如下事实,即对于 $j>i$,当前一步完成了主位 b_i 的部分操作后,下一步在继续完成主位 b_i 剩下操作的同时,b_j 的部分操作亦可同时进行,因为主位 b_j 操作所使用的数据已是前一步 b_i 操作后所产生的数据。这就意味着,经过一段时间后,在同一时刻,不同的处理器可同时执行不同的主位所规定的操作,此即为流水线工作方式。

参照图 5.11,其中在实线三角形阵列中的主位 $b_2b_3b_2b_4b_3b_2b_5b_4b_3b_2$ 所规定的操作是在 $n=64(r=2,s=4)$ 的 CCC 各环间进行的。对于 l_0 而言,其中 4 个处理器为 P_3、P_2、P_1、P_0。约定:"×"号表明在 $j(s-1 \geq j \geq -s)$ 的某次取值时,那些满足 $\max(0,j) \leq k < \min(2^r, 2^r+j)$ 而不满足 $0 \leq k \leq i(0 \leq i \leq s-1)$ 的处理器 P_k;而同时满足上述两个条件的处理器 P_k 用"⊗"号表明。只有是"⊗"号的处理器才进行比较交换和移位操作;否则只进行移位操作。移位操作是在环内进行的。按此,图 5.12 示出了 l_0 中 P_3、P_2、P_1、P_0 流水线工作方式。其中图 5.12(a) 表示由 P_0 完成主位 b_2 所需的比较和移位操作;图 5.12(b) 表示由 P_1 和 P_0 按流水线方式分别执行主位 b_3 和 b_2 所需的比较和移位操作;图 5.12(c) 表示由 P_2、P_1、P_0 按流水线方式分别执行主位 b_4、b_3、b_2 所需的比较和移位操作;图 5.12(d) 表示由 P_3、P_2、P_1、P_0

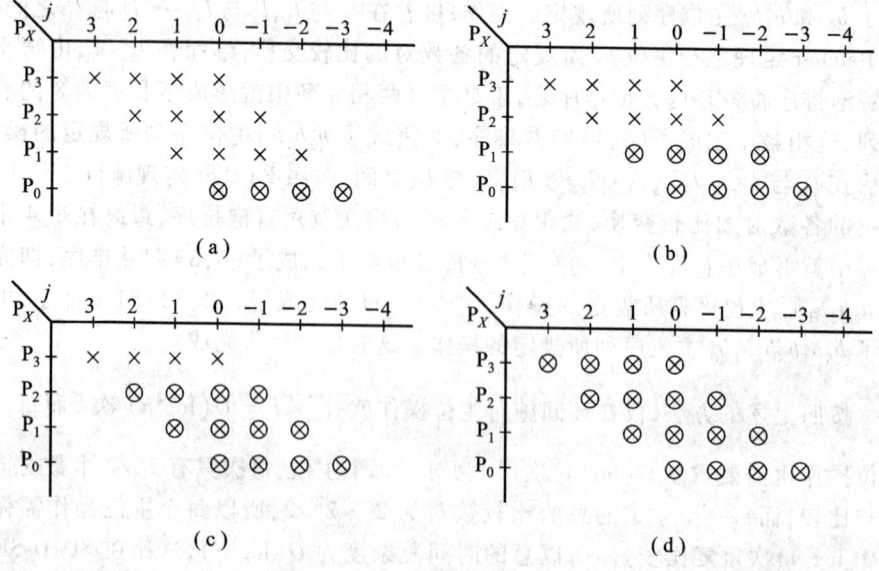

图 5.12 流水线工作方式

按流水线方式分别执行主位 b_5、b_4、b_3、b_2 所需的比较和移位操作。j 的如此取值范围是为以后算法设计的方便。注意环内的所有处理器在某一时刻完成了数对的比较交换操作后,全体做循环移位,以便做下一比较交换操作。这样的流水线一共有 $2^r = O(\log n)$ 个,每个流水线的周期是 $2^{r+1} - 1 = O(\log n)$,所以环间按流水线方式施行主位操作的时间复杂度为 $O(\log^2 n)$。

5.3.3 算法描述

假定要排序的数存放在每个处理器的 T 寄存器中。编号为 q 的处理器中的 T 寄存器记之为 $T[q]$。参照图 5.10,约定 CCC 中的 n 个处理器按环的编号顺序 ($l_0 \sim l_{2^s-1}$) 从小到大依次按序编号,环内的处理器也是按序编号。排序的结果是将 n 个数按处理器的编号顺序从小到大置于 $T[0] \sim T[n-1]$ 中。对于两相邻的处理器 P_i 和 P_j 之间 T 寄存器有如下三种操作:

① 传送操作,$T[i] \leftarrow T[j]$。
② 交换操作,$T[i] \leftrightarrow T[j]$。
③ 比较操作,$COMPARE(T[i], T[j], f)$。其中,如 $f = 0$,则 $T[i] \leftarrow \min(T[i], T[j])$,$T[j] \leftarrow \max(T[i], T[j])$;如 $f = 1$,则 $T[i] \leftarrow \max(T[i], T[j])$,$T[j] \leftarrow \min(T[i], T[j])$。

下列算法中的 $SHIFT(l)$ 操作是在环内做循环移位:$T[0] \leftarrow T[1], \cdots, T[s-1] \leftarrow T[0]$;而所使用的冒泡排序 $BUBBLESORT(l, f)$,其复杂度是环的尺寸的线性函数,即 $O(2^r)$;标志位 $bit_j(l)$ 表示二进制数 l 的 2^j 位幂的系数。

算法 5.2 SIMD-CCC 模型上的双调排序算法

输入:$X = (x_0, \cdots, x_{n-1})$,$n = 2^r \cdot 2^{2^s} = s \cdot 2^s$。
输出:X 按序置于 $T[0] \sim T[n-1]$ 中。
begin
    (1) **for** $l = 0$ **to** $2^s - 1$ **par-do** $BUBBLESORT(l, bit_0(l))$ **end for**
    (2) **for** $i = 0$ **to** $s - 1$ **do**
        (2.1) **for** $j = s - 1$ **down to** $-s$ **do**
            (i) **for** $l = 0$ **to** $2^s - 1$ **par-do**
                for each $P_k : \max(j, 0) \leq k \leq \min(2^r, 2^r + j)$ and $0 \leq k \leq i$ **par-do**
                if $bit_k(l) = 0$ **then**
                    $COMPARE(T[l \cdot 2^r + k], T[(l + 2^k) 2^r + k], bit_i(l))$

                         end if
                      end for
                   end for
             (ⅱ) $SHIFT(l)$
          end for
   (2.2) **for** $l = 0$ **to** $2^s - 1$ **par-do** $BUBBLESORT(l, bit_i(l))$ **end for**
      end for
end

算法的第(2)步实现双调归并,(2.1)步实现流水线操作。$bit_k(l) = 0$ 保证主位操作时各成对的处理器只有一个是活动的。

Procedure $SHIFT(l)$
   for $j = 0$ **to** $s - 1$ **par-do**
      $T[l \cdot 2^r + (j-1) \mod 2^r] \leftarrow T[l \cdot 2^r + j]$
   end for

Procedure $BUBBLESORT(l, f)$
   for $i = 1$ **to** $s/2$ **do**
      (1) **for each** $P_k: 0 \leq k < s, k = 2t, t \geq 0$ **par-do**
             $COMPARE(T[l \cdot 2^r + k], T[l \cdot 2^r + k+1], f)$
          end for
      (2) **for each** $P_k: 0 \leq k < s, k = 2t+1, t \geq 0$ **par-do**
             $COMPARE(T[l \cdot 2^r + k], T[l \cdot 2^r + k+1], f)$
          end for
   end for

上面已经分析,环间施行主位操作的时间复杂度为 $O(\log^2 n)$;环内冒泡排序是线性复杂度,算法共调用 $BUBBLESORT$ $O(\log n)$ 次,所以时间复杂度也是 $O(\log^2 n)$。故算法的总时间 $t(n) = O(\log^2 n)$,而 $p(n) = n$。

5.4 Akl 并行 k-选择算法

前面几节已经讨论了 SIMD-IN 模型上的双调排序算法。本节讨论在SIMD-SM 模型上的选择算法,其基本思想来源于串行 k-选择算法。

5.4.1 算法原理及物理描述

假定输入序列 $S = (x_1, \cdots, x_n)$,且系统中有 $N = n^{1-\varepsilon}(0 < \varepsilon < 1)$ 个处理器可用,欲求 S 中第 k 个最小者 $(1 \leq k \leq n)$,其过程可叙述如下:

① 先将 S 分成若干个段,每段指派一个处理器;② 各段同时并行求取各自的中值(可使用任意的顺序选择算法);③ 求各中值的中值;④ 以其为准,将 S 划分成分别小于、等于、大于该值的三个子序列;⑤ 以一定的规则判断各子序列长度与 k 值的大小关系,以确定 k 值,或继续在相应的子序列中重复上述过程,直到找到第 k 个最小者为止。

注意,在上述的第④步,为了将 S 进行划分,需将中值的中值播送到各个处理器中,为此要引入**播送算法**(Broadcast Algorithm);在判断各子序列的长度时,还要将子序列中的元素计数求和,为此还要引入**求和算法**(Allsums Algorithm)[5]。

5.4.2 并行 k-选择算法

1. 播送算法

假定共享存储器中的数据 m 待播送到所有编号从 1 到 N 的 N 个处理器。其基本思想是使用一长度为 N 的共享数组 B(开始为空,且用 $B(i)$ 表示 B 的第 i 个位置),每个处理器在读取数据的同时向 B 中后继单元写入,通过延长 B 来增加下次读取的并行度。当算法结束时,所有 N 个处理器都收到了数据 m。

Procedure $BROADCAST(m, N, B)$

(1) 处理器 P_1 将 m 复制到自己的存储器中,然后将其写入 $B(1)$

(2) **for** $i = 0$ **to** $\log N - 1$ **do**

    for $j = 2^i + 1$ **to** 2^{i+1} **par-do**

        处理器 P_j 将 $B(j - 2^i)$ 复制到自己的存储器中;然后将其写入 $B(j)$

    end for

end for

很明显,此算法的时间为 $O(\log N)$。

播送算法甚为有用,例如每个处理器都应该知道参数 ε,因为开始时每个处理器只知道其编号 $i(1 \leq i \leq N)$,并不知道 N,所以在算法开始执行前,n 和 N 之值都应播送给所有的处理器,然后它们可各自按照 $N = n^{1-\varepsilon}$ 计算 ε 之值。

2. 求和算法

假定处理器 $P_i(1 \leq i \leq N)$ 中含有数据 s_i，则过程 ALLSUMS 可实现用 $\sum_{j=1}^{i} s_j$ 来替代 P_i 中的 s_i。其基本思想是充分利用上次累加结果来做下次并行累加。

Procedure ALLSUMS($s_1, s_2, \cdots, s_N$)
    for $j = 0$ to $\log N - 1$ do
        for $i = 2^j + 1$ to N par-do
            处理器 P_i 经共享存储器获得 s_{i-2^j}；然后计算：$s_i \leftarrow s_i + s_{i-2^j}$
        end for
    end for

显然，这个算法的复杂度为 $O(\log N)$。

3. k-选择算法

有了上述两个子过程，现在可正式描述并行 k-选择算法了。

算法 5.3　SIMD-EREW 模型上的 k-选择算法

输入：$S = (x_1, \cdots, x_n)$，$|S| = n$。
输出：S 中第 k 个最小者 $(1 \leq k \leq n)$。
begin
Procedure PARALLEL SELECT(k, s)
begin
  (1) if $|S| < 3$ then 使用一个处理器 return(k)
           else 将 S 分成长度各为 n^{ε} 的 $n^{1-\varepsilon}$ 个序列，每个各指派一个处理器
    end if
  (2) for $i = 1$ to $n^{1-\varepsilon}$ par-do
    (2.1) P_i 使用顺序选择算法找其所辖子序列的中值 m_i（即第 $\lceil \frac{n^{\varepsilon}}{2} \rceil$ 个最小者）。
    (2.2) P_i 将 m_i 写入共享存储器中数组 M 的第 i 个单元 $M(i)$。
    end for
  (3) 调用 PARALLEL SELECT $\left(\lceil \frac{|M|}{2} \rceil, M\right)$ 找 M 之中值 m（即第 $\lceil \frac{|M|}{2} \rceil$ 个最小者）。
  (4) 将 S 分成三个子序列 S_1、S_2、S_3，其中元素分别小于、等于、大于 m。
  (5) if $|S_1| \geq k$ then PARALLEL SELECT(k, S_1)

```
           else if |S_1| + |S_2| ≥ k then return(m)
           else PARALLEL SELECT(k − |S_1| − |S_2|, S_3)
           end if
       end if
end
```

例 5.3 对于 $S = (18, 35, 21, 24, 29, 13, 33, 17, 31, 27, 15, 28, 11, 22, 19, 25, 34, 32, 16, 12, 23, 30, 26, 14, 20)$,$|S| = 25$。假定 $N = 5, k = 6$,于是 $\varepsilon = 0.5$。图 5.13 示出了从 25 个数中选取第 6 个最小者的过程。□

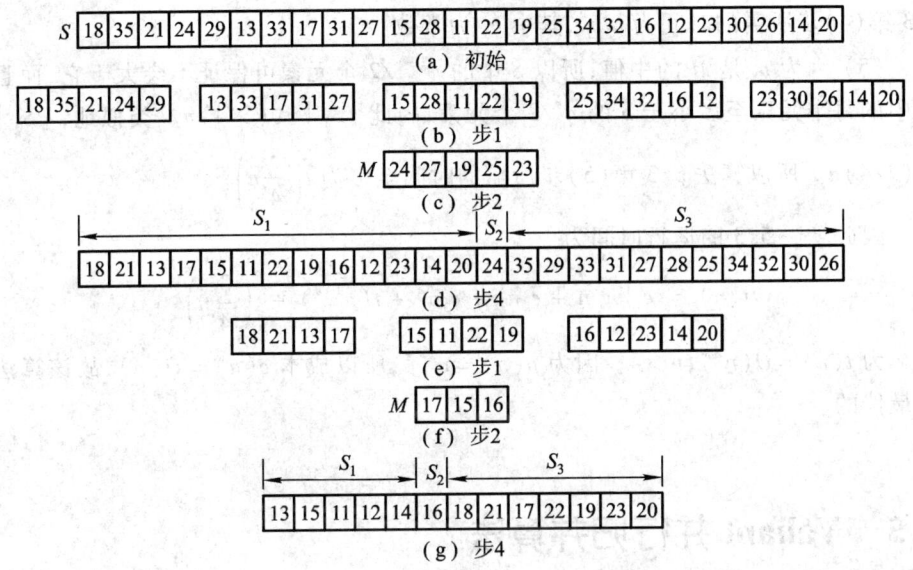

图 5.13 从 25 个数中选第 6 个最小者的过程

5.4.3 算法分析

(1) 假定共享存储器中 S 之首地址为 A,问题规模 n 和 k 值在算法开始前已经播送给所有的处理器。这可使用 BROADCAST 花费 $O(\log n^{1-\varepsilon})$ 的时间完成。处理器 P_i 可在常数时间内计算出其子序列的首地址 $A + (i-1)n^\varepsilon$ 和末地址 $A + in^\varepsilon - 1$。所以算法 5.3 第(1)步所需时间为 $c_1 \log n$,其中 c_1 为常数。

(2) 每个处理器,使用顺序选择算法可在 $O(n^\varepsilon)$ 时间内求出中值。所以算法 5.3 第(2)步所需的时间为 $c_2 n^\varepsilon$,其中 c_2 为常数。

(3) 算法 5.3 第(3)步为递归调用，所以时间为 $t(n^{1-\varepsilon})$（因为 $|M|=n^{1-\varepsilon}$）。

(4) 将 S 划分成 S_1、S_2 和 S_3，可使用归并划分法，时间为 $O(n^{\varepsilon})$，具体办法是：处理器 $P_i(i=1,\cdots,n^{1-\varepsilon})$ 将其子序列按小于 m、等于 m 和大于 m 划分成 S_1^i、S_2^i 和 S_3^i（时间为 $O(n^{\varepsilon})$）；然后将相应的 S_1^i、S_2^i 和 S_3^i 归并成 S_1、S_2 和 S_3（时间为 $O(n^{\varepsilon})$）。为此，令 $S_i=|S_1^i|$，对于每个 $i(1\leqslant i\leqslant n^{1-\varepsilon})$，计算 $Z_i=\sum_{j=1}^{i}S_j$，所有这样的求和可用 $n^{1-\varepsilon}$ 个处理器，调用 ALLSUMS 算法在 $O(\log n^{1-\varepsilon})$ 时间内完成。取 $Z_0=0$，所有的处理器可同时将其局存中的 S_1^i 写到共享存储器而形成 S_1。对于 P_i 而言，其写入首地址是 $Z_{i-1}+1$，而时间正比例于最长的 S_1^i 的长度，它不会超过 n^{ε}。所以算法 5.3 第(4)步所需的时间为 $c_3 n^{\varepsilon}$，其中 c_3 为常数。

(5) 因为 m 是 M 的中值，所以 S 中的 $n^{1-\varepsilon}/2$ 个元素可保证不会大于它，而且 M 中的每个元素至多小于 S 的 $n^{\varepsilon}/2$ 个元素，因此 $|S_1|\leqslant(3/4)n$。类似地，$|S_3|\leqslant(3/4)n$。所以算法 5.3 第(5)步所需的时间至多为 $t\left(\dfrac{3}{4}n\right)$。

因此算法 5.3 的运行时间为

$$t(n)=c_1\log n+c_2 n^{\varepsilon}+c_3 n^{\varepsilon}+t(n^{1-\varepsilon})+t\left(\dfrac{3}{4}n\right)$$

其解为 $t(n)=O(n^{\varepsilon})$，$n>4$。因为 $p(n)=n^{1-\varepsilon}$，所以成本 $c(n)=O(n)$，故该算法是最佳的。

5.5 Valiant 并行归并算法

Valiant 并行归并算法是非常有名的算法。该算法使用了处理器具有播送能力的并行计算模型，其时间界已达到双对数 $\log\log n$，所以常被用作基本算法来构建其他算法，例如后面的 Preparata 并行枚举排序算法。

5.5.1 归并算法的基本原理

Valiant 所提出的并行归并算法是指用 k 个处理器将两个长度分别为 p 和 q 的有序序列合并成一个长度为 $p+q$ 的有序序列[6]。其基本思想乃是分组原理的变体应用，系根据算法过程中所获得的一些比较关系动态地进行分组，而且分组本身也是递归的。对于两个待归并的有序序列，Valiant 归并过程可简述如下：

首先，在两序列中选定一些特定元素，并加以标记；然后，将第一序列中的诸标记元素与第二序列中的诸标记元素进行比较,以确定第一序列中的每一特定元素应插入到第二序列中的哪一段(特定元素将原序列分成的若干部分称为段);接着,将第一序列中的诸元素与第二序列中它所插入的那一段中的其余元素进行比较,以确定第一序列中的每一特定元素应插入第二序列中的哪个位置上才能使序列保持有序。显然,所插入的第一序列中的特定元素将第二序列划分成了若干个新的段。经过上述的步骤后,已将原归并问题划分成了若干个成对的段(称之为**段组**)的归并问题。问题的关键是如何将系统中有效的处理器分配给各个归并段组,以确保它们能并行地执行。当有足够的处理器可使用时,就可并行地对各段组进行递归调用。如此下去,只要有一段长度为 0,递归就结束。

现根据处理器数 k 的不同值,分别讨论。假定 p 和 q 分别是两待归并序列 A 和 B 之长度,且约定 $p \leq q$。

5.5.2 $k = \lfloor \sqrt{pq} \rfloor$ 时 Valiant 归并

算法 5.4 SIMD-CREW 模型上的 Valiant 归并算法($k = \lfloor \sqrt{pq} \rfloor$)

输入:两个有序序列 A 和 B,$|A| = p$,$|B| = q$。

输出:长度为 $p+q$ 的有序序列。

begin

(1) 将 A 和 B 序列中位置分别是 $i\lceil\sqrt{p}\rceil$ 和 $i\lceil\sqrt{q}\rceil$($i = 1, 2, \cdots$)的一些元素打上 * 号(无疑,这样的元素在 A 中至多有 $\lfloor\sqrt{p}\rfloor$ 个,在 B 中至多有 $\lfloor\sqrt{q}\rfloor$ 个,它们分别将 A 和 B 分成了若干段)。

(2) 将 A 中每个带 * 号的元素与 B 中每个带 * 号的元素同时进行比较(这至多需要进行 $\lfloor\sqrt{p}\rfloor \cdot \lfloor\sqrt{q}\rfloor \leq \lfloor\sqrt{pq}\rfloor$ 次比较,显然在 k 台处理器上可一步完成。此步执行的结果,就确定了 A 中带 * 号的元素分别会插入到 B 中的哪一段)。

(3) 将 A 中带 * 号的元素与所插入的 B 段中的每个元素(B 中带 * 号的元素除外)进行比较(这最多需要进行 $\lfloor\sqrt{p}\rfloor(\lceil\sqrt{q}\rceil - 1) < \lfloor\sqrt{pq}\rfloor$ 次比较。显然在 k 台处理器上可一步完成。此步执行的结果,就确定了 A 中带 * 号的元素应插入到 B 中的哪个位置。同时这些插入位置又将 B 重新划分成了若干个段)。

(4) 上一步中,B 被重新划分的各段与原 A 中相应各段构成了一些新的(成对的)段组。在各段组内仍按 $k = \lfloor\sqrt{pq}\rfloor$ 的处理器分配原则,递归执行(1)到(3)步。当各段组中某一序列之长度为零时,则递归结束。

end

下面分析一下，第(4)步递归归并时，原来的 k 台处理器是否够用？

设 A 和 B 中各段长度分别为 p_i 和 q_i，显然，A 的各段长度之和 $\sum p_i \leq p$；而 B 的各段长度之和 $\sum q_i \leq q$。根据柯西不等式，$\sum \sqrt{p_i q_i} \leq \sqrt{\sum p_i \sum q_i}$，所以

$$\sum \lfloor \sqrt{p_i q_i} \rfloor \leq \lfloor \sum \sqrt{p_i q_i} \rfloor \leq \lfloor \sqrt{\sum p_i \sum q_i} \rfloor \leq \lfloor \sqrt{pq} \rfloor = k$$

可见，各段组并行递归调用时，k 台处理器是够用的。

至于算法的时间复杂度可分析如下：

由于归并过程中，各段组中的两个有序序列均是 A、B 中的一段，所以从 A 的分段来看，可以断言，每个归并中的两段，至少有一段其长度不大于 $\lfloor \sqrt{p} \rfloor$。如果假定第 i 次递归归并中，某归并有一序列长度为 λ_i，那么第 $i+1$ 次递归中，每个递归必有一序列长度为 $\lambda_{i+1} \leq \lfloor \sqrt{\lambda_i} \rfloor$。如令 $\lambda_0 = p$，则可推得 $\lambda_i \leq \lfloor p^{2^{-i}} \rfloor$。根据递归结束的条件可得，当 $i \leq \log\log p + const.$ 时，算法就会结束。注意到每层递归中要做两次比较，所以在 k 台处理器上，Valiant 的并行归并的时间复杂度为

$$t_k(p,q) \leq 2 \lceil \log\log p + const. \rceil \tag{5.8}$$

5.5.3 $k = \lfloor r\sqrt{pq} \rfloor$ 时 Valiant 归并

直观上可以理解，如果每次动态分组段数越多，段内长度亦越短，从而递归的层次必定越少，速度自然也就越快，当 $k = \lfloor r\sqrt{pq} \rfloor$ 时，上一节中的归并算法可修改如下：

算法 5.5 SIMD-CREW 模型上的 Valiant 归并算法 ($k = \lfloor r\sqrt{pq} \rfloor$, $r > 1$)

输入：两个有序序列 A 和 B，$|A| = p$，$|B| = q$。

输出：长度为 $p+q$ 的有序序列。

begin

(1) 将 A 和 B 序列中位置分别为 $i \lceil \sqrt{p/r} \rceil$ 和 $i \lfloor \sqrt{q/r} \rfloor$ ($i = 1, 2, \cdots$) 的一些元素打上 * 号。

(2) 同算法 5.4 的 (2)。

(3) 同算法 5.4 的 (3)。

(4) 其他同算法 5.4 的 (4)，只是递归分配处理器的原则改为 $k = \lfloor r\sqrt{pq} \rfloor$。

end

类似上节的分析，可以有 $\lambda_{i+1} = \lfloor \sqrt{\lambda_i / r} \rfloor$。如令 $\lambda_0 = p$，则 $\lambda_i \leq \lfloor p^{2^{-i}} / r^{(\frac{1}{2} + \frac{1}{4} + \cdots + \frac{1}{2^i})} \rfloor$。根据递归结束条件，则 $i \leq \log\log p - \log\log r + const.$。所以在 k 台处理器上 Valiant 归并时间为

$$t_{k'}(p,q) \leq 2(\log\log p - \log\log r) + const. \tag{5.9}$$

*5.6 Hirschberg 并行桶排序算法

20 世纪 70 年代出现了很多优秀的并行排序算法,包括前面介绍的双调排序算法和归并排序算法以及后面将要介绍的并行枚举排序算法。本节将要介绍 Hirschberg 的并行桶排序算法,其思想源于基排序算法。

5.6.1 并行桶排序算法原理

桶排序(Bucket Sorting)又称**分布(式)排序**(Distributed Sorting)。一般执行过程分为三步:① 按键之属性将其分配到各个桶中;② 在各桶内施行排序;③ 将各桶组合输出。桶排序所需的桶数与键的属性有关,当对键的属性不能有更多了解时,桶排序所需的存储空间是相当大的。

Hirschberg 曾经基于桶排序原理,在 n 台处理器上实现了 n 个取值范围为 $\{0:m-1\}$ 的数 $c_i(0 \leq i \leq n-1)$ 的并行桶排序算法,其时间为 $O(\log n)$,占用 $O(mn)$ 的存储空间而无存储冲突,但却存在排序过程中将原待排序序列中的重复元素自动删除的副作用[7]。

如果 n 个待排序的数 $c_i(0 \leq i \leq n-1)$ 取值范围为 $\{0:m-1\}$,则需设有 m 个桶,也就是在公共存储器中要开辟 m 个区域 $m_j(0 \leq j \leq m-1)$,每个桶对应一个区。约定处理器从 0 开始按顺序编号,其中 P_i 指派给数 c_i,且处理器 P_i 负责将号码 i 置于相应的 c_i 桶中(例如,如果 P_3 中存有 5,则它就将 3 置于桶 5 中),然后用桶中的处理器号码去激活相应的处理器以给出排序好的文件。这样做带来的问题是,由于 n 个数的序列中可能有重复元素,所以就可能导致多个处理器同时向同一个桶中存放不同的 i 值,从而造成所谓存储器的**存冲突**(Memory-Store Conflict)。解决此冲突的最根本的办法是增加足够的存储容量。如果在最坏的情况下,所有的数都置于同一个桶中,那么,只要每个桶都具有 n 个单元,这样每个处理器都可以自由地向桶中置数而不必担心存冲突。如此一来,并行桶排序所需的存储空间就等于 $O(m \times n)$ 了。

对于有重复元素的情况,Hirschberg 采用了删除相同元素重复副本的办法来做并行桶排序。对于处理器 P_i,如果存在着另一个处理器 P_j,其中 $j < i$ 且 $c_i = c_j$,那么 P_i 就暂时被封锁(即不活动)。按此方式,对每个待排序的数而言,当将 i 置入 c_i 时仅有一个处理器是活动的。但对于那些不活动的处理器便失去了一些重复元素,这就是并行桶排序会存在删除重复元素的副作用的原因。具体实现删除

的方法是：对每个存储区域 m_j，分配 n 个单元(编号从 0 到 $n-1$)。在每个存储区域 m_j 内，所有具有 $c_i = j$ 的处理器 P_i 都能在单元 i 留下标记而不必担心存冲突。在迭代的过程中，每个处理器可决定同一区域中它的**伙伴**(Buddy)是不是活动的，如果是活动的，则具有较高序号(即较大的号码 i)的处理器将不活动；如果伙伴是不活动的，或者它是活动的但具有较高的序号，则处理器将继续工作，并将其标记移向序号比它小的伙伴位置。经过第 k($k = \log n$) 次迭代后，一个标记将出现在其最后 k 位是 0 而 $\log n - k$ 位与在同一区域中活动处理器的地址相应位一致的位置上。因此，每一个这样的位置，当且仅当在该区域中任一处理器当初是活动的将被标记之。经过 $\log n$ 次迭代后，一个区域中的第一个位置，当且仅当在该区域中的任一处理器当初是活动的将被标记之。

注意，按此方式，处理器将其标记朝着区域 m_i 的第一个位置移动。如果在该区域中存在着多于一个处理器，那么具有最小 i 的处理器 P_i 先到达第一个位置。而其他的一些处理器将朝着低序号的伙伴移动，它们最终将被封锁，至少当它们达到第一个位置(0 号)时。

5.6.2 并行桶排序算法描述

下列算法中，在公共存储器中的变量用大写，其余为局部变量。

算法 5.6 SIMD-EREW 模型上的 Hirschberg 并行桶排序算法

输入：$AREA[j,i] = 0$(供处理器留下标记用)，$BUCKET[j] = -1$(保存处理器号码)，其中 $0 \leq i \leq n-1, 0 \leq j \leq m-1$；$c_i \in \{0:m-1\}$(没有必要不同)。

输出：$BUCKET[j] = \begin{cases} \min\{i\}, & \text{如果 } c_i = j \\ 0, & \text{否则} \end{cases}$

令 $e_k = 0\cdots010\cdots0$(从右数起第 k 位为 1，其余均为 0)。

begin

    for all i **par-do**

        (1) 令 $i = b_{\log n}\cdots b_1$ /* 是 i 的二进制表示 */

        (2) $x \leftarrow i$ /* x 是标记 P_i 的位置 */

        (3) $AREA[c_i, x] \leftarrow 1$ /* 指明 P_i 的存在且正在活动 */

        (4) $active \leftarrow true$

        (5) **for** $k = 1$ **to** $\log n$ **do** /* 在同一区域内决定其伙伴是否是活动的 */

            (5.1) $buddy \leftarrow x \oplus e_k$ /* 伙伴的地址，$\oplus$ 操作完成 x 的第 k 位取补 */

(5.2) $count \leftarrow AREA[c_i, buddy]$ /* 如果伙伴是活动的,$count \neq 0$ */

(5.3) **if** ($x_k = 1$ and $count \neq 0$) **then**/* x_k 表示从右数起的 x 的第 k 位 */

$active \leftarrow false$ /* 如果伙伴是活动的且 P_i 的序号较高,则 P_i 被封锁,而伙伴继续工作 */

end if

(5.4) **if**($x_k = 1$ and $count = 0$ and $active$) **then**

(i) $AREA[c_i, x] \leftarrow 0$ /* 如果伙伴是不活动的且 P_i 的序号较低,则 P_i 将其标记移向伙伴的位置 */

(ii) $x \leftarrow buddy$

(iii) $AREA[c_i, x] \leftarrow 1$

end if

end for

(6) **if** $active$ **then** $BUCKET[c_i] \leftarrow i$ **end if**

end for

end

显然,算法的存储空间为 $O(mn)$,使用了 n 台处理器而运行时间为 $O(\log n)$,因为只有第(5)步重复 $\log n$ 次。

5.7 Preparata 并行枚举排序算法

枚举方法在串行算法中是不可取的,但令人兴奋的是它在并行排序中却大放异彩,因为枚举比较本身潜在着并行执行的可能性,Preparata 并行枚举排序算法充分体现了这一点。另外,该算法最新颖和独特之处是巧妙地利用了前面所介绍的 Valiant 快速归并算法来实现枚举比较。此点对学习如何设计优秀算法富有启发性。

5.7.1 枚举排序及其实现方法

枚举排序(Enumeration Sorting)方法非常简单,其基本思想是每个数都与所有其余的数进行比较,而比其为小的数目就决定了该元素在有序序列中的最终位置。

枚举排序一般可分为三步：

(1) **枚举比较** 系指将元素分成若干个组，然后决定每一元素小于各组中其余元素的数目，此数目称为"计数个数"。

(2) **位序计算** 系指对上一步中每一元素的计数个数求和，此和就是该元素在有序序列中的次第位置。

(3) **数据分布** 系指将每一元素按照第(2)步计算出的和放入有序序列的正确位置上。

上述枚举排序方法可以进一步算法化。假定欲排序 n 个数（$n = kr, r$ 为任意整数），且约定诸元素表达为数组形式，其中 $A[i:j]$ 表示 $A[i]A[i+1]\cdots A[j]$，于是枚举排序过程可描述如下：

算法5.7 枚举排序

输入：待排序的 n 个数的数组 $A[0:n-1]$，整数 r。

输出：已排序的 n 个数的数组 $A[0:n-1]$。

begin

(1) define $A_i[0:r-1] \leftarrow A[ir:(i+1)r-1]$ $(i=0,\cdots,k-1)$

(2) $c_l^{(ij)} \leftarrow \begin{cases} |\{A_j[h]\,|\,{}_{A_j[h] \leq A_i[l]}\}| & (j<i) \\ |\{A_j[h]\,|\,{}_{A_j[h] < A_i[l]}\}| & (j>i) \end{cases}$

$c_l^{(ii)} \leftarrow |\{A_i[h]\,|\,{}_{A_i[h] \leq A_i[l], h<l}\} \cup \{A_i[h]\,|\,{}_{A_i[h] < A_i[l], h>l}\}|$

(3) $rank(A_i[l]) \leftarrow \sum_{j=0}^{k-1} c_l^{(ij)}$

(4) $A[rank(A_i[l])] \leftarrow A_i[l]$

end

注意，上述算法的第(2)、(3)、(4)步分别实现枚举比较、次序计算、数据分布。同时算法必须确保所有的 $rank$ 值都互不相同，这对数据分布而言是个关键条件，否则就会出现**存冲突**。在有相同的 $rank$ 值的情况下，要假定排序是稳定的，即在已排序数组中相同元素（键）保持排序前的顺序。

下面所要介绍的排序算法使用 Valiant 归并的方法实现枚举比较是基于如下的事实：假定两个已排序的序列 $A_j[0:r-1]$ 和 $A_i[0:r-1]$，其中 $r>1$ 且 $j<i$，那么很容易想到：可以使用归并此两序列的办法，求得 $A_j[0:r-1]$ 中不大于 $A_i[l](l=0,\cdots,r-1)$ 中元素的数目，以及在 $A_i[0:r-1]$ 中小于 $A_j[h](h=0,\cdots,r-1)$ 中元素的数目。事实上，令 $B[0:2r-1]$ 是归并 $A_j[0:r-1]$ 和 $A_i[0:r-1]$ 两个有序序列的数组（假定归并是稳定的，即在 $B[0:2r-1]$ 中相同元素的顺序保持与 $A_j[0:r-1]$ 和 $A_i[0:r-1]$ 中相同元素的顺序一致）。如果 $B[q] = A_i[l]$，则 $B[q]$ 中有

$A_j[0:r-1]$ 的 $(q-l)$ 项不大于 $A_i[l]$；类似地，如果 $B[q]=A_j[h]$，则在 $B[q]$ 中有 $A_i[0:r-1]$ 的 $(q-h)$ 项小于 $A_i[h]$。

5.7.2 排序算法的设计和分析

Preparata 曾提出 SIMD-CREW 和 SIMD-EREW 两个模型上的枚举排序算法[8]，本节仅讨论前者。注意，为了满足 Valiant 归并算法的要求，处理器必须具有播送能力，以便每个元素可同时与几个其他元素进行比较。

1. 算法设计

算法 5.8 SIMD-CREW 模型上的 Preparata 枚举排序算法

输入：待排序的数组 $A[0:n-1]$。
输出：已排序的数组 $A[0:n-1]$。
Procedure $PREPSORT(A[0:n-1])$
begin
  (1) $k \leftarrow \lceil \log n \rceil$, $r \leftarrow \lfloor n/\lceil \log n \rceil \rfloor$
  (2) define Arrays $S[0:k;0:k;0:2r-1]$, $R[0:k;0:k;0:r-1]$
          $A_i[0:r-1] \leftarrow A[ir:(i+1)r-1]$ $(i=0,\cdots,k-1)$
          $A_k[0:n-kr-1] \leftarrow A[kr:n-1]$ $(n>kr)$
  (3) $A_i[0:r-1] \leftarrow PREPSORT(A_i[0:r-1])$ $(i=0,\cdots,k-1)$
       $A_k[0:n-kr-1] \leftarrow PREPSORT(A_k[0:n-kr-1])$
  (4) $S[i;j;0:r-1] \leftarrow A_i[0:r-1]$ $(i=0,\cdots,k-1;j=i+1,\cdots,k)$
      $S[i;j;r:2r-1] \leftarrow A_j[0:r-1]$ $(i=0,\cdots,j-1;j=1,\cdots,k)$
  (5) $S[i;j;0:2r-1] \leftarrow MERGE(S[i;j;0:r-1], S[i;j;r:2r-1])$
          $(i=0,\cdots,k-1;j=i+1,\cdots,k)$
  (6) $Let(x,l) \leftarrow LABEL\ S[i;j;q]$
     if $x=i$ **then** $R[i;j;l] \leftarrow q-l$
        else $R[j;i;l] \leftarrow q-l$ $(i=0,\cdots,k-1;j=i+1,\cdots,k;q=0,\cdots,2r-1)$
     end if
  (7) $R[i;i;l] \leftarrow l$ $(i=0,\cdots,k;l=0,\cdots,r-1)$
  (8) $rank(A_i[l]) \leftarrow \sum_{j=0}^{k-1} R[i;j;l]$ $(i=0,\cdots,k;l=0,\cdots,r-1)$
  (9) $A[rank(A_i[l])] \leftarrow A_i[l]$ $(i=0,\cdots,k;l=0,\cdots,r-1)$
end

2. 算法分析

算法 5.8 的第(2)步中,如果 $n = kr$,则 A_k 显然为空;为了简单起见,定义三维数组 S 有 $2r(k+1)^2$ 个单元,虽然算法只使用 $S[i;j;q]$ $(i<j)$。

对于上述递归构造的算法,可以使用归纳法证明其正确性。而且归纳从 $n \geq 4$ 开始,假定对于 $p < n$,为了排序 p 个数,至多要求 $\lfloor p\log p \rfloor$ 个处理器。

算法 5.8 的第(3)步是并行递归调用排序 k 组,每组 r 个元素,可能其中有一组有 $(n-kr)$ 个元素。按照归纳假定,它至多使用 $k\lfloor r\log r \rfloor + \lfloor (n-kr)\log(n-kr) \rfloor$ 个处理器。因为 $n - kr < \lceil \log n \rceil$,所以所使用的处理器数目少于

$$k\lfloor r\log r \rfloor + \lfloor (n-kr)\log(n-kr) \rfloor$$
$$= \lceil \log n \rceil \cdot \lfloor \lfloor n/\lceil \log n \rceil \rfloor \cdot \log\lfloor n/\lceil \log n \rceil \rfloor \rfloor + \lfloor \lceil \log n \rceil \log \lceil \log n \rceil \rfloor$$
$$\leq n\log(n/\lceil \log n \rceil) + \lceil \log n \rceil \log \lceil \log n \rceil$$
$$= n\log n - \log\lceil \log n \rceil(n - \lceil \log n \rceil)$$
$$\leq n\log n - 1$$
$$\leq \lfloor n\log n \rfloor, n \geq 3$$

为了规整起见,数组 A_k 的大小扩展至 r,其中 $A_k[n-kr:r-1]$ 的每个单元均用大于任何元素的哑元填充。

算法 5.8 的第(4)步是复制操作,其目的是为了对所有的 (i,j),其中 $i<j$,得到 $S[i;j;0:2r-1] = A_i[0:r-1]A_j[0:r-1]$。在假定的模型中,只使用 $\binom{k+1}{2} \cdot r$ 个处理器,就可以在两个单位时间内完成 $\binom{k+1}{2} \cdot 2r$ 次基本复制操作。

算法 5.8 的第(5)步使用 Valiant 归并算法 $MERGE$,它能在 $c_1 \log\log r$ 时间内用 $\binom{k+1}{2} \cdot r$ 个处理器完成之,c_1 为某一常数。

算法 5.8 的第(6)和(7)步实现枚举比较。事实上,在第(7)步之后,$R[i;j;l]$ 之内容就是 $c_l^{(ij)}$;而 $R[i;i;l]$ 之内容就是 $c_l^{(ii)}$。第(6)步可用 $\binom{k+1}{2} \cdot r$ 个处理器在两个单位时间内完成;而第(7)步使用 $(k+1)r$ 个处理器可在单位时间内完成。

为了稍后方便,约定用标号 (i,l) 表示 $A_i[l]$。算法 5.8 的第(8)步执行位序计算,对于每一对 (i,l),和之计算可用 $\lfloor (k+1)/2 \rfloor$ 个处理器在 $\lceil \log(k+1) \rceil \approx \log\log n$ 时间内完成。所以总的处理器数为 $n\lfloor (k+1)/2 \rfloor$。由此可知,第(4)步到第(7)步所使用的处理器数不会多于

$$r\binom{k+1}{2} = \lfloor n/\lceil \log n \rceil \rfloor \lceil \log n \rceil \left(\frac{\lceil \log n \rceil + 1}{2}\right) \leq \frac{\lceil \log n \rceil + 1}{2} \cdot n$$

而第(8)步所使用的处理器数为 $n\lfloor (k+1)/2 \rfloor \leq n(\lceil \log n \rceil + 1)/2$。因为对于所

有 $n \geq 4$,$n(\lceil \log n \rceil +1)/2 < \lfloor n\log n \rfloor$,所以归纳假定得以推广。

令 $t(n)$ 为排序 n 个数算法 5.8 所需的时间,因为 $r \approx n/\log n$,所以,$t(n) = t(n/\log n) + c_2 \log \log n + c_3$。对于某些固定常数 c_2 和 c_3,不难证实 $c_2 \log n + O(\log n)$ 这种形式的函数就是上述递归方程的解。

Preparata 在 SIMD-EREW 模型上的排序算法,排序 n 个数,使用 $n^{1+\varepsilon}(0<\varepsilon \leq 1)$ 个处理器,可在 $(c'/\varepsilon) \log n + O(\log n)$ 时间内完成,其中 c' 为某一常数[8]。

*5.8 Cole 并行归并排序算法

上一节介绍了 Preparata 在 SIMD-CREW 模型上的基于 Valiant 归并方法的 n 个数的枚举排序算法,其复杂度是 $p(n) = O(n\log n)$,$t(n) = O(\log n)$;1983 年,Kruskal[9] 采用 Preparata 的基本算法,改进了 Valiant 的结果($p(n) = n$,$t(n) = O(\log n \log \log n)$),其复杂度为 $p(n) = n$,$t(n) = O(\log n \log \log n / \log \log \log n)$;1986 年,Bilardi 和 Nicolau[10] 给出了一种在 SIMD-EREW 模型上的双调排序算法,其复杂度是 $p(n) = n/\log n$,$t(n) = O(\log^2 n)$,且运行时间中的常数是小的。本节将介绍 1988 年由 Cole[11] 提出的归并排序算法,其复杂度在 SIMD-CREW 模型上为 $p(n) = n$,$t(n) = O(\log n)$,且运行时间中的常数是小的;而在 SIMD-EREW 模型上维持了相同的复杂度,虽然其运行时间中的常数比前者大,但仍是适中的。

5.8.1 使用覆盖和位序的归并方法

定义 5.2 令 c 是一个正整数,称有序序列 X 为有序序列 Y 的 c-**覆盖**(Cover),如果 Y 中至多有 c 个元素处于 $X_\infty = (-\infty, X, +\infty)$ 的一对相邻元素之间。即,给定 X_∞ 中任意两相邻元素 α 和 β,则集合 $\{y_i \mid y_i \in Y$ 且 $\alpha < y_i \leq \beta\}$ 中至多有 c 个元素。

例 5.4 令 $X = (-1, 15, 21, 23)$ 和 $Y = (-10, -5, -2, -1, 4, 5, 10, 12, 20, 22, 26, 31, 50)$,则 X 是 Y 的 **4-覆盖**。例如,考虑 $X_\infty = (-\infty, -1, 15, 21, 23, +\infty)$ 中的两元素 $(-1, 15)$,显然 Y 中的 -1 和 15 之间有 $4, 5, 10$ 和 12 等 4 个元素。□

为了便于参照和更完整,再将第 2.4.1 节的归并原理摘抄如下:

定义 5.3 一个给定序列 X 中的元素 x 之**位序**,记为 $rank(x:X)$,是 X 中 $\leq x$ 的元素的数目。一个序列 $Y = (y_1, y_2, \cdots, y_m)$ 在序列 X 中的位序,记之为 $rank(Y:X)$,相当于计算一个整数数组 $rank(Y:X) = (r_1, r_2, \cdots, r_m)$,其中 $r_i = rank(y_i:X)$。

例 5.5 令 $X = (25, -13, 26, 31, 54, 7)$,$Y = (13, 27, -27)$。则 $rank(Y:X) = (r_1, r_2, r_3)$,其中 $r_1 = rank(y_1:X) = rank(13:X) = 2$,$r_2 = rank(y_2:X) = rank(27:X)$

$=4$, $r_3 = rank(y_3:X) = rank(-27:X) = 0$。所以 $rank(Y:X) = (2,4,0)$。□

假定 A 和 B 是两个有序序列,则归并 A 和 B 的问题可视为确定每一个来自 A 或 B 序列中的元素 x 在集合 $A \cup B$ 中的位序的问题。如果 $rank(x:A \cup B) = i$,则 $c_i = x$,其中 c_i 是所希望的有序序列中的第 i 个元素。因为 $rank(x:A \cup B) = rank(x:A) + rank(x:B)$,所以归并问题的求解可以采用确定两个整数数组 $rank(A:B)$ 和 $rank(B:A)$ 的办法。确定位序可以使用**对半搜索法**。

下面一条引理是 Cole 归并排序的基础。

引理 5.1 令 A 和 B 是长度分别为 n 和 m 的有序序列,而 X 是 A 和 B 的 c-覆盖(c 为某一常数)。如果 $rank(X:A)$ 和 $rank(X:B)$ 均已知,则归并 A 和 B 的问题可在 $O(1)$ 时间内使用 $O(|X|)$ 次操作解决之。

证明 令 $X = (x_1, \cdots, x_s)$,$rank(X:A) = (r_1, r_2, \cdots, r_s)$,$rank(X:B) = (t_1, t_2, \cdots, t_s)$。对于每个 i,$1 \leq i \leq s+1$,令 $A_i = (a_{r_{i-1}+1}, \cdots, a_{r_i})$,$B_i = (b_{t_{i-1}+1}, \cdots, b_{t_i})$,其中 $r_0 = t_0 = 0$ 和 $r_{s+1} = n$,$t_{s+1} = m$。这样 A 和 B 均做了如图 5.14 所示的划分。注意,如果 $r_{i-1} = r_i$ 或 $t_{i-1} = t_i$,则 A_i 或 B_i 可为空。下面示出如何计算 $rank(A:B)$,而 $rank(B:A)$ 的计算是类似的。假定 $A_i \neq 0$ 且令 $a \in A_i$,则 $rank(a:B) = t_{i-1} + rank(a:B_i)$,这是因为 $b_{t_{i-1}} \leq x_{i-1} < a_{r_{i-1}+1} \leq a \leq a_{r_i} \leq x_i < b_{t_i+1}$。因而问题就变成去确定 $rank(a:B_i)$,而 $|B_i| \leq c$(因为 X 是 B 的 c-覆盖)。所以 a 可在 $O(1)$ 时间内定序于 B_i 中,从而数组 $rank(A:B)$ 可在 $O(1)$ 时间使用了线性次操作而找到。□

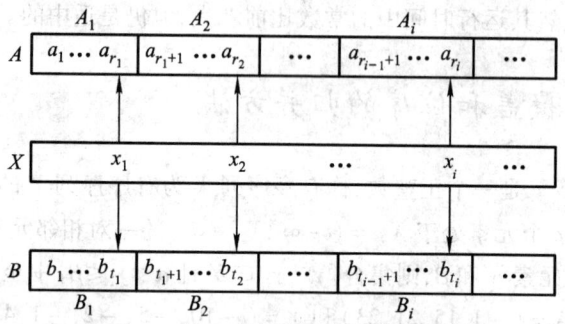

图 5.14 使用覆盖方法归并 A 和 B

注意,假定已知 X 是 B 的 c-覆盖。如给定 $rank(A:X)$ 和 $rank(X:B)$,则上述证明引理 5.1 的技术使我们可以在 $O(1)$ 时间,运用 $O(|A| + |X|)$ 次操作来确定 $rank(A:B)$。

事实上,引理 5.1 是说,如果欲归并两有序序列 A 和 B,可以借助序列 X 将 A 和 B 划分成若干个分组 A_i 和 B_i;然后 A_i 和 B_i 就可在 $O(1)$ 时间内完成归并;最终将各归并的结果链接起来,就可形成一个完整的有序序列。但在一般情况下,如果将 A 和 B 施行任意划分(不使用序列 X)后再进行两两归并,最终按自然顺序链接起来,未必就一定能得到正确的结果。所以一个满足一定要求的序列 X 是很关键的,所要求的就是 X 必须是 A 和 B 的 c-覆盖。

例 5.6 令 $A = (2,3,7,8,10,14,15,17,18,21)$, $B = (1,4,6,9,11,12,13,16,19,20)$。如果将 A 和 B 随意按两个元素一组进行划分后再两两归并,最终按自然顺序链接起来就不是一个有序序列。但若使用序列 $X = (5,10,12,17)$,按引理 5.1 证明中所述的方法进行划分后得 $A_1 = (2,3)$, $A_2 = (7,8,10)$, $A_3 = \emptyset$, $A_4 = (14,15,17)$, $A_5 = (18,21)$; $B_1 = (1,4)$, $B_2 = (6,9)$, $B_3 = (11,12)$, $B_4 = (13,16)$, $B_5 = (19,20)$。这样将 A_i 和 $B_i (1 \leq i \leq 5)$ 两两归并后,再按自然顺序链接起来,就会得到一个完整的有序序列。□

5.8.2 Cole 最佳排序算法

1. 树变换

因为 Cole 排序是在树上进行的,所以先要对一般树进行一些变换。令 T 是一棵二叉树,其每个叶节点 u 存有一无序序列 $A(u)$,欲使每个内节点 v 包含有序序列 $L(v)$。现在要对图 5.15(a) 所示的树 T 施行两次变换:第一次变换是将每个具有表列 $A(u)$ 的叶节点,用一棵有 $|A(u)|$ 个叶子的平衡二叉树代替。这样 T 增加了 $O(\log(\max_u |A(u)|))$ 高度,但每个叶子只至多存有一个元素;第二次变换是强使每个内节点只有两个儿子,如无,则插入一个包含零元素的叶。图 5.15(b) 是 (a) 施行两次变换后的结果。

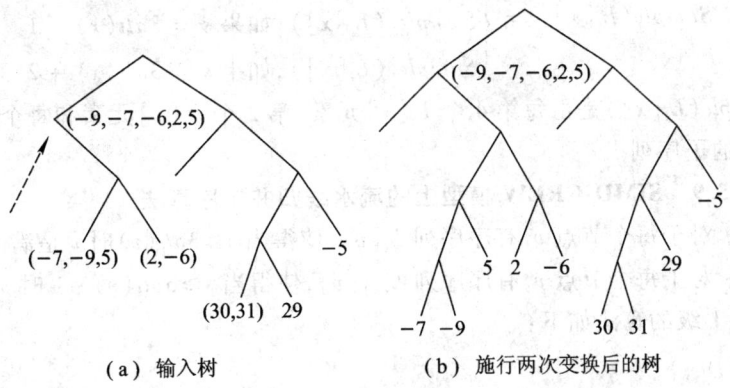

(a) 输入树　　　　　(b) 施行两次变换后的树

图 5.15 树变换示例

2. 流水线归并排序算法

Cole 归并排序使用了 3 个概念: c-覆盖, $rank(A:B)$ 和下面要引入的 c-采样。

定义 5.4 给定有序序列 L,则 L 的 c-采样,记之为 $sample_c(L)$,是由 L 的每第

c 个元素所组成的有序序列。即如果 $L=(l_1,l_2,\cdots)$,则 $sample_c(L)=(l_c,l_{2c},\cdots)$。

并行归并排序策略是基于自叶向根前向遍历二叉树,使得在高度 h 的所有节点的序列 $L[v]$ 完全确定后,在高度 $h+1$ 处的节点才开始处理。所谓**流水线分治策略**,就是在算法的一些级(Stages)上确定有序序列 $L[v]$,使得在第 s 级时 $L_s[v]$ 是 $L[v]$ 的一种近似,这种近似性将在第 $s+1$ 级加以改进。与此同时,$sample_c(L_s[v])$ 也被向上传播。此法的成功之处在于流水线的错综复杂组合和采样序列的有效归并。

下面先来精确地描述 $L_s[v]$ 的确定过程;然后再来证明和分析它,为此先要定义以下几个术语:

如果 v 是一个内节点,则令 $L_0[v]=0$;否则 $L_0[v]$ 等于叶 v 所存储的元素。

定义 5.5 节点 v 的**高度**定义为 $alt(v)=h(T)-level(x)$,其中 $h(T)$ 是树 T 之高度,$level(v)$ 是自根向叶的路径长度。

一个内节点 v 的序列 $L_s[v]$ 将在各级 s 上被修改,只要满足 $alt(v)\leqslant s\leqslant 3alt(v)$。

定义 5.6 对于节点 v,如果 $alt(v)\leqslant s\leqslant 3alt(v)$,则称 v 在级 s 是**活动的**。

算法将修改序列 $L_s[v]$,使得节点 v 当 $s\geqslant 3alt(v)$ 时将是**满的**,即当 $s\geqslant 3alt(v)$ 时 $L_s[v]=L[v]$。很清楚,经过 $3h(T)$ 级后,根节点也将是满的,并且所有的节点都保持了各自的有序序列。

定义 5.7 对于任意节点 x,$Sample(L_s[x])$ 定义如下:

$$Sample(L_s[x])=\begin{cases} Sample_4(L_s[x]), & \text{如果 } s\leqslant 3alt(x)\\ Sample_2(L_s[x]), & \text{如果 } s=3alt(x)+1\\ Sample_1(L_s[x]), & \text{如果 } s=3alt(x)+2 \end{cases}$$

所以,$Sample(L_s[x])$ 是由每第 4 个 $L_s[x]$ 元素、第 2 个 $L_s[x]$ 元素和每个 $L_s[x]$ 元素所组成的子序列。

算法 5.9 SIMD-CREW 模型上的流水线归并排序算法

输入:对于每个节点 v,有序序列 $L_s[v]$,使得当 $s\geqslant 3alt(v)$ 时 v 是满的。

输出:对于每个节点 v,有序序列 $L_{s+1}[v]$,使得当 $s\geqslant 3alt(v)-1$ 时 v 是满的。

第 $s+1$ 级的算法如下:

begin
    for 所有活动节点 v par-do
        (1) 令 u 和 w 是 v 的两个儿子,设置
$$L'_{s+1}[u]=Sample(L_s[u])$$
$$L'_{s+1}[w]=Sample(L_s[w])$$
        (2) 归并 $L'_{s+1}[u]$ 和 $L'_{s+1}[w]$ 为有序序列 $L_{s+1}[v]$

end for
end

例 5.7 令二叉树 T 如图 5.16 所示。根据定义,当 $s=0$ 时 $L_0[v_1]=7, L_0[v_2]=8, L_0[v_3]=6, L_0[v_4]=1, L_0[v_7]=5, L_0[v_8]=3, L_0[v_{11}]=4, L_0[v_{12}]=10, L_0[v_{13}]=9, L_0[v_{14}]=15, L_0[v_{16}]=2$。其他内节点 $L_0[x]=0$。开始时直到 $s=3$ 时才有变化,此时所有高度为 1 的节点 v_5 和 v_6 变为满的。因为 $alt(v_5)=1$,所以 v_5 在 $s=3$ 时是活动的。此时 $L'_3[v_1]=Sample_1(L_2[v_1])=(7)$;类似地 $L'_3[v_2]=(8)$,因此 $L_3[v_5]=(7,8)$。同样可得 $L_3[6]=(1,6)$。注意在 $s=6$ 时高度为 2 的一些节点变为满的。因为 $alt(v_9)=2$,所以 v_9 在 $s=5$ 时是活动的。此时 $L'_5[v_5]=Sample_2(L_4[v_5])=(8)$,$L'_5[v_6]=Sample_2(L_4[v_6])=(6)$,所以 $L_5[v_9]=(6,8)$。同样可计算 $s=6$ 时 $L_6[v_9]=(1,6,7,8)$。在 $s=9$ 时高度为 3 的一些节点变为满的。根节点 v_{21} 在所有 $5 \leq s \leq 15$ 的一些级都是活动的。然而 $L_s[v_{21}]$ 在 $s=13$ 之前均为空,在前面的各级,其两个子节点 v_{19} 和 v_{20} 中的元素均少于 4 个。在 $s=12$ 时,v_{19} 和 v_{20} 均变为满的,每级均至少包含 4 个元素。因此在 $s=13$ 时,$L_s[v_{21}]=(5,15)$,它系由归并 $Sample_4(L_{13}[v_{19}])$ 和 $Sample_4(L_{13}[v_{20}])$ 而得。在 $s=15$ 时,$L_{15}[v_{21}]$ 中包含了一个完整的有序序列。本例算法执行的过程中,在不同级树的各节点所产生的序列示于图 5.17 中。□

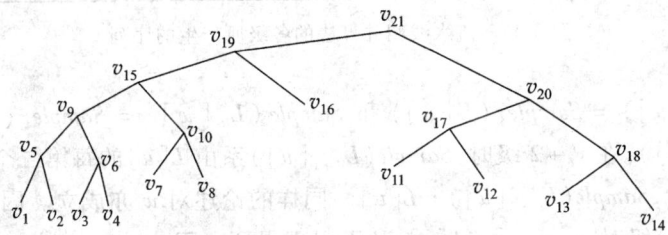

图 5.16 例 5.6 所用的二叉树

5.8.3 算法的正确性证明及分析

引理 5.2 令 v 是二叉树 T 的任意节点,则在算法 5.9 的第 $s=3alt(v)$ 级之末,v 变成满的,即 $L_s[v]=L[v]$。

证明 对 $alt(v)$ 施行归纳证明。当 $alt(v)=0$ 时所有节点都是叶节点,所以 $L_0[v]=L[v]$ 是明显的。令 v 是 $alt(v)=k>0$ 的一个节点:如果 v 是叶节点,则 $L_0[v]=L[v]$;如果 v 是一内节点,令其两个子节点为 u 和 w。显然 $alt(u)=alt(w)=k-1$。根据归纳假定,u 和 w 在 $s'=3(k-1)$ 时均变满。在 $s'+1$ 级时,$Sample(L_{s'}[u])$ 和 $Sample(L_{s'}[w])$ 将被归并成 $L_{s'+1}[v]$。但是 $Sample(L_{s'}[u])=$

v	s=0	s=3	s=5	s=6	s=8	s=9	s=11	s=13
1	(7)	(7)	(7)	(7)	(7)	(7)	(7)	(7)
2	(8)	(8)	(8)	(8)	(8)	(8)	(8)	(8)
3	(6)	(6)	(6)	(6)	(6)	(6)	(6)	(6)
4	(1)	(1)	(1)	(1)	(1)	(1)	(1)	(1)
5	0	(7,8)	(7,8)	(7,8)	(7,8)	(7,8)	(7,8)	(7,8)
6	0	(1,6)	(1,6)	(1,6)	(1,6)	(1,6)	(1,6)	(1,6)
7	(5)	(5)	(5)	(5)	(5)	(5)	(5)	(5)
8	(3)	(3)	(3)	(3)	(3)	(3)	(3)	(3)
9	0	0	(6,8)	(1,6,7,8)	(1,6,7,8)	(1,6,7,8)	(1,6,7,8)	(1,6,7,8)
10	0	0	0	(3,5)	(3,5)	(3,5)	(3,5)	(3,5)
11	(4)	(4)	(4)	(4)	(4)	(4)	(4)	(4)
12	(10)	(10)	(10)	(10)	(10)	(10)	(10)	(10)
13	(9)	(9)	(9)	(9)	(9)	(9)	(9)	(9)
14	(15)	(15)	(15)	(15)	(15)	(15)	(15)	(15)
15	0	0	0	0	(5,6,8)	(1,3,5,6,7,8)	(1,3,5,6,7,8)	(1,3,5,6,7,8)
16	(2)	(2)	(2)	(2)	(2)	(2)	(2)	(2)
17	0	0	0	0	0	(4,10)	(4,10)	(4,10)
18	0	0	0	0	0	(9,15)	(9,15)	(9,15)
19	0	0	0	0	0	(3,6,8)	(3,6,8)	(1,2,3,5,6,7,8)
20	0	0	0	0	0	0	(10,15)	(4,9,10,15)
21	0	0	0	0	0	0	0	(5,15)

图 5.17 流水线归并算法的各级所产生的序列

$Sample_4(L_{s'}[u]) = Sample_4(L[u])$ 和 $Sample(L_{s'}[w]) = Sample_4(L_{s'}[w]) = Sample_4(L[w])$。在 $s'+2$ 级时,$Sample(L_{s'+1}[u])$ 系由 $L[u]$ 的每第二个元素组成;在 $s'+3$ 级时,$Sample(L_{s'+2}[u]) = L[u]$。同样的论述对 w 亦成立。因此,在 $s'+3 = 2k = 3alt(v)$ 级时,$L_{s'+3}[v] = L[v]$,从而引理得证。□

下面一条引理表明,每级后每个序列的尺寸至多增加 2 倍。其证明可对 s 施行归纳法,具体实现作为一个习题(5.12)留给读者。

引理 5.3 令 v 是树 T 的任意节点且令 $s \geq 1$,则 $|L_{s+1}[v]| \leq 2|L_s[v]| + 4$。

注意,在给定级 s,存储在 T 中所有活动节点中的元素数为

$$n_s = \sum_{v \text{ is active}} |L_s[v]| = \sum_{\lfloor s/3 \rfloor \leq alt(v) \leq s} |L_s[v]|$$

而一个节点 v 是满的时,$alt(v) = \lfloor s/3 \rfloor$,其祖先没有一个是满的。因此,$\sum_{alt(v) = \lfloor s/3 \rfloor} |L_s[v]| \leq n$,其中 n 是 T 中叶子的数目。而这些满的节点之上一层的活动节点中至多存有 $n/2$ 个元素,再上一层为 $n/4$ 个元素,……,所以 $n_s = O(n)$。

现在剩下的问题是,如何在 $O(1)$ 时间内,使用 $O(n_s) = O(n)$ 次操作完成归并。这时引理 5.1 是主要的依据。为此先对每个节点 v,证明序列 $L_s[v]$ 是

$L'_{s+1}[u]$ 和 $L'_{s+1}[w]$ 的 4-覆盖；然后示出如何有效地产生数组 $rank(L_s[v]:L'_{s+1}[u])$ 和 $rank(L_s[v]:L'_{s+1}[w])$。

令 $Sample(L_{s-1}[v]) = L'_s[v]$ 和 $Sample(L_s[v]) = L'_{s+1}[v]$。假定 $[a,b]$ 是一个区间，其中 $a,b \in (-\infty, L'_s[v], +\infty)$。如果满足 $a \leq x \leq b$ 的 $X \in (-\infty, L'_s[v], +\infty)$ 的数目等于 k，则称 $[a,b]$ 与 $(-\infty, L'_s[v], +\infty)$ **相交** k 项（即有 k 个公共项）。

引理 5.4 如果 $[a,b]$ 与 $(-\infty, L'_s[v], +\infty)$ 相交 $k \geq 2$ 项，则 $[a,b]$ 与 $L'_{s+1}[v]$ 至多相交 $2k$ 项。

证明 对 s 施行归纳证明。当 $s=1$ 时显然是对的。因为没有多于一个元素的序列，因此 $L'_s[v]$ 和 $L'_{s+1}[v]$ 都是空的。

假定对于任意 $t < s$，满足 $a', b' \in (-\infty, L'_t[v], +\infty)$ 的区间 $[a',b']$ 与 $L'_{t+1}[v]$ 至多相交 $2h$ 项，其中 h 为 $[a',b']$ 和 $(-\infty, L'_t[v], +\infty)$ 公共项的数目。欲证明归纳假定对于级 s 亦成立。

令 $[a,b]$ 是满足 $a,b \in (-\infty, L'_s[v], +\infty)$ 的区间，其与 $(-\infty, L'_s[v], +\infty)$ 有 k 个公共项。假定 $s \leq 3alt(v)$。在 $s \geq 3alt(v) + 1$ 时是显然的。因为 $L_{s-1}[v] = L_s[v] = L[v]$。因为 $s \leq 3alt(v)$，$L'_s[v] = Sample_4(L_{s-1}[v])$，所以 $[a,b]$ 与 $(-\infty, L_{s-1}[v], +\infty)$ 相交 $4k-3$ 项。

记住，$L_{s-1}[v]$ 是由归并 $L'_{s-1}[u]$ 和 $L'_{s-1}[w]$ 而得，其中 u 和 w 是 v 的两个儿子，因此，属于 $[a,b]$ 和 $L_{s-1}[v]$ 的项必来自于集合 $L'_{s-1}[u] \cup L'_{s-1}[w]$。令 $[a_1,b_1]$ 是包含 $[a,b]$ 的最小区间，其中 $a_1, b_1 \in (-\infty, L'_{s-1}[u], +\infty)$。类似地，$[a_2,b_2]$ 是包含 $[a,b]$ 的最小区间，其中，$a_2, b_2 \in (-\infty, L'_{s-1}[w], +\infty)$。令 p 是 $[a_1,b_1]$ 和 $(-\infty, L'_{s-1}[u], +\infty)$ 之间的公共元素的数目，q 是 $[a_2,b_2]$ 和 $(-\infty, L'_{s-1}[w], +\infty)$ 之间的公共元素的数目。因为假定所有元素均是不同的，可得到 $p+q \leq 4k-1 = (4k-3)+2$（因为包含了来自 $\{a_1,b_1,a_2,b_2\}$ 中的两个附加元素）。

按照归纳假定，$[a_1,b_1]$ 与 $L'_s[u]$ 至多相交 $2p$ 个元素，$[a_2,b_2]$ 与 $L'_s[w]$ 至多相交 $2q$ 个元素（参见图 5.18）。现在 $L_s[v]$ 正是归并 $L'_s[u]$ 和 $L'_s[w]$ 之后所得的序列。因此，$[a,b]$ 与 $L_s[v]$ 至多相交 $2p+2q \leq 8k-2$ 个元素。因为 $L'_{s+1}[v] = Sample_4(L_s[v])$，所以，$[a,b]$ 与 $L'_{s+1}[v]$ 至多相交 $2k$ 项。□

引理 5.5 令 v 是 T 的任意节点且 $s \geq 1$，则 $L'_s[v]$ 是 $L'_{s+1}[v]$ 的 **4-覆盖**。

证明 令 $a,b \in (-\infty, L'_s[v], +\infty)$ 是相邻的。因此 $[a,b]$ 与 $(-\infty, L'_s[v], +\infty)$ 正好有两项相交，如在引理 5.4 中所示，$[a,b]$ 与 $L'_{s+1}[v]$ 至多相交 4 项（元素），因此，$L'_s[v]$ 是 $L'_{s+1}[v]$ 的 4-覆盖。□

系 5.1 对于树 T 的每个内节点 v 和 $s \geq alt(v)$ 的各级，$L_s[v]$ 是 $L'_{s+1}[u]$ 和 $L'_{s+1}[w]$ 的 4-覆盖，其中 u 和 w 是 v 的两个子节点。

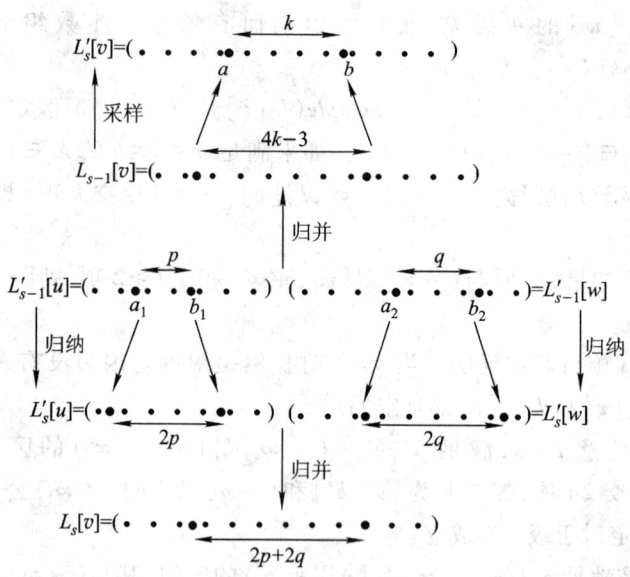

图 5.18 引理 4.4 证明示例

下面介绍采样的有效归并。

引理 5.6 给定算法 5.9 中的级数 $s \geqslant 2$。假定对于 T 之每个内节点 v 及其两子节点 u 和 w，已知：① $rank(L'_s[v]:L'_{s+1}[v])$；② $rank(L'_s[u]:L'_s[w])$ 和 ③ $rank(L'_s[w]:L'_s[u])$，那么使用 $O(|L'_{s+1}[u]| + |L'_{s+1}[w]|)$ 次操作于 $O(1)$ 时间内可计算出：① $rank(L'_{s+1}[v]:L'_{s+2}[v])$；② $rank(L'_{s+1}[u]:L'_{s+1}[w])$ 和 ③ $rank(L'_{s+1}[w]:L'_{s+1}[u])$。

证明 首先证明如何获得 $rank(L'_{s+1}[u]:L'_{s+1}[w])$。考虑数组 $rank(L'_s[u]:L'_{s+1}[u])$，当 u 是个内节点时，它可作为输入的一部分。因为 $L'_s[u]$ 的 $L'_{s+1}[u]$ 是 4-覆盖，按照引理 5.5，在 $L'_{s+1}[u]$ 中，$(-\infty, L'_s[u], +\infty)$ 的任意两相邻元素之间的元素数目至多为 4。令 S_i 是 $L'_{s+1}[u]$ 中的某一段，它是由 $L'_s[u]$ 的第 i 个和第 $i+1$ 个元素（例如说 p 和 q）之间的所有元素组成。很清楚，$|S_i| \leqslant 4$。因为数组 $rank(L'_s[u]:L'_s[w])$ 是输入的一部分，所以 p 和 q 在 $L'_s[w]$ 中的位序是已知的。令 $s_1 = rank(p:L'_s[w]), s_2 = rank(q:L'_s[w])$。所以知道由 s_1 和 s_2 所确定的位于 $L'_s[w]$ 的 S'_i 段中的 S_i 的元素（参见图 5.19）。这样，产生 $rank(L'_{s+1}[u]:L'_s[w])$ 的问题就简化为确定 S_i 中的每个元素在相应 S'_i 块中的有关的位序问题。然而，因为 $|S_i| \leqslant 4$，所以可以使用并行搜索算法确定 S_i 中所有元素在 S'_i 中的位序。这样的计算，使用 $O(|S'_i|)$ 次操作在 $O(1)$ 时间内可完成。因为 $i \neq j, S'_i$ 和 S'_j 不重叠，数组 $rank(L'_{s+1}[u]:L'_s[w])$ 可以使用 $O(|L'_{s+1}[u]| + |L'_s[w]|)$ 次操作于 $O(1)$ 时间内得到。

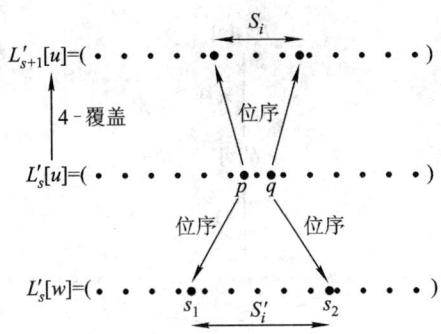

图 5.19 图示如何计算 $rank(L'_{s+1}[u]:L'_s[w])$

使用 $rank(L'_s[w]:L'_{s+1}[w])$ 和 $L'_s[w]$ 是 $L'_{s+1}[w]$ 的 4-覆盖的事实,很容易确定数组 $rank(L'_{s+1}[u]:L'_{s+1}[w])$。用类似的方法,可得到数组 $rank(L'_{s+1}[w]:L'_{s+1}[u])$。

为了确定 $rank(L'_{s+1}[v]:L'_{s+2}[v])$,要记住 $L'_{s+1}[v]$ 恰是 $L_s[v]$ 的采样,且 $L_s[v]$ 是由归并 $L'_s[u]$ 和 $L'_s[w]$ 而得。令 p 是 $L'_s[u]$ 的任意元素,当然知道 p 在 $L'_s[u]$ 中的位序。因为已经给出了数组 $rank(L'_s[u]:L'_s[w])$,也知道 p 在 $L'_s[w]$ 中的位序。因为 $rank(p:L_s[v]) = rank(p:L'_s[u]) + rank(p:L'_s[w])$,对于每个 $p \in L'_s[u]$,知道它在数组 $L_s[v]$ 中的位置。而且因为也给出了数组 $rank(L'_s[u]:L'_{s+1}[u])$,所以也知道 $rank(p:L'_{s+1}[u])$。也可按如下方法获得数组 $rank(p:L'_{s+1}[w])$:假定数组 $rank(p:L'_s[w]) = r_1$,那么,p 是处在 $L'_s[w]$ 的位置 r_1 和 r_1+1 处的元素 e 和 f 之间。因为 $rank(L'_s[w]:L'_{s+1}[w])$ 已知,所以可以在 $O(1)$ 时间内,确定出 e 和 f 在 $L'_{s+1}[w]$ 中 Sp 这一段的边界(参见图 5.20)。因为 $L'_s[w]$ 是 $L'_{s+1}[w]$ 的 4-覆盖,所以得出 $|Sp| \leq 4$。因而可在 $O(1)$ 时间内确定出 $rank(p:L'_{s+1}[w])$。因为 $rank(p:L_{s+1}[v]) = rank(p:L'_{s+1}[u]) + rank(p:L'_{s+1}[w])$,那么 p 在 $L_{s+1}[v]$ 中的位序可在 $O(1)$ 时间内确定。然而,因为 $L'_{s+2}[v]$ 是 $L_{s+1}[v]$ 之采样,所以可以在 $O(1)$ 时间内得到 p 在 $L'_{s+2}[v]$ 中的位序。

对 $L'_s[w]$ 中的所有元素,可以执行同样的步骤,所以应用线性运算量在 $O(1)$ 时间可确定出 $rank(L_s[v]:L'_{s+2}[v])$。一旦定出此值,可以很容易在 $O(1)$ 时间内使用 $O(|L'_{s+1}[v]|)$ 次操作产生数组 $rank(L'_{s+1}[v]:L'_{s+2}[x])$。□

系 5.2 在上述引理的假定下,可以使用线性运算量和 $O(1)$ 时间,确定出 $rank(L_s[v]:L'_{s+1}[u])$ 和 $rank(L_s[v]:L'_{s+1}[w])$。

对于任意活动的具有子节点 u 和 w 的节点 v,计算 $L_{s+1}[v]$ 算法可总结如下。

作为 $s+1$ 级输入的一部分,给定下述位序:① $rank(L'_s[u]:L'_{s+1}[u])$;② $rank(L'_s[w]:L'_{s+1}[w])$;③ $rank(L'_s[u]:L'_s[w])$ 和 ④ $rank(L'_s[w]:L'_s[u])$。主要步骤是:

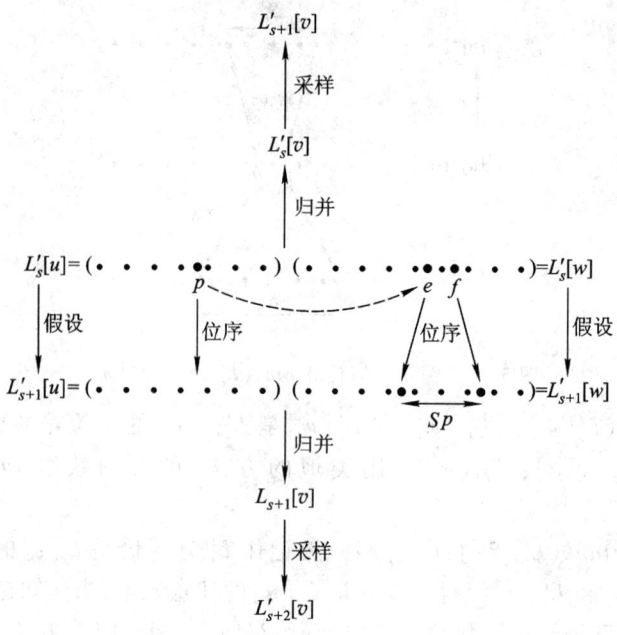

图 5.20 确定 $rank(p:L'_{s+2}[v])$ 的步骤

(1) 计算 $rank(L_s[v]:L'_{s+1}[u])$ 和 $rank(L_s[v]:L'_{s+1}[w])$（系 5.2）。

(2) 使用 $L_s[v]$ 是 $L'_{s+1}[u]$ 和 $L'_{s+1}[w]$ 的 4-覆盖,将两者归并之,而得 $L_{s+1}[v]$（引理 5.1）。

(3) 对于 $s+2$ 级修改必要的输入信息（引理 5.6）。

至此,Cole 流水线归并排序主要内容已介绍完毕。下面综合出一条主要定理:

定理 5.1 令 T 是一棵二叉树,其中每个叶节点 v 包含有序序列 $A(v)$,令 $h(T)$ 是 T 的高度,$m = \max_v |A(v)|$,那么流水线归并排序算法为 T 的每个节点产生一有序序列 $L[v]$,它包含了所有存在根为 v 的子树中的元素。整个算法运行时间为 $O(h(T) + \log m)$,使用了 $O((n_1 + n_2)(h(T) + \log m))$ 次操作。其中 n_1 是 T 的节点数,n_2 是存在 T 中的所有元素数。

证明 令 T' 是由 T 变换而来:T 中的每个序列 $A(v)$ 用一棵带有 $|A(v)|$ 个叶节点的平衡二叉树代替,T' 的高度 $\leq h(T) + \log m$ 且叶节点不多于 $n_1 + n_2$ 个。当对 T' 施行流水线归并排序时,至多有 $3(h(T) + \log m)$ 级,每级均可在 $O(1)$ 时间内使用 $O(n_1 + n_2)$ 次操作完成(记住,在任一级所有活动节点的元素的数目渐近地等于叶节点数目)。所以运行时间为 $O(h(T) + \log m)$,且运算量为 $O((n_1 + n_2)(h(T) + \log m))$。 □

系 5.3 排序 n 个元素可在 $O(\log n)$ 时间使用 $O(n\log n)$ 次操作完成。

在证明引理 5.6 过程中,使用了并发读操作,所以算法 5.9 是运行在 SIMD-CREW 模型上的。此算法可被修改运行在 SIMD-EREW 模型上,只是要求更多的执行细节[11]。

5.9 MIMD-CREW 模型上的异步枚举排序算法

MIMD 模型上的**异步算法**(Asynchronized Algorithm)是一组进程的组合,它们的部分或全体均可在一些有效的处理器上并行地执行,而执行的过程大致是这样的:开始时所有的处理器均是空闲的,当一并行算法在任意选定的处理器上启动执行时,它就生成一些称之为**进程**(Process)的待执行的计算任务。所以进程相应于算法的段,可能有多个具有不同参数的进程具有相同的算法段。一旦生成一个进程,它就必须在某一处理器上执行。如果有一空闲的处理器,进程就**指派**(Assignment)给它,此处理器就执行进程所指定的计算;否则,进程就须排队等待一个空闲的处理器。当处理器执行完一个进程时,它就变为空闲,等待的进程就可立即指派给它;如无等待的进程,处理器就排队等待新进程的生成。

5.9.1 算法原理和描述

对于基于枚举比较原理的异步排序算法,为了排序 n 个数的序列 $S=(x_1,\cdots,x_n)$,算法要生成 n 个进程。进程 $i(1\leq i\leq n)$ 将 x_i 与 S 中的其余元素进行比较,并且使用局部变量 k 记下所有小于 x_i 的元素的数目。当所有的比较都完成时,就将 x_i 置入排序序列中的 $k+1$ 位置上,因此每个进程都可能彼此独立地执行,而无通信的要求。

令 X 是存在共享存储器中长度为 n 的数组,开始时放入被排序的序列;当算法结束时,结果置于共享存储器中的 T 数组内。变量 i、j、k 是算法生成的每个进程的局部变量,于是算法可形式描述如下[12]:

算法 5.10 MIMD-CREW 模型上的异步枚举排序算法

输入:$S=(x_1,\cdots,x_n)$ 置于共享存储器的 X 数组中。

输出:已排序的序列置于共享存储器的 T 数组中。

begin

(1) **for** $i=1$ **to** n **do**

　　　生成进程 i

end for
(2) 进程 i
   (2.1) $k \leftarrow 0$
   (2.2) **for** $j = 1$ **to** n **do**
         if $X(i) > X(j)$ **then** $k \leftarrow k+1$
         else if ($X(i) = X(j)$ 且 $i > j$) **then** $k \leftarrow k+1$ **end if**
         end if
      end for
   (2.3) $T(k+1) \leftarrow X(i)$
end

上述算法中,因为所有的进程都必须同时访问整个数组 X,所以算法的模型是 MIMD-CREW。在算法中,通常一个处理器执行一个进程。算法的第(1)步可任意选定一个处理器来生成各个进程。当所有的进程都生成后,此处理器便可释放,并能执行另一等待的进程。

5.9.2 算法举例和分析

例 5.8 假定 $S = \{8,6,6,9,7\}$, $p(n) = 2$。算法的第(1)步,例如由 P_1 生成五个进程,此后所有的进程均等待开始。假定使用"**先进先出**"(First-In First-Out)的**调度策略**(Scheduling Policy)。进程 1 和 2 分别由 P_1 和 P_2 执行,它们同时计算元素 8 和 6 的次第,然后将其分别置于 T 数组的相应位置上,见图 5.21(a)。为了知道下一进程由哪一个处理器启动执行,必须研究进程 1 和 2 的执行时间。假定比较操作和赋值操作用大致相同的时间。当执行 $X(i) > X(j)$,$X(i) = X(j)$ 和 $i > j$ 以及 $k \leftarrow 0, k \leftarrow k+1$ 和 $T(k+1) \leftarrow X(i)$ 时,我们发现进程 1 和 2 分别需要 14 和 17 个时间步,见图 5.21(b)。所以进程 3 应由 P_1 启动执行,稍后(3 个时间步)P_2 启动执行进程 4。此两进程负责将元素 6 和 9 分别置于数组 T 的相应位置上,此时进程 3 需 18 个时间步,而进程 4 却只需 13 个时间步,所以进程 4 比进程 3 早结束,当然下一进程 5 应由 P_2 启动。稍后,当进程 3 执行完后,因无等待的进程,所以 P_1 变为空闲。当进程 5 执行 15 个时间步后,元素 7 便放到数组 T 的相应位置上。不难看出,算法总共需 45 个时间步。□

为了简化分析,兹假定:
① 算法第(1)步完成之前无任何进程启动。
② 可以在常数时间内解决存储器的取冲突。
③ 不考虑进程调度时间。

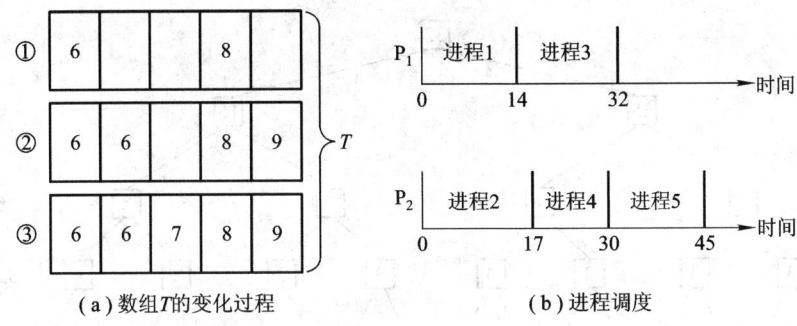

图 5.21 例 5.8 图示

算法有 n 个进程,每个包含有 $O(n)$ 次操作。如果 $p(n) = p(1 \leq p \leq n)$,则 $t(n) = \lceil n/p \rceil O(n)$,所以算法的成本为 $O(n^2)$,显然它不是最佳的。

注意,因为将待排序的序列加载到共享存储器和将排序之结果进行输出,由一个处理器可在 $O(n)$ 时间步内完成,所以在考虑到输入和输出时,上述的分析基本不变。

5.10 MIMD-TC 模型上的异步快排序算法

快排序(Quick Sort)开始是找序列 S 的中值 m,将其置于有序序列的 $\lceil n/2 \rceil$ 位置上;然后 S 按 m 划分成小于和大于 m 的两个子序列 S_1 和 S_2,再对它们递归调用快排序。当子序列长度小于 3 时,此子序列至多用一次比较可直接排序之。

5.10.1 算法原理和描述

假定在 MIMD 共享存储的模型中,各处理器之间以二叉树的方式互连。为了易于理解,令 n 是 2 的方幂,如图 5.22 所示,树的每个节点存有算法执行时所产生的一个子序列。节点中的数字表示子序列的长度。在树的第 0 级首先找 S 的第 16 个($n=32$)最小者,然后 S 被划分成长度各为 15 和 16 的两个子序列,它们由根的两个子节点表示;接着在树的第 1 级按同样的方法继续划分。当子序列的长度小于或等于 2 时划分停止。因为这样的树有 $n/2$ 个叶子,所以总共有 $\sum_{i=1}^{\log n/2} 2^i = n-1$ 个节点。这就意味着算法所生成的进程数为 $n-1$ 个。

令 X 是存在共享存储器中长度为 n 的数组,开始时 $X(i) = \{x_i\} (1 \leq i \leq n)$;$Q_i$ 为 X 的子数组,且 q_i 为 Q_i 中第一个元素的首地址,$|Q_i| = s_i$;R 为共享存储器中

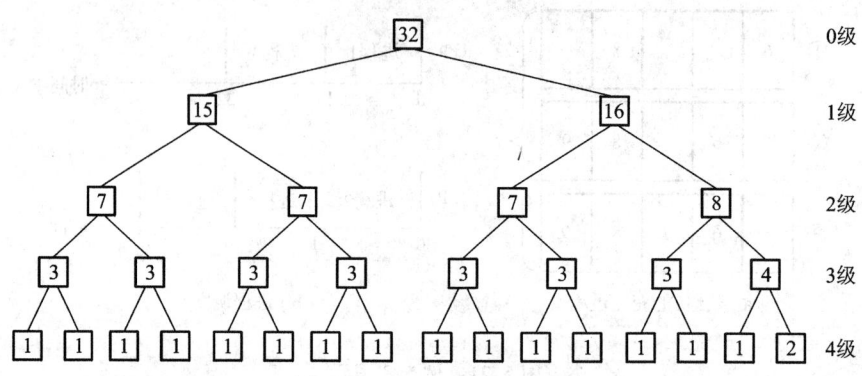

图 5.22 MIMD-TC 模型 ($n=32$)

长度为 $2^{\log n}-1$ 的用以存放 (q_i,s_i) 的数组。于是算法可形式描述如下[13]：

算法 5.11 MIMD-TC 模型上的异步快排序算法

输入：待排序序列存入共享存储器之 X 数组中。

输出：已排序的序列 Q。

begin

  (1) 令 $Q_1=X$

  (2) $R(1)\leftarrow(q_1,n)$

  (3) 生成进程 1

  (4) 进程 i：

    (4.1) 由 $R(i)$ 读取 (q_i,s_i)

    (4.2) **if** $s_i\leqslant 2$ **then** 直接排序 Q_i

    else

      (i) 找中值 m（即 Q_i 的第 $\lceil s_i/2 \rceil$ 个最小元素）

      (ii) 将 m 置于 X 的最后单元中

      (iii) 将 Q_i 划分成其元素分别小于和大于 m 的 Q_{2i} 和 Q_{2i+1}

      (iv) $R(2i)\leftarrow(q_{2i},s_{2i})$

      (v) $R(2i+1)\leftarrow(q_{2i+1},s_{2i+1})$

      (vi) 生成进程 $2i$ 和 $2i+1$

    end if

end

上述算法中，第(1)、第(2)和第(3)步指派给处理器 P_1 执行；并且处理器 P_1 执行进程 1。如果处理器 P_k 生成 Q_{2i}，则在执行进程 $2i$ 时，处理器 P_k 总是得到优先权。当进程 $2i$ 结束时，如果 Q_{2i+1} 仍在等待，那么它就指派给处理器 P_k。

5.10.2 算法举例和分析

例 5.9 假定待排序的元素有 32 个；$p(n) = p$。图 5.23 示出了 $p(n) = 8$ 时 MIMD-TC 上执行算法 5.11 的过程。指派给 Q_i 的处理器标注在相应节点的左边或下边。注意，如果在树的同一级有多个节点指派给同一个处理器，这就意味着，根在这些节点的子树用同一个处理器自左至右顺序处理之。□

为了简化分析，兹假定：① 每个处理器均能运行线性 k-选择算法。按此，求 Q_i 子序列的中值 m 和将 Q_i 划分成 Q_{2i} 和 Q_{2i+1} 均要求 $O(s_i)$ 时间步；② 两个尺寸大致相等的子序列，取用大致相等的划分时间；③ 不考虑进程调度的开销；④ 待排序序列之长度和可用的处理器数均为 2 的方幂。

对于 n 个元素，在使用 p 台处理器时 ($p < n/2$)，在树的第 k 级的每个节点（参照图 5.23），都是那些必须由同一个处理器顺序处理的诸节点所构成的子树的根。

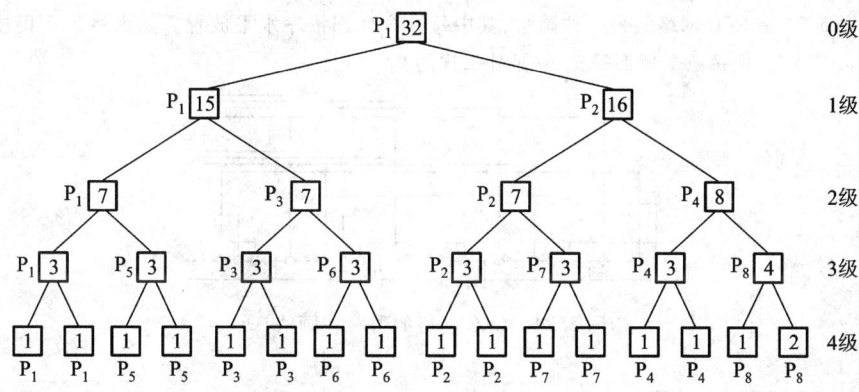

图 5.23 $p(n) = 8$ 时算法 5.11 的执行过程

下述多项式表示使用 p 个处理器排序长度为 n 的序列所需的操作次数。其中，第 i 项是在树的第 $i-1$ 级所需的操作次数：

$$n + \frac{n}{2} + \frac{n}{4} + \cdots + \frac{n}{p/2} + \frac{n}{p} + 2\left(\frac{n}{2p}\right) + 4\left(\frac{n}{4p}\right) + \cdots + \left(\frac{n/2}{p}\right)\left(\frac{n}{n/2}\right)$$

所以算法 5.11 的运行时间为

$$t(n) = O\left(n\left(\sum_{i=0}^{\log p - 1} \frac{1}{2^i}\right) + \frac{n}{p}\left(1 + \log \frac{n}{2p}\right)\right)$$

$$= O\left(n\left(2\left(1 - \frac{1}{p}\right) + \frac{\log n - \log p}{p}\right)\right)$$

因为 $p(n) = p$，所以成本 $c(n) = O(np + n\log n)$。显然，当 $p \leqslant \log n$ 时，算法 5.11 是最佳的。

习　题

5.1 试求解下列递归方程：

(a) $t_m(2^i) = t_m(2^{i-1}) + 2^{\lceil i/2 \rceil} + t_R + t_C$, $t_m(1) = 0$；

(b) $t_s(2^{2j}) = t_s(2^{2j}/2) + t_m(2^{2j})$, $t_s(1) = 0$。

5.2 假定输入序列 $S = (x_0, \cdots, x_{n-1})$：

(a) 试设计一个 SIMD-CC 模型上的双调排序算法；

(b) 分析你所设计的算法复杂度。

5.3 对于一个 (m, n)-选择问题：

(a) 试设计一个 $(4, 16)$-双调选择网络；

(b) 你能观察出一般 (m, n)-双调选择网络中的主位变化规律吗？

(c) 根据此变化规律，试设计出一个在多处理器系统中的双调选择算法。

5.4 图 5.24 是 CCC 网络的另一种画法，其中每一个环都按序水平放置。如果将各环仍按序水平放置，但每一个环都垂直，它是什么样的？

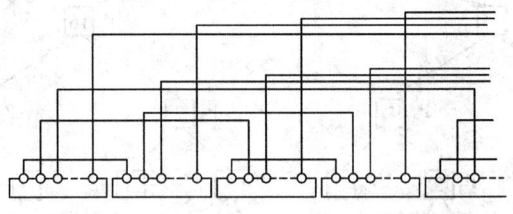

图 5.24　CCC 网络的另一种画法

5.5 试求解下列递归方程：

(a) $t(n) = c_1 \log n + c_2 n^\varepsilon + t(n^{1-\varepsilon}) + t\left(\dfrac{3}{4}n\right)$, c 为常数，$0 < \varepsilon < 1$；

(b) $t(n) = t(n/\log n) + c \log \log n$, c 为常数。

5.6 假定待排序的序列为 $(2, 1, 4, 2, 0, 4, 3, 4)$，开始将它们依次存入处理器 $P_0 \sim P_7$ 中。试用 Hirschberg 并行桶排序算法逐步完成该序列的排序。

5.7 假定数组 $A[0:15] = (5, 2, 1, 4, 0, 7, 6, 3, 9, 8, 10, 12, 15, 11, 13, 14)$：

(a) 试用 Preparata 并行枚举排序算法逐步完成该数组的排序；

(b) 分析算法各步的时间和所使用的处理器数。

5.8 (a) 根据 Valiant 并行归并算法，试设计一个 SIMD 共享存储模型上的并行排序算法；

(b) 分析你所设计的算法的复杂度 $p(n)$ 与 $t(n)$。

5.9 Hirschberg 曾在其并行桶排序的基础上，使用枚举方法设计了一种并行排序算法，其主要步骤是：① 将 n 个待排序的数分为 $n^{1/2}$ 组，每组 $n^{1/2}$ 个数，每个数指定 $n^{1/2}$ 处理器；② 在每个组内计算出各元素与组内其余元素的次第；③ 在各组内，以次第值作为键，调用桶排序算法排序之；④ 在各组之间，两两用对半搜索，计算出一组中的数与另一组中的数的次第关系；⑤ 用求和的办法，计算出各个数与各组中所有数的次第关系；⑥ 将上述计算量作为键，调用桶排序算法排序之，最后即可完成原序列的排序。

  (a) 试分析上述并行排序算法的复杂度 $p(n)$ 和 $t(n)$；

  (b) 试确定上述并行排序算法的计算模型；

  (c) Preparata 和 Hirschberg 排序算法都是基于枚举比较的思想，但在实现枚举比较的技术上有何不同？

5.10 令 $A=(2,3,7,8,10,14,15,17,18,21)$，$B=(1,4,6,9,11,12,13,16,19,20)$，$X=(5,10,12,17)$：

  (a) 试计算出 X 在 A 和 B 中所有覆盖；

  (b) 试计算出 $rank(X:A)$ 和 $rank(X:B)$；

  (c) 试按 $X=(5,10,12,17)$ 划分出 A_i 和 B_i。

5.11 试完整写出例 5.6 的各个计算步。

5.12 证明引理 5.3，令 v 是树 T 的任意节点，且 $s\geq 1$，则 $|L_{s+1}[v]|\leq 2|L_s[v]|+4$。

5.13 证明 5.1，对于树 T 的每个内节点 v 和 $s\geq alt(v)$ 的各级，$L_s[v]$ 是 $L'_{s+1}[u]$ 和 $L'_{s+1}[w]$ 的 4-覆盖，其中 u 和 w 是 v 的两个子节点。

5.14 证明系 5.2：假定 u 和 w 是 v 的两个儿子，算法级 $s\geq 2$，且已知 ① $rank(L'_s[v]:L'_{s+1}[v])$；② $rank(L'_s[u]:L'_s[w])$ 和 ③ $rank(L'_s[w]:L'_s[u])$，则可以使用线性运算量和 $O(1)$ 时间确定出 $rank(L_s[v]:L'_{s+1}[u])$ 和 $rank(L_s[v]:L'_{s+1}[w])$。

5.15 算法 5.9，并发读发生在何处？

5.16 (a) 对于例 5.8，试分析图 5.21(b) 进程调度执行情况；

  (b) 对于算法 5.11，当 $p(n)=4$ 时，试示出其处理器分配情况和算法执行的过程。

参 考 文 献

[1] Stone H S. Parallel processing with the perfect shuffle. IEEE Trans. on Computers. 1971, C-20 (2):153-161.

[2] Thompson C D, Kung H T. Sorting on a mesh-connected parallel computer. Comm. of the ACM, 1977,20(4):263-271.

[3] Nassimi D, Sahni S. Bitonic sort on a mesh-connected parallel computer. IEEE Trans. on Computers,1979,C-27(1):2-7.

[4] 陈国良. 并行算法——排序和选择. 合肥：中国科学技术大学出版社,1990.

[5] Akl S G. An optimal algorithm for parallel selection. Infor. Processing Lett. , 1984, 19(1): 47-50.

[6] Valiant L G. Parallelism in comparison problems. SIAM J. Comput,1975,4(3):348-355.

[7] Hirschberg D S. Fast parallel sorting algorithms. Comm. of the ACM,1978,21(8):657-661.

[8] Preparata F P. New parallel-sorting schemes. IEEE Trans. on Computers, 1978, C-27(7): 669-673.

[9] Kruskal C. Searching, merging and sorting in parallel computation. IEEE Trans. on computers, 1983, C-32(10):942-946.

[10] Bilardi G, Nicolau A. Bitonic sorting with $O(n\log n)$ comparisons. Proc. 20th Annu. Conf. on Infor. Sci and Syst., 1986, 336-341.

[11] Cole R. Parallel merge sort. SIAM J. Comput., 1988, 17(4):770-785.

[12] Chabbar E. Contrôle et gestion du parallélisme: tris synchrones et asynchrones. Thesis Université de Franche-comté, France; 1980.

[13] Lorin H. Sorting and sort systems. Don Mills, Ontrarion; Addison-Wesley, 1975, 347-365.

第六章 分布式算法

内容提要 本章首先介绍了分布式算法的一般概念,同步与异步分布式算法的异同,算法复杂性度量等问题;然后着重讲述了在异步模型上的分布式算法,包括广播与敛播算法,构造生成树算法,环上领导选举算法,分布式 k-选择算法以及定序与排序算法。异步算法在以后有关章节还会讨论,但全书的分布式算法都基本上集中在本章讨论,而限于篇幅我们不可能讨论得更深入,只是希望读者通过本章的学习,能对分布式算法的设计风格和分析方法有个基本的了解。

讲授要点 ① 介绍分布式算法的一般概念,包括同步模型、异步模型,时间复杂度与消息复杂度的分析方法。② 构造生成树:构造生成树是分布式算法中最为基础的部分,体会构造生成树算法,构造深度优先生成树算法,不指定根构造生成树算法之间的异同。构造最小生成树算法是本章的一个难点。③ 环上的领导者选举算法代表了分布式算法中的一类破对称问题,LCR 算法其最坏情况下的消息复杂度为 $O(n^2)$,在 6.3.2 一节改进为 $O(n\log n)$。④ 分布式 k-选择算法是 k-选择算法的推广,又根据划分元素选取方式的不同分为随机 k-选择算法和确定 k-选择算法;6.4.3 节是 k-选择算法的一个特例。⑤ 6.5 节讲授分布式定序算法与分布式排序算法。

6.1 分布式算法概述

分布式算法(Distributed Algorithms)是在**分布式系统**(Distributed System)上执行的算法。分布式系统是指通过网络互连的一组进程或者处理器组成的集合。这些进程或者处理器通常被称作分布式系统的**节点**(Node)。

分布式算法在求解问题时，算法的各部分并发和独立地运行，每一部分只承载有限的信息。即使各处理器以不同的速度运行和各通信信道消息延迟时间不同，甚至某些构件出了故障，这些算法仍能正常工作。

现在的分布式算法不仅包括运行在各节点间不共享内存或不共享程序执行空间的计算机系统上的算法，也包括运行在各节点间共享内存空间和共享数据的计算机系统上的算法。这是因为在这两种不同环境下的分布式算法有许多共同之处。

6.1.1 分布式算法特点

分布式算法比并行算法具有更高的不确定性和独立性。具体表现在：

(1) **缺乏全局状态信息**　在分布式算法中，节点数目和网络拓扑结构均未知。节点只知道自己的状态，而不了解整个系统的全局状态。因此一个节点不能基于全局状态信息来做决定，而只能根据自己的状态信息，以及所接收到的其他节点的信息来控制决策。

(2) **缺乏全局时间**　在单处理器系统上，算法执行的事件是可以按照事件发生的时间来定序的。但对于分布式算法来说，其执行的事件所导致的时序关系并不是全序的。也即是说，两个出现在不同节点上的事件，有可能无法确定其发生的先后顺序。这使得某些在单处理器上或者并行系统中能正确运行的算法，在分布式环境中可能会出现错误。

(3) **缺乏统一的模式**　在分布式算法中，各节点的输入可能不同，节点间消息顺序具有不确定性，节点和通信可能会有故障，系统各组件的执行速度存在差异等，设计的分布式算法需要在这些非统一的模式下仍然能正常运行。

上面这些不确定性和独立性会给算法设计带来很大的困难。比如在异步分布式系统中，同一个程序执行两次的结果可能不同，即异步分布式算法具有不可重复性。

因此分布式算法的正确性证明比一般算法的正确性证明更为复杂。对一个分布式算法来说，我们需要分析在相同输入下，由系统本身的不确定性和独立性所引起的算法的各种不同表现,欲准确预测算法在某些情况下的执行是相当困难的。

6.1.2 计算模型

1. 模型约定

我们用图 $G = (V, E)$ 表示分布式系统的拓扑结构,其中 V 是网络中的节点集合,$n = |V|$ 表示网络中的节点数,E 表示网络中的信道的集合。若图 G 为有向图,则图 G 中的有向边 (P_i, P_j) 表示节点 P_i 能向节点 P_j 发送消息。若图 G 为无向图,则图 G 中的边 (P_i, P_j) 表示不仅节点 P_i 能向节点 P_j 发送消息,节点 P_j 也能向节点 P_i 发送消息。

从通信方式来看,分布式系统可分为基于**消息传递**(Message Passing)的分布式系统和基于**共享变量**(Shared Variable)的分布式系统。本章只考虑节点间通过信息交换进行通信的分布式系统。对基于共享变量的分布式系统有兴趣的读者,可以参阅 Dijkstra[1]、Owicki 和 Gries[2] 的论文。

在基于消息传递的分布式系统中,设节点 P_i 的出度 $d^+(P_i) = d_1$ 和入度 $d^-(P_i) = d_2$。在节点 P_i 内部用 $outbuf_i[k]$($1 \leq k \leq d_1$)表示 P_i 经第 k 条出信道发送给邻接节点的消息,用 $inbuf_i[k]$($1 \leq k \leq d_2$)表示经第 k 条入信道到达 P_i 的消息。

在本章,我们始终假设信道是可靠的,即在信道中所发送的每一条消息都只被明确地接收一次。信道通常具有**先进先出**(FIFO)的性质,即如果节点 P_i 向节点 P_j 发送两条消息 $<m_1>$ 和 $<m_2>$,并且在 P_i 中 $<m_1>$ 的发送早于 $<m_2>$,那么在 P_j 中 $<m_1>$ 的接收早于 $<m_2>$。但在本章中,我们不假设 FIFO 性质总是成立的,即在某些算法中,即便消息在信道中重排顺序,算法也能正常运行。

2. 节点状态

系统中节点所有可能状态的集合称为**状态集**(State Set)。状态集可以是无限的,例如计时器。

每个节点都有一个**消息生成函数**(Message Generation Function)和**状态转移函数**(State Transition Function)。消息生成函数是状态集到消息集的一个映射,即从给定状态开始,节点生成向指定邻接节点发送的消息。状态转移函数是状态集和消息集到状态集的映射,即从给定状态以及所有信道的消息开始,节点转到下一个状态。

定义 6.1 n 个节点的分布式系统的**配置**(Configuration)γ 是系统状态向量 $\gamma = (q_0, q_1, \cdots, q_{n-1})$,其中 q_i 为节点 P_i 的一个状态。

配置是整个算法的全局状态。当 $\forall i \in \{0, 1, \cdots, n-1\}$,$q_i$ 为 P_i 的一个初始状态时,我们称其为**初始配置**。记号 $\gamma \rightarrow \delta$ 表示配置 γ 经过各节点的一次状态转

移变为配置 δ。

定义 6.2 配置 δ 是由 γ 可达的，如果存在序列 $\gamma = \gamma_0, \gamma_1, \gamma_2, \cdots, \gamma_k = \delta$ 且 $\gamma_i \to \gamma_{i+1} (0 \le i \le k-1)$。如果配置 δ 由初始配置可达，则称其为**可达的**(Reachable)。一个配置 δ 称为**终止配置**，即不存在配置 γ，使得 $\delta \to \gamma$。

对于消息传递系统，我们定义两种事件：① **计算事件** $comp(i)$，表示节点 P_i 内部的计算。② **传递事件** $del(i,j,m)$，表示消息 $<m>$ 从节点 P_i 传递到 P_j。

分布式系统中的**执行**(Execution)是配置和事件交错的序列，**合法执行**(Legal Execution)应该满足：① **安全性**(Safety)条件，即某个性质在每次执行的每个可达的配置上都必须成立。② **活性**(Liveness)条件，即某个性质在每次执行中的某些可达的配置上必须成立。其中，安全性条件保证了坏情况从不发生，活性条件保证了好事情总会发生。我们举一个例子来形象地说明之。

例 6.1 领导者(Leader)**选举**。

分布式系统中的节点为 $P_0, P_1, P_2, \cdots, P_{n-1}$，系统中每个节点都有自己独立、唯一的 ID，不妨设 $ID(P_i) = i$。若 ID 最大者当选为领导者，则算法必须满足：① 除 P_{n-1} 外，没有其他节点宣布自己为领导者（安全性条件）。② P_{n-1} 最终宣布自己为领导者（活性条件）。□

3. 同步和异步模型

分布式系统中的消息可以通过**同步**(Synchronous)或者**异步**(Asynchronous)的方式传递。

(1) **异步消息传递模型** 该模型通常简记为 MIMD-AC 模型，其中消息传递的时间，以及节点中两相继步骤的间隔无固定上界。因此异步算法的设计应独立于计时参数。

在异步消息传递系统中，一个执行片段 α，是一个有限或无限的序列：$\gamma_0, \phi_1, \gamma_1, \phi_2, \cdots$，其中 γ_i 为一个配置，ϕ_i 为一个事件。α 应满足：① 若 $\phi_i = del(i,j,m)$，则从 γ_{i-1} 到 γ_i 的唯一变化是将消息 $<m>$ 从 γ_{i-1} 中的 $outbuf_i[k]$ 中删去，将其加入到 $inbuf_j[h]$ 中；② 若 $\phi_i = comp(i)$，则从 γ_{i-1} 到 γ_i 的变化是在节点 P_i 中改变状态（转换函数在 P_i 的可访问状态进行操作，清空 $inbuf_i$）和发送消息（将消息生成函数指定的消息集合加入到 $outbuf_i$ 中）。

(2) **同步消息传递模型** 节点的执行划分为**轮**(Round)。即在配置和事件序列中，划分为不相交的轮，每一轮只有一个传递事件和一个计算事件。也就是说，在每一轮中：① 每个节点发送 $outbuf$ 里的消息给邻接节点；② 每个节点提取 $inbuf$ 里的消息并计算。

同步系统中，节点可能从不同的轮开始启动；异步系统中，节点可以在不同的时刻开始启动。节点可能被系统的一个外部事件唤醒，也可能被系统内某个节点的消息唤醒。

同步模型和异步模型的一个主要区别是：在无错假定下，同步系统的执行只取决于初始配置；在异步系统中，即便初始配置相同，同一算法仍然有不同的执行。但我们仍然可以将同步模型看作异步模型的特例，异步消息传递模型比同步消息传递模型更具有通用性，所以本章以下内容只对异步模型进行研究。

虽然如此，在将异步消息传递模型所设计的算法放到同步消息传递系统中执行时，可能需要解决诸如同步和消息死锁等问题，更多的细节可以参考文献[3,4]。

6.1.3 复杂性度量

在分布式算法中，我们一般讨论消息复杂度和时间复杂度。

消息复杂度一般是按照算法执行中发送的消息总数来度量的。也可按照所有发送消息中位（bit）总长度来度量。

同步模型和异步模型的时间复杂度有不同定义：同步模型中的时间复杂度即是算法运行的总轮数；而异步模型中的时间复杂度一般可定义如下：

定义 6.3 异步分布式算法的时间复杂度是满足下述两个假定的一个计算的最大时间：(T1) 节点计算任何有限数目事件的时间为零；(T2) 一条消息发送和接收之间的时间至多为 1 个时间单位。

(T2)假定对具体计算一个算法的时间复杂度显得很困难，我们可以将其修改为：一条消息发送和接收之间的时间恰好为 1 个时间单位，从而得到了一般时间复杂度的上界。也可以把(T2)假定为：一条消息发送和接收之间的时间界于 α 和 1 之间（$0 < \alpha < 1$），这是上面两个(T2)假定的折中。我们还可以假定消息传递的延迟符合某种概率分布，由此来进行时间复杂度的分析。

在本章以下各节中，消息复杂度是用消息总数来度量，时间复杂度为满足上述假定的最大计算时间。

6.2 构造生成树算法

如前所述，分布式系统中每个节点并不知道全局拓扑结构，但某些算法需要在特定的结构下才能达到最优，比如**广播**（Broadcast）算法、**敛播**（Convergecast）算法在树结构上可达到消息复杂度最优，因此在分布式环境下构造一棵生成树是必要的，生成树算法是很多其他算法的基础。

本节中我们假设每个节点都有自己独立、唯一的 ID 值,信道都是双向的,即系统的拓扑结构是一个无向连通图。

定义 6.4 一个无向连通图 G 的**生成树**(Spanning Tree)是指满足如下条件的 G 的子图 T：① G 和 T 具有相同的顶点数；② 在 T 中有足够的边能连接 G 的所有顶点,但不出现回路。如果图的每条边都指定一个权,那么所有的边权最小的生成树就称为**最小代价生成树**(Minimum Cost Spanning Tree,MCST),简称为**最小生成树**(MST)。

6.2.1 广播和敛播算法

1. 洪泛(Flooding)算法

分布式系统中的广播,是由特定节点 P_r 开始,传递消息 $<m>$ 给其他所有的节点。广播问题最简单的算法是洪泛算法,其基本思想是：P_r 发送消息 $<m>$ 给其所有的邻接节点,当节点 P_i 第一次收到消息 $<m>$ 时(设从节点 P_j 收到消息 $<m>$),P_i 转发消息 $<m>$ 给除 P_j 以外的所有邻接节点。

(1) 算法描述

算法 6.1 MIMD-AC 模型上的洪泛算法

输入：根节点上的消息 $<m>$。

输出：每个节点都接收到消息 $<m>$。

Code for P_i

begin

while (receiving no message) **do**

  (1) **if** $i = r$ **then** /* 此节点为根节点 */

    (1.1) send $<m>$ to all *neighbors*

    (1.2) *terminates*

  end if

end while

while (receiving $<m>$ from P_j) **do**

  (1) send $<m>$ to all *neighbors* except P_j

  (2) *terminates*

end while

end

本章算法中的 while 并不表示循环,而是表示当条件满足时节点所做的动作。我们用状态转换来分析节点在算法 6.1 中所经历的状态：

① **状态**：每个节点 P_i 的状态由集合 $neighbors$ 和布尔变量 $terminate$ 组成。

② **初始状态**：集合 $neighbors$ 为分布式系统所确定，即所有邻接节点的集合；$terminate \leftarrow$ false。

③ **计算事件**：若对某个 k，消息 $<m>$ 在 $inbuf_i[k]$，则 $<m>$ 被放到 $outbuf_i[j]$ 中，对所有 $j \in neighbors, j \neq k$。

④ **传递事件**：清空 $outbuf_i$。

⑤ **终止状态**：P_i 进入终止状态，$terminate \leftarrow$ true。

(2) **算法正确性证明** 下述定理6.1证明了洪泛算法6.1的正确性。

定理6.1 在洪泛算法6.1的每个合法执行中，各距离 P_r 为 t 的节点在 t 时刻内可接收到消息 $<m>$。

证明 对 t 进行归纳：

① **基础**：$t=1$，根据异步模型的定义及算法可知，P_r 的每个邻接节点在1时刻内均能收到消息 $<m>$。

② **假设**：设每个距离 P_r 为 $t-1$（≥ 1）的节点在 $t-1$ 时刻内接收到消息 $<m>$。

③ **归纳**：设 P_j 距离 P_r 为 t，则必存在 P_j 的邻接节点 P_i，P_i 距离 P_r 为 $t-1$，由归纳假设，P_i 在 $t-1$ 时刻内已经接收到消息 $<m>$，则由算法可知，P_j 在 t 时刻内能接收到消息 $<m>$。□

(3) **算法复杂度分析** ① **消息复杂度**：每个节点在任一信道上发送的消息数量不会多于一个，每条信道发送的消息数目最多是两次，故最坏情况下，除了 P_r 发送消息 $<m>$ 使用的那些信道外，所有其他信道上 m 被传递了两次。所以最坏情况下总消息数目为 $2e - E(P_r)$。其中 $e = |E|$ 为总信道数，$E(P_r)$ 为与 P_r 连接的信道数。故其消息复杂度为 $O(e)$。② **时间复杂度**：设网络的直径为 D，即任意节点与根节点 P_r 的距离都不大于 D，则由定理6.1知，在 D 时刻所有节点都收到了消息。故时间复杂度为 $O(D)$。

2. 树结构上的广播和敛播

若分布式系统中已构造了树结构，即每个节点都有自己的双亲变量和孩子集合的时候，则可对算法6.1稍做改动，将 $neighbors$ 集合改为 $children$ 集合，就可达到消息复杂度最优的广播算法。显而易见总消息数目为 $n-1$，其中 n 为系统的节点个数，故其消息复杂度为 $O(n)$。考虑到在最坏情况下 $e = O(n^2)$，因此比洪泛算法大大改善了消息复杂度。此时时间复杂度也变为 $O(h)$，其中 h 为分布式系统中树结构的高度。在广度优先的生成树中，$h \leq D$。

敛播算法也称为**汇集**(Converge)算法，目的是收集所有节点的信息到根节点，可以视为广播算法的逆过程。我们下面考虑一个特殊的问题，即每个节点有初值

x,希望将其中最大的值发送给根节点 P_r。

(1) **算法基本思想** 每个叶子节点发送自己的 x 给其双亲节点。每个非叶子节点 P_i 等待自己的孩子节点发来消息,当 P_i 收到自己所有孩子的消息之后,取其中的最大值发送给自己的双亲节点。

(2) **算法描述** 下面的算法中,节点 P_i 中的 parent 变量表示在已生成树中其双亲节点的标号,children 集合表示其孩子集合。

算法 6.2 MIMD-AC 模型上的敛播算法

输入:每个节点的初值 x。
输出:根节点上输出最大值。
Code for P_i
init var: $max \leftarrow x$, $received \leftarrow 0$
begin
    while (receiving no message) **do**
      (1) **if** children $= \emptyset$ **then** /* 叶子节点 */
      (1.1) send $<x>$ to P_{parent}
      (1.2) *terminates*
      end if
    end while
    while (receiving $<y>$ from P_j) **do**
      (1) **if** $y > max$ **then** $max \leftarrow y$ **end if**
      (2) $received \leftarrow received + 1$
      (3) **if** $|children| = received$ **then** /* 已收到所有孩子的消息 */
        (3.1) **if** $i \neq r$ **then**
          (i) send $<s>$ to P_{parent}
          (ii) *terminates*
        (3.2) **else** *terminates* and maximum value of the Tree is max
        end if
      end if
    end while
end

(3) **算法复杂度分析** 显而易见,算法 6.2 的消息复杂度和时间复杂度与树结构上的广播算法相同。

6.2.2 构造生成树

下面,我们研究在分布式系统中构造生成树的算法。

1. 算法基本思想

我们先给出一个一般算法,其基本思想为:设 P_r 为指定的根节点,P_r 发送消息 $<m>$ 给所有邻接节点;当 P_i 从 P_j 收到的消息 $<m>$ 是第一个来自于邻接节点的消息时,P_j 为 P_i 的双亲,若 P_i 同时收到的消息 $<m>$ 来自多个邻接节点,则 P_i 在其中任选一个为双亲。当 P_i 确定双亲为 P_j 时,发送 $<parent>$ 消息给 P_j,并向此后收到发给自己消息 $<m>$ 的节点发送 $<reject>$ 消息。P_i 将消息 $<m>$ 转发给除 P_j 之外的所有邻接节点;转发 $<m>$ 之后,等待回应 $<parent>$ 或 $<reject>$ 消息;将那些回应 $<parent>$ 消息的节点加入到自己的孩子集合。当所有接收 P_i 发送消息 $<m>$ 的节点都回应完毕,则 P_i 终止。

2. 算法描述

令 $d(P_i)$ 表示与节点 P_i 相连的信道数。

算法 6.3 MIMD-AC 模型上的构造生成树算法

输入:分布式系统中各节点及根节点标号。

输出:分布式系统生成树结构。

Code for P_i

init var: *parent*← nil

init set: *children*← ∅ , *other*← ∅

begin

   while(receiving no message)**do**

     (1) **if** $i = r$ and *parent* = nil **then**

       (1.1) send $<m>$ to all *neighbors*

       (1.2) *parent*← i

       end if

   end while

   while(receiving $<m>$ from P_j)**do**

     (1) **if** *parent* = nil **then**

       (1.1) *parent*← j

       (1.2) send $<parent>$ to P_j

       (1.3) send $<m>$ to all *neighbors* except P_j

     else send $<reject>$ to P_j

     end if
   end while
   while (receiving $<parent>$ from P_j) do
    (1) $children \leftarrow children \cup \{j\}$
    (2) if $|children \cup other| = d(P_i) - 1$ then $terminate$
     end if
   end while
   while (receiving $<reject>$ from P_j) do
    (1) $other \leftarrow other \cup \{j\}$
    (2) if $|children \cup other| = d(P_i) - 1$ then $terminate$
     end if
   end while
  end

3. 算法正确性证明

引理 6.1 在 MIMD-AC 模型上的每个合法执行中，算法 6.3 构造了一棵根为 P_r 的生成树。

证明 从算法中可以看到，节点设置了 $parent$ 变量之后，便不会再改变。并且一个节点的 $children$ 集合不会减小。我们欲证明所构造的结构 G' 为树结构，只要证明当且仅当 G' 中每个节点可达且没有环。我们用反证法证明：

① 若 G' 中存在不可达的节点 P_i。因为 G 是连通的，即存在节点 P_j 与 P_i 相邻，其中 P_j 在 G' 中可达。所以 P_j 设置过自己的 $parent$ 变量，由算法 6.3 知 P_j 发送过消息 $<m>$ 给 P_i。因为执行是合法的，所以 P_i 收到过 P_j 的发送的消息 $<m>$，因此 P_i 设置过自己的 $parent$ 变量，故 P_i 是在 G' 中可达。此与假设矛盾。

② 若 G' 中有环，不妨设 $P_{i_1}, P_{i_2}, \cdots, P_{i_k}, P_{i_1}$ 为环。则 P_{i_1} 为 P_{i_2} 前驱，说明 P_{i_1} 第一次收到消息 $<m>$ 早于 P_{i_2}。P_{i_2} 也是 P_{i_1} 的前驱，说明 P_{i_2} 第一次收到消息 $<m>$ 早于 P_{i_1}。故自相矛盾。

所以 G' 是连通且无环的，故而 G' 为树结构。根为 P_r。□

4. 算法复杂度分析

定理 6.2 对于一个具有 e 条边和直径为 D 的网络，若给定一个特殊节点，则存在一个消息复杂度为 $O(e)$ 和时间复杂度为 $O(D)$ 的异步算法来构造生成树。

证明 (1) **消息复杂度** 每个节点在每条信道可能发送消息 $<m>$ 以及 $<parent>$ 与 $<reject>$ 的其中一个。所以除去与 P_r 相连的信道，其余信道传送的消息数目为 4。所以最坏情况下，消息传递的数目为 $4e - 2E(P_r)$，故其消息复杂度为 $O(e)$。

(2) **时间复杂度** 因为每条消息传递时间的上界为 1，所以经过 D 时间后，消息 $<m>$ 必然传遍了所有的节点。故时间复杂度为 $O(D)$。□

5. 算法讨论

算法 6.3 稍加修改便可以在同步系统中运行。并且容易看到，在同步系统中算法 6.3 构造了以 P_r 为根的一个广度优先生成树；但在异步系统中生成的树未必是广度优先的。且对于同一个网络，算法每次运行生成的树亦并不一定完全相同。

例 6.2 图 6.1(a)所示的网络为 K_4 完全图。指定 P_1 为根节点。若算法 6.3 运行时，信道 v_1、v_4、v_5 传递消息只需要 0.1 个时间单位，其余信道传递消息的时候大于 0.1 个时间单位。则构造出来的就是一个**广度优先生成树**(Breadth First Spanning Tree, BFS)，如图 6.1(b)所示。但若信道 v_5 传递消息需要 0.9 个时间单位，而信道 v_2 只需要 0.1 个时间单位，则算法 6.3 构造出来的就是一个如图 6.1(c)所示的生成树。□

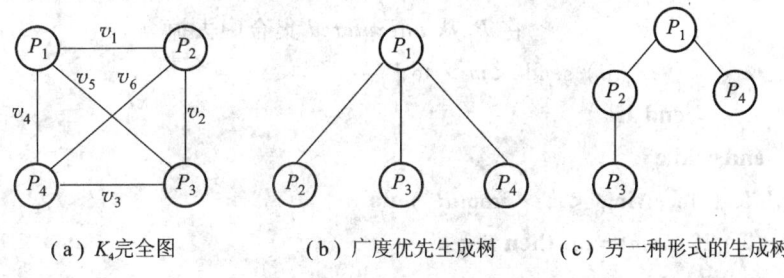

(a) K_4 完全图　　(b) 广度优先生成树　　(c) 另一种形式的生成树

图 6.1　算法 6.3 运行示例

6.2.3　构造深度优先生成树

下面我们给出 MIMD-AC 模型的**深度优先生成树**(Depth First Spanning Tree, DFS)算法。

1. 基本思想

设 P_r 为指定的根节点，P_r 从还未向其发送消息 $<m>$ 的邻接节点中任选一个节点发送消息 m。当 P_i 从 P_j 收到的消息 $<m>$ 是第一个来自于邻接节点的消息时，P_j 为 P_i 的双亲，并向此后收到发给自己消息 $<m>$ 的节点发送 $<reject>$ 消息。P_i 从还未向其发送消息 $<m>$ 的邻接节点中任选一个节点发送消息 $<m>$。转发消息 $<m>$ 之后，等待回应 $<parent>$ 或 $<reject>$ 消息，将那些回应 $<parent>$ 消息的节点加入到自己的孩子集合。当 P_i 向所有的邻接节点都转发了消息 $<m>$ 并且这些节点都回应完毕之后，P_i 发送 <parent> 消息给自己的双亲节点，P_i 终止。

2. 算法描述

算法 6.4   MIMD-AC 模型上的构造深度优先生成树算法

输入：分布式系统中各节点及根节点标号。

输出：分布式系统的深度优先生成树。

Code for P_i

init var：*parent*←nil

init set：*children*←∅，*unexplored*←{all the *neighbors* of P_i}

begin

   while（receiving no message）**do**

     （1）**if** $i = r$ and *parent* = nil **then**

        （1.1）*parent*← i

        （1.2）∀ P_j ∈ *unexplored*

             （i）*unexplored*← *unexplored* − {P_j}

                /* 将 P_j 从 *unexplored* 集合中去掉 */

             （ii）send <m> to P_j

        end if

   end while

   while（receiving <m> from P_j）**do**

     （1）**if** *parent* = nil **then**

        （1.1）*parent*← j

        （1.2）*unexplored*← *unexplored* − {P_j}

        （1.3）**if** *unexplored* ≠ ∅ **then**

             （i）∀ P_k ∈ *unexplored*

                ① *unexplored* ← *unexplored* − {P_k}

                ② send <m> to P_k

           else send <*parent*> to P_{parent}

        end if

     else send <*reject*> to P_j

     end if

   end while

   while（receiving <*parent*> or <*reject*> from P_j）**do**

     （1）**if** received <*parent*> **then** *children*← *children* ∪ {P_j}

     end if

(2) **if** *unexplored* = ∅ **then**
  (2.1) **if** *parent* ≠ *i* **then** send $<parent>$ to P_{parent}
      end if
  (2.2) *terminate*
  else
  (2.3) ∀ P_k ∈ *unexplored*
      (i) *unexplored* ← *unexplored* − $\{P_k\}$
      (ii) send $<m>$ to P_k
  end if
end while
end

3. 算法正确性证明

引理 6.2 在 MIMD-AC 模型上的每一个合法执行中,算法 6.4 构造了一棵根为 P_r 的深度优先生成树。(证明留作习题)

定理 6.3 对于一个具有 e 条边和 n 个节点的网络,若给定一个特殊节点,则必存在一个时间复杂度和消息复杂度均为 $O(e)$ 的异步模型上的深度优先生成树算法。

证明 (1) **消息复杂度** 因为每个节点在邻接边上至多发送消息 m 一次,且每个节点至多生成一个消息($<parent>$ 或 $<reject>$)作为对每条邻接边上收到的消息 m 的响应。所以算法 6.4 最多发送 $4e$ 个消息,故消息复杂度为 $O(e)$。

(2) **时间复杂度** 因为每个时刻最多只有一条消息在一条边上传递,算法对每条边都会遍历到,故时间复杂度为 $O(e)$。□

4. 算法讨论

我们可以通过修改算法 6.4 对时间复杂度进行改进。当节点 P_i 发送 $<reject>$ 消息给 P_j 时后,可以将 P_j 从自己的 *unexplored* 集合中删去。具体改进的算法及复杂度分析留做习题。

6.2.4 不指定根构造生成树

不指定根构造生成树类似于例 6.1 介绍的领导者选举,是一类破对称问题。我们假定每个节点的 ID 唯一并且都可能自发地唤醒。刚开始时每个节点的状态都相同。

1. 基本思想

自发唤醒的节点都试图以自己为根来构造一棵深度优先生成树。当两棵深度优先生成子树连接同一节点时,该节点加入根的 ID 值较大的那棵深度优先生成子树。每个节点有一个 $Leader$ 变量,初值为 0,当 P_i 自发唤醒时,$Leader_i \leftarrow ID_i$;当某一节点收到自己邻接节点 P_j 的标识符 y,比较 y 与 $Leader_i$:① $y > Leader_i$,则 y 可能是具有当前自发唤醒节点中最大 ID 的深度优先生成树的标识符,故将 $Leader_i \leftarrow y$,令 P_j 为 P_i 的双亲;② $y < Leader_i$,不发送消息,即停止构造标识符为 y 的深度优先生成树;③ $y = Leader_i$,P_i 已属于标识为 y 的深度优先生成树中。

2. 算法描述

算法 6.5 MIMD-AC 模型上的不指定根构造深度优先生成树算法

输入:分布式系统中各节点。

输出:分布式系统的生成树。

Code for P_i

init var:$parent \leftarrow$ nil,$Leader \leftarrow$ 0

init set:$children \leftarrow \varnothing$,$unexplored \leftarrow$ {all the $neighbors$ of P_i}

begin

while (receiving no message) **do**   /* 自发唤醒节点 */

 (1) **if** $parent$ = nil **then**

  (1.1) $Leader \leftarrow$ ID

  (1.2) $parent \leftarrow i$

  (1.3) $\forall P_j \in unexplored$

   (i) $unexplored \leftarrow unexplored - \{P_j\}$

   (ii) send $<Leader>$ to P_j

 end if

end while

while (receiving $<newid>$ from P_j) **do**

 (1) **if** $Leader < newid$ **then**

  (1.1) $Leader \leftarrow newid$

  (1.2) $parent \leftarrow j$

  (1.3) $unexplored \leftarrow$ {all the $neighbors$ except P_j}

  (1.4) **if** $unexplored \neq \varnothing$ **then**

   (i) $\forall P_k \in unexplored$

    ① $unexplored \leftarrow unexplored - \{P_k\}$

    ② send $<Leader>$ to P_k

  else send $<parent>$ to P_{parent}

                end if
            else if *Leader* = *newid* then
                send <*already*> to P_j
            end if
            /* *Leader* > *newid* 不用处理,即停止构造标识为 *newid* 的子树 */
        end if
end while
while (receiving <*parent*> or <*already*> from P_j) do
    (1) if receiving <*parent*> then *children* ← *children* ∪ {P_j}
    end if
    (2) if *unexplored* = ∅ then
            (2.1) if *parent* ≠ *i* then
                    (i) send <*parent*> to P_{parent}
                    (ii) *terminates*
                  else *terminates* as root of the DFS tree
                  end if
        else
            (2.2) ∀ P_k ∈ *unexplored*
                    (i) *unexplored* ← *unexplored* − {P_k}
                    (ii) send <*Leader*> to P_k
        end if
end while
end

3. 算法正确性证明

定理 6.4 设 P_m 是所有自发唤醒节点中 ID 值最大者,则在 MIMD-AC 模型上每个合法执行中,算法 6.5 构造了一棵根为 P_m 的深度优先生成树。

证明 (1) 除 P_m 之外,没有节点最后能成为生成树的根节点。设 P_i 为 ID 值小于 P_m 的自发唤醒节点, P_i 试图以自己为根构造生成树,当其 ID 值传送到以 P_m 为根的子树上的节点时候,其 ID 值自动被忽略,所以 P_i 最后不能构造一棵生成树。

(2) P_m 最终会构造出一棵生成树。因为 P_m 是自发唤醒节点,所以其 ID 值一定会被传播,一旦某节点收到这个 ID 值,则忽略其他 ID。最终这个 ID 值会传遍所有的节点,此时 P_m 便构造出了一棵生成树。

因为算法 6.5 中构造生成树的方法与算法 6.4 相同,故 P_m 构造的是深度优先

生成树。□

4. 算法复杂度分析

定理 6.5 对于一个具有 e 条边和 n 个节点的网络,自发启动节点共有 p 个,其中 ID 值最大者的启动时间为 t,则算法 6.5 的消息复杂度为 $O(pn^2)$,时间复杂度为 $O(t+e)$。

证明 (1) **消息复杂度** 算法 6.5 最坏情况为在自发启动的节点中,先是 ID 值最小的节点在非自发启动节点中构造出了一棵树,然后 ID 值第二小(自发启动节点中)的节点再以自己为根构造树,一直到 ID 值最大的节点。因为 n 个节点的完全图有 $n(n-1)/2$ 条边,则由算法 6.3 复杂度结论,可得总消息数目最多为 $2(n-p+1)(n-p)+2(n-p+2)(n-p+1)+\cdots+2n(n-1)=2pn^2-2p^2n+2p^3/3-2p/3$。若 $p \sim O(n)$,则消息复杂度为 $O(n^3)$,若 $p \sim O(1)$,则消息复杂度为 $O(n^2)$,故消息复杂度总可以写成 $O(pn^2)$。若系统总信道数为 e,则总消息数目约为 $4pe$。

(2) **时间复杂度** 时间复杂度与自发启动中最大 ID 值节点启动的时间有关。当最大 ID 值节点启动之后,完成整个算法还需要 $O(e)$ 的时间。故时间复杂度为 $O(t+e)$。□

6.2.5 最小生成树

现在考虑每个信道都有一个权重,此权重可以认为是信道通信的成本,这样一棵最小生成树就能够使得执行广播算法总开销最小。假设每个信道的权重都存储在其连接的两个节点的局部内存中,最小生成树问题便等价于每个节点确定与其相连的哪些信道是最小生成树上的边。

定义 6.5 **生成森林**(Spanning Forest):无向图 $G=(V,E)$ 的生成森林 $\{(V_i,E_i):1 \leq i \leq k, k \geq 1\}$ 由 G 的无向边和所有顶点组成,其中 $V = \cup V_i$,(V_i,E_i) 为树结构。

无论串行算法还是并行算法,求解最小生成树问题都使用了贪心算法原理,即每次都在当前生成的森林中的某一棵树中寻找权值最小的出边(即边所连接的两个节点中有且只有一个是此树的节点),此边便是最小生成树上的边。贪心算法的正确性基于如下引理:

引理 6.3 $G=(V,E)$ 是一个带权无向图,$\{(V_i,E_i):1 \leq i \leq k\}$ 为 G 的任一生成森林,其中 $k > 1$。$\forall i \in \{1,2,\cdots,k\}$,令 e 为集合 $\{e \mid e$ 只有一个端点在 V_i 中$\}$ 中权值最小的一条边,那么就有一棵包括 $\cup E_i$ 以及 e 的树,且在 G 中所有包括 $\cup E_i$ 以及 e 的树中,此树的权值最小。

证明 试用反证法。假设这棵树不是权值最小,即存在一棵树 T,它包括 $\cup E_i$,但不包括 e,并且其权值严格小于任意包括 $\cup E_i$ 以及 e 的树,那么将 e 加入到树 T 中得到树 T',显然此时 T' 中包括一个环,即 V_i 有另一条出边 e'。但是 e 边的权值小于等于 e' 的权值,在 T' 中我们将 e' 删去得到 T'',显然 T'' 也是 G 的一棵生成树,它包括 $\cup E_i$ 以及 e,但其权值不大于 T,这与前面的假设矛盾。□

1. 基本思想

在分布式系统中构造最小生成树最自然的思想为:每个节点都有一个所属树的编号变量,用来判断两个节点是否同属于一棵树。刚开始时,每个节点独自成为一棵树,其 ID 值为树的编号,每棵树并发地搜索自己的权值最小的出边,并把这些边加入到生成森林之中,同时几棵树也合并为一棵树,取其中树的编号较大的一个为合并之后树的编号,更新树中各个节点的树编号变量。这样直至所有的树都被合并为一棵树,此即为最小生成树。

但此方法在异步分布式系统中有如下四个问题。

(1) **产生环** 考虑图 6.2(a)。其中的点 P_i、P_j、P_k 各自代表一棵树,三条边的权值都为 1,这样当三棵树并发地选择权值最小的出边时,可能导致环的产生。

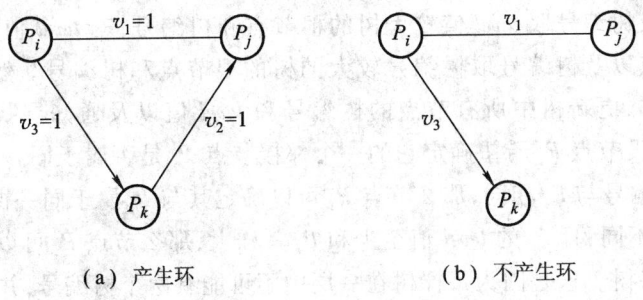

(a) 产生环　　　　　　　　(b) 不产生环

图 6.2　产生环示例

可以证明,如果边的权值都不相等,那么图 G 只有唯一一个最小生成树,这样也不会再出现环结构(其证明留作习题)。考虑到后面我们给出的分布式系统下的最小生成树算法对边的权值只是进行比较大小的操作,因此,可以把边 (i,j) 或边 (j,i) 的权值改为三元组 $\{weight, i, j\}$,其中 $i<j$。这样对权的比较是按照字典顺序比较三元组 $\{weight, i, j\}$,因为节点的 ID 都是唯一的,所以这样每条边上的权值也是唯一的。

使用了权值三元组的方法,我们再来考虑图 6.2(a) 的情况,不妨设 $i<j<k$,这样权值 $v_1 = \{1, i, j\}$,$v_2 = \{1, j, k\}$,$v_3 = \{1, i, k\}$,按照字典序 $v_1 < v_3 < v_2$,每棵树寻找出边就为图 6.2(b) 所示,从而避免了环的出现。

(2) **不平衡** 由于异步系统的消息延迟,就有可能出现不平衡构造树,从而导致产生更多的消息。一个极端的例子是，每次都是一个节点数目很多的树命令自己内部的节点寻找该树的权值最小的出边，而每次合并的树都是只有一个节点的树。由于树中根节点令所有节点寻找权值最小出边所传递的消息数目正比于树中的节点数目，因此我们必须避免出现一棵节点数目多的大树不断合并一棵单节点树的情况。

解决的方法是给每棵树设置一个层变量 *level*。刚开始时每个单节点树的 *level* 值为 0。如果一棵树的权值最小出边所连的另一棵树的 *level* 变量大于或等于自己的 *level* 变量，则两棵树通过这条边合并，否则等待。所合并成的树的 *level* 值取两棵树中 *level* 值较大者，若两棵树的 *level* 值相同（设为 L），则新合成的树的 *level* = L + 1。

(3) **错误判断出边** 在异步系统中，很可能出现在判断一条边是否是出边时，边连接的两个节点已处于一棵树之中，但由于消息延迟导致更新树编号变量的消息还未传到，因两个节点的树编号变量不同而致使判断出错。

解决的方法为，在合并之前，树中节点按边的权值由小到大的顺序开始探测此边是否是出边，当确认某条边是出边之后便停止探测其他边，并将结果敛播给根节点，由根节点确定通过哪一条边进行合并。当两个子树合并时，合并后的树的根节点以及树编号取 *level* 值较大树的根节点和树编号，若 *level* 值相同，合并后的树的根节点以及树编号取树编号较大的树的根节点和树编号。然后由根节点执行广播操作，更新树中所有节点的树编号和 *level* 值以及通知寻找权值最小出边。这样，假设节点 P_i 希望确定它的一个邻接节点 P_j 是否属于同一个树结构中，如果 P_j 的树编号与 P_i 相同，那么节点 P_i 可以确定其与 P_j 属于同一棵树。如果 P_j 的编号与 P_i 不同，且 P_j 的 *level* 值至少和 P_i 一样大，那么节点 P_i 可以确定 P_j 与其不属于同一棵树。这是因为每棵树在一层中不可能有两个树编号，并且当 P_i 在寻找其权值最小出边的时候，其树编号是最新的。如果 P_j 的树编号与 P_i 不同且 P_j 的层数严格小于 P_i，那么节点 P_j 就延迟回答 P_i 直到它更新到其 *level* 值上升到至少和 P_i 一样大。

可以证明，这个新增加的延迟不会构成节点间的死锁。这样，我们就解决了上述问题。

(4) **存在干扰** 不同层的邻接树同时寻找权值最小出边有可能发生相互干扰。具体来说，当层低的树 T 合并到层高的树 T'，而 T' 此时正在确定其权值最小出边时可能会发生此情况，现讨论如下。

假设树 T 通过 (P_i, P_j) 边合并到树 T'，其中 $P_i \in T, P_j \in T'$。第一种情况是当合并操作发生时节点 P_j 尚未找到自己权值最小的出边，这时不会有干扰。第二种情况是当合并操作发生时节点 P_j 已经找到了自己权值最小的出边，我们不妨设

为 e，现在需证明：① e 的权值严格小于 (P_i, P_j) 边的权值；② T 与 T' 合并后的树的最小权值出边不与树 T 相接。其中，① 能保证树 T' 所找到的权值最小出边在合并之后仍然是出边；② 能保证合并之后的权值最小出边不会在 T 中。也就是说，我们不需要重新在 T 中寻找权值最小出边，这也就能说明不会有干扰。进一步讨论之：① 是很显然的。因为节点 P_j 在寻找权值最小出边的时候保证了这个边所指向的树的 level 值至少不低于树 T'，而树 T 的 level 值是严格小于树 T' 的，从而 e 显然就不是 (P_i, P_j) 边。又因为 e 已经确定，由上面 (3) 的讨论可知，e 的权值是严格小于 (P_i, P_j) 边的权值的。② 也是很显然的。因为 (P_i, P_j) 边是树 T 的权值最小的出边，且 e 的权值是严格小于 (P_i, P_j) 边的权值的，所以树 T 的所有出边的权值都严格大于 e 的权值，而树 T' 的权值最多等于 e 的权值，因而树 T 的所有出边都不可能是合并后的树的出边。

2. 算法描述

更多的算法细节可以参考 Gallager、Humblet 和 Spira[5] 的文章，限于篇幅，下面只给出一个算法框架：

算法 6.6　MIMD-AC 模型上的最小生成树算法

输入：分布式系统中各节点、边以及边的权值。

输出：生成最小生成树。

Code for Every Tree T

begin

while（系统中子树的个数大于 1）**do**

　（1）根节点广播 $ID(T)$ 和 $level(T)$，命令各节点寻找权值最小出边。

　（2）按权值由小到大顺序寻找权值最小的出边，找到之后敛播给根节点。

　（3）根节点收到所有节点的权值最小出边后，确定整棵树的权值最小出边 e。边 e 连接树 T'。 /* $level(T) \leq level(T')$ */

　（4）$T'' = T \cup T' \cup e$

　（5）**if** $level(T') > level(T)$ **then**

　　（5.1）$ID(T'') \leftarrow ID(T')$

　　（5.2）$level(T'') \leftarrow level(T')$

　　else　/* $level(T) = level(T')$ */

　　（5.3）$ID(T'') \leftarrow \max\{ID(T), ID(T')\}$

　　（5.4）$level(T'') \leftarrow level(T'') + 1$

　　end if

end while

end

3. 算法复杂度分析

定理6.6 对于一个具有 e 条边和 n 个节点的网络,最小生成树算法6.6的消息复杂度为 $O(e + n\log n)$,时间复杂度为 $O(n\log n)$。

证明 (1) **消息复杂度** 显而易见,每个 level 值为 k 的树中的节点数至少为 2^k,故 level 值最大为 $\log n$。又因为每个节点都从边的权值由小到大的顺序开始探测此边是否是出边,当确认某个边是出边之后,便停止探测其他边并将结果敛播给根节点,直到根节点确认这条边是整个树的权值最小出边,便进行合并操作,并更新了 level 值之后再继续探测。因此,我们可以将消息分为两类:第一类是每个节点探测自己的一条边是否是出边而得到否认的消息。显然,每一条边当被探测为非出边后就不会再探测,所以这类消息的数目为 $O(e)$。第二类消息是每一层中在树 T 中各种消息的传递,其消息数目为 $O(|T|)$,$|T|$ 表示树 T 的节点数。所以第二类消息的总数目为

$$\sum_{k=0}^{\log n} \sum_{level(T)=k} |T| \leq \sum_{k=0}^{\log n} n = O(n\log n)$$

故总消息数目为 $O(e + n\log n)$。

(2) **时间复杂度** 系统中所有节点,其所在的树的 level 值都变成 k 时所需要的时间为 $O(kn)$,又因为 level 值最大为 $\log n$,故总时间为 $O(n\log n)$。□

6.3 环上选举算法

本节我们考虑环上的**领导者**(Leader)选举算法,这代表了分布式算法中的一类破对称问题。环中节点只知道自己的编号,不知道邻接节点的编号,它们只能使用局部的、相对的名字来访问邻接节点。对于拓扑结构是无向环的系统来说,节点只知道自己左边有一个节点;对拓扑结构是有向环的系统,节点只知道自己左右两边各有一个节点,这使得任意节点都能以任意顺序加到环中去。

一个分布式选举算法必须满足:① 节点的终止状态只能为选中或未选中状态。一旦某个节点进入两种状态之一,则该节点上的状态转换函数只会将其变为相同的状态;② 每个合法执行中,一旦一个节点进入选中状态,则其余节点进入非选中状态。

比较算法是利用比较作为对标识的唯一操作的算法。可以证明,在领导者选举问题上,任何算法不会比比较算法具有更好的复杂度。

本节中假设节点和信道都是可靠的,并且信道具有先进先出性质。

6.3.1 LCR 算法

Le Lann[6]、Chang 和 Roberts[7]给出了一个环上的选举算法,简称为 LCR 算法,其消息复杂度为 $O(n^2)$,该算法在单向环上即可运行。设节点编号大的当选为领导者。

1. 基本思想

① 节点 P_i 发送自己的标识到邻接节点;② 当 P_i 接收到 id_j 时,如果 $id_i < id_j$,则 P_i 转发 id_j 给自己的邻接节点,否则不转发(即没收);③ 当某节点收到自己的标识时,则宣布自己当选为领导者,并发送一个终止消息给邻接节点,然后终止;④ 当节点收到终止消息,则向自己的邻接节点转发,然后以非领导者状态终止。

2. 算法描述

算法 6.7 MIMD-AC 模型上的 LCR 算法

输入:分布式系统环结构。

输出:具有最大 ID 值的节点。

Code for P_i

init var: $asleep \leftarrow$ true, $id \leftarrow i$

begin

while (receiving no message) **do**

  (1) **if** $asleep$ **then**

    (1.1) $asleep \leftarrow$ false

    (1.2) send $<id>$ to *left-neighbor*

  end if

end while

while (receiving $<i>$ from *right-neighbor*) **do**

  (1) **if** $id < i$ **then** send $<i>$ to *left-neighbor*

  end if

  (2) **if** $id = i$ **then**

    (2.1) send $<Leader, i>$ to *left-neighbor*

    (2.2) *terminates* as *Leader*

  end if

end while

while (receiving $<Leader, j>$ from *right-neighbor*) **do**

  (1) send $<Leader, j>$ to *left-neighbor*

（2）terminates as non-Leader
　　end while
end

3. 算法分析

定理 6.7　LCR 算法是一个消息复杂度为 $O(n^2)$，时间复杂度为 $O(n)$ 的环上领导者选举算法。

证明　（1）**正确性**　因为在任何合法执行中，节点中具有最大标识的 id_{max} 不会被没收，所以具有 id_{max} 标识的节点总是会收到自己的 ID，它会宣布自己是领导者。其余节点的标识则都会被标识比其大的节点所没收，故都不会宣布自己是领导者。

（2）**消息复杂度**　最坏情况如图 6.3 所示，节点按 ID 值大小顺序顺时针排列，设逆时针方向为左，每个节点都向左传递自己的 ID，可见总消息数目为 $1+2+\cdots+n+n = O(n^2)$，其中最后一个 n 为选出领导者之后传递的终止消息数目。

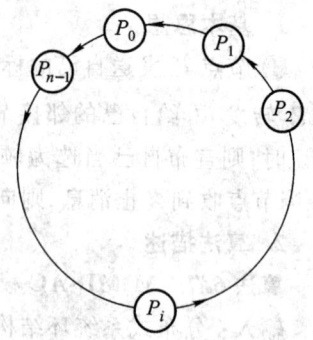

图 6.3　LCR 算法的最坏情况

（3）**时间复杂度**　算法最后终止的时间与 ID 最大的节点启动时间有关，容易证明，ID 值最大的节点最晚在 n 时刻启动，经过 n 时刻后就能产生出领导者，再过 n 时刻后整个算法终止。故总时间复杂度为 $O(n)$。□

6.3.2　改进算法

LCR 算法最坏情况下的消息复杂度是 $O(n^2)$（平均消息复杂度的分析留作习题）。Franklin[8] 给出一个改进算法，最坏情况下消息复杂度为 $O(n\log n)$，但需要环的结构为双向环。随后 Peterson[9] 给出了一个类似算法，可以在单向环上运行。为了介绍 Franklin 的算法，我们先给出 k-邻居定义。

定义 6.6　k-**邻居**：P_i 的 k-邻居是一个集合，其中任意一个节点与 P_i 的距离小于等于 k。

显然，k-邻居内有 $2k+1$ 个节点（包括 P_i）。

1. 算法思想

算法按阶段（Phase）执行。在第 s 阶段，一个节点试图成为其 $2s$-邻居的临时领导者。只有在第 s 阶段中的临时领导者才能进入下一个阶段。

（1）**Phase 0**　每个节点都发送 1 个探测消息（其中包括自己的 ID）给自己的

两个 1-邻居,若接收者 ID 大于消息里的 ID,则此消息被没收,否则发回一个回应消息。若节点从两个邻居都收到回应消息,则该节点称为其 1-邻居集的临时领导者。

（2）Phase s　所有上一轮的临时领导者向两边的 2^s 个节点发送探测消息。若接收到回应消息,则其成为第 s 阶段临时领导者。

（3）当节点接收到自己的探测消息时,即成为领导者,并发送终止消息。

2. 算法描述

算法 6.8　MIMD-AC 模型上的环领导选举算法

输入：分布式系统环结构。

输出：具有最大 ID 值的节点。

init var：$asleep \leftarrow$ true, $id \leftarrow i$

begin

 while（receiving no message）**do**

  （1）**if** $asleep$ **then**

   （1.1）$asleep \leftarrow$ false

   （1.2）send $<prob, id, 0, 0>$ to left and right

  end if

 end while

 while（receiving $<prob, j, s, d>$ from left/right）**do**

  （1）**if** $id = j$ **then** $terminate$ as $Leader$

  end if

  （2）**if** $j > id$ and $d < 2^s$ **then** send $<prob, j, s, d+1>$ to right/left

  end if

  （3）**if** $j > id$ and $d \geqslant 2^s$ **then** send $<reply, j, s>$ to left/right

  end if

  /* $j < id$ 没收消息 */

 end while

 while（receiving $<reply, j, s>$ from left/right）**do**

  （1）**if** $j \neq id$ **then** send $<reply, j, s>$ to right/left

   else if　already received $<reply, j, s>$ from right/left

    then send $<prob, id, s+1, 0>$ to left and right

   end if

  end if

 end while

end

3. 算法分析

引理 6.4 对于每个 $s > 0$，在 Phase s 结束的时候，临时 Leader 数 $\leq \dfrac{n}{2^s + 1}$。其中 n 为节点数。（其证明留作习题）

定理 6.8 算法 6.8 是消息复杂度为 $O(n\log n)$ 的环上领导者选举算法。

证明　(1) **正确性**　具有最大 ID 的节点的探测消息不会被没收，其余节点的探测消息都会被没收。故该节点最终会成为唯一的领导者。

(2) **消息复杂度**　在 s 阶段里，每个临时 Leader 产生的消息数目为 4×2^s，又由引理 6.4，此时最多有 $\dfrac{n}{2^s + 1}$ 个临时领导者。故消息总数为

$$4n + \sum_{s=1}^{\log(n-1)} \dfrac{n}{2^{s-1} + 1} \times 4 \times 2^s + n \leq 8n\log n \quad \square$$

6.4　分布式 k-选择算法

在下面的各节中，给出分布式算法一些较为复杂的应用。限于篇幅，后面大多的算法只给出算法框架而不给出算法具体细节。

通常所称的 k-选择算法有两种：一是**随机 k-选择算法**（Random k-selection Algorithm），二是**确定 k-选择算法**（Deterministic k-selection Algorithm）。前者平均复杂度是线性的，最坏情况下是二次的；后者最坏情况下的复杂度是线性的。此两种算法具有很多共同之处，差别仅在于划分元素的选取方式不同，一是随机选取，二是按某一确定方法选取，因而其名为随机 k-选择和确定 k-选择。

6.4.1　随机 k-选择算法

1. 顺序随机 k-选择算法（Sequential Random k-selection Algorithm）[10]

令 $B = \{b_1, \cdots, b_n\}$ 是元素的集合，欲从其中选取第 k 个元素，则随机 k-选择算法框架可描述如下：

算法 6.9　单处理机上的随机 k-选择算法

输入：$B = \{b_1, \cdots, b_n\}$。

输出：第 k 个元素。

begin

(1) 如果 $|B|=1$,则返回此元素;否则执行以下各步:
(2) 随机从 B 中挑选一个元素 m(以下称其为划分元素)。
(3) 将 B 划分成三个子集合 BL、BE、BG,它们分别包括 $<$、$=$、$>m$ 的那些元素。

$$令 B' = \begin{cases} BL, 若 k \leq |BL| \\ BE, 若 |BL| < k \leq |BL| + |BE| \\ BG, 若 k > |BL| + |BE| \end{cases}$$

如果 $B' = BE$,则返回元素 m;否则按下式计算 k' 的值:

$$k' = \begin{cases} k, 若 B' = BL \\ k - |BL| - |BE|, 若 B' = BG \end{cases}$$

(4) 递归调用本算法,以求出 B' 中第 k' 个元素。

end

2. 分布式随机 k-选择算法(Distributed Random k-selection Algorithm)

Shira 等人[11]将上述顺序 k-选择算法转换成分布式随机 k-选择算法。令 $B = \{b_1, \cdots, b_n\}$ 是元素集合,B 中的元素分散存储在系统中各个节点中,有些节点可能存有多个元素。我们假定分布式系统已经形成一棵生成树(如算法 6.3)。则算法 6.9 的非递归部分(即第(1)步到第(3)步)可以直接转换成分布式算法,对于递归部分只要由根节点协调好递归的入口和出口即可。下面我们给出算法框架。

算法 6.10 MIMD-AC 模型上的随机 k-选择算法

输入:$B = \{b_1, \cdots, b_n\}$。
输出:第 k 个元素。

begin

(1) 设系统中共有 p 个节点。对于节点 P_i,设其有 s_i 个子树。$t_i(0)$ 表示节点 P_i 内存里的元素个数。$t_i(m)$ 表示节点 P_i 第 m 棵子树里的元素个数,$1 \leq m \leq s_i$。$t_i(m)$ 的值可由一次敛播操作获得,根节点能计算出系统中总的元素个数 $n = |B| = \sum_{i=1}^{p} |B_i|$。如果 $|B|=1$,则根节点通知该元素所在的节点将此元素送往根节点,算法结束。否则执行以下各步。

(2) 分布、随机地从 $|B|$ 个元素中挑选一个元素 m 作为划分元素送到根节点。其过程如下:根节点 P_r 随机地从 $1 \sim n$ 中选取一个整数 i,如果 $i \leq t_r(0)$,则取节点 P_r 自己的内存里的第 i 个元素。否则求使得 $i' = i - \sum_{m=0}^{q} t_r(m) \leq 0$ 的最小整数 q。将 i' 发送给自己的第 q 个子树的根节

点 P_j。P_j 作出相同的反应。当已经定位到一个元素的时候,它就被发送到根并作为 k-选择算法的划分元素,发送给其他节点。此步所需的交换消息为 $O(p)$。

(3) 每个节点 P_i 将其内存中的元素按 m 划分成三个子集合 BL_i、BE_i、BG_i,它们分别包含 <、=、> m 的那些元素。通过对生成树的一次敛播,在根节点可以计算出 $|BL| = \sum_{i=1}^{p} |BL_i|$,$|BE| = \sum_{i=1}^{p} |BE_i|$,$|BG| = \sum_{i=1}^{p} |BG_i|$。一旦算出 $|BL|$、$|BE|$、$|BG|$,根节点就可以根据 B' 和 k' 决定算法中是以选中 m 而结束,还是继续递归调用。根节点向所有节点广播这一决定,以便让每个节点 P_i 知道集合 BL_i 和 BG_i 中哪一个应作为下一次递归调用的参数。这一步需要交换的消息数为 $O(p)$。

(4) 根据新的参数 B' 和 k',算法就可以自动递归调用。在分布式环境中,递归调用时其入口和出口均由根节点完成。它分布地计算现有活跃元素的数目。如果很多,则根节点通知所有节点,它们都递归调用它们局部的程序。当只剩下一个元素时,根节点就令其发送此元素给它,从而得到了第 k 个元素。此时每个进程都可以从递归调用中退出而无须与根进一步商榷即可结束。

end

不难分析出算法 6.10 的消息复杂度:在平均情况下为 $O(p\log n)$,在最坏情况下为 $O(pn)$,其中 p 为节点数,n 为元素个数。

6.4.2 确定 k-选择算法

1. 顺序确定 k-选择算法(Sequential Deterministic k-selection Algorithm)[12]

算法 6.11 单处理机上的确定 k-选择算法

输入:$B = \{b_1, \cdots, b_n\}$。

输出:第 k 个元素。

begin

(1) 如果 $|B|$ 比较小(例如不多于 50 个元素)则可使用排序的方法求第 k 个元素;否则执行以下各步:

(2) 将 B 按五个一组进行分组(至多有一组包含少于五个元素,称此组为零头)。

(3) 采用排序法求每组的中值,从而形成中值集合 M。
(4) 自身递归调用,求集合 M 之中值 m。
(5) 将 B 划分成三个子集合 BL、BE、BG,它们分别包括 $<$、$=$、$>m$ 的那些元素。

$$令\ B' = \begin{cases} BL, 若\ k \leq |BL| \\ BE, 若\ |BL| < k \leq |BL| + |BE| \\ BG, 若\ k > |BL| + |BE| \end{cases}$$

如果 $B' = BE$,则返回元素 m;否则按下式计算 k' 的值:

$$k' = \begin{cases} k, 若\ B' = BL \\ k - |BL| - |BE|, 若\ B' = BG \end{cases}$$

(6) 递归调用本算法,求出 B' 中的第 k' 个元素。

end

2. 分布式确定 k-选择算法(Distributed Deterministic k-selection Algorithm)

算法 6.12　MIMD-AC 模型上的确定 k-选择算法

输入: $B = \{b_1, \cdots, b_n\}$。

输出: 第 k 个元素。

begin

(1) 类似算法 6.10 的第(1)步,分布地求出 $|B|$,如果此值足够小可以装入根节点,则可以在根节点内求出第 k 个元素;否则:

(2) 每个进程均分布地按五个元素(在其局部内存中)一组进行划分。但由于各进程均可能有零头,所以总零头的数目可能很大,这与算法 6.11 第(2)步假定至多只有一个零头不符。为解决此问题,可令每个进程均从其子节点接收零头并拼成五个一组后,再将其零头传送至其双亲节点。如此可能有 $O(p)$ 的消息交换。

(3) 局部地求五个元素的中值(此处没有必要将各中值收集在一个节点中,只要每个进程知道它的哪个元素属于 M 即可)。

(4) 以 M 为参数,递归调用求 M 的中值 m。

(5) 类似算法 6.10 的第(3)、第(4)步。

end

与算法 6.10 一样,协同递归的入口和出口均在根节点完成。根节点分布计算现有的活跃元素;如果所剩不多,则根节点通知其节点发送这些元素到根节点,然后由其求出第 k 个元素;如果仍有很多活跃元素,则根节点通知所有节点,递归调用各自的局部程序。

定理 6.9　算法 6.12 的消息复杂度为 $O(pn^{0.9114})$。

证明 因为 $|B|=n$,则顺序确定 k-选择递归调用次数 $f(n)$ 为: $f(n) \leqslant 2 + f(n/5) + f(3n/4)$,所以 $f(n) \leqslant O(n^{0.9114})$。每次递归调用需要 $O(p)$ 的消息交换。所以算法 6.12 所需的消息交换数目为 $O(pn^{0.9114})$,它比算法 6.11 的最坏情况下的消息复杂度要好。□

6.4.3 分布式求中值算法

在本节中,我们给出分布式算法的一个特殊的例子,即系统中只有两个节点,每个节点都存储了一些元素,我们要求这些元素的中值元素。

求中值是 k-选择中 $k=\lfloor n/2 \rfloor$ 的特殊情况,但用 k-选择算法求中值会增加一些不必要的通信量。所以人们将求中值从 k-选择中单独抽出来加以研究。我们首先给出集合中值的定义。

定义 6.7 标准中值(Standard Median): 给定元素集合 U, $|U|$ 表示元素的数目, U' 是 U 的非降有序序列。如果 $|U|=2n$(n 为某一个整数),那么中值 $1(U)$ 和中值 $2(U)$ 分别是序列 U' 的第 n 个和第 $n+1$ 个元素;如果 $|U|=2n+1$,则 $1(U)=2(U)$。

中值的一个重要特性是它将 U 之元素划分成两个子集。如果 U 无重复元素,此两子集尺寸近乎相等。令 U 被划分成两个子集 A 和 B,使得 $|A|=|B|=n$,并假定 A 和 B 分别存在两个节点中。于是 A 和 B 的**分布(式)中值** μ 将它们划分成 A_1, A_2 和 B_1, B_2,使得: $|A_1|+|B_1|=|A_2|+|B_2|$;因为 $|A_1|+|A_2|=|B_1|+|B_2|$;所以 $|A_1|=|B_2|$, $|B_1|=|A_2|$。这样对于 $a_1 \in A_1$, $a_2 \in A_2$, $b_1 \in B_1$, $b_2 \in B_2$,则 A_1, A_2, B_1, B_2 之间的关系可表示为: $a_1, b_1 \leqslant a_2, b_2$。

在选取集合 $U=A \cup B$ 的中值元素 μ 时,将导致非对称划分,因为 μ 可能属于 A 或者 B,但一般不会同时属于两者。注意当 $|U|$ 是偶数时,就可使用中值 $1(U)$ 和 $2(U)$ 作为分布式中值,但非对称划分仍旧存在,所以不能直接从一般中值定义演绎出分布式中值的定义。为此得出如下定义:

定义 6.8 分布(式)中值(Distributed Median): 集合对 (A,B)(其中 $|A|=|B|=n$)的分布中值是满足以下两个条件的数值 m: ① $0 \leqslant m \leqslant n$; ② 令 A_1 中包含 A 的 m 个最小元素, A_2 包含 A 的 $n-m$ 个最大元素; B_1 包含 B 的 $n-m$ 个最小元素, B_2 包含 B 的 m 个最大元素。那么对于每个 $a_1 \in A_1$, $a_2 \in A_2$, $b_1 \in B_1$, $b_2 \in B_2$,有 $a_1, b_1 \leqslant a_2, b_2$。

注意, A 和 B 可能有多个中值。例如 $U=A \cup B$,其中 $A=(3,1,3,10)$, $B=(8,4,2,3)$,则中值 m 可为 2 或 3。对于 $m=3$,有 $A_1=(1,3,3)$, $A_2=(10)$, $B_1=(2)$, $B_2=(3,4,8)$。

1. 算法描述

Rodeh[13]所提出的**分布(式)求中值**(Distributed Finding Median)算法由两个将 A 和 B 存于各自局部内存中的节点 P_A 和 P_B 组成。在每一步，P_A 和 P_B 进行通信，根据通信所得到的信息，P_A 确定 A 中的某些元素是应属于 A_1 或 A_2，如此 A 中的元素不断减少，而 A_1 或 A_2 中的元素不断增加。当 A 中的元素耗尽时，P_A 结束。P_B 与此同时作类似的工作。于是算法可描述如下：

算法 6.13 MIMD-AC 模型上的求中值算法
输入：序列 A 和 B。
输出：分布式中值 m。
begin
(1) P_A 通过通信接收来自 P_B 的 B 的中值元素 $2(B)$；P_A 将 A 中的中值元素 $1(A)$ 和 $2(B)$ 进行比较：

(1.1) 如果 $1(A) < 2(B)$，则 A 中的 $\lceil n/2 \rceil$ 个最小元素加入到 A_1 中。/* 在 $A \cup B$ 中(保留重复元素)至少有 n 个元素(A 中的 $\lfloor n/2 \rfloor$ 个最大元素和 B 中的 $\lceil n/2 \rceil$ 个最大元素)是大于这些元素的 */

(1.2) 如果 $1(A) > 2(B)$，则 A 中的 $1 + \lfloor n/2 \rfloor$ 个最大元素加入到 A_2 中。

(1.3) 如果 $1(A) = 2(B)$，则 A 中的 $\lceil n/2 \rceil$ 个最小元素加入到 A_1 中；A 中的 $\lfloor n/2 \rfloor$ 个最大元素加入到 A_2 中。

(2) P_B 通过通信接收来自 P_A 的 B 的中值元素 $1(A)$；P_B 将 B 中的中值元素 $2(B)$ 和 $1(A)$ 进行比较：

(2.1) 如果 $1(A) < 2(B)$，则 B 中的 $\lceil n/2 \rceil$ 个最大元素加入到 B_2 中。

(2.2) 如果 $1(A) > 2(B)$，则 B 中的 $1 + \lfloor n/2 \rfloor$ 个最小元素加入到 B_1 中。

(2.3) 如果 $1(A) = 2(B)$，则 B 中的 $\lceil n/2 \rceil$ 个最大元素加入到 B_2 中；B 中的 $\lfloor n/2 \rfloor$ 个最小元素加入到 B_1 中。

end

2. 算法复杂度分析

定理 6.10 算法 6.13 的时间复杂度是线性的，消息复杂度是对数的。

证明 (1) **时间复杂度** 令 A^i 和 B^i 是 P_A 和 P_B 第 i 步求中值时的子集。注意由 A^i 和 B^i 求 A^{i+1} 和 B^{i+1} 时是使用划分而不是排序的方法。使用线性算法计算中值时，P_A 和 P_B 的第 i 次迭代占 $c|A^{i-1}|$ 的时间(c 为与 i 无关的某一个常数)。因为 $|A^{i-1}| \geq 2|A^i|$，P_A (和 P_B)所需的总时间为 $O(|A|)$，所以算法的总时间

也是 A 的线性函数。注意，P_A 所需的时间大约等于由分布式算法求 A 和 B 之中值的时间。所以尽管 P_A 和 P_B 可以同时执行，但算法的时间并未节省。

(2) **消息复杂度** 在每次迭代时，节点 P_A 和 P_B 交换了一条消息。所以问题的规模每次至少减少 $1/2$，因而交换消息的总数为 $2\log n$。Rodeh 已经证明了分布式求中值的通信开销的下界为 $\log n$，所以算法 6.13 已经在常数因子意义下是最佳的了。如果节点 P_A 和 P_B 时，每次交换多于一条消息，例如 k 条消息，则 A 和 B 的尺寸每次将减少 $1/(k+1)$，所以交换的总消息为 $\log_{k+1} n$。□

*6.5 定序与排序

分布(式)定序(Distributed Ranking) 和**分布(式)排序**(Distributed Sorting) 是两个有关但并不完全相同的概念：后者是指在网络中移动各节点中的元素使其按节点的序号大小升序或降序地排列在各节点中；而前者则不要求在网络中移动各节点中的元素，只是将一个取值为 $\{1,2,\cdots,p\}$ 的序号按照各节点元素的大小赋值给各个节点。

6.5.1 定序算法

Zaks[14] 提出了一个最佳的定序算法。我们设网络中有 p 个节点，每个节点 P_i 都有不同的标识 id_i 和不同的元素 $e(i)$，算法结束后，每个节点都得到一个函数值 $f(i)$，可如下定义：

定义 6.9 定序：给定元素集合 $E = \{e(1),e(2),\cdots,e(p)\}$ 和节点标识集合 $ID = \{id_1,id_2,\cdots,id_p\}$。如果函数集合 $F = \{f(1),f(2),\cdots,f(p)\}$ 是序号集合 $R = \{1,2,\cdots,p\}$ 的一个置换。并且由 $e(i) < e(j)$ 可得到 $f(i) < f(j)$，则称每个节点中的元素是定序好的。

定义 6.10 树中心：对于树中的节点 u，令 $h(u) = \max_{x \in V} d(u,x)$，其中 $d(u,x)$ 表示节点 u 和节点 x 之间的路径上的边数(即距离)。所谓树中心，就是满足 $h(v) = \min_{u \in V} h(u)$ 条件的一个节点 v，此时 $h(v)$ 称为树的半径。

1. 算法描述

Zaks 的算法分为预处理阶段和定序阶段：

(1) **预处理阶段** 在已经形成的生成树中寻找一个中心节点 v，并以其为树的根。假定树中的每个节点 i 都存在一个集合 $S(i)$，开始时 $S(i) = \{e(i)\}$。进行一次敛播操作，将最小元素敛播给根节点，具体操作如下：叶子节点 P_j 将 $S(j)$ 中

的元素 $e(j)$ 发送给自己的双亲,并在 $S(j)$ 中删去 $e(j)$。树中每个 $i \neq v$ 的非叶子节点 P_i 等待接收它所有子节点发来的元素并把它们加入到 $S(i)$ 中;然后再将 $S(i)$ 中的最小元素传递给自己的双亲并在 $S(i)$ 中删去。直到根节点 v 将它所有子节点发来的元素收集完毕并加入到 $S(v)$ 中。$S(i)$ 中的每一个元素,节点 P_i 都知道它是由哪个子节点发送的,这样每个节点都知道每个以其子节点为根的子树中的最小元素。通过归纳法我们可以很容易地证明,每个节点都把以它为根的子树中的最小元素发送给自己的双亲。显然,整个预处理阶段需要交换的消息数为 $O(p)$。

(2) **定序阶段** 根节点 v 启动定序阶段的算法,它从集合 $S(v)$ 中删去最小元素,然后将含有一个序号 $R=1$ 的消息沿此最小元素到达根节点的原路径到达最初的节点 u。当节点 u 收到此消息时,首先置 $f(u)=1$,再从 $S(u)$ 中删去最小元素 $e(u)'$,并将其传递给自己的双亲(若 $S(u)$ 为空,则传递特殊消息)。在 u 到 v 的途中,每个节点 P_i 都将其收到的消息加入到 $S(i)$ 中(特殊消息无操作),并将 $S(i)$ 中的最小元素删去并传递给自己的双亲(同样 $S(i)$ 为空时发送特殊消息),直至根节点 P_v。节点 P_v 置 $R=R+1$。重复上述过程,直至 $S(v)$ 为空。在节点 P_i 中我们用 $g(u)$ 表示最近从节点 P_u 那里接收到的消息,$g(u)=x$ 就表示从 P_u 节点接收到的消息 x,当 $x=e(i)$ 时,$i=u$。用 $best(i)$ 表示节点 P_i 的子节点,并且 P_i 已从子节点那里接收一个尚未被定序的最小元素(即 P_i 最后一个传递给向其双亲的元素)。所有节点的定序元素 $f(i)$ 的初值都为 0。算法框架如下:

算法 6.14 MIMD-AC 模型上的定序算法
输入:元素集合 $S(i)$,序号集合 R。
输出:函数集合 $F=\{f(1),f(2),\cdots,f(p)\}$。
begin
Code For ROOT NODE P_v /* 根节点 v 的定序 */
  (1) $R \leftarrow 1$
  (2) **while** $S(v) \neq \varnothing$ **do**
    (2.1) $x \leftarrow \min(S(v))$
    (2.2) $A \leftarrow \{u \mid g(u) = x\}$
    (2.3) $k \leftarrow |A|$
    (2.4) **for** $i = 1$ **to** k **do**
      (i) $S(v) \leftarrow S(v) - \{x\}$
      (ii) $\forall a \in A$
        ① $A \leftarrow A - \{a\}$
        ② send $<R>$ to a

$\qquad$ (v) $R \leftarrow R+1$
$\quad$ **end for**
(2.5) $received \leftarrow 0$
(2.5) **while** $received < k$ **do**
$\quad$ **if** receiving $<x>$ from a **then**
$\qquad$ /* a 是 v 的子节点 */
$\qquad$ (i) $received \leftarrow received + 1$
$\qquad$ (ii) **if** $x \neq null$ **then** $S(v) \leftarrow S(v) \cup \{x\}$
$\qquad$ **end if**
$\quad$ **end if**
end while
end while
Code For NODE P_i ($i \neq v$) /* 非根节点的定序 */
while (receiving $<R>$ from parent) **do**
$\quad$ (1) **if** $e(i) \notin S(i)$ and $F(i) = 0$ **then**
$\qquad$ /* 此节点即为当前未定序元素中的最小元素所在节点 */
$\quad\quad$ (1.1) $F(i) \leftarrow R$
$\quad\quad$ (1.2) **if** $S(i) \neq \emptyset$ **then**
$\qquad$ (i) $x \leftarrow \min(S(i))$
$\qquad$ (ii) $S(i) \leftarrow S(i) - \{x\}$
$\qquad$ (iii) send $<x>$ to parent
$\qquad$ (iv) $A \leftarrow \{u \mid g(u) = x\}$
$\qquad$ (v) $\forall a \in A$
$\qquad\qquad$ $best(i) \leftarrow a$
$\quad\quad$ **else** send $<null>$ to *parent*
$\quad\quad$ **end if**
$\quad$ **else** send $<R>$ to $best(i)$
$\quad$ **end if**
end while
while (receiving $<x>$ from *child*) **do**
$\quad$ (1) **if** $x \neq null$ **then** $S(v) \leftarrow S(v) \cup \{x\}$
$\quad$ **end if**
$\quad$ (2) **if** $S(i) \neq \emptyset$ **then**
$\quad\quad$ (2.1) $x \leftarrow \min(S(i))$

(2.2) $S(i) \leftarrow S(i) - \{x\}$
(2.3) send $<x>$ to *parent*
(2.4) $A \leftarrow \{u \mid g(u) = x\}$
(2.5) $\forall a \in A$
   $best(i) \leftarrow a$
  else send $<$null$>$ to *parent*
 end if
end while
end

在证明上述算法的正确性时,注意到,首先,在定序开始的时候,每个初始值 $e(i)$ 正好驻留在一个集合 $S(j)$ 中,$S(i)$ 中的元素的数目为 $|son(i)| - 1$。其中 $son(i)$ 表示节点 P_i 的子节点集合。所以最小初值处于 $S(v)$ 中;其次,在定序阶段,一个非根节点发送 null 消息给其双亲,当且仅当其子树中的所有节点均已被定序。

2. 算法复杂度分析

在定序算法中,每个元素 $e(i)$ 沿着从节点 P_i 到 P_v 的路线仅仅发送一次;而序号 R 沿着从节点 P_v 到 P_i 的路线也仅仅发送一次。此外,非根节点正好向其双亲发送一个 null 消息。

定理 6.11 对于一个含有 p 个节点的树形网络,定序算法的消息复杂度为 $O(p^2)$。

证明 令 $\sigma = \sum_u d(u,v)$,那么显然定序阶段算法所发送的总的消息数目为 $2\sigma + p - 1$。令 $T = (V, E)$ 为一棵树,$|V| = p$,且 v 是树 T 的中心,则 $\sigma = \sum_u d(u, v) \leq p^2/4$。这可归纳证明如下:令 T 的半径为 r,有两个叶子 a 和 b,它们之间的路线通过 v,使得 $d(v,a) = r \leq p/2$ 和 $d(v,b) = r$ 或 $r - 1$。令 a' 是 a 的双亲,V' 是连接 a 和 b 路线上节点集合,在 $V - V'$ 中任意节点 x,满足 $d(v, x) \leq r$,在 $d(v, b) = r$ 时可得

$$\sum_u d(u,v) \leq 2(1 + 2 + \cdots + r) + r(p - 2r - 1) = (r+1)r + (p - 2r - 1)r$$
$$= (p - r)r \leq p^2/4$$

对于 $d(v, b) = r - 1$ 的情况可以同样得到结果。

综上所述,对于一树形网定序算法至多需要 $p^2/2 + p - 1$ 的消息传递。考虑到预处理阶段所需的消息交换树为 $O(p)$,所以定序算法的总的消息数为 $p^2/2 + O(p)$。□

6.5.2 排序算法

n 个元素的分布式排序是指不仅在每个节点上的元素都是有序的,而且任一标识小的节点中的元素不会大于标识大的节点中的元素。分布式排序算法可分为静态排序和动态排序,限于篇幅本节只讨论静态排序,即不改变排序前后各节点中元素数目的一种排序。

一个容量为 c 的网络是指网络中每个节点能在其局部内存中存放 c 个记录。一个大小为 n 的文件是一个记录集合 $F = \{r_1, r_2, \cdots, r_n\}$,其中每个记录都含有唯一的键 $k(r)$。

定义 6.11　分布:F 在节点集合 P 上的一个分布是一个 p-元组 $X = \{X_1, \cdots, X_p\}$,其中 $X_i \subseteq F$ 是存放在节点 P_i 中的一个子文件,对于 $i \neq j$ 且 $\bigcup_i X_i = F$,则 $|X_i| \leq c$,$X_i \cap X_j = \varnothing$。

定义 6.12　分布式排序:给定一个 F 在 P 上的分布 $X = \{X_1, \cdots, X_p\}$ 和置换 $\pi:\{1, 2, \cdots, p\} \to \{1, 2, \cdots, p\}$。如果对于 $i \neq j$,$\forall r \in X_{\pi(i)}$,$r' \in X_{\pi(j)}$,$k(r) < k(r')$ 能得到 $i < j$,则我们称 X 是按照 π 被排序的。即存储在 $P_{\pi(i)}$ 中的任意一个键都不大于存储在 $P_{\pi(i+1)}$ 中的每一个键。

令 X 代表 F 在 P 上的所有分布的集合,且 X 中的每个元素都是均等分布;π_p 代表前 p 个整数的所有置换的集合;$\delta(i, j)$ 代表 P_i 和 P_j 之间的距离。G 指一棵已经构造好的生成树。

定义 6.13　静态排序:给定一个置换 $\pi \in \pi_p$ 和分布 $X = \{X_1, \cdots, X_p\}$,构造一个分布 $Y = \{Y_1, \cdots, Y_P\}$,使得:① Y 是按照 π 排好序的;② $|Y_i| = |X_i|$,$1 \leq i \leq p$。

1. 算法描述

Rotem 等人[15]提出了一种基于分布式 k-选择的静态排序算法。令 $m_x^\pi(i, j) = |X_i \cap Y_j|$ 代表记录的数目,这些记录最初存放在节点 P_i 中,一旦文件按照 π 排序,它们将存放在节点 P_j 中,显然,$m_x^\pi = \sum_{1 \leq i, j \leq p} m_x^\pi(i, j) \delta(i, j)$。它就是为了将文件发送至它们的目的地所必须交换的消息数。令 $k_i = \sum_{j=1}^{i} |X_{\pi(j)}|$,$1 \leq i \leq p$,且 r 为 F 的记录,$k(r)$ 为记录的键。$F[k]$ 代表 F 中有关记录的第 k 个最小键,于是 Rotem 的算法可描述如下:

算法 6.15　MIMD-AC 模型上的静态排序算法

输入:分布 $X = \{X_1, \cdots, X_p\}$。

输出:分布 $Y = \{Y_1, \cdots, Y_P\}$。

begin

(1)（在 P_i 上）：设置 $Y_i = X_i$, $j \leftarrow 1$。

(2)（所有节点）：利用分布式 k-选择算法求 $F[k_j]$。

(3)（在 P_i 上）：

  (3.1) 令 $Y_i^j = \{r \in Y_i \mid k(r) \leq F[k_j]\}$。

  (3.2) 对所有的 $r \in Y_i^j$, $dest(r) = P_{\pi(j)}$。

  (3.3) 设置 $Y_i = Y_i - Y_i^j$, $j \leftarrow j + 1$。

  (3.4) 若 $j < p$, 转到(2)。

(4)（在 P_i 上）：

  (4.1) 对所有的 $r \in Y_i$, 设置 $dest(r) = P_{\pi(p)}$。

  (4.2) 将每个记录 $r \in Y_i$, 且 $dest(r) \neq P_i$, 发送至 $dest(r)$。

end

容易看出，上述算法正好迭代了 $p-1$ 次，因此在有限步内算法可结束。在第 j 次迭代（$1 \leq j \leq p$）时，算法的第（2）步就可定出文件中的第 k 个最小键，所以每个其键大于 $F[k_{j-1}]$ 和小于 $F[k_j]$ 的记录均被指派给它们的最终目的地 $P_{\pi(j)}$。算法第（3）步，每个大于 $F[k_{p-1}]$ 的记录亦被指派给 $P_{\pi(p)}$ 作为其最终目的地。

2. 算法复杂度分析

令 $W(k, n, p)$ 和 $E(k, n, p)$ 分别表示一个大小为 n 的文件分布在无重复的 p 个节点中时最坏和平均情况选择第 k 个最小键所需交换的消息数，并令

$$\hat{W}(n, p) = \sum_{j=1}^{p-1} W(k_j, n, p), \quad \hat{E}(n, p) = \sum_{j=1}^{p-1} E(k_j, n, p)$$

定理 6.12 算法 6.15 在最坏和平均情况下的消息复杂度分别为 $O(p^2 \log n)$ 和 $O(p^2 \cdot \max\{\log\log k, \log p\})$。

证明 算法 6.15 在最坏和平均情况下所需交换的消息数目分别为

$$\begin{cases} m_x^\pi + \hat{W}(n, p) + (p-1)^2 \\ m_x^\pi + \hat{E}(n, p) + (p-1)^2 \end{cases}$$

这是因为算法第（1）步和第（3）步无通信要求；算法第（2）步要执行 $p-1$ 次，在第 j 次（$1 \leq j \leq p-1$）时，为了选择 $F[k_j]$，在最坏和平均情况下分别需要 $W(k_j, n, p)$ 和 $E(k_j, n, p)$ 次消息交换，同时为了将 $F[k_j]$ 通知所有的节点，尚需 $p-1$ 次消息交换。因此算法的第（2）步在最坏和平均情况下所需的总的消息交换数目分别为 $\hat{W}(n, p) + (p-1)^2$ 和 $\hat{E}(n, p) + (p-1)^2$；算法第（4）步，为了发送每个记录至它们的最终目的地，正好需要 m_x^π 次消息交换。对于一个非排序文件，现有的任意 k-选择算法，其 $W(k, n, p) \leq O(p \log n)$；同时因为对于 $i \neq j, \delta(i, j)$

$\geqslant 1$,

$$\max\{m_x^\pi\} = \max\left\{\sum_{i\neq j} m_x^\pi(i,j)\delta(i,j)\right\} \geqslant \max\left\{\sum_{i\neq j} m_x^\pi\right\} = n$$

所以算法 6.15 在最坏情况下所需的消息交换数目为 $O(p^2\log n)$。因为假定 X 具有等概率分布,则 $E(k,n,p) \leqslant O(p \cdot \max\{\log\log k, \log p\})$,所以算法 6.15 在平均情况下所需的消息交换数目为 $O(p^2 \cdot \max\{\log\log k, \log p\})$。□

习 题

6.1 试证明在算法 6.3 中,一个节点从根 P_r 可达当且仅当它的 parent 变量曾被赋过值。

6.2 试证明引理 6.2。

6.3 修改算法 6.4,使其时间复杂度为 $O(n)$。

6.4 试证明若图中边的权值互不相等,则由每棵树并发地搜索自己的权值最小的出边,并把这些边加入到生成森林之中的方法来构造最小生成树不会产生环。

6.5 试证明引理 6.4。

6.6 试分析环上领导选举的 LCR 算法的平均消息复杂度。(提示:在平均情况下,令 $P(i,k)$ 是消息 i 传递 k 次的概率,则

$$P(i,k) = \left(\binom{i-1}{k-1}\binom{p-1}{k-1}\right) \times (p-i)/(p-k)$$

而传递的消息 i 的期望值为 $E_i(k) = \sum_{k=1}^{p-1} kP(i,k), i \neq p$。所以传递的总消息的期望值为 $E(k) = p + \sum_{i=1}^{p-1}\sum_{k=1}^{p-1} kP(i,k)$)

6.7 试求解递归方程:$f(n) \leqslant 2 + f(n/5) + f(3n/4)$。

6.8 针对下述系统给出一个的领导者选举算法,并分析其时间复杂度与消息复杂度:系统由 n 个节点组成,用双向信道连成一条直线,节点只知道自己的编号,不知道邻接节点的编号,它们只能使用 left 和 right 来访问其邻接节点,每个进程都知道自己是否在末端上,不知道 n 的大小。

6.9 设计一个 MIMD-AC 模型上构造广度优先生成树算法。(提示:每个节点增加一个到指定根节点的路径长度变量)

6.10 分布式静态排序的一种特殊情况是每个节点只有一个元素:
(a) 试推广 MIMD-AC 模型上的定序算法 6.14 来设计一个分布式静态排序算法。
(b) 分析你所设计的算法的通信复杂度和所需的存储空间。

参 考 文 献

[1] Dijkstra E W. Co-operating sequential processes. In Programming Languages. F. Genyus (ed.).

[S. l.]:Academic Press, 1968, 43-112.

[2] Owicki S, Gries D. Verifying properties of parallel programs: An axiomatic approach. Commun. ACM 19, 5(1976), 279-285.

[3] Gerard Tel. Introduction to Distributed Algorithms. [S. l.]:Cambridge University Press. 2000.

[4] Nancy A L. Distributed Algorithms. [S. l.]:Morgan Kaufmann Publishers, Inc. 1996.

[5] Gallager R G, Humblet P A, Spira P M. A distributed algorithm for minimum-weight spanning tree. ACM Transactions on Programming Languages and Systems, 5(1):66-77.

[6] Lann G L. Distributed systems-towards a formal approach. In Bruce Gilchrist, editor, Information Processing 77, volume 7 of Proceedings of IFIP Congress, 1977, 155-160.

[7] Chang E, Roberts R. An improved algorithm for decentralized extrema-finding in circular configurations of processes. Communications of the ACM, 1979 22(5): 281-283.

[8] Franklin W R. On an improved algorithm for decentralized extrema finding in circular configurations of processors. Commun. ACM 25, 5(1982), 336-337.

[9] Peterson G L. An $O(n\log n)$ unidirectional algorithm for the circular extrema problem. ACM Trans. Program. Lang. Syst. 4(1982), 758-762.

[10] Aho A V, Hopcroft J E, Ullman J D. The design and analysis of computer algorithms. Reading, MA:Addison-Wesley, 1974.

[11] Shrira L, Francez N, Rodeh M. Distributed k-selection: from a sequential to a distributed algorithm. Proc. 2nd ACM Symp. Princ. Distrib. Comput. 1983, 143-153.

[12] Blum M, Floyd R, Rratt V, et al. Time bounds for selection. JCSS. 1973, 7:448-461.

[13] Rodeh M. Finding the median distributively. J. Comput. Syst. Sci. 1982, 24: 162-167.

[14] Zaks S. Optimal distributed algorithms for sorting and ranking. IEEE Trans. on Computers, 1985, C-34(4): 376-379.

[15] Rotem D, Santoro N, Sidney J. Distributed sorting, IEEE Trans. on Computers, 1985, C-34 (4): 372-376.

*第七章 并行搜索

内容提要 搜索是诸多计算任务中最基本的操作之一,通常是指从内存(或外存)的一批记录中按键找出所需的记录。搜索的目的是对所获得的键记录进行某种处理。本章所讨论的搜索是对**词典**(Dictionary)(一种能支持插入、删除、检索等的数据结构)和**链表**(List)(一种线性数据结构,其中各节点间以指针相连)施行操作。首先从单处理机上的串行搜索谈起;接着讨论 SIMD 共享存储模型上的有序表的搜索(从而导出并行搜索的时间下界)和随机序列的搜索;然后讨论 SIMD 互连网络模型上的**词典操作**(Dictionary Operation);最后讨论 MIMD 模型上的有序表的搜索[5]。有关图的搜索将在第十五章讨论,组合搜索将在第十七章讨论。

讲授要点 ① 共享存储 SIMD 机器上有序表的搜索:搜索的一般过程(键播送,键比较,判定结果);并行搜索下界(定理 7.1)及其证明。② 网孔连接的 SIMD 机器上随机序列的搜索:提问操作算法原理(展开与折叠)及其算法分析;维护操作(插入,更新和删除)的实现方法。③ 共享存储 MIMD 机器上有序表的搜索:AVL 树及其顺序插入算法;Ellis 并行搜索和插入算法。④ 搜索算法在数据库和网络操作系统中很重要,可根据实际情况,适当补充并行与分布式数据库中有关查询算法[6]以及 Web 数据库中的搜索算法等(当然后者内容常与智能搜索有关,不属于本书讲授重点)。

7.1 单处理机上的搜索

本节简单讨论单处理机上的**无序表**(Unordered List)和**有序表**(Ordered List)的顺序搜索算法。

7.1.1 单处理机上的顺序搜索

定义 7.1 搜索问题系指给定一整数序列 $S=(s_1,\cdots,s_n)$ 和一整数 x,试确定 S 中某一 s_k 是否等于 x。

最简单的**串行搜索**(Sequential Search)方法是扫描序列 S,比较其相继的元素一直到找到了等于 x 的元素,或者耗尽了整个序列而未找到等于 x 的元素。

算法 7.1 单处理机上的顺序搜索算法
输入:$S=(s_1,\cdots,s_n)$ 和 x。
输出:如果在 S 中 $s_k=x$,则返回 x_k 的下标 k;否则返回 0。
Procedure SEQUENTIAL SEARCH(S,x,k)
begin
 (1) initialization:
  (1.1) $i \leftarrow 1$
  (1.2) $k \leftarrow 0$
 (2) **while** ($i \leq n$ **and** $k=0$) **do**
   if $S_i = x$ **then** $k \leftarrow x$ **end if**
  end while
end

在最坏情况下,算法 7.1 的时间复杂度为 $O(n)$ 显然它是最佳的。如果序列 S 是有序的,则可采用**对半搜索**(Binary Search),使用的时间为 $O(\log n)$。

7.1.2 单处理机上有序表的对半搜索

算法 7.2 单处理机上有序表的对半搜索算法
输入:非降有序序列 $S=(s_1,\cdots,s_n)$ 和 x。
输出:如果在 S 中 $s_k=x$,则返回 x_k 的下标 k;否则返回 0。
Procedure BINARY SEARCH(S,x,k)

begin
    (1) initialization：
        (1.1) $i \leftarrow 1$
        (1.2) $h \leftarrow n$
        (1.3) $k \leftarrow 0$
    (2) **while** $i \leqslant h$ **do**
        (2.1) $m \leftarrow \lfloor (i+h)/2 \rfloor$
        (2.2) **if** $x = s_m$ **then** (i) $k \leftarrow m$
                                 (ii) $i \leftarrow h+1$
                else if $x < s_m$ **then** $h \leftarrow m-1$
                        else $i \leftarrow m+1$
              end if
        end if
    end while
end

同样，此算法也是最佳的。

7.2 SIMD 共享存储模型上有序表的搜索

假定文件 f 包含有 n 个记录，每个记录含有一个 s 域；诸 s 域按非降顺序排列，即 $s_1 \leqslant s_2 \leqslant \cdots \leqslant s_n$。搜索系按给定的整数 x 对文件的 s 域进行。为简单计，假定 s_i 各不相同（此假定并非必要）。

7.2.1 SIMD-EREW 模型上的搜索

一般而言，在 SIMD 机器上的搜索可分为三步：① 待搜索的键播送给各个处理器；② 各个处理器同时将其内容与待搜索的键进行比较；③ 判断比较结果。

算法 7.3　SIMD-EREW 模型上的有序表的搜索算法

输入：非降有序序列 $S = (s_1, \cdots, s_n)$ 和 x。

输出：如果处理器发现 $x = s_k$，则返回下标 k；否则返回 0。

Procedure *SIMD-EREW SEARCH*(S, x, k)

begin

    (1) 调用 Procedure *BROADCAST*（见第 5.4.2 节）将 x 播送给 N 个处理器。

(2) 将 S 分成长度各为 n/N 的 N 个子序列。
(3) 处理器 P_i 指派给子序列 $(S_{(i-1)(n/N)+1}, \cdots, S_{i(n/N)})$。
(4) **for all** $i, 1 \leq i \leq N$ **par-do**
    P_i 对分配给它的子序列执行 Procedure *BINARY SEARCH*。
  end for
(5) **if** $x = S_k$ **then** return k
       else return 0
  end if
end

很显然,算法 7.3 的时间复杂度为 $t(n) = O(\log(n/N)) + O(\log n) = O(\log n)$。

7.2.2 SIMD-CREW 模型上的搜索

1. 算法原理

给定非降有序序列 $S = (s_1, \cdots, s_n)$ 和元素 x,假定有 $N(1 < N \leq n)$ 个处理器。我们知道,当 $N = 1$ 时可使用二元(对半)搜索,现在有 N 个处理器则推知可使用 $(N+1)$ 元搜索。每次序列被划分成 $N+1$ 个等长子序列,N 个处理器同时将相继子序列之间的边界元素 s 与 x 进行比较(参照图 7.1): ① 如果 $s > x$,则弃去所有 $\geq s$ 的元素; ② 如果 $s < x$,则弃去所有 $\leq s$ 的元素。显然,每个处理器都会弃去明显不包含 x 的段。因 S 是非降有序序列,所以第一次迭代时将取各个保留段的公共区间作为下一次迭代的子序列,其长度为原序列长度的 $1/(N+1)$(图 7.1 的阴影部分)。此子序列在下一次迭代时再按上述同样方法进行之,一直到找到了 x,或者所有元素均被抛弃为止。总共迭代的步数满足下述定理。

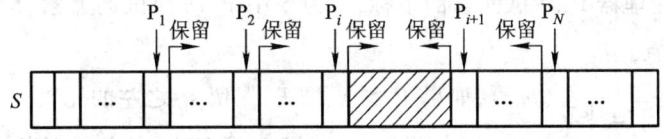

图 7.1 N 个处理器同时搜索有序序列 S

定理7.1[1] 给定正整数 g、n 和 N,其中 g 是满足 $n \leq (N+1)^g - 1$ 的最小整数,则在 SIMD-CREW 模型上搜索长度为 n 的有序表至少需要 $\lceil \log(n+1)/\log(N+1) \rceil$ 次比较。

证明 先用归纳法证明 g 次比较是充分的;然后再计算 g 的值。

当 $g = 1$ 时,$n = (N+1)^1 - 1 = N$,$\lceil \log(N+1)/\log(N+1) \rceil = 1$。即使用 $N = n$ 个处理器一次比较就可定出键是否在有序表中。假定命题对长度为 $(N+1)^{g-1} -$

1 的序列为真。现在为了搜索长度为 $(N+1)^g - 1$ 的序列。处理器 $P_i (1 \leq i \leq N)$ 将 x 与 s_j 进行比较,其中 $j = i(N+1)^{g-1}$(参见图 7.2)。此次比较之后,要么 x 已经找到,要么它处于长度为 $(N+1)^{g-1} - 1$ 的子序列中,按照归纳假定,为了搜索它,$g-1$ 次比较就足够了。

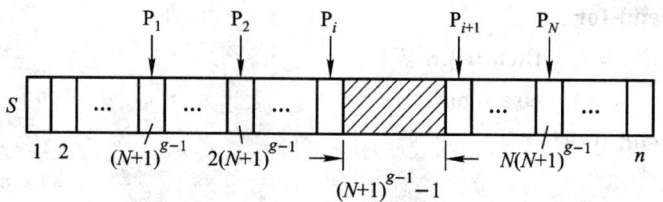

图 7.2 推导搜索所需的步数

在使用 N 个处理器进行并行搜索时,第一次比较时仅 N 个元素与 x 进行比较,则剩下未被考察的序列长度至少为

$$\lceil \frac{n-N}{N+1} \rceil \geq \frac{n-N}{N+1} = \frac{n+1}{N+1} - 1$$

根据上述归纳证明,经过 g 次比较之后,则剩下的序列长度至少为

$$\frac{n+1}{(N+1)^g} - 1$$

因此任何并行搜索方法,在最坏情况下所需的比较步数至少满足下式最小的 g 值:

$$(n+1)/(N+1)^g - 1 \leq 0$$

解之,得 $g \geq \log(n+1)/\log(N+1)$ 即 $g = \lceil \log(n+1)/\log(N+1) \rceil$。□

2. 算法描述

令 j_i 为处理器 P_i 探试元素的下标,S_{j_i} 为 S 中 P_i 所探试的元素,S_{j_i} 与 x 比较之后,P_i 赋值 c_i 如下:

$$c_i = \begin{cases} 左(left), & 如果 s_{j_i} > x,即 P_i 保留 s_{j_i} 之左的元素 \\ 右(right), & 如果 s_{j_i} < x,即 P_i 保留 s_{j_i} 之右的元素 \end{cases}$$

且约定 $c_0 = 右$ 和 $c_{N+1} = 左$。如果 $c_i \neq c_{i-1} (1 \leq i \leq N)$,则下一次被搜索的序列将从 s_q 到 s_r,其中,$q = (i-1)(N+1)^{g-1} + 1$(左边界),$r = i(N+1)^{g-1} - 1$(右边界)。因为正好只有一个处理器更新共享存储器中的 q 和 r,而所有其他的处理器可同时读取此更新了的值,所以该算法的模型是 SIMD-CREW。

算法 7.4 SIMD-CREW 模型上的有序表的搜索算法

输入:非降有序序列 $S = (s_1, \cdots, s_n)$ 和 x。

输出:如果 $x = s_k$,则返回下标 k;否则返回 0。

Procedure *SIMD-CREW SEARCH*(S,x,k)
begin
    (1) /*初始化待搜索序列的参数*/
        (1.1) $q \leftarrow 1$
        (1.2) $r \leftarrow n$
    (2) /*初始化搜索结果 k 和最大迭代步数*/
        (2.1) $k \leftarrow 0$
        (2.2) $g \leftarrow \lceil \log(n+1)/\log(N+1) \rceil$
    (3) **while** ($q \leqslant r$ **and** $k=0$) **do**
        (3.1) $j_0 \leftarrow q-1$
        (3.2) **for** $i=1$ **to** N **par-do**
            (i) $j_i \leftarrow (q-1) + i(N+1)^{g-1}$
            (ii) /* P_i 比较 s_{j_i} 与 x, 以确定待保留的序列部分 */
                if $j_i \leqslant r$ **then if** $s_{j_i} = x$
                      then $k \leftarrow j_i$
                      else if $s_{j_i} > x$
                          then $c_i \leftarrow left$
                          else $c_i \leftarrow right$
                      end if
                end if
                else (a) $j_i \leftarrow r+1$
                      (b) $c_i \leftarrow left$
                end if
            (iii) /* 计算下一次迭代时待搜索序列的下标 */
                if $c_i \neq c_{i-1}$ **then** (a) $q \leftarrow j_{i-1} + 1$
                                (b) $r \leftarrow j_i - 1$
                end if
            (iv) **if** ($i=N$ **and** $c_i \neq c_{i+1}$) **then** $q \leftarrow j_i + 1$ **end if**
        end for
        (3.3) $g \leftarrow g-1$
    end while
end

3. 算法分析

算法的第(1)、(2)、(3.3)步可由一个处理器在常数时间内执行;第(3.2)步也需常

数时间;如前所述第(3)步至多迭代 g 次,其时间为 $O(\log(n+1)/\log(N+1))$,即
$$t(n) = O(\log_{N+1}(n+1))$$
所以 $c(n) = O(N\log_{N+1}(n+1))$,它不是最佳的。

例 7.1 令 $S = (1,4,6,9,10,11,13,14,15,18,20,23,32,45,51)$。假定 $N = 3, x = 45$。欲求其下标 k,开始时,$q = 1, r = 15, k = 0$ 和 $g = 2$。在算法第(3)步的第一次迭代中,P_1 计算 $j_1 = 4$,并将 s_4 与 x 进行比较:因为 $9 < 45$,所以 $c_1 = right$,同时 P_2 和 P_3 分别将 s_8 和 s_{12} 与 x 进行比较:因为 $14 < 45$ 和 $23 < 45$,所以 $c_2 = right$ 和 $c_3 = right$,现在 $c_3 \neq c_4$,所以 $q = 13$ 而 r 不变。如图 7.3(a) 所示,待搜索的新序列为 s_{13} 到 s_{15} 且 $g = 1$,在第二次迭代时,如图 7.3(b) 所示,P_1 计算 $j_1 = 12 + 1$,且将 s_{13} 与 x 进行比较:因为 $32 < 45$,所以 $c_1 = right$。同时 P_2 将 s_{14} 与 x 进行比较;且因为它们相等,所以设置 k 为 14(c_2 保持不变)。同样,P_3 将 s_{15} 与 x 进行比较:因为 $51 > 45$,所以 $c_3 = left$。现在 $c_3 \neq c_2$,因此 $q = 12 + 2 + 1 = 15$,而 $r = 12 + 3 - 1 = 14$。从而过程以 $k = 14$ 而结束。□

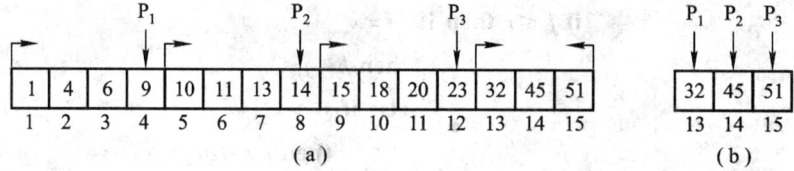

图 7.3 $N = 3, x = 45$ 时的算法 7.4 搜索过程

4. 算法讨论

① 算法 7.4 虽不是成本最佳的,但根据定理 7.1 所述,它却达到了可能的最好运行时间 $\lceil \log(n+1)/\log(N+1) \rceil$;② 在前面的讨论中,均假定 S 中元素各不相同。如果不是这样,则会出现多于一个处理器在探试 $x = s_k$ 时而返回多个值给变量 k,从而造成写冲突。一种解决的办法是,使用某种方法在 $O(\log N)$ 时间内找出所有返回变量 k 的处理器中的最小者,令其先写入。但这样,算法 7.4 的运行时间将为
$$t(n) = O(\log(n+1)/\log(N+1)) + O(\log N)$$
当 $N = n$ 时,则上式为 $O(\log n)$。这时算法 7.4 就不比单处理机上的算法 7.2 快了。可见,当 S 中元素有可能相同时,为了保持 SIMD-CRCW 模型上的搜索算法的效率,必须设法研究 SIMD-CRCW 模型上的搜索算法,因为在这种模型中,不管有多少个处理器同时找到了 $x = s_k$,但只有一个 k 值返回,且时间为常数。

7.3 SIMD 共享存储模型上随机序列的搜索

本节讨论搜索序列的一般情况,即 S 没有必要有序且各元素不一定相异。先

给出 SIMD 共享存储模型上的**随机搜索算法**(Random Searching Algorithm);然后分析此算法分别运行在 EREW、ERCW、CREW、CRCW 模型上的复杂度。

7.3.1 SIMD-SM 模型上的随机序列搜索算法描述

算法 7.5 SIMD-SM 模型上的随机序列的搜索算法
输入:随机序列 $S=(s_1,\cdots,s_n)$ 和 x。
输出:如果 $x=s_k$,则返回下标 k;否则返回 0。
Procedure *SIMD-SM SEARCH*(S,x,k)
begin
    (1) **for** $i=1$ **to** N **par-do**
        Read x
    end for
    (2) **for** $i=1$ **to** N **par-do**
        (2.1) $S_i \leftarrow (s_{(i-1)(n/N)+1},\cdots,s_{i(n/N)})$
        (2.2) *SEQUENTIAL SEARCH*(S_i,x,k_i)
    end for
    (3) **for** $i=1$ **to** N **par-do**
        if $k_i>0$ **then** $k \leftarrow k_i$ **end if**
    end for
end

7.3.2 SIMD-SM 模型上的随机序列搜索算法分析

1. SIMD-EREW 上的情况

算法 7.5 的第(1)步,调用 *BROADCAST*,所需时间为 $O(\log N)$;第(2)步,调用 *SEQUENTIAL SEARCH*,在最坏情况下时间为 $O(n/N)$;第(3)步,为了解决写冲突(如果出现的话),需要的时间为 $O(\log N)$。所以算法总的运行时间为 $t(n) = O(\log N) + O(n/N)$,成本 $c(n) = O(N\log N) + O(n)$,它不是最佳的。

2. SIMD-ERCW 上的情况

算法 7.5 第(1)步和第(2)步的执行时间同 SIMD-EREW;第(3)步为常数。所以总的运行时间为 $t(n) = O(\log N) + O(n/N)$。

3. SIMD-CREW 上的情况

算法 7.5 第(1)步取常数时间;第(2)和第(3)步的执行时间同 SIMD-EREW。

所以总的运行时间为 $t(n) = O(n/N) + O(\log N)$。

4. SIMD-CRCW 上的情况

算法 7.5 第(1)步和第(3)步均取常数时间,第(2)步的执行时间同 SIMD-EREW。所以总的运行时间为 $t(n) = O(n/N)$,成本 $c(n) = O(n)$,它是最佳的。

7.4 树连接的 SIMD 模型上随机序列的搜索

对于树连接的 SIMD 机器,其 n 个叶子存放一个文件的 n 个待搜索的记录;根负责执行输入/输出操作;各内节点接收从其父节点来的一个输入,复制两个副本后再传送给其两个子节点,或者接收来自两个子节点的输入,组合之后将结果传送给其父节点。

7.4.1 提问

定义 7.2 提问(Inquiry)是指给定整数 x 和随机序列 $S = (s_1, \cdots, s_n)$,问 S 中是否有一元素和 x 相等。

这样的提问,只要求回答"是"或"否"。

1. 提问在树机上的实现方法

在树连接的 SIMD 机器上处理提问可分为三个阶段:① 第一阶段(**下播**):根从外界读取 x,然后将其逐级向下传播,直到每个叶节点均收到了 x 的副本为止;② 第二阶段(**比较**):所有的叶处理器将其存储的 s 与 x 比较:相等则返回"1",否则返回"0";③ 第三阶段(**上传**):在树的各内节点和根节点施行"**或**"操作,最后由根返回(输出)"1"或"0"。

很明显,下播阶段所需时间为 $O(\log n)$;比较阶段所需时间为常数;上传阶段所需时间亦为 $O(\log n)$。所以这样的提问可在 $O(\log n)$ 时间内给出回答。

2. 讨论

(1)多次提问:在上述树连接的 SIMD 模型上可以流水线方式实现多个提问的回答:根和内节点接收向下传送的提问,同时向上传递结果(假定树中的链是**双向**的)。

(2)提问的基本形式可以推广如下:① **定位**(Position):提问通常回答"是"或"否",如果在提问成功且 $x = s_k$ 时,则通常也希望回答下标 k。此时在树机上可以响应二元量 $(1, k)$ 或 $(0, k)$(当然二元量中的第一个分量如为 0,则 k 值是无意义的),这就是一般意义下的"搜索"。同样,如果在响应时也希望返回有关记录中的信息,则可返回三元量 $(1, k, 信息)$ 或 $(0, k, 信息)$,定位在树机上的实现过程为:

假定树叶按 $1,\cdots,n$ 编号,且叶 i 保存 s_i,x 与 s_i 比较后,如 $x=s_i$ 则叶 i 产生二元量 $(1,i)$,否则产生 $(0,i)$。所有内节点和根节点,如果接收到 $(1,i)$ 和 $(0,j)$,则上传 $(1,i)$;如果接收到 $(1,i)$ 和 $(1,j)$ 或者 $(0,i)$ 和 $(0,j)$,则上传左子节点到达的内容。如此在根节点将输出 $(1,k)$,其中 k 为 S 中等于 x 的元素的最小下标;或者输出 $(0,k)$,表示未找到与 x 的匹配者,当然 k 值无意义。② **计数**(Count):如在提问时希望回答 S 中等于 x 的元素的数目,则此时树的内节点和根节点必须计算其输入的**算术和**(而不是前面所说的**逻辑或**)。③ **近邻**(Closest):如在提问时希望回答 S 中与 x 最接近的元素,则 x 首先播送给所有的叶节点。叶 i 计算绝对值 $a_i=|s_i-x|$,并输出 (i,a_i)。各内节点和根节点接收 (i,a_i) 和 (j,a_j),取其 a 值最小者上传;当两 a 值相等时,随便取其中之一上传。④ **位序**(Rank):元素 x 在 S 中的位序定义为 s 中小于等于 x 的元素的数目加一。此时 x 首先播送给所有的叶节点,然后每个叶 i,如果 $s_i<x$ 则产生"1",否则为"0";所有的内节点将它们的输入相加,并上传其结果;根节点将其两输入相加后,再加一作为输出。

7.4.2 维护

定义 7.3 文件记录的**维护**(Maintenance)系指插入、更新或删除现有的记录。

1. 插入(Insert)

假定文件的记录均存储在树的叶节点中。在一个典型的文件中,记录的插入和删除都是连续的,所以在任意给定时刻,会有一些空闲处理器可供使用;同时内节点和根节点知道其左子树和右子树中空闲的叶处理器数,于是由根接收到一个待插入的新记录时:

(1) 根节点传送待插入的记录到左子树或右子树中空闲的叶处理器中:如果两者均有空闲的叶处理器,则根任择其一;如果两者均无空闲的叶处理器,则根发出溢出信号。

(2) 内节点接收新记录,并将其选路至空闲的叶处理器中(必要时内节点亦可作如上的选择)。

(3) 新记录最终被送到存放它的叶处理器中。注意,根或内节点,每当其发送新记录时,相应子树中空闲的叶处理器数应减一。显然,插入如不要求特定的顺序,则一般是方便的。

2. 更新(Update)

所谓更新其 s 域等于 x 的各个记录是指用新信息修改该记录其他域中的内容。此时,x 和新信息首先播送给所有的叶节点;对于 $x=s_i$ 的叶 i 执行修改。

3. 删除(Delete)

删除是指凡是其 s 域等于 x 的各个记录均被剔去。此时,x 首先播送给所有的叶节点;每个 $x=s_i$ 的叶 i 宣布自己已空闲,并向其父节点发送"1";在由底向上的行程中,有关内节点的左右子树中空闲的叶处理器数应增一。

现在小结一下:

(1) 已经介绍了共享存储和树连接的 SIMD 模型上的搜索算法,可以发现树连接的 SIMD 模型比共享存储的 SIMD 模型更为有效。事实上,因为 SIMD 互连网络模型上的任意算法都可在 SIMD 共享存储模型上进行模拟,所以树机上的搜索可以转化为 SIMD-EREW 模型上的算法仍保持同样的性能。

(2) 不过,也许有人会认为这样的比较是不公平的,因为在树机模型上使用了$(2n-1)$个处理器,而共享存储的模型只使用 n 个处理器,其实,只要用 $n/2$ 个叶处理器就可使树机模型上使用的处理器数降为 $n-1$,只是现在每个叶节点需存放两个记录且与 x 执行了两次比较。

(3) 在一般情况下,如果树有 N 个叶子($1<N\leq n$),则每个叶节点需存放 n/N 个记录,在提问时要求 $O(\log N)$ 的时间去播送 x,$O(n/N)$ 的时间去搜索与 x 相等的 s 域和 $O(\log N)$ 的时间向根返回回答。所以总的时间 $t(n)=O(\log N)+O(n/N)$,这与运行在 EREW-ERCW 或 CREW 模型上的算法的复杂度一样。在此情况下,因为在一个叶节点中的搜索不再是常数时间,所以 q 次提问使用流水线技术也不能确保可在 $O(\log n)+O(q)$ 的时间内给出回答。

(4) 在前面的讨论中,均假定信号沿导线的传播延迟是恒定的,因此在具有 n 个叶子的树结构中,每次提问或维护的时间,在上述的假定下为 $O(\log n)$。此外,两相继的输入或两相继的输出之间的时间间隔(即**周期**)也是恒定的。但直接用硬件实现这样的二叉树时(即第十九章中所讲的二叉树的直观布局),会发现从树叶到树根节点间的连线的数目将逐级减半,但其连线的长度却逐级加倍。同时 n 个叶节点的二叉树中最长导线的长度为 $O(n)$[2]。如果假定导线的传播延迟是导线长度的线性函数,那么每次提问的时间至少为 $O(n)$。如果不对树的布局方法加以改进(例如采用 H-树布局法[2]),对搜索问题而言,树连接并非在任何情况下都是一种优选结构。

7.5 网孔连接的 SIMD 模型上随机序列的搜索

网孔结构的一大特点是节点之间的连线长度恒定,不随网络尺寸而变。这就意味着,不管对导线的传播延迟作何假定(常数的或线性的),在一个 $\sqrt{n}\times\sqrt{n}$ 的网孔连接的 SIMD 机器上,进行提问或维护的时间为 $O(\sqrt{n})$,且周期也是恒定的。在传播延迟为恒定值的情况下,树机的搜索时间为 $O(\log n)$,而网孔结构上的搜索

时间为 $O(\sqrt{n})$，当 n 充分大时 $\log n < \sqrt{n}$，所以树比网孔为优；在传播延迟为线性变化的情况下，树机上的提问或维护时间为 $O(n)$，而网孔结构上的提问或维护时间为 $O(\sqrt{n})$，所以网孔比树为优。

7.5.1 提问

1. 算法原理

现在来证实上述的断言，即在 $\sqrt{n} \times \sqrt{n}$ 网孔连接的 SIMD 机器上可在 $O(\sqrt{n})$ 时间内回答提问，而对于 q 个提问，则可在 $O(q) + O(\sqrt{n})$ 时间内回答。令 $s_{i,j}$ 表示 $P(i,j)$ 中保存的记录的 s 域，指定 $P(1,1)$ 为输入和输出端口，即提问和响应均应经由 $P(1,1)$，则算法分为如下两步：

(1) **展开** （Unfolding） $P(1,1)$ 读取 x，如 $x = s_{1,1}$ 则产生输出 $b_{1,1} = 1$，否则为 0；$(b_{1,1}, x)$ 与 $P(1,2)$ 通信，如 $x = s_{1,2}$ 或 $b_{1,1} = 1$ 则 $b_{1,2} = 1$，否则为 0；两个相邻行之间，$P(1,1)$ 和 $P(1,2)$ 分别同时发送 $(b_{1,1}, x)$ 和 $(b_{1,2}, x)$ 给 $P(2,1)$ 和 $P(2,2)$；一旦计算出 $b_{2,1}$ 和 $b_{2,2}$，则两个相邻列之间，$P(1,2)$ 和 $P(2,2)$ 分别同时发送 $(b_{1,2}, x)$ 和 $(b_{2,2}, x)$ 给 $P(1,3)$ 和 $P(2,3)$。这种行、列交替的展开过程一直继续到 x 到达 $P(\sqrt{n}, \sqrt{n})$ 为止。

(2) **折叠**（Folding） 展开结束后，每个处理器都有机会"看到"x，并将其与自己保存的 s 相比较。折叠是展开的逆过程，即输出响应位经逐行、逐列，以交替方式自右至左，自底至上回收到 $P(1,1)$。

2. 算法描述

算法 7.6 串行输入和输出的网孔上的搜索算法

输入：随机序列 $S = (s_1, \cdots, s_n)$ 和 x。

输出：如果 $s_{i,j} = x$，则 $b_{i,j} = 1$，否则为 0。

Procedure $MESH\ SEARCH(S, x, k)$
begin
    (1) /* $P(1,1)$ 读取输入 */
        if $x = s_{1,1}$ **then** $b_{1,1} \leftarrow 1$
                else $b_{1,1} \leftarrow 0$
        end if
    (2) /* 展开 */
        for $i = 1$ **to** $\sqrt{n} - 1$ **do**
            (2.1) **for** $j = 1$ **to** i **par-do**

  (i) $P(j,i)$发送$(b_{j,i},x)$给$P(j,i+1)$
  (ii) **if** ($x=s_{j,i+1}$ **or** $b_{j,i}=1$) **then** $b_{j,i+1}\leftarrow 1$
          else $b_{j,i+1}\leftarrow 0$
    end if
  end for
(2.2) **for** $j=1$ **to** $i+1$ **par-do**
  (i) $P(i,j)$发送$(b_{i,j},x)$给$P(i+1,j)$
  (ii) **if** ($x=s_{i+1,j}$ **or** $b_{i,j}=1$) **then** $b_{i+1,j}\leftarrow 1$
          else $b_{i+1,j}\leftarrow 0$
    end if
  end for
(3) /*折叠*/
 for $i=\sqrt{n}$ **down to** 2 **do**
 (3.1) **for** $j=1$ **to** i **par-do**
   $P(j,i)$发送$b_{j,i}$给$P(j,i-1)$
  end for
 (3.2) **for** $j=1$ **to** $i-1$ **par-do**
   $b_{j,i-1}\leftarrow b_{j,i}$
  end for
 (3.3) **if** ($b_{i,i-1}=1$ **or** $b_{i,i}=1$) **then** $b_{i,i-1}\leftarrow 1$ **else** $b_{i,i-1}\leftarrow 0$
  end if
 (3.4) **for** $j=1$ **to** $i-1$ **par-do**
   $P(i,j)$发送$b_{i,j}$给$P(i-1,j)$
  end for
 (3.5) **for** $j=1$ **to** $i-2$ **par-do**
   $b_{i-1,j}\leftarrow b_{i,j}$
  end for
 (3.6) **if** ($b_{i-1,i-1}=1$ **or** $b_{i,i-1}=1$) **then** $b_{i-1,i-1}\leftarrow 1$
    else $b_{i-1,i-1}\leftarrow 0$
  end if
 end for
(4) /* $P(1,1)$产生输出 */
 if $b_{1,1}=1$ **then** $answer\leftarrow$yes
    else $answer\leftarrow$no

end if
end
3. 算法分析

算法第(1)步和第(4)步各取常数时间;第(2)步和第(3)步共迭代$\sqrt{n}-1$次,每次取常数时间,所以处理提问的时间为$O(\sqrt{n})$。因为第(2)步的第一次迭代之后,$P(1,1)$已空闲,它就可接收新的提问;在相继的迭代过程中,其他处理器已有类似情况,所以提问可以流水线方式处理。因为提交给$P(1,1)$的输入速率是恒定的,而且基本的提问回答是定长的,所以输出的速率也是恒定的,即流水线的周期为常数。

例 7.2 令一个16个记录的文件已存在4×4网孔连接的SIMD机器中。图7.4(a)中每个方块代表一个处理器,其内的数字是有关记录的s域。现在欲决定是否存在一个s域等于15(即$x=15$)的记录。图7.4(b)~(h)图示了在阵列中

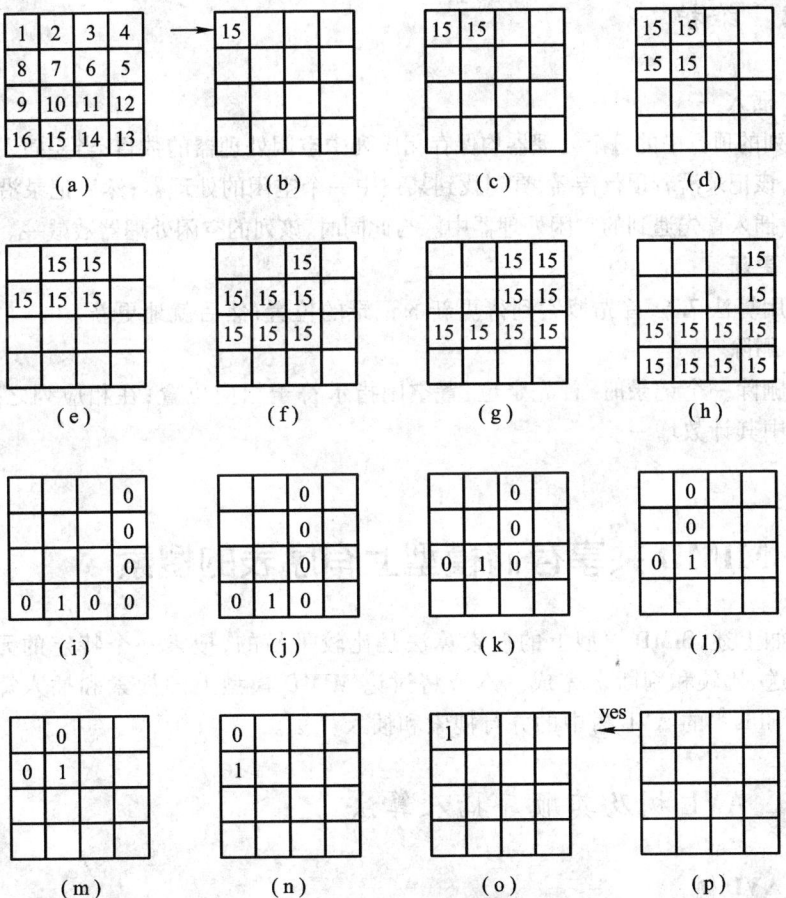

图7.4 4×4网孔上搜索过程示例

15 的传播过程。图 7.4(i)示出算法第(2)步结束时有关的 b 值。图 7.4(j)到(o)图示了折叠过程。图 7.4(p)示出第(4)步产生的结果。注意,图 7.4(e)处理器 $P(1,1)$ 已空,指明它已完成了传播 15 的工作且现在可接收新的提问了。□

4. 讨论

① 在算法 7.6 的展开过程中,$b_{i,j}$ 和 x 一道传输,在单个提问时这并不必要,所有的处理器可计算并保持它们的输出,待折叠时处理。但在多个提问(以流水线方式工作)时,每个处理器在计算新的 b 值之前必须将现行的 b 值传输走。如此,$b_{i,j}$ 在阵列中连续移动,不必保持其值。② 当若干个提问按流水线方式处理时,在折叠时的一个提问,将不可避免地会遇到在展开时的另一个提问。此时,要求每个处理器能同时交替地双向工作。③ 很明显,有关 7.4.1 节所讨论的多种提问的变体方式,稍加修改就可运行在网孔连接的 SIMD 机器模型上。

7.5.2 维护

1. 插入

阵列的顶行中的每个处理器均保存相应列中空闲处理器的数目;当要插入一个新记录时,该记录沿着顶行传播,直到找到某列中一个空闲的处理器;然后记录沿着该列下传,并插入首先遇到的空闲处理器中。与此同时,该列的空闲处理器数减一。

2. 更新

使用算法 7.6,首先搜索到待更新的记录的位置;然后就地更新。

3. 删除

当删除一个记录时,首先定位;置空闲指示符于相应位置;在相应列之顶端的处理器中其计数增一。

7.6 MIMD 共享存储模型上有序表的搜索

已如上述,SIMD 模型上的搜索算法是比较平易的,搜索一个特定的元素,可通过播送、比较和判断来完成。本节将讨论 MIMD 模型上的搜索和插入算法,着重讨论 Ellis[3] 的 AVL 树中的并行搜索和插入算法。

7.6.1 AVL 树及其顺序插入算法

1. AVL 树

G. M. Adel'son-Vel'skii 和 E. M. Landis 在 1962 年提出了动态地保持二叉排

序树平衡的一个有效办法,按照他们的办法构造的二叉树称为 **AVL 树**。Baer 和 Schwab[4]已经证明,当仅执行搜索和插入操作时 AVL 树结构是一种保持二叉搜索树平衡(从而有较高的搜索效率)的渐近最佳方法。为了以下讨论方便,先给出如下几个定义:

定义 7.4 有根树的**高度**就是从根到某个叶子最远路径之长度,假定**虚树**(Empty Tree)的高度为 -1。

定义 7.5 任何节点的左子树和右子树的高度最多相差一的二叉树称为 **AVL 树**(AVL Tree)。

定义 7.6 节点的右子树高度减去左子树高度之差,称为该节点的平衡因子。

AVL 树中节点平衡因子可取 $+1$、0、-1,在图中相应地用 $+$、0、$-$ 表示之。当向 AVL 树中插入新节点时,为了维持树的平衡,则必须对树的结构做必要的调整,这只要对其施行单一和双重旋转即可。当一特定节点的两个子树高度不同,且较高的子树之高度增一时就会出现上述两种旋转,它们分别示于图 7.5(a) 和 (b),这些旋转也需要 $O(\log n)$ 的时间。

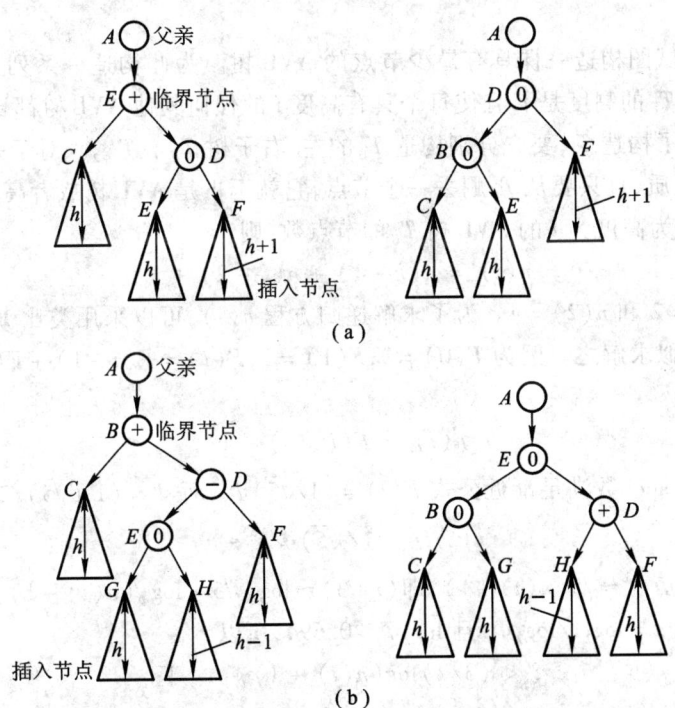

图 7.5 保持 AVL 树平衡所做的调整

2. AVL 树的顺序插入算法

在 AVL 树的存储表示中,每个节点 v 有四个域:一个唯一的键 $key(v)$,指向

左子树的指针 $left(v)$，指向右子树的指针 $right(v)$ 和平衡因子 $bal(v)$。

AVL 树中顺序插入算法可分为三步：

(1) 对树进行搜索，以找到插入新的叶节点的位置。在搜索过程中，设置一指针，指向最后一个其两子树高度不同的节点，此节点称为**临界节点** c(Critical Node)。如果沿搜索路径的每个节点均有一棵平衡子树，则根就是一个临界节点。插入了一个新的叶节点后第一步就结束。

(2) 遍历新插入节点 v 和临界节点 c 之间路径上的所有节点。对于每个这样的节点 w，如果 $key(v) < key(w)$，则 $bal(w) = -1$，否则为 $+1$。

(3) 修改 $bal(c)$ 值，并且如有必要就将树进行旋转。如果 $bal(c) = +1$ 且 v 插入到左子树，或者 $bal(c) = -1$ 且 v 插入到右子树，则 $bal(c)$ 变为 0 并且无须旋转；如果 c 是一根节点，且 $bal(c) = 0$，则根据插入是在左子树或者右子树，设置 $bal(c) = -1$ 或者 $+1$，否则 v 就被插入到具有较高高度的子树中，并且必须施行单一或双重旋转。

定理 7.2 对于 n 个节点的 AVL 树，其顺序搜索和插入可在 $O(\log n)$ 时间内完成。

证明 试图构造一棵具有最少节点的 AVL 树。为此构造一系列 AVL 树 T_1，$T_2, \cdots$，其中 T_i 的高度是 i，且使每个具有高度 i 的任何其他 AVL 树都比 T_i 的节点个数多。为了构造 T_i，要先分别构造 T_i 的左、右子树 T_{i-1}、T_{i-2}。对于每个 i，T_i 都具有 AVL 性质，且只要从 T_i 删去一个节点，它就不再是 AVL 树或者高度不再为 i。

令 $n(i)$ 为高度为 i 的 AVL 树 T_i 的节点数，则

$$n(i) = n(i-1) + n(i-2) + 1$$

其中，$n(1) = 2$ 和 $n(2) = 4$。为了求解递归方程 $n(i)$，可以采用类比 **Fibonacci 数**的关系而近似求解之。因为 $F(0) = 0$，$F(1) = 1$，$F(i) = F(i-1) + F(i-2)$。对于 $i > 1$，则有

$$n(i) = F(i+3) - 1$$

已知道 Fibonacci 数满足渐近公式 $F(i) = (1/\sqrt{5})\Phi^i$，而 $\Phi = (1+\sqrt{5})/2$，所以

$$n(i) \approx (1/\sqrt{5})\Phi^{i+3} - 1$$

求解 i，则有 $\Phi^{i+3} \approx \sqrt{5}(n(i)+1)$，即 $(i+3) \approx \log_\Phi \sqrt{5} + \log_\Phi(n(i)+1)$。根据对数换底公式 $\log_\Phi x = \log_2 x / \log_2 \Phi$，且 $\log_2 \Phi \approx 0.694$，所以

$$i < (3/2)\log(n(i)+1) - 1 \quad \square$$

7.6.2 Ellis 并行搜索和插入算法

设计并行算法的目的就是尽可能多地保持搜索和插入的活动进程。但这些

进程不是彼此孤立的,经常会出现竞争现象。例如参考图 7.6(a)所示的 AVL 树,假定有两个活动进程:第一个进程正在插入 37,而第二个进程正在搜索 13。将 37 插入树中后,必须施行单一旋转以保持 AVL 的性质。这种旋转将导致某些 *left* 和 *right* 指针的改变,其变化过程示于图 7.6(b) 和(c),而(c)又可重画成(d)的形式。当树的状态处于图 7.6(b)时,若沿节点 6 的右子节点和节点 25 的左子节点搜索 13,则找不到它(尽管它在树中)。

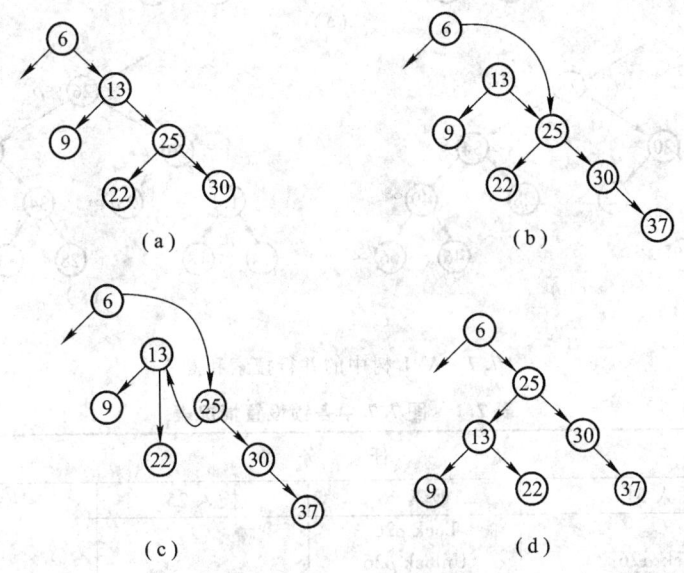

图 7.6 插入 37 时 AVL 树中的变换

Ellis 曾采用每个节点加三把锁的办法来解决上述问题。这些锁可使一些搜索进程被锁在正在旋转的子树之外,它们也能使一个插入进程将后继的一些插入进程锁在其根是临界节点的父节点的整个子树之外。向 AVL 树的每个节点添加的三把锁分别命名为 ρ 锁、α 锁和 ξ 锁。执行搜索的一个进程,在研究那个节点的内容之前,必须持有节点的 ρ 锁。α 锁由一个插入进程设定,以便不让其他的一些插入进程进入从临界节点的父节点到插入点这段路径内。ξ 锁用于排斥搜索进程于旋转时所涉及的节点之外。多于一个搜索进程可共享一把 ρ 锁,并且当一个单独的插入进程持有一把节点的 α 锁时,多个搜索进程能够保持一把节点的 ρ 锁。然而,α 锁和 ρ 锁却不能共享,并且如果一个进程持有一把节点的 ξ 锁时,那么没有其他的进程可以持有 α 锁或 ρ 锁。

在单一旋转的情况下,必须设定临界节点及其父节点的 ξ 锁;双重旋转则要求在沿插入路径的临界节点、临界节点的父节点和临界节点的子节点上设定 ξ 锁。图 7.7 和表 7.1 示出了执行插入和搜索四个进程期间 AVL 树中不同时刻锁的设置情况。

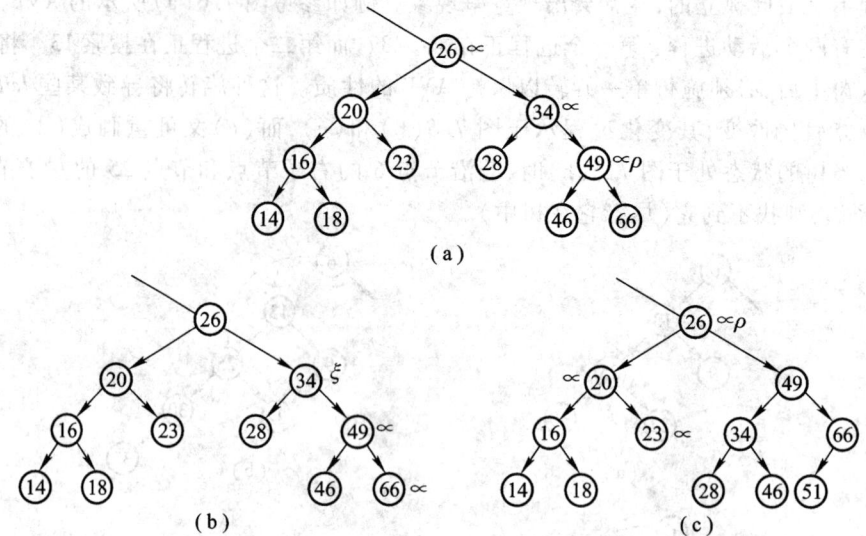

图 7.7 AVL 树中的并行搜索和插入

表 7.1 图 7.7 中各锁设置情况表

任 务			
插入 51	搜索 46	插入 25	搜索 17
Lock α26 Lock α34 Lock α49	Lock ρ26 Unlock ρ26 Lock ρ34 Unlock ρ34 Lock ρ49		
图 7.7(a)			
Lock α66 插入 51 Lock ξ26 Lock ξ34	Unlock ρ49 结 束	等待 α26	
图 7.7(b)			
在 34 旋转 释放所有锁 结束		Lock α26 Lock α20 Lock α23 插入 25 等待 ξ26	Lock ρ26
图 7.7(c)			
		Lock ξ26	Unlock ρ26 Lock ρ20

Ellis 算法执行过程中,一个执行插入的进程当其遍历树时要设定 α 锁。在插入和旋转时,从临界节点的父节点到插入的地方要一直锁住 α 锁。这种加锁策略,排斥其他执行插入的进程于其根为临界节点的父节点的整个子树之外。因此,并行执行插入的数目十分有限。

总之,Ellis 算法将一些单独的进程指定给待搜索或待插入的键,一些搜索和插入可同时实施。但此算法有三个严重不足:① 它不允许执行删除操作;② 它遭受软件封锁,即执行插入的进程阻止其他插入进程访问整个子树;③ 并行算法开销大,即使一个进程,也必须对它所研究的每个节点进行加锁和解锁。

习 题

7.1 结合例 7.1
  (a) 当 $N=3, x=9$ 时,示出算法 7.4 的搜索过程;
  (b) 当 $N=2, x=21$ 时,示出算法 7.4 的搜索过程。

7.2 令 $S=(25,14,36,18,15,17,19,17)$ 和 $x=17$。试给出树连接的 SIMD 机器上完成提问的全过程。

7.3 对于一串"0"继以一串"1"的长度为 n 的二进制序列,要求在 SIMD-EREW 模型上,使用 $N(1<N\leq n)$ 个处理器找出一串"0"的长度。试问需要多长时间?

7.4 一条 n 记录的文件,存储在树机的叶节点中(一个叶子存一个),其中每个记录系由若干个域组成。给定 $((i,x_i),(j,x_j),\cdots,(m,x_m))$。欲找出第 i 个域等于 x_i、第 j 个域等于 x_j……的记录。试设计一算法来完成此搜索任务,并说明你所使用的计算模型。

7.5 所谓 2-3 树 T 就是一棵每个内节点均有 2 个或 3 个子节点,且从根到叶的每条路径均等长的有根树。这种树非常适合于搜索、插入和删除等操作。假定树的高度为 h,且令 T 中叶节点自左至右存有 n 个元素的表列 $a_1<a_2<\cdots<a_n$(每个叶子存放一个元素):
  (a) 试证明 T 的节点数为 $2^{h+1}-1 \sim (3^{h+1}-1)/2$;而叶子数为 $2^h \sim 3^h$。
  (b) 对于图 7.8 所示的 2-3 树 T,如何向 T 中插入元素 5?

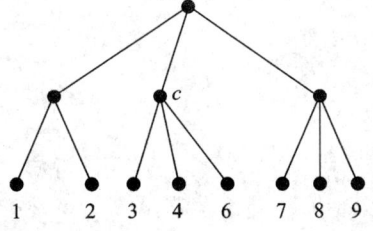

图 7.8 待插入元素 5 的 2-3 树

参 考 文 献

［1］ Kruskal C P. Searching, merging and sorting in parallel computation. IEEE Trans on Computers, 1983, C-32(10):942-946.

［2］ 陈国良,陈崚. VLSI 计算理论与并行算法. 合肥:中国科学技术大学出版社,1991.

［3］ Ellis C. Concurrent search and insertion in AVL trees. IEEE Trans. on Computers, 1980, C-29 (9):811-817.

［4］ Baer J L, Schwab B. A comparison of tree-balancing algorithms. Comm. of the ACM, 1977, 20 (5):322-330.

［5］ Akl S G. The design and analysis of parallel algorithms. [S. l.]:Prentice-Hall, Inc, 1989.

［6］ 李建中,孙文隽. 并行关系数据库管理系统引论. 北京:科学出版社,1998.

第八章 选路算法

内容提要 直到目前为止,讨论算法时总是把注意力集中在算法的设计和分析上,而确信运算数据总能在适当的时候送到适当的地方。其实此问题并非那么简单,它涉及算法中的一个非常重要的数据传输与选路问题,直接影响着算法的性能。本章主要介绍一维、二维阵列和蝶形网络上的贪心选路算法;超立方网络和二维阵列上的随机和确定选路算法;数据的分布和集中算法以及线路交换模式下的选路算法(包括阻塞网络中的自选路算法和可重排网络中的中级选路算法)。在内容安排上,稍微加重了算法分析的分量,以扩大读者分析算法的视野。

讲授要点 ① 选路算法总体思想:最常用的选路算法是贪心算法,但会产生竞争;解决竞争的办法是排队;减少排队长度的方法是使用随机选路算法;如果排队长度为1,则无竞争,这就演变为确定性算法。② 选路算法分类:最小(贪心)算法和非最小(随机)算法,前者在(源,目)之间选最短路径,但会造成拥挤,后者随机行走,虽路径可能较长,但可以避免拥挤;确定的算法和自适应算法,前者根据(源,目)确定唯一一条路径,而后者根据网络状态信息动态地确定路由。③ 二维网孔上的选路算法:贪心选路算法 8.1 及其队列最大长度推导(引理 8.2);随机选路算法 8.2 及其复杂度分析(定理 8.2);确定选路算法 8.4 及其复杂度分析。④ 超立方网络上的随机选路算法:算法基本思想;算法 8.3 及其复杂度分析。⑤ 数据的分布和集中:算法 8.5 描述,算法正确性证明和复杂度分析;算法 8.6 描述,算法举例和复杂度分析。⑥ 多级互连网络中的选路算法:Ω 阻塞网络中的自选路算法;Benes 可重排网络中的 Waksman 算法 8.7 和中级选路算法 8.8。

8.1 引言

并行算法是一种能在多个处理器同时工作下求解问题和处理数据的方法。当多个处理器协同处理一个问题时，各处理器之间必然会有数据交换。例如，当数据欲进行加工、比较时，首先必须按照某种"走"法将源地数据送到目的地，然后才能施行某种操作，操作的结果也可能要按要求传送到指定的地方。这就涉及数据传输过程中的选路问题，它是算法的重要组成部分，直接影响着算法的性能。在 SIMD 和 MIMD 互连网络模型中，各处理器之间均以某种固定的拓扑结构彼此相连，当研究它们之上的选路算法时，问题将归结为研究各种互连网络之间的**数据选路算法**(Routing Algorithm)。而网络可用一有向图表示，其中顶点代表一组处理器，边为处理器之间的数据传输路径。这里所说的**数据**，在以下的讨论中都专指**信(息)包**(Packet)。在此意义下，数据选路问题就是**信包选路问题**(Packet Routing Problem)了，它可一般描述如下：给定 m 信包，每个均附有一个所希望的目的地址 p_i。开始时信包均存放在由 n 个节点所组成的网络中，目的是用某种控制策略在尽可能少的步距内，将这些信包最终传送至它们所希望的目的地。

当讨论信包选路问题时，常常使用两种**选路模式**(Routing Model)：**包交换模式**(亦称为**存储转发**(Store-and-Forward)模式)和**线路交换模式**(亦称为**路径锁定模式**)。在**包交换**(Packet-Switching)模式中，每个信包作为一个统一体(即实体)在网络中以存储转发的形式逐点传递，且单个信包每一选路步仅能跨越一条边。根据不同的算法，可允许或不允许每个节点中堆集信包。如果允许的话，则尽量保持短的队列。在**线路交换**(Circuit-Switching)模式中，必须为每一条在网络中传递的信包专门指定一条从源到目的地的完整路径。

在绝大多数情况下，将集中讨论**静态选路**(Static Routing)问题。此时，待选路的信包在选路开始时均已出现在网络中(相对而言，**动态选路**(Dynamic Routing)时，信包可在任意时刻到达网络，且选路以连续的方式推进)。静态选路有很多种方式。一般而言，均假定每个处理器开始至多只发送一条信包。而且，当每条信包均有一个而且仅有一个目的地时，则称此选路为**一到一**(One-to-One)选路；如果不止一条信包有同一目的地，则称此选路为**多到一**(Many-to-One)选路；如果一条信包有不止一个目的地，则称此选路为**一到多**(One-to-Many)选路。一到一选路也称为**置换**(Permutation)；多到一选路也称为**集中**(Concentration)；一到多选路也称为**广播**(Broadcast)。广播的一种变体形式是**分布**(Distribution)。

根据选路控制策略，可将选路算法分为**联机**(On-Line)和**脱机**(Off-Line)两种。对于有些应用,选路问题事先无法知道,必须使用联机选路算法,这就意味着,每个处理器(或开关)必须根据其局部控制和信包所运载的信息,确定该做什么,而无须虑及全局选路知识。相反,在另一些应用中,每个待发送的信包事先知道送往何处,此时可使用脱机选路算法,预先计算好有关选路信息,并将它存储在网络中。

本章以下各节,将通过几种典型互连网络上的**贪心选路算法**(即,每个信包均企图沿源-目的最短路径抵达其目的地)、**随机选路算法**(即,每条信包在传递过程中,由一个节点随机地传向下一节点,直至最终抵达目的地)和**确定选路算法**来讨论上述几种不同的选路问题。

8.2 贪心选路算法

本节讨论一维阵列、二维阵列和蝶形网络上的贪心选路算法,着重学习算法的分析方法[1]。

8.2.1 一维阵列上的贪心选路算法

任何能将每个信包沿着最短路径去向其目的地的选路算法就可称为**贪心选路算法**(Greedy Routing Algorithm)[1]。

例 8.1 如图 8.1 所示,5 条信包在 6 个连成一维阵列的处理单元上向左或向右移动,每次移动均使信包与其目的地的距离减一,直至抵达目的地为止。显然在 n 个单元的一维阵列中,算法至多在 $n-1$ 步内就可结束。□

约定,算法开始和结束时,每个处理单元中至多只包含一条信包。如此两条信包从不会在同一时刻,在同一传输方向上的同一条边上出现,即不会出现竞争边的现象。但这并不是说,两条信包从不会在同一时刻驻留在同一个处理器中,即在处理单元中可能会出现排队现象。

不幸的是,当贪心算法运行在其他网络上时,事情并非那么简单。其中最大的问题是,两条或两条以上的信包可能在同一时刻沿同一条边传输。如图 8.2 所示,去向处理单元 c 和 d 的两条信包,首先移向节点 x,然后再前进时就会出现竞争同一条边的现象,此时只有一条信包可前进,而另一条信包则需要排队等待。最坏情况下,排队长度可达到 n。

裁决竞争同一条边和防止队列过长有很多策略。排队协议的选定对选路算法的性能有很大的影响。下面所考虑的情况是:允许队列长度任意增长,而解决

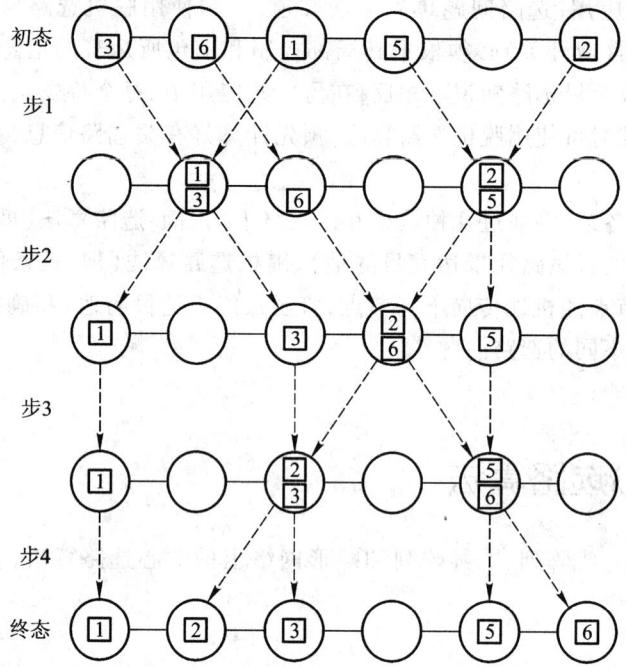

图 8.1　一维阵列上的贪心选路算法

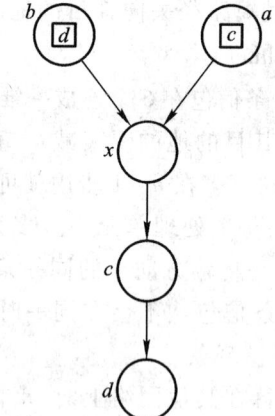

图 8.2　贪心选路算法中的竞争现象

争用边使用赋予信包优先权的办法。例如可采用去向最远的信包有最高的优先权,即**最远优先法**。

8.2.2 二维阵列上贪心选路算法的分析

1. 算法描述

一维阵列上的贪心选路算法可以很容易地推广至 $\sqrt{n}\times\sqrt{n}$ 的二维阵列上。

算法 8.1 $\sqrt{n}\times\sqrt{n}$ 阵列上的贪心选路算法

输入：待选路的信包处于源处理器中。

输出：将各信包选路至各自的目的地中。

begin
  (1) 在各行内，每条信包向左或向右选路至正确的列；
  (2) 在各列中，每条信包向上或向下选路至正确的行。
end

2. 算法分析

很显然，算法的第(1)步，用 $\sqrt{n}-1$ 步就可完成行的选路；在第(2)步时，如果信包采用最远优先策略，则在 $\sqrt{n}-1$ 步内就可完成列的选路(见引理 8.1)，从而在 $2\sqrt{n}-2$ 步内就可完成 $\sqrt{n}\times\sqrt{n}$ 两维阵列上的贪心选路算法。此算法是最佳的，因为一条信包从处理单元 $(1,1)$ 到处理单元 $(\sqrt{n},\sqrt{n})$ 至少需 $2\sqrt{n}-2$ 步。

例 8.2 图 8.3 示出了在 3×3 的阵列上贪心选路过程。□

引理 8.1 对于一个 n 节点的一维阵列，每节点可包含任意数目的信包，但其至多仅能有一个目的节点。如果采用最远优先策略，则贪心算法可在 $n-1$ 步内完成所有信包的选路。

证明 因为信包向右和向左移动决不会相互干扰，所以不失一般性可仅考虑向右移动。现在要证明，对于每个 i，去向最右 i 个节点之一的每条信包都会在 $n-1$ 步内抵达各自的最右的 i 个节点。如果此条件对所有 $i(1\leq i<n)$ 均同时成立，则向右移动的信包的选路就可在 $n-1$ 步内完成，从而也就完成了引理的证明。

固定 $i(1\leq i\leq n)$，试考虑那些去向最右 i 个节点的信包，称它们为**优先信包**(Priority Packet)，这些信包从不会被任何非优先信包所延迟，因为当两者争用同一条边时，目的最远的信包先移动，所以当分析优先信包的移动时可完全不考虑非优先信包。

算法开始时，最右的优先信包不会被非优先信包所延迟，所以它逐点向右移动，直至抵达其最右的 i 个节点，所需的时间为 $n-i$ 步。注意，此信包在第一步之后，决不会与其他优先信包处于同一个节点中，因为别的优先信包不会赶上它。

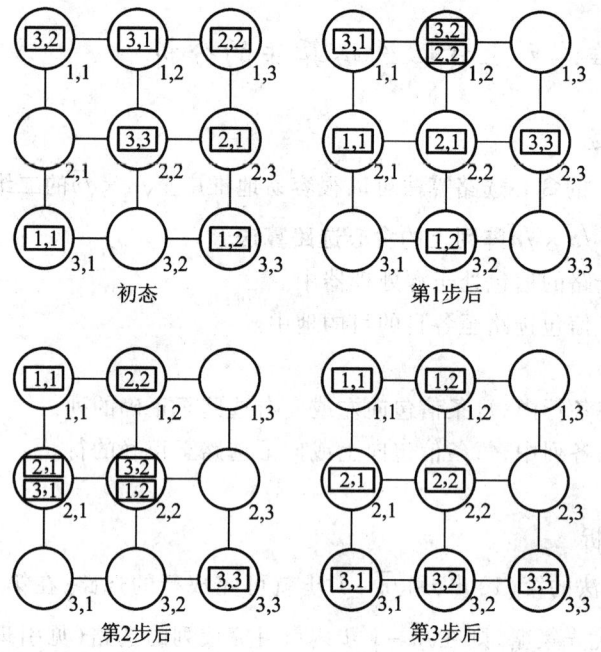

图 8.3 3×3 阵列上的贪心选路过程

所以它也不会被其他优先信包所延迟。

其次,考虑次最右优先信包,虽然它在第一步时曾被延迟,但以后各步不再会被延迟,因为其后的信包赶不上它,而其前的信包也不会延迟下来。因此,次最右优先信包可在 $n-i+1$ 步内抵达其最右的 i 个节点。

按此类推,第 i 个最右优先信包,在第 $i-1$ 步之后不会被延迟,因为所有其他的 $i-1$ 个优先信包均已在它们的右行路途中,而在第 $i-2$ 步之后也不会延迟下来。在最坏情况下,第 i 个信包在第 $i-1$ 步之后仍处于第一个节点中,并且在其抵达最后的 i 个节点之前它尚需走完 $n-i$ 条边。因此,最后一个优先信包可在 $n-1$ 步内抵达最右的 i 个节点。□

引理 8.2 $\sqrt{n}\times\sqrt{n}$ 的阵列中的贪心选路算法,在最坏情况下,队列的最大长度可达 $\frac{2}{3}\sqrt{n}-1$。

证明 试考虑如下选路情况:此时处于处理器 $(1,2),(1,3),\cdots,(1,\sqrt{n}/3)$ 和 $(2,1),(2,2),\cdots,(2,(2/3)\sqrt{n}-1)$ 中的信包,将去向处理器 $(3,\sqrt{n}/3),(4,\sqrt{n}/3),\cdots,(\sqrt{n},\sqrt{n}/3)$。所有这些 $\sqrt{n}-2$ 条信包可在 $\sqrt{n}/3-1$ 步内到达处理器 $(2,\sqrt{n}/3)$,但只有 $\sqrt{n}/3-1$ 条信包在此时间步可穿越从处理器 $(2,\sqrt{n}/3)$ 到处理器 $(3,\sqrt{n}/$

3)之间的边。因此,等待穿越从处理器$(2,\sqrt{n}/3)$到处理器$(3,\sqrt{n}/3)$的信包队列长度最终将变为$\sqrt{n}-2-(\sqrt{n}/3)+1=(2/3)\sqrt{n}-1$。 □

8.2.3 蝶形网络上的贪心选路算法

现在研究n个节点($\log n$-维)的蝶形网络中n个信包从第0级到第$\log n$级的选路问题。假定第0级中的每个节点$\langle u,0\rangle$包含有一个去向节点$\langle \pi(u),\log n\rangle$的信包,其中$\pi$:是一种$(1,n)\to(1,n)$置换。

例 8.3 图8.4中示出了一个8条信包的选路问题,本例中的π为位反置换,即$\pi(u_1\cdots u_{\log n})=u_{\log n}\cdots u_1$,其中,$u_1\cdots u_{\log n}$为$u$的二进制表示。图中粗实线表示从$\langle 100,0\rangle$到$\langle 001,3\rangle$的一长路径。 □

乍看起来,这类选路问题并不特别困难。的确,任一信包都能沿着蝶形网络中的长度为$\log n$的唯一路径很容易地抵达其目的地。一般而言,在蝶形网络中,从第0级的节点$\langle u,0\rangle$到第$\log n$级的节点$\langle v,\log n\rangle$,其间一条长度为$\log n$的唯一路径称之为从$\langle u,0\rangle$到$\langle v,\log n\rangle$的**贪心路径**。在贪心选路算法中,每条信包均需取径于贪心路径。当只有一条待选路的信包时,贪心算法能工作得很好。然而,当有多条信包并行选路时,就会出现多条贪心路径争用同一节点或同一条边的问题。例如,在图8.4中,起始在节点$\langle 000,0\rangle$和$\langle 100,0\rangle$中的两条信包,在去向各自的目的节点的行程中,会穿越同一条边($\langle 000,1\rangle,\langle 000,2\rangle$),从而造成阻塞延迟。

引理 8.3 n点蝶形网络中施行位反置换时,使用贪心选路算法,总共有$\sqrt{n}/2$条贪心路径会使用公共边($\langle 0\cdots 0,(\log n-1)/2\rangle,\langle 0\cdots 0,(\log n+1)/2\rangle$)。

证明 为讨论方便,假定$\log n$为奇数。一条始于节点$\langle u_1\cdots u_{(\log n-1)/2}00,0\rangle$中的信包抵达节点$\langle 0\cdots u_{(\log n-1)/2}\cdots u_1,\log n\rangle$,必定沿着下述路径:

$$\langle u_1\cdots u_{(\log n-1)/2}00,0\rangle \to \langle 0u_2\cdots u_{(\log n-1)/2}00\cdots 0,1\rangle$$
$$\to \cdots$$
$$\to \langle 0\cdots 0u_{(\log n-1)/2}00\cdots 0,(\log n-3)/2\rangle$$
$$\to \langle 0\cdots 000\cdots 0,(\log n-1)/2\rangle$$
$$\to \langle 0\cdots 000\cdots 0,(\log n+1)/2\rangle$$
$$\to \langle 0\cdots 00u_{(\log n-1)/2}0\cdots 0,(\log n+3)/2\rangle$$
$$\to \cdots$$
$$\to \langle 0\cdots 00u_{(\log n-1)/2}\cdots u_1,\log n\rangle$$

注意上述路径中,包含了如下一条边e:

$$e = \langle 0\cdots000\cdots0, (\log n - 1)/2\rangle \to \langle 0\cdots000\cdots0, (\log n + 1)/2\rangle$$

因为 $u_1\cdots u_{(\log n-1)/2}00\cdots 0$ 和 $0\cdots 00u_{(\log n-1)/2}\cdots u_1$ 的中间位均包含零,而 $u_1\cdots u_{(\log n-1)/2}$ 会有 $2^{(\log n-1)/2} = \sqrt{n/2}$ 种可能的值,因此,当使用贪心选路算法时会有 $\sqrt{n/2}$ 条信包必定穿越边 e。□

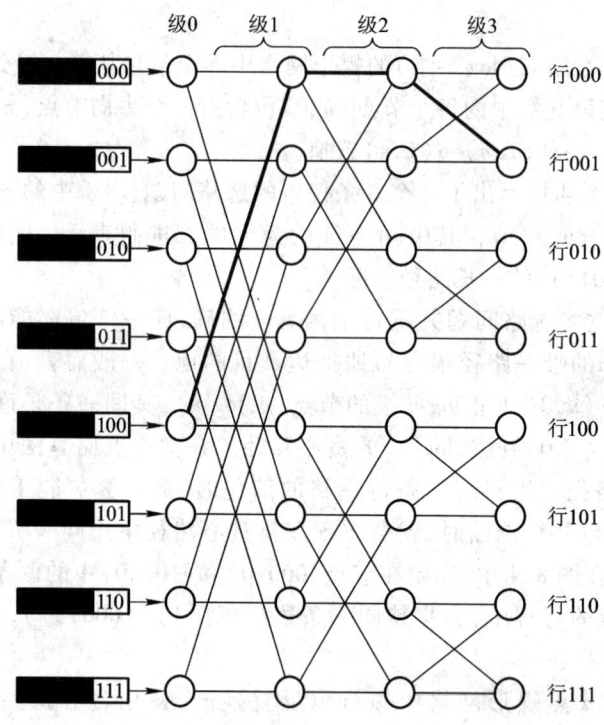

图 8.4 蝶形网络中 8 条信包的选路

上述结论就意味着至少一条信包将被延迟 $\sqrt{n/2} - 1$ 步。按此意义,贪心算法至少用 $\sqrt{n/2} - 1 + \log n$ 步才能将所有信包选路至目的地。

位反置换虽只是一种置换形式,但在蝶形网络上,对贪心选路算法而言,却是一种最恶劣的情况。这是因为在 n 点蝶形网络中,每种一到一的选路问题都可在 $O(\sqrt{n})$ 步内完成。下述定理反映了这一事实。

定理 8.1 给定 n 点蝶形网络上的任一选路问题,其中至多只有一个信包起始于 0 级的每一节点中,且至多只有一条信包去向 $\log n$ 级的每一节点,则贪心选路算法在 $O(\sqrt{n})$ 步内可将所有信包选路至各自的目的地。

证明 为简便计,假定 $\log n$ 为奇数(为偶数时可类似处理)。令 e 是 n 点蝶形网络中第 i 级 $(0 \leq i \leq \log n)$ 中的任意一条边,并定义 n_i 是穿越边 e 的贪心路径数。

我们首先观察到,对于每个 i,$n_i \leq 2^{i-1}$。这是因为在第 0 级至多有使用一条穿过第 1、2、…、$i-1$ 级的路径的 2^{i-1} 个节点可抵达边 e。例如图 8.4 中,仅有起始在 $\langle 000,0\rangle$ 和 $\langle 100,0\rangle$ 中的信包(不管每条信包去向哪里)能够使用边($\langle 000,1\rangle$,$\langle 000,2\rangle$)。

类似地,对于每个 i,$n_i \leq 2^{\log n - i}$。这是因为在第 $\log n$ 级至多有一条穿过第 $i+1$、$i+2$、…、$\log n$ 级 $2^{\log n - i}$ 个节点的路径,可从边 e 所到达。例如图 8.4 中,仅有终止在节点 $\langle 000,3\rangle$ 和 $\langle 001,3\rangle$ 中的信包(不管它们来源于何处)能够使用边($\langle 000,1\rangle$,$\langle 000,2\rangle$)。

因为任何穿越边 e 的信包,只能被其他欲穿越该边的 $n_i - 1$ 条信包所延迟,所以任何遍历第 1、2、…、$\log n$ 级的信包所遭受的总延迟至多为

$$\sum_{i=1}^{\log n}(n_i - 1) \leq \sum_{i=1}^{(\log n + 1)/2} 2^{i-1} + \sum_{i=(\log n + 3)/2}^{\log n} 2^{\log n - i} - \log n$$
$$= 2^{(\log n + 1)/2} + 2^{(\log n - 1)/2} - \log n - 2 = 3\sqrt{n}/\sqrt{2} - \log n - 2$$
$$= O(\sqrt{n}) \quad \square$$

8.3 随机和确定选路算法

本节讨论二维阵列和超立方网络上的随机和确定选路算法,重点学习算法的分析技术。

8.3.1 二维阵列上的随机选路算法

根据前述,贪心选路算法的时间步为 $2\sqrt{n} - 2$,但最大队列长度却为 $(2/3)\sqrt{n} - 1$。减少队列长度最简单的方法是使用**随机选路**(Random Routing)算法。发送信包时不是根据最短路径来选择下一节点,而是随机选择下一节点,从而最终将信包送至正确的目的地。按此法,选路算法可在 $O(\sqrt{n})$ 步结束,而队列长度几乎(高概率)为 $O(\log n)$。高概率取决于选择下一节点的随机程度而与选路问题本身无关。

1. 算法描述[2,3]

算法 8.2 $\sqrt{n} \times \sqrt{n}$ 阵列上的随机选路算法
输入:待选路的信包处于源处理器中。
输出:将各信包选路至各自的目的节点。

begin

(1) 每列分成 log n 段,每段长为 $\sqrt{n}/\log n$;在诸列的各段内,每条信包选路到其随机选定的目的节点;

(2) 每条在现行行内的信包选路到其正确的列;

(3) 每条处于正确列中的信包选路到其正确的目的地。

end

解决竞争使用最远优先策略。注意,随机算法和贪心算法有两点不同:① 每条信包首先在其列内开始随机移动;② 最后的列选路直到每条信包均已完成了其行的选路之后才开始。

2. 算法分析

约定,每个节点开始时至多只发送一条信包,目的节点最多只能接收一条信包。以下分析各算法步的时间和队列长度。

① 算法第(1)步:根据约定,每条信包不会竞争其随机选择的行,而每条信包最远移动距离为 $\sqrt{n}/\log n$,所以算法第(1)步可在 $\sqrt{n}/\log n$ 时间内完成选路。队列长度的分析较复杂。根据概率分析可知[1],在第(1)步时几乎没有一个节点可接收多于 $3\ln n/\ln \ln n$ 条信包,特别是因为在第(1)步时至多有 $\sqrt{n}/\log n$ 条信包可送向任一节点,同时送向每个节点的信包是等概率的,所以 $3\ln n/\ln \ln n$ 条信包送向某一特定节点的概率至多为 $O(1/n^2)$。因为至多有 n 个节点,这就意味着在第(1)步至多有 $O(\log n/\log \log n)$ 条信包以 $1 - O(1/n)$ 的概率被送向每个节点。

② 算法第(2)步:第(2)步的分析有些技巧。为了简化分析,假定边的争用的解决采用**最新近优先**(Least-Recently Priority)策略。即在一行内,一旦一条信包开始移动,它就永不停止直至抵达正确的列为止。因此,一条信包一旦开始移动,它就永不会被延迟。所以可以计算出每条信包在第(2)步开始移动的时间上界。特别是,考虑一条存放在节点 (i,j) 中的信包 p,它在第(2)步开始时欲向右移动。因为此信包被延迟 t 步,这必定在第(2)步的前 t 步,有 t 条其他的起始在节点 $(i,1),(i,2),\cdots,(i,j)$,且从节点 (i,j) 传向节点 $(i,j+1)$ 的信包。否则的话,在前 t 步中必有某一步无信包从 (i,j) 移向 $(i,j+1)$,这就意味着,信包 p 必在此点开始移动。

为了定出 t 的上界,文献 [1] 已经示出,在第(2)步开始时,对于所有的 i, $j(1 \leq i,j \leq \sqrt{n})$ 至多有 $j + O(\sqrt{j \log n} + \log n)$ 条信包被包含在节点 $(i,1),\cdots,(i,j)$ 中。因此,在单元 (i,j) 中的一条信包在第(2)步移动之前至多等待了 $j + O(\sqrt{j \log n} + \log n) \leq j + O(n^{1/4}\sqrt{\log n}) = j + o(\sqrt{n})$ 步*。因为它至多移动 $\sqrt{n} - j - 1$

---

* 令 $f(n)$ 和 $g(n)$ 是定义在自然数集合上的两个函数,如存在两个正的常数 c 和 n_0,使得对于所有 $n \geq n_0$,均有 $f(n) < c \cdot g(n)$,则记作 $f(n) = o(g(n))$。

步,所以每条信包可在 $\sqrt{n}+o(\sqrt{n})$ 步内抵达正确的列。因此算法的第(2)步几乎花费了 $\sqrt{n}+o(\sqrt{n})$ 步。

同样,我们必须分析第(2)步所造成的最长队列长度。试考虑在第(2)步去向节点 (i,j) 的那些信包。因为总共仅有 $\sqrt{n}$ 条信包能去向第 j 列,所以至多可能有 $\sqrt{n}$ 条这样的信包。而且其中的每一个,在第(1)步时至多有 $\log n/\sqrt{n}$ 的机会去向第 i 行。根据概率分析可知[1],在第(1)步至多有 $O(\log n)$ 条信包以概率 $1-O(1/n^2)$ 发往第 i 行。因此,在第(2)步之末,节点 (i,j) 中的队列长度为 $O(\log n)$。因为总共有 n 个节点,所以概率为 $1-O(1/n)$,且每个队列的长度至多为 $O(\log n)$。

③ 算法第(3)步:该步的分析比较简单,因为每条信包是处于其正确的列,且至多只有一条信包去向每个节点。因此第(3)步的运行时间至多为 $(\sqrt{n}-1)$ 步。又因为第(3)步时队列长度不会增加,所以其长度仍维持为 $O(\log n)$。

综合上述分析,可得出如下定理:

定理 8.2 在 $\sqrt{n}\times\sqrt{n}$ 阵列中,至少以 $1-O(1/n)$ 的概率,在 $2\sqrt{n}+O(\sqrt{n})$ 时间步内可完成选路,且队列长度为 $O(\log n)$。

8.3.2 超立方网络上的随机选路算法

下面介绍 n 点超立方网络上的随机选路算法,它可用接近 1 的概率,在 $O(\log n)$ 时间内完成选路[3]。

1. 算法的基本思想

算法的基本思想非常简单:当发送一条信包时,不是直接将其发往目的节点,而是将其随机地发往一个节点,然后再由此节点发至真正的目的节点。随机选择一个节点的策略是:假定待发送的信包的源节点的地址二进制表示为 $a_1\cdots a_d$ ($d=\log n$)。欲将其发往其地址的二进制表示为 $b_1\cdots b_d$ 的目的节点,那么找一个最小的 i,使得 $a_i\neq b_i$,然后将待发送的信包沿着边 i 维发往地址为 $a_1\cdots a_{i-1}b_ia_{i+1}\cdots a_d$ 的节点。称这样的选路法为**自左向右**(Left-to-Right)的选路策略。

例 8.4 例如,在一个 10 维的超立方中(共有 1 024 个节点),欲将节点 1000101010 中的内容发往 0101010001 节点中。按照上述自左向右选路策略,则选路顺序为

1000101010 → 0000101010 → 0100101010 → 0101101010 → ⋯ → 0101010001 □

对上述这种方法可以加以推广,在最坏情况下,对于某一特定的置换,使用局部控制策略,在一个 d 维超立方中 ($n=2^d$) 可能需要 $2^{d/2-1}$ 步,也就是说,此选路时间几乎是节点数的平方根。

2. Valiant-Brebner 选路算法[3]

算法 8.3 超立方上自左向右选路算法

输入：每个超立方节点中信包之目的标志。
输出：将信包选路到正确的目的节点。

begin

(1) 对每个欲发送信包的节点 i，随机选择一个目标节点 $t(i)$。等概率地选取 $t(i)$ 的 d 位的二进制表示中的每一位为 0 或 1。使用自左向右选路法将信包从 i 选路到 $t(i)$；

(2) 令各信包均遵循着各自的选路尽快传递。如果存在着路径竞争，只允许有一信包在一个单位时间内发送。那些不能在一个单位步内继续选路的信包均需排队等待随后发送；

(3) 当信包从 i 到达 $t(i)$ 时，接着使用自左向右选路法向其真正的目的地进发。注意，可能若干个信包有相同的目标节点。如果是这样，仅有一条信包可在单位步内发送，其余者均需排队。在去向目的地的行程中，若也产生竞争，则可同样处理。

end

Valiant-Brebner 已经证明了如下定理，其证明过程比较复杂。感兴趣的读者可参阅文献 [3]。

定理 8.3 算法 8.3 可以在 d 维超立方中，以小于 $(0.74)^d$ 的概率，且不会多于 $8d$ 步完成选路。

8.3.3 二维阵列上的确定选路算法

虽然随机算法几乎均可工作得很好，但也有偶然失败的情况，特别是所产生的伪随机数不是真正随机的情况更会如此。所以本节拟介绍一种具有类似性能的、基于排序的一到一选路问题**确定性算法**(Deterministic Algorithm)。

1. 算法描述[4,5]

算法 8.4 $\sqrt{n} \times \sqrt{n}$ 阵列上的确定选路算法

输入：待选路的信包处于源处理器中。
输出：将各信包选路至各自的目的地。

begin

(1) 根据各个信包的列目的，按列主编号将其排序；
(2) 在各行内，将各信包选路到正确的列；
(3) 在各列内，将各信包选路到正确的行。

end

例 8.5 图 8.5 示例出算法 8.4 的执行过程,其中,图 8.5(a)是信包在 4×4 阵列上的初始分布;(b)是算法第(1)步执行的结果;(c)是算法第(2)步执行的结果;(d)是算法第(3)步执行的结果。□

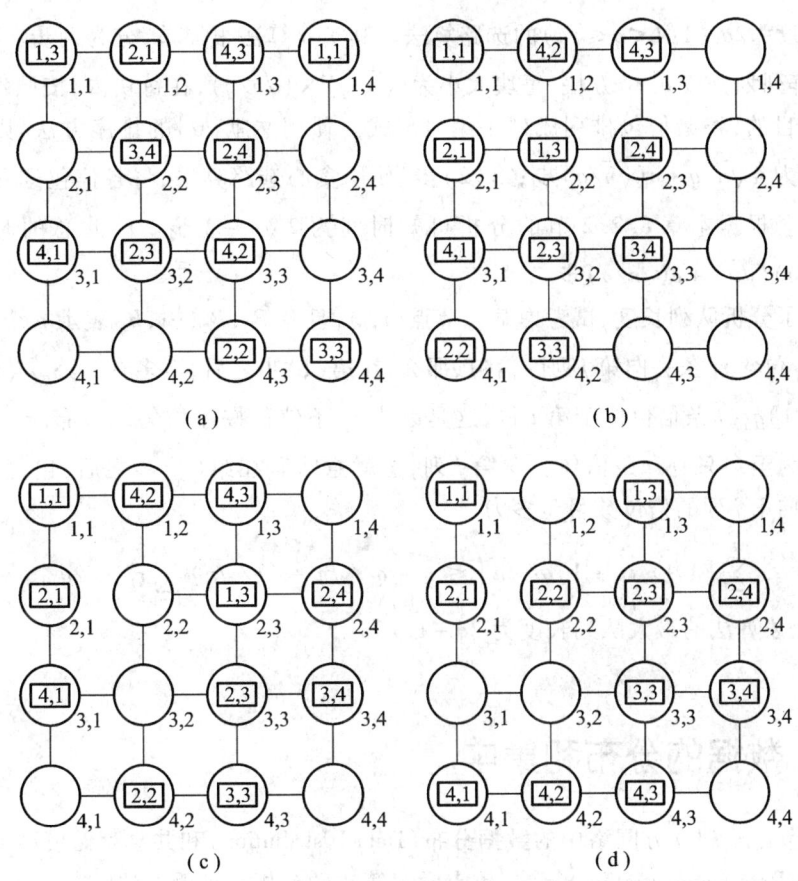

图 8.5 算法 8.4 的执行过程

2. 算法分析

算法的第(1)步是排序。在 $\sqrt{n} \times \sqrt{n}$ 的阵列上有很多 $O(\sqrt{n})$ 的排序算法,本节引用的是文献[6]所介绍的 $4\sqrt{n} + o(\sqrt{n})$ 步的排序算法(见习题 8.5),其中 $3\sqrt{n} + o(\sqrt{n})$ 步用于列蛇形编号排序,$\sqrt{n} - 1$ 步用于产生列主编号;算法的第(2)步和第(3)步均各需 $\sqrt{n} - 1$ 步。所以算法 8.4 的总运行时间为 $6\sqrt{n} + o(\sqrt{n})$。

上述算法成功的关键是不存在边的竞争,这也致使队列长度为 1。这是因为在排序时,使每一行中至多只有一条信包去向每一列。因此在第(2)步之末完成行选路时,每个节点中至多也只有一条信包,所以在第(3)步列选路时也不会有任何竞争。

3. 算法的推广

稍微修改一下上述算法,就可得到一种运行时间为 $2\sqrt{n}+4\sqrt{n/q}+o(\sqrt{n/q})$、队列长度为 $2q-1(1\leqslant q\leqslant\sqrt{n})$ 的选路算法。其实此算法很简单,分为两步:第(1)步,将阵列划分成 q^2 个方块,每块大小为 $(\sqrt{n}/q)\times(\sqrt{n}/q)$;在每块内,按照每条信包的列目的,将诸信包排列成列主编号形式。使用文献[6]的排序方法,则所用的时间为 $4\sqrt{n/q}+o(\sqrt{n/q})$ 步;第(2)步,使用贪心选路算法,将各信包选路至其目的地。根据本章 8.2.2 节的分析可知时间为 $2\sqrt{n}-2$ 步。因此总的时间为 $(2+4/q)(\sqrt{n})+o(\sqrt{n/q})$ 步。

为了分析队列长度,试考虑某一节点 (i,j),且令 $B_1,B_2,\cdots,B_q$ 表示 q 个方块。如果 B_k 包含 r_k 条去向第 j 列的信包,那么,在第(1)步之后,至多有 $\lceil r_k\cdot q/\sqrt{n}\rceil\leqslant 1+(r_k-1)q/\sqrt{n}$ 条信包位于第 i 行,这是因为 r_k 条信包按序均匀地分布于 $\sqrt{n}/q$ 行中。因为至多只有 $\sqrt{n}$ 条信包去向第 j 列,这就意味着在第(1)步之后,包含在第 i 行内去向第 j 列的信包数目至多为

$$\sum_{k=1}^{q}[1+(r_k-1)q/\sqrt{n}]\leqslant q-q^2/\sqrt{n}+(q/\sqrt{n})\sum_{k=1}^{q}r_k<2q$$

因此,上述算法的最大队列长度为 $2q-1$。

8.4 数据的分布和集中

本节讨论超立方网络中的**数据分布**(Data Distribution)和共享存储模型上的**数据集中**(Data Concentration)算法,重点学习算法的分析和证明方法。[6]

8.4.1 数据的分布

1. 算法描述

假定在某种网络中,节点按 $0,1,\cdots,n-1$ 的顺序排列。在进行数据分布时,首先指定几个**代表节点**(Representative Node),它们具有比其编号为大的其他节点(但不包括下一个代表节点)所要共享的数据;然后由这些代表节点将数据分配其**随从**(Follower)。

如果一个节点已接收到其代表节点播送给它的数据，则称此节点是**活动的**。开始时只有代表节点是活动的。如果 $n=2^d$，则数据分布只需 d 个阶段，其中在第 i 阶段时，每个活动的节点都将其数据向右传送 2^{d-i} 位，即节点 j 传给节点 $j+2^{d-i}$。

算法 8.5 n 点超立方中的数据分布算法

输入：待分布的数据输入到网络中的代表节点。

输出：每个代表节点中的数据分配给其随从。

begin
    for $i=1$ to d do
        for $j=0$ to $n-1$ par-do
            if 节点 j 是活动的 then
                （1）将数据和代表节点号码从节点 j 传给节点 $j+2^{d-i}$
                （2）if 在 $j+2^{d-i}$ 处代表节点的号码与所传送的一致 then
                      （2.1）令节点 $j+2^{d-i}$ 为活动
                      （2.2）在节点 $j+2^{d-i}$ 记录刚才所传送给它的数据
                end if
            end if
        end for
    end for
end

例 8.6 图 8.6 示出了 $d=4$ 时数据按算法 8.5 的分配过程。假定编号为 0、1、11、13 的节点为代表节点，它们各存有数据 A、B、C、D。节点 2～节点 10 是节点 1 的随从；节点 12 是节点 11 的随从；节点 14 和 15 是节点 13 的随从。当 $i=1$ 时，节点 1 向节点 $1+2^{d-1}=9$ 传送数据。节点 9 接收此数据，因为它知道 1 是它的代表节点。相反，节点 0 虽向节点 8 传送数据，但节点 8 并不接收，因为节点 8 不是节点 0 的随从。当 $i=2$ 时，节点 1 向节点 5 传送数据；当 $i=3$ 时，节点 1 向节点 3、节点 5 向节点 7、节点 13 向节点 15 传送数据；当 $i=4$ 时，其余节点均从其左近邻接收数据。□

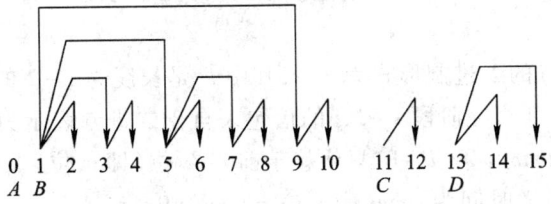

图 8.6 数据分配过程

2. 算法正确性证明

引理 8.4 算法 8.5 可将每个代表节点中的数据分配给它的所有随从。

证明 令 j,l 是任意两个具有同一代表节点的节点，则对 $j-l$ 的二进制表示为 1 的位的数目进行归纳证明。归纳假定是：如果 l 和 j 是同一代表节点的两个节点，$l<j$，且 l 在第 i 阶段前变为活动（其中 i 是 $j-l$ 的二进制表示为 1 的最左边的位置），那么 l 将其数据传向 j。归纳基础是：$j-l$ 有一个 1（在位置 i），显然 l 在第 i 次迭代时是活动的，所以它将传送其数据到节点 j。

为了归纳，假定 $j-l$ 有两个或更多的 1，最左的 1 处于位置 i，那么在第 i 次迭代时，l 将其数据传给节点 $m=l+2^{d-i}$（$d=\log n$，n 为节点数目）。现在 m 处于 l 和 j 之间，所以 m 具有相同的代表节点。因为 $j-m=j-l-2^{d-i}$，且 $j-l$ 在位置 2^{d-i} 有 1，由此得出，$j-m$ 的二进制表示的 1 的数目比 $j-l$ 的少一，而且所有这些 1 均处于第 i 位置之右。因此归纳假定应用于 m 和 j，就可得出 m 将传送其数据给 j，所以 l 的数据也就传送给 j。□

3. 算法复杂度分析

算法 8.5 运行在诸如超立方网络上的复杂度分析可概括在以下的引理和定理中。为此先做如下定义：如果 $0\le j<n=2^d$，$1\le i\le d$，j 的二进制表示为 $a_1\cdots a_d$，那么信包发送时间 $time(j,i)$ 定义为 $3r+4s$，其中 r 是 $a_1\cdots a_{i-1}$ 中的 1 的数目，s 为 $a_1\cdots a_{i-1}$ 中的 0 的数目。例如，对于任何 j，$time(j,1)=0$，这就意味着算法 8.5 在第一次迭代时在时刻 0 发送信包。同样，$time(100110,5)=14$，因为在二进制串 100110 的前 $5-1=4$ 位中有两个 1 和两个 0。

在下面引理的证明中，假定网络中的诸节点组成超立方网络。在此网络中，信包从源节点到目的节点所经的路径称为**轨道**（Trajectory）。我们约定，遍历轨道所需的时间等于路径中的**跨步**（Hops）的数目。

引理 8.5 假定遍历轨道的时间等于路径中的跨步数，那么对于阶段 i 和节点 j，节点 j 在阶段 $i-1$ 所接收的信包必在 $time(j,i)$ 之前到达。

证明 （1）**情况 1** 对于某一长度为 $d-i+1$ 的二进制串 x，j 的二进制形式为 $0^{i-1}x$。那么节点 j 在阶段 $i-1$ 无信包接收，因为无编号为 $j-2^{d-i+1}$ 的节点。因此不需证明什么。

（2）**情况 2** j 的二进制形式为 $w1x$，其中 w 是长度为 $i-2$ 的一串 0 和 1，x 的长度为 $d-i+1$。那么在阶段 $i-1$，j 的信包来自于二进制表示为 $w0x$ 的节点。此信包的发送时间 $time(w0x,i-1)$ 只依赖于前 $i-2$ 位（即 w 位）。而且，对于阶段 i，来自 j 的信包的发送时间为 $time(w1x,i)=time(w0x,i-1)+3$。因为信包从 $w0x$ 抵达 j 只需一个时间单位，所以此情况的引理得证。

（3）**情况 3** j 的二进制形式为 $w10^kx$，其中 $k\ge 1$，w 的长度为 $i-k-2$，x 长度

为 $d-i+1$。那么在阶段 $i-1,j$ 的信包来自于二进制表示为 $w01^k x$ 的节点。令 q 是 3 乘上 w 中 0 的数目加上 4 乘上 w 中 1 的数目之和,那么在阶段 i,来自 j 的信包的发送时间为 $time(j,i) = q + 4k + 3$。在阶段 $i-1$,来自 $w01^k x$ 的信包的发送时间为 $q + 4 + 3(k-1)$;注意最后的 0 在阶段 $i-1$ 并不起作用,因为它是处于位置 $i-1$。此信包 $k+1$ 跨步就可抵达其目的地。因此它在时间 $q + 4 + 3(k-1) + k + 1 = q + 4k + 2$ 到达 j,正好赶上在第 i 阶段发送来自 j 的信包。□

引理 8.6 如果信包在按 $time$ 所定义的时间函数发送,并且在超立方中,它们每个单位时间走过一条边直到抵达其目的地,那么在任何时间,一个节点从不会有多于两个的信包,并且这些信包都是在下一单位时间内打算遍历不同的边。

证明 首先考虑图 8.7 中通过节点 D(假定它在行 i 上)的轨道。令含 D 的列为 j。对于任何 i,在 $time(j,i)$ 有一来自超立方节点 j 发送的信包。也有一些来自其他节点(例如 C, B, A),或许来自位于 A 之右的较高的行中的节点发送的信包。

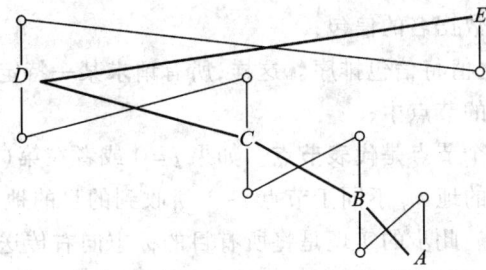

图 8.7 信包的轨道

然而,为了使在阶段 $i+k$ 发送的信包抵达节点 D,j 的二进制表示必定为 $w0^k x$,其中 w 的长度为 i,且 $k \geq 1$。此信包的源必定是 $w1^k x$,其发送时间是 $time(w1^k x, i+k)$,且它遍历了 k 个时间单位,所以它到达 j 的时间是 $time(w1^k x, i+k) + k$,它就是 $time(j, i+k)$(注意 j 的二进制表示是 $w0^k x$)。因此,所有穿过列 j 的信包是在不同的时刻进行。我们的结论是,在任何时刻发来的信包至多有一个穿过超立方的节点 j。而且,在时间 $time(j, i+k)$ 发送的信包将遵循着边的 $i+k$ 维,而穿过节点 j 的信包将遵循着边的 i 维,所以从不存在边的争用问题。□

定理 8.4 在 n 个节点的超立方中,可以在 $O(\log n)$ 的时间内完成数据分布。

证明 引理 8.5 是说,如果信包无延迟,那么由时间函数确定的信包发送的时间安排,将能正确地执行算法 8.5。引理 8.6 告诉我们,这些信包从不会被延迟。发送一条信包的最后时间是 $time(00\cdots 0, d) = 4(d-1)$,其中 $d = \log n$,并且每条信包至多在 d 步之后到达。因此,$O(\log n)$ 步后,所有的信包载着所要求的数据到达它们的目的地。□

8.4.2 多到一选路算法

多个处理器从某一存储器读取数据,就涉及**多到一**选路问题。下一算法使用算法 8.4 和 8.5 实现多到一选路,能在 $O(\log n)$ 时间内以接近 1 的概率完成之。基本思路是,同一存储器的诸请求者推选一个代表,该代表与存储器打交道,然后利用数据分布算法迅速分布代表所获的结果。

算法 8.6　SIMD-SM 模型上的多到一选路和应答算法
输入:多个处理器请求读取某一存储器中数据。
输出:满足请求,将所要求的存储内容发往每个处理器。
begin
(1) 假定处理器 i 请求读取存储器 m,处理器 i 产生一个包含 i、m_i 和所要读取的数据名的信包;
(2) 按 m_i 之值将信包排序。这样,所有请求某一特定存储器的信包均处在连续的节点中;
(3) 确定哪个节点是**代表节点**。如果 $j=0$ 或者在第(2)步所收到的信包中的目的地 m_i 不同于节点 $j-1$ 所收到的目的地,那么节点 j 就是一个代表。此步的实现是将所有目的标志向右传送一位。这些代表节点从存储器读取数据后,就将其播送到各自的**随从**(一串编码连续的节点,但不包含下一个代表);
(4) 每个代表节点发送读取存储器 m_i 的请求,然后存储器向发送请求的节点应答;
(5) 诸代表节点,利用算法 8.5 向其随从播送它所接收的数据。一个节点能够识别从它的代表节点传来的数据,因为数据从哪个存储器而来已在信息中指明。因此,一个节点可将其收到的存储器号与各自的信包中的第二个分量相比较,如果两者匹配,那么数据就是来自其代表节点;
(6) 所有节点向请求的节点返回数据。也就是说,一个形为 (i, m_i) 的信包连同从存储器 m_i 读取的数据一起返回给节点 i。
end

例 8.7　图 8.8 给出了算法 8.6 的一个实例。假定有 8 个节点,除 2 和 4 欲从存储器 0 读取数据外,所有其余节点都欲从存储器 3 读数据。图 8.8(a)是算法执行第(1)步处理器所产生的请求信包;图 8.8(b)是算法执行第(2)步按 m_i 进行排序之结果,并且按算法第(3)步所确定的代表节点是 0 和 2,两者均标以星号(节点

0 是当然的代表,而节点 2 作为代表是因为节点 1 与节点 2 的第二分量不同);图 8.8(c)是算法执行第(4)步所产生的读取请求;图 8.8(d)和(e)分别是请求到达目的地和返回的数据 A 和 B;图 8.8(f)是算法执行第(5)步数据分布的结果;图 8.8(g)是算法执行第(6)步所产生的最终希望的结果。□

	0	1	2	3	4	5	6	7
(a)	(0,3)	(1,3)	(2,0)	(3,3)	(4,0)	(5,3)	(6,3)	(7,3)
(b)	(2,0)*	(4,0)	(0,3)*	(1,3)	(3,3)	(5,3)	(6,3)	(7,3)
(c)	read 0		read 3					
(d)	read 0		read 3					
(e)	A		B					
(f)	(2,0,A)	(4,0,A)	(0,3,B)	(1,3,B)	(3,3,B)	(5,3,B)	(6,3,B)	(7,3,B)
(g)	(0,3,B)	(1,3,B)	(2,0,A)	(3,3,B)	(4,0,A)	(5,3,B)	(6,3,B)	(7,3,B)

图 8.8 算法 8.6 之例

定理 8.5 在 n 个节点的超立方中,算法 8.6 可以在 $O(\log n)$ 时间以接近 1 的概率完成之;而在最坏情况下时间为 $O(\log^2 n)$。

证明 算法 8.6 的第(2)步是排序,因为使用局部控制的互连可在 $O(\log^2 n)$ 步内执行任意置换选路(参见习题 8.7),所以排序的上界是 $O(\log^2 n)$,根据文献[7]可知定理 8.3 在概率的意义下 $O(\log n)$ 是充分的。算法 8.6 的第(4)步和第(6)步可以使用算法 8.3 来完成。算法 8.6 的第(5)步,根据定理 8.3 可知时间为 $O(\log n)$。而第(3)步是数据分布的特例。因此算法 8.6 在最坏情况下时间为 $O(\log^2 n)$,而在概率的意义下时间为 $O(\log n)$。□

*8.5 线路交换模式下的选路算法

至今所讨论的都是包交换模式下的选路算法。本节转向讨论线路交换模式下的选路问题。在线路交换模式下,欲从输入 i 发送一条消息到输出 j,必须在网络的 i 和 j 端点对之间建立一条专用的路径,消息沿此条路径以串行的、流水线的方式传递。多级互连网络使用了线路交换模式下的选路算法,包括阻塞网络中的自选路算法和可重排网络中的中级选路算法。

8.5.1 阻塞网络中的竞争分析

下面结合一个 $2n$ 点的蝶形网络(该网络有 $2n$ 个输入,每个输入含有一条待发送的消息)来分析通过网络一次,成功地传送 $2n$ 条信包的情况。如图 8.9 所示,该图是蝶形网络的另一种表示形式,它与第一章的图 1.16 是等效的(见习题 8.6),网络的输入级(即第 0 级,在图 1.16 中称为行)有 n 个开关节点,每个节点有两个输入;网络的输出级(即第 $\log n$ 级)有 n 个开关节点,每个节点有两个输出;网络在水平方向分成 n 行;每个开关节点均用其所在的行号和级数的笛卡儿坐标表示。

为了将一条消息从任一输入 i 选路到任一输出 j,必须在其间建立一条贪心路径。一条选路路径可遵循消息的贪心路径很容易地逐级构造之。主要的问题是,当两条路径企图使用同一条边时,则会出现竞争现象(也称为阻塞)。如图 8.10 所示,分别去向输出 3 和 4 的信包 A 和 D 都需使用边($\langle 00,1\rangle, \langle 01,2\rangle$)。解决竞争的策略之一是终止一条信包,放行另一条信包。终止的信包被退回到其发源地,以待稍后再次发送。何时重发也有不同的方法,在此不再讨论它,而以下主要分析首次发送的能通达目的地的信包的百分数[8]。

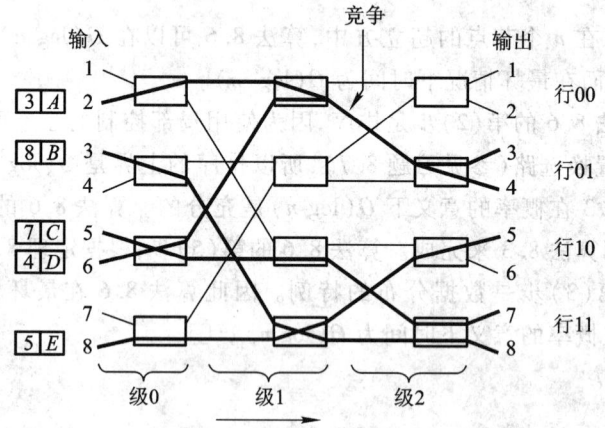

图 8.9 线路交换的贪心选路示例

众所周知,和位反置换一样,**转置**(Transpose)也是一种选路问题中竞争最严重的**置换**(Permutation)之一,它可定义如下(其选路问题反映在引理 8.7 和 8.8 中):

$$\pi(u_1 \cdots u_{(\log n)/2} u_{(\log n/2)+1} \cdots u_{\log n}) = u_{(\log n/2)+1} \cdots u_{\log n} u_1 \cdots u_{(\log n)/2}$$

引理 8.7 对于转置问题,在线路交换模式下,使用贪心选路算法,$2n$ 条信包中至多有 $2\sqrt{n}$ 条信包可成功地抵达其目的地。

证明 因为任何起始于节点$\langle w_1 w_2, 0 \rangle$和终止于节点$\langle w_2 w_1, \log n \rangle$的信包必定穿过节点$\langle w_2 w_2, (\log n)/2 \rangle$(对于任何 w_1 和 w_2,均满足 $|w_1| = |w_2| = (\log n)/2$)。而在蝶形网络中,只有$\sqrt{n}$个$\langle w_2 w_2, (\log n)/2 \rangle$形式的节点,这就意味着,所有那些为了成功抵达其目的地的信包之路径均必须穿越$\sqrt{n}$个节点。因为每个节点

*8.5 线路交换模式下的选路算法

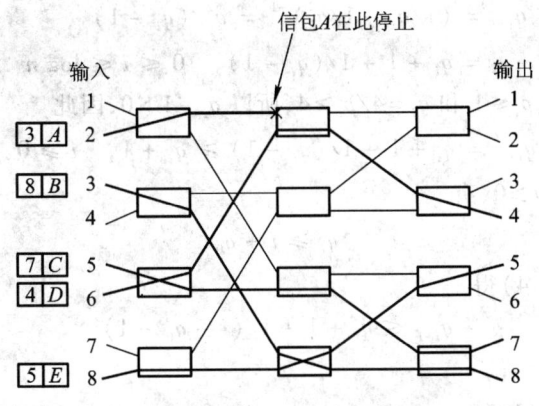

图 8.10 解决竞争的策略示例

至多可通过两条路径,所以至多有 $2\sqrt{n}$ 条路径能成功地将信包传送至目的地。□

引理 8.8 如果在一个 $2n$ 个输入满负载的蝶形网络中,各信包的目的地是随机的,则有 $\Theta(n/\log n)$ 条路径可望将信包传送至目的地。

证明 为了证明此结果,要分析在第 i 级上一条包含某一信包路径的特定边的概率 p_i。定义 p_0 是在每条输入中有一条信包的概率。显然,网络在满负载时 $p_0 = 1$。令 v 是射向蝶形网络边 e 的节点,且定义 e_1 和 e_2 是入射到 v 的第 0 级的两条边。例如图 8.11 中,当 e_1 和 e_2 两者或者其一均处于一条欲穿越 e 的路径中时,

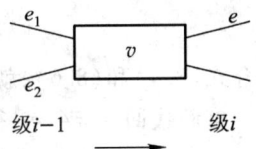

图 8.11 示例信包路径

边 e 正好被包含在一条信包路径中。因为每条进入 v 的路径均有 50% 的使用 e 的机会,所以 $e_i(i=1,2)$ 被包含在一条欲穿过 e 的信包路径中的概率是 $p_0/2$。此外,e_1 和 e_2 同时被包含在一条欲穿过 e 的路径之概率为 $(p_0/2)^2$,因为 e_1 被包含在一条路径中的概率是独立于 e_2 被包含在该条路径中的概率的,且所有信包之目的地也是彼此无关的。因此,e 被包含在一条信包路径中的概率为:$p_0/2 + p_0/2 - (p_0/2)^2 = p_0 - p_0^2/4$。此结果可推广到蝶形网络中的任意级的任意一条边 e,其概率为

$$p_{i+1} = p_i - p_i^2/4, \quad 0 \leq i \leq \log n \tag{8.1}$$

令一条抵达任一特定输出的信包路径之概率为 $p_{\log n + 1}$,为计算此值,必须求解递归方程(8.1)。很清楚,p_i 随着 i 的增加而减少,一般而言,在一个 $2n$ 个输入的蝶形网络中,期望抵达其目的地的信包数是 $2np_{\log n + 1}$,这是因为在这种蝶形网络中有 $2n$ 个输出边,每一条被包含在信包路径中边的概率为 $p_{\log n + 1}$。一般,$p_{\log n + 1}$ 并无解析解,但可求出渐近解。为此令 $q_i = 4/p_i$,$q_0 = 4/p_0$,由方程(8.1)得

$$4/q_{i+1} = 4q_i - 16/4q_i^2 \tag{8.2}$$

整理式(8.2)得

$$q_{i+1} = (1/q_i - 1/q_i^2)^{-1} = q_i^2/(q_i - 1)$$
$$= q_i + 1 + 1/(q_i - 1), \quad 0 \leq i \leq \log n$$

因为对于所有的 $i, p_i \leq 1$ 和 $q_i = 4/p_i \geq 4$,所以 $q_i - 1 > 0$,因此

$$q_{i+1} = q_i + 1 + 1/(q_i - 1) \geq q_i + 1, \quad i \geq 0 \tag{8.3}$$

所以,对于所有的 $i \geq 0$,有

$$q_i \geq i + q_0 \tag{8.4}$$

由式(8.3)和式(8.4)得

$$q_{i+1} \leq q_i + 1 + 1/(i - q_0 - 1)$$

所以

$$q_i \leq q_0 + i + (1/(q_0 - 1) + 1/q_0 + 1/(q_0 + 1) + \cdots + 1/(q_0 - i - 2))$$
$$\leq i + q_0 + \log((q_0 + i - 1)/(q_0 - 1)) \tag{8.5}$$
$$\leq i + q_0 + \log(i + 1) \tag{8.6}$$

注意,在推导式(8.5)的过程中,使用了下述不等式:

$$\sum_{i=1}^{x} 1/i \leq \log(x + 1) \tag{8.7}$$

结合式(8.4)和式(8.6),就可以给出 q_i 的一个很好的精确界。

重新代回 $p_i = 4/q_i$,得

$$i + 4/p_0 \leq 4/p_i \leq i + 4/p_0 + \log(i + 1)$$

因此,对于 $i > 0$,有

$$4/(i + \log(i + 1) + 4/p_0) \leq p_i \leq 4/(i + 4/p_0)$$

因为随着 i 的增大,$\log(i+1)$ 比 i 小,所以

$$p_i \sim 4/(i + 4/p_0)$$

如果 $p_0 = \Theta(1)$,则有 $p_i \sim 4/i$,因此

$$p_{\log n+1} \sim 4/(\log n + 1) \sim 4/\log n \tag{8.8}$$

所以,在全负载的 $2n$ 个输入的蝶形网络中抵达目的地的期望的信包数近似为 $8n/\log n$。□

8.5.2 阻塞网络中的自选路算法

在**阻塞网络**(Blocking Network)中,同时连接多于一个输入/输出对时可能会导致冲突。Ω 网络和**基准网络**(Baseline Network)等均属于阻塞网络[8]。

1. 拓扑结构

Ω 网络实际上是一种多级洗牌交换网络,它由 $n = \log N$ 级单级洗牌交换网络

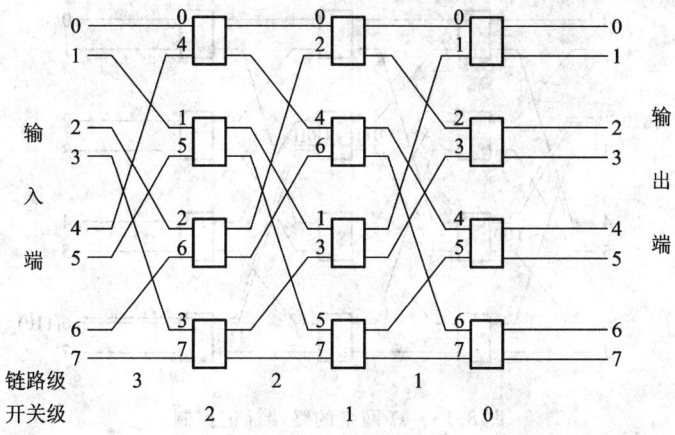

图 8.12 $N=8$ 的 Ω 网络

组成,如图 8.12 所示(N 为输入或输出端数,下同)。每级含开关 $N/2$ 个,故整个网络的开关数是 $N \log N/2$ 个,其结构特点为:

(1) Ω 网络采用 2×2 的四功能开关,除直通、交换外,还有上播、下播功能。

(2) 开关级号的编排与图 8.9 网络正好相反,自输入端至输出级,级号从 $n-1$ 逐级递减至 0 为止。

(3) 链路的连接模式从输入端起至输出级,也即链路级从 n 起到 1 为止,都是均匀洗牌变换的模式。

从图 8.12 可以看到,与开关级 i 各开关输入端/输出端相连的上下链路标号分别为 $(l_{n-1}l_{n-2}\cdots l_i \cdots l_1 l_0)$ 和 $(l_{n-1}l_{n-2}\cdots \bar{l_i} \cdots l_1 l_0)$,也就是其二进制第 i 位的位值相反。

2. 路径控制算法

Ω 网络采用一种称之为**终端标记**(Destination Tag)控制的选路算法,此算法也称为**自选路算法**(Self-Routing Algorithm)。假定网络的输入端为**源端**(Source),地址编号为 $S=s_{n-1}s_{n-2}\cdots s_0$;输出端为终端,地址编号为 $D=d_{n-1}d_{n-2}\cdots d_1 d_0$。所谓终端标记控制即是以终端地址 D 中各位作为控制信号,来控制源端到终端所经过的开关的状态,以保证数据正确地传送。其具体过程叙述如下:

从输入端 S 开始,数据经均匀洗牌变换送至第 $n-1$ 级开关的输入端,$s_{n-1}s_{n-2}\cdots s_1 s_0$ 变为 $s_{n-2}\cdots s_1 s_0 s_{n-1}$,这一级的开关由终端标记 D 中的 d_{n-1} 来控制。若 $d_{n-1}=0$,则开关将它的输入端与它的上输出端相连;若 $d_{n-1}=1$,则开关将它的输入端与它的下输出端相连。也就是说,$s_{n-2}\cdots s_1 s_0 s_{n-1}$ 经过开关变为 $s_{n-2}\cdots s_1 s_0 d_{n-1}$。这样,通过 n 次洗牌与交换变换,输入端 $s_{n-1}s_{n-2}\cdots s_1 s_0$ 就变成了

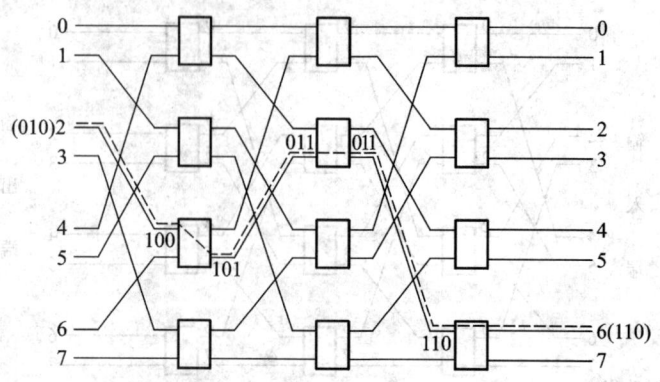

图 8.13 Ω 网络的终端标记控制

$d_{n-1}d_{n-2}\cdots d_1 d_0$。这就说明,用终端标记进行控制,各级的有关开关状态得到了正确的设置,从而完成了从源端 S 到终端 D 的连接。这一过程也可用图 8.13 来说明。图中给出的是输入/输出对 $(S=010, D=110)$ 的连接实例,连接路径如图中的虚线所示。

3. 冲突讨论

对网络的输入端集合到输出端集合的映射来说,同样可以用上述办法来设置开关的状态。但由于每一输入/输出对的连接路径是唯一的,因此它不能保证所有开关的工作状态不发生冲突。例如,要实现 $(000,000)$、$(100,010)$ 两对同时连接,就将发生图 8.14 中第 2 级开关冲突的情形。读者不妨再试一试用 Ω 网络来实现均匀洗牌、蝶形和位序颠倒等变换,也会发生这种情形。这就说明 Ω 网络是一种阻塞网络。

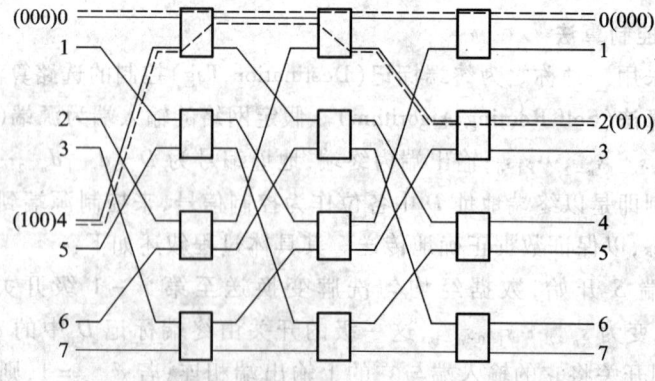

图 8.14 Ω 网络实现 $(000,000)$、$(100,010)$ 连接

8.5.3 可重排网络中的中级选路算法

在**非阻塞网络**(Nonblocking Network)中,能同时实现任意输入/输出对之间的连接。Benes 网络是一种**可重排网络**(Rearrangeable Network),它是通过重新设置开关状态来实现输入/输出对的任意连接的,故其也属于非阻塞网络的一种[8]。

Benes 网络是设备量最少的一种非阻塞网络,它具有 $2\log N - 1$ 级(N 是输入/输出对的数目),故经由网络传输数据的延迟是 $O(\log N)$。现在开关级号的编排重新约定为从输入端到输出端依次为第 1 级,第 2 级,…,第 $2\log N - 1$ 级,如图 8.15 所示。

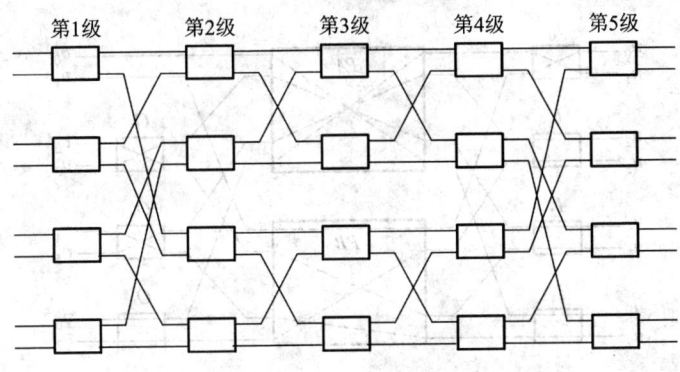

图 8.15 $N = 8$ 的 Benes 网络

1. Waksman 设置算法[9]

图 8.15 是 $N = 8$ 的 Benes 网络。Waksman 用构造法证明了它可以实现任意置换,并提出了如图 8.16 所示的网络的节省形式。Waksman 的这种构造性证明方法本身就导致了一种在单处理器上运行的设置算法,其复杂度为 $O(N \log N)$。

下面参照图 8.17,Waksman 设置算法可具体描述如下:

算法 8.7 单处理机上 Waksman 路由设置算法

输入:给定一个 $N \times N$ 的 Benes 网络。

输出:设置网络中的各个开关为"直通"或"交换"状态。

begin

(1) 从 v_0 开始,建立一条经由 PA 和 I 连向相应的某个 u_i 的链路,若此 i 是个偶数,则置相应的 I 为"直通",否则为"交换"。

(2) 继之考虑此 I 的另一个输入 $u_{i^{(0)}}$,其中 $i^{(0)}$ 是指最低位与 i 的最低位相异的数,如 $i = 000$,则 $i^{(0)} = 001$,下同。建立一条经由 PB 和 O 连向相应的某个 v_j 的链路,若此 j 是奇数,则置相应的 O 为"直通",否

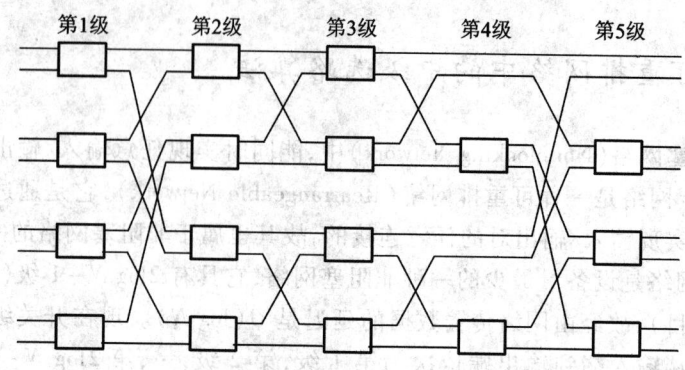

图 8.16 $N=8$ 的 Waksman 网络

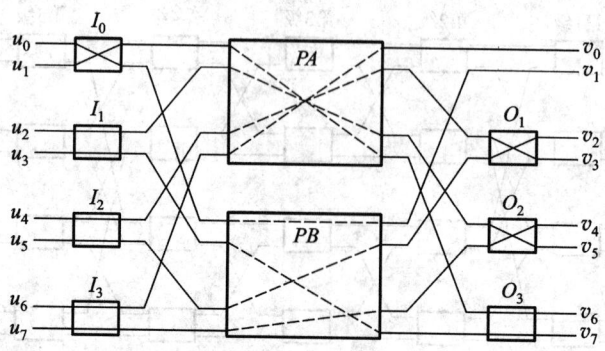

图 8.17 经第 1 级和第 $2n-1$ 级选路的结果

则为"交换"。

(3) 接下来建立此 O 的另一个输出 $v_{j(0)}$ 经由 PA 和 I 连向相应的 u_k 的链路,如此重复下去,在网络的两边犹如穿梭一般,直到第 1 级和第 $2n-1$ 级($n=\log N$)所有开关全部设置完毕(注意:当有的置换的轮换表达式包含了不止一个轮换时,在第 1 级和第 $2n-1$ 级还未完全置位时,一个经由 PB 到达 v_1 的链路已被建立,在此情况下,任何尚未被连接的输入和输出端均可用作起点再继续上述过程)。

(4) 第 1 级和第 $2n-1$ 级开关设置完毕以后,得到 PA 和 PB 两个子 Benes 网络,仍可用上述设置方法分别对它们进行设置,递归进行下去,直到网络中所有的开关被设置为止。

end

让我们用一个例子来说明此过程。

例 8.8 设所要求的置换是

$$\begin{pmatrix} u_0 & u_1 & u_2 & u_3 & u_4 & u_5 & u_6 & u_7 \\ v_1 & v_6 & v_5 & v_7 & v_3 & v_2 & v_0 & v_4 \end{pmatrix}$$

参见图 8.17，从 v_0 开始，第 1 级和第 5 级开关状态设置如下：

$v_0 \to PA \to u_6$ 置 I_3 为"＝"（"＝"代表"直通"）

$u_7 \to PB \to v_4$ 置 O_2 为"×"（"×"代表"交换"）

$v_5 \to PA \to u_2$ 置 I_1 为"＝"

$u_3 \to PB \to v_7$ 置 O_3 为"＝"

$v_6 \to PA \to u_1$ 置 I_0 为"×"

$u_0 \to PB \to v_1$ 一个轮换完毕。

任选从 v_2 开始，继续设置：

$v_2 \to PB \to u_5$ 置 I_2 为"＝"

$u_4 \to PA \to v_3$ 置 O_1 为"×"

完成了第 1 级和第 5 级开关的设置以后，得到 PA 和 PB 两个子网络，同样可以按照上述过程来设置，此时 PA 和 PB 施行的置换分别是：

$$PA: \begin{pmatrix} u'_0 & u'_1 & u'_2 & u'_3 \\ v'_3 & v'_2 & v'_1 & v'_0 \end{pmatrix} \quad PB: \begin{pmatrix} u''_0 & u''_1 & u''_2 & u''_3 \\ v''_0 & v''_3 & v''_1 & v''_2 \end{pmatrix}$$

设置结果分别如图 8.18 和图 8.19 所示。

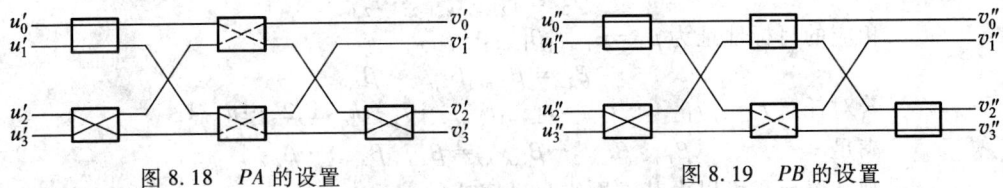

图 8.18 PA 的设置   图 8.19 PB 的设置

完成第 2 级和第 4 级开关的设置以后，类似进行第 3 级开关的设置，本例的最终结果如图8.20所示。□

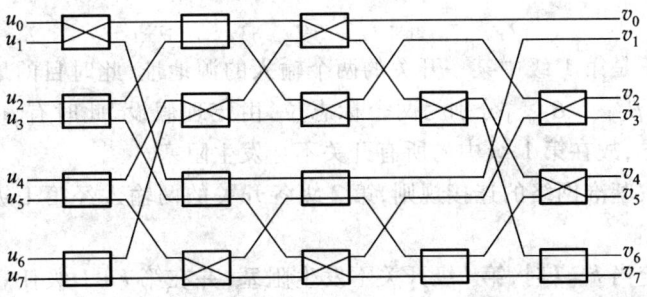

图 8.20 最终的设置结果

从以上的算法描述和实例验证可知,Waksman 的设置算法是对一个开关逐个设置,共设置$3(N\log N - N + 1)$次,故复杂度为$O(N\log N)$。

2. 中级设置法的基本原理[10]

Benes 网络是由两个基准网络对接起来的,而基准网络是一种阻塞网络,它可使用目的地址标志进行自选路。若对 Benes 网络的前 $\log N - 1$ 级按一定规则选路,使到达第 $\log N$ 级的目的地址排列呈一定的规律,则后面的基准网络可以按目的地址自选路。我们知道,Benes 网络是由两个基准网络对接起来的,左右对称,故以上结论也可反过来用于从输出级向输入级逐级设置,即从第 $2\log N - 1$ 级开始,按一定规则选路,则前面的基准网络也可以按源地址来进行自选路。由此我们容易想到,如果直接在第 $\log N$ 级把源地址和目标地址对排列呈一定规律,就可以从第 $\log N$ 级开始,分别同时对两边的基准网络进行自选路,其中右基准网络按目的地址选路,左基准网络按源地址选路。

为达此目的,我们首先应该了解一个基准网络能进行自选路时对置换的要求。基准网络在进行置换时之所以会发生阻塞是因为某一开关中两个输入的目的地址的标志位相同,同为 0 或同为 1。为此给出如下定理 8.5:

定理 8.6 设所要求的置换是 $f: r \to \beta$

$$r = r_{n-1}r_{n-2}\cdots r_0, \beta = \beta_{n-1}\beta_{n-2}\cdots \beta_0, n = \log N$$

对任意的两个源地址 $r_1 = r_{1,n-1}r_{1,n-2}\cdots r_{1,0}$

$$r_2 = r_{2,n-1}r_{2,n-2}\cdots r_{2,0}$$

相应的目标地址为 $\beta_1 = \beta_{1,n-1}\beta_{1,n-2}\cdots \beta_{1,0}$

$$\beta_2 = \beta_{2,n-1}\beta_{2,n-2}\cdots \beta_{2,0}$$

若对任意 $r_{1,n-1}\,r_{1,n-2}\cdots r_{1,k} = r_{2,n-1}r_{2,n-2}\cdots r_{2,k}, k = 1,2,\cdots n-1$

满足 $\beta_{1,n-1}\beta_{1,n-2}\cdots \beta_{1,n-k} \neq \beta_{2,n-1}\beta_{2,n-2}\cdots \beta_{2,n-k}$

则此置换是可以由基准网络自动完成的。

证明 基准网络的构造如图 8.21,使用归纳法证明之。

(1)当 $k=1$ 时,对于任意两源地址,若有

$$r_{1,n-1}r_{1,n-1}\cdots r_{1,1} = r_{2,n-1}r_{2,n-1}\cdots r_{2,1}$$

说明这正是第 1 级中某一开关的两个输入的源地址,此时目的地址的最高位为标志位,即 $\beta_{1,n-1},\beta_{2,n-1}$ 分别为两个标志位,由定理假设,此时有 $\beta_{1,n-1} \neq \beta_{2,n-1}$,即标志位相异,故在第 1 级中的所有开关不会发生阻塞。

注意到按基准网络的连接规则,第 2 级各开关的两输入经第 1 级自选路后有 $\beta_{1,n-1} = \beta_{2,n-1}$。

(2)假定当 $k=l$ 时,第 l 级开关不发生阻塞,并在第 $l+1$ 级任意开关的两个输入有

$$\beta_{1,n-1}\beta_{1,n-2}\cdots \beta_{1,n-l} = \beta_{2,n-1}\beta_{2,n-2}\cdots \beta_{2,n-l}$$

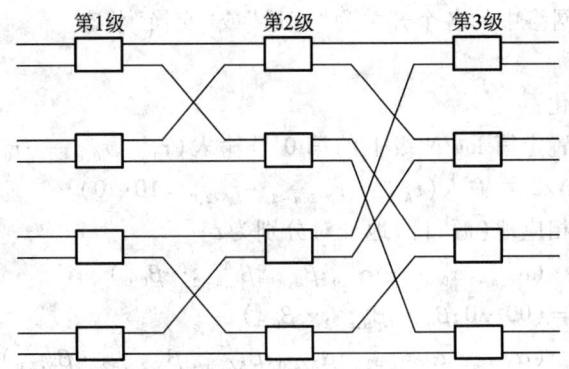

图 8.21 $N=8$ 的基准网络

则当 $k=l+1$ 时,任意 $r_{1,n-1}r_{1,n-2}\cdots r_{1,n-(l+1)} = r_{2,n-1}r_{2,n-2}\cdots r_{2,n-(l+1)}$ 均为第 $l+1$ 级某开关的两输入,目的地址的第 $l+1$ 位为标志位,因有

$$\beta_{1,n-1}\beta_{1,n-2}\cdots\beta_{1,n-l}\beta_{1,n-(l+1)} \neq \beta_{2,n-1}\beta_{2,n-2}\cdots\beta_{2,n-l}\beta_{2,n-(l+1)}$$

由归纳假设,得到 $\beta_{1,n-(l+1)} \neq \beta_{2,n-(l+1)}$

即:同一开关的两输入的标志位不同,故在第 $l+1$ 级也不会发生阻塞。

(3) 对 k 为任意 1 至 n 的自然数,结论均成立。□

重新讨论本节开始时的问题,我们希望从 Benes 网络的第 $\log N$ 级入手,把所要求的置换 $f:\alpha \to \beta$ 变换成两个基准网络能实现的置换 $f_1:r \to \alpha, f_2:r \to \beta$,则 $f = f_1^{-1}f_2$。也就是说,把源地址和目的地址成对地排列在第 $\log N$ 级开关的输入端上,从任意一个输入端往右利用目的地址自选路,往左利用源地址自选路,这样在源和目的之间就建立了一个通路。具体采用筛选法:即在第 $\log N$ 级开关的每个输入端中把所有可能的源和目的地址对都排列在自己的关联存储器中,开始可能有许多对,但不超过 $N/2$ 对,随着设置的进行,各开关输入端能排列的地址对受到限制,删去不可行的地址对,直到最后各开关的各输入端上只有一个地址对,则设置完毕,当然有时这种排列不唯一。注意,按 Benes 网络的连线规则,第 $\log N$ 级各开关的上输入端均来自前 $N/2$ 个源地址,下输入端均来自后 $N/2$ 个源地址,故每个输入端初始可能的地址对最多为 $N/2$ 对。

3. Benes 网络中级选路算法

对于一个施行 $\alpha \to \beta$ 置换的 Benes 网络,对第 $\log N$ 级开关的输入自上而下顺序标志之,其中第 i 个输入序号($i \in (0,\cdots,N-1)$)的二进制表示为 $r_{i,n-1}r_{i,n-2}\cdots r_{i,0}$,相应地在该条输入线上的(源;目)地址对为 $(\alpha_{i,n-1}\alpha_{i,n-2}\cdots\alpha_{i,0};\beta_{i,n-1}\beta_{i,n-2}\cdots\beta_{i,0})$。于是 Benes 网络的中级选路算法具体描述如下:

算法 8.8 Benes 网络中级选路算法

输入:给定一个 $N \times N$ 的 Benes 网络。

输出：设置网络中的各个开关为"直通"或"交换"状态。

begin

(1) 初始化：

(1.1) 置定第 $\log N$ 级上的第 0 号输入 $(r_{0,n-1}r_{0,n-2}\cdots r_{0,0} = 00\cdots 0)$ 和第 $N/2$ 号输入 $(r_{N/2,n-1}r_{N/2,n-2}\cdots r_{N/2,0} = 10\cdots 0)$

相应地（源；目）地址对分别为：

$(\alpha_{0,n-1}\alpha_{0,n-2}\cdots\alpha_{0,0};\beta_{0,n-1}\beta_{0,n-2}\cdots\beta_{0,0})$

$= (00\cdots 0;\beta_{0,n-1}\beta_{0,n-2}\cdots\beta_{0,0})$

$(\alpha_{N/2,n-1}\alpha_{N/2,n-2}\cdots\alpha_{N/2,0};\beta_{N/2,n-1}\beta_{N/2,n-2}\cdots\beta_{N/2,0})$

$= (00\cdots 1;\beta_{N/2,n-1}\beta_{N/2,n-2}\cdots\beta_{N/2,0})$。

(1.2) 对第 $\log N$ 级上各开关的其余输入，列出所有可能的（源；目）地址对，其中，各开关的上输入端源地址首位为 0，下输入端源地址首位为 1。

(2) Loop：对每选定的一个已置定的序号（第一次可选择 0 号或 $N/2$ 号）作：

(2.1) 分别将各输入端的序号 $(r_{j,n-1}r_{j,n-2}\cdots r_{j,0})$ 同时与已置定的输入端序号 $(r_{i,n-1}r_{i,n-1}\cdots r_{i,0})$ 从高位开始逐位进行比较，求出最大可能的匹配位数（注意：只有当最高位相同后，才继续进行次高位的比较，否则认为匹配位数为 0），以确定 k_j 值：

$k_j = \log N - $ 最大匹配位数，$k_j \in (1,\cdots,\log N)$

即 $r_{i,n-1}r_{i,n-2}\cdots r_{i,k_j} = r_{j,n-1}r_{j,n-2}\cdots r_{j,k_j}$，则匹配字为 $(\alpha_{i,n-1}\alpha_{i,n-2}\cdots\alpha_{i,n-k_j}\times\cdots\times;\beta_{i,n-1}\beta_{i,n-2}\cdots\beta_{i,n-k_j}\times\cdots\times)$。

(2.2) 在相应的第 j 个输入端上的所有的（源；目）地址对中，凡有与该匹配字匹配者应删去。

(2.3) 选择一具有唯一地址对的输入，令其为 r_i，将其置定，若无这种输入，则从某一输入的（源；目）地址对中任取一对，将其置定在该输入号上。转 (2.1)。

直到第 $\log N$ 级开关上的每个输入均指定了唯一的（源；目）地址对为止。

end

上述中级选路算法，由于采用了 N 个字长为 $2\log N$ 和容量为 $N/2$ 的关联存储器，使得网络可以自选路，其算法复杂度达到 $O(N)$，较之 Waksman 的算法提高了 $\log N$ 倍。

习 题

8.1 在 n 个单元的一维阵列中：
(a) 假定每个单元开始时至多只有一条信包，试示出：任何 k 到一选路问题均可在 $n+k-1$ 步内完成；
(b) 如果每个单元开始时可有多达 k 条信包，且总共只有 n 条信包，试问上述问题可在多少时间步内完成选路？
(c) 如何在 n 个单元的一维阵列中，在 n 步内完成任意一对置换的选路？

8.2 在 n 节点树中，如果使用最远优先策略：
(a) 试示出：任何一到一的贪心选路算法至多需要 n 步即可完成；
(b) 对于完全二叉树而言，使用上述算法，试问最长队列长度多长？

8.3 假定有 n 条信包，每条都随机地选择其目的地，
(a) 试示出：至多有 $O(\log n/\log\log n)$ 条信包以 $1 - O(1/n)$ 的概率被送向每个节点；
(b) 对于上述问题，试证明必存在某一目的节点，它接收了 $\Omega(\log n/\log\log n)$ 条信包。

8.4 (a) 在 $\sqrt{n} \times \sqrt{n}$ 的阵列中，如果队列长度为 1，试示出任何脱机置换选路问题均可在 $2\sqrt{n} - 3$ 步内完成；
(b) 在 $\sqrt{n} \times \sqrt{n}/2$ 的阵列中，如果队列长度为 2，试示出任何脱机置换选路问题均可在 $2.5\sqrt{n}$ 步内完成。

8.5 文献[6]所介绍的排序算法是一个 $\sqrt{n} \times \sqrt{n}$ 阵列上近于最佳的排序算法，它将 n 个元素按蛇形序排序如下（参照图 8.22）：

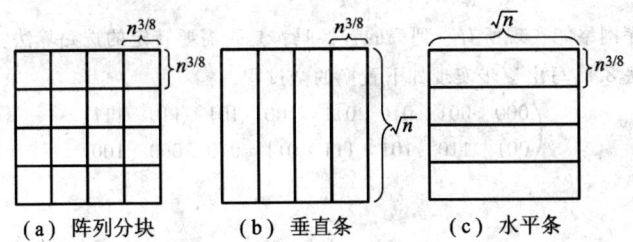

(a) 阵列分块　　(b) 垂直条　　(c) 水平条

图 8.22　$\sqrt{n} \times \sqrt{n}$ 阵列上的蛇形排序

(1) 将阵列分成 $n^{1/4}$ 个大小各为 $n^{3/8} \times n^{3/8}$ 的一些块；各块同时按蛇行序排序之；
(2) 执行列 $n^{1/8}$-路逆洗牌。这样，每块中的 $n^{3/8}$ 列被均匀地分布在 $n^{1/8}$ 垂直条（Vertical Slice）之中；
(3) 每块按蛇形序排序之；
(4) 每列按线性序排序之；
(5) 将每个垂直条中的 1 块和 2 块，3 块和 4 块，等等，按蛇形序排序之；
(6) 将每个垂直条中的 2 块和 3 块，4 块和 5 块，等等，按蛇形序排序之；

(7) 按照整个 n 单元蛇行方向,将每行按线性序排序之;

(8) 在整个蛇形序的 n 单元上,执行 $2n^{3/8}$ 步奇偶转置排序。

试分析各算法步的执行时间和整个算法的时间复杂度。(提示:总运行时间为 $3\sqrt{n} + O(n^{3/8}\log n) = 3\sqrt{n} + o(\sqrt{n})$ 。)

8.6 任何互连网络都可表示成图 8.23 所示的图或线路开关两种形式。两者有着明显的对应关系:其中图 8.23(a)中的连线,也就是边,代表顶点间可能的连接,其连接方式对应着图 8.23(b)中的开关单元。试在图 8.23(b)中标出相应于图 8.23(a)中的内顶点 $a, b, \cdots, o, p$ 和输出顶点 $0, \cdots, 7$。

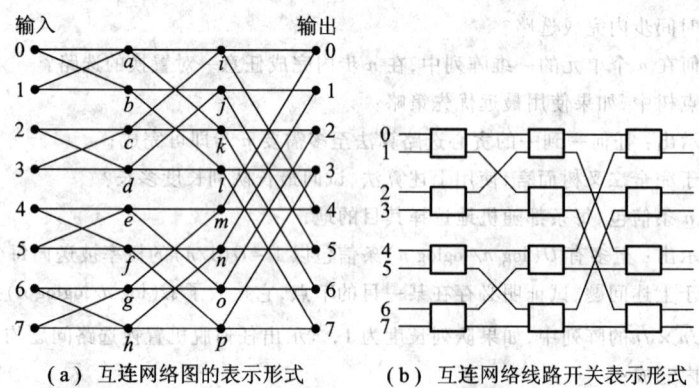

(a) 互连网络图的表示形式　　(b) 互连网络线路开关表示形式

图 8.23　互连网络的两种表示形式

8.7 排序网络可实现数据的排序;置换网络可实现地址的映射:

(a) 对于一个给定的置换 $\begin{pmatrix} 1 & 2 & 3 & 4 \\ 3 & 2 & 4 & 1 \end{pmatrix}$,如何用排序网络实现它?

(b) 用排序网络能实现所有一到一的置换吗? 是否需要特定的选路算法?

8.8 试调用算法 8.8,写出逐步实现如下置换的全过程。

$$f: \begin{pmatrix} 000 & 001 & 010 & 011 & 100 & 101 & 110 & 111 \\ 001 & 110 & 101 & 111 & 011 & 010 & 000 & 100 \end{pmatrix}$$

参 考 文 献

[1] Leighton F T. Introduction to parallel algorithms and architecture:arrays,trees and hypercubes. [S. l.]:Morgan Kaufmann Publishers,1992.

[2] Krizanc D,Rajasekaran S,Tsantilas T. Optimal routing algorithms for mesh-connected processor arrays. Proc. 3rd Aegean Workshop on Computing:VLSI Algorithms and Architectures. 1988, 411-422.

[3] Valiant L,Brebner G. Universal schemes for parallel communication. Proc. 13th Annu. ACM

Symp. On Theory of Computing. 1981, 263-277.

[4] Kunde M. Routing and sorting on mesh-connected arrays. Proc 3rd Aegean workshop on computing: VLSI Algorithms and Architectures, 1988, 423-433.

[5] Kunde M. Packet routing on grids of processors. Algorithmica, 1991.

[6] Ullman J D. Computational aspects of VLSI. [S. l.]: Computer Science Press, 1984.

[7] Kruskal C, Snir M. The performance of multistage inter-connection networks for multiprocessors. IEEE Trans. on Computers. 1983, C-32(12): 1091-1098.

[8] 王鼎兴, 陈国良. 互连网络结构分析. 北京: 科学出版社, 1990.

[9] Waksman A. A permutation network. J. ACM, 1968, 15(1): 159-163.

[10] 陈国良, 韩雅华. Benes 网络的半自动选路法. 计算机学报, 1990, 13(3): 161-173.

第九章　串　匹　配

内容提要　以字符序列形式出现而且不能将这些字符分成互相独立的关键字的一种数据称之为**字符串**(Strings)。字符串十分重要、常用的一种操作是**串匹配**(String Matching)。串匹配分为**字符串精确匹配**(Exact String Matching)和**字符串近似匹配**(Approximate String Matching)两大类。字符串匹配技术在正文编辑、文本压缩、数据加密、数据挖掘、图像处理、模式识别、Internet信息搜索、网络入侵检测、网络远程教学、电子商务、生物信息学、计算音乐学等领域具有广泛的应用。

现有的字符串匹配顺序算法均不易于并行化。本章主要介绍分布存储系统上的 KMP 串匹配并行算法、基于指纹比较的串匹配算法及其并行化、串匹配平均时间复杂度分析、可重构网孔机器 RMESH 上多模式匹配并行算法、PRAM 模型上允许 k-差别的近似串匹配并行算法、可重构光总线系统 LARPBS 模型上允许 k-误配的近似串匹配并行算法以及选择归约广播 BSR 模型和心动阵列处理器结构上求解最长公共子序列问题的并行算法。

讲授要点　① 线性时间复杂度的 KMP 串匹配算法的模式分析和 next 函数的构造;在讲述改进的 KMP 串匹配算法以及模式串周期分析算法的基础上,重点讲授采用二分树通信技术求传输模式最小周期和最大模式前缀长度的方法以及在分布存储系统上设计的通信量少的 KMP 串匹配并行算法。② 指纹函数和均匀 Hash 函数的构造及其串匹配算法。③ 串匹配平均时间复杂度的分析方法。④ 可重构网孔机器 RMESH 的特性以及利用动态重构对角线总线、列总线和行总线的方法实现多模式匹配的并行处理。⑤ 在讲授字符串编辑距离的概念和利用动态规划方法求解允许 k-差别的近似串匹配问题的基础上,重点讲授采用波前式并行推进方法直接计算编辑距离矩阵的方法和节省存储空间的方法,以及采用水平和斜向双并行计算编辑距离的方法;PRAM 上允许 k-差别的近似串匹配并行算法的设计与分析。⑥ 可重构光总线系统计算模型 LARPBS 及其基本数据移动操作;在 LARPBS 系统上通过并行计算前缀和(字符串汉明距离)以实现允许 k-误配的近似串匹配并行处理的方法及其实例。⑦ 最长公共子序列问题及其动态规划求解方法;选择归约广播计算模型 BSR 及其上的最长公共子序列并行求解算法;心动阵列处理器结构上的最长公共子序列并行算法及其实例。

9.1 字符串精确匹配并行算法

在给出字符串精确匹配并行算法之前,首先介绍字符串精确匹配概念和著名的基于有限自动机理论设计的 KMP 串匹配顺序算法。

9.1.1 KMP 串匹配顺序算法

1. 基本概念

定义 9.1 所谓字符串精确匹配问题是指,给定一个长度为 n 的通常称为正文的字符串 $text[1:n]$ 和一个长度为 $m(m \leqslant n)$ 的另一个通常称为模式的字符串 $pat[1:m]$,这里 $text[i]$ ($1 \leqslant i \leqslant n$),$pat[j]$ ($1 \leqslant j \leqslant m$) 均是有限字典表 Σ 中的字符,要求查找出模式 pat 在正文 $text$ 中所有匹配出现的起始位置 i,其中 $text[i:i+m-1] = pat[1:m]$, $1 \leqslant i \leqslant n-m+1$。

平凡的字符串匹配顺序算法将长度为 n 的正文串 $text$ 划分成 $n-m+1$ 个长度为 m 的字符子串(以下简称子串),逐个检查比较每个这样的子串与模式 pat 是否匹配。这种串匹配算法在最坏情形下共执行 $(n-m+1)m$ 次字符的匹配比较操作,因此,最坏情形下算法的时间复杂度为 $O(mn)$。1970 年,Cook 在理论上证明了字符串精确匹配问题可在 $O(m+n)$ 时间内完成,但是没有给出具体的算法。Knuth 和 Pratt 参照 Cook 的证明构造了一个简明、易于实现的线性时间复杂度的串匹配算法。几乎与此同时,Morris 在设计正文编辑系统的过程中,也发明了一个与 Knuth 和 Pratt 的算法本质上相同的串匹配算法。这样,这两个算法殊途同归地成为应用最普遍的字符串精确匹配顺序算法之一,后来人们通常将他们的算法命名为 KMP 串匹配算法[1]。

平凡的精确串匹配顺序算法在匹配比较过程中每当发现起始位置为 i、长度 m 的子串和模式不匹配时,下次总是试图去检查比较起始位置为 $i+1$ 的子串,这相当于每次把正文及模式向右滑动一个字符的位置再重新从头开始进行匹配检查,这种方法没有充分利用上次匹配比较已经得到的部分匹配成果(匹配信息)。Knuth、Morris 和 Pratt 巧妙地利用上次匹配比较中已经得到的部分匹配信息,使得在本次比较过程中每当发现不匹配时,把正文、模式尽可能向右滑过一段更大的距离,从而达到加快匹配速度的目的。

2. KMP 算法基本思想

KMP 串匹配算法的主要思想是,假设在模式匹配比较过程中,当前正执行到

比较字符 $text[i]$ 和 $pat[j]$ ($1 \leq i \leq n, 1 \leq j \leq m$):

(1) 若 $text[i] = pat[j]$,则继续检查 $text[i+1]$ 和 $pat[j+1]$ 是否匹配。

(2) 若 $text[i] \neq pat[j]$,则考虑下列两种情况:

① 若 $j = 1$,则执行 $text[i+1]$ 和 $pat[j]$ 的匹配检查,这相当于把模式、正文右移一个字符位置后再从头进行匹配检查。

② 若 $1 < j \leq m$,则需要选择模式的某个适当的下标,记作 $next[j]$,执行 $text[i]$ 与 $pat[next[j]]$ 的匹配检查。此时,相当于把模式、正文向右移 $j - next[j]$ 个字符,模式中 $next[j]$ 位置前面的各字符已与正文中 i 位置前面的那些字符匹配,因此只需从模式的 $next[j]$ 位置的字符开始继续作匹配检查。

(3) 重复上述过程直到 $j > m$ 或 $i > n - m + 1$ 为止。

3. *next* 函数构造及其性质

KMP 串匹配算法的核心是构造 *next* 函数。*next* 函数应当满足下述条件:

① 字符子串 $pat[1:next[j]-1]$ 与子串 $pat[j-(next[j]-1):j-1]$ 相匹配(简记作 $pat[1:next[j]-1] = pat[j-(next[j]-1):j-1]$)。

② $next[j]$ 必须为满足条件的最大值。这使得在模式向右滑动 $j - next[j]$ 个字符时不错过其中某个可能匹配成功的位置。

当 $1 \leq j \leq m$ 时,定义函数 $next[j]$ 如下:

$$next[j] = \begin{cases} \max\{k: 1 < k < j, \text{使得 } pat[1:k-1] = pat[j-(k-1):j-1]\} \\ 1, \text{对于所有的 } k, 1 < k < j, pat[j-(k-1):j-1] \neq pat[1:k-1] \end{cases}$$

(9.1)

并约定 $next[1] = 0$,它使得每当检查到 $text[i] \neq pat[1]$ 以后就去执行 $text[i+1]$ 和 $pat[1]$ 的匹配检查。

next 函数具有如下性质:

① 对于所有的 j 有 $1 \leq next[j] < j$,$next[j]$ 仅与下标 j 和模式有关,而与正文无关,$1 < j \leq m$。

② 若 $1 < next[j] < j$,则 $pat[1:next[j]-1] = pat[j-(next[j]-1):j-1]$ 是模式中下标 j 以前最大的真前缀和真后缀的匹配。

③ 若 $next[j] = 1$,则表示模式 *pat* 中没有真前缀和真后缀的匹配。

关于 KMP 串匹配算法,有如下结论成立[1]:

引理 9.1 在模式匹配比较过程中,如果一旦发现 $text[i] \neq pat[j]$(此时已有 $text[i-j+1:i-1] = pat[1:j-1]$),那么下次要执行的匹配比较可从 $text[i]$ 和 $pat[next[j]]$ 开始检查是否匹配。

定理 9.1 计算 *next* 函数在最坏情形下需要 $O(m)$ 时间,KMP 串匹配算法在最坏情形下的时间复杂度为 $O(m+n)$。

引理 9.1 和定理 9.1 的证明从略,有兴趣的读者可参阅文献[1]。

朱洪教授对 KMP 串匹配算法作了改进[2],他修改了 next 函数,即求 $next[j]$ 时不但要求出 $pat[1:next[j]-1] = pat[j-(next[j]-1):j-1]$,而且还要求出 $pat[next[j]] \neq pat[j]$。若将修改后的 next 函数记作 newnext,则由于每计算一项 $newnext[j]$ 只比计算 $next[j]$ 多做一次字符比较操作,因此计算 newnext 函数所需的时间仍是 $O(m)$。若模式串中重复出现的字符较多,则改进的 KMP 串匹配算法更加有效。

9.1.2 分布存储系统上精确串匹配并行算法

1. 改进的 KMP 串匹配算法

文献[3]发现当 KMP 串匹配算法结束时,模式串指针 $j-1$ 的值正好就是正文末尾模式串最大前缀的长度。利用这一重要的信息,可以帮助设计出通信量较少的分布存储计算机系统上的串匹配并行算法。这时,改进的 KMP 串匹配算法以及计算 next 函数和 newnext 函数的算法形式描述如下。

算法 9.1 改进的 KMP 串匹配算法
输入:正文串 $text[1:n]$ 和模式串 $pat[1:m]$。
输出:匹配结果 $match[1:n]$。
begin
    (1) $i \leftarrow 1$;
    (2) $j \leftarrow 1$;
    (3) **while** $i \leq n$ **do**
      /* $newnext[j]$ 函数同时要求满足 $pat[next[j]] \neq pat[j]$ */
      (3.1) **while** $j \neq 0$ **and** $pat[j] \neq text[i]$ **do**
          $j \leftarrow newnext[j]$
      end while
      (3.2) **if** $j = m$ **then**
          (i) $match[i-(m-1)] \leftarrow 1$
          (ii) $j \leftarrow next[m+1]$
          (iii) $i \leftarrow i+1$
      else
          (i) $j \leftarrow j+1$
          (ii) $i \leftarrow i+1$

                end if
            end while
        (4) max-prefix-len←j - 1   /* 模式串最大前缀长度 */
end

算法 9.2 计算 next 函数和 newnext 函数的算法
输入：模式串 $pat[1:m]$。
输出：$next[1:m+1]$ 和 $newnext[1:m]$。
begin
    (1) $next[1]←newnext[1]←0$
    (2) $j←2$
    (3) while $j \leqslant m+1$ do
        (3.1) $i←next[j-1]$
        (3.2) while $i \neq 0$ and $pat[i] \neq pat[j-1]$ do
            $i←next[i]$
        end while
        (3.3) $next[j]←i+1$
        (3.4) if $j \neq m+1$ then
                if $pat[j] \neq pat[i+1]$ then
                    $newnext[j]←i+1$
                else
                    $newnext[j]←newnext[i+1]$
                end if
            end if
        (3.5) $j←j+1$
    end while
end

2. 改进的 KMP 串匹配算法的并行化

设分布存储并行计算机系统共有 p 个处理器，这些处理器分别标记为 $P_0 \sim P_{p-1}$。如何将改进的 KMP 串匹配算法并行化使之在分布存储并行系统高效地实现呢？文献[3]给出的算法思想是：

(1) 将长度为 n 的正文 text 均匀划分成互不重叠的 p 段分布存储于处理器 $P_0 \sim P_{p-1}$ 中，且使相邻的正文段分布存储在相邻处理器中，每个处理器存储的局部正文段的长度为 $\lceil n/p \rceil$（最后一个处理器可在其段尾补上其他特殊字符，使其长度为 $\lceil n/p \rceil$）。

(2) 将长度为 m 的模式串 pat 和模式串的 $newnext$ 函数值播送到各处理器中。各处理器使用改进的 KMP 串匹配算法对其局部正文段进行匹配比较,以找到所有段内匹配的起始位置。

(3) 每个处理器的局部正文段(最后一段除外)段尾 $m-1$ 个字符的匹配位置必须跨段才能找到。为此,每个处理器(P_{p-1}除外)将其局部正文段的段尾 $m-1$ 个字符传送给下一个处理器,下一个处理器接收前一个处理器传来的字符串后,再结合本正文段的段首 $m-1$ 个字符构成一个长度为 $2(m-1)$ 的段间字符串,对此字符串进行匹配检查就能找到所有段间匹配的起始位置。但是,当 m 较大时这样做的通信量较大。

解决的办法是,每个处理器在其段尾 $m-1$ 个字符中找出模式串 pat 的最长前缀串。因为每个处理器都有模式串 pat 的信息,所以只需传送此前缀串的长度 $max\text{-}prefix\text{-}len$ 即可,这样就可以大大降低并行算法的通信量。

(4) 进一步降低播送模式串和 $newnext$ 函数值的通信复杂度。利用字符串的周期性质,对模式串 pat 作预处理,以获得其最小周期长度 $|U|$、最小周期个数 s 和后缀长度 $|V|$($pat = U^sV$),这样只需播送 $|U|$、s 和 $|V|$ 以及部分 $newnext$ 函数即可,从而大大减少播送模式串和 $newnext$ 函数的通信量。

定义 9.2 若存在字符串 U 以及正整数 $k \geq 2$,使得字符串 U^k 是字符串 pat 的前缀,则称 U 为 pat 的**周期**(Period),在字符串 pat 的所有周期中长度最短的周期称为 pat 的最小周期。

字符串的最小周期和 $next$ 函数值之间的关系存在着如下规律[3]:

定理 9.2 若字符串 pat 的长度为 m,记 $u = m + 1 - next(m+1)$,则 u 为 pat 的最小周期长度。

3. KMP 串匹配分布存储算法

根据定理 9.2,可以设计出常数时间复杂度的模式串周期分析算法,进而可以设计出在分布存储计算机系统上实现的 KMP 串匹配并行算法。

算法 9.3 模式串周期分析算法

输入:模式 pat 的 $next[m+1]$。

输出:pat 的最小周期长度 $period\text{-}len$、最小周期个数 $period\text{-}num$ 和后缀长度 $period\text{-}suffix\text{-}len$。

begin

  (1) $period\text{-}len \leftarrow m + 1 - next[m+1]$

  (2) $period\text{-}num \leftarrow \lceil m/period\text{-}len \rceil$

  (3) $period\text{-}suffix\text{-}len \leftarrow m \bmod period\text{-}len$

end

算法 9.4　KMP 串匹配分布式并行算法

输入：正文段 $text_i[1:\lceil n/p \rceil]$ 分布存储于处理器 P_i, $i = 0 \sim p-1$，模式 $pat[1:m]$ 存储于 P_0。

输出：匹配结果。

begin

(1) P_0 调用算法 9.2 计算模式串 pat 的 $next$ 函数和 $newnext$ 函数。

　　P_0 调用算法 9.3 对模式串 pat 进行周期分析。

(2) P_0 播送模式串 pat 的 $period\text{-}len$、$period\text{-}num$ 和 $period\text{-}suffix\text{-}len$ 给其他处理器。

　　P_0 播送模式串最小周期 $pat[1:period\text{-}len]$ 给其他处理器。

　　if $period\text{-}num = 1$ **then**

　　　　P_0 播送 $newnext[1:m]$ 给其他处理器。

　　else

　　　　P_0 播送 $newnext[1, 2 \times period\text{-}len]$ 给其他处理器。

　　end if

(3) **for** $i = 1$ **to** $p - 1$ **par-do**

　　　　P_i 由接收的模式串周期和部分 $newnext$ 函数值重构整个模式串 pat 和 $newnext$ 函数。

　　end for

(4) **for** $i = 0$ **to** $p - 1$ **par-do**

　　　　P_i 调用 KMP 串匹配顺序算法对正文段 $text_i$ 作局部段匹配并获得局部段尾最大前缀串的长度 $max\text{-}prefix\text{-}len$。

　　end for

(5) **for** $i = 0$ **to** $p - 2$ **par-do**

　　　　P_i 将 $max\text{-}prefix\text{-}len$ 发送给 P_{i+1}。

　　end for

(6) **for** $i = 1$ **to** $p - 1$ **par-do**

　　　　P_i 根据 P_{i-1} 发送来的 $max\text{-}prefix\text{-}len$ 调用 KMP 串匹配顺序算法对长度为 $2(m-1)$ 的段间字符串进行匹配检查。

　　end for

end

算法 9.4 第(1)步的计算时间复杂度为 $O(m)$，第(3)和第(4)步所需的计算时间分别为 $O(n/p)$ 和 $O(m)$。因此，KMP 串匹配并行算法总的计算时间复杂度为 $O(n/p + m)$。

算法 9.4 的通信复杂度由第(2)步播送模式串信息(最小周期串 U 及最小周期长度、周期个数和后缀长度)和 $newnext$ 函数值(长度为 $2u$ 的整数数组,u 为串 U 的长度)以及第(4)步传送最大前缀串长度组成,采用二分树并行通信技术进行数据播送,算法的通信复杂度为 $O(u\log p)$。

9.1.3 基于比较指纹函数值的串匹配算法及其并行化

1. KR 随机串匹配算法

图灵奖获得者 Karp 和 Rabin 提出了一个随机串匹配算法(Karp-Rabin 随机串匹配算法,也简称为 KR 算法)[4],该算法的基本思想是:定义一个称为"**指纹**"(Fingerprint)的函数,它首先将模式串映射成一个比模式串短得多的指纹(位串数据),然后将正文串中每一个长度为 m 的子串也映射一个比子串本身短得多的指纹(位串数据)。要求所构造的指纹函数尽可能扫描整个正文串,并且能迅速计算出正文串中每个长度为 m 的子串的指纹。然后,算法的匹配比较过程不是直接比较模式串与正文子串本身,而是比较模式串和正文子串相应的指纹函数值,如果模式串的指纹函数值和正文子串的指纹函数值相等,那么就认为模式串以很高的概率与正文子串产生匹配。

假设正文串与模式串中出现的字符来自字典表 Σ,$|\Sigma|=\sigma$。定义一个函数,它将模式串以及正文串中长度为 m 的每个子串用基为 σ 的整数值 x 来表示。设 $ord(c)$ 为字符 c 在字典表 Σ 中的次序值,则可以将模式串 $pat[1:m]$ 表示成整数

$$x = ord(pat[1])\sigma^{m-1} + ord(pat[2])\sigma^{m-2} + \cdots + ord(pat[m])\sigma^0$$

其对应的指纹函数值是

$$h(x) = x \bmod q \tag{9.2}$$

其中 q 是在区间 $[1,n^2m]$ 中随机选取的某个适当大的素数。同理,将正文串中各个长度为 m 的子串 $text[i:i+m-1]$ 用基 σ 表示的整数为

$$y = ord(text[i])\sigma^{m-1} + ord(text[i+1])\sigma^{m-2} + \cdots + ord(text[i+m-1])\sigma^0$$

其对应的指纹函数值是

$$h(y) = y \bmod q \tag{9.3}$$

为了迅速计算出正文中每个长度为 m 的子串的指纹函数值,考虑正文中前后紧邻的两个子串的指纹函数值之间的关系。记正文子串 $text[i:i+m-1]$ 对应的用基 σ 表示的整数为 y_i,则有

$$y_i = ord(text[i])\sigma^{m-1} + ord(text[i+1])\sigma^{m-2} + \cdots +$$

$$ord(text[i+m-1])\sigma^0$$

而正文子串 $text[i+1:i+m]$ 对应的使用基 σ 表示的整数 y_{i+1} 满足

$$y_{i+1} = ord(text[i+1])\sigma^{m-1} + ord(text[i+2])\sigma^{m-2} + \cdots + ord(text[i+m])\sigma^0$$

$$= (y_i - ord(text[i])\sigma^{m-1})\sigma + ord(text[i+m])$$

从而有

$$h(y_{i+1}) = ((y_i - ord(text[i])\sigma^{m-1})\sigma + ord(text[i+m])) \bmod q$$

这里 $i = 1,2,3,\cdots,n-m$。若令 $z = \sigma^{m-1} \bmod q$,则可得计算长度为 m 的每个正文子串的指纹函数值的递归计算公式如下:

$$h(y_{i+1}) = (h(y_i) - z \times ord(text[i])\sigma + ord(text[i+m])) \bmod q \quad (9.4)$$

这里 $i = 1,2,3,\cdots,n-m$。因此,如果利用递归式(9.4)计算各个正文子串对应的指纹函数值并将其与模式串对应的指纹函数值比较,那么 Karp-Rabin 随机串匹配算法能够在 $O(n+m)$ 时间内以很高的概率获得匹配结果。

2. KR 算法的并行化

Karp-Rabin 随机串匹配算法并行化的讨论:对于具有 p 个处理器的并行计算机系统,将正文串 $text[1:n]$ 划分成 p 个正文段分配给 p 个处理器,其中处理器 P_i 负责正文段 $text[(i-1)n/p+1:in/p]$ 与模式串 $pat[1:m]$ 的匹配比较工作,$i = 1 \sim p$。算法首先由一个处理器计算出模式串对应的指纹函数值,接着运用二叉树并行播送技术使用 $O(\log p)$ 时间将模式串对应的指纹函数值播送给 p 个处理器,然后每个处理器 P_i 均可以利用递归式(9.4)对分配给它的正文段 $text[(i-1)n/p+1:in/p]$ 中各个子串计算出相应的指纹函数值并与模式串对应的指纹函数值比较,$i = 1 \sim p$,从而完成并行匹配比较工作。由于并行算法比较的是正文子串和模式串对应的指纹函数值而非直接比较正文子串和模式串本身,所以算法只需将模式串对应的指纹函数值传送给各处理机即可,这样对于模式串较长的情形,在分布存储并行计算机系统上运行的串匹配并行算法就可以节省不少通信时间。

Karp-Rabin 随机串匹配算法是一个线性时间复杂度的随机算法,该算法运行时以高概率获得匹配结果。如果运行 Karp-Rabin 随机串匹配算法时应用一定要明确知道是否产生确定(而不是概率)的匹配结果,那么在匹配比较过程中一旦发现某个正文子串和模式串对应的指纹函数值相等时,就需要继续比较这个正文子串和模式串本身是否匹配,这时算法在最坏情形下的时间复杂度为 $O(nm)$。文献[5]运用著名的中国剩余定理及其推广,构造一种适用于字符串处理的均匀 Hash 函数,利用此 Hash 函数将长度为 m 的模式串和各个正文子串均转换成唯一的一对整数值,通过比较模式串和正文子串对应的一对整数值来取代直接比较长度为 m 的模式串和正文子串本身,从而使得算法能够在 $O(n+m)$ 时间内完成匹配比较工作并且获得确定的匹配结果。

*9.1.4 串匹配的平均时间复杂度分析

尽管对于任意一条模式串 pat,总是存在这样一条正文串 $text$,使得完成串匹配所需的比较次数为 $n-m+1$。但实际上,如果我们考虑所有的正文串并统计平均的比较次数,会得到很不一样的结果。

在本节中,我们会对串匹配的平均时间复杂度进行分析[6]。记 $c(pat,n)$ 为在长为 n 的正文串中寻找模式串 pat 所需要的平均比较次数,那么对于绝大多数的模式串,都有

$$c(pat,n) = \begin{cases} \Theta\left(\left\lceil \log_\sigma\left(\frac{n-m}{\ln m}+2\right)\right\rceil\right), & m \leq n \leq 2m \\ \Theta(n\lceil \log_\sigma m \rceil /m), & n > 2m \end{cases} \tag{9.5}$$

其中 $\sigma \geq 2$ 为字符集 Σ 的大小。下面,我们分别给出对上界和下界的证明。

1. 对上界的证明

定理 9.3 记函数 $f_1(m,n) = \left\lceil \log_\sigma\left(\frac{n-m}{\ln m}+2\right)\right\rceil$, $f_2(m,n) = n\lceil \log_\sigma m \rceil /m$。对所有的模式串 $pat \in \Sigma^m$,串匹配的平均时间复杂度为

$$c(pat,n) = \begin{cases} O(f_1(m,n)), & m \leq n \leq 2m \\ O(f_2(m,n)), & n > 2m \end{cases} \tag{9.6}$$

(1) $n > 2m$ 时的串匹配算法 我们首先给出一个平均时间复杂度为 $O(f_2(m,n))$ 的串匹配算法,用以完成对 $n > 2m$ 时上界的证明。

我们并不顺序扫描正文串,而是首先扫描 $text[m]$,如果 $text[m]$ 在模式串 pat 中没有出现过,那么就可以将模式串向右滑动 m 个位置;如果出现过,就继续扫描 $text[m-1]$, $text[m-2]$,…。在一条随机的正文串中,通常总是可以找到一个较小的 r,使得子串 $text[m-r:m]$ 不在 pat 中出现,这样就可以将模式串向右滑动 $m-r$ 个位置;如果 $text[m-r:m]$ 仍然在 pat 中出现,则调用 KMP 算法检查 $text[1:m-r]$ 中可能的匹配位置,并将模式串向右滑动 $m-r$ 个位置。

不妨取 $r = \lceil 2\log_\sigma m \rceil$,那么长为 $r+1$ 的字符串共有 $\sigma^{r+1} > m^2$ 条,而在模式串 pat 中长为 $r+1$ 的子串只有 $m-r < m$ 条,这就意味着在 pat 中找到子串 $text[m-r:m]$ 的概率不超过 $1/m$,而使用 KMP 算法检查 $text[1:m-r]$ 所需的时间为 $O(m)$,所以

$$c(pat,n) \leq \frac{n}{m-r}\left(\frac{1}{m}O(m) + O(r)\right) \leq \frac{n}{m-r}O(r) = O(n\lceil \log_\sigma m \rceil/m)$$

（2）$m \leq n \leq 2m$ 时的简单串匹配算法　　现在考虑 $m \leq n \leq 2m$ 的情形。注意，当 $(1+\varepsilon)m \leq n \leq 2m$ 时，$f_2(m,n) = \Theta(f_1(m,n))$，其中 ε 是任意一个 0 到 1 之间的正数，这时我们对于上界的结论总是正确的。所以只需要考虑 $m \leq n \leq (1+\varepsilon)m$ 的情形，不妨取 $\varepsilon = 1/2$。

定义 9.3　令 $d = n - m$，对任意正文串 $text \in \Sigma^n$，记 $text = \beta_1 \delta \beta_2$，其中 $|\beta_1| = |\beta_2| = d$，子串 δ 称之为正文串 $text$ 的**素子串**（Prime Substring），并记素子串 δ 的长度为 n'。

注意到当正文串 $text$ 中包含模式串 pat 时，素子串 δ 一定是 pat 的子串。当 $m \leq n \leq 3m/2$ 时，素子串的长度 $n' = m - d \geq m/2$。我们首先检查素子串中的元素，当发现素子串不是模式串的子串时，算法结束；否则就继续扫描素子串之外的元素。算法可形式描述如下：

算法 9.5　$m \leq n \leq 3m/2$ 时的串匹配算法
输入：模式串 pat，正文串 $text$
输出：匹配结果 $A(pat, text)$，记录正文串中所有模式串的出现位置。
begin
　　（1）$G \leftarrow \{d+1, d+2, \cdots, m\}$　　/*素子串*/
　　（2）**while** $G \neq \varnothing$ **do**
　　　　（2.1）随机挑选元素 $i \in G$，扫描 $text[i]$
　　　　/*素子串中各个元素的地位是等价的，扫描的顺序无关紧要*/
　　　　（2.2）**if** 可以确定匹配结果 $A(pat, text) = \varnothing$ **then** 算法结束
　　　　　　end if
　　　　（2.3）$G \leftarrow G - \{i\}$
　　end while
　　（3）对 $i \in \{1, 2, \cdots, d\} \cup \{m+1, m+2, \cdots, n\}$，扫描 $text[i]$，并得到匹配结果 $A(pat, text)$
end

现在来分析算法 9.5 的平均时间复杂度。事实上，任何一个串匹配算法都需要按照一定的顺序扫描正文串，我们可以把这个过程转化为这样一棵 σ 叉决策树：树中的每个内部节点都表示对正文串中某个字符的访问，而叶子节点表示最终的匹配结果。图 9.1 示出了算法对 $\Sigma = \{a, b, c\}$，$pat = bb$，$n = 3$ 的决策树。

给定 pat 和 n，记 $\mathcal{J}(pat, n)$ 为所有串匹配决策树的集合，对任意 $T \in \mathcal{J}(pat, n)$，记 $h_T(text)$ 为对文本串 $text$ 串匹配时，在树 T 中访问内部节点的数目。例如在

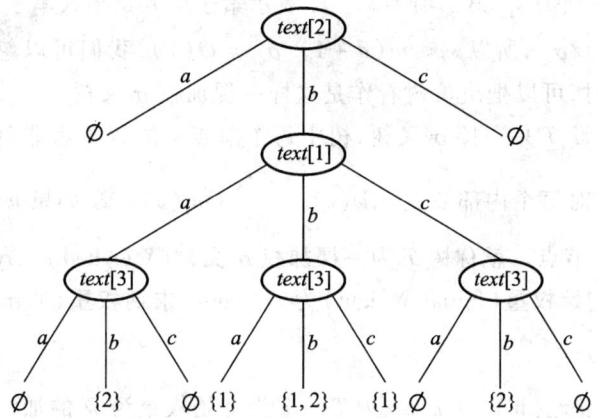

图 9.1 对 $\Sigma=\{a,b,c\}, pat=bb, n=3$ 的一个串匹配算法

图 9.1 中, $h_T(abc)=3$。那么对树 T 的平均内部节点访问数目应为

$$\bar{h}_T = \frac{1}{\sigma^n}\sum_{text\in\Sigma^n} h_T(text) = \sum_{\text{leaf } v}\frac{d_T(v)}{\sigma^{d_T(v)}} \tag{9.7}$$

其中 $d_T(v)$ 为树 T 中从根到节点 v 的距离。这样，串匹配问题的最低平均时间复杂度应为

$$c(pat,n) = \min_{T\in\mathcal{J}(pat,n)} \bar{h}_T \tag{9.8}$$

考虑算法 9.5 对应的决策树，初始时，模式串可能出现的位置集合为 $D=\{1, 2,\cdots,d+1\}$，当检查过根节点 $text[i]=a$ 后，模式串可能出现的位置集合就变为 $D\cap R(i,a)$，其中 $R(i,a)=\{j\mid pat[i-j+1]=a\}$。事实上，对于素子串中的节点 $v, d(v)=t<n'$，记从根节点到节点 v 的路径为 $text[i_1]=a_1, text[i_2]=a_2,\cdots, text[i_t]=a_t$，那么节点 v 处模式串可能出现的位置集合为 $D\cap(\bigcap_{k=1}^{t}R(i_k,a_k))$，记这个集合为 $F(v)$，并记 $F(v)$ 的大小为 $w(v)$。容易发现，素子串中的节点满足下列性质：

引理 9.2 如果 v 是素子串 δ 中的节点，记 $son_a(v)$ 为节点 v 后继字符为 a 的孩子节点，那么 $F(v)=\bigcup_{a\in\Sigma}F(son_a(v))$，并且对于 $a\neq b, F(son_a(v))\cap F(son_b(v))=\varnothing$。

引理 9.3 如果 v 是素子串 δ 中的节点，$w(v)=\sum_{a\in\Sigma}w(son_a(v))$。

注意对素子串之外的元素，引理 9.2 和引理 9.3 可能不成立，因为 $F(son_a(v))\cap F(son_b(v))$ 可能不为空。

算法 9.5 的平均时间复杂度为

$$\bar{h} = \sum_{\text{leaf } v}\frac{d(v)}{\sigma^{d(v)}} = \sum_{\text{leaf } v, d(v)\leq n'}\frac{d(v)}{\sigma^{d(v)}} + \sum_{\text{leaf } v, d(v)>n'}\frac{d(v)}{\sigma^{d(v)}}$$

记上式中的第一项为 s_1，第二项为 s_2。s_2 表示素子串 δ 是模式串子串的情况，它的概率小于 $(d+1)/\sigma^{n'}$，所以 $s_2 \leq m(d+1)/\sigma^{n'} = O(1)$，我们可以忽略掉它。当只考虑第一项 s_1 时，可以把决策树看作是这样一棵加权 σ 叉树：

定义 9.4 设 T 是一棵 σ 叉树，树中每个节点 v 的权重为非负整数 $w(v)$，如果 $w(v)$ 满足① 对每个内部节点 v，$w(v) = \sum_{i=1}^{\sigma} son_i(v)$。② 如果 $w(v) = 0$，那么节点 v 一定是叶子节点。就称树 T 为一棵**加权 σ 叉树**（Weighed σ-ary Tree）。

记树 T 的**初始权重**（Initial Weight）为 $w(root)$，**末端权重**（Terminal Weight）为 $t(T) = \sum_{\text{leaf } v} d(v)/\sigma^{d(v)}$。

引理 9.4 记 $\tau_\sigma(W) = l.u.b.\{t(T) \mid T$ 为初始权重为 W 的加权 σ 叉树$\}$，那么
$$\tau_\sigma(W) = \lfloor \log_\sigma W \rfloor + 1 + \frac{W}{(\sigma-1)\sigma^{\lfloor \log_\sigma W \rfloor}}$$

证明 记 T_i 为加权 σ 叉树中以 $son_i(root)$ 为根的子树，其中 $1 \leq i \leq \sigma$，那么树 T 的末端权重 $t(T)$ 满足

$$t(T) = 1 + \frac{1}{\sigma}\sum_{i=1}^{\sigma} t(T_i)$$

所以

$$\begin{cases} \tau_\sigma(0) = 0 \\ \tau_\sigma(W) = 1 + \frac{1}{\sigma}\max\left\{\sum_{i=1}^{\sigma}\tau_\sigma(W_i), \text{其中 } W_i \text{ 为非负整数}, \sum_{i=1}^{\sigma} W_i = W\right\} \end{cases}$$

注意，函数 $\tau_\sigma(W)$ 是唯一的，并且 $\sum_{i=1}^{\sigma}\lfloor\frac{W+i-1}{\sigma}\rfloor = W$，考虑函数 $f(W)$

$$f(W) = \begin{cases} 0, & W = 0 \\ 1 + \frac{1}{\sigma}\sum_{i=1}^{\sigma} f\left(\lfloor\frac{W+i-1}{\sigma}\rfloor\right), & W > 0 \end{cases}$$

解得

$$f(W) = \begin{cases} 0, & W = 0 \\ \lfloor \log_\sigma W \rfloor + 1 + \frac{W}{(\sigma-1)\sigma^{\lfloor \log_\sigma W \rfloor}}, & W > 0 \end{cases}$$

令 $g(W) = f(W+1) - f(W)$，那么

$$g(W) = \frac{1}{(\sigma-1)\sigma^{\lceil \log_\sigma(W+1) \rceil - 1}}$$

容易发现，$g(W)$ 是一个单调递减函数，这表明 $f(W+2) - f(W+1) \leq f(W+1) - f(W)$，即 $f(W) + f(W+2) \leq 2f(W+1)$，所以当所有 W_i 的值相差不超过 1 时，

$\sum_i f(W_i)$ 的值最大

$$\max\left\{\sum_{i=1}^{\sigma} f(W_i) \mid W_i \geq 0, \sum_{i=1}^{\sigma} W_i = W\right\} = \sum_{i=1}^{\sigma} f\left(\left\lfloor \frac{W+i-1}{\sigma} \right\rfloor\right)$$

即

$$\begin{cases} f(0) = 0 \\ f(W) = 1 + \dfrac{1}{\sigma}\max\left\{\sum_{i=1}^{\sigma} f(W_i) \mid W_i \geq 0, \sum_{i=1}^{\sigma} W_i = W\right\} \end{cases}$$

这就表明 $\tau_\sigma(W) = f(W)$,得证。 □

根据引理 9.4,$s_1 \leq \tau_\sigma(d+1) \leq \lfloor \log_\sigma(d+1) \rfloor + 3$,所以算法 9.5 的平均时间复杂度为 $\bar{h} = O(\log_\sigma \lceil d+2 \rceil) = O(\log_\sigma \lceil n-m+2 \rceil)$,这离定理 9.3 的结论还有一定距离,我们可以对算法做下面的改进。

(3) $m \leq n \leq 2m$ 时的更优串匹配算法 假设决策树中素子串内的节点 v 满足 $|F(v)| = w(v) \leq \log_\sigma m/2$,并且此时素子串中尚未被检查的元素个数 $|G| \geq m/4$,根据引理 9.2,G 中的任意元素 i 都可以将集合 $F(v)$ 划分为 σ 份,记这个划分为 $\pi(i)$,那么划分共有 $\sigma^{w(v)} \leq \sqrt{m}$ 种,根据这 $\sigma^{w(v)}$ 种划分,我们可以把集合 G 划分为 $\sigma^{w(v)}$ 个等价类,也就是说,对于 G 中两个不同元素 i 和 j,i,j 属于同一个等价类当且仅当 $\pi(i) = \pi(j)$。记这些等价类为 $E_1, E_2, \cdots, E_s, E_{s+1}, \cdots, E_{\sigma^{w(v)}}$,其中 $|E_k| \geq 2$ 当且仅当 $1 \leq k \leq s$,当 $m > 16$ 时,$\sum_{k=1}^{s} |E_k| \geq m/4 - \sqrt{m} > 0$。

引理 9.5 记 i,j 为 E_k 中两个不同的元素,其中 $1 \leq k \leq s$,如果 $text[i] \neq text[j]$,那么正文串 $text$ 中一定不包含模式串 pat。

证明 假设 $text[i] \neq text[j]$,但是 $text$ 中包含模式串 pat,记 l 为模式串出现的位置,并记 $text[i] = a$,$text[j] = b$。由于 i,j 都在素子串中,所以 $pat[i-l+1] = a$,$pat[j-l+1] = b$,这表明在划分 $\pi(i)$ 中,位置 l 出现在集合 $F(v) \cap R(i,a)$ 中,而在划分 $\pi(j)$ 中,位置 l 出现在集合 $F(v) \cap R(j,b)$ 中。这与 $\pi(i) = \pi(j)$ 的假定矛盾,所以假设不成立,得证。 □

对于一条随机的正文串,$text[i] = text[j]$ 的概率只有 $1/\sigma$,所以应当首先扫描 $E_k(1 \leq k \leq s)$ 中的元素,这样就有 $1 - 1/\sigma$ 的概率检查到 $text[i] \neq text[j]$,从而结束算法。改进后的算法可形式描述如下:

算法 9.6 $m \leq n \leq 3m/2$ 时更优的串匹配算法

输入:模式串 pat,正文串 $text$。

输出:匹配结果 $A(pat, text)$,即正文串中所有模式串的出现位置。

begin

　　(1) $G \leftarrow \{d+1, d+2, \cdots, m\}$　/*素子串*/

$F \leftarrow \{1, 2, \cdots, d+1\}$ /* 模式串可能出现的位置集合 */

(2) while $|F| > \log_\sigma m/2$ and $|G| \geq m/4$ do

 (2.1) 随机挑选元素 $i \in G$,扫描 $text[i] = a$

 (2.2) if 可以确定匹配结果 $A(pat, text) = \varnothing$ then 算法结束

  end if

 (2.3) $G \leftarrow G - \{i\}$

 (2.4) $F \leftarrow F \cap R(i, a)$

end while

(3) if $|G| < m/4$ then

 扫描正文串中剩余的元素,并返回匹配结果

end if

(4) if $F \leq \log_\sigma m/2$ then

 (4.1) for $k = 1$ to s do

  对 E_k 中两个不同的元素 i 和 j,扫描 $text[i]$ 和 $text[j]$,如果 $text[i] \neq text[j]$,算法结束

  end for

 (4.2) 对元素 $i \in (G - \bigcup_{k=1}^{s} E_k) \cup \{1, 2, \cdots, d\} \cup \{m+1, m+2, \cdots, n\}$,扫描 $text[i]$,并返回匹配结果

end if

end

记 p_2、p_3、p_4 为执行第(2)步、第(3)步、第(4)步的概率,并记 h_2、h_3、h_4 为第(2)步、第(3)步、第(4)步中的字符比较次数,那么算法9.6的平均时间复杂度就为 $p_2 h_2 + p_3 h_3 + p_4 h_4$。

和前面的讨论类似,可以把第(2)步的计算过程看作是一棵加权 σ 叉树,但是与前面不同的是,当树中节点 v 的权重 $w(v) < \log_\sigma m/2$ 时,这个节点就不再扩展,记 $\log_\sigma m/2$ 为树 T 的阈值。

引理9.6 记 $\tau_\sigma(W, u) = l.u.b. \{t(T) \mid T$ 为初始权重为 W,阈值为 u 的加权 σ 叉树$\}$,那么 $\tau_\sigma(W, u) = \tau_\sigma(\lfloor W/u \rfloor)$。

证明 留作习题9.4。

根据引理9.6,算法第(2)步的时间复杂度为 $h_2 \leq \tau_\sigma(d+1, \lceil \log_\sigma(m/2) \rceil) = \tau_\sigma\left(\left\lfloor \dfrac{d+1}{\lceil \log_\sigma(m/2) \rceil} \right\rfloor\right) = O\left(\log_\sigma \left(\dfrac{d+1}{\ln m}\right)\right)$。算法第(3)步的时间复杂度 $h_3 < n \leq 3m/2 = O(m)$,但是只有当素子串中 $n' - m/4 \geq m/4$ 个字符都能和模式串匹配时,第(3)步才会被执行,所以 $p_3 \leq (d+1)/\sigma^{m/4}$,第(3)步的平均时间复杂度为 $p_3 h_3 =$

$O(1)$。

现在考虑第(4)步的平均时间复杂度,在第(4.1)步中,需要对等价类 E_k 的 $|E_k|$ 个元素 $i_1, i_2, \cdots, i_{|E_k|}$ 进行扫描,其中 $1 \leq k \leq s$,但是只有当 $text[i_1] = text[i_2] = \cdots = text[i_{|E_k|}]$ 时,我们才会对下一个等价类 E_{k+1} 进行扫描,而 $|E_k|$ 个元素全部相等的概率为 $\sigma^{|E_k|-1}$,所以第(4.1)步中扫描等价类 E_{k+1} 的第 $t+1$ 个元素的概率为

$$\frac{1}{\sigma^{(\sum_{j=1}^{k}(|E_j|-1))+\max(0,t-1)}} \leq \frac{1}{\sigma^{\lceil(\sum_{j=1}^{k}|E_j|+t-1)/2\rceil}} \leq \frac{1}{\sigma^{\lceil(l-2)/2\rceil}}$$

其中 $1 \leq l \leq \sum_{k=1}^{s}|E_k|$。第(4.2)步的时间复杂度为 $O(n) = O(2m)$,但是执行它的概率 $= 1/\sigma^{\sum_{k=1}^{s}(|E_k|-1)} \leq 1/\sigma^{\lceil(\sum_{k=1}^{s}|E_k|-1)/2\rceil}$。

不妨记 $u = \sum_{k=1}^{s}|E_k|$,那么 $u \geq m/4 - \sqrt{m}$,算法第(4)步的平均时间复杂度为

$$\sum_{l=1}^{u}\frac{1}{\sigma^{\lceil(l-2)/2\rceil}} + \frac{2m}{\sigma^{\lceil(u-1)/2\rceil}} = O(1)$$

综上所述,算法 9.6 的平均时间复杂度为 $\bar{h} = p_2 h_2 + p_3 h_3 + p_4 h_4 = O\left(\log_\sigma\left(\frac{d+1}{\ln m}\right)\right) + O(1) + O(1) = O(f_1(m,n))$。

2. 对下界的证明

定理 9.4 存在这样一个字符串集合 $L \subseteq \Sigma^m$,满足 $|L| \geq (1 - 1/m^9)\sigma^m$,并使得对所有的模式串 $pat \in L$,串匹配的平均时间复杂度为

$$c(pat, n) = \begin{cases} \Omega(f_1(m,n)), & m \leq n \leq 2m \\ \Omega(f_2(m,n)), & n > 2m \end{cases} \quad (9.9)$$

令 * 表示不确定字符,而字符集 Σ 中的字符为确定字符,记 $S_n(l) \subset (\Sigma \cup \{*\})^n$ 为只包含 l 个确定字符的正文串集合,其中 $1 \leq l \leq n$。对任意一条字符串 $\varphi \in S_n(l)$,记 $I(\varphi) \subset \Sigma^n$ 表示所有和 φ 相容的正文串集合。例如对字符集 $\Sigma = \{0,1\}$,取字符串 $\varphi = *00*1 \in S_5(3)$,相应的 $I(\varphi) = \{00001, 00011, 10001, 10011\}$。

对于模式串 $pat \in \Sigma^m$,如果存在字符串 $\varphi \in S_n(l)$,使得模式串 pat 和集合 $I(\varphi)$ 中所有正文串的匹配结果相同,也就是说,对任意 $text_1 \in I(\varphi), text_2 \in I(\varphi)$ 都有 $A(pat, text_1) = A(pat, text_2)$,我们就称 φ 为模式串 pat 的一个**凭证**(Certificate),φ 中确定字符的数目 l 称为凭证 φ 的长度。记 $g(pat, n) = \min\{l \mid \exists \varphi \in S_n(l)$ 使得 φ 是 pat 的一个凭证$\}$ 表示模式串 pat 的凭证的最小长度。容易发现,任

何串匹配算法都至少需要扫描 $g(pat,n)$ 个字符,所以 $c(pat,n) \geq g(pat,n)$。下面将证明 $g(pat,n)$ 满足定理 9.4,从而完成对下界的证明。

(1) **$n > 2m$ 时下界的证明**

引理 9.7 若 $n > 2m$,那么 $g(pat,n) \geq \left\lfloor \dfrac{n}{2m} \right\rfloor g(pat,2m)$。

证明 对任意一条正文串 $text \in \Sigma^n$,可以把它记作 $text = w_1 w_2 \cdots w_{\lfloor n/2m \rfloor} u$,其中 $|w_j| = 2m, 1 \leq j \leq \lfloor n/2m \rfloor$。假设模式串 pat 的最小长度的凭证为 φ,那么类似地,也可以将 φ 写作 $\varphi_1 \varphi_2 \cdots \varphi_{\lfloor n/2m \rfloor} \eta$,由于 φ_j 一定是 pat 在 $n = 2m$ 时的一个凭证,所以 φ_j 的长度 $l_j \geq g(pat,2m)$,$g(pat,n) \geq \left\lfloor \dfrac{n}{2m} \right\rfloor g(pat,2m)$,得证。□

如果定理 9.4 在 $m \leq n \leq 2m$ 时成立,那么根据引理 9.7

$$g(pat,n) \geq \left\lfloor \dfrac{n}{2m} \right\rfloor g(pat,2m) \geq \left\lfloor \dfrac{n}{2m} \right\rfloor f_1(m,2m) = \Omega(f_2(m,n))$$

所以,只需要证明定理 9.4 在 $m \leq n \leq 2m$ 时成立即可。

(2) **$m \leq n \leq 2m$ 时下界的证明** 如果模式串 pat 存在一个凭证 φ,使得对所有正文串 $text \in I(\varphi)$,都有 $A(pat,text) = \varnothing$,那么就称 φ 是一个**拒绝凭证**(Negative Certificate)。容易发现,当凭证 $\varphi \in S_n(l)$ 的长度 $l < m$ 时,φ 就一定是一个拒绝凭证。

考虑凭证为 φ 的模式串数目,我们得到下面的引理。

引理 9.8 对任意 $\varphi \in S_n(l)$,其中 $1 \leq l < m \leq n$,记 $P_m(\varphi) = \{pat \mid pat \in \Sigma^m$ 并且 φ 是 pat 的一个凭证$\}$ 表示凭证为 φ 的模式串集合,那么 $P_m(\varphi)$ 的大小

$$|P_m(\varphi)| \leq \left(1 - \dfrac{1}{\sigma^l}\right)^{\left\lceil \frac{d}{l^2} \right\rceil} \sigma^m, \text{ 其中 } d = n - m。$$

证明 令 $1 \leq i_1 < i_2 < \cdots < i_l \leq n$ 表示凭证 φ 中 l 个确定字符的位置,对 $0 \leq j \leq d$,定义 $B_j = \{b \mid j + b = i_t, \text{其中 } b \in \{1,2,\cdots,m\}, 1 \leq t \leq l\}$,如图 9.2 所示。

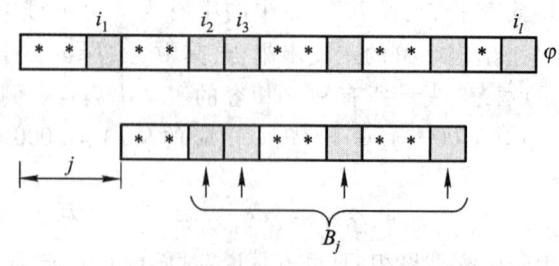

图 9.2 集合 B_j 的定义

事实上,存在集合 $J \subseteq \{0,1,\cdots,d\}$,使得对 J 中任意两个元素 $j_a \neq j_b$,都有

$B_{j_a} \cap B_{j_b} = \varnothing$。我们可以使用贪心策略来构造集合 J，初始时取 $j_1 = 0$，当选择了 $s-1$ 个集合 $B_{j_1}, B_{j_2}, \cdots, B_{j_{s-1}}$ 时，下一步从 J 中选择出下标最小并且符合要求的集合 B_{j_s}，直到这样的集合不存在为止。记 $B = B_{j_1} \cup B_{j_2} \cup \cdots \cup B_{j_{s-1}}$，那么对 B 中的每个元素 b，都一定存在一个（或者多个）和 b 对应的确定字符位 i_t，由于集合 B 最多包含 $l(s-1)$ 个元素，所以这样的二元组 $<b, i_t>$ 最多有 $l^2(s-1)$ 个，根据鸽巢原理，在集合 $B_0, B_1, \cdots, B_{l^2(s-1)}$ 中一定存在一个和 B 不相交的集合，也就是说 $j_s \leq l^2(s-1)$，集合 J 的大小 $|J| \geq \lceil d/l^2 \rceil$。

对任意一条模式串 $pat \in \Sigma^m$，假设 φ 是 pat 的凭证，注意到 $l < m$，所以 φ 是一个拒绝凭证，那么在所有的集合 B_j 中都一定存在一个元素 $b \in B_j$，使得 $pat[b] \neq \varphi[j+b]$，这个概率 $= 1 - 1/\sigma^{|B_j|} \leq 1 - 1/\sigma^l$。由于对元素 $j \in J$，所有的集合 B_j 都是不相交的，所以 φ 是 pat 凭证的概率

$$P(\varphi \text{ 是 } pat \text{ 的凭证}) \leq \prod_{j \in J}\left(1 - \frac{1}{\sigma^{|B_j|}}\right) \leq \left(1 - \frac{1}{\sigma^l}\right)^{|J|} \leq \left(1 - \frac{1}{\sigma^l}\right)^{\lceil \frac{d}{l^2} \rceil}$$

所以 $|P_m(\varphi)| \leq \left(1 - \frac{1}{\sigma^l}\right)^{\lceil \frac{d}{l^2} \rceil} \sigma^m$，得证。□

引理 9.9 取 $m + x\sigma^4 \ln(m+1) \leq n \leq 2m$，$l = \lceil \frac{1}{2} \log_\sigma \left(\frac{n-m}{\ln m}\right) \rceil$，其中 x 是一个正常数，满足对所有的正数 $y \geq x$，都有 $y > (\log y)^{12}$，记 $P = \bigcup_{\varphi \in S_n(l)} P_m(\varphi)$，那么集合 P 的大小 $|P| \leq \sigma^m / m^l$。

证明 显然 $l < m$，根据引理 9.8，对每个 $\varphi \in S_n(l)$，都有

$$|P_m(\varphi)| \leq \left(1 - \frac{1}{\sigma^l}\right)^{\lceil \frac{d}{l^2} \rceil} \sigma^m$$

所以

$$|P| \leq |S_n(l)| \cdot \left(1 - \frac{1}{\sigma^l}\right)^{\lceil \frac{d}{l^2} \rceil} \sigma^m$$

$$= \binom{n}{l} \sigma^l \cdot \left(1 - \frac{1}{\sigma^l}\right)^{\lceil \frac{d}{l^2} \rceil} \sigma^m$$

$$\leq (n\sigma)^l \cdot e^{\frac{d}{l^2} \ln\left(1 - \frac{1}{\sigma^l}\right)} \cdot \sigma^m$$

由于 $n \leq 2m$，并且 $\ln(1 - \sigma^{-l}) \leq -\sigma^{-l}$，所以

$$|P| \leq (2m\sigma)^l \exp\left(-\frac{d}{l^2 \sigma^l}\right) \cdot \sigma^m$$

$$= \sigma^m \cdot \exp\left(-\left(\frac{d}{l^2 \sigma^l} - l \cdot \ln(2m\sigma)\right)\right)$$

可以证明 $\frac{d}{l^2 \sigma^l} \geq 2l \cdot \ln(2m\sigma)$（留作课后习题），所以

$$|P| \leq \frac{\sigma^m}{(2m\sigma)^l} \leq \frac{\sigma^m}{m^l}$$

得证。□

注意，对于确定的 n，如果模式串 pat 存在一个长为 l 的凭证，那么 pat 也一定存在一个长为 $l+1$ 的凭证，其中 $0 < l < m$。所以对于所有模式串 $pat \notin P$，都有 $g(pat, n) > l = \lceil \frac{1}{2} \log_\sigma \left(\frac{n-m}{\ln m} \right) \rceil = \Omega(f_1(m, n))$。

当 $m \leq n \leq m + x\sigma^{20} \ln(m+1)$ 时，$f_1(m, n) = \lceil \log_\sigma \left(\frac{n-m}{\ln m} + 2 \right) \rceil = O(1)$，定理成立。当 $m + x\sigma^{20} \ln(m+1) \leq n \leq 2m$ 时，根据引理 9.9，$l_n = \lceil \frac{1}{2} \log_\sigma \left(\frac{n-m}{\ln m} \right) \rceil \geq 10$，$P_n \leq \sigma^m / m^{l_n} \leq \sigma^m / m^{10}$，所以对所有的 n，不属于 P_n 的元素集合为

$$L = \sigma^m - \bigcup_n P_n \geq \sigma^m - m \cdot \frac{\sigma^m}{m^{10}} = \left(1 - \frac{1}{m^9} \right) \sigma^m$$

对于所有模式串 $pat \in L$, $g(pat, n) = \Omega(f_1(m, n))$。这样，就完成了对定理 9.4 的证明。

应该注意的是，定理 9.4 中的因子 $1 - \frac{1}{m^9}$ 是随意选取的，事实上，通过调整 n 的取值范围，我们可以把 9 替换成任意一个确定的正整数 b。

*9.1.5 后缀树上的串匹配

很多串操作，均可对给定的串 X 进行预处理，设定合适的数据结构，从而可快速地处理对 X 子串的提问。与串 X 相关的后缀树，就是一种能有效支持诸如串匹配、最长重复子串的确定等任务的数据结构。

1. 数字搜索树与后缀树[7]

定义 9.5 设 $Y_1, Y_2, \cdots, Y_m$ 是字母表 Σ 上的一组不同的字符串，且任何 Y_i 都不是 Y_j 的前缀（$i \neq j$），则**数字搜索树**（Digital Search Tree）T 就是一棵具有 m 个叶子的满足如下条件的有根树：

① T 的每条边都用 Σ 中的符号标记之，且指向远离根节点的方向；
② 从同一节点发出的两条边均具有不同的标号；
③ 树的每一叶节点 u 与字符串 Y_i 一一对应，从根到 u 路径上的各标号就是字符串 Y_i。

例 9.1 令 $\Sigma = \{a,b,c\}$,给定串 $Y_1 = abaabc$, $Y_2 = baabc$, $Y_3 = aabc$, $Y_4 = abc$, $Y_5 = bc$ 和 $Y_6 = c$。相应于这些串的数字搜索树如图 9.3 所示。其中树叶与各个串一一对应。□

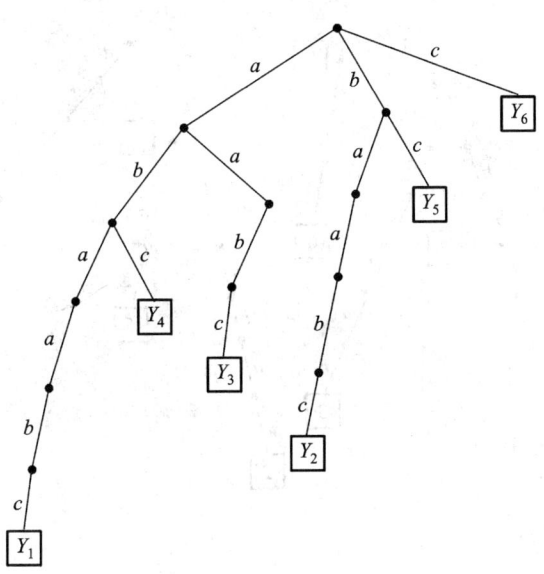

图 9.3 数字搜索树与串

给定正文串 X,$|X| = n$,假定 X 的最后一个字符为定界符 #,且 # 不出现在串的别处。显然,一棵相应于 X 的 n 个后缀的数字搜索树 T 正好有 n 个叶子,每个叶子唯一地对应着 X 的一个后缀。从根到任意两个节点路径上的最长公共部分就是该两个后缀的前缀。

例 9.2 令 $X = ababbaaba\#$,与其相应的数字搜索树 T 示于图 9.4。试考虑串 $Y = baba$ 是否出现在 X 中。为此可从根 r 自顶向下搜索树 T:首先找从 r 发出的标以 b 的边,再顺 b 找 a,再继之找 b。到此我们发现无由此节点发出的标以 a 的边,故回答 Y 不出现在 X 中。□

数字搜索树 T 看起来是我们所希望的数据结构,但其规模却很大。例如,相应于串 $X = a^n b^n \#$ 的数字搜索树将要求 $\Omega(n^2)$ 个节点。为此引入 T 之压缩形式 T_X,称之为**后缀树**(Suffix Tree),其形式定义如下:

定义 9.6 T_X 是一棵具有 n 个叶子,无出度为 1 的内节点的数字搜索树,其中:

① 每条边均以 X 的子串标记之;
② 从同一节点出发的任意两条边所标记的子串无公共前缀;
③ 每个叶子 u,正好对应一个后缀。

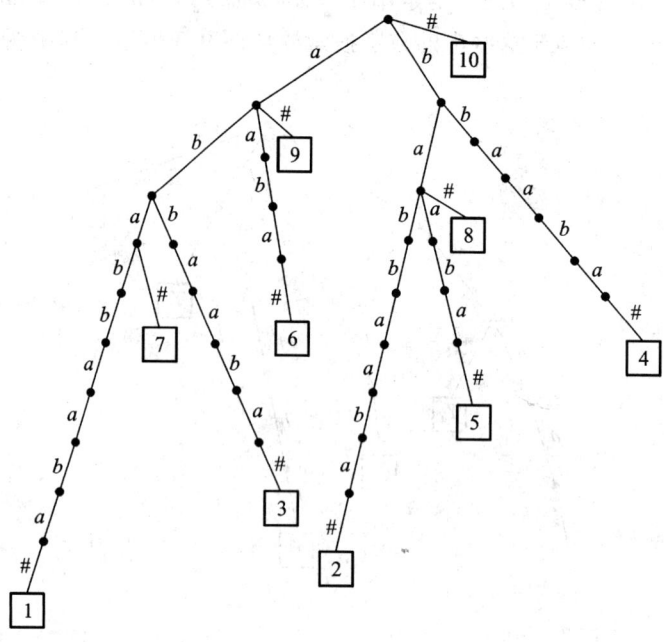

图 9.4 串 ababbaaba# 的数字搜索树

例 9.3 相应于图 9.4 的后缀树 T_X 如图 9.5 所示。□

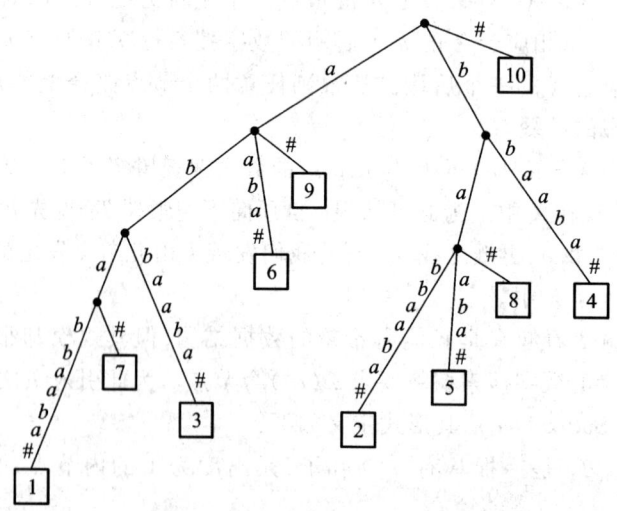

图 9.5 串 ababbaaba# 的后缀树

很明显,长度为 n 的串 X 相应的后缀树 T_X,最多有 $2n-1$ 个节点。

令 $W(v)$ 表示从根到 v 路径上的字符集,显然 $W(v)$ 是 X 的一个子串。给定 X 之子串 U,U 的位置就是 T_X 的节点 v,使得 U 是 $W(v)$ 的前缀,$W(p(v))$ 是 U 的一个前缀,其中 $p(v)$ 是 v 之父节点。

2. 子串的编码

由上可知,后缀树的一个重要性质是:从任一节点出发的诸兄妹边上所代表的子串不能有相同的前缀。我们在迭代构造后缀树时将逐步达到这一要求。在此所使用的工具就是子串编码,使得相同的子串具有相同的编码。

对于给定的 X 的一个子串 U,可用 $(i,|U|)$,即**描述符**(Descriptor)来描述该子串。其中,i 表示子串 U 在 X 中出现的位置,$|U|$ 为子串 U 的长度。显然 $(i,|U|)$ 可以描述该子串,但是这种描述符不能保证相同的子串具有相同的编码。为此尚待进一步处理。

下面介绍一个能并行执行的对串 X 所有长为 $2^q (0 \leq q \leq \log n)$ 的子串施行编码的算法。首先假定构成串 X 的字母集能用整数 $\{1,2,\cdots,n\}$ 表示,同时在串 X 之后添加 $n-1$ 个定界符 #,使得对于任意起始在位置 $i(1 \leq i \leq n)$ 和长度为 $2^q (0 \leq q \leq \log n)$ 的子串 $(i, 2^q)$ 均存在,这样的串记为 $X^{\#}$。

为了描述算法的方便,兹先引入以下两个数组:

① OUT_v:一个大小为 n 的一维数组,用以表示节点 v 的所有子节点的情况。其中,$OUT_v(i)=u$ 表示 u 为 v 的子节点,且边 (u,v) 上的标号为 i。

② BB(Bulletin Board):一个 $n \times (n+1)$ 的二维数组,用于并发操作时多个处理器之间的通信。当执行 $BB[k,l] \leftarrow i_1, BB[k,l] \leftarrow i_2, \cdots, BB[k,l] \leftarrow i_t$ 并发写指令时,将导致 i_j 中的某一值被写入单元 $BB[k,l]$。在任意处理器自由读写的 CRCW 模型上,其效果是可将唯一的**标识符**(Identifier)传给所有的处理器。

算法 9.7　SIMD-CRCW 模型上的子串描述符算法

输入:串 $X\#$,$|X|=n=2^k$,$X(i)$ 表示 $1 \sim n$ 中的整数。

输出:数组 $ID[i,q](1 \leq i \leq n, 0 \leq q \leq \log n)$,其中 $ID[i,q]=j$ 表示从位置 i 和位置 j 开始的长为 2^q 的两子串具有相同的标识符。

begin

(1) **for** $i=1$ **to** n **par-do**

　　$ID[i,0] \leftarrow X(i)$

end for

(2) **for** $q=1$ **to** $\log n$ **do**

　　for $i=1$ **to** n **par-do**

　　　(2.1) $k_1 \leftarrow ID[i, q-1]$

　　　　　$k_2 \leftarrow ID[i+2^{q+1}, q-1]$

(2.2) $BB[k_1,k_2] \leftarrow i$

(2.3) $ID[i,q] \leftarrow BB[k_1,k_2]$

      end for

  end for

end

注意,当 $i+2^{q-1}>n$ 时,赋值 $n+1$ 给 k_2。

例 9.4 令 $X=abbabba\#$,其中 $a,b,\#$ 分别用整数 1,2,3 表示。当并发写时,假定优先写入最小元素。当算法执行第(2)步的第一次迭代时结果为

i	k_1	k_2	$BB[k_1,k_2]$	$ID[i,1]$
1	1	2	1	1
2	2	2	2	2
3	2	1	3	3
4	1	2	1	1
5	2	2	2	2
6	2	1	3	3
7	1	3	7	7
8	3	9	8	8

当执行第二次迭代时结果为

$ID[1,2]=1,ID[2,2]=2,ID[3,2]=3,ID[4,2]=1,ID[5,2]=5,ID[6,2]=6,ID[7,2]=7$ 和 $ID[8,2]=8$;

当执行第三次迭代时结果为

$ID[1,3]=1,ID[2,3]=2,ID[3,3]=3,ID[4,3]=4,ID[5,3]=5,ID[6,3]=6,ID[7,3]=7$ 和 $ID[8,3]=8$。所以最终的 ID 数组为

$$ID = \begin{pmatrix} 1 & 1 & 1 \\ 2 & 2 & 2 \\ 2 & 3 & 3 \\ 1 & 1 & 4 \\ 2 & 5 & 5 \\ 2 & 3 & 6 \\ 1 & 7 & 7 \\ 3 & 8 & 8 \end{pmatrix}$$

很清楚,起始在位置 4、长为 4 的子串 $abba$ 和起始在位置 1、长为 4 的子串具有同一个描述符,即 $ID[4,2]=ID[1,2]=1$。□

引理 9.10 算法 9.7 可在 SIMD-CRCW 模型上用 $O(\log n)$ 时间使用 $O(n \log n)$ 次运算,计算出长为 2^q 的串 X 起始在位置 i 的描述符 $ID[i,q]$。

3. 后缀树的构造[8]

（1）**基本思想**　构造后缀树的基本思想是逐步精化法：即首先取一棵树 T_0，然后使用递推精化算法从 T_{i-1} 构造 T_i，其中每一级树 $T_i (0 \leq i \leq \log n)$ 均满足下述的**条件**(i)，从而当 $i = \log n$ 时 T_i 即为后缀树。

① T_i 是一棵标记树，其中有 n 个叶子，且没有出度为 1 的内节点；

② T_i 的每条边 (u, v) 均用 X 的某一子串进行标记，其中叶节点与 X 的后缀一一对应；

③ 令 v 为 T_i 的某一内节点，其出边为 $(v, u_1), (v, u_2), \cdots, (v, u_t)$，则所有这些边的长为 $n/2^i$ 的前缀均不相同。

为了描述算法，T_X 的每个内节点 v 需存储如下信息：

① OUT_v：表征节点 v 的出边以其子节点的情况；$OUT_v(j) = u$，表示 u 为 v 之子节点，边 (u, v) 用 j 标记之；

② $p(v)$：指向 v 之父节点的指针；

③ (s_v, l_v)：表示边 $(p(v), v)$ 上长度为 l_v，起始位置为 s_v 的子串的描述符。

（2）**算法的高级描述**　根据上述思想可设计算法如下：

算法 9.8　**SIMD-CRCW 模型上的精化 T_{i-1} 到 T_i 算法**

输入：满足条件 $(i-1)$ 的树 T_{i-1}。

输出：满足条件 (i) 的树 T_i。

begin

　for all internal nodes v of T_{i-1} **par-do**

　　（1）令 $u_1, u_2, \cdots, u_t$ 为 v 的子节点。将 u_i 划分为几个等效类 C_j，使得进入 C_j 之节点边上的标号具有长为 $n/2^i$ 的相同的前缀。

　　（2）对于每个等效类 C_j，$|C_j| > 1$，生成一个新节点 v'，使 v' 为 C_j 所有节点之父亲，并使 v 为 v' 之父亲；用长为 $n/2^i$ 公共前缀标记边 (v, v')；且调整 OUT_v 的其余边的标号；并生成数组 $OUT_{v'}$。

　　（3）假定 v 有一个生成新节点 v' 的单一等效类：删去 v 节点；使 v' 为 $p(v)$ 的子节点；调整 $(p(v), v')$ 之标号和 $OUT_{p(v)}$。

　end for

end

例 9.5　给定串 $X = abbabba\#$。当 $i = 0$ 时，则 T_0 为高度为 1、根有 8 条出边的一棵树，如图 9.6(a) 所示，且每条出边与长度为 8 的 X 的不同后缀相对应，而每个叶子有描述符 $(i, 8)$。当 T_0 精化到 T_1 时，因为 v_1 和 v_4 有长度为 $n/2^i = 8/2 = 4$ 的公共前缀 $abba$，它们归入一个等效类，于是一个新节点 u_1 就生成了，并使 u_1 为 v_1 和 v_4 之父节点，如图 9.6(b) 所示。当 T_1 精化到 T_2 时，v_2 和 v_5 生成等效类，v_3 和

v_6 生成等效类,v_1,v_4,v_7,v_8 各自成一等效类,如图 9.6(c) 所示。当 T_2 精化到 T_3 时,u_1 和 v_7 生成等效类,v_2 和 v_5 生成等效类,u_2 和 u_3 生成等效类,而 v_1,v_3,v_4,v_6,v_8 各自成一等效类,如图 9.6(d) 所示。最后删去出度为 1 的节点,就得到图 9.6(e) 所示的后缀树。□

引理 9.11 任给一棵满足**条件**$(i-1)$的树 T_{i-1},则算法 9.8 一定能生成一棵满足**条件**(i)的树 T_i,假定标号和 OUT 数组均已计算好。

证明 当算法并行执行时,第(3)步有可能同时作用于 v 和 $p(v)$。下面证明这种情况不会发生。由于原 T_{i-1} 满足**条件**$(i-1)$,故 $p(v)$ 不可能只有一个子节点 v,且在算法第(2)步后 $p(v)$ 仍为 v 之父节点,所以 $(p(v),v)$ 与其他 v 之兄妹节点的边不可能有长为 $n/2^i$ 的相同前缀,从而当 v 之出度为 1 时,$p(v)$ 之出度必然大于 1,所以算法第(3)步不会作用于 $p(v)$。□

(3) **算法的实现** ① 第(1)步的实现:此步的目的是为每个节点 u_i 生成一等效类的标识符 j_{id}。令 (s_i,l_i) 是边 $(p(u_i),v)$ 的描述符,所以边 (v,u_i) 上的标号等于开始在位置 s_i 长度为 l_i 的 X 的子串。令 $q = k - i(n = 2^k)$,则 $2^q = n/2^i$。设置 $j_{id} = ID[s_i,q]$,记住 $ID[s_i,q]$ 是开始在位置 s_i,长度为 2^q 的子串标识符。所以,所有具有长度 2^q 的公共前缀的节点 u_i 均得到相同的 j_{id} 值。由于是并行执行,所以时间为 $O(1)$ 而使用了 $O(n)$ 次操作。

② 第(2)步的实现:此步的目的是生成新节点 v',它是所有属于相同等效类 $c_j(|c_j|>1)$ 的节点的父亲。具体作法是:对每个 u_i,设置 $OUT_v(j_{id}) = u_j$,其中 j_{id} 由第(1)步所得。现在所有具有相同 $j_{id} = \alpha$ 的节点 u_{i1},u_{i2},…,u_{it} 均试图向 OUT_v 的同一单元写数。因为并发写很容易被检测,所以可以设置 $p(u_{im}) = v'$,其中 v' 是个新节点$(1 \le m \le t)$,同时设置 $p(v') = v$。v' 的标识符很清楚为 $(\alpha,2^q)$,而 u_{im} 的描述符调整为 $(s_{im}+2^q,l_{im}-2^q)$。现在设置 $OUT_v(\alpha) = v'$ 和 $OUT_{v'}(j'_{im}) = u_{im}$,其中 $j'_{im} = ID[s_{im}+2^q,q]$。因为假定无兄妹边具有长为 2^{q+1} 的公共前缀,所以无并发写操作。显然此步的时间为 $O(1)$ 而运算量为 $O(n)$。

③ 第(3)步的实现:此步的实现是直截了当的。令 $p(v) = w$,使 $p(v') = w$,并调整 OUT_w 如下:令 $j = ID[s_v,q]$,设置 $OUT_w(j) = v'$,存在 v' 中描述符为 (s_v,l_v+2^q),而存在 v 中的描述符为 (s_v,l_v)。很明显此步的时间为 $O(1)$,而运算量为 $O(n)$。

定理 9.5 在 SIMD-CRCW 模型上,为长为 n 的字符串构造后缀树,所用的时间为 $O(\log n)$,而总共使用了 $O(n \log n)$ 次运算。

4. 后缀树上的并行串匹配

给定串 X,$|X| = n$,问串 Y,$|Y| = m$ 出现在 X 中吗?由于串 Y 是事先不知道的,所以为了回答上述问题就必须逐个检查 Y 的字符,这样 $O(m)$ 次操作是必需

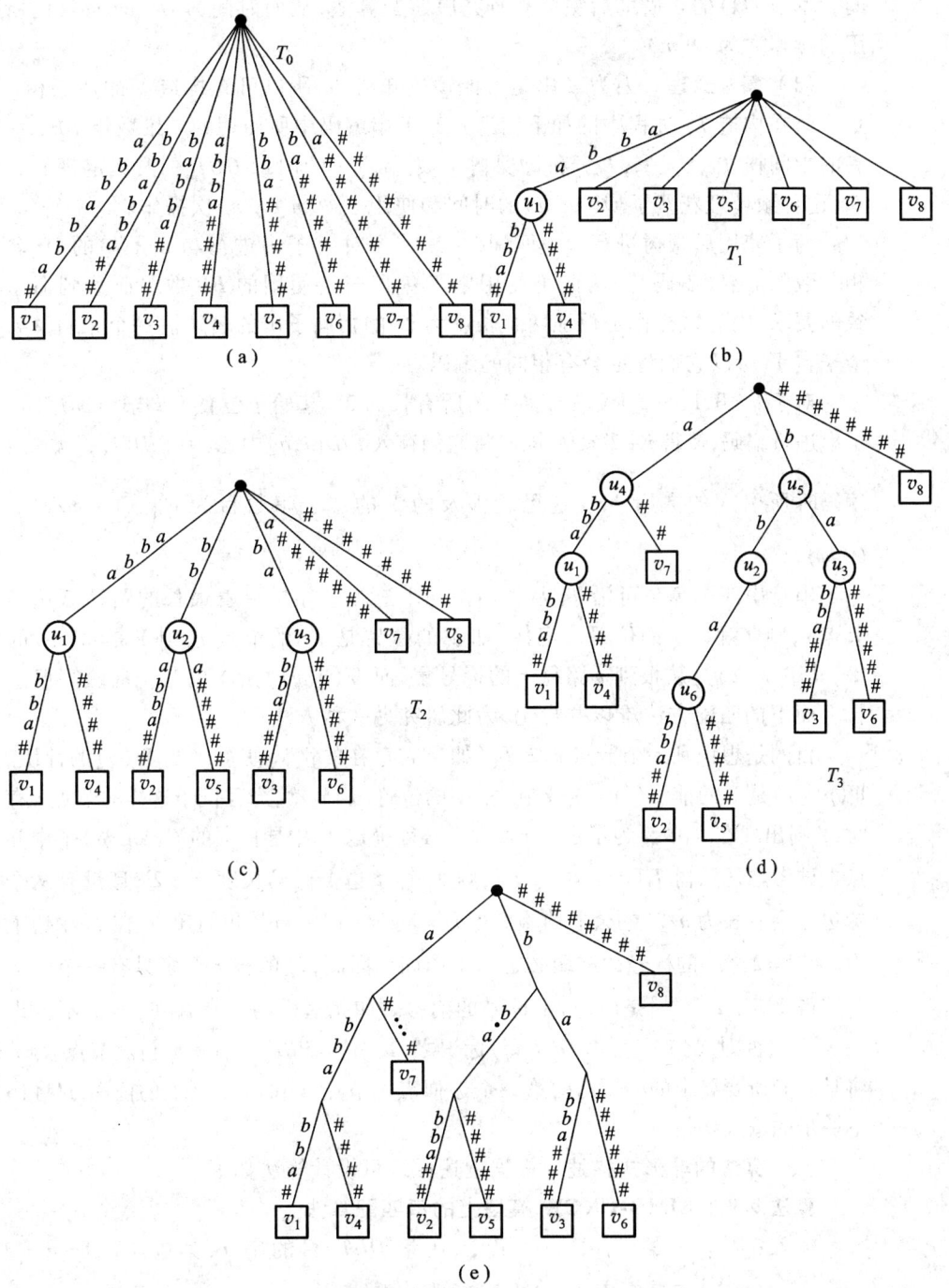

图 9.6 相应于 $X = abbabba\#$ 的后缀树生成过程

的。本节的目的是借助后缀树来研究串匹配算法,从而时间为 $O(\log m)$,而所使用的操作数为 $O(m)$。

(1) **算法原理** 因为 X 串是可能预先知道的,所以可先构造 X 的后缀树 T_X,且保留在构造 T_X 过程中的如下信息:① X 串编码中所使用的二维数组 BB;② 所有的中间树 $T_0, T_1, \cdots, T_{\log n}$ 和每棵树 T_i 之节点 v 的向量 OUT_v。根据定理 9.5 可知,这种预处理花费了 $O(\log n)$ 的时间和使用了 $O(n \log n)$ 次操作。

为了使用后缀树进行快速匹配,必须首先对 Y 子串进行与 X 子串的 ID 名字相一致的命名(编码)。为此可使用串 X 编码时所使用的 BB 数组而达到命名一致的要求,因为这样作可保证两个长度为 2^q 的相同子串的名字。一个来自 $X\#$,一个来自 Y,所以它们肯定会有相同的编码。

对于 $q = 0, 1, \cdots, \lfloor \log m \rfloor$,将 Y 的所有长为 2^q、起始于位置 $i(i = 1 \mod (2^q))$ 的子串进行编码,使得 $i + 2^q \leqslant m$,同时将它们存入 $PID[i, q]$ 中,其中 $PID[i, q]$ 类似于 X 编码时所引入的数组 ID。这里所涉及的 Y 的总子串数目为 $O\left(\sum_{q=0}^{\lfloor \log m \rfloor} m/2^q \right) = O(m)$。

串行串匹配算法可沿 T_X 从根由上而下进行。如果沿着最长的路径抵达某一节点 v,则 v 就是 Y 的位置。记住,如 Y 的位置是 T_X 的节点 v,则 Y 是 $W(v)$ 的前缀,其中 $W(v)$ 是从根到 v 路径上的标号集,而 $W(p(v))$ 是 Y 的某一前缀。但这样自上而下的匹配方法难以并行化,为此研究另一种方法。

目的是想识别一个节点 $v \in T_X$(如果它存在的话),使得 Y 是 $W(v)$ 的前缀,而 $W(p(v))$ 是 Y 的前缀(即 v 是 Y 在 T_X 中的位置)。显然,当且仅当这样的节点 v 存在时,Y 则出现在 X 中。为了定位 $v \in T_X$,必须确定 T_i 中导向 v 的 $O(\log m)$ 个中间节点。试考虑任意树 $T_i (0 \leqslant i \leqslant \log n)$,则 T_i 每条边上标号长度 $\geqslant n/2^i$,且没有两个兄妹边上会有长为 $n/2^i$ 的公共前缀。令 $i_0 = \log n - \lfloor \log m \rfloor$。我们知道,在 T_{i_0} 中边上长为 $n/2^{i_0} = 2^{\lfloor \log m \rfloor}$ 的标号的前缀必定都不相同。因此,T_{i_0} 的根 r 至多只有一个子节点 u,使得 $Y[1: 2^{\lfloor \log m \rfloor}]$ 是 (r, u) 上标号的前缀。如无这样的节点存在,则 Y 不会出现在 X 中。否则,此节点可由 $OUT_r(j)$ 标识之,其中 $j = PID[1, \lfloor \log m \rfloor]$。节点 $u \in T_{i_0}$ 将是我们所要寻求的 $v \in T_X$ 的第一个近似点。节点 u 和 Y 所剩下的前缀 Y' 将作为下一步的输入参数。

(2) **算法的非形式描述** 根据上述原理可设计算法如下:

算法 9.9 SIMD-CRCW 模型上的串匹配算法

输入:源串 X 的 $T_0, T_1, \cdots, T_{\log n}$,向量 OUT,目的串 Y,其中 $|X| = n = 2^k$,$|Y| = m$。

输出:回答目的串 Y 是否在源串 X 中?

begin

(1) 令 $i_0 = \log n - \lfloor \log m \rfloor$, $j = PID[1, \lfloor \log m \rfloor]$, 试检查 $OUT_r(j)$:

(1.1) 如 $OUT_r(j)$ 为空,则前缀 $Y[1: 2^{\lfloor \log m \rfloor}]$ 不出现于 X 中,所以回答"否"。

(1.2) 如 $OUT_r(j) = u$, 令 (s_u, l_u) 为边 (r, u) 上描述符:

(i) 如 $l_u > 2^{\lfloor \log m \rfloor}$,则当且仅当 Y 是长为 l_u、开始在 s_u 的 X 子串的前缀时 Y 出现在 X 中。所用时间为 $O(1)$,运算量为 $O(m)$。

(ii) 如 $l_u = 2^{\lfloor \log m \rfloor}$,则边 (r, u) 上的标号等于前缀 $Y[1: 2^{\lfloor \log m \rfloor}]$。此时取节点 u 和 Y 的剩余部分 Y'(即从 $2^{\lfloor \log m \rfloor} +1$ 位置开始)作为下一步的输入参数。

(2) 取 $u \in T_{i_0}$ 和串 Y' 作为输入,求找所希望的节点 $v \in T_X$。如果它存在,则至多迭代 $\lfloor \log m \rfloor$ 次。令 $u \in T_{i_0+q-1}$ 和 Y' 是第 q 次($q=1, 2, \cdots, \lfloor \log m \rfloor$)迭代时的输入参数。目的是求找 Y' 是否在 $W(u)$ 中?试考虑树 T_{i_0+q}:

(2.1) 如节点 u 出现在树 T_{i_0+q} 中:

(i) 如 $|Y'| < n/2^{i_0+q}$,则什么都不做,使用相同的输入参数进入下一次迭代。

(ii) 如 $|Y'| \geq n/2^{i_0+q}$,则设 Y' 开始在 Y 中的位置 p,令 $j = PID[p, n-(i_0+q)]$。按第(1)步相同的步骤检查 $OUT_u(j)$。

(2.2) 如节点 u 不出现在树 T_{i_0+q} 中,则 T_{i_0+q-1} 中 u 之所有射出边上的标号均有相同的长为 $n/2^{i_0+q}$ 的前缀(例如说 Z),它将导致在 T_{i_0+q} 中生成一个新节点 u'。节点 u' 和 T_{i_0+q-1} 中 u 之父节点 $p(u)$ 将出现在 T_{i_0+q} 中:

(i) 如 $|Y'| < n/2^{i_0+q}$,则当且仅当 Y' 是 Z 的前缀时 Y 出现在 X 中。使用存在 u' 中的描述符,可用 $O(m)$ 次操作于 $O(1)$ 时间完成 Y' 是 Z 之前缀的检查。

(ii) 如 $|Y'| \geq n/2^{i_0+q}$,则可用两数组 ID 和 PID,检查 Z 是否为 Y' 的前缀。否定的回答意味着 Y 不在 X 中;否则的话,可使用节点 u' 和 Y' 剩余的前缀作为输入进入下一次迭代。

end

定理 9.6 在后缀树上进行源串 X 和目的串 Y 的匹配所需时间为 $O(\log m)$,

使用了 $O(m)$ 次操作；其中构造后缀树所需时间为 $O(\log n)$ 和总操作数为 $O(n \log n)$。

9.2 多模式匹配并行算法

多模式匹配与通常的单模式匹配既有许多相似之处，但又有明显不同的地方。涉及多个模式匹配的工作最初出现在文献[9]中，其目的是要解决著书目录的查找问题。当时人们并没有将多模式匹配作为一个独立的问题加以讨论和研究，而只是将它作为一个处理文献目录检索的算法被提出而已。但是，随着近年来生物信息学、网络入侵检测等问题的深入研究和网络信息搜索、网络数字图书馆的广泛应用，学者们重新审视多模式匹配问题，并将它作为一个独立于单模式匹配问题的问题而加以专门讨论与研究。

9.2.1 多模式匹配问题

所谓**多模式匹配**(Multiple Pattern Matching, MPM)问题是指，对于一个给定的总长度为 M 的 k 个模式所构成的集合 $D = \{pat_1, pat_2, \cdots, pat_k\}$，其中 pat_j 表示第 j 个模式，$1 \leq j \leq k$，$M = \sum_{j=1}^{k} |pat_j|$，以及一个长度为 n 的正文 text，希望使用与 M 呈线性关系的时间预处理集合 D 中的所有模式，并尽可能地在 $O(n + tocc)$ 时间内能够检查出哪些模式在正文中匹配出现以及匹配出现的所有起始位置，其中 $tocc$ 为集合 D 中的模式在正文中匹配出现的总次数。

多模式匹配问题向人们提出了设计线性时间复杂度的串匹配算法的新挑战。值得说明的是，若模式集合 D 中的 k 个模式的长度均相等，即 $|pat_j| = L, j = 1 \sim k$，则此时的多模式匹配是一个等长多模式匹配问题。等长多模式匹配技术有许多重要的应用，例如图像处理中目标识别的核心技术就是**多维模式匹配**(Multi-Dimensional Pattern Matching)，而多维模式匹配问题可以归结为等长模式的多模式匹配问题[10]。下一节将介绍可重构网孔机器并给出在其上设计的多模式匹配并行算法。

9.2.2 可重构网孔机器上多模式匹配并行算法

1. 可重构网孔结构

网孔互连结构 MESH 具有规整性和易扩充等优点，是目前最流行的构造并行计算机系统的互连网络之一。但是,传统的 MESH 结构缺乏灵活性,通信性能较差,对于某些应用问题的并行算法的设计并不特别有效。应用需求常常驱动新计算模型的研究与发展。于是,人们提出了**可重构造网孔结构**(Reconfigurable Mesh Architecture,RMESH)[11]。RMESH 提供了可以根据应用的需要,在算法设计时动态地重新设置并行计算机互连结构的功能,例如可以动态地设置成多条行总线、列总线或者对角线总线处理器阵列结构,也可以动态地将一个 $n \times n$ 规模的二维 RMESH 结构设置成 n 个 $\sqrt{n} \times \sqrt{n}$ 规模的子 MESH 结构,等等。RMESH 结构的灵活性和较强的互连能力使得它受到并行计算界普遍的重视和欢迎。

一个 $n \times n$ 的二维可重构网孔结构 2D-RMESH 是将 n^2 个处理器排列成 $n \times n$ 的方阵,n^2 个处理器由一根呈网格状的总线连接在一起,可以用唯一的编号 $P_{i,j}$ 来表示 RMESH 网络中的处理器(节点),$1 \le i, j \le n$。每个处理器通过四个端口(N,E,S,W)与此根总线相连,在处理器内部有 6 个开关控制这四个端口之间的连接关系,如图 9.7(a)所示。这四个端口之间共有 15 种连接方式,如图 9.7(b)所示。如果在算法执行过程的每个时间步中将这些开关动态地设置成开或关的状态,那么就可以将整根总线划分成一些相互独立的子总线,在这些子总线上可以同时进行独立的通信和有关操作。

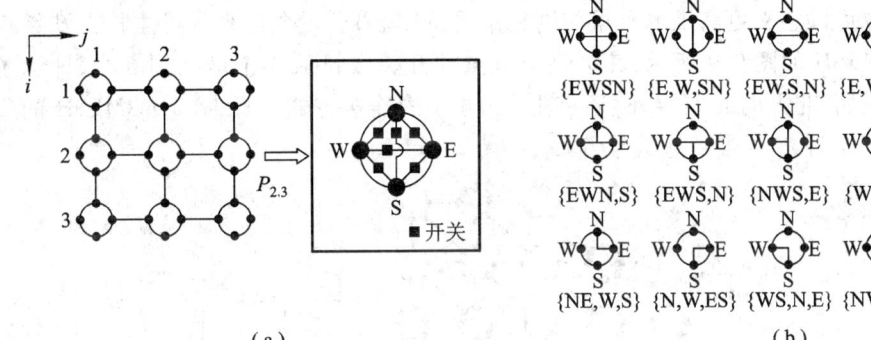

图 9.7 2D-RMESH 结构

若干常见的开关构造模式如图 9.8 所示,其中图 9.8(a)中的所有处理器设置开关的连接方式为{E,W,S,N},这样所有四条与这个处理器相邻的子总线段相互之间都不连接,使得最终得到的网络和传统的网孔结构一样;图 9.8(b)的所有处理器设置开关的连接方式是{EW,S,N},即将左右两个端口相连而上下两个端口断开,网络中每一行的处理器都连接在同一条子总线上,每个处理器可以与同一行的所有处理器进行通信,也可以和同一列中与之相邻的上下两个处理器进行通信;图 9.8(c)的所有处理器设置开关的连接方式为{E,W,SN},也就是说将上下两个端口相连而左右两个端口断开,网络中每一列的处理器都连接在同一条子总线上,每个处理器可以与同一列的所有处理器进行通信,也可以和同一行中与之相邻的左右两个处理器进行通信。

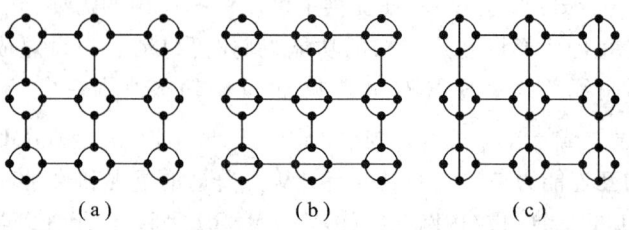

图 9.8　RMESH 的构造方式

可重构网孔结构 RMESH 在一个单位时间步内可以进行如下操作:① 选择一个连接方式,并且由每个节点的开关局部操作实现将自己重构造为选定的网络连接方式;② 每条独立总线上的一个或多个处理器向所连接的总线发送一个消息,消息的长度上界由网络的带宽决定;③ 总线上的处理器从它所连接的总线上读取消息;④ 每个处理器执行一个常数时间的局部计算;⑤ 每个处理器可以在常数时间内完成对开关的重构造。

也可以定义更高维的可重构网孔结构 RMESH。一个三维的可重构网孔结构 3D-RMESH 如图 9.9 所示,其中每个节点的开关数目从 4 个增加到 6 个,即除了东、南、西、北方向的连接外,还有上、下方向的连接方式。此时,3D-RMESH 的每个处理器用 $P_{i,j,l}$ 唯一地编号,$1 \leq i,j,l \leq n$。

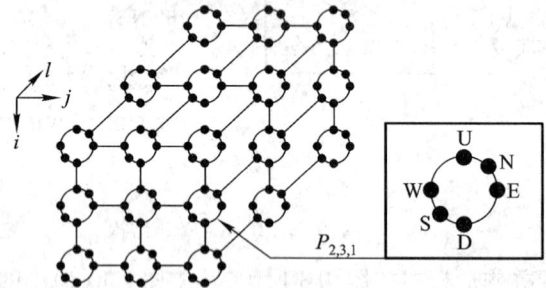

图 9.9　3D-RMESH 结构

2. RMESH 上的多模式匹配

现在讨论如何在 RMESH 上设计**多模式匹配**(Multi-Pattern Matching,MPM)并行算法。记 $m' = \max\{|pat_l|:1 \leq l \leq k\}$,令特殊字符 $\Delta \notin \Sigma$,并令 Δ 与任一个字符 $c \in \Sigma$ 都产生匹配。将 $(m' - |pat_l|)$ 个特殊字符 Δ 添加到模式 pat_l 的末尾,$1 \leq l \leq k$,使得 k 个模式均具有相同的长度 m'。多模式匹配将在一个 $n \times m' \times k$ 的三维

可重构网孔机器上并行处理,其中处理器 $P_{i,j,l}$ 中的坐标 i 表示垂直方向、坐标 j 表示水平方向、坐标 l 表示纵深方向。初始时,将正文字符 $text[i]$ 存储在 $P_{i,1,l}$ 中,$1 \leq i \leq n, 1 \leq l \leq k$;而模式字符 $pat_l[j]$ 则被存储在 $P_{1,j,l}$ 中,$1 \leq j \leq m', 1 \leq l \leq k$。

在 $n \times m' \times k$ 的可重构网孔机器上进行多模式并行匹配的主要思想[12]是:① 利用RMESH在常数时间内可完成网络重构和完全任意路由的能力,动态地构造行总线、列总线、对角线总线处理器阵列将正文和模式字符播送到指定的位置(处理器)中,使得第 l 个 2D-RMESH 上的各条行总线上的处理器存储模式 pat_l,同时第 l 个 2D-RMESH 上的第 i 条行总线上的处理器存储正文子串 $text[i:i+m'-1], 1 \leq i \leq n-m'+1, 1 \leq l \leq k$。② 3D-RMESH 上所有处理器并行比较其模式字符和正文字符是否相等。③ 如果第 l 个 2D-RMESH 上的第 i 条行总线上所有处理器均比较成功,那么说明模式串 pat_l 与正文子串 $text[i:i+m'-1]$ 产生匹配,$1 \leq i \leq n-m'+1, 1 \leq l \leq k$。

算法 9.10　RMESH 机器上的多模式匹配并行算法

输入:k 个模式串 $pat_l, 1 \leq l \leq k$,正文 $text[1:n]$。

输出:若 $pat_l = text[i:i+m'-1]$ 则输出匹配位置 i 和匹配模式 $pat_l, 1 \leq l \leq k, 1 \leq i \leq n-m'+1$。

begin

(1) 对于每个 2D-RMESH,动态生成 n 条自左下方至右上方的对角线总线,这样 $n \times m' \times k$ 的 3D-RMESH 共生成 $k \times n$ 条对角线总线

(2) **for all** i and $l, 1 \leq i \leq n, 1 \leq l \leq k$ **par-do**

　　　处理器 $P_{i,1,l}$ 将保存在其存储器中的 $text[i]$ 向其相应的对角线总线处理器播送

　　end for

(3) **for all** j and $l, 1 \leq j \leq m', 1 \leq l \leq k$ **par-do**

　　　处理器 $P_{1,j,l}$ 将保存在其存储器中的 $pat_l[j]$ 向第 j 列总线处理器播送

　　end for

/* 这时 3D-RMESH 中的处理器 $P_{i,j,l}$ 已经读入匹配比较需要的正文字符 $text[i+j-1]$ 和模式字符 $pat_l[j]$,其中 $1 \leq i \leq n-m'+1, 1 \leq j \leq m', 1 \leq l \leq k$ */

(4) **for all** i,j and $l, 1 \leq i \leq n-m'+1, 1 \leq j \leq m', 1 \leq l \leq k$ **par-do**

　　　处理器 $P_{i,j,l}$ 比较 $text[i+j-1]$ 和 $pat_l[j]$ 是否相等,若相等则设置开关状态{EW,S,N}连通东西开关端口而断开南、北端口;否则设置开关状态{E,W,S,N}断开东、西、南、北端口

        end for
   (5) **for all** i and $l, 1 \leq i \leq n-m'+1, 1 \leq l \leq k$ **par-do**
        第 m' 列上的各处理器 $P_{i,m',l}$ 从东到西方向向其所在的行总线处理器发送一个特殊符号 "Δ"
        end for
   (6) **for all** i and $l, 1 \leq i \leq n-m'+1, 1 \leq l \leq k$ **par-do**
        处理器 $P_{i,1,l}$ 如果接收到符号 "Δ" 则输出匹配起始位置 i 和模式串的下标 l，即模式串 pat_l 与起始位置为 i 的正文子串 $text[i:i+m'-1]$ 产生匹配
        end for
   end

算法 9.10 的第(1)步动态生成 $k \times n$ 条对角线总线的操作可以在常数时间内完成；在算法第(2)步里，$k \times n$ 个处理器并行地向各条对角线总线上的处理器播送数据所需的时间为 $O(1)$；对于算法的第(3)步，$m' \times k$ 个处理器并行地向各条列总线的处理器播送数据所需的时间也为 $O(1)$；在算法第(4)步中，$(n-m'+1) \times m' \times k$ 个处理器并行比较正文和模式字符的操作以及设置开关的操作均可以在常数时间内完成；算法第(5)步的 $(n-m'+1) \times k$ 个处理器并行地向各条行总线上的处理器播送特殊符号 "Δ" 的操作所需的时间为 $O(1)$；同样，算法第(6)步的 $(n-m'+1) \times k$ 个处理器并行比较判断是否接收到 "Δ" 的操作可以在常数时间内完成。因此，3D-RMESH 上多模式匹配并行算法的时间复杂度为 $O(1)$。

由于 RMESH 结构的对称性，所以也可以将正文字符分布存储在 k 个 2D-RMESH 的第 m' 列处理器中，而将模式 pat_l 分布存储在第 l 个 2D-RMESH 的第 n 行处理器中($1 \leq l \leq k$)，并构造相应的行总线、列总线和对角线总线处理器阵列，然后并行执行比较、发送特殊符号和判断是否接收到特殊符号等操作来完成多模式匹配工作，使得多模式并行匹配所需时间仍然是常数规模的。

9.3 允许 k-差别的近似串匹配并行算法

本节介绍字符串编辑距离概念及其性质[13]，然后介绍应用动态规划方法求解**允许 k-差别的近似串匹配**（Approximate String Matching with k-Differences）问题[14-15]。

9.3.1 编辑距离与允许 k-差别的近似串匹配问题

1. 基本概念与定义

定义 9.7 对于任意给定的两个字符串 X 和 Y,串 X 和 Y 之间的**编辑距离** (Edit Distance) $D(X,Y)$ 定义为使用如下三种编辑操作将串 X 转换成串 Y(或者将 Y 转换成 X)所需的最少的编辑操作次数:① 从串 X(或 Y)中删除一个符号(字符);② 向串 X(或 Y)插入一个符号;③ 用另一个符号替换串 X(或 Y)中指定的某个符号。

关于两个字符串 X 和 Y 之间的编辑距离 $D(X,Y)$,它具有如下性质:① 非负性:$D(X,Y) \geq 0$,$D(X,Y) = 0$ 当且仅当 $X = Y$;② 对称性:$D(X,Y) = D(Y,X)$;③ 三角不等式:设 Z 为另一个串,则 $D(X,Y) \leq D(X,Z) + D(Z,Y)$。

定义 9.8 所谓允许 k-差别的近似串匹配是指,对于任意给定的长度为 m 的模式串 $pat[1:m]$ 和长度为 n 的正文 $text[1:n]$,$m < n$,并给定一个在线输入的正整数 k,$0 \leq k < m$,寻找出编辑距离小于等于 k 的模式 pat 在正文 T 中所有匹配出现的终止位置 j,$1 \leq j \leq n$。

假设构成模式和正文的可能的符号(字符)均来自有限字典表 Σ,字典表的大小记为 $\sigma = |\Sigma|$,Σ^n 表示由 Σ 中的符号所构成的任一个长度为 n 的字符串。这样,允许 k-差别的近似串匹配问题可由如下定义的函数 f 来描述,并通过计算函数 f 的值获得问题的解

$$f: \Sigma^m \times \Sigma^n \times [1,\cdots,m] \times k \to \{0,1\}^{n-m+k+1}$$

其中 $f(pat,text,k) = c_{m-k}c_{m-k+1}\cdots c_n$,对于 $m-k \leq j \leq n$ 且 $1 \leq i \leq j$,有

$$c_j = \begin{cases} 1, & \text{若 } D(pat,text[i:j]) \leq k \\ 0, & \text{否则} \end{cases}$$

例 9.6 给定模式 $pat = computer$,正文 $text = coputing\ science$,$k = 3$,那么模式 pat 在正文 $text$ 的第七个字符处产生一次允许 3-差别的近似匹配,其近似匹配对准的过程如下:

$$text: \text{comput}\underline{\text{i}}\text{ng science}$$
$$\updownarrow \quad \updownarrow$$
$$pat: \text{computer}$$

其中黑体字符"**m**"表示是一个插入字符,带下画线的两个字符"i"和"n"表示将被替换成字符"e"和"r"。这样,经过一次插入编辑操作和两次替换编辑操作之后,可以将正文子串 $coputin$ 转换成模式串 $computer$,从而产生一次允许 3-差别的近似匹配。□

2. k-差别近似串匹配动态规划算法

由于允许对模式或者正文进行插入、删除或替换字符等编辑操作,所以使得近似串匹配问题的求解变得比较困难了。对于任意给定的模式串 $pat[1:m]$ 和正文 $text[1:n]$, $m<n$, 以及任意给定的正整数 k, $0 \leqslant k<m$, 如何寻找出允许 k-差别的模式 pat 在正文 $text$ 中所有匹配出现的终止位置 j 呢?采用著名的动态规划方法求解允许 k-差别的近似串匹配问题的思想[14-15]是:构造一个规模为 $(m+1) \times (n+1)$ 的编辑距离矩阵 D 并通过计算 D 中元素的值来实现允许 k-差别的近似串匹配问题的求解。编辑距离矩阵 D 的计算满足如下递归方程:

$$D[i,j] = \begin{cases} 0, & i=0 \\ i, & j=0 \\ \min\{D[i,j-1]+1, D[i-1,j]+1, D[i-1,j-1]+c\}, \\ \quad \text{其中 } c = \begin{cases} 0, \text{若 } pat[i] = text[j] \\ 1, \text{否则} \end{cases} \end{cases}$$

(9.10)

上述递归式(9.10)中的 $D[i,j]$ 表示将模式串前缀 $pat[1:i]$ 转换成正文子串 $text[l:j]$ $(1 \leqslant l \leqslant j)$ 所需的编辑操作次数。基于计算编辑距离矩阵 D 的允许 k-差别的近似串匹配顺序算法的时空复杂度分别为 $O(nm)$。为了节省存储空间,可采用逐列计算编辑距离矩阵 D 各元素值的方法,使空间复杂度下降到 $O(n+m)$。

例 9.7 图 9.10 描述了模式串 $pat = bataa$, 正文 $text = cabataabadaa$ 和编辑距离 $k=1$ 时,通过计算编辑距离矩阵 D 的元素值来完成近似串匹配的过程。

text \ pat		c	a	b	a	t	a	a	b	a	d	a	a
	0	0	0	0	0	0	0	0	0	0	0	0	0
b	1	1	1	0	1	1	1	1	0	1	1	1	1
a	2	2	1	1	0	1	1	1	1	0	1	1	1
t	3	3	2	2	1	0	1	2	2	1	1	2	2
a	4	4	3	3	2	1	0	1	2	2	2	1	1
a	5	5	4	4	3	2	**1**	**0**	**1**	2	3	2	**1**

图 9.10 通过计算编辑距离 D 实现允许 k-差别的近似串匹配实例

从图 9.10 可以看到编辑距离矩阵最后一行的黑体数字标出了模式 pat 在正文 $text$ 中最多允许进行一次编辑操作之后而产生近似匹配的终止位置,它们分别为 $\{6,7,8,12\}$。□

9.3.2 PRAM 模型上允许 k-差别的近似串匹配并行算法

1. 基于并行计算编辑距离的允许 k-差别近似串匹配并行算法

现在,给出在 PRAM-CREW 计算模型上允许 k-差别近似串匹配动态规划并行算法[16]。设并行系统共有 $m+1$ 个处理器,分别记为 $P_0 \sim P_m$。长度为 m 的模式串和长度为 n 的正文均存储在并行系统的共享存储器中。从计算编辑距离的递归式(9.10)可知,由于 $D[i,j]$ 值的计算严格依赖于 $D[i-1,j-1]$,$D[i-1,j]$ 和 $D[i,j-1]$ 的值,所以 $D[i,j]$ 的计算呈顺序性。

那么,能否开拓 $D[i,j]$ 计算的并行性呢?让我们考察图 9.11 所示的计算编辑距离矩阵 D 的整个过程。对于图 9.11 中第 l 条"反对角线"上的任一个矩阵元素 $D[i,j]$,当需要计算 $D[i,j]$ 的值时,如果它所需引用的 $D[i-1,j-1]$,$D[i-1,j]$ 和 $D[i,j-1]$ 的值已知,那么就可以同时计算此条"反对角线"上的所有矩阵元素 $D[i,j]$ 的值。显然,开始时第 1 条"反对角线"上只有一个矩阵元素初值 $D[0,0]$,它的值已知;第 2 条"反对角线"上有两个矩阵元素初值 $D[1,0]$ 和 $D[0,1]$,它们的值也已知。因此,计算第 3 条"反对角线"上的任一个矩阵元素 $D[i,j]$ 所需引用的 $D[i-1,j-1]$,$D[i-1,j]$ 和 $D[i,j-1]$ 的值全部已知,可以并行地计算此条"反对角线"上的所有矩阵元素 $D[i,j]$ 的值。依次类推,沿着矩阵的右下角方向以波前式并行推进的方法计算编辑距离。当正在计算第 l 条"反对角线"上的所有矩阵元素 $D[i,j]$ 的值时,由于第 $l-2$ 条和第 $l-1$ 条"反对角线"上的矩阵元素的值已知,所以第 l 条"反对角线"上的所有矩阵元素 $D[i,j]$ 的值可以直接并行计算。当最后一条"反对角线"上的所有矩阵元素的值并行计算出来之后,长度为 m 的模式和长度为 n 的正文之间的所有编辑距离的值已经全部计算完毕,也就是说允许 k-差别的近似串匹配工作结束。

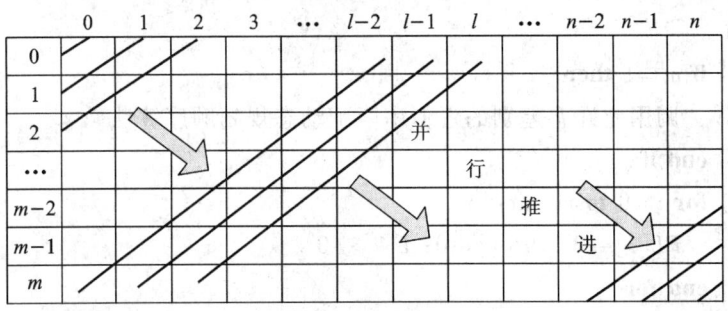

图 9.11 波前式并行推进方法直接计算编辑距离矩阵 D 实现允许 k-差别近似串匹配的过程

引理 9.12 编辑距离矩阵 D 的"反对角线"的数目为 $n+m+1$。

证明 包括边界的第 0 行和第 0 列在内,编辑距离矩阵 D 共有 $m+1$ 行和 $n+1$ 列的元素。矩阵中每列都对应 1 条"反对角线",每行也对应 1 条"反对角线",其中有 1 条"反对角线"为第 n 列和第 0 行交叉共享,因此,编辑距离矩阵 D 的"反对角线"的数目为 $n+m+1$。□

引理 9.13 编辑距离矩阵 D 中任一条"反对角线"上的元素数目最多为 $m+1$。

证明 对于编辑距离矩阵 D 中任意的一条"反对角线",因为它在矩阵的每一行最多包含(穿过)一个元素,而矩阵 D 总共有 $m+1$ 行,所以编辑距离矩阵 D 中任一条"反对角线"上的元素数目最多为 $m+1$。□

并行计算编辑距离矩阵 D 的另一个难点在于如何降低算法对存储空间的需求。引入规模分别为 $m+1$ 的三个向量 L、PL 和 PP,它们分别用于存储编辑距离矩阵 D 中当前正在计算的第 l 条"反对角线"上元素的值,第 l 条"反对角线"的前驱——第 $l-1$ 条"反对角线"上元素的值,以及第 $l-1$ 条"反对角线"的前驱——第 $l-2$ 条"反对角线"上元素的值。采用这三个向量取代矩阵 D 的方法可以达到节省存储空间的目的。引入向量 L、PL 和 PP 进行并行计算编辑距离之后产生的一个关键问题是如何动态地维护和更新它们的值。

根据前面的分析以及引理 9.12 和 9.13 的结论,可以给出一个简明、无须任何预处理的基于波前式并行推进直接计算编辑距离矩阵 D 的允许 k-差别的近似串匹配并行算法。

算法 9.11 SIMD-CREW 模型上的并行计算编辑距离的允许 k-差别的近似串匹配并行算法

输入:模式串 $pat[1:m]$,正文 $text[1:n]$,编辑距离阈值 k。

输出:编辑距离 $\leq k$ 的模式在正文中产生近似匹配的终止位置 pos,$1 \leq pos \leq n$。

begin

(1) if $m=1$ then

   调用允许 k-差别的近似串匹配动态规划顺序算法

   end if

(2) for $i=0$ to m par-do

   $PL[i] \leftarrow 0$; $PP[i] \leftarrow 0$; $L[i] \leftarrow 0$

   end for

(3) $PL[0] \leftarrow 1$;

(4) for $l=2$ to $n+m$ do

   /* s 记当前正在计算的第 l 条"反对角线"上元素的数目 */

(4.1) **if** $l \leq m$ **then** $s \leftarrow l - 1$
   else if $l \leq n$ **then** $s \leftarrow m$
      else $s \leftarrow m - (l - n) + 1$
   end if
end if

(4.2) **if** $l \leq m$ **then** $L[0] \leftarrow l$ **end if**

(4.3) **for** $i = 1$ **to** s **par-do**
   /* 并行计算第 l 条"反对角线"上元素的值 */
   (i) **if** $l \leq m$ **then**
      if $pat[s - (i-1)] = text[i]$ **then** $c \leftarrow 0$
      else $c \leftarrow 1$
      end if
      $L[i] \leftarrow \min\{PL[i-1] + 1, PL[i] + 1, PP[i-1] + c\}$
   end if
   (ii) **if** $l = m + 1$ **then**
      if $pat[m - (i-1)] = text[i]$ **then** $c \leftarrow 0$
      else $c \leftarrow 1$
      end if
      $L[i-1] \leftarrow \min\{PL[i-1] + 1, PL[i] + 1,$
         $PP[i-1] + c\}$
   end if
   (iii) **if** $l > m + 1$ **then**
      if $pat[m - (i-1)] = text[l - m + i - 1]$
      then $c \leftarrow 0$
      else $c \leftarrow 1$
      end if
      $L[i-1] \leftarrow \min\{PL[i-1], PL[i] + 1, PP[i] + c\}$
   end if
end for

(4.4) **for** $i = 0$ **to** m **par-do**
   $PP[i] \leftarrow PL[i]$; $PL[i] \leftarrow L[i]$
end for

(4.5) **if** $l \geq m$ **and** $L[0] \leq k$ **then**
   $pos \leftarrow l - m$

$$\text{writeln}(\text{"产生近似匹配的终止位置:"}, pos)$$
     end if
   end for
  end

  为了分析算法 9.11 的时间复杂性,首先考察编辑距离矩阵 D 中第 l 条"反对角线"上元素 L_{i-1}、L_i 和 L_{i+1} 的编辑距离值的并行计算。可以看出,处理器 P_i 为了计算 L_i 的值,它需要读取 PP_{i-1} 或者 PL_{i-1} 和 PL_i 的值;同样,处理器 P_{i-1} 为了计算 L_{i-1} 的值,它需要读取 PP_{i-2} 或者 PL_{i-2} 和 PL_{i-1} 的值;而处理器 P_{i+1} 为了计算 L_{i+1} 的值,它需要读取 PP_i 或者 PL_i 和 PL_{i+1} 的值。因此,虽然算法存在多个处理器需要同时读取同一数据的现象,但是对于 PRAM-CREW 模型,这种并发读冲突可以在常数时间内解决。于是有如下结论。

  定理 9.7 对于 $(m+1)$ 个处理器的 SIMD-CREW 计算模型,采用波前式并行推进方法直接计算编辑距离矩阵 D 的允许 k-差别的近似串匹配并行算法所需的时间为 $O(n)$,空间复杂度为 $O(n+m)$,执行代价为 $O(nm)$,理论上算法达到线性加速。

  证明 若 $m=1$,则算法退化为顺序算法。对于 $m>1$ 的情形,算法 9.11 的第 (2) 步和第 (3) 步所需的时间显然为 $O(1)$。对于 PRAM-CREW 计算模型,由于算法第 (4.3.1)~(4.3.3) 步的操作可以在 $O(1)$ 时间内完成,所以算法第 (4.1)~(4.5) 步所需的时间为 $O(1)$。整个算法需要迭代 $n+m-1$ 次,因此,并行算法总的执行时间为 $O(n+m)=O(n)$,执行代价为 $O(nm)$,加速比为 $S_p(n)=O(nm)/O(n)=O(m)$,执行效率为 $E_p(n)=O(m)/O(m)=O(1)$。□

  2. 水平和斜向双并行计算编辑距离的允许 k-差别的近似串匹配并行算法

  如果并行计算机系统拥有的处理器数目比模式长度 m 大,那么仅运用波前式并行推进直接计算编辑距离的方法去求解近似串匹配问题,就不能够充分发挥并行系统所有处理器的作用。因此,需要进一步挖掘算法的更高的并行性。在这一节里,基于 PRAM-CREW 模型,将讨论在系统具有更多可用处理器(处理器数目比模式长度大)的情形下,采取水平和斜向双并行计算编辑距离的方法,设计更快速的允许 k-差别的近似串匹配并行算法。这时,设系统共有 $\alpha(m+1)$ 个处理器 $P_1 \sim P_{\alpha(m+1)}$,α 为正整数且 $1<\alpha\leq\left\lceil\dfrac{n}{m+1}\right\rceil$。为方便讨论起见,假设 α 能整除 n。

  算法的思想是基于分治策略,将长度为 n 的正文 $text[1:n]$ 划分成长度分别为 n/α 的 α 段正文 $text[(i-1)\times n/\alpha+1:i\times n/\alpha]$,$1\leq i\leq\alpha$。对于这 α 个正文段,分别构造 α 个编辑距离子矩阵,其中编辑距离子矩阵 D_i 的规模为 $(m+1)\times(n/\alpha+1+m-1)$,也即 $(m+1)\times(n/\alpha+m)$,$1\leq i\leq\alpha-1$;而最后一个编辑距离子矩阵 D_α 的规模为 $(m+1)\times(n/\alpha+1)$。然后,将编辑距离子矩阵 D_i 映射分配给处理器 $P_{(i-1)(m+1)+1} \sim P_{i(m+1)}$ 处理,$1\leq i\leq\alpha$。编辑距离子矩阵 D_i 的结构如图 9.12 所

示,$1 \leq i \leq \alpha$。

之所以将第 i 个编辑距离子矩阵 D_i 的规模设置为 $(m+1) \times (n/\alpha + m)$,是因为第 $i+1$ 段正文中有部分字符 $text[i \times n/\alpha + 1 : i \times n/\alpha + m - 1]$ 需要被处理器 $P_{(i-1)(m+1)+1} \sim P_{i \times (m+1)}$ 和 $P_{i \times (m+1)+1} \sim P_{(i+1) \times (m+1)}$ 重叠计算编辑距离,$1 \leq i \leq \alpha - 1$。重叠处理正文中下标 $i \times n/\alpha + 1 \sim i \times n/\alpha + m - 1$ 的字符之目的是要确保终止于这些位置的可能产生近似匹配的信息不被错过,$1 \leq i \leq \alpha - 1$。

因为按图 9.12 所构造得到的各个编辑距离子矩阵具有相对独立性,所以可以并行计算这些编辑距离子矩阵——从水平方向看并行计算 α 个编辑距离子矩阵;对于每个编辑距离子矩阵则按波前式并行推进的方法并行计算——斜向并行计算编辑距离子矩阵 D_i,$1 \leq i \leq \alpha$。这样,就构成一种水平和斜向双并行计算编辑距离的格局,它能够更好地提高编辑距离计算的并行性,从而大大加快算法的执行速度,如图 9.13 所示。

		$text[(i-1)n/\alpha+1]$	…	$text[in/\alpha]$	…	$text[in/\alpha+m-1]$
	0	0	…	0	…	0
$pat[1]$	1					
$pat[2]$	2					
…	…					
$pat[j]$	j					
$pat[m]$	m					

图 9.12 编辑距离子矩阵 D_i 的结构

这样,可以将基于 PRAM-CREW 模型的水平和斜向双并行计算编辑距离的允许 k-差别的近似串匹配并行算法形式描述如下。

算法 9.12 SIMD-CREW 模型上的双并行计算编辑距离的允许 k-差别的近似串匹配并行算法

输入:模式串 $pat[1:m]$,正文 $text[1:n]$,编辑距离阈值 k,处理器数 $\alpha(m+1)$。

输出:编辑距离 $\leq k$ 的模式在正文中产生近似匹配的终止位置 pos,$1 \leq pos \leq n$。

begin

    for $j = 1$ to α **par-do**

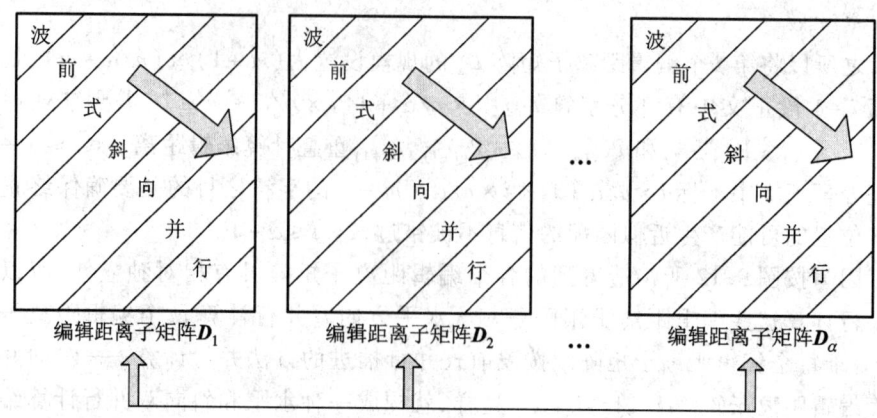

图 9.13 水平和斜向双并行计算编辑距离的格局

(1) **for** $i = 0$ **to** m **par-do**
  $PL[j,i] \leftarrow 0, PP[j,i] \leftarrow 0, L[j,i] \leftarrow 0$
  end for
(2) $PL[j,0] \leftarrow 1$
(3) **if** $j < \alpha$ **then** $nl \leftarrow n/\alpha + m - 1$ **else** $nl \leftarrow n/\alpha$ **end if**
(4) **for** $l[j] = 2$ **to** $nl + m$ **do**
  (4.1) **if** $l[j] \leq m$ **then** $s[j] \leftarrow l[j] - 1$
      /* $s[j]$ 记 $D_j l[j]$ 条 "反对角线" 上元素的数目 */
      else if $l[j] \leq nl$ **then** $s[j] \leftarrow m$
      else $s[j] \leftarrow m - (l[j] - nl) + 1$
      end if
    end if
  (4.2) **if** $l[j] \leq m$ **then** $L[j,0] \leftarrow l[j]$ **end if**
  (4.3) **for** $i = 1$ **to** $s[j]$ **par-do**
      /* 并行计算 D_j 第 $l[j]$ 条 "反对角线" 上元素的值 */
      (i) **if** $l[j] \leq m$ **then**
        if $pat[s[j] - (i-1)] = text[(j-1)\, n/\alpha + i]$
        then $c \leftarrow 0$ **else** $c \leftarrow 1$
        end if
        $L[j,i] \leftarrow \min\{PL[j,i-1] + 1, PL[j,i] + 1, PP[j,i-1] + c\}$
      end if

(ii) **if** $l[j] = m+1$ **then**
   if $pat[m-(i-1)] = text[(j-1)n/\alpha + i]$
   then $c \leftarrow 0$ **else** $c \leftarrow 1$
   end if
   $L[j, i-1] \leftarrow \min\{PL[j, i-1]+1, PL[j,i]+1, PP[j, i-1]+c\}$
end if

(iii) **if** $l[j] > m+1$ **then**
   if $pat[m-(i-1)] = text[(j-1)n/\alpha + l[j] - m + i - 1]$
   then $c \leftarrow 0$ **else** $c \leftarrow 1$
   end if
   $L[j, i-1] \leftarrow \min\{PL[j, i-1], PL[j,i]+1, PP[j,i]+c\}$
end if
end for

(4.4) **for** $i=0$ **to** m **par-do**
   $PP[j,i] \leftarrow PL[j,i], PL[j,i] \leftarrow L[j,i]$
end for

(4.5) **if** $l[j] \geq m$ **and** $L[j,0] \leq k$ **then**
   $pos \leftarrow (j-1)n/\alpha + l[j] - m$
   writeln("产生近似串匹配的终止位置：", pos);
end if
end for
end for
end

定理 9.8 对于 SIMD-CREW 模型，水平和斜向双并行计算编辑距离的允许 k-差别的近似串匹配并行算法的时间复杂度为 $O(n/\alpha + m)$，它使用 $\alpha(m+1)$ 规模的处理器，获得线性加速且执行代价 $O(nm)$ 是最优的，算法所需的存储空间为 $O(n+m)$，$1 < \alpha \leq \lceil \frac{n}{m+1} \rceil$。

证明 当并行比较正文字符和模式字符是否相等时，多个处理器需要同时访问(读取)共享存储器中模式串的字符，对于 SIMD-CREW 模型，这种并发读冲突可在 $O(1)$ 时间内解决。为了完成某一段正文的匹配比较工作，算法使用 $(m+1)$ 个处理器按波前式并行推进的方法直接计算编辑距离。根据定理 9.7 的分析，算法 9.12 中第(5)步循环语句的循环体内的操作所需的计算时间为 $O(1)$,因此,第(5)步循环语句所需的计算时间为 $O(n/\alpha+m)$,也就是说算法完成一段正文近似匹配检查所需的时间为 $O(n/\alpha+m)$。□

因为并行计算机系统共有 $\alpha(m+1)$ 规模的处理器,所以可以并行地对 α 段正文进行编辑距离计算和模式匹配比较的工作。另一方面,负责各段正文匹配处理的处理器之间无须额外的时间进行数据交换(通信)。因此,算法 9.12 并行计算编辑距离以完成模式匹配比较的工作可以在 $O(n/\alpha+m)$ 时间内完成。因为 $1<\alpha\leqslant\lceil\frac{n}{m+1}\rceil$,所以算法获得线性加速且执行代价为 $O(nm+\alpha m^2)=O(nm)$ 是最优的。显然,算法所需的存储空间仅为 $O(n+m)$。

引理 9.14 对于 n 个处理器的 SIMD-CREW 模型,水平和斜向双并行计算编辑距离的允许 k-差别的近似串匹配并行算法的时间复杂度为 $O(m)$,获得线性加速,执行代价 $O(nm)$ 是最优的,算法所需的存储空间为 $O(n+m)$。

定理 9.8 和引理 9.14 表明,水平和斜向双并行计算编辑距离的允许 k-差别的近似串匹配并行算法是一个可伸缩的并行算法,如果并行系统的处理器数目只有 $m+1$ 个,那么它就退化成按波前式并行推进方法直接计算编辑距离矩阵的近似串匹配并行算法;如果并行系统处理器的规模为 n,那么此时并行算法的时间复杂度与正文的规模无关,算法是相当快速的。

Ukkonen 构造一种与编辑距离矩阵 D 等价的 L-矩阵[17],采用动态规划方法计算 L-矩阵的元素。文献[12]在 RMESH 计算结构上设计一种通过并行计算 L-矩阵的允许 k-差别的近似串匹配算法。

9.4 允许 k-误配的近似串匹配并行算法

本节首先给出度量两个字符串之间的**汉明距离**(Hamming Distance)的定义,然后介绍允许 k-**误配的近似串匹配**(Approximate String Matching with k-Mismatches)问题[18]。

9.4.1 汉明距离与允许 k-误配的近似串匹配问题

定义 9.9 对于任意的两个字符 $a,b\in\Sigma$,定义布尔函数 $fb(a,b)$ 如下:
$$fb(a,b)=\begin{cases}1,若 a\neq b\\0,否则\end{cases}$$

设字符串 $X=X[1:n]$,$Y=Y[1:n]\in\Sigma^n$,则 X 和 Y 之间的汉明距离

$ham(X,Y)$ 定义为：

$$ham(X,Y) = \sum_{i=1}^{n} fb(X[i],Y[i])$$

定义 9.10 设模式为 $pat[1:m]$，正文为 $text[1:n]$，$m<n$，任意给定一个整数 $k,0 \leq k < m$，所谓允许 k-误配的近似串匹配问题是指，在正文中寻找出所有满足条件 $ham(pat, text_i) \leq k$ 的近似匹配起始位置 i，其中正文子串 $text_i = text[i:i+m-1],1 \leq i \leq n-m+1$。

可以将求解允许 k-误配的近似串匹配问题转变成求解如下函数值

$$fp: \Sigma^m \times \Sigma^n \times [1,\cdots,m] \times k \rightarrow \{0,1\}^{n-m+1}$$

其中 $fp(pat,text,k) = c_1 c_2 \cdots c_{n-m+1}$，对于 $1 \leq i \leq n-m+1$，有

$$c_i = \begin{cases} 1, 若\ ham(pat, text_i) \leq k \\ 0, 否则 \end{cases}$$

9.4.2 LARPBS 计算模型及其基本数据移动操作

可重构流水线总线系统线性阵列（Linear Arrays with Reconfigurable Pipelined Bus System, LARPBS）计算模型使用光总线连接处理器并使用光波而不是电信号总线在处理器之间传输消息[19]。利用光波传送消息的优点是：光的高速播送能力，光信号（脉冲）的单向传输和单位长度的可预测的传输延迟。光波的后两个特性保证处理器能够以流水线方式同步并发访问光总线。这些优点加上光总线结构高效的广播和多播能力使得 LARPBS 计算模型十分适合于通信操作密集型的应用。

一个具有 n 个处理器的可重构光总线系统 LARPBS 如图 9.14 所示。

图 9.14 表明 LARPBS 系统中的处理器阵列是通过光总线连接的。每个处理器连接到带有两个有向耦合器的总线上，其中总线上段（称为传输段）的一个耦合

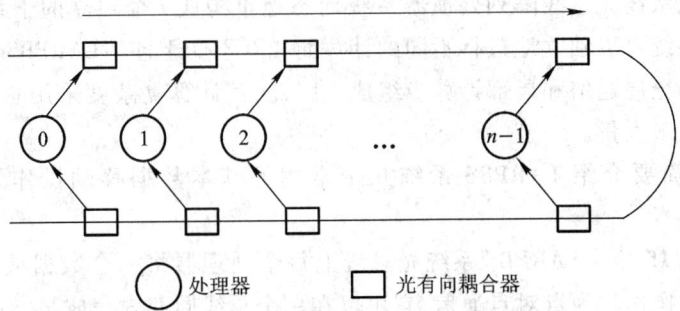

图 9.14 n 个处理器的可重构光总线系统计算模型

器用于发送消息,下段(称为接收段)的一个耦合器用于接收消息。消息以固定长度的消息帧形式组织。总线上段的光信号从左到右单向播送,下段的光信号自右至左单向播送。

定义 9.11 光总线的总线周期定义为总线上端 – 端的播送延迟,即等于光信号在整条总线上播送所需的时间。如果 τ 为光信号穿过相邻两个处理器之间的光距离所需的时间,那么光总线的总线周期长度等于 $2n\tau$。

在 LARPBS 系统中,每个处理器都有自己的条件延迟开关,该开关可设置成"直连接"和"交叉连接"两种状态。当开关被设置成"直连接"状态时,光信号从一个处理器播送到其最紧邻的处理器需要 τ 时间;如果开关被设置成"交叉连接"状态,那么光信号从一个处理器播送到其最紧邻的处理器所需的时间是 $\tau + \omega$,ω 为以秒计算的脉冲持续时间。假设每个消息有 b 个二进制位,每位用一个光脉冲表示,光脉冲存在表示 1,不存在表示 0。为了确保并发传输而不产生冲突,要求必须满足 $\tau > b\omega$。这一条件可以确保光总线上的处理器同时传输 n 条消息而不会产生冲突。

对于 LARPBS 计算模型,在每个传输总线部分和接收总线部分都插入一个光开关,这样每个处理器除了条件延迟开关外还有 6 个局部光开关,其中 3 个设置在接收总线段,另 3 个设置在发送总线段。设置在处理器 P_i 和 P_{i+1} 之间的接收和发送总线段上的开关分别称为 $RSR(i)$ 和 $RST(i)$,$i = 0 \sim n-1$。$RSR(i)$ 是 2×1 的光开关,$RST(i)$ 则是 1×2 的光开关,$i = 0 \sim n-1$。这些开关称为可重构开关。当所有开关被设置成"直连接"状态时,总线系统像常规的流水线总线系统那样工作。当 $RSR(i)$ 和 $RST(i)$ 被设置成"交叉连接"状态时,整个总线系统被划分成两个独立的子总线系统,其中一个子系统包含处理器 P_j,$1 \leq j \leq i$,另一个子系统包含处理器 P_l,$i+1 \leq l \leq n-1$,$0 \leq i \leq n-1$。光信号通过 $RSR(i)$ 和 $RST(i)$ 之间的发送段和接收段所需的时间等于 τ。因此,这两个子系统上的处理器可以像常规流水线总线系统那样工作。LARPBS 计算模型除了具有极强的通信能力外,它还可以任意地将一个流水线光总线阵列处理器系统动态地重构成 l 个独立的子系统,$2 \leq l \leq n$,这些子系统可以独立地进行不同的计算而相互不受干涉。LARPBS 系统的计算由一系列的全局通信和局部计算步组成。因此,其计算复杂度采用总线周期数和算术操作数来度量。

下面,简要介绍 LARPBS 系统几个常用的基本数据移动操作及其时间复杂度。

引理 9.15[19] LARPBS 系统光总线上每个处理器将一个数据项发送给另一个处理器的操作称为点对点通信,它可以在一个总线周期内完成。

引理 9.16[19] LARPBS 系统源处理器将其局部寄存器的数据值发送到光总

线上所有 n 个处理器的操作称为广播,广播操作可以在一个总线周期内完成。

引理 9.17[19]　LARPBS 系统源处理器将其局部寄存器的数据值发送到光总线上若干个处理器的操作称为一对多播送即多播。每个目标处理器在一个总线周期内可以接收源处理器发送来的数据。

引理 9.18[19]　假设 n 个数据分布在 LARPBS 系统的 n 个处理器中,每个处理器保存一个数据;并假设**活跃的**(Active)数据元素为 s 个,$1 \leq s \leq n$,所谓活跃元素依据其局部变量的值来标识。拥有活跃元素的处理器称为活跃处理器。将活跃元素移动到处理器 $P_{n-s} \sim P_{n-1}$ 的操作称为压缩。LARPBS 系统的压缩操作可以在 $O(1)$ 总线周期内完成。

引理 9.19[19]　对于具有 n 个处理器的 LARPBS 系统,每个处理器 P_i 保存一个二进制值 v_i,$0 \leq i \leq n-1$。求 $psum_i = \sum_{j=0}^{i} v_j$ 称为计算二进制值前缀和,$0 \leq i \leq n-1$。LARPBS 系统计算二进制值前缀和的操作可以在 $O(1)$ 总线周期内完成。

9.4.3　LARPBS 模型上允许 k-误配的近似串匹配并行算法

在这一节里,将给出两个处理器规模分别为 n 和 $m \times n$ 的 LARPBS 系统上的允许 k-误配的近似串匹配并行算法[16]。为方便讨论起见,假设 m 能整除 n。首先考虑处理器规模为 n 的 LARPBS 系统上的允许 k-误配的近似串匹配并行算法。设正文 $text[0:n-1]$ 存储在 LARPBS 系统的 n 个处理器中,其中处理器 P_i 存储正文字符 $text[i]$,$0 \leq i \leq n-1$。此外,处理器 P_i 包含有用于存储汉明距离的数组元素 $S[i]$ 和布尔数组元素 $TB[i]$,$0 \leq i \leq n-1$。初始时,将模式 $pat[0:m-1]$ 存储在处理器 $P_0 \sim P_{m-1}$ 中,即 P_j 存储模式字符 $pat[j]$,$0 \leq j \leq m-1$。

因为允许 k-误配的近似串匹配是通过计算模式与正文子串之间的汉明距离来实现的,所以如果能够将计算各个正文子串与模式之间的汉明距离的工作并行、独立地进行,那么就有可能实现允许 k-误配的近似串匹配过程的并行处理。在 n 个处理器的 LARPBS 系统设计允许 k-误配的近似串匹配算法的思想是:基于分组原理和重叠方法将正文和模式字符分布在总线系统上相应的处理器中,灵活地采用拆分总线和合并子总线的方法动态重构光总线系统,并充分利用光总线常数时间的消息播送和并行计算前缀和的技术,实现并行计算正文子串与模式之间的汉明距离,最后通过并行比较这些前缀和是否小于等于给定的错误阈值 k 的方法来完成允许 k-误配的近似串匹配问题的并行求解。

在 n 个处理器的 LARPBS 系统上设计的允许 k-误配的近似串匹配并行算法描述如下。

算法 9.13 LARPBS 系统上的允许 k-误配的近似串匹配并行算法

输入：模式 $pat[0:m-1]$，正文 $text[0:n-1]$ 和错误阈值 k。

输出：若 $ham(pat,text_i)\leq k$ 则输出模式在正文中的近似匹配起始位置 $i,0\leq i\leq n-m$。

begin

(1) $l\leftarrow 0$；处理器 P_0 将 k 广播到光总线系统上各个处理器中

(2) 长度为 n 的光总线系统 LARPBS 并发执行多播操作，其中处理器 P_j 将模式字符 $pat[j]$ 播送给处理器 $P_{(i\times m+j+l)\bmod n}$，$i=1\sim(n/m-1)$，$j=0\sim m-1$

(3) 将长度为 n 的光总线系统重构成 n/m 个长度为 m 的子总线系统，分别记为 LARPBS-i，$i=1\sim n/m$，如图 9.15 所示

(4) 各子总线系统 LARPBS-i 上所有处理器并行比较其存储器中正文字符 $text[(i-1)\times m+j]$ 和模式字符 $pat[j]$，若 $text[(i-1)\times m+j]=pat[j]$ 则执行 $B[(i-1)\times m+j]\leftarrow 0$，否则执行 $B[(i-1)\times m+j]\leftarrow 1$，$j=0\sim m-1$，$i=1\sim n/m$

(5) 各子总线系统 LARPBS-i 并行计算其上 m 个二进制值 $B[(i-1)\times m]\sim B[(i-1)\times m+m-1]$ 的前缀和 $psum_i$，然后执行点对点通信操作将 $psum_i$ 发送到处理器 $P_{(i-1)\times m+l}$ 的 $S[(i-1)\times m+l]$ 中，$i=1\sim n/m$

(6) $l\leftarrow l+1$，若 $l\leq m-1$，则将 n 个处理器重构成一个长度为 n 的光总线系统 LARPBS，然后各处理器并行执行点对点通信操作，其中若 $(i+l)\leq n-1$ 则处理器 P_{i+l} 将其存储器中的 $text[i+l]$ 发送至 P_i 的 $text[i]$ 中，$0\leq i\leq n-l-1$，然后转步(3)；否则执行步(7)

(7) 重构长度为 n 的光总线系统 LARPBS，处理器 P_i 比较 $S[i]$ 和 k 的大小，若 $S[i]\leq k$，则输出匹配起始位置 i，$0\leq i\leq n-1$

end

S_0	...	S_{m-1}	...	$S_{(i-1)\times m}$	...	$S_{i\times m-1}$	...	$S_{(n/m-1)m}$	...	S_{n-1}
B_0	...	B_{m-1}	...	$B_{(i-1)\times m}$	...	$B_{i\times m-1}$	...	$B_{(n/m-1)m}$	...	B_{n-1}
$text_0$	...	$text_{m-1}$	...	$text_{(i-1)\times m}$	...	$text_{i\times m-1}$	...	$text_{(n/m-1)m}$	...	$text_{n-1}$
pat_0	...	pat_{m-1}	...	pat_0	...	pat_{m-1}	...	pat_0	...	pat_{m-1}
LARPBS-1			...	LARPBS-i			...	LARPBS-n/m		

图 9.15 n/m 个光总线子系统及其正文和模式字符的分布情况

定理 9.9 在 n 个处理器的可重构光总线系统 LARPBS 上实现的允许 k-误配的近似串匹配并行算法的时间复杂度为 $O(m)$。

证明 由引理 9.16 可知，算法 9.13 的第(1)步的广播操作可以在常数时间内完成。由引理 9.17 知道，多播操作可在一个总线周期内完成，因此，算法的第(2)步并发执行多播通信所需的时间为 $O(1)$。第(3)步的子总线系统重构工作可

以在常数时间内完成。显然,第(4)步的并行比较操作所需的时间为 $O(1)$。由引理 9.19 知道,求任意 n 个二进制值的前缀和可以在一个总线周期内完成,并且由引理 9.15 知道,点对点通信操作也可以在一个总线周期内完成,因此,第(5)步的并行操作仅需要 $O(1)$ 时间。同样,算法第(6)步的总线系统重构操作和并发的点对点通信操作所需的时间均为 $O(1)$。算法的第(3)~(6)步共迭代 m 次。算法第(7)步的并行比较和输出操作可以在常数时间内完成。

因此,对于 n 个处理器的可重构光总线系统 LARPBS,允许 k-误配的近似串匹配并行算法的时间复杂度为 $O(m)$。□

进一步地,能否在 LARPBS 系统上设计一个常数时间复杂度的允许 k-误配的近似串匹配并行算法?为此,将 $m \times n$ 个处理器的可重构光总线系统 LARPBS 逻辑上看成由 m 个长度为 n 的总线子系统组成,并将处理器分别编号为 $P_i, 0 \leq i \leq n \times m - 1$。初始时,将正文存储在处理器 P_i 的 $text[i]$ 中, $0 \leq i \leq n-1$;而模式则存储在处理器 P_j 的 $pat[j]$ 中, $0 \leq j \leq m-1$。$S[0: n \times m - 1]$ 为中间数组,用于保存正文字符的位置,而数组 $PS[0: n \times m - 1]$ 用于保存正文子串与模式之间的汉明距离值,数组 $PO[0: n-1]$ 用于保存可能的匹配起始位置。假设特殊字符 "#" $\notin \Sigma$。

此时,在 $m \times n$ 个处理器的可重构光总线系统 LARPBS 上进行允许 k-误配的近似串匹配并行处理的方法是:① 基于分组原理和重叠方法,并发地将模式和正文字符以及正文各起始下标值播送到总线系统上相应的处理器中;② LARPBS 系统上所有处理器并行执行比较操作,若其存储的模式字符和正文字符相等则产生值 0,否则产生值 1;③ 各个总线子系统并行求二进制值的前缀和;④ 执行并发播送前缀和的操作,并比较这些前缀和(汉明距离值)是否小于等于指定的错误阈值 k,若是则输出匹配起始位置。

在处理器规模为 $m \times n$ 的可重构光总线系统 LARPBS 上设计的允许 k-误配的近似串匹配并行算法形式描述如下。

算法 9.14 LARPBS 系统上的允许 k-误配的近似串匹配并行算法

输入:模式 $pat[0: m-1]$,正文 $text[0: n-1]$ 和错误阈值 k。

输出:若 $ham(pat, text_i) \leq k$ 则输出模式在正文中的近似匹配起始位置 i, $0 \leq i \leq n - m$。

begin

(1) 长度为 $n \times m$ 的总线系统 LARPBS 上各处理器 P_i 执行操作 $S[i] \leftarrow -1$, $0 \leq i \leq n \times m - 1$

(2) 长度为 $n \times m$ 的总线系统 LARPBS 执行广播操作将 k 播送给所有处理器

(3) 长度为 $n \times m$ 的总线系统 LARPBS 并发地执行多播操作,其中处理器 P_i 将正文字符 $text[i]$ 播送给处理器 $P_{j \times n + i}$ 的 $text[j \times n + i]$, $0 \leq i \leq n - 1, 0 \leq$

$j \leq m-1$

(4) 长度为 $n \times m$ 的总线系统 LARPBS 并发地执行点对点通信操作，其中处理器 $P_{j \times (n+1)+i}$ 将字符 $text[j \times (n+1)+i]$ 和正文起始位置 $(j+i)$ 分别发送给处理器 $P_{j \times n+i}$ 的 $text[j \times n+i]$ 和 $S[j \times n+i]$，$0 \leq i \leq n-j-1$，$0 \leq j \leq m-1$

(5) 将长度为 $n \times m$ 的总线系统 LARPBS 重构为 m 个长度为 n 的总线子系统 LARPBS-j，$0 \leq j \leq m-1$，m 个总线子系统并发地执行多播操作，其中处理器 $P_{j \times n}$ 判断 j 是否大于零，若等于零，那么 $P_{j \times n}$ 将特殊字符 "#" 发送给处理器 $P_{(j+1) \times n-j} \sim P_{(j+1) \times n-1}$ 对应的 $text[(j+1) \times n-j] \sim text[(j+1) \times n-1]$；否则 $P_{j \times n}$ 执行空操作，$0 \leq j \leq m-1$

(6) 重构一个长度为 $n \times m$ 的总线系统 LARPBS，并发地执行多播操作，其中处理器 P_j 将模式字符 $pat[j]$ 播送给处理器 $P_{i \times m+j}$ 的 $pat[i \times m+j]$，$0 \leq j \leq m-1$，$0 \leq i \leq n-1$

(7) 将长度为 $n \times m$ 的总线系统重构成 n 个长度为 m 的总线子系统，分别记为 LARPBS-i，$1 \leq i \leq n$。各总线子系统 LARPBS-i 上所有处理器并行比较其存储器中的正文字符 $text[(i-1) \times m+j]$ 和模式字符 $pat[j]$，若 $text[(i-1) \times m+j] = pat[j]$ 则执行 $B[(i-1) \times m+j] \leftarrow 0$，否则执行 $B[(i-1) \times m+j] \leftarrow 1$，$0 \leq j \leq m-1$，$1 \leq i \leq n$

(8) 各总线子系统 LARPBS-i 并行计算其上 m 个二进制值 $B[(i-1) \times m] \sim B[(i-1) \times m+m-1]$ 的前缀和 ps_i，将 ps_i 保存在处理器 $P_{(i-1) \times m}$ 中，$1 \leq i \leq n$

(9) 重构一个长度为 $n \times m$ 的总线系统，并发地执行点对点通信操作，其中处理器 $P_{j \times n+i \times m}$ 将 $S[j \times n+i \times m]$ 发送给处理器 $P_{j+i \times m}$ 的 $PO[j+i \times m]$，$1 \leq j \leq m-1$，$0 \leq i \leq n/m-1$

(10) 对于长度为 $n \times m$ 的总线系统，并发地执行点对点通信操作，其中处理器 $P_{(i-1) \times m}$ 将 ps_i 发送给处理器 P_{i-1} 的 p_s_{i-1}，$1 \leq i \leq n$

(11) 激活长度为 $n \times m$ 的总线系统上 n 个处理器 P_{i-1}，$1 \leq i \leq n$；处理器 P_{i-1} 比较汉明距离 p_s_{i-1} 和 k 的值，若 $p\_s_{i-1} \leq k$ 则输出匹配起始位置 $PO[i-1]$，$1 \leq i \leq n$

end

例 9.8 正文 $text = abcdabceg$，$n = 9$，模式 $pat = abh$，$m = 3$，错误阈值 $k = 1$，算法 9.14 的执行过程如图 9.16 所示。图 9.16 最后一行中的斜黑体数字标出的就是模式 "*abh*" 在正文 "*abcdabceg*" 中产生近似匹配的起始位置，即模式在正文起始位置 0 和 4 处产生允许 1 个字符错误的近似匹配。□

P	0	1	2	3	4	5	6	7	8	9	10	11	12	13	14	15	16	17	18	19	20	21	22	23	24	25	26
text	a	b	c	d	a	b	c	e	g	b	c	d	a	b	c	e	g	#	c	d	a	b	c	e	g	#	#
pat	a	b	h	a	b	h	a	b	h	a	b	h	a	b	h	a	b	h	a	b	h	a	b	h	a	b	h
S	0	1	2	3	4	5	6	7	8	1	2	3	4	5	6	7	8	-1	2	3	4	5	6	7	8	-1	-1
B	0	0	1	1	1	1	1	1	1	1	1	1	1	1	1	1	1	0	0	1	1	1	1	1	1	1	1
ps	1		3						3				3				3										
p_s	1	3	3	3	1	3	3	3																			
PO	**0**	1	2	3	**4**	5	6	7																			

图 9.16 允许 k-误配的近似串匹配并行算法在 $n \times m$ 个处理器的 LARPBS 系统上执行过程示例

定理 9.10 对于 $n \times m$ 个处理器的可重构光总线系统 LARPBS,允许 k-误配的近似串匹配并行算法的时间复杂度为 $O(1)$。

证明 算法 9.14 第(1)步的并行赋初值操作所需时间为 $O(1)$。由引理 9.16 知道,算法第(2)步的广播操作可以在一个总线周期内完成。由引理 9.17 可知,算法第(3)步的多播操作也可以在一个总线周期内完成。由引理 9.15 知道,算法第(4)步并发执行点对点通信操作所需的时间为 $O(1)$。算法第(5)步的子总线系统重构工作可以在常数时间内完成,而且其并发多播操作也可以在一个总线周期内完成。同样,算法第(6)步的总线系统重构工作及其并发多播操作也可以在 $O(1)$ 时间内完成。

对于算法第(7)步,一方面,其子总线系统重构工作可以在一个总线周期内完成,另一方面,其并行比较操作所需的时间为 $O(1)$。由引理 9.19 知道,算法第(8)步的并发求二进制值前缀和的操作可以在一个总线周期内完成。算法第(9)步的总线系统重构工作及其点对点通信操作均可以在 $O(1)$ 时间内完成。算法第(10)步并发执行点对点通信操作,因此它可以在常数时间内完成。最后,算法第(11)步的并行匹配比较和输出操作所需的时间为 $O(1)$。

因此,对于 $n \times m$ 个处理器的可重构光总线系统 LARPBS,求解允许 k-误配的近似串匹配问题的并行算法可以在常数时间内完成。□

*9.5 最长公共子序列查找并行算法

最长公共子序列问题(Longest Common Subsequence Problem)简称 LCS 问题,它是一种特殊的近似串匹配问题,它仅允许对模式(正文)作"删除"和"插入"编辑操作但不允许作"替换"编辑操作。LCS 问题作为一种独立的研究问题被正式提出始于文献[13,20]。本节将讲述求解最长公共子序列问题的顺序和并行算法。

9.5.1 求解最长公共子序列问题的顺序算法

1. 基本定义

对于任意给定的一个字符串 $A[1:n]$,通过删除 $A[1:n]$ 中的若干个符号(字符),就得到它的子序列。下面,分别给出字符串的子序列、公共子序列和最长公共子序列的定义。

定义 9.12 对于任意给定的字符串 $A[1:n]$,如果存在一个严格递增的整数序列 $\{i_1, i_2, \cdots, i_l\}$,使得 $C[j] = A[i_j]$,那么称 $C[1:l]$ 为字符串 $A[1:n]$ 的子序列,其中 $1 \leq i_j \leq n, 1 \leq j \leq l, 1 \leq l \leq n$。

从定义9.12可知,可以通过删除字符串 $A[1:n]$ 的若干个字符来获得它的子序列。

定义 9.13 给定两个长度分别为 n 和 m 的字符串 $A[1:n]$ 和 $B[1:m]$,如果序列 $C[1:l]$ 既是字符串 $A[1:n]$ 的子序列又是字符串 $B[1:m]$ 的子序列,那么称 $C[1:l]$ 是字符串 $A[1:n]$ 和 $B[1:m]$ 的**公共子序列**(Common Subsequence),$1 \leq l \leq \min\{m,n\}$。

定义 9.14 给定两个长度分别为 n 和 m 的字符串 $A[1:n]$ 和 $B[1:m]$,如果 $C[1:l]$ 是字符串 $A[1:n]$ 和 $B[1:m]$ 的公共子序列,并且字符串 $A[1:n]$ 和 $B[1:m]$ 的其他公共子序列的长度都不超过 $C[1:l]$ 的长度,那么称 $C[1:l]$ 是字符串 $A[1:n]$ 和 $B[1:m]$ 的**最长公共子序列**(Longest Common Subsequence,LCS),$1 \leq l \leq \min\{m,n\}$。

定义 9.15 最长公共子序列(长度)问题是指,对于任意给定的两个长度分别为 m 和 n 的字符串 $A[1:n]$ 和 $B[1:m]$,求出两个字符串 A 和 B 的最长公共子序列(长度)。

从定义9.15可看到,最长公共子序列(LCS)问题实际上是允许 k-差别的近似串匹配问题的特例:它只允许对字符串 A 和 B 进行"插入"或者"删除"编辑操作,但不允许进行"替换"编辑操作,而且 A 和 B 的长度相差不悬殊。

我们将字符串 $A[1:n]$ 和 $B[1:m]$ 的最长公共子序列记为 $LCS(A[1:n], B[1:m])$ 或简记为 $LCS(A, B)$,它们相应的最长公共子序列的长度记为 $LLCS(A[1:n], B[1:m])$ 或简记为 $LLCS(A, B)$。在以下的讨论中,不妨假设 $m \leq n$。

2. 求 LCS 动态规划法

求解任意给定的两个字符串 $A[1:n]$ 和 $B[1:m]$ 的最长公共子序列的朴素方

法是:对于字符串 $A[1:n]$ 的每一个子序列,检测其是否为 $B[1:m]$ 的子序列并保存其中最长的那个公共子序列。由于字符串 $A[1:n]$ 共有 2^n 个子序列,所以这种求解方法是指数时间复杂度的算法,它不适用于较长的字符串的应用。

求解两个字符串 $A[1:n]$ 和 $B[1:m]$ 的最长公共子序列问题的最灵活、通用的方法是动态规划方法,其主要思想[21-23]是,通过不断地计算字符串 A 和 B 的越来越长的前缀之最长公共子序列的方法来实现。为此,设置一个规模为 $(m+1) \times (n+1)$ 的整数矩阵 $L[0:m,0:n]$,元素 $L[i,j]$ 存储字符串 A 和 B 的前缀子串 $A[1:i]$ 和 $B[1:j]$ 之最长公共子序列长度,即 $L[i,j] = LLCS(A[1:i],B[1:j])$,特别地,$L[m,n] = LLCS(A[1:n],B[1:m])$。$L[i,j]$ 的计算满足下列递归方程:

$$L[i,j] = \begin{cases} 0, 0 \le i \le n \\ 0, 0 \le j \le m \\ L[i-1,j-1]+1, 若 A[i] = B[j] \\ \max\{L[i-1,j],L[i,j-1]\}, 若 A[i] \ne B[j] \end{cases} \quad (9.11)$$

从递归方程式(9.11)可以看到,利用动态规划方法求解 LCS 问题的顺序算法的时空复杂度均为 $O(nm)$。可以从已计算好的矩阵 $L[0:n,0:m]$ 中使用 $O(nm)$ 时间恢复出字符串 A 和 B 的最长公共子序列,其方法是自 $L[n,m]$ 开始,沿着某条路径不断回溯,直到 $L[0,0]$ 为止。

算法 9.15 求 LCS 动态规划串行算法
输入:字符串 $A[1:n]$ 和 $B[1:m]$。
输出:$LCS(A[1:n],B[1:m])$。
begin
  (1) $i \leftarrow n, j \leftarrow m, LCS(A,B) \leftarrow \emptyset$
  (2) **if** $L[i,j] = L[i-1,j-1]+1$ **and** $A[i] = B[j]$
        then $LCS(A,B) \leftarrow LCS(A,B) \cup A[i], i \leftarrow i-1, j \leftarrow j-1$
        else if $L[i-1,j] > L[i,j-1]$ **then** $i \leftarrow i-1$
                        else $j \leftarrow j-1$
           end if
      end if
  (3) **if** $i > 0$ **and** $j > 0$ **then** goto (2) **end if**
end

为了加深理解求解任意给定两个字符串的最长公共子序列动态规划算法的执行过程,下面考察一个计算两个生物符号串的最长公共子序列(长度)的实例。

例 9.9 设字符串 $A = agcga$,字符串 $B = cagatagag$,应用动态规划算法求解 A 和 B 的最长公共子序列的过程见图 9.17。

		0	1	2	3	4	5	6	7	8	9
			c	*a*	*g*	*a*	*t*	*a*	*g*	*a*	*g*
0		**0**	**0**	0	0	0	0	0	0	0	0
1	*a*	0	0	**1**	1	1	1	1	1	1	1
2	*g*	0	0	1	**2**	**2**	**2**	**2**	2	2	2
3	*c*	0	1	1	**2**	**2**	**2**	**2**	2	2	2
4	*g*	0	1	1	2	2	2	2	**3**	3	3
5	*a*	0	1	2	2	3	3	3	3	**4**	**4**

图 9.17　应用动态规划算法求解两个字符串最长公共子序列长度的实例

图 9.17 中的斜黑体数字刻画了求解两个字符串 A 和 B 的最长公共子序列（长度）的轨迹（它就像一条"对角线"带状似的），这些斜黑体的数字标出了字符串 A 和 B 的前缀子串之最长公共子序列的长度。从图 9.17 可知 $LLCS(A,B)=4$，$LCS(A,B) = agga$。□

9.5.2　BSR 模型上求解最长公共子序列问题的并行算法

选择归约广播(Broadcasting with Selective Reduction, BSR)计算模型是一种新的并行计算模型，它是 PRAM-CRCW 理论模型的扩展[24-28]。BSR 计算模型的最基本、最重要的特征是：允许并行系统中所有处理器将数据广播（每个处理器广播一个数据）到共享存储器的某个单元中，每个存储单元从它所接收的数据中选取一个子集，将此子集的数据归结成一个值并保存在此单元中。文献[25]证明了实现 BSR 计算模型并不比实现 PRAM-EREW 模型需要更多的系统资源。

1. 基本的 BSR 并行计算模型

基本 BSR 并行计算模型具有如下参数：① n：处理器数目，处理器编号为 $PR_1 \sim PR_n$；② d_i：由处理器 PR_i 广播的数据，$1 \le i \le n$；③ σ：选择操作，可以是集合 $\{<, \le, =, \ge, >, \ne\}$ 中的任一种操作；④ t_i：由处理器 PR_i 广播的判别准则 σ 中的标志，$1 \le i \le n$；⑤ l_j：由处理器 PR_j 广播的判别准则 σ 中的一个有限的条件值，$1 \le j \le m, m \ge n$；⑥ $\Re$：二元结合归约运算符，$\Re \in \{\sum, \prod, \wedge, \vee, \oplus, \cap, \cup\}$，分别表示求和、乘积、与、或、异或、最大值和最小值操作；⑦ x_j：执行广播指令后存储单元的结果，$1 \le j \le m, m \ge n$。

BSR 计算模型的广播指令表示为：

$$x_j \underset{1 \le j \le m}{:=} \Re_{1 \le i \le n} d_i \mid t_i \sigma l_j$$

上述广播指令对于所有的 j 并行执行,$1 \leq j \leq m$。它的含义是:如果 $t_i \sigma l_j$ 条件得到满足,那么 d_i 被存储单元 x_j "接收",并使用二元结合归约运算 $\Re$ 将所有被 x_j "接收"的那些数据(集合)归约成单一的一个值并存储在共享存储器的 x_j 单元中。如果没有任何数据被存储单元 x_j "接收",那么 x_j 的值不受归约运算 $\Re$ 的影响。如果仅有一个数据被存储单元 x_j "接收",那么就将此数据的值赋予 x_j。值得注意的是,归约运算 $\Re$ 对所有 x_j 是并行执行的,$1 \leq j \leq m$。

文献[25]研究了使用排序和前缀计算电路来实现 BSR 计算模型:实现 BSR 计算模型所需电路与最优实现 PRAM 计算模型所需电路一样具有相同阶的 $O(n^2)$ 规模和 $O(\log n)$ 深度。

BSR 计算模型支持在一个时间步之内以异步读 ER、异步写 EW、并发读 CR、并发写 CW 和广播 BROADCAST 五种方式访问并行计算机系统的共享存储器。

2. k-判别准则的 BSR_k 并行计算模型

文献[26]将 BSR 计算模型扩展成拥有 k-判别准则的情形。k-判别准则的 BSR_k 计算模型的广播指令描述为:

$$x_j := \Re_{1 \leq i \leq n} d_i \mid \bigwedge_{1 \leq h \leq k} t(i,h) \sigma_h l(j,h)$$
$${\scriptstyle 1 \leq j \leq m}$$

k-判别准则 BSR_k 计算模型广播指令的含义是:如果对于所有的 h,$t(i,h) \sigma_h l(j,h)$ 条件都得到满足,$1 \leq h \leq k$,那么 d_i 被存储单元 x_j "接收",并使用二元结合归约运算 $\Re$ 将所有被 x_j "接收"的那些数据(集合)归约成单一的一个值并存储在共享存储器的 x_j 单元中。如果没有任何数据被存储单元 x_j "接收",那么 x_j 的值是不确定的。如果仅有一个数据被存储单元 x_j "接收",那么就将此数据的值赋予 x_j。同样,k-判别准则 BSR_k 计算模型广播指令的归约运算 $\Re$ 对所有 x_j 并行执行,$1 \leq j \leq m$。

文献[26]同时研究了使用 $n \times n$ 的 MESH 开关网络实现 k-判别准则 BSR_k 计算模型的问题,在这种实现方案中每个开关拥有 $O(k)$ 规模的组合电路、每个处理器拥有大小为 $O(k)$ 的局部存储器,实现 n 个处理器的 k-判别准则 BSR_k 计算模型所需的存储器和组合电路规模分别为 $O(nk)$ 和 $O(n^2k)$。

3. BSR^+ 并行计算模型

文献[27]进一步将 BSR_k 计算模型的 k-判别准则中的逻辑与运算扩充到 k 个变量的谓词函数的情形,从而产生了功能更强大的所谓的 BSR^+ 计算模型:

$$x_j := \Re_{1 \leq i \leq n} d_i \mid \wp(t(i,1)\sigma_1 l(j,1), t(i,2)\sigma_2 l(j,2), \cdots, t(i,k)\sigma_k l(j,k))$$
$${\scriptstyle 1 \leq j \leq m}$$

其中,$\wp(t(i,1)\sigma_1(j,1), t(i,2)\sigma_2(j,2), \cdots, t(i,k)\sigma_k(j,k))$ 是 k 个变量的谓词函数。文献[27]研究表明:通过增加一种新的比较器,可以使用与 BSR 计算模型相同的 $O(\log n)$ 深度、$O(n^2)$ 规模的电路实现 BSR^+ 计算模型,而且 BSR^+ 计算

模型的实现比 BSR_k 计算模型的实现更简单。

文献[28]研究了在 BSR 计算模型上算法执行的时间与工作量(执行代价)之间的关系:在 p 个处理器的 BSR 计算模型上求解输入规模为 n 的计算问题,并行算法所需的时间为 $\Omega\left(\dfrac{T^*(n)}{p^2}\right)$,其中 $T^*(n)$ 为求解此问题的串行(顺序)算法的时间复杂度;此外,当每个输入数据必须至少访问一次时,并行算法需要的时间为 $\Omega\left(\dfrac{T^*(n)}{p^2}+\dfrac{n}{p}\right), p<n$。如果某个问题在 p 个处理器的 BSR 计算模型上可以在 $O(1)$ 时间内求解,那么最优的串行(顺序)算法所需的时间不超过 $O(p^2)$。对于某个问题,如果在 n 个处理器的 BSR 计算模型上存在工作量(执行代价)最优的并行算法,那么很容易在 p 个处理器的 BSR 计算模型上获得工作量(执行代价)最优的并行算法,$p<n$。

4. BSR 模型上并行算法

现在,讨论在 BSR 计算模型上求解 LCS 问题的并行算法[29]。字符串 C 是字符串 A 和 B 的公共子序列当且仅当 $C=A[i_1]A[i_2]\cdots A[i_l]$ 并且 $C=B[j_1]B[j_2]\cdots B[j_l]$,其中 $1\le i_1<i_2<\cdots<i_l\le \min(m,n)$,$1\le j_1<j_2<\cdots<j_l\le \min(m,n)$,$1\le l\le \min(m,n)$。注意到 $1\le i_1<i_2<\cdots<i_l\le \min(m,n)$ 等价于 $0<i_1<i_2<\cdots<i_l\le \min(m,n)$,$1\le j_1<j_2<\cdots<j_l\le \min(m,n)$ 等价于 $0<j_1<j_2<\cdots<j_l\le \min(m,n)$。因此,若令 $i_0=0$ 和 $j_0=0$,则同时有 $i_0<i_1, i_1<i_2,\cdots, i_{l-1}<i_l$ 以及 $j_0<j_1, j_1<j_2,\cdots, j_{l-1}<j_l$ 成立,其中 $1\le l\le \min(m,n)$。于是有

$$\begin{cases} i_0<i_1 \& j_0<j_1 \& A[i_1]=B[j_1] \\ \& i_1<i_2 \& j_1<j_2 \& A[i_2]=B[j_2] \\ \cdots \\ \& i_{l-1}<i_l \& j_{l-1}<j_l \& A[i_l]=B[j_l] \end{cases}, 其中 i_0=0, j_0=0, 1\le l\le \min(m,n)$$

(9.12)

上式可以改写成如下形式

$$\underset{d=1}{\overset{l}{\&}}(i_{d-1}<i_d \& j_{d-1}<j_d \& A[i_d]=B[j_d]), 其中 i_0=0, j_0=0, 1\le l\le \min(m,n)$$

(9.13)

若 $A[i_d]=B[j_d]$ 则令 $M[i_d,j_d]=1$,否则令 $M[i_d,j_d]=0$,那么(9.13)式可以写成

$$\underset{d=1}{\overset{l}{\&}}(i_{d-1}<i_d \& j_{d-1}<j_d \& M[i_d,j_d]=1, 其中 i_0=0, j_0=0, 1\le l\le \min(m,n)$$

(9.14)

进一步地，若 $d<l$ 则令 $(d<l)=1$，否则令 $(d<l)=0$，那么(9.14)式可以写成

$$\underset{d=1}{\overset{\min(m,n)}{\&}}(i_{d-1}<i_d \& j_{d-1} \& j_d \& M[i_d,j_d]=(d<l)), \text{其中} i_0=0, j_0=0$$

(9.15)

在 BSR 计算模型上并行求解 LCS 问题的基本思路是：① 构造一个二进制值的矩阵 M，其中若字符 $A[i]$ 等于字符 $B[j]$，则元素 $M[i,j]=1$，否则 $M[i,j]=0$。② 对于所有使得 $M[i,j]=1$ 的 i 和 j，计算字符子串(前缀子串) $A[1:i-1]$ 和 $B[1:j-1]$ 的 LCS 的长度，并得到矩阵 D，其中元素 $D[i,j]=LLCS(A[1:i-1],B[1:j-1])$。③ 对于所有使得 $M[i,j]=1$ 的 i 和 j，计算字符子串(后缀子串) $A[i+1:n]$ 和 $B[j+1:m]$ 的 LCS 的长度，并获得矩阵 E，其中元素 $E[i,j]=LLCS(A[i+1:n],B[j+1:m])$。④ 通过合并第②和第③步得到的结果，就可以求出包含了 $A[i]=B[j]$ 的字符串 A 和 B 的 LCS 长度，并获得矩阵 F，其中若元素 $F[i,j]=\beta$，则字符 $A[i]=B[j]$ 是字符串 A 和 B 的长度为 β 的公共子序列的一个元素。因此，矩阵 F 中元素值最大者就是字符串 A 和 B 的 LCS 长度。

设字符串 A 和 B 的长度分别为 n 和 m，矩阵 M 有 $2nm$ 个元素，并行系统共有 nm 个处理器，则在 BSR 计算模型上求解 LCS 问题的并行算法形式描述如下。

算法 9.16 BSR 计算模型上的 LCS 并行算法

输入：字符串 $A[1:n]$ 和 $B[1:m]$。

输出：$LLCS(A[1:n],B[1:m])$。

begin

  (1) **for** $i=1$ **to** n **par-do**

    for $j=1$ **to** m **par-do**

      if $A[i]=B[j]$ **then** $M[i,j]\leftarrow 1$ **else** $M[i,j]\leftarrow 0$ **end if**

    end for

  end for

  (2) **for** $i=1$ **to** n **par-do**

    for $j=m+1$ **to** $2m$ **par-do**

      $M[i,j]\leftarrow 0$

    end for

  end for

  (3) **for** $i=n+1$ **to** $2n$ **par-do**

    for $j=1$ **to** m **par-do**

$M[i,j] \leftarrow 0$

end for

end for

(4) for $i = n+1$ to $2n$ par-do

　　for $j = m+1$ to $2m$ par-do

　　　　$M[i,j] \leftarrow 0$

　　end for

end for

(5) for $i = 1$ to n par-do

　　/* 计算 $D[i,j] = LLCS(A[1:i-1], B[1:j-1])$ */

　　for $j = 1$ to m par-do

　　　　if $M[i,j] = 1$ then

　　　　/* 条件 $i_l = i$ 和 $j_l = j$ 及 $M[i,j] = 1$ 表明 $M[i_d, j_d](1 \leq d \leq l-1)$ 位于 $M[i,j]$ 的左边 */

　　　　$D[i,j] = \bigcap\limits_{1 \leq l \leq \min(n,m), (\&_{d=1}^{\min(m,n)} (i_{d-1} < i_d \& j_{d-1} < j_d \& M[i_d, j_d] = (d<l))) \& (i_l = i) \& (j_l = j)} l$

　　　　/* ∩ 求最大值归约运算 */

　　　　else $D[i,j] \leftarrow 0$ end if

　　end for

end for

(6) for $i = 1$ to n par-do

　　/* 计算 $E[i,j] = LLCS(A[i+1:n], B[j+1:m])$ */

　　for $j = 1$ to m par-do

　　　　if $M[i,j] = 1$ then

　　　　$E[i,j] = \bigcap\limits_{1 \leq l \leq \min(n,m), (\&_{d=1}^{\min(m,n)} (i_{d-1} < i_d \& j_{d-1} < j_d \& M[i_d, j_d] = (d<l))) \& (i_0 = i) \& (j_0 = j)} l$

　　　　else $E[i,j] \leftarrow 0$

　　　　end if

　　end for

end for

(7) for $i = 1$ to n par-do

　　/* $F[i,j]$ 表示包含了字符 $A[i] = B[j]$ 的串 A 和 B 之间的

LCS 长度　*/
  for $j = 1$ **to** m **par-do**
   $F[i,j] \leftarrow D[i,j] + E[i,j] + M[i,j]$
  end for
 end for
 (8) $LLCS(A[1:n], B[1:m]) \leftarrow \bigcap\limits_{1 \leq i \leq n, 1 \leq j \leq m} F[i,j]$
end

  对于具有 nm 个处理器的 BSR 并行计算模型,算法 9.16 第(1)~(4)步的各步均可以在常数时间内完成。因为求最大值归约运算对于 BSR 计算模型来说可以在常数时间内完成,所以算法第(5)步所需时间为 $O(1)$。同理,算法第(6)步所需的时间也为 $O(1)$。显然,算法第(7)步所需的计算时间为 $O(1)$,第(8)步的求最大值归约运算需要 $O(1)$ 时间。因此,在 nm 个处理器的 BSR 计算模型上并行求解 LCS 问题可以在常数时间内完成,算法的空间复杂度为 $O(nm)$。

9.5.3 心动阵列处理器结构上求解最长公共子序列问题的并行算法

  人们已经在心动阵列处理器结构上设计了若干 LCS 并行算法[30-32],本节主要介绍文献[32]提出的半 MESH 心动阵列处理器结构上求解最长公共子序列问题的并行算法。记字符串 $A = A[1:n] = A[1] A[2] \cdots A[n]$,字符串 $B = B[1:m] = B[1]B[2] \cdots B[m]$, $m \leq n$,字符串 A 的逆记为 $\underline{A} = A[n] A[n-1] \cdots A[2]A[1]$,长度为零的空串用 ε 表示。字符串 A 和 B 的最长公共子序列 $LCS(A[1:n], B[1:m]) = A[i_1] A[i_2] \cdots A[i_l] = B[j_1] B[j_2] \cdots B[j_l]$, $1 \leq i_1 < i_2 < \cdots < i_{l-1} < i_l \leq n$ 且 $1 \leq j_1 < j_2 < \cdots < j_{l-1} < j_l \leq m$。记 $LLCS(i,j) = LLCS(A[1:i], B[1:j])$,引入 k-候选的概念以减少求解 LCS 问题所需要的存储空间:一个 k-候选是一对 (i,j),它使得 $A[i] = B[j]$ 并且 $LLCS(i,j) > k$。最小的 k-候选集 Ω_k 定义如下:

  定义 9.16　令 $\Omega_0 = \{(i,j) \mid LLCS(i,j) = 0, i \in [0 \cdots n], j \in [0 \cdots m]\}$, $\forall k \in [1 \cdots m], \Omega_k = \{(i,j) \mid LLCS(i,j) = k,$ 且 $LLCS(i-1,j) = LLCS(i,j-1) = LLCS(i-1,j-1) = k-1, i \in [0 \cdots n], j \in [0 \cdots m]\}$。

  如果需要恢复出字符串 A 和 B 的多于 1 个的最长公共子序列,那么可以在最小 k-候选集 Ω_k 的基础上进行扩展定义 Ψ_k:

  定义 9.17　令 $\Psi_0 = \Omega_0, \forall k \in [1 \cdots m], \Psi_k = \Omega_k \cup \{(i,j) \mid A[i] = B[j]$ 且

$LLCS(i,j) = LLCS(i,j-1) = k$ 且 $LLCS(i-1,j) = k-1$}。

设半 MESH 拓扑 T 是一个包含有 $m + (m-1) + \cdots + 2 + 1 = m(m+1)/2$ 个单元的心动阵列处理器结构[32],其中第 j 列用于保存(处理)字符串 B 的第 j 个字符,第 k 行用于保存(处理)Ψ_k(或者 Ω_k),$1 \leq k \leq j$,如图 9.18 所示。图 9.18 中的处理单元 $T_{k,j}$ 有两个寄存器 Q 和 R,Q 用于存储 $B[j]$,当且仅当 $(i,j) \in \Psi_k$ 时 R 的内容为 i 否则为 0。数据从 $T_{1,1}$ 输入,位于 $T_{k,j}$ 的数据经过互连通道 $A1$ 和 $I1$ 可以传送到 $T_{k,j+1}$,而经过互连通道 $A2$ 和 $I2$ 可以传送到 $T_{k+1,j+1}$。此外,在恢复最长公共子序列阶段,可以使用连接于 $T_{k,j}$ 和 $T_{k-1,j}$ 之间的通道 X 来求出最长公共子序列。

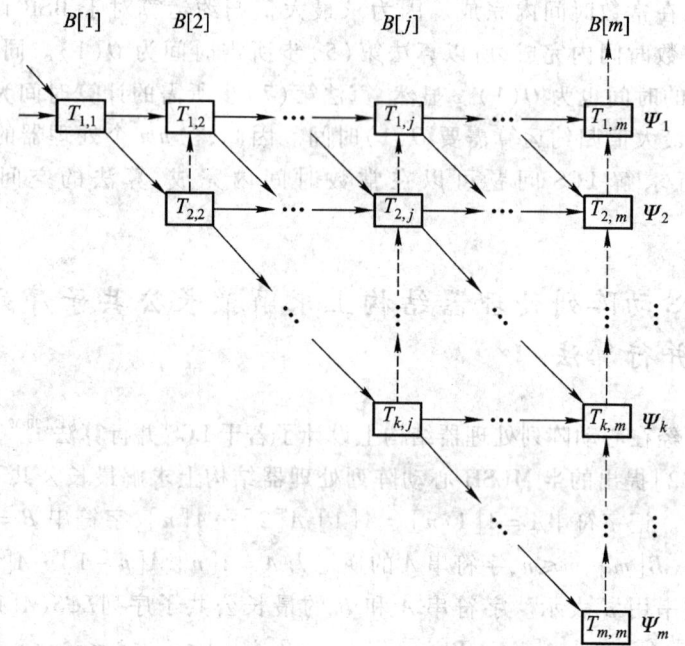

图 9.18 半 MESH 的心动阵列处理器结构

在半 MESH 心动阵列处理机结构上求解 LCS 问题的过程分为初始化寄存器 Q(存储串 B)、引(输)入串 A 和计算、抽取(恢复)LCS 三个步骤。在算法的第一步中,使用 $T_{1,1}$ 的通道 $A1$ 和 $A2$ 输入串序列 $B[m]B[m-1]\cdots B[1]$,并使用 $T_{1,1}$ 的通道 $I1$ 和 $I2$ 输入数据序列 $m, m-1, \cdots, 2, 1$;然后使用 $T_{k,j}$ 的通道 $A1_{out}$、$A2_{out}$、$I1_{out}$ 和 $I2_{out}$ 将 $B[j']$ 从 $T_{k,j}$ 经由 $A2$ 和 $I2$ 播送到 $T_{k+1,j+1}$ 并经由 $A1$ 和 $I1$ 播送到 $T_{k,j+1}$,如此进行下去直到将它播送到第 j' 列为止。在算法的第二步中,使用 $T_{1,1}$ 的通道 $A1$ 和 $A2$ 输入串序列 $A[1]A[2]\cdots A[n]$,并使用 $T_{1,1}$ 的通道 $I1$ 和 $I2$ 输入相应的下标 i 序列;然后,如果 $T_{k,j}$ 的 $R = 0$ 那么使用 $T_{k,j}$ 的通道 $A1_{out}$、$A2_{out}$、$I1_{out}$ 和 $I2_{out}$ 将 $(A[i],$

i)从 $T_{k,j}$ 经由 A1 和 I1 播送到 $T_{k,j+1}$，否则如果 $(R,j) \in \Psi_k$（即前面已经存储一个匹配），那么使用 $T_{k,j}$ 的通道 $A1_{out}$、$A2_{out}$、$I1_{out}$ 和 $I2_{out}$ 将 $(A[i],i)$ 经由 A2 和 I2 播送到 $T_{k+1,j+1}$。算法第三步沿着 X 通道对第 m 列中处理单元 $T_{k,m}$ 的信息进行处理以输出 LCS 结果，$1 \leq k \leq l$。

算法 9.17　半 MESH 心动阵列处理器结构上的 LCS 并行算法

输入：字符串 $A[1:n]$ 和 $B[1:m]$。

输出：$LCS(A[1:n], B[1:m])$。

begin

(1) 将字符串 B 的元素播送到心动阵列处理器结构中各自的目的单元

/* 初始化 */

(1.1) 通过 $T_{1,1}$ 的通道 A1 输入字符串 B 的逆序列

$B[m]\ B[m-1] \cdots B[1]$

(1.2) 通过 $T_{1,1}$ 的通道 I1 输入字符串 B 逆序列相应的下标序列 $m, m-1, \cdots, 2, 1$

(1.3) **for all** 每个处理单元 **par-do**

　if $I_{in} > 1$

　then $A1_{out} \leftarrow A2_{out} \leftarrow A_{in}, I1_{out} \leftarrow I2_{out} \leftarrow I_{in} - 1$

　else $Q \leftarrow A_{in}, R \leftarrow 0$

　end if

end for

(2) 将字符串 A 的元素播送到心动阵列处理器结构的最后一列

(2.1) 通过 $T_{1,1}$ 的通道 A1 输入字符串 A 序列 $A[1]A[2]\cdots A[n]$

(2.2) 通过 $T_{1,1}$ 的通道 I1 输入字符串 A 相应的下标序列 $1, 2, \cdots, n-1, n$

(2.3) **for all** 每个处理单元 **par-do**

　if $R = 0$ then

　　(i) if $A_{in} = Q$ then $R \leftarrow I_{in}$ end if

　　(ii) $A1_{out} \leftarrow A_{in}, I1_{out} \leftarrow I_{in}$

　else

　　(iii) $A2_{out} \leftarrow A_{in}, I2_{out} \leftarrow I_{in}$

　end if

end for

(3) 将心动阵列处理器结构中 $T_{k,j}$ 的信息传送到其右邻居 $T_{k,j+1}$

(3.1) $I1_{out} \leftarrow R$

(3.2) $X_{out} \leftarrow R$

(3.3) **for** $j = 1$ **to** $m - 1$ **do**

    (i) **if** $I1_{in} > 0$ **and** $((I1_{in} < X_{in})$ **or** $(X_{in} = 0))$

        then $R \leftarrow I1_{in}$

    end if

    (ii) $I1_{out} \leftarrow I1_{in}, X_{out} \leftarrow R$

end for

(4) **for** $j = 1$ **to** l **do** /* 从 $T_{1,m}$ 输出 LCS 的下标序列 */

    $X_{out} \leftarrow X_{in}$

end for

end

引理 9.20 经过执行 m 次算法 9.17 第(1)步和 $m + n - 1$ 次第(2)步之后可以确定出处理器 T 中所有 $\Psi_k (1 \leq k \leq m)$ 的信息。

证明 当执行算法 9.17 第(2)步时,处理器 $T_{k,j}$ 考虑输入项 $(A[i], i)$ 并根据 R 的内容测试 (i, j) 是否属于 Ψ_k,然后将它传送到 $T_{k,j+1}$ 或者传送到 $T_{k+1,j+1}$,$1 \leq i \leq n$。

第 1 个输入项 $(A[1], 1)$ 连续地被 $T_{1,1}$、$T_{1,2}$ 及 $T_{1,m}$ 处理。通过各个处理器执行算法第(2)步之后,显然有 $(1, j) \in \Psi_1$ 等价于 $T_{1,j}$ 中的 $R = 1, 1 \leq j \leq m$。

假设 $(i, j) \in \Psi_1$ 等价于 $T_{1,j}$ 中的 $R = i$ 成立,$1 \leq j \leq m$。那么,显然输入项 $(A[i+1], (i+1))$ 沿着 T 的第 1 行传输并且所有的 $(i+1, j) \in \Psi_1$ 存储于 T 中,直到在某个 $T_{1,j'}$ 得到 $R \neq 0$ 为止,其中 $j' > j$,然后将此数据项传送到下一行。

由定义 9.17 可知,不存在 $j'' \geq j$ 使得 $(i+1, j'') \in \Psi_1$,因此所有属于 Ψ_1 的 $(i+1, j)$ 均存储在 T 中,$1 \leq j \leq m$,也即 Ψ_1 存储在 T 中。类似地,可证明其他的 Ψ_k 存储在 T 中。□

引理 9.21 算法 9.17 能正确地将下标序列 $i_1, i_2, \cdots, i_{l-1}, i_l$ 设置在处理器 $T_{1,m}, T_{2,m}, \cdots, T_{l,m}$ 的寄存器 R 中,使得可以形成字符串 A 和 B 的最长公共子序列 $LCS(A[1:n], B[1:m]) = A[i_1]A[i_2]\cdots A[i_l], 1 \leq i_1 < i_2 < \cdots < i_{l-1} < i_l \leq n$。

证明 首先展示最长公共子序列第 l 个元素的获得。考察使得 $(i_l, j_l) \in \Psi_l$ 的最小的 j_l。当执行算法 9.17 第(3.1)、(3.2)步之后,T_{l,j_l} 在通道 $I1$ 上读到输入项 i_l 并在通道 R 中读到 $0(LLCS(A[1:n], B[1:m]) < l + 1)$ 意味着 $(i_{l'}, j_{l'}) \in \Psi_{l+1}$。因此,通过执行算法第(3.3)步之后,$T_{l,j_l}$ 的 R 被赋予 i_l。如此不断进行下去。通过算法第(3.3)步,将 i_l 在 T 中第 l 行播送直到到达第 m 列为止。当执行 $m - 1$ 次算法第(3.3)步之后,$T_{l,m}$ 中的 $R = i_l$。

假设已经获得最长公共子序列 C 的第 k 个元素。现在探讨最长公共子序列 C 的第 $k-1$ 个元素的获得。假设 T_{k,j_k} 的 $R = i_k$(j_k 是使得 $(i_k, j_k) \in \Psi_k$ 的最小者)并且 $A[i_k]$ 是最长公共子序列 C 的第 k 个元素(即执行 $m-1$ 次算法第(3.3)步之后,$T_{k,m}$ 的 $R = i_k$)。考虑使得 $(i_{k'}, j_{k'}) \in \Psi_{k-1}$ 的最小的 $j_{k'}$。当执行算法第(3.1)和(3.2)步之后 $T_{k-1,j_{k'}+2}$,在通道 $I1$ 读到 $i_{k'}$ 并且要么 $X_{\text{in}} = 0$(当且仅当 $j_{k'} + 1 < j_k$),此时结论成立;要么 $X_{\text{in}} = i_k$,由算法第(3.3)步将 $i_{k'}$ 赋予 R。如此继续进行下去,直到 $T_{k-1,m}$ 的 $R = i_{k'}$ 为止。□

因为算法 9.17 的第(4)步输出结果的操作执行 l 次,所以由引理 9.20 和引理 9.21 可得如下结果:

定理 9.11 $m(m+1)/2$ 个处理器的半 MESH 心动阵列处理器结构上 LCS 并行算法的时间复杂度为 $O(n + 3m + l)$。

例 9.10 字符串 $A = bcabcb$ 和 $B = abccb$ 的两个最长公共子序列分别是 $C = LCS(A[1:n], B[1:m]) = abcb$ 和 $C = LCS(A[1:n], B[1:m]) = bccb$,计算 A 和 B 最长公共子序列长度的矩阵如图 9.19 所示。

A\B	-	a	b	c	c	b
-	0	0	0	0	0	0
b	0	0	<u><u>1</u></u>	1	1	<u><u>1</u></u>
c	0	0	1	<u><u>2</u></u>	<u><u>2</u></u>	2
a	0	<u>1</u>	1	2	2	2
b	0	1	<u><u>2</u></u>	2	2	<u><u>3</u></u>
c	0	1	2	<u><u>3</u></u>	<u>3</u>	3
b	0	1	2	3	3	<u><u>4</u></u>

图 9.19 计算字符串 $A = bcabcb$ 和 $B = abccb$ 的 LCS 长度

图 9.19 中带双下画线数据是 Ω_k 的元素:$\Omega_0 = \varnothing$, $\Omega_1 = \{(1,2);(3,1)\}$, $\Omega_2 = \{(2,3);(4,2)\}$, $\Omega_3 = \{(4,5);(5,3)\}$, $\Omega_4 = \{(6,5)\}$, $\Omega_5 = \varnothing$;带单下画线数据是 Ψ_k 的元素:$\Psi_0 = \varnothing$, $\Psi_1 = \{(1,2);(1,5);(3,1)\}$, $\Psi_2 = \{(2,3);(2,4);(4,2)\}$, $\Psi_3 = \{(4,5);(5,3);(5,4)\}$, $\Psi_4 = \{(6,5)\}$, $\Psi_5 = \varnothing$。

在半 MESH 心动阵列处理器结构上求解字符串 $A = bcabcb$ 和 $B = abccb$ 的 LCS

算法执行初始化的过程如图 9.20 所示,其中 t_s 表示第 s 次执行算法第(1)步得到的结果,$s = 2 \sim 5$。

图 9.20 的结果表明,所有处理器的寄存器 Q 均被初始化并且寄存器 $R = 0$。算法 9.17 执行构造阶段的过程如图 9.21 所示,其中 t_s 表示第 s 次执行算法第(2)步得到的结果,$s = 1 \sim 6$。

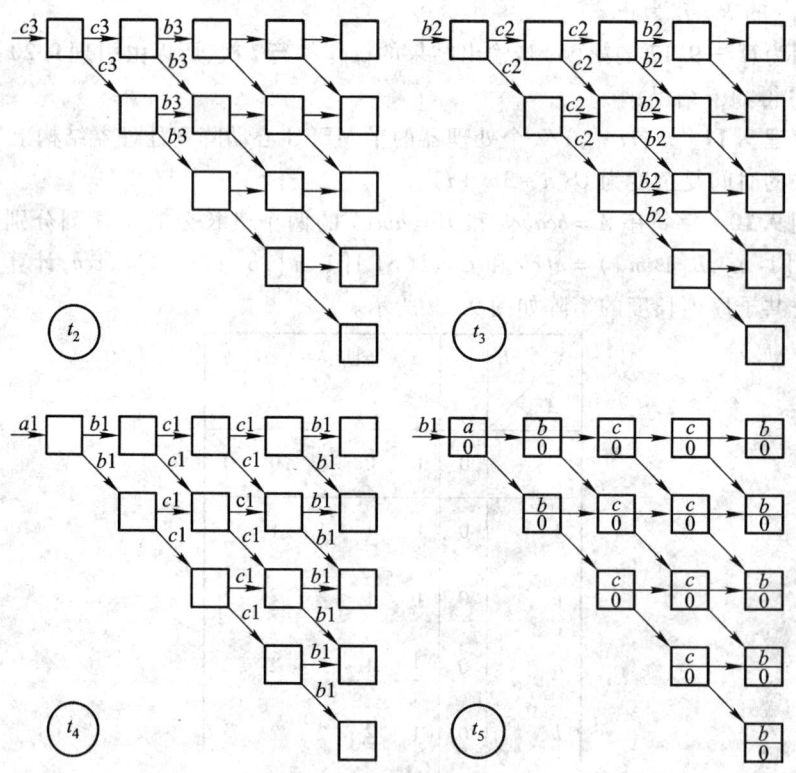

图 9.20 半 MESH 心动阵列处理器结构上执行 LCS 算法的初始化步骤过程

算法 9.17 执行抽取(恢复)阶段的过程如图 9.22 所示,其中 t_0 表示执行算法第(3.1)和(3.2)步之后得到的各处理器中寄存器 Q 和 R 的内容,t_s 表示第 s 次执行算法第(3.3)步之后得到的各处理器中寄存器 Q 和 R 的内容以及 X 的内容,$s = 1 \sim 4$。

从图 9.22 中最后一个图中处理器第 5 列的结果可以看到,通过 $T_{1,m}$ 输出字符串 $A = bcabcb$ 和 $B = abccb$ 的一个最长公共子序列 $C = A[3]A[4]A[5]A[6] = abcb$。
□

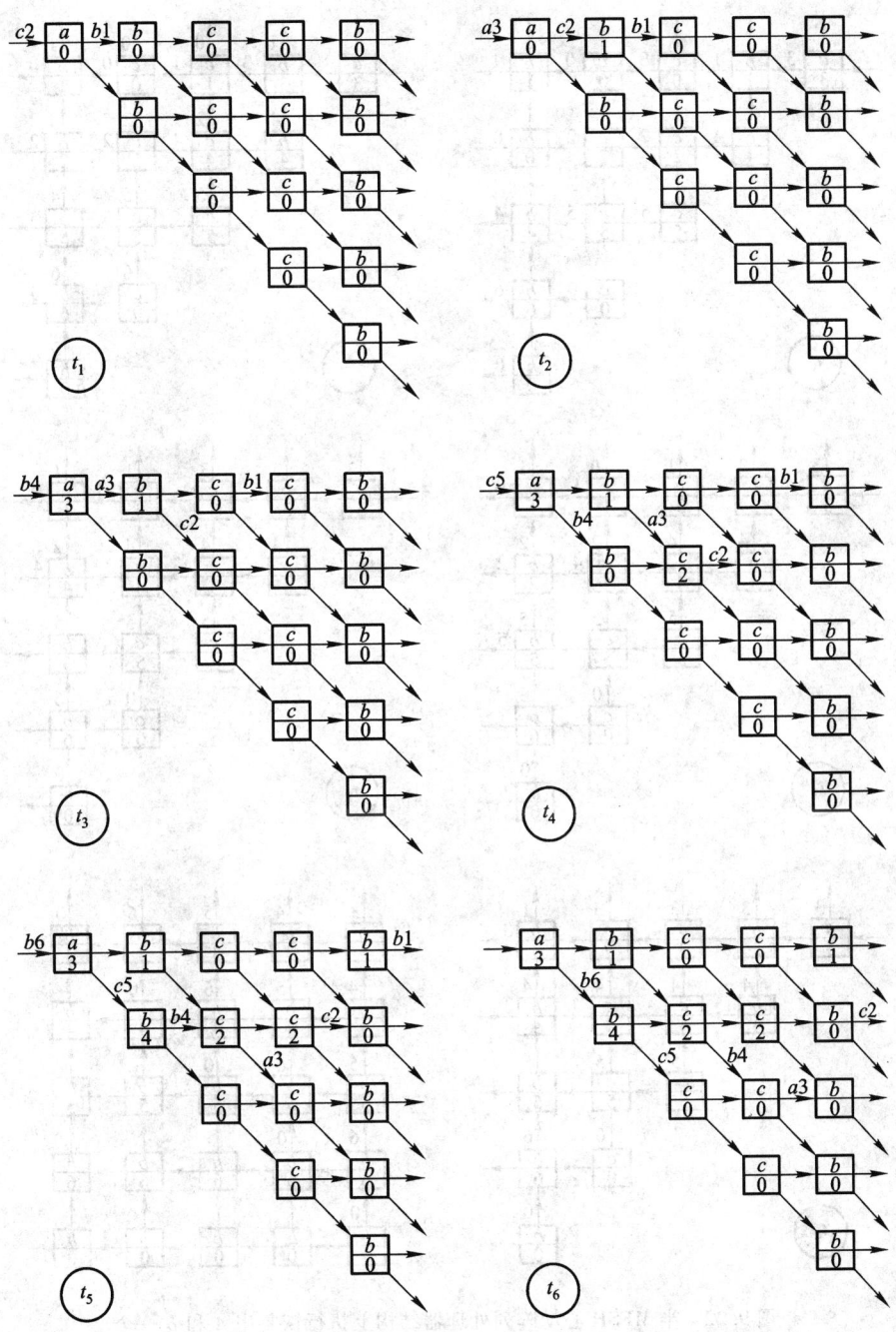

图 9.21 半 MESH 心动阵列处理器结构上执行 LCS 算法构造步骤的过程

第九章 串匹配

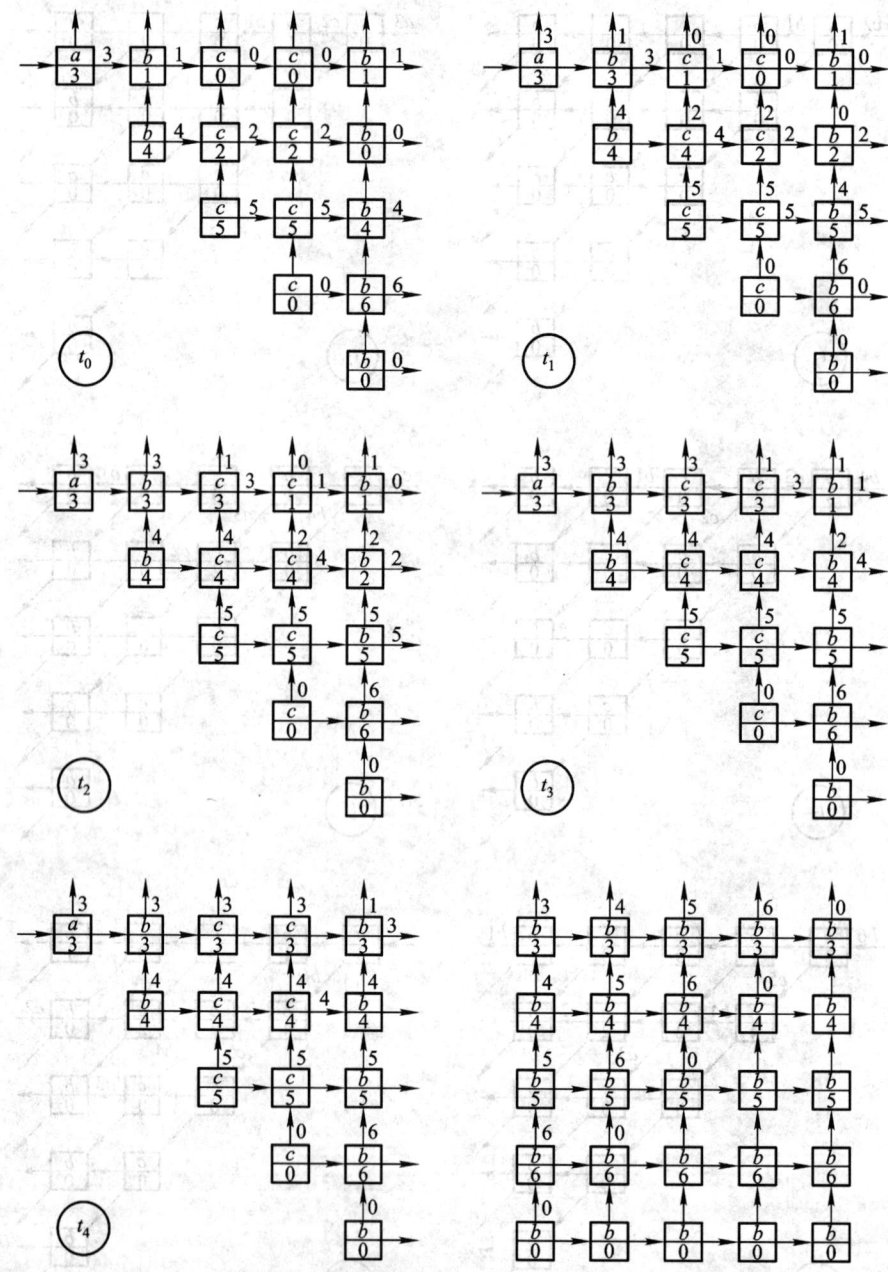

图 9.22 半 MESH 心动阵列处理器结构上执行恢复串 A 和 B 一个最长公共子序列的执行过程

习 题

9.1 给定定义在字符集 $\Sigma = \{a,b,c\}$ 上的一个字符串 $X = abaababaabaab$：
   (a) 求出此字符串的前缀和后缀；
   (b) 确定出此字符串的所有周期。

9.2 (a) 设 $X[1:m]$ 是一个具有周期 p 的字符串，试问子串 $X[1:p]$ 是周期的吗？
   (b) 假设 $X = u^k v$，其中 $|u| = p$，$|v| < p$，试问子串 uv 有一个小于 p 的周期吗？

9.3 给定模式串 $pat[1:m]$，失效函数 F 定义为 $F[1] = 0$ 和 $F[j] = j - D[j](j>1)$，其中 $D[j]$ 是前缀 $pat[1:j-1]$ 的周期，计算函数 $F[i]$ 的算法如下：

算法 9.18 计算失效函数 $F[i]$ 的顺序算法
输入：模式串 $pat[1:m]$。
输出：$F[k], 1 \leq k \leq m+1$。
begin
 (1) $F[1] \leftarrow 0, F[2] \leftarrow 1, k \leftarrow 2, j \leftarrow 1$
 (2) **while** $k \leq m$ **do**
  (2.1) **if** $pat[k] = pat[j]$ **then**
    $j \leftarrow j+1, k \leftarrow k+1, F[k] \leftarrow j$
   end if
  (2.2) **if** $pat[k] \neq pat[j]$ **then**
   (i) $j \leftarrow F[j]$
   (ii) **if** $j = 0$ **then**
    $k \leftarrow k+1, j \leftarrow -1, F[k] \leftarrow -1$
   end if
  end if
 end while
end

设 $pat = abcabcabcabcabcc, m = 16$，试计算 $F[1] \sim F[17]$；
证明此算法的正确性和时间复杂度为 $O(m)$。

9.4 试证明引理 9.6。提示：使用归纳法分别证明 $\tau_\sigma(W, u) \geq \tau_\sigma(\lfloor W/u \rfloor)$ 和 $\tau_\sigma(W, u) \leq \tau_\sigma(\lfloor W/u \rfloor)$。

9.5 设 $m + x\sigma^4 \ln(m+1) \leq n \leq 2m, l = \left\lceil \dfrac{1}{2} \log_\sigma \left(\dfrac{n-m}{\ln m} \right) \right\rceil$，其中 x 是一个正常数，满足对所有的正数 $y \geq x$，都有 $y > (\log y)^{12}$，并且 $d = n - m$，试证 $\dfrac{d}{l^2 \sigma^l} \geq 2l \cdot \ln(2m\sigma)$。

9.6 对于二维正文串 $text[1:n, 1:n]$ 和二维模式串 $pat[1:m, 1:m]$，试在可重构网孔机器 RMESH 上设计二维串匹配并行算法并分析其复杂度。

9.7 设模式串 $pat = bataa$，正文 $text = cabataabadaabctaa$ 和编辑距离 $k = 2$，试计算编辑距离矩阵 D 各元素的值。

9.8 请在 SMP 并行计算机系统上编程实现水平和斜向双并行计算编辑距离的允许 k-差别的近似串匹配并行算法。

9.9 试修改水平和斜向双并行计算编辑距离的允许 k-差别的近似串匹配并行算法使之适用于分布存储的机群并行计算系统。

9.10 设正文 $text = abcdabceagcd$，$n = 12$，模式 $pat = atc$，$m = 3$，错误阈值 $k = 1$，请给出在 LARPBS 系统上执行允许 k-误配的近似串匹配并行算法的过程。

9.11 设字符串 $A = cagcgag$，字符串 $B = cagatagaga$，试给出应用动态规划顺序算法求解 A 和 B 的最长公共子序列的过程。

9.12 试在可重构网孔结构 RMESH 上设计求解 LCS 问题的并行算法。

9.13 试修改基于 BSR 计算模型的 LCS 并行算法使之能够恢复出任意给定的两串的最长公共子序列。

9.14 设字符串 $A = agcga$，$B = cagatagag$，试计算 Ω_k 和 Ψ_k 的元素，并请给出在半 MESH 心动阵列处理器结构上执行 LCS 算法求解 A 和 B 的最长公共子序列的过程。

参 考 文 献

[1] Knuth D E, Morris J H, Pratt V R. Fast pattern matching in strings, SIAM Journal on Computing, 1977, 6:323-350.

[2] 朱洪, 陈增武, 段振华. 算法设计和分析. 上海：上海科学技术文献出版社, 1989.

[3] 陈国良, 林洁, 顾乃杰. 分布式存储的并行串匹配算法的设计与分析. 软件学报, 2000, 11 (6): 771-778.

[4] Karp R M, Rabin M O. Efficient randomized pattern-matching algorithms, IBM Research & Development, 1987, 31(2):249-260.

[5] Zhong C, Chen G L. A fast determinate string matching algorithm for the intrusion detection systems. Proceedings of 2007 International Conference on Machine Learning and Cybernetics, Vol. 6, IEEE, 2007, 3173-3177.

[6] Yao A C. The complexity of pattern matching for a random string. SIAM Journal on Computing, 1977, 8(3):368-387.

[7] McCreight E M. A space economical suffix tree construction algorithm. Journal of ACM, 1976, 23 (2):262-272.

[8] Apostolico A, Iliopoulos C, Landau G M, et al. Parallel construction of a suffix tree with applications. Algorithmica. 1988, 3(3):347-365.

[9] Aho A V, Corasick M J. Efficient String Matching: an aid to bibliographic search. Communications of ACM, 1975, 18(6):333-340.

[10] Baker T. A technique for extending rapid exact string matching to arrays of more than one di-

mension. SIAM Journal on Computing,1978,7:533-541.

[11] Miller R,Prasanna - Kumar V K,Reisis D I,et al. Parallel computations on reconfigurable meshes. IEEE Trans. On Computers,1993,C-42(6):678-692.

[12] Lee H C,Fikret Ercal. RMESH algorithms for parallel string matching. Proceedings of the 3rd Int. Symposium on Parallel Architectures,Algorithms,and Networks,1997,223-226.

[13] Wagner R A,Fischer M J. The string-to-string correction problem. Journal of ACM,1974,21(1):168-173.

[14] Needleman S B,Wunsch C D. A general method applicable to the search for similarities in the amino acid sequence of two proteins. Journal of Molecular Biology,1970,48:443-453.

[15] Sellers P H. The theory and computation of evolutionary distances;pattern recognition. Journal of Algorithms,1980,1(2):359-372.

[16] 钟诚,陈国良. PRAM 和 LARPBS 模型上的近似串匹配并行算法,软件学报,2004,15(2):159-169.

[17] Ukkonen E. On approximate string matching. Proceedings of Int. Conf. Found. Comput. Theory,Lecture Notes in Computer Science,Vol. 158,Berlin/New York :Springer-Verlag,1983,487-495.

[18] Navarro G. A guided tour to approximate string matching. ACM Computing Surveys,2001,33(1):31-88.

[19] Pan Y. Basic data movement operations on the LARPBS model. In K. Li,Y. Pan,S. Q. Zheng,Eds:Parallel Computing Using Optical Interconnections. Norwell,MA:Kluwer Academic Publishers,1998.

[20] Chvatal V,Klarner D A,Knuth D E. Selected combinatorial research problems. STAN-CS-72-292,Dept. of Computer Science,Stanford University,1972.

[21] Hirschberg D S. A linear space algorithm for computing maximal common subsequences. Communications of ACM,1975,18(6):341-343.

[22] Aho A V,Hirschberg D S,Ullman J D. Bounds on the complexity of the longest common subsequence problem. Journal of ACM,1976,23(1):1-12.

[23] Hirschberg D S. Algorithms for the longest common subsequence problem. Journal of ACM,1977,24(4):664-675.

[24] Akl S G,Guenther G R. Broadcasting with selective reduction. Proceedings of IFIP 11th World Computer Congress,New York:North-Holland,1989,515-520.

[25] Lorraine F L,Akl S G. An Optimal Implementation of Broadcasting with Selective Reduction. IEEE Transactions on Parallel and Distributed Systems,1993,4(3):256-269.

[26] Akl S G,Ivan S. Multiple criteria BSR:An implementation and applications to computational geometry problems. Proceedings of the 27th Annual Hawaii International conference on System Society,Vol. 2,1994,159-166.

[27] Limin X,Kazuo U,Akl S G,et al. An Efficient Implementation for the BROADCAST instruction of BSR$^+$. IEEE Transactions on Parallel and Distributed Systems,1999,10(8):852-863.

[28] Limin X, Kazuo U. On time bounds, the work-time scheduling principle, and Optimality for BSR. IEEE Transactions on Parallel and Distributed Systems, 2001, 12(9):912-921.

[29] Myoupo J F, Semé D. Time-effficient parallel algorithms for the longest common subsequence and related problems. Journal of Parallel and Distributed Computing, 1999, 57(2):212-223.

[30] Robert Y, Tchuente M. A systolic array for the longest common subsequence problem. Information Processing Letters, 1985, 21: 191-198.

[31] Lin Y C. New systolic arrays for the longest common subsequence problem. Parallel Computing, 1994, 20: 1323-1334.

[32] Guillaume L, Jean F M. Systolic-based parallel architecture for the longest common subsequences problem. Integration, the VLSI Journal, 1998, 25(1): 53-70.

*第十章 表达式求值

内容提要 本章介绍表达式求值的最优并行算法,它可以用于求解算术表达式和代数表达式。因为表达式求值一般是在表达式树上进行的,所以先要研究如何由全括号表达式构造表达式树,然后在表达式树上施行有关括号的操作;而在树上求值的过程类似于在树上自下而上的**填充**(Pebbling)游戏,所以先研究二叉树上的填充操作规则,然后以其为工具再来求取表达式的值;对于具有重复输入变量或重复子表达式的一般表达式,我们借助有向无环图仅研究了整数的加法和乘法运算的表达式求值;另外,我们还介绍了如何将正则表达式转换为非确定有限自动机的并行化 Hopcroft、Ullman 转换算法、有限自动机的确定化并行算法以及有限自动机的最小化并行算法。本章主要参考了文献[9]。

讲授要点 本章和下一章的内容涉及编译课程中的某些知识,所以建议读者可预习一下编译课程中的相关内容。本章讲授要点为:① 表达式树 ET 的构造:将表达式加括号形成全括号表达式;去掉操作符形成全括号序列;然后就可构造表达式树(图 10.1)。② ET 上表达式求值:利用 $reduce(x)$ 函数可检查括号配对情况(图 10.2);利用 $match(i)$ 函数可求出左、右括号的对应情况(图 10.3);利用 $move = (active, square, pebble)$ 三元组进行算术表达式求值(图 10.5)。③ 并行算术表达式求值:将表达式形成表达式树 ET(图 10.7);求各最大子树的相应子表达式之值,最后得到修改树 MT(图 10.8);删去可约简叶最后得到约简树 RT(图 10.9);在 RT 上施行 Pebbling 操作可计算出算术表达式之值。④ 一般算术表达式求值:将循环程序展开成直线程序,它可表示成 dag 图(图 10.10),这是 P 类问题中最难者之一;operator 全为 * 号时的表达式求值(图 10.11);operator 全为 + 号时的表达式求值(图 10.12)和 operator 仅为 * 和 + 时的表达式求值,它对应于 gbdag 图(图 10.13(b));使用 pebble game 操作可计算该表达式之值。⑤ 简单介绍从正则表达式到非确定自动机的并行化 Hopcroft、Hllman 转换算法、有限自动机的确定化并行算法以及有限自动机的最小化并行算法。

10.1 构造表达式树

本节介绍全括号表达式的表达式树、表达式树上的括号操作和 SIMD-SM 模型上计算 $match(i)$ 的并行算法[1]。

10.1.1 全括号表达式的表达式树

定义 10.1 所谓**全括号表达式**(Fully Bracketed Expressions)，就是表达式中每一个子表达式都由左括号"("和右括号")"括起来。

例如，算术表达式 $(a+b)*(c-(d+e))+f$（它通常以长度为 17 的数组存储）的全括号表达式为：$((((a)+(b))*((c)-((d)+(e))))+(f))$。为了找出全括号表达式的表达式树，通常可以不考虑操作数，而只考虑括号，于是上面的全括号表达式可简记为：$(((()())(()(()()))())()) $。用它构造**表达式树**(Expression Tree)时，如图 10.1 所示，树的每一节点相应于一对左右匹配的括号，其中内层括号的节点是次外层括号的子节点，相应于最外层的括号的节点是根节点，最内层括号是叶节点。

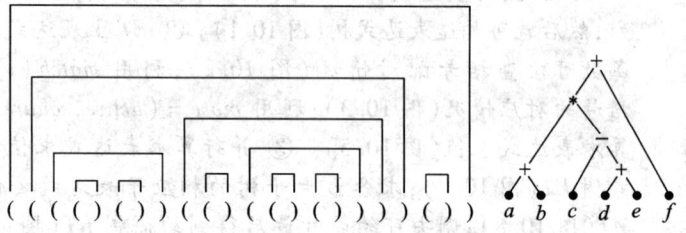

图 10.1 全括号表达式的表达式树

对于一个全括号表达式，如何判断括号序列的正确性（即左括号和右括号的数目相等）是很重要的；进而要找出各个左(右)括号相对应的右(左)括号。为此引入如下定义：

定义 10.2 **匹配函数**(Matching Function) $match(i)$，表示与表达式中位置 i 处的左(右)括号相匹配的右(左)括号的位置。

例如，在图 10.1 中，$match(1)=22$，$match(2)=19$，$match(3)=8$ 等。如果已经知道了全括号表达式的所有 i 的 $match(i)$ 的值，则其相应的表达式树就很容易得到。

定义 10.3 **简单表达式**(Simple Expressions)是由且仅由括号括起来的，同时每一括号内的部分,其形式为$((E_1)\text{OP}_1(E_2)\text{OP}_2\cdots(E_k))$,其中各$\text{OP}_i$的优先级是相同的。

能够用n个处理器在常数时间内找出任何简单表达式的表达式树。此方法很容易在$n/\log n$个处理器上用$\log n$的时间模拟之。为每个元素分配一个处理器。每对匹配的括号对应着一棵子树,子树的根是一个操作符,并且子表达式犹如一个操作数。可以设置指针以辨识每个相应于匹配括号对的根。对于每对匹配括号很容易找到其根。例如用对应于右括号的处理器,去检查其左边一个位置的符号。若该位置包含一常数或变量,那么根将是左边位置的操作符,否则那个位置就包含了一个右括号,而根就是该括号匹配的左括号的左边的一个操作符。分配给任一操作符的处理器可以轻易地找到该括号的左儿子和右儿子。若它的左操作符在当前的子表达式中,则左儿子为前一操作符,否则是操作符左边的操作数,而右儿子是它右边的操作数。

10.1.2 表达式树上的括号操作

1. 约简操作

定义 10.4 所谓一个正确的括号序列,是指序列中每个左(右)括号必存在着一个相应的右(左)括号。

一个括号序列是正确的,当且仅当使用消去相邻成对括号的办法,可将原一串括号序列约简成一个**空串**(Empty String)。在约简过程中,如果不能再进一步相消的序列,称为**不可约简序列**(Irreducible Sequence),记之为$reduce(\ )$。它一般取'$)$'^{i}('^{j}的形式,其中i和j是非负整数,表示相应半括号出现的总次数。例如,'$))((\ $' = '$)^2(^2$'。令 ⓡ 是不可约简序列的级联操作符。则$x$ ⓡ $y = reduce(x, y)$。例如'$)^2($'ⓡ'$)^3(^2$' = '$)^4(^2$'。此操作可算法化如下:

'$)^i(^j$'ⓡ'$)^k(^l$' = **if** $k \geqslant j$ **then** '$)^{i+k-j}(^l$' **else** '$)^i(^{l+j-k}$'

显然,如果i, j, k和l已知,则在单处理机上ⓡ操作的时间复杂度为$O(1)$。对于括号序列$((((\ )(\ ))(\ ))(\ )))$,在二叉树上的约简操作如图10.2所示。

2. 匹配函数的计算

在表达式树上用$O(\log n)$的时间也可计算出**匹配函数** $match(i)$:给定位置i处的左括号,在表达式树上,从i开始沿着一条唯一的路径,可以找到匹配的右括号,遍历树的时间最多为$2\log n$(自底向上和自顶向下)。具体实现方法是:每当正在自底向上访问一个覆盖叶p到q的节点时,则变量X记录了存储在位置$i+1$到q的子串**约简形式**(Reduced Form);而在自顶向下的过程中,变量X记录的是位置$i+1$到$p-1$的子串的约简形式。开始时X为空串。上述过程可

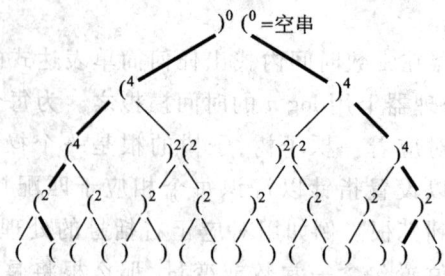

图 10.2 二叉树上的括号约简操作

以算法化如下：

算法 10.1 表达式树上计算匹配函数的算法

输入：全括号表达式，待匹配的半括号位置 i。

输出：相匹配的另一半括号位置，即 $match(i)$。

begin

    （1）**for** one step of the bottom-up **do** /* 自底向上的过程 */

        if 当前节点是一右儿子 **then** 移向父节点   /* X 不变 */

        else if $X ⓇQ$（右兄弟值）从右括号开始

        then 移向右兄弟并启动自顶向下的过程 /* X 不变 */

        else （ⅰ）$X \leftarrow X Ⓡ$（右兄弟值）

            （ⅱ）移向其父节点

        end if

        end if

    end for

    （2）**for** one step of the top-down **do** /* 自顶向下的过程 */

        if $X Ⓡ$（左儿子值）从右括号开始

        then 移向其左儿子

        else

            （ⅰ）$X \leftarrow X Ⓡ$（左儿子值）

            （ⅱ）移向其右儿子

        end if

    end for

end

图 10.2 中粗线段所组成的一条路径示出了求 $match(2) = 15$ 的行迹。

10.1.3 计算 $match(i)$ 的并行算法

下面介绍基于分段的思想,使用 $n/\log n$ 个处理器可在 $O(\log n)$ 时间内计算出 $match(i)$ 的并行算法。

算法 10.2 SIMD-SM 模型上求 $match(i)$ 的算法
输入:全括号表达式,待匹配的半括号位置 i。
输出:$match(i)$。
begin
  (1) 分段:将串分成长度为 $\log n$ 的 $n/\log n$ 个段,每段指派一个处理器
  (2) **for** 每个处理器 **par-do**
    (2.1) 每段用栈简化为一个不可约简串
    (2.2) 将各不可约简的串的第一左括号和最后一个右括号加标记
    (2.3) 计算已加标记的括号的 $match$ 值;并将计算出的位置也加标记。所标记的位置将序列分为细小的间隔,其中含左括号的称为左间隔,含右括号的称为右间隔
    (2.4) 给每一左间隔分配一个处理器顺序计算 $match(i)$
  end for
end

一般而言,如果 $match(l) = r$,且左间隔 $[l, l+1, \cdots, l+k]$ 相应于右间隔 $[r-k, r-k+1, \cdots, r]$,则 $match(l+i) = r-i, 1 \leq i \leq k$。

算法的每一段都需要 $O(\log n)$ 的时间,总共有 $n/\log n$ 个段(间隔),所以算法 10.2 的复杂度是:$p(n) = n/\log n, t(n) = O(\log n)$,因而算法是最优的。

定理 10.1 在共享存储的 SIMD 模型上计算 $match(i)$,可用 $n/\log n$ 个处理器于 $O(\log n)$ 时间内完成。

例 10.1 假定括号序列为 $((()()(()())(()()()()((()))())$,为表示方便,假定分为长度为 8 的 4 段。算法执行第(2.1)步的不可约简串为 $(((()(()$ $(())))$;第(2.2)步各段加标记(**粗黑括号**)后的序列为 $((((())(())(()))$;第(2.3)步所计算的 $match$ 值为:$match(1) = 16, match(6) = 3, match(7) = 10, match(11) = 14$。加标记后的序列为:$(((()(()(()))))$。细分的左间隔为 $((((((,$ 右间隔为 $))))))$;第(2.4)步后所计算的 $match$ 值为:$match(1) = 16, match(2) = 15, match(3) = 6, match(4) = 5, match(7) = 10, match(8) = 9, match(11) = 14, match(12) = 13$。整个的计算过程概括于图 10.3 中。□

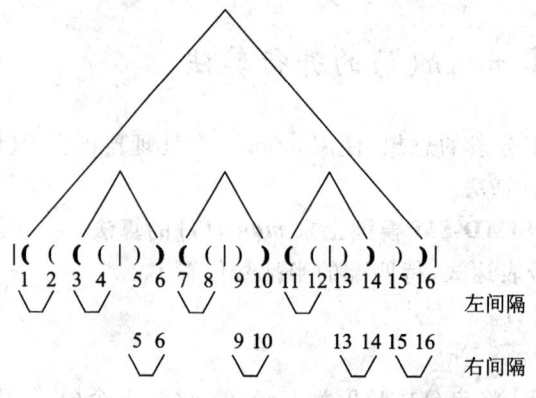

图 10.3 示例算法 10.2 的执行过程

10.2 填充游戏用于表达式求值

本节首先介绍二叉树上的填充游戏,然后介绍其用于算术表达式求值的线性时间算法和对数时间算法[2,3]。

10.2.1 二叉树上的填充游戏

二叉树上的**填充游戏**(Pebble Game)类似于表达式树上的**表达式求值**(Expression Evaluation)的过程。树中每个节点 v 都有与其类似的另一节点 $cond(v)$ 相关联。节点对 $(v, cond(v))$ 可以想象为其间的一条边。开始时,对于所有的 v, $cond(v) = v$。使用填充游戏的基本出发点是:填充一个节点,意味着在当前状态下与此节点相关联的处理器已有足够的信息处理该节点下的子树。开始时只有叶节点是被填充的。

定义 10.5 一个节点 v 是活动的,当且仅当 $cond(v) \neq v$,即 v 与 $cond(v)$ 之间有一条边。

填充游戏中的移动操作规则由以下三元组所定义,即 $move = (activate, square, pebble)$,其中

$activate$: **for** 所有非叶节点 v **par-do** /* 非叶节点 v */
　　(1) **if** v 是非活动的且只有一个儿子被填充 **then** $cond(v) =$ 另一儿子 **end if**
　　(2) **if** v 是非活动的且其两个儿子均被填充 **then** $cond(v) =$ 任一儿子 **end**

　　　　　if
　　end for
$square$: **for** 所有节点 v **par-do**
　　　　$cond(v) \leftarrow cond(cond(v))$
　　end for

　　$square$ 操作规则在一个完整操作 $move$ 中可执行多次，这与填充二叉树的高度有关，假定其高度为 m，则 $square$ 应执行 $\lfloor \log m \rfloor$ 次。这是希望一次操作在填充 v 节点时其相关联边为最大。

$pebble$: **for** 所有节点 v **par-do**
　　　　if $cond(v)$ 被填充 **then** 填充 v **end if**
　　end for

　　图 10.4 示例出二叉树上的 $activate$、$square$ 和 $pebble$ 操作过程。

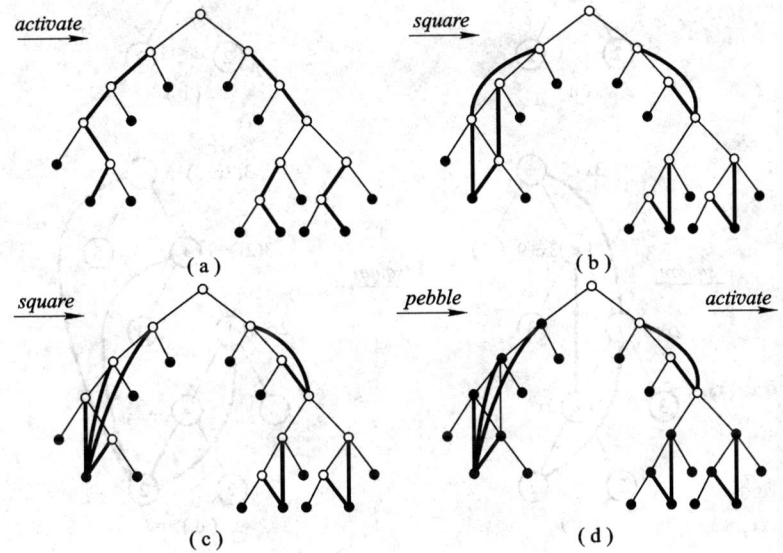

图 10.4　示例二叉树上的 $move$ 操作

　　如果填充游戏中的移动操作顺序为 $move = (activate, square, square, pebble)$，则下述定理是很关键的定理。

　　定理10.2　令 T 是 n 个叶子的二叉树。如果开始时只有叶子是被填充的，那么在 $\log n$ 步移动操作后，树根亦被填充。

10.2.2　填充游戏用于算术表达式求值

　　下面结合具体例子来讨论此问题。

试考虑算术表达式$(((3+(2*2))*3+5))$,其表达式树如图 10.5(a)所示。树中各叶节点为常数,非叶节点为操作符,各分配一个处理器,根节点是最终表达式之值。有两种求值算法:一是平易古朴的算法;另一种是填充游戏法。

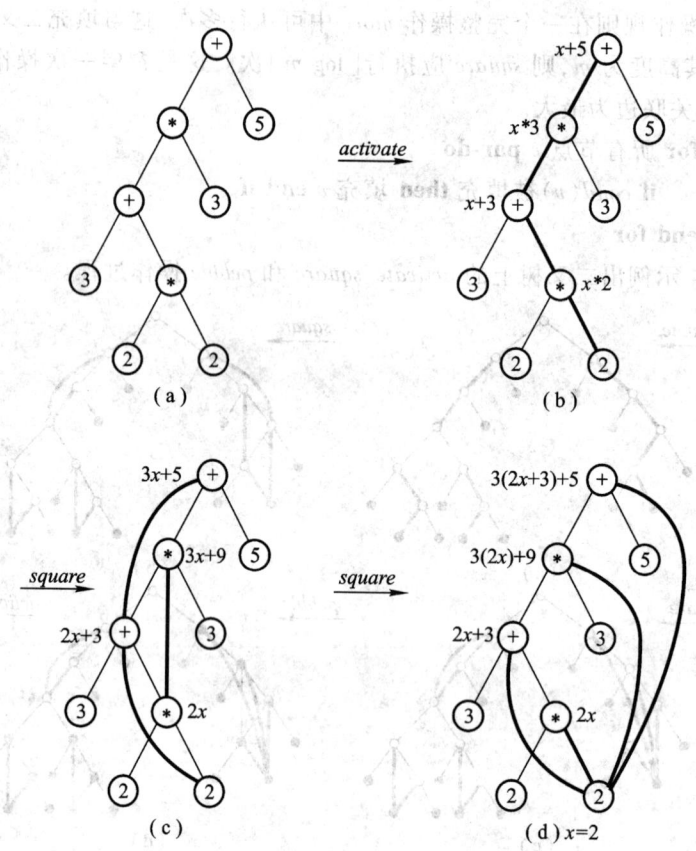

图 10.5 示例用填充游戏求算术表达式之值

1. 平易算法(Naive Algorithm)(线性时间)

repeat 'several' times
    for 所有节点 v par-do
        if v 之两子节点已被计算 then 就可计算 v 值 end if
    end for

这是一种上推的求值过程。实际上在任何时间只有一个处理器能工作,因此算法本质上是串行的。在本例中,several = 4。在最坏情况下,要重复树高 $\Omega(n)$ 次。

2. 填充游戏法（对数时间）[3]

假定节点 v 有两个子节点 v_1 和 v_2，如果 v_1 和 v_2 均未被计算，则分配给 v 的处理器就被挂起；如其中一个子节点（例如说 v_2）已被计算，则该处理器就可工作。定义函数 $f_v(x)$，它将使 v 的值与 $cond(v)$ 有关。开始时对所有的 v，$v = cond(v)$，因此 $f_v(x) = x$。在执行 activate 操作中，$cond(v) = v_1$。在具体应用 activate 操作时，要按照复合函数，重新将 $f_v(x)$ 定义为 $f_v(x) = f_v(x \diamond value(v_2))$，其中 $\diamond$ 是 x 处的操作符。在图 10.5 中，如果根节点为 v，其子节点 $v_2 = 5$，则执行 activate 命令时，$f_v(x) = x + 5$，所以如果子节点 v_1 是 x，则 $v = x + 5$。同样，在使用 square 操作时，也要按照复合函数重新将 $f_v(x)$ 定义为 $f_v(x) = f_v(f_{cond(v)}(x))$。在本例中，两次使用 square 操作后，就有 $f_{root}(x) = 3(2x+3) + 5$。pebble 操作后使根被填充。$f_{root}(x)$ 中的 x 值由 $cond(root)$ 的值提供。本例中 $x = 2$，所以表达式之值（相应于树的根之值）为 $3*(2*2+3)+5 = 26$。定理 10.2 可确保 $\log n$ 次移动就能计算出表达式的值，而平易古朴的算法却需要 $O(n)$ 次。

上述可能引起的问题是，每步移动的时间是否还是 $O(1)$？这取决于 $f_v(x)$ 的计算开销。当 x 为未知时，$f_v(x)$ 可能经过很多次复合，从而增加了其长度。例如在本例中，当执行 activate 操作后，$f_{root}(x) = x + 5$；第一次执行 square 操作后，$f_{root}(x) = ((x*3) + 5)$；第二次执行 square 操作后，$f_{root}(x) = ((((x*2)+3)*3) + 5)$。然而可使用代数化简法使 $f_v(x)$ 成为 $(ax+b)/(cx+d)$ 的形式，其中 a、b、c、d 为常数。开始时，$a = d = 1$，$b = c = 0$。如果 $f_{v_1}(x) = (a_1x+b_1)/(c_1x+d_1)$，$f_{v_2}(x) = (a_2x+b_2)/(c_2x+d_2)$，则 $f_{v_1}(f_{v_2}(x)) = (a_3x+b_3)/(c_3x+d_3)$，其中 $a_3 = a_1a_2 + b_1c_2$，$b_3 = a_1b_2 + b_1d_2$，$c_3 = a_2c_1 + c_2d_1$，$d_3 = b_2c_1 + d_1d_2$。因而可以使用 4 个常数 a、b、c、d 来描述任何 $f_v(x)$，它们都可以在 $O(1)$ 时间计算，所以 $f_v(x)$ 仍可以在 $O(1)$ 时间内计算。

类似地，也可以用填充游戏来计算有限域的代数表达式的值，而且具有相同的复杂度。下述定理反映了这一事实：

定理 10.3 使用并行的填充游戏法：① 在 SIMD-CREW 模型上，用 $O(n)$ 个处理器于 $O(\log n)$ 时间内可完成算术表达式的求值；② 在 SIMD-CREW 模型上，用 $O(n)$ 个处理器于 $O(\log n)$ 时间内可完成有限域的代数表达式的求值。

下一节将介绍本章最主要的算法，它将所使用的处理器数目减至 $n/\log n$。

10.3 最优的并行表达式求值算法

本节仅讨论 $+$、$-$、$*$、$/$ 的算术表达式的求值。很容易推广到有限域的代数表达式的求值上[4]。

算法 10.3　SIMD-CREW 模型上算术表达式求值的算法

输入：算术表达式的表达式树 ET。

输出：算术表达式之值。

begin

(1) /* 假定树叶处理器自左至右顺序编号；$\log n$ 是整数且 $n/\log n$ 可整除；树叶中存放了操作数 */

(1.1) 将叶子分成 $n/\log n$ 个连续段，每段长 $\log n$。

(1.2) 每段分配给一个处理器，按如下方式求部分表达式之值：将每个相应于最大子树（这种子树的每个叶子均包含在同一段中）的子表达式求值，最终将最大子树约简为单叶顶点，约简后的表达式树称为**修改树** MT(Modified Tree)。

(1.3) 将每段叶子在 $\log n$ 时间内约简为 $\backslash^i/^j$ 的形式。定义具有左儿子的顶点为'/'型的顶点；具有右儿子的顶点为'\'型的顶点。第一个'\'型的叶子和最后一个'/'型的叶子为不可约简的叶子，其他形式的叶子为可约简的叶子(找各子树中可约简叶的目的是为了算法第(2)步的需要)。

(2) 删去所有**可约简叶**(Reducible Leaves)(本质上讲，删去一个可约简叶就是树的局部重构)：在各段内每个处理器，首先自左至右删去'/'型可约简叶；然后再自右至左删去'\'型可约简叶。因为约简可在 $O(1)$ 时间内完成，而每段长度至多为 $\log n$，所以删去可约简叶的操作可在 $O(\log n)$ 时间内完成。删去的过程为：每一个内节点 v_i，指定一函数 $f_i(x)$，开始时 $f_i(x)=x$。假定 v_2 是一待删去叶，其值为 c，v_1 是一非叶节点，而 $father(v_1)$ 不是树根，于是 v_2 就可如图 10.6 所示那样删去(其中 $\diamond$ 是 v_3 的操作符)，此时 v_1 的函数值当然就是原来根在 v_3 的子树的值。所以删去可约简叶后的树和原来的树计算同一表达式之值。令 $cut(v_2)$ 是删去叶 v_2 的操作，删去 v_2 后，节点 v_1 将重新指定函数 $f_1(\ )$，且此时 v_1 就变成了 v_4 的儿子。定义 $involved(v_2)=\{v_1,v_2,v_3\}$，则 $cut(v)$ 和 $cut(v')$ 是不相关的，当且仅当 $involved(v) \cap involved(v')=\emptyset$。一组不相关的 cut 操作才能并行执行(不具有读写冲突)，而 $cut(v)$ 和 $cut(v')$ 的不相关，只有当 v 和 v' 是非连续的同类叶子才行。

(3) 算法第(2)步的结果是形成一棵 $O(n/\log n)$ 个叶子的二叉**约简树** RT (Reducible Tree)，其内节点(非叶节点)的数量级也是 $O(n/\log n)$。每一个内节点 v_i 都具有函数 $f_i(x)$ 和算术操作符。按照前节所讲的并行填充游戏方法，使用 $O(n/\log n)$ 个处理器，可在 $\log(n/\log n) =$

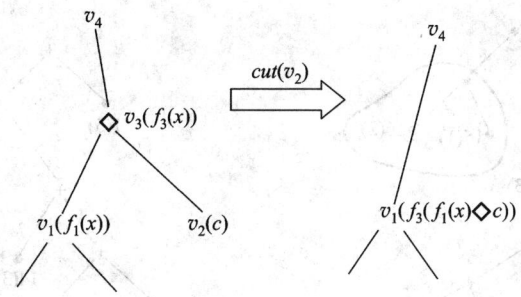

图 10.6　v_2 的删除

$O(\log n)$ 的时间内完成表达式的求值。

end

有限域的**代数表达式**(Algebraic Expressions)求值也可用类似方法求出,且具有相同的复杂度,下述定理反映了这一事实：

定理 10.4　① 在 SIMD-CREW 模型上,用 $n/\log n$ 个处理器于 $O(\log n)$ 时间内可完成算术表达式的求值；② 在 SIMD-CREW 模型上,用 $n/\log n$ 个处理器于 $O(\log n)$ 时间内可完成有限域的代数表达式的求值。

例 10.2　假定算术表达式已转换成图 10.7 所示的表达式树 ET。其中各叶节点已自左至右从 1 到 16 编了号,各叶节点括号中的数字是操作数。

第(1)步：将叶子分为四段：$(1,2,3,4)$、$(5,6,7,8)$、$(9,10,11,12)$ 和 $(13,14,15,16)$。每段分配给一个处理器；求各最大子树的相应子表达式之值,将各最大子树约简为一个单叶顶点,最后所得到的修改树 MT 如图 10.8 所示。将各段树叶分别约简为 '╱╱'、'╲╲'、'╱╱' 和 '╲╲' 等形式,其中各段不可约简叶分别为 2、5、10 和 13；可约简叶分别为 1、6、9 和 14。

第(2)步：在各段内删除所有可约简叶：首先删去第 1 段和第 3 段中的可约简叶 1 和 9,其结果如图 10.9(a)所示；其次删去第 2 段和第 4 段中的可约简叶 6 和 14,其结果如图 10.9(b)所示。删去叶 1、6、9 和 14 后,各段所包含的叶子分别为 (2)、$(5,7)$、(10) 和 $(13,15)$,其中第 2 段和第 4 段中的叶子 7 和 15 为可约简叶,删去后结果如图 10.9(c)所示。

第(3)步：对第(2)步最后所得到的约简树 RT(图 10.9(c)),用并行填充游戏方法可对其进行算术表达式求值。□

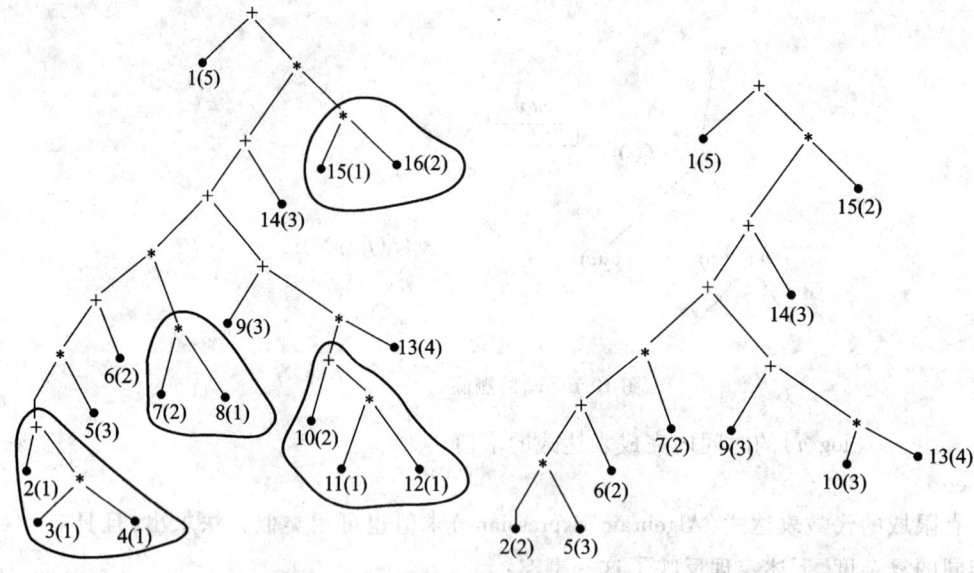

图 10.7 算术表达式的表达式树 ET　　　图 10.8 表达式树 ET 的修改树 MT

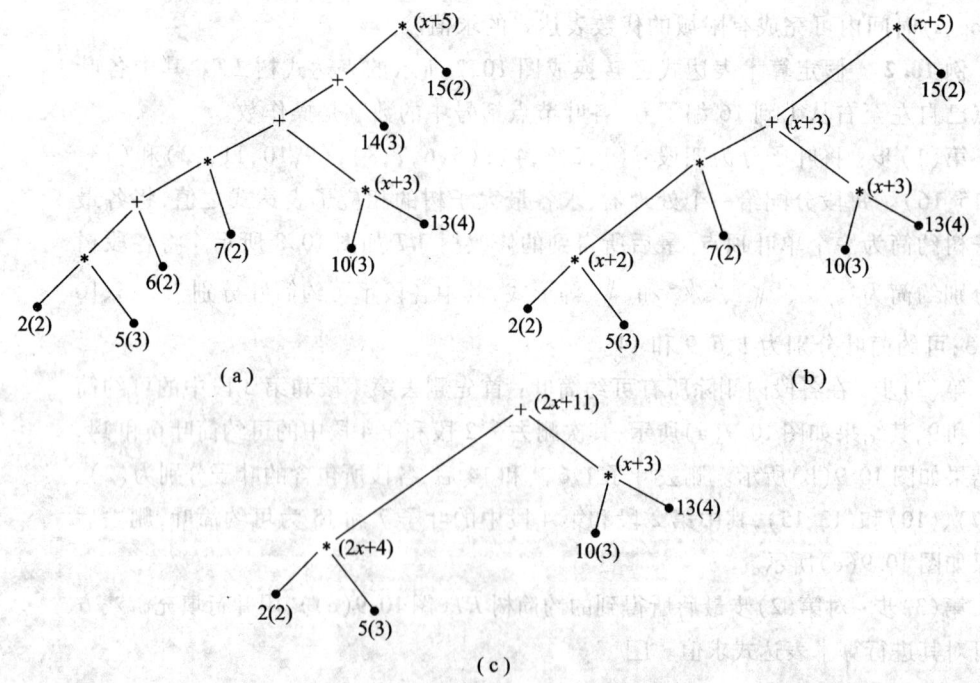

图 10.9 修改树 RT 的约简过程

10.4　一般表达式求值算法

当一个循环程序展开成直线程序时,该直线程序可表示成 dag 图,计算其值是 P 类问题中最难者之一。本节只限于讨论整数的 + 和 * 运算的一类算术表达式的求值[5,6]。

10.4.1　一般表达式与直线程序

本节讲述的一般表达式,是指具有重复输入变量或重复子表达式的**算术表达式**(Arithmetical Expressions)。当将一循环程序展开成非循环的所谓直线形式时,其执行过程会涉及重复子表达式的计算。如果仍用前述的表达式求值法,则效率是不高的。

定义10.6　**直线程序**(Straight Line Program) P 由一系列赋值语句所组成,其中第 i 个语句取 $v_i \leftarrow a \odot b$ 的形式,其中 $\odot$ 为二元操作符,a 和 b 为输入值或变量。

例如,表达式 $((x_1+x_2)+(x_1+x_2)*(x_2+x_3))*(x_1+x_2)*(x_2+x_3)$ 的表达式树 T 如图 10.10(a) 所示;有向无环图 G 如图 10.10(b) 所示;相应 T 的直线程序段为

$$v_1 \leftarrow x_1 + x_2$$
$$v_2 \leftarrow x_2 + x_3$$
$$v_3 \leftarrow v_1 * v_2$$
$$v_4 \leftarrow x_1 + x_2$$
$$\vdots$$
$$v_9 \leftarrow v_7 * v_8$$

而对应 G 的程序段为

$$v_1 \leftarrow x_1 + x_2$$
$$v_2 \leftarrow x_2 + x_3$$
$$v_3 \leftarrow v_1 * v_2$$
$$v_4 \leftarrow v_1 + v_3$$
$$v_5 \leftarrow v_4 * v_3$$

从原理上讲,一个直线程序均可表示成**有向无环图**(Directed Acyclic Graph) dag,而计算 dag 的值是 P 类(其时间是多项式的)问题中最难的问题之一。为此本节只限于讨论整数的 + 和 * 运算的一类算术表达式的求值。首先讨论操作符

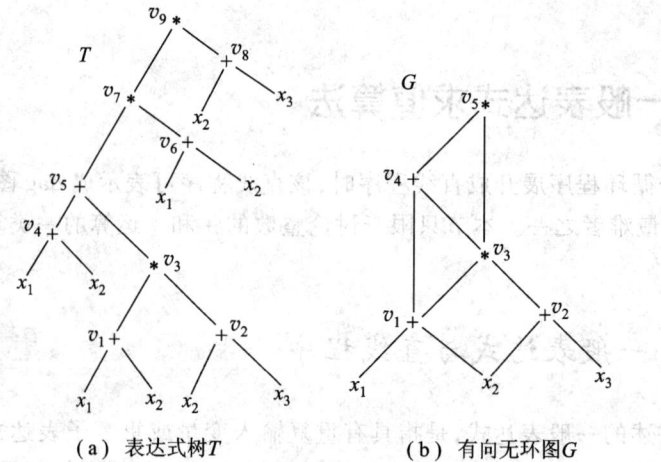

(a) 表达式树 T (b) 有向无环图 G

图 10.10 表达式的两种表达方法

均为 * 的表达式求值法;再讨论操作符均为 + 的表达式求值法;最后讨论操作符仅为 * 和 + 的表达式求值法。

10.4.2 仅有乘法操作符的 dag 的计算

如果一个程序由 dag 来表示,则先要对图的**度**(Degree)作形式定义如下:

定义 10.7 每个叶子的度为 1;加法操作符(+)之节点的度等于其子节点的最大的度;乘法操作符(*)之节点的度等于其他所有子节点的度之和;整个 dag 的度为其所有节点的最大的度。

例如,图 10.10 中 G 的度为 4。图 10.11(a)的度为 7。以下讨论仅限于一类度为多项式的 dag 图 G。

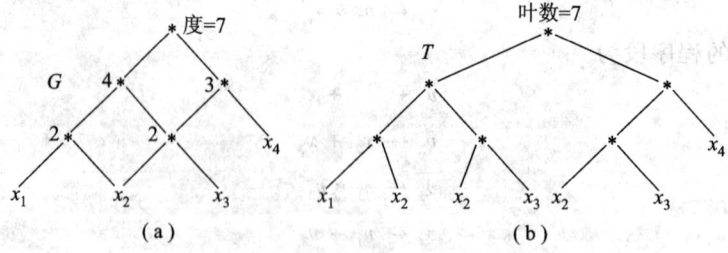

图 10.11 仅有 * 操作符的有向无环图 G 及其表达式树 T

从图 10.11 可以看出,仅有 * 操作符的 dag 图 G 之度数等于其表达式树 $T(G)$ 的叶节点数。因此 $T(G)$ 是这样的一棵树,使得在 T 和 G 中一组从根到叶的路径都相同。在此情况下,如果图 G 的度是多项式的,那么我们以前的并行填充游戏方法可成功地应用于图 G。填充 $T(G)$ 的根所需的时间正好与填充图 G 的根所需的时间相同。因此,如果度是不大的,且所有的节点都是乘法操作符节点,那么计算 G 可用与曾使用过的表达式树上的求值的有效并行算法。

10.4.3 仅有加法操作符的 dag 的计算

此时所有节点都是加节点,G 的度为 1,然而 $T(G)$ 的叶子数目可以是指数的,但这并不会造成任何问题。可以计算从根到叶 x_i 的路径数 Δ_i;然后在一个并行步中就可计算出值 $\Delta_i x_i$,再用 $\log n$ 的并行时间将这些值相加。

众所周知,在一个图中,从节点 i 到节点 j 之间长度为 k 的路径数为 $A^k(i,j)$,其中 A 为图的**邻接矩阵**(Adjacency Matrix),$A(i,j)$ 为矩阵元素,它可归纳定义为 $A^k(i,j) = \sum_s A^{k-1}(i,s) A(s,j)$,其中 $A^1(i,j) = A(i,j)$。

定义 10.8 在 dag 图的每一对节点 (i,j) 上,赋一非负数 $M(i,j)$,称其为**权**(Weight)或**重复因子**(Multiplicity),其中 M 为 dag 的邻接矩阵,因此,如果 $A(i,j) = 1$,则 $M(i,j) = 1$;如果 $A(i,j) = 0$,则 $M(i,j) = 0$。

显然计算 $M(i,j)$ 的过程相应于 dag 中从 i 到 j 的某一长度的路径数。

定义 10.9 出度为 0 的节点称为**陷**(Sink)。M_{sink} 是 M 的一部分,它相应于导向陷节点的一些边,并可定义为:如果 j 的出度为 0,则 $M_{\text{sink}}(i,j) = M(i,j)$;否则 $M_{\text{sink}}(i,j) = 0$。

因此,开始时 M_{sink} 相应于 dag 中那些入射到叶节点的边。

定义 10.10 实现 $M \leftarrow M * M + M_{\text{sink}}$ 的操作称为 $square''$ 操作。

显然执行 $\log n$ 次 $square''$ 操作后,矩阵 M 就给出了每个节点 i 和叶节点 j 之间的路径数 $M(i,j)$。例如图 10.12(a) 是表达式树的 dag 图;(b) 和 (c) 分别是执行

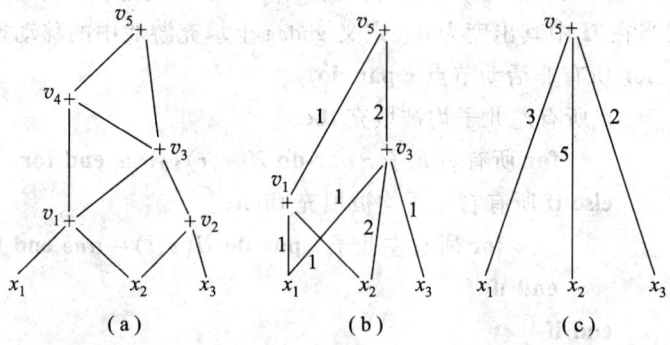

图 10.12 dag 图的 $square''$ 操作

第一次和第二次 square" 操作后的 dag 图,其中边上注明的数字是当前的 $M(i,j)$。注意在图(b)中省略了节点 v_2 和 v_4,可以看出根节点的值 $val(v_5) = 3x_1 + 5x_2 + 2x_3$。

10.4.4 gbdag 图和直线程序的计算

1. dag 到 gbdag 的转换

下面要引入**一般化的二元有向无环图 gbdag**(Generalized Binary Dag)的概念。一个 gbdag 图 G 是一个父节点、子节点和叶节点均有明确定义的图。对于每个非叶节点 v,定义 $Left(v)$ 为其左儿子集合,$Right(v)$ 是其右儿子集合,这两个集合可以相交,即在同一对节点之间可能存在着两条边,因此 gbdag 是一个**复图**(Multigraph)。令 $LW(v,w)$ 是从 v 到其左儿子 w 这条边上的权;$RW(v,w)$ 是从 v 到其右儿子这条边上的权。

如果一个 dag G 同时具有乘法和加法节点,那么要将其先转换成只有乘法节点或叶子的 gbdag G'。例如在图 10.13 中,图 10.13(a)为 dag G,图 10.13(b)是其相应的 gbdag G'。若 v 是 G 中乘法节点,v_1 和 v_2 是其两个子节点,则 $Left(v)$ 是从 v_1 出发的仅经过加法节点的乘法或叶节点 w 之集合;类似地,$Right(v)$ 是从 v_2 出发的仅经过加法节点的乘法或叶节点 w 之集合。$LW(v,w)$ 和 $RW(v,w)$ 分别对应于从 v 到其左儿子或右儿子 w 的路径数。在图 10.13(b)中,边上的数字就是 LW 和 RW,其中 RW 用粗黑线表示。使用 $\log n$ 次 square" 操作就可容易地在 n^3 个处理器上用 $O(\log n)$ 的时间完成上述转换。在转换过程中,G 中的乘法节点被视为叶(陷)节点。至此,就把直线程序的计算转化为 gbdag 根值的计算了。

2. gbdag 上的并行填充游戏

首先引入布尔矩阵 H,它是图的被激活边的邻接矩阵。H_{sink} 是 H 的一部分,相应于那些导向陷节点的边。H 的初值为 0,即无激活的边。一个节点是非激活节点,当且仅当在 H 中其出度为 0。定义 gbdag 上填充游戏中的移动操作如下:

activate' : **for** 所有非活动节点 v **par-do**
        if 所有左儿子均被填充 **then**
           for 所有右儿子 r **par-do** $H(v,r) \leftarrow true$ **end for**
        else if 所有右儿子均被填充 **then**
           for 所有左儿子 l **par-do** $H(v,l) \leftarrow true$ **end for**
        end if
        end if
    end for

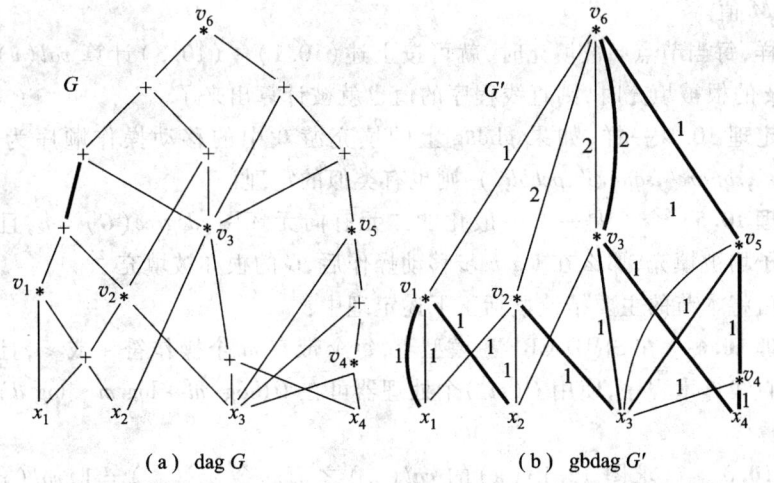

(a) dag G (b) gbdag G'

图 10.13 dag 到 gbdag 的转换

$square'$: $H \leftarrow H * H \vee H_{sink}$

$pebble'$: **for** 所有活动非叶节点 v **par-do**

  if 节点 w 被填充且满足 $H(v,w)$ **then**

   填充节点 v

  end if

 end for

这些操作与 $activate$、$square$ 和 $pebble$ 的主要差别是,现在有多个左儿子和多个右儿子。

3. 计算乘法节点的值和重复因子

如果 v 是一个未被激活的乘法节点,其 $Left = \{l_1, l_2, \cdots, l_k\}$,$Right = \{r_1, r_2, \cdots, r_j\}$,则

$$val(v) = (LW(v,l_1) * val(l_1) + \cdots + LW(v,l_k) * val(l_k)) \\ * (RW(v,r_1) * val(r_1) + \cdots + RW(v,r_j) * val(r_j)) \quad (10.1)$$

如果 v 是一个具有儿子 $s_1, \cdots, s_k$ 的激活的节点,令其重复因子 $M(v,s_i) = m_i$,则

$$val(v) = m_1 val(s_1) + m_2 val(s_2) + \cdots + m_k val(s_k) \quad (10.2)$$

在执行 $activate'$ 操作时如果 v 的所有左儿子 $\{l_1, l_2, \cdots, l_k\}$ 被填充,则对每个右儿子 r_i 置

$$M(v,r_i) \leftarrow (LW(v,l_1) * val(l_1) + \cdots + LW(v,l_k) * val(l_k)) * RW(v,r_i) \\ (10.3)$$

类似地,在执行 $activate'$ 操作时,如果 v 的所有右儿子被填充,则对其每个左儿

子设置 M 值。

这样,每当节点 v 被填充时,就可按上述 (10.1) ~ (10.3) 计算 $val(v)$。当最后 gbdag 的根被填充时,则直线程序的值也就被计算出来了。

和定理 10.2 一样,如果 gbdag 上的填充游戏中的移动操作顺序为 move = $(activate', square', square', pebble')$,则也有类似的定理:

定理 10.5 令 G 是一个一般化的二元有向无环图,$degree(G) = n$,且开始时所有叶子均被填充,那么在 $\log n$ 步移动操作后,G 的根亦被填充[2]。

最后将本节的主要结论概括于下述定理中:

定理 10.6 在 SIMD-CREW 模型上,每个带有 m 个操作符 + 或 *,且最大度为 d 的直线算术程序,使用 $O(m^3)$ 个处理器可在 $O(\log^2 m + \log m \cdot \log d)$ 时间内完成计算[2]。

例 10.3 试求图 10.13(a) 的 $val(v_6)$ 之值。令 $val(x_1) = 1, val(x_2) = 2, val(x_3) = 2, val(x_4) = 3$。

(1) 计算 $Left(v)$ 和 $Right(v)$:参照图 10.13(a) 有

$Left(v_1) = \{x_1\}, Right(v_1) = \{x_1, x_2\}; Left(v_2) = \{x_1, x_2\}, Right(v_2) = \{x_3\};$
$Left(v_3) = \{x_2\}, Right(v_3) = \{x_3, x_4\}; Left(v_4) = \{x_3\}, Right(v_4) = \{x_4\};$
$Left(v_5) = \{x_3\}, Right(v_5) = \{x_3, x_4\}; Left(v_6) = \{v_1, v_2, v_3\}, Right(v_6) = \{v_3, v_5\}$。

(2) 计算 $LW(i, j)$ 和 $RW(i, j)$:

$LW(v_1, x_1) = 1, RW(v_1, x_1) = 1, RW(v_1, x_2) = 1;$
$LW(v_2, x_1) = 1, LW(v_2, x_2) = 1, RW(v_2, x_3) = 1;$
$LW(v_3, x_2) = 1, RW(v_3, x_3) = 1, RW(v_3, x_4) = 1;$
$LW(v_4, x_3) = 1, RW(v_4, x_4) = 1;$
$LW(v_5, x_3) = 1, RW(v_5, x_3) = 1, RW(v_5, x_4) = 1;$
$LW(v_6, v_1) = 1, LW(v_6, v_2) = 2, LW(v_6, v_3) = 2, RW(v_6, v_3) = 2, RW(v_6, v_5) = 1$。

经过第(2)步计算后,G 就转换成图 10.13(b) 所示的 G'。其中粗黑线表示 $RW(i, j)$。

(3) 计算重复因子 $M(i, j)$:

执行 $activate'$ 操作。根据公式 (10.3) 有

$M(v_1, x_1) = (LW(v_1, x_1) * val(x_1)) * RW(v_1, x_1) = 1$
$M(v_1, x_2) = (LW(v_1, x_1) * val(x_1)) * RW(v_1, x_2) = 1$
$M(v_2, x_3) = (LW(v_2, x_1) * val(x_1) + LW(v_2, x_2) * val(x_2)) * RW(v_2, x_3) = 3$

同样可计算出:

$$M(v_3, x_3) = 2, \ M(v_3, x_4) = 2, \ M(v_4, x_4) = 2$$

$$M(v_5, x_3) = 2, M(v_5, v_4) = 2$$

执行 $activate'$ 操作,根据第(3)步计算的结果,可得图 10.14。

(4) 计算乘法节点之值

根据公式(10.1),有

$$val(v_1) = (LW(v_1, x_1) * val(x_1)) * ((RW(v_1, x_1) * val(x_1) + RW(v_1, x_2) * val(x_2))) = 3$$

$$val(v_2) = (LW(v_2, x_1) * val(x_1) + LW(v_2, x_2) * val(x_2)) * (RW(v_2, x_3) * val(x_3))) = 6$$

$$val(v_3) = 10, \quad val(v_4) = 6, \quad val(v_5) = 16$$

根据公式(10.3),有

$$M(v_6, v_3) = (LW(v_6, v_3) * val(v_3) + LW(v_6, v_2) * val(v_2) + LW(v_6, v_1) * val(v_1)) * RW(v_6, v_3)$$
$$= (2 * 10 + 2 * 6 + 1 * 3) * 2 = 70$$

$$M(v_6, v_5) = 35$$

执行 $square'$、$pebble'$、$activate'$ 操作,根据第(4)步计算的结果,得到图 10.15。

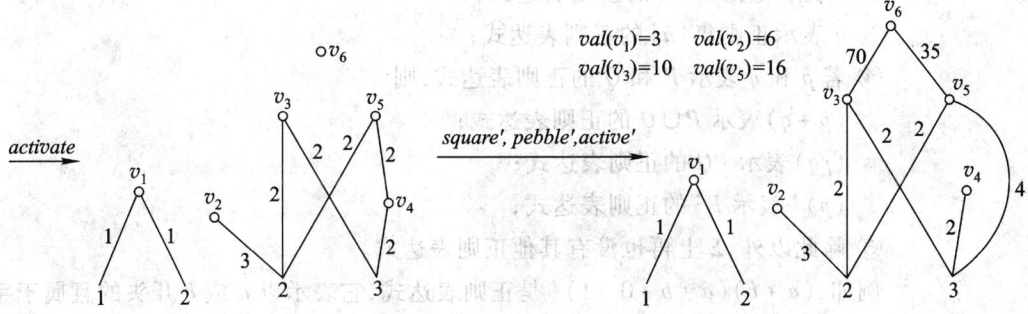

图 10.14 图 G' 执行 $activate$ 操作后的结果   图 10.15 图 G' 执行 $square'$、$pebble'$、$activate'$ 操作后的结果

(5) 计算根值:

根据公式(10.2),有

$$val(v_6) = M(v_6, v_3) * val(v_3) + M(v_6, v_5) * val(v_5)$$
$$= 70 * 10 + 35 * 16 = 1260 \square$$

10.5 正则表达式到确定自动机的最优并行转换

正则表达式到确定有限自动机的转换通常要经过三大步:① 正则表达式到

非确定有限自动机的并行转换[7];② 非确定有限自动机的确定化;③ 有限自动机的最小化[11]。下面各节分别描述每一步的并行转换方法。

10.5.1 基本概念和术语

定义 10.11 令 Σ 为有穷字母表,递归地定义 Σ 上的**正则集**(Regular Sets)如下:

① $\varnothing$(空集合)是 Σ 上的正则集;

② $\{e\}$ 是 Σ 上的正则集;

③ 对于 Σ 上的所有字母 a,$\{a\}$ 是 Σ 上的正则集;

④ 若 P 和 Q 是 Σ 上的正则集,则 $P \cup Q$;PQ;P^* 都是 Σ 上的正则集;

⑤ 除此以外,Σ 上再也没有其他正则集。

定义 10.12 用来表示正则集的一种方法,称为**正则表达式**(Regular Expressions),约定如下:

① $\varnothing$ 表示正则集 $\varnothing$ 的正则表达式;

② e 表示正则集 $\{e\}$ 的正则表达式;

③ a 表示正则集 $\{a\}$ 的正则表达式;

④ 若 p 和 q 表示 P 和 Q 的正则表达式,则

$(p+q)$ 表示 $P \cup Q$ 的正则表达式;

(pq) 表示 PQ 的正则表达式;

$(p)^*$ 表示 P^* 的正则表达式;

⑤ 除此以外,Σ 上再也没有其他正则表达式。

例如,$(a+b)(a+b+0+1)^*$ 是正则表达式,它表示以 a 或 b 开头的且属于字母表 $\{0,1,a,b\}$ 上的所有字符串的集合。

定义 10.13 **非确定有限自动机**(Non-Deterministic Finite Automaton)简称为 NFA,它是一个五元组 (S,Σ,δ,s_0,F),其中① S 为有穷状态集;② Σ 为有穷输入字母表;③ δ 为从 $S \times \Sigma \to 2^S$ 上的映射;④ $s_0 \in S$ 是初始状态;⑤ $F \subseteq S$ 为终止状态集。

定义 10.14 **确定有限自动机**(Deterministic Finite Automaton)简称为 DFA,它是一个五元组 (S,Σ,δ,s_0,F),其中① S 为有穷状态集;② Σ 为有穷输入字母表;③ δ 为从 $S \times \Sigma$ 至 S 的单值部分映射;④ $s_0 \in S$ 是初始状态;⑤ $F \subseteq S$ 为终止状态集。

DFA 是 NFA 的特例。但是,对于每个 NFA M 存在一个 DFA M',使 $L(M) = L(M')$。因此对于 NFA M 可以将其转化为 DFA M。

定义 10.15 最小有限自动机(Minimum Finite Automaton)是指满足下述条件的确定有限自动机：① 没有无用状态(无用状态已删除)；② 没有等价状态(等价状态已合并)。

NFA 有两种常用的表示方法：有向图法和表列法。在有向图表示法中，图的每条边定义为状态的转换，边或者用一个造成转换的单独字母标记，或者不加标记(表示自发的状态转换)。图 10.16 是表达式 $a^* \cdot b \cdot (a+c)^*$ 的 NFA 图的一种表示法。在此图中，任一顶点的最大出度为 2。但被标记的边 (u,v) 却是从 u 发出的唯一的一条边。图 10.17(b) 是同一 NFA 的表列表示法，表不会超过 4 列。

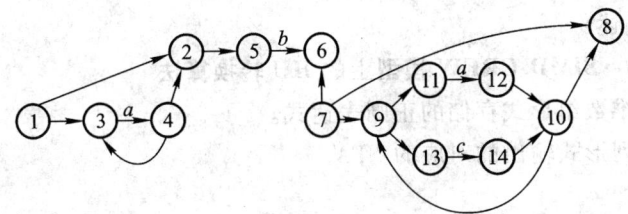

图 10.16　表达式 $a^* \cdot b \cdot (a+c)^*$ 的 NFA 图

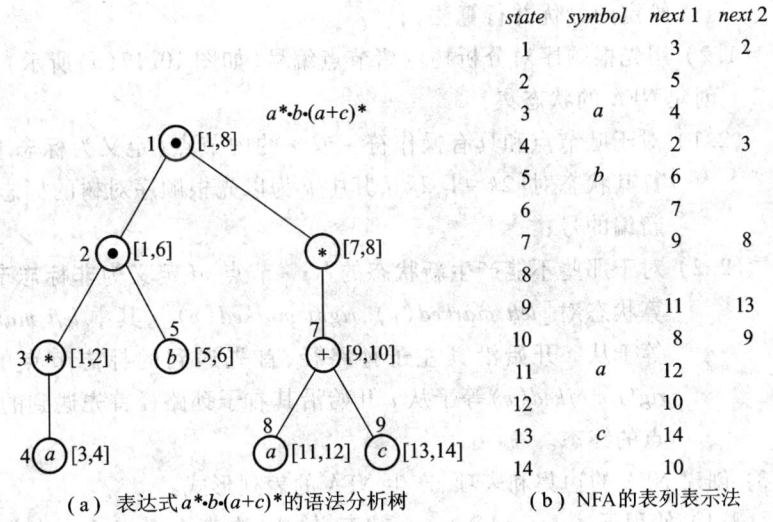

(a) 表达式 $a^* \cdot b \cdot (a+c)^*$ 的语法分析树　　(b) NFA 的表列表示法

图 10.17　非确定有限自动机的表列表示法

10.5.2　正则表达式到非确定有限自动机的 HU 转换方法

正则表达式到非确定有限自动机的顺序转换方法大都基于递归构造技术。

其中最常用的有 Thompson 和 Hopcroft/Ullman 转换方法,后者简称为 HU 方法[8]。HU 的 NFA 顺序转换方法是递归的。给定自动机的子表达式 p 和 q,则 $p+q, p \cdot q$ 或者 p^* 的自动机,可以按照合成时所使用的操作符构造之。其中"+"表示或,"·"表示**级联**(Concatenation),而"*"为星闭包。

下面所要描述的构造 NFA 的并行算法,使用正则表达式作为输入,其输出为表列形式。算法是在分析树上进行的:首先计算出树中的每个节点状态对 $[p_1, p_2]$,它相应于以此节点为根的子表达式的 NFA 的初态和终态;然后设计一算法,为每一节点的状态对生成相应的 NFA 子段;最后再对所有节点施行并行操作,将各子段彼此连接成为一个完整的 NFA。

1. 算法描述

算法 10.4　SIMD-CREW 模型上的 HU 转换算法

输入:一维数组形式存储的正则表达式。

输出:表列形式输出的对应的 NFA。

begin

　(1)预处理:

　　(1.1)由给定的正则表达式构造出一棵语法分析树(参见文献[1]中所给定的最优并行算法);

　　(1.2)用先根顺序对分析树的诸节点编号(如图 10.17(a)所示)。

　(2)创建 NFA 的状态集:

　　(2.1)对于叶节点和具有操作符 + 或 * 的内节点(定义为**标志节点**)计算其状态对 $[2k-1, 2k]$,其中 k 为以先根顺序对树的标志节点重新编的号;

　　(2.2)对于那些不能产生新状态的"·"节点 v(定义为**非标志节点**)计算状态对 $[left\ marked(v), right\ marked(v)]$,其中 $left\ marked(v)$ 等于从 v 开始沿其左子孙路径,首先遇到的标志节点的初态;$right\ marked(v)$ 等于从 v 开始沿其右子孙路径首先遇到的标志节点的终态。

　(3)创建 NFA 的边集和表项,产生 NFA 的表列形式:

　　(3.1)使用下述 procedure gen(初态,输入,次态1,次态2),在初态 s 和次态 s_1 与次态 s_2 之间生成一条边:

　　　Procedure $gen(s, sym, s_1, s_2)$

　　　begin

　　　　(1) **if** sym 是个字母 **then** $symbol(s) \leftarrow sym$ **end if**

　　　　(2) $next1(s) \leftarrow s_1$

(3) **if** s_2 是定义了的 **then** $next2(s) \leftarrow s_2$ **end if**
    end

(3.2) 在下述语句中调用上述 Procedure $gen(\ )$ 可产生 NFA 的有向图形式:

for 语法分析树中的所有节点 v **par-do**
    按照图 10.18 中 v 之性质执行该图中"*Action*"之下所指明的操作
end for

end

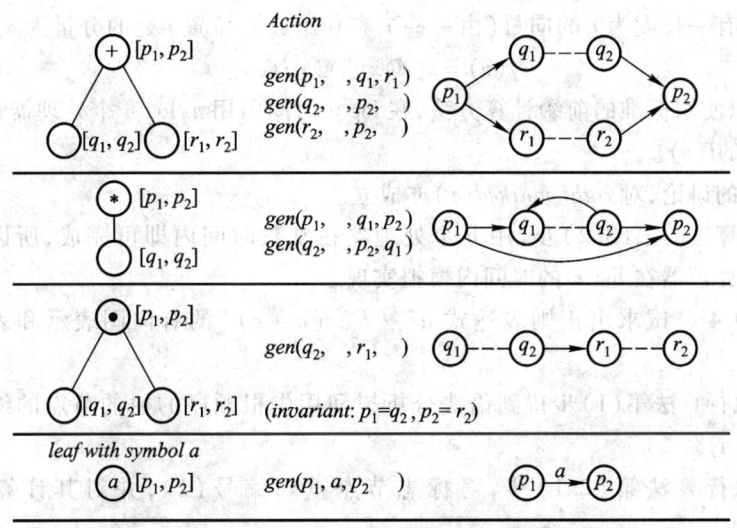

图 10.18 HU 转换合成规则

2. 算法说明

所要说明的是,在第(2.2)步中如何计算 *left marked*(v) 和 *right marked*(v) 的值? 为此试考虑先根据顺序的语法树中的节点向量。对于每个非标志节点 v, *left marked*(v) 是此向量中 v 的第一个标志元素。这样的元素总是存在的,因为叶节点是被标志的。对于图 10.17(a),此向量是 [1,2,3,4,5,6,7,8,9],其中非标志节点是 1 和 2。如果用 0 和 1 分别表示标志节点和非标志节点的分量,则上述向量为 [1,1,0,0,0,0,0,0,0]。现在,要计算每个含 1 的位置 v 之右(包含 v)连续的 1 的个数 $d(v)$,从而可得 *left marked*(v) = $v + d(v)$。现在问题归结为如何在 $\log n$ 时间内使用 $n/\log n$ 个处理器来计算 $d(v)$?

定义一个串变量 s,其长度 $p > 0$,假定 s 以完全由包含 1 的子串(长度 $q \geq 0$)开

头,则 $f(s)$ 定义如下:

$$f(s) = \begin{cases} q, & \text{如果 } p = q \\ -q, & \text{否则} \end{cases}$$

可见,s 中至少包含一个 0,$f(s)$ 才为负。因此,对于诸 1 和 0 的向量,$d(v) = |f(v)|$。假定 s 是由两个子串 t 和 u 并置而成,$s = t \cdot u$,定义下述操作 $\copyright$:

$$f(s) = f(t) \copyright f(u) = \textbf{if}(f(t) > 0 \text{ and } f(u) > 0) \text{ then } f(t) + f(u)$$
$$\text{else}(\textbf{if}(f(t) \leq 0 \text{ then } f(t)$$
$$\text{else} - (f(t) + |f(u)|))$$
$$\text{end if}$$
$$\text{end if}$$

如果有一长度为 r 的向量(由一些 1 和 0 组成),位置 i 处的分量为 x_i,则

$$f(v) = x_v \copyright x_{v-1} \copyright \cdots \copyright x_r$$

因此,可以使用标准的前缀计算方法,在 $\log n$ 时间内用 $n/\log n$ 个处理器计算出所有位置 v 的 $f(v)$。

类似的讨论,对 right marked(v) 亦成立。

至于算法的第(3.2)步,用 n 个处理器在常数时间内即可完成,所以容易用 $n/\log n$ 个处理器在 $\log n$ 的时间内模拟实现之。

例 10.4 试求出正则表达式 $a^* \cdot b \cdot (a+c)^*$ 的有向图表示和表列表示的 NFA。

① 执行算法第(1)步得到语法分析树和用先根顺序的树的节点的编号,(见图 10.17(a))。

② 执行算法第(2.1)步,对标志节点重新编号(k),并对其计算状态集 $[2k-1,2k]$:

原树节点编号: 1 2 3 4 5 6 7 8 9
标志节点编号(k):　　 1 2 3 4 5 6 7
$[2k-1,2k]$: 　　[1,2] [3,4] [5,6] [7,8] [9,10] [11,12] [13,14]

③ 执行算法第(2.2)步,计算非标志节点 1 和 2 的状态集 [left marked(v), right marked(v)]:因为非标志节点 1 的第一个左分支的标志节点是 3,其初态为 1,所以 left marked(1) = 1,而非标志节点 1 的第一个右分支的标志节点是 6,其终态为 8,所以 right marked(1) = 8;同样可计算出 left marked(2) = 1 和 right marked(2) = 6。这一步的计算结果一并示于图 10.17(a)中。

④ 执行算法第(3)步,根据图 10.18 可产生 NFA 的边集和表项。本例的最终结果分别如图 10.16 和图 10.17(b)所示。□

10.5.3 有限自动机确定化并行算法

1. 算法描述

算法 10.5 SIMD-CREW 模型上的 DFA 确定化算法

输入：由算法 10.4 所得的 NFA 的表列表示法。

输出：DFA 的有向图。

begin

(1) 创建表集合 A 和表集合 B：

    for all state **par-do**

        if symbol 为字母 **then** 集合 $B \leftarrow W(state, next) = symbol$

        else

           (1.1) **if** next1 不为空 **then** 集合 $A \leftarrow W(state, next1) = \theta$ **end if**

           (1.2) **if** next2 不为空 **then** 集合 $A \leftarrow W(state, next2) = \theta$ **end if**

           (1.3) **if** next1 **and** next2 为空 **then** 集合 $B \leftarrow W(state, Y) = E$

           end if

        end if

    end for

(2) 创建表集合 C：

    (2.1) **for all** 集合 B 中的所有函数 **par-do**

        （i）**if** 表集合 B 中的 state 状态等于表集合 A 中的 next 状态

        then 表集合 $B' \leftarrow w(state(A), next(B)) = symbol(B)$

        end if

        （ii）**if** 表集合 A 中所有函数的 next 值与表集合 B 中所有函数的 state 值不相同

        then 将该函数直接加入到集合 B'

        end if

    end for

    (2.2) **if** B' 不等于 B **then**

        $B \leftarrow B'$ **goto**(2.1)

        else $C \leftarrow B'$

    end if

(3) 创建 DFA 的有向图形式：

    for 表集合 C 中所有 state **par-do**

　　　　　if symbol = E **then** 该函数中 state 所对应的状态为终态,标注为双圈
　　　　　else 建立该函数中 state 所对应的状态到其 next 状态的弧,
　　　　　　　　其弧上标注 symbol
　　　　　end if
　　　　end for
end

2. 实例分析

例 10.5　由例 10.4 所得到的有向图表示和表列表示的 NFA,试求其 DFA 的有向图表示。

① 执行算法第(1)步得到表集合 A 和表集合 B(见图 10.19 和图 10.20)。

$W(1,3) = \theta$　　$W(7,8) = \theta$
$W(1,2) = \theta$　　$W(9,11) = \theta$
$W(2,5) = \theta$　　$W(9,13) = \theta$
$W(4,2) = \theta$　　$W(10,8) = \theta$
$W(4,3) = \theta$　　$W(10,9) = \theta$
$W(6,7) = \theta$　　$W(12,10) = \theta$
$W(7,9) = \theta$　　$W(14,10) = \theta$

图 10.19　集合 A

$W(8,Y) = E$
$W(3,4) = a$
$W(5,6) = b$
$W(11,12) = a$
$W(13,14) = c$

图 10.20　集合 B

② 执行算法第(2.1)步,可得到表集合 B'(见图 10.21)。

$W(1,4) = a$
$W(2,6) = b$
$W(4,4) = a$
$W(7,Y) = E$
$W(9,12) = a$
$W(9,14) = C$
$W(10,Y) = E$

图 10.21　集合 B'

③ 由算法第(2.2)步,可得到表集合 C(见图 10.22)。

$$W(1,4) = a \qquad W(12,12) = a$$
$$W(1,6) = b \qquad W(12,14) = c$$
$$W(4,4) = a \qquad W(12,Y) = E$$
$$W(4,6) = b \qquad W(14,12) = a$$
$$W(6,Y) = E \qquad W(14,14) = c$$
$$W(6,12) = a \qquad W(14,Y) = E$$
$$W(6,14) = C$$

图 10.22 集合 C

④ 执行算法第(3)步,可得到 DFA 的有向图。本例的最终结果如图 10.23。

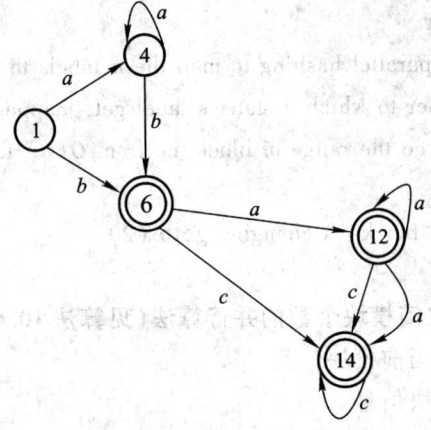

图 10.23 DFA 的有向图

10.5.4 确定自动机的最小化并行算法

1. 算法描述

算法 10.6 SIMD-CRCW 模型上的 DFA 最小化算法[11]

输入:DFA。

输出:最小化 DFA。

begin

(1) /* 初始化 $block\_no$ 数组 */

 (1.1) **for** 所有的终态 q_i **do**

   $block\_no[q_i] \leftarrow 1$

  end for

 (1.2) **for** 所有的非终态 q_i **do**

$$block\_no[q_i] \leftarrow 2$$
    end for

(2) **for** $i = 0$ **to** $k - 1$ **do** /* k 是输入字母表的个数 */

  (2.1) **for** $j = 1$ **to** $\dfrac{n}{\log n}$ **par-do**

    for $m = (j-1) * \log n$ **to** $j * \log n - 1$ **do**

      (i) $b_1 \leftarrow block\_no[q_m]$

      (ii) $b_2 \leftarrow block\_no[\delta(q_m, a_i)]$

      (iii) label state q_m with (b_1, b_2)

    end for

  end for

  (2.2) Use parallel hashing to map the n labels to $[1..O(n)]$

    a number to which a state's label gets mapped to its new block_no

  (2.3) Reduce the range of block_no from $O(n)$ to n （见算法 10.6.1）

  end for

(3) **if** number of blocks is changing **goto** (2)

end

子算法 10.6.1 化简模块个数的并行算法（见算法 10.6(2.3)）

输入：动态执行中当前模块信息。

输出：化简后的模块信息。

begin

(1) /* 初始化 $PRESENT[1..kn]$ 数组 */

  for $i = 1$ **to** $\dfrac{n}{\log n}$ **par-do**

    for $j = (i-1) * k\log n + 1$ **to** $i * k\log n$ **do**

      (1.1) Let x be the value to which the label of q_j hashes

      (1.2) $PRESENT[x] \leftarrow 1$

    end for

  end for

(2) /* 在每一个处理器的位序中计算 1 的数目 */

  for $i = 1$ **to** $\dfrac{n}{\log n}$ **par-do**

    (2.1) $a_i \leftarrow 0$

    (2.2) **for** $j = (i-1) * k\log n + 1$ **to** $i * k\log n$ **do**

      $a_i \leftarrow a_i + PRESENT[j]$

            end for
        end for
(3) /* 计算部分和 */
    (3.1) $S_0 \leftarrow 0$
    (3.2) Compute $S_i \leftarrow \sum_{k=1}^{i} a_i$ for $1 \leq i \leq \frac{n}{\log n}$ using prefix sum
(4) /* 计算新的块数 */
    for $i = 1$ to $\frac{n}{\log n}$ par-do
        (4.1) $a_i \leftarrow S_{i-1}$
        (4.2) for $j = (i-1) * k\log n + 1$ to $i * k\log n$ do
            (i) $a_i \leftarrow a_i + PRESENT[j]$
            (ii) if $PRESENT[j] = 1$ then
                    $new\_block\_no[j] \leftarrow a_i$
                 end if
        end for
    end for
(5) /* 用新的块数更改 $block\_no$ 数组 */
    for $i = 1$ to $\frac{n}{\log n}$ par-do
        for $j = (i-1) * \log n$ to $i * \log n - 1$ do
            (5.1) Let x be the value to which the label of q_j hashes
            (5.2) $block\_no[q_j] \leftarrow new\_block\_no[x]$
        end for
    end for
end

2. 算法说明

算法 10.6 通过内部并行 for 循环来反复划分这些状态集。为了得到新的状态集个数,使用 Matias 和 Vishkin[10] 并行哈希算法来处理 for 循环,以求新的状态集。

算法 10.6 中第(1)步和第(2.1)步是并行实现的,其余部分均与串行算法一致。使用 Matias 和 Vishkin[10] 提出的哈希技术将(iii)得到的 n 个状态集处理成 $[1..O(n)]$。

将状态作一划分,根据标有不同或相同符号的状态划分到不同或相同状态集。这些符号是形式为 (b_1, b_2) 的对, $b_1, b_2 \leq n$。符号 (b_1, b_2) 映射到 $b_1 * (n+1)$

$+b_2$,因此这些符号在范围$[1..2n^2]$内。数$m(2n^2 < m \leq 4n^2)$能在$O(\log n)$时间内找到(见文献[10])以及一次完成。例如,在第(1)步的初始化后能完成。

状态集数目应限定在范围$[1..n]$内。经过哈希计算,对于一些固定的k在范围$[1..kn]$内得到这些数。范围的缩小在 SIMD-CRCW 模型上能够以$O(\log n)$时间完成。该过程由子算法10.6.1给出。

为了求得时间复杂度,首先考虑子算法10.6.1。从并行哈希理论[10]得知子算法(1.1)哈希函数运行时间的估计值是$O(1)$。子算法第(1.2)步的赋值语句以及子算法(1)的循环语句的时间花费为$O(\log n)$。以此类推,子算法第(2.2)步的循环时间花费为$O(\log n)$。子算法第(3)步的前缀和计算的时间花费也为$O(\log n)$。子算法第(4.2)步的循环时间花费为$O(\log n)$。子算法第(5.1)步的哈希函数运行时间的估计值为$O(1)$。最后的循环(子算法第(5)步)时间花费也为$O(\log n)$。

再来考虑算法10.6的最外层 for 循环(第(2)步)需运行k次,k是输入字符表的大小,算法的外部循环(第(2)步和第(3)步)最多运行n次,最小化DFA的状态不多于n个,因此,算法的时间复杂度是$O(kn\log n)$,使用$O\left(\dfrac{n}{\log n}\right)$个处理器,代价是$O(kn^2)$。

习 题

10.1 一个相应于简单表达式$((E_1)OP_1(E_2)OP_2\cdots(E_k))$的子树是什么样的?

10.2 如何用n个处理器,在常数时间内找出任何简单表达式的表达式树?

10.3 试证明用算术表达式表示的一个给定串,其表达式树可用$n/\log n$个处理器于$O(\log n)$时间内计算出。

10.4 试证明:

(a) 对于每个n,存在着一棵n个叶子的二叉树,为了填充树根,需要$\log n$次移动;

(b) 对于$n \geq 3$,存在着一个二元 dag 图,为了填充其根,需要$(n-2)/2$次移动,其中n为节点数。

10.5 对于图10.9(c)所示的约简树,试用并行填充游戏方法,求其算术表达式的值。

10.6 试证明定理10.5。即令G是一个一般化的二元有向无环图,$degree(G) = n$,且开始时所有叶子均被填充,那么在$\log n$次($activate'$, $square'$, $square'$, $pebble'$)复合操作后,G之根亦被填充。

10.7 试证明定理10.6。即在 SIMD-CREW 模型上,每个带有m个操作符 + 或 *,且最大度为d的直线算术程序,使用$O(m^3)$个处理器可在$O(\log^2 m + \log m \cdot \log d)$时间内完成计算。

10.8 **矩阵乘积的最小成本问题：**

试考虑计算 n 个矩阵的乘积，即 $M = M_1 \otimes M_2 \otimes \cdots \otimes M_n$，其中 M_i 是一个有 r_{i-1} 行和 r_i 列的矩阵。所谓 $k*l$ 的矩阵与 $l*j$ 的矩阵相乘的成本定义为 klj 的乘积。矩阵相乘的次序会大大影响计算的总成本。令 $m_{i,j}$ 是计算 $M_{i+1} \otimes M_{i+2} \otimes \cdots \otimes M_j$ 的最小成本，有

$$\begin{cases} m_{i,i+1} = 0, & \text{对于 } i = 0, \cdots, n-1 \\ m_{i,j} = \min\{m_{i,k} + m_{k,j} + r_i r_k r_j\}|_{i<k<j} \end{cases}$$

可以用 n^3 个处理器在 $O(1)$ 时间内计算所有的乘积 $r_{i-1} r_k r_j$，并假定其后的这些值都是有效的。那么对于 $m_{i,j} (j \neq i+1)$，每个方程都可以改写成 $O(n)$ 条语句的直线程序段。可以引入变量 $m_{i,j,k}$ 来计算 $m_{i,k} + m_{k,j} + r_{i-1} r_k r_j$。现在有一个计算 $m_{0,n}$ 的直线程序，对于计算所有矩阵乘积，它有最小的成本。此处，min 操作起着"+"的作用，而"*"操作可由"+"代替。很容易看出，程序的度 = $O(n)$，长度为 $O(n^3)$。min 运算和"+"运算满足定理 10.6 所要求的"+"和"*"运算的所有规则。

试问：根据上述论断，欲计算 n 个矩阵乘积之最小成本，在 SIMD-CREW 模型上，需要多少处理器和时间复杂度是多少？

10.9 **最小二元搜索树问题：**

令 $k_1, k_2, \cdots, k_n$ 是按升序排列的某些键。令 p_i 是访问键 k_i 的频度。现在的问题是，欲构造一棵具有 $k_1, k_2, \cdots, k_n$ 个叶子且 $\sum_{i=1}^{n} l_i p_i$ 最小的二叉树 T，其中 l_i 是从根到 k_i 的路径长度。对于 $0 \leq i < j \leq n$，令 $T_{i,j}$ 是键子序列 $k_{i+1}, k_{i+2}, \cdots, k_j$ 的最小成本树，且 $m_{i,j}$ 是该树的成本，而 $m_{i,j}$ 具有前例所指明的类似的方程。这就导致构造一个计算 $m_{0,n}$ 的直线程序。这样的程序之长度为 $O(n^3)$，而度等于 $O(n)$。同样根据定理 10.6 和上述论断，试问：欲在 SIMD-CREW 模型上计算最小二元搜索树之成本，需要多少处理器？时间复杂度是多少？

10.10 在例 10.4 的第④步，如何一步一步地求得图 10.16 和图 10.17(b)？

10.11 在例 10.5 的第②步，如何一步一步地求得图 10.22？请写出中间过程。

参 考 文 献

[1] Bar-on I, Vishkin U. Optimal parallel generation of a computation tree form. ACM Trans. On Prgr. Lang. and Syst., 1985, 7(2): 348-357.

[2] Rytter W. The complexity of two way pushdown automata and recursive programs. Combinatorial Algorithms on Words. NATO ASI Series Springer-Verlag, 1985, F:12.

[3] Rytter W. Remarks on pebble games on graphs. Combinatorial analysis and its applications, 1985.

[4] Gibbons A M, Rytter W. An optimal parallel algorithm for dynamic evaluation and its applications. 6th Conf. on Foundations of Software Technology and Theoretical Computer Sci-

ence. Lecture Notes in computer science 241,Springer-Verlag,1986,453-469.
[5] Valiant L,Skyum S,Berkowitz S,et al. Fast parallel computation of polynomials using few processors. SIAM J. Comput. ,1983,12(4):641-644.
[6] Miller G,Ramachandran V,Kaltofen E. Efficient parallel evaluation of straight-line code and arithmetic circuits. Workshop on Parallel Algorithms:Theoretical Computer Science,1986.
[7] Rytter W. A note on parallel transformations of regular expressions to nondeterministic finite automata. Int'l Workshop on Parallel Algorithms and Architectures,1987.
[8] Hopcroft J,Ullman J. Introduction to automata theory languages and computations. [S. l.]:Addison-Wesley,1979.
[9] Gibbons A,Rytter W. Efficient parallel algorithms. [S. l.]:Cambridge University Press,1988.
[10] Matias Y,Vishkin U. On parallel hashing and integer sorting. Journal of Algorithms,1991,4:573-606.
[11] Ambuj T,Utkarsh S,Gupta P. A parallel DFA minimization algorithm. HiPC2002,2002,34-40.

* 第十一章　上下文无关语言

内容提要　从应用的观点,上下文无关语言类或许是最令人感兴趣的形式语言类。本章主要讨论该类语言的并行识别和语法分析。识别问题是指给定上下文无关文法 G 和终结字符串 w,确定是否存在一棵根在起始符 S、叶为 w 的语法树;而语法分析是指给定上下文无关文法 G 和终结字符串 w,要构造一棵语法树,标记其根为起始符,叶为终结符,各内节点为非终结符。可见语法分析问题并不比识别容易,因为识别和分析均涉及构造语法树的问题,所以在内容上与前一章的表达式求值有关,而且也使用了填充游戏作为算法设计的工具。

本章首先讨论一般的上下文无关语言的并行识别和语法分析的并行算法,它们并非最优;然后讨论任意上下文无关语言的并行语法分析算法;最后给出上下文无关语言类的一个特殊子集,即括号语言的并行识别和语法分析的最优并行算法。本章主要参考了文献[3]。

讲授要点　本章和上一章从内容上可划为一个单元,其讲授要点为:① 基本知识:Chomsky 方法,包括 0 类(Turing 机)、1 类(上下文有关)、2 类(上下文无关)和 3 类(正则)文法;上下文无关语言的识别是指给定上下文无关文法 G 和终结字符串 w,确定是否存在一棵根在起始符 S、叶为 w 的语法树;上下文无关语言语法分析是指给定上下文无关文法 G 和终结字符串 w,要构造一棵语法树,标记其根为起始符、叶为终结符、内节点为非终结符。② 上下文无关语言并行识别:构造语法树(图 11.1);残缺语法树及其合成(图 11.9);SIMD-SM 上歧义性上下文无关语言的并行识别算法(算法 11.1)。③ 上下文无关语言并行语法分析:构造语法分析树 PT(图 11.12);形成语法分析表(图 11.13);SIMD-CREW 上一般上下文无关语言的语法分析算法(算法 11.2)。④ 任意上下文无关语言的并行语法分析:SIMD-LC 模型上任意上下文无关语言的并行语法分析算法(算法 11.3)。⑤ 括号语言的最优并行识别与语法分析:括号文法与括号语言(定义 11.8);算法的基本思路为将括号语言的识别与语法分析转换为表达式求值问题;算法步骤为由正文串 w 的括号结构确定语法树 PT 的骨架形式(图 11.20);对 PT 各内节点 v 计算标号值 $Val(v)$;选择标号最终形成 PT(图 11.21);算法的优化与树节点的压缩技术(图 11.24);SIMD-CREW 上括号语言的语法分析算法(算法 11.4)。

11.1 一般的上下文无关语言的并行识别

11.1.1 基本概念和术语

定义 11.1 **上下文无关文法**(Context-Free Grammar) G，可形式定义为 $G = (V_N, V_T, P, S)$ 的四元组，其中 V_N 是**非终结符**(Non-terminals)集合，V_T 是**终结符**(Terminal Symbols)集合，P 是一组**产生式**(Productions)，S 为起始的非终结符[1]。

给定非终结符 A 和串 u（一般包括非终结符和终结符），如果经过应用一系列文法产生式，u 可由 A 推导出，则记为 $A \rightarrow^* u$。

所谓上下文无关的识别问题就是给定一个上下文无关文法 G 和一个终结符串 w，确定是否存在着 $S \rightarrow^* w$。

如果 $w = a_1 a_2 \cdots a_n$ 是一个给定的输入串，则约定 $w[i:j]$ 表示子串 $a_{i+1} \cdots a_j$ ($0 \leq i < j \leq n$)，而 $w[i:i]$ 表示一个**空串**(Empty String)。

几乎所有的上下文无关语言的识别算法都是基于语法树。一棵**语法树**(Syntactic Trees)代表了从某一非终结符到串 x（一般由非终结符和终结符组成）的一种推导，其中树的内节点是非终结符，而自左至右的叶节点代表了串 x 的连续散布。

例 11.1 试考虑文法 $G = (V_N, V_T, P, S)$，其中 $V_N = \{S, A, B\}$，$V_T = \{a, b\}$，而 $P = \{S \rightarrow SS, S \rightarrow AB, S \rightarrow b, B \rightarrow SB, B \rightarrow b, A \rightarrow a\}$；串 w 取为 $aabbb = a_1 a_2 a_3 a_4 a_5$。于是一棵推导子串 $x = abb$ 的语法树如图 11.1 所示。□

任何语法树都可以自小而大地生成。一棵初始语法树就是能产生一个非终结符的高度为 1 的语法树（见图 11.2），这样的语法树相应于一个三元组 $(A, i, i+1)$，其中 $a_{i+1} = a$。如果从语法树的角度来看，识别问题则等效于给定串 w，确定是否存在着一棵根为 S 叶为 w 的语法树。所以，如果叶的数目为 n，则这样可能的语法树的数目为 $c(n) = (1/n)\binom{2n-2}{n-1} \geq 2^{n-2}$，它不是以多项式为界。因此，用这种蛮力的方法求解上述问题是不现实的。为此引入了**部分语法树**(Partial Syntactic Trees)的概念。这样的一棵树仅由根 R 和间隔 $[i:j]$ 所描述，其图的表示法如图 11.3 所示，其中间隔 $[i:j]$ 指明子串 $w[i:j]$ 为树叶。通常可用一个称之为节点的三元组 (R, i, j) 表示。

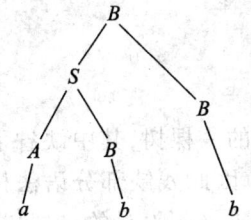 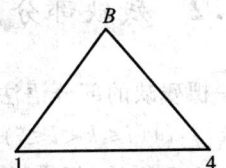

图 11.1　abb 的语法树　　图 11.2　初始语法树　　图 11.3　部分语法树的图表示法

定义 11.2　称一个节点 (A,i,j) 是**可实现的**(Realiable)，当且仅当存在着推导 $A \to^* w[i:j]$。

约定：当且仅当 $A \to BC$，且 $x=(A,i,j)$，$y=(B,i,k)$，$z=(C,k,j)$ 时，则 $y,z \vdash x$ 或 $z,y \vdash x$，其中"$\vdash$"为合成关系符，它代表了一棵较大的部分语法树如何由两个较小者合成。图 11.4 是合成部分语法树的图的表示法。

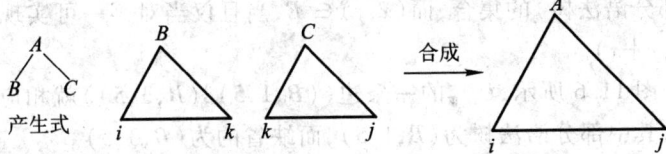

图 11.4　部分语法树的合成

令 M 是部分语法树的节点集合，使用上述合成方法，从初始语法树产生节点 $(S,0,n)$ 的平易并行算法如下，其中 S 为起始符：

begin
　　(1) 初始化 M 正好包含起始节点
　　(2) **repeat** *several* **times**
　　　　begin
　　　　　　(2.1) **for** all nodes x,y,z **par-do**
　　　　　　　　if$(x,y \in M$ and $x,y \vdash z)$ **then** add z to M **end if**
　　　　　　end for
　　　　(2.2) check if $(S,0,n) \in M$
　　　　end
end

很显然，上述的 *several* 为 $\Omega(n)$。此结果并不令人感兴趣。为此就引入**残缺部分语法树**(Partial Syntactic Tree with Gap)的概念，然后在其上讨论并行识别算法。

11.1.2 残缺部分语法树及其合成规则

一棵残缺的部分语法树,就是能推出某一子串 $w[i:j]$ 的一棵树,其中缺省了子串 $w[k:l]$ $(i \leq k < l \leq j)$。该子串可由非终结符 B 代替。因此残缺部分语法树(如图 11.5 所示)相应于从某一非终结符 A 推导出串 $w[i:k]Bw[l:j]$ 的一棵树。它可简单地表示成一对节点 $\langle(A,i,j),(B,k,l)\rangle$,而该对节点可以解释成图的一条边,其顶点就是部分语法树。

定义 11.3 称一对节点 $\langle(A,i,j),(B,k,l)\rangle$ 是可实现的,当且仅当存在着推导 $A \rightarrow^* w[i:k]Bw[l:j]$ $(i \leq k < l \leq j)$ 且 $(A,i,j) \neq (B,k,l)$。

一般而言,节点对 $\langle x,y \rangle$ 可解释为具有缺省 y 的语法树 x,而且如果 $\langle x,y \rangle$ 是可实现的,那么从 x 到 y 将存在着一条路径。

定义 11.4 给定文法 G 和串 w,定义有向图 $U_{G,w} = (V,E)$,其中 V 是所有节点(非残缺部分语法树)的集合,而 $(x,y) \in E$,当且仅当对某一可实现的节点 z,有 $y,z \vdash x$(或 $z,y \vdash x$)。

因此,如图 11.6 所示,$U_{G,w}$ 的一条边 $((B,1,5),(B,3,5))$ 就相应于有缺省的部分语法树,其中部分语法树为 $(B,1,5)$,而缺省的为 $(B,3,5)$。

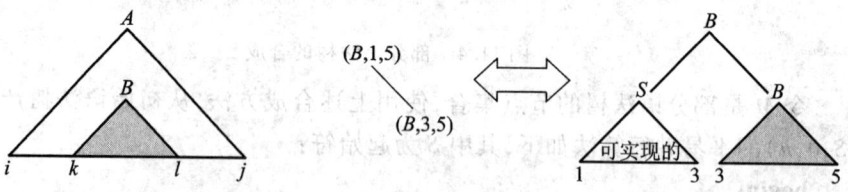

图 11.5 残缺部分语法树　　　图 11.6 有向图和残缺部分语法树

例 11.2 试考虑文法 G 同例 11.1,串 $w = aabbb$ 的识别问题。欲用上述方法证明 $S \rightarrow^* w[0:5]$,也就是说输入串 w 能从 S 推出,当且仅当节点 $(S,0,5)$ 是可实现的。图 11.7 给出了从 $(S,0,5)$ 可抵达的一组节点所生成的子图 $U_{G,w}$,其中所有的边的指向朝下。因为 $(A,0,1),(B,1,5) \vdash (S,0,5)$ 且 $(A,0,1)$ 是可实现的,所以在图中有一条边 $((S,0,5),(B,1,5))$;同样,因为 $(S,1,4),(B,4,5) \vdash (B,1,5)$ 且 $(B,4,5)$ 是可实现的,所以 $(B,1,5)$ 和 $(S,1,4)$ 之间也有一条边;类似地,可以生成边 $((S,1,4),(B,2,4))$ 和边 $((B,2,4),(S,2,3))$ 之间的一条路径,因为 $(A,0,1)$、$(B,4,5)$、$(A,1,2)$ 和 $(B,3,4)$ 都是可实现的。这就意味着,存在着推导 $S \rightarrow^* w[0:2]Sw[3:5]$。节点对 $\langle(S,0,5),(S,2,3)\rangle$ 可解释为一棵如图 11.8 所示的残缺部分语法树,而缺省的部分相应于部分语法树 $(S,2,3)$,它可从 S 推出 $w[2:3] = a_3 = b$。因此就完成了 $S \rightarrow^* w$ 的

推导。□

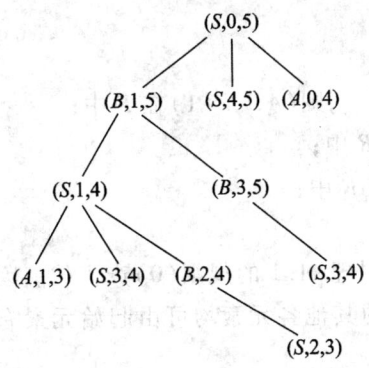

图 11.7 例 11.2 的有向子图 $U_{G,w}$

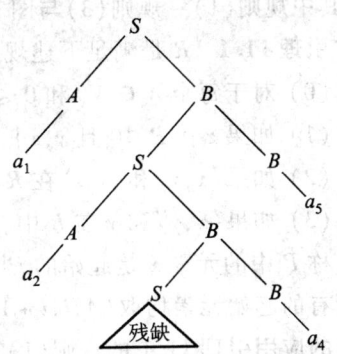

图 11.8 例 11.2 的残缺部分语法树

如图 11.9 所示，有三种方法可用来**合成**（Composition）较大的残缺部分语法树，其中，规则(1)用来生成缺省；规则(2)用来缩减缺省；规则(3)用来删除缺省。

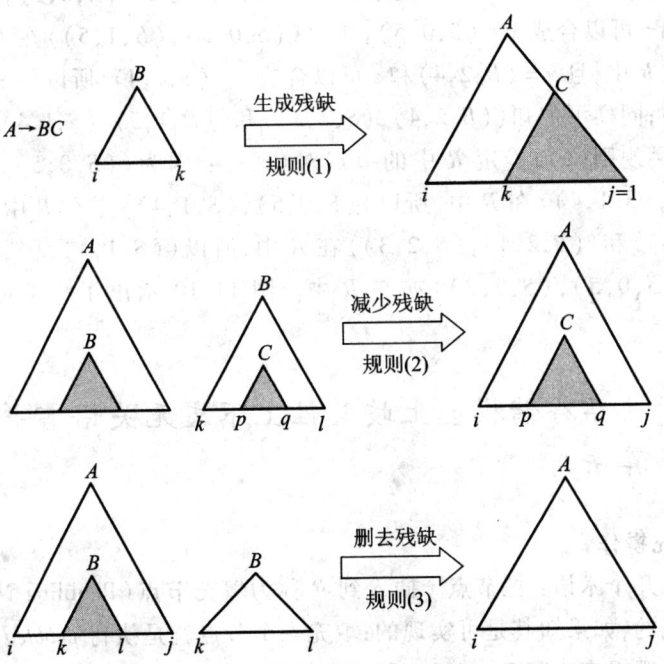

图 11.9 残缺部分语法树合成规则

令 R 是所有可实现节点和可实现节点对的集合。下述引理可直接从定义得出,其中规则(1)~规则(3)与图 11.9 相对应。

引理 11.1 R 是满足下述规则的最小集合:

(0) 对于每个 $A \in V_N$ 和 $0 \leq i < n$,如果 $A \rightarrow a_{i+1}$,则 $(A,i,i+1)$ 在 R 中;

(1) 如果 z 在 R 中;且 $y,z \vdash x$,则 $\langle x,y \rangle$ 亦在 R 中;

(2) 如果 $\langle x,y \rangle$ 和 $\langle y,z \rangle$ 在 R 中,则 $\langle x,z \rangle$ 亦在 R 中;

(3) 如果 $\langle x,y \rangle$ 和 y 在 R 中,则 x 亦在 R 中。

称 R 中的元素 x 是起始的,当且仅当它是按引理 11.1 的规则(0)产生的。因此所有的起始元素均取 $(A,i,i+1)$ 的形式,R 中的其他各元素均可由起始元素有限次的应用引理 11.1 的规则(1)~规则(3)产生。

例 11.3 试说明如何应用引理 11.1 之规则,由起始元素推导出节点对 $\langle (S,0,5),(S,2,3) \rangle$。

① 应用规则(0)产生起始节点:因 $A \rightarrow a_{i+1} = a_1, i=0$,所以 $(A,0,1)$ 为起始节点;因为 $A \rightarrow a_{i+1} = a_2, i=1$,所以 $(A,1,2)$ 为起始节点;同样可推知 $(B,3,4)$ 和 $(B,4,5)$ 也为起始节点。

② 应用规则(1),确定 R 中的节点对 $\langle x,y \rangle$:因为 $z=(A,0,1)$ 在 R 中,且 $y=(B,1,5)$ 和 z 可以合成 $x=(S,0,5)$,所以 $\langle (S,0,5),(B,1,5) \rangle$ 在 R 中;因为 $z=(A,1,2)$ 在 R 中,且 $y=(B,2,4)$ 和 z 可以合成 $x=(S,1,4)$,所以 $\langle (S,1,4),(B,2,4) \rangle$ 在 R 中;同样可推知 $\langle (B,2,4),(S,2,3) \rangle$ 和 $\langle (B,1,5),(S,1,4) \rangle$ 也在 R 中。

③ 应用规则(2),确定 R 中的节点对 $\langle x,z \rangle$:因为 $\langle (S,0,5),(B,1,5) \rangle$ 和 $\langle (B,1,5),(S,1,4) \rangle$ 在 R 中,所以 $\langle (S,0,5),(S,1,4) \rangle$ 亦在 R 中;因为 $\langle (S,1,4),(B,2,4) \rangle$ 和 $\langle (B,2,4),(S,2,3) \rangle$ 在 R 中,所以 $\langle (S,1,4),(S,2,3) \rangle$ 亦在 R 中;同样 $\langle (S,0,5),(S,2,3) \rangle$ 亦在 R 中。图 11.10 示出了自下而上的推导过程。□

11.1.3 共享存储模型上歧义性上下文无关语言并行识别算法

1. 填充操作

兹引入几个术语:把节点 x 插入到 R 称为**填充节点**(Pebbling Node);一个节点是被填充的,如果知其可实现的;填充一个节点就是执行 $pebbled(x) \leftarrow \textbf{true}$ 的操作。引入逻辑表 $COND$,$pebbled$ 和 $EDGE$,于是填充操作定义如下:

$activate\ 1:$

  for all x,y,z such that $y,z \vdash x$ and $pebbled(z)$ **par-do**

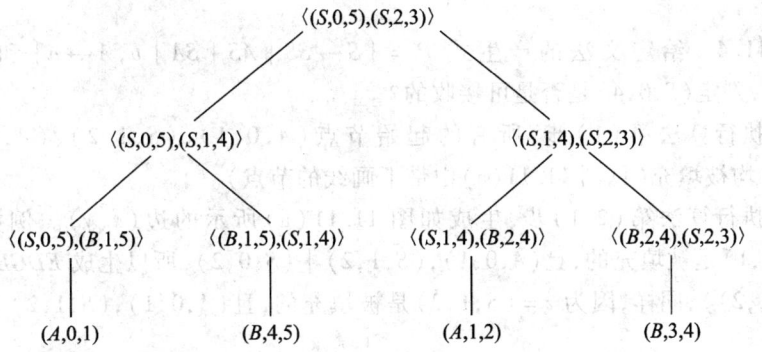

图 11.10 节点对 $\langle (S,0,5),(S,2,3)\rangle$ 的推导过程

$$EDGE(x,y) \leftarrow COND(x,y) \leftarrow \textbf{true}$$
  end for

square 1：
  for all x,y,z such that $COND(x,z)$ and $COND(z,y)$ **par-do**
    $COND(x,y) \leftarrow \textbf{true}$
  end for

pebble 1：
  for all x,y such that $COND(x,y)$ and $pebbled(y)$ **par-do**
    $pebbled(x) \leftarrow \textbf{true}$
  end for

2. 有歧义(Unambiguous)的上下文无关并行识别算法

算法 11.1   SIMD-CREW 模型上歧义的上下文无关语言识别算法

输入：G, w。

输出：$(S,0,n)$ 是可实现的吗？

begin
 （1）**for** all $i, 0 \leq i < n, A$ in V_N such that $A \to a_{i+1}$ **par-do**
    $pebbled(A,i,i+1) \leftarrow \textbf{true}$
  end for
 （2）**repeat** $\log n$ times
   （2.1）*activate* 1
   （2.2）*square* 1
   （2.3）*square* 1
   （2.4）*pebble* 1
 （3）**if** $node(S,0,n)$ is *pebbled* **then** *ACCEPT* **end if**

end

例 11.4 给定文法的产生式 $P = \{S \to SS \mid AS \mid SA \mid b, A \to a\}$ 和输入串 $w = abab$,判定 $(S,0,4)$ 是否是可接收的?

① 执行算法第(1)步,所有的起始节点 $(A,0,1)$、$(S,1,2)$、$(A,2,3)$ 和 $(S,3,4)$ 均被填充(见图 11.11(a)中带下画线的节点)。

② 执行算法第(2.1)步,生成如图 11.11(a)所示的边 (x,y)。例如,因为 $z = (A,0,1)$ 是被填充的,且 $(A,0,1),(S,1,2) \vdash (S,0,2)$,所以生成 $EDGE((S,0,2),(S,1,2))$;同样,因为 $z = (S,1,2)$ 是被填充的,且 $(A,0,1),(S,1,2) \vdash (S,0,$

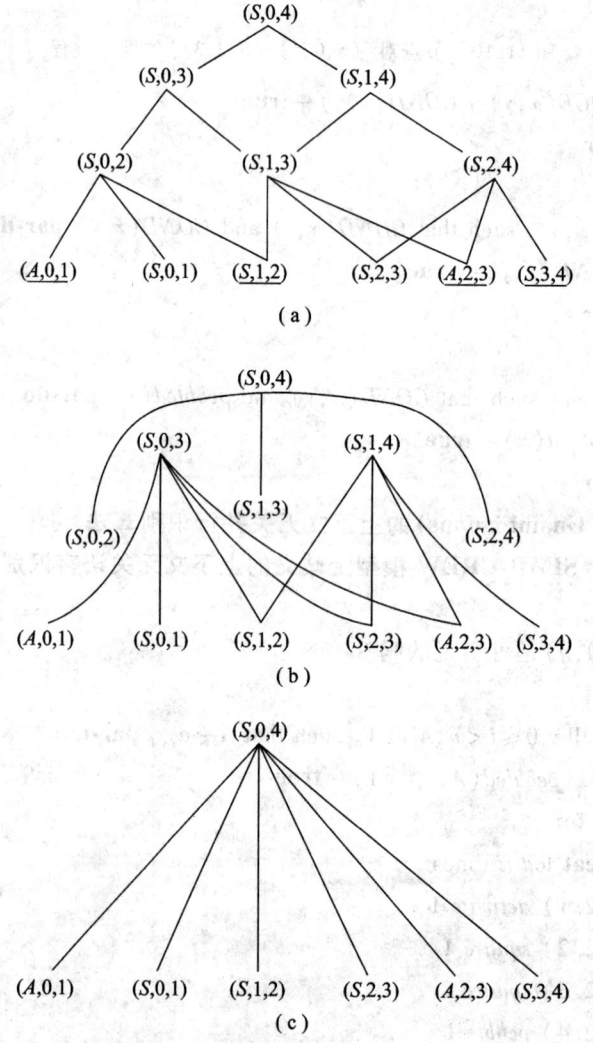

图 11.11 算法 11.1 执行过程示例

2)),所以生成 $EDGE((S,0,2),(A,0,1))$;类似地,可以生成 $EDGE((S,0,2),(S,0,1))$,$EDGE((S,0,3),(S,0,2))$,$EDGE((S,0,3),(S,1,3))$,$EDGE((S,1,4),(S,1,3))$,$EDGE((S,1,4),(S,2,4))$,$EDGE((S,0,4),(S,0,3))$ 和 $EDGE((S,0,4),(S,1,4))$。

③ 执行算法第(2.2)步 *square* 1 操作,其结果如图 11.11(b)所示。

④ 执行算法第(2.3)步 *square* 1 操作,其结果如图 11.11(c)所示。此时目标节点$(S,0,4)$到填充的节点$(A,0,3)$,$(A,0,1)$,$(S,1,2)$和$(S,3,4)$之间均有一条连线。

⑤ 执行算法第(2.4)步 *pebble* 1 操作后,节点$(S,0,4)$被填充。因此算法执行第(3)步后,就接收输入串 w。

注意,因为在$(S,0,4)$和$(A,2,3)$之间有三条不同的路径:$(S,0,4)(S,1,4)(S,2,4)(A,2,3)$;$(S,0,4)(S,1,4)(S,1,3)(A,2,3)$和$(S,0,4)(S,0,3)(S,1,3)(A,2,3)$,其中每一条都对应于串 *abab* 的推导,所以本例的文法是歧义性的。□

3. 算法分析

算法 11.1 的正确性是基于下面的引理:

引理 11.2 算法 11.1 可接收长度为 n 的输入串,当且仅当节点$(S,0,n)$是可实现的。

算法的复杂性可分析如下:算法使用了 $O(n^6)$ 个处理器。例如在执行 *square* 1 操作时,必须为每个三元组(x,y,z)指派一个处理器,总共有 $O(n^6)$ 个这样的三元组。算法 11.1 是存在着写冲突的。例如当两个不同的节点 y 和 y' 在执行 *square* 1 操作时,有 $COND(x,y)$、$COND(y,z)$、$COND(x,y')$ 和 $COND(y',z)$,两个指派给(x,y,z)和(x,y',z)的处理器均执行 $COND(x,z)\leftarrow$true 操作,因而出现了写冲突。这种写冲突可以在 SIMD-CREW 模型上,用增加一个 $\log n$ 的时间因子而处理器数目仍可不变的模拟方法消除。因而有下述定理:

定理 11.1 任何上下文无关语言的识别问题,用 n^6 个处理器,在 SIMD-CREW 模型上可在 $O(\log^2 n)$ 的时间内解决;而在 SIMD-CRCW 模型上,则可在 $O(\log n)$ 的时间内解决。

11.2 一般上下文无关语言的并行语法分析

11.2.1 基本概念和算法原理

语法分析问题是指给定文法 G 和输入串 w,构造一棵语法**分析树** PT(Parse

Tree)(如果此树存在的话)。对于一个长度为 n 的输入串,PT 是一棵 $2n-1$ 个节点的有向二叉树,节点的编号依次为 $1,2,\cdots,2n-1$,每个节点 x 都带有一个标号,且用 $Label[x]$ 表示之。树满足如下的文法规则:

① $Label[\text{root}] = S$,其中 S 为起始符;

② $Label[x] \to Label[Left[x]]Label[Right[x]]$ 是一文法产生式,其中 x 为非叶节点,其左右儿子分别以 $Left[x]$ 和 $Right[x]$ 表示;

③ $Label[x] \to a[i]$ 是一文法产生式,如果 x 是左起第 i 个叶子,且输入串 $w = a[1]a[2]\cdots a[n]$。

上下文无关语言的语法分析,要比对它的识别花费更大的代价。Ruzzo[2] 已经证明,在单处理机上,如果识别的时间为 $T(n)$,则对其进行语法分析的时间为 $O(T(n)\log n)$。在并行的情况下,本节将证明上下文无关语言的语法分析,可以在与最优的识别算法相同时间阶内完成,只是需要更多的处理器。

以下的讨论,均假定文法是 **Chomsky** 标准型的。先给出一个重要的定义:

定义 11.5 语法分析表 Tab 是一个 $n \times n$ 的矩阵,矩阵元素 $Tab[i,j]$ 是按如下定义的 V_N 的子集:

$$Tab[i,j] = \begin{cases} \{A \mid A \to {}^* a[i+1]\cdots a[j]\}, & \text{当 } i < j \\ \varnothing, & \text{当}(i \geq j) \end{cases}$$

换句话说,对于 $i<j$,Tab 的第 (i,j) 个元素就是文法的非终结符子集,根据每一个非终结符就可推导出终结子串 $a[i+1]\cdots a[j]$。

例 11.5 对于一个给定的文法 $G = (V_N, V_T, P, S)$,$P = \{S \to CS \mid AS \mid CA \mid DD \mid AC, C \to AA \mid BB, D \to AA \mid DC, A \to a, B \to b\}$,$V_N = \{S,C,D,A\}$,$V_T = \{a,b\}$,输入串 $w = aabba = a[1]a[2]a[3]a[4]a[5]$。其语法分析树及其表示如图 11.12 所示,而语法分析表如图 11.13 所示。□

为了便于学习和理解,先将所讨论的上下文无关语言的并行语法分析算法的基本思想和步骤概括如下:

① 按照定义 11.5,计算给定文法 G 和输入串 w 的语法分析表 $Tab[i,j]$;

② 由 Tab 表生成包含 PT 作为其子图的有向无环图 dag;确定节点 y 是否可能是节点 x 的父亲的关系 $R[x,y]$;

③ 计算关系 R 的传递闭包 R^*;确定只有那些与根节点有传递关系的节点才是构成 PT 的节点;

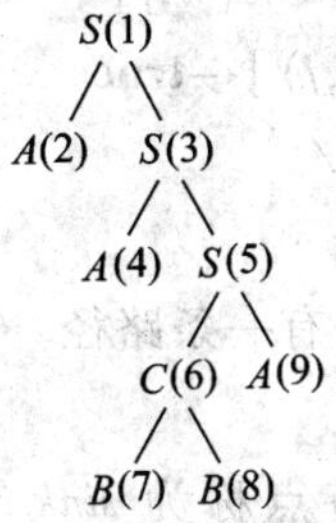

```
         S(1)              节点  标号  父节点  左节点  右节点
        /    \               1    S    —      2      3
     A(2)    S(3)             2    A    1      —      —
     /       /  \             3    S    1      4      5
   A(4)    S(5)              4    A    3      —      —
   /       /  \              5    S    3      6      9
  A(4)   C(6)  A(9)          6    C    5      7      8
         /                   7    B    6      —      —
      B(7) B(8)              8    B    6      —      —
                              9    A    5      —      —
```

	0	1	2	3	4	5
0		A	CD		DS	S
1			A			S
2				B	C	S
3					B	
4						A
5						

图 11.12 例 11.5 的语法分析树及其表示　　　　图 11.13 例 11.5 的语法分析表

④ 最后将 PT 表示成 Father[ ]、Left[ ]、Right[ ] 和 Label 的形式。

11.2.2　SIMD-CREW 模型上一般上下文无关语言的语法分析算法

1. 算法描述

算法 11.2　SIMD-CREW 模型上一般上下文无关语言的语法分析算法

输入：$G, w = a[1] \cdots a[n]$。

输出：表 Father、Left、Right、Label。

begin

（1）/* 求 Tab */

　　　for all $0 \leq i, j \leq n$ **par-do**

　　　　（1.1）if $i < j$ then $Tab[i,j] \leftarrow \{A \mid A \rightarrow^* a[i+1] \cdots a[j]\}$

　　　　　　　　else $Tab[i,j] \leftarrow \emptyset$ **end if**

　　　　（1.2）if $S \notin Tab[0,n]$ then return "PT 不存在" **end if**

　　　end for

（2）/* 求 dag G，令 G 之节点集合 $V = \{(A, i, j) \mid i < j, A \text{ in } Tab[i,j]\}$ */

　　　for all nodes $(A, i, j), i < j - 1$ **par-do**

　　　　（2.1）for all $k, i < k < j$ **par-do**

　　　　　　if $find(A, Tab[i,k], Tab[k,j]) \neq$ "undefined") **then**

　　　　　　　　$mark_{ij}[k] \leftarrow true$ /* $mark_{ij}$ 为长度 $= n$ 的布尔向量，初始为零 */

　　　　　　end if

　　　　end for

　　　　（2.2）$k \leftarrow first(mark_{ij})$

(2.3) $(B,C) \leftarrow find(A, Tab[i,k], Tab[k,j])$
/* 产生式 $A \rightarrow BC$, B 在 $Tab[i,k]$ 中, C 在 $Tab[k,j]$ 中 */

(2.4) $R[(B,i,k),(A,i,j)] \leftarrow R[(C,k,j),(A,i,j)] \leftarrow$ **true**
/* (A,i,j) 是 (B,i,k) 和 (C,k,j) 之父 */

   end for

(3) /* 求 R 的传递闭包 R^*,假定任意两节点之间至多只有一条路径 */

  (3.1) $R_0 \leftarrow R$

  (3.2) **for** all sinks v **par-do** /* 出度 = 0 的节点称为 sink 节点 */
    $R_0[v,v] \leftarrow$ **true**
  end for

  (3.3) **for** $k=1$ **to** $\lceil \log n \rceil$ **do**
    for all v_1, v_2, v_3 **par-do**
     if $(R_{k-1}[v_1,v_2]$ **and** $R_{k-1}[v_2,v_3])$ **then** $R_k[v_1,v_3]$
     $\leftarrow$ **true**
    end if
    end for
  end for

  (3.4) $D_0 \leftarrow R + ID$ /* ID 为恒等关系 */
  $D_{k+1} \leftarrow D_k + D_k \cdot R'_{k+1}$ /* $R'_{k+1} = R_{k+1}[x,z]$, z 为非 sink 节点, "·" 表示复合关系 */

  (3.5) **for** $k=1$ **to** $\lceil \log n \rceil$ **do**
    (i) **for** all x,z **par-do**
     if $D_{k-1}[x,z]$ **then** $D_k[x,z] \leftarrow$ **true end if**
    end for
    (ii) **for** all x,y,z such that $D_{k-1}[x,y]$ and $R'_k[y,z]$
     par-do /* z 为非 sink */
     $D_k[x,z] \leftarrow$ **true**
    end for
  end for

  (3.6) $R^* \leftarrow R_S + D$

(4) /* 求 PT */

  (4.1) $PT \leftarrow \{v \mid R^*(v,v_0) = \text{true}, v_0 = (S,0,n)\}$

  (4.2) **for** all $u,v \in PT$ **par-do** /* 求 $Father[\ ]$ */

                    if $R[u,v]$ = true **then** $Father[u] \leftarrow v$ **end if**
                end for
    (4.3)   **for** all $u,v \in PT$ **par-do** /* $u=(A,i,j), v=(B,k,l)$, 求
            $Left$ 和 $Right$ */
                if $j=k$ **then** $Left[Father[u]] \leftarrow u, Right[Father[v]] \leftarrow v$
                      else $Left[Father[v]] \leftarrow v, Right[Father[u]] \leftarrow u$
                end if
            end for
    (4.4)   **for** all $(A,i,j) \in PT$ **par-do** /* 求 $Label$ */
                $Label[num((A,i,j))] \leftarrow A$ /* $num(v)$ 为按序给 v 的
                编号 */
            end for
end

2. 算法注释

① 算法第(2)步用到函数 $find(A, x_1, x_2) = (B, C)$。其含义是，查找在词典序上满足产生式 $A \to BC$，而 $B \in x_1 = Tab[i,k]$，$C \in x_2 = Tab[k,j]$ 的第一对非终结符 (B,C)；如果找不到则返回"undefined"。这实际上，是按产生式规则 P 找非终结符 (A,i,j) 的两个子节点 (B,i,k) 和 (C,k,j) 的 k 值。这可用一个处理器在 $O(1)$ 时间内完成。

② 算法第(2)步还用到了函数 $first(Q) = \min\{k \mid_{0 \leq k \leq n, Q[k] = \text{true}}\}$，其中 Q 是一个长度为 n 的布尔向量。假定至少有一分量为 true。具体求 $first(Q)$ 的算法如下，其中 $P(k)$ 为从 $Q[k]$ 指向 $Q[j]$ $(j \geq k)$ 的指针。

begin
    (a) **for** all $k, 1 \leq k < n$, **par-do**
            if $Q[k]$ = true **then** $P(k) \leftarrow k$ **else** $P(k) \leftarrow k+1$ **end if**
        end for
    (b) **for** $i = 1$ **to** $\log n$ **do**
            for all $k, 1 \leq k < n$, **par-do**
                if $Q[P(k)] \neq \text{true}$ **and** $P(k) \neq n$ **then** $P(k) \leftarrow P(P(k))$ **end if**
            end for
        end for
    (c) $first(Q) \leftarrow P(1)$
end

该算法在 SIMD-CREW 模型上，用 $O(n)$ 个处理器于 $O(\log n)$ 时间内可完成。

③ 算法第(3)步是求传递闭包,其计算过程反映在下面的引理证明中。令 G 是用关系 R 定义的有向无环图,每当 (u,v) 是 G 的一条边时则 $R(u,v)$ 成立。

引理 11.3 n 个节点的 dag(其中任何两节点之间最多只有一条边)的传递闭包在 SIMD-CREW 模型上用 n^3 个处理器于 $O(\log n)$ 的时间内可求出[3]。

例 11.6 仍用例 11.5 的题目,求解其语法分析树及其表示。

① 执行算法第(1)步,求出语法分析表如图 11.13 所示。

② 执行算法第(2)步,求出的 dag 如图 11.14 所示,其指向由上而下。

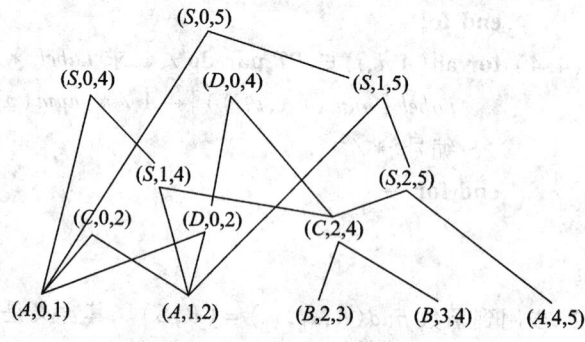

图 11.14 例 11.6 的 dag

③ 执行算法第(3)步和第(4)步,求出 dag 的 R^*;由其决定出与根节点 $(S,0,5)$ 有传递关系的节点为 $(A,0,1)$,$(S,1,5)$,$(A,1,2)$,$(S,2,5)$,$(C,2,4)$,$(B,2,3)$,$(B,3,4)$ 和 $(A,4,5)$;计算出各节点的 Father、Left 和 Right 后,它们所构成的 PT 树如图 11.15 所示。若按先根顺序对树的节点进行编号,并将 Father、Left 和 Right 的值均用节点号表示,则本例最终所得到的语法分析树及其表示如图 11.12 所示。□

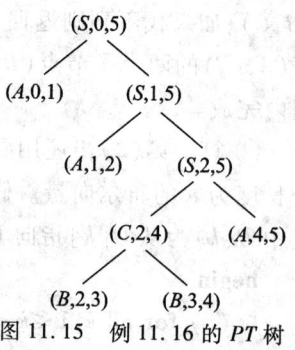

图 11.15 例 11.16 的 PT 树

3. 算法的复杂度

定理 11.2 如果在 SIMD-CREW 模型上,一般的上下文无关语言的识别所需的处理器为 $p(n) = R(n)$,而时间为 $t(n) = T(n) = \Omega(\log n)$,那么求其语法分析树(如果存在的话)所需的时间为 $O(T(n))$,而处理器数为 $O(R(n)n^2 + n^3)$;若在识别过程中已构造了语法分析表,则 $O(R(n) + n^3)$ 个处理器就足够了。

证明 算法的第(1)步所需的时间为 $T(n)$ 是显然的;在构造 Tab 表时,要对每个 $A(i<j)$ 同时检查是否 $A \to^* a[i+1]\cdots a[j]$,所以处理器数目应为 $O(n^2 R(n))$。算法的第(2)步和第(3)步的时间均为 $O(\log n)$,而处理器数为 n^3。算法的第(4)步所需的处理器数和所花费的时间都不会超过第(3)步。□

11.3 任意上下文无关语言的并行语法分析

11.3.1 基本概念与算法原理

定义 11.6[4] 用 $\alpha \Rightarrow \beta$ 表示：存在 γ、δ、η 和 A，满足 $\alpha = \gamma A \delta, \beta = \gamma \eta \delta$，且 $A \to \eta$ 是 P 中的一个产生式。对于串 α、β，如果存在 $\alpha_1, \alpha_2, \cdots, \alpha_m \in \Sigma^* (m \geq 1)$，使得 $\alpha \Rightarrow \alpha_1 \Rightarrow \alpha_2 \Rightarrow \cdots \Rightarrow \alpha_m \Rightarrow \beta$，则称 $\alpha \Rightarrow^* \beta$，并且称序列 $\alpha_1, \alpha_2, \cdots, \alpha_m$ 为从 α 到 β 的一个推导。

如果存在推导过程 $S \Rightarrow^* \beta$，则称 β 为 G 的一个句型。如果 $\beta \in V_T^*$，则称 β 为文法 G 的句子。文法 G 的所有句子构成的集合称为文法 G 的语言 $L(G)$，即 $L(G) = \{\alpha \mid \alpha \in V_T^*, S \Rightarrow^* \alpha\}$。

对于一个输入字符串 $\omega = b_1 b_2 \cdots b_n, b_i \in V_T (i = 1, 2, \cdots, n)$，可以用图表示该串，在每相邻的两个符号 b_i 和 b_{i+1} 之间用顶点 i 来表示。顶点 0 在 b_1 的前面，顶点 n 在 b_n 的后面。

定义 11.7[4] 对于一个给定的上下文无关文法 G 和一个输入字符串 ω，$\omega = a_1 a_2 \cdots a_n$ 其中 $a_i \in V_T (i = 1, 2, \cdots, n)$，如果存在 P 中的产生式 $A \to \alpha \beta$，并且 $\alpha \Rightarrow^* a_{i+1} a_{i+2} \cdots a_j$，那么定义三元组 $I = [i, j, A \to \alpha \cdot \beta]$ 为相应于 ω 的一个**项目**（Item），简称为项目。项目 I 所跨越的终结符的个数定义为项目 I 的长度，记作 $|I|$，即 项目 $I = [i, j, A \to \alpha \cdot \beta]$ 的长度记为 $|I| = |j - i|$。对应于 ω 的任意项目 $[i, j, A \to \alpha \cdot \beta]$ 都满足 $0 \leq i \leq j \leq n - 1$。项目 $[i, j, A \to \alpha \cdot \beta]$ 可以用图表示，表示的方法为：画一条从顶点 i 开始，指向顶点 j 的带权弧线，弧线上标出项目 $A \to \alpha \cdot \beta$，如图 11.16 所示。

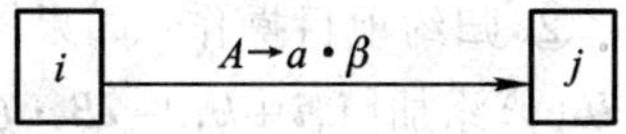

项目是形式为 $[i, j, A \to \alpha \cdot \beta]$ 的三元组。当且仅当 $A \to \alpha \beta \in P$ 且 $\alpha \Rightarrow^* \alpha_{i+1} \cdots \alpha_j$，$[i, j, A \to \alpha \cdot \beta]$ 被构成。一个项目可以考虑成在顶点 i 开始、在顶点 j 结束的一条弧。该项目的长度是它跨越的终结符的个数。这样，$[i, j, A \to \alpha \cdot \beta]$ 的长度为 $j - i$。

图 11.16

假定 $p (1 \leq p \leq n)$ 为松散耦合多处理器中的处理器个数。令处理器分别标志为 $P_0, P_1, \cdots, P_{p-1}$。它们形成一个单向环。单元 P_i 的后继为 $P_{SUCC(i)}$，这里

$$SUCC(i) \begin{cases} i+1, & \text{如果 } 0 \leq i \leq p-2 \\ 0, & \text{如果 } i = p-1 \end{cases}$$

处理器向它的前驱发送数据，接收它的后继发来的数据。假定 $IL(i)$ 表示存储在处理器 P_i 的局部内存中的项目列。

为了更清楚地阐述算法原理，假定有足够的处理器，即 $p=n$。一个处理器 P_i，$0 \leq i \leq p-1$，仅构建从顶点 i 开始的项目。处理器将如图 11.17 所示的那样在整个输入串的范围内以并行方式工作。每个处理器 P_i 的项目，存储在 $IL(i)$ 中。算法分成 n 步。第 k 步，仅构造长度为 k 的项目$(1 \leq k \leq n)$。在第一步，处理器使用下列两个操作构造长度为 1 的弧作为初始值。

① 移进项目操作：如果 $A \to \alpha\beta \in P$ 且 $a = a_{i+1}$，处理器 P_i 向 $IL(i)$ 添加 $[i, i+1, A \to \alpha \cdot \beta]$。

② 归约项目操作：如果 $[i, i+1, B \to \eta \cdot] \in IL(i)$，处理器 P_i 对所有的 $A \to \alpha\beta \in P$，向 $IL(i)$ 添加 $[i, i+1, A \to B \cdot \beta]$。

添加项目直到不能添加新项目为止。结果如图 11.17 所示。

在第 2 步，图 11.17 中的处理器 P_2 通过使用 $[2, 3, A \to B \cdot DE]$ 和 $[3, 4, D \to a_4 \cdot]$ 来构造 $[2, 4, A \to BD \cdot E]$ 并把它存储在 $IL(2)$ 中。但是，$[3, 4, D \to a_4 \cdot]$ 在处理器 P_3 的局部内存中的 $IL(3)$ 中。因此，在第 2 步开始以前，必须把 $[3, 4, D \to a_4 \cdot]$ 由 P_3 转换到 P_2。处理器 P_i 在进入下一步工作以前应该从它的后继接收一些项目。通过让处理器 P_i 等待直到所有的处理器完成前面的步骤为止来同步化处理器。然后，在处理器间进行数据转换。数据传送完之后，开始下一步。

通过对以下三种项目类型（待约、归约和移进）的不同操作来完成第 k 步 $(2 \leq k \leq n)$ 处理器 $P_i(0 \leq i \leq p-1)$ 的项目集构造。在第 k 步，由 P_i 构造的所有项目长度为 k，开始于顶点 i，结束在顶点 $i+k$。这里 $i+k \leq n$。因而它们的形式为 $[i, i+k, A \to \alpha \cdot \beta]$。

① 待约项目操作：如果存在 $r, 1 \leq r \leq k-1$，使得 $[i, i+r, A \to \alpha \cdot B\beta]$ 和 $[i+r, i+k, B \to \eta \cdot]$ 都在 $IL(i)$ 中，那么向 $IL(i)$ 添加 $[i, i+k, A \to \alpha B \cdot \beta]$。

② 归约项目操作：如果 $[i, i+k, B \to \eta \cdot] \in IL(i)$，那么对所有 $A \to B\beta \in P$，向 $IL(i)$ 添加 $[i, i+k, A \to B \cdot \beta]$。

③ 移进项目操作：如果 $[i, i+k-1, A \to \alpha \cdot a\beta] \in IL(i)$。$a = a_{i+k}$，那么向 $IL(i)$ 添加 $[i, i+k, A \to \alpha a \cdot \beta]$。

仅当产生新的项目时才添加项目。当不能添加其他项目时，处理器进入下一个步骤。P_i 仅把它自己构建的项目（开始顶点为 i)用作移进项目和归约项目。而待约项目靠使用 $[i, i+r, A \to \alpha \cdot B\beta]$ 和 $[i+r, i+k, B \to \eta \cdot]$ 来构造 $[i, i+k, A \to \alpha B \cdot \beta]$，$P_i$ 创建 $[i, i+r, A \to \alpha \cdot B\beta]$，因此属于 $IL(i)$。而 $[i+r, i+k, B \to \eta \cdot]$ 不是由 P_i 所创建的，因此，不属于 $IL(i)$。从而，P_i 应该在下一步开始以前，从另一台处理器 P_{i+r} 接受形式为 $[i+r, i+k, B \to \eta \cdot]$ 的项目。

可以看出,在进入第 k 步之前的数据传送阶段中,每个 P_i,$0 \leq i \leq p-2$ 接收来自其后继 $P_{SUCC(i)}$ 的形式为 $[i+r, i+k, B \rightarrow \eta \cdot]$,$1 \leq r \leq k-1$ 的所有项。

经过 $1, 2, \cdots, n$ 的所有步骤后该算法结束。然后输出"yes",表明 $a_1, \cdots, a_n \in L(G)$,如果 $IL(0)$ 包含一个项目 $[0, n, S \rightarrow \alpha \cdot]$;反之,输出"no"。

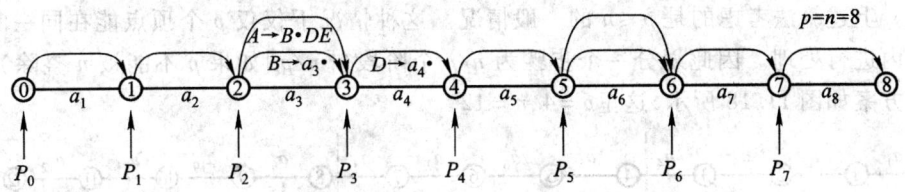

图 11.17 第一步骤生成的项目

11.3.2 SIMD-LC 模型上任意上下文无关语言的并行语法分析算法

1. 算法描述

算法 11.3 SIMD-LC 模型上任意上下文无关语言并行语法分析算法

输入:$G, w = a[1] \cdots a[n]$。

输出:$IL(i)$ 项目集和分析结果。

begin

(1) **for** $m = 1$ **to** $\lceil n/p \rceil$ **do**   /* 第 1 步:初始化 */

    for $i = 0$ **to** $p - 1$ **par-do**

        构造长度为 1 的项目

    end for

  end for

(2) **for** $k = 2$ **to** n **par-do**   /* 第 $2, \cdots, n$ 步 */

    for $m = 1$ **to** $\lceil n/p \rceil$ **do**   /* 第 $1, \cdots, \lceil n/p \rceil$ 阶段 */

        for $i = 0$ **to** $p - 1$ **par-do**   /* 每个 P_i 执行下列步骤 */

            (2.1) $s \leftarrow i + p(m - 1)$ /* 开始点 */

            (2.2) $e \leftarrow s + k$ /* 结束点 */

            (2.3) **if** $e \leq n$ **then**

                (i) 数据传送:$P_{SUCC(i)}$ 向 P_i 发送项目

                (ii) 计算:P_i 构造项目

            end if

        end for

```
            end for
         end for
     end
```

2. 算法注释

上述算法考虑的是 $p \leq n$ 的一般情况。这种情况下仅仅 p 个顶点能在同一时间内进行处理。因此划分一个步骤为 n/p 个阶段（$\lceil n/p \rceil$ 如果 p 不能被 n 整除）。该方案如图 11.18 所示，这里 $p=4, n=12$。

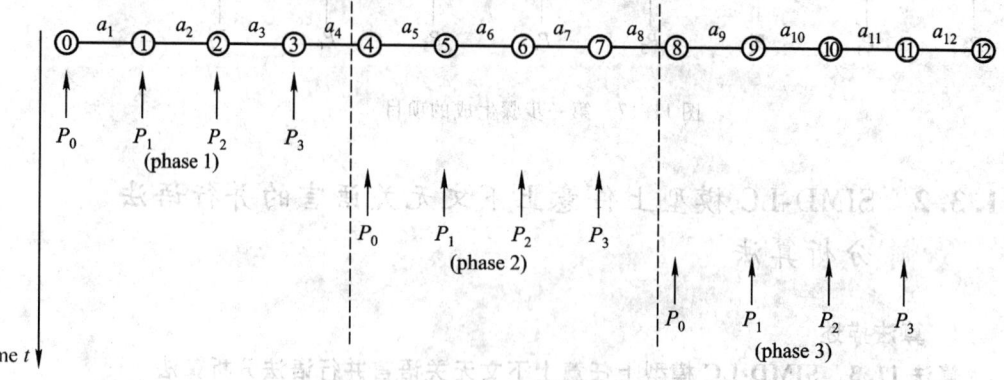

图 11.18 一个步骤中多个阶段

需要修正项目构造操作的定义，在第 k 步 m 阶段中，根据以下三个操作，P_i 构造形式为 $[s, e, A \rightarrow \alpha \cdot \beta]$ 的项目，这里 $s \leftarrow i + p(m-1)$ 和 $e \leftarrow s + k$。

① 待约项目操作：如果存在 $r, 1 \leq r \leq k-1$，使得 $[s, s+r, A \rightarrow \alpha \cdot B\beta]$ 和 $[s+r, e, B \rightarrow \eta \cdot]$ 都在 $IL(i)$ 中，那么向 $IL(i)$ 添加 $[s, e, A \rightarrow \alpha B \cdot \beta]$。

② 归约项目操作：如果 $[s, e, B \rightarrow \eta \cdot] \in IL(i)$，那么对所有 $A \rightarrow B\beta \in P$，向 $IL(i)$ 添加 $[s, e, B \rightarrow \eta \cdot] \in IL(i)$。

③ 移进项目操作：如果 $[s, e-1, A \rightarrow \alpha \cdot a\beta] \in IL(i)$ 和 $a = a_e$ 那么向 $IL(i)$ 添加 $[s, e, A \rightarrow \alpha a \cdot \beta]$。

数据传送应发生在进入第 k ($k \geq 2$) 步的每个阶段之前。因此每个处理器都能接收来自它的后继工作所需的项目。假定 $s \leftarrow i + p(m-1)$，在进入第 k 步 m 阶段之前，$1 \leq m \leq n/p, 2 \leq k \leq n, P_i$ ($0 \leq i \leq p-1$) 接收来自它的后继 $P_{SUCC(i)}$ 的所有项目 $[s+r, s+k, B \rightarrow \eta \cdot], 1 \leq r \leq k-1$，仅当 $s+k \leq n$。

如果 $s+k > n, P_i$ 将在第 k 步 m 阶段中构造任何项目（因为项目结果去构造输入串的结果）因为它在该阶段之前不需要接收任何项目。

但是，$P_{SUCC(i)}$ 没有发送所有在性质 2 中涉及的项目，因为 P_i 已有了它们中的部分。例如，在图 11.19 中，P_2 假定构造来自第 7 步 0 阶段且开始于 2 和结束于 9

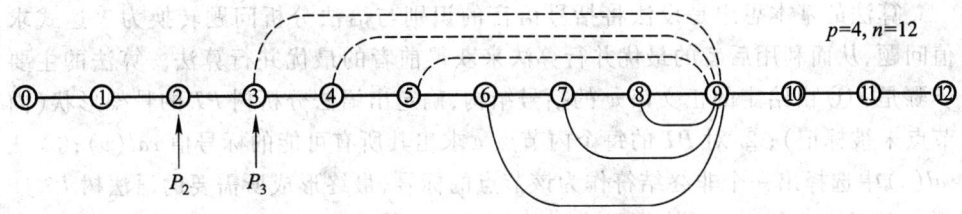

图 11.19 不需要转换的项目

的项目。P_3 不需要发送实线项目。因为 P_2 已经有此项目,当然 P_2 在第 3 步 2 阶段已获得它们。P_3 需要发送那些 P_2 没有的虚线项目。这样,得到更详细的性质。

假定 $s \leftarrow i + p(m-1)$,在进入第 k 步 m 阶段之前,$1 \leq m \leq n/p$,$2 \leq k \leq n$,每个处理器 P_i($0 \leq i \leq p-1$) 接收来自它的后继 $P_{SUCC(i)}$ 的所有项目 $[s+r, s+k, B \to \eta \cdot]$($1 \leq r \leq \min(p-1, k-1)$),当且仅当 $s+k \leq n$。

11.4 括号语言的最优并行识别和语法分析

11.4.1 基本概念和算法原理

本节考虑上下文无关语言的一个特殊子集,即括号语言。对于此类语言的识别和语法分析存在着一个用 $n/\log n$ 个处理器和 $O(\log n)$ 时间的最优并行算法[5]。

定义 11.8 一个文法 G 是**括号文法**(Bracket Grammar),当且仅当它的每个产生式都形如 $A \to (u)$,其中 u 是不包含'('和')'的终结符或非终结符所组成的串。一个由括号文法所产生的语言称之为**括号语言**(Bracket Language)。

任何由括号文法产生的终结符串,均通过正文中的括号稳含地呈现出语法树的拓扑结构(即骨架形式),只不过略去了树的所有细节,特别是内部节点的**标号**(Label)均未给出。下面将要描述的算法基本目标就是用最优的并行方式来计算这些标号。虽然可能由于文法的不确定性,导致可能的正确的标号的数目是指数级的,但我们所关心的只是寻找任意一个正确的标号。

本节仍假定文法 G 是类-Chomsky 标准型的:每个产生式都形如 $A \to (BC)$ 或 $A \to (a)$(下文约定大写字母为非终结符,小写字母为终结符)。

为了便于学习和理解,先将所讨论的括号语言的最优并行识别与语法分析算法的基本思路和步骤概括如下:

算法的基本思想是设法将括号语言的识别与语法分析问题转换为表达式求值问题,从而利用后者的最优并行算法来获得前者的最优并行算法。算法的主要步骤是:① 由给定的正文串 w 的括号结构,确定出语法分析树 PT 的骨架形状(内节点未被标记);② 对 PT 的每个内节点 v 求出其所有可能的标号值 $val(v)$;③ 从 $val(v)$ 中选择出一个非终结符作为该节点的标号,最终形成所需要的语法树 PT。

下面将结合一个具体例子来讨论算法的具体实现方法和其有关的一些技术细节。

11.4.2 算法的具体实现

1. 构造语法树的骨架(Shape)

由第 10.1 节可知,对于给定的输入串,这样的一棵树可由一个最优的并行算法构造之(见图 10.1)。这里不再具体讨论,仅给出一个说明性的例子。

设文法为 $S \rightarrow (BA) \mid (BC) \mid (AS), A \rightarrow (BA) \mid (AA) \mid (BB) \mid (a), B \rightarrow (CC) \mid (CS) \mid (b), C \rightarrow (AB) \mid (CA) \mid (BC) \mid (a)$;输入串 $w = ((b)(((a)(a))((b)(a))))$。串 w 的括号结构及对应的语法树的形状如图 11.20 所示。树的每一个节点相应于两个匹配的括号。树的内节点相应于现在尚不知道(未标定)的非终结符。该图本身也就说明了由给定的括号结构,如何唯一地确定了其语法树的形状。

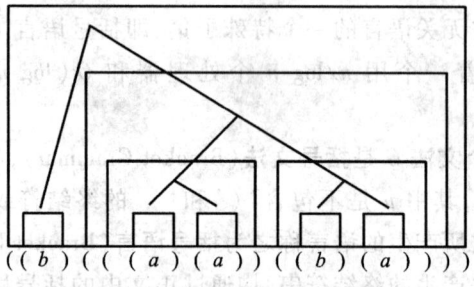

图 11.20 例中语法树的形状

2. 求 $val(v)$

在非终结符集合 S_1 和 S_2 上定义操作 $*$ 如下:
$$S_1 * S_2 = \{A \mid A \rightarrow (BC), B \in S_1, C \in S_2\}$$

对于例中的文法,有 $\{A, B\} * \{B, C\} = \{A, S, C\}$(因为 $A \rightarrow (BB), B \in S_1, S_2$; $S \rightarrow (BC), B \in S_1, C \in S_2; C \rightarrow (AB), A \in S_1, B \in S_2$)。定义这种操作的目的,就是为了如何由两个子节点的标号(自下而上地)求出其父节点的标号。

定义 11.9 称语法树中的一个节点 x 为**底节点**(Bottom Node),如果它满足产

11.4 括号语言的最优并行识别和语法分析   403

生式 $X \to (x)$,其中 X 为非终结符,而 x 为终结符。

对于输入串 w 和其对应的树的每个节点 v,用 $sub(v)$ 表示以 v 为根的子树的叶的符号所组成的子串。对于每个内节点 v,定义 $val(v) = \{X \mid X \to^* sub(v)\}$。如果 v 是内节点而非底节点,则它有两个子节点 v_1 和 v_2。根据 $*$ 操作的定义,可知 $val(v) = val(v_1) * val(v_2)$。所以,对于每个节点 v,计算 $val(v)$ 的问题就是计算一棵**代数表达式树**(Algebraic Expression Tree)的所有节点的值的问题。由第十章可知,这样的计算可由一最优的并行算法来完成。对于本例,所得到的语法树的各节点 $val(v)$ 如图 11.21(a)所示。其中每个节点上的 $\{\cdots\}$ 就是一组可能的标号。

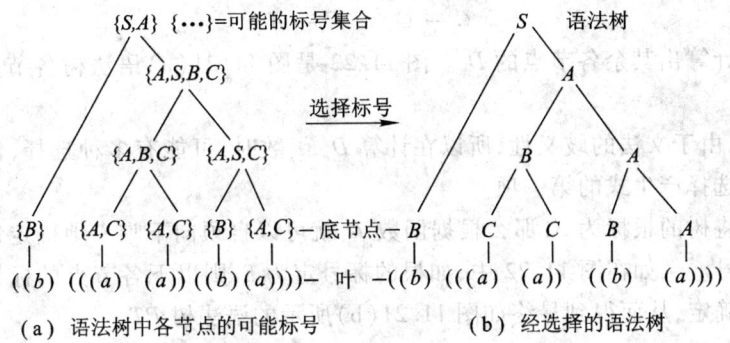

(a) 语法树中各节点的可能标号　　　　(b) 经选择的语法树

图 11.21　语法树的各节点 $val(v)$ 及经选择的语法树

3. 选择标号

对于每一节点 v,必须从 $val(v)$ 中选择一个非终结符作为标号,从而获得最终的语法树 PT。为此,在每一节点 v 上定义一个**依赖函数**(Dependency Function) D_v $(A) = B$,简记之为 $A \to B$,其变量和函数值均为非终结符,它的含义是:如果 $Label$ $(father(v)) = A$,则 $Label(v) = B$。即是说,如果节点 v 的父节点标号为 A,则 v 的标号为 B。

如果 v 的两个子节点为 v_1 和 v_2,则下述算法可求出 PT 的各节点 v 的 D_v 值:

begin
　　for all internal non-bottom nodes v par-do　　/* 非底内节点 */
　　　　for all $X \in val(v)$ choose $Y \in val(v_1)$ and $Z \in val(v_2)$
　　　　　　such that $X \to (YZ)$ is a production do
　　　　　　　　$D_{v_1}(X) \leftarrow Y$
　　　　　　　　$D_{v_2}(X) \leftarrow Z$
　　　　end for
　　end for
end

例 11.7 对于图 11.21(a)，$val(v) = \{A, S, B, C\}$，$val(v_1) = \{A, B, C\}$，$val(v_2) = \{A, S, C\}$。因为 $A \to (BA)$ 是一产生式，所以，对于 A 可以选 $B \in val(v_1)$，$A \in val(v_2)$。即设置 $D_{v_1}(A) = B$ 和 $D_{v_2}(A) = A$。类似地，可以设置 $D_{v_1}(S) = B$ 和 $D_{v_2}(S) = A$，$D_{v_1}(B) = C$ 和 $D_{v_2}(B) = C$ 以及 $D_{v_1}(C) = C$ 和 $D_{v_2}(C) = A$。因此 D_{v_1} 和 D_{v_2} 可分别写成如下形式：

$$
\begin{array}{ll}
A \to B & A \to A \\
S \to B & S \to A \\
B \to C & B \to C \\
C \to C & C \to A
\end{array}
$$

同样可以计算出其余各节点的 D_v。图 11.22 是图 11.21(a)语法树各节点 v 上的 D_v。□

注意，由于文法的歧义性，所以在计算 D_v 函数时，可能有多种选择，使用的策略是优先选择产生式的第一项。

如果将树的根标为 S，那么根据函数 D_v 就可以自顶向下唯一地确定每个节点的一个标号。例如在图 11.22 中，如根的标号定为 S，则以下各节点的标号就自上而下逐个确定，从而得到最终如图 11.21(b)所示的语法树 PT。

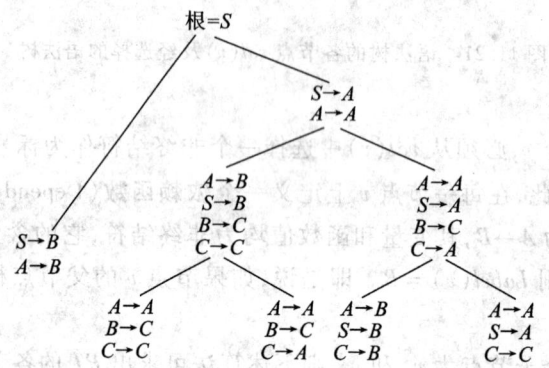

图 11.22 图 11.21(a)中各节点 v 的 D_v 值

D_v 函数的计算，显然可在 $O(1)$ 时间内用 n 个处理器完成。目的是想减少处理器的数目，用 $n/\log n$ 个处理器代替之。为此需将树的节点数压缩到 $n/\log n$ 个，这就是下一节要讲的压缩技术。

11.4.3 树的压缩技术

首先定义**复合函数**(Composition Function)$f \cdot g(x) = g(f(x))$。对每个非根内

节点 v，令 $F_v = f_1 \cdot f_2 \cdot \cdots \cdot f_k$，其中 $f_1, \cdots, f_k$ 是从根到 v（不包含根但包括 v）路径（自顶向下）上各节点对应的函数 D。在并行处理中，对每一节点 v，置 $Label(v) = F_v(S)$，即得各节点的标号。现在的问题是，怎样构造一个最优的算法来计算 F_v？为此要引入如下概念和操作：

定义 11.10 在给定的树 T 中，称从 v_1 到 v_2 的一条路径为**可压缩的**(Reducible)，如果在此路径上的每一节点（或许 v_1、v_2 除外）都有一个儿子是叶节点（一个单边也视为一条可压缩的路径）。

将一可压缩路径 p 用一条边替代，这一操作称为 $Compress(p)$。此压缩不影响任何节点 v 的 F_v 值（被删去的节点除外）。若 F_v 已求出，那么所有被删去的节点 v 之 F_v 很容易使用一个处理器在 $O(\log n)$ 时间内求出。

现在有一棵已经计算出的 D_v 值，但各节点尚未被标定的语法树。这样的一棵树和输入串 w 的括号结构是同一对象的两种不同表示（见图 11.20 和图 11.21(a)）。可是因为括号结构有助于发现一个好的压缩路径的分解方法。所以就用下述输入串 w 为例说明这种方法：

$w = (((((a)((a)(((a)(((a)(((a)(a))(a))))((a)(a))))$
$\quad((a)(((a)(a))(a))))))(((a)((a)((a)(a))))(a))(a))))(a))(a))$

① 将 w 分为长度近似为 $\log n$ 的 $n/\log n$ 个段（为表示方便，暂不考虑 $\log n$ 的确切值）：

$(((((a)((a)(((a)(((a)(((a)\,|\,(a))(a)))((a)(a))))((a)(((a)\,|\,$
$(a))(a))))))(((a)((a)((a)\,|\,(a))))(a))))(a))(a)$

每段分配一个处理器。

② 找出各段中最大匹配对，即匹配的两括号均在本段内，且它们不被任何具有这一性质的括号对所括住，并将其用'··'替代之，从而得到序列 w'（参见图 11.23）：

$w' = ((((\cdot(\cdot((\cdot((\cdot\,|\,\cdot)\cdot))\,\cdot))(\cdot((\cdot\,|\,\cdot)\cdot))))$
$\quad(((\cdot(\cdot(\cdot\,|\,\cdot)))\cdot)\cdot)\cdot)$

此序列相应于一棵其某些子树由一些叶子所替代的如图 11.24(a)所示的二叉树 T，其中图 11.23 中的矩形编号对应于图 11.24(a)中的节点编号。

③ 令 w'' 为 w' 中删去符号'··'后得到的序列，且划分不变。显然 w'' 的各段内都仅具有')) ···)((··· (' 形式的括号（可能只具其一）。

④ 对 w'' 进行标记：在各段内先标记最左和最右的左、右括号（于是在任一段中至多有四个括号被标记）；然后对每个标记了的括号再标记其相匹配的括号。在图 11.23 中，所有被标记的括号，用箭头表示。

⑤ 对 T 施行**变换**(Transformation)（即**压缩**）。(a)对每个已标记的匹配括号，

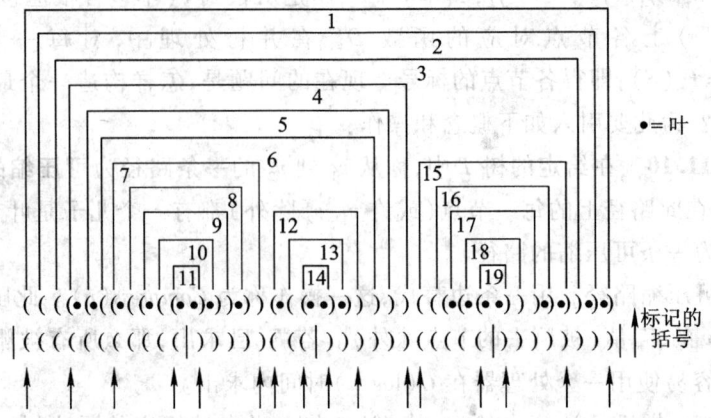

图 11.23 串 w 的括号结构

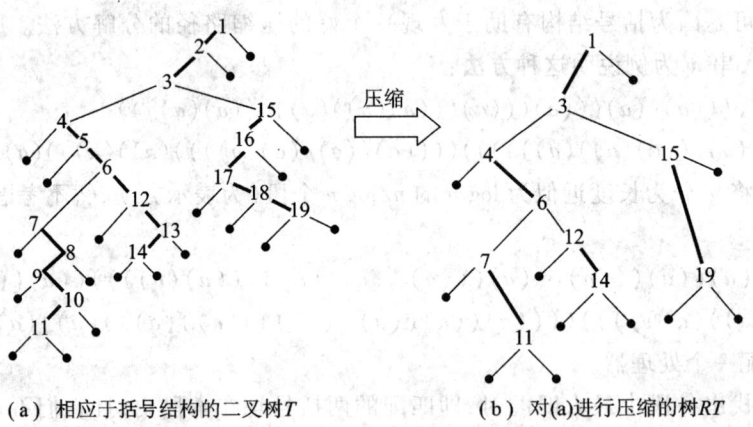

(a) 相应于括号结构的二叉树 T　　　　(b) 对(a)进行压缩的树 RT

图 11.24 树的压缩

标记树 T 的对应节点(本例中所标记的树中节点为 1,4,15,7,12,19,14 和 11);(b) 对树中每个节点,如果它们的儿子已在第(a)步中被标记,则此节点亦被标记(本例中为 3 和 6 节点);(c) 进行压缩:对每个已标记的非根节点 v,如其父亲 $father(v)$ 未被标记,就一直自下而上寻找,直到遇到了下一个已标记的节点,其间路径 $path(v)$ 可被压缩之,如无这样的路径,则 $path(v)$ 无定义。图 11.24(b) 中粗实线是所压缩的路径。

下面的一条定理反映了所压缩的树的性质。

定理 11.3[3]　对于每个已标记的非根节点 v,其可压缩路径 $path(v)$ 之长度为 $O(\log n)$。如果对所有已标记节点 v 进行了可能的压缩,那么所得到的树 RT 将有 $O(n/\log n)$ 个节点。

至此,用压缩技术已将原始的语法树的节点数压缩到 $O(n/\log n)$。所以剩下的问题就是如何求取 RT 的各节点的 F_v 值了。为此需用**倍增**技术。

⑥ 使用倍增技术,计算 RT 中各节点 v 之 F_v 的值:对于 RT,可以使用下述算法求出各节点 v 的 F_v。根据定义 $F_v = f_1 \cdot f_2 \cdot \cdots \cdot f_k$,首先将每一非根点 v 初始化成 $f_i = D_{v_i}$。

begin
    repeat log n times
        for all internal non-root nodes v **par-do**
           (1) $F_v \leftarrow f_{father(v)} \cdot f_v$
           (2) $father(v) \leftarrow father(father(v))$
        end for
end

例 11.8 试用图 11.21(b) 来说明此问题:

① 算法初始化后的结果如图 11.25(a) 所示,其中 $f_1 = D_{v_1}, f_2 = D_{v_2}, \cdots, f_8 = D_{v_8}$。

② 算法执行第一次循环后,结果如图 11.25(b) 所示。再循环一次,算法就结束。此时 $F_{v_1} = f_1, F_{v_2} = f_8 \cdot (f_6 \cdot f_2), F_{v_3} = f_8 \cdot (f_6 \cdot f_3), \cdots, F_{v_7} = f_8 \cdot f_7, F_{v_8} = f_8$。

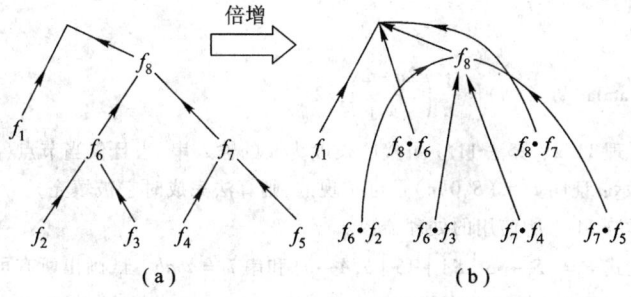

图 11.25 算法执行第一次循环后的结果

③ 根据 $Label(v) = F_v(S)$ 计算各节点的标号:例如,$Label(v_2) = F_{v_2}(S) = f_8 \cdot (f_6 \cdot f_2) = D_{v_8} \cdot (D_{v_6} \cdot D_{v_2}(S)) = D_{v_6} \cdot D_{v_2}(D_{v_8}(S)) = D_{v_6} \cdot D_{v_2}(A) = D_{v_2}(D_{v_6}(A)) = D_{v_2}(B) = C$。□

11.4.4 SIMD-CREW 模型上括号语言的语法分析算法

算法 11.4 SIMD-CREW 模型上括号语言的语法分析算法

输入：文法 G，文本串 w。
输出：语法分析树。
begin
  (1) 构造语法分析树 PT 的骨架；
  (2) 计算 PT 中各节点 v 之 $val(v)$；
  (3) 选择 PT 各节点 v 的标号 $Label(v)$：
    (3.1) 求 PT 中各节点 v 之 D_v；
    (3.2) 将 PT 压缩成 RT；
    (3.3) 求 RT 中各节点 v 之 F_v；
    (3.4) 对 RT 中各节点 v，置 $Label(v) = F_v(S)$。
end

算法的复杂度为：第(1)步之 $p_1(n) = n/\log n$，$t_1(n) = O(\log n)$；第(2)步之 $p_2(n) = n/\log n$，$t_2(n) = O(\log n)$；第(3)步之 $p_3(n) = n/\log n$，$t_3(n) = O(\log n)$。所以算法 11.3 的复杂度可概括于如下定理中。

定理 11.4 在 SIMD-CREW 模型上，每一个括号语言(输入串长度为 n)都可使用 $n/\log n$ 个处理器在 $O(\log n)$ 时间内完成语法分析。

习 题

11.1 试证明 Catalan 数 $C(n) = \dfrac{1}{n}\dbinom{2n-2}{n-1} \geqslant 2^{n-2}$。

11.2 试证明引理 11.2：算法 11.1 可接收长度为 n 的输入串，当且仅当节点 $(S,0,n)$ 是可实现的。(提示：证明如果 $(S,0,n)$ 是可实现的，则算法完成时它被填充)

11.3 试分析算法 11.1 所使用的处理器数。

11.4 给定产生式 $P = \{S \to SS \mid SA \mid AS \mid b, A \to a\}$ 和串 $w = abab$。试画出所有可能的推导树。

11.5 (a) 何谓非歧义上下文无关语言？
  (b) 试证明：如果文法 G 是非歧义的，则对于图 $U_{G,w}$ 中的每对节点 x 和 y，至多只有一条从 x 到 y 的路径。

11.6 试证明：在 SIMD-CREW 模型上，$first(Q)$ 操作可用 $O(n)$ 个处理器于 $O(\log n)$ 时间内计算出，假定 Q 至少有一个分量为真。

11.7 已知文法 $G: E \to E + E \mid E * E \mid -E \mid (E) \mid i$，输入字符串 $i^*(-i+i)$，试根据算法 11.3，写出具体实现步骤，并判断该字符串能否由该文法 G 推导出。

11.8 试证明定理 11.3：对于每个已标记的非根节点 v，其可压缩的路径 $path(v)$ 之长度为 $O(\log n)$。如果对所有已标记的节点 v 进行了压缩，则所得到的 RT 树将有 $O(n/\log n)$ 个节点。

11.9 试证明定理 11.4：在 SIMD-CREW 模型上，每一个括号语言（输入串长度为 n）都可用 $n/\log n$ 个处理器于 $O(\log n)$ 时间内完成语法分析。（提示：只要证明：对所有非根内节点 v，函数 F_v 可使用 $n/\log n$ 个处理器于 $O(\log n)$ 时间内计算出）

11.10 参考例 11.8，对于图 11.21(a)：

(a) 使用倍增算法计算 F_v 时，对非根节点 v 进行初始化后所得到的相应的图如何？

(b) 执行倍增算法的第一次迭代后所得到的相应的图如何？

(c) 执行倍增算法的第二次迭代后所得到的相应的图如何？

(d) 在此基础上，试逐点计算出 $Label(v_i), i = i, \cdots, 8$。

参 考 文 献

[1] Hopcroft J E, Ullman J D. Introduction to automata theory, languages and computations. [S. l.]: Addison-Wesley, 1979.

[2] Ruzzo W. On the complexity of general context free language parsing and recognition: automata, languages and programming. Lecture Notes in Computer science 71. Springer-Verlag, 1979, 489-499.

[3] Gibbons A, Rytter W. Efficient parallel algorithms. [S. l.]: Cambridge University Press, 1990.

[4] Dong-Yul Ra, Jong-Hyun Kim. A parallel parsing algorithm for arbitrary context-free grammars. Information Processing Letter, 58, 1996, 87-96.

[5] Rytter W, Giancarlo R. Optimal parallel parsing of bracket languages. [S. l.]: Theoretical Computer Science, 1987.

第十二章 矩阵运算

内容提要 矩阵运算是数值计算中最重要的一类运算。特别是在线性代数和数值分析中,它是一种最基本的运算。本章系基于线代数中的数学原理,密切结合并行计算机体系结构,讨论各种并行计算模型上的有效并行算法,包括矩阵转置算法,矩阵相乘算法(它占了本章的主要篇幅),矩阵和向量相乘算法。最后集中讨论了 VLSI 计算模型上的心动阵列中的矩阵乘法,方阵的 LU 分解、求逆和求解三角形线性系。

讲授要点 ① 矩阵转置算法:SIMD-MC^2 上的矩阵转置(算法 12.2);SIMD-PS 上的矩阵转置(算法 12.3);SIMD-CC 上的矩阵转置(算法 12.4)。② 矩阵乘法:SIMD-MC^2 上 Cannon 矩阵乘法(算法 12.6);SIMD-CC 上 DNS 矩阵乘法(算法 12.7);SIMD-MC^2 上 FOX 矩阵乘法(见参考文献[12]的第九章);矩阵分块乘法(例 12.2)。③ 心动阵列上的矩阵运算:二维四角形阵列上的矩阵乘法(算法 12.11);二维六角形阵列上的矩阵乘法(参见图 12.9);二维六角形阵列上的 LU 分解(参见图 12.10)。

12.1 矩阵转置

矩阵转置(Matrix Transposition)是矩阵运算中最简单的一种。本节讨论二维阵列、均匀洗牌和超立方连接机器上的矩阵转置算法,重点学习不同互连结构上的算法描述和设计。

12.1.1 单处理机上的矩阵转置算法

对于一个 $A_{n \times n}$ 的矩阵,其转置 $A_{n \times n}^T$ 可定义为

$$A = \begin{pmatrix} a_{11} & a_{12} & \cdots & a_{1n} \\ a_{21} & a_{22} & \cdots & a_{2n} \\ \vdots & \vdots & & \vdots \\ a_{n1} & a_{n2} & \cdots & a_{nn} \end{pmatrix} \quad A^T = \begin{pmatrix} a_{11} & a_{21} & \cdots & a_{n1} \\ a_{12} & a_{22} & \cdots & a_{n2} \\ \vdots & \vdots & & \vdots \\ a_{1n} & a_{2n} & \cdots & a_{nn} \end{pmatrix}$$

即 A 的每一行就是 A^T 的每一列。或者说,A 的元素 a_{ij} 与 a_{ji} 互换,就构成了 A^T。

算法 12.1 单处理机上的矩阵转置算法

输入:$A_{n \times n}$。

输出:$A_{n \times n}^T$。

begin
    for $i = 2$ **to** n **do**
        for $j = 1$ **to** $i - 1$ **do**
            $a_{ij} \leftrightarrow a_{ji}$
        end for
    end for
end

此算法的时间复杂度显然为 $t(n) = O(n^2)$;而且该算法是"**就地**"(In Place)的,即 A^T 处于 A 原先所占用的相同的存储位置。从读入 A 之元素所需的时间来看,该算法的时间已达到下界 $\Omega(n^2)$。

12.1.2 SIMD-MC² 模型上的矩阵转置

矩阵一类的运算,最自然的并行结构是二维阵列(也称二维网孔,简记之为 MC²)。对于转置而言,开始时阵列中的每一个处理器 $P(i,j)$ 相应于矩阵的一个元素 a_{ij},结束时为 a_{ji}。因为在这种结构中,a_{1n} 传到 a_{n1} 不能少于 $2(n-1)$ 步(参见图 12.1),

所以任何转置算法的下界为 $\Omega(n)$。网孔结构中的转置算法的原理非常简单[1]：对角元素 a_{ii} 不变；上三角阵中的元素 a_{ij} 先向左移再向下移，直至到达 a_{ji}；与此同时，下三角阵中的元素 a_{ji} 先向上移再向右移，直至到达 a_{ij}。在具体实现时，每个 $P(i,j)$ 设有三个寄存器：$A(i,j)$ 开始时存放 a_{ij}，结束时保留 a_{ji}；$B(i,j)$ 接收来自 $P(i,j+1)$ 或 $P(i-1,j)$ 中的元素；$C(i,j)$ 接收来自 $P(i,j-1)$ 或 $P(i+1,j)$ 中的元素。

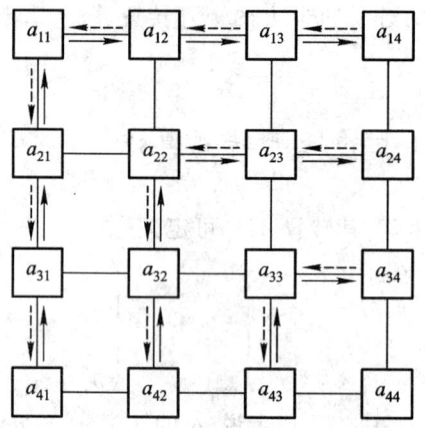

图 12.1　网孔结构中的矩阵转置

算法 12.2　SIMD-MC^2 模型上的矩阵转置算法

输入：$A_{n \times n}$

输出：$A_{n \times n}^{T}$

begin

　(1) **do** step (1.1) and (1.2) **in parallel**

　　(1.1) **for** i = 2 **to** n **par-do**

　　　　for j = 1 **to** $i-1$ **par-do** $C(i-1,j) \leftarrow (a_{ij},j,i)$ **end for**

　　　end for

　　(1.2) **for** i = 1 **to** $n-1$ **par-do**

　　　　for j = $i+1$ **to** n **par-do** $B(i,j-1) \leftarrow (a_{ij},j,i)$ **end for**

　　　end for

　(2) **do** step(2.1),(2.2) and (2.3) **in parallel**

　　(2.1) **for** i = 2 **to** n **par-do**

　　　　for j = 1 **to** $i-1$ **par-do**

　　　　　while $P(i,j)$ receives input from its neighbors **do**

　　　　　　(i) **if** (a_{km},m,k) is received from $P(i+1,j)$

　　　　　　　then send it to $P(i-1,j)$

                    end if
             (ii) **if** (a_{km}, m, k) is received from $P(i-1, j)$ **then**
                         if $i = m$ **and** $j = k$ **then** $A(i, j) \leftarrow a_{km}$
                         else send (a_{km}, m, k) to $P(i+1, j)$
                         end if
                    end if
             end while
         end for
      end for
(2.2) **for** $i = 1$ **to** n **par-do**
         while $P(i, j)$ receives input from its neighbors **do**
             (i) **if** (a_{km}, m, k) is received from $P(i+1, i)$
                  then send it to $P(i, i+1)$
                  end if
             (ii) **if** (a_{km}, m, k) is received from $P(i, i+1)$
                  then send it to $P(i+1, i)$
                  end if
         end while
      end for
(2.3) **for** $i = 1$ **to** $n-1$ **par-do**
         for $j = i+1$ **to** n **par-do**
             while $P(i, j)$ receives input from its neighbors **do**
                (i) **if** (a_{km}, m, k) is received from $P(i, j+1)$ **then** send it
                     to $P(i, j-1)$ **end if**
                (ii) **if** (a_{km}, m, k) is received from $P(i, j-1)$
                     then if $i = m$ **and** $j = k$ **then** $A(i, j) \leftarrow a_{km}$
                             else send (a_{km}, m, k) to $P(i, j+1)$
                         end if
                     end if
             end while
         end for
      end for
end

算法的复杂度分析也比较简单：对于 a_{ij}，如果 $i > j$，其沿列向上传到 $P(i, j)$，然后再沿行向右传至 $P(j,i)$；类似地，如果 $i<j$，其沿行向右传至 $P(i,j)$，然后再沿列向下传至 $P(i,j)$。其中，从 a_{n1} 到 a_{1n}，最长的传输路径为 $2n-2$。所以算法的时间 $t(n)=O(n)$，而 $p(n)=n^2$，所以 $c(n)=O(n^3)$，它不是成本最优的。

12.1.3 SIMD-PS 模型上的矩阵转置

在**均匀洗牌**(Perfect Shuffle) 连接的 SIMD 机器上实现的矩阵转置，使用和上一节相同的处理器数，但算法的时间却是对数的，因而得到了较高的加速[2]。

令 $n=2^q$。给定一个 $A_{n\times n}$ 待转置的矩阵，使用 $n^2=2^{2q}$ 个彼此以均匀洗牌相连的处理器：$P_0, P_1, \cdots, P_{2^{2q}-1}$。如图 12.2 所示，$a_{ij}$ 开始时存在处理器 P_k 中，其中 $k=2^q(i-1)+(j-1)$。在经过 q 次洗牌后，原 P_k 中的元素 a_{ij} 将变成了 a_{ji}。下述引理证实了这一事实。

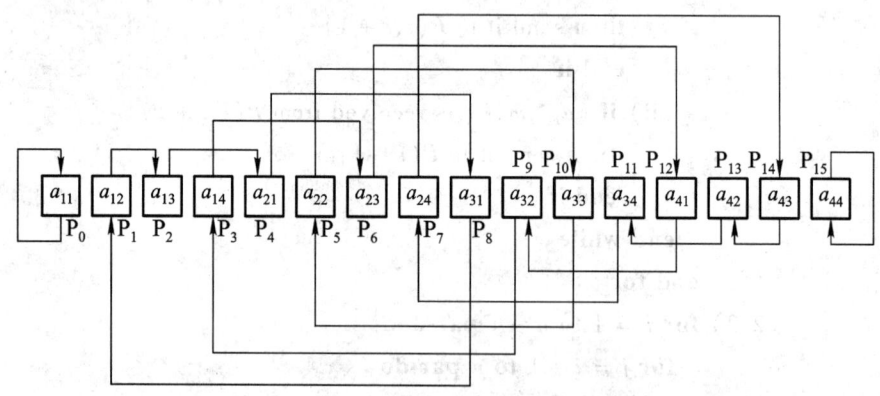

图 12.2 待转置的矩阵存放在 PS 网络中

引理 12.1 在 n^2 个点的均匀洗牌连接的结构中，存在 $P_k(k=2^q(i-1)+(j-1))$ 中的元素 a_{ij} 经过 $q(q=\log n)$ 次洗牌后就变成了元素 a_{ji}。

证明 试考虑处理器的下标 k，它是由 $2q$ 位组成。因为，$k=2^q(i-1)+(j-1)$，所以 k 的高 q 位代表了 $(i-1)$，而低 q 位代表了 $(j-1)$。根据洗牌的定义可知，如果 P_k 洗牌 q 次，就意味着其 $2q$ 位下标向左循环移位了 q 位，因此下标 k 就变成了 $2^q(j-1)+(i-1)$。显然，此时高 q 位代表了 $(j-1)$，而低 q 位代表了 $(i-1)$ 位，也就是说，P_k 中的元素 a_{ij} 经过 q 次洗牌后就变成了 a_{ji}。□

令 $2k/(2^{2q}-1)$ 之余数为 $2k\bmod(2^{2q}-1)$，则 SIMD-PS 上的转置算法可描述如下。

算法 12.3 SIMD-PS 模型上的矩阵转置算法

输入：$A_{n\times n}(n=2^q)$ 的元素置于 $P_0, P_1, \cdots, P_{2^{2q}-1}$ 中。

输出：$P_i(0 \leq i \leq 2^{2q} - 1)$ 中的元素为 $A_{n \times n}^T$。
begin
    for $i = 1$ to q do
        for $k = 1$ to $2^{2q} - 2$ par-do
            P_k sends elements of A to $P_{2k \bmod (2^{2q}-1)}$
        end for
    end for
end

图 12.3 示出了 $A_{4 \times 4}$ 矩阵转置在 16 个处理器构成的洗牌结构（$q = 2$）上的实现过程。

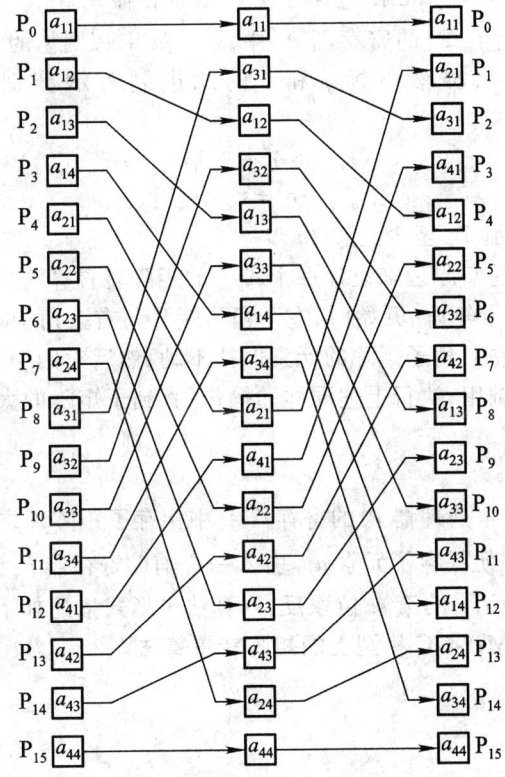

图 12.3 洗牌结构中的矩阵转置

算法 12.3 的复杂度是显然的：$p(n) = n^2$，$t(n) = O(\log n)$，所以 $c(n) = O(n^2 \log n)$。它虽不是最佳的，但却比网孔上的算法为快。可见，开始所说的网孔结构是矩阵运算的自然结构，并不意味着网孔结构是最佳结构。

12.1.4 SIMD-CC 模型上的矩阵转置

在超立方连接的 SIMD 机器上实现 $A_{n \times n}$ 矩阵转置时,我们要对超立方结构重新进行描述。对于一个具有 $N = n^2 = 2^{2q}$ 个处理器 $P_0, P_1, \cdots, P_{N-1}$ 的超立方结构,首先要将其描述为一个 $n \times n$ 的行主编号的二维数组。这样在超立方中的处理器 P_r 就对应在二维 (i, j) 坐标位置上,其中 $r = in + j$ 和 $0 \leq i, j \leq n - 1$。令 r 的二进制表示为 $r_{2q-1} r_{2q-2} \cdots r_q r_{q-1} \cdots r_1 r_0$(其中 r_b 表示 r 的第 b 位),显然下标 i 和 j 的二进制表示分别为 $r_{2q-1} r_{2q-2} \cdots r_q$ 和 $r_{q-1} r_{q-2} \cdots r_0$。

1. 算法原理

假定开始时矩阵 A 之元素 a_{ij} 保存在 P_r 的寄存器 A_r 中,$r = in + j$;若算法结束时,A 之元素 a_{ij} 保存在 P_s 的寄存器 A_s 中,$s = jn + i$,则 s 的二进制也可表示为 $s_{2q-1} s_{2q-2} \cdots s_q s_{q-1} \cdots s_1 s_0$,显然下标 j 和 i 的二进制表示分别为 $s_{2q-1} s_{2q-2} \cdots s_q$ 和 $s_{q-1} s_{q-2} \cdots s_0$。因此有

$$r_{2q-1} r_{2q-2} \cdots r_q = s_{q-1} s_{q-2} \cdots s_0$$
$$r_{q-1} r_{q-2} \cdots r_0 = s_{2q-1} s_{2q-2} \cdots s_q$$

所以,元素 a_{ij} 从 P_r 到 P_q 至少经过 $2q$ 步。

我们可以使用递归原理来设计一个 $A_{n \times n}$ 的矩阵转置算法。假定 $n \times n$ 的矩阵被分成四个 $n/2 \times n/2$ 子矩阵,开始时,左下角子矩阵与右上角子矩阵中的元素对调,而右下角子矩阵和左上角子矩阵的元素保持不动;然后对四个 $n/2 \times n/2$ 子矩阵的每一个均施行递归调用,执行上述同样的操作;直到子矩阵的大小为 2×2 的规模为止,算法即可结束。

2. 算法描述

算法开始时,假定处理器 P_r 的寄存器 A_r 中保存了矩阵 A 之元素 a_{ij},$r = in + j$。当算法结束时,A_r 中便保存了元素 a_{ij}^T。引入一个辅助寄存器 B_r,供算法执行中暂时寄存数据。令 $r^{(m)}$ 表示 r 的第 m 位取反,则算法可形式描述如下[3]:

算法 12.4 SIMD-CC 模型上的矩阵转置算法

输入:$A_{n \times n}$。
输出:$A_{n \times n}^T$。
begin
    for $m = 2q - 1$ **down to** q **do**
        for $r = 0$ to $N - 1$ **par-do**
            (1) **if** $r_m \neq r_{m-q}$ **then**
                $B_{r^{(m)}} \leftarrow A_r$
            endif
            (2) **if** $r_m = r_{m-q}$ **then**

$$A_{r(m-q)} \leftarrow B_r$$
         endif
      end for
   end for
end

3. 算法分析

算法共迭代 q 次,而 $q = \log N/2$,所以 $t(n) = O(\log n)$。因为 $p(n) = N = n^2$,所以成本 $c(n) = O(n^2 \log n)$,它不是成本最优的,因为串行转置算法 $n(n-1)/2$ 次操作步就足够了。

例 12.1 对于如下的 $A_{4 \times 4}$ 的矩阵(此时 $n = 4, q = 2$):

$$A = \begin{pmatrix} 1 & b & c & d \\ e & 2 & f & g \\ h & v & 3 & w \\ x & y & z & 4 \end{pmatrix}$$

算法使用了 $N = 16$ 个处理器 $P_0, P_1, \cdots, P_{15}$。假定处理器的下标表示为四位二进制数,且排列成如下行主编号的 4×4 数组:

0000	0001	0010	0011
0100	0101	0110	0111
1000	1001	1010	1011
1100	1101	1110	1111

开始时,每个处理器保存了矩阵 A 的一个元素,处理器 P_{0000} 保持元素 1,P_{0001} 保持元素 b,P_{0010} 保持元素 c,等等。

① 算法执行第一次迭代,$m = 2q - 1 = 3$,在第(1)步时,对于那些 $r_3 \neq r_1$ 的 P_r,A_r 中的元素发送给 $P_{r(3)}$,并存放在 $B_{r(3)}$ 中。即 P_{0010}、P_{0011}、P_{0110} 和 P_{0111} 将其元素相应地发送给 P_{1010}、P_{1011}、P_{1110} 和 P_{1111},以及 P_{1000}、P_{1001}、P_{1100} 和 P_{1101} 将其元素相应地发送给 P_{0000}、P_{0001}、P_{0100} 和 P_{0101}。这实际上是,右上角的四个处理器将它们的元素发送给右下角的相应的四个处理器,同时左下角的四个处理器将它们的元素发送给左上角的相应的四个处理器。各个接收处理器将所接收到的元素保存在中间辅助寄存器 $B_{r(3)}$ 中。在第(2)步时,对于那些 $r_3 = r_1$ 的 P_r,将第(1)步所接收并保存在 B_r 中的各元素转发给 $P_{r(1)}$,并存放在 $A_{r(1)}$。即 P_{0000}、P_{0001}、P_{0100} 和 P_{0101} 将其元素相应地发送给 P_{0010}、P_{0011}、P_{0110} 和 P_{0111} 以及 P_{1010}、P_{1011}、P_{1110} 和 P_{1111} 将其元素相应地发送给 P_{1000}、P_{1001}、P_{1100} 和 P_{1101}。第一次迭代结束后,$A_r(0 \leq r \leq 15)$ 中的内容排列如下:

$$\begin{pmatrix} 1 & b & h & v \\ e & 2 & x & y \\ c & d & 3 & w \\ f & g & z & 4 \end{pmatrix}$$

② 算法执行第二次迭代 $m = q = 2$,在第(1)步时,对于那些 $r_2 \neq r_0$ 的 P_r,保存在 A_r 中的元素发送给 $P_{r(2)}$,并存放在 $B_{r(2)}$ 中。即同时将其元素从 P_{0100} 传给 P_{0000}、从 P_{0001} 传给 P_{0101}、从 P_{0110} 传给 P_{0010}、从 P_{0011} 传给 P_{0111}、从 P_{1100} 传给 P_{1000}、从 P_{1001} 传给

P_{1101}、从 P_{1110} 传给 P_{1010} 和从 P_{1011} 传给 P_{1111}。第(2)步时，对于那些 $r_2 = r_0$ 的 P_r，保存在 B_r 中的元素发送给 $P_{r(0)}$，并存放在 $A_{r(0)}$。即同时将其元素从 P_{0000} 传给 P_{0001}、从 P_{0101} 传给 P_{0100}、从 P_{0010} 传给 P_{0011}、从 P_{0111} 传给 P_{0110}、从 P_{1000} 传给 P_{1001}、从 P_{1101} 传给 P_{1100}、从 P_{1010} 传给 P_{1011} 和从 P_{1111} 传给 P_{1110}。这实际上，第二次迭代的作用，就是将四个 2×2 子矩阵中右上角的处理器与左下角的处理器中相应元素的对调。当第二次迭代结束后，$A_r (0 \leq r \leq 15)$ 中的内容就是原矩阵 A 的转置 A^T：

$$A^T = \begin{pmatrix} 1 & e & h & x \\ b & 2 & v & y \\ c & f & 3 & z \\ d & g & w & 4 \end{pmatrix} \quad \square$$

12.2 矩阵相乘

矩阵乘法(Matrix Multiplication)是数值计算中最重要的一类运算，也是用数值方法求解本书中所讨论的非数值计算问题(如图论等)的桥梁。本节重点讨论二维网孔结构上的著名的 Cannon 乘法和超立方结构上的 DNS 乘法，后者是本书中不少算法要经常调用的基本算法模块。

12.2.1 单处理机上的矩阵相乘

一个 $m \times n$ 阶的 A 矩阵与一个 $n \times k$ 阶的 B 矩阵相乘就得到一个 $m \times k$ 阶的 C 矩阵，即

$$A_{m \times n} \times B_{n \times k} = C_{m \times k}$$

其中 C 矩阵的元素 $c_{ij} = \sum_{s=1}^{n} a_{is} \times b_{sj}, 1 \leq i \leq m, 1 \leq j \leq k$。

一个平易的矩阵相乘的顺序算法如下：

算法 12.5 单处理机上的矩阵相乘算法

输入：$A_{m \times n}, B_{n \times k}$。
输出：$C_{m \times k}$。
begin
    for $i = 1$ to m do
        for $j = 1$ to k do
            (1) $c_{ij} \leftarrow 0$
            (2) for $s = 1$ to n do

$$c_{ij} \leftarrow c_{ij} + (a_{is} \times b_{sj})$$
        end for
     end for
  end for
end

假定 $m \leq n, k \leq n$，很显然上述算法的运行时间 $t(n) = O(n^3)$。目前已经有很多顺序矩阵相乘算法，其时间复杂度大致均为 $O(n^x)$，其中 $2 < x < 3$[4]。如果从两矩阵不管如何相乘，但都要产生 n^2 个输出结果的观点来看，矩阵相乘的下界应为 $\Omega(n^2)$。n^2 与 n^x 之间的差距，促使算法界的同志仍需努力。

12.2.2 SIMD-MC² 模型上的矩阵乘法

本节先给出 SIMD-MC² 上的矩阵乘法下界；再给出最优的矩阵相乘算法。

在某一并行计算模型中，假定一给定数据开始处在某一处理器中。令 $\sigma(k)$ 为该数据可于 $\leq k$ 选路步内所能抵达的最大的处理器数。则对于 SIMD-MC² 并行计算模型而言，$\sigma(0) = 1, \sigma(1) = 5, \sigma(2) = 13$。一般为 $\sigma(k) = 2k^2 + 2k + 1$。

引理 12.2[5]   假定矩阵 $A_{n \times n}$ 和 $B_{n \times n}$ 的每一元素只存储一次，且任何一处理器不包含多于一个元素。如果不考虑播送，则欲求 $A_{n \times n} \times B_{n \times n} = C_{n \times n}$ 至少需要 s 步选路使得 $\sigma(2s) \geq n^2$。

证明   试考虑 C 矩阵任一元素 c_{ij}，则在 a_{ik}（或 b_{kj}）与 c_{ij} 之间必有一条路径。令 s 表示其间最长的路径。这就意味着从任一元素 b_{uv} 至 $a_{ij}(1 \leq i,j \leq n)$ 之间长度不会超过 $2s$。这是因为从 b_{uv} 到 c_{iv} 的路径长度至多为 s；同样从 a_{ij} 到 c_{iv} 的路径长度也至多为 s（见图 12.4(b)）。类似地，从任一元素 a_{uv} 到 $b_{ij}(1 \leq i,j \leq n)$ 的路径长度也不会超过 $2s$。因为 A 的 n^2 个元素存于一些确定的处理器中，所以根据上述 $\sigma(k)$ 函数的定义可知 $\sigma(2s) \geq n^2$。□

定理 12.1[5]   SIMD-MC² 模型上的 $n \times n$ 阶矩阵乘法需要 $\Omega(n)$ 数据选路步。对于较大的 n，选路步 s 近似地 $\geq 0.35n$。

证明   由引理 12.2 可知，$\sigma(2s) \geq n^2$。因为 SIMD-MC² 模型上 $\sigma(s) = 2s^2 + 2s + 1$。所以 $\sigma(2s) = 2(2s)^2 + 2(2s) + 1$，从而有
$$8s^2 + 4s + 1 \geq n^2$$
$$\left(s + \frac{1}{4}\right)^2 + \frac{1}{16} \geq \frac{n^2}{8}$$

解得，$s \geq (\sqrt{n^2/2 - (1/4)}/2) - (1/4)$。□

下面介绍最著名的 **Cannon 矩阵相乘**（Cannon's Matrix Multiplication）算法[6]：

假定二维网孔是周边带环绕的。所要介绍的算法的根本出发点是在处理器阵列中,要合理分布两个待乘的矩阵元素。由乘积公式可知,要在处理单元 $P(i,j)$ 中计算乘积元素 $C(i,j)$,必须在该单元中准备好矩阵元素 $A(i,s)$ 和 $B(s,j)$。但如果像图 12.5 那样分布矩阵元素,则只有 n 对矩阵元素的下标满足要求。然而可以通过向上旋转(即循环移位)**B** 的元素和向左旋转 **A** 的元素,来得到合适的成对的矩阵元素。

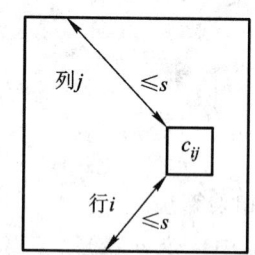

(a) 到 c_{ij} 的路径长度不会长于 s

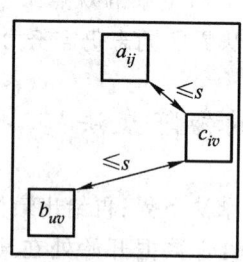

(b) 从 a_{ij} 到 b_{uv} 的选路长度不会超过 $2s$

图 12.4 引理 12.2 证明示例

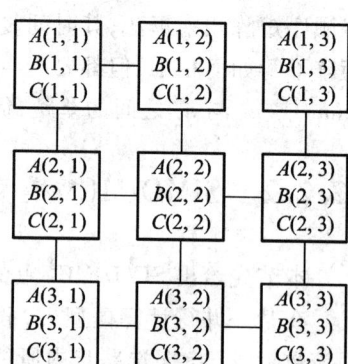

图 12.5 $P(i,j)$ 中包含了 $A(i,j)$、$B(i,j)$ 和 $C(i,j)$

约定算法开始时,$A(i,j) = a_{ij}$,$B(i,j) = b_{ij}$,符号"$\Leftarrow$"表示移位。算法分两步:第(1)步旋转矩阵元素(称为**数据对准**);第(2)步计算**点积**(Dot-product)。

算法 12.6 SIMD-MC^2 模型上的矩阵乘法算法

输入:$A_{n \times n}$,$B_{n \times n}$。

输出:$C_{n \times n}$。

begin

(1) /* 旋转矩阵 */

 for $k = 1$ to n do

  for all $P(i,j)$ par-do

   (i) if $i > k$ then $A(i,j) \Leftarrow A(i,j+1)$ end if

   (ii) if $j > k$ then $B(i,j) \Leftarrow B(i+1,j)$ end if

  end for

 end for

(2) /* 计算点积 */

 (2.1) for all $P(i,j)$ par-do $C(i,j) \leftarrow 0$ end for

 (2.2) for $k = 1$ to n do

  for all $P(i,j)$ par-do

(i) $C(i,j) \leftarrow C(i,j) + A(i,j) \times B(i,j)$
(ii) $A(i,j) \Leftarrow A(i,j+1)$
(iii) $B(i,j) \Leftarrow B(i+1,j)$
end for
end for
end

显然,算法 12.6 的复杂度 $t(n) = O(n)$, $p(n) = n^2$, $c(n) = O(n^3)$,所以是成本最佳的。

12.2.3 SIMD-CC 模型上的矩阵乘法

在 Cannon 乘法中,通过向左旋转 $\boldsymbol{A}$ 之元素和向上旋转 $\boldsymbol{B}$ 之元素来得到合适的成对相乘的矩阵元素。实际上,我们也可以通过播送 $\boldsymbol{A}$ 之元素和向上旋转 $\boldsymbol{B}$ 之元素来得到合适的成对相乘的矩阵元素,这就是 FOX 乘法[13]。习题 12.11 给出了该算法的具体步骤。读者可按习题要求实践之。

1. 算法原理

算法 12.6 达到了成本最优,而加速比为 $O(n^2)$。本节所介绍的并行算法加速比大于 $O(n^2)$,它是运行在立方连接的 SIMD 机器上的著名的 DNS 乘法[7]。

我们知道,在 $\boldsymbol{A}_{n \times n} \times \boldsymbol{B}_{n \times n}$ 运算中,$a_{is} \times b_{sj}$ 操作共有 n^3 个。如果对矩阵 $\boldsymbol{A}$ 和 $\boldsymbol{B}$ 的数据进行适当的复制,则有可能利用 n^3 个处理器同时完成上述的乘法操作;然后再进行一次部分求和操作即可得到最终的 c_{ij}。为此需进行一系列的下标变换。令系统中有 N 个处理器。为了帮助理解,可将 N 表示成一个 $n \times n \times n = n^3$ 的三维数组,其中 $n = 2^q$,于是 $N = 2^{3q}$。在行主编号的情况下,立方连接结构中的处理器 P_r 将处于位置 (i,j,k),其中 $r = in^2 + jn + k$ 且 $0 \le i,j,k \le n-1$。令 r 的二进制表示为 $r_{3q-1} \cdots r_{2q} r_{2q-1} \cdots r_q r_{q-1} \cdots r_0$(其中 r_b 表示 r 的第 b 位)。显然,下标 i,j 和 k 的二进制表示分别为 $r_{3q-1} \cdots r_{2q}$,$r_{2q-1} \cdots r_q$ 和 $r_{q-1} \cdots r_0$。

假定每个处理器 P_r 的三个寄存器 A_r、B_r 和 C_r 分别表示为 $A(i,j,k)$、$B(i,j,k)$ 和 $C(i,j,k)$。开始时处于位置 $(0,j,k)$ $(0 \le j < n, 0 \le k < n)$ 的处理器 P_s,其 A_s 和 B_s 寄存器中的内容为 a_{jk} 和 b_{jk};所有其他处理器的寄存器均置为 0。算法结束时,C 包含了

$$c_{jk} = \sum_{i=0}^{n-1} a_{ji} \times b_{ik}$$

算法的执行分为三步:

第一步为数据分布:将 $\boldsymbol{A}$ 和 $\boldsymbol{B}$ 之元素分布到 n^3 个处理器中,其结果为 $A(i,j,$

$k) = a_{ji}$,$B(i,j,k) = b_{ik}$;

第二步是两两相乘：乘积矩阵 $C(i,j,k) = A(i,j,k) \times B(i,j,k)$；

第三步施行求和：$\sum_{i=0}^{n-1} c(i,j,k)$。

2. 算法描述

令 $r^{(m)}$ 表示 r 的第 m 位取反；$\{N, r_m = d\}$ 表示整数 $r(0 \leq r \leq N-1)$ 的集合，其二进制表示为：$r_{3q-1} \cdots r_{m+1} d r_{m-1} \cdots r_0$。

算法 12.7 SIMD-CC 模型上的矩阵乘法算法

输入：$A_{n \times n}, B_{n \times n}$。

输出：$C_{n \times n}$。

Procedure *CUBE MATRIX MULTIPLICATION*(A, B, C)

begin

  (1) **for** $m = 3q - 1$ **down to** $2q$ **do**   /* 按 i 维复制 A 和 B 的元素 */

    for all r in $\{N, r_m = 0\}$ **par-do**

      (1.1) $A_{r^{(m)}} \leftarrow A_r$

      (1.2) $B_{r^{(m)}} \leftarrow B_r$

    end for

  end for

  (2) **for** $m = q - 1$ **down to** 0 **do**   /* 按 k 维复制 A 之元素 */

    for all r in $\{N, r_m = r_{2q+m}\}$ **par-do**

      $A_{r^{(m)}} \leftarrow A_r$

    end for

  end for

  (3) **for** $m = 2q - 1$ **down to** q **do**   /* 按 j 维复制 B 之元素 */

    for all r in $\{N, r_m = r_{q+m}\}$ **par-do**

      $B_{r^{(m)}} \leftarrow B_r$

    end for

  end for

  (4) **for** $r = 0$ **to** $N - 1$ **par-do**   /* 相乘 */

    $C_r \leftarrow A_r \times B_r$

  end for

  (5) **for** $m = 2q$ **to** $3q - 1$ **do**   /* 求和 */

    for $r = 0$ **to** $N - 1$ **par-do**

      $C_r \leftarrow C_r + C_{r^{(m)}}$

            end for
          end for
    end

例 12.2 令 $A = \begin{pmatrix} 1 & 2 \\ 3 & 4 \end{pmatrix}, B = \begin{pmatrix} -5 & -6 \\ 7 & 8 \end{pmatrix}$。试在 SIMD-CC 模型上求 $C = A \times B$。此时 $n = 2, N = 8, q = 1$。开始时 A 和 B 之元素同时加载到 $A(0,j,k)$ 和 $B(0,j,k)$ 中(如图 12.6(a)所示)。

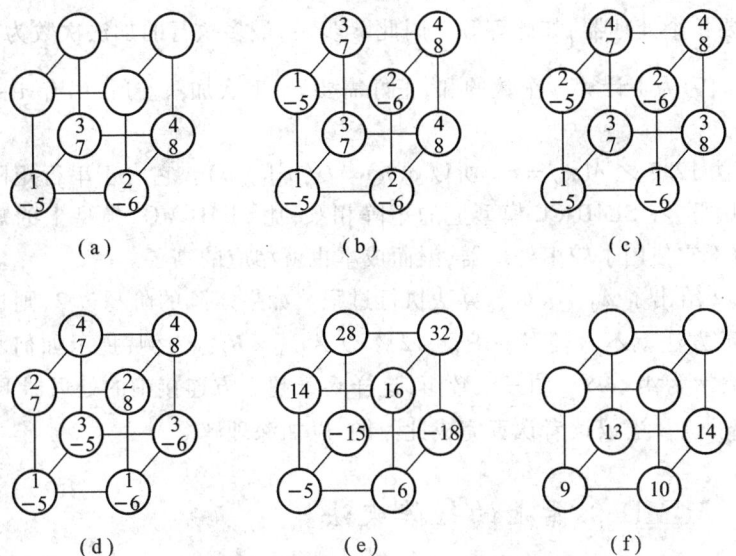

图 12.6 算法 12.7 的执行过程示例

① 算法执行第(1)步,$r_2 = 0$ 的那些处理器中的 A 和 B 的元素复制到 $r_2 = 1$ 的那些处理器中,其结果如图 12.6(b)所示;

② 算法执行第(2)步,凡是 $r_0 = r_2$ 的那些处理器中的 A 的元素,按 $r^{(0)}$ 进行复制,其结果如图 12.6(c)所示;

③ 算法执行第(3)步,凡是 $r_1 = r_2$ 的那些处理器中的 B 的元素,按 $r^{(1)}$ 进行复制,其结果如图 12.6(d)所示;

④ 算法执行第(4)步,A 和 B 之元素两两相乘,其结果如图 12.6(e)所示;

⑤ 算法执行第(5)步,施行求和,其结果如图 12.6(f)所示。

3. 算法分析

① 首先分析数据选路步数:算法第(1)步要求数据选路 $2q$ 步;第(2)步和第(3)步各要求数据选路 q 步;第(5)步也要求数据选路 q 步。所以算法 12.7 总共需要 $5q = 5\log n$ 选路步。

② 其次分析算法运行时间:算法第(1)、(2)、(3)和(5)步各需迭代 q 次;而第(4)步取常数时间。所以算法 12.7 总的运行时间为 $t(n) = O(\log n)$。

③ 值得提及的是,在立方结构上进行两个 $n \times n$ 阶的矩阵相乘的并行算法,$O(\log n)$ 的运行时间可能是最快的,因为每个 c_{ij} 都有 n 项相加,而在任何互连网络上的并行地用 n 个处理器求 n 个元素的和,至少要 $\log n$ 步。这可简要说明如下:令 s 是由网络计算 n 个数之和所需的最少步数。显然,在最后一步,至多需要一个处理器执行最后的求和且产生结果;在第 $s-1$ 步,至多需要 2 个处理器,在第 $s-2$ 步至多需要 4 个处理器,如此等等。因此,s 步后,最多执行的加法次数为 $\sum_{i=0}^{s-1} 2^i = 2^s - 1$。又因为为了计算 n 个数的和,正好需要 $n-1$ 次加法。所以,有 $n-1 \leq 2^s - 1$,即 $s \geq \log n$。

④ 算法 12.7 之 $p(n) = n^3$,所以 $c(n) = O(n^3 \log n)$。它大于串行矩阵相乘的时间 n^3。因此,在 SIMD-CC 模型上的矩阵相乘,比 SIMD-MC^2 模型上的矩阵相乘要快,但由于它使用了较多处理器,因而成本也就相应的高了。

例 12.2 给出了 $A_{2 \times 2} \times B_{2 \times 2}$ 算法执行过程。如果矩阵的阶超过 2,则这样的立方结构表示方法就不方便了。习题 12.4 以 $A_{4 \times 4} \times B_{4 \times 4}$ 为例,提示如何将 $N = 2^6$ 个处理器表示为 $4 \times 4 \times 4$ 的三维数组,这样 6-维超立方连接中的处理器 P,将处于位置 (i, j, k)[13]。建议读者认真完成此习题,以加深理解。

12.2.4 MIMD 机器上的矩阵乘法

1. 并行粒度的选择

分析串行矩阵乘法算法 12.5 可知,它有三层循环均可并行化。现在的问题是哪一层循环并行化后加速最大?下面的一条引理可给出设计**紧耦合多处理机**(Tightly coupled Multiprocessor)系统的并行算法时的一个指导性准则。

引理 12.3[8] 给定 p 台处理器的紧耦合多处理机系统,所有工作的处理器均需经由一单独的全局信号灯同步。如果一给定的任务在其完成后要求同步时的最坏时间复杂度为 $t(n)$,那么最大可能的加速为 $O(\sqrt{t(n)})$。

证明 设某一问题在单处理机上最坏情况下的时间复杂度为 $t(n)$,那么在有 p 个处理器的并行机上时间复杂度至少为 $\Omega(t(n)/p)$。为了经由单一的全局信号灯同步,每个进程必须加锁、增一和解锁信号灯。不失一般性,假定它取一个单位时间,那么 p 个处理器同步至少需 $\Omega(p)$ 时间单位。所以求解给定问题的任何并行算法的时间复杂度为 $\Omega(\max\{t(n)/p, p\})$,此函数当 $p = \sqrt{t(n)}$ 时具有最小值。因而,该并行算法的时间复杂度为 $\Omega(t(n)/p) = \Omega((\sqrt{t(n)} \cdot \sqrt{t(n)})/\sqrt{t(n)}) = $

$\Omega(\sqrt{t(n)})$,所以加速为

$$t(n)/\sqrt{t(n)} = O(\sqrt{t(n)}) \quad \square$$

现在,由算法 12.5 知:最内层循环的时间复杂度为 $\Theta(n)$,并行化该层所能达到的最大加速为 $O(\sqrt{n})$;中层循环的时间复杂度为 $\Theta(n^2)$,并行化该层所能达到的最大加速为 $O(n)$;最外层循环的时间复杂度为 $\Theta(n^3)$,并行化该层所能达到的最大加速为 $O(n^{1.5})$。当然还有一些其他因素,诸如算法的划分,A 和 B 的元素的竞争等都致使不可能达到如此大的加速。但一般而言,这个有关粒度大小的引理告诉我们,总是应试图选择最外层循环并行化。

2. 算法描述

假定算法开始时已由某个处理器生成了一些所希望的进程。令 $P(m)$ 表示第 m 个进程,而 $i(m)$、$j(m)$、$k(m)$ 和 $t(m)$ 均为该进程的局部变量。

算法 12.8 MIMD 紧耦合多处理机上的矩阵乘法算法

输入:$A_{n \times n}, B_{n \times n}$。

输出:$C_{n \times n}$。

begin
    for all $P(m), 1 \le m \le p$ **par-do** /* p 为进程数 */
        for $i(m) = m$ **step** p **to** n **do**
            for $j(m) = 1$ **to** n **do**
                (1) $t(m) \leftarrow 0$
                (2) **for** $k(m) = 1$ **to** n **do**
                      $t(m) \leftarrow t(m) + a_{i(m)k(m)} \times b_{k(m)j(m)}$
                end for
            end for
        end for
    end for
end

3. 算法分析

算法有 p 个进程,每个进程计算 C 矩阵的 n/p 行。计算一行所需的时间为 $\Theta(n^2)$,所以每个进程的计算复杂度为 $\Theta(n^2 \cdot (n/p)) = \Theta(n^3/p)$;诸进程正好同步一次,所以同步的开销为 $\Theta(p)$。因此整个并行算法的时间复杂度为 $\Theta((n^3/p) + p)$。注意,因为只有 n 行,所以至多生成 n 个进程执行该算法。如果不考虑存储器的竞争,预计的加速可达线性。

4. 算法讨论

① 不考虑存储器访问时间的假定对紧耦合的多处理机系统是安全的,因为此

时每个全局存储单元与各个处理器之间是等距离的;但在松散耦合的多处理机系统中,某些矩阵元素可能远远比别的矩阵元素易于访问,所以上述的假定对其是危险的。记住,在松散耦合的多处理机系统中,尽量确保访存的局部性是重要的。但上述的算法无法保证这一点。因为一个典型的进程不仅必须访问 A 矩阵的 n/p 行,而且还必须访问 B 矩阵的每个元素 n/p 次!而只对所存取的 B 矩阵的每个元素作一次加法和一次乘法,所以这种比例是不协调的。因此上述算法执行在松散耦合的多处理机系统上加速是小的。

② 当矩阵的阶数较大而处理器的数目受限时,每个处理器必须负责计算 C 矩阵的若干行(如上述算法那样);解决此问题的另一途径是使用**分块矩阵乘法**(Block Matrix Multiplication)。假定 A 和 B 都是个 $n \times n$ 阶的方阵,其中 $n = 2k$。于是 A 和 B 就可想象成四个毗邻的小矩阵,每个的大小为 $k \times k$:

$$A = \begin{pmatrix} A_{11} & A_{12} \\ A_{21} & A_{22} \end{pmatrix}, \quad B = \begin{pmatrix} B_{11} & B_{12} \\ B_{21} & B_{22} \end{pmatrix}$$

乘积矩阵 C 定义如下:

$$C = \begin{pmatrix} C_{11} & C_{12} \\ C_{21} & C_{22} \end{pmatrix} = \begin{pmatrix} A_{11}B_{11} + A_{12}B_{21} & A_{11}B_{12} + A_{12}B_{22} \\ A_{21}B_{11} + A_{22}B_{21} & A_{21}B_{12} + A_{22}B_{22} \end{pmatrix}$$

如果指派一些进程执行分块矩阵乘法,那么每次所读取的矩阵元素所执行的乘法和加法的数目将增加。例如,假定有 $p = (n/k)^2$ 个进程,则 A 和 B 相乘可分成大小为 $k \times k$ 的 p 块相乘,这样每块乘法需要 $2k^2$ 次读取存储器、k^3 次加法和 k^3 次乘法。所以每次存储访问的算术操作的数目将由 2(以前的算法)增加至 $k = \dfrac{n}{\sqrt{p}}$,这是一个相当大的改进。

例 12.3 使用矩阵分块乘法求下述矩阵 A 和 B 之积 C:

$$A = \left(\begin{array}{cc|cc} 1 & 0 & 2 & 3 \\ 4 & -1 & 1 & 5 \\ \hline -2 & -3 & -4 & 2 \\ -1 & 2 & 0 & 0 \end{array}\right), \quad B = \left(\begin{array}{cc|cc} -1 & 1 & 2 & -3 \\ -5 & -4 & 2 & -2 \\ \hline 3 & -1 & 0 & 2 \\ 1 & 0 & 4 & 5 \end{array}\right)$$

① 分块:

$$A_{11} = \begin{pmatrix} 1 & 0 \\ 4 & -1 \end{pmatrix}, \quad A_{12} = \begin{pmatrix} 2 & 3 \\ 1 & 5 \end{pmatrix},$$

$$A_{21} = \begin{pmatrix} -2 & -3 \\ -1 & 2 \end{pmatrix}, \quad A_{22} = \begin{pmatrix} -4 & 2 \\ 0 & 0 \end{pmatrix},$$

$$B_{11} = \begin{pmatrix} -1 & 1 \\ -5 & -4 \end{pmatrix}, \quad B_{12} = \begin{pmatrix} 2 & -3 \\ 2 & -2 \end{pmatrix},$$

$$B_{21} = \begin{pmatrix} 3 & -1 \\ 1 & 0 \end{pmatrix}, \quad B_{22} = \begin{pmatrix} 0 & 2 \\ 4 & 5 \end{pmatrix}.$$

② 计算 $C'_{ij} = A_{i1}B_{1j}$：

$$\begin{pmatrix} A_{11}\ B_{11} & A_{11}\ B_{12} \\ A_{21}\ B_{11} & A_{21}\ B_{12} \end{pmatrix} = \begin{pmatrix} \begin{pmatrix} 1 & 0 \\ 4 & -1 \end{pmatrix}\begin{pmatrix} -1 & 1 \\ -5 & -4 \end{pmatrix} & \begin{pmatrix} 1 & 0 \\ 4 & -1 \end{pmatrix}\begin{pmatrix} 2 & -3 \\ 2 & -2 \end{pmatrix} \\ \begin{pmatrix} -2 & -3 \\ -1 & 2 \end{pmatrix}\begin{pmatrix} -1 & 1 \\ -5 & -4 \end{pmatrix} & \begin{pmatrix} -2 & -3 \\ -1 & 2 \end{pmatrix}\begin{pmatrix} 2 & -3 \\ 2 & -2 \end{pmatrix} \end{pmatrix}$$

$$= \begin{pmatrix} -1 & 1 & 2 & -3 \\ 1 & 8 & 6 & -10 \\ 17 & 10 & -10 & 12 \\ -9 & -9 & 2 & -1 \end{pmatrix}$$

③ 计算 $C''_{ij} = A_{i2}B_{2j}$：

$$\begin{pmatrix} A_{12}\ B_{21} & A_{12}\ B_{22} \\ A_{22}\ B_{21} & A_{22}\ B_{22} \end{pmatrix} = \begin{pmatrix} \begin{pmatrix} 2 & 3 \\ 1 & 5 \end{pmatrix}\begin{pmatrix} 3 & -1 \\ 1 & 0 \end{pmatrix} & \begin{pmatrix} 2 & 3 \\ 1 & 5 \end{pmatrix}\begin{pmatrix} 0 & 2 \\ 4 & 5 \end{pmatrix} \\ \begin{pmatrix} -4 & 2 \\ 0 & 0 \end{pmatrix}\begin{pmatrix} 3 & -1 \\ 1 & 0 \end{pmatrix} & \begin{pmatrix} -4 & 2 \\ 0 & 0 \end{pmatrix}\begin{pmatrix} 0 & 2 \\ 4 & 5 \end{pmatrix} \end{pmatrix}$$

$$= \begin{pmatrix} 9 & -2 & 12 & 19 \\ 8 & -1 & 20 & 27 \\ -10 & 4 & 8 & 2 \\ 0 & 0 & 0 & 0 \end{pmatrix}$$

④ 求和 $C_{ij} = C'_{ij} + C''_{ij}$：

$$C = \begin{pmatrix} 8 & -1 & 14 & 16 \\ 9 & 7 & 26 & 17 \\ 7 & 14 & -2 & 14 \\ -9 & -9 & 2 & -1 \end{pmatrix} \qquad \square$$

*12.3　矩阵和向量相乘

一个 $m \times n$ 阶的矩阵 A 和一个 n 阶的向量 U 相乘就会得到一个 m 阶的向量 V：

$$\begin{pmatrix} a_{11} & a_{12} & \cdots & a_{1n} \\ a_{21} & a_{22} & \cdots & a_{2n} \\ \vdots & \vdots & & \vdots \\ a_{m1} & a_{m2} & \cdots & a_{mn} \end{pmatrix} \begin{pmatrix} u_1 \\ u_2 \\ \vdots \\ u_n \end{pmatrix} = \begin{pmatrix} v_1 \\ v_2 \\ \vdots \\ v_m \end{pmatrix}$$

其中 V 之元素 v_i 为

$$v_i = \sum_{j=1}^{n} a_{ij} u_j, \quad 1 \leq i \leq m$$

当然,这是一种矩阵乘矩阵的特殊情况。因为**矩阵和向量相乘**(Matrix-By-Vector Multiplication)在诸如解**三角形线性系**(Triangular Linear System)和数字信号处理等方面有着广泛的应用,所以我们也单独讨论它。

12.3.1 树连接的机器上的矩阵和向量乘法

在树的连接 SIMD 机器上作矩阵和向量相乘时,假定二叉树如图 12.7 那样(图中 $m=3, n=4$)进行组织:树有 n 个叶处理器 $P_1, \cdots, P_n$;有 $n-2$ 个内节点处理器 $P_{n+1}, \cdots, P_{2n-2}$;还有一个根处理器 P_{2n-1}。其中叶处理器 P_i 中存有向量 u_i;矩阵 A 逐行由叶处理器 $P_1 \sim P_n$ 输入,算法由此开始执行:① 当叶处理器 P_i 收到 a_{ji} 时,计算 $a_{ji}u_i$,并将结果发往其父节点;② 当中间节点(即内节点)或根节点从其两个子节点收到输入时,先求和再将结果发往其父节点;③ 最终 v_j 由根节点产生。

算法 12.9 SIMD-BT 模型上的矩阵乘向量算法

输入:$U=(u_1, \cdots, u_n)^T$ 存于叶中,$A_{m \times n}$ 由叶处理器输入。

输出:根节点产生 $V=(v_1, \cdots, v_m)^T$。

begin
    do step(1) and step(2) **in parallel**
      (1) **for** $i=1$ **to** n **par-do**
        for $j=1$ **to** m **do**
          (1.1) compute $a_{ji} \times u_i$
          (1.2) send result to parent
        end for
      end for
      (2) **for** $i=n+1$ **to** $2n-1$ **par-do**
        while P_i receives two inputs **do**
          (2.1) Compute the sum of the two inputs
          (2.2) **if** $i<2n-1$ **then** send the result to parent
                      else produce result as output
          end if
        end while
      end for
end

显然,从 A 的第一行进入到叶节点,到 v_1 出现在根节点,中间花费了 $\log n$ 步;$m-1$ 步之后,v_m 正好出现在根节点。所以算法总共花了 $(m-1+\log n)$ 步。从顺

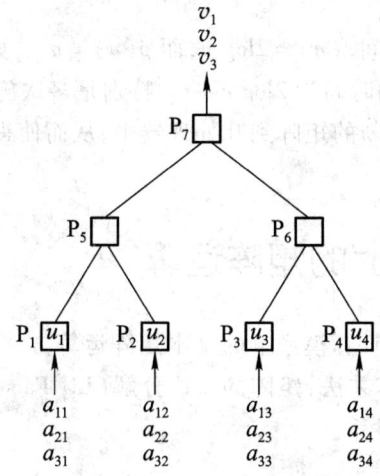

图 12.7 树连接的机器上的矩阵乘向量

序读入输入所花费的 $O(n^2)$ 时间的观点来看,此算法也是最优的。

12.3.2 树网结构上的矩阵和向量乘法

本节将向读者展示,在**树网**(Mesh of Tree)连接的机器上如何实现矩阵和向量的乘法。假定算法开始时,矩阵 $A_{n\times n}$ 的元素都已驻留在 $n\times n$ 的树网的各叶处理器中;n 维向量 U 的元素 $u_i(1\leq i\leq n)$ 由行树之根 i 输入,然后经行树将其播送给所有的叶节点;在各叶节点(i,j)施行点积 $a_{ij}u_j$;由列树施行求和后,$v_i(1\leq i\leq n)$ 由列树之根 i 输出。

算法 12.10 SIMD-MT 模型上的矩阵乘向量算法

输入:$A_{n\times n}$ 的元素驻留在叶节点中,$U=(u_1,\cdots,u_n)^{\mathrm{T}}$ 由行树根输入。

输出:$V=(v_1,\cdots,v_n)^{\mathrm{T}}$ 由列树根输出。

begin

    for all $i,1\leq i\leq n$, **par-do**

      (1) Broadcast u_i to all row-leaf nodes /* u_i 播送给行的叶节点 */

      (2) for all $j,1\leq j\leq n$ **par-do**

          $c_{ij}\leftarrow a_{ij}\times u_j$ /* 求点积 */

      end for

      (3) $v_i\leftarrow \sum_{j=1}^{n} c_{ij}$ /* 列树求和 */

        end for
   end

很显然,该算法的时间 $t(n)=2\log n$,而 $p(n)=n^2$。如果采用流水线技术,则计算 r 个矩阵和向量乘的时间为 $2\log n + r$。特别是多次施行同一矩阵与向量相乘时,可免去每次需要输入新的矩阵到叶处理器中,从而使得算法的效率更高。

12.4 心动阵列上的矩阵运算

本节集中讨论 VLSI 计算模型上的基本矩阵运算方法[9]。着重讨论**心动阵列**(Systolic Array)上的矩阵乘法,**矩阵的 LU 分解**(LU Factorization of Matrix),矩阵的求逆和求解三角形线性系。

12.4.1 二维六角形阵列上的矩阵乘法

1. 内积处理单元

VLSI 高速并行计算的基础是:基本计算单元结构简单,互连规整,局部通信和流水线操作。本节所讨论的基本计算单元称之为内积处理单元,或简称之为**内积器**(Inner Product)(在讨论算法时也称为 PE),顾名思义,它是一种能在单步之内完成内积($C \leftarrow C + AB$)运算的基本计算单元。如图 12.8 所示,内积器最常用的几何结构有四边形和六角形。它们可以构成一维连接、二维连接、三角形连接和六边形连接等规则的互连拓扑结构。每个内积器假定有三个寄存器 R_A、R_B 和 R_C。一个内积步操作定义为一个基本时间单位。也就是说,在一个单位时间步内:内积器将输入线 A、B、C 上的数据输入到 R_A、R_B、R_C;计算 $R_C \leftarrow R_C + R_A \times R_B$;将结果置于 A、B、C 输出线上。

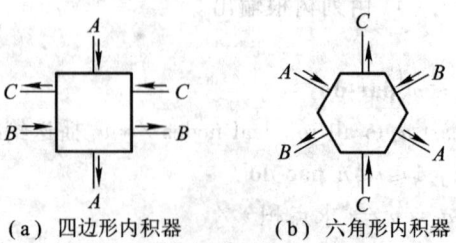

(a) 四边形内积器   (b) 六角形内积器

图 12.8 内积器常用的几何结构

2. 二维六角形阵列上的带阵乘法[10]

用图 12.8 中两种内积器构成二维四边形阵列和二维六角形阵列非常适合于矩阵相乘。其中四边形构成的二维阵列大家较为熟悉。本节拟介绍六角形内积器构成的二维六角形阵列，它是心动阵列最典型的结构。这种结构如图 12.9 所示，$A \times B \times C$ 三个矩阵的元素均不预先置入阵列的 PE 中，而是沿着三个互成 120°的方向流动。如果 A、B、C 全为 $n \times n$ 阶的稠密方阵，则整个阵列的形状为每边上有 n 个 PE 的六角形；如果 A、B 分别为带宽 w_1($= p + q - 1$)、w_2 的**带阵**(Banded Matrix)，则阵列每边分别有 w_1、w_2 个 PE 的平行四边形。因为当 A、B 为带阵时，阵列的效率较高，所以下面仅讨论 A、B 为带阵的情况，而对 A、B 为 $n \times n$ 的稠密方阵的情况，可将它们视为带宽为 $2n - 1$ 的带阵来处理。

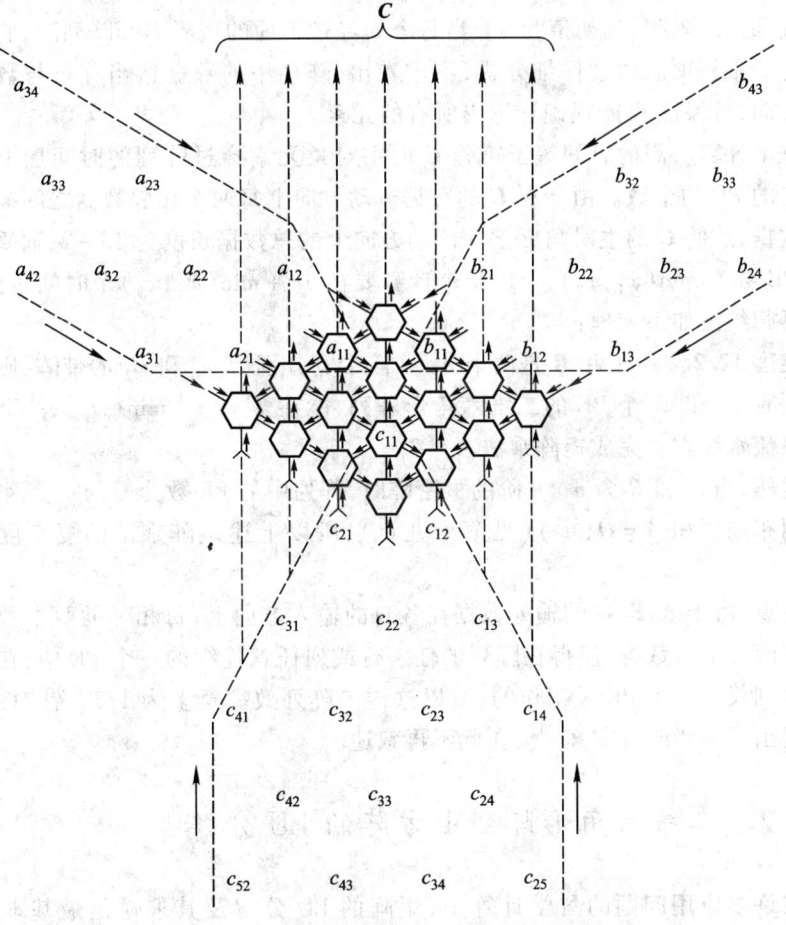

图 12.9 二维六角形阵列上的带阵乘法

假定 A、B 是带宽分别为 w_1、w_2 的带阵。设 $w_1 = w_2 = 4$,则计算 $A \times B = C$ 呈如下形式

$$\underbrace{\begin{pmatrix} a_{11} & a_{12} & & \\ a_{21} & a_{22} & a_{23} & \\ a_{31} & a_{32} & a_{33} & a_{34} \\ & a_{42} & \ddots & \end{pmatrix}}_{A} \overset{q}{\underset{p}{}} \begin{pmatrix} b_{11} & b_{12} & b_{13} & & \\ b_{21} & b_{22} & b_{23} & b_{24} & \\ & b_{32} & b_{33} & b_{34} & b_{35} \\ & & b_{43} & \ddots & \end{pmatrix} = \begin{pmatrix} c_{11} & c_{12} & c_{13} & c_{14} \\ c_{21} & c_{22} & c_{23} & c_{24} \\ c_{31} & c_{32} & c_{33} & c_{34} \\ c_{41} & c_{42} & c_{43} & c_{44} \\ & & & & \ddots \end{pmatrix}$$
$$A \qquad\qquad\qquad B \qquad\qquad\qquad C$$

上述的计算可以用图 12.9 所示的二维六角形阵列来实现。阵列中有 $w_1 \times w_2$ 个 PE,每个 PE 都实现内积步计算。A、B、C 的元素流水线式有节奏地沿三个方向流经阵列。其中 A 和 B 的元素分别沿左上至右下和右上至左下进入阵列;而 C 之元素由底部进入阵列,其初值为 0。当每个 c_{ij} 经过上面的边界离开阵列时,它已累加了所有的乘积项。通过仔细分析,不难看出,阵列中的数据适当分布与数据有节奏的流向,可保证 C 能正确计算出所有的元素。

整个计算所需的时间等于矩阵 C 的主对角元素穿过阵列的时间加上阵列垂直方向的 PE 的个数。由于在 C 的数据流动方向上每两个相邻数据之间插入了两个空数据,致使 C 的主对角元素在流动方向上的总数据长度为 $3n-2$,而垂直方向上的 PE 数为 $\min(w_1, w_2)$,所以整个计算要在 $3n + \min(w_1, w_2)$ 个时间步内完成,从而可归纳出如下定理:

定理 12.2 令 A 和 B 是两个 $n \times n$ 阶带宽分别为 w_1 和 w_2 的带阵,则一个边长分别有 w_1 和 w_2 个 PE 的二维六角形阵列,能在 $T = 3n + \min(w_1, w_2)$ 个时间单位内以流水线方式完成矩阵乘法 $A \times B$。

显然,当 A 和 B 为 $n \times n$ 阶的稠密阵时,阵列中的 PE 数为 $O(n^2)$。因为 $n \times n$ 的阵列布局面积 $A = O(n^2)$(见第十九章),所以上述矩阵乘法的复杂度 $AT^2 = O(n^4)$。

注意,由于 A、B、C 的输入数据在各自的输入方向上,每相邻的两个数据之间均插有两个空白数据,使得在阵列的任一行或列任意连续的三个 PE 中,在任一指定时刻仅有一个 PE 是工作的,所以这样的阵列效率至多为 1/3。针对此情况,已经提出了一些改进方案[11],在此不再叙述。

12.4.2 二维六角形阵列上方阵的 LU 分解

在许多应用问题的科学计算中,矩阵的 LU 分解及其求逆是最基本和常用的,它们是求解三角形线性系的基础。这些矩阵运算都可以采用递推的形式来

描述,而递推式中最基本的运算仍是内积步计算。和上一节相似,它们也可以用 $O(n^2)$ 个 PE 的二维六角形阵列或四边形阵列在 $O(n)$ 时间步内解决。由于这些问题的输入数据仅仅是一个矩阵的元素,所以往往要把输出的数据重新返回到阵列中再参与计算。因此阵列中除了内积器外,在边界上尚有数据反馈功能的 PE。

1. 方阵的 LU 分解递推式

设 A 是一个 $n \times n$ 阶的非奇异方阵。若有一个主对角线元素全为 1 的下三角阵 $L = (l_{ij})$ 和上三角阵 $U = (u_{ij})$,使得 $A = LU$,则称此为 A 的 LU 分解。假若 A 的各阶主子行列式非 0,则 L 和 U 的元素可由下式递推求出:

$$a_{ij}^{(1)} = a_{ij}$$

$$a_{ij}^{(k+1)} = a_{ij}^{(k)} + l_{ik}(-u_{kj}) \tag{12.1}$$

$$l_{ik} = \begin{cases} 0, & i < k \\ 1, & i = k \\ a_{ik}^{(k)} u_{kk}^{-1}, & i > k \end{cases} \tag{12.2}$$

$$u_{kj} = \begin{cases} 0, & k > j \\ a_{kj}^{(k)}, & k \le j \end{cases} \tag{12.3}$$

在串行计算时,先算 U 的第一行,然后算 L 的第一列;再算 U 的第二行、L 的第二列;直至算出 u_{nn} 为止。整个计算约需 $(1/3)n(n^2-1) = O(n^3)$ 个基本计算步,其中大部分是内积运算,少部分是除法运算。因此,阵列大部分都是内积器,还有少部分的除法器。

2. 二维六角形阵列上的 LU 分解[10]

与前面的矩阵乘法一样,当输入的矩阵 A 为带阵时,阵列的效率较高,所以下面以 A 为带阵进行讨论。设 A 是带宽 $w = p + q - 1$ 的非奇异阵。当 $p = q = 4$ 时,A 的 LU 分解形式如下:

$$\begin{pmatrix} a_{11} & a_{12} & a_{13} & a_{14} & & & & \\ a_{21} & a_{22} & a_{23} & a_{24} & a_{25} & & & \\ a_{31} & a_{32} & a_{33} & a_{34} & a_{35} & a_{36} & & \\ a_{41} & a_{42} & a_{43} & a_{44} & a_{45} & a_{46} & a_{47} & \\ & a_{52} & a_{53} & a_{54} & a_{55} & a_{56} & a_{57} & a_{58} \\ & & & & \ddots & & & \end{pmatrix}$$

$$= \begin{pmatrix} 1 & & & & \\ l_{21} & 1 & & & \\ l_{31} & l_{32} & 1 & & \\ l_{41} & l_{42} & l_{43} & 1 & \\ & l_{52} & l_{53} & l_{54} & 1 \\ & & & & \ddots \end{pmatrix} \begin{pmatrix} u_{11} & u_{12} & u_{13} & u_{14} & & & \\ & u_{22} & u_{23} & u_{24} & u_{25} & & \\ & & u_{33} & u_{34} & u_{35} & u_{36} & \\ & & & u_{44} & u_{45} & u_{46} & u_{47} \\ & & & & & & \ddots \end{pmatrix}$$

它的计算可以用图 12.10 所示的二维六角形阵列来实现。阵列呈平行四边形，每边分别有 p 或 q 个 PE，总共有 pq 个 PE，其中所有的六角形 PE 均实现内积步运算，而顶部的圆形 PE 除了将输入不变地送到输出外，还将输入求倒数后送至左下方的六角形 PE。位于左上、右上边的六角形 PE 在进行内积步计算后，一方面将计算所得到的 L、U 之元素从顶部输出到阵列外；另一方面还将它们反馈至阵列中。因此它们的输入/输出端口的方向及操作与别的六角形 PE 略有不同。位于右上边的

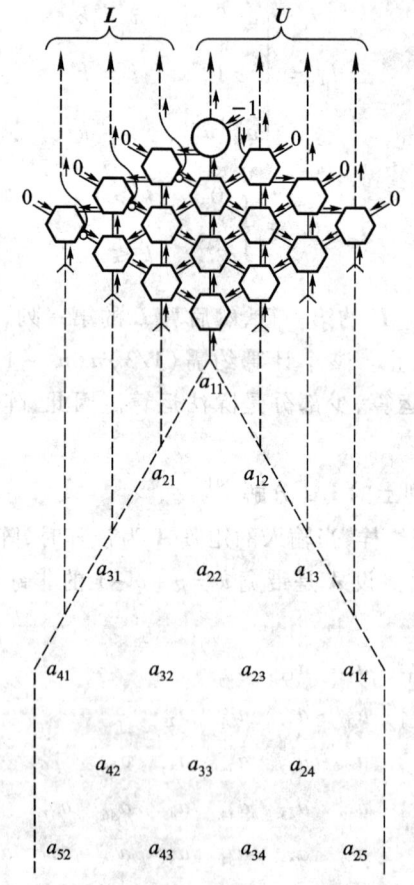

图 12.10　二维六角形阵列上的带阵 LU 分解

PE,将计算得的 u 值取相反数后向左下角方向送入阵列;位于左上边的 PE,将计算得的 l 值向右下角方向送入阵列。这些反馈的 l、u 值被用来计算后面的 l、u 值。

在阵列中,沿垂直方向由底向上的是矩阵 A 的元素;从右上至左下方向的是反馈的 U 的元素的相反数;由左上至右下方向的是反馈的 L 的元素。它们在六角形 PE 中汇合,以修改 A 的元素之值。因此,阵列内部的六角形 PE 是实现递推式(12.1)的计算;阵列左上边的 PE,将经过处理的 A 的下三角元素除以 u_{kk} 以求得并输出 L 的元素,它实现递推式(12.2)的计算;阵列右上边的 PE,则实现递推式(12.3)的计算,并输出 U 的元素。

整个计算所需的时间以及 PE 数可归纳于下述定理中:

定理 12.3 令 A 是一个 $n \times n$ 阶的带宽 $w = p + q - 1$ 的带阵,则一个不多于 pq 个 PE 的二维六角形阵列,能在 $T = 3n + \min(p, q)$ 个时间单位内以流水线的方式完成 A 的 LU 分解。如果 A 是一个 $n \times n$ 阶的稠密方阵,则可使用 n^2 个 PE,在 $4n$ 个时间单位内计算出 L 和 U 矩阵,且包含了输入和输出的时间。

显然,根据 VLSI 计算复杂度标准,LU 分解的 $AT^2 = O(n^4)$。

与矩阵乘法的情况类似,在输入数据流前进的方向上每隔两拍才给出一个数据,使得阵列的任意行或列的三个相邻的 PE 中,在任何指定的时刻仅有一个工作,所以 PE 的个数有可能减少到大约 $pq/3$。

*12.4.3 六角形阵列上的方阵求逆

方阵求逆是一常用的矩阵运算。对于一个 $n \times n$ 阶的**非奇异方阵**(Non-Singular Matrix)A,其**逆矩阵**(Inverse Matrix)A^{-1} 是指满足 $A^{-1}A = AA^{-1} = I$ 的 $n \times n$ 阶方阵,其中 I 为单位方阵(Unit Matrix)。

对方阵 A 求逆,可首先对其进行 LU 分解。因为 $A^{-1} = (LU)^{-1} = L^{-1} \cdot U^{-1}$,所以只要先求出 L、U 这两个三角方阵的逆,然后再相乘即可得到方阵 A 的逆。

下面只讨论上三角方阵 U 的求逆[12]。对于**下三角方阵**(Lower Triangular Matrix)L,因为 L^T 为上三角方阵,而 $L^{-1} = ((L^T)^T)^{-1} = ((L^T)^{-1})^T$,所以只要将 L^T 求逆后再转置就行了。

设 $U = [u_{ij}]$ 为一**上三角方阵**(Upper Triangular Matrix),易知 U 的逆阵 $V = [v_{ij}]$ 也是一个上三角阵,且满足 $i > j$ 时 $v_{ij} = 0$。设 $n \times n$ 阶方阵 $W = [w_{ij}]$ 的元素初始值为 $w_{ij} = 0 (i \neq j)$ 和 $w_{ii} = 1$,则 V 的上三角元素 $v_{ij} (i \leq j)$ 可由如下前向递推公式求得

$$w_{ij}^{(j+1)} = w_{ij} \tag{12.4}$$

$$w_{ij}^{(k)} = w_{ij}^{(k+1)} - u_{ik}v_{kj} \quad (k = j, j-1, \cdots, i+1) \tag{12.5}$$

$$v_{ij} = w_{ij}^{(i+1)}/u_{ii} \tag{12.6}$$

在串行计算时,可以对 V 的上三角元素逐列进行计算。在计算第 j 列时,应按 $v_{jj}, v_{j-1,j}, \cdots, v_{1j}$ 的顺序逐个计算。整个计算约需 $(1/6)n^3$ 个计算步,其中大部分是递推式(12.5)的内积步的计算,因此也可采用六角形阵列来实现。

设 U 为 $n \times n$ 阶上三角方阵,则阵列中有 $n(n+1)/2$ 个 PE,整个阵列呈三角形状(如图 12.11,其中 $n = 4$)。矩阵 W 和 U 的上三角元素分别从左下和左上侧流入阵列。阵列中有两类 PE:一种是六角形内积器,实现递推式(12.5)的内积步计算;另一种是右上侧边上的圆形 PE,它实现递推式(12.6)的除法计算,除了产生输出外,还将 v_{ij} 的值垂直向下传回阵列。U 的上三角元素沿阵列的左上至右下方向流动;而 W 的上三角元素则沿阵列的左下至右上方向流动;反馈输入的 V 的元素沿阵列垂直方向向下流动,与 U、W 的元素在 PE 中汇合,施行内积步计算,仔细分析可知,由右上方向输出的数据,正好是 U 的逆矩阵 V 的上三角元素。

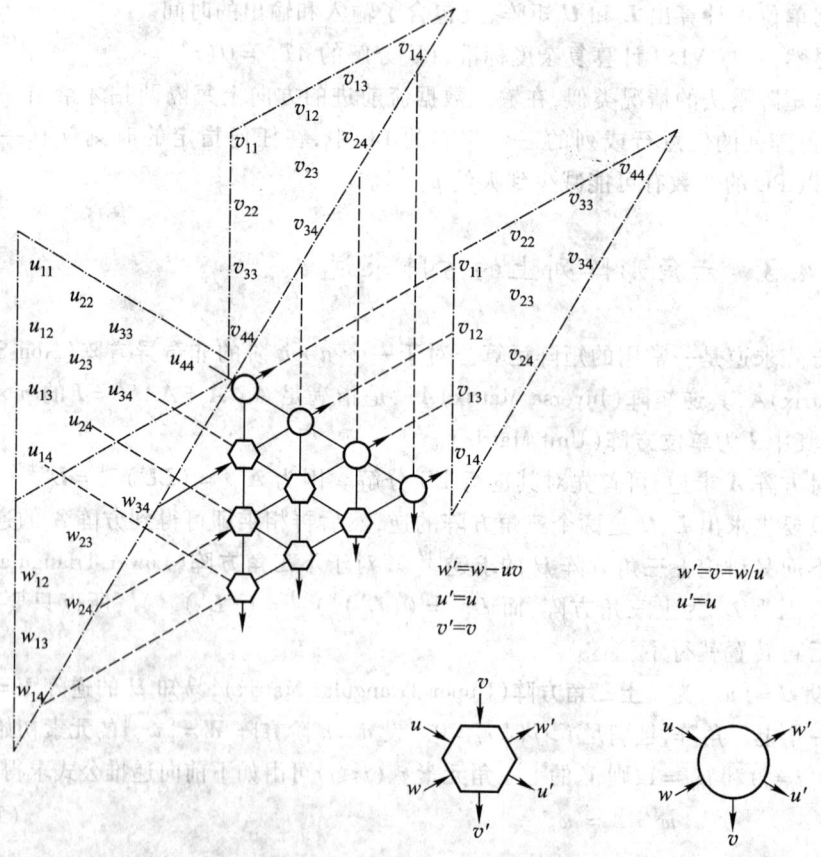

图 12.11　六角形阵列上的三角阵求逆

对于 $n \times n$ 阶上三角阵 U,整个求逆计算需要 $2n-1$ 步,使用了 $O(n^2)$ 个 PE。所以根据 VLSI 计算复杂度标准,方阵求逆的 $AT^2 = O(n^4)$。

和前两节相比,在每种数据前进的方向上,相邻数据之间没有空白数据,所以各 PE 在数据输入后可连续工作。这就使得阵列的效率得到提高。

12.4.4　一维阵列上求解三角形线性系

假定要解线性系 $Ax = b$。为此可对 A 先施行 LU 分解。这样求解 $Ax = b$ 的问题,就变成要求解两个**三角形线性系**(Triangular Linear System),$Ly = b$ 和 $Ux = y$。因为一个上三角形线性系总可以被改做一个下三角形线性系。所以不失一般性,本节只讨论下三角形线性系[9]。

令 $A = (a_{ij})$ 是一个非奇异的 $n \times n$ 阶**下三角带阵**(Lower Triangular Band Matrix),其带宽 $w = q$;n 维向量 $b = (b_1, \cdots, b_n)^T$。现欲计算满足 $Ax = b$ 的向量 $x = (x_1, \cdots, x_n)^T$。于是带状下三角形线性系 $Ax = b$ 呈如下形式:

$$\begin{pmatrix} a_{11} & & & & \\ a_{21} & a_{22} & & & \\ a_{31} & a_{32} & a_{33} & & \\ a_{41} & a_{42} & a_{43} & a_{44} & \\ a_{51} & a_{52} & a_{53} & a_{54} & \ddots \end{pmatrix} \begin{pmatrix} x_1 \\ x_2 \\ x_3 \\ x_4 \\ \vdots \end{pmatrix} = \begin{pmatrix} b_1 \\ b_2 \\ b_3 \\ b_4 \\ \vdots \end{pmatrix}$$

$$\quad\quad\quad A \quad\quad\quad\quad\quad\quad x \quad\quad\quad b$$

它可按如下递推式计算之:

$$y_i^{(1)} = 0 \tag{12.7}$$

$$y_i^{(k+1)} = y_i^{(k)} + a_{ik}x_k \tag{12.8}$$

$$x_i = (b_i - y_i^{(i)})/a_{ii} \tag{12.9}$$

若进行串行计算,则大约需要 $n^2/2$ 个计算步。由上述递推式可以看出,求解三角形线性系的计算中,大部分的基本运算仍是内积步运算。因此可以采用如图 12.12 所示的一维四边形阵列来实现。此时,向量 x 和 y 的数据元素沿相反的水平方向流动;A 的数据元素沿垂直方向向下流动。对于带阵 A,阵列中的 PE 数等于带宽 w(而与矩阵的阶无关),其中 $w-1$ 个是四边形内积器 PE,它实现递推式(12.8)的计算;而最左端是实现递推式(12.9)计算的圆形 PE,它求得 x_i 的结果,并将其沿水平方向向右传送。y_i 的初值为 0,它自右而左移动,当其

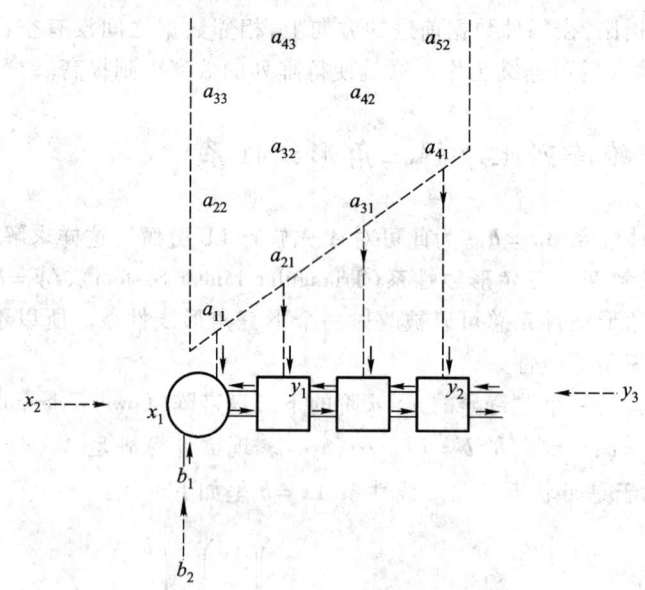

图 12.12 求解带状下三角形线性系的一维线性阵列

达到最左端时,它已有的值为

$$y_i^{(i)} = \sum_{j=1}^{i-1} a_{ij}x_j = a_{i1}x_1 + a_{i2}x_2 + \cdots + a_{i,i-1}x_{i-1}$$

这样在最左端的圆形 PE 中,可按 $x_i = (b_i - y_i^{(i)})/a_{ii}$ 计算出 x_i 的正确结果。图 12.13 示出了该阵列计算的前 7 步的执行过程。仔细分析,不难看出计算的正确性。

使用上述阵列,可以在 $2n+w$ 个单位时间内,求解带宽为 w 的 $n \times n$ 阶带状下三角形线性系。由图 12.12 和图 12.13 可看出,由于输入数据流上相邻的两数据之间插入了空白数据,使得阵列中 PE 在每两计算步中要停顿一次。因此可以说,此阵列所需的 PE 数有可能减少到 $w/2$。

当 A 为一个 $n \times n$ 阶的下三角方阵时,$w=n$,则阵列中有 n 个 PE,可在 $3n-1$ 个单位时间内完成计算。所以根据 VLSI 计算复杂度标准,$AT^2 = O(n^3)$。

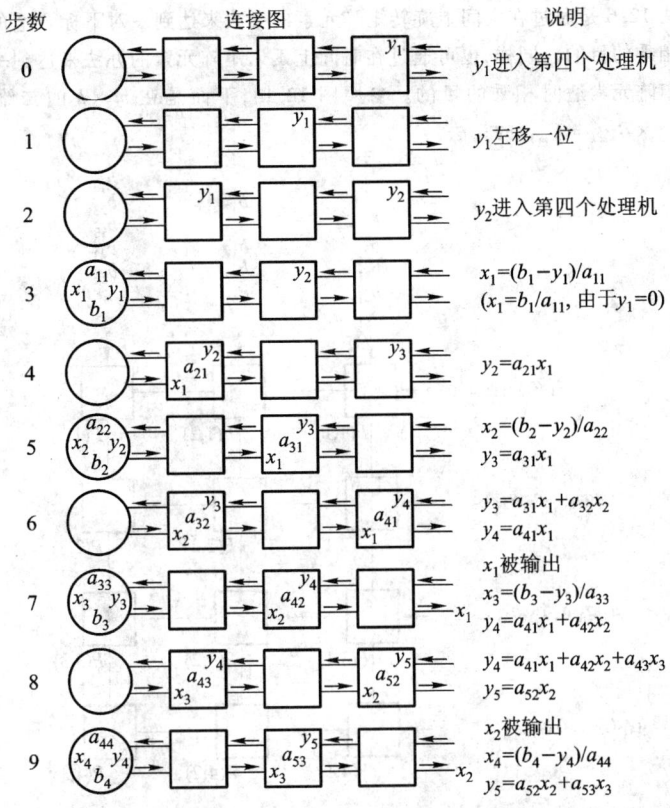

图 12.13 求解带状下三角形线性系前 7 步 ($q=4$)

习 题

12.1 在 SIMD-MC² 模型中,定义 $\sigma(k)$ 函数为存在某一 PE 中的数据在 $\leq k$ 步内可以到达的 PE 的最大数:

(a) 试解释 $\sigma(0)=1, \sigma(1)=5, \sigma(2)=13$;

(b) 证试明 $\sigma(k)=2k^2+2k+1$;

(c) 对于 SIMD-CC 模型而言,$\sigma(k)=?$

12.2 假定矩阵 $A_{3\times3}$ 如下

$$A_{3\times3}=\begin{pmatrix} x & 1 & 2 \\ -4 & y & 3 \\ -5 & -6 & z \end{pmatrix}$$

试按照算法 12.2 的步骤求出 $A_{3\times3}^{T}$。

12.3 算法 12.6 是通过在空间上旋转矩阵元素的办法来达到一对下标合适的矩阵元素就地相乘的目的。同样，也可通过在时间上延迟矩阵元素的办法来达到一对下标合适的矩阵元素适时相乘的目的。参照图 12.14，下面是在 $m \times k$ 的二维阵列上实现 $A_{m \times n} \times B_{n \times k} = C_{m \times k}$ 的算法：

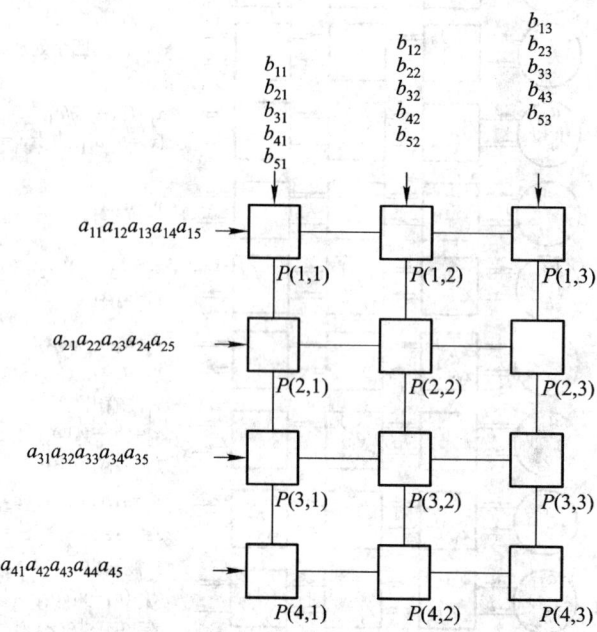

图 12.14 矩阵 A 和 B 的输入加载方式

算法 12.11 SIMD-MC^2 模型上的 Systolic 乘法

输入：$A_{m \times n}, B_{n \times k}$。

输出：在 $P(i,j)$ 中存有乘积矩阵元素 C_{ij}。

begin

    for $i = 1$ **to** m **par-do**

    for $j = 1$ **to** k **par-do**

      (1) $c_{ij} \leftarrow 0$

      (2) **while** $P(i,j)$ receives two inputs a and b **do**

        (2.1) $c_{ij} \leftarrow c_{ij} + a \times b$

        (2.2) **if** $i < m$ **then** send b to $P(i+1, j)$ **end if**

        (2.3) **if** $j < k$ **then** send a to $P(i, j+1)$ **end if**

      end while

    end for

  end for

end

(a) 为了确保 a_{is} 与 b_{sj} 适时在 $P(i,j)$ 相遇，A 矩阵的第 i 行要比第 $i-1$ 行 $(2\leq i\leq m)$ 滞后多少时间单位？同样，B 矩阵的第 j 列要比第 $j-1$ 列 $(2\leq j\leq k)$ 滞后多少时间单位？

(b) 当 $j=k$ 时 a 传送给 $P(i,j+1)$ 吗？当 $i=m$ 时 b 传给 $P(i+1,j)$ 吗？

(c) 若 $A=\begin{pmatrix}1&2\\3&4\end{pmatrix}$，$B=\begin{pmatrix}-5&-6\\-7&-8\end{pmatrix}$，试按算法 12.11 的步骤求出 $C=A\times B$。

12.4 令 $n=2^2$，假定两个待乘的 4×4 的矩阵如下[13]：

$$A=\begin{pmatrix}17&23&27&3\\9&1&14&16\\61&26&22&8\\15&4&10&29\end{pmatrix},\quad B=\begin{pmatrix}-7&-25&-19&-5\\-18&-30&-28&-12\\-13&-21&-11&-32\\-20&-2&-6&-24\end{pmatrix}$$

如果在 SIMD-CC 模型中，有 $N=2^6$ 个处理器 $P_0,\cdots,P_{63}$。这些处理器可以表示成 $4\times 4\times 4$ 的三维数组。这样在 6-维立方连接中的处理器 P_r 将处于位置 (i,j,k)，其中 $i=r_5 r_4$，$j=r_3 r_2$，$k=r_1 r_0$。开始时矩阵 A 和 B 被加载到 $P_0,\cdots,P_{15}$ 的寄存器中。试按照算法 12.7 的步骤，计算出 $C=A\times B$。

12.5 下面是 SIMD 共享存储模型上的矩阵乘法，它实际上是算法 12.5 的直接并行化：

算法 12.12 SIMD-CRCW 模型上的矩阵乘法

输入：$A_{m\times n}$，$B_{n\times k}$。

输出：$C_{m\times k}$。

begin
    for $i=1$ to m par-do
        for $j=1$ to k par-do
            for $s=1$ to n par-do
                (1) $c_{ij}\leftarrow 0$
                (2) $c_{ij}\leftarrow a_{is}\times b_{sj}$
            end for
        end for
    end for
end

注意，算法开始时，A 和 B 都存在共享存储器中，算法结束时 C 矩阵亦存在共享存储器中。写冲突解决的策略是：当几个处理器欲向同一单元写数时，则该单元的结果是各处理器所写的数的和。

(a) 试分析该算法的原理及复杂度；

(b) 仍以习题 12.4 中的 A、B 矩阵为例，计算 $C=A\times B$。

12.6 假定 $A=\begin{pmatrix}1&2\\3&4\end{pmatrix}$ 和 $U=\begin{pmatrix}5\\6\end{pmatrix}$。试按照算法 12.9 的步骤，计算 $AU=V$。

12.7 参照图 12.9，在此图基础上图示出带状矩阵乘法的四个连续步。

12.8 参照图 12.10，在此图基础上图示出带阵的 LU 分解的四个连续步。

12.9 一个 $n\times n$ 的 **Toeplitz 矩阵** (Toeplitz Matrix) T，满足 $T[k,l]=T[k-1,l-1]$，$2\leq l,k\leq n$，即 T 中与对角线平行的元素都相等。它可由第一行和第一列的 $2n-1$ 个元素定义之：

$$T = \begin{pmatrix} t_{n-1} & t_{n-2} & \cdots & t_2 & t_1 & t_0 \\ t_n & t_{n-1} & t_{n-2} & \cdots & t_2 & t_1 \\ t_{n+1} & t_n & t_{n-1} & t_{n-2} & \cdots & t_2 \\ \vdots & \vdots & \vdots & \vdots & & \vdots \\ t_{2n-3} & t_{2n-2} & \cdots & t_n & t_{n-1} & t_{n-2} \\ t_{2n-2} & t_{2n-3} & \cdots & t_{n+1} & t_n & t_{n-1} \end{pmatrix}$$

给定向量 $a = (a_0, \cdots, a_{n-1})^T$,则 Toeplitz 矩阵 T 与向量 a 之积 $d = Ta$ 的每个 $d_l = \sum_{j=0}^{n-1} a_j t_{n+l-j-1}, 0 \leq l \leq n-1$。给定两个向量 $a = (a_0, \cdots, a_{n-1})^T$ 和 $b = (b_0, \cdots, b_{m-1})^T$,其**卷积**定义为 $c = (c_0, \cdots, c_{m+n-1})^T$,其中 $c_k = \sum_{j=0}^{k} a_j b_{k-j}$,且对于 $j > n-1$ 时 $a_j = 0$ 和 $j > m-1$ 时 $b_j = 0$。

(a) 试证明:$d_l = c_{n+l-1}, 0 \leq l \leq n-1$。

(b) 给定 $n = 4$,试求出 $d = Ta$ 之各元素和卷积 c 的各元素。

12.10 令 $t(x) = \sum_{i=0}^{r-1} t_i x^i$ 和 $p(x) = \sum_{i=0}^{m-1} p_i x^i$ 是两个多项式,则**多项式乘积**(Polynomial Multiplication) $q(x) = t(x)p(x)$ 的系数可给之如下:

$$\begin{pmatrix} q_{r+m-2} \\ q_{r+m-1} \\ \vdots \\ q_0 \end{pmatrix} = \begin{pmatrix} t_{r-1} & & & & \\ t_{r-2} & t_{r-1} & & & \\ \vdots & t_{r-2} & t_{r-1} & & \\ t_1 & & \ddots & \ddots & \\ t_0 & t_1 & & & t_{r-1} \\ & t_0 & t_1 & & t_{r-2} \\ & & \ddots & & \vdots \\ & & & \ddots & t_1 \\ & & & & t_0 \end{pmatrix} \begin{pmatrix} p_{m-1} \\ p_{m-2} \\ \vdots \\ p_0 \end{pmatrix}$$

其中系数矩阵是一个 $(r+m-1) \times m$ 的 Toeplitz 矩阵。特别是,如果设置 $r = 2n-1$ 和 $m = n$,且去掉顶上和底下的 $n-1$ 行,就可得到一般的 Toeplitz 矩阵。

(a) 给定 $t(x) = \sum_{i=0}^{4} t_i x^i$ 和 $p(x) = \sum_{i=0}^{2} p_i x^i$,试求出乘积多项式 $q(x) = t(x)p(x) = ?$

(b) 试给出 $q(x) = t(x)p(x)$ 的系数;

(c) 如果去掉系数矩阵的顶上和底下两行,其结果如何?

12.11 给定 $A_{n \times n}$ 和 $B_{n \times n}$,SIMD-MC^2 模型上的 **FOX 乘法**(Fox's Multiplication)步骤如下[13]:

(1) 选择 A 矩阵对角元素 $A(i,i)$ 向其所在行的 n 个处理器同时进行一到多的播送。

(2) 各处理器将收到的 A 之元素与 B 之元素进行乘-加运算。

(3) B 矩阵之元素向上旋转 1 步。

(4) 如果 $A(i,j)$ 是上次选定的播送元素,则本次应选择 $A(i, j+1 \mod n)$ 向其所在行的 n 个处理器播送。然后转第(2)步。

算法执行 n 次迭代后即可完成。

试按照上述算法,示例在 16 个处理器上完成 $A_{4 \times 4} \times B_{4 \times 4}$ 乘法全过程。

参 考 文 献

[1] Ullman J D. Computational aspects of VLSI. [S. l.]:Computer Science Press,1984.

[2] Stone H S. Parallel processing with the perfect shuffle. IEEE Trans,on Computers,1971,C-20(2):153-161.

[3] Akl S G. Parallel Computation:models and methods. [S. l.]:Prentice Hall,1997.

[4] Gonnet G H. Handbook of algorithms and data structures. Reading, MA. :Addison-Wesley,1984.

[5] Gentleman W M. Some complexity results for matrix computations on parallel processors. J. of the ACM,1978,25(1):112-115.

[6] Cannon L E. A cellular computer to implement the kalman filter algorithm. PhD. thesis. Montana State Univ. Bozeman,Montana,1969.

[7] Dekel E,Nassimi D,Sahni S. Parallel matrix and graph algorithms. SIAM J. Comput. ,1981,10(4):657-675.

[8] Quinn M J. Designing efficient algorithms for parallel computers. [S. l.]:McGraw-Hill Book Company,1987.

[9] 陈国良,陈崚. VLSI 计算理论与并行算法. 合肥:中国科学技术大学出版社,1991.

[10] Kung H T. Systolic arrays (for VLSI). in Daff IS,Stewart G W ed. Sparse Matrix processing 1978. SIAM,1979,256-282.

[11] Megson G M,Evans D J. Improved matrix product computations using double-pipeline systolic arrays. The Computer Journal,1988,31(6):567-570.

[12] Li G J, Wah B W. The design of optimal systolic arrays. IEEE Trans. on Computers,1985,C-34(1):66-77.

[13] 陈国良. 并行计算——结构·算法·编程. 北京:高等教育出版社,1999(第一版),2003(第二版).

第十三章 数值计算

内容提要 计算机在科学和工程中的应用,常常要求求解某些数学问题。这些数学问题往往可归结为大型数值计算问题。这些数值计算问题的特点是:① 计算量一般都涉及一个具体的物理量,其数值用实数(即浮点数)表示(有时也用虚数表示);② 求解问题的方法是基于数值分析中的数学原理;③ 求解问题的算法都是由一些迭代步组成,且在理论上讲,每次迭代都应改善前一步的计算结果;④ 计算的结果,一般均应是满足预定精度要求的近似解;⑤ 几乎总存在着舍入误差(由无限精确的实数存储在固定字长的存储器中而引起)和截取误差(无限精确的计算由有限次迭代计算结果所代替而造成)等。但本章不像数值分析课程那样着重讨论数值计算的稳定性、精度和收敛速度等基本问题,而是直接利用数值分析中的数学原理,密切结合并行机体系结构,讨论各种并行计算模型上的有效并行算法:13.1 节讨论三对角方程组的求解;13.2 节讨论 n 阶线性方程组的求解;13.3 节讨论非线性方程的求根;13.4 节简要介绍偏微分方程的差分求解;13.5 节介绍方阵特征值与特征向量的 Jacobi 求解法。

讲授要点 ① 三对角方程组的求解:直接解法(算法 13.1)和奇偶归约法(算法 13.2)。② n 阶线性方程组 $\boldsymbol{Ax} = \boldsymbol{b}$ 的求解:有回代的高斯消去法,将系数矩阵 $\boldsymbol{A}$ 化为上三角阵 $\boldsymbol{U}$,然后求解 $\boldsymbol{Ux} = \boldsymbol{y}$;无回代的 Gauss-Jordan 法(算法 13.3),将系数矩阵 $\boldsymbol{A}$ 化为对角阵 $\boldsymbol{D}$,然后求解 $\boldsymbol{Dx} = \boldsymbol{y}$;迭代求解的 Gauss-Seidel 法(算法 13.4),将系数矩阵 $\boldsymbol{A}$ 分解为 $\boldsymbol{A} = \boldsymbol{D} + \boldsymbol{L} + \boldsymbol{U}$,然后迭代求解 $\boldsymbol{Dx} = \boldsymbol{b} - \boldsymbol{Lx} - \boldsymbol{Ux}$。③ 偏微分方程的差分数值求解法:差分法与网格生成;泊松方程的 5 点格式与 SOR 求解法;SIMD-MC^2 上的 PDE 解法(算法 13.9)。④ 方程的特征值与特征向量:对称方阵的 Jacobi 变换法;SIMD-CC 上求特征值算法 13.10。

13.1 三对角方程组的求解

本节将介绍两种求解三对角方程组的方法:直接求解法,适合于在串行机上执行,但不适合并行化;奇偶归约求解法,虽有较高的比例常数,但易于并行化。

13.1.1 三对角方程组直接求解法

1. 例示直接求解方法

三对角方程组(System of Tridiagonal Equations)中的系数矩阵,除了三条对角线上的元素为非零外,其余元素均为零,但通常没有只含一个变量的方程,因此不能用解上三角方程组(Upper Triangular System)的办法对它进行求解,为此需进行一些变换。先看一个具体例子。

例 13.1 假定欲求解以下三对角方程组:

$$\begin{aligned} 16x_1 + 4x_2 &= 8 & \text{①} \\ 4x_1 + 11x_2 - 5x_3 &= 7 & \text{②} \\ 2x_2 + 14x_3 - 6x_4 &= 13 & \text{③} \\ 5x_3 + 18x_4 &= 24 & \text{④} \end{aligned}$$

首先,② $-\dfrac{1}{4}$ ①,消去第②个方程中的 x_1:

$$\begin{aligned} 16x_1 + 4x_2 &= 8 & \text{①} \\ 10x_2 - 5x_3 &= 5 & \text{②} \\ 2x_2 + 14x_3 - 6x_4 &= 13 & \text{③} \\ 5x_3 + 18x_4 &= 24 & \text{④} \end{aligned}$$

然后,③ $-\dfrac{1}{5}$ ②,消去第③个方程中的 x_2:

$$\begin{aligned} 16x_1 + 4x_2 &= 8 & \text{①} \\ 10x_2 - 5x_3 &= 5 & \text{②} \\ 15x_3 - 6x_4 &= 12 & \text{③} \\ 5x_3 + 18x_4 &= 24 & \text{④} \end{aligned}$$

最后,④ $-\dfrac{1}{3}$ ③,消去第④个方程中的 x_3:

$$\begin{aligned} 16x_1 + 4x_2 &= 8 \\ 10x_2 - 5x_3 &= 5 \\ 15x_3 - 6x_4 &= 12 \\ 20x_4 &= 20 \end{aligned}$$

此时三对角方程组的最后一个方程只含一个变量,这样就可以用回代法直接求解了。□

2. 三对角方程组的一般形式

在正式给出 SISD 上求解三对角方程组的算法之前,先考虑三对角方程组的一般形式。注意,在三对角方程组中,第一个和最后一个方程中只含有两个变量,其余均有三个变量,于是可以将三对角方程组一般化表示如下:

$$\begin{aligned} g_1 x_1 + h_1 x_2 &= b_1 \\ f_i x_{i-1} + g_i x_i + h_i x_{i+1} &= b_i, \quad 2 \leq i \leq n-1 \\ f_n x_{n-1} + g_n x_n &= b_n \end{aligned} \quad (13.1)$$

3. SISD 上直接求解算法

一个直接求解三对角方程组的顺序算法如算法 13.1。

算法 13.1 SISD 上直接求解三对角方程组算法

输入: $A_{n \times n}, \boldsymbol{b} = (b_1, \cdots, b_n)^{\mathrm{T}}$

输出: $\boldsymbol{x} = (x_1, \cdots, x_n)^{\mathrm{T}}$

begin

(1) **for** $i = 1$ **to** $n - 1$ **do**

$\quad g_{i+1} \leftarrow g_{i+1} - (f_{i+1}/g_i) h_i$

$\quad b_{i+1} \leftarrow b_{i+1} - (f_{i+1}/g_i) b_i$

end for

(2) **for** $i = n$ **to** 2 **do**

$\quad x_i \leftarrow b_i / g_i$

$\quad b_{i-1} \leftarrow b_{i-1} - x_i h_{i-1}$

end for

(3) $x_1 \leftarrow b_1 / g_1$

end

显然,算法 13.1 的复杂度为 $O(n)$。

4. 并行化分析

仔细分析算法 13.1,并参照上述具体例子可知,算法第(1)步,每次循环计算 g 与 b 时会用到前次循环计算的结果,所以此循环不能并行执行。同样,算法第(2)步,由于回代计算的顺序性,所以该循环也不能并行执行。因此,为了并行化必须另寻途径。

13.1.2 三对角方程组奇偶归约求解法

1. 奇偶归约法原理

如果我们引入哑元 $x_0 = 0$ 和 $x_{n+1} = 0$,则上述(13.1)式就可以表示成一个通式:

$$f_i x_{i-1} + g_i x_i + h_i x_{i+1} = b_i, 1 \leq i \leq n \tag{13.2}$$

现在欲对上式进行如下变换,使得奇序号方程($i = 1, 3, 5, \cdots$)中仅含有奇下标变量,偶序号方程($i = 2, 4, 6, \cdots$)中仅含有偶下标变量。为此,再引入哑元 $x_{-1} = 0$ 和 $x_{n+2} = 0$,并按照(13.2)式分别写出第 $i-1$ 个方程和第 $i+1$ 个方程:

$$f_{i-1} x_{i-2} + g_{i-1} x_{i-1} + h_{i-1} x_i = b_{i-1} \quad ①$$
$$f_{i+1} x_i + g_{i+1} x_{i+1} + h_{i+1} x_{i+2} = b_{i+1} \quad ②$$

方程①对 x_{i-1} 求解

$$x_{i-1} = (b_{i-1} - f_{i-1} x_{i-2} - h_{i-1} x_i)/g_{i-1} \quad ③$$

方程②对 x_{i+1} 求解

$$x_{i+1} = (b_{i+1} - f_{i+1} x_i - h_{i+1} x_{i+2})/g_{i+1} \quad ④$$

③和④代入(13.2)有

$$f_i \left(\frac{b_{i-1} - f_{i-1} x_{i-2} - h_{i-1} x_i}{g_{i-1}} \right) + g_i x_i + h_i \left(\frac{b_{i+1} - f_{i+1} x_i - h_{i+1} x_{i+2}}{g_{i+1}} \right) = b_i, 1 \leq i \leq n$$

令 $r_i = f_i/g_{i-1}$ 和 $\delta_i = h_i/g_{i+1}, 1 \leq i \leq n$

整理上式得

$$-r_i f_{i-1} x_{i-2} + (g_i - r_i h_{i-1} - \delta_i f_{i+1}) x_i - \delta_i h_{i+1} x_{i+2}$$
$$= b_i - r_i b_{i-1} - \delta_i b_{i+1} \quad 1 \leq i \leq n \tag{13.3}$$

(13.3)式实际上就是将原三对角方程组(13.2)分解成了仅含奇下标变量 $x_1, x_3, x_5, \cdots$ 的子方程组和仅含偶下标变量 $x_2, x_4, x_6, \cdots$ 的子方程组,它们都是含 $n/2$ 个变量的三对角方程组,即方程组的规模各减了一半。这种思想可以继续递归地运用在各自规模减半了的子方程组上,直到子方程组中仅含有两个或三个变量为止。这就是所谓的**奇偶归约**(Odd-Even Reduction)求解三对角方程组方法[10]。

2. 奇偶归约法几何解释

使用奇偶归约法求解三对角方程组的过程,可用图13.1直观说明之。假定欲求解含 8 个变量 $x_1, x_2, \cdots, x_8$ 的三对角方程组。第①步:消去方程组中含变量 x_1, x_3, x_5 和 x_7 的方程,剩下仅含有变量 x_2, x_4, x_6 和 x_8 的方程组。第②步:消去方程组中含变量 x_2 和 x_6 的方程,剩下仅有变量 x_4 和 x_8 的方程组。第③步:消去含变量 x_4 的方程,剩下只含有变量 x_8 的方程,它可立即求解。一旦 x_8 求解出,就可

回代求解出 x_4；再由 x_4 和 x_8，就可求解出 x_2 和 x_6；然后由 x_2、x_4、x_6 和 x_8，就可回代求解出 x_1、x_3、x_5 和 x_7。

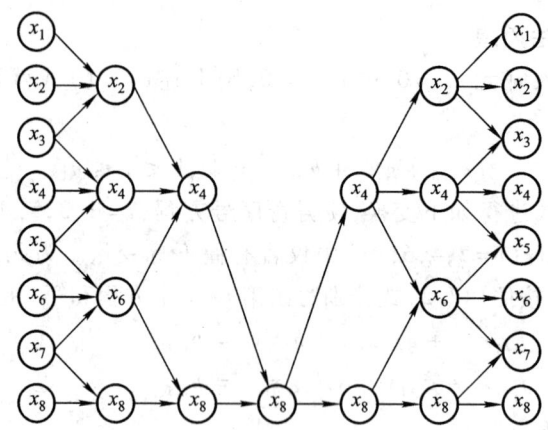

图 13.1　图示奇偶归约法求解三对角方程组过程($n=8$)

3. SISD 上奇偶归约求解算法

根据(13.3)式，可设计如下 SISD 机器上奇偶归约求解三对角线性方程组算法 13.2：

算法 13.2　SISD 上三对角方程组奇偶归约求解算法

输入：$A_{n \times n}, b = (b_1, \cdots, b_n)^T$

输出：$x = (x_1, \cdots, x_n)^T$

begin

(1) **for** $i = 0$ **to** $\log n - 1$ **do**　　　　　/*计算方程组系数*/

(1.1) $d \leftarrow 2^i$

(1.2) **for** $j = 2i + 1$ **to** $n - 1$ **step** $2d$ **do**

$r_j \leftarrow f_j / g_{j-d}, \delta_j \leftarrow h_j / g_{j+d}, f'_j \leftarrow -r_j f_{j-d},$

$g'_j \leftarrow -\delta_j f_{j+d} - r_j h_{j-d}, h'_j \leftarrow -\delta_j h_{j+d}$

$b'_j \leftarrow b_j - r_j b_{j-d} - \delta_j b_{j+d}$

end for

(1.3) $r_n \leftarrow f_n / g_{n-d}$

(1.4) $f_n \leftarrow -r_n f_{n-d}$

(1.5) $g_n \leftarrow g_n - r_n h_{n-d}$

(1.6) $b_n \leftarrow b_n + r_n b_{n-d}$

(1.7) **for** $j = 2i + 1$ **to** $n - 1$ **step** $2d$ **do**

$$f_j \leftarrow f_j', g_j \leftarrow g_j', h_j \leftarrow h_j', b_j \leftarrow b_j'$$
    end for
  end for
 (2) $x_n \leftarrow b_n / g_n$
 (3) **for** $i = \log n - 1$ **to** 0 **step** -1 **do**   /* 回代求解 */
  (3.1) $d \leftarrow 2^i$
  (3.2) $x_d \leftarrow (b_d - h_d x_{2d}) / g_d$
  (3.3) **for** $j = 3d$ **to** n **step** $2d$ **do**
$$x_j \leftarrow (b_j - f_j x_{j-d} - h_j x_{j+d}) / g_j$$
    end for
  end for
end

奇偶归约算法和直接求解算法的时间复杂度相同,都是 $O(n)$,但是前者易于并行化。

4. 并行化分析

根据图 13.1 所示的奇偶归约算法原理可知,在消元过程中,消去奇下标变量时,可同时进行;同样在回代过程中,奇下标变量亦可同时求出。

最后,如果对所有的 i,满足 $|g_i| \geq |f_i| + |h_i|$,即**对角占优**(Diagonal Dominant),则消去奇下标变量后的方程组仍具有对角占优的性质,所以只要三对角方程组是对角占优的,奇偶归约法就可以使用。

13.2 n 阶线性方程组的求解

对于如下的一个 $n = 4$ 阶的**线性方程组**(System of Linear Equations)

$$\begin{cases} a_{11}x_1 + a_{12}x_2 + a_{13}x_3 + a_{14}x_4 = b_1 \\ a_{21}x_1 + a_{22}x_2 + a_{23}x_3 + a_{24}x_4 = b_2 \\ a_{31}x_1 + a_{32}x_2 + a_{33}x_3 + a_{34}x_4 = b_3 \\ a_{41}x_1 + a_{42}x_2 + a_{43}x_3 + a_{44}x_4 = b_4 \end{cases} \quad (13.4)$$

可以将写成如下矩阵形式

$$\begin{pmatrix} a_{11} & a_{12} & a_{13} & a_{14} \\ a_{21} & a_{22} & a_{23} & a_{24} \\ a_{31} & a_{32} & a_{33} & a_{34} \\ a_{41} & a_{42} & a_{43} & a_{44} \end{pmatrix} \begin{pmatrix} x_1 \\ x_2 \\ x_3 \\ x_4 \end{pmatrix} = \begin{pmatrix} b_1 \\ b_2 \\ b_3 \\ b_4 \end{pmatrix} \quad (13.4\text{a})$$

它也可写成如下更简洁的向量形式

$$Ax = b \text{ 或 } x = A^{-1}b \quad (13.4b)$$

现在的问题是,给定系数矩阵 A 和向量 b,要求出未知向量 x。求解此问题最著名的方法是 Gauss-Jordan 主元消去方法[1],在顺序算法中,其计算复杂度为 $O(n^3)$。

13.2.1 SIMD-CREW 模型上的 Gauss-Jordan 算法

1. 算法原理

最常用的**消元法**有两种:一是有**回代**(Back Substitution)过程的**主元消去法**(Elimination Method with Maximal Pivoting);二是无回代过程的主元消去法。两者的基本思想一样。区别是:前者,通过一系列的消元,最终使系数矩阵变成一个上三角阵;然后由第 n 个方程先解出 x_n,令其代入第 $n-1$ 个方程解出 x_{n-1},一直回代下去,最后将 $x_n, x_{n-1}, \cdots, x_2$ 代入第一个方程解出 x_1。后者,通过一系列消元,最终使系数矩阵变成一个对角阵;然后直接由第 i 个方程解出 $x_i (i=1, \cdots, n)$。

为讨论方便,令 (13.4) 式中的 b_i 由 $a_{i,n+1}$ 代替之。现在以 $n=4$ 为例,说明无回代过程的主元消去法的具体消元步骤:

① 在系数矩阵中找绝对值最大的元素(**主元**,Pivot),假定为 a_{11};将第一个方程乘以 $-a_{i1}/a_{11}$,分别与第 i 个方程相加 $(i=2,3,\cdots,n)$,得到 n 阶线性方程组如下

$$\begin{pmatrix} \boxed{a_{11}} & a_{12} & a_{13} & a_{14} \\ 0 & b_{22} & b_{23} & b_{24} \\ 0 & b_{32} & b_{33} & b_{34} \\ 0 & b_{42} & b_{43} & b_{44} \end{pmatrix} \begin{pmatrix} x_1 \\ x_2 \\ x_3 \\ x_4 \end{pmatrix} = \begin{pmatrix} a_{15} \\ b_{25} \\ b_{35} \\ b_{45} \end{pmatrix}$$

② 去除第一行,在剩下的系数矩阵中再找主元,假定为 b_{22};将第二个方程乘以 $-b_{i2}/b_{22}$,分别与第 i 个方程相加 $(i=1,3,4,\cdots,n,$ 并设 $a_{12}=b_{12})$,得到新的 n 阶线性方程组如下

$$\begin{pmatrix} \boxed{a_{11}} & 0 & c_{13} & c_{14} \\ 0 & \boxed{b_{22}} & b_{23} & b_{24} \\ 0 & 0 & c_{33} & c_{34} \\ 0 & 0 & c_{43} & c_{44} \end{pmatrix} \begin{pmatrix} x_1 \\ x_2 \\ x_3 \\ x_4 \end{pmatrix} = \begin{pmatrix} a_{15} \\ b_{25} \\ c_{35} \\ c_{45} \end{pmatrix}$$

③ 重复之,最后得到的 n 阶线性方程组为

$$\begin{pmatrix} \boxed{a_{11}} & 0 & 0 & 0 \\ 0 & \boxed{b_{22}} & 0 & 0 \\ 0 & 0 & \boxed{c_{33}} & 0 \\ 0 & 0 & 0 & \boxed{d_{44}} \end{pmatrix} \begin{pmatrix} x_1 \\ x_2 \\ x_3 \\ x_4 \end{pmatrix} = \begin{pmatrix} a_{15} \\ b_{25} \\ c_{35} \\ d_{45} \end{pmatrix}$$

由此可直接解出：$x_1 = a_{15}/a_{11}, x_2 = b_{25}/b_{22}, x_3 = c_{35}/c_{33}, x_4 = d_{45}/d_{44}$。

2. 算法描述

上述算法可直接并行化。假定共享存储的 SIMD 机器中有 $n^2 + n$ 个处理器，它可以想象为排成 $n \times (n+1)$ 的阵列。于是并行的 **Gauss-Jordan** 算法 (Gauss-Jordan Algorithm) 如下：

算法 13.3 SIMD-CREW 模型上的 Gauss-Jordan 算法

输入：$A_{n \times n}, b = (b_1, b_2, \cdots, b_n)^T$。

输出：$x = (x_1, x_2, \cdots, x_n)^T$。

begin
    (1) **for** $j = 1$ **to** n **do**
        for $i = 1$ **to** n **par-do**
            for $k = j$ **to** $n + 1$ **par-do**
                if $(i \neq j)$ **then** $a_{ik} \leftarrow a_{ik} - (a_{ij}/a_{jj})a_{jk}$ **end if**
            end for
        end for
    end for
    (2) **for** $i = 1$ **to** n **par-do**
        $x_i \leftarrow a_{i,n+1}/a_{ii}$
    end for
end

因为算法有可能多于一个处理器必须同时读取 a_{ij}、a_{jj} 和 a_{jk}，所以该模型是允许同时读的。

3. 算法分析

显然，算法的时间 $t(n) = O(n), p(n) = O(n^2)$，所以 $c(n) = O(n^3)$。注意此算法不是最优的，因为串行求解 $Ax = b$ 的时间为 $O(n^x)$，其中 $2 < x < 2.5$。这可说明如下：因为 $Ax = b$ 也可通过对 A 求逆得 $x = A^{-1}b$，为了求 A^{-1}，先将 $A_{n \times n}$ 矩阵写成如下形式

$$A = \begin{pmatrix} A_{11} & A_{12} \\ A_{21} & A_{22} \end{pmatrix} = \begin{pmatrix} I & 0 \\ A_{21}A_{11}^{-1} & I \end{pmatrix} \begin{pmatrix} A_{11} & 0 \\ 0 & B \end{pmatrix} \begin{pmatrix} I & A_{11}^{-1}A_{12} \\ 0 & I \end{pmatrix}$$

其中，A_{ij} 是 $(n/2) \times (n/2)$ 的 A 的子矩阵，$B = A_{22} - A_{21}A_{11}^{-1}A_{12}$，$I$ 为 $(n/2) \times (n/2)$ 的单位阵，0 为零阵，而 A 之逆 A^{-1} 可写成如下矩阵的乘积

$$A^{-1} = \begin{pmatrix} I & -A_{11}^{-1}A_{12} \\ 0 & I \end{pmatrix} \begin{pmatrix} A_{11}^{-1} & 0 \\ 0 & B^{-1} \end{pmatrix} \begin{pmatrix} I & 0 \\ -A_{21}A_{11}^{-1} & I \end{pmatrix}$$

其中，A_{11}^{-1} 和 B^{-1} 可以使用同样的步骤递归求逆。这就要求两次 $(n/2) \times (n/2)$ 的矩阵求逆、六次乘法和两次加法，它们所需的时间分别用 $i(n/2)$、$m(n/2)$ 和 $a(n/2)$ 表示之，于是有

$$i(n) = 2i(n/2) + 6m(n/2) + 2a(n/2)$$

因为 $a(n/2) = n^2/4$，$m(n/2) = O((n/2)^x)$，其中 $2 < x < 2.5$[2]。所以，$i(n) = O(n^x)$。因此，顺序计算一个 $n \times n$ 矩阵之逆的时间与两个 $n \times n$ 矩阵相乘的时间是同一数量级的。同时，A^{-1} 与 b 相乘也可在 $O(n^2)$ 步内完成，所以求解 $Ax = b$ 的串行算法的总时间为 $O(n^x)$，其中 $2 < x < 2.5$。事实上 Munro 已经证实[3]，两个 $n \times n$ 的矩阵 A 和 B 之积，可采用将一个 $3n \times 3n$ 的矩阵求逆而得到

$$\begin{pmatrix} I & A & 0 \\ 0 & I & B \\ 0 & 0 & I \end{pmatrix}^{-1} = \begin{pmatrix} I & -A & AB \\ 0 & I & -B \\ 0 & 0 & I \end{pmatrix} \tag{13.5}$$

所以一个 $n \times n$ 的矩阵求逆是等效于两个 $n \times n$ 矩阵相乘的。

13.2.2　MIMD-CREW 模型上的 Gauss-Seidel 算法

1. Gauss-Seidel 串行算法[4]

求解 $Ax = b$ 的另一种方法是 Gauss-Seidel 方法。先将系数矩阵 A 分解为 $A = E + D + F$，其中 D、E 和 F 均为 $n \times n$ 的矩阵，它们的元素可分别定义如下：

$$d_{ij} = \begin{cases} a_{ij}, & i = j \\ 0, & 否则 \end{cases} \quad e_{ij} = \begin{cases} a_{ij}, & i > j \\ 0, & 否则 \end{cases} \quad f_{ij} = \begin{cases} a_{ij}, & i < j \\ 0, & 否则 \end{cases}$$

这样，$Ax = (D + E + F)x = b$，从而 $Dx = b - Ex - Fx$。

例如，$n = 3$，则有

$$\begin{pmatrix} a_{11} & 0 & 0 \\ 0 & a_{22} & 0 \\ 0 & 0 & a_{33} \end{pmatrix} \begin{pmatrix} x_1 \\ x_2 \\ x_3 \end{pmatrix} = b - \begin{pmatrix} 0 & 0 & 0 \\ a_{21} & 0 & 0 \\ a_{31} & a_{32} & 0 \end{pmatrix} \begin{pmatrix} x_1 \\ x_2 \\ x_3 \end{pmatrix} - \begin{pmatrix} 0 & a_{12} & a_{13} \\ 0 & 0 & a_{23} \\ 0 & 0 & 0 \end{pmatrix} \begin{pmatrix} x_1 \\ x_2 \\ x_3 \end{pmatrix}$$

给定初始值 x^0，则第 k 次迭代(Iteration)为

$$Dx^k = b - Ex^k - Fx^{k-1} \tag{13.6}$$

例如，$n = 4$，$k = 1$ 时，

$$a_{11}x_1^1 = b_1 - 0 - (a_{12}x_2^0 + a_{13}x_3^0 + a_{14}x_4^0)$$
$$a_{22}x_2^1 = b_2 - (a_{21}x_1^1) - (a_{23}x_3^0 + a_{24}x_4^0)$$
$$a_{33}x_3^1 = b_3 - (a_{31}x_1^1 + a_{32}x_2^1) - (a_{34}x_4^0)$$
$$a_{44}x_4^1 = b_4 - (a_{41}x_1^1 + a_{42}x_2^1 + a_{43}x_3^1) - 0$$

对于某一 k 和给定的**误差**(Error)允许值,如果下式成立,则认为迭代是**收敛**(Convergence)的:

$$\sum_{i=1}^{n} |x_i^{k+1} - x_i^k| < c$$

上述算法不宜在 SIMD 机器上进行,因为同步的开销可能是大的。例如,对于 $j<i$,则 x_i^k 的计算必须等待 x_j^k 计算完成;而且各分量的计算时间也可能参差不一,从而难于快速同步。为此,可采用下面的并行算法,它一方面无须使 x_i^k 等待 x_j^k(对于 $j<i$),另一方面也不必同步,也就是可异步地执行。

2. 异步并行算法的描述

假定有 N 个处理器($N \leq n$),算法生成 n 个进程,每一个进程计算 x 的一个分量。这些进程由 N 个处理器异步地执行。令 x_i^0 代表初值,old_i 代表旧值,new_i 代表当前值,c 为**精度**(Precision),于是异步的 **Gauss-Seidel 算法**(Gauss-Seidel Algorithm)如下:

算法 13.4　MIMD-CREW 模型上的修改的 Gauss-Seidel 算法

输入:$A_{n \times n}$,向量 b,初值 $x_i^0 (i=1,\cdots,n)$,精度 $c, 0 < c < 1$。
输出:满足精度要求的 x 的近似解。
begin
　　(1) **for** $i = 1$ **to** n **do**
　　　　(1.1) $old_i \leftarrow x_i^0$
　　　　(1.2) $new_i \leftarrow x_i^0$
　　　　(1.3) create process i /*生成 i 个进程*/
　　end for
　　(2) process i:
　　　　(2.1) **repeat**
　　　　　　(i) $old_i \leftarrow new_i$
　　　　　　(ii) $new_i \leftarrow \left(b_i - \sum_{k=1}^{i-1} (a_{ik} \times old_k) - \sum_{k=i+1}^{n} (a_{ik} \times old_k) \right) / a_{ii}$
　　　　　　until $\sum_{i=1}^{n} |new_i - old_i| < c$
　　　　(2.2) $x_i \leftarrow new_i$

end

例 13.2 使用算法 13.4 求解下述方程组：
$$\begin{cases} 2x_1 + x_2 = 3 \\ x_1 + 2x_2 = 4 \end{cases}$$

假定有 2 个处理器 ($N=2$)，取初值 $x_1^0 = 1/2, x_2^0 = 3/2, c = 0.02$。

① 设置 $old_1 = 1/2, new_1 = 1/2$，生成进程 process 1;
设置 $old_2 = 3/2, new_2 = 3/2$，生成进程 process 2。

② process 1：设置 $old_1 = 1/2$；计算 $new_1 = (1/2)(3 - 3/2) = 3/4$;
process 2：设置 $old_2 = 3/2$；计算 $new_2 = (1/2)(4 - 1/2) = 7/4$。

③ 重复计算如下：

$$new_1 = 5/8, \quad new_2 = 13/8;$$
$$new_1 = 11/16, \quad new_2 = 27/16;$$
$$new_1 = 21/32, \quad new_2 = 53/32;$$
$$new_1 = 43/64, \quad new_2 = 107/64;$$
$$new_1 = 85/128, \quad new_2 = 213/128。$$

因为 $|43/64 - 85/128| + |107/64 - 213/128| < 0.02$，所以迭代结束。□

3. 算法讨论

① 此算法在运行过程中，有可能不止一个处理器读取 old_i 之值，所以算法应允许同时读操作，即共享模型属于 CREW 的。

② 算法实际执行中，当几个进程同时读取同一变量时，必须使用信号灯禁止之。对每一共享变量 v_i，设有一个相应的信号灯 s_i，其值设置如下：

$$s_i = \begin{cases} 0, & \text{如果 } v_i \text{ 未被使用} \\ 1, & \text{如果 } v_i \text{ 正被修改} \end{cases}$$

这样，当一个进程需读取 v_i 时，它首先测试 s_i；如果 s_i 为 0，则此进程可读取 v_i；如果 s_i 为 1，则此进程必须等待。当一个进程需修改 v_i 时，它首先应设置 $s_i = 1$，然后才能施行修改。

③ 正像以前所指出的那样，由于操作的异步性，致使 MIMD 算法一般难于分析；在使用信号灯的情况下，分析更为复杂；特别是满足收敛要求的迭代次数更无法确定。凡此种种，在分析 MIMD 算法时经验起了很大的作用。

*13.2.3 紧耦合多处理机系统中 LU 算法的效率分析

我们已在第十二章的第 12.4.4 节介绍过使用 LU 分解的方法求解三角形线性系。具体而言，$Ax = b$ 的求解可分为三步：① 将矩阵 A 施行 LU 分解；② 求解

$Ly = b$;③ 求解 $Ux = y$。其中最复杂的部分是第①步。本节先介绍单处理机上的 LU 分解法[5];然后分析紧耦合的多处理机系统中有效的 LU 分解算法[6]。

对于一个 $n \times n$ 的稠密阵 A,为下述表示方便,令其元素为 $a[i,j]$,使用主元消去法的 **LU 分解**(LU Factorization)算法如下:

算法 13.5 SISD 机器上的 LU 分解算法

输入:$A_{n \times n}$。

输出:上三角阵 U 和下三角阵 L。

begin
  for $k = 1$ **to** $n - 1$ **do**
   (1) find l such that $|a(l,k)| = \max\{|a[k,k]|, \cdots, |a[n,k]|\}$
    /* 找同列中最大元素 */
   (2) $piv(k) \leftarrow l$ /* l 是主行 */
   (3) $swap(a[piv(k),k], a[k,k])$ /* 最大元素交换到主对角线上 */
   (4) $c \leftarrow 1/a[k,k]$
   (5) **for** $i = k+1$ **to** n **do**
     $a[i,k] \leftarrow a[i,k] \times c$ /* 生成 L 之元素 */
    end for
   (6) **for** $j = k+1$ **to** n **do**
    (6.1) $swap(a[piv(k),j], a[k,j])$
    (6.2) **for** $i = k+1$ **to** n **do**
      $a[i,j] \leftarrow a[i,j] - a[i,k] \times a[k,j]$
    end for
   end for
  end for
end

显然,此算法的时间复杂度 $t(n) = O(n^2)$。

现在我们来看,怎样分析 LU 分解算法,以期在紧耦合的多处理机系统中得到最大的效率[6]。

令 T_k^j 是对于某一给定 k,算法计算某一特定列 j 时的任务。任务的集合由作业 $J = \{T_k^j|_{1 \leq k \leq j \leq n, k \leq n-1}\}$ 表示。注意,如果① $j < l$ 且 $k = m$,或者② $k < m$,则任务 T_m^j 必定在任务 T_m^l 之前完成。例如,任务集合 $\{T_k^{k+1}, T_k^{k+2}, \cdots, T_k^n\}$ 可彼此独立地并行执行。图 13.2 是 LU 分解计算中能维持优先关系的最大并行图。

给定如图 13.2 所示的限制图。那么 LU 分解最小的执行时间是多少?假定一个时间步由一次乘法和减法或者由一次乘法和比较所组成。略去循环控制的

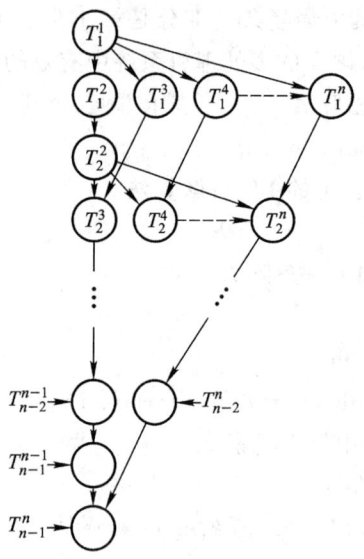

图 13.2 LU 分解时维持优先关系的最大并行图

开销,则执行每个任务所需的时间为

$$W(T_k^j) = \begin{cases} n+1-k, & \text{如果 } k=j \\ n-k, & \text{如果 } k<j \end{cases}$$

图中穿过诸节点的最长的路径是: $T_1^1, T_1^2, T_2^2, T_2^3, T_3^3, \cdots, T_{n-1}^{n-1}, T_{n-1}^n$,亦即图 13.2 的左边的下行线,其长度为

$$n+1+2\sum_{j=2}^{n-1} j = n^2 - 1$$

此路径长得足以赶上指派其余任务给 $[n/2] - 1$ 个处理器的调度,使得没有一个任务会在任务 T_{n-1}^n 之后完成。处理器的分配策略是:处理器 1 指派给那些沿关键路径的任务 $T_1^1, T_1^2, T_2^2, T_2^3, \cdots, T_{n-1}^{n-1}, T_{n-1}^n$;处理器 2 指派给任务 $T_1^3, T_1^4, T_2^4, T_2^5, T_3^5, \cdots, T_{n-2}^n$;处理器 3 指派给任务 $T_1^5, T_1^6, T_2^6, T_2^7, T_3^7, \cdots, T_{n-4}^n$;处理器 j 指派给任务 $T_1^{2j-1}, T_1^{2j}, T_2^{2j}, T_2^{2j+1}, \cdots, T_{n-2(j-1)}^n$。图 13.3 是该**任务调度**(Task Scheduling)的 **Gatt 图**(Gatt Chart)。

顺序的 LU 分解算法需占用 $(n^3/3) + O(n^2)$ 个时间单位。给定 p 个处理器,并行算法的执行时间是 $(n^2-1)(n/2)/p$。因此使用 p 个处理器的算法的效率 $E_p = (n^3/3 + O(n^2))/(n^2-1)(n/2)$。当 $n \to \infty$ 时,该算法的效率接近 2/3。即使在相对小的 n 值($n \geqslant 50$),算法仍可处于其最高效率的 2% 之内,可以一直调整到 $n/2$ 个处理器,仍可维持有效的**处理器利用率**(Processor Utilization)。

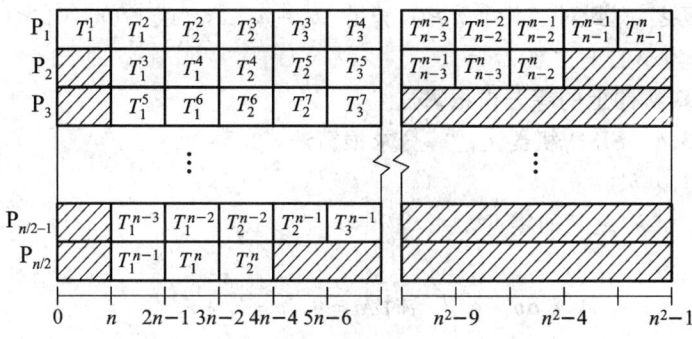

图 13.3　任务调度 Gatt 图

*13.3　非线性方程的求根

在科学和工程的很多应用中,常常要求寻找一个单变量方程的根。但像 $x^5 - x^3 + 7 = 0$ 和 $\sin x - e^x = 0$ 之类的方程,求它们的根并非容易。所以通常必须使用数值算法求近似解。

13.3.1　SIMD-CREW 模型上的求根算法

1. 等分求根原理[7]

令 $f(x)$ 是一连续函数,a_0 和 b_0 是使 $f(a_0)$ 和 $f(b_0)$ 异号的两个变量 x 之值(即 $f(a_0) \cdot f(b_0) < 0$)。所谓近似求 $f(x)$ 的根 z(即 $f(z)=0$),就是确保在满足上述特性的情况下,使变量 (a,b) 区间尽可能的小。参照图 13.4,等分求根法(Bisection Method for Finding Root)的步骤是:

① 首先定出 $f(a_0) \cdot f(b_0) < 0$ 的 a_0 和 b_0;

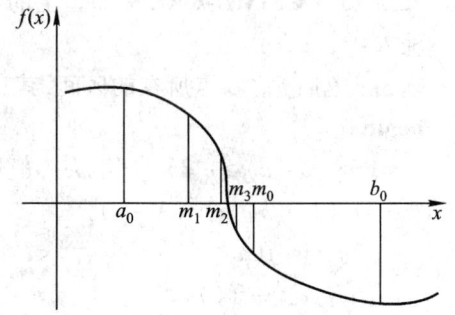

图 13.4　等分求根原理

② 取 (a_0, b_0) 之中点 $m_0 = (1/2)(a_0 + b_0)$;

③ 判断:如果 $f(a_0) \cdot f(m_0) < 0$,则零点必在区间 $(a_0, m_0) = (a_1, b_1)$ 中;

如果 $f(a_0) \cdot f(m_0) > 0$,则零点必在区间 $(m_0, b_0) = (a_1, b_1)$ 中;

④ 重复之,直到对于某个 $n \geq 0$,满足 $|b_n - a_n| < c$ 或 $|f(m_n)| < c'$,其中 c 和 c'(即精度)为小的正常数。

2. SISD 机器上的等分求根算法

算法 13.6 SISD 机器上的等分求根算法

输入:f, a, b, c。

输出:(a, b) 之间的零点。

begin

    while $|b - a| \geq c$ **do** /* 开始时,$a = a_0, b = b_0$ */

        (1) $m \leftarrow \frac{1}{2}(a + b)$

        (2) **if** $f(a) \cdot f(m) < 0$ **then** $b \leftarrow m$

                      else $a \leftarrow m$

        end if

    end while

end

因为每次迭代,区间减半,所以算法的运行时间为 $t(n) = O(\log(b_0 - a_0))$,当 f 是离散函数时,算法 13.6 等效于对半搜索。

3. SIMD 机器上的等分求根算法

假定 $p(n) = N$。若区间 (a_0, b_0) 包含有一函数 f 之零点,则将区间 (a_0, b_0) 做 $(N+1)$ 等分。每个处理器计算函数在分点处的值,并根据此值选定下一次迭代计算的子区间。复重此过程,直到包含一个根的区间窄到所希望的宽度。

算法 13.7 SIMD-CREW 模型上的牛顿求根算法

输入:$f, (a, b), c$。

输出:返回 f 之零点所在的区间,其宽度 $< c$。

begin

    while $(b - a) \geq c$ **do** /* 不失一般性,假定 $a < b$ */

        (1) $s \leftarrow (b - a)/(N + 1)$

        (2) $y_0 \leftarrow f(a)$

        (3) $y_{N+1} \leftarrow f(b)$

        (4) **for** $k = 1$ **to** N **par-do**

            (4.1) $y_k \leftarrow f(a + ks)$

            (4.2) **if** $y_{k-1} \cdot y_k < 0$ **then**

                (i) $a \leftarrow a + (k - 1)s$

                (ii) $b \leftarrow a + ks$

            end if

　　　　　end for
　　(5) if $y_N \cdot y_{N+1} < 0$ then $a \leftarrow a + Ns$ end if
　end while
end

例 13.3 试求图 13.4 所示函数的根。假定 $p(n) = N = 3$。对区间 (a,b) 四等分。算法第一次迭代时,因 $y_1 \cdot y_2 < 0$,所以新区间为 $(x_1, x_2) = (a + (b-a)/4, a + 2(b-a)/4)$(如图 13.5(a) 所示);第二次迭代时,因 $y_2 \cdot y_3 < 0$,所以下一次应在区间 (x_2, x_3) 中进行(如图 13.5(b) 所示)。如此一直重复到区间小于 c 为止。□

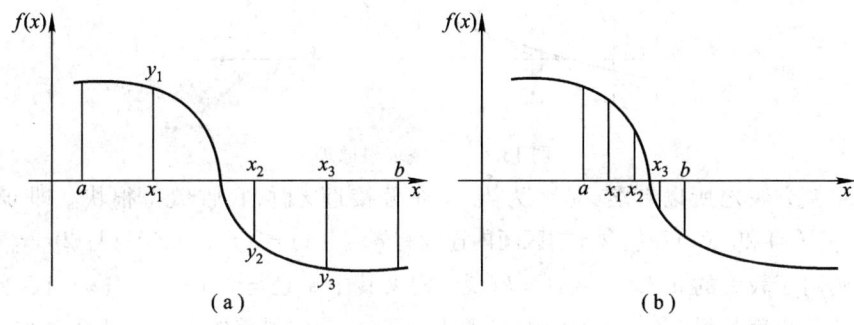

图 13.5　用算法 13.5 求根的过程

4. SIMD 算法分析

算法 13.7 的第(1)、(2)、(3)、(5)步可由一个处理器在 $O(1)$ 时间内执行。第(4)步时用一个处理器执行(4.2)步的判断,并修改 a 和 b。如果在第(4)步中无处理器修改 a 和 b,则说明函数零点必位于第 $N+1$ 段。于是在第(5)步只修改 a。算法总迭代次数可计算如下:

令 $w = b - a$,第 j 次迭代区间宽度降为 $w/(N+1)^j$,一旦 $w/(N+1)^j < c$,则算法迭代停止,此时 $j = O(\log_{N+1} w)$。因 $p(n) = N$,所以 $c(n) = O(N\log_{N+1} w)$。

13.3.2　MIMD-CREW 模型上的牛顿求根法

1. 牛顿求根法(Newton's Method for Finding Root)原理[7]

设 $f(x)$ 在 (a,b) 上连续,且 $f'(x) \neq 0, f''(x) \neq 0, f(a) \cdot f(b) < 0$,则方程 $f(x) = 0$ 的根 z 的近似值可用如下迭代公式计算之,直到误差 $|x_{n+1} - x_n| < c$,其中 c 为给定的精度:

$$x_{n+1} = x_n - f(x_n)/f'(x_n) \qquad (13.7)$$

并取初始值如下:

$$x_0 = \begin{cases} a, & \text{当} f''(x) < 0 \\ b, & \text{当} f''(x) > 0 \end{cases}$$

牛顿方法的几何解释可如图 13.6 所示（假定 $f''(x) > 0$）。注意下一次迭代值 x_{n+1} 就是曲线 $f(x)$ 在 x_n 处的切线与 x 轴的交点。

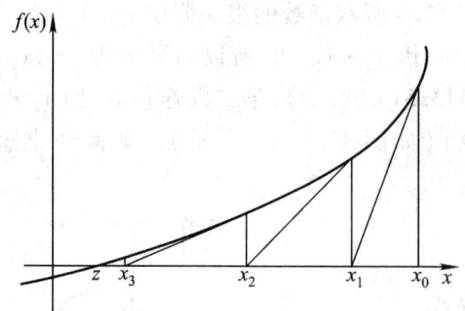

图 13.6　牛顿求根原理

牛顿方法之所以有名，是因为当 x_0 充分接近 z 时，它收敛得很快。即，若① $f(x)$、$f'(x)$ 和 $f''(x)$ 在包含 z 的区间内连续有界（$f'(x) \neq 0, f''(x) \neq 0$）；且② $|x_0 - z| < 1$，则对于较大的 n，$|x_{n+1} - z| = k(x_n - z)^2$，其中 k 是与 $f'(x)$、$f''(x)$ 有关的比例常数。也就是说，在 x_{n+1} 处的误差正比例于 x_n 处的误差的平方。此法也称为**二次收敛**(Quadratic Convergence)。这就意味着，答案的正确位数，每次迭代将加倍。所以如果要求答案精确到 m 位，则此法可在 $O(\log m)$ 时间内收敛。

牛顿法的难点在于如何选择充分接近 z 的初值 x_0。但此困难几乎可在如下介绍的 MIMD-CREW 模型上的算法中消除。

2. MIMD 机器上的牛顿求根算法

将包含 $f(x)$ 的零点 z 的区间 (a,b)（假定 $a < b$）划分成 $N+1$ 等分（$N \geq 2$）。各分点取为 z 的近似值。计算由 N 个进程组成，每一进程开始用各个分点值进行牛顿法求根。诸进程并发异步地执行。一旦某一进程收敛，它就向共享存储单元 ROOT 写它所求得的值。开始时根 ROOT 被置成 ∞。一旦 ROOT 值被某一进程修改，所有进程将随之结束。如果两个进程同时收敛，就会造成写冲突，于是按最小号码的进程优先写的策略来裁决，其他进程都被拒绝。如果在预定的迭代数目 r 之内某一进程不收敛，则它就被挂起。

算法 13.8　MIMD-CREW 模型上的牛顿求根算法
输入：$f(x), f'(x), (a,b)$，精度 c，最大容许迭代次数 r。
输出：返回答案在 ROOT 中。
begin
　　(1) $s \leftarrow (b-a)/(N+1)$

(2) **for** $k = 1$ **to** N **do** create process k **end for** /∗生成进程∗/

(3) $ROOT \leftarrow \infty$

(4) Process k：

    (4.1) $x_{old} \leftarrow a + ks$

    (4.2) $iteration \leftarrow 0$

    (4.3) **while**$(iteration < r)$ **and**$(ROOT = \infty)$ **do**

        (i) $iteration \leftarrow iteration + 1$

        (ii) $x_{new} \leftarrow x_{old} - f(x_{old})/f'(x_{old})$

        (iii) **if** $|x_{new} - x_{old}| < c$ **then** $ROOT \leftarrow x_{new}$ **end if**

        (iv) $x_{old} \leftarrow x_{new}$

    end while

end

注意,进程 k 所使用的变量 a、s、r、c、$ROOT$ 为全局变量；$iteration$、x_{old}、x_{new} 为局部变量。为了表达简洁,辖域变量的下标均被略去。

例 13.4 令 $f(x) = x^3 - 4x - 5$。因此 $f'(x) = 3x^2 - 4$。在区间 $(-3,3)$ 存在着 $f(x)$ 的零点。令 $N = 5$,区间被 6 等分,各分点的值依次为 -2、-1、0、1、2。算法生成 5 个进程。令 $e = 10^{-10}$。假定 5 个处理器同时执行 5 个进程。在此情况下,进程 5 最先收敛到根,其值 $ROOT = 2.456\,678$。□

3. MIMD 算法分析

令 N 为可用处理器数。如果 N 足够大,则有一个起始点可充分接近 z。如果 $f(x)$、$f'(x)$、$f''(x)$ 在区间 (a,b) 内连续有界,那么其中有一个处理器将会在 $O(\log m)$ 时间内收敛,其中 m 为所希望的精度的位数。

∗13.3.3 Fibonacci 分点法异步求根算法

1. 算法原理及描述[7]

前面所介绍的方法都是基于等分区间 (a,b) 而求其各分区的值。事实上也可基于 Fibonacci 数规则选择新的分点。例如,可将起始区间按 Fibonacci 规则分成三个子区间,如图 13.7(a)所示,分点 x_3 和 x_2 可用两个处理器进行计算。假定在 x_3 求值后不为零,然后将其与左端点的函数值的符号进行比较,那么下一步的区间可能在 (x_0, x_3),也可能在 (x_3, x_1)。如果是前者,那么新的迭代将在如图 13.7(b)所示的 x_4 进行；如果是后者,则新的迭代将在如图 13.7(c)所示的 x_5 进行。这两种情况可分别用图 13.7(d)和 13.7(e)所示的状态 $state1(l)$ 和 $state2(l)$ 表示之,其中 $\theta^2 + \theta = 1$,即 $\theta = 0.618$(黄金分割的倒数)。例如,$5/13 + 8/13 = 1$,$8/21 +$

$13/21 = 1$, $13/34 + 21/34 = 1$, 等等。在 $state1(l)$ 时,可在长度为 l 的根区间内部的 "。"处求值;在 $state2(l)$ 时,可在长度为 l 的根区间内的两个"。"处同时求值。我们可将 $state2(l)$ 在一次计算之后转换成如图 13.7(f) 或图 13.7(g) 所示的 $state1(\theta^2 l)$ 和 $state2(\theta l)$。此转换规则可以表示如下:

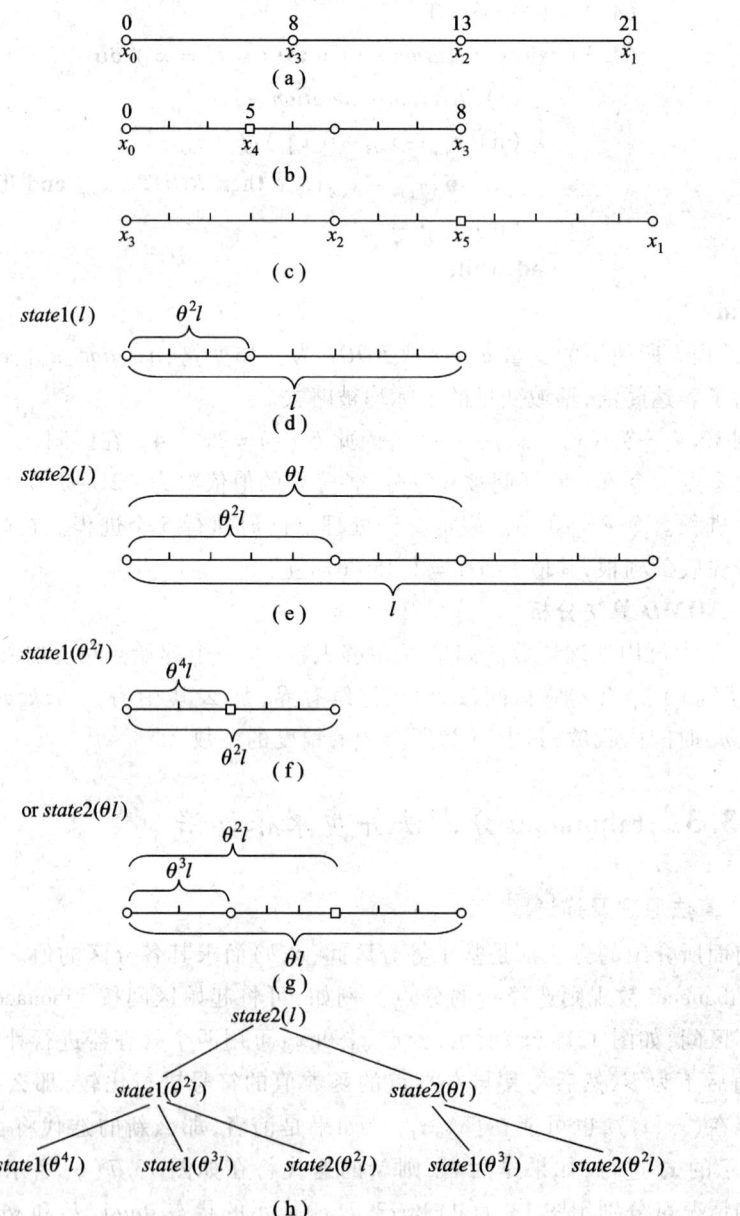

图 13.7 Fibonacci 分点法求根原理

(i) $state2(l) \rightarrow (state1(\theta^2 l) \vee state2(\theta l))$

(ii) $state1(l) \rightarrow (state1(\theta^2 l) \vee state1(\theta l) \vee state2(l))$

假定计算从 $state2(l)$ 开始,且假定在任何分点的求值非为零,那么整个计算过程可以表示成如图 13.7(h) 所示的某一棵转换树,而算法实际上是沿着该树的某一特定路径执行。该算法可以是异步的由两个相同的并发进程 $P_i(i=1,2)$ 组成。假定程序的全局变量为现行根区间的端点位置和现行状态的类型,则每个进程执行如下操作:

Process P_i:

begin

  while 根区间长度 >1 **do**

    (1) 计算下一个求根点"□"的位置;

    (2) 计算点"□"处的函数值;

    (3) 读取和修改全局变量。

  end while

end

注意,进程的第(1)步必须在研究了全局变量之后才计算下一个求值点"□"的位置;根据第(2)步计算好的函数值才确定第(3)步时的全局变量的修改。为了确保满足转换规则(i)和(ii),进程的第(1)步和第(3)步必须在临界区中编程。

2. 算法分析

前面 13.3.1 节中所介绍的 N 个进程的同步求根算法的时间复杂度是 $\log_{N+1} w$,其中 w 是初始根的区间。令在根区间内的某点求值所需的时间是一个随机变量 t,则同步算法的期望运行时间为 $(\log_{N+1} w)\lambda_N t$,其中 λ_N 是为了同步 N 个函数求值所引入的惩罚因子。可将此时间与两个进程的异步算法进行比较。图 13.7(h) 的转换树可方便算法的分析。如果 m 是算法所完成的函数求值的数目,求值系由两个并发进程完成,那么当 $m \rightarrow \infty$ 时,算法的期望时间为 $mt/2$。因此,当 $N=2$ 时,只要将同步算法时间 $(\log_3 w)\lambda_2 t$ 与异步算法的时间 $mt/2$ 进行比较。为此,需要决定 m 的值。此值在最坏情况下可由转换树的最长路径给定。文献[8]已经示出,在最坏情况下,当 $\lambda_2 > 1.142$ 时异步算法可以代替同步算法。

所介绍的异步算法可以推广到三个或更多的进程,此时状态 $state$ 模式花样较多。一般而言,对于 k 个进程的异步算法,$\lceil k/2 \rceil + 1$ 种状态模式就足够了[7]。

13.4 偏微分方程的差分求解

在诸如气象预报、流体力学的模拟、弹性力学的研究等方面,经常提出大量的偏微分方程(Partial Differential Equation, PDE)问题。直接求解 PDE 一般是很难的,所以研究 PDE 的数值解法是非常重要的。**差分法**是最常用的数值解法,它在 PDE 中用差商代替偏导数,得到相应的**差分方程**(Difference Equation),通过解差分方程得到 PDE 的近似解。

13.4.1 偏微分方程的差分数值求解法

1. 差分法

为了用差分法求解平面(x,y)上以 S 为边界的有界区域 R 上的定解问题 $u(x,y)$,可以分别作平行于 x 轴和 y 轴的步距为 d 的直线簇,而构成一个正方形**网格**(Mesh),直线的交点称为节点,记之为(i,j)。其中 R 内的节点称为内节点,位于 S 上的节点称为边界节点。令 $f(x,y)$ 为定义在 S 上的连续函数,则在寻找各节点的近似值时,在边界上的 $f(x,y)$ 作为解的近似值,而在内节点上可用**差商**(Difference Quotient)代替**偏导数**:

$$\left. \begin{aligned} \partial u(x,y)/\partial x &= (1/d)[u(x+d,y)-u(x,y)] \\ \partial u(x,y)/\partial y &= (1/d)[u(x,y+d)-u(x,y)] \end{aligned} \right\} \quad (13.8)$$

$$\left. \begin{aligned} \partial^2 u(x,y)/\partial x^2 &= (1/d^2)[u(x+d,y)-2u(x,y)+u(x-d,y)] = u_{xx} \\ \partial^2 u(x,y)/\partial y^2 &= (1/d^2)[u(x,y+d)-2u(x,y)+u(x,y-d)] = u_{yy} \end{aligned} \right\} \quad (13.9)$$

注意,$(1/d)[u(x+d,y)-u(x,y)]$ 称为**向后差商**,而 $(1/d)[u(x,y)-u(x-d,y)]$ 称为**向前差商**。

2. 泊松方程的差分求解法

试考虑如下一类特别重要的称之为**泊松方程**(Poisson's Equation)的 PDE:

$$u_{xx} + u_{yy} = G(x,y) \quad (13.10)$$

在所谓**边界值问题**(Boundary-Value Problem)中常常需要求解这一类方程。其中,$u(x,y)$ 为未知函数,$G(x,y)$ 是 x 和 y 给定的函数,$u(x,y)$ 必须在 R 上满足泊松方程,而在 S 上必须等于 $f(x,y)$($f(x,y)$ 是定义在 S 上的连续函数)。可将(13.9)代入(13.10),得到如下泊松方程的差分方程:

$$\begin{aligned} u(x,y) = &[u(x+d,y) + u(x-d,y) + u(x,y+d) \\ &+ u(x,y-d) - d^2 G(x,y)]/4 \end{aligned} \quad (13.11)$$

它就是常说的**五点格式**(Five-Point Stencil),即 $u(x,y)$ 的值等于其四近邻节点值的**算术平均值**。可以使用**逐次超松弛**(Successive Over Relaxation, SOR)法求得各内节点 $u(x,y)$ 的值。给定 $u_0(x,y)$,迭代方程如下:

$$u_k(x,y) = u_{k-1}(x,y) + w[\bar{u}_k(x,y) - u_{k-1}(x,y)], \quad k=1,2,\cdots \quad (13.12)$$

其中,$\bar{u}_k(x,y) = [u_{k-1}(x+d,y) + u_k(x-d,y) + u_{k-1}(x,y+d) + u_k(x,y-d) - d^2 G(x,y)]/4$,而 $w = 2/[1+\sin(\pi d)]$。令 $e_k = |u_k(x,y) - u(x,y)|$,则迭代应一直继续到满足 $e_k \leq e_0 10^{-v}$(v 为表示精度的正整数)。虽然 e_0 和 e_k 均不知道,但已经证实,在经过 $vn/3$ 次迭代后即可收敛,也就是说,为了使误差减至 10^{-v},计算过程必须迭代大约 $nv/3$ 次。例如,在一个 64×64 的二维网格上,欲使误差降至 10^{-3},则大约需迭代 $64 \times 3/3 = 64$ 次。

13.4.2　SIMD-MC^2 模型上的 PDE 求解方法

1. 算法原理[8]

上述差分求解法,本身就很适合于在 $N \times N(N = n-1)$ 的网孔连接的 SIMD 机器上实现。如图 13.8 所示($N = 4$),每个 $P(i,j)(1 \leq i,j \leq N)$ 负责计算节点 (id,jd) 处的函数 u 的近似值。给定初始值 $u_0(id,jd)$,然后每个节点 (id,jd) 之 u 值用其四近邻之 u 值作为输入,按式(13.12)计算之。在边界上,缺少的近邻用 $f(x,y)$ 在 $x = 0,1$ 和 $y = 0,1$ 之值代替之。一个待克服的困难(参见(13.12)式)是第 k 次迭代计算 $u_k(x,y)$ 时,还用到了 $u_k(x-d,y)$ 和 $u_k(x,y-d)$。在顺序计算时,这不会造成任何问题,因为在第 k 次迭代时,从 $x = 0$ 到 1 和从 $y = 0$ 到 1,一次计算一个值,在计算 $u_k(x,y)$ 之前,$u_k(x-d,y)$ 和 $u_k(x,y-d)$ 已经算好。但在并行计算时这就会产生问题。为此,每次迭代分为两步:第(1)步,一半处理器根据另一半处理器的 u 值计算新的 u 值;第(2)步,其余处理器使用第(1)步刚计算好的新值修改它们的 u 值。可按奇/偶的方法,也常称之为**红 - 黑着色法**(Red-Black Coloring),选取两半处理器。令 $w_{k,1}$ 和 $w_{k,2}$ 分别表示在第 k 次迭代时两计算步的 w 之值,其中

$$w_{1,1} = 1$$
$$w_{1,2} = 1 \bigg/ \left(1 - \frac{1}{2}\cos^2(\pi d)\right)$$

对于 $k = 2, 3, \cdots$,有

$$\left.\begin{array}{l} w_{k,1} = 1 \bigg/ \left[1 - \frac{1}{4}\cos^2(\pi d) w_{k-1,2}\right] \\ w_{k,2} = 1 \bigg/ \left[1 - \frac{1}{4}\cos^2(\pi d) w_{k,1}\right] \end{array}\right\} \quad (13.13)$$

于是,u 的修改亦可分为如下两步:

第(1)步:对于所有的 $1 \leq i,j \leq N$,满足 $i+j = $ 偶数:

$$u_k(id,jd) = u_{k-1}(id,jd) + w_{k,1}[\bar{u}_k(id,jd) - u_{k-1}(id,jd)] \quad (13.14)$$

其中　　$\bar{u}_k(id,jd) = [u_{k-1}(id+d,jd) + u_{k-1}(id-d,jd)$
$\qquad\qquad + u_{k-1}(id,jd+d) + u_{k-1}(id,jd-d) - d^2 G(x,y)]/4$

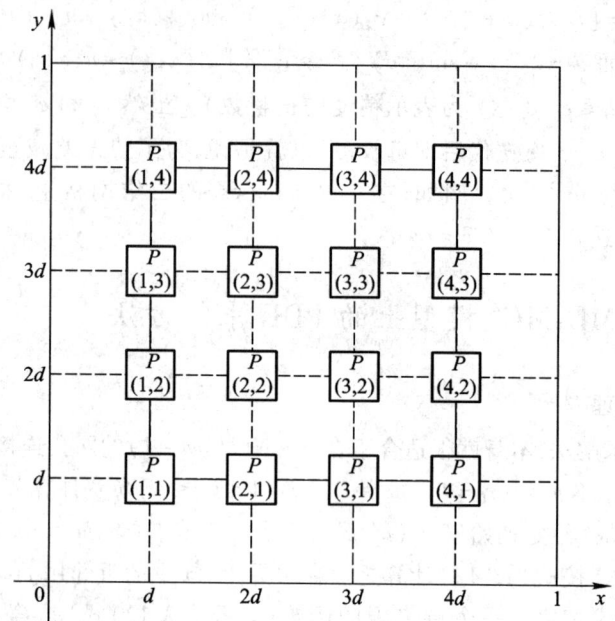

图 13.8　求解 PDE 的网孔阵列

第(2)步：对于所有的 $1 \leqslant i,j \leqslant N$，满足 $i+j=$ 奇数：

$$u_k(id,jd) = u_{k-1}(id,jd) + w_{k,2}[\bar{u}_k(id,jd) - u_{k-1}(id,jd)] \qquad (13.15)$$

其中
$$\bar{u}_k(id,jd) = [u_k(id+d,jd) + u_k(id-d,jd)$$
$$+ u_k(id,jd+d) + u_k(id,jd-d) - d^2 G(x,y)]/4$$

2. 算法描述

算法 13.9　SIMD-MC^2 模型上的 PDE 求解算法

输入：$f(x,y), G(x,y), g=v/3$。

输出：PDE 的近似解。

begin

　　(1) /*计算边界值*/

　　　　(1.1) **for** $i=1$ **to** N **par-do**

　　　　　　(i) $P(1,i)$ 计算 $f(0,id)$

　　　　　　(ii) $P(N,i)$ 计算 $f(1,id)$

　　　　end for

　　　　(1.2) **for** $i=1$ **to** N **par-do**

　　　　　　(i) $P(i,1)$ 计算 $f(id,0)$

　　　　　　(ii) $P(i,N)$ 计算 $f(id,1)$

                end for
(2) /* 输入初始值 */
    for $i = 1$ to N par-do
        for $j = 1$ to N par-do $P(i,j)$ 读取 $u_0(id,jd)$
        end for
    end for
(3) /* 迭代之，直至收敛 */
    for $k = 1$ to gn do
        for $i = 1$ to N par-do
        for $j = 1$ to N par-do
            (3.1) if $(i+j=$ 偶数$)$ then $P(i,j)$ 修改 $u(id,jd)$ end if
            (3.2) if $(i+j=$ 奇数$)$ then $P(i,j)$ 修改 $u(id,jd)$ end if
        end for
        end for
    end for
end

例 13.5 图 13.9 示例了算法 13.9 的执行过程。注意 $N=4, d=0.2$。□

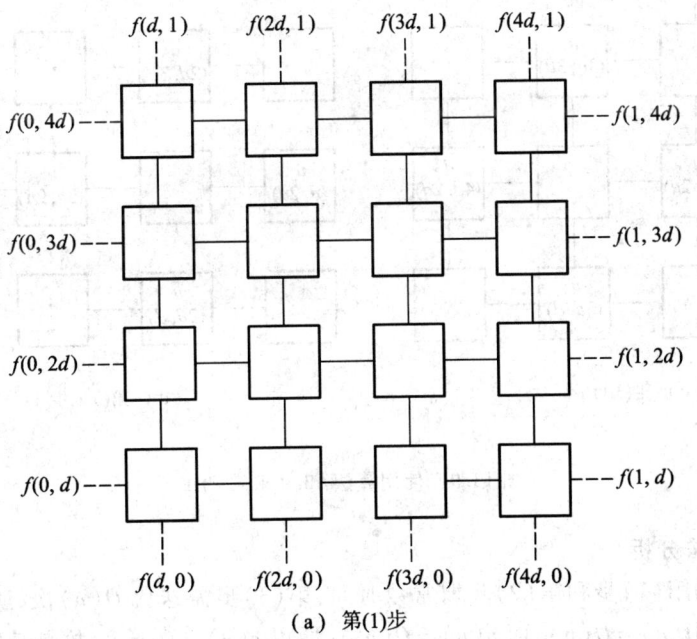

(a) 第(1)步

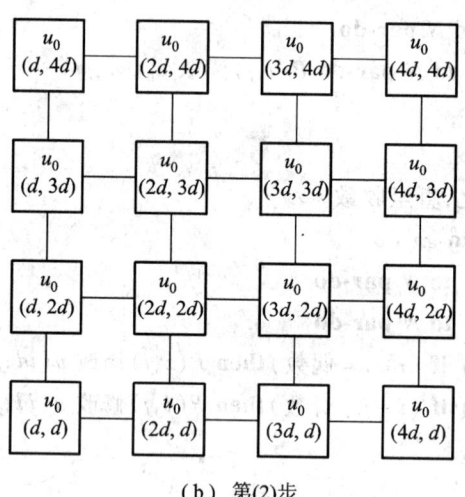

（b）第(2)步

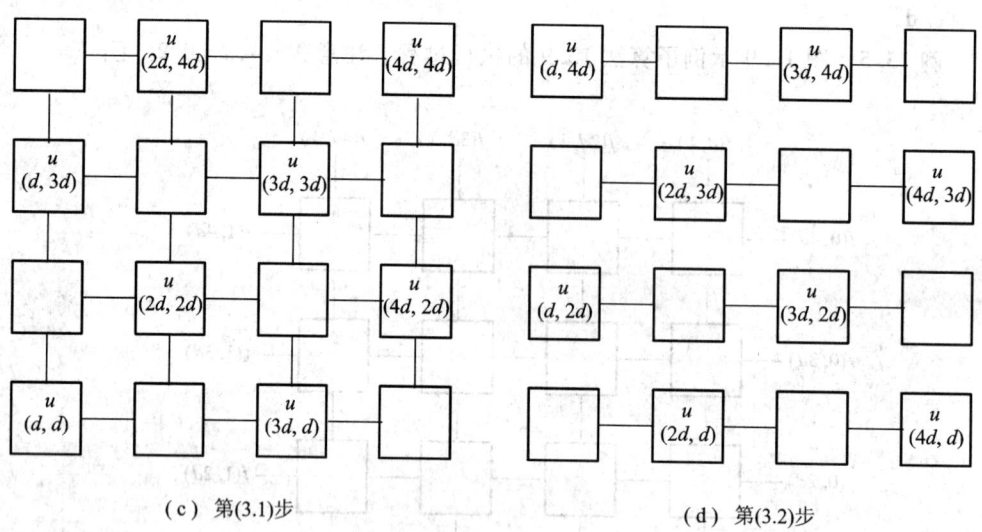

（c）第(3.1)步　　　　　　　　　　　　（d）第(3.2)步

图 13.9　使用算法 13.9 求解 PDE

3. 算法分析

算法的第(1)步和第(2)步取常数时间；第(3)步需迭代 $O(n)$ 次，所以算法的总运行时间 $t(n)=O(n)$，而 $p(n)=O(n^2)$，所以 $c(n)=O(n^3)$，故是最优的。

13.5 方阵的特征值与特征向量 Jacobi 方法

矩阵的**特征值**(Eigenvalues)与**特征向量**(Eigenvector)在工程技术上应用十分广泛,在诸如系统稳定性问题和数字信号处理的 $K-L$ 变换中,它都是最基本常用的计算之一。

13.5.1 对称方阵对角化方法

设 A 为 $n \times n$ 的方阵,若存在实数 λ 和非零向量 u,使得

$$Au = \lambda u \tag{13.16}$$

成立,则称 λ 为 A 的**特征值**,u 为 A 的属于 λ 的**特征向量**(特征向量的几何意义是,在向量空间中,一个向量 u 由矩阵相乘后,该向量只改变长度而不改变方向)。为了求特征值,可以将式(13.16)改写成如下形式,其中 I 为单位矩阵:

$$(A - \lambda I)u = 0 \tag{13.17}$$

即

$$\begin{pmatrix} a_{11}-\lambda & a_{12} & \cdots & a_{1n} \\ a_{21} & a_{22}-\lambda & \cdots & a_{2n} \\ \vdots & \vdots & & \vdots \\ a_{n1} & a_{n2} & \cdots & a_{nn}-\lambda \end{pmatrix} \begin{pmatrix} u_1 \\ u_2 \\ \vdots \\ u_n \end{pmatrix} = \begin{pmatrix} 0 \\ 0 \\ \vdots \\ 0 \end{pmatrix}$$

它有非零解的充要条件是系数行列式 $|A - \lambda I| = 0$,它是一个以 λ 为变量的一元 n 次方程,称为方阵 A 的**特征方程**(Characteristic Equation)。显然 A 的特征值 λ 就是特征方程的解。但一般情况下,A 的特征方程也并非容易求解。为此,应对矩阵 A 施行某种变换,使其最终变成一个对角阵,这样主对角线上的元素就是要求的特征值 λ。

对于对称方阵 A 而言,一种变换法称为 **Jacobi 方法**。它是一种迭代法,系通过**平面旋转**(Plane Rotation)来产生一系列对称方阵 A_k。每次旋转变换,使 A_k 中的某一元素 a_{ij}^k 变为零。当迭代次数 k 充分大时,A_k 趋于一个对角阵 D,D 的各主对角元素就是 A 的特征值。

从 A_k 到 A_{k+1} 的旋转变换公式为

$$\left. \begin{aligned} A_k &= R_k A_{k-1} R_k^T, \quad k = 1, 2, \cdots \\ A_0 &= A \end{aligned} \right\} \tag{13.18}$$

其中,R_k 是个 $n \times n$ 的**平面旋转方阵**。R_k 的目的就是使 A_k 中的两元素 a_{pq}^{k-1} 和 a_{qp}^{k-1}

变为零。实际操作时,每次迭代逐次减少非对角元素的平方和,致使 A_k 渐趋于对角阵。当此平方和充分小时,则迭代停止,即

$$d_k = \left(\sum_{\substack{i=1 \\ i \neq j}}^{n} \sum_{j=1}^{n} (a_{ij}^k)^2\right)^{1/2} < c \tag{13.19}$$

其中 c 为精度,至此,矩阵 $R_1^T R_2^T \cdots R_k^T$ 的各列就是特征向量。

选择平面旋转阵的方法是:如果 a_{pq}^{k-1} 是 A_{k-1} 之非对角线上的非零元素,欲定义 R_k 使得 $a_{pq}^k = a_{qp}^k = 0$。令 r_{ij}^k 为 R_k 的元素,θ_k 为旋转角度,则取

$$\left.\begin{array}{l} r_{pp}^k = r_{qq}^k = \cos\theta_k \\ r_{pq}^k = -r_{qp}^k = \sin\theta_k \\ r_{ii}^k = 1, \text{对于 } i \neq p \text{ 或 } q \\ r_{ij}^k = 0, \text{否则} \end{array}\right\} \tag{13.20}$$

即

$$R_k = \begin{pmatrix} 1 & & & & & & & & & \\ & \ddots & & & & & & & & \\ & & 1 & & & & & & & \\ & & & \cos\theta & & & \sin\theta & & & \\ & & & & 1 & & & & & \\ & & & & & \ddots & & & & \\ & & & & & & 1 & & & \\ & & & -\sin\theta & & & \cos\theta & & & \\ & & & & & & & & 1 & \\ & & & & & & & & & \ddots \\ & & & & & & & & & & 1 \end{pmatrix} \begin{array}{l} \text{第 } p \text{ 行} \\ \\ \\ \text{第 } q \text{ 行} \end{array}$$

$$ \text{第 } p \text{ 列} \text{第 } q \text{ 列}$$

其中,θ_k 可按如下方式确定:如果 $a_{pq}^k = a_{qp}^k = 0$,则无须旋转,即 $\theta_k = 0$,$\cos\theta = 1$,$\sin\theta = 0$,否则令

$$\left.\begin{array}{l} \alpha_k = (a_{qq}^{k-1} - a_{pp}^{k-1})/2a_{pq}^{k-1} \\ \beta_k = \text{sign}(\alpha_k)/(|\alpha_k| + (1+\alpha_k^2)^{1/2}) \end{array}\right\} \tag{13.21}$$

其中

$$\text{sign}(\alpha_k) = \begin{cases} 1, & \alpha_k \geq 0 \\ -1, & \alpha_k < 0 \end{cases}$$

则

$$\left.\begin{array}{l} \cos\theta_k = 1/(1+\beta_k^2)^{1/2} = c \\ \sin\theta_k = \beta_k \cos\theta_k = s \end{array}\right\} \tag{13.22}$$

剩下的问题是,在第 k 次迭代时,为了元素化零应如何选取非零元素 a_{pq}^{k-1}?最

常用的方法就是选最大的非零元素,因为这会使 d_k 减少最多。

经过上述变换后,A_k 的元素为

$$\left. \begin{array}{l} a_{pq}^k = a_{qp}^k = 0 \\ a_{pp}^k = a_{pp}^{k-1} + \beta_k a_{pq}^{k-1} \\ a_{qq}^k = a_{qq}^{k-1} - \beta_k a_{pq}^{k-1} \end{array} \right\} \quad (13.23)$$

例 13.6 令 $A = \begin{pmatrix} 1 & 1 \\ 1 & 1 \end{pmatrix}$,试作 Jacobi 变换,求其特征值和特征向量。$k = 1, p = 1, q = 2$。

由式(13.21)得 $\alpha_1 = (a_{22}^0 - a_{11}^0)/2a_{12}^0 = 0$,$\beta_1 = 1/(0 + \sqrt{1+0}) = 1$

由式(13.22)得 $\cos\theta_1 = 1/\sqrt{2}$,$\sin\theta_1 = 1/\sqrt{2}$,即

$$R_1 = \begin{pmatrix} \cos\theta_1 & \sin\theta_1 \\ -\sin\theta_1 & \cos\theta_1 \end{pmatrix} = \begin{pmatrix} 1/\sqrt{2} & 1/\sqrt{2} \\ -1/\sqrt{2} & 1/\sqrt{2} \end{pmatrix},$$

$$R_1^T = \begin{pmatrix} 1/\sqrt{2} & -1/\sqrt{2} \\ 1/\sqrt{2} & 1/\sqrt{2} \end{pmatrix}$$

由式(13.23)得 $a_{12}^1 = a_{21}^1 = 0$,$a_{11}^1 = a_{11}^0 + 1 \cdot a_{12}^0 = 2$,$a_{22}^1 = a_{22}^0 - 1 \cdot a_{12}^0 = 0$,即

$$A_1 = \begin{pmatrix} 2 & 0 \\ 0 & 0 \end{pmatrix}$$

所以 A 矩阵的特征值为 2 和 0,特征向量为 $(1/\sqrt{2}, 1/\sqrt{2})^T$ 和 $(-1/\sqrt{2}, 1/\sqrt{2})^T$。□

13.5.2 SIMD-CC 模型上的求特征值算法

1. 算法原理[9]

Jacobi 方法本身就导致了可并行执行。令 $n = 2^s$,在一个立方连接的 SIMD 机器上,假定有 $n^3 = 2^{3s}$ 个处理器。同样为了可视化,可将 $3s$-维立方排成 $n \times n \times n$ 的阵列。处理器 P_r 位于 (i, j, m) 位置上 $(0 \le i, j, m \le n - 1)$。处理器按行主编号,即 $r = in^2 + jn + m$。矩阵 A_0 开始存放在 n^2 个处理器中,其位置坐标是 $(0, j, m)$ $(0 \le j, m \le n - 1)$。每个处理器包含一个矩阵元素,也就是说,A_0 存储在 $2s$-维立方的处理器中。

开始第 k 次迭代时,$k = 1, 2, \cdots$,$(0, j, m)$ 坐标中的处理器包含 A_{k-1}。这些处理器首先找各自非主对角线上最大的元素,并且生成 R_k 和 R_k^T。然后所有 n^3 个处理器都用来计算 $C_k R_k A_{k-1}$ 和 $A_k = C_k R_k^T$。在迭代之末,如果 $d_k < c$,则停止迭代。

2. 算法描述

算法 13.10 SIMD-CC 模型上的求特征值算法

输入：$A_{n \times n}$，精度 c。

输出：A 的对角阵，A 的特征值和特征向量。

begin

  while $d > c$ **do**

    (1) 找 A 之非主对角线上绝对值最大者

    (2) 生成 R

    (3) $A \leftarrow RA$

    (4) 生成 R^T

    (5) $A \leftarrow AR^T$

  end while

end

例 13.7 令 $n=2, s=1, A = \begin{pmatrix} 1 & 1 \\ 1 & 1 \end{pmatrix}, c=10^{-5}$。系统中有 8 个处理器，构成 3-维立方体。图 13.10(a) 示出了 A_0 的初始分布。在第 1 次迭代时，选 $a_{12}=1$ 为非主对角线上的非零元素，$p=1, q=2$，所以如图 13.10(b) 所示。

$$R_1 = \begin{pmatrix} \cos\theta_1 & \sin\theta_1 \\ -\sin\theta_1 & \cos\theta_1 \end{pmatrix} = \begin{pmatrix} 1/\sqrt{2} & 1/\sqrt{2} \\ -1/\sqrt{2} & 1/\sqrt{2} \end{pmatrix}$$

现在要计算 $$R_1 A_0 = \begin{pmatrix} 1/\sqrt{2} & 1/\sqrt{2} \\ -1/\sqrt{2} & 1/\sqrt{2} \end{pmatrix} \begin{pmatrix} 1 & 1 \\ 1 & 1 \end{pmatrix} = \begin{pmatrix} \sqrt{2} & \sqrt{2} \\ 0 & 0 \end{pmatrix}$$

为此，使用第十二章中的算法 12.7 进行两个 2×2 的矩阵乘法。如图 13.10(c) 所示，8 次乘法操作同时在 8 个处理器中进行。乘法的结果存放在原存储 A_0 的各处理器中，而原存储 R_1 的各处理器中现在是 R_1^T 之内容（如图 13.10(d) 所示）。最后再调用算法 12.7 计算 AR_1^T，其结果示于图 13.10(e) 中。因为两个非对角线上的元素均为零，所以过程结束。对角线上元素 2 和 0 就是特征值，而特征向量是 R_1^T 的第 1 列和第 2 列之元素，即 $[1/\sqrt{2}, 1/\sqrt{2}]^T$ 和 $[-1/\sqrt{2}, 1/\sqrt{2}]^T$。□

3. 算法分析

算法的第(1)步，在 n^2 个处理器所形成的 $2s$-维的立方体上求最大元素所需的时间为 $O(\log n)$；算法的第(2)步和第(4)步所需的时间为 $O(1)$，因为处在位置 $(0, j, m)(0 \leq j, m \leq n-1)$ 上的 n^2 个处理器中的每一个，可负责生成 R_k 和 R_k^T 的一个元素；算法的第(3)步和第(5)步，根据算法 12.7 的分析可知，所需的时间为 $O(\log n)$。这样每次迭代的时间为 $O(\log n)$。因为经过 $O(n^2)$ 次迭代后即可收敛，

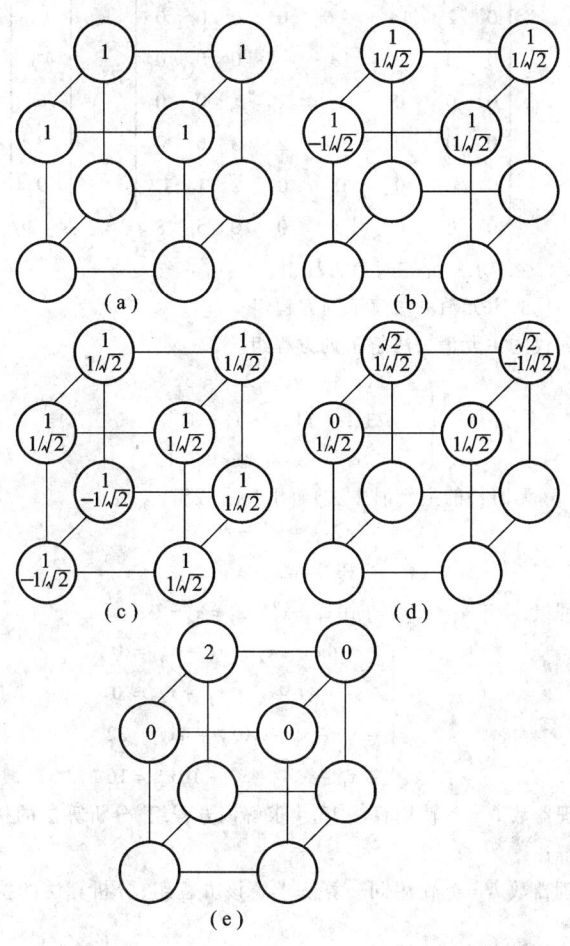

图 13.10　算法 13.10 执行过程示例

所以整个算法的运行时间为 $t(n) = O(n^2 \log n)$，而 $p(n) = n^3$，所以 $c(n) = O(n^5 \log n)$。它比相应的串行算法的时间大了 $\log n$ 倍。

习　题

13.1　假定：

$$A = \begin{pmatrix} 4 & 1 & 0 & 0 & 0 & 0 & 0 & 0 \\ 4 & 11 & -5 & 0 & 0 & 0 & 0 & 0 \\ 0 & 2 & 14 & -6 & 0 & 0 & 0 & 0 \\ 0 & 0 & 5 & 18 & -4 & 0 & 0 & 0 \\ 0 & 0 & 0 & 1 & 2 & 1 & 0 & 0 \\ 0 & 0 & 0 & 0 & 2 & 3 & 6 & 0 \\ 0 & 0 & 0 & 0 & 0 & 2 & 1 & 12 \\ 0 & 0 & 0 & 0 & 0 & 0 & 5 & 8 \end{pmatrix}, B = \begin{pmatrix} 2 \\ 7 \\ 13 \\ 18 \\ 6 \\ 3 \\ 9 \\ -1 \end{pmatrix}$$

试调用算法 13.2，逐步求解此三对角方程组。

13.2 （a）使用有回代的主元消去法解下列方程组；
（b）使用无回代的主元消去法解下列方程组。

$$\begin{cases} 11x_1 - 3x_2 - 2x_3 = 3 \\ -23x_1 + 11x_2 + x_3 = 0 \\ x_1 - 2x_2 + 2x_3 = -1 \end{cases}$$

13.3 使用算法 13.3（无回代的主元消去法）解下列方程组。

$$\begin{cases} 2x_1 + x_2 = 3 \\ x_1 + 2x_2 = 4 \end{cases}$$

13.4 给定下述方程组，精度 $c = 0.1$，初值 $x_1^0 = x_2^0 = x_3^0 = x_4^0 = 0$；

$$\begin{cases} 4x_1 - x_2 - x_3 - x_4 = 0 \\ -x_1 + 4x_2 - x_3 - x_4 = 0 \\ -x_1 - x_2 + 10x_3 + 4x_4 = 22 \\ -x_1 - x_2 + 4x_3 + 10x_4 = 16 \end{cases}$$

（a）假定处理器数 $N = 2$，使用算法 13.4 求解该方程组；分析算法的执行过程；讨论你所得到的解；

（b）假定处理器数 $N = 4$，使用同一算法求解该方程组；分析算法的执行过程；讨论你所得到的解。

13.5 使用算法 13.5 将下列矩阵施行 LU 分解：

$$\begin{pmatrix} 3 & 2 & 1 & -2 \\ 9 & 4 & -5 & -4 \\ -6 & -3 & -4 & 12 \\ 3 & 4 & 3 & 9 \end{pmatrix}$$

13.6 使用 LU 分解法求解下列方程组：

$$\begin{pmatrix} 3 & 2 & 1 & -2 \\ 9 & 4 & -5 & -4 \\ -6 & -3 & -4 & 12 \\ 3 & 4 & 3 & 9 \end{pmatrix} \begin{pmatrix} x_1 \\ x_2 \\ x_3 \\ x_4 \end{pmatrix} = \begin{pmatrix} -7 \\ -11 \\ 36 \\ 22 \end{pmatrix}$$

13.7 试解释，给定 p 个处理器，13.2.3 节所介绍的并行 LU 分解算法的执行时间为何是（n^2 −

1) $(n/2)/p$?（假定 n 是 p 的整倍数）

13.8 线性内插法也是求解 $f(x)=0$ 的一种基本方法,令 (x_l, x_r) 是包含根的区间,则为了求得新的区间,可以使用下述迭代法求出新的近似点：
$$x_{new} = x_l - f(x_l)(x_r - x_l)/[f(x_r) - f(x_l)]$$
按此,试设计一个并行内插算法。

13.9 算法 13.9 使用了 $(n-1)^2$ 个 PE 在网孔结构上求解 PDE,如果使用较少的 PE,如何修改此算法？并分析所修改的算法的时间复杂度。

13.10 你能在 SIMD 模型上,设计一个成本为 $O(n^5)$ 的 Jacobi 计算特征值的算法吗？

13.11 试修改 Jacobi 计算特征值的算法,使得每次迭代时可消去多于一个非主对角线上的非零元素,分析你所设计的算法的性能。

参考文献

[1] Heller D. A survey of parallel algorithms in numerical linear algebra. SIAM Review, 1978, 20(4):740-777.

[2] Strassen V. The asymptotic spectrum of tensors and the exponent of matrix multiplication. Proc. 27th Annu. Symp. on Foundations of Computer Science, Toronto, Oct. 1986. IEEE Computer Society, Washington D. C. ,1986.

[3] Munro J I. Problems related to matrix multiplication, in Rustin R ed, Courant Institute Symp. on Computational Complexity. New York: Algorithmics Press, 1973, 137-152.

[4] Baudet G M. Asynchronous iterative methods for multiprocessors. J. of the ACM, 1978, 25(2): 226-244.

[5] Chern M Y, Murata T. A fast algorithm for concurrent LU decomposition and matrix inversions. Proc. 1983 Int'l Conf. on Parallel Processing. IEEE, New York, 1983, 79-86.

[6] Lord R E, Kowalik J S, Kumar S P. Solving linear algebra equations on an MIMD eomputer. J. of the ACM, 1983, 30(1):103-117.

[7] Kung H T. Synchronized and asynchronous parallel algorithms for multiprocessors, in Traub J F ed. Algorithms and Complexity: New Directions and Recent Results. Academic, New York, 1976, 153-200.

[8] Akl S G. The design and analysis of parallel algorithms. New Jersey: Prentice Hall, 1989.

[9] Breat R P, Luk T F. The solution of singular value and symmetric elgenproblems on multiprocessor arrays. SIAM J. Sci. Comput. ,1985,69-84.

[10] 陈国良. 并行计算——结构·算法·编程. 北京:高等教育出版社,1999(第一版),2003(第二版).

第十四章 快速傅氏变换

内容提要 20世纪60年代是计算复杂性研究的主要里程碑。在此十年中发现了三个非常惊人的有效算法,即两整数乘法、离散的傅里叶变换和两矩阵相乘。其中1965年,Cooley-Tukey 所研究出的计算离散傅氏变换的快速傅里叶变换(FFT),将计算量从 $O(n^2)$ 下降到 $O(n\log n)$,从而使得FFT在数字图像信号处理、气象预报、医学断层诊断、编码理论、量子物理及概率论等领域中都得到了广泛的应用。由于FFT算法的内在并行性和实时信号处理等应用的要求,所以也促使了研究FFT的并行计算结构和在各种并行计算模型上的并行快速傅氏变换(PFFT)算法的研究。本章首先简要介绍一下FFT的顺序算法;接着讨论DFT的直接并行算法;然后较详细地介绍各种并行计算模型上的FFT算法;最后讨论心动阵列上的卷积和滤波计算,它们和FFT以及前两章所介绍的矩阵有关的运算一起,都是数字信号处理中常用的数值计算方法。

讲授要点 ① 预备知识:复平面与单位元根。② 顺序的FFT算法:迭代法(算法14.1);递归法(算法14.6)。③ 并行FFT算法:SIMD-MC^2 上FFT算法14.3(是顺序迭代FFT算法的直接并行化)及其复杂度分析;SIMD-CC上的FFT算法(是顺序的递归FFT算法的直接并行化)与蝶式计算图;SIMD-BF上FFT算法(蝶形网络上系数矩阵的计算,算法14.4的描述及其复杂度分析);一维心动阵列上FFT算法(DFT计算与多项式求值,多项式求值的Horner规则,5点DFT在一维阵列上的计算过程)。④ MIMID-DM上FFT算法[10]:Cormen迭代串行FFT算法;超立方多计算机上Cormen算法。

14.1 快速傅里叶变换

一个 n 点的**离散傅里叶变换**(Discrete Fourier Transform,DFT),可定义为:给定序列 $(a_0,a_1,\cdots,a_{n-1})$,按如下规则变换成序列 $(b_0,b_1,\cdots,b_{n-1})$:

$$b_j = \sum_{k=0}^{n-1} a_k \omega^{kj}, \quad 0 \leq j \leq n-1 \tag{14.1}$$

其中 ω 是**单位 n 次元根**,即 $\omega = e^{2\pi i/n}, i = \sqrt{-1}$。

实际上,式(14.1)可写成矩阵 W(其元素 $\omega(k,j) = \omega^{kj}$)和向量 a 之乘积:

$$\begin{pmatrix} b_0 \\ b_1 \\ \vdots \\ b_{n-1} \end{pmatrix} = \begin{pmatrix} \omega^0 & \omega^0 & \omega^0 & \cdots & \omega^0 \\ \omega^0 & \omega^1 & \omega^2 & \cdots & \omega^{n-1} \\ \vdots & \vdots & & & \vdots \\ \omega^0 & \omega^{n-1} & \omega^{2(n-1)} & \cdots & \omega^{(n-1)(n-1)} \end{pmatrix} \begin{pmatrix} a_0 \\ a_1 \\ \vdots \\ a_{n-1} \end{pmatrix} \tag{14.2}$$

例 14.1 令 $n=4$,则 $\omega = e^{2\pi i/4} = \cos \pi/2 + i \sin \pi/2 = i$,四个不同的单位 4 次根为 $i, i^2 = -1, i^3 = -i, i^4 = 1$。$W$ 矩阵如下:

$$W = \begin{pmatrix} 1 & 1 & 1 & 1 \\ 1 & i & -1 & -i \\ 1 & -1 & 1 & -1 \\ 1 & -i & -1 & i \end{pmatrix}$$

所以向量 a 的离散傅里叶变换为

$$\begin{aligned} b_0 &= a_0 + a_1 + a_2 + a_3 \\ b_1 &= a_0 + ia_1 - a_2 - ia_3 \\ b_2 &= a_0 - a_1 + a_2 - a_3 \\ b_3 &= a_0 - ia_1 - a_2 + ia_3 \end{aligned} \quad \square$$

对于一般的 $n \times n$ 的矩阵和 n 维向量相乘,如前章所述,通常需 2^n 次乘法和 $n(n-1)$ 次加法,所以式(14.2)的计算量为 $O(n^2)$。但是 W 是一特殊形式的矩阵,故有可能降低上述的计算量。事实上,已经建立了一种使计算量从 $O(n^2)$ 降到 $O(n\log n)$ 的算法,这就是 1965 年 Cooley 和 Tukey 提出的著名的**快速傅里叶变换**(Fast Fourier Transform,FFT)算法[1]。

14.1.1 顺序的 FFT 算法

FFT 算法版本很多,可以从不同的角度引出不同的计算方法,但本质上都是一样的。本节介绍一种比较简明的 FFT 迭代算法。

算法 14.1　SISD 机器上的 FFT 迭代算法

输入：$A = (a_0, \cdots, a_{n-1})$。

输出：$B = (b_0, \cdots, b_{n-1})$。

begin

(1) **for** $k = 0$ **to** $n - 1$ **do** $c_k \leftarrow a_k$ **end for**

(2) **for** $h = \log n - 1$ **down to** 0 **do**

　　(2.1) $p \leftarrow 2^h$

　　(2.2) $q \leftarrow n/p$

　　(2.3) $z \leftarrow \omega^{q/2}$

　　(2.4) **for** $k = 0$ **to** $n - 1$ **do**

　　　　if ($k \bmod p = k \bmod 2p$) **then**

　　　　　(i) $c_k \leftarrow c_k + c_{k+p}$

　　　　　(ii) $c_{k+p} \leftarrow (c_k - c_{k+p}) z^{k \bmod p}$

　　　　　　/* c_k 不用(i)计算的新值 */

　　　　end if

　　end for

end for

(3) **for** $k = 1$ **to** $n - 1$ **do**

　　$b_{r(k)} \leftarrow c_k$　　/* $r(k)$ 为 k 的位反 */

end for

end

算法的复杂度显然为 $O(n \log n)$。

*14.1.2　FFT 应用于多项式乘积

FFT 应用很广，本节示出如何用 FFT 运算加速两个多项式的乘积。试考虑 $n - 1$ 阶多项式 $a(x) = a_0 + a_1 x + \cdots + a_{n-2} x^{n-2} + a_{n-1} x^{n-1}$，其系数形成序列 $(a_0, a_1, \cdots, a_{n-1})$。根据式(14.1)，该序列的 DFT 为 $(b_0, b_1, \cdots, b_{n-1})$。事实上，序列元素 b_j 就是多项式 $a(x)$ 在 $x = \omega^j$ 处的值，其中 $\omega^0, \omega^1, \cdots, \omega^{n-1}$ 是单位 n 次根。相反，多项式 $b(x) = b_0 + b_1 x + \cdots + b_{n-1} x^{n-1}$ 在 $x = (\omega^{-1})^k$ 处的值可由下式给出：

$$a_k = \frac{1}{n} \sum_{j=0}^{n-1} b_j (\omega^{-1})^{jk}, \quad k = 0, 1, \cdots, n - 1 \qquad (14.3)$$

所得序列 $(a_0, a_1, \cdots, a_{n-1})$ 称为序列 $(b_0, b_1, \cdots, b_{n-1})$ 的 **DFT 的逆**(Inverse DFT)，

或称逆 DFT,它也可以将算法 14.1 稍加修改,在 $O(n\log n)$ 时间内计算出。

现在,欲将两个 $n-1$ 阶多项式 $f(x) = \sum_{j=0}^{n-1} a_j x^j$ 和 $g(x) = \sum_{k=0}^{n-1} c_k x^k$ 相乘而得 $h = f \cdot g$。直接施行相乘,则计算量为 $O(n^2)$。但可以借助 FFT,将此计算量降至 $O(n\log n)$。具体步骤如下:

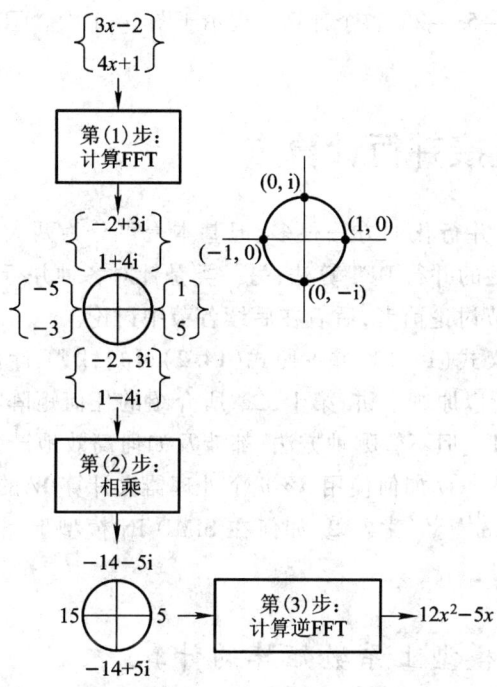

图 14.1 使用 FFT 计算两多项式之积

第(1)步:令 N 是大于等于 $2n-1$ 的 2 的方幂的最小整数。在序列 $(a_0, \cdots, a_{n-1})$ 和 $(c_0, \cdots, c_{n-1})$ 之后各补上 $N-n$ 个零;

第(2)步:计算 $(a_0, a_1, \cdots, a_{n-1}, 0, \cdots, 0)$ 的 FFT。得到多项式 f 在单位 N 次根之值;

第(3)步:计算 $(c_0, c_1, \cdots, c_{n-1}, 0, \cdots, 0)$ 的 FFT。得到多项式 g 在单位 N 次根之值;

第(4)步:计算 $f(\omega^j) \times g(\omega^j)$ 之积 $(j = 0, 1, \cdots, N-1)$,其中 $\omega = e^{2\pi i/N}$。所得之结果就是多项式 h 在单位 N 次根之值;

第(5)步:计算序列 $(f(\omega^0)g(\omega^0), f(\omega^1)g(\omega^1), \cdots, f(\omega^{N-1})g(\omega^{N-1}))$ 的逆 DFT。所得之序列就是多项式 h 的系数。

例 14.2 令 $f(x) = 3x - 2$, $g(x) = 4x + 1$。试用 FFT 方法计算 f 与 g 的积 h。本

例中 $n=2$，所以取 $N=4$。因为 $\omega^0=1, \omega^1=e^{2\pi i/N}=e^{\pi i/2}=\cos \pi/2+i\sin \pi/2=i, \omega^2=-1, \omega^3=-i$，所以单位 4 次根为 $\{1,i,-1,-i\}$。由第(2)步，计算 f 在单位 4 次根之值为 $(1,-2+3i,-5,-2-3i)$；同样由第(3)步，可计算出 g 在 4 次元根之值为 $(5,1+4i,-3,1-4i)$；由第(4)步计算出 $f(\omega^j)$ 与 $g(\omega^j)$ 之积为 $(5,-14-5i,15,-14+5i)$；由第(5)步计算第(4)步所得序列之逆 DFT 为 $(-2,-5,12,0)$，它就是 h 之系数，所以 $h(x)=12x^2-5x-2$。整个计算过程示于图 14.1 中。□

14.2　DFT 直接并行计算法

目前,关于 DFT 并行化的方法很多,但基本上可分为两大类：一类是直接根据 DFT 的定义所开发的并行 DFT 算法；另一类是针对各种并行计算结构所开发的并行 DFT 算法。本节讨论前者,后者在后续各节中讨论。

根据 DFT 的定义式(14.1),并参照式(14.2)可知,DFT 计算可归结为矩阵 W 和向量 a 的乘积。所以原则上讲,第十二章所介绍的任何矩阵与向量相乘的算法都可以用来计算 DFT。但不管哪种方法,都涉及如何高效地产生系数矩阵 W。于是所要解决的问题是：① 如何使用 $n\times n$ 个处理器去计算 W 的元素,即 $P(k,j)$ ($1\leq k,j\leq n$) 如何计算 $\omega^{(k-1)(j-1)}$？② 如何在 SIMD-IN 模型上完成**内积运算**(Inner Product Operation)。

14.2.1　SIMD 模型上系数矩阵的计算

假定 SIMD 机器中有 n^2 个处理器,它们排成 $n\times n$ 的二维阵列,令处理器 $P(k,j)$ ($1\leq k,j\leq n$) 负责计算 $\omega^{(k-1)(j-1)}$。该计算可以采用重复执行平方和乘法而得。例如, $\omega^{13}=[(\omega^2)^2\times\omega]\times[(\omega^2)^2]^2$。假定每个处理器有三个寄存器： M_{kj} 存放 ω 的幂, X_{kj} 和 Y_{kj} 存放中间结果,而计算的结果返回在 $Y_{kj}=\omega^{(k-1)(j-1)}$ 中。于是下述过程可执行 ω 方幂的计算：

procedure COMPUTE $W(k,j)$
begin
　(1) $M_{kj}\leftarrow(k-1)(j-1)$
　(2) $X_{kj}\leftarrow\omega$
　(3) $Y_{kj}\leftarrow 1$
　(4) **while** $M_{kj}\neq 0$ **do**
　　(4.1) **if** M_{kj} 是奇数 **then** $Y_{kj}\leftarrow X_{kj}\cdot Y_{kj}$ **end if**

(4.2) $M_{kj} \leftarrow \lfloor M_{kj}/2 \rfloor$

(4.3) $X_{kj} \leftarrow X_{kj}^2$

  end while

end

上述过程的第(1)、(2)和(3)步取常数时间;第(4)步的时间为 $O(\log((k-1)(j-1))) = O(\log n)$。所以整个时间为 $O(\log n)$。实际上,上述的时间还会短些,因为 $\omega^{n/2} = -1, \omega^{j+n/2} = -\omega^j$,所以只需要计算不多于 $n/2$ 个 ω 的方幂。另外,在上述计算过程中,各处理器无须通信,因为可各自独立地计算 ω 的方幂。

14.2.2 SIMD-MT 模型上的 DFT 算法

因为 DFT 运算的各成对数据的地址之间有着特殊的关系,所以某些特定的互连结构(如蝶形结构)特别适合于 DFT 运算。本节讨论树网连接的 SIMD 机器上的 DFT 算法[2]。由于主算法要用到数据**播送**(Broadcast)和**求和**(Summation)两个子过程,所以为了完整起见,先讨论它们。

1. 树网结构上的数据播送算法

本节所讲的树网络结构如图 14.2 所示,其特点是:① 在 $n \times n$ 的树网中,第 k 行连成二叉树,即对于 $j = 1, 2, \cdots, \lfloor n/2 \rfloor$,$P(k,j)$ 直接连向 $P(k,2j)$ 和 $P(k,2j+1)$。当 n 是偶数时,$P(k,2\lfloor n/2 \rfloor+1)$ 不存在;② 在 $n \times n$ 的树网中,第 j 列连成二叉树,即对于 $k = 1, 2, \cdots, \lfloor n/2 \rfloor$,$P(k,j)$ 直接连向 $P(2k,j)$ 和 $P(2k+1,j)$。当 n 是偶数时,$P(2\lfloor n/2 \rfloor+1, j)$ 不存在;③ 在这种结构中,假定第一行处理器负责输入,第一列的处理器负责输出,则 $P(1,j)$ 读入数据 a_j 后,利用二叉列树就可将 a_j 播送到第 j 列的所有处理器中。下面的过程就可实现此功能:

procedure PROPAGATE(a_j)

begin

  for $m = 1$ **to** $\log n$ **do**

    for $k = 2^{m-1}$ **to** $2^m - 1$ **par-do**

      $P(k,j)$ 发送 a_j 到 $P(2k,j)$ 和 $P(2k+1,j)$

    end for

  end for

end

此过程的时间复杂度显然为 $O(\log n)$。

2. 树网结构上的数据求和算法

假定 k 行中的两个处理器包含数据 d_{kj};然后欲将该行中的所有处理器中的内

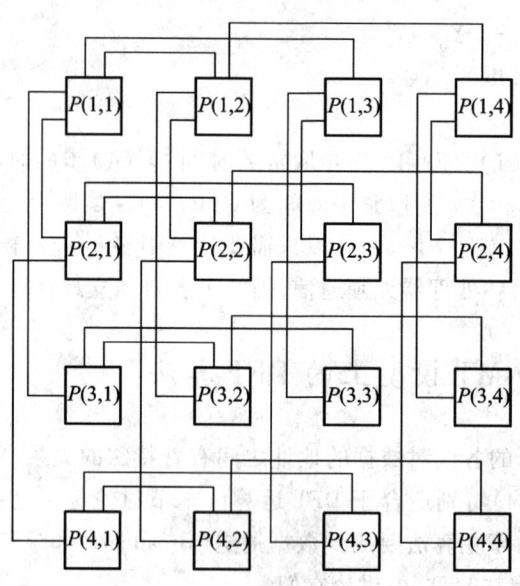

图 14.2　树网连接

容求和;最终由 $P(k,1)$ 输出之。

  procedure $SUM(k)$
  begin
   for $m = \log n$ **down to** 1 **do**
    for $j = 2^{m-1}$ **to** $2^m - 1$ **par-do**
     $d_{kj} \leftarrow d_{k,2j} + d_{k,2j+1}$
    end for
   end for
  end

此过程的运行时间为 $O(\log n)$。

3. 树网结构上的 DFT 算法

算法 14.2　**SIMD-MT 模型上的 DFT 算法**

输入: $A = (a_0, \cdots, a_{n-1})$。
输出: $B = (b_0, \cdots, b_{n-1})$。
begin
 （1）**for** $k = 1$ **to** n **par-do** /* 每个处理器生成 W 的一个元素 */
   for $j = 1$ **to** n **par-do** COMPUTE $W(k,j)$ **end for**
  end for

(2) **for** $j=1$ **to** n **par-do** /*读入序列 A 并将其元素播送到阵列中*/
    (2.1) $P(1,j)$ 接收输入 a_{j-1}
    (2.2) $PROPAGATE(a_{j-1})$
end for
(3) **for** $k=1$ **to** n **par-do**/* $P(k,j)$做乘法 */
    for $j=1$ **to** n **par-do** $d_{kj} \leftarrow Y_{kj} \times a_{j-1}$ **end for**
end for
(4) **for** $k=1$ **to** n **par-do**
    (4.1) $SUM(k)$
    (4.2) $b_{k-1} \leftarrow d_{k1}$
    (4.3) $P(k,1)$产生输出 b_{k-1}
end for
end

例 14.3 $n=4$ 的 DFT 在树网结构上的执行过程如图 14.3 所示。□

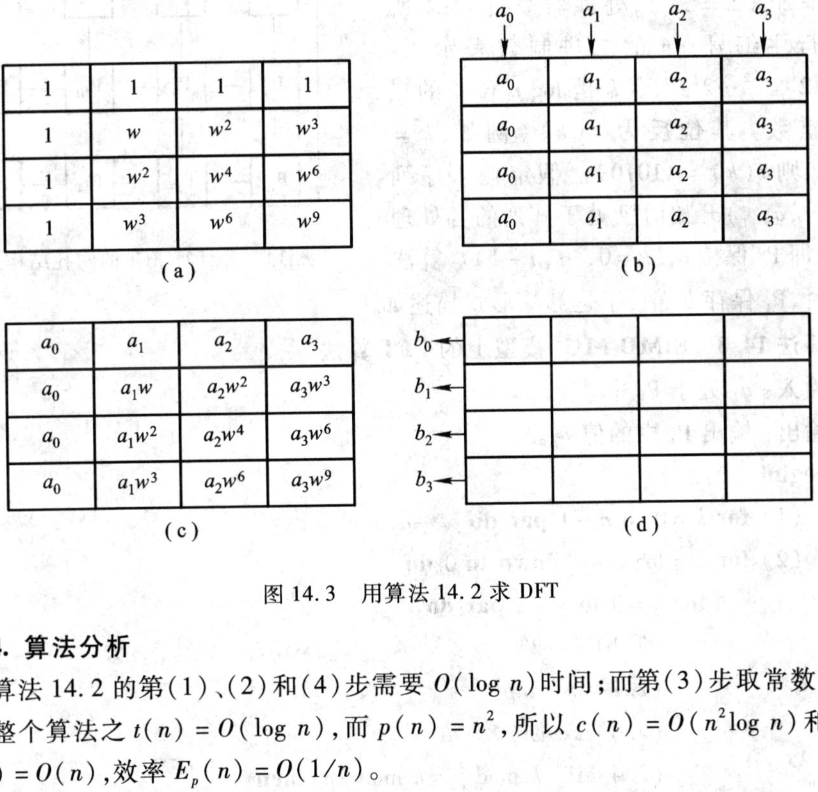

图 14.3 用算法 14.2 求 DFT

4. 算法分析

算法 14.2 的第(1)、(2)和(4)步需要 $O(\log n)$ 时间；而第(3)步取常数时间。因此整个算法之 $t(n)=O(\log n)$，而 $p(n)=n^2$，所以 $c(n)=O(n^2 \log n)$ 和加速 $S_p(n)=O(n)$，效率 $E_p(n)=O(1/n)$。

14.3 并行 FFT 算法

上一节所介绍的树网结构上的 DFT 算法达到了线性加速,但它使用了大量的处理器,所以算法的效率很低。从本节开始,将陆续讨论各种并行计算模型上的并行 FFT 算法,它们都有较高的效率。

14.3.1 SIMD-MC^2 模型上的 FFT 算法

1. 算法描述

本节所要描述的算法,实际上是算法 14.1 在网孔结构上的具体实现。假定 n 个处理器 $P_0, P_1, \cdots, P_{n-1}$ 排成 $\sqrt{n} \times \sqrt{n}$ 的方阵($n = 2^s \times 2^s = 2^{2s}$),处理器按图 14.4 所示的行主编号。$n$ 的二进制数表示为:$2^{\log n - 1} 2^{\log n - 2} \cdots 2^1 2^0$,令 k 是 $\log n$ 位长的二进制整数。其位反为 $r(k)$(例如,$k = 01011$,则 $r(k) = 11010$)。假定输入序列 $(a_0, \cdots, a_{n-1})$ 开始时已处于阵列的各处理器中,即 P_k 保持 a_k($k = 0, \cdots, n-1$)。算法结束时,P_k 保存 b_k 值,于是算法形式描述如下[3]:

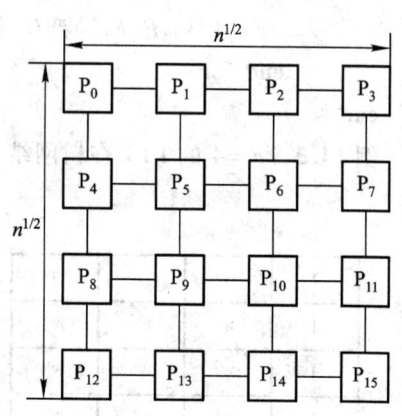

图 14.4 计算 FFT 的网孔结构

算法 14.3 SIMD-MC^2 模型上的 FFT 算法

输入:a_k 处于 P_k 中。
输出:输出 P_k 中的值 b_k。
begin
 (1) **for** $k = 0$ **to** $n - 1$ **par-do** $c_k \leftarrow a_k$ **end for**
 (2) **for** $h = \log n - 1$ **down to** 0 **do**
   for $k = 0$ **to** $n - 1$ **par-do**
    (2.1) $p \leftarrow 2^h$
    (2.2) $q \leftarrow n/p$
    (2.3) $z \leftarrow \omega^p$
    (2.4) **if** ($k \bmod p = k \bmod 2p$) **then**
     (i) $c_k \leftarrow c_k + c_{k+p} \times z^{r(k) \bmod q}$

$$(\text{ii})\ c_{k+p} \leftarrow c_k - c_{k+p} \times z^{r(k) \bmod q}$$
/* c_k 不用(i)计算的新值 */

      end if
     end for
    end for
  (3) **for** $k = 0$ **to** $n - 1$ **par-do** $b_k \leftarrow c_{r(k)}$ **end for**
end

  例 14.4 令 $n = 4$。算法执行第(1)步的结果如图 14.5(a)所示。在算法执行第(2)步的第 1 次迭代($h = 1$)时,计算 $p = 2, q = 2$ 和 $z = \omega^2$,所有满足条件 $k \bmod p = k \bmod 2p$ 的处理器 P_0 和 P_1 同时计算:

$$P_0 : \begin{cases} c_0 = c_0 + (\omega^2)^0 c_2 = a_0 + a_2 \\ c_2 = c_0 - (\omega^2)^0 c_2 = a_0 - a_2 \end{cases}$$

$$P_1 : \begin{cases} c_1 = c_1 + (\omega^2)^0 c_3 = a_1 + a_3 \\ c_3 = c_1 - (\omega^2)^0 c_3 = a_1 - a_3 \end{cases}$$

其结果示于图 14.5(b)。在算法执行第(2)步的第 2 次迭代($h = 0$)时,计算 $p = 1$, $q = 4$ 和 $z = \omega$,所有满足条件 $k \bmod p = k \bmod 2p$ 的处理器 P_0 和 P_2 同时计算:

$$P_0 : \begin{cases} c_0 = c_0 + \omega^0 c_1 = (a_0 + a_2) + (a_1 + a_3) \\ c_1 = c_0 - \omega^0 c_1 = (a_0 + a_2) - (a_1 + a_3) \end{cases}$$

$$P_2 : \begin{cases} c_2 = c_2 + \omega^1 c_3 = (a_0 - a_2) + (a_1 - a_3)\omega \\ c_3 = c_2 - \omega^1 c_3 = (a_0 - a_2) - (a_1 - a_3)\omega \end{cases}$$

算法执行第(3)步时,$b_0 = c_0, b_1 = c_2, b_2 = c_1$ 和 $b_3 = c_3$。因此最后得

$$b_0 = (a_0 + a_2) + (a_1 + a_3)$$
$$b_2 = (a_0 + a_2) - (a_1 + a_3)$$
$$b_1 = (a_0 - a_2) + (a_1 - a_3)\omega$$
$$b_3 = (a_0 - a_2) - (a_1 - a_3)\omega \ \square$$

2. 算法分析

  算法的第(1)步是为了保存输入序列而将其复制到 c 寄存器中,这种操作是局部的,且取常数时间,无须选路;算法的第(2)步既需要计算又需要选路;算法的第(3)步只需要选路。下面分析这两类操作的时间:

  ① 计算时间 t_c:算法的第(2)步中包含了 +、-、×、÷ 和指数运算。其中最费时间的是指数操作。根据 Procedure *COMPUTE W* 的分析,可知其时间复杂度为 $t_c = O(\log n)$。

  ② 选路时间 t_r:选路主要发生在算法的第(2.4)步和第(3)步。在第(2.4)步

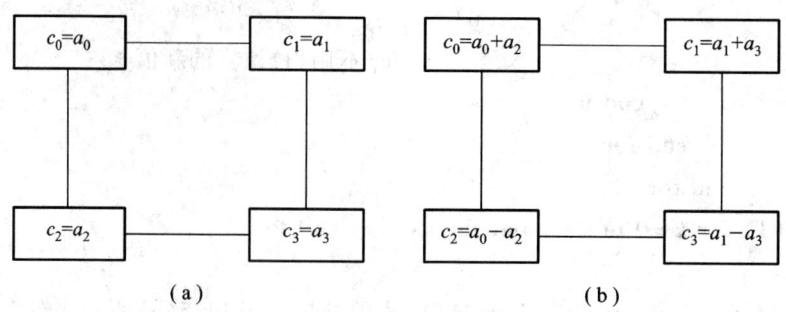

图 14.5 在网孔上计算 4 点的 FFT

时,如果 $k \bmod p = k \bmod 2p$,则 P_k 需要接收来自 P_{k+p} 中的 c_{k+p}(为了修改 c_k 和 c_{k+p}),然后再将 c_{k+p} 返回给 P_{k+p}。此选路所需的时间与 h 的值有关:当 $h=0, p=1$ 时,通信只发生在同行中那些下标差 1 的处理器之间,所以选路步距为 1;当 $h=1$, $p=2$ 时,通信只发生在同行中那些下标差 2 的处理器之间,所以选路步距为 2;按此推知,当 $h=\log n - 1, p=n/2$ 时,通信只发生在同列中那些下标差 $\frac{\sqrt{n}}{2}$ 的处理器之间,所以选路步距为 $\sqrt{n}/2$。一般而言,对于 $p=2^h$,当 $h=2s-1, 2s-2, \cdots, 0$ 时,其选路步距为 $2^{h \bmod s}$。所以算法第(2)步的总的选路步距为:$2(1+2+4+\cdots+2^{s-1})$ $= 2(2^s - 1) = O(\sqrt{n})$。在第(3)步时,通信发生在 P_k 和 $P_{r(k)}$ 之间,最远路程是两个对角处的处理器 P_{2^s-1} 和 $P_{2^s(2^s-1)}$ 之间,所以选路步距为 $2(2^s-1) = O(\sqrt{n})$。如果一个步距所需的时间为一个单位时间,则算法 14.3 的总选路时间 $t_r = O(n^{1/2})$。

当 n 充分大时,算法的选路时间占主导地位。所以算法 14.3 的时间 $t(n) = O(n^{1/2})$,而 $p(n) = n$,因而成本 $c(n) = O(n^{3/2})$,加速 $S_p(n) = O(n^{1/2} \log n)$,效率 $E_p(n) = O(\log n / n^{1/2})$。它和算法 14.2 相比,其速度慢些、加速小点,但处理器的效率却高些。而且网孔结构的布局比树网简单和规整,同时网孔中连线的长度不变。这些特点都易于 VLSI 化。

14.3.2 SIMD-BF 模型上的 FFT 算法

1. 在蝶形网络上计算系数矩阵 W

已如前述,在蝶形网络 BF 中,$(k+1)2^k$ 个节点布局成 $(k+1)$ 行,每行有 $n = 2^k$ 个节点。令数偶 (r, i) $(0 \leq i \leq n-1, 0 \leq r \leq k)$ 表示第 r 行和第 i 列的坐标;$exp(r, i)$ 表示在蝶形网络中坐标点 (r, i) 处的 ω 之指数(幂),它等于字长为 k 的整数 j,即 $exp(r, i) = j$,使得如果 i 的二进制表示为 $a_1 \cdots a_k$,则 j 的二进制表示为

$a_r a_{r-1} \cdots a_1 00 \cdots 0$。也就是说,将 i 的前 r 位取位反(即倒序),后面其余的位补零就可以得到 j。例如,$exp(r,i) = exp(3,3) = j = 6$(因为 $i = 011$,其前 3 位取位反后为 110,即为 6)和 $exp(2,7) = j = 6$(因为 $i = 111$ 的前 2 位取位反后为 11,其后再补一个零后为 110,即为 6)。所以在蝶形网络中,做 FFT 计算时,可将 $\omega^{exp(r,i)}$ 想象为 $P(r,i)$ 中所保留的系数。图 14.6 为 $n=8$ 的蝶形网络与相应的系数矩阵 W 的分布情况。

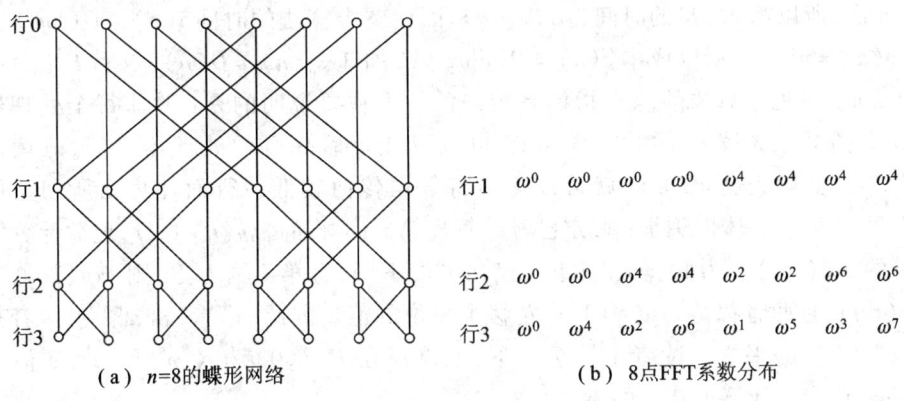

图 14.6 在蝶形网络上计算系数矩阵 W

2. BF 网络上的 FFT 算法[4]

假定系数 $\omega^{exp(r,i)}$ 已按图 14.6 方式分布在网络的各处理器 $P(r,i)$ 中;开始时,序列 $(a_0,\cdots,a_{n-1})$ 并行地由第 0 行分别读入各处理器中,即 $d_{0i} = a_i$;然后在网络中逐行计算 d_{ri} 之值;最终 d_{ki} 就是 b_j,而 $j = exp(k,i)$,即 i 和 j 的二进制位互为位反(Bit Reverse)。

算法 14.4 SIMD-BF 模型上的 FFT 算法

输入: $A = (a_0,\cdots,a_{n-1})$。
输出: B 的元素 $b_j = d_{ki}$。
begin
  (1) **for** $i = 0$ **to** $n-1$ **par-do** /* 读入序列 A */
      $d_{0i} \leftarrow a_i$
    end for
  (2) **for** $r = 1$ **to** k **do**
      for 所有仅第 r 位不同且 i 在第 r 位 $=0$ 的每对 (i,j) **par-do**
        (2.1) $d_{ri} \leftarrow d_{r-1,i} + \omega^{exp(r,i)} d_{r-1,j}$
        (2.2) $d_{rj} \leftarrow d_{r-1,i} + \omega^{exp(r,j)} d_{r-1,j}$
      end for
    end for

end

3. 算法分析

算法第(1)步为常数时间；第(2.1)步和第(2.2)步的运算时间均为常数(假定 $\omega^{exp(r,i)}$ 已算好)，而选路时间也为常数，因为蝶形网络第 $r-1$ 行和第 r 行之间的连接，正好能满足直接将 $d_{r-1,i}$ 和 $d_{r-1,j}$ 传到 $P(r,i)$ 和 $P(r,j)$。因为第(2)步执行 $\log n$ 次，所以第(2)步的时间为 $O(\log n)$。因而整个算法的时间 $t(n) = O(\log n)$，而 $p(n) = n\log n$，所以成本 $c(n) = O(n\log^2 n)$，加速 $s_p(n) = O(n)$，效率 $E_p(n) = 1/\log n$。可见本算法的综合指标是较好的。现在要说明的是：并非每个处理器 $P(r,i)$ 都要预先读入 $\omega^{exp(r,i)}$。事实上，可以只让最后一行的处理器 $P(k,i)$ 读入 $\omega^{exp(r,i)}$。然后经过 $\log n$ 步就可以逐渐将数据传向较低的行而计算出所期望的 $\omega^{exp(r,i)}$ 之值。具体作法是：假定已经计算出第 $r+1$ 行的 $exp(r+1,i)$，现欲计算第 r 行的 $exp(r,i)$。为此，如果 i 和 j 仅在 r 位不同，且第 i 位为零，则 $exp(r,i) = exp(r,j)$，且两者都是 $exp(r+1,i)$ 左移了一位的值。因此 $\omega^{exp(r,i)}$ 和 $\omega^{exp(r,j)}$ 两者都是 $\omega^{exp(r+1,i)}$ 的平方。读者不妨想一下，如果只在 $P(k,0)$ 读入 ω^0 和 ω^1，如何在 $O(\log n)$ 步内计算出其余的 $\omega^{exp(r,i)}$？

*14.3.3 SIMD-PS 模型上的 FFT 计算

为了让读者能了解计算 FFT 的诸多方式，本节介绍一种在均匀洗牌连接的 SIMD 机器上最直接实现的 FFT 的计算方法[5]，而下一节将介绍在立方连接的 SIMD 机器上用递归的方式计算 FFT。

1. 计算原理

为了表达方便，本节的元素下标 j 均写成 $B(j)$ 的形式，所以式(14.1)就变成如下形式：

$$B(j) = \sum_{k=0}^{n} A(k)\omega^{jk}, \quad j = 0,1,\cdots,n-1 \tag{14.4}$$

令 $n = 2^m$，并将下标 j 和 k 表示成如下二进制形式：

$$\left.\begin{array}{l} j = j_{m-1}2^{m-1} + \cdots + j_1 2 + j_0 \\ k = k_{m-1}2^{m-1} + \cdots + k_1 2 + k_0 \end{array}\right\} \tag{14.5}$$

将(14.5)代入(14.4)，则有

$$B(j_{m-1},\cdots,j_0) = \sum_{k_0}\sum_{k_1}\cdots\sum_{k_{m-1}} A(k_{m-1},\cdots,k_0)\omega^{jk} \tag{14.6}$$

其中，$\sum_{k_i}$ 是对二进制数值 0 和 1 求和。

为了计算 $A(k)$ 的傅氏变换，将形成 m 个不同的数组 $C_1, C_2, \cdots, C_m$，其中每个

C_i 都由 $C_{i-1}(i>1)$ 计算而得，而最后一个数组 C_m 就包含了 $B(j)$ 之值，只是元素的下标是倒序的。

各数组 C 可定义如下：

$$C_1(j_0,k_{m-2},\cdots,k_0) = \sum_{k_{m-1}} A(k_{m-1},\cdots,k_0)\omega^{j_0 k_{m-1} 2^{m-1}} \quad (14.7)$$

$$\begin{aligned}
&C_s(j_0,\cdots,j_{s-1},k_{m-s-1},\cdots,k_0) \\
&= \sum_{k_{m-s}} C_{s-1}(j_0,\cdots,j_{s-2},k_{m-s},\cdots,k_0)\omega^{(j_{s-1}2^{s-1}+\cdots+j_0)k_{m-s}2^{m-s}} \\
&\quad (s=2,3,\cdots,m)
\end{aligned} \quad (14.8)$$

注意到，$\omega^{jk_{m-s}} = \omega^{(j_{s-1}\cdot 2^{s-1}+\cdots+j_0)k_{m-s}\cdot 2^{m-s}}$，并根据式(14.6)，所以

$$\begin{aligned}
C_m(j_0,\cdots,j_{m-1}) &= \sum_{k_0}\sum_{k_1}\cdots\sum_{k_{m-1}} A(k_{m-1},\cdots,k_0)\omega^{jk} \\
&= B(j_{m-1},\cdots,j_0)
\end{aligned} \quad (14.9)$$

为了从 C_m 获得 $B(j)$，必须把 j 的二进制表示进行倒序。令 $j' = r(j)$，则

$$B(j) = C_m(j')$$

在式(14.8)中，为了确定 C_{i-1}（或 A）的哪两个元素用于计算 $C_i(j)$，需将 j 展开成二进制形式，且观察 2^{m-i} 的系数。假定取补此系数产生的表示式为 $\hat{j}$，则 $C_{i-1}(\hat{j})$ 和 $C_{i-1}(j)$ 用于计算 $C_i(j)$。

例 14.5 令 $n=8$，则 $m=3$。给定序列 $A(k_2,k_1,k_0)$。试求序列 $B(j_2,j_1,j_0)$。注意在下列计算中，当 $n=8$ 时，$\omega^0=1, \omega^4=-1, \omega^5=-\omega, \omega^6=-\omega^2, \omega^7=-\omega^3$。

① 当 $s=1$ 时，由式(14.7)得：$C_1(j_0,k_1,k_0) = \sum_{k_2} A(k_2,k_1,k_0)\omega^{j_0 k_2 \cdot 2^2}$，所以

$$\begin{aligned}
C_1(0,0,0) &= A(0,0,0)\omega^0 + A(1,0,0)\omega^0 = A(0) + A(4) \\
C_1(0,0,1) &= A(0,0,1)\omega^0 + A(1,0,1)\omega^0 = A(1) + A(5) \\
C_1(0,1,0) &= A(0,1,0)\omega^0 + A(1,1,0)\omega^0 = A(2) + A(6) \\
&\vdots \\
C_1(1,1,0) &= A(0,1,0)\omega^0 + A(1,1,0)\omega^4 = A(2) - A(6) \\
C_1(1,1,1) &= A(0,1,1)\omega^0 + A(1,1,1)\omega^4 = A(3) - A(7)
\end{aligned}$$

② 当 $s=2$ 时，由式(14.8)得 $C_2(j_0,j_1,k_0) = \sum_{k_1} C_1(j_0,k_1,k_0)\omega^{(j_1\cdot 2+j_0)(2k_1)}$

所以

$$\begin{aligned}
C_2(0,0,0) &= C_1(0,0,0)\omega^0 + C_1(0,1,0)\omega^0 \\
&= [A(0)+A(4)] + [A(2)+A(6)] \\
C_2(0,0,1) &= C_1(0,0,1)\omega^0 + C_1(0,1,1)\omega^0 \\
&= [A(1)+A(5)] + [A(3)+A(7)]
\end{aligned}$$

$$\vdots$$
$$C_2(1,1,1) = C_1(1,0,1)\omega^0 + C_1(1,1,1)\omega^6$$
$$= [A(1) - A(5)] - [A(3) - A(7)]\omega^2$$

③ 当 $s = 3$ 时,由式(14.8)得 $C_3(j_0,j_1,j_2) = \sum_{k_0} C_2(j_0,j_1,k_0)\omega^{(4j_2+2j_1+j_0)k_0}$ 所以可得 $C_3(0,0,0) \sim C_3(1,1,1)$。

④ 由式(14.9)得 $B(0,0,0) = C_3(0,0,0), B(0,0,1) = C_3(1,0,0), B(0,1,0) = C_3(0,1,0), B(0,1,1) = C_3(1,1,0), B(1,0,0) = C_3(0,0,1), B(1,0,1) = C_3(1,0,1), B(1,1,0) = C_3(0,1,1)$ 和 $B(1,1,1) = C_3(1,1,1)$。□

2. 在 SIMD-PS 机器上实现 FFT 的计算

上述 FFT 计算的过程和均匀洗牌的性质是一致的。如图 14.7 所示 ($n = 8$),序列 $A(k_2,k_1,k_0)$ 先加到输入寄存器 R 中;经过洗牌方式两两连接到"乘 – 加"(M-A)模块,经过内积运算后,其结果又返回到输入寄存器 R。整个 n 点 FFT 的计算重复下述过程 $\log n$ 次:

(1) 均匀洗牌;
(2) 完成乘 – 加运算;
(3) 返回结果至输入寄存器。

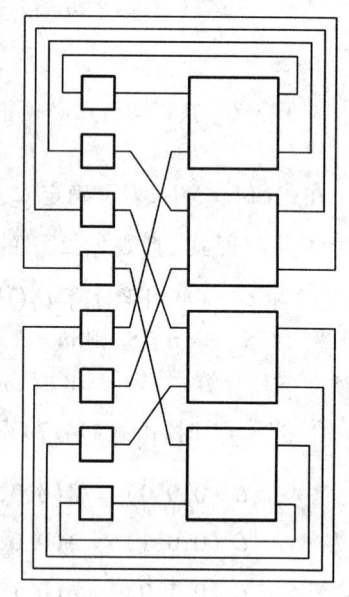

图 14.7 在洗牌网络上实现 FFT 计算

很清楚,图 14.7 的网络,第一次迭代时,下标相差 2^2 的两个数施行乘 – 加运算;第二次迭代时,下标相差 2^1 的两个数施行乘 – 加运算;第三次迭代时,下标相差 2^0 的两个数施行乘 – 加运算。三次迭代后,R 寄存器中的内容就是 $A(k_2,k_1,k_0)$ 的傅氏变换 $B(j_0,j_1,j_2)$。当然变换的结果的元素其下标是倒序的。而洗牌网络本身无法完成此功能。

14.3.4 SIMD-CC 模型上的 FFT 计算

1. 递归计算原理[6]

已如前述,DFT 可以看成式(14.2)所示的矩阵向量相乘,即

$$\begin{pmatrix} b_0 \\ b_1 \\ b_2 \\ \vdots \\ b_{n-1} \end{pmatrix} = \begin{pmatrix} 1 & 1 & 1 & \cdots & 1 \\ 1 & \omega & \omega^2 & \cdots & \omega^{n-1} \\ 1 & \omega^2 & \omega^4 & \cdots & \omega^{2(n-2)} \\ \vdots & \vdots & \vdots & & \vdots \\ 1 & \omega^{n-1} & \omega^{2(n-1)} & \cdots & \omega^{(n-1)(n-1)} \end{pmatrix} \begin{pmatrix} a_0 \\ a_1 \\ a_2 \\ \vdots \\ a_{n-1} \end{pmatrix}$$

令 $n = 2^u$，其中 u 为正整数。若 $n = 2$，则

$$\begin{pmatrix} b_0 \\ b_1 \end{pmatrix} = \begin{pmatrix} 1 & 1 \\ 1 & -1 \end{pmatrix} \begin{pmatrix} a_0 \\ a_1 \end{pmatrix}$$

若 $n = 4 (u = 2)$，因 $\omega^3 = -\omega, \omega^4 = 1, \omega^6 = \omega^2 = -1, \omega^9 = \omega$，则

$$\begin{pmatrix} b_0 \\ b_1 \\ b_2 \\ b_3 \end{pmatrix} = \begin{pmatrix} 1 & 1 & 1 & 1 \\ 1 & \omega & -1 & -\omega \\ 1 & -1 & 1 & -1 \\ 1 & -\omega & -1 & \omega \end{pmatrix} \begin{pmatrix} a_0 \\ a_1 \\ a_2 \\ a_3 \end{pmatrix}$$

将上式左边的向量分量 b_1 和 b_2 对调，此时右边的矩阵的第 2 行和第 3 行亦相应互换，于是

$$\begin{pmatrix} b_0 \\ b_2 \\ b_1 \\ b_3 \end{pmatrix} = \begin{pmatrix} 1 & 1 & 1 & 1 \\ 1 & -1 & 1 & -1 \\ 1 & \omega & -1 & -\omega \\ 1 & -\omega & -1 & \omega \end{pmatrix} \begin{pmatrix} a_0 \\ a_1 \\ a_2 \\ a_3 \end{pmatrix}$$

$$= \begin{pmatrix} 1 & 1 & 0 & 0 \\ 1 & -1 & 0 & 0 \\ 0 & 0 & 1 & 1 \\ 0 & 0 & 1 & -1 \end{pmatrix} \begin{pmatrix} 1 & 0 & 1 & 0 \\ 0 & 1 & 0 & 1 \\ 1 & 0 & -1 & 0 \\ 0 & \omega & 0 & -\omega \end{pmatrix} \begin{pmatrix} a_0 \\ a_1 \\ a_2 \\ a_3 \end{pmatrix}$$

$$= \begin{pmatrix} 1 & 1 & 0 & 0 \\ 1 & -1 & 0 & 0 \\ 0 & 0 & 1 & 1 \\ 0 & 0 & 1 & -1 \end{pmatrix} \begin{pmatrix} a_0 + a_2 \\ a_1 + a_3 \\ a_0 - a_2 \\ (a_1 - a_3)\omega \end{pmatrix}$$

$$= \begin{pmatrix} \begin{pmatrix} 1 & 1 \\ 1 & -1 \end{pmatrix} \begin{pmatrix} a_0 + a_2 \\ a_1 + a_3 \end{pmatrix} \\ \begin{pmatrix} 1 & 1 \\ 1 & -1 \end{pmatrix} \begin{pmatrix} a_0 - a_2 \\ (a_1 - a_3)\omega \end{pmatrix} \end{pmatrix}$$

这样实际上是将原来的 4 点变换转化为两个 2 点的变换。以上事实启发我们

在计算 $2m$ 点变换时,可以将其化为两个 m 点变换来进行。

设在 m 点变换时,是将 $(b_0, b_1, \cdots, b_{m-1})$ 重排为 $(b_{k_0}, b_{k_1}, \cdots, b_{k_{m-1}})$ 来进行变换的。那么在 $2m$ 点变换时,可对 $(b_0, b_1, \cdots, b_{2m-1})$ 做如下重排:

$$b_{2k_0}, b_{2k_1}, \cdots, b_{2k_{m-1}}$$

$$b_{2k_0+1}, b_{2k_1+1}, \cdots, b_{2k_{m-1}+1}$$

设在 m 点变换时使用了公式:

$$\begin{pmatrix} b_{k_0} \\ b_{k_1} \\ \vdots \\ b_{k_{m-1}} \end{pmatrix} = \boldsymbol{B}_m \begin{pmatrix} a_0 \\ a_1 \\ \vdots \\ a_{m-1} \end{pmatrix}$$

则在计算 $2m$ 点变换时使用的公式为

$$\begin{pmatrix} b_{2k_0} \\ b_{2k_1} \\ \vdots \\ b_{2k_{m-1}} \\ b_{2k_0+1} \\ b_{2k_1+1} \\ \vdots \\ b_{2k_{m-1}+1} \end{pmatrix} = \begin{pmatrix} \boldsymbol{B}_m & \boldsymbol{B}_m \\ \boldsymbol{B}_m \boldsymbol{D}_m & -\boldsymbol{B}_m \boldsymbol{D}_m \end{pmatrix} \begin{pmatrix} a_0 \\ a_1 \\ \vdots \\ a_{2m-1} \end{pmatrix}$$

$$= \begin{pmatrix} \boldsymbol{B}_m & 0 \\ 0 & \boldsymbol{B}_m \end{pmatrix} \begin{pmatrix} \boldsymbol{I}_m & \boldsymbol{I}_m \\ \boldsymbol{D}_m & -\boldsymbol{D}_m \end{pmatrix} \begin{pmatrix} a_0 \\ a_1 \\ \vdots \\ a_{2m-1} \end{pmatrix}$$

$$= \begin{pmatrix} \boldsymbol{B}_m \begin{pmatrix} a_0 + a_m \\ a_1 + a_{m+1} \\ \vdots \\ a_{m-1} + a_{2m-1} \end{pmatrix} \\ \boldsymbol{B}_m \begin{pmatrix} a_0 - a_m \\ (a_1 - a_{m+1})\omega \\ \vdots \\ (a_{m-1} - a_{2m-1})\omega^{m-1} \end{pmatrix} \end{pmatrix} \quad (14.10)$$

其中,$\boldsymbol{B}_m$ 为 m 点的 $\boldsymbol{W}$ 矩阵,$\boldsymbol{D}_m$ 为 m 点的 $\boldsymbol{W}$ 对角阵。

可见一个 n 点的 DFT 可由两个 $n/2$ 点的 DFT 递归构造之。类似地,一个 $n/2$ 点的 DFT 可由两个 $n/4$ 点的 DFT 递归构造之。这样的递归过程可一直进行到全部化为 2 点变换为止。它可用图 14.8(a)所示的流程图表示($n=16$)。其中小圆圈表示对输入序列或中间结果序列中的两个元素,施行如图 14.8(b)所示的**蝶形计算**;而小圆点表示各步计算后所得到的新的序列。显然,图 14.8(a)的流程图中的每一计算步上的 8 个(一般为 $n/2$ 个)蝶形计算,可由 8 个处理器(PE)并行完成;而且根据图 14.8(a)中数据排列的规律,容易看出立方连接的 SIMD 机器可以实现 FFT 的并行计算。

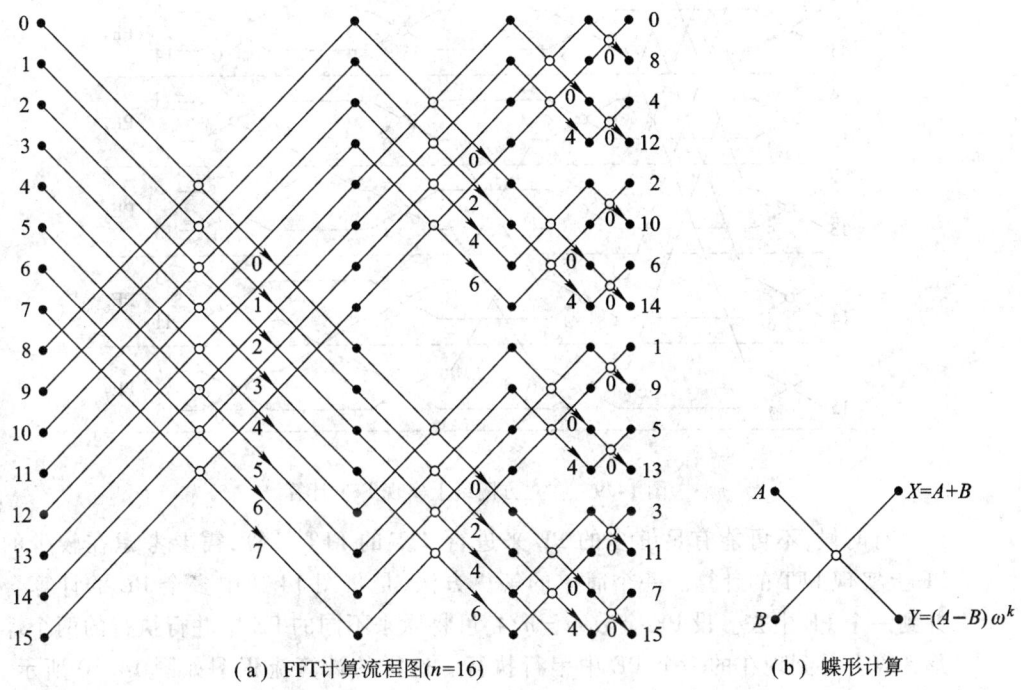

(a) FFT计算流程图($n=16$)　　　　(b) 蝶形计算

图 14.8　FFT 计算流程图

2. 在 SIMD-CC 机器上实现 FFT 的计算[6]

为了计算 n 点 FFT,在立方连接的 SIMD 机器上可以使用 $n/2$ 个处理器(PE)来实现。图 14.9 示出了 $n=16$ 的 FFT 计算过程。开始时,PE_k 存放 a_k 与 $a_{k+n/2}$($0 \leq k < n/2$),然后逐级展开计算。整个计算需要 $\log n$ 步。每一步中,各 PE 实现图 14.8(b)所示的蝶形计算。在图 14.9 中,逐级使用立方连接函数 C_2、C_1 和 C_0 来传递各次蝶形计算结果中的一个数据。在整个计算过程中,有 $\log(n/2)$ 次并行数据传输。由于立方连接正好能满足并行传输数据的要求,所以无须额外的选路时间,假定在蝶形计算步中所包含的一个复数乘法和两个复数加法都用单位时间,

那么整个计算的时间复杂度 $t(n) = O(\log n)$。

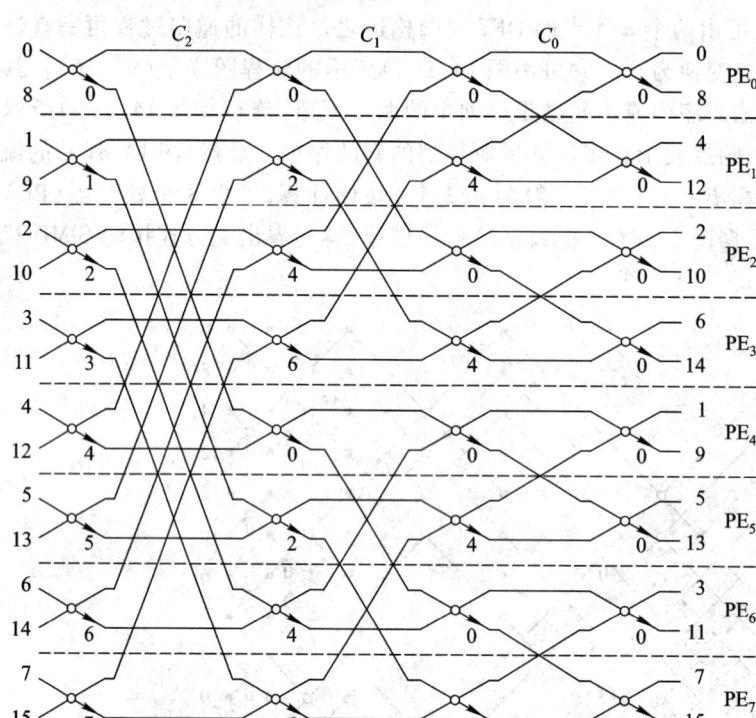

图 14.9　在立方网络上实现 FFT 计算

有时候,不可能有足够多的 PE 来进行 n 点的 FFT 计算,需要考虑在较少的 PE 上实现 FFT 的计算。一个简单的解决方法,是将图 14.9 中多个 PE 的计算合并到一个 PE 中去。设 PE 个数 $m = n/4$,可将原来不同的 PE 中并行执行的两个蝶形计算合并到现在的一个 PE 中串行执行。这样的计算流程图如图 14.10 所示。此时共执行 $2\log n$ 个并行蝶形计算步,而数据传输的次数为 $2(\log n - 2) = 2\log (n/2)$ 次。一般而言,若用 $n/2^k$ 个 PE 来实现 n 元的 FFT($2 \leqslant k \leqslant \log n$)计算,则每一 PE 最初应存入 2^k 个输入元素,要执行 $2^{k-1}\log n$ 个并行蝶形计算步。在立方体中,互连函数 C_i 被重复执行 2^{k-1} 次($0 \leqslant k \leqslant \log n - k - 1$),并行数据传输的次数为 $2^{k-1}(\log n - k)$。

上述的方法也可推广到二维 FFT 并行计算中去[7]。

如前述,对 DFT 的计算,若用一般的方法,则要求进行 $O(n^2)$ 次复数乘法来计算输出序列的 n 个值。由于复数乘法是相当费时的,所以前面所介绍的几种较为复杂的互连结构上的 FFT 计算,将复数乘法的计算量降至 $O(n\log n)$,是非常有意义的。但是,由于 FFT 计算的非局部性,致使只有蝶形网络、均匀洗牌网络、立方

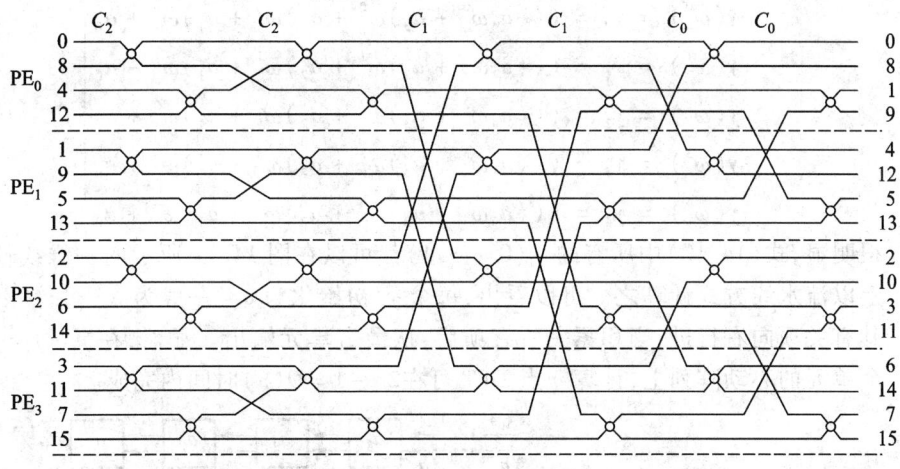

图 14.10 在 4 个 PE 的立方网络上 16 点 FFT 计算

连接网络等才能大大简化数据选路操作。然而这类连线密集的互连网络,给并行计算机体系结构的设计和它们的 VLSI 的实现带来了不少麻烦。下一节,将介绍一种通信结构非常简单的一维心动阵列上的 DFT 计算方法。

*14.3.5 一维心动阵列上的 DFT 计算

前面已经说过,对于式(14.1)的 DFT 计算,可以等于多项式求值:设想有一多项式 $y(x) = \sum_{k=0}^{n-1} a_k x^k$,欲求其在 $x = \omega^j (0 \leq j \leq n-1)$ 处的 $y(x)$ 之值,即 $y(\omega^j) = \sum_{k=0}^{n-1} a_k \omega^{jk}$,显然此式和式(14.1)是完全一样的。

例如,欲计算一个 5 点的 DFT,可以通过计算 $x = \omega^0$、ω^1、ω^2、ω^3 和 ω^4 处的多项式 $y(x = \omega^j) = a_4(\omega^j)^4 + a_3(\omega^j)^3 + a_2(\omega^j)^2 + a_1(\omega^j) + a_0$ 的值而求得,即

$$\left. \begin{aligned} y(\omega^0) &= a_4\omega^0 + a_3\omega^0 + a_2\omega^0 + a_1\omega^0 + a_0 \\ y(\omega^1) &= a_4\omega^4 + a_3\omega^3 + a_2\omega^2 + a_1\omega^1 + a_0 \\ y(\omega^2) &= a_4\omega^8 + a_3\omega^6 + a_2\omega^4 + a_1\omega^2 + a_0 \\ y(\omega^3) &= a_4\omega^{12} + a_3\omega^9 + a_2\omega^6 + a_1\omega^3 + a_0 \\ y(\omega^4) &= a_4\omega^{16} + a_3\omega^{12} + a_2\omega^8 + a_1\omega^4 + a_0 \end{aligned} \right\} \quad (14.11)$$

根据 Horner 规则,式(14.11)可变换为如下的等效形式:

$$\left.\begin{array}{rcl}y(\omega^0) &=& y_0 = (((a_4\omega^0 + a_3)\omega^0 + a_2)\omega^0 + a_1)\omega^0 + a_0 \\ y(\omega^1) &=& y_1 = (((a_4\omega^1 + a_3)\omega^1 + a_2)\omega^1 + a_1)\omega^1 + a_0 \\ y(\omega^2) &=& y_2 = (((a_4\omega^2 + a_3)\omega^2 + a_2)\omega^2 + a_1)\omega^2 + a_0 \\ y(\omega^3) &=& y_3 = (((a_4\omega^3 + a_3)\omega^3 + a_2)\omega^3 + a_1)\omega^3 + a_0 \\ y(\omega^4) &=& y_4 = (((a_4\omega^4 + a_3)\omega^4 + a_2)\omega^4 + a_1)\omega^4 + a_0\end{array}\right\} \quad (14.12)$$

很明显,式(14.12)中所有的 $y_i(0 \leq i \leq 4)$ 都可以在图14.11所示的一维线性阵列上以流水线方式计算之。可以看出,每个 y_i 初始化为 a_4(一般为 a_{n-1}),然后收集其有关项向右行进,当积累完所有项后,从最右单元输出。显然,在 $n-1=O(n)$ 个单元的心动阵列上,计算 n 点DFT可在 $2n-1=O(n)$ 时间内完成。

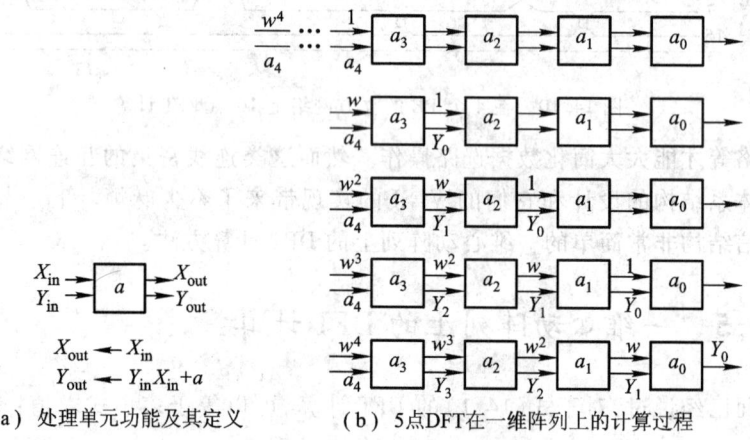

(a) 处理单元功能及其定义　　(b) 5点DFT在一维阵列上的计算过程

图 14.11　一维心动阵列上的 DFT 计算

若在 k 个处理单元的一维心动阵列中计算 n 点 DFT($k \leq n$),那么时间复杂度为 $O(n\log n/\log k)$,这就意味着比串行的 FFT 算法加速了 $O(\log k)$ 倍。一般使用 k 点的洗牌交换网络计算 n 点 DFT 时所需时间为 $O(n\log n/k)$,而洗牌交换网络的布局面积 $A=O(k^2/\log^{3/2} k)$(参见第十九章),但使用 $k/\log k$ 个线性心动阵列(每个阵列有 k 个处理单元)也可达到同样的性能,而总的芯片面积几乎一样,但通信互连结构和 VLSI 布局却相当简单。

*14.4　心动阵列上的卷积与滤波计算

卷积和滤波是**数字信号处理**(Digital Signal Processing)中常用的基本运算,而这些运算中大部分都是内积步的计算,它们在图像处理中也有很重要的作用,如在图像的增强、平滑、恢复、抑制噪声等各种处理中,都要使用不同性质的**滤波计**

算(Filter Computation)[8]。

14.4.1 一维卷积在线性阵列上的实现

卷积(Convolution)在数学上可定义如下：给定权系数$(w_1, w_2, \cdots, w_k)$和输入序列$(x_1, x_2, \cdots, x_n)$，按下式计算序列$(y_1, y_2, \cdots, y_{n-k+1})$

$$y_i = \sum_{j}^{k} w_j x_{i+j-1} = w_1 x_i + w_2 x_{i+1} + \cdots + w_k x_{i+k-1} \qquad (14.13)$$

当卷积用于数字滤波时，(x_i)表示被处理的输入信号序列，而(w_i)表示数字滤波处理中的冲激响应函数。式(14.13)可以表示成下述递推形式

$$\left.\begin{aligned} y_i^0 &= 0 \\ y_i^j &= y_i^{j-1} + w_j \cdot x_{i+j-1}, \quad j = 1, \cdots, k \\ y_i &= y_i^k \end{aligned}\right\} \qquad (14.14)$$

根据对输入数据x的不同传输方式，一维卷积的计算，在线性心动阵列上有不同的实现方式(假定$k=3$)：

① 播送输入，权在阵列中不流动，输出结果流动(图14.12(a))；
② 播送输入，输出结果在阵列中不流动，权流动(图14.12(b))；
③ 输出结果在阵列中不流动，输入和权以相反方向流动(图14.12(c))；
④ 输出结果在阵列中不流动，输入和权以不同速度同向流动(图14.12(d))；
⑤ 权在阵列中不流动，输入和结果以相反方向流动(图14.12(e))；
⑥ 权在阵列中不流动，输入和结果以不同速度同向流动(图14.12(f))；
⑦ 扇入结果，输入流动，权在阵列中不流动(图14.12(g))。

对于以上各种实现卷积的阵列，在输入数据的长度与权序列长度均为n时，则PE数与计算时间皆为$O(n)$，所以$AT^2 = O(n^3)$。

卷积问题可以视为是将x与w两个数据流，用规定的方式进行组合、计算而得到结果y流的问题。这种计算结构代表了一类计算问题，其中包括模式匹配、相关、多项式相乘等等。**一维卷积**(One-Dimention Convolution)的各种阵列的设计思想，为此类问题提供了心动阵列方法。例如将卷积心动阵列中的加法和乘法运算分别代之以布尔乘积和比较运算，就可得到模式匹配的心动阵列。

在数字图像处理中，对图像的分析与处理经常要进行**二维卷积**(Two-Dimention Convolution)。二维卷积使用一个$k \times k$的窗口在图像g上移动，窗口$k \times k$权植取不同的数值时，卷积处理可以达到不同的效果。和一维卷积一样，二维卷积的计算也具有规则性，同样适合于在心动阵列上并行计算[8]。

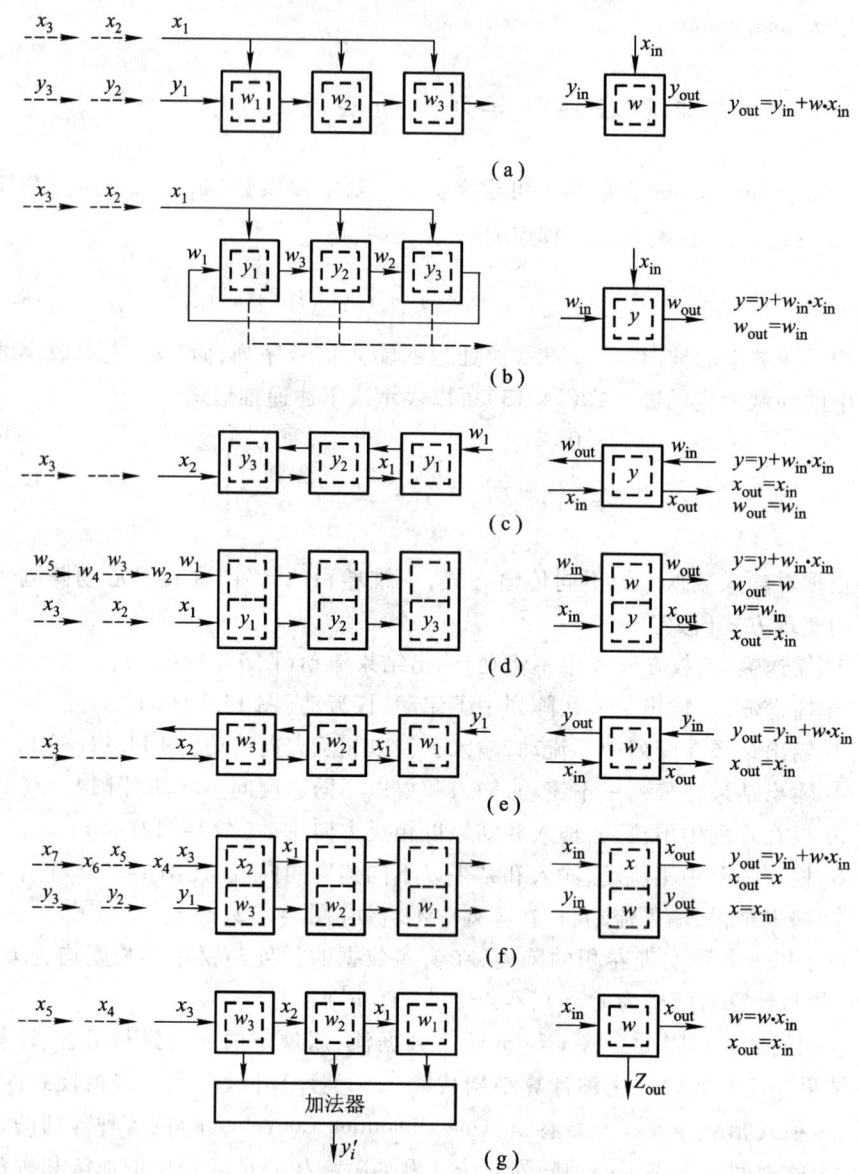

图 14.12 一维卷积在线性心动阵列上的实现

14.4.2 无限冲激滤波在线性阵列上的实现

一般而言,凡是能将某些输入序列进行处理,使其能具有某些预定性质的一个设备,甚至一种算法都统称之为**滤波器**(Filter)。许多数字信号处理问题都要求高速滤波能力。在图像处理中,也常常要求使用不同性质的滤波计算。本节主要介绍**无限冲激响应**(Infinite Impulse Response,IIR)滤波器的阵列计算方法。

从数学上讲,滤波问题可定义如下:给定权系数$(w_1,w_2,\cdots,w_k)$、$(r_1,r_2,\cdots,r_h)$、初始值$(y_{-h+1},\cdots,y_{-1},y_0)$以及输入序列$(x_1,x_2,\cdots,x_n)$。计算输出序列$(y_1,y_2,\cdots,y_{n+k-1})$,使得

$$y_i = \sum_{j=1}^{k} w_j x_{i+j-1} + \sum_{j=1}^{h} r_j y_{i-j} \tag{14.15}$$

如果$h=0$,则此问题称为**有限冲激响应**(Finite Impulse Response,FIR),否则称为**无限冲激响应**。显然,FIR 滤波在数学上等同于卷积。IIR 与 FIR 的计算不同之处在于y_i的计算公式中的一部分权值$r_1,r_2,\cdots,r_k$所乘的不是输入值x,而是前面计算出来的y值的反馈。因此,IIR 的计算也可使用线性心动阵列实现。但是,在y从阵列输出后,尚要再次反馈至阵列中重新参与后面的y值的计算。因此,若将卷积问题的阵列加上y的反馈线路并进行适当的修改,就可得到 IIR 滤波的阵列。

设$h=2,k=3$,将图 14.12(e)的卷积阵列中三个 PE 存入w值,让x值也输入到这三个 PE;同时令其右边的两个 PE 存入r值,而反馈的y值也输入到这两个 PE。这样就得到了如图 14.13 所示的 IIR 一维阵列。

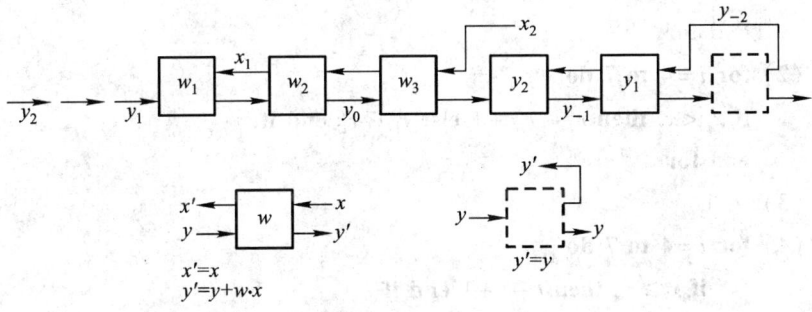

图 14.13　计算 IIR 的一维阵列

当输入数据的长度为n,权系数的总长度亦为n时,则上述阵列的时间和空间复杂度均为$O(n)$,所以$AT^2 = O(n^3)$。

14.4.3　中值滤波在线性阵列上的实现

中值滤波(Median Filter)在图像处理中常常用来抑制图像噪声,以防图形边缘模糊。一维形式的中值滤波是取一移动窗口,令其在图形中从左至右、从上至下逐步移动。它包含奇数个像素。窗口每移动一次,用其中的像素的中间值作为输出。例如,窗口长度为 5,如其覆盖的像素为 0、3、4、2、7,则它的输出为 3。

常规的中值滤波算法,使窗口每移动一次,要进行一次像素值比较大小的排序操作。若输入序列长度为 m,窗口长度为 n,则每个窗口排序需要 $O(n^2)$ 时间,而整个计算需要 $O(mn^2)$ 时间,这样的处理时间显得过长。为此可以给窗口内的各像素一个反映其大小的序号。这样,当窗口向右移动一个像素位置时,窗口里除了减少一个和增加一个像素外,其余则都是原窗口就有的,而它们在原来窗口中的序号仍然反映了它们之间的大小关系。在计算新窗口的序号时,应在原有序号的基础上加以修改。例如,设前一窗口 $w_7 = [x_3, x_4, x_5, x_6, x_7]$,而新窗口 $w_8 = [x_4, x_5, x_6, x_7, x_8]$。设像素 x_i 在窗口 x_7 中的序号为 $r_{i7}(i = 3, 4, 5, 6, 7)$,则 x_4、x_5、x_6、x_7 在 w_8 中的序号 r_{i8} 与 r_{i7} 有关,可以通过 r_{i7} 与 x_3、x_8 计算出来。由 $r_{i7}(i = 3, 4, 5, 6, 7)$ 求 $r_{i8}(i = 4, 5, 6, 7, 8)$ 可以使用如下的算法:

算法 14.5 一维心动阵列上中值滤波修改窗口中像素序号算法

输入:$r_{i7}(i = 3 \sim 7)$。

输出:$r_{i8}(i = 4 \sim 8)$。

begin

    (1) for $i = 4$ to 7 do

        if $x_i \leqslant x_3$ then $r'_{i7} \leftarrow r_{i7} - 1$ else $r'_{i7} \leftarrow r_{i7}$ end if

    end for

    (2) for $i = 4$ to 7 do

        if $x_i < x_8$ then $r_{i8} \leftarrow r'_{i7} + 1$ else $r_{i8} \leftarrow r'_{i7}$ end if

    end for

    (3) $t \leftarrow 1$

    (4) for $i = 4$ to 7 do

        if $x_i \geqslant x_8$ then $t \leftarrow t + 1$ end if

    end for

    (5) $r_{88} \leftarrow t$

end

利用此算法,处理一个窗口需 $O(n)$ 时间。整个计算需要 $O(mn)$ 时间。

对所有窗口,利用上述算法计算序号的过程可以在图 14.14 所示的线性阵列上流水线式的进行[9](设窗口长度 $n = 5$)。其中圆形 PE 输出结果,方形 PE 按图 14.14(b)所示的功能进行操作。阵列中共有 $n - 1$ 个方形 PE,其间有三层连线,用以传输 x_i 及其序号 r_{ij} 的值。每一个 x_i 首先由最右边上层的端口输入阵列;然后沿上层连线自右而左传送;到达最左边的圆形 PE 以后,改变方向,沿下层连线自左而右传送;最后通过最右端缓冲器(图(a)中的虚方框)后,改为沿中层连线自右而左传送;最终的结果由最左端的圆形 PE 输出。

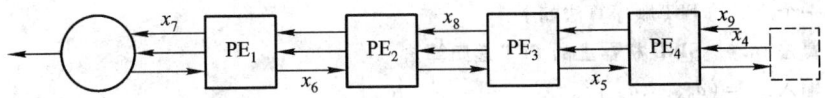

(a) 中值滤波的线性阵列

```
if x_{i-j} ≤ x_{i-5}
then r'_{i-j,i-1} = r_{i-j,i-1} - 1
else r'_{i-j,i-1} = r_{i-j,i-1}
end if
if x_{i-j} < x_i
then r_{i-j,i} = r'_{i-j,i-1} + 1
else begin  r_{i-j,i} = r'_{i-j,i-1};
            r_{ii} = r_{ii} + 1
      end
end if
```

(b) 阵列的PE操作功能

图 14.14 中值滤波在线性阵列上的实现

当 x_i 的值行进于上层连线时,其作用相当于窗口 w_i 中的最新插入的元素,它沿途与下层连线传送的 w_i 中的其余元素 x_{i-4}、x_{i-3}、x_{i-2}、x_{i-1} 相遇,实现算法第(3)到第(5)步的计算,从而得到 r_{ij} 值;当 x_i 的值倒向后行进于下层连线时,它作为窗口 w_{i+1}、w_{i+2}、w_{i+3}、w_{i+4} 的元素,分别在 PE_1、PE_2、PE_3、PE_4 中与上层的 x_{i+1}、x_{i+2}、x_{i+3}、x_{i+4} 及中层的 x_{i-4}、x_{i-3}、x_{i-2}、x_{i-1} 相遇,实现算法第(1)步和第(2)步的计算,从而产生 $r_{i,i+1}$、$r_{i,i+2}$、$r_{i,i+3}$、$r_{i,i+4}$;当 x_i 抵达最右的缓冲器时,倒向后自右而左行进,从此,它成为送出窗口 w_{i+4} 的元素,沿途分别遇到由下层连线送来的新窗口 w_{i+5} 中的 x_{i+1}、x_{i+2}、x_{i+3}、x_{i+4},施行对 $r_{i+1,i+5}$、$r_{i+2,i+5}$、$r_{i+3,i+5}$、$r_{i+4,i+5}$ 的计算。最后,当 x_i 和它在各窗口的序号传送至圆形 PE 时,若某个 $r_{ij} = 3 (j = i, i+1, \cdots, i+4)$,则将 x_i 作为输出序列中的第 j 个元素送出阵列。

设输入序列长度为 m,窗口长度为 n,在阵列计算时,则需要 n 个 PE,花费 $O(m)$ 的时间,所以 $AT^2 = O(m^2 n)$。

习 题

14.1 给定 $A = (a_0, a_1, a_2, a_3)$:

(a) 使用算法 14.1 计算 A 之傅氏变换;

(b) 画出 4 点 FFT 蝶状计算流程图。

14.2 一个递归的 FFT 顺序算法如下：

算法 14.6 **SISD 机器上的 FFT 递归算法**

输入：$A = (a_0, \cdots, a_{n-1})$。

输出：$B = (b_0, \cdots, b_{n-1})$。

Procedure SEQUENTIAL FFT(A, B)

begin

 if $n = 1$ **then** $b_0 \leftarrow a_0$

  else (1) SEQUENTIAL FFT$(a_0, a_2, \cdots, a_{n-2}, u_0, u_1, \cdots, u_{(n/2)-1})$

    (2) SEQUENTIAL FFT$(a_1, a_3, \cdots, a_{n-1}, v_0, v_1, \cdots, v_{(n/2)-1})$

    (3) $z \leftarrow 1$

    (4) **for** $j = 0$ **to** $n - 1$ **do**

      (4.1) $b_j \leftarrow u_{j \bmod (n/2)} + z(v_{j \bmod (n/2)})$

      (4.2) $z \leftarrow z \times \omega$

    end for

 end if

end

(a) 分析此算法的复杂度；

(b) 使用此算法计算一个 8 点 FFT 变换，并画出相应的 8 点 FFT 蝶状计算流程图。

14.3 参照算法 14.1，设计一个在单处理机上时间为 $O(n\log n)$ 的离散的逆傅氏变换算法。

14.4 试在 4×4 的阵列上，使用 16 个处理器，按照 Procedure COMPUTE 计算出 4 点 FFT 的系数矩阵 W。

14.5 令 $n = 8 = 2^k (k = 3)$，在蝶形网络上，按照 $exp(r, i) = j (0 \leq i \leq n-1, 0 \leq r \leq k)$ 的公式，计算 8 点 FFT 的系数矩阵 W。

14.6 根据对算法 14.3 的选路时间的分析，试设计一个相应的选路算法。

14.7 试修改算法 14.3，使之适应于处理器数 $N < n$ 的情况。

14.8 根据算法 14.4 的分析，假定只在 $P(k, 0)$ 读入 ω^0 和 ω^1，如何在 $O(\log n)$ 时间内计算出其余的 $\omega^{exp(r,i)}$。注意，$\omega^{exp(k,i)}$ 必须出现在处理器 $P(k, i)$ 位置上。

14.9 (a) 完成例 14.5 中尚未列出的全部计算步；

(b) 画出 8 点 FFT 蝶状计算流程图。

14.10 根据第 14.3.3 节关于 SIMD-PS 模型上实现 FFT 计算的讨论：

(a) 给出该模型上 8 点 FFT 计算的过程；

(b) 给出 SIMD-PS 模型上 FFT 算法的形式描述。

14.11 根据第 14.3.4 节关于 SIMD-CC 模型上实现 FFT 计算的讨论：

(a) 给出该模型上 8 点 FFT 计算的过程；

(b) 给出 SIMD-CC 模型上 FFT 算法的形式描述。

14.12 试设计一个 SIMD-CCC 模型上计算 n 点 FFT 算法。

14.13 在数字图像处理中，经常要进行二维卷积计算。二维卷积使用一个 $k \times k$ 的窗口在图像

g 上移动，窗口的 $k \times k$ 个权值取不同的数值时，卷积处理可以达到不同的效果。假定图像 g 用一个 $n \times n$ 的方阵 X 表示，而窗口 W 用一个 $k \times k$ 的方阵 W 表示（$n > k$）：

$$X = \begin{pmatrix} x_{11} & x_{12} & x_{13} & \cdots \\ x_{21} & x_{22} & x_{23} & \\ \vdots & \vdots & \vdots & \\ x_{n1} & x_{n2} & x_{n3} & \cdots \end{pmatrix}$$

w_{11}	w_{12}	w_{13}
w_{21}	w_{22}	w_{23}
w_{31}	w_{32}	w_{33}

这样，在卷积计算中，让窗口 w 沿 X 阵逐行移动。对于窗口的每一位置，将 X 中像素乘上窗口上相应位置上的权系数后，求和就可得到窗口在该位置上的结果值。设窗口覆盖范围左上角位置的像素为 x_{rs}，则此结果值记为 y_{rs}，即

$$y_{rs} = \sum_{i=1}^{3} \sum_{j=1}^{3} w_{ij} x_{r+i-1, s+j-1} \quad (r, s = 1, 2, \cdots, n-2)$$

根据上述原理，如何使用多个一维卷积阵列来完成二维卷积的计算？

参考文献

[1] Cooley J W, Tukey T W. An algorithm for the machine calculation of complex Fourier series. Mathematics of computation, 1965, 19(90): 297-301.

[2] Thompson C D. Fourier transforms in VLSI. IEEE Trans. on Computers, 1983, C-32(11): 1047-1057.

[3] Thompson C D. A complexity theory for VLSI. PhD thesis. Computer Science Department, CMU, Pittsburgh, 1980.

[4] Ullman J D. Computational aspects of VLSI. [S. l.]: Computer Science Press, 1984.

[5] Stone H S. Parallel processing with the perfect shuffle. IEEE Trans. on Computers, 1971, C-20(2): 153-161.

[6] 陈国良，陈崚. VLSI 计算理论与并行算法. 合肥：中国科学技术大学出版社，1991.

[7] 黄铠，布里格斯. 计算机结构与并行处理. 金兰等译. 北京：科学出版社，1991.

[8] Kung H T. Why systolic architectures? Computer, 1982, 15(1): 37-46.

[9] Kung S Y. VLSI array processors. [S. l.]: Prentice-Hall, 1988.

[10] 陈国良. 并行计算——结构·算法·编程. 北京：高等教育出版社，1999（第一版），2003（第二版）.

第十五章 图论算法

内容提要 图是由顶点和边组成,用它所表示的问题就是所谓图论问题。图论在计算机科学、信息科学、人工智能、网络理论、系统工程、运筹学、控制论、经济管理等领域有着广泛的应用。但很多图论问题虽易表达,却难以求解。已经证明有相当多的图论问题都是NP-完全的。随着VLSI技术的发展和并行计算机的出现,为人们快速求解图论问题提供了一条新的途径。运用多处理机系统来求解图论问题,在科学和工程应用中发挥了重要的作用。本章主要介绍一些基本图论问题的并行算法:15.1节简要讨论图的并行搜索算法;15.2节讨论了图的传递闭包算法;15.3节较详细地讨论了图的连通分量算法;15.4节讨论了图的最短路径算法;15.5节讨论了图的最小生成树算法;15.6节讨论了某些特殊图的着色算法。图论算法十分丰富。读者如欲进一步学习和研究请参阅文献[1]。

讲授要点 ① 图论算法分类及其常用的数据结构:简单图问题(闭包、连通分量、最短路径、最小生成树等)和复杂图问题(独立集、着色、欧拉回路、TSP等)算法;链表数据结构和邻接矩阵数据结构。② 数值矩阵乘法在图论算法中的应用:用布尔矩阵乘求传递闭包(例15.2);用矩阵乘求连通分量(算法15.1);用矩阵乘法求所有点对间的最短路径(算法15.7)。③ 图的传递闭包算法:SIMD-CC上求传递闭包(算法15.1);二维心动阵列上的传递闭包算法15.2及其正确性证明。④ 图的连通分量算法:SIMD-CC上图的连通分量算法15.3;SIMD-SM上著名的Hirschberg顶点倒塌法求连通分量(算法15.4)。⑤ 图的最短路径算法:SIMD-CC上所有点对间最短路径算法15.7。⑥ Bently心动树机上求最小生成树可任选讲授。

15.1 图的并行搜索

搜索是解决图论问题的一种基本技术,它是许多图论算法的基础。传统的搜索技术有**深度优先搜索**(Depth First Search,DFS)和**宽度优先搜索**(Breadth First Search,BFS)。前者具有内在的顺序性,不适合并行计算。因此引入了 **p-深度优先搜索**、**p-宽深优先搜索**(p-Breadth and Depth First Search)和 **p-宽度优先搜索**[2]。

约定:n 表示图 $G(V,E)$ 的顶点数,m 为边数,d_i 为顶点 $i \in V$ 的度,p 为处理器数。

在计算机中,表示图 $G(V,E)$ 所使用的数据结构,通常有**邻接矩阵**(Neighbour Matrix)和**邻接表**(Neighbour Table)。但在表示搜索图的一条边时采用邻接表更方便。在并行环境下,通常设有主表和子表。为了快速搜索,其一般方法是:① 开始时,令主表为空,从图中任取一顶点作为搜索起始点,并将其置入主表中;② 在任一搜索过程中,各处理器先将各自的子表置空,然后从主表中选择一个待搜索的顶点,检查与该顶点关联的一条或几条边:若该边连接着一个未被搜索的顶点,则就将其置入该处理器的子表中。各子表中存放着将要并入主表的一些顶点,在某一时间间隔,把各处理器产生的子表链接在一起并入主表中。

假定消耗时间的操作有顶点选择、表链接和并入,且假定选择一个顶点只能涉及一种操作,则对于顺序算法而言,仅有一个主表,每检查一条关联边至多只有一个未搜索顶点加入主表中。这样,搜索一个图的顺序算法的时间上界为

$$T_s = \sum_{i=1}^{n}(d_i + 1) = 2m + n$$

因为顶点 i 只能加入子表一次,而 d_i 是从待选顶点 i 要搜索的最大次数。

15.1.1 p-深度优先搜索

在 p-深度优先搜索算法中,主表是一个**栈**(Stack)。一旦从主表中选择了一个待搜索的顶点 i,则与它相关联的至多 p 条边将同时进行检查,每个处理器将所发现的未被搜索过的顶点置入自己的子表中,然后将这些子表链接起来并入主表中。下一次选择的待搜索的顶点是最新近搜索过的一个顶点。若待搜索的顶点所有关联的边均已被检查过,则从主表中删除这一顶点。当主表为空时,搜索过程结束。

定理 15.1 在 SIMD-CREW 模型上,对一个图 $G(V,E)$ 施行 p-深度优先搜索所需的时间 T_p^1 满足

$$T_p^1 \leq T_s(\lceil \log p \rceil + 1)/p + n(\lceil \log p \rceil + 1)$$

证明 在 p-深度优先搜索中,检查从顶点 i 发出的所有边需要做 $\lceil(d_i+1)/p\rceil$ 次搜索;利用树结构把 p 个处理器子表链接起来需要 $\lceil\log p\rceil+1$ 的时间。所以 p-深度优先搜索的总时间 T_p^1 为

$$T_p^1 = \sum_{i=1}^n \left\lceil\frac{d_i+1}{p}\right\rceil(\lceil\log p\rceil+1) \leqslant \sum_{i=1}^n \left(\frac{d_i+1}{p}+1\right)(\lceil\log p\rceil+1)$$

$$\leqslant T_s(\lceil\log p\rceil+1)/p + n(\lceil\log p\rceil+1) \quad \Box$$

为了使 $T_p^1 < T_s$,$(\lceil\log p\rceil+1)/p$ 必须小于 1,因此 $p \geqslant 4$。

15.1.2 p-宽深优先搜索

在并行宽深优先搜索过程中,从主表中选择一个待搜索的顶点 i(并从主表中删除该顶点)。每个处理器至多检查该顶点的 $\lceil d_i/p\rceil+1$ 条关联边,同时把发现未被搜索过的顶点加入自己的子表中。然后将子表链接起来并入主表中。下一次搜索时,选择本次搜索到的一个未被搜索过的顶点作为待搜索顶点,否则从主表中选择最后并入的顶点作为待搜索顶点,直至主表为空时,搜索结束。

定理 15.2 在 SIMD-CREW 模型上,对一个图 $G(V,E)$ 施行 p-宽深优先搜索所需的时间 T_p^2 满足

$$T_p^2 \leqslant T_s/p + n(\lceil\log p\rceil+3)$$

证明 每次搜索时,检查待搜索顶点 $i \in V$ 的关联边需用 $\lceil d_i/p\rceil+1$ 时间,然后将每个处理器子表链接起来并入到主表中需要 $\lceil\log p\rceil+1$ 时间。所以 p-宽深搜索的总时间 T_p^2 为

$$T_p^2 = \sum_{i=1}^n (\lceil d_i/p\rceil+1+\lceil\log p\rceil+1) \leqslant \sum_{i=1}^n ((d_i/p)+1+1+\lceil\log p\rceil+1)$$

$$= \sum_{i=1}^n (d_i/p + \lceil\log p\rceil+3) \leqslant T_s/p + n(\lceil\log p\rceil+3) \quad \Box$$

15.1.3 p-宽度优先搜索

在 p-宽度优先搜索过程中,主表是先进先出的队列。一旦从主表中选择了一个待搜索顶点 i,则把 i 从主表中删除,然后 p 个处理器检查顶点 i 的一些关联边,并把发现未被搜索过的顶点放入子表中;下一次搜索仍从主表中选择待搜索顶点,直到主表为空时,才把子表链接起来并入主表中。当所有子表链接后仍为空时,则搜索结束。

同前面两种并行搜索技术相比,并行宽度优先搜索需要更少的链接并入步。

因为处理器在进行搜索树的第 $l+1$ 层之前,已检查过前 l 层的所有顶点。这样搜索树的每层仅需一个并入步($1 \leq l \leq n-1$)。

定理 15.3 在 SIMD-CREW 模型上,对一个图 $G(V,E)$ 施行 p-宽度优先搜索所需的时间 T_p^3 满足

$$T_p^3 \leq T_s/p + L \cdot \lceil \log p \rceil + 2n$$

其中,L 是从开始顶点到最远顶点的距离。

证明 因为搜索图的每层以后,链接并入步需要 $\lceil \log p \rceil + 1$ 时间,而每个顶点 i 的关联边检查需要 $\lceil d_i/p \rceil + 1$ 时间,整个图从始点开始搜索有 L 层,所以 p-宽度优先搜索的总时间 T_p^3 为

$$T_p^3 = \sum_{i=1}^{n} (\lceil d_i/p \rceil + 1) + L \cdot (\lceil \log p \rceil + 1) \leq \sum_{i=1}^{n} (d_i/p) + L \cdot \lceil \log p \rceil + 2n$$

$$\leq T_s/p + L \cdot \lceil \log p \rceil + 2n \quad \square$$

例 15.1 对于图 15.1(a) 所示的图 G,两个处理器的 p-深度优先搜索过程如图 15.1(b) 所示;两个处理器的 p-宽深优先搜索过程如图 15.1(c) 所示;两个处理器的 p-宽度优先搜索过程如图 15.1(d) 所示。其中,顶点旁边圆括号中的数字,表示搜索的次序,虚线表示所搜索到的顶点已被搜索过。 $\square$

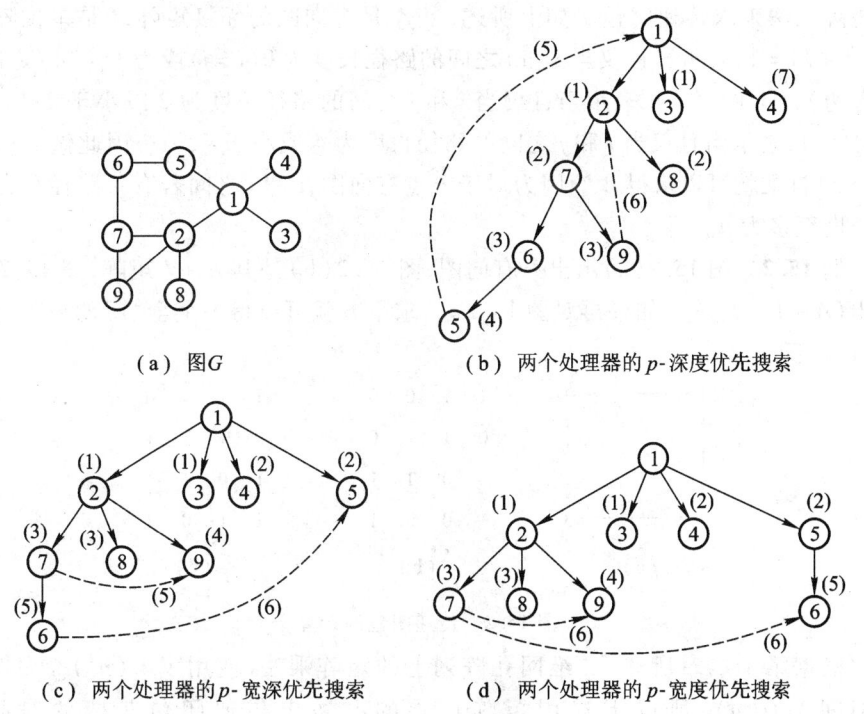

(a) 图 G 　　(b) 两个处理器的 p-深度优先搜索

(c) 两个处理器的 p-宽深优先搜索　　(d) 两个处理器的 p-宽度优先搜索

图 15.1 图的搜索

15.2 图的传递闭包

传递闭包在计算科学中广泛存在。例如在执行进程同步时,如果某一资源变为有效,则必须追溯一些牵连性挂起的进程,以找到下次哪个进程可以运行。此追溯进程链的过程就是一个传递闭包问题。

15.2.1 传递闭包问题

定义 15.1 假定 A 是一个 n 点有向图的 $n \times n$ 的**布尔邻接矩阵**(Boolean Neighbour Matrix),其矩阵元素 a_{ij} 为 1,当且仅当有向图中从顶点 i 到顶点 j 之间有一条边时。所谓 A 的**传递闭包**(Transitive Closure),记之为 A^+,也是一个 $n \times n$ 的布尔矩阵,其矩阵元素 b_{ij} 为 1,当且仅当:① 从 i 到 j 存在一条有向边;或② 对于某一顶点 k,存在有向边 i 到 k 和 k 到 j;或③ $i = j$。

众所周知,典型的串行传递闭包算法的复杂度为 $O(n^3)$。事实上,可利用布尔矩阵乘法来求传递闭包。如上所述,令 A 是有向图的邻接矩阵,I 是单位阵矩,则 $(A+I) = 1$,表示当且仅当 i 和 j 之间的路径长度为 0($i = j$)或为 1(i 和 j 之间有一条边);$(A+I)^2 = 1$,表示当且仅当 i 和 j 之间的路径长度为 2 或小于 2;$((A+I)^2)^2 = 1$,表示当且仅当 i 和 j 之间的路径长度为 4 或小于 4,……因此做 $\log n$ 次 $(A+I)$ 自乘就可以求得 A^+,因为对于 n 点有向图,i 和 j 之间若有一路径存在,则其长度至多为 n。

例 15.2 图 15.2(a)示出一有向图;图 15.2(b)是其 $A+I$ 矩阵;图 15.2(c)示出 $(A+I)^2$ 矩阵。如果再对图 15.2(c)求平方就可以得一个全"1"的矩阵,它就是 A^+。 □

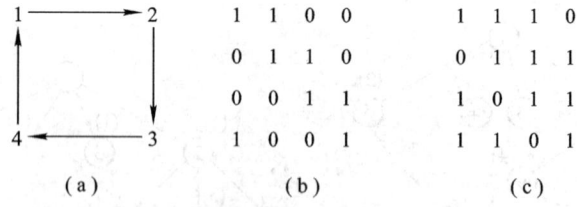

图 15.2 传递闭包的计算

根据第十二章所述,二维网孔阵列上的矩阵乘法,使用了 $O(n^2)$ 个处理器而时间为 $O(n)$,所以上述用矩阵自乘的办法求传递闭包花费的时间为 $O(n \log n)$,而处理器数为 $O(n^2)$。

15.2.2 SIMD-CC 模型上的传递闭包算法

根据上一节讨论可知,求图的传递闭包实际上就是求图的连通性,也就是给定邻接矩阵 $A_{n \times n}$ 和单位阵 I 求一个**连通矩阵**(Connectivity Matrix)$C_{n \times n}$,使得

$$C_{ij} = \begin{cases} 1, & (i,j) \text{ 之间有路径} \\ 0, & \text{否则} \end{cases}$$

而 $C_{n \times n}$ 可以利用 $(A+I)$ 的自乘 $\log n$ 次而得到。本节将介绍 SIMD-CC 模型上图的连通性算法[3]。照例,假定有 $N = n^3$ 个处理器 $P_1, \cdots, P_N$ 排成 $n \times n \times n$ 的三维阵列,即 P_r 的坐标为 (i,j,k),其中 $r = in^2 + jn + k (0 \le i,j,k \le n-1)$。同时假定每个处理器有 $A(i,j,k)$、$B(i,j,k)$、$C(i,j,k)$ 三个寄存器。开始时处于坐标 $(0,j,k)$ 的处理器中的 $A(0,j,k)$ 保存有邻接矩阵 A 之各元素,即 $A(0,j,k) = a_{jk} (0 \le j,k \le n-1)$。计算结束时,$C(0,j,k) = C_{jk}$。

算法 15.1　SIMD-CC 模型上的图的连通性算法

输入:$A_{n \times n}$。
输出:$C_{n \times n}$。
Procedure CUBE CONNECTIVITY(A,C)
begin
　(1) /* 形成单位矩阵 */
　　　for $j = 0$ **to** $n-1$ **par-do** $A(0,j,j) \leftarrow 1$ **end for**
　(2) /* 将 A 寄存器内容复制到 B 寄存器 */
　　　for $j = 0$ **to** $n-1$ **par-do**
　　　　for $k = 0$ **to** $n-1$ **par-do** $B(0,j,k) \leftarrow A(0,j,k)$ **end for**
　　　end for
　(3) /* 利用 B 矩阵相乘求连通矩阵 C */
　　　for $i = 1$ **to** $\lceil \log(n-1) \rceil$ **do**
　　　　(3.1) CUBE MATRIX MULTIPLICATION (A,B,C) /* 调用算法 12.7 */
　　　　(3.2) **for** $j = 0$ **to** $n-1$ **par-do**
　　　　　　　for $k = 0$ **to** $n-1$ **par-do**
　　　　　　　　(i) $A(0,j,k) \leftarrow C(0,j,k)$
　　　　　　　　(ii) $B(0,j,k) \leftarrow C(0,j,k)$
　　　　　　　end for
　　　　　　end for

end for
end

很明显,算法第(3.1)步调用在 SIMD-CC 上的矩阵乘法算法(算法 12.7)所需时间为 $O(\log n)$。故算法的 $t(n) = O(\log^2 n)$,而 $p(n) = n^3$,所以成本为 $O(n^3 \log^2 n)$。

15.2.3 二维心动阵列上的传递闭包算法

1. 算法描述

Guibas-Kung-Thompson 三人所提出的求传递闭包的算法简称为 **GKT 算法**[4]。他们使用图 15.3 所示的二维网孔心动阵列,其中 A_{ij} 表示第 i 行第 j 列的心动处理单元,开始其值为 0。输入邻接矩阵 $\boldsymbol{A}$ 之元素 a_{ij} 备有两个副本,分别从水平和垂直方向输入至二维阵列。最终在那些矩阵 $\boldsymbol{A}$ 的传递闭包有 1 的地方 A_{ij} 亦有 1。算法运行三遍。每遍各处理单元执行相同的操作。每当一元素穿过阵列一遍而由阵列的右边或底部流出时,它们立即返至左边或顶端,从而接着开始下一遍。

```
                                          a'_{33}
                                   a'_{32}  a'_{23}
                           a'_{31}  a'_{22}  a'_{13}
                           a'_{21}  a'_{12}
                           a'_{11}
                             ↓        ↓        ↓
          a_{13}  a_{12}  a_{11}  →  A_{11}  A_{12}  A_{13}
  a_{23}  a_{22}  a_{21}          →  A_{21}  A_{22}  A_{23}
  a_{33}  a_{32}  a_{31}          →  A_{31}  A_{32}  A_{33}
```

图 15.3 在心动阵列上求传递闭包

算法 15.2 二维心动阵列上的传递闭包算法

输入:两个 $n \times n$ 的邻接矩阵 $\boldsymbol{A}$,其矩阵元素 a_{ij} 和 a'_{ij}(对角线上元素恒为 1)分别由水平和垂直方向读入 $n \times n$ 的处理器阵列中。

输出:输出矩阵的传递闭包,输出可取自于阵列中或右端和底部。

begin

假定在某一节拍,a_{ik} 和 a'_{kj} 相遇在处理单元 A_{ij}(注意在每一拍到达 A_{ij} 的成对元素,对于某一 k,a 元素和处理单元的第一个下标必须相同,而 a' 元素和处理单元的第二个下标必须相同),则在 A_{ij} 中执行如下操作:

(1) $A_{ij} \leftarrow A_{ij} \vee (a_{ik} \wedge a'_{kj})$(开始时 $A_{ij} = 0$)。即如 a_{ik} 和 a'_{kj} 均为 1,则设置 A_{ij} 为 1,否则 A_{ij} 不变(从直观上讲,若从 i 到 k 和从 k 到 j 各有一条路径

存在,则从 i 到 j 就有一条路径存在,当然就设置 A_{ij} 为 1)。

(2) 当 a_{ij} 到 A_{ij} 时,则 $a_{ij} \leftarrow A_{ij}$;对于那些 $k \neq j$ 的 a_{ik},当其到达 A_{ij} 时,a_{ik} 直接穿过 A_{ij} 而不改变其值。同样,当 a'_{ij} 到达 A_{ij} 时,则 $a'_{ij} \leftarrow A_{ij}$;对于那些 $k \neq j$ 的 a'_{ik},当其到达 A_{ij} 时,a'_{ik} 直接穿过 A_{ij} 而不改变其值。这些动作就能改变在第(1)步所累加的 A 值,以便在下一遍中再改变 A 的值。

end

2. 算法的正确性和复杂度分析

算法 15.2 运行三遍就可求出传递闭包 A^+ 并非显而易见。通过以下几个引理来证实这一结论。

引理 15.1 假定算法 15.2 的第一拍定义为 a_{11} 和 a'_{11},那么 a_{ij} 到达 A_{ik} 是在第 $i+j+k-2$ 拍,而 a'_{ij} 到达 A_{kj} 是在第 $i+j+k-2$ 拍。

证明 注意,从左边读入的矩阵的各列元素之下标之和是一恒定常数。特别是包含 a_{ij} 的列将在第 $i+j-1$ 拍到达阵列的最左列,然后再需 $k-1$ 拍就可到达 A_{ik} 的第 k 列,所以总共是 $i+j+k-2$ 拍。同样的论述对从顶端读入的矩阵元素也是有效的。此引理的特殊情况是,a_{ij} 与 A_{ij} 相遇在第 $i+2j-2$ 拍;a'_{ij} 与 A_{ij} 相遇在第 $2i+j-2$ 拍。□

在证明下一引理之前,先引入如下定义。

定义 15.2 从节点 i 到节点 j 的一条 k-**路径**,是一条其间所经过的节点的号码均不高于 k 的一条路径(注意所经过的节点不包括端点所以 i 和(或) j 的号码可高于 k)。

引理 15.2 假定从 i 到 j 有一条 $\min(i,j)$-路径,也就是说,它所经过的节点的号码不会高于端点,那么算法 15.2 运行第一遍后,A_{ij}、a_{ij} 和 a'_{ij} 均设置为 1。

证明 使用归纳法证明之。

归纳假定 如果 $i=j$,或从 i 到 j 有一条边,那么 a_{ij} 和 a'_{ij} 开始均为 1,且当 a_{ij} 和 a'_{ij} 或 a_{ii} 和 a'_{ii} 谁先与 A_{ij} 相遇时,在第 $i+j+\min(i,j)-2$ 拍 A_{ij} 就设置为 1。注意 a_{ii} 与 a'_{ii} 总是为 1。如果从 i 到 j 存在着一条长度为 2 或更长的路径,那么归纳假定将是,A_{ij} 在节拍 $i+j+\min(i,j)-2$(a_{ij} 或 a'_{ij} 抵达那里之前)时被设置为 1。因此,a_{ij} 和 a'_{ij} 当它们到达 A_{ij} 时均赋值为 1。

我们对从 i 到 j 的最短路径之长度进行归纳证明。

归纳基础 长度为 0 或 1 的路径无须证明,因为 a_{ij} 和 a'_{ij} 开始为 1,且 A_{ij} 在节拍 $i+j+\min(i,j)-2$ 时赋值为 1。

归纳步骤 假定从 i 到 j 存在着一条长度为 2 或更长的 $\min(i,j)$-路径。那么在此路径上存在着某一节点 l,令其号码最大(端点除外)。注意,$l<i$ 和 $l<j$(因为路径是 $\min(i,j)$-路径)。同样也注意,因为在路径上除了端点外,l 比任何别的节

点都大,所以从 i 到 l 存在着一条 $\min(i,l)$-路径,和从 l 到 j 存在着一条 $\min(l,j)$-路径,两者均短于从 i 到 j 的路径。

按照归纳假定,a_{il} 在其与 A_{il} 相遇时或之前(在第 $i+2l-2$ 拍)被置为 1;a'_{lj} 在其与 A_{lj} 相遇时或之前(在第 $j+2l-2$ 拍)被置为 1。这样因为 $l < \min(i,j)$,时间 $i+j+l-2$ 就迟了些,由引理 15.1 知,a_{il} 和 a'_{lj} 均处在处理器 A_{ij},在那里按照算法 15.2 的规则(1),它们将 A_{ij} 置为 1。同样,因为 $l < \min(i,j)$,a_{il} 和 a'_{lj} 在这一遍,尚须在节拍 $i+j+\min(i,j)-2$ 时访问 A_{ij} 在此时,按照算法 15.2 的规则(2),它们就得到了"1"值。□

引理 15.3 算法 15.2 运行第二遍后:(a)如果从 i 到 j 存在着一条 j-路径,则 A_{ij} 和 a_{ij} 在节拍 $i+2j-2$ 被置为 1;(b)如果从 i 到 j 存在着一条 i-路径,则 A_{ij} 和 a'_{ij} 在节拍 $2i+j-2$ 被置为 1;(c)如果从 i 到 j 存在着一条 $\max(i,j)$-路径,则 A_{ij} 在某一时刻被置为 1。

证明 对路径长度施行归纳证明。如果长度为 1,引理中所述的变量在开始时是 1,或在第一遍之后置为 1。假定从 i 到 j 存在着一条长度至少为 2 的 j-路径。令 l 是此路径上最高号码的节点(不包括端点),那么 $l<j$ 且从 i 到 l 存在着一条较短的路径。按照归纳假定,因为 l-路径是一条 $\max(i,l)$-路径,所以 a_{il} 当其在节拍 $i+2l-2$ 与 A_{il} 相遇时被置为 1。

根据引理 15.2,a'_{lj} 在第一遍后已经是 1,因为从 l 到 j 存在着一条 $\min(l,j)$-路径。因此,在节拍 $i+j+l-2$。(它迟于 $i+2l-2$)时 a_{il} 和 a'_{lj} 相遇在 A_{ij},且设置后者为 1。这样当 a_{ij} 在节拍 $i+2j-2$ 到达 A_{ij} 时,它也被置为 1。

因此,我们就证明了引理的(a);类似地也可证明(b)。两者结合起来就隐含着,如果存在着一条 $\max(i,j)$-路径,则 A_{ij} 就被置为 1,所以也就证明了(c)。□

定理 15.4 算法 15.2 运行三遍后,如果从 i 到 j 存在着任意一条路径(即如果传递闭包 A^+ 在行 i 和 j 列的元素为 1),则 A_{ij} 被置为 1。

证明 由引理 15.3,如果从 i 到 j 存在着一条 $\max(i,j)$-路径,那么在第二遍之后 a_{ij} 已经是 1,因此证毕。仅有的别的可能性是在某一路径上从 i 到 j 最高号码的节点 l 是大于 i 或 j 的。如果是这样,则从 i 到 l 就存在着一条 l-路径和从 l 到 j 存在着一条 l-路径。由引理 15.3,a_{il} 和 a'_{lj} 第二遍后被置为 1,所以当它们在第三遍与 A_{ij} 相遇时,它们就将 A_{ij} 置为 1。□

很清楚,算法 15.2 的时间 $T(n) = O(n)$,而面积 $A = O(n^2)$,因而 $AT^2 = O(n^4)$。

15.3 图的连通分量

求图的连通分量是并行图论算法中最活跃的研究领域。最常用的求连通分量的并行算法大致有**广度优先法**、**传递闭包法**和**顶点合并法**。本节只介绍后两种方法。

15.3.1 SIMD-CC 模型上的连通分量算法

定义 15.3 图 G 的**连通分量**(Connected Component)是 G 的一个最大子图,使得子图中的每对顶点间均有一条路径。

本节所介绍的算法是基于传递闭包法。给定一个 n 点无向图 G 及其邻接矩阵 A。假定使用 15.2.2 节的算法 15.1 已计算出 G 的传递闭包(即连通矩阵 C)。现在要构造一个 $n \times n$ 的矩阵 D,使得

$$d_{jk} = \begin{cases} v_k, & \text{如果 } c_{jk} = 1 \\ 0, & \text{否则} \end{cases} \quad 0 \leq j, k \leq n-1$$

也就是说,D 的第 j 行包含了 v_j 所连向的所有顶点名;然后指定同一行中最小顶点下标作为连通分量的值,即 v_j 指定连通分量 l,如果 l 是满足 $d_{jl} \neq 0$ 的最小下标。

算法运行在 SIMD-CC 模型上[3]。和 15.2.2 节一样,假定有 $N = n^3$ 个处理器,每个都设有 A、B、C 三个寄存器。算法开始时,$A(0,j,k) = a_{jk}(0 \leq j, k \leq n-1)$,即处于坐标 $(0,j,k)$ 的处理器中的 $A(0,j,k)$ 保存有邻接矩阵 A 之各元素;算法结束时,$C(0,j,0)$ 中保存有顶点 $v_j(j=0,1,\cdots,n-1)$ 的分量号。

算法 15.3 SIMD-CC 模型上的图的连通分量算法
输入:$A_{n \times n}$ 之元素 a_{jk} 存放在 $A(0,j,k)$ 中 $0 \leq j, k \leq n-1$。
输出:v_j 的连通分量保存于 $C(0,j,0)$ 中,$0 \leq j \leq n-1$。
begin
 (1) /* 计算连通矩阵 C */
  CUBE CONNECTIVITY(A, C) /* 调用算法 15.1 */
 (2) /* 构筑矩阵 D */
  for $j = 0$ **to** $n-1$ **par-do**
   for $k = 0$ **to** $n-1$ **par-do**
    if $C(0,j,k) = 1$ **then** $C(0,j,k) \leftarrow v_k$ **end if**
   end for
  end for
 (3) /* 给每个顶点赋以连通分量号 */

for $j = 0$ **to** $n-1$ **par-do**

(3.1) 第 j 行中 n 个处理器找那些 $C(0,j,l) \neq 0$ 的最小的 l;

(3.2) $C(0,j,0) \leftarrow l$

end for

end

很明显,算法的第(1)步时间为 $O(\log^2 n)$;第(2)步和(3.2)步取常数时间;不难证实算法第(3.1)步的时间为 $O(\log n)$。所以算法的总运行时间 $t(n) = O(\log^2 n)$,而 $p(n) = n^3$,因此 $c(n) = O(n^3 \log^2 n)$。

例 15.3 图 15.4(a)示出了一个无向图 G;图 15.4(b)是 G 的邻接矩阵 A;图 15.4(c)是其连通矩阵 C;图 15.4(d)是 D 矩阵。所以得如下连通分量:

连通分量 0: v_0, v_3, v_6, v_8。

连通分量 1: v_1, v_4, v_7。

连通分量 2: v_2, v_5。 □

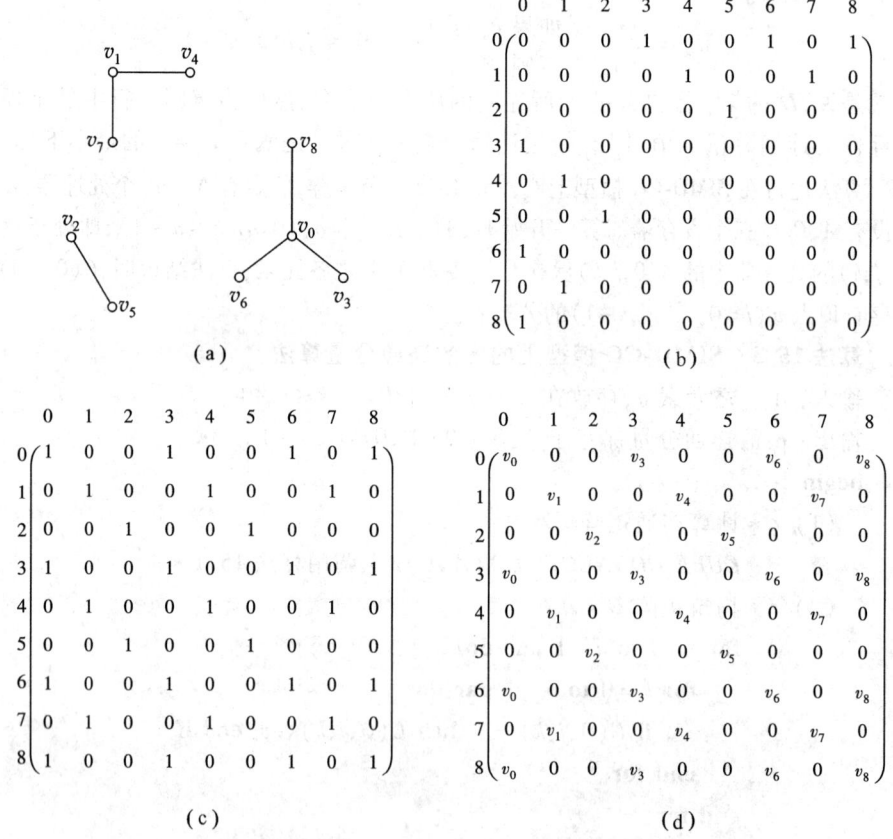

图 15.4 用传递闭包法求连通分量

15.3.2 SIMD-SM 模型上的连通分量算法

上一节我们介绍了用传递闭包法求连通分量。本节将介绍用**顶点合并法**(也称**顶点倒塌法**,Vertices Collapsed)求连通分量。

1976 年 Hirschberg[5] 所提出的用顶点合并法求连通分量,其基本思想是:连通的相邻顶点可以合并成一个**超顶点**(Supervertex);超顶点间可继续合并直至形成整个连通分量。同时每个顶点仅属于一个超顶点,而超顶点中标号最小者称之为**根**。开始时,每个顶点都是它自己这个超顶点的根。并行算法是由一系列循环完成的,而每次循环分为三步:① 每个顶点找其最小标号的相邻超顶点;② 把每个超顶点的根连到最小标号的相邻超顶点的根上;③ 所有在上一步连接在一起的超顶点倒塌成一个较大的超顶点。因为超顶点的个数每次循环后至少减半,所以把每个连通分量倒塌成单个超顶点至多需要循环 $\lceil \log n \rceil$ 次。把顶点 i 所属的超顶点记为 $D(i)$,则计算结束时,具有相同 D 值的顶点均处于同一连通分量中。

算法 15.4 SIMD-CREW 模型上 Hirschberg 连通分量算法
输入:邻接矩阵。
输出:向量 $D(0,\cdots,n-1)$,其中 $D(i)$ 为顶点 $i(0 \leq i \leq n-1)$ 所属连通分量的最小标号顶点。
begin
  (1) **for all** $i:0 \leq i \leq n-1$ **par-do** /* 初始化 */
      $D(i) \leftarrow i$
  end for
  do step (2) through (6) for $\lceil \log n \rceil$ iterations:
  (2) **for all** $i,j:0 \leq i,j \leq n-1$ **par-do** /* 找相邻顶点中最小超顶点 */
    (2.1) $C(i) \leftarrow \min_j \{D(j) | A(i,j)=1 \text{ and } D(i) \neq D(j)\}$
    (2.2) **if** *none* **then** $C(i) \leftarrow D(i)$ **end if**
  end for
  (3) **for all** $i,j:0 \leq i,j \leq n-1$ **par-do**/* 找每个超顶点的最小相邻超顶点 */
    (3.1) $C(i) \leftarrow \min_j \{C(j) | D(j)=i \text{ and } C(j) \neq i\}$
    (3.2) **if** *none* **then** $C(i) \leftarrow D(i)$ **end if**
  end for
  (4) **for all** $i:0 \leq i \leq n-1$ **par-do**
      $D(i) \leftarrow C(i)$
  end for

(5) **for** $\lceil \log n \rceil$ iterations **do** /* 找每个顶点的新的超顶点 */
    for all $i:0 \leq i \leq n-1$ **par-do**
        $C(i) \leftarrow C(C(i))$
    end for
end for
(6) **for all** $i:0 \leq i \leq n-1$ **par-do**
    $D(i) \leftarrow \min\{C(i), D(C(i))\}$
    end for
end

算法第(2)步和第(3)步可用 n^2 个处理器在 $\lceil \log n \rceil$ 步内完成(见习题15.5); 而第(1)步、第(4)步和第(6)步均可使用 n 个处理器于 $O(1)$ 时间内完成;同时第(2)步到第(6)步要重复 $\lceil \log n \rceil$ 次,所以算法15.4的总时间 $t(n) = O(\log^2 n)$ 和 $p(n) = O(n^2)$。

例15.4 图15.5例示出给定图的用顶点合并法求其连通分量的过程。□。

15.3.3 SIMD-TC 模型上的连通分量算法

1. 算法原理和描述

1981年 Lipton-Valdes 曾提出了一种在树机上实现的连通算法[6]。假定编号为 $1,2,\cdots,n$ 的 n 点无向图由邻接矩阵表示,其中顶点 i 和 j 之间有边,则 $e_{ij} = 1$,否则为 0。两顶点间如有一路径,则此两顶点处于同一连通分量中。当算法结束时,第 i 个叶处理器含有顶点 i 所属的连通分量中最小的顶点标号。算法运行 n 遍,每遍考虑邻接矩阵的一行,即在第 i 遍时,只将邻接矩阵的第 i 行读入树的叶节点处理器中。顶点 i 的现行连通分量标号亦保持在叶节点中。算法的基本思想是:当读第 j 行时,就知道所有与 j 相邻的顶点。这样,顶点 j、它的相邻者和那些处在相同连通分量中的顶点,均必须归并成一条连通分量。其方法是:求找顶点 j 和与 j 相邻的任意顶点的最小连通分量标号 c;将 c 播送给所有的叶节点,如果任何顶点 k 的连通分量是这些被归并者之一,就将 k 的连通分量设置为 c。

假定每个叶节点处理器有一个整变量 $component[i]$,它等于包括顶点 i 的现行连通分量标号,尚有一位当且仅当 $e_{ij} = 1$ 时 $edge[i]$ 才为 1 的变量;还有一位当且仅当顶点 i 被选择时 $selected[i]$ 才为 1 的变量。

算法15.5 SIMD-TC 模型上 Lipton-Valdes 连通分量算法
输入: $n \times n$ 的邻接矩阵。
输出: 每个顶点的连通分量标号。
begin

15.3 图的连通分量

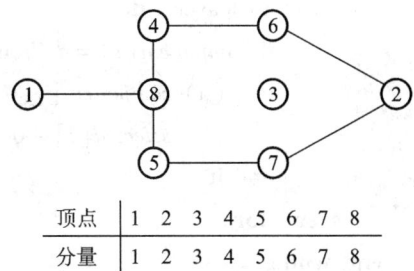

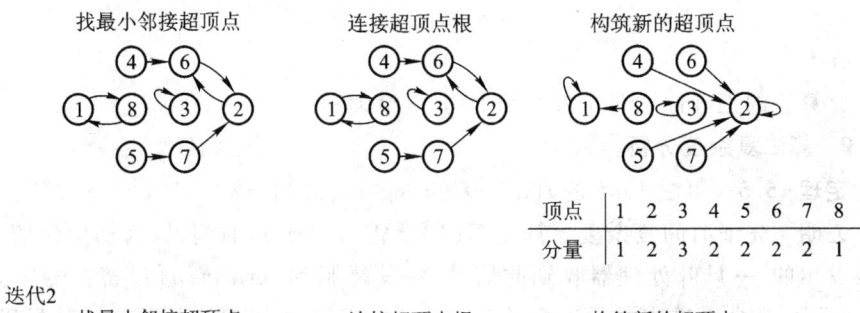

迭代2　找最小邻接超顶点　　连接超顶点根　　构筑新的超顶点

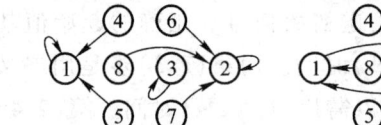
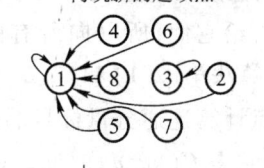

顶点	1	2	3	4	5	6	7	8
分量	1	1	3	1	1	1	1	1

图 15.5　用顶点合并法求连通分量

(1) **for** all leaves i **do** $component[i] \leftarrow i$ **end for** /* 初始化 */

(2) **for** $j = 1$ **to** n **do**

 (2.1) **for** all leaves i **do** $edge[i] \leftarrow e_{ij}$ **end for** /* 读第 j 行 */

 (2.2) **for** all leaves i **do** $selected[i] \leftarrow edge[i]$ **end for** /* 选择 j 和所有与 j 相邻的节点 */

 (2.3) compute $c \leftarrow \min\{component[i] \mid selected[i] = 1\}$ at the root /* c 是与 j 相邻节点的最小分量号 */

 (2.4) broadcast c to all leaves

 (2.5) **while** selected processors remain **do**

  (i) choose at the root some $d = component[i]$ such that $selected[i] \leftarrow 1$

  (ii) broadcast d to all leaves

      （iii）**for** all leaves i **do**
        if $component[i] = d$ **then**
         （a）$component[i] \leftarrow c$
         （b）$selected[i] \leftarrow 0$
        end if
      end for
     end while
   end for
end

此算法的正确性证明作为习题 15.6 留给读者。

2. 算法复杂度分析

定理 15.5 算法 15.5 的 $t(n) = O(n \log^2 n)$，$p(n) = n$。

证明 先证时间复杂度。算法第(1)步需 $O(\log n)$ 时间，因为初始化信号是由根发出的，一旦叶处理器收到此信号，将其复制到 $component[i]$ 寄存器中只要 $O(1)$ 时间；假定叶节点的号码并没有放进叶处理器中，即处理器不知道其号码，而是由根告诉给它们，所以向所有的叶节点发送初始信号和正确的起始值就需要 $O(\log^2 n)$。算法第(2.1)和(2.2)步占用 $O(1)$ 时间。而第(2.3)步是用二叉树对所选的节点计算连通分量标号的最小值，所以需用 $O(\log^2 n)$ 时间。第(2.4)步是播送操作，它需 $O(\log n)$ 时间。while 循环语句不会多于 $O(\log^2 n)$ 时间。而整个算法运行 n 遍，所以算法 15.5 总执行时间 $t(n) = O(n\log^2 n)$。至于算法所需的处理器数为 n 是显然的，所以 $p(n) = n$。□

15.3.4 SIMD-MT 模型上的连通分量算法

  本节将介绍一种在树网结构上执行得非常快的连通分量算法。它也是基于顶点合并的思想。但算法要求 $n \times n$ 的邻接矩阵必须先读入到 $n \times n$ 的处理器阵列中。

1. 算法原理和描述

  在 $n \times n$ 的树网上求连通分量时：开始将每个顶点划为一个小组；然后重复地对每组 g 均求找它所邻近的最低号码的组号 h（这就意味着 g 中的某顶点与组 h 中的某顶点间有一条边存在），如果 $h < g$，则将 g 归并入 h。令 g_i 表示顶点 i 所在的现行组号，m_i 表示顶点 i 相邻的最小组号，n_g 表示与组 g 相邻的一个顶点的最小组号，h_g 表示组 g 经由一条单调递降组序所连向的最低组号。则算法可形式描述如下：

算法 15.6 **SIMD-MT 模型上的连通分量算法**

输入: $n\times n$ 的邻接矩阵存放在 $n\times n$ 的阵列中。
输出: 树网中的第 i 个根(控制器)保存顶点 i 所应连向的最低号码的节点。
begin
    repeat $2\log n$ times
      (1) **for** each node i **par-do**
          compute $m_j \leftarrow$ minimum group of a neighbor of i at i^{th} controller
      end for
      (2) **for** each group g **par-do**
          find $n_g \leftarrow$ minimum of g and the $m'_i s$ for i in group g, at the gth controller
      end for
      (3) **for** each group g **par-do**
          find h_g, the limit of the sequence $g, n_g, n_{n_g}, \cdots$, at the gth controller
      end for
      (4) **for** each node i **par-do**
          $g_i \leftarrow h_g$
      end for
end

2. 算法的实现

现在来解释算法 15.6 的每一步如何在树网上执行?

第(1)步在树网上可执行如下:

(1.1) 对于每行 i, 用行树将 g_i 播送给所有的 P_{ij};

(1.2) 对于每列 j, 设置 m_j 等于所有 g_i 中的最小者。

第(2)步在树网上可执行如下:

(2.1) 对于每行 i, 用行树将 g_i 和 m_i 播送给 P_{ij};

(2.2) 对于每列 j, 用列树将 j 播送给 P_{ij};

(2.3) 对于每个处理器 P_{ij}, 如果 $g_i=j$, 则置 $flag=1$; 否则置 $flag=0$;

(2.4) 对于每列 j, 在第 j 个控制器, 计算诸 m_i 的最小者使得在 P_{ij} 时 $flag=1$;

(2.5) 在第 g 个控制器, 设置 n_g 等于 g 和最小的 m_i 中的较小者。

第(3)步在树网上可执行如下:

(3.1) 重复 $\log n$ 次:

    (i) 对于每行 g, 用行树将 n_g 播送给 P_{ij};

    (ii) 对于每列 j, 在处理器 $P_{n_j,j}$ 设置 $flag=1$, 否则为 0。处理器 $P_{n_j,j}$, 像在 j 中的所有处理器一样保存有 n_{n_j};

(iii) 在每列 j，向第 i 个控制器发送 n_i 之值（$flag = 1$ 的处理器 P_{ij}），由此，所发送的值就是 n_{n_j}；

(iv) 对于所有的 g，设置 n_g 为在第 (iii) 步所计算的 n_{n_j}。

(3.2) 对所有的 g，设置 h_g 为在第 (3.1) 步所计算的最终的 n_g 之值。

第 (4) 步在树网上可执行如下：

(4.1) 对于每行 i，用行树将 h_i 播送给 P_{ij}；

(4.2) 对于每列 j，在处理器 $P_{g_j,j}$ 设置 $flag = 1$；在其他的处理器设置 $flag = 0$；

(4.3) 在每列 j，向第 j 个控制器发送 h_i 之值（$flag = 1$ 的处理器），这样 h_g 被发送到第 j 个控制器；

(4.4) 对于所有的节点 j，设置 g_j 为在第 (4.3) 步所收到的 h_{g_j} 的值。

例 15.5 试考虑图 15.6(a) 所示的 9 点图。开始时每个顶点自成一组，顶点标号就是组号。第一遍时，算法在第 (2) 步计算出 n_g 值，结果如图 15.6(b) 所示，即在此图中，每个顶点 g 指向 n_g（也有人称为根，即超顶点中所属顶点标号最小者）；在第 (3) 步时，追踪图 (b) 中的路线，直到每个顶点都到达其最终目

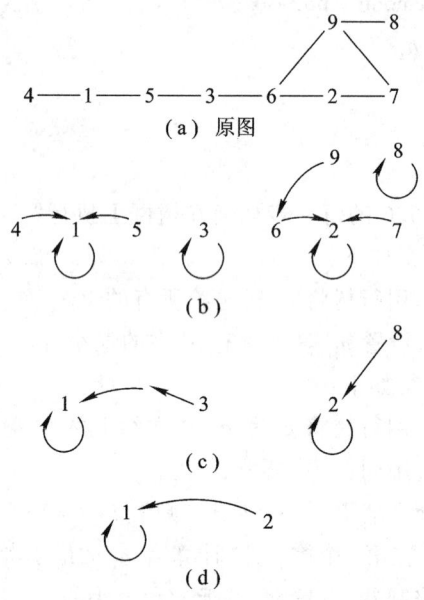

图 15.6 算法 15.6 执行举例

的，此时第一组由顶点 (1、4、5) 组成，第二组由顶点 (2、6、7、9) 组成，第三组和第八组由顶点 3 和 8 组成。第二遍时，如图 15.6(c) 所示，将第三组与第一组归并，所以第一组现在由顶点 (1、3、4、5) 组成。将第八组和第二组合并，所以第二

组现在由顶点(2、6、7、8、9)组成。第三遍时,我们计算由图 15.6(d)有向图所表示的 n_g,此时所有顶点均并入第一组,这就意味着原图只有一条连通分量。 □

3. 算法的正确性和复杂度分析

定理 15.6 算法 15.6 能正确计算连通分量,且 $t(n) = O(\log^4 n)$,而 $p(n) = n^2$。

证明 先证明为什么算法重复 $2\log n$ 次后能正确计算 n 点图的连通分量。假定在第一遍时,组 g 有一个或多个近邻其号码均高于 g。如果 g 有一邻组 h,且 g 是 h 的最低号码的近邻,那么在这一遍 h 和 g 将被归并。如果 h 有一个号码低于 g 的近邻,那么 h 中的所有顶点均赋予一个低于 g 的号码,这样可保证在下一遍时,g 将与某一组归并。因此,没有被完全连通的组的数目至少在两次迭代后减半,从而在 $2\log n$ 次迭代后,每组都自成一条连通分量。所以在 $2\log n$ 遍之内,组的合并均将完成,而剩下的组自成一个连通分量。

再来分析算法的复杂度。注意算法的每一单独步不会多于 $O(\log n \log \log n)$ 时间,而算法有两层嵌套,每层有 $O(\log n)$ 次迭代,所以算法的总执行时间 $t(n)$ 至多为 $O(\log^4 n)$。至于算法所需的处理器数为 n^2 则是明显的。 □

15.4 图的最短路径

在传输和通信网络中,最短路径问题有着极其重要的地位。最短路径问题有两类:一是**单源最短路径**(Single-Source Shortest Path),即在一个图中寻找从一个指定顶点到所有其他顶点的最短路径;二是**所有点对间最短路径**(All Vertices Shortest Path)。本节先讨论后者,再讨论前者。

定义 15.4 假定一有向图各边赋予非负整数权,那么一条路径的**长度**就是沿该路径所有边权之和;而**最短路径**(Shortest Path)问题就是对每一点对 i 和 j,求找其间任何最短长度的路径。

15.4.1 所有顶点对间的最短路径算法[7]

1. 矩阵乘法在求点对间最短路径中的应用

对于一个 n 个顶点的加权有向图 $G(V,E)$,其权矩阵由 $W_{n \times n}$ 表示。为了计算其所有顶点对之间的最短路径,可以先构造一个 $n \times n$ 的矩阵 D,使得对于所有的 i 和 j,d_{ij} 是从 v_i 到 v_j 的最短路径长度。只要 G 中无负长度的环,可以假定 W 有正的、零或负元素。

令 d_{ij}^k 表示从 v_i 到 v_j,其间经过至多 $k-1$ 个中间顶点时的最短路径长度。因此 $d_{ij}^1 = w_{ij}$。特别是从 v_i 到 v_j 无边存在($i \neq j$)时,则 $d_{ij}^1 = \infty$。同样 $d_{ii}^1 = 0$。因 G 中不存在负权的环,所以 $d_{ij} = d_{ij}^{n-1}$。

为了计算 $d_{ij}^k (k > 1)$,可以使用**组合最优原理**(Combinatorially Optimal Principle):

$$d_{ij}^k = \min_l \{ d_{il}^{k/2} + d_{lj}^{k/2} \}$$

也就是说,d_{ij}^k 取所有 l 中 ($d_{il}^{k/2} + d_{lj}^{k/2}$) 的最小者。因此矩阵 D 就可以从 D^1 逐次计算 $D^2, D^4, \cdots, D^{n-1}$,然后取 $D = D^{n-1}$ 而求得。为了从 $D^{k/2}$ 计算 D^k,可以使用标准的矩阵乘法,只是将原矩阵乘法中的"×"代之以"+","∑"代之以"min"。这样的操作共 $\lceil \log(n-1) \rceil$ 次。

2. SIMD-CC 模型上求所有点对间最短路径算法

如前所述,假定 n^3 个处理器排成 $n \times n \times n$ 的立方体拓扑,每个处理器有 $A(i,j,k)$、$B(i,j,k)$ 和 $C(i,j,k)$ 三个寄存器。开始时,$A(0,j,k) = w_{jk} (0 \leq j, k \leq n-1)$;算法结束时 $C(0,j,k)$ 中是 v_j 到 v_k 的最短路径。

算法 15.7 SIMD-CC 模型上的所有点对间最短路径算法

输入:$A(0,j,k) = w_{jk}, 0 \leq j, k \leq n-1$。

输出:$C(0,j,k)$ 中是 v_j 到 v_k 的最短路径长度,$0 \leq j, k \leq n-1$。

begin

(1) /* 构筑矩阵 D^1,并将其存入 A 和 B 寄存器中 */

    for $j = 0$ **to** $n-1$ **par-do**

    for $k = 0$ **to** $n-1$ **par-do**

        (1.1) **if** $j \neq k$ **and** $A(0,j,k) = 0$ **then** $A(0,j,k) \leftarrow \infty$ **end if**

        (1.2) $B(0,j,k) \leftarrow A(0,j,k)$

    end for

    end for

(2) /* 调用矩阵乘法(算法 12.7),构筑矩阵 $D^2, D^4, \cdots, D^{n-1}$ */

    for $i = 1$ **to** $\lceil \log(n-1) \rceil$ **do**

        (2.1) *CUBE MATRIX MULTIPLICATION*(A,B,C)

        (2.2) **for** $j = 0$ **to** $n-1$ **par-do**

            for $k = 0$ **to** $n-1$ **par-do**

                (i) $A(0,j,k) \leftarrow C(0,j,k)$

                (ii) $B(0,j,k) \leftarrow C(0,j,k)$

            end for

    end for
  end for
end

例 15.6 图 15.7(a)示出一个加权有向图;图 15.7(b)、(c)、(d)、(e)分别示出其矩阵 D^1、D^2、D^4、D^8。其中矩阵 D^8 就反映了图 15.7(a)的所有点对间的最短路径。□

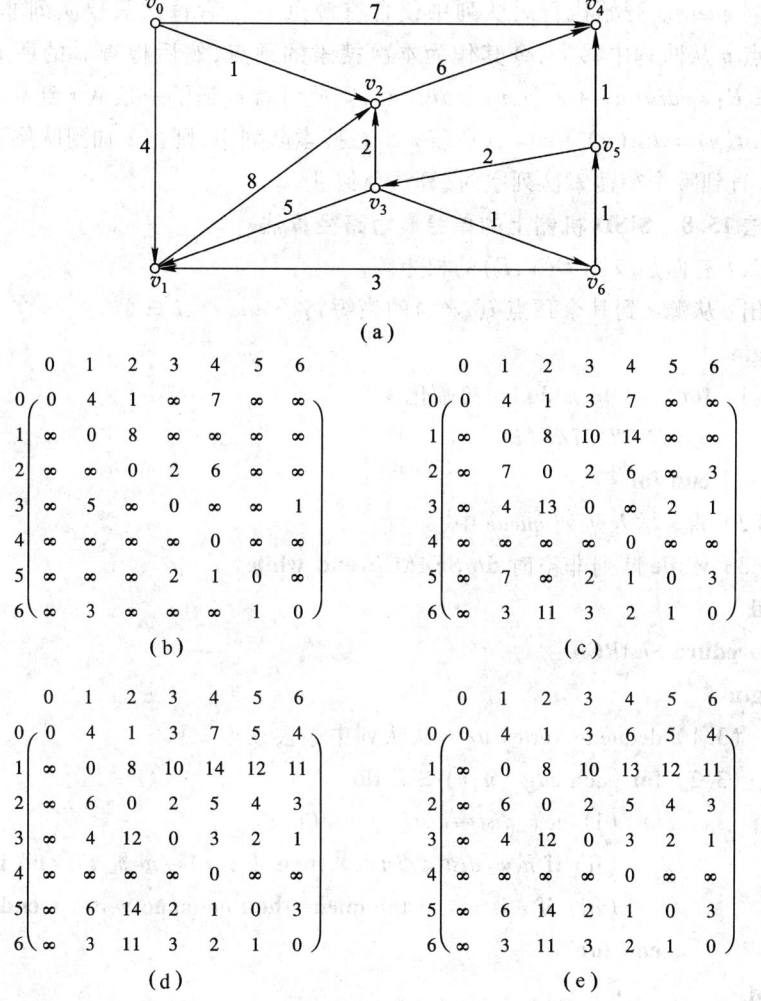

图 15.7 利用矩阵乘法求所有点对间最短路径

显然算法 15.7 的 $t(n) = O(\log^2 n)$,因为算法第(2)步重复 $O(\log n)$ 次,每次乘法的时间也为 $O(\log n)$。而 $p(n) = n^3$。

*15.4.2 MIMD-SM 模型上单源最短路径算法

1. 单处理机上 Moore 算法[8]

在 Moore 算法中,设源点为 $s \in V$。从 s 到其他各顶点的最短路径长度用一维数组 $dist$ 存储。首先置 $dist(s)=0, dist(v)=\infty$,其中 $v \neq s$,且 $v \in V$。算法使用了一个队列 $queue$。开始执行时队列中仅含有源点 s;以后每次只要队列非空,就将排头顶点 u 从队列中移去,令其作为本次搜索的顶点,然后检查 u 的所有射出边 $(u,v) \in E$:若 $dist(u)+w(u,v) < dist(v)$,则此时就找到了一条从 s 到 v 的更短路径,置 $dist(v)=dist(u)+w(u,v)$;若 v 不在搜索队列中,则把 v 加到队尾。如此重复进行,直到整个待搜索队列空时,算法就终止。

算法 15.8 SISD 机器上的单源最短路径算法
输入:有向加权图 $G(V,E)$ 的权矩阵。
输出:从源 s 到其余顶点 $i(i \neq s)$ 的最短路径 $dis(i), i \in V$。
begin
　　(1) **for** $i=1$ **to** n **do**/*初始化*/
　　　　$INITIALIZE(i)$
　　end for
　　(2) 将 s 插入队列 $queue$ 中
　　(3) **while** 队列非空时 **do** $SEARCH$ **end while**
end
Procedure $SEARCH$
begin
　　(3.1) dequeue vertex u/*从队列中删去顶点 u*/
　　(3.2) **for** each $edge(u,v) \in E$ **do**
　　　　(i) $new\_dist \leftarrow dist(u)+w(u,v)$
　　　　(ii) **if** $new\_dist < dist(v)$ **then** $dist(v) \leftarrow new\_dist$ **end if**
　　　　(iii) **if** v is not in the queue **then** enqueue vertex v **end if**
　　end for
end
Procedure $INITIALIZE$
begin
　　(1.1) $dist(s) \leftarrow 0$
　　(1.2) $dist(v) \leftarrow \infty$ $(v \neq s, v \in V)$

(1.3) $queue \leftarrow 0$
end

例 15.7 对于一个有向加权图 $G(V,E)$,图 15.8 示出了算法 15.8 求单源最短路径的过程。□

2. Moore 算法的并行化

Deo 等人基于 MIMD 紧耦合共享存储模型实现了 Moore 算法的并行化[9]。直观上讲,算法 15.8 有两处可并行化的地方:一是 SEARCH 的第(3.2)步;二是主算法的第(3)步。前者,任何一个顶点均可能有多条射出边,它们都可并行地被检查;后者,在任何时候都可能有多个顶点在队列中,因此有可能每次检查多个顶点的射出边。根据第十二章的粒度引理 12.3 可知,后者可生产较大的加速,而且当 G 是个稀疏图时,并行度受顶点射出边的影响。所以选用后者。

首先,队列用源点初始化。然后创建了许多异步进程,每个进程都从队列中删除一个顶点,检查其射出边,将已发现有更短路径的顶点加入到队列。算法的第(1)步采用**预调度**(Prescheduling)方法很容易并行化。而第(3)步的 while 循环需作适当的修改,以能反映并行执行 SEARCH 过程时一些异步进程的存在。显然,当一个进程发现队列为空时,就停止执行是不合适的。因而必须采用两个变量联合使用的办法,以决定什么时候无工作可做:第一个是数组变量 $waiting$,它记住哪一个进程正处于等待状态;第二个是布尔变量 $halt$,仅当队列为空和所有进程处于等待状态时为真。INITIALIZE 过程置数组 $waiting$ 中的第一个元素为假。SEARCH 过程亦必须作适当的修改。因为对队列的插入、删除操作不是原子操作,所以执行上述操作时必须给队列上锁;其次,在一个进程将刚找到的 v 路径 new_dist 与当前的最短路径 $dist(v)$ 比较之前,变量 $dist(v)$ 也必须上锁,否则两个进程有可能同时修改它;最后,若一个进程发现队列为空时,则置 $waiting$ 中的相应元素为真。若进程 1 处于等待状态,则它要检查每个进程是否都处在等待状态,如果是,则 $halt$ 置为真,而在进程 1 检查每个进程是否都处于等待状态时,队列亦必须上锁。

3. 算法描述

算法 15.9 MIMD 紧耦合多处理机上的单源最短路径算法

输入:有向加权图 G 的权矩阵 W。

输出:从源 s 到其余顶点 $i(i \neq s)$ 的最短路径 $dist(i), i \in V$。

begin

(1) **for** each i: $1 \leqslant i \leqslant p$ **par-do**/* p 为进程数 */

    for $j = i$ **to** n **step** p **do**/* 初始化 */

        INITIALIZE(j)

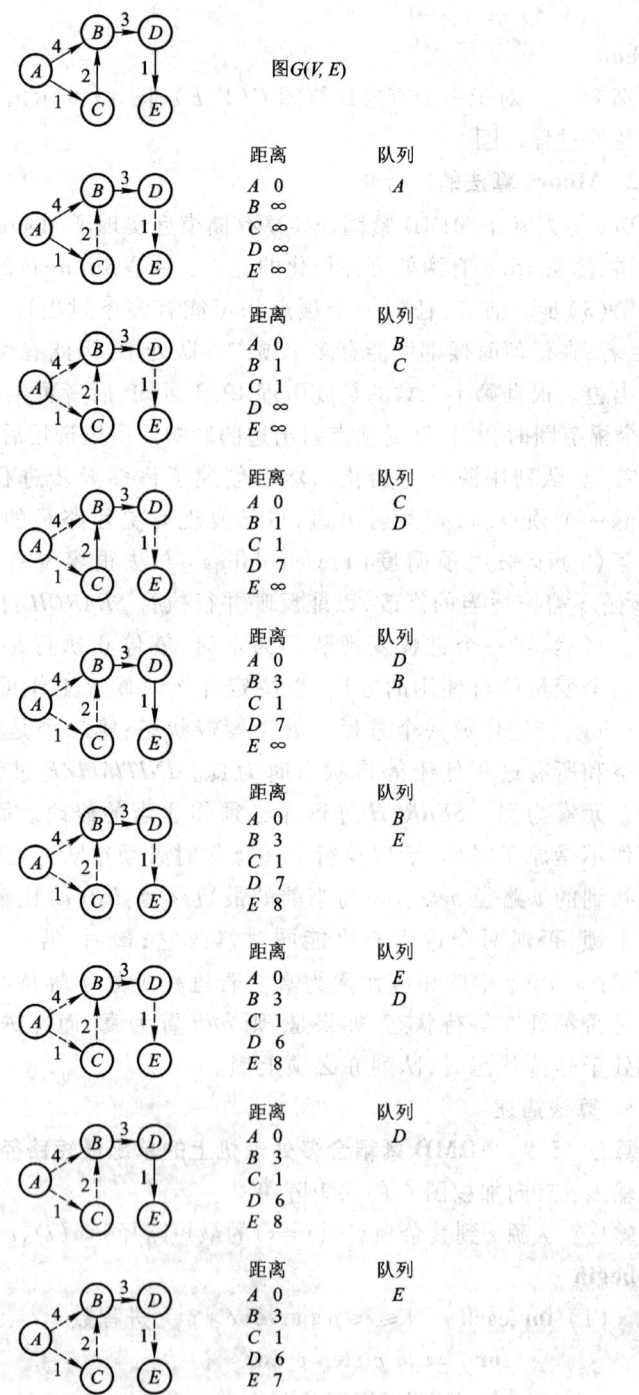

图 15.8 Moore 单源最短路径算法示例

           end for
       end for
(2) enqueue s /* s 入队 */
(3) $halt \leftarrow$ **false**
(4) **for** each $i: 1 \leqslant i \leqslant p$ **par-do**
       while *not halt* **do** $SEARCH(i)$ **end while**
    end for
end

Procedure $SEARCH(i)$
begin
   (5) **lock** the queue /* 队列上锁 */
   (6) **if** queue is empty **then** /* 队列空时,等待进程为真 */
       (6.1) $waiting(i) \leftarrow$ **true**
       (6.2) **if** $i = 1$ **then** /* 进程 1 等待时,其他进程均须等待 */
               $halt \leftarrow waiting(2) \wedge waiting(3) \wedge \cdots \wedge waiting(p)$
           end if
       (6.3) **unlock** the queue /* 队列开锁 */
       else
       (6.4) dequeue u /* 从队列中删除 u */
       (6.5) $waiting(i) \leftarrow$ **false**
       (6.6) **unlock** the queue /* 队列开锁 */
       (6.7) **for** every $edge(u,v)$ in graph **do** /* 检查每条射出边 */
               (i) $new\_dist \leftarrow dist(u) + w(u,v)$
               (ii) **lock** $(dist(v))$ /* $dist(v)$ 上锁 */
               (iii) **if** $new\_dist < dist(v)$ **then**
                       (a) $dist(v) \leftarrow new\_dist$ /* 更新 new_dist */
                       (b) **unlock**$(dist(v))$ /* $dist(v)$ 开锁 */
                       (c) **if** $v \notin queue$ **then**
                           ① **lock** the queue /* 队列上锁 */
                           ② enqueue v /* v 入队 */
                           ③ **unlock** the queue /* 队列开锁 */
                       end if
                   else unlock$(dist(v))$ /* $dist(v)$ 开锁 */
               end if

```
                    end for
                end if
        end
```

值得指出的是：虽然创建更多的进程会缩短各个算法的执行时间（因为可以同时检查若干个顶点的射出边），但每个进程对队列的插入和删除要进行互斥控制，所以最大加速比最终还是受限制的。

15.5 图的最小生成树

图的生成树算法常是很多其他算法的基础，例如在第五章研究分布式算法时，我们总是把一个分布系统（包括场点和链路）先形成一棵分布式生成树，然后在其上研究各种分布式算法。

定义 15.5 一个无向连通图 G 的**生成树**（Spanning Tree）是指满足如下条件的 G 的子图 T：① G 和 T 具有相同的顶点数；② 在 T 中有足够的边能连接 G 之所有顶点，但不出现回路。如果图的每条边都指定一个权，那么所有边权最小的生成树就称为**最小代价生成树**（Mininum Cost Spanning Tree, MCST），简称为**最小生成树**（MST）。

15.5.1 SIMD-EREW 模型上最小生成树算法

1. 贪心法算法原理

如果 G 之顶点集 $V = \{v_0, \cdots, v_{n-1}\}$，那么 MST 应有 $n-1$ 条边，而可能的边数为 $n(n-1)/2$ 条。由此可知，求 MST 的下界为 $\Omega(n^2)$，因为每条边至少要被检查一次。为方便起见，v_i 和 v_j 之间的边权可定义为距离 $dist(v_i, v_j)$。求 MST 的一种贪心方法是，开始任选一顶点，每次向树内加入一顶点，假定 v_i 尚不在树中，令 $c(v_i)$ 表示距 v_i 最近的树中的节点，则算法由两步组成：

第（1）步：任选一顶点为树内第一个顶点 v_0，即令 $c(v_i) = v_0, i = 1, 2, \cdots, n-1$；

第（2）步：只要还有顶点不在树中，就重复执行如下动作：

(2.1) 对所有不在 MST 中的顶点 v_i，找距其最近的树内顶点 $c(v_i)$，即 $dist(v_i, c(v_i))$ 是最小的；

(2.2) 对所有不在 MST 中的顶点 v_i，修改 $c(v_i)$，即假定 v_j 是新近加入树内的顶点，接 $dist(v_i, c(v_i))$ 和 $dist(v_i, v_j)$ 两者中较小者来修改 $c(v_i)$。

显然，第（1）步要求常数时间；第（2）步对 $(n-1)$ 个顶点中的每个顶点均执行一次。假定在该步时已有 k 个顶点在树中,则(2.1)步和(2.2)步分别做 $n-1-k$ 和 $n-k$ 次比较。所以总的时间 $t(n) = \sum_{k=1}^{n-1}(n-k) = O(n^2)$。根据上述的下界,可知该贪心算法是最佳的。

2. 共享存储模型上的 MST 算法[10]

假定有 N 个处理器 $P_0, \cdots, P_{N-1}$, $1 < N < n$。将 N 表示为 $N = n^{1-x}, 0 < x < 1$。每个处理器 P_i 负责 V_i(V 的子集)中的一些顶点:将 V_i 中的第一个和最后一个存储号码存储起来;在构造 MST 的过程中,对 V_i 中的每一个树外的顶点 v_p,其与树中最近顶点 $c(v_p)$ 亦保存起来。

图 G 的权矩阵 W 存储在共享存储器中,其中 $w_{ij} = dist(v_i, v_j)(0 \leq i,j \leq n-1)$, $w_{ii} = 0, w_{ij} = \infty$ ($(i,j) \notin E$)。开始时,任选一顶点作为树中顶点,然后算法重复 $n-1$ 次,每次一个新的顶点(因此也就是一条新边)加入到部分树中。具体实现过程是:假定所有处理器均并行工作,每个处理器在其所管辖的那些尚未在树中的顶点中,找它们与树中最近的树内顶点。因有 n^{1-x} 个处理器,所以可以找到 n^{1-x} 个顶点。然后将它们连同相应的边一并加入树中。此顶点(称为 v_h)要告知所有的处理器。对每个尚未在树中的顶点 v_p,如果 $dist(v_p, v_h) < dist(v_p, c(v_p))$,则 $c(v_p) = v_h$。

算法 15.10　SIMD-EREW 模型上的 MST 算法

输入:权矩阵 $W_{n \times n}$。
输出:在共享存储器中生成一个含有 MST 的 $n-1$ 条边的数组 $TREE$。
begin
　(1)　(1.1)　标记 V_0 中顶点 v_0 已在树中
　　　　(1.2)　**for** $i = 1$ **to** $N-1$ **par-do**
　　　　　　　　for each vertex v_j in V_i **do** $c(v_j) \leftarrow v_0$ **end for**
　　　　end for
　(2)　**for** $i = 1$ **to** $n-1$ **do**
　　　　(2.1)　**for** $j = 1$ **to** $N-1$ **par-do**
　　　　　　　(ⅰ) P_j 找最小的 $dist(v_p, c(v_p))$,其中 v_p 是 V_j 中不在树中的顶点
　　　　　　　(ⅱ) 令所找到的最小者为 $dist(v_r, v_t)$;P_j 传送三元组 (d_j, a_j, b_j),其中,$d_j = dist(v_r, v_t)$, $a_j = v_r$, $b_j = v_t$
　　　　end for
　　　　(2.2)　调用 procedure $MINIMUM$,最小 d_j 及其相关顶点 a_j、b_j 可以找到,令此三元组为 (d_s, a_s, b_s),其中 a_s 是树外某一顶点 v_h,而 b_s

是已在树中的某一顶点 v_k

(2.3) P_0 将 (v_h, v_k) 指派给数组 TREE 的第 i 个分量 $TREE(i)$

(2.4) 调用 BROADCAST，将 v_h 告知所有的 N 个处理器

(2.5) **for** $j = 0$ **to** $N-1$ **par-do**

    （i）**if** v_h 在 V_j 中 **then** P_j 将 v_h 标记成已在树中的顶点 **end if**

    （ii）**for** each vertex v_p in V_j that's not yet in the tree **do**

        if $dist(v_p, v_h) < dist(v_p, c(v_p))$ **then**

            $c(v_p) \leftarrow v_h$

        end if

    end for

  end for

end for

end

Procedure $MINIMUM(x_1, x_2, \cdots, x_m)$：它使用 m 个处理器找数组 $x_1, x_2, \cdots, x_m$ 中的最小者，其结果存入 x_1 中，所花费的时间为 $O(\log m)$：

Procedure $MINIMUM(x_1, x_2, \cdots, x_m)$

begin

for $j = 0$ **to** $(\log m - 1)$ **do**

  for $i = 1$ **to** m **step** $of\ 2^{j+1}$ **par-do**

    (1) 通过共享存储器 P_i 得到 x_{i+2^j}

    (2) **if** $x_{i+2^j} < x_i$ **then** $x_i \leftarrow x_{i+2^j}$ **end if**

  end for

end for

end

例 15.8 假定图有 9 个顶点，其权矩阵如下：

	0	1	2	3	4	5	6	7	8
0	∞	5	6	1	∞	6	10	∞	5
1	5	∞	3	9	2	5	4	12	∞
2	6	3	∞	7	3	9	11	∞	14
3	1	9	7	∞	10	∞	∞	9	8
4	∞	2	3	10	∞	1	5	3	15
5	6	5	9	∞	1	∞	6	13	∞
6	10	4	11	∞	5	6	∞	4	16
7	∞	12	∞	9	3	13	4	∞	7
8	5	∞	14	8	15	∞	16	7	∞

假定系统有三个处理器,因此 $3 = 9^{1-x}$,即 $x = 0.5$。P_0、P_1 和 P_2 分配给序列 $V_0 = (v_0, v_1, v_2)$,$V_1 = (v_3, v_4, v_5)$,$V_2 = (v_6, v_7, v_8)$。算法第 (1.1) 步,v_0 被标记在树中,同时指定它是其余顶点的树中最近者。在第 (2) 步的第一次迭代中,P_0 决定 $dist(v_1, v_0) < dist(v_2, v_0)$,并返回三元组 $(5, v_1, v_0)$;类似地,P_1 和 P_2 返回 $(1, v_3, v_0)$ 和 $(5, v_8, v_0)$。过程 MINIMUM 用以确定 $v_h = v_3$,因此,$TREE(1) = (v_3, v_0)$。现在,调用 BROADCAST 将 v_3 告知所有的处理器,同时将其标记为树内顶点。在第 (2.5) 步,P_0 保持 $c(v_1)$ 和 $c(v_2)$ 等于 v_0;P_2 将 $c(v_4)$ 修改为 v_3,但保持 $c(v_5) = v_0$;P_3 保持 $c(v_6) = v_0$ 和 $c(v_8) = v_0$,而修改 $c(v_7) = v_3$。此过程一直继续到树 (v_3, v_0),(v_1, v_0),(v_4, v_1),(v_5, v_4),(v_2, v_1),(v_7, v_4),(v_6, v_1),(v_8, v_0) 均已产生为止。图 15.9 示出了此过程。□

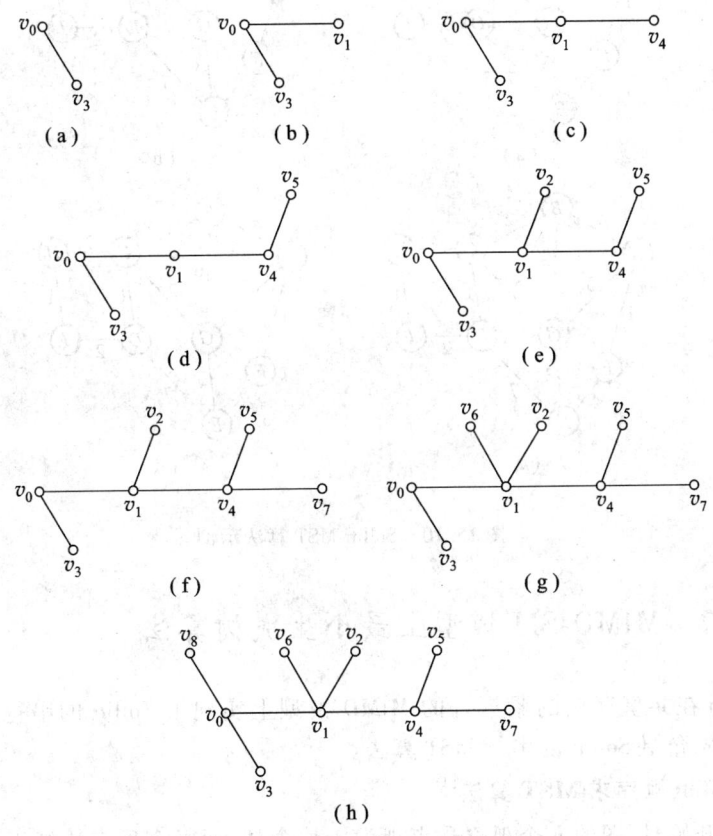

图 15.9　使用算法 15.10 求 MST

3. 算法分析

算法第 (1.1) 步可在常数时间内完成;而每个处理器负责了 n^x 个顶点,所以第 (1.2) 步要求 n^x 次赋值;这样第 (1) 步所需的时间为 $O(n^x)$。在第 (2.1) 步,一

个处理器使用 n^x-1 次比较可找出 n^x 中的最小者;过程 MINIMUM 和 BROADCAST 均涉及 $O(\log n)$ 次操作,而 $N=n^{1-x}$,所以第(2.2)和(2.4)步可在 $O(\log n)$ 时间内完成;很清楚第(2.3)步要求常数时间;第(2.5)步要求 $O(n^x)$ 时间;因此第(2)步的每次迭代时间为 $O(n^x)$,而总共迭代了 $(n+1)$ 次,因此可在 $O(n^{1+x})$ 的时间内完成。所以算法 15.10 的总运行时间为 $O(n^{1+x})$,其成本 $c(n)=n^{1-x} \times O(n^{1+x})=O(n^2)$。注意当 n 充分大时,对任何 $x,n^x > \log n$,而 $N=n^{1-x}=n/n^x < n/\log n$,这就意味着:算法的最佳性限制于 N 的取值应小于 $n/\log n$。

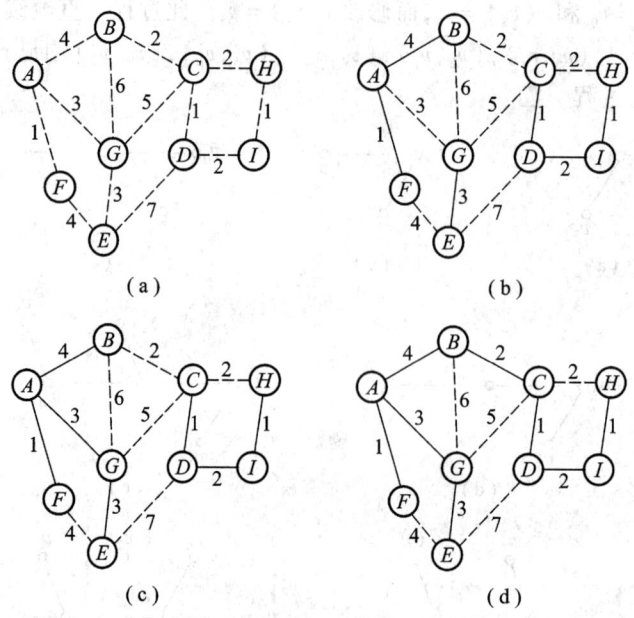

图 15.10 Sollin MST 算法示例

*15.5.2 MIMD-SM 模型上最小生成树算法

Quinn 在共享存储的紧耦合的 MIMD 模型上实现了 Sollin 的串行求 MST 算法。为此先介绍 Sollin 的串行 MST 算法。

1. Sollin 顺序求 MST 算法[11]

算法开始时,图的 n 个孤立顶点视为一片森林,而每个顶点均视为一棵树;算法共迭代 $\log n$ 次,每次迭代时,森林中的每棵树,同时决定其最小的邻边,并将它们加入到森林中(即合并各棵树);此过程重复到森林中只剩下一棵树。因为森林中树的数目,每次都以 2 的倍数减少,所以迭代至多需要 $\lceil \log n \rceil$ 次就可找到 MST;而每次迭代时,找顶点的最小邻边至多执行 $O(n^2)$ 次比较。因此,Sollin 的顺序算

法的复杂度为 $O(n^2 \log n)$。图 15.10 示出了一个具体的加权图用 Sollin 算法求 MST 的过程。

下面给出了 Sollin 算法的形式描述,其中用到了函数 $FIND(v)$ 找顶点 v 所在的树的名字,即根和 $UNION(v,u)$(合并包括顶点 v 和 u 的两棵树)。不熟悉 $FIND$ 和 $UNION$ 操作的读者,可参阅文献[12]。

算法 15.11　SISD 机器上的 Sollin MST 算法

输入:无向图 G 的加权矩阵 W。

输出:G 的最小生成树 T(树以边的形式存储)。

begin

(1) **for** $i = 1$ **to** n **do** /*初始化*/

　　　vertex i is initially in set i

　　end for

(2) $T \leftarrow 0$ /* T 就是 MST */

(3) **while** $|T| < n - 1$ **do**

　　(3.1) **for** each tree i **do** /* 每棵树 i 找不在同一树中的最小边权 */

　　　　　$closest(i) \leftarrow \infty$

　　　end for

　　(3.2) **for** each $(v, u) \in E$ **do**

　　　　　if $FIND(v) \neq FIND(u)$ **then** /* v 和 u 属于不同的连通片 */

　　　　　　if $w(v, u) < closest(FIND(v))$ **then**

　　　　　　　(i) $closest(FIND(v)) \leftarrow w(v, u)$

　　　　　　　(ii) $edge(FIND(v)) \leftarrow (v, u)$

　　　　　　end if

　　　　　end if

　　　end for

　　(3.3) **for** each tree i **do**

　　　　　(i) $(v, u) \leftarrow edge(i)$

　　　　　(ii) **if** $FIND(v) \neq FIND(u)$ **then**

　　　　　　　(a) $T \leftarrow T \cup \{(v, u)\}$ /* 加入新的树边 */

　　　　　　　(b) $UNION(v, u)$ /* 合并成较大的树 */

　　　　　end if

　　　end for

　end while

end

2. Quinn 的并行化算法

在紧耦合共享存储的多处理机系统上,Sollin 算法可按如下思路并行化:首先,应设法对第(3)步 while 循环进行并行化,但遗憾的是因循环之间存在着先后制约关系,即在第 $k+1$ 次循环之前,第 k 次循环时的子树必须同一个有最小权值的边关联的另一棵子树归并,所以 while 语句的并行化是有限的。其次,考虑循环体内的并行化。算法的第(3.1)步通过适当的预调度可以使其并行化,设第 t 次循环时已有 n_t 棵子树:若 $n_t > p$,则把 n_t 棵子树较均匀地分配到 p 个处理器中,每个处理器约有 $\lceil n_t/p \rceil$ 棵子树;否则,这 n_t 棵子树就分配给 n_t 个处理器。算法的第(3.2)步并行化最有效的做法是:首先,每个处理器检查它内部的顶点的边,然后再检查不在同一处理器上树之间的边。算法的第(3.3)步并行化稍微复杂些。图 15.11 示出了此情况:假定一个处理器企图将树 B 与其最近的树 A 进行归并,变量 $edge(A)$ 有一条权值为 k 的边 (v_A, u_A),变量 $edge(B)$ 也有一条权值为 k 的边 (v_B, u_B)。然而假定两个处理器都在执行 UNION 之前执行了第(ii)步的测试,则 (v_A, u_A) 和 (v_B, u_B) 都将加入到树 T 中,结果形成一个环,显然这是错的。因此,欲使第(3.3)步并行化,必须在执行第(ii)步之前上锁,执行完第(b)步后再开锁。每次仅允许一个处理器进入临界区。为了避免死锁的产生,当有多个请求上锁的进程申请临界区时,仅仅让标号最小的子树上锁。

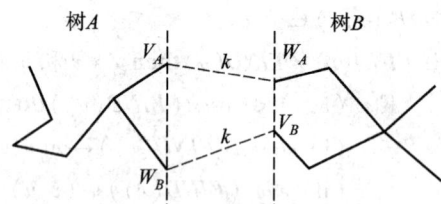

图 15.11 并行化 Sollin 算法所引起的复杂情况

定理 15.7 在 MIMD-SM 模型上,求一无向连通加权图 $G(V,E)$ 的 MST,算法所需的时间为 $O\left(\lceil \log n \rceil \left(\frac{n^2}{p} + \frac{n}{p} + n + p\right)\right)$,而处理器数为 $O(p)$。

证明 为了简化起见,假定 FIND、UNION 操作仅需 $O(1)$ 时间。算法的第(3.1)步并行化需 $(n/p) + p$ 的时间,算法的第(3.2)步并行化需 $(n^2/p) + p$ 的时间;算法的第(3.3)步并行化需 $O((n/p)p + p)$ 的时间,其中因子 p 是锁步等待时间。整个 while 语句循环了 $\lceil \log n \rceil$ 次,所以并行化算法的总运行时间为 $O(((n^2/p) + (n/p) + p + n)\lceil \log n \rceil)$。当 $p = O(\sqrt{n})$ 时,算法的时间复杂度可最小,当 $p \ll n$ 时,预计算法可以达到好的加速。□

15.5.3 树机模型上最小生成树算法

Bentley 在树结构的心动阵列模型上实现了 Prim-Dijkstra 串行求 MST 算法[13]。为此先简要介绍 Prim-Dijkstra 的 MST 算法。

1. Prim-Dijkstra 顺序 MST 算法

假定 $G(V,E)$ 之顶点集合 $V=\{1,\cdots,n\}$，加权的邻接矩阵为 W。Prim-Dijkstra 算法的基本思想是：令 $V_1 \subseteq V$ 是 MST 的顶点集，$T(V_1)$ 是 MST 的边集。若 $i' \notin V_1$，$j' \in V_1$，且 $w(i',j') = \min\{w(i,j) \mid i \notin V_1, j \in V_1\}$，则 $V_1 \leftarrow V_1 \cup \{i'\}$，$T(V_1 \cup \{i'\}) \leftarrow T(V_1) \cup \{(i',j')\}$。初始化时，不妨置 $V_1 \leftarrow \{1\}$，$T(\{1\}) \leftarrow 0$；以后每次循环时，假定顶点集 V_1 和边集 $T(V_1)$ 已构造好，对每个 $i \notin V_1$，i 与树的顶点 $j \in V_1$ 关联边的权值为 $w(i,j)$。选取这样一个 j_i，使得 $w(j_i,i) = \min\{w(i,j) \mid i \notin V_1, j \in V_1\}$。令 $l_i = w(i,j_i) = w(j_i,i)$。然后从所有 $i \notin V_1$ 中选取一个 i'，使得 $l_{i'} = \min\{l_i \mid i \notin V_1, i \in V\}$，把 i' 加到 V_1 中，边 $(i',j_{i'})$ 加到 $T(V_1)$ 中，修改剩下的 $i \notin V_1$ 的 j_i 值和 l_i 值。经过 $n-1$ 次循环后，则 $V_1 = V$，这时 $T(V_1)$ 即包含 MST 的所有边。

2. Bentley 心动树机上的 MST 算法

Bentley 设计了一个如图 15.12 所示的心动树机模型，图中处理器排成一维阵列，它们都是上(面的)树和下(边的)树的叶节点。上树执行新加入顶点的播送操作；下树执行待加入顶点的归并操作。假定 n 个顶点指派给 n 个叶处理器，约定 P_i 分配给第 i 个顶点，则 Bentley 算法的基本思想是：

① **播送**：当一个新顶点加入时，利用上树结构自顶向下在 $O(\log n)$ 步内把该顶点广播到各叶处理器(即计算单元)；

② **计算**：在各计算单元中，每个非树节点修改与树的最近距离。各计算单元选出最小者以三元组(候选顶点，最邻近的树顶点，与树的距离)的形式输出之；

③ **归并**：利用下树结构自底(叶节点)向上按距离最短依次归并出最小者，在 $O(\log n)$ 步内把计算单元中新选节点从树外转入树内。

下面形式化描述上述的 MST 算法。

算法 15.12 心动树机上的 MST 算法

输入：每个叶处理器 i 存储 i 的关联边权值向量 $w(i,j)$，其中 $1 \leq i,j \leq n$；若 i 和 j 不关联，则置 $w(i,j) = \infty$。

输出：每个叶处理器 i 有两个局部变量集合 $V_1(i)$ 和 $T_{V_1}(i)$，它们分别存储 MST 的部分顶点和部分边，整个 MST 为 $\bigcup_{i=1}^{n} T_{V_1}(i)$。

begin

　（1）**for** each $i:1 \leq i \leq n$ **par-do** /* 初始化 */

536 第十五章 图论算法

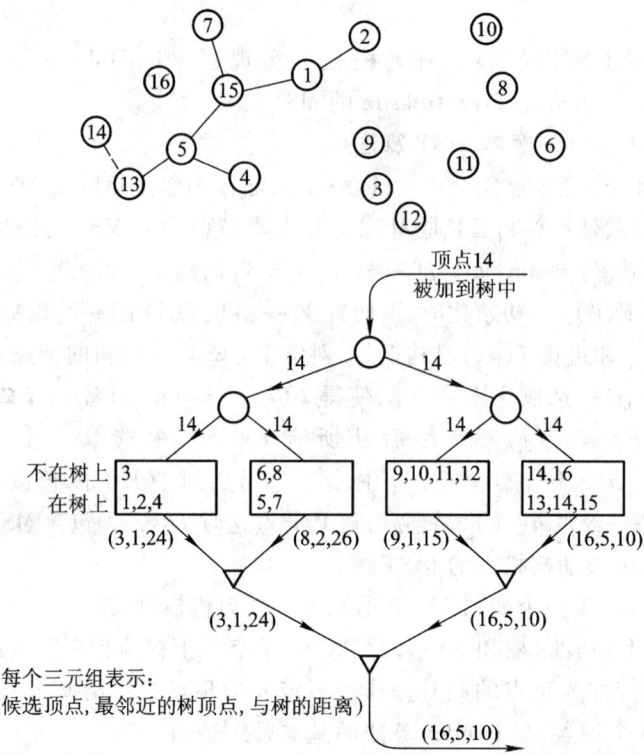

图 15.12 Bentley 算法的一个循环步

  if $i = 1$ **then** $V_1(1) \leftarrow \{1\}$; $T_{V_1}(1) \leftarrow 0$; $l_1 \leftarrow \infty$; $j_1 \leftarrow 1$;

    $flag(1) \leftarrow 0$ /* $flag(1) = 1$ 表示处理器 1 是活动的 */

  else $V_1(i) \leftarrow 0$; $T_{V_2}(i) \leftarrow 0$; $l_i \leftarrow w(i,1)$; $j_i \leftarrow 1$; $flag(i) \leftarrow 1$

  end if

 end for

(2) root broadcast vertex $i' = 1$ to all leaf processors by tree

  do step(3) to step(5) $n - 1$ times:

(3) **for** each $i : 1 \leq i \leq n$ **par-do**

  if $fl\,ag(i) = 1$ **then**

   (i) **if** $l_i > w(i, i')$ **then** $l_i \leftarrow w(i, i')$; $j_i \leftarrow i'$ **end if**

   (ii) send (l_i, i) to its father processor

  end if

end for

(4) **for** each non-leaf processor **par-do**

  if it is root **then** /*(l_L, i_L)及(l_R, i_R)分别为左、右儿子送来的信息*/

   (i) **if** $l_L < l_R$ **then** $i' \leftarrow i_L$ **else** $i' \leftarrow i_R$ **end if**

   (ii) broadcast i' to each leaf processor by tree

  else if $l_L > l_R$ **then** send (l_L, i_L) to its father processor

     else send (l_R, i_R) to its father processor

  end if

 end if

end for

(5) **for** each $i: 1 \leq i \leq n$ **par-do**

 if $flag(i) = 1$ **then** /*将新的 MST 边加入到 T_{V_1} 中去 */

  if $i = i'$ **then** $V_1(i) \leftarrow V_1(i) \cup \{i'\}$; $T_{V_1}(i) \leftarrow T_{V_1}(i) \cup \{(i, j_i)\}$; $flag(i) \leftarrow 0$ **end if**

 end if

end for

end

此算法的正确性是显然的。

定理 15.8 在树机模型上求一无向连通加权图 $G(V, E)$ ($|V| = n$) 的 MST,算法所需的时间为 $O(n\log n)$,而处理器数为 $O(n)$。

证明 算法第(1)步需 $O(1)$ 时间和 $O(n)$ 个处理器;第(2)步需 $O(\log n)$ 时间和 $O(n)$ 个处理器;第(3)步需 $O(1)$ 时间和 $O(n)$ 个处理器;第(4)步需 $O(\log n)$ 时间和 $O(n)$ 个处理器;第(5)步需 $O(1)$ 时间和 $O(n)$ 个处理器。第(3)步到第(5)步共重复 $n-1$ 次,所以算法总的运行时间为 $O(n\log n)$,而处理器数为 $O(n)$。□

Bentley 还建议用更少的完全二叉树,保持时间复杂度不变,但叶处理器却减少到 $O(n/\log n)$ 个的改进算法,此时每个处理器 i 至多包含 $\lceil \log n \rceil$ 个顶点,处于同一叶节点内的顶点则需顺序计算,所需时间为 $O(\log n)$。为此得如下定理:

定理 15.9 在树连接的 SIMD 机器上,求 n 点无向连通加权图的 MST 算法,使用了 $O(n/\log n)$ 个计算单元,而时间为 $O(n\log n)$ 步。

图 15.12 示出了用 $O(n/\log n)$ 个处理器的树机来计算 MST 的一个循环步的执行过程。

*15.6 图的着色

图的着色是指对图的顶点或边用尽可能少的颜色将相邻的顶点或与同一顶点相关联的边染上不同的颜色。如果图的着色数达到了尽可能的最少,则称相应的着色为最优的。已经知道,对图的**边着色**(Edge-Colouring)所用的最小的颜色数为 Δ 或 $\Delta+1$(其中 Δ 是图中顶点的最大度数)。确定一个图是否是 Δ-边着色问题是个 NP-难问题[14]。然而像二分图、外平面图和 Halin 图(奇数环除外)等这类特殊图都是可 Δ-边着色的,求它们的最佳边着色问题是属于 NC 类问题(参见第二十章第 20.5 节)。同样,任意图的最佳**顶点着色**(Vertex-Colouring)问题也是个 NP-难问题,但对上述一类特殊图的顶点着色的多项式时间的顺序算法却是存在的。本节仅讨论使用分治方法来解决上述一类图的着色问题。

15.6.1 二分图的边着色算法

定义 15.6 所谓**二分图**(Bipartite Graph)$G(V,E)$,是指顶点集 V 可以分成两个子集 V_1 和 V_2,使得 $V_1 \cup V_2 = V, V_1 \cap V_2 = \varnothing$,且同一子集中的顶点无边相连。

本节所介绍的算法基本上是 Gabow 和 Kariv 算法[15]的并行化。我们所做的简化假定是 G 之顶点最大度数 $\Delta = 2^t$。这样的图 G 就可以递归地分成两个最大度仍均为 2 的方幂的 G_1 和 G_2,于是就可使用**欧拉划分**(Euler Partition),即将图的边划分成一些边不相交的回路或路径的一种划分,其中奇数度的顶点恰好是一条路径的端点,达到对边着色的目的。对于 G 中那些奇数度的顶点,则可各加一条连向一个新设的哑顶点 v 的边而产生一个新图 G^*;对 G^* 施行欧拉划法求出所有的**欧拉回路**(Euler Circuit),即图的每条边在路径上仅出现一次,且首尾相连;删去所加入的连向 v 的各边从而得到一些回路或路径;对这些欧拉回路或路径相间地标记以 0 和 1;对所有标记为 1 和 0 的边所组成的子图 G_1 和 G_2 进行递归划分,直至最后得到图中各顶点的度为 1 为止,此时可施行 1-着色。假定在递归时对 G_1 和 G_2 分别进行了 $\Delta/2$-着色,则在重构 G 以得到 Δ-着色的过程中,可把 G_2 中的颜色重新命名,使得 G_1 中的 $\Delta/2$ 种颜色和 G_2 中的 $\Delta/2$ 种颜色的交集为空。

算法 15.13 SIMD-CREW 模型上二分图的欧拉着色算法
输入:最大度数 Δ,m 维边向量。
输出:边着色 $colour(i,j)$。
Procedure *EULER-COLOUR*(G)

```
    begin
        if Δ = 1 then colour all edges of G with colour 1/ * 进行 1-着色 */
            else
        begin
            (1) find an Euler partition of G / * 找欧拉划分 */
            (2) using Euler partition divide G into G_1 and G_2 with maximal
                degrees Δ/2
            (3) for G_1 and G_2 par-do / * 递归调用 */
                (3.1) EULER-COLOUR(G_1)
                (3.2) EULER-COLOUR(G_2)
            end for
            (4) reconstruct G from G_1 and G_2 renaming colours in G_1 so that G_1
                and G_2 use disjojnt colour sets / * 重构并调整着色 */
        end
        end if
    end
```

找欧拉划分花费了 $\log n$ 的时间和使用了 $O(m)$ 个处理器;而算法递归调用深度为 $\log n$,所以算法 15.13 的 $t(n) = O(\log^2 n)$ 和 $p(n) = O(m)$。

例 15.9 对于图 15.13(a) 所示的 $\Delta = 4$ 的二分图 G,施行欧拉划分,并将所得之欧拉回路和路径进行相间的 0 和 1 标记后之结果如图 15.13(b) 所示;图 15.13(c) 中的虚线边(标记为 0)组成子图 G_1 和实线边(标记为 1)组成子图 G_2;对它俩再次调用欧拉着色时,G_1 和 G_2 均使用着色集合 $\{1,2\}$;用颜色 3 和 4 重新命名 G_2 之颜色,最后就完成了 G 的着色。□

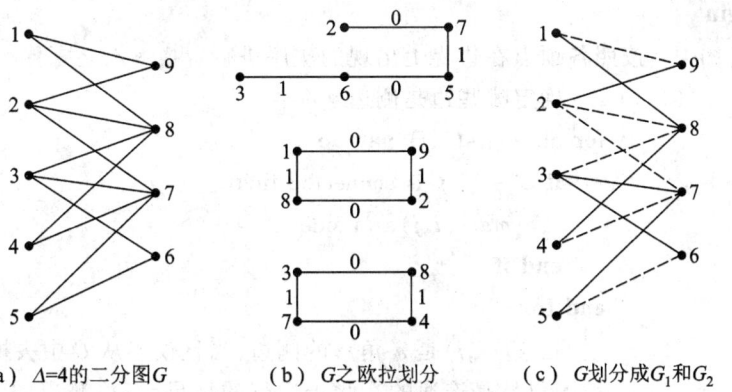

(a) Δ=4 的二分图 G   (b) G 之欧拉划分   (c) G 划分成 G_1 和 G_2

图 15.13 利用欧拉算法对二分图着色

15.6.2 外平面图最优顶点着色[16]

定义 15.7 一个连通图 G 的**关节点**(Articulation Point)就是 G 的一个顶点 i,使得去掉该顶点 i 后原 G 就变成了至少两个独立部分。

定义 15.8 一个**双连通图**(Two-Connected Graph)就是一个不包含关节点的连通图。

定义 15.9 一个双连通的**外平面图**(Outerplanar Graph)就是一个由**外面**(Exterior Face)的环形边界所组成的嵌入平面,同时(可能)有一些嵌入在此环形域内的(不相交的)边,且图的所有顶点均位于环形边界上。

例如图 15.14 就是上述所定义的一个外平面图,其中外围的边界上的边称为**侧边**(Sides),而环内的边称为**对角线**(Diagonals),且边和顶点满足 $m \leq 2n - 3$ 的关系,同时它还包含一个**哈密顿回路**(Hamiltonian Circuit),即此回路仅通过各个顶点一次。

以下约定,将双连通外平面图简称为 **n-角形**(n-Gons)。

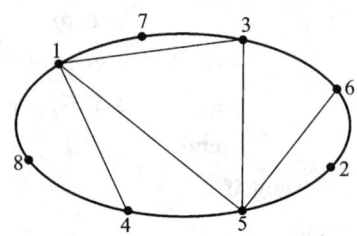

图 15.14 双连通外平面图

下面所要介绍的算法是比较复杂的,为了帮助读者更好地理解,宁愿牺牲些算法描述的简洁性而在各算法步中加入了必要的说明、分析和举例。

算法 15.14 SIMD-CREW 模型上双连通外平面图最优顶点着色算法

输入:m 维向量的边集合 $\{i,j\}$。

输出:顶点 i 的颜色 $colour(i)$。

begin

(1) /* 按照各顶点在边界上出现的次序进行置换 */

    (1.1) /* 确定哪些边是侧边 */

        for all edges (i,j) **par-do**

          if $G - \{i,j\}$ is connected **then**

            $mark(i,j)$ as a side

          end if

        end for

说明:边 (i,j) 是 n-角形的侧边,当且仅当从 G 中去掉顶点 i 和 j 后图仍然是连通的。此步运行的结果,将检测出图 15.14 中的边 $(1,7),(7,3),(3,6),(6,2),(2,5),(5,4),(4,8)$ 和 $(8,1)$

为侧边。此步的运行时间为 $O(\log^2 n)$ 而使用了 $O(n^3/\log^2 n)$ 个处理器。

(1.2) /* 构造 n-角形的两个方向相反的哈密顿回路 */

(i) 建立 2 倍边数长度的 H 向量：当 (i,j) 为侧边时 H 向量中有两条相反方向的边 (i,j) 和边 (j,i)

说明：此步可用 n 个处理器于 $O(1)$ 时间内完成。

(ii) 对 H 向量中的边进行排序

    for all edges (i,j) and (k,l) **par-do**

      (a) **if** (i,j) is a side **and** (k,l) is not **then**

          $(i,j) < (k,l)$

      end if

      (b) **if** both (i,j) **and** (k,l) are (or are not) sides **then**

        if $i < k$ or $(i = k \wedge j < l)$ **then**

          $(i,j) < (k,l)$

        end if

      end if

    end for

说明：此步可用 $O(n)$ 个处理器于 $O(\log n)$ 时间内完成。排序的结果，向量中的前 $2n$ 个位置存放着侧边。对于图 15.14 而言，H 的前 $2n$ 个位置是 $(1,7),(1,8),(2,5),(2,6),(3,6),(3,7),(4,5),(4,8),(5,2),(5,4),(6,2),(6,3),(7,1),(7,3),(8,1),(8,4)$。

(iii) 求 $H(i)$ 的后继边 $S(H(i))$：

    for all $k, 1 \leq k \leq 2n$ **par-do**

      for $H(k) = (i,j)$ **do**

        if $s \neq i \wedge H(2j) = (r,s)$

          then $S(H(k)) \leftarrow H(2j)$

          else $S(H(k)) \leftarrow H(2j-1)$

        end if

      end for

    end for

说明：此步使用 $O(n)$ 个处理器可于 $O(1)$ 时间内完成。对于图 15.14 而言，此步执行的结果为：$S(1,7) = (7,3), S(1,8) = (8,4), S(2,5) = (5,4), S(2,6) = (6,3), \cdots, S(8,1) = (1,7)$,

$S(8,4) = (4,5)$。

算法(1.2)步的总时间为 $O(\log n)$ 和使用了 $O(n)$ 个处理器。

(1.3) /* 计算各顶点 i 的 $P(i)$,$P(i)$ 是从顶点 1 开始的顶点 i 在边界上的位置;$D(i,j)$ 表示边 (i,j) 的距离;$S(i,j)$ 是 (i,j) 的后继 */

    for all $k, 1 \leq k \leq 2n$ **par-do**

        (i) $D(H(k)) \leftarrow 1$

        (ii) **repeat** $\log n$ times:

            for $S(H(k)) = (i,j)$ **do**

            if $i \neq 1$ **then**

                (a) $D(H(k)) \leftarrow D(H(k)) + D(S(H(k)))$

                (b) $S(H(k)) \leftarrow S(S(H(k)))$

            end if

            end for

        (iii) **if** $S(H(k)) = H(1)$, where $H(k) = (i,j)$ **then**

                $P(j) \leftarrow D(H(k))$

            end if

    end for

说明:此步花费 $O(\log n)$ 时间和使用了 $O(n)$ 个处理器,所使用的是倍增技术,运行的结果是:$P(1)=1, P(7)=2, P(3)=3, P(6)=4, P(2)=5, P(5)=6, P(4)=7, P(8)=8$;或者 $P(7)=8, P(3)=7, P(6)=6, P(2)=5, P(5)=4, P(4)=3, P(8)=2, P(1)=1$。前者相应于顺时针方向的哈密顿回路,而后者相应于反时针方向的哈密顿回路。

(2) /* 计算 $next(i,j)$、$main(i,j)$ 和面树 */

    (2.1) /* 计算边 (i,j) 的次序 $rank(i,j)$ 和 $next(i,j)$ */

        (i) /* 对边进行排序 */

            for all (i,j) and (k,l) **par-do**

                if $i < k$ or $i = k \wedge (l < j < i$ or $j < i < l$ or $i < l < j)$ **then**

                    $(i,j) < (k,l)$

                end if

            end for

说明:此步花费 $O(\log n)$ 时间使用了 $O(n)$ 个处理器。对于顶点 i 而言,排序的结果是 $(i,j_1),(i,j_2),\cdots,(i,j_d)$,$d$ 为

i 的出度, $j_1, j_2, \cdots, j_d$ 是围绕 i 按反时针方向进行排列的。

(ii) /* 计算 $rank(i,j)$、$rank^{-1}(i)$ 和 $next(i,j)$ */

 (a) **for** all (i,j) **par-do**

  compute $rank(i,j)$

 end for

 (b) **for** all $i, 1 \leq i \leq 2m - n$ **par-do**

  compute $rank^{-1}(i)$ /* $rank^{-1}(i)$ 表示序为 i 的边 */

 end for

 (c) **for** all (i,j) **par-do**

  if (i,j) is a side

   then $next(i,j) \leftarrow rank^{-1}(rank(i,j)+1)$

   else $next(i,j) \leftarrow rank^{-1}(rank(j,i)+1)$

  end if

 end for

说明:$next(n,1) \leftarrow rank^{-1}(1)$,排序边向量花费的时间为 $O(\log n)$,使用了 $O(n)$ 个处理器;计算 $next(i,j)$ 可用 $O(n)$ 个处理器于 $O(1)$ 时间内完成。此步执行

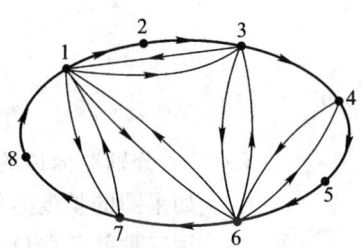

图 15.15 外平面图的哈密顿回路

的结果示于图 15.15 中,即 $next(1,2) = (2,3)$,$next(3,6) = (6,1)$,$next(1,6) = (6,7)$,…。这些计算是计算 n-角形面树所需要的。

(2.2) 计算有向边 (i,j) 的 $main(i,j)$ 和 $distance(i,j)$。其中 $main(i,j)$ 满足 $i>j$,而 $distance(i,j)$ 是从 (i,j) 到 $main(i,j)$ 的距离。所使用的方法与第(1.3)步相似,花费了 $O(\log n)$ 时间,使用了 $O(n)$ 个处理器

(2.3) /* 计算 n-角形的面树,树的每个节点就是一个圈,各节点之间明确其父子关系 */

 for all $diagonals(i,j)$ **par-do**

  if (i,j) is a main edge **then**

$$father(i,j) \leftarrow main(j,i)$$
    end if

  end for

说明：此步需要 $O(n)$ 个处理器于 $O(1)$ 时间完成。图 15.16 示出了图 15.15 的面树。有向边表示成 $((i,j), father(i,j))$，(i,j) 是圈的主边 $(i>j)$，每个圈是面树的一个节点。第(2)步到此完毕。现在可对点进行着色了。

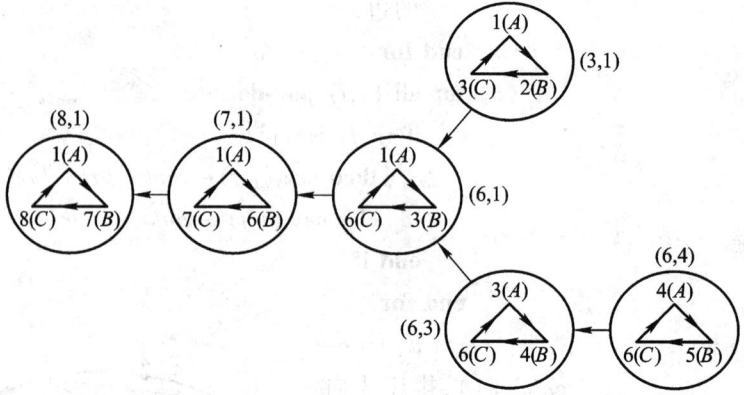

图 15.16 n-角形面树

(3) /* 分别对面树的各节点(圈)着色，即计算边 (i,j) 之 $colour(i,j)$：如果圈的长度为偶数，则用两种颜色着色；如圈的长度为奇数，则用三种颜色着色 */

  for all (i,j) **par-do**

    (i) **if** $dist(i,j) =$ even **then** $colour(i,j) \leftarrow A$

             else $colour(i,j) \leftarrow B$

    end if

    (ii) **if** $colour(i,j) = colour(next(i,j))$ **then**

      $colour(i,j) \leftarrow C$

    end if

  end for

说明：如果 $colour(i,j) = colour(next(i,j))$，则 (i,j) 必定是主边，取包含 (i,j) 的圈之长度是奇数。此步执行的结果，各圈着了如图 15.16 所示的颜色 A、B、C。

(4) /* 调整同一顶点在不同圈中着了不同颜色：假定圈 C_1 和 C_2 有公共对角线 (i,j)，且 C_1 是 C_2 的父节点，令 $col(C,i)$ 表示圈 C 中

顶点 i 的颜色,则可通过交换 C_2 中的颜色来保证顶点 i 和 j 着色的一致性 */

(4.1) /* 调整颜色 */

  (i) **if** $col(C_1,i) \neq col(C_2,i)$ **then**

    (a) $R \leftarrow col(C_1,i)$

    (b) $S \leftarrow col(C_2,i)$

    (c) **for** all $v \in C_2$ **par-do**

      ① **if** $col(C_2,v) = R$ **then** $col(C_2,v) \leftarrow S$ **end if**

      ② **if** $col(C_2,v) = S$ **then** $col(C_2,v) \leftarrow R$ **end if**

    end for

  end if

  (ii) **if** $col(C_1,j) \neq col(C_2,j)$ **then**

    (a) $R \leftarrow col(C_1,j)$

    (b) $S \leftarrow col(C_2,j)$

    (c) **for** all $v \in C_2$ **par-do**

      ① **if** $col(C_2,v) = R$ **then** $col(C_2,v) \leftarrow S$

      end if

      ② **if** $col(C_2,v) = S$ **then** $col(C_2,v) \leftarrow R$

      end if

    end for

  end if

说明:该过程耗费时间为常数。

(4.2) /* 归并树节点 */

  repeat $\log n$ **times**

    (i) **for** all cycles **par-do**

      find their depths in the tree of faces

    end for

    (ii) **for** all cycles at odd depth **par-do**

      (a) agree colours between each cycle and its father

      (b) merge each cycle with its father

    end for

说明:如果使用倍增技术,则语句(i)所需时间为 $O(\log n)$,使用了 $O(n)$ 个处理器;语句(ii)协调颜色(如有必要)和圈的归并涉及常数个指针的改变。执行此步的结果示于图 15.17,其中

图 15.17(a)是第一次迭代的结果;图 15.17(b)是第二次迭代的结果;图 15.17(c)是最终的结果。此步总共花费 $O(\log^2 n)$ 的时间,使用了 $O(n)$ 个处理器。

算法 15.14 到此全部完毕。

end

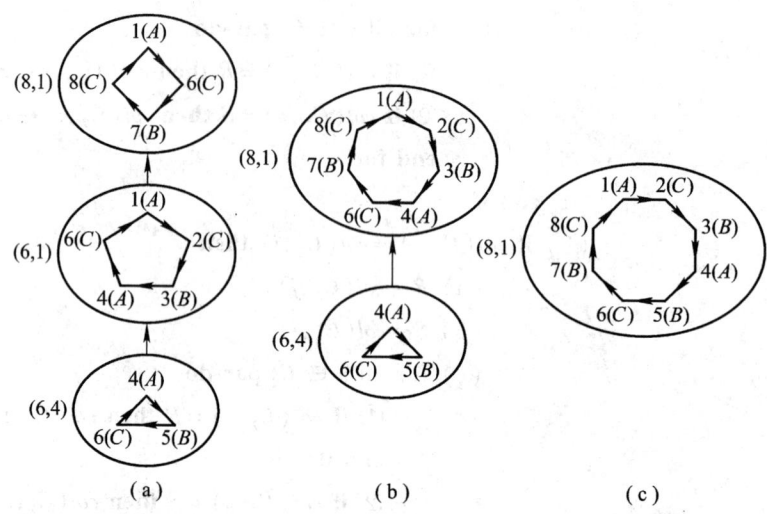

图 15.17 树节点的归并

15.6.3 外平面图最优边着色算法[17]

对于最大顶点度 $\Delta \leq 3$ 的双连通外平面图的边着色,仍可首先使用上节所描述的方法,识别出侧边和对角线,分离出其面树(见图 15.18);再使用分治技术对各个面 F_i 独立进行边着色(见图 15.19);最后对各个面之间的公共边之颜色进行必要的调整,即可完成边着色,所用的处理器数为 $O(n^2)$,使用了 $\log^2 n$ 的时间。

对于 $\Delta > 3$ 的情况可讨论如下:

设 G 是一个如图 15.20 所示的 $\Delta > 3$ 的双连通外平面图。首先将其约简,方法如下:找一个度数为 2 的顶点 c,令 $H = (c,b),(b,d),(d,e),(e,f),\cdots,(q,a),(a,c)$ 是 n-角形的侧边序列;从边 (b,d)

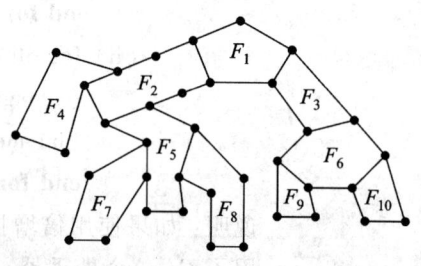

图 15.18 已分离的面树

开始相间地将各侧边进行标记(图 15.20 中的加粗的边),令 $M(G)$ 表示标记边的集合;从 G 中删去 $M(G)$ 中的边即得 G 之**约简图** $reduced(G)$。注意,给定 $reduced(G)$ 的最优着色,只要对 $M(G)$ 中的边指定一种新色即可得到 G 之最优边着色。

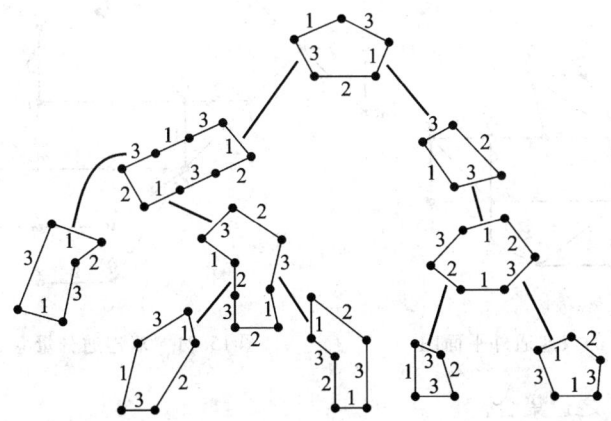

图 15.19 已着色的面树

引理 15.4 令 $reduced(G)$ 有 m' 条边,其中 G 是 $\Delta > 3$ 的且有 m 条边的双连通外平面图,则 $reduced(G)$ 可在 $O(\log n)$ 时间内用 $O(n)$ 个处理器构造出,且 $m' \leq (3/4)m$。

如果去掉图 15.20 中的 $M(G)$ 之边,则可得到如图 15.21 所示的双连通分量树 TB。假定每个双连通分量已独立地被着色;将 TB 中奇数深度的连通分量和其父节点连通分量进行必要的边色调整,合并后形成一个超顶点。按此每重复一次,树高则减半,因而只需要对数次重复。这样剩下的问题就是归并时如何进行边色调整:设 Δ 是 $reduced(G)$ 之最大度数,且其 TB 已被构造出。假定每个双连通分量已用集合 $\{1, 2, \cdots, \Delta\}$ 中的元素进行了着色。试考虑 TB 中某一父节点通过关节点 v 和其所有子节点 $S_1, S_2, \cdots, S_r$ 相连。令 $P(s_i)$ 表示 s_i 中与 v 相连边的颜色集合,$d(s_i)$ 表示 s_i 中节点的度数。如果将集合 $\{1, 2, \cdots, \Delta\} - P(F)$ 分解成 r 个不相交的子集,然后在 $d(s_i)$ 和 $P(s_i)$ 之间建立一一对应边色交换关系,这样就可解决边色冲突问题。显然完成整个树 TB 边色协调要 $O(\log^2 n)$ 的时间和使用 n^2 个处理器。

如果称上述过程为 $ADJUST$,则可对 $\Delta > 3$ 的双连通外平面图的最优边着色算法描述如下:

算法 15.15 SIMD-CREW 模型上 $\Delta > 3$ 的双连通外平面图的最优边着色算法

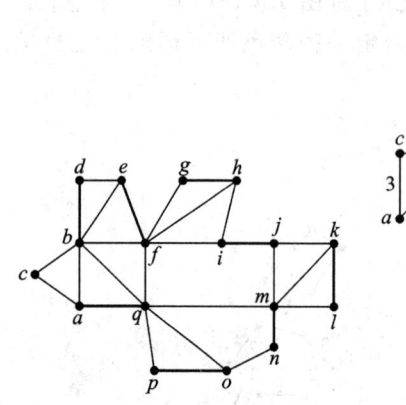

图 15.20 Δ>3 的双连通外平面图

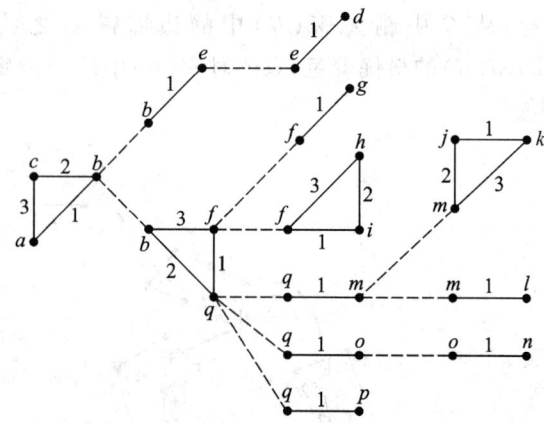

图 15.21 双连通分量树 TB

输入：Δ、G 之边集合。

输出：G 之边用 $[1:D]$ 中的数进行着色，$D \leq \Delta$。

Procedure EDGE-COLOUR(G, D)

begin

    if $\Delta \leq 3$ **then** 按前述方法进行边着色

    else (1) find $M(G)$

          (2) colour every edge in $M(G)$ with colour D

          (3) $G \leftarrow reduced(G)$

          (4) find biconnected components of G and construct TB

          (5) **for** all biconnected components X **par-do**

                EDGE-COLOUR($X, D-1$)

          end for

          (6) ADJUST

    end if

end

假定如图 15.21 所示，各双连通分量已独立地进行了边着色，则经过一次 ADJUST 后的结果如图 15.22(a) 所示；再经过一次 ADJUST 就得到了如图 15.22(b) 所示的结果。它就是 $reduced(G)$ 的最优边着色，再用颜色 6 对 $M(G)$ 中的诸边着色之，最后就可得到 G 之最优边着色。

定理 15.10 对于 $\Delta \geq 3$ 的双连通外平面图，使用算法 15.15 能在 $O(\log^3 n)$ 时间内使用 n^2 个处理器进行最优边着色。

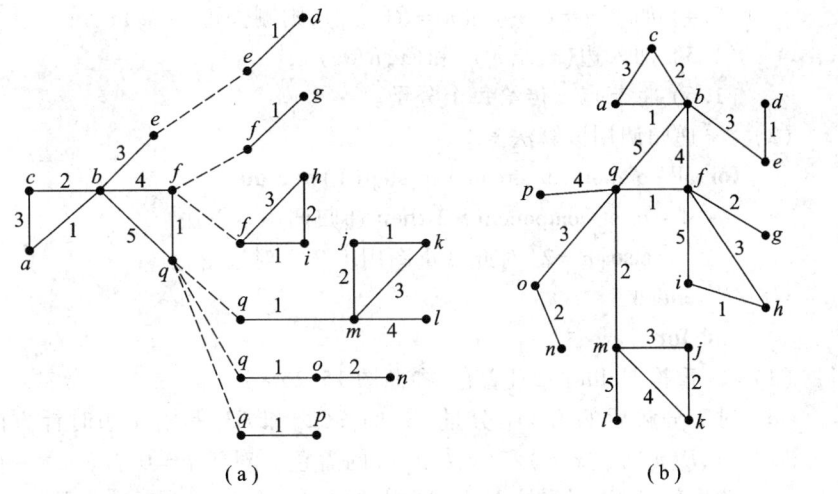

图 15.22 $reduced(G)$ 最优边着色

15.6.4 Halin 图最优边着色算法[18]

定义 15.10 **Halin 图**，又称**边缘树**(Skirted Tree)，是一个平面图，在它所组成的树 T 中无度数为 2 的节点，且有一条回路 C(称为边缘)，其上的节点都是 T 之叶节点。

由此可知，Halin 图的任何平面嵌入，C 就形成了外部面的边界，而且由 C 所构成的外部面和其他的所有面有且仅有一条公共边。

令 $nd(v)$ 表示有根树中包含节点 v 在内的所有子孙节点的数目；$MND(v)$ 定义为 $\max\{nd(w)|w$ 是 v 之子节点$\}$；$L(v)$ 和 $R(v)$ 分别表示 v 之最左和最右子孙叶节点，于是有事实 Fact：对于每棵具有 n 个节点的树 T，至少存在一个节点 x，使得 $T-x$ 所剩下的每个分量 k 皆满足 $|k| \leqslant n/2$。

不难证明这样的节点 x 总能在 $O(\log n)$ 时间内使用 $O(n)$ 个处理器找到。

算法 15.16 SIMD-CREW 模型上 Halin 图的最优边着色算法

输入：Holin 图邻表。
输出：边着色。
begin
  (1) /* Halin 图的分解，参照图 15.23 和图 15.24 */
    (1.1) 找满足 Fact 的节点 x；
    (1.2) 以 x 为 T 之根，找其所有子节点 $(v_1, v_2, \cdots, v_d)$，d 为 x 的度；
    (1.3) 并行地找各子节点的 $L(v_i)$ 和 $R(v_i)$；

(1.4) 如果 $u=L(v_i)$ 和 $w=R(v_{i+1})$,则删去边(u,w);

(1.5) 加入边$(x,L(v_i))$和$(x,R(v_i))$;

(1.6) 将节点 x 传给每个分量。

(2) /* 递归调用该算法 */

    for all components created in step(1) **par-do**

        if size of component >2 **then** 递归调用本算法

            else{$n=2$} 对此多重图用 1、2、3 对边着色

        end if

    end for

(3) /* 重构 Halin 图,且着色,参照图 15.25 */

对于分解后的第 i 个分量,令 $C1_i$、$C2_i$ 和 $C3_i$ 是沿 x 顺时针方向对边 $(x,R(v_i))$,(x,v_i) 和 $(x,L(v_i))$ 的着色。对于 $k=0,1,\cdots,d-1$,我们欲将颜色 C_k 指派给 Halin 图中的边 $e_k=(x,v_k)$。为达此目的,我们可作如下置换:$C1_i \to C_{i-2}$,$C2_i \to C_i$,$C3_i \to C_{i-1}$。这样的置换可确保当 Halin 图重构时,在所替代的边上没有颜色冲突,因为 $C3_i$ 和 $C1_{i+1}$ 被相同的颜色 C_{i-1} 替代,且在边 $(x,L(v_i))$ 和 $(x,R(v_i))$ 被删去后,边 $(L(v_i),R(v_{i+1}))$ 也用 C_{i-1} 着色。

end

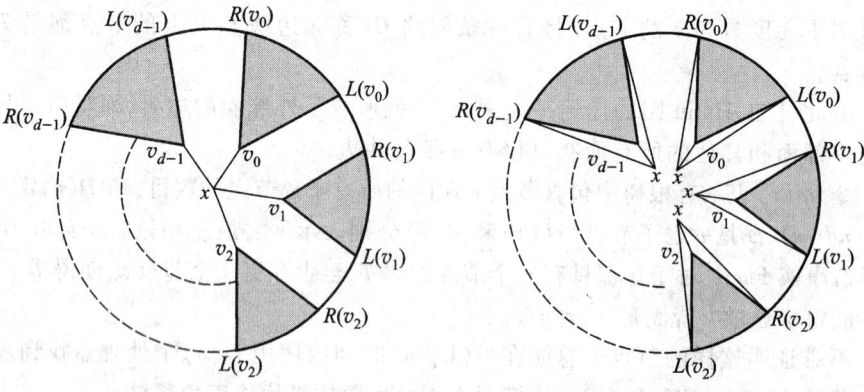

图 15.23　Halin 图　　　　图 15.24　Halin 图的分解

在下面的例子中,约定:① 图 15.26(a)所示的多重图用图 15.26(b)表示;② 分解时产生的每个分量用英文大写字母表示;③ $X \to Y$ 表示重构分量 Y 时,X 的边色所做的适当置换。

例 15.10　试对图 15.27(a)所示的 18 个顶点的 Halin 图进行边着色。

① 执行算法第(1)步:找满足 Fact 的节点 x,此例中只有节点 3 满足条件;其子节点为 16、4、8、2;$L(4)=10,R(4)=17,L(8)=7,R(8)=9,L(2)=15,R(2)=$

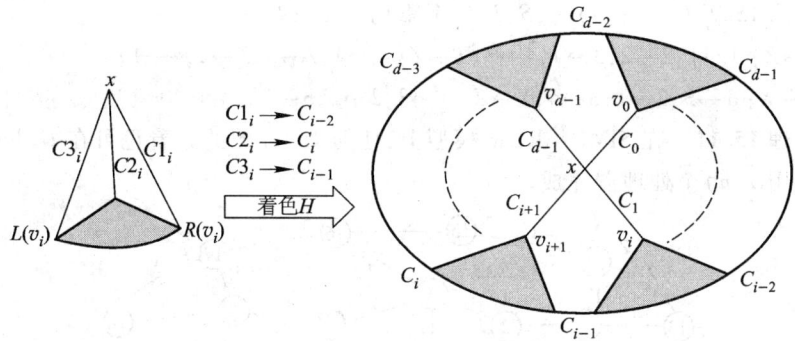

图 15.25 Halin 图的重构

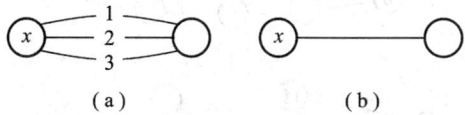

图 15.26 多重图及其简化表示

6;加入边$(3,10),(3,17),(3,7),(3,9),(3,6),(3,15)$;删去边$(15,16),(16,17)$。最后得图 15.27(b)所示的 U、Y、S、T 四个分量。

② 执行算法第(2)步:在分量 T 中满足 Fact 的节点为 1 和 2(先选择节点 1),在分量 Y 中满足 Fact 的节点为 8,在分量 S 中满足 Fact 的节点为 5。递归调用算法对 S、T、Y 施行分解,其结果如图 15.27(c)所示;再按节点 2 和 4 调用算法,对分量 J 和 D 施行分解,其结果如图 15.27(d)所示。

③ 执行算法第(3)步:从图 15.27(d)开始重构 Halin 图且着色:

从图 15.27(d)到(c)时,E、F、G、H 四个多重图按照着色规则重构成 J 分量;而 A、B、C 三个多重图重构成 D 分量,即

$$\begin{cases} E \to J: 1 \to 2, 2 \to 4, 3 \to 3; \\ F \to J: 1 \to 3, 2 \to 1, 3 \to 4; \\ G \to J: 1 \to 4, 2 \to 2, 3 \to 1; \\ H \to J: 1 \to 1, 2 \to 3, 3 \to 2. \end{cases} \quad \begin{cases} A \to D: 1 \to 1, 2 \to 3, 3 \to 2; \\ B \to D: 1 \to 2, 2 \to 1, 3 \to 3; \\ C \to D: 1 \to 3, 2 \to 2, 3 \to 1. \end{cases}$$

从图 15.27(c)到(b)时,D、K、L、M 重构成 S;X、W、V 重构成 Y;J、P、Q、R 重构成 T,即

$$\begin{cases} D \to S: 1 \to 4, 2 \to 3, 3 \to 2; \\ K \to S: 1 \to 3, 2 \to 1, 3 \to 4; \\ L \to S: 1 \to 4, 2 \to 2, 3 \to 1; \\ M \to S: 1 \to 1, 2 \to 3, 3 \to 2. \\ X \to Y: 1 \to 1, 2 \to 3, 3 \to 2; \\ W \to Y: 1 \to 3, 2 \to 2, 3 \to 1; \\ V \to Y: 1 \to 2, 2 \to 1, 3 \to 3. \end{cases} \quad \begin{cases} J \to T: 1 \to 3, 2 \to 1, 3 \to 4, 4 \to 2; \\ P \to T: 1 \to 1, 2 \to 3, 3 \to 2; \\ Q \to T: 1 \to 2, 2 \to 4, 3 \to 3; \\ R \to T: 1 \to 3, 2 \to 1, 3 \to 4. \end{cases}$$

从图 15.27(b) 到(a) 时,S、T、U、Y 重构成 Z,即

$S \to Z$:$1 \to 1, 2 \to 2, 3 \to 4, 4 \to 3$,$T \to Z$:$1 \to 4, 2 \to 3, 3 \to 2, 4 \to 1$;

$U \to X$:$1 \to 3, 2 \to 1, 3 \to 4$;$Y \to Z$:$1 \to 3, 2 \to 2, 3 \to 1$。

定理 15.11　在 SIMD-CREW 模型上,任何 Halin 图的边着色可在 $O(\log^2 n)$ 时间内使用 $O(n)$ 个处理器完成。

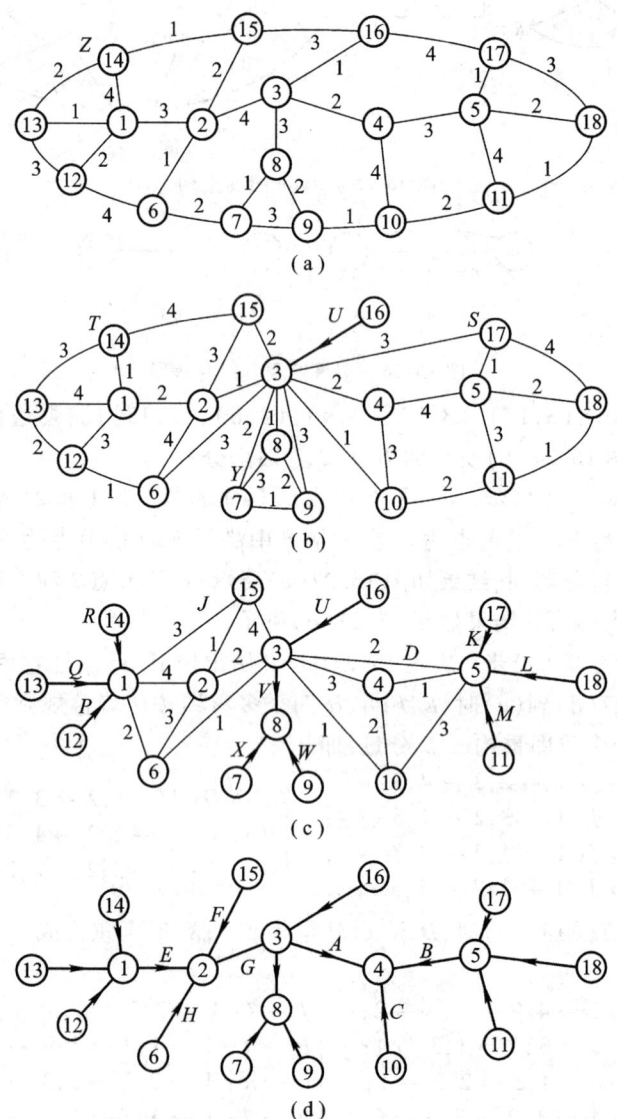

图 15.27　Halin 图的边着色

习　题

15.1　对于图 15.28 所示的无向图，假定 $p=3$，搜索从顶点 1 开始：
　　（a）图示 p-深度优先搜索；
　　（b）图示 p-宽深优先搜索；
　　（c）图示 p-宽度优先搜索。

15.2　对于图 15.29 所示的有向图：
　　（a）给出相应的邻接矩阵；
　　（b）用算法 15.1 求此图的传递闭包。

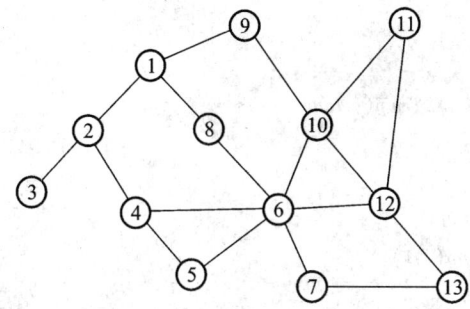
　　图 15.28　待搜索的无向图 G

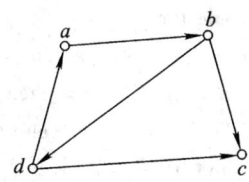
　　图 15.29　待求传递闭包的有向图

15.3　给定 n 点图 G 的邻接矩阵 A，下面是其求连通矩阵 C 的顺序算法（开始时 $C=A$）：

算法 15.17　SISD 机器上的图的连通算法

输入：$A_{n\times n}$。

输出：$C_{n\times n}$。

begin
　　（1）for $i=1$ to $n-1$ do $C_{ii}\leftarrow 1$ end for
　　（2）for $k=0$ to $n-1$ do
　　　　　for $i=0$ to $n-1$ do
　　　　　　　for $j=0$ to $n-1$ do
　　　　　　　　　if $C_{ik}=1 \wedge C_{kj}=1$ then $C_{ij}\leftarrow 1$ end if
　　　　　　　end for
　　　　　end for
　　　end for
end

　　（a）试分析该算法的复杂度；

(b) 试设计一个 SIMD 互连网络模型上的该问题的并行算法。

15.4 试分析算法 15.3 的第(3.1)步所需的时间,即证明在 q-维立方连接中,求最小(最大)元素的时间是对数的。

15.5 为了分析算法 15.4 的复杂度,需将其第(2)步进一步细化:令 $Temp(1:n;1:n)$ 为一个临时数组,$Index(i)$ 为一个下标变量,于是第(2)步可细化如下:

(2a) **for** all $i,j: 1 \leq i,j \leq n$ **par-do**
  if $A(i,j)=1 \wedge D(j) \neq D(i)$ **then** $Temp(i,j) \leftarrow D(j)$
          else $Temp(i,j) \leftarrow \infty$
 end if

(2b) **for** $k=0$ **to** $\lceil \log n \rceil - 1$ **do**
  for all $i,j: 1 \leq i,j \leq n$ **par-do**
   (i) **if**$(j+2^k)$ mod $(n+1) \neq 0$
     then $Index(i) \leftarrow (j+2^k)$ mod $(n+1)$
     else $Index(i) \leftarrow 1$
   end if
   (ii) $Temp(i,j) \leftarrow \min\{Temp(i,j), Temp(i, Index(i))\}$
 end for

(2c) **for** all $i: 1 \leq i \leq n$ **par-do**
  if $Temp(i,1) = \infty$ **then** $C(i) \leftarrow D(i)$
         else $C(i) \leftarrow Temp(i,1)$
 end if

试分析细化后的算法 15.4 的第(2)步所需的时间和处理器数。

15.6 试证明算法 15.5 的正确性。(提示:可使用归纳法证明之。归纳假定是对于某一固定的 j,将第(2)步运行一遍后,顶点 r 和 s 的连通分量只有当其间有一条路径时才是相同的。并且这样的一条路径,如果没有穿过标号 $>j$ 的顶点,则可确信连通分量才是相同的。其余的证明读者可循此思路进行之)。

15.7 试解释算法 15.7 中所使用的组合最优原理,即
$$d_{ij}^k = \min_l (d_{il}^{k/2} + d_{lj}^{k/2})$$

15.8 令 W 是 n 点图 G 的权矩阵,其中 $w_{ii}=0$,如果 v_i 到 v_j 无边存在,则 $w_{ij}=\infty$。试考虑如下的计算所有点对间最短路径的串行算法。开始时设置矩阵 $D=W$。

算法 15.18 SISD 机器上的所有点对间最短路径算法
输入:$W_{n \times n}$。
输出:d_{ij}。
begin
 for $k=0$ **to** $n-1$ **do**
  for $i=0$ **to** $n-1$ **do**
   for $j=0$ **to** $n-1$ **do**
    $d_{ij} \leftarrow \min\{d_{ij}, d_{ik}+d_{kj}\}$

                    end for
                end for
            end for
        end
        (a) 试分析该算法的复杂度；
        (b) 试设计一个 SIMD 互连网络模型上的该问题的并行算法。
15.9 对于图 15.30 所示的加权图 G：
        (a) 试求所有可能的生成树；
        (b) 试求 MST；
        (c) 一个加权图在什么条件下,MST 是唯一的？
15.10 下面是一种 n 点加权图 G 的 MST 串行算法：

算法 15.19 SISD 机器上的 MST 算法
输入：无向加权图 G 的权矩阵 W。
输出：G 之 MST。

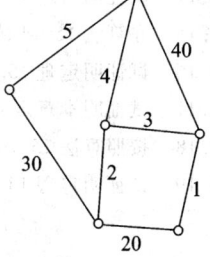

图 15.30 待求生成树的加权图

begin
    (1) **for** $i = 0$ **to** $n-1$ **do**
        (1.1) Determine for vertex v_i its closest neighbor v_j, if two or more vertices are equidistant from v_i, then v_j is the one with the smallest index
        (1.2) The edge (v_i, v_j) is designated as an edge of the MST
    end for
    (2) (2.1) $k \leftarrow$ number of distinc edges designated in step 1
        (2.2) Each collection of vertices and edges selected in step 1 and forming a connected component is called a subtree of the MST
    (3) **while** $k < n-1$ **do**
        (3.1) Let $T_1, T_2, \cdots, T_m$ be the distinct subtrees formed so far
        (3.2) **for** $i = 1$ **to** m **do**
            (i) Using an appropriate tie-breaking rule, select for T_i an edge of smallest weight connecting a vertex in T_i to a vertex in any other subtree T_j
            (ii) This edge is designated as an MST edge and the two subtrees it connects are coalesced into one subtree
        end for
        (3.3) $k \leftarrow k +$ number of distinct edges selected in 3.2
    end while
end
        (a) 试用此算法求例 15.8 所给的权矩阵 W 相应图 G 之 MST；
        (b) 在此基础上设计一种并行算法并分析之。
15.11 对于图 15.30 所示的无向加权图 G：
        (a) 试用 Prim-Dijkstra 算法求 C 之 MST；

(b) 试用 Bentley 算法求 G 之 MST。

15.12 试设计一个任意二分图的最优边着色算法,其时间复杂度为 $O(\log^3 n)$,而使用了 $O(m)$ 个处理器。

15.13 对于算法 15.14:

(a) 分析其(1.1)步的时间为 $O(\log^2 n)$ 和使用了 $n^3/\log^2 n$ 个处理器;

(b) 根据(1.3)步,详细计算出图 15.15 的各顶点 i 的 $P(i)$ 值。

15.14 试证明引理 15.4。

15.15 在算法 15.14 的基础上,试设计一个 $\Delta=3$ 的双连通外平面图的边着色算法。

15.16 试证明定理 15.10。

15.17 试证明本章定义 15.10 下面给出的事实。

15.18 按照算法 15.16,逐步完成图 15.27(a)的边着色。

15.19 试证明定理 15.11

参 考 文 献

[1] 唐策善,梁维发. 并行图论算法. 合肥:中国科学技术大学出版社,1991.

[2] Reghbati E, Corneil D. Parallel Computations in graph theory. SIAM J. Comput., 1978, 7(2): 230-237.

[3] Chin F Y, Lam J, Chen I N. Efficient parallel algorithms for some graph problems. Comm. of the ACM, 1982, 25(9):659-665.

[4] Guibas L J, Kung H T, Thompson C D. Direct VLSI implementation of combinatorial algorithms. Proc. Caltech Conf. on VLSI, 1979, 509-525.

[5] Hirschbelrg D S. Parallel algorithms for the transitive closure and the connected component problem. Proc. 8th Annu. ACM STOC, New York, 1976, 55-57.

[6] Lipton R J, Valdes J. Census functions: an approach to VLSI upper bounds. Proc. 21st Annu. Symp. on FOCS, 1981, 13-21.

[7] Dekel E, Nassimi D, Sahni S. Parallel matrix and graph algorithms. SIAM J. Comput., 1981, 10(4):657-675.

[8] Moore E F. The shortest path through a Maze. Proc. Int'l Symp. on Theory of Switching, 1959, 2:285-292.

[9] Deo N, Pang C Y, Lord R E. Two parallel algorithms for shortest path problems. Proc. Int'l Conf. on Parallel Processing, 1980, 244-253.

[10] Akl S G. An gdaptive and cost-optimal parallel algorithm for minimum spanning trees. Computing, 1986, 36:271-277.

[11] Sollin M. An algorithm attributed to sollin. in introduction to the Design and Analysis of Algorithms. Goodman S E, Hedetniemi S T. ED. New York: McGraw-Hill, 1977.

[12] Aho A, Hopcroft J, Ullman J. The design and analysis of computer algorithms. Reading, MA:

Addison-Wesley,1974.

[13] Bently J L. A parallel algorithm for constructing minimum spanning trees. J. of Algorithms, 1980,1:51-59.

[14] Holyer I. The NP-completeness of edge-colouring. SIAM J. of Comput. ,1981,10:718-720.

[15] Gabow H, Kariv O. Algorithms for edge colouring bipartite graphs and multigraphs. SIAM J. of Comput. ,1982,11(1):117-129.

[16] Diks K. A fast parallel algorithm for six-colouring of planar graphs. Proc. 12th Symp. on Mathematical Foundations of Computer Science. Lecture Notes in Computer Science 233. Springer Verlag,1986,273-282.

[17] Proskurowski A, Syslo M. Efficient vertex-and edge-colouring of outerplanar graphs. SIAM J. of Algebraic and Discrete Methods,1986,7:131-136.

[18] Gibbons A, Rytter W. Efficient parallel algorithms. [S. l.]: Cambridge University Press,1990.

第十六章 计算几何

内容提要 计算几何(Computational Geometry)是计算机科学中的一个分支,是专门研究有关几何对象问题的。它在图像分析、模式识别、计算机图形学、计算机辅助设计、机器人、统计运筹学、数据库搜索等领域应用甚广。由于上述应用领域中常常要求快速处理,所以也促使了有关计算几何并行算法的研究。本章讲授计算几何中的几个重要问题的并行算法:判定问题、相交问题、包含问题、凸壳的构造、Voronoi 图的构造和平面点集的三角剖分等内容。

讲授要点 ① 近邻问题:k-近邻的基本概念,可重构网孔上的 k-近邻并行算法;② 相交问题:基于平面扫描树结构的多条线段相交判定、多边形的相交判定;③ 包含问题:点是否在多边形和平面细图中的判定;④ 凸壳问题:基于 SIMD-MT 模型和 SIMD-EREW 模型的凸壳构造的实现;⑤ Voronoi 图的构造和平面点集的三角剖分:在超立方模型和 SIMD-CREW 模型上构造 Voronoi 图,以及在具有多个处理器的通用计算机上的并行进行 Delaunay 三角剖分的批处理方法、悲观方法和乐观方法。

*16.1 判定问题

判定问题是计算几何中最基本的问题,包括近邻问题、相交问题和包含问题等,所研究的几何对象限于欧氏空间中的点、线、多边形等简单情况。高维几何图形的相关研究有待于进一步开发。

16.1.1 近邻问题

研究**近邻问题**(Proximity Problems)有很多实际的应用背景,例如**分类**(Classification)时需将一个新的待分类的模式指定给它最近邻的一类;**聚类**(Clustering)时应将一些充分靠近的实体聚集在一族。本节将介绍常用的 k-近邻聚类算法。

定义 16.1 k-**近邻**(k-Nearest-Neighbor)是指求出 N 点集中每个点的前 k 个最近点。

k-近邻问题在模式分类器[1-3]、回归分析工具[4]和空间数据库的检索[5,6]等领域有广泛的应用背景。大部分已有的 k-近邻算法都是基于数据库高维数据的,点与点之间"距离"也不是欧氏距离,而是数据之间的相似度。本节将针对欧几里得空间的 k-近邻,给出其并行算法[7]。

定义 16.2 **可重构网孔**(Remesh)是一类可以动态连接总线的网孔机器,在算法的执行过程中可以动态地改变节点的总线连接,从而改变拓扑结构。

一个规模为 $N \times N$ 的可重构网孔机器[8,9]将处理器排成 $N \times N$ 的方阵,相邻处理器之间通过通信链路连接,每个处理器有四个端口(边界处理器只有三个,四角的处理器各有两个),分别是 N、E、S 和 W,参见图 16.1,它们分别连接通向相邻处理器的通信链路,处理器通过设置内部端口间的连接开关,可以得到不同的连接方式。

图 16.2 列举了处理器总线开关的所有连接方式,通过把处理器的总线开关设置成不同的连接方式,可以将整个总线划分成若干个相互独立的子总线,例如所有处理器的总线都设置成{EW,N,S}连接方式,在 E 或 W 端口上载数据,从 E 或 W 端口下载数据,这样所有的行子总线就可以独立地并行播送了。

在总线内部播送时要遵循无冲突原则,即在一个时间步内,同一个子总线上只能有一个信息发送者,但允许总线上有多个处理器接收数据。可重构网孔的总线传输延迟有两类假设:一类 $O(1)$ 模型,即假定总线上的单位长度数据,在写到总线上以后的单位时间内可到达总线上的所有处理器;另一类是 $O(\log n)$ 模型,这里采用第一类假设。

N
W
E
S
开关

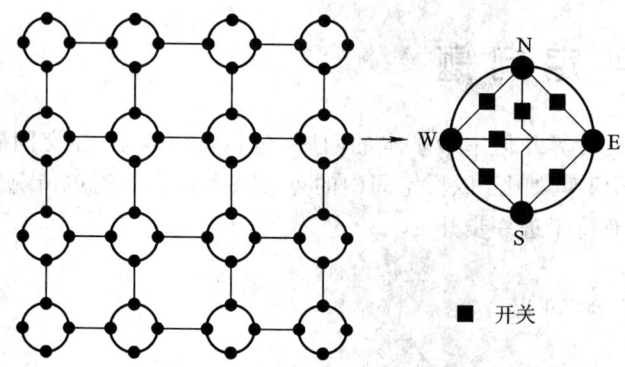

图 16.1 可重构 4×4 网孔

{EWSN}
{E,W,SN}
{EW,S,N}
{E,W,S,N}
{EW,SN}
{EWN,S}
{EWS,N}
{NWS,E}
{W,NES}
{NW,SE}
{NE,W,S}
{N,W,ES}
{WS,N,E}
{NW,S,E}
{NE,SW}

图 16.2 总线开关的 15 种连接模式

在已知平面点集和点集内部的一个矩形区域 R(如图 16.3 所示)的情况下,Miller 和 Stout 证明了 R 中至多存在 8 个点[8],这 8 个点的最近邻不在矩形 R 所在的横向和纵向的两条窄带中。

纵向窄带
横向窄带
R

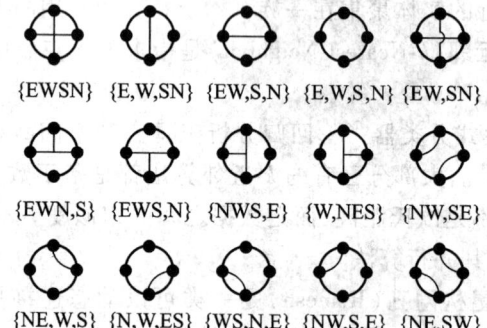

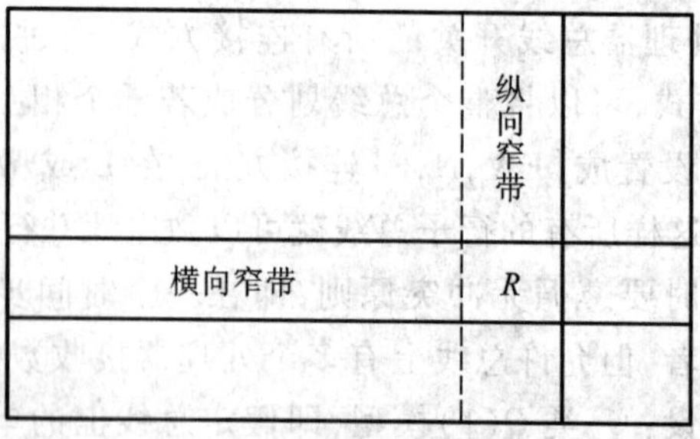

图 16.3 矩形示意图

引理 16.1 给定一个任意的二维平面点集 S 和任意的实数对 $x_1 < x_2, y_1 < y_2$，令：
$R = \{(x,y) | x_1 \leq x \leq x_2 \text{ 且 } y_1 \leq y \leq y_2\}$，$D(p) = \min\{d(p,q) | q \in S, q \neq p\}$，$D'(p) = \min\{d(p,q) | q \in S, q \neq p, \text{且 } x_1 \leq x_q \leq x_2 \text{ 或 } y_1 \leq y_q \leq y_2\}$，则如下结论成立：① 如果 $p \in R \cap S$ 并且 $D(p) < D'(p)$，则存在矩形 R 的一个顶点 c，使得 $d(p,c) < D'(p)$；② 令 c_1, c_2, c_3, c_4 为 R 的 4 个顶点，$R \cap S$ 中至多存在 8 个点 p_i，使得对于每个点 p_i 存在顶点 $c_{j_i}, d(p_i, c_{j_i}) < D'(p_i) (i = 1, 2, \cdots, 8)$，其中，$c_{j_i}$ 是 c_1, c_2, c_3, c_4 中的一点。

借引理 16.1 的思想，可以证明对于 k-近邻问题，矩形 R 中至多存在 $8k$ 个点，使得这些点到 R 的某个顶点的距离小于该点到 R 所在的横向和纵向窄带中的第 k 个近邻的距离，也就是说这 $8k$ 个点的 k-近邻不全分布在横向和纵向窄带中。

引理 16.2 给定一个任意的二维平面点集 S 和任意的实数对 $x_1 < x_2, y_1 < y_2$，令：
$R = \{(x,y) | x_1 \leq x \leq x_2 \text{ 且 } y_1 \leq y \leq y_2\}$，$D_k(p) = \min_k\{d(p,q) | q \in S, q \neq p\}$，$D'_k(p) = \min_k\{d(p,q) | q \in S, q \neq p \text{ 且 } x_1 < x_q \leq x_2 \text{ 或 } y_1 \leq y_q \leq y_2\}$；其中，$\min_k$ 是指第 k 个最小值，则如下结论成立：① 如果 $p \in R \cap S$ 并且 $D_k(p) < D'_k(p)$，则存在矩形 R 的一个顶点 c，使得 $d(p,c) < D'_k(p)$；② 令 c_1, c_2, c_3, c_4 为 R 的 4 个顶点，$R \cap S$ 中至多存在 $8k$ 个点 p_i，使得对于每个点 p_i 存在一个顶点 $c_{j_i}, d(p_i, c_{j_i}) < D'_k(p_i)$，$i = 1, 2, \cdots, 8k$。

证明 （1）因为 $D_k(p) < D'(p)$，所以集合 $\{q | q \in S, x(q) < x_1 \text{ 或 } x(q) > x_2 \text{ 且 } (y(q) < y_1 \text{ 或 } y(q) > y_2)\}$ 中必然存在一点 r 使得 $d(p,r) = D_k(p)$，不妨设 $x(r) > x_2$，$y(r) > y_2$，如图 16.4(a) 所示，其他情况与此类似，则 $d(p,c) < d(p,r) = D_k(p) < D'_k(p)$。

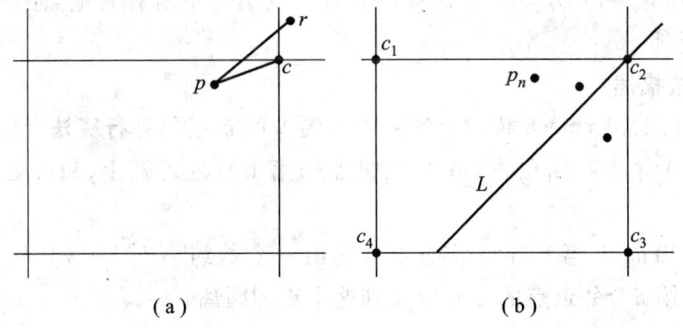

图 16.4 引理 16.2 的图示

（2）如果能证明对于每个顶点 $c_j, j = 1, 2, 3, 4$，至多存在 $2k$ 个点 $p_{j_i}, i = 1, 2, \cdots, 2k$ 满足 $d(p_{j_i}, c_j) < D'_k(p_{j_i})$，则（2）得证。不妨取顶点 c_2，过点 c_2 作 $\angle c_1 c_2 c_3$ 的平分线 L，如图 16.4(b) 所示，假设存在 $2k+1$ 个点 $p_{2_i}, i = 1, 2, \cdots, 2k+1$ 满足

$d(p_{2i},c_2) < D'_k(p_{2i})$，则至少有 $k+1$ 个点（包括落在 L 上的点）分布在上半角或下半角，不妨假设为上半角，且这 $k+1$ 个点的编号为 p_{2i}，$i = 1, 2, \cdots, k+1$，则要么这 $k+1$ 个点到 c_2 不等距，即存在 $1 \leq i, j \leq k+1$，且 $i \neq j$，$d(p_{2i},c_2) \neq d(p_{2j},c_2)$；要么 $k+1$ 个点到 c_2 等距：① 如果不等距，不妨设 $p_{2n}(1 \leq n \leq k+1)$ 是距离 c_2 最远的点之一，则 p_{2n} 到其他 k 个点的距离小于 p_{2n} 到 c_2 的距离，即 $d(p_{2n},c_2) < D'_k(p_{2n})$，与假设矛盾。② $k+1$ 个点到 c_2 等距，则 $p_{2i}(2i = 1, 2, \cdots, k+1)$ 在以 c_2 为圆心，以 $d(p_{2i},c_2)$ 为半径的圆上，因为矩形边与 L 之间的夹角为 45°，所以 $k+1$ 个点之间的距离必然小于圆的半径，即 $d(p_{2i},c_2) < D'_k(p_{2i})$（$i = 1, 2, \cdots, k+1$），也与假设矛盾。

综合①、②得出结论：对于矩形的任意一个顶点 $c_j(j = 1, 2, 3, 4)$，矩形内部至多存在 $2k$ 个点 p_{ji}，满足 $d(p_{ji},c_j) < D'_k(p_i)$（$i = 1, 2, \cdots, 2k$），每个矩形 R 至多有 $8k$ 个这样的点。□

Remesh 模型上平面点集 S 的 k-近邻并行算法的基本思想和描述如下：

1. 基本思想

引理 16.2 把矩形区域中的点分为两类，一类不能在矩形所在横向和纵向窄带中求解 k-近邻的点，这样的点最多有 $8k$ 个；矩形中的其余点都属于另一类，它们的 k-近邻分布在横向和纵向窄带中。有了引理 16.2 算法就可以采取"分治法"策略进行求解，先按照点的 x 坐标和 y 坐标，把点集 S 覆盖的区域均匀地进行横向和纵向划分，得到 I 个横条 ROW_i，$i = 1, 2, \cdots, I$ 和 J 个纵条 $COL_j(j = 1, 2, \cdots, J)$，然后对所有的 ROW_i 中的点和 COL_j 中的点递归求解；对于每个 ROW_i 和 COL_j 相交形成的矩形状 R_{ij}，判断其内部的点是否离 R_{ij} 的四个顶点更近，若是，则这些点的 k-近邻不全在 ROW_i 和 COL_j 中，需计算这些点与点集 S 中所有其他点的距离，并选择出前 k 个近邻。

2. 算法描述

算法 16.1 Remesh 模型上的平面点集 S 的 k-近邻并行算法

输入：N 个点存储在 $N \times N$ 网孔机器的第 1 行处理器上，每个处理器含有一个点。

输出：Remesh 第 1 行每个处理器输出一个数组 $NB[1 \cdots k]$，每个数组元素 $NB[i]$ 包括第 i 邻近点的编号以及到这个点的距离。

begin

(1) 将整个网孔对 N 个点按 x 坐标进行排序。

(2) 均匀地将网孔划分成行向的 $N^{1/4}$ 个 $N \times N^{3/4}$ 子网孔，每个子网孔中有 $N^{3/4}$ 个点，第 b 个子网孔中的点集记为 X_b。在每个 $N \times N^{3/4}$ 子网孔中求解所含的子集 X_b 中每个点在 X_b 中的 k-近邻（$b = 1, 2, \cdots, N^{1/4}$）。

(3) 将 N 个点路由到网孔的第 1 列,每处理器含一个点,类似第 1 步,对这些点按 y 坐标进行排序。类似第(2)步,把网孔分成列向的 $N^{1/4}$ 个 $N^{3/4} \times N$ 子网孔,记第 a 个子网孔中的点集为 Y_a。在子网孔中,分别求解 Y_a 中每一点在 Y_a 中的 k-近邻 ($a = 1, 2, \cdots, N^{1/4}$)。

(4) 将整个网孔划分成 $N^{1/2}$ 个 $N^{3/4} \times N^{3/4}$ 的子网孔,记第 i 行第 j 列的子网孔坐标为 (i, j) ($i, j = 1, 2, \cdots, N^{1/4}$),我们要将 $Y_a \cap X_b$ 中的所有点移动到第 (a, b) 个子网孔。

(5) 对每个 $Y_a \cap X_b$ 中的点 p,由第(2)和第(3)步已知 p 在 Y_a 中的 k-邻近点和在 X_b 中的 k-邻近点,比较之,得出 p 在 Y_a 和 X_b 中的 k-近邻。这一步可以通过一个串行归并来完成。

(6) 在这一步,每个 $N^{3/4} \times N^{3/4}$ 的子网孔中的点需要获取相应子网孔矩形的四个顶点的坐标,使每个子网孔中的点均知道所在子网孔矩形的四个顶点的坐标。

(7) 子网孔中的所有点计算同四个顶点的距离,比较这些距离与该点在 Y_a 和 X_b 中 k-邻近点的距离,若前者短,则这些点还没有找到 k-近邻,记这样的点集为 $M(a, b)$;否则,则 $Y_a \cup X_b$ 的 k-近邻就是这个点的 k-近邻解。

(8) 已经找到 k-近邻的处理器,将所求的 k-近邻 $NB[1 \cdots k]$ 通过列总线传送到整个网孔第 1 行具有相应点编号的处理器。

(9) 将网络第 1 行每个处理器所含的点播送到相应列的每个处理器,这样,网络每一行都存储了点集 S,把整个网孔划分成 $N^{1/2}$ 个规模为 $N^{1/2} \times N$ 的子网孔,再将 $M(a, b)$ 的点移动到第 $(a-1) \times N^{1/4} + b$ 个子网孔。再把每个子网孔划分成 $8k$ 个 $(N^{1/2}/8k) \times N$ 的子网孔,为 $M(a, b)$ 中的每个点分配一个大小为 $(N^{1/2}/8k) \times N$ 的子网孔,在这个子网孔内计算这个点与所有其他 $N-1$ 个点的距离,通过 k 步最小值操作求出前 k 个近邻点以及距离,每一步选择一个距离最小值,把这个最小值播送到子网孔的第 1 行第 1 列的处理器后将该距离标记为 ∞,继续下一步选择直到 k 步选择完成。

(10) 把第(9)步已求解的点的 NB 数组播送到具有相应点编号的第 1 行的处理器。则输入点集的所有点的 k-近邻均已求解。

end

在规模为 $N \times N$ 的可重构网孔机器上 N 个点的 k-近邻算法,时间复杂度为 $O(k)$,达到了该问题的时间复杂度下界,具体讨论请参见文献[7]。

16.1.2 相交问题

很多场合中,要求确定一组几何物体(目标)是否相交有很多实际的应用。例如,在模式分类中,必须确定代表不同类别的空间中的不同区域是否具有共同的子区域;在集成电路设计中,要避免导线的交叉和元件的重叠;在计算机图形学中,要求消去三维景象的二维表示中的隐线和隐面;这些问题都可归结为物体的**相交问题**(Intersection Problem)。下面重点介绍二维平面上的线段之间的相交判断和多边形之间相交的判断问题,最后简略地介绍了凸多面体的相交问题。

1. 线段相交(Intersection of Line Segments)问题

给定平面上的一组线段,判别它们是否相交。首先看一下线段相交判断的串行算法,如图 16.5 所示,它采取了平面扫描线的方法。

(1) **串行算法** 平面扫描线按照平面上所有线段的 x 坐标进行从左到右扫描,判断各个线段在当前扫描线上的 y 坐标顺序,随着时间变化,排序的序列出现颠倒次序时,表明有线段相交,例如,图 16.5(a)不相交,图 16.5(b)在 w 扫描线时检查出现次序颠倒,说明线段相交。

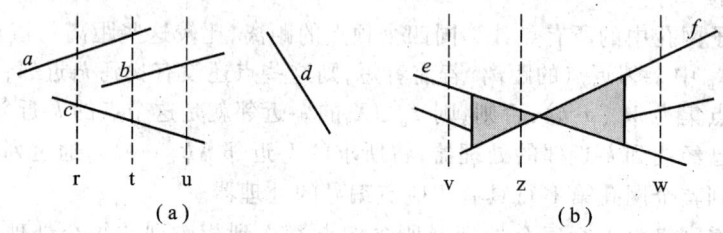

图 16.5 线段相交的扫描线法

(2) **并行算法** 在并行算法中采用了一种新的数据结构——**平面扫描树**(Plane-Sweep Tree)[10]来检测线段是否相交,该算法使用 PRAM-CRCW 模型,运行在 $O(n)$ 个处理器上。

令 $S = \{S_1, S_2, \cdots, S_n\}$ 为平面 S 内 n 条不相交的线段,为简化说明问题,先假设这些线段的端点的 x 坐标值各不相同。T 为完全二叉树,对应的 $2n$ 个叶子节点由这些线段端点 x 坐标值构成,并形成 $2n+1$ 个间隔区域。T 树上每个节点 v 代表 x 坐标轴上的一个间隔区域 $[a_v, b_v]$,此间隔区域为 v 节点下子节点的所有间隔区域总和。令 $\prod_v$ 为垂直片段区域 $[a_v, b_v] \times (-\infty, \infty)$,当线段 S_i 覆盖了 $\prod_v$ 区域而覆盖不了 v 节点的父节点 z 上的 $\prod_z$ 区域时,则称定义 S_i 覆盖了 T 树上点 v。在下文中,$left \prod_{(v)}$ 表示区域 $\prod_{(v)}$ 的左边界,$right \prod_{(v)}$ 表示区域 $\prod_{(v)}$ 的右边界。

令 $H(v) = \{S_i | 线段 S_i 覆盖 v\}$,$W(v) = \{S_i | 线段 S_i 至少有一个端点在 \prod_v 上\}$,$L(v) = \{S_i | S_i 属于 W(v) 并且 S_i 与 left \prod_{(v)} 有交集\}$,$R(v) = \{S_i | S_i 属于 W(v) 并且 S_i 与 right \prod_{(v)} 有交集\}$,则图 16.6 为

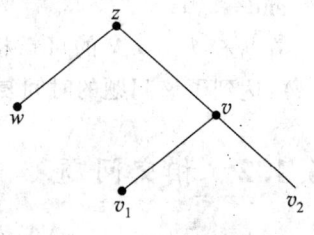

图 16.6 平面扫描树

平面扫描树 T 上 v 节点的构造, v_1、v_2 为节点 v 的孩子节点, w 为其兄弟节点, z 为父节点, 则有下列等式：

$$L(v) = H(v_1) + L(v_1) \tag{16.1}$$

$$R(v) = H(v_2) + R(v_2) \tag{16.2}$$

$$H(v) = R(w) - \{R(w) \cap L(v)\} \quad (v \text{ 是 } z \text{ 的右孩子,如图 16.6 所示}) \tag{16.3}$$

$$H(v) = L(w) - \{L(w) \cap R(v)\} \quad (v \text{ 是 } z \text{ 的左孩子}) \tag{16.4}$$

其中, $R(w) \cap L(v)$ 以及 $L(w) \cap R(v)$ 表示一端点在 $\prod_w$, 另一端点在 $\prod_v$ 上所有线段集合。

基于前面的讨论, 根据平面扫描树 T 上每个节点, 定义一些基本区域集合 $L(v)$、$R(v)$、$H(v)$, 这些集合与 v 节点下子节点 v_1、v_2 有关, 即与树的下一层有关。下面的算法 16.2、16.3 是预处理和构造等过程, 算法 16.4 是判断相交, 算法 16.5 是一个加强补充算法。

算法 16.2　SIMD-CREW 模型上的判断线段相交预处理算法

输入: $S = \{S_1, S_2, \cdots, S_n\}$, S 为不相交线段集合。

输出: 基于 S 上线段构造的平面扫描树 T_1 和集合 $I(v)$, 其中 $I(v)$ 为一个端点在 $\prod_{lchild(v)}$、另一端在 $\prod_{rchild(v)}$ 区域的所有线段集合。

begin

(1) $S_1, S_2, \cdots, S_n$ 各端点按 x 坐标值排序, 建一棵由线段端点决定的有 $2n+1$ 个间隔的完全二叉树 T_1。

(2) **for** $l = lowestlevel$ **to** 0 **par-do** /* $lowestlevel$ 为树的最底层 */

(2.1) 令 J 为所有 $\{V, S_i\}$ 对集合, $S_i \in \prod_v$, v 为 T_1 的最低点。

/* 显然 J 的构造在 n 个处理器上的时间复杂度为 $O(\log n)$。 */

(2.2) 对 J 按照前缀进行排序, 计算集合 $I(v) = \{S_i | (V, S_i) \in J\}$。

(2.3) 对集合 $I(v)$ ($v \in T_1$) 上所有线段, 在其 $\prod_{lchild(v)}$ 和 $\prod_{rchild(v)}$ 之间按端点的 y 坐标值排序。

end for

end

此处理过程在 SIMD-CREW 模型上使用 $O(n)$ 个处理器, 时间复杂度为 $O(\log n \log \log n)$, 空间复杂度为 $O(n)$。对于每个 $v \in T_1$, $I(v)$ 为一个端点和 $\prod_{lchild(v)}$ 相交、另一端和 $\prod_{rchild(v)}$ 相交的所有线段集合。

上述式 (16.3) 中 $R(w) \cap L(v)$ 以及式 (16.4) 中 $L(w) \cap R(v)$ 表示一端点在 $\prod_w$ 上, 另一端点在 $\prod_v$ 上所有线段集合。

因此, 式 (16.3) 和式 (16.4) 中可分别改写为：

$$H(v) = R(w) - I(z) \quad (v \text{ 是 } z \text{ 的右孩子}) \tag{16.3'}$$

$$H(v) = L(w) - I(z) \quad (v \text{ 是 } z \text{ 的左孩子}) \tag{16.4'}$$

根据(16.3′)和(16.4′),可以按照下述算法构造一棵平面扫描树 T_2。

算法 16.3 SIMD-CREW 模型上的构造平面扫描树 T_2 算法

输入:预处理算法 16.2 得到的 T_1 树以及 $I(v)$ 集合。

输出:平面扫描树 T_2 以及集合 $H(v)$。

begin

 for $l = lowestlevel$ to 0 par-do   /* $lowestlevel$ 为树的最底层 */
  /* V 是 T_1 树上 l 层的节点 */
 (1) 利用式(16.1)、(16.2)通过 v 的孩子节点构造集合 $L(v)$、$R(v)$。
 (2) 通过改写后的式(16.3′) $H(v) = R(w) - I(z)$ (v 是 z 的右孩子,w 是 z 的左孩子)以及(16.4′)$H(v) = L(w) - I(z)$ (v 是 z 的左孩子),求得集合 $H(v)$,该等式利用第(1)步中的 $L(v)$、$R(v)$ 以及输入 $I(v)$ 集合中父节点 $I(z)$。
 (3) 当进入 l 层扫描时,丢弃 $l+1$ 层的 $L(v)$、$R(v)$。
 end for

end

构造算法为每个 $v \in T_1$ 个的点准确地构建了集合 $H(v)$,在 SIMD-CREW 模型上利用 n 个处理器,时间复杂度为 $O(\log n \log\log n)$ 和空间复杂度为 $O(n\log n)$。

构造算法结束以后,根据输出的平面扫描树 T_2,我们可以进行遍历算法的基本操作,即加强补充算法。对于任一输入点 P,定位 P 点位置并进行一些操作,首先从叶子节点开始,找到点 v,$v \in T_2$,使得 P 点在 x 坐标区域内 $X(P) \in [a_v, b_v]$。然后从此找到的 v 点开始,到根节点 root 路径上每一点 z 进行查找,找出 $H(z)$ 在 P 点上面或者下方的所有线段(算法 16.4)。

现在判断平面 S 上 n 条线段中是否线段相交,利用以下两个条件来测试相交问题。

引理 16.3 构造平面 S 平面扫描树 T,测试以下两个条件,如果均满足,则平面 S 内无线段相交。① 对每个 $v \in T$,在集合 $H(v)$ 中的所有线段,与 $\prod_v$ 左垂直片段相交序列和与 $\prod_v$ 右垂直片段相交序列相同。② 对每个 $v \in T$,在集合 $W(v)$ 上的所有线段与集合 $H(v)$ 上所有线段不相交。

使用此引理为平面 S 在构造或遍历平面扫描树 T 的过程中,要对每一个点 v 进行测试。

算法 16.4 SIMD-CREW 模型上的判断平面 S 上是否有任意两条线段相交算法

输入:平面 S 上的 n 条线段。

输出:是否相交。
begin
(1) 为平面 S 依次使用算法(16.2)和(16.3)构建平面扫描树 T_2。
(2) 对于树 T_2 中在 $H(v)$ 上的每个节点 v,判断 $H(v)$ 在 $L(v)$ 与 $R(v)$ 区域内 y 坐标上的线段排列顺序是否一致,不一致则相交。
(3) 若 $W(v)$ 不相交于 $H(v)$ 上任何线段,则不相交。
end

利用上面算法,对于平面上的 n 条线段,在 SIMD-CRCW 模型上判断任意两条线段是否相交的时间复杂度是 $O(\log n \log\log n)$(主要用于构造 T、计算 $H(v)$ 等数据),空间复杂度是 $O(n\log n)$,需要的处理器数为 $O(n)$。

加强算法(算法 16.5)主要对点 v 根据其父节点的信息来做一些查找工作。

现引入表节点的定义:B 为非降序集合 $\{b_1, b_2, \cdots, b_m\}$,$b_j$ 元素若为 B 集合中一点,那么,称在 B 集合中小于或等于 b_j 的最大一位为 b_j 的表节点。$SAMP_k(A)$ 表示 A 序列中位置为 k 倍数的各元素。

算法思想是对每一点 $v(v \in T)$ 构造加强集合 $A(v)$,$H(v)$ 小于或等于 $A(v)$,指针指出 $A(v)$ 中元素的位置,在 $O(1)$ 时间内找到元素既在 $H(v)$ 也在 $A(parent(v))$ 中。

算法 16.5　SIMD-CREW 模型上的加强补充算法

输入:平面 S 上不相交线段的集合,以及构造算法(16.3)的输出结果:平面
　　　扫描树 T_2 以及每个点 $v(v \in T_2)$ 的集合 $H(v)$。
输出:加强平面扫描树 T',以及多个点 P 的在 $O(\log n)$ 时间内完成的位置
　　　查询。
begin
(1) r 为 T_2 的根节点,令 $A(r) = H(r)$
(2) **for** $l = 1$(根的下一层) **to** lowestlevel every $v \in T_2$ on level l **par-do** /* l 层上的每个 $v \in T_2$ */
　　(2.1) 合并 $H(v)$ 与 $SAMP_4(A(z))$ 中线段序列并以 $A(v)$ 存储,z 为 v 的父节点。
　　(2.2) 判断 $S_i \in A(v)$ 中在 $A(z)$ 序列中的表节点。对于 $S_i \in A(v)$,使用指针 $up(S_i)$ 指出 S_i 在 $A(z)$ 中的表节点。
　　(2.3) 判断 $S_i \in A(v)$ 中在 $H(v)$ 序列中的表节点。对于 $S_i \in A(v)$,使用指针 $over(S_i)$ 指出 S_i 在 $H(v)$ 中的表节点。
end for

end

2. 多边形相交(Polygon Intersection)问题

两个多边形相交的问题可以转化为一个多边形的多条边和一个多边形的相交问题[11]。

（1）**串行算法**　单处理机两个多边形相交的算法可描述如下：

算法 16.6　SISD 上的两个多边形相交串行算法

输入：多边形 R 的 n 条边 $E_1, E_2, \cdots, E_n$ 的两个端点坐标集合 S_1，多边形 Q 的 m 条边 $F_1, F_2, \cdots, F_m$ 的两个端点坐标集合 S_2。

输出：两个多边形是否相交：result 的值是 true 则相交，是 false 则不相交。

```
begin
  for i = 1 to n do
    for j = 1 to m do
      if ( E_i intersects F_j ) then
            result←true
      end if
    end for
  end for
end
```

（2）**并行算法**　机群系统 MIMD-AC 模型中两个多边形相交的算法可描述如下：

算法 16.7　MIMD-AC 模型上的多边形相交并行算法

输入：多边形 R 的 n 条边 $E_1, E_2, \cdots, E_n$ 的两个端点坐标集合 S_1，多边形 Q 的 m 条边 $F_1, F_2, \cdots, F_m$ 的两个端点坐标集合 S_2。

输出：两个多边形是否相交：result 的值是 true 则相交，是 false 则不相交。

```
begin
  (1) for   i = 1 to n  do
          将 E_i 广播给所有处理器
      end for
  (2) for j = 1 to m do
          将 F_j 广播给所有处理器
      end  for
  (3) for all P_k   where 1 ≤ k ≤ p   par-do
        for i = 1 to ⌈n/p⌉ do
          for j = 1 to m do
```

$\quad\quad\quad\quad\quad\quad$ **if** (E_{i*p+k} intersects F_j) **then**
$\quad\quad\quad\quad\quad\quad\quad\quad$ result←**true**
$\quad\quad\quad\quad\quad$ **end if**
$\quad\quad\quad\quad$ **end for**
$\quad\quad\quad$ **end for**
$\quad\quad$ **end for**

（4）将各个处理器上 result 返回主处理器,如果其中有一个为真,则两多边形相交,否则两多边形不相交。

end

3. 凸多面体相交（Pdyhedra Intersection）问题

三维空间的相交问题和二维平面上的相交问题并没有实质的区别,在判断边的相交时比二维问题上判断边的相交问题更复杂。

给定两个凸多面体 P 和 Q,它们分别有 n、m 个顶点。构造 P 和 Q 的交,记为 $P \cap Q$。显然,P 和 Q 的交是凸多面体。计算 $P \cap Q$ 的简单方法是：检查 P 的每个小侧面与 Q 的每个小侧面是否相交,若相交,则记录交,该交为线段；然后由此确定 $P \cap Q$。如果 P 和 Q 的所有小侧面都不相交,则 P 和 Q 是分离的,或者一个多面体在另一个的内部。这种方法的串行时间复杂性为 $O((n+m)^2)$[12],可以对这个算法进行并行化。Dadoun 和 Kirkpatrick 在 1989 年提出了两个凸多面体 PRAM-CREW 模型上的并行交检测算法[13]。

16.1.3 包含问题

定义 16.3 一个能够画在平面上而没有任何相交边的图形称为**平面图**（Planar）。

定义 16.4 由一些相邻的多边形（称为**单图**,Simple）所组成的图称为**平面细图**（Planar Subdivision）,其中各多边形中除了顶点外,无两条边相交。

给定一个平面细图和一个顶点 p,试确定哪个多边形包含了 p,此即所谓**包含问题**（Inclusion Problem）[14]。最简单的情况是,判断点 p 是否在一个多边形 Q 中。图 16.7 示出了点 p 包含在平面细图中。

1. 判断点在多边形中（Point in Polygon）

（1）算法原理和描述

定义 16.5 一条直线的两端,分别处在另一条直线的异侧时,则称为两直线相交。

假定读者已熟悉判断直线相交的算法。

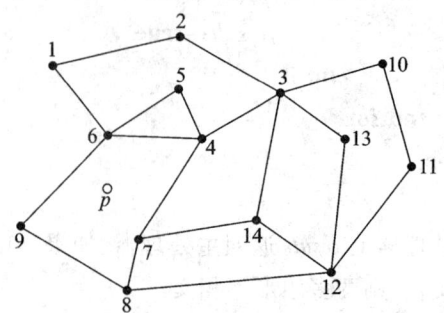

图 16.7　平面细图中包含了点 p

我们所讨论的判断点在多边形中的算法的基本思想图示在图 16.8 中。其基本步骤是：① 过 p 点作一条垂直线；② 求此垂线与多边形 Q 诸边的交点；③ 判断：如果位于 p 之上方的交点数目为奇数，则 p 位于 Q 中；否则在 Q 外。此种测试，对于 n 边形可在 $O(n)$ 步内完成。很清楚，这是最优的串行算法，因为读入 n 条边也至少需要 $\Omega(n)$ 步。现在拟在树连接的 SIMD 机器上并行化上述算法：假定 Q 有 n 条边，系统中有 n 个

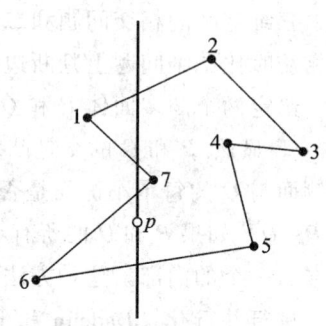

图 16.8　p 位于 7 边形中

处理器 $P_1,\cdots,P_n$ 排成二叉树。各处理器的编号从根开始自上而下、自左而右逐级向下推进。每个处理器存储 Q 的一条边，边由其两个端点的笛卡儿坐标表示，点 p 的坐标约定为 (x_p, y_p)。开始时，根读入 (x_p, y_p)，然后播送给树中的其余处理器，当 P_j 接收到 p 的坐标时，它确定：① 穿过 p 的垂直线 L_p 是否和 Q 的边 e_j 相交；② 此交点是否位于 p 之上方？如果此两条件均满足，则 P_j 产生"1"输出，否则为"0"。将各处理器之输出相加，其和若为奇数，则称 p 位于 Q 中，否则为 Q 外。

算法执行时，假定处理器 P_j 已保存了边 e_j；中间变量 a_j 和 s_j 是作为计算 p 之上方的交点数用的；算法结束时，P_1 产生"1"（p 在 Q 中）或"0"（p 不在 Q 中）的回答。

算法 16.8　SIMD-BT 模型上的判断点在多边形中的算法

输入：P_j 存有 e_j 之坐标 $(j=1,\cdots,n)$；点 p 坐标 (x_p, y_p)。

输出：P_1 回答"1"或"0"。

Procedure POINT IN POLYGON$(x_p, y_p, answer)$

begin

(1) (1.1) P_1 reads (x_p, y_p)

    (1.2) **if** L_p intersects e_1 above p

        then $s_1 \leftarrow 1$

        else $s_1 \leftarrow 0$

    end if

    (1.3) P_1 sends (x_p, y_p, s_1) to P_2 and $(x_p, y_p, 0)$ to P_3

(2) **for** $i = \log(n+1) - 2$ **down to** 1 **do**

    for $j = 2^{\log(n+1)-1-i}$ **to** $2^{\log(n+1)-i} - 1$ **par-do**

        (2.1) P_j receives (x_p, y_p, s) from its parent

        (2.2) **if** L_p intersects e_j above p

            then $s_j \leftarrow 1$

            else $s_j \leftarrow 0$

        end if

        (2.3) P_j sends $(x_p, y_p, s_j + s)$ to P_{2j} and $(x_p, y_p, 0)$ to P_{2j+1}

    end for

end for

(3) **for** $j = 2^{\log(n+1)-1}$ **to** $2^{\log(n+1)} - 1$ **par-do**

    (3.1) P_j receives (x_p, y_p, s) from its parent

    (3.2) **if** L_p intersects e_j above p

        then $a_j \leftarrow s + 1$

        else $a_j \leftarrow s$

    end if

end for

(4) **for** $i = 1$ **to** $\log(n+1) - 1$ **do**

    for $j = 2^{\log(n+1)-1-i}$ **to** $2^{\log(n+1)-i} - 1$ **par-do**

        $a_j \leftarrow a_{2j} + a_{2j+1}$

    end for

end for

(5) **if** a_1 is odd **then** *answer* $\leftarrow 1$ **else** *answer* $\leftarrow 0$ **end if**

end

例 16.1 假定图 16.8 之七边形的各边已存入如图 16.9 所示的由七个连成树状的处理器中。当输入图 16.8 中之 p 时,仅有处理器 P_1、P_2 和 P_4 产生"1"输出,于是根 P_1 宣布 p 在 Q 中。□

(2) **算法分析和讨论** 算法第(1)~第(3)步,自上而下执行相交测试;算

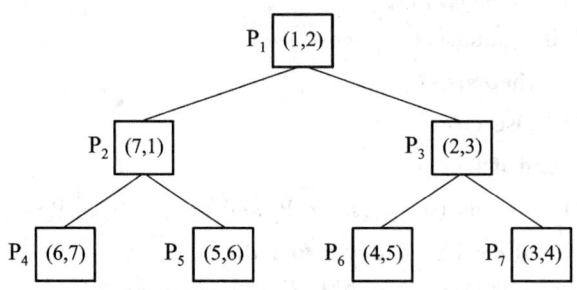

图 16.9 用算法 16.8 测试 p 是否在 Q 中

法第(4)步和第(5)步,自下而上计算 p 之上方的交点数。直线段相交的测试需常数步操作。如树有 n 个处理器,则自下而上和自上而下的操作均需 $O(\log n)$ 的时间。所以算法之 $t(n) = O(\log n)$,而 $p(n) = n$,所以 $c(n) = O(n \log n)$,显然不是最佳的。但算法有几点值得说明的是:① 如果有多个 p 点要同时判断是否在 Q 中,则上述算法可以流水线方式执行,而流水线周期为常数;② 上述算法很容易修改为处理器数目多于或少于 Q 的边数;③ 有可能将上述算法修改为最优的,基本思想是使用 $n/\log n$ 个处理器,每一个处理器存储 Q 的 $\log n$ 条边。这样就需要 $O(\log(n/\log n))$ 的时间将 p 的坐标播送给所有的处理器。每个处理器对它所存储的 $\log n$ 条边进行相交测试,并将 p 之上方的交点数目相加,这需要 $O(\log n)$ 的时间。计算 p 之上方总的交点数目需要 $O(\log(n/\log n))$ 时间。所以总的运行时间为 $O(\log n)$。然而流水线的周期却不再是常数。

2. 判断点在平面细图中(Point in Planar Subdivison)

(1) **算法原理和描述** 假定平面细图由 m 个多边形组成,每个至多有 n 条边。求解此问题很自然的模型是 $m \times n$ 的二维网孔结构。为了在计算中传递信息的方便,行、列之间最好使用二叉树连接,这就变成了树网结构。于是在 $m \times n$ 的树网中,为了求解上述问题则可运筹如下。m 行对应于 m 个多边形 Q;每行有 n 个节点,它对应于一个 Q 的 n 条边;所以树网中的每个处理器存放着 m 个多边形的 n 条边中的一条边;在实际使用中,各行间均为二叉树,而只有第一列构成二叉树。算法的基本思路是:① 提问点 p 之坐标 (x_p, y_p),通过第一列的二叉树,送给各个行树的树根;② 在各行中同时执行算法 16.8,但算法需稍做修改,使得(i)当算法开始时,各行树的根已保存了 (x_p, y_p);(ii)算法结束时,在第 i 行的根处理器产生数对 $(1,i)$(如果 p 在某一 Q 中),或者 $(0,i)$(如果 p 不在某一 Q 中);③ 在第一列中,利用列树,对输出对中的第一个分量进行逻辑"或"操作,最终判定 p 在某一 Q 中,或者 p 不在任何 Q 中。

假定 $P(i,j)$ 表示第 i 行和第 j 列上的处理器,根处理器 $P(i,1)$ 的输出代表

(a_i, b_i),其中 a_i 或为 0 或为 1,而 b_i 表示行的号码。

算法 16.9 SIMD-MT 模型上的判断点在平面细图中的算法

输入:(x_p, y_p),$m \times n$ 条边已存在各相应的处理器中。

输出:在 $P(1,1)$ 输出 (a_1, b_1),即 $a_1 = 1$ 时号码为 b_1 的 Q 中包含了 p,$a_1 = 0$ 时 p 在平面细图外。

begin

(1) $P(1,1)$ reads (x_p, y_p)

(2) **for** $i = \log(m+1) - 1$ **down to** 1 **do**

    for $j = 2^{\log(m+1)-1-i}$ **to** $2^{\log(m+1)-i} - 1$ **par-do**

        $P(j,1)$ sends (x_p, y_p) to $P(2j,1)$ and $P(2j+1,1)$

    end for

end for

(3) **for** $i = 1$ **to** m **par-do**

    Processors $P(i,1)$ to $P(i,n)$ execute POINT IN POLYGON

end for

(4) **for** $i = 1$ **to** $\log(m+1) - 1$ **do**

    for $j = 2^{\log(m+1)-1-i}$ **to** $2^{\log(m+1)-i} - 1$ **par-do**

        if $a_{2j} = 1$ **then** $(a_j, b_j) \leftarrow (a_{2j}, b_{2j})$

        else if $a_{2j+1} = 1$

            then $(a_j, b_j) \leftarrow (a_{2j+1}, b_{2j+1})$

        end if

    end if

    end for

end for

(5) $P(1,1)$ produces (a_1, b_1) as output

end

例 16.2 对于图 16.7 所示的平面细图,要求一个如图 16.10 所示的 7×6 的树网(为了简明起见,图中略去了树的连接)。当图 16.7 中的 p 点坐标输入给树网时,第 3 行产生 $(1,3)$,而其余行产生 $(0,i)$,$i \neq 3$,因此 $(1,3)$ 就是树网的输出,它表示 Q_3 中包含了 p 点。 □

(2) **算法分析** 算法的第(1)步和第(5)步运行常数时间;第(2)步和第(3)步分别运行 $O(\log m)$ 和 $O(\log n)$ 时间;第(4)步也运行 $O(\log m)$ 时间。假定 $m = O(n)$,则算法总的运行时间 $t(n) = O(\log n)$,而 $p(n) = n^2$,所以 $c(n) = O(n^2 \log n)$。相对于串行算法的运行时间 $O(n^2)$ 而言,上述算法不是最佳的。如

果有 k 个提问点 p，那么可以流水线式处理。为了回答 k 个提问，将需要 $O(k + \log n)$ 的时间。

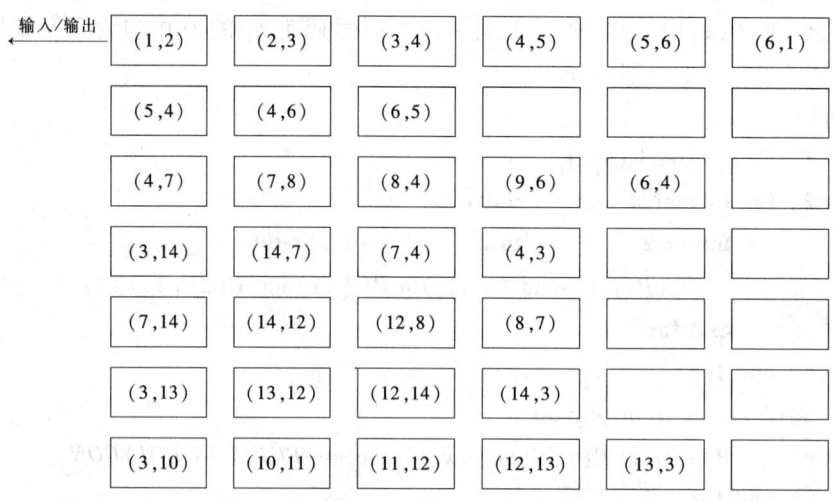

图 16.10　用算法 16.9 测试 p 是否在平面细图中

16.2　构造问题

本节所指的**构造问题**（Construction Problem）主要是构造**凸壳**（Convex Hull）[15,16]，其定义如下：

定义 16.6　给定平面中的点集合 $S = \{p_1, p_2, \cdots, p_n\}$，所谓 S 之凸壳，简记之为 $CH(S)$，就是包含 S 所有点的最小凸多边形。

图 16.11 示出了平面上一组点和它相应的凸壳。假定平面上的 n 个点，用 n 个钉在木板上的图钉表示。用一条橡皮带依次缠绕这些图钉，由橡皮带所构成的平面图形就是**凸多边形**（Convex Polygon）。

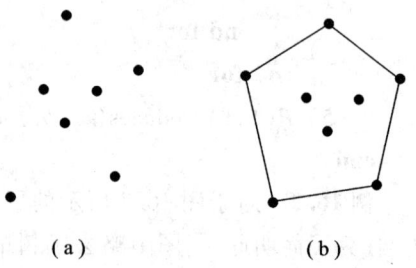

图 16.11　平面上的点集及其凸壳

凸壳的应用非常广泛。例如，在图像处理中可以通过构造凸壳找到数字图像中的凹面；在模式识别中，可视模式的凸壳能够作为描述模式外形的重要特征；在分类中，一组物体的凸壳就可勾画出这些物体的所属的类；在计算机图形学中，使用一组点的凸壳可以显示出**点簇**(Cluster of Points);在几何问题中,集合 S 中的最远两点就是凸壳的顶点,等等。

下面几节分别讨论凸壳问题的下界;最佳的串行求凸壳算法;运行在 SIMD-MT 和 SIMD-SM 模型上的两个求凸壳的并行算法。

16.2.1 求凸壳问题的下界

证明计算问题的下界的一个强有力的方法之一是归约技术。

定义 16.7 设 A 和 B 是任意两个计算问题。如已知问题 B 的下界为 L_B,且 A 在某种特殊情况下可变为 B,则 A 的下界也是 L_B,这种推理技术称为**归约**(Reduction)。

下面使用归约技术来求取凸壳问题的下界。

令 A 为求平面中 n 个点的集合 S 的凸壳 $CH(S)$ 问题;B 为排列 n 个数为非降顺序的排序问题。根据凸壳之特性,当给定集合 S 中的 n 个点求作一凸多边形时,凡是在凸多边形上的点的极坐标之夹角 θ 是按序递增(减)的。这实际上是将夹角 θ 按大小进行排序。所以求凸壳的问题可以转化为排序问题。现在,令问题 B 之输入为 $X = \{x_1, \cdots, x_n\}$。为了使 X 能变为求凸壳算法的输入,先做如下变换,即将 X 之元素使用一一映射函数,在常数时间内映射到半开区间 $[0, 2\pi)$。因此,对于 $i = 1, 2, \cdots, n, \theta_i = f(x_i)$ 代表了角度。对于每个 θ_i,生成一个平面点,其**极坐标**(Polar Coordinate)为 $(1, \theta_i)$。所形成的点集合 $S = \{(1, \theta_i), (1, \theta_2), \cdots, (1, \theta_n)\}$,其中各点均位于单位圆的圆周上。于是 $CH(S)$ 将包含了所有 S 中的点。如果对集合 $S = \{(1, \theta_i), (1, \theta_2), \cdots, (1, \theta_n)\}$ 施行求凸壳算法,则其返回的是一组按 θ_i 进行排序了的 S 的点集。应用逆变换 $x_i = f^{-1}(\theta_i)$,在线性时间内就可得到有序的 X 序列。因为排序 n 个数在最坏情况下需要 $\Omega(n\log n)$ 步,所以根据归约原理,计算 n 个点的凸壳之下界亦应为 $\Omega(n\log n)$。

16.2.2 顺序求凸壳算法

1. 算法的描述

本节的目的是说明上节所推导出的下界 $\Omega(n\log n)$ 也是紧致界,因为可以用分治的方法设计出一个具体的顺序求凸壳算法,其运行时间为 $O(n\log n)$。

算法 16.10 SISD 机器上的求凸壳算法

输入:n 点集合 $S = \{p_1, \cdots, p_n\}$。

输出:返回包含 S 的凸壳的顶点表列 $CH(S)$。

Procedure SEQUENTIAL CONVEX HULL(S, $CH(S)$)
begin
    if $|S| \leq 3$
        then $CH(S) \leftarrow S$
    else (1)/ * 分组 * /
            分 S 为任意两组大小近似相等的 S_1 和 S_2
        (2)/ * 递归调用 * /
            (2.1) SEQUENTIAL CONVEX HULL(S_1, $CH(S_1)$)
            (2.2) SEQUENTIAL CONVEX HULL(S_2, $CH(S_2)$)
        (3) / * 归并 * /
            Merge $CH(S_1)$ and $CH(S_2)$ into one convex polygon to obtain $CH(S)$
    end if
end

上述算法的关键是归并。以图 16.12 为例,$CH(S_1)$ 和 $CH(S_2)$ 归并为 $CH(S)$ 的步骤大致如下:

① 找出上切线 (a,b) 和下切线 (c,d);
② 删去两个凸多边形相交部分的顶点 (e,f,g) 及其关联的边;
③ 返回 $CH(S)$ 表列 (i,a,b,h,d,c)。

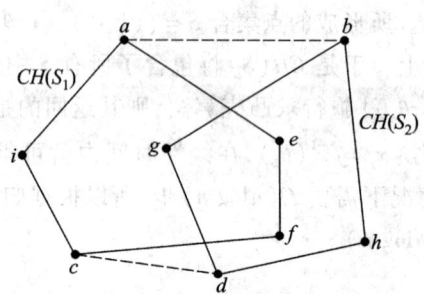

图 16.12 两个多边形归并为一个多边形

一般而言,如果 $CH(S_1)$ 和 $CH(S_2)$ 总共包含有 $O(n)$ 个顶点,那么可在 $O(n)$ 时间内计算出 $CH(S)$。

2. 算法分析

算法的第(1)步和第(3)步所需时间为 $O(n)$;而第(2.1)步和第(2.2)步是递归调用,其时间为

$$t_2(n) = 2t_2(n/2) + cn$$

其中 c 为常数,求解得 $t_2(n) = O(n\log n)$。所以算法的总运行时间为 $t(n) = O(n\log n)$。

16.2.3 SIMD-MT 模型上的求凸壳算法

给定平面中点集 $S = \{p_1, \cdots, p_n\}$,其中每个点都用**笛卡儿坐标**(Cartesian Corrdinate)表示,即 $p_i = (x_i, y_i)$。为了讨论简单起见,假定各顶点坐标不同,且无三点共线。

1. 基本概念和术语

(1) 识别极点

定义 16.8 S 中那些最大 x 坐标($XMAX$)、最大 y 坐标($YMAX$)和最小 x 坐标($XMIN$)、最小 y 坐标($YMIN$)的那些顶点,称为**极点**(Extreme Point)。

参照图 16.13,很明显,① 极点都是 $CH(S)$ 的顶点;② 任何位于由极点所围成的四边形内的点均不是 $CH(S)$ 的顶点;③ 那些在四边形之外的诸点可以形成四个三角区(见图 16.13),这样问题就归结为求找这四个三角区中顶点的凸边,再把这些凸边连接起来就可求得 $CH(S)$。

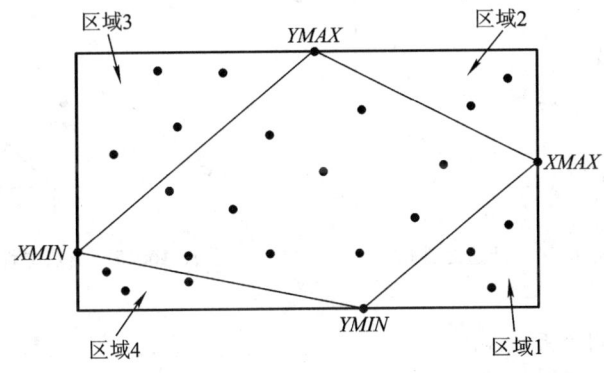

图 16.13 平面图中的极点

(2) 识别凸边

定义 16.9 线段(p_i, p_j)是 $CH(S)$ 的一条**凸边**(Hull Edge),当且仅当 S 的其余 $n-2$ 个顶点均位于穿过 p_i 和 p_j 的(无限长的)直线的同侧。

由此定义可知,p_i 和 p_j 一定是 $CH(S)$ 的顶点。例如图 16.14 中,线段(a,b) 是 $CH(S)$ 的一条凸边,而线段(c,d) 和 (e,f) 均不是。

(3) 识别凸点

定义 16.10 令 p_i 和 p_j 是 $CH(S)$ 上的两连续顶点,假定取 p_i 为坐标原点,那

么在所有 S 中的点，p_j 和 p_i 相对于 x 轴所形成的正的或负的夹角最小。这些点称为**凸点**(Hull Point)。

图 16.15 图示了凸点的性质。

2. SIMD-MT 上凸壳(Convex Hull)算法的描述

假定树网系由 n 行和 n 列组成。处于第 i 行和第 j 列的处理器用 $P(i,j)$ 表示。点 i 的坐标用 (x_i, y_i) 表示。因此，同一列中的处理器包含了 S 中同一个点的坐标；而同一行中的处理器包含了 S 集合中的所有顶点坐标 $(x_1, y_1), (x_2, y_2), \cdots, (x_n, y_n)$。

算法 16.11　SIMD-MT 模型上的求凸壳算法

输入：$S = \{p_1, \cdots, p_n\}$。

输出：返回凸壳顶点表列 $CH(S)$。

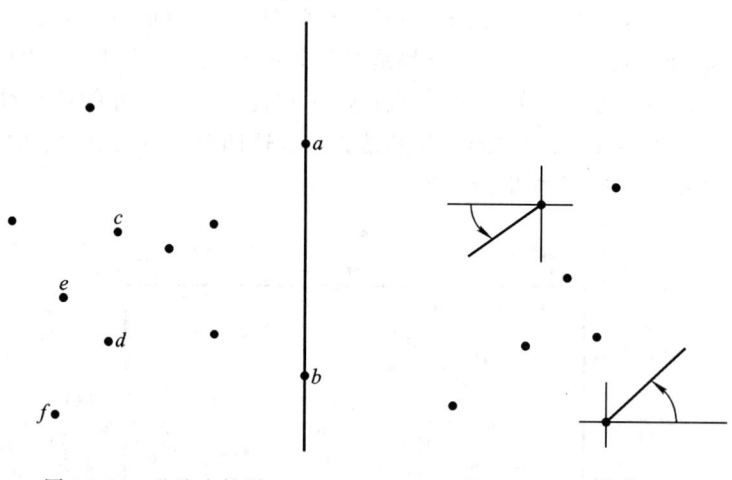

图 16.14　凸边之性质　　　图 16.15　凸点之性质

begin

　(1) /* 计算四个极点 */

　　(1.1) 第 1、2、3、4 行中的处理器同时计算 XMAX、YMAX、XMIN、YMIN；并把它们的坐标分别存储在 $P(1,1)$、$P(2,1)$、$P(3,1)$、$P(4,1)$ 中；

　　(1.2) 先利用第 1 列的列树，再利用第 1 行的行树，将四个极点的坐标播送给第 1 行中的所有处理器。

　(2) /* 确定四边形中的顶点，并将其余顶点归入四个三角区中 */

　　(2.1) 第 1 行中相应于四个极点的四个处理器产生"1"输出，以指明它们都是 $CH(S)$ 的顶点；

　　(2.2) 第 1 行中相应于由极点所形成的四边形中的诸顶点的处理器产生"0"输出，以指明它们都不是 $CH(S)$ 的顶点；

(2.3) 第 1 行中各其余处理器 $P(1,j)$ 指明 p_i 应落入 $(1,2,3,4)$ 三角区中的哪一区内?并将此信息通报给第 j 列中的所有处理器 $P(i,j),i=1,2,\cdots,n$;

(2.4) 将 XMAX 指派给第 1 区,YMAX 指派给第 2 区。XMIN 指派给第 3 区,YMIN 指派给第 4 区。

(3) /*识别凸点*/

如果相应于 S 中点 p_i 的处理器 $P(1,i)$,第(2)步既不产生"1"输出,也不产生"0"输出,则第 i 行中的处理器执行如下操作:

(3.1) 找到与 p_i 同在一个区域中的点 p_j,使得 (p_i,p_j) 相对于下列正向或负向 x 轴形成最小夹角:

(i) 如果 p_i 处于第 1 区或第 2 区,则 x 轴取正向;

(ii) 如果 p_i 处于第 3 区或第 4 区,则 x 轴取负向。

(3.2) 如果与 p_i 和 p_j 处于同一区域中的所有其余顶点均落入穿过 p_i 和 p_j 的直线的同一侧,则 p_i 是 $CH(S)$ 的一个顶点。

(4) /*计算 $CH(S)$ 顶点之极角,并将它们排序*/

(4.1) 如果在第(3)步,p_i 被识别为 $CH(S)$ 的顶点,则 $P(1,i)$ 产生"1"输出,否则为"0"输出;

(4.2) 在四边形内任选一点(不一定是 S 之一点)作为极坐标的原点;计算由所有识别为 $CH(S)$ 顶点所形成的极角;

(4.3) 将(4.2)步所计算的极角以升序方式排序,它们就是以反时针顺序出现在 $CH(S)$ 边界上的凸壳顶点之表列。

end

3. 算法分析

算法第(1)、(2)、(3)、(4)步各需 $O(\log n)$ 时间,因此算法之 $t(n) = O(\log n)$,而 $p(n) = n^2$,所以 $c(n) = O(n^2 \log n)$,它不是最佳的。

16.2.4 SIMD-EREW 模型上的求凸壳算法

本节打算描述一个最优的并行求凸壳算法。假定系统中有 $N = n^{1-\varepsilon}(0<\varepsilon<1)$ 个处理器;$S=\{p_1,\cdots,p_n\}$ 中的点 p_i 的坐标为 (x_i,y_i)。同样为了简单起见,假定各点坐标不同,且无三点共线。算法的基本思想是,将欲求的 $CH(S)$ 分成如图 16.16 所示的**上凸壳**(Upper Convex Hull)路径和**下凸壳**(Lower Convex Hull)路径,分别计算它们,再并接在一起。

下面先给出主算法,再依次讨论其中的各个子过程。

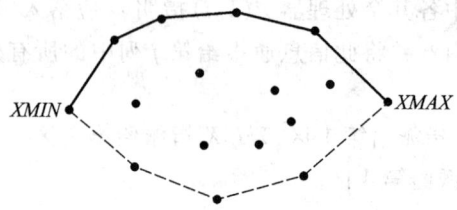

图 16.16 上凸壳路径和下凸壳路径

1. 求凸壳的主算法

算法 16.12 SIMD-EREW 模型上的最佳凸壳算法

输入：$S = \{p_1, \cdots, p_n\}, p_i = (x_i, y_i)$。

输出：返回凸壳顶点之表列 $CH(S)$。

begin

(1) (1.1) $xmin \leftarrow$ index of $XMIN$ in S

(1.2) $xmax \leftarrow$ index of $XMAX$ in S

(2) $UP(S) \leftarrow$ list of vertices on the upper convex polygonal path from p_{xmin} to p_{xmax}

(3) $LP(S) \leftarrow$ list of vertices on the lower convex polygonal path from p_{xmax} to p_{xmin}

(4) (4.1) /* 删去 $LP(S)$ 中的 p_{xmax} 和 p_{xmin} */

$LP(S) \leftarrow$ list $LP(S)$ with p_{xmax} and p_{xmin} removed

(4.2) $CH(S) \leftarrow$ list $UP(S)$ followed by list $LP(S)$ /* 并接 $UP(S)$ 和 $LP(S)$ */

end

上述算法的第(1)步可以用并行选择算法实现之，使用了 $n^{1-\varepsilon}$ 个处理器和花费了 $O(n^{\varepsilon})$ 的时间，算法的第(4)步是删去 $LP(S)$ 中第一个和最后一个元素，再将其与 $UP(S)$ 并接起来，两步均可在单处理机上于常数时间内完成；关键是第(2)步和第(3)步，而第(3)步雷同于第(2)步，所以下面只讨论第(2)步。

2. 求上凸壳 $UP(S)$ 算法

(1) **算法原理** 如果在 p_{xmin} 和 p_{xmax} 之间作一垂线，使得它不穿过凸壳之顶点，那么此条直线必正好穿过上壳路径中的某条边。具体做法是，首先找一条直线 L，它将 S 近似等分为两部分 S_{left} 和 S_{right}，这样就可唯一地确定与 L 相交的上凸壳路径上的一条边（如图 16.17 所示），称其为跨 S_{left} 和 S_{right} 的**桥边**（Bridge）；然后对 S_{left} 和 S_{right} 递归调用之。现在的问题是：欲简单地同时调用 S_{left} 和 S_{right}，则发现处理器不够用了，因为 $(n/2)^{1-\varepsilon} > (1/2) n^{1-\varepsilon}$。为此需使用分组思想，将 S 中的点集分为 $2k$

组(每组中顶点数目为 $n/2k$):先并行执行($1 \sim k$)组,再并行执行($k+1 \sim 2k$)组。因为每组的数目为 $n/2k$,所以可用 $n^{1-\varepsilon}/k$ 个处理器并行求解,此时只要找出满足下式的 k 值即可:

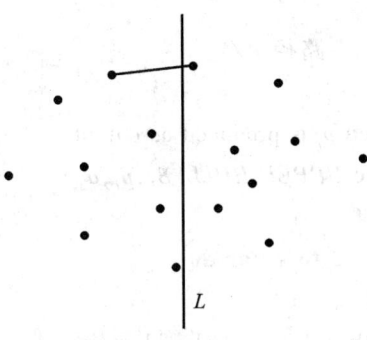

图 16.17 桥边

$$(n/2k)^{1-\varepsilon} = n^{1-\varepsilon}/k$$

解得 $k = 2^{\lceil 1/\varepsilon \rceil - 1}$。

(2) **算法描述** 给定可用处理器数 N 和 $|S| = n$,利用 $N = n^{1-\varepsilon}$ 示出 ε;再利用 $k = 2^{\lceil 1/\varepsilon \rceil - 1}$ 计算出 k。于是:

① 作 $2k-1$ 条垂直线 $L_1, L_2, \cdots, L_{2k-1}$。它们将 S 分成 $2k$ 个子集 $S_i, i = 1, \cdots, 2k$(每个长度为 $n/2k$)使得 $S_{\text{left}} = S_1 \cup S_2 \cup \cdots \cup S_k$, $S_{\text{right}} = S_{k+1} \cup S_{k+2} \cup \cdots \cup S_{2k}$;

② 求与垂线 $L_i (i = 1, 2, \cdots, 2k-1)$ 相交的上凸壳路径上的边 (a_i, b_i);

③ 在每个子集中,应用 $n^{1-\varepsilon}/k$ 个处理器,并行地对 $S_1, \cdots, S_k$ 个子集执行递归调用。

④ 在每个子集中,应用 $n^{1-\varepsilon}/k$ 个处理器,并行地对 $S_{k+1}, \cdots, S_{2k}$ 个子集执行递归调用。

下面的过程取集合 S 和 p_l 与 p_m 作为输入(开始时,$p_l = p_{x\min}$,$p_m = p_{x\max}$)产生从 p_l 到 p_m 的上凸路径。

算法 16.13 SIMD-EREW 模型上的求上凸壳算法

输入:S, p_l, p_m。

输出:产生从 p_l 到 p_m 的上凸路径。

Procedure UPPER HULL(S, p_l, p_m)
begin
    if $|S| \le 2k$
        then find upper path from p_l to p_m using *SEQUENTIAL CONVEX HULL*
    else

(1) find $2k-1$ vertical lines $L_1, L_2, \cdots, L_{2k-1}$ that divide S into $S_1, \cdots, S_{2k}$
(2) **for** $i = 1$ **to** $2k-1$ **do** /* 求桥边 */
　　find edge (a_i, b_i) of upper path intersecting line L_i
end for
(3) /* 构造 S_{left} 上路径 */
　(3.1) **if** $p_l = a_1$
　　　then p_l is produced as output
　　　else UPPER HULL(S_1, p_l, a_1)
　　end if
　(3.2) **for** $j = 2$ **to** k **par-do**
　　　if $b_{j-1} = a_j$
　　　　then b_{j-1} is produced as output
　　　　else if $a_{j-1} \neq a_j$ **then** UPPER HULL(S_j, b_{j-1}, a_j) **end if**
　　　end if
　　end for
(4) /* 构造 S_{right} 上路径 */
　(4.1) **for** $j = k+1$ **to** $2k-1$ **par-do**
　　　if $b_{j-1} = a_j$
　　　　then b_{j-1} is produced as output
　　　　else if $a_{j-1} \neq a_j$ **then** UPPER HULL(S_j, b_{j-1}, a_j) **end if**
　　　end if
　　end for
　(4.2) **if** $b_{2k-1} = p_m$
　　　then b_{2k-1} is produced as output
　　　else UPPER HULL(S_{2k}, b_{2k-1}, p_m)
　　end if
end

算法第(1)步可使用并行选择算法;第(3)步和第(4)步是递归调用;第(2)步是求桥边(算法的关键部分),下面将详细介绍它。

(3) **算法分析**　令 $t_u(n, h_u)$ 为求上凸壳路径所需的时间。根据讨论可知

$$t_u(n, h_u) = c_1 n^\varepsilon + \max_{h_l + h_r = h_u} \{\max_{1 \leq j \leq k}[t_u(|S_j|, h_j)] + \max_{k+1 \leq j \leq 2k}[t_u(|S_j|, h_j)]\}$$

其中, h_l、h_r 和 h_j 是相应于 S_{left}、S_{right} 和 S_j 的上壳路径上的边数, c_1 为常数。所以, $t_u(n, h_u) = O(n^\varepsilon \log h_u)$。

类似地,求下壳路径时间 $t_l(n, h_l) = O(n^\varepsilon \log h_l)$。

3. 求桥边算法

(1) **算法描述** 求桥边的过程 $Procedure\ BRIDGE$,取 n 点集合 S 和实数 A 作为输入;返回两点 a_i 和 b_i,其中 (a_i,b_i) 是与垂线 L_i(其方程 $x=A$)相交的上壳路径上的唯一桥边。

算法 16.14 SIMD-EREW 模型上的求桥边算法

输入:S,A。

输出:a_i, b_i。

Procedure $BRIDGE(S,A)$

begin

(1) 将 S 中的点结对成 (p_u, p_v),使得 $x_u < x_v$;这些有序点对形成 $\lfloor n/2 \rfloor$ 条直线,它们的斜率分别为 $\{s_1, s_2, \cdots, s_{\lfloor n/2 \rfloor}\}$。

(2) 求找集合 $\{s_1, s_2, \cdots, s_{\lfloor n/2 \rfloor}\}$ 之中值 k。

(3) 找一条斜率为 k 的直线 Q,它至少包含有 S 中的一个点,但在 Q 的上方无 S 中的点。

(4) **if** Q contains two points of S, one on each side of L_i

　　　/* Q 的两点分别处于 L_i 的两侧 */

　　then return these as (a_i, b_i)

　　else if Q contains no points of S_{right}

　　　　then for every straight line through (p_u, p_v) with $slope \geq k$ **do** $S \leftarrow S - \{p_u\}$

　　　　end for

　　else if Q contains no points of S_{left}

　　　　then for every straight line through (p_u, p_v) with $slope \leq k$ **do** $S \leftarrow S - \{p_v\}$

　　　　end for

　　end if

　end if

end if

(5) $BRIDGE(S,A)$

end

(2) **算法分析** 现在来分析一下求桥边的时间 $t_B(n)$:算法第(1)步,把 $n^{1-\varepsilon}$ 个处理器分配给各有 n^ε 个元素的不同子集,每个处理器生成 $\lfloor n^\varepsilon/2 \rfloor$ 个 (p_u, p_v) 点对,并行地计算各自所形成的直线斜率 k,所需的时间为 $O(n^\varepsilon)$;第(2)步应用并行选择算法可在 $O(n^\varepsilon)$ 时间内完成;第(3)步,实际是找最大的 $y_j - kx_j$ 的点(至多两个),这些最大值也可以应用并行选择算法在 $O(n^\varepsilon)$ 的时间内完成;第(4)步确定直线 Q 是否包含了所要求的边,用一个处理器在 $O(1)$ 时间内就可完成,否则就要利用播送过程 *BROADCAST* 将 k 值在 $O(\log n^{1-\varepsilon})$ 的时间内播送给所有 $n^{1-\varepsilon}$ 个处理器,每个处理器将 k 与在第(1)步已计算出的 $\lfloor n^\varepsilon/2 \rfloor$ 个斜率比较,并适当地修改 S,这要求 $O(n^\varepsilon)$ 的时间,所以第(4)步运行了 $O(n^\varepsilon)$ 的时间;因为第(4)步有 1/4 的点被弃去,所以在第(5)步的时间应为 $t_B((3/4)n)$。因此整个求桥边的时间为

$$t_B(n) = c_2 n^\varepsilon + t_B\left(\frac{3}{4}n\right)$$

其中 c_2 为常数,求解此方程得 $t_B(n) = O(n^\varepsilon)$。

4. 主算法的时间复杂度分析

令算法 16.12 的运行时间为 $t(n)$,则根据上述分析可知

$$t(n) = c_3 n^\varepsilon + t_u(n,h_u) + t_l(n,h_l) + c_4 = O(n^\varepsilon \log h)$$

其中,$h = h_u + h_l$。显然算法的运行时间不仅仅与有效的处理器数有关,而且也与凸壳上的边数 h 有关。在最坏情况下,$h = n$,故 $t(n) = O(n^\varepsilon \log n)$,而 $p(n) = n^{1-\varepsilon}$,所以成本 $c(n) = O(n \log n)$,它已达到最优。因为当 n 充分大时,对于所有的 $\varepsilon, n^\varepsilon > \log n$,所以只有当 $N = n^{1-\varepsilon} < n/\log n$ 时才能达到最优。

例 16.3 假定 SIMD-EREW 机器中有四个处理器。试应用算法 16.12 求图 16.16 的凸壳。因为 $n = 16$,由 $N = n^{1-\varepsilon}$ 计算出 $\varepsilon = 1/2$;由 $k = 2^{1/\varepsilon - 1}$ 计算出 $k = 2$。由算法 16.12 的第(1)步确定 p_{xmin} 和 p_{xmax};在第(2)步调用 Procedure *UPPER HULL*(算法 16.13)求上壳路径:执行 Procedure *UPPER HULL* 时,开始找出 $2k - 1 = 3$ 条直线 L_1、L_2 和 L_3,并把 S 分成了如图 16.18 所示的四个子集 S_1、S_2、S_3 和 S_4;Procedure *UPPER HULL* 执行第(2)步时调用 Procedure *BRIDGE*(算法 16.14)求出与 L_1 相交的桥边 (a_1, b_1)、与 L_2 相交的桥边 (a_2, b_2)、与 L_3 相交的桥边 (a_3, b_3)。求完桥边后,过程返回至 Procedure *UPPER HULL* 继续执行第(3)步:因为 $p_{xmin} \neq a_1$,所以自身调用 Procedure *UPPER HULL*(S_1, p_1, a_1) 去求从 p_{xmin} 到 a_1 的上壳路径,因为 $|S_1| = 4$,所以调用 *SEQUENTIAL CONVEX HULL* 求出从 p_{xmin} 到 a_1 的上壳路径 (p_{xmin}, a_1)。类似地,因为 $b_1 = a_2$,b_1 作为输出,所以不再递归调用;同样因为 $b_2 = a_3$,b_2 作为输出;继续这样做,找到 $b_2 = a_3$,因此从 b_3 到 p_{xmax} 的上壳路径也找到。最终就产生了如图 16.16 所示的从 p_{xmin} 到 p_{xmax} 的上壳路径(实线部分)。在算法 16.12 的第(3)步时,可以同样的方式求出如图 16.16 所示的下壳路径(虚线部分)。上、下壳路径并接在一起就产生了完整的凸壳。□

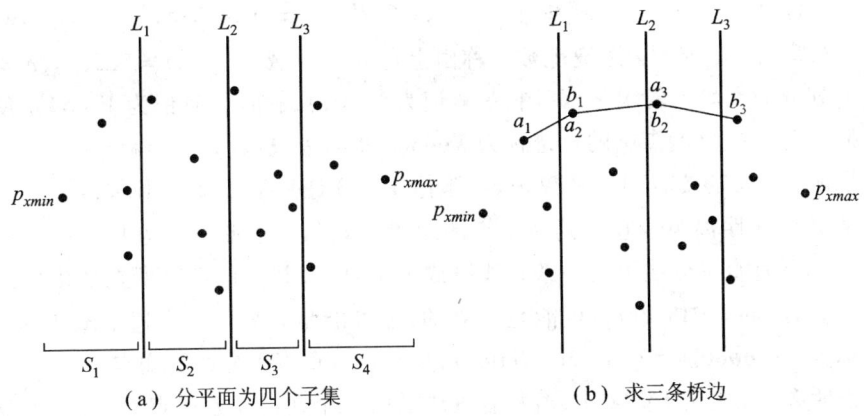

(a) 分平面为四个子集　　　　(b) 求三条桥边

图 16.18　示例求凸壳

16.3　Voronoi 图问题

Voronoi 图（Voronoi Diagram）的概念早在 1850 年 Dirichlet 以及 1908 年 Voronoi 在其论文中就讨论过。Voronoi 图是计算几何中仅次于凸壳的一个重要的**几何结构**（Geometric Structure），Voronoi 图在求解点集或其他几何对象与距离有关的问题时起重要作用。许多学者对其性质进行了深入的研究，提出了不少构造 Voronoi 图的理论方法。

在 Voronoi 图的应用方面也进行了较多的研究。这些研究包括：最近邻近查询、最大化最小角三角剖分、最大空圆、最小生成树、货郎担问题求解、中轴计算；在神经网络设计中，通过构造点集的 Voronoi 图，确定多层神经网络的层数、每层的节点数和权，构造用于最近邻近查询的双层神经网络；用 Voronoi 图的概念设计模糊分类器用于图像分析，非监督学习的后验条件类概率估计，用 Voronoi 图的概念对最近邻分类器的特性进行分析，等等。这些研究体现了 Voronoi 图概念在相应领域的重要意义。

16.3.1　基本概念

定义 16.11　令 $S=\{p_1,p_2,\cdots,p_n\}$ 为二维平面 R^2 上的点集，称该点集中的 n 个点为**基点**（Sites）。根据距离基点最近邻性将平面域划分为 n 个子域 $V(p_i)$，划分产生的每个子域 $V(p_i)$ 称为对应基点 p_i 的 **Voronoi 胞体**（Voronoi Cell），是具有下面性质的点集：

$$V(p_i) = \{x: \|p_i - x\| \leq \|p_j - x\|, x \in R^2, p_i \in S, p_j \in S, \forall j \neq i\} \quad (16.5)$$

在式(16.5)中，$\|\cdot\|$ 为距离范数。称由上述 n 个子域 $V(p_i),i=1,2,\cdots,n$ 构成的平面划分为点集 S 的 Voronoi 图，一般记为 $Vor(S)$，有时也简记为 $V(S)$。使式(16.5)中等号成立的点 x 的轨迹称为 Voronoi 图的**边**(Edge)。

说明 1 在定义 16.11 中，Voronoi 胞体 $V(p_i)$ 是一个凸多边形域，$V(p_i)$ 内的点与基点 p_i 的距离小于它与其他基点的距离。该凸多边形域的边是 S 中某些基点对 $\{p_i,p_j\}$ 垂直平分线上的一条直线段或者半直线，并为该点对所在的多边形域所共有。Voronoi 胞体 $V(p_i)$ 可能是有界的，也可能是无界的。多边形域 $V(p_i)$ 的顶点称为 **Voronoi 顶点**(Voronoi Vertex)，是基点对垂直平分线的交点。

说明 2 在定义 16.11 中，若集合 S 中的每一个几何元素是点对、直线段或其他更复杂的元素，或者是由上述元素组成的子集合，此时构造的 Voronoi 图称为**高阶**(High Order) Voronoi 图或广义 Voronoi 图，本章对这些内容将不再讨论，有兴趣的读者可参阅相关文献。另外，若无特别说明，式(16.5)中的距离范数本章将默认取欧氏距离范数。

记 $CH(S)$ 表示平面点集 $S = \{p_1, p_2, \cdots, p_n\}$ 的**凸壳**(Convex Hull)，$BCH(S)$ 表示点集 S 的**凸壳边界**(Boundary of the Convex Hull)，并且假设 S 中任意四点不共圆，则关于 Voronoi 图 $Vor(S)$ 有下面的一些性质，性质的具体证明可见文献[12]。

性质 16.1 每个 $V(p_i)$ 都是**凸的**(Convex)。

性质 16.2 $V(p_i)$ 是无界的，当且仅当 $p_i \in BCH(S)$。

性质 16.3 $Vor(S)$ 至多有 $2n-5$ 个顶点和 $3n-6$ 条边。

性质 16.4 每个 Voronoi 顶点恰好是三条 Voronoi 边的交点。即 Voronoi 顶点是由 S 中的三点形成的三角形的外接圆的圆心。

性质 16.5 设 $p_1, p_2, p_3 \in S$，v 是三角形 $p_1 p_2 p_3$ 的外接圆心，该圆记为 $C(v)$。若 v 是 $Vor(S)$ 的**顶点**，则圆 $C(v)$ 内不含 S 中的其他点。

例 16.4 图 16.19 所示是两个点、三个点和六个点的 Voronoi 图。其中细线

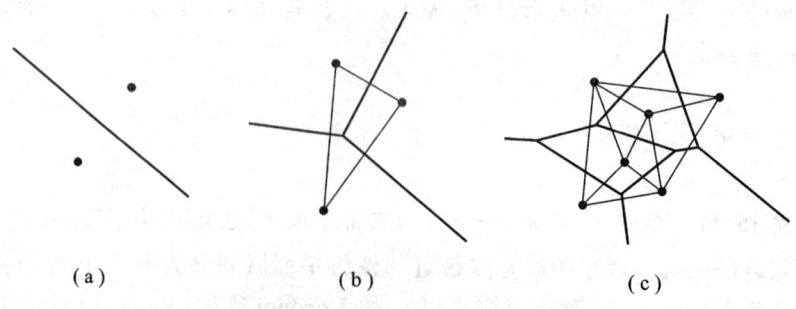

图 16.19 两个点、三个点和六个点的 Voronoi 图

构成的是其对偶图 Delaunay 三角剖分。□

已提出的构造 Voronoi 图的算法有很多,其中包括串行算法和并行算法。串行算法有运行复杂度为 $O(n^2)$ 的半平面交法、增量构造法等[12,17,18],复杂度为 $O(n\log n)$ 的算法有**分治法**(Divide-and-Conquer)[19,20]、平面扫描法[21]等。已证明,在串行运行情况下,构造 Voronoi 图的任何算法都至少需要运行 $O(n\log n)$ 的时间。串行算法的详细内容可参阅相关参考文献[12,17,18]。构造 Voronoi 图的第一个并行算法出现在 1980 年 Chow[22]的博士论文中。这之后出现在各种期刊、会议录和技术报告中的方法有几十种之多,涉及的并行结构包括 PRAM、MESH 以及 Hypercube 等模型。大多数并行算法的思想源于平面分治技术和基于 3D 凸壳几何替换的方法,也有一些算法是通过独立地计算 Voronoi 图的每一个胞体实现并行化的。下面介绍构造 Voronoi 图的三个算法,包括串行分治算法、在**超立方**(Hypercube)和 CREW PRAM 两种计算模型下 Voronoi 图的并行构造算法。

16.3.2 构造 Voronoi 图的串行分治算法

1. 算法思想

构造二维平面点集 Voronoi 图的串行分治算法是由 Shamos 等提出的[19,20],算法复杂度为 $O(n\log n)$。基本思想是将平面点集 S 按其 x 坐标的序划分为两个均衡的子集 S_1 和 S_2,然后将构造好的 Voronoi 子图 $Vor(S_1)$ 和 $Vor(S_2)$ 进行合并,得到点集 S 的 Voronoi 图 $Vor(S)$。该算法是一个递归过程,算法的关键是两个 Voronoi 子图的合并技术。

2. 算法描述

算法 16.15　SISD 上的构造 Voronoi 图的串行分治算法

输入:n 平面点的点集 $S = \{p_0, p_1, \cdots, p_{n-1}\}$。

输出:Voronoi 边的集合。

begin

(1) 对 S 中的 n 个基点依其 x 坐标进行排序,将 S 划分为规模均衡的两个子集 S_1 和 S_2,$S = S_1 \cup S_2$。

(2) 递归地构造子集的 Voronoi 图 $Vor(S_1)$ 和 $Vor(S_2)$,以及凸壳 $CH(S_1)$ 和 $CH(S_2)$。

(3) 构造折线 B,其中 B 是 $Vor(S)$ 中分开子集 S_1 和 S_2 的 Voronoi 边:

　　(3.1)　计算 $CH(S_1)$ 和 $CH(S_2)$ 的正切线,设为 p_1q_1, p_2q_2,其中 $p_1, p_2 \in S_1, q_1, q_2 \in S_2$,且 y 坐标 $y(p_1) > y(p_2), y(q_1) > y(q_2)$。

　　(3.2)　作 p_1q_1 的垂直平分线 $L(p_1q_1)$,$L(p_1q_1)$ 与 $Vor(p_1) \in Vor(S_1)$

（或 $Vor(q_2) \in Vor(S_2)$）的边相交，交点为 B 的第一个顶点 d_1。若有多个交点，则取 y 坐标值最大的点为顶点。

(3.3) 用三角形顶点转移法选择新的三角形，并用步骤(3.2)的方法计算 B 的下一个顶点，直至作出 p_2q_2 的垂直平分线。

(4) 删去 $Vor(S_1)$ 中位于 B 右侧的部分；删去 $Vor(S_2)$ 中位于 B 左侧的部分；输出 $Vor(S)$。

end

3. 算法讨论

在算法的步骤(3)中，凸壳的正切线为：设点 p 是 $CH(S)$ 外的一点，q 是 $BCH(S)$ 的顶点，如果直线 pq 与 $BCH(S)$ 只有一个交点 q，则称直线 pq 是凸壳 $CH(S)$ 的正切线，q 为正切点。若直线 pq 是凸壳 $CH(S_1)$ 和 $CH(S_2)$ 的正切线，$p \in S_1$，$q \in S_2$，系指直线 pq 既是 $CH(S_1)$ 的正切线，也是 $CH(S_2)$ 的正切线。下面用例 16.5 说明使用三角形顶点转移法计算折线 B 的具体方法和过程。

例 16.5 假设 $S_1 = \{1,2,3,4,5,6,7,8\}$ 和 $S_2 = \{9,10,11,12,13,14,15,16\}$ 分别是 $S = S_1 \cup S_2$ 的左右子集，且已经得到如图 16.20(a)所示的 Voronoi 图 $Vor(S_1)$（左侧）和 $Vor(S_2)$（右侧）。其中粗实线为折线 B，是 $Vor(S)$ 中分开 $Vor(S_1)$ 和 $Vor(S_2)$ 的 Voronoi 边。S_1 和 S_2 的凸壳 $CH(S_1)$ 和 $CH(S_2)$，以及它们的上下正切线 p_2p_{12}、p_1p_{10} 也已求得。

上正切线的切点 p_2 和 p_{12} 的垂直平分线由上而下首先与 $Vor(S_1)$ 的边相交，该边是 p_2p_3 的垂直平分线，因此交点是三角形 $p_2p_{12}p_3$ 的外接圆心，所以下一段折线应该是 p_3p_{12} 的垂直平分线上的一段；p_3p_{12} 的垂直平分线将与 $Vor(p_3)$ 或 $Vor(p_{12})$ 相交，首先相交的边是 p_3p_8 的垂直平分线，交点是 $p_3p_{12}p_8$ 的外接圆心，因此接下来的一段折线是 p_8p_{12} 的垂直平分线上的一段；p_8p_{12} 的垂直平分线将与 $Vor(p_8)$ 或 $Vor(p_{12})$ 相交，首先相交的边是 $p_{12}p_{14}$ 的垂直平分线，交点是 $p_{12}p_8p_{14}$ 的外接圆心，因此接下来的一段折线是 p_8p_{14} 的垂直平分线上的一段；p_8p_{14} 的垂直平分线将与 $Vor(p_8)$ 或 $Vor(p_{14})$ 相交，首先相交的边是 $p_{11}p_{14}$ 的垂直平分线，交点是 $p_8p_{14}p_{11}$ 的外接圆心，因此接下来的一段折线是 p_8p_{11} 的垂直平分线上的一段；……；一直到作出 $CH(S_1)$ 和 $CH(S_2)$ 的下正切线的切点 p_1 和 p_{10} 的垂直平分线，折线 B 构造完毕。

上述折线 B 的构造过程可以看成是三角形序列的演变过程，$p_2p_{12}p_3 \rightarrow p_3p_{12}p_8 \rightarrow p_8p_{12}p_{14} \rightarrow p_8p_{14}p_{11} \rightarrow p_8p_{11}p_6 \rightarrow p_6p_{11}p_9 \rightarrow p_6p_9p_5 \rightarrow p_5p_9p_7 \rightarrow p_7p_9p_{10} \rightarrow p_7p_{10}p_1$，如图 16.20(b)所示。因此该构造过程也称为三角形顶点转移法。□

16.3.3 超立方模型上构造 Voronoi 图算法

该算法是由 Muhammad[23] 提出的，其思想源于分治算法[19,20]。d-维超立方体

16.3 Voronoi 图问题 589

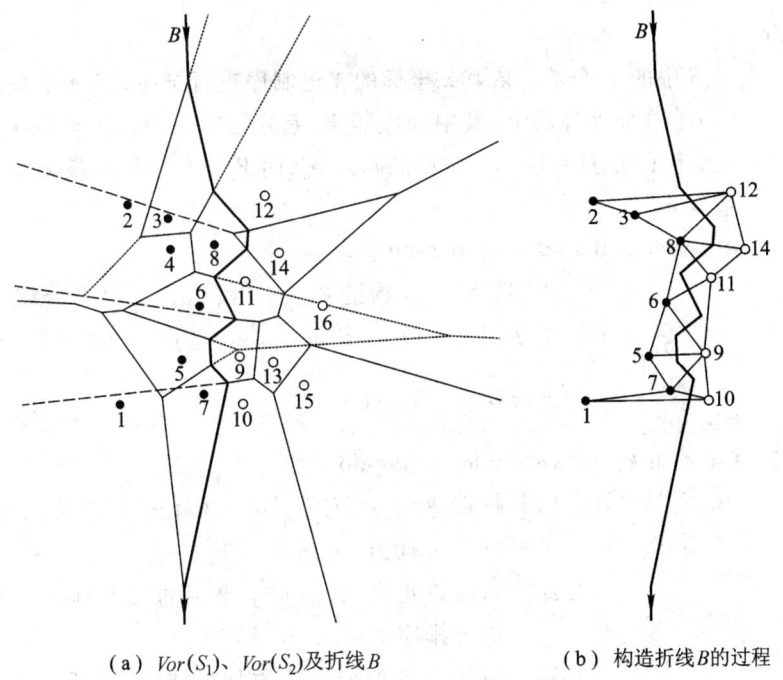

（a）$Vor(S_1)$、$Vor(S_2)$ 及折线 B　　　　（b）构造折线 B 的过程

图 16.20　构造 Voronoi 图的分治算法。

有 $n = 2^d$ 个节点，$d \times 2^{d-1}$ 条边，每个节点对应于一个 d 位的二进制数串。超立方中的两个节点当且仅当其二进制数串中只有 1 位不同时，它们之间才有一条边相连接。因此每个节点与 $d = \log n$ 个其他的节点相连。图 16.21 所示的为 16 个节点的超立方模型。

1. 算法描述

算法 16.16　SIMD-CC 模型上的构造 Voronoi 图并行算法

输入：$n = 2^d$ 个平面点的点集 $S = \{p_0, p_1, \cdots, p_{n-1}\}$。

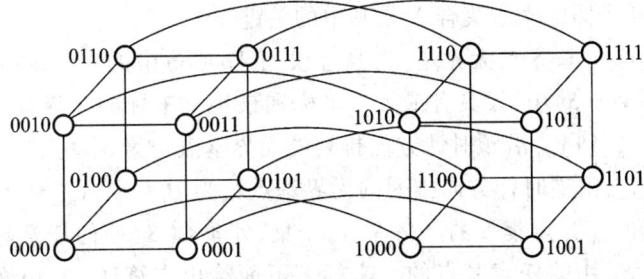

图 16.21　16 个节点的超立方模型

输出：Voronoi 边的集合。

begin

(1) 对 S 中的 n 个基点依其 x 坐标的二进制序进行排序，将 n 个基点分配到 $O(n)$ 个处理器上，其中处理器 P_i 上分配的点为 p_i，$0 \leq i \leq n-1$，P_0 上分配的是具有最小 x 坐标的基点 p_0，而 P_{n-1} 上是具有最大 x 坐标的基点 p_{n-1}。

(2) **for** each i：$0 \leq i \leq n-1$ **par-do**

用 P_{2i} 和 P_{2i+1} 构造基点 p_{2i} 和 p_{2i+1} 垂直平分线 $B(p_{2i}, p_{2i+1})$，并令 $Vor_1(i) = B(p_{2i}, p_{2i+1})$，其中 $i = 0, 1, 2, \cdots, n/2 - 1$。

end for

(3) **for** each k：$2 \leq k \leq d = \log n$ **par-do**

(3.1) 构造 $Vor_{k-1}(2i)$ 和 $Vor_{k-1}(2i+1)$ 的交点集合 X，其中 $i = 0, 1, \cdots, n/2^k - 1$。

(3.2) 对交点集合 X，依其 y 坐标的二进制序对其交点进行排序。

(3.3) 按集合 X 的交点序添加折线，删除 $Vor_{k-1}(2i)$ 中严格处在折线右边的部分，删除 $Vor_{k-1}(2i+1)$ 中严格处在折线左边的部分。

(3.4) 将 $Vor_{k-1}(2i)$ 和 $Vor_{k-1}(2i+1)$ 进行合并：
$Vor_k(i) = Vor_{k-1}(2i) \cup Vor_{k-1}(2i+1)$

end for

(4) 返回 $Vor_d(S) = Vor_{d-1}(0) \cup Vor_{d-1}$。

end

2. 算法说明

算法 16.16 的步骤(3)的合并操作是一个递归过程。其中步骤(3.1)计算两个相邻 Voronoi 子图的交点集合 X 是其中的关键。

我们称基点 $p_i \in S$ 是无界基点，当且仅当 $Vor(S)$ 中的 Voronoi 胞体 $Vor(p_i)$ 是无界的。在 $Vor(S)$ 中，设具有最大 y 坐标和最小 y 坐标的无界基点分别为 $y_{\max}$ 和 $y_{\min}$。将从 $y_{\max}$ 到 $y_{\min}$ 沿顺时针方向排列的无界基点记为 α_i 基点，$y_{\max} \leq i \leq y_{\min}$；而将从 $y_{\max}$ 到 $y_{\min}$ 沿逆时针方向排列的无界基点记为 β_i 基点，$y_{\max} \leq i \leq y_{\min}$。令 $S = S_L \cup S_R$，S_L 和 S_R 是点集 S 的严格左、右子集，即集合 S_L 中的任意基点的 x 坐标严格小于集合 S_R 中的任意基点的 x 坐标。下面给出在算法 16.16 的步骤(3.1)中，交点集合 X 的构造算法。

算法 16.17 SIMD-CC 模型上的 Voronoi 交点集合 X 构造算法

输入：平面点集 S 的严格左子集 S_L 和右子集 S_R 及其 Voronoi 子图 Vor_L 和 Vor_R，其中 $S = S_L \cup S_R$。

输出：Voronoi 交点集合 X。

begin

(1) 搜索 S_L 和 S_R 中的无界基点

 (1.1) 分别在子集 S_L 和 S_R 中搜索各自具有最大和最小的 y 坐标的无界基点 $y_{maxL}, y_{minL} \in S_L, y_{maxR}, y_{minR} \in S_R$。

 (1.2) 在 S_L 和 S_R 中标记各自的 α 基点和 β 基点，其中 $y_{max} \leqslant i \leqslant y_{min}$。

(2) **for** each α、β：$\alpha \in S_L, \beta \in S_R$ **par-do**

 (2.1) 对每一个 $\alpha \in S_L$，在 S_R 中搜索一个满足式(16.6)的 β：

$$\beta = \{\beta(y): y = \min\{y_\beta: y_\beta > y_\alpha \text{ and } \beta \in S_R\}\} \quad (16.6)$$

同时，对每一个 $\beta \in S_R$，在 S_L 中搜索一个满足式(16.7)的 α：

$$\alpha = \{\alpha(y): y = \max\{y_\alpha: y_\alpha < y_\beta \text{ and } \alpha \in S_L\}\} \quad (16.7)$$

 (2.2) 对每一个 $\alpha \in S_L$，在 S_R 中搜索一个满足式(16.8)的 β：

$$\beta = \{\beta(y): y = \max\{y_\beta: y_\beta < y_\alpha \text{ and } \beta \in S_R\}\} \quad (16.8)$$

同时，对每一个 $\beta \in S_R$，在 S_L 中搜索一个满足式(16.9)的 α：

$$\alpha = \{\alpha(y): y = \min\{y_\alpha: y_\alpha > y_\beta \text{ and } \alpha \in S_L\}\} \quad (16.9)$$

 end for

(3) 计算 $\alpha \in S_L$ 和 $\beta \in S_R$ 的垂直平分线 $B(\alpha_L; \beta_R)$，其中 $S = S_L \cup S_R$。

(4) 搜索与基点 $\alpha \in S_L$ 和 $\beta \in S_R$ 的垂直平分线 $B(\alpha; \beta)$ 相关联的 Voronoi 胞体的边之间的交点。

(5) 将在(4)中找出的交点添加到交点集合 X，即 $X = X \cup \{x\}$。

(6) 返回交点集合 X。

end

例 16.6 严格左、右子集合 S_L 和 S_R 的交点集 X 的构造实例，其中 $S = S_L \cup S_R$。假设已经得到 S_L 和 S_R 的 Voronoi 图 Vor_L 和 Vor_R，如图 16.22 所示。

图 16.22 中方块表示交点分别在 S_L 和 S_R 中搜索所有无界基点。得到 S_L 中的 α 基点集：$\{6;7;3\} \in S_L$，S_R 中的 β 基点集：$\{13;9;8;10\} \in S_R$。

首先，通过计算基点 6 和 13 的垂直平分线 $B(6;13)$，构造半直线。其中，6 和 13 分别是各自集合中具有最大的 y 坐标的基点。然后，寻找平分线 $B(6;13)$ 和 Voronoi 胞体 $V(13)$ 的交点，记为 x_1。类似地，计算基点 $3 \in S_L$ 和 $10 \in S_R$ 的半直线，找到交点 x_6，如图 16.22 所示。此时，交点集合为 $X_1 = \{x_1, x_6\}$。

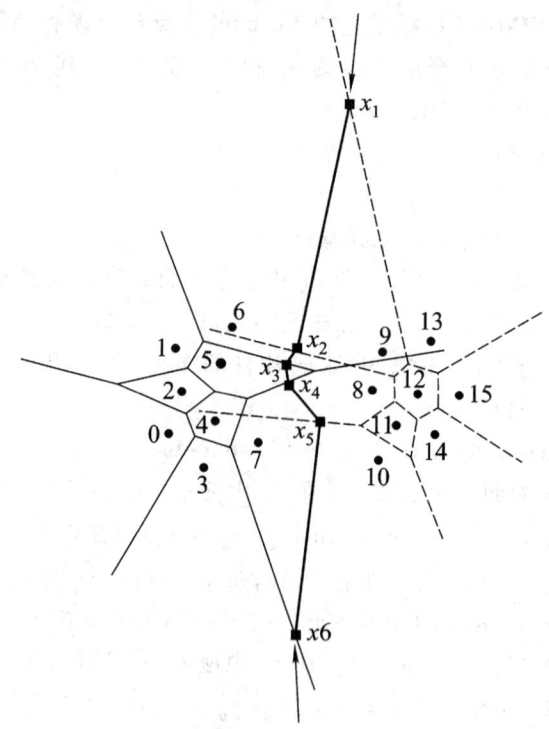

图 16.22　左、右子集合 S_L 和 S_R 的交点集 X 构造示例

基点 $9 \in S_R$ 是满足公式 (16.8) 的与基点 $6 \in S_L$ 对应的 β 基点，计算它们的平分线 $B(6;9)$，并找出平分线与 $V(9)$ 的交点 x_1 和 x_2，将这些交点合并到交点集中：$X_1 = X_1 \cup \{x_1, x_2\} = \{x_1, x_2, x_6\}$。

S_L 中的下一个无界基点是 7，而 $8 \in S_R$ 是满足公式 (16.6) 的与其对应的 β 基点。计算平分线 $B(7;8)$，并找出其与 $V(7)$、$V(8)$ 的交点 x_4 和 x_5，并添加到交点集中。此时交点集为：$X_1 = X_1 \cup \{x_4, x_5\} = \{x_1, x_2, x_4, x_5, x_6\}$。同时，$S_R$ 中的处理器运行相同的程序，得到交点集 $X_2 = \{x_1, x_2, x_3, x_5, x_6\}$。合并 X_1、X_2 得交点集 $X = X_1 \cup X_2 = \{x_1, x_2, x_3, x_4, x_5, x_6\}$。对 X 中的交点，按照其 y 坐标的二进制序进行排序，得到折线集 $\{x_1 x_2, x_2 x_3, x_3 x_4, x_4 x_5, x_5 x_6\}$。

最后，删除 Vor_L 中位于折线右边的部分，删除 Vor_R 中位于折线左边的部分，返回合并后的 Voronoi 图 $Vor(S)$。□

3. 算法分析

定理 16.1　平面上 n 个基点集合的 Voronoi 图的构造，在 $O(n)$ 处理器上可在 $O(\log^3 n)$ 时间内实现。

证明　在算法的排序阶段：超立方上 n 个平面点的二进制序排序时间

$O(\log^2 n)$。在分派阶段,因为在平面点已排序的前提下,该阶段所有的几何运算均为常数时间,故在 $O(n)$ 处理器上 n 个点的分派需要常数时间。易证,分治阶段的运算可以在常数时间内完成。在合并阶段:每个处理器通过调用计算垂直平分线、删除 Voronoi 边、建立新的 Voronoi 边等子程序构造新的 Voronoi 图。每个子程序可在常数时间执行完成。假设这些子程序的运行时间分别为 $c_1, c_2, \cdots, c_n$,令 $C = \max(c_1, c_2, \cdots, c_n)$。在搜索无界基点阶段:采用折半查找需时间为 $O(\log n)$。而由于 C 是常数,合并阶段的运行时间不会大于 $O(\log n)$。此外,依 y 坐标序对交点集排序需时 $O(\log^2 n)$,添加折线需要常数时间。

令 $t(n)$ 为 n 点算法需要的时间。那么可以得到递推公式 $t(n) = t(n/2) + O(\log^2 n)$。该公式隐含着 $t(n) = O(\log^3 n)$。需要指出的是,上面分析中未将通信时间包括在求解时间中。在所有的合并阶段,在处理器之间进行的消息交换,其通信路径的长度总是1。显而易见,从超立方的一个节点与其他节点之间发送和接收一个消息需要常数时间。假设在第 d 维上的通信时间为 C_d。这样,超立方所有维上的总通信时间将为 $t_{com} = C_{com}(n/2) + C_d = C_{com}(n/2) + C_d(\log n) \leqslant 2 \times C \times \log n = \log n$。因此,构造完整的 Voronoi 图所用的全部通信时间为 $t_{com} = O(\log n)$。由上述两个方面的分析,得到 $T(n) = t(n) + t_{com}(n) = O(\log^3 n) + O(\log n) = O(\log^3 n)$。所以,在平面上 n 点的 Voronoi 图在 $O(n)$ 超立方处理器上的构造时间为 $O(\log^3 n)$。□

16.3.4 SIMD-CREW 模型上构造 Voronoi 图算法

本节的算法是 Aggarwal 等人[24]提出的,算法在 $O(n)$ 个处理器的 CREW-PRAM 模型上的时间复杂度为 $O(\log^2 n)$。该算法本质上仍然是一种分治算法,同时在算法的构造过程中使用了与平面扫描算法[21]相类似的一些思想。

1. 算法构造原理

对两个平面点集 P 和 Q,假设 P 中点的 x 坐标小于 Q 中点的 x 坐标,则存在一条垂直方向的**轮廓线**(Contour),如图 16.23 示出了在两个集合 P 和 Q 之间的轮廓线 L 将它们分开,使 P 中的所有点在 L 的左侧,Q 中的所有点在 L 的右侧。同时,轮廓线也将平面分为了距 P 比距 Q 更近的点集,以及距 Q 比距 P 更近的点集。在本算法中,与点集 P 和 Q 各自相关的两个 Voronoi 图 $Vor(P)$、$Vor(Q)$ 在线性时间内被合并为这两个点集并集 $S = P \cup Q$ 的 Voronoi 图 $Vor(S)$。本算法中的轮廓线 L 也即算法 16.15 中的折线 B,是分开 $Vor(P)$ 和 $Vor(Q)$ 的 $Vor(S)$ 中的 Voronoi 边构成的垂直方向的折线。合并过程是对分开 P 和 Q 的折线形式的轮廓线进行追踪的过程,而本算法的关键是将轮廓线追踪过程并行化。

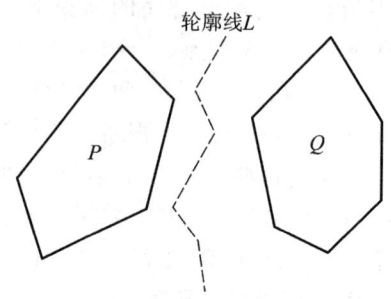

图 16.23　通过轮廓线追踪进行 Voronoi 图的合并

2. 算法描述

算法 16.18　SIMD-CREW 模型上的构造 Voronoi 图并行算法

输入：n 个平面点的点集 S。

输出：Voronoi 边的集合。

begin

(1) 根据基点的 x 坐标对点集 S 进行排序。

(2) 将集合 S 用垂直直线 L 均衡地划分为左右两个子集 P、Q，$S = P \cup Q$，并递归地计算 $Vor(P)$ 和 $Vor(Q)$，以及凸壳 $CH(P)$，$CH(Q)$。

(3) 进行轮廓线追踪，寻找分开子集 P、Q 的 $Vor(S)$ 的边集。

  (3.1) 构造由 Q 的凸壳 $CH(Q)$ 确定的每个**带**(Strip)的内部点进行定位的数据结构。对 P 也并行地做同样的处理。

  (3.2) 以垂直直线 L 为准线，构造 Q 的**海岸线**(Beachline)，它是 Q 中某些基点的抛物线弧段，构造对**滩头**(Beachhead，即海岸线与 L 之间的区域)内的点进行定位的数据结构，标记与海岸线关联的基点；对 P 也并行地做同样的处理。

  (3.3) 为与 P 的海岸线相关的每个基点的 Voronoi 胞体中的每一个 Voronoi 顶点 v 分配一个处理器，利用步骤(3.1)和(3.2)中在 Q 上构造的点查询数据结构，判断是否顶点 v 距 Q 比距 P 更近，并计算在 $Vor(Q)$ 中包含 v 的 Voronoi 胞体；同时，对 Q 中类似的 Voronoi 顶点也并行地进行类似的操作。该操作需要 n 个处理器在 $O(\log n)$ 时间并行完成。

  (3.4) 利用(3.3)中得到的信息，计算并确定 $Vor(P)$ 中与轮廓线相交的 Voronoi 边。由此可以确定与 $Vor(P)$ 中的胞体相关的一个三角形的线性序列，该序列覆盖了轮廓线，即轮廓线以确定的线性序对每一个三角形严格穿越一次。称此结构为 **P-管道**(P-

Conduit)。对 $Vor(Q)$,并行计算其 **Q-管道**。合并 P-管道 和 Q-管道。该操作需要 n 个处理器在 $O(\log n)$ 时间并行完成。

(3.5) 利用合并后的 P-管道和 Q-管道构造出轮廓线。

设 T_P 和 T_Q 分别是来自 P-管道和 Q-管道的两个三角形,p 与 q 分别是 T_P 和 T_Q 的顶点。若点 p 与 q 的平分线穿越三角形 T_P 和 T_Q 的交集,则称两个三角形 T_P 和 T_Q **相互作用**(Interact)。当且仅当轮廓线中包含分开两个三角形顶点(基点)的一条边,且该边与两个三角形的公共交集相交,这两个三角形相互作用。每个管道三角形与另一侧三角形至少相互作用一次。

令 T' 是 Q-管道中的**中点三角形**(Median Triangle)。给 P-管道中的每个三角形分派一个处理器,则在常数时间内可以计算出在 P-管道中与 T' 相互作用的所有三角形的集合 S。集合 S 是由 P-管道中一个或多个毗邻的三角形组成的区间。令 T_1 和 T_2 分别是集合 S 线性序中的第一个和最后一个三角形(可能是同一个三角形),则在 P-管道中只有 T_1 以及处在它上方的三角形可以与在 Q-管道中处于 T' 上方的三角形相互作用;而 T_2 与 T' 的下方三角形也发生类似的相互作用。

这样,所有相互作用的三角形对可以递归地在 $O(\log n)$ 时间并行确定,并在 $O(\log n)$ 并行时间内完成轮廓线的构造。

(4) 适当地修补 $Vor(P)$ 和 $Vor(Q)$ 的边以构造出 $Vor(S)$。

end

3. 算法分析

下面对算法 16.18 中的一些步骤作进一步说明。在本节中给出的定理将不加证明,留作习题,详细的证明可参见文献[24]。

对于在算法 16.18 的步骤(3.1)中的数据结构,定义点集 S 的凸壳 $H(S)$ 的**法线**(Normal)为由 $H(S)$ 的顶点延伸出去的射线,这些射线垂直于与顶点相关联的边,每个顶点延伸出两条法线。法线将 $H(S)$ 的补空间 E^2-$H(S)$ 划分为一系列 V 形的**片**(Slice),以及由 $H(S)$ 的一条边及与该边关联的两条法线围成的**带**。片和带统称为**扇区**(Sector),且交替出现,如图 16.24(a)所示。凸壳 $H(S)$ 的边界 $BCH(S)$ 与 S 的 Voronoi 图 $Vor(S)$ 的交点称为**割点**(Cutpoint),如图16.24(b)所示。令 U 是与 $H(S)$ 的一条边 e 关联的带,则称集合 $U \cap Vor(S)$ 为 **e-岬**(e-Promontory)。考虑到 Voronoi 胞体的凸性,可知 e-岬具有自然的二叉树结构,其叶节点就是割点,而中间节点的父节点较该节点更远离边 e,该二叉树的根节点为无限延伸出去的射线,并将该条带一切为二。

定理 16.2[24] 假设一条带的 e-岬中有 k 个 Voronoi 顶点和边,则存在一个 k 个处理器 $O(\log k)$ 时间的并行算法,该算法用来构造由该 e-岬定义的对平面进行

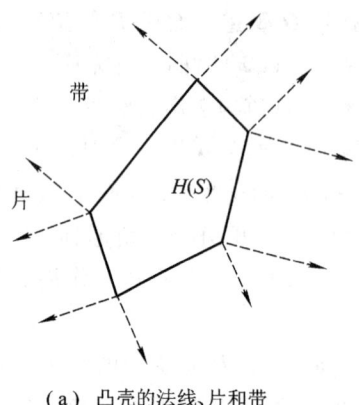

(a) 凸壳的法线、片和带

(b) 岬及其上的割点(图中用*示出)

图 16.24　在凸壳上构造点查询数据结构

划分的一个数据结构。利用该数据结构,单个处理器可以在 $O(\log k)$ 时间内计算出包含待查询平面点的 Voronoi 胞体。

对于在算法 16.18 的步骤(3.2)中的数据结构,假设平面点集 Q 在垂直线 L 右侧(Q 中点的 x 坐标均大于直线 L 的 x 坐标),考虑这样一些圆的圆心,该圆与 L 相切并过某个基点 $q \in Q$,且圆内不含有 Q 中的其他基点。这些圆心点的集合称为点集 Q 关于垂直直线 L 的海岸线。称焦点在基点 $q \in Q$,准线为 L 的抛物线(见图 16.25)为 q-抛物线。关于海岸线更加详细的论述可参阅文献[17]第 170~181 页。海岸线存在下面的性质:

性质 16.6　平面点集 Q 关于垂直直线 L 的海岸线具有如下的性质:

(1) 海岸线是简单曲线,离开 L 且在 L 上具有单调投影。海岸线将 L 右侧的半平面划分为两个连通区域。邻近 L 的区域称为滩头图 16.25 中的阴影部分),记为 B。滩头由 Q 中的某些基点组成的点集决定,这样的基点较 Q 中的其他基点更靠近 L。

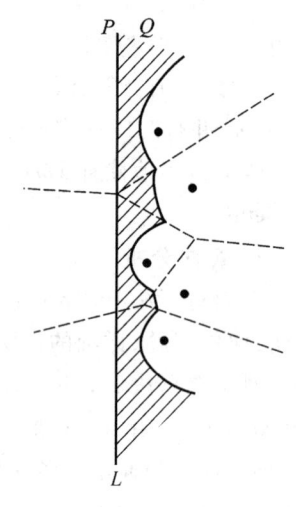

图 16.25　点集 Q 关于直线 L 的海岸线,阴影部分为滩头 B

(2) 海岸线由有限个抛物线弧段顺序连接而成,其中的每一段抛物线属于某个 q-抛物线的一部分,$q \in Q$,并称 q 点邻近 L。海岸线中两段抛物线弧相遇的点称为过渡点。

(3) 令 C 是由划分 $S = P \cup Q$ 定义的轮廓线,则 C 全部位于 Q 海岸线的左侧。

(4) 与滩头 B 相交的 $Vor(Q)$ 的胞体是那些在(2)的意义下邻近 L 的基点 $q \in Q$ 的胞体。B 与 $Vor(Q)$ 中一个 Voronoi 胞体的交集是平面中的连通分量,该连通分量称为一个 **B-胞体**(B-Cell)。$Vor(Q)$ 中的胞体和 B 形成的 B-胞体的集合沿海岸线呈线性序排列。

(5) 令 x 是一个过渡点,则存在两个点 $q,q' \in Q$, x 处在 $Vor(Q)$ 中 $Vor(q)$ 和 $Vor(q')$ 公共边上,而在 x 处相遇的两段抛物线弧分别是 q-抛物线和 q'-抛物线的一部分。

定理 16.3 使用 $O(n)$ 个处理器在 $O(\log n)$ 时间内,可以构造出 Q 的海岸线和一个恰当的数据结构。利用该数据结构在串行 $O(\log n)$ 时间内能够完成下面的点查询任务:对任意点 v,判定 v 是否位于滩头 B 内;若是,确定出包含 v 的具体的 B-胞体。

对于算法 16.18 步骤(3.4)中判定与轮廓线相交的 $Vor(P)$ 中 Voronoi 边的查询任务,可以通过判定该边两个 Voronoi 顶点的空间位置完成:当且仅当 $Vor(P)$ 中一条边的一个顶点距 P 较近而另一个顶点距 Q 较近时,该边与轮廓线相交。

判断 $Vor(P)$ 的一个 Voronoi 顶点 v 距 P 比距 Q 更近有两种情况:①v 在 L 的左边,确定包含 v 的 $H(Q)$ 扇区。若 v 在某个片内,则与 v 最近的基点 $q \in Q$ 就是该片的顶点,而在 P 中与 v 最近的基点是与 v 关联的基点,容易判定是否 v 距 P 比距 Q 近;若 v 在某个带内,则转化为带内点的定位问题,利用定理 16.2 在 $O(\log n)$ 时间内可以确定 $Vor(Q)$ 中包含 v 的 Voronoi 胞体,进而用与片内相同的方式进行距离比较。② v 在 L 的右侧,利用定理 16.3 在 $O(\log n)$ 时间内可以确定 v 是否在滩头内。若 v 在海岸线右侧,则 v 距 P 比距 Q 远;若 v 在滩头内,由包含 v 的 B-胞体可确定出与 v 最近的具体的基点 $q \in Q$,进而完成 P 与 Q 距离的比较。

4. 算法复杂度

算法 16.18 的步骤(1)只执行一次,使用一个 SIMD-CREW 上 $O(n)$ 个处理器复杂度为 $O(\log^2 n)$ 的排序方法就够了。步骤(2)~(4)组成一个迭代递归过程,每次耗时 $O(\log n)$,需递归迭代的次数为 $O(\log n)$,因此算法总的复杂度为 $O(\log^2 n)$。

16.4 平面点集的三角剖分

16.4.1 基本概念

定义 16.12 令 $S = \{p_1, p_2, \cdots, p_n\}$ 为二维平面 R^2 上的点集,称该点集中的 n 个点为**基点**(Site),基点之间连接的直线段称为 S 的**边**(Edge)。以 S 为顶点集,由互不相交的边连接而成的图,如果试图在 S 的任意两个点之间引入一条新的边,则都会与图中已有的边相交,称该图为平面点集 S 的**三角剖分**(Triangulation),简记为 $T(S)$。

平面点集 S 的三角剖分将 S 的凸壳划分为一系列三角形区域。

定义 16.13 设 $T(S)$ 为平面点集 S 的一个三角剖分,若 $T(S)$ 中每个三角形外接圆的内部都不包含 S 中的任何基点,则称 $T(S)$ 为 S 的 **Delaunay 三角剖分**(Delaunay Triangulation),简记为 $DT(S)$。

令 T 为点集 S 的一个三角剖分,若其中含有 m 个三角形,则 T 中的三角形总共有 $3m$ 个角,将它们的角度按升序排列为一个向量 $A(T) = (a_1, a_2, \cdots, a_{3m})$,即若 $i < j$,则有 $a_i \leq a_j$。称 $A(T)$ 为 T 的**角度向量**(Angle Vector)。给定点集 S 的两个三角剖分 T、T',以及它们对应的角度向量 $A(T) = (a_1, a_2, \cdots, a_{3m})$、$A(T') = (a_1', a_2', \cdots, a_{3m}')$,若

$$\exists i, 1 \leq i \leq 3m, a_i > a_i', 且 \forall j < i, a_j = a_j'$$

则称 T 的角度优于 T',记为 $A(T) > A(T')$。

定义 16.14 令 T 为点集 S 的一个三角剖分,其角度向量为 $A(T)$。若对 S 的其他任意三角剖分 T',及与之对应的角度向量 $A(T')$,均有 $A(T') \leq A(T)$,则称三角剖分 T 为点集 S 的**角度最优三角剖分**(Angle Optimal Triangulation),简记为 $AOT(S)$。

如图 16.26 所示,考察 $T(S)$ 中与两个三角形 $p_i p_j p_k$ 和 $p_i p_j p_l$ 相关联的边 $p_i p_j$,若这两个三角形合起来构成一个凸四边形,则将 $p_i p_j$ 从 T 中删去,代之以边 $p_k p_l$,将得到另一个三角剖分 T'。称该操作为一次**边翻转**(Edge Flip)。将上述三角形边翻转前后的六个角度的角度向量分别记为:$A(T) = (a_1, a_2, \cdots, a_6)$,$A(T') = (a_1', a_2', \cdots, a_6')$。若 $A(T) < A(T')$,则将边 $p_i p_j$ 称作一条**非法边**(Illegal Edge)。若对某条边进行翻转操作之后,能够使局部的最小角增大,它一定是一条非法边。

不含任何非法边的三角剖分,称作**合法三角剖分**(Legal Triangulation)。由此

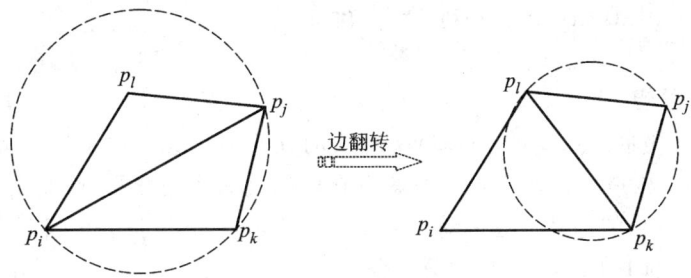

图 16.26 边翻转示意图

可知,角度最优三角剖分必然也是合法三角剖分。任给一个初始的三角剖分,通过一系列边翻转操作构造出一个合法三角剖分的过程称为三角剖分的**合法化**(Legalizing)。

定理 16.4 设三角形 $p_ip_jp_k$ 和 $p_ip_jp_l$ 之间的公共边为 p_ip_j,令 C 为三角形 $p_ip_jp_k$ 的外接圆。当且仅当点 p_l 落在 C 的内部时,p_ip_j 是一条非法边。若点 p_i、p_j、p_k 和 p_l 构成一个凸四边形,且不共圆,则边 p_ip_j 和 p_kp_l 二者有且仅有一条非法边。

定理 16.5 设 S 为任意平面点集。则 $T(S)$ 是一个合法三角剖分,当且仅当 $T(S)$ 是 S 的 Delaunay 三角剖分。

定理 16.6 设 S 为任意平面点集,则 S 的 Delaunay 三角剖分是角度最优三角剖分。

点集的三角剖分与 Voronoi 图有着密切的关系,如最近点意义下 Voronoi 图的**对偶图**(Dual Graph)是点集的 Delaunay 三角剖分,而最远点意义下 Voronoi 图的对偶图是点集凸壳的一种三角剖分。因此可以用三角剖分来计算 Voronoi 图,同样反过来也可以使用 Voronoi 图来构造三角剖分。今天,对 Voronoi 图以及 Delaunay 三角剖分的研究与应用的文献已浩如烟海。Voronoi 图及其对偶图 Delaunay 三角剖分作为一种通用的几何结构,在社会地理学、物理学、天文学、机器人学乃至模式识别等众多领域中有着广泛的应用。关于 Voronoi 图和 Delaunay 三角剖分的应用,可参阅相关文献[12,17,25]。

构造 Delaunay 三角剖分的并行算法已提出了不少,但绝大多数并行算法都是针对特殊的并行处理器结构的,代价较高且不利于广泛使用。目前,具有两个处理器的 PC 已很普遍,4 个、8 个处理器的机器也会越来越广泛,但是在这些机器上运行的并行算法相对来说较少。因此,下面将首先介绍直接构造 Delaunay 三角剖分的串行随机增量插入算法,分析该算法运算时间在不同阶段的分布,最后介绍利用共享存储器和多线程技术在具有多个处理器的通用计算机上的并行 Delaunay 三角剖分算法。

16.4.2 Delaunay 三角剖分串行算法

1. 基本思想

直接构造平面点集 S 的 Delaunay 三角剖分的串行随机增量插入算法的基本思想是：首先，构造一个包含 S 中所有点在内的临时大三角形 $p_{-1}p_{-2}p_{-3}$，在临时三角形 $p_{-1}p_{-2}p_{-3}$ 的基础上逐一随机引入 S 中的基点，并维护和更新引入当前点后的点集所对应的 Delaunay 三角剖分。令 $\Omega = \{p_{-1}, p_{-2}, p_{-3}\}$，算法实际计算 $\Omega \cup S$ 的 Delaunay 三角剖分 $DT(\Omega \cup S)$。一旦得到 $DT(\Omega \cup S)$ 后，删去所有与 p_{-1}, p_{-2}, p_{-3} 相关联的边，就得到点集 S 的 Delaunay 三角剖分 $DT(S)$。可以证明[17]，临时大三角形的三个顶点位置选为 $p_{-1} = (K, 0)$，$p_{-2} = (0, K)$ 和 $p_{-3} = (-K, -K)$ 时，算法可以得到正确的结果。这里，K 是 S 中最大点坐标绝对值的 3 倍。

2. 算法描述

算法 16.19 SISD 机器上的直接构造 Delaunay 三角剖分随机增量插入算法

输入：n 个平面点的点集 $S = \{p_1, p_2, \cdots, p_n\}$。

输出：S 的 Delaunay 三角剖分 $DT(S)$。

begin

(1) 确定完全包含 S 中所有点的临时大三角形 $p_{-1}p_{-2}p_{-3}$ 的三个顶点 p_{-1}，p_{-2}，p_{-3}。

(2) 随机选定集合 S 中点的一个次序 $p_1, p_2, \cdots, p_n$；并令 $S_0 = \{p_{-1}, p_{-2}, p_{-3}\}$。

(3) **for** $r = 1$ **to** n **do**

  (3.1) $p_ip_jp_k = LocatePoint(p_r, DAG(T(S_{r-1})))$

    /* 在 $T(S_{r-1})$ 中定位当前插入点所在的三角形 $p_ip_jp_k$ */

  (3.2) **if** (p_r 处于 $p_ip_jp_k$ 的内部) **then**

    (i) 从 p_r 向 $p_ip_jp_k$ 的顶点加边，将 $p_ip_jp_k$ 分为三个小三角形

    (ii) $LegalizeEdge(p_r, p_ip_j, T(S_r))$

    (iii) $LegalizeEdge(p_r, p_jp_k, T(S_r))$

    (iv) $LegalizeEdge(p_r, p_kp_i, T(S_r))$

    /* 在 $T(S_r)$ 中对边进行检查，并进行合法化 */

  else (p_r 正好落在 $p_ip_jp_k$ 的某一条边上，假设为 p_ip_j)

    (i) 从 p_r 分别向 p_k，以及 p_ip_j 关联的另一个三角形的

第三个顶点 p_l 加边 /* 将与 p_ip_j 关联的那两个三角形划分为四个三角形 */

(ⅱ) $LegalizeEdge(p_r, p_ip_l, T(S_r))$

(ⅲ) $LegalizeEdge(p_r, p_lp_j, T(S_r))$

(ⅳ) $LegalizeEdge(p_r, p_jp_k, T(S_r))$

(ⅴ) $LegalizeEdge(p_r, p_kp_i, T(S_r))$

/* 在 $T(S_r)$ 中对边进行检查,并进行合法化 */

  end if

 end for

(4) 删除与临时大三角形顶点 p_{-1}、p_{-2}、p_{-3} 关联的所有边

end

3. 算法讨论

在算法 16.19 中, $LocatePoint(p_r, DAG(T(S)))$ 是在已知三角剖分 $T(S)$ 中进行点定位的子过程, $LegalizeEdge(p_r, p_ip_j, T(S))$ 是对三角剖分 $T(S)$ 进行边的合法性检查,并进行局部合法化的子过程。在算法 16.19 中,新的点插入后的两种情况如图 16.27 所示。

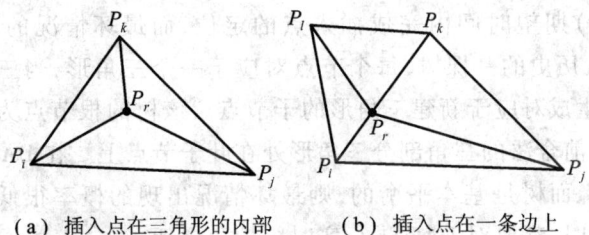

(a) 插入点在三角形的内部　　(b) 插入点在一条边上

图 16.27　点插入的两种情况

如图 16.28 所示,在点插入后一般会出现非法边,即某些三角形不再满足空外接圆条件,这时需要进行边翻转操作进行合法化。而边翻转可能又会导致其他三

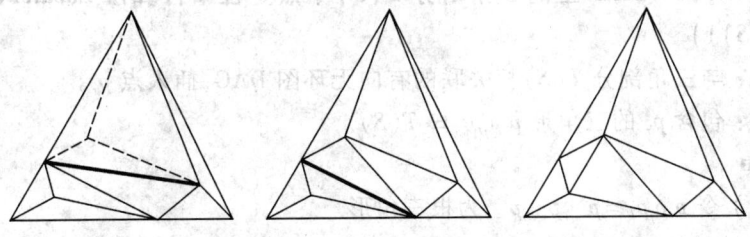

图 16.28　点插入后,边翻转的传播

角形不满足空圆条件,因此需要递归进行边翻转操作。算法 16.19 边的合法化算法如下面的算法 16.20。

算法 16.20　SISD 上的三角剖分 $T(S)$ 中边局部合法化串行算法 $LegalizeEdge(p_r, p_i p_j, T(S))$

输入:点集 S 的三角剖分 $T(S)$,待检查的边 $p_i p_j$,与 $p_i p_j$ 关联三角形的第三个顶点 p_r。

输出:局部合法化后的三角剖分 $T(S)$。

begin

　　(1) 令 $p_i p_j p_k$ 是与三角形 $p_i p_j p_r$ 相邻的三角形。

　　(2) **if** ($p_i p_j$ 是非法边)　**then**　/* 进行边翻转操作 */

　　　　(2.1)　删除 $p_i p_j$ 边,添加 $p_r p_k$ 边

　　　　(2.2)　$LegalizeEdge(p_r, p_i p_k, T(S))$

　　　　(2.3)　$LegalizeEdge(p_r, p_j p_k, T(S))$

　　end if

end

下面讨论算法 16.19 中的点定位算法。该算法是在当前三角剖分中查找包含插入点 p_r 的三角形。使用**有向无环图**(Directed Acyclic Graph, DAG)的数据结构可以在 $O(\log n)$ 期望时间内完成插入点的定位,而最坏情况的耗时为 $O(n)$。DAG 是记录插入历史的一棵树,每个节点对应一个三角形,当三角形被细分或翻转时,该节点生成对应于新建三角形的子节点。该树的根节点为起始的大三角形 $p_{-1} p_{-2} p_{-3}$,当前合法的三角剖分三角形处在叶子节点上。在 DAG 中,若插入节点是随机排序的,而树是基本平衡的,则最坏情况出现的概率很低。当发生点插入和边翻转操作时,都要对 DAG 进行实时维护和更新。

图 16.29 为点插入和边翻转过程中 DAG 的维护与更新示意图,图 16.30 为对应于图 16.29 中更新后的 DAG 的两个节点的内容。算法 16.21 给出了利用三角剖分的 DAG 进行插入点定位的算法。

算法 16.21　SISD 上的三角剖分 $T(S)$ 中点定位串行算法 $LocatePoint(p_r, DAG(T(S)))$

输入:与三角剖分 $T(S)$ 相关联的有向无环图 DAG,插入点 p_r。

输出:包含 p_r 的三角形 $p_i p_j p_k \in T(S)$。

begin

　　(1) 令 $p_i p_j p_k = p_{-1} p_{-2} p_{-3}$ 为根三角形。

　　(2) **while** ($p_i p_j p_k$ 不是 DAG 的叶节点) **do**

　　　　(2.1)　查找包含 p_r 的 $p_i p_j p_k$ 的直接子节点 $p_i' p_j' p_k'$

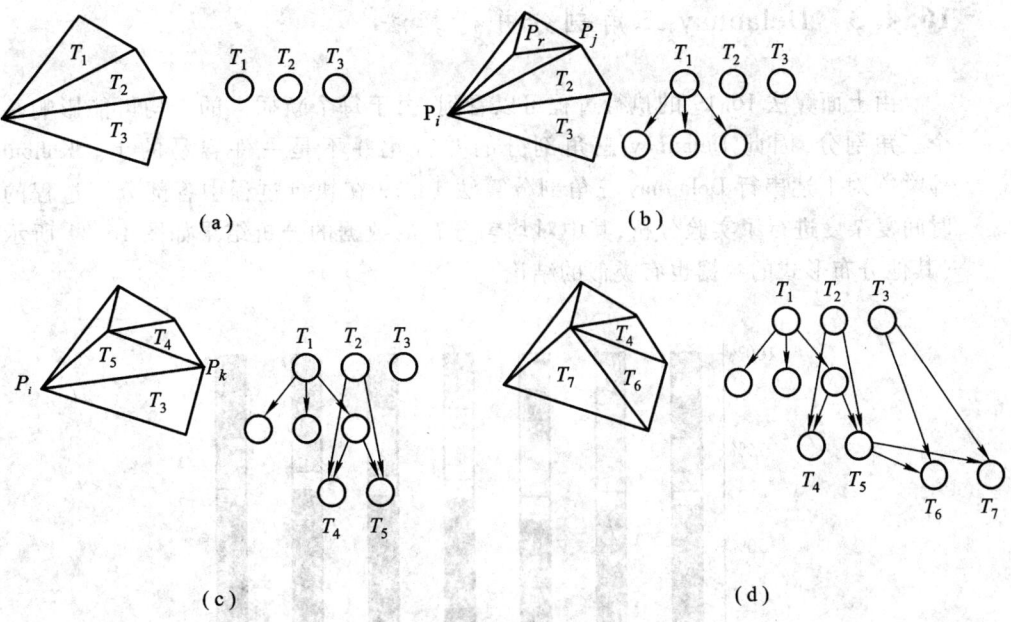

图 16.29 点插入和边翻转过程中 DAG 的维护与更新

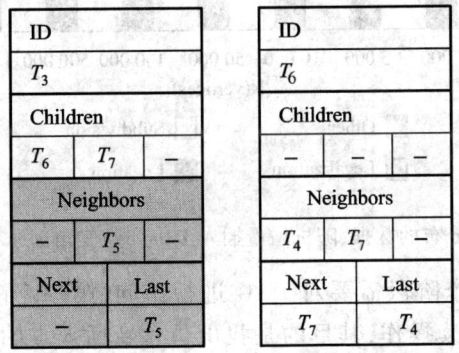

图 16.30 对应于图 16.29 中更新后的 DAG 的两个节点的内容

(2.2) $p_i p_j p_k = p_i' p_j' p_k'$

   end while

 end

  构造平面点集 S 的 Delaunay 三角剖分的算法 16.19 的期望时间复杂度为 $O(n\log n)$,在最坏情况下的时间复杂度为 $O(n^2)$[17]。

16.4.3　Delaunay 三角剖分并行算法

由上面算法 16.19 的执行过程可以看到,由于每个新插入的点均可能影响整个三角剖分,因此 Delaunay 三角剖分的并行化并不是一件容易的事。Kohout 等[26-29]对上述串行 Delaunay 三角剖分算法 16.19 在执行过程中各部分子过程的时间复杂度进行了实验分析,其中对均匀分布的数据的分析结果如图 16.31 所示(其他分布形式的数据也有类似的结论)。

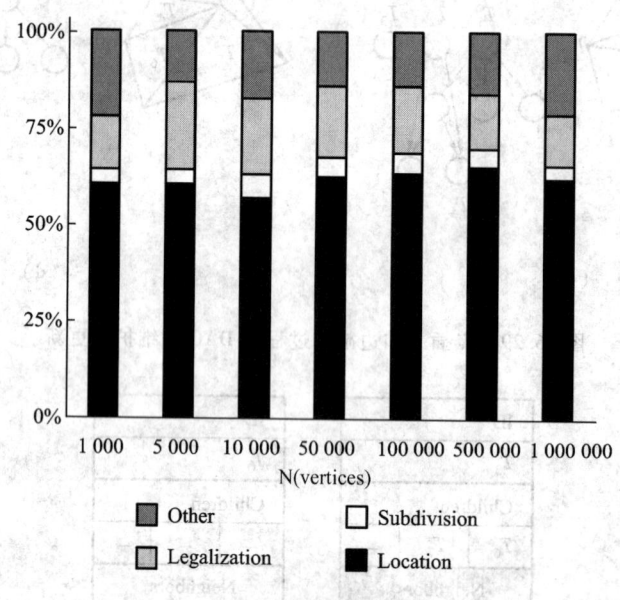

图 16.31　对均匀分布的数据,随机增量插入 Delaunay 三角剖分各阶段的运行时间

算法 16.19 有三个阶段需要对 DAG 进行访问,第一个阶段是点**定位**(Location),对 DAG 进行只读操作,其目的是找出包含新插入点的三角形,该阶段所需时间约为总花费时间的 60% 以上;第二个阶段是对三角形**细分**(Subdivision),该阶段需要在 DAG 中加入新的节点;第三个阶段是**合法化**(Legalization),该阶段需要修改 DAG。第二、第三阶段的耗费时间约为总耗费时间的 25%。算法的其余时间用于从 DAG 中抽取 $DT(S)$,以及为 DAG 分配存储单元等。为此 Kohout 等根据串行算法的特点,利用多线程技术和共享内存结构,提出了若干种在具有多个处理器的通用计算机上运行的并行 Delaunay 三角剖分算法。计算过程被划分为多线程,一个线程运行在一个处理器上(也可以在一个处理器上加载超过一个的线程,但此时不会对计算效率有实质性的改善)。由于每一个线程以共享 DAG 结构的

方式工作,因此必须实现线程之间的同步。下面介绍他们的三种并行化实现方法:批处理方法、悲观方法和乐观方法。

1. 批处理方法(Batch Method)[27]

批处理方法使用若干线程进行点搜索定位,使用一个线程完成细分和合法化工作。

算法 16.22 多线程并行 Delaunay 三角剖分的批处理算法

Master thread(主线程):

输入:n 个平面点的点集 $S = \{p_1, p_2, \cdots, p_n\}$。

输出:S 的 Delaunay 三角剖分 $DT(S)$。

begin

  (1) 确定完全包含 S 中所有点的临时大三角形 $p_{-1}p_{-2}p_{-3}$ 的三个顶点 p_{-1}、p_{-2}、p_{-3}。

  (2) 随机选定集合 S 中点的一个次序 $p_1, p_2, \cdots, p_n$。

  (3) 将 S 划分为 m 个子集,m 为**搜索工作线程**(The Searching Thread)数。

  (4) 启动所有的工作线程。

  (5) 等待,直到所有工作线程结束。

    /* 此时,$S \cup \{p_{-1}, p_{-2}, p_{-3}\}$ 的 Delaunay 三角剖分包含在 DAG 的叶节点中 */

  (6) 删除与临时大三角形顶点 p_{-1}、p_{-2}、p_{-3} 关联的所有边,得到 $DT(S)$。

end

The searching thread(搜索工作线程):

输入:含有 n_k 个平面点的子集合 $S_k \subset S$。

输出:修改后的共享队列。

begin

  for $r = 1$ **to** n_k **do**

    (1) 查找包含点 p_r 的叶节点三角形的父节点 T_0。

    (2) **while** (共享队列已满) **do**

        等待

    end while

    (3) 将 T_0 和 p_r 加入共享队列

  end for

end

The special thread(构建 $DT(S)$ 工作线程):

输入：在共享队列中的 T_i 和 p_j。
输出：修改后的 DAG 共享结构，即修正后的 $DT(S)$。
begin
    while（还有未插入的点）do
        （1）while（共享队列为空）do
            等待
        end while
        （2）从共享队列读取 T_0 和 p_0
        （3）从 T_0 开始查找包含 p_0 的三角形 $T_1 \in DT(S)$
        （4）对三角形 T_1 进行细分   /* 若 p_0 落在 T_1 的一条边上，则对与 T_1 共享该边的三角形 T_2 也进行细分 */
        （5）对与 p_0 相关联的三角形进行合法化操作   /* 边翻转 */
    end while
end

批处理算法中，线程 *The searching thread* 在 DAG 结构中查找包含插入点的三角形的父节点，并将查找结果放入一个共享内存的队列中；线程 *The special thread* 则从该共享内存队列读取信息，并进行三角形的细分和合法化操作。该算法中，共享内存队列的长度，以及这两种工作线程的数量之比对并行性能有很大影响。Kohout 等通过实验得出，*The searching thread* 和 *The special thread* 的线程数量之比为 3∶1 时，一般可以得到最优的并行加速比。

2. 悲观方法（Pessimistic Method）[28]

悲观算法是一种修改的批处理算法。该算法中所有工作线程都做相同的工作。尽管若干个工作线程可以同时读 DAG，但只有一个工作线程可以修改它。工作线程找到包含插入点的叶节点三角形的父节点（读 DAG），然后进入一个**临界区**（Critical Section），完成点定位、三角形细分和合法化（写 DAG），最后形成新的叶节点并离开该临界区。

算法 16.23   多线程并行 Delaunay 三角剖分的悲观算法

Master thread：
输入：n 个平面点的点集 $S = \{p_1, p_2, \cdots, p_n\}$。
输出：S 的 Delaunay 三角剖分 $DT(S)$。
begin
    （1）确定完全包含 S 中所有点的临时大三角形 $p_{-1}p_{-2}p_{-3}$ 的三个顶点 $p_{-1}、p_{-2}、p_{-3}$
    （2）随机选定集合 S 中点的一个次序 $p_1, p_2, \cdots, p_n$

(3) 将 S 划分为 m 个子集，m 为工作线程数
(4) 启动 m 个工作线程
(5) 等待，直到所有工作线程结束
  /* 此时，$S \cup \{p_{-1}, p_{-2}, p_{-3}\}$ 的 Delaunay 三角剖分包含在 DAG 的叶节点中 */
(6) 删除与临时大三角形顶点 p_{-1}、p_{-2}、p_{-3} 关联的所有边，得到 $DT(S)$。
end

Worker thread（工作线程）：
输入：含有 n_k 个平面点的子集合 $S_k \subset S$。
输出：修改后的共享 $DT(S)$。
begin
  for $r = 1$ to n_k do
    (1) 在 DAG 中查找包含点 p_r 的叶节点三角形的父节点 T_0
    (2) while（存在其他线程在包含点 p_r 的叶节点上工作）do
          等待；
        end while
    (3) 设置并进入临界区 /* 开始在该叶子上工作 */
      (3.1) 从 T_0 开始，在叶节点层找到包含 p_r 的三角形 $p_i p_j p_k \in DT(S)$
      (3.2) 细分与 p_r 相关的三角形
      (3.3) 对新三角形进行合法化操作
    (4) 离开临界区
  end for
end

3. 乐观方法（Optimistic Method）[29]

悲观算法简单，但是使用临界区限制了其速度。尽管边翻转操作有可能会改变整个三角剖分，但在一般情况下边翻转操作显然可以在局部完成，没必要只为一个线程"锁定"DAG 的所有叶子。在保证线程之间同步的前提下，可以让所有工作线程同时进行查找、细分和合法化操作。为此，乐观方法在 DAG 的节点中设置一个"锁定"标志，工作线程"锁定"所有被访问到的三角形，在点插入操作完成后，"解锁"所有被"锁定"的三角形；若其他的线程已经"锁定"了该三角形，则该线程必须等待，直到该三角形被"解锁"。由于存在线程相互等待而发生死锁的可能性，因此工作线程需要具有死锁检测能力。

算法 16.24　具有死锁检测的多线程并行 Delaunay 三角剖分的乐观算法

Master thread：与算法 16.23 的主线程相同。

Worker thread（工作线程）：

输入：含有 n_k 个平面点的子集合 $S_k \subset S$。

输出：修改后的共享 $DT(S)$。

  begin

   for $r = 1$ to n_k **do**

    （1）在 DAG 中查找包含点 p_r 的叶节点三角形 $p_i p_j p_k \in DT(S)$

    （2）**while**（三角形 $p_i p_j p_k$ 或其相邻的三角形已被"锁定"）**do**

     等待

    end while

    （3）"锁定"三角形 $p_i p_j p_k$ 及其所有相邻的三角形

    （4）对三角形 $p_i p_j p_k$ 进行细分

    （5）"锁定"新的三角形

    （6）**while**（待进行合法化操作的三角形或其相邻的三角形已被"锁定"）**do**

     等待

    end while

    （7）"锁定"将要进行合法化操作的三角形及其所有相邻的三角形

    （8）对三角形进行合法化操作

    （9）"解锁"该被线程锁定的所有三角形

    （10）唤醒等待该线程的其他所有线程

   end for

  end

4. 三种并行算法的补充说明

在上面三种并行多线程算法中，将集合 S 细分为 m 个子集的方法可以有两种：**静态划分法**和**动态划分法**。**静态划分法**是在启动线程前就将集合 S 划分为 m 个子集；**动态划分法**先定义一个指向数据集 S 中当前插入点的全局指针，各个工作线程根据该指针读取数据点，并修改该全局指针。在算法中，数据点的输入顺序是随机的。当然也可以采用非随机的顺序，如对输入点集按其 x 坐标或 y 坐标进行排序，然后划分，这样会提高期望运算速度的概率。但是，附加的排序运算复杂度为 $O(n \log n)$，远慢于前面的算法。因此非随机输入方法效率并不高。

习 题

16.1 设计三维空间中的两个多边形相交的并行算法。

16.2 给定平面上 M 个点的集合 S,设计算法求点集 S 内面积最大的矩形 R,并且 R 内不包含 S 的点。

16.3 碰撞检测是计算机图形学中的一个基本问题,可以抽象成相交问题,设计实现三维多面体的碰撞检测的并行程序。

16.4 令 S 是 d-维空间中 n 个点的集合。为了在树网结构上计算任意两点之间的距离 $\sum_{i=1}^{d}(|x_i - x'_i|^q)^{1/q}$ ($q = 2$ 时就是通常的欧氏空间),可以将树网组织成有 $n/\log n$ 列和 n 行;每个处理器保存有 $\log n$ 个点的坐标;同一列中所有的处理器存有 $\log n$ 个相同的点;S 中的第 i 个点送给第 i 行的各处理器;第 i 行中的每个处理器计算第 i 个点与自己存储的 $\log n$ 个点间的距离;然后通过行树报告最近的点对;最后由第一列的列树汇总集合 S 中最近点对。
(a) 按上述叙述设计一个求 d-维空间中最近的点对的算法。
(b) 分析所设计的算法的复杂度。

16.5 试证明两个总共有 $O(n)$ 个顶点的凸多边形可在 $O(n)$ 时间内归并成一个凸多边形。

16.6 对于算法 16.11:
(a) 对其进行形式化描述;
(b) 如何修改它使之能处理:(1) 两个点具有相同的 x 和 y 坐标;(2) 有三个或者更多的点共线?
(c) 如何修改它使之能处理有两个或多于两个极点重合的情况?

16.7 详细描述如何执行算法 16.12 的第(1)步和第(4)步。

16.8 详细描述如何执行算法 16.13 的第(1)步。

16.9 试分析算法 16.12、算法 16.13 和算法 16.14 所使用的是什么读写类型的 SIMD-SM 模型?

16.10 求解递归方程 $f(x) = cx^{\varepsilon} + f\left(\frac{3}{4}x\right), 0 < \varepsilon < 1$。

16.11 设计一个构造 Voronoi 图的串行分治算法程序。生成二维平面上的 128 个随机点,对程序进行验证,注意观察在子图合并过程中中间折线的生成过程。

16.12 设计一个在 CREW 计算模型上的 $O(\log^2 n)$ 的排序算法,并给出其计算复杂性分析。(提示:采用分治算法原理构造。首先将数据集合进行均衡划分,$S = S_1 \cup S_2$,假设 S_1 和 S_2 是已排序的子集,则给 S_1 的每个点分配一个处理器,使用二叉树插入法将 S_1 中的点插入到 S_2 的点列中,每个点的插入时间为 $O(\log n)$,这样总的计算复杂度为 $O(S) = 2O(S/2) + O(\log n) = O(\log^2 n)$。

16.13 证明定理 16.2:假设一条带的 e-岬中有 k 个 Voronoi 顶点和边,构造一个 k 个处理器 $O(\log k)$ 时间的并行算法,该算法用来构造由该 e-岬定义的对平面进行划分的一个数据结构。利用该数据结构,单个处理器可以在 $O(\log k)$ 时间内计算出包含待查询平面点的 Voronoi 胞体。

16.14 证明定理 16.3:设计一个使用 $O(n)$ 个处理器在 $O(\log n)$ 时间内,构造出 Q 的海岸线和一个恰当的数据结构的并行算法。利用该数据结构在串行 $O(\log n)$ 时间内能够完成下面的点查询任务:对任意点 v,判定 v 是否位于滩头 B 内;若是,确定出包含 v 的具体的 B-胞体。

16.15 证明定理 16.4:设三角形 $p_ip_jp_k$ 和 $p_ip_jp_l$ 之间的公共边为 p_ip_j,令 C 为三角形 $p_ip_jp_k$ 的外接圆。当且仅当点 p_l 落在 C 的内部时,p_ip_j 是一条非法边。若点 p_i、p_j、p_k 和 p_l 构成一个凸四边形,且不共圆,则边 p_ip_j 和 p_kp_l 二者有且仅有一条非法边。

16.16 证明定理 16.5:设 S 为任意平面点集。则 $T(S)$ 是一个合法三角剖分,当且仅当 $T(S)$ 是 S 的 Delaunay 三角剖分。

16.17 编程实现算法 16.19 串行 Delaunay 三角剖分算法,用随机生成二维平面 20 个点的数据集合进行验证。

16.18 编程实现算法 16.24 多线程并行 Delaunay 三角剖分算法。首先,用随机生成二维平面 20 个点的数据集合进行验证;然后,随机生成 100 000 个二维平面点的点集,在多核计算机上测试本算法相对于算法 16.19 的加速比。

参 考 文 献

[1] Mackenzie P, Stout Q. Asymptotically efficient hypercube algorithms for computational geometry. In: Proc of Frontiers of Massively Parallel Computation. College Park, MD: IEEE Computer Press, 1990, 8-11.

[2] Yang Y. An evaluation of statistical approaches to text categorization. Journal of Information Retrieval, 1999, 1(1): 67-88.

[3] Lewis D, Schapire R, Callan J, et al. Training algorithms for linear text classifiers. In: Proc of the 19th Annual Int'l ACM SIGIR Conf. on Research and Development in Information Retrieval. Zurich: ACM Press, 1996, 298-306.

[4] Rasmussen C. Evaluation of Gaussian processes and other methods for non-linear regression [Ph D dissertation]. Toronto: Department of Computer Science, University of Toronto, 1996.

[5] Roussopoulos N, Kelly S, Vincent F. Nearest neighbor queries. In: Proc of ACM SIGMOD Conf. San Jose: ACM Press, 1995, 71-79.

[6] Hjaltason G, Samet H. Distance browsing in spatial databases. ACM Trans. on Database Systems, 1999, 24(2): 265-318.

[7] 赵建勇, 许胤龙, 陈龙斌. 可重构造网孔机器上 k-近邻并行算法. 计算机研究与发展, 2004, 41(9): 1559-1564.

[8] Miller R, Prasanna V, Reisis D, et al. Mesh with reconfigurable buses. In: Proc. of MIT Conf. Advanced Research in VLSI, Cambridge: MIT Press, 1988, 163-178.

[9] 许胤龙,陈国良,陈龙斌,等.可重构造网孔机器上常数时间的最优异或算法及应用.计算机学报,2002,25(1):1-15.

[10] Atalah M J,Goodrich M T. Efficient plane sweeping in parallel. Proc. of the second annual symposium on computational geometry,1986,219-225.

[11] 陈国良,安虹.并行算法实践.北京:高等教育出版社,2004.

[12] 周培德.计算几何——算法设计与分析.2版.北京:清华大学出版社,2005.

[13] Dadoun N,Kirkpatrick D G. Cooperative subdivision search algorithms with applications. Proc. 27th Allerton Conf. Commun. Control Comput. ,1989,538-547.

[14] Atallah M J,Gooddrich M T. Efficient parallel solutions to some geometric problems. J. of Parallel and Distributed Computing,1986,3:492-507.

[15] Aggarwal A,Chazelle B,Guibas L J,et al. Parallel computational geometry. Proc. 26th Annu. Symp. FOCS,Portland,Oregon,Oct. 1985,468-477.

[16] Akl S G. Optimal parallel algorithms for computing convex hulls and for sorting. Computing 1984,33(1):1-11.

[17] Berg M D,Kreveld M V,Overmars M,et al. 计算几何——算法与应用.2版.邓俊辉译.北京:清华大学出版社,2005.

[18] Joseph O'Rourke. Computational Geometry in C. 2nd ed. [S. l.]:Cambridge University Press,1994.

[19] Shamos M I. Geometric complexity. Proc. 7th Annual ACM Symposium on Automata and Computability Theory,1975,224-233.

[20] Shamos M I. Computational geometry. Thesis. Dept. of Computer Science,[S. l.]:Yale University,1978.

[21] Fortune S J. A sweepline algorithm for Voronoi diagrams. Algorithmica,1987,2:153-174.

[22] Chow A. Parallel algorithms for geometric problems. Ph. D. Dissertation. Computer Science Department,University of Illinois at Urbana-Champaign,1980.

[23] Muhammad R B. A theoretical study of parallel Voronoi diagram. Proc. of the 2006 International Conf. on FOCS,Monte Carlo Resort,Las Vegas,Navada,USA,2006,FOCS'06:51-56.

[24] Aggarwal A,Chazelle B,Guibas L,et al. Parallel computational geometry. Algorithmica,1988,3(1):293-327.

[25] Okabe A,Boots B,Sugihara K. Spatial tessellations:concepts and applications of Voronoi diagram. Chichester,U. K:John Wiley and Sons,1992.

[26] Kohout J,Kolingerová I,Žára J. Parallel Delaunay triangulation in E^2 and E^3 for computers with shared memory. Parallel Computing 2005,Elsevier,North-Holland,2005,31(5):491-522.

[27] Kohout J,Kolingerová I,Žára J. Practically oriented parallel Delaunay triangulation in E^2 for computers with shared memory. Computer & Graphics 2004,Elsevier,Pergamon Press,2004,28(5):703-718.

[28] Kohout J. Parallel Incremental Delaunay Triangulation. Proceedings of 5th Central Europian Seminar on Computer Graphics, Comenius University, Budmerice, Slovakia, 2001, 85-94.

[29] Kolingerová I, Kohout J. Optimistic parallel Delaunay triangulation. The Visual Computer 2002, Springer-Verlag Heidelberg, 2002, 18(8): 511-529.

第十七章 组合搜索

内容提要 组合搜索是寻找定义在问题空间中的一个或多个最优或次优解的过程。组合搜索可以分为组合**判定**(Decision)和组合**优化**(Optimization)问题:前者是寻找满足给定约束条件的解;后者是寻找满足给定约束条件且是最优的解。穷举**组合目标**(Combinatorial objects)是进行**组合搜索**(Combinatorial Searching)的基本方法,本章在 17.1 和 17.2 节中研究了一些产生排列和组合的并行算法。对于串行组合搜索中经常使用的分支限界方法、α-β 搜索算法和动态规划算法,本章分别在 17.3、17.4 和 17.5 节中研究了它们在不同并行计算模型上的并行算法。

讲授要点 本章前两节的内容较集中反映了从串行算法直接并行化的设计方法,后三节侧重于三种不同类型的串行算法设计方法的并行化策略。其讲授要点为:① SIMD-EREW 上产生排列的词典序法(算法 17.2),实际上它是算法 17.1 的直接并行化。② SIMD-EREW 上产生组合的非自适应法(算法 17.5)和自适应法(算法 17.6),重点介绍自适应法。③ 基于分支限界算法或树搜索;8 谜问题与 LC-搜索;用串行分支限界法求 TSP,包括归约矩阵(图 17.7)、动态状态空间树(例 17.7)、SISD 上 Little 求 TSP(算法 17.8)。④ 串行 α-β 搜索算法与 MIMD-EREW 上的 α-β 搜索(算法 17.11);并行剪修与算法的存储要求分析。⑤ 动态规划的基本原理,并行动态规划方法及对于矩阵链乘问题的求解(算法 17.12)。

*17.1 产生排列的算法

为了以下讨论的方便,先把与**排列**(Permutation)有关的一些术语和概念明确定义如下:

定义17.1 n 个不同元素的**全排列**(Factorial),记之为 $n!$,就是把 n 个不同元素按下述方式放在一行上的一种安排:首先有 n 种方式选择最左边的元素;其次有 $(n-1)$ 种方式接着安排剩下的元素;然后再有 $(n-2)$ 种方式安排所剩下的元素;……,一直到最后只有一种方式安排最右边的一个元素。显然

$$n! = n(n-1)(n-2)\cdots 2 \cdot 1 \tag{17.1}$$

定义 17.2 按照全排列的方法,如果从 n 个不同元素中选出前 m 个不同的元素所形成的排列称为 **m-排列**(m-Permutation),记之为 A_n^m,显然

$$A_n^m = n(n-1)(n-2)\cdots(n-m+1) = n!/(n-m)! \tag{17.2}$$

定义17.3 令 $X = \{x_1, x_2, \cdots, x_m\}$ 和 $Y = \{y_1, y_2, \cdots, y_m\}$ 是元素集合 S 的两个 m-排列(不妨约定 $S = \{1, 2, \cdots, n\}$)。如果存在某个 $i(1 \le i \le m)$,使得 $x_j = y_j$(对于所有 $j < i$)和 $x_i < y_i$,则称 X 在**词典序**上先于 Y。

如果 S 中的元素是字母,则**词典序**(Lexicographic Order)等效于**词典**(Dictionary)中的单词顺序。

17.1.1 产生词典序的排列算法

1. 算法原理[1]

产生 $\{1, 2, \cdots, n\}$ 的所有 m-以下均不要空格排列的过程为:从排列 $(1\ 2\ \cdots\ m)$ 开始,按词典序产生所有的 m-排列,一直到最后一个排列 $(n\ n-1\ \cdots\ n-m+1)$ 为止。给定排列 $(p_1 p_2 \cdots p_m)$,调用 Procedure *NEXT PERMUTATION* 可产生下一个排列。此过程使用一个位数组 $U(u_1, u_2, \cdots, u_n)$,其用法为:① 开始执行时,U 的所有项置为 1;② 对于 $(p_1 p_2 \cdots p_m)$ 中的每个 p_i,如果 $p_i = j$,则 u_j 置为 0;③ 当过程结束时,U 的所有项置为 0。

为了产生下一个排列,该过程必须首先确定某一排列是否是可修改的。为此引入如下定义:

定义 17.4 一个排列 $(p_1 p_2 \cdots p_m)$ 是**可修改的**,如果对于至少一个元素 p_i,存在某个 j,使得 $p_i < j \le n$ 且 $u_j = 1$。

按此定义,显然只有排列 $(n\ n-1\ \cdots\ n-m+1)$ 是不可修改的。一旦确定了某一

排列$(p_1p_2\cdots p_m)$是可修改的,则最右的元素p_i和满足定义17.4条件的最小下标j就可定位:$p_i=j$且$u_j=0$。所有p_i之右的元素$p_{i+1}p_{i+2}\cdots p_m$都可修改如下:如果u_s是U中第k个为1的位置,则$p_{i+k}=s(1\leqslant k\leqslant m-i)$。如此,对于$\{1,2,3,4\}$的3-排列,从(1 2 3)开始,调用一次Procedure NEXT PERMUTATION就产生一个新的排列(1 2 4)。如此重复下去,直至产生了所有的3-排列(最后一个排列除外)为止。

2. 算法描述

算法 17.1 单处理机上产生排列的顺序算法

输入:元素集合$\{1,2,\cdots,n\}$和整数m。

输出:产生词典序的所有m-排列。

Procedure SEQUENTIAL PERMUTATION(n,m)

begin

 (1) (1.1) $(p_1p_2\cdots p_m)\leftarrow(1\ 2\ \cdots\ m)$

   (1.2) 产生$(p_1p_2\cdots p_m)$作为输出

   (1.3) $(u_1,u_2,\cdots,u_n)\leftarrow(1,1,\cdots,1)$

 (2) **for** $i=1$ **to** A_n^m-1 **do**

   NEXT PERMUTATION$(n,m,p_1,p_2,\cdots,p_m)$

  end for

end

Procedure NEXT PERMUTATION $(n,m,p_1,p_2,\cdots,p_m)$

begin

 if $(p_1p_2\cdots p_m)\neq(n\ n-1\ \cdots\ n-m+1)$ **then**

  begin

   (1) **for** $i=1$ **to** m **do** $u_{p_i}\leftarrow 0$ **end for**

   (2) $f\leftarrow n$

   (3) /* 找未使用过的最大整数 */

    while $u_j\neq 1$ **do** $f\leftarrow f-1$ **end while**

   (4) $k\leftarrow m+1$

   (5) $i\leftarrow 0$

   (6) /* 找最右可修改元素 */

    while $i=0$ **do**

     (6.1) $k\leftarrow k-1$

     (6.2) $u_{p_k}\leftarrow 1$

     (6.3) **if** $p_k<f$ **then** /* 修改p_k */

(i) 找满足 $p_k < j \leq n$ 且 $u_j = 1$ 的最小下标 j
(ii) $i \leftarrow k$
(iii) $p_i \leftarrow j$
(iv) $u_{p_i} \leftarrow 0$
   else /* 设置最大未被使用过的整数 $= p_k$ */
    $f \leftarrow p_k$
   end if
  end while
(7) /* 修改 p_i 之右的元素 */
  for $k = 1$ to $m - i$ do
   if u_s 是 U 中第 k 个为 1 的位置 then $p_{i+k} \leftarrow s$ end if
  end for
(8) /* 重新初始化数组 U */
  for $k = 1$ to i do
   $u_{p_k} \leftarrow 1$
  end for
(9) 产生输出 $(p_1 p_2 \cdots p_m)$
 end
 end if
end

3. 算法分析

  SEQUENTIAL PERMUTATION 的第(1)步要求 $O(n)$ 时间;第(2)步要调用 NEXT PERMUTATION $A_n^m - 1$ 次,每次执行时间为 $O(m)$,这是因为 NEXT PERMUTATION 的第(1)步、第(2)步、第(8)步和第(9)步需 $O(m)$ 时间;而第(2)、(4)和(5)步取常数时间;由于第(1)步后数组 U 仅 m 个位置是 0,所以第(6)和第(7)步需 $O(m)$ 时间。因此,SEQUENTIAL PERMUTATION 的总时间为 $O(m \times A_n^m)$。

17.1.2 串行排列算法的并行化

1. 对产生排列算法的观察

  首先让我们观察算法 17.1 中 Procedure NEXT PERMUTATION:① 当给定一个 m-排列时,过程首先检查它是不是可修改的。② 如果它是可修改的,再检查其最右元素 p_m 是否可增一。如果可以,则过程将其增一即结束。③ 决定 p_m 能否增一的方法是扫描数组 U，它可指明 $\{1,2,\cdots,n\}$ 中的哪个整数目前正出现在 $(p_1p_2\cdots p_m)$ 中。④ 如果最右元素不能增一，则过程将找 p_m 之左的第一个元素（此元素小于其右邻），令其为 p_k，将其增一，但其所有的右邻均不变。⑤ 决定 p_k 的新值，要求扫描不多于数组 U 的 m 个位置。⑥ 修改 p_k 之右的所有近邻，要求扫描不多于 U 的前 m 个位置。

2. 产生排列的并行算法

上述观察表明，算法 17.1 本身可很自然地并行执行。假定使用 SIMD-EREW 模型，系统中有 m 个处理器可用。Procedure *PARALLEL PERMUTATION* 过程取 n 和 m 作为输入，产生 $\{1,2,\cdots,n\}$ 的所有 A_n^m 个 m-排列。假定处理器 P_i 能访问输出寄存器的位置 i。共享存储器中有三个数组：① $P(p_1,p_2,\cdots,p_m)$ 存放现行排列；② $U(u_1,u_2,\cdots,u_n)$：如果 i 处于现行排列 $(p_1p_2\cdots p_m)$ 中，则 $u_i=0$，否则为 1。开始时，对于所有的 $1\leqslant i\leqslant n, u_i=1$；③ $X(x_1,x_2,\cdots,x_m)$ 存放中间结果。

Procedure *PARALLEL PERMUTATION* 也调用了 SIMD-EREW 模型上的如下几个过程：

① Procedure *BROADCAST*(a,m,x)（见第 5.4.2 节）：它使用数组 $x_1,x_2,\cdots,x_m$ 将数值 a 分布给 m 个处理器 $P_1,P_2,\cdots,P_m$；所花费的时间为 $O(\log m)$；

② Procedure *ALLSUMS*$(x_1,x_2,\cdots,x_m)$（见第 5.4.2 节）：它使用 m 个处理器计算数组 $x_1,x_2,\cdots,x_m$ 的前缀和，并用 $x_1+x_2+\cdots+x_i$ 代替 $x_i(1\leqslant i\leqslant n)$。所花费的时间为 $O(\log m)$；

③ Procedure *MINMUM*$(x_1,x_2,\cdots,x_m)$：它使用 m 个处理器找数组 $x_1,x_2,\cdots,x_m$ 中的最小者，其结果存入 x_1 中，所花费的时间为 $O(\log m)$：

Procedure *MINIMUM*$(x_1,x_2,\cdots,x_m)$
begin
for $j=0$ **to** $(\log m - 1)$ **do**
  for $i=1$ **to** m **step** *of* 2^{j+1} **par-do**
    （1）通过共享存储器 P_i 得到 x_{i+2^j}
    （2）**if** $x_{i+2^j} < x_i$ **then** $x_i \leftarrow x_{i+2^j}$ **end if**
  end for
end for
end

④ *MAXIMUM*$(x_1,x_2,\cdots,x_m)$：它使用 m 个处理器找数组 $x_1,x_2,\cdots,x_m$ 中的最大者，其结果存入 x_1 中；所花费的时间为 $O(\log m)$：

Procedure *MAXIMUM*$(x_1,x_2,\cdots,x_m)$
begin

    for $j = 0$ **to** $(\log m - 1)$ **do**
      for $i = 1$ **to** m **step** $of\ 2^{j+1}$ **par-do**
        (1) 通过共享存储器 P_i 得到 x_{i+2^j}
        (2) **if** $x_{i+2^j} > x_i$ **then** $x_i \leftarrow x_{i+2^j}$ **end if**
      end for
    end for
end

⑤ $PARALLEL\ SCAN(p_s, n)$：给定 n 和一个 m-排列中的元素 p_s，使用共享存储器中的数组 U，决定 $(p_s + 1, p_s + 2, \cdots, p_s + m)$ 中的哪一个满足下述两个条件：(i) 小于或等于 n；(ii) 不出现于 $(p_1 p_2 \cdots p_m)$ 中。满足条件的 p_s 将增一。共享存储器中的数组用于保留这些整数。

Procedure $PARALLEI\ SCAN(p_s, n)$
begin
    for $i = 1$ **to** m **par-do**
      if $(p_s + i \leqslant n$ **and** $u_{p_s+i} - 1)$
        then $x_i \leftarrow p_s + i$
        else $x_i \leftarrow \infty$
      end if
    end for
end

显然，Procedure $PARALLEL\ SCAN$ 取用常数时间。

算法 17.2　SIMD-EREW 模型上并行产生排列算法

输入：元素集合 $\{1, 2, \cdots, n\}$ 和整数 m。
输出：按词典序输出所有的 m-排列。
Procedure $PARALLEL\ PERMUTATION(n, m)$
begin
  (1) (1.1) **for** $i = 1$ **to** m **par-do**
        (i) $p_i \leftarrow i$
        (ii) 产生 p_i 作为输出
      end for
    (1.2) /* 初始化数组 U */
      for $i = 1$ **to** $\lceil n/m \rceil$ **do**
        for $j = 1$ **to** m **par-do**
          (i) $k \leftarrow (i-1)m + j$

(ii) if $k \leq n$ then $u_k \leftarrow 1$ end if
end for
end for
(2) for $t = 1$ to $A_n^m - 1$ do
(2.1) for $i = 1$ to m par-do $u_{p_i} \leftarrow 0$ end for
(2.2) /* 检查$(p_1 p_2 \cdots p_m)$之最右元素是否可增一,即检查是否有一个$j, p_m \leq j \leq n$ 使得$j \neq p_k, 1 \leq k \leq m-1$ */
(i) $BROADCAST(p_m, m, x)$
(ii) $PARALLEL\ SCAN(p_m, n)$
(2.3) /* 如果找到了满足(2.2)条件的多个j,则将最小者指派给p_m */
(i) $MINIMUM(x_1, x_2, \cdots, x_m)$ /* 找x_i中最小者并将其置入x_1 */
(ii) if $x_1 \neq \infty$ then (a) $u_{p_m} \leftarrow 1$
(b) $p_m \leftarrow x_1$
(c) $k \leftarrow m - 1$
(d) $GOTO$ 第(2.7)步
end if
(2.4) /* 最右元素不能增一,找最右的p_k,使得$p_k < p_{k+1}$ */
(i) for $i = 1$ to $m - 1$ par-do
if $p_i < p_{i+1}$ then $x_i \leftarrow i$
else $x_i \leftarrow -1$
end if
end for
(ii) $MAXIMUM(x_1, x_2, \cdots, x_m)$ /* 找x_i中最大者并将其置入x_1 */
(iii) $k \leftarrow x_1$
(iv) $BROADCAST(k, m, x)$
(v) $BROADCAST(p_k, m, x)$
(2.5) /* 增一p_k: 大于p_k的最小整数指派给p_k */
(i) for $i = k$ to m par-do $u_{p_i} \leftarrow 1$ end for
(ii) $PARALLEL\ SCAN(p_k, n)$
(iii) $MINIMUM(x_1, x_2, \cdots, x_m)$
(iv) $p_k \leftarrow x_1$

(v) $u_{p_k} \leftarrow 0$

(2.6) /* 找最小的 $(m-k)$ 个整数,并将它们分别指派给 $p_{k+1}, p_{k+2},$ $\cdots, p_m$。这就变成了找 U 中前 $m-k$ 个为 1 的位置 */

(i) **for** $i = 1$ **to** m **par-do** $x_i \leftarrow u_i$ **end for**

(ii) ALLSUMS$(x_1, x_2, \cdots, x_m)$

(iii) **for** $i = 1$ **to** m **par-do**

    if $x_i \leq (m-k)$ **and** $u_i = 1$ **then** $p_{k+x_i} \leftarrow i$ **end if**

end for

(2.7) /* 清除数组 U,并输出现行的 m-排列 */

(i) **for** $i = 1$ **to** k **par-do** $u_{p_i} \leftarrow 1$ **end for**

(ii) **for** $i = 1$ **to** m **par-do** 产生输出 p_i **end for**

end for

end

3. 算法分析

算法第(1)步的时间为 $O(n/m)$;第(2)步共迭代 $A_n^m - 1$ 次,每次时间为 $O(\log m)$。所以算法 17.2 的总运行时间为 $O(A_n^m \log m)$。因为 $p(n) = m$,所以 $c(n) = O(A_n^m m \log m)$。

例 17.1 令 $S = \{1, 2, 3, 4, 5\}$。假定 $(p_1 p_2 p_3 p_4) = (5\ 1\ 4\ 3)$ 是算法第(2)步时一个待修改的 4-排列。算法在第(2.1)步时,数组 U 被设置成图 17.1(a) 的形式。在第(2.2)步时,$p_4 = 3$ 被播送给所有四个处理器,以检查 $P_4 + 1$、$P_4 + 2$、$P_4 + 3$ 和 $P_4 + 4$ 中任何一个是否有效。处理器给数组 X 的赋值如图 17.1(b) 所示。这就使得在第(2.3)步发现 P_4 不能增一。在第(2.4)步时,处理器给数组 X 赋以图 17.1(c) 所示的值,以指明排列中那些小于它们右邻元素的位置。X 中最大项确定为 2,这就意味着 P_2 待增一,且其所有右邻位待修改。现在 2 和 p_2 被播送给所有四个处理器。在第(2.5)步时,数组 U 被修改,以指明 p_1、p_3、p_4 的旧值现在有效(如图 17.1(d) 所示)。处理器现在检查 $P_2 + 1$、$P_2 + 2$、$P_2 + 3$ 和 $P_2 + 4$ 中任何一个是否有效,同时用设置如图 17.1(e) 所示的数组 X 的值标明。X 中最小项确定为 2,p_2 被赋值为 2;而 u_2 置为 0(如图 17.1(f) 所示)。在第(2.6)步时,采用设置数组 X 等于数组 U 的前四个位置的方法找到两个最小的有效整数。现在 Procedure ALLSUMS 应用于数组 X,其结果如图 17.1(g) 所示。因为 $x_1 < 4 - 2$ 且 $u_1 = 1$,所以 P_{2+1} 赋值 1。类似地,因为 $x_3 = 4 - 2$ 且 $u_3 = 1$,所以 P_{2+2} 被赋值 3。最后,在第(2.7)步时,数组 U 的位置 2 和 5 置为 1,并输出 4-排列 $(p_1 p_2 p_3 p_4) = (5\ 2\ 1\ 3)$。□

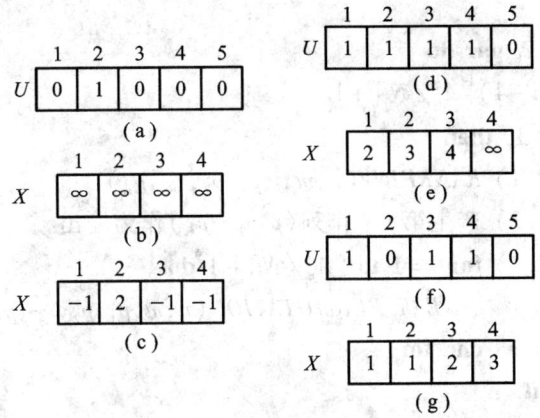

图 17.1 使用算法 17.2 修改排列

4. 讨论

① 算法 17.2 不是最佳的,因为 n 项的 m-排列,用串行算法时只需要 $O(mA_n^m)$ 次操作,而算法 17.2 的成本却为 $O(A_n^m m \log m)$;② 上述算法是非自适应的,因为算法为了确保功能正确,m 个处理器必须均存在,即处理器数是不可变的;③ 现在的问题是,如果使用 $N(1 < N \leq A_n^m)$ 个处理器,能够找出一个并行排列算法吗?能否保证此算法是成本最佳的吗?下一节肯定地回答了此问题。

17.1.3 自适应排列产生器

1. 算法原理[1]

本节讨论运行在 N 个处理器 $(1 < N \leq A_n^m)$ 的 SIMD-EREW 模型上的元素集合 $\{1,2,\cdots,n\}$ 的 m-排列产生算法,其基本思想是,算法借助于前节所描述的 NEXT PERMUTATION 和 RANKPINV,令每个处理器负责产生一个词典序的排列子集,且由 P_i 所产生的所有排列在词典序上是先于 P_{i+1} 所产生的排列的 $(1 \leq i < N)$。因此,P_i 先产生第 j 个排列,其中 $j = (i-1)\lceil A_n^m / N \rceil + 1$,然后产生后面的 $\lceil A_n^m / N \rceil - 1$ 个排列。所有 N 个处理器执行上述同样的动作,最后就会产生以词典序的所有 m-排列。

2. 算法描述

算法 17.3　SIMD-EREW 模型上自适应排列产生算法

输入:元素集合 $\{1,2,\cdots,n\}$ 和整数 m。

输出:按词典序输出所有的 m-排列。

Procedure ADAPTIVE PERMUTATION(n,m)
begin
 for $i = 1$ **to** N **par-do**
  (1) $j \leftarrow (i-1)\lceil A_n^m / N \rceil + 1$
  (2) **if** $j \leq A_n^m$ **then**
   (2.1) RANKPINV($n,m,j,p_1,p_2,\cdots,p_m$)
   (2.2) 产生第 j 个排列($p_1 p_2 \cdots p_m$)作为输出
   (2.3) **for** $i = 1$ **to** $\lceil A_n^m / N \rceil - 1$ **do**
    NEXT PERMUTATION($n,m,p_1,p_2,\cdots,p_m$)
   end for
  end if
 end for
end

3. 算法分析

算法第(1)步是常数时间;第(2.1)步需 $O(mn)$ 时间;第(2.2)步需 $O(m)$ 时间;第(2.3)步共迭代 $\lceil A_n^m / N \rceil - 1$ 次,每次为 $O(m)$ 时间,所以共需 $O(\lceil A_n^m / N \rceil m)$ 时间。因此算法的总运行时间为 $O(mn) + O(\lceil A_n^m / N \rceil m)$。如果 $n \leq \lceil A_n^m / N \rceil$,即 $1 < N \leq A_n^m / n$,则算法 17.3 的运行时间为 $O(\lceil A_n^m / N \rceil m)$,而 $c(n) = O(A_n^m)$。故是成本最佳的。

4. 讨论

① 一旦用 BROADCAST 将 m 和 n 播送给所有的处理器,那么共享存储器就不再需要了。的确,各处理器一旦启动,就独立地执行相同的算法而无须彼此通信;

② 注意,可能某些处理器完全不执行算法的第(2.1)~(2.3)步,这可示例如下:

例 17.2 令 $n = 5, m = 3, N = 13$。因此 $\lceil A_n^m / N \rceil = \lceil 60/13 \rceil = 5$。处理器 P_1 计算 $j = 1$,并使用 RANKPINV 以词典序产生第 1 个排列,即(1 2 3)。然后 4 次调用 NEXT PERMUTATION 产生排列(1 2 4),(1 2 5),(1 3 2)和(1 3 4)。同时,P_2 产生第 6 个排列,即(1 3 5),并调用 NEXT PERMUTATION 产生 4 个排列(1 4 2),(1 4 3),(1 4 5)和(1 5 2)。类似地,$P_3, P_4, \cdots, P_{12}$ 各产生 5 个 3-排列。至于 P_{13},它计算 $j = 12 \times 5 + 1 = 61$,但发现它大于 A_5^3,因此不执行算法的第(2.1)~(2.3)步。□

③ 虽然算法的(2.3)步由一些处理器迭代了 $\lceil A_n^m / N \rceil - 1$ 次,但有的处理器可能产生少于 $\lceil A_n^m / N \rceil - 1$ 个排列,这可示例如下:

例 17.3 再次令 $n = 5, m = 3$,但假定 $N = 7$。因此 $\lceil A_5^3 / 7 \rceil = 9$。处理器 P_1,$\cdots, P_6$ 各产生 9 个 3-排列。然后处理器 P_7 仅产生 6 个 3-排列,即第 55 个到第 60

个排列。在 P_7 执行算法第(2.3)步的最后 3 次迭代时,Procedure *NEXT PERMU-TATION* 检测到已经达到 $(p_1 p_2 p_3) = (5\ 4\ 3)$,即最后一个排列,就什么也不做。□

*17.2　产生组合的算法

为了以下讨论的方便,再把组合的概念明确定义如下:

定义 17.5　从 n 个不同元素中,每次选出 m 个不同元素,不管其顺序合并成一组,称为 ***m*-组合**(Combination),记为 C_n^m 或 $\binom{n}{m}$。显然

$$\binom{n}{m} = n!/(m!(n-m)!) \tag{17.3}$$

17.2.1　产生组合的顺序算法

1. 算法原理[2]

产生元素集合 $\{1,2,\cdots,n\}$ 的所有词典序的 m-组合步骤为:产生初始组合 $(1\ 2\ \cdots\ m)$;然后相继的每个 m-组合均由其前驱导出。为此,首先必须观察上次产生的组合是不是不可修改的,即为 $((n-m+1)(n-m+2)\cdots n)$。如果对于某个 $j(1 \leq j \leq m)$,$c_j < n-m+j$,则组合 $(c_1 c_2 \cdots c_m)$ 是**可修改的**。如果 $(c_1 c_2 \cdots c_m)$ 是可修改的,则满足上述条件的最大的 j 就可确定。于是下一个词典序的组合就可以通过 c_j 增 1 且设置 $c_{j+1} \leftarrow c_j + 1, c_{j+2} \leftarrow c_{j+1} + 1, \cdots, c_m \leftarrow c_{m-1} + 1$ 而得到。

2. 算法描述

算法 17.4　单处理机上产生组合的顺序算法

输入:元素集合 $\{1,2,\cdots,n\}$ 和整数 m。

输出:以词典序产生所有的 m-组合。

Procedure *SEQUENTIAL COMBINATION*(n,m)

begin

　(1) (1.1) $(c_1 c_2 \cdots c_m) \leftarrow (1\ 2\ \cdots\ m)$

　　　(1.2) 产生 $(c_1 c_2 \cdots c_m)$ 作为输出

　(2) for $i = 1$ to $\binom{n}{m} - 1$ do

　　　　NEXT COMBINATION$(n,m,c_1,c_2,\cdots,c_m)$

```
            end for
        end
Procedure NEXT COMBINATION($n,m,c_1,c_2,\cdots,c_m$)
begin
    (1) $j \leftarrow m$
    (2) while ($j > 0$) do
            if $c_j < n - m + j$
            then
                (2.1) $c_j \leftarrow c_j + 1$
                (2.2) for $i = j + 1$ to $m$ do $c_i \leftarrow c_{i-1} + 1$ end for
                (2.3) 产生输出($c_1 c_2 \cdots c_m$)
            else $j \leftarrow j - 1$
            end if
        end while
end
```

3. 算法分析

Procedure NEXT COMBINATION 扫描一个给定的 m-组合一次,从右到左,然后从左(可修改的位置)到右,在最坏情况下,需 $O(m)$ 步。SEQUENTIAL COMBINATION 之第(1)步产生初始组合需 $O(m)$ 时间;第(2)步迭代 $\binom{n}{m} - 1$ 次,每次调用 NEXT COMBINATION 需 $O(m)$ 时间,所以算法 17.4 的总运行时间为 $O\left(m\binom{n}{m}\right)$。

17.2.2 产生组合的并行算法

排列和组合有着密切的关系;产生 A_n^m 时一共有 $n(n-1)\cdots(n-m+1)$ 种排法,其中每 m 个不同的元素共出现 $m!$ 次。所以从表面看,$\binom{n}{m}$ 只是 A_n^m 的一种特殊情况。但不幸的是,现在尚不清楚,如何从排列产生一个有效的组合算法。所以对组合问题必须单独开发其研究方法。

1. 非自适应组合产生器[3]

(1) **算法原理** 先来研究一下从 n 项中取 m 个组合的性质:① 对于 $1 \leq m \leq n$,按词典序的第一个组合是($1\ 2\ \cdots\ m$),而最后一个组合是($n-m+1\ n-m+2$

n);② 令最后一个组合表示为 $(x_1 x_2 \cdots x_m)$。如果 $(y_1 y_2 \cdots y_m)$ 是另一种可能的组合,则(i) $y_1 < y_2 < \cdots < y_m$ 和 $y_i \leq x_i (1 \leq i \leq m)$;(ii) 如果存在某一下标 $i, 2 \leq i \leq m$,使得从 y_i 到 y_m 的所有 y 分别等于 x_i 到 x_m,且 $y_{i-1} < x_{i-1}$,那么下一组合为 $(y_1' y_2' \cdots y_m')$,其中对于 $1 \leq j \leq i-2$,有 $y_j' = y_j$;对于 $i - 1 \leq j \leq m$,有 $y_j' = y_{j-1} + j - i + 2$。否则的话,下一个组合为 $(y_1 y_2 \cdots y_{m-1} y_{m+1})$。

(2) **算法描述** 上述的讨论很自然地导出下述的并行组合产生算法。如第一个产生的组合为 $(1\ 2\ \cdots\ m)$,则可按上述②的(ii)之性质产生下一个组合。算法使用了五个长度为 m 的数组 b, c, x, y 和 z。它们存于共享存储器中,其中各数组的第 i 个位置分别用 b_i, c_i, x_i, y_i 和 z_i 表示。约定:数组 b 用于播送;数组 c 作为输出缓冲;数组 x 保持最后一个组合,即 $x_i = n - m + i (1 \leq i \leq m)$;数组 y 保持待产生的现行组合;数组 z 中是逻辑布尔量,对于 $1 \leq i \leq m$,

$$z_i = \begin{cases} \text{true}, & \text{如果 } y_i = x_i \\ \text{false}, & \text{否则} \end{cases}$$

算法 17.5 **SIMD-EREW 模型上并行产生组合算法**

输入:元素集合 $S = \{1, 2, \cdots, n\}$ 和整数 m。
输出:按词典序输出所有的 m-组合。

Procedure *PARALLEL COMBINATION* (n, m)
begin
  (1) /* 初始化:产生第一个和最后一个组合 */
    for $i = 1$ **to** m **par-do**
      (1.1) $x_i \leftarrow n - m + i$
      (1.2) $y_i \leftarrow i$
      (1.3) **if** $y_i = x_i$ **then** $z_i \leftarrow$ **true**
                else $z_i \leftarrow$ **false**
      end if
      (1.4) $c_i \leftarrow i$
    end for
  (2) /* 使用数组 b 将 z_1 播送给 m 个处理器 */
    BROADCAST(z_1, m, b)
  (3) **while** $z_1 =$ **false do**
    (3.1) $k \leftarrow 0$
    (3.2) /* 找现行组合中最右的尚未达到极限值的元素 */
      for $i = 2$ **to** m **par-do**
        if $z_{i-1} =$ **false and** $z_i =$ **true then**

(i) $y_{i-1} \leftarrow y_{i-1} + 1$
(ii) $k \leftarrow i$
end if
end for
(3.3) $BROADCAST(k,m,b)$
(3.4) /* 如无抵达极限值之元素, y_m 增一, 否则修改所有从 y_k 到 y_m 的元素 */
if $k = 0$ then $y_m \leftarrow y_m + 1$
else (i) $BROADCAST(y_{k-1},m,b)$
(ii) for $i = k$ to m par-do $y_i \leftarrow y_{k-1} + (i - k + 1)$
end for
end if
(3.5) for $i = 1$ to m par-do
(i) $c_i \leftarrow y_i$
(ii) if $y_i = x_i$ then $z_i \leftarrow$ true
else $z_i \leftarrow$ false
end if
end for
(3.6) $BROADCAST(z_1,m,b)$
end while
end

注意, 第(3.1)步系由一个处理器执行; 同样, 第(3.2)步至多用一个处理器找 z_{i-1} = false 和 z_i = true 以及修改 y_{i-1} 和 k_i; 最后, 在(3.4)步的 then 部分, 只一个处理器执行 y_m 增一。

(3) **算法分析** 算法第(1)、(3.1)、(3.2) 和(3.5)步取常数时间; 第(2)、(3.3)、(3.4) 和(3.6)步的 $BROADCAST$ 需要 $O(\log m)$ 时间; 第(3)步执行 $\binom{n}{m} - 1$ 次。所以算法 17.5 的总运行时间为 $O\left(\binom{n}{m} \log m\right)$, 成本 $C(n) = O\left(\binom{n}{m} m \log m\right)$, 它不是最佳的。

例 17.4 算法 17.5 的执行行为示于图 17.2 中, 此时 $n = 5, m = 3$。图中的数字示出了数组 yz 和 c 的内容以及过程执行每步后的 k 值(它们均由赋值语句所修改)。注意, t 和 f 分别代表 true 和 false, 且自始至终, $(x_1 x_2 x_3) = (3\ 4\ 5)$。□

(4) **讨论** 一般而言,希望算法能具有这样的性质:①能够按照并行计算机上实际有效的处理器数调整算法的性能,即**自适应性**;② 算法的运行时间应该随所使用的处理器数而变化;③ 应尽量满足成本的最佳性。用上述三点来对照一下算法 17.5,则发现,它要求 m 个处理器(即非自适应性);运行时间并不随处理器数的增加而减少;同时它是非最佳的。下一节将介绍可满足上述三个条件的一种并行产生组合的算法。

AFTER STEP	y_1	y_2	y_3	z_1	z_2	z_3	c_1	c_2	c_3	k
1	1	2	3	f	f	f	1	2	3	
(3.1)										0
(3.4)	1	2	4							
(3.5)				f	f	f	1	2	4	
(3.1)										0
(3.4)	1	2	5							
(3.5)				f	f	t	1	2	5	
(3.1)										0
(3.2)	1	3	5							3
(3.4)	1	3	4							
(3.5)				f	f	f	1	3	4	
(3.1)										0
(3.4)	1	3	5							
(3.5)				f	f	t	1	3	5	
(3.1)										0
(3.2)	1	4	5							3
(3.4)	1	4	5							
(3.5)				f	t	t	1	4	5	
(3.1)										0
(3.2)	2	4	5							2
(3.4)	2	3	4							
(3.5)				f	f	f	2	3	4	
(3.1)										0
(3.4)	2	3	5							
(3.5)				f	f	t	2	3	5	
(3.1)										0
(3.2)	2	4	5							3
(3.4)	2	4	5							
(3.5)				f	t	t	2	4	5	
(3.1)										0
(3.2)	3	4	5							2
(3.4)	3	4	5							
(3.5)				t	t	t	3	4	5	

图 17.2 使用算法 17.5 示例 5 中取 3 的组合产生方法

2. 自适应组合产生器[1]

（1）算法原理 本节讨论运行在 N 个处理器 $\left(1 < N \leq \binom{n}{m}\right)$ 的 SIMD-EREW 模型上元素集合 $\{1,2,\cdots,n\}$ 的所有 m-组合的产生算法。其基本思想是，算法借助于前节所描述的 NEXT COMBINATION 和 RANKCINV，令每个处理器负责产生一个词典序的组合子集，且由 P_i 所产生的所有组合在词典序上是先于 P_{i+1} 所产生的组合的 $(1 \leq i < N)$。因此 P_i 先产生第 j 个组合，其中 $j = (i-1)\lceil \binom{n}{m} \rceil + 1$，然后产生后面的 $\lceil \binom{n}{m}/N \rceil - 1$ 个组合。所有 N 个处理器执行上述同样动作，最后就会产生以词典序的所有 m-组合。

（2）算法描述

算法 17.6 SIMD-EREW 模型上自适应组合产生算法

输入：元素集合 $\{1,2,\cdots,n\}$ 和整数 m。

输出：按词典序输出所有的 m-组合。

Procedure ADAPTIVE COMBINATION(n,m)
begin
    for $i = 1$ **to** N **par-do**
      （1）$j \leftarrow (i-1)\lceil \binom{n}{m}/N \rceil + 1$
      （2）**if** $j \leq \binom{n}{m}$ **then**
         （2.1）RANKCINV$(n,m,j,c_1,c_2,\cdots,c_m)$
         （2.2）产生第 j 个组合 $(c_1,c_2,\cdots,c_m)$ 作为输出
         （2.3）**for** $i=1$ **to** $\lceil \binom{n}{m}/N \rceil - 1$ **do**
             NEXT COMBINATION$(n,m,c_1,c_2,\cdots,c_m)$
         end for
      end if
    end for
end

（3）算法分析 参照算法 17.3 的分析，可知此算法的时间复杂度为 $O(mn) + O(\lceil \binom{n}{m}/N \rceil m)$。同样，如果 $n \leq \lceil \binom{n}{m}/N \rceil$，即 $1 < N \leq \binom{n}{m}/n$，则算法的运

行时间为 $O\left(\lceil \binom{n}{m}/N \rceil m\right)$,而 $c(n)=O\left(\binom{n}{m}m\right)$,故是成本最佳的。

例 17.5 令 $n=7, m=1, N=5$,因此
$$\lceil \binom{7}{1}/5 \rceil = 2$$

处理器 P_1 计算 $j=1$,并产生前两个组合。处理器 P_2 和 P_3 分别计算 $j=3$ 和 $j=5$,并且各产生另外两个组合。处理器 P_4 计算 $j=7$,并成功地产生了一个和最后一个组合。处理器 P_5 计算 $j=9$,且因 $9 > \binom{7}{1}$,故第(2)步不执行。□

17.3 分支限界法的搜索

搜索问题可表示为一棵树,称之为**状态空间树**(State Space Tree)。树的根节点代表待求解的原始问题;叶节点代表问题的解状态;内节点代表求解的子问题。除叶节点外,所有节点均可区分为**与节点**(AND Nodes)和**或节点**(OR Nodes)。前者代表的子问题只有当其全部子节点均得到解答时才能被解决;后者所代表的子问题只要当其一个子节点有了解答就可以被解决。如果一棵状态树只包含与节点,则称之为**与树**(AND Tree)(如图 17.3(a)所示);只包含或节点的状态树,则称

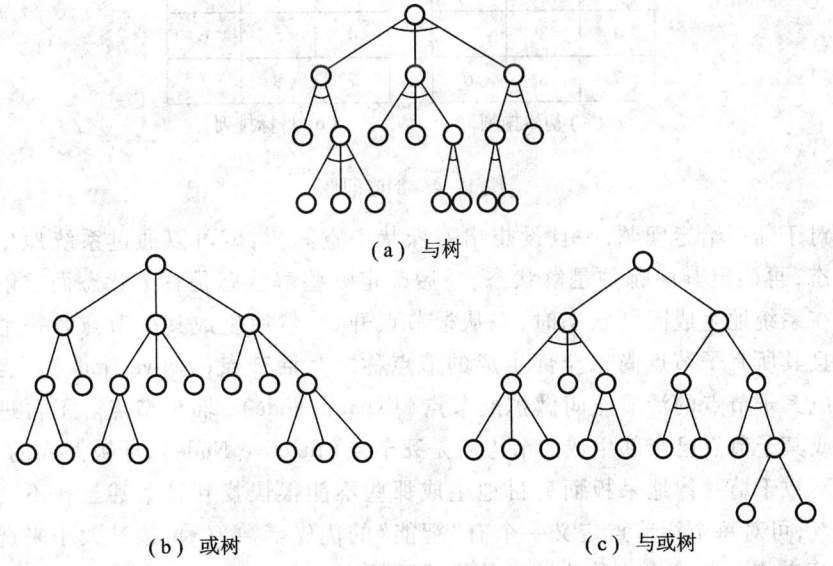

(a) 与树

(b) 或树

(c) 与或树

图 17.3 搜索问题的状态空间树

之为**或树**(OR Tree)(如图 17.3(b)所示);而既包含与节点又包含或节点的状态树,则称之为**与或树**(AND/OR Tree)(如图 17.3(c)所示)。相应地,实现与树的搜索方法是**分治算法**(Divide-and-Conquer Algorithm);实现或树的搜索的常用方法是**分支限界算法**(Branch-and-Bound-Algorithm);实现与或树的搜索可运用**修剪**(Pruning)技术来减少计算量,通常称**α-β 搜索算法**(Alpha-Beta Search Algorithm)。

分支限界(Branch and Bound,B&B)法是搜索状态空间树的一种方法,它是**回溯**(Backtracking)法的变体,是一种流行的算法设计技术。分支限界法利用部分解的最优性信息,避免考虑那些不能导致最优的解,以加快问题的解答。

17.3.1 8-谜问题

先用一个 **8-谜问题**(8-Puzzle Problem)的实例来介绍分支限界法。8-谜问题是一种单人游戏。在一张 3×3 的棋盘上排放着编号 1~8 的 8 张牌而留有一个空格。对于任何给定的一种初始排列,如图 17.4(a)所示,经过有限步的上、下、左、右移动(不难看出移动牌和移动空格是等效的),最终可移成如图 17.4(b)所示的目标排列。此问题的求解过程可由一棵状态空间树表示:初始状态是此树的根;树的节点表示所有可从初始状态可达的状态;叶节点代表目标状态;每条树边代表一次合法的移动;从根到叶的深度就是所需移动的总次数。

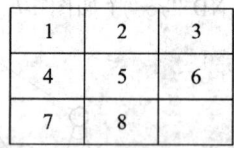

图 17.4 8-谜问题

对于任一给定问题,一旦设想出一棵状态空间树,就可以通过系统地生成问题状态,再确定其中哪些是解状态,最后确定哪些解状态是答案状态而求解此问题。在系统地生成问题状态时,先从根节点开始,然后生成其他节点。一个已生成的且其所有子节点尚未全部生成的节点称之为**活节点**(Active Node)。当前正在生成其子节点的活节点叫做**扩展节点**(Expand Node),即 **E-节点**。不再进一步扩展或其子节点已全部生成的节点就是**死节点**(Inactive Node),即被抛弃的节点。为了不致千篇一律地呆板而盲目地生成那些不能很快找到答案甚至找不到答案的节点,可对每个活节点定义一个有"智能"的优先函数 $f(\cdot)$,按其大小来选取下一个 E-节点。此 $f(\cdot)$ 也称为节点的**代价函数**(Cost Function),具体可定义为:如 x 是答案节点,则 $f(x)$ 是由状态空间树的根节点到 x 节点的代价(如距离等);如 x

不是答案节点,且子树 x 不包含任何答案节点,则 $f(x) = \infty$,否则 $f(x)$ 等于子树 x 中具有最小代价的答案节点的代价。但要指出的是,计算节点的代价函数与解原问题具有同样的复杂度,这是因为计算节点的代价函数通常要搜索包含一个答案节点的子树 x 才能确定。比较切合实际的办法是给出一个便于计算的代价**估计函数**(Approximate Function) $g(x) = f(h(x)) + \hat{g}(x)$,其中 $\hat{g}(x)$ 是由 x 到达一个答案节点所需作的附加工作的估计函数;$f(\cdot) \neq 0$ 是一个非降函数。用 $g(x)$ 指导选择下一个 E-节点的策略是选择 $g(\cdot)$ 值最小的活节点作为扩展节点。这种策略的搜索叫做**最小代价搜索**(Least Cost Search),简称为 **LC-搜索**。

对于求解 8-谜问题,令 $f(h(x))$ 为从根节点到 x 节点的移动次数;令 $g(x) = d(x)$ 为 x 所代表的状态中,所有错位牌与正确位置之间的 Manhattan 距离((x_1, y_1) 与 (x_2, y_2) 之间的 Manhattan 距离定义为 $|x_1 - x_2| + |y_1 - y_2|$)。使用这样的估计函数 $g(x) = f(h(x)) + d(x)$,可使我们尽可能集中地搜索那些可较快达到目标状态的子树。任何时候都从具有最小函数值的节点开始搜索,如果两节点具有相同的函数值,则先检测距根节点较远的节点;如果和根节点一样远的两个节点具有相同的函数值,则任选其一进行搜索。搜索过程如图 17.5 所示,其中各节点旁边圆圈内的数字为 $g(\cdot)$ 的值。

17.3.2 串行分支限界算法

用分支限界法求解一个大的问题时,可将其重复分解为若干个规模较小的各包含一定约束条件的子问题,直至每个子问题被解决,或者被认为不可能引出原问题的最优解为止。正如 8-谜问题那样,这样的分解过程可用一棵状态空间树表示,树的节点对应于所分解的子问题,而树边对应于分解过程,叶节点是那些可解的或不能进一步分解所抛弃的问题。

分支限界法的目标就是通过检测状态树中的少量子树得到问题的解。设 f 为目标函数,f^* 是期望的最小代价解。对每个分解的子问题,计算下界函数 g。此下界在给出子问题的约束后,表示该子问题可能的最小代价,它是一个非降函数,在可行解叶节点 x 上,$g(x) = f(x)$,在非可行解的叶节点上 $g = \infty$。图 17.6 中节点里面的值是相应子问题的下界,对应于可行解的叶节点用粗圆圈表示。本例中,问题的代价 $f^* = 18$。

在分支限界算法执行过程中,每一活节点都包含一个已经生成但尚未检测的问题的集合,搜索的策略就是确定待检测的子问题的检测次序。LC-搜索策略使用最小下界来挑选未检测的子问题。图 17.6 中节点旁边的数字标明了使用 LC-搜索策略检测节点的顺序。

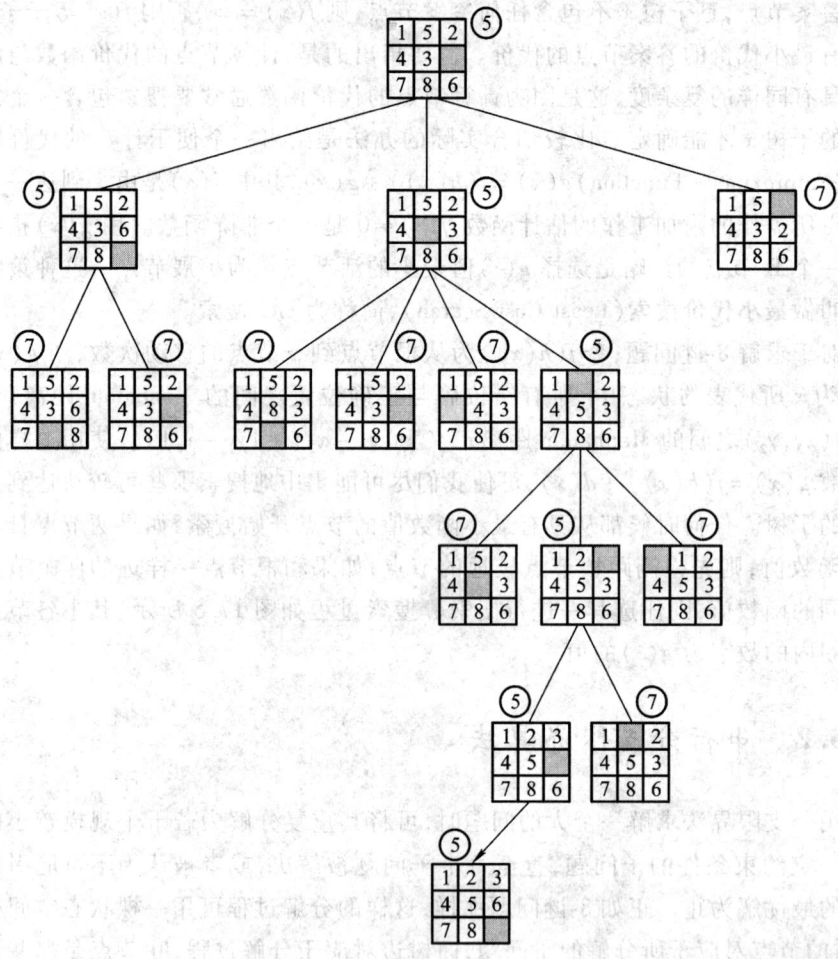

图 17.5 8-谜问题的 LC-搜索

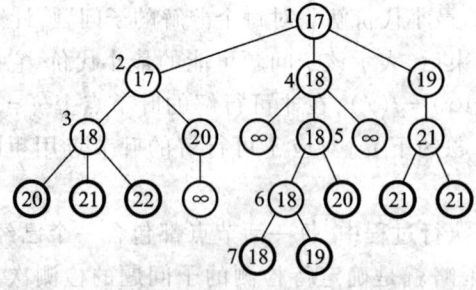

图 17.6 LC-搜索的状态空间树

下面是分支限界算法的形式描述：

算法 17.7　SISD 机器上的分支限界算法

输入：状态空间树 T，根为原始的输入问题；目标函数 f；下界估计函数 g。
输出：最优解 Z。
begin
  （1）$liveset \leftarrow \{root\}$　　/* 初始化，把原问题置入活节点集合 */
  （2）**if** $root$ is a solution **then** $Z \leftarrow f(root)$　　/* 送当前最优解 */
        else $Z \leftarrow \infty$
  end if
  （3）**while**($liveset$ contains a node x with $g(x) < Z$) **do**
    （3.1）$x \leftarrow$ node in $liveset$ with min $g(\cdot)$　　/* 选择扩展节点 */
    （3.2）delete from $liveset$
    （3.3）**for** each child y of x **do** /* 扩展节点 x */
      （i）**if** y is a solution & $f(y) < Z$ **then** $Z \leftarrow f(y)$ **end if**
      （ii）**if** y is not a leaf & $g(y) < Z$ **then** $liveset \leftarrow y$ **end if**
    end for
  end while
end

按照上述算法，在搜索过程中，不断扩展 E-节点，使得当前的最优解值越来越小。一旦发现新的解节点 y 的当前最优解值 $f(y) < Z$，则立即进行修改，最终得到的 Z 值就是最优解。

总之，分支限界算法可以表示为：如何生成子问题；如何选择一个特殊子问题作为继续搜索的起点；如何抛弃绝望的子问题；如何终止算法的执行等。这些步骤中的每一个都可以并行化地实现。

17.3.3　用串行分支限界法求 TSP

旅行商问题（Traveling Salesman Problem，TSP）是易于定义而难于求解的 NP-完全问题。设 $G(V,E)$ 是一有向图，其中 $V = \{1,\cdots,n\}$；令 $C = (c_{ij})$ 是 G 的**成本矩阵**（Cost Matrix），c_{ij} 是边 (i,j) 的代价，若边 $(i,j) \notin E$，则 $c_{ij} = \infty$，并约定所有 $c_{ii} = \infty$。不失一般性，可设所有周游路径均从顶点 1 开始。TSP 就是要从 G 中找出一条代价最小的周游路径。

为了用分支限界法求 TSP，我们必须定义问题的代价（目标）函数 $f(\cdot)$ 和下界函数 $g(\cdot)$，使得对于状态空间树上的任何节点均满足 $g(\cdot) \leq f(\cdot)$，其中 $f(\cdot)$ 的定义和 8-谜问题一样,而下界函数可用下述**归约矩阵**(Reduction Matrix)的方法定义之,它是用 B&B 方法求解 TSP 最关键的部分。

1. 归约矩阵[4,5]

定义 17.6 从代价矩阵任一行(列)的各元素中减去该行(列)中最小元素,称之为行(列)的**归约**(Reduction);第 i 行(列)中各元素的减去的最小数 $r(i)(r'(i))$ 称做该行(列)的**约数**;如果一个矩阵的各行和各列都是归约了的,则称此矩阵为**归约矩阵**,其中和数 $r = \sum_{i=1}^{n} r(i) + \sum_{j=1}^{n} r'(j)$ 称为矩阵 C 的约数。

例 17.6 图 17.7(a)是 5 个顶点的加权图 G,图 17.7(b)是 G 之代价矩阵 C;图 17.7(c)是 C 之归约矩阵 C',其约数 $r = 25$。 □

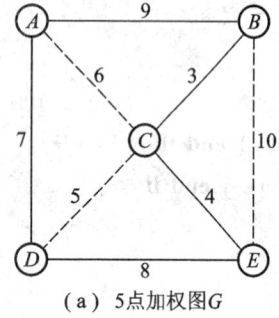

(a) 5点加权图 G

	A	B	C	D	E
A	∞	9	6	7	∞
B	9	∞	3	∞	10
C	6	3	∞	5	4
D	7	∞	5	∞	8
E	∞	10	4	8	∞

(b) 代价矩阵 C

	A	B	C	D	E
A	∞	3	0	0	∞
B	4	∞	0	∞	6
C	1	0	∞	1	0
D	0	∞	0	∞	2
E	∞	6	0	3	∞

(c) 归约矩阵 C'

图 17.7 归约矩阵示例

对任一给定的代价矩阵 C,求其最小代价的周游路径等效于求其归约矩阵 C' 的最小代价周游路径,即有如下定理。

定理 17.1 给定图 G 及其代价矩阵 $C = (c_{ij})$,若 P 是 G 的一条周游路径,则必有

$$\sum_{(i,j) \in P} c_{ij} = r + \sum_{(i,j) \in P} c'_{ij}$$

其中 $C' = (c'_{ij})$ 是 C 之归约矩阵,r 为其约数。

证明 因为任何一条周游路径 P 均必须包含 n 条边,每条边 (i,j) 必须对应着唯一的一个元素 c_{ij}。所以如果边 $(i,j) \in P$,则 c_{ij} 计入了 P 之代价中,且在第 i 行和第 j 列中不再会有别的元素被计入路径 P 的代价中。因为 $c'_{ij} = c_{ij} - (r(i) + r'(j))$,即 $c_{ij} = c'_{ij} + r(i) + r'(j)$,且对于所有的 $(i,j) \in P$,没有任何行或列会有两个元素所对应的两条边包含在 P 中,所以有

$$\sum_{(i,j) \in P} c_{ij} = \sum_{(i,j) \in P} c'_{ij} + r \quad □$$

因此根据上述定理,显然代价矩阵 C 之约数 r 是 TSP 最小周游路径成本的下界,可将其取为如下所述的二元状态空间树中节点的 $g(\cdot)$ 值。

2. 二元状态空间树[6]

假定 $G(V,E)$ 有 m 条边,周游路径包含这 m 条边中的 n 条边。可设法从 TSP 的状态空间树中选取一条边 (i,j) 作为**分割边**而动态地构成一棵二元树,使得树的节点的左分支表示周游路径中**包含**(Inclusion)一条指定的边,而右分支表示**不包含**(Exclusion)该条边。我们总是希望选取一条最有可能在最小代价周游路径中的边 (i,j) 作为这条分割边。一般选取使其右子树具有最大的 g 值的边,这样可以尽快地得到那些 g 值大于最小周游代价的右子树。

对于二元状态空间树的根节点,显然其下界 $g(root)=r$,因为任何一条周游路径的代价不可能小于 r。下面要给状态空间树上的每个节点建立一个相应的归约代价矩阵。设 A_x、$g(x)$ 和 r_x 是状态树上节点 x 所对应的归约矩阵、下界函数和约数;y 是 x 的子节点。若边 (i,j) 加入周游路径(即 y 是 x 的左儿子),则其他的边 $(i,k)(k\neq j)$ 都不能再选取,而且一切形如 $(k,j)(k\neq i)$ 的边也不能再选取,当然边 (j,i) 也不能入选。因此,计算 y 的归约矩阵 A_y 时,应先将 A_x 中的第 i 行和第 j 列元素置成 ∞,且把一切与前面选定的边构成回路的那些边所对应的元素 $A_x(j,i)$ 置为 ∞;然后对所得到的矩阵中的那些不全为 ∞ 和 0 的行和列进行归约即可。而 $g(y)$ 可按下式计算之:

$$g(y) = g(x) + A_x(i,j) + r_y \tag{17.4}$$

当 y 是 x 的右儿子时,周游路径中不包含边 (i,j),则将元素 $A_x(i,j)$ 置成 ∞ 后,再归约 A_x 中不全为 ∞ 的行和列即可得到 y 的归约矩阵 A_y,计算 A_y 的约数 r'_y 后,则可按下式计算下界函数 $g(y)$:

$$g(y) = g(x) + r'_y \tag{17.5}$$

3. Little 求 TSP 算法[7]

算法 17.8 SISD 机器上求 TSP 的 LC-搜索算法

输入:代价矩阵 C。

输出:TSP 的最小代价周游路径 P。

begin

(1) reduce cost matrix determining root's lower bound /*求归约阵,其约数为根之下界*/

(2) initially only the root is in the state space tree /*根表示所有可能的周游路径之集合*/

(3) **repeat**

(3.1) select unexamined node in state space tree with the smallest lower bound /*选择最小下界的节点*/

(3.2) **if** node represents a tour **then** exit the loop **end if**

(3.3) select the edge whose exclusion increases
the lower bound the most /*选择分割边*/
(3.4) **for** the two cases representing the inclusion
& exclusion of selected edge **do**
(ⅰ) create a child node with the correct constraint
(ⅱ) find the lower bound for the child node
end for
for ever
end

例17.7 对于习题17.9所示的代价矩阵 C,其约数 $r=25$,算法第(1)步得根节点1之 $g(root)=25$。算法的第(3)步为了生成二元状态空间树的其他节点,我们先要选择最有可能最小化周游路径中的边作为分割边(这样的候选边有(1,4),(2,5),(3,1),(3,4),(4,5),(5,2)和(5,3)等)。为了选取使右分支具有最大 g 值的分割边,可根据 $r'_y = \min_{k \neq j}\{A_x(i,k)\} + \min_{k \neq i}\{A_x(k,j)\}$ 计算上述候选边的约数 r'_y,它们依次为 1,2,11,0,3,3 和 11。所以可以取(3,1)或(5,3)作为分割边。假定取(3,1)作为分割边,则根节点1生成两个子节点2和3,其中 $g(2)=g(1)+A_1(3,1)+r_2=25, g(3)=g(1)+r'_3=25+11=36$。于是选择节点2作为下一步的分支节点。对于它,可候选的分割边为(1,4),(2,5),(4,5),(5,2)和(5,3),计算出约数依次为3,2,3,3和11,故取(5,3)为分割边,则节点2生成两个子节点4和5,其下界 $g(4)$ 和 $g(5)$ 分别为28和36。下一步,显然节点4为扩展节点,取分割边为(1,4),得节点4的两个子节点6和7,其下界 $g(6)$ 和 $g(7)$ 分别为28和37。至此,我们已经生成了如图17.8所示的二元状态空间树,其各节点的归约矩阵如图17.9所示,同时已经形成了部分周游路径{(3,1),(5,3),(1,4)}。根据图17.9的节点的归约矩阵可知,现在只剩下边(2,5)和边(4,2)了,故它们必定是周游路径中的两条边。所以最后求出的一条周游路径为:1,4,2,5,3,1。□

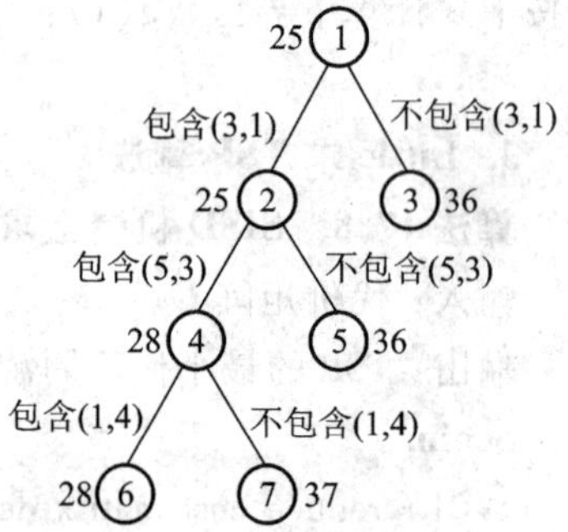

图17.8 二元状态空间树

$$\text{结点2} \begin{pmatrix} \infty & 10 & \infty & 0 & 1 \\ \infty & \infty & 11 & 2 & 0 \\ \infty & \infty & \infty & \infty & \infty \\ \infty & 3 & 12 & \infty & 0 \\ \infty & 0 & 0 & 12 & \infty \end{pmatrix} \quad \text{结点3} \begin{pmatrix} \infty & 10 & 17 & 0 & 1 \\ 1 & \infty & 11 & 2 & 0 \\ \infty & 3 & \infty & 0 & 2 \\ 4 & 3 & 12 & \infty & 0 \\ 0 & 0 & 0 & 12 & \infty \end{pmatrix}$$

$$\text{结点 4} \begin{pmatrix} \infty & 7 & \infty & 0 & \infty \\ \infty & \infty & \infty & 2 & 0 \\ \infty & \infty & \infty & \infty & \infty \\ \infty & 0 & \infty & \infty & 0 \\ \infty & \infty & \infty & \infty & \infty \end{pmatrix} \quad \text{结点 5} \begin{pmatrix} \infty & 10 & \infty & 0 & 1 \\ \infty & \infty & 0 & 2 & 0 \\ \infty & \infty & \infty & \infty & \infty \\ \infty & 3 & 1 & \infty & \infty \\ \infty & 0 & \infty & 12 & \infty \end{pmatrix}$$

$$\text{结点 6} \begin{pmatrix} \infty & \infty & \infty & \infty & \infty \\ \infty & \infty & \infty & \infty & 0 \\ \infty & \infty & \infty & \infty & \infty \\ \infty & 0 & \infty & \infty & \infty \\ \infty & \infty & \infty & \infty & \infty \end{pmatrix} \quad \text{结点 7} \begin{pmatrix} \infty & 0 & \infty & \infty & \infty \\ \infty & \infty & \infty & 0 & 0 \\ \infty & \infty & \infty & \infty & \infty \\ \infty & 0 & \infty & \infty & 0 \\ \infty & \infty & \infty & \infty & \infty \end{pmatrix}$$

图 17.9 图 17.8 树中各节点的归约矩阵

17.3.4 并行 TSP 算法

Mohan 设计了两种 TSP 并行算法[8]：第一种方法是对算法 17.8 的 for 循环进行并行化，即并行处理某个节点的各个分支；第二种方法是对算法 17.8 的 repeat 循环进行并行化，即并行处理多个节点。

1. 并行化 for 循环

在前面用分支限界法求解 TSP 时，建立了一棵二元树，该树可用两个处理器并行处理一个节点，这就意味着并行度为 2。如果同时取舍 k 条边，则每个节点将有 2^k 个子节点，需要 2^k 个处理器来并行计算。下面给出并行化 for 循环的算法：

算法 17.9　MIMD 紧耦合多处理机上的 TSP 算法

输入：代价矩阵 C。

输出：TSP 的最小代价周游路径 P。

begin

(1) reduce cost matrix determining root's lower bound

(2) initially only the root is in the state space tree

(3) **repeat**

　　(3.1) select unexamined node in state space tree
　　　　　with the smallest lower bound

　　(3.2) **if** the node represents a tour **then** exit the loop **end if**

　　(3.3) select the k edges whose exclusion increases
　　　　　the lower bound the most

　　(3.4) **for** the 2^k cases representing all inclusion exclusion

                combinations of selected edges **par-do**
                    (ⅰ) create a child node with the correct constraints
                    (ⅱ) find the lower bound for the child node
            end for
        forever
    end

2. 并行化 repeat 循环

第二种并行算法要产生若干进程,异步地检查子问题所对应的子树,直到找到解答为止。每个进程重复地从未被检查的子问题的有序表中移出下界最小者;将问题分解之(除非它能直接求解);并将所产生的两个子问题插入到有序表中的适当位置上。为了对有序表进行插入和删除,进程控制必须具有排他性,即不允许两个进程同时访问有序表的同一项。作这些工作占用的时间相对地小于分解问题所需的时间,因此,有序表的竞争不应该成为加速比的重要障碍。

图 17.10 示出了在 C^* 上,上述两种并行算法的加速比的对比情况。使用的算例是 30 个城市的 TSP 问题。由图可见:第一种并行算法(算法 1)只达到了很低的加速比,这是因为所增加的处理器把大部分时间花在了生成那些下界太大而永远不会被延伸的节点上;第二种并行算法(算法 2)在使用 16 个处理器时所达到的加速比约为 8,得不到较大加速比的主要障碍在于资源共享,即计算机模块内的**机群**(Cluster)争夺诸如 Kmap、Map 总线和目标管理程序等的共享资源,而目标管理程序常常用于产生搜索树的节点。

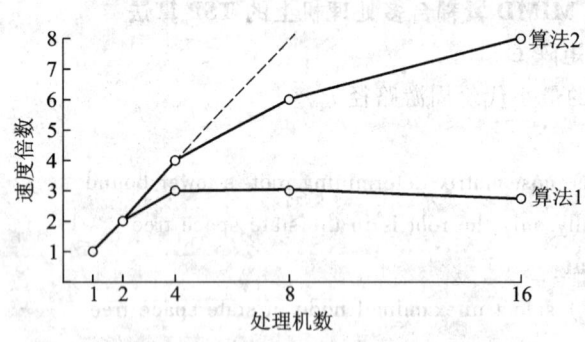

图 17.10 两种并行化算法的加速比

17.4 串行的 $\alpha\text{-}\beta$ 搜索算法

17.4.1 博弈树与最小最大原理

国际象棋、围棋、五子棋和中国象棋都属于两人零和博弈,对弈双方依次走子,一个人的损失将是另一个人的得益,反之亦然,最后的结果是一人胜而另一人负,或者双方认和。

在计算机上玩博弈时,可在一棵**博弈树**(Game Tree)上,使用**最小最大原理**(Minimax Principle)进行搜索,以确定下一步如何行动最有利。图 17.11 示出了一棵未指明游戏规则的博弈树:树的节点代表棋盘位置;边代表合法的走子(即移动);除了根节点外,其余节点都是在搜索过程中动态产生的;而叶节点代表了博弈的**终局**(End-Game Configuration)。因为是 A、B 两人对弈,所以约定虚线边(或方形节点)代表 A 的**走着**(Move),而实线边(或圆形节点)代表 B 的**应着**(Replied)。显然双方都极力设法制胜对方。如果用某一**价值函数** $v(x)$ 代表弈者在棋局 x 下的价值,则 A 在走着时应力图使 $v(x)$ 最大,而 B 在应着时应力图使 $v(x)$ 最小。一盘棋的对弈过程,也就是确定棋局价值的最小最大过程,此乃最小最大原理。图 17.11 中,叶节点的 $v(x)$ 值等于**估计函数**(Evaluation Function)$E(x)$(也称**求值函数**)。根节点的值为 2,表示对弈时,A 从根部开始所能得到的最好结果是达到值为 2 的棋局。可见,最小最大过程可以在给定估计函数的情况下,确定一个弈者可能走的最佳棋着。

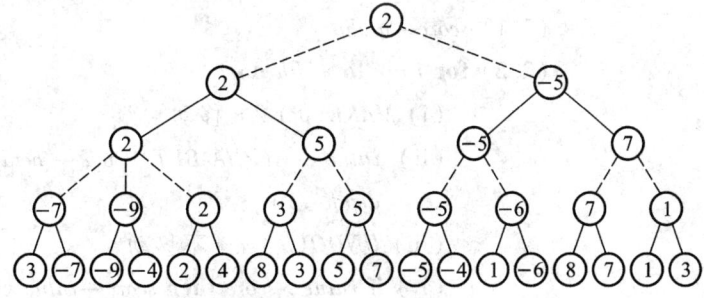

图 17.11 博弈树与最小最大过程

Stockman 已指出,一棵博弈树就是一棵与或树[9],其中相应于 max 移动的位置为或节点,而 min 移动的位置为与节点。一棵完整的博弈树通常大得无法全部生成。因此,在确定当前走子时,弈者通常只需向前看几着,即只搜索到树的某一深度。一般而言,搜索得越深博弈的质量越高。博弈树的搜索可以采用下面所要介绍的 **α-β 修剪**(Alpha-Beta Pruning)技术来避免搜索那些与结果无关的子树,从而减少计算量。

17.4.2 串行的 α-β 算法

α-β 算法沿着博弈树自叶向根进行搜索。估计函数给叶节点所在的位置赋以一个**分值**(Score),它反映了在博弈过程中该位置的**优度**(Goodness)。这些分值随着算法的执行,按最小最大原理沿树反向移动。这样做时有可能删去博弈树的某些分支。下面描述的 α-β 算法[10]包含四个参数:当前位置 p,搜索范围 $alpha$ 和 $beta$,搜索深度 $depth$。算法用函数形式给出,它返回位置 p 的最小最大值。算法调用四个函数:求值函数 $EVALUATE$,生成节点函数 $GENERATE$,移动函数 $MAKE$ 和不移动函数 $UNDO$。此算法的优点是无需明显测试谁在移动,都可使其达到最大值和最小值。

算法 17.10 SISD 机器上的 α-β 算法
输入:$p, alpha, beta, depth$。
输出:返回位置 p 的最大最小值。
Function ALPHA-BETA($p, alpha, beta, depth$)
begin
  if $depth \leq 0$ **then return**($EVALUATE(p)$) /*返回叶节点的求值函数*/
    else (1) $width \leftarrow GENERATE(p)$ /*生成 p 的子节点 $p_1, \cdots, p_{width}$,
          $width$ 为合法移动次数*/
      (2) **if** $width = 0$ **then return**($EVALUATE(p)$) /*无合法移动*/
        else (2.1) $score \leftarrow alpha$
          (2.2) **for** $i = 1$ **to** $width$ **do**
            (i) $MAKE(p_i)$ /*移动*/
            (ii) $value \leftarrow ALPHA\text{-}BETA(p_i, -beta, -score, depth - 1)$
            (iii) $UNDO(p_i)$ /*不移动*/
            (iv) **if** $value > score$ **then** $score \leftarrow value$ **end if**
                /*已找到较好的移动*/
            (v) **if** $value > beta$ **then return**($score$) **end if**
                /*已找到剪枝*/
          end for

                    end if
                end if
            return(*score*)
        end

例 17.8 对于图 17.11 所示的博弈树,执行算法 17.10 时所得到的博弈树如图 17.12 所示。其中树上每条边上的一对数表示父节点传送给其子节点的 *alpha* 和 *beta* 值(但传给叶节点的值没有标明)。若 $depth \leq 0$,则求值函数(估计函数)确定了相应位置的分值,它立即被返回给其父节点。节点中的数字是求值函数的值,它们按照先移动的弈者画出的。每个内节点表示博弈中的一个位置。当搜索到某个内节点时,由于前面已考虑过的移动选择至少引导弈者向 *alpha* 值逼近,而对手决不允许从当前位置让弈者获得大于 *beta* 的值。因此 *alpha* 和 *beta* 定义了一个**搜索窗口**(Search Window)。如从此位置出发不能导致值大于 *alpha* 的移动,则弈者不随着移动;如任何移动导致其值大于 *beta*,则弈者的对手将确信不能到达此位置,于是算法 17.10 找出由子节点返回的负值中的最大值。但如任何返回值的负值大于 *beta*,则搜索停止且剪修其余部分。□

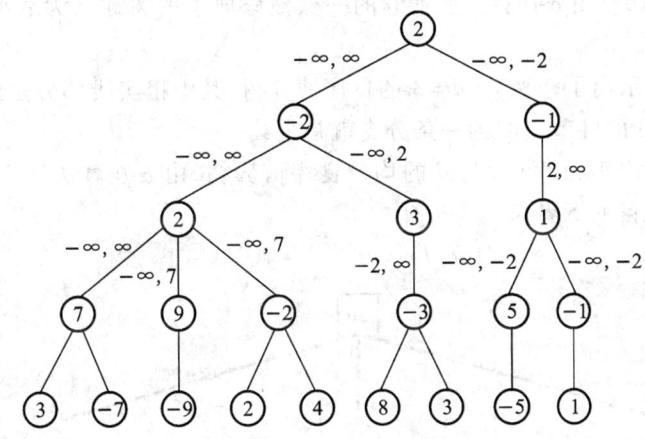

图 17.12 示例 α-β 搜索

如上所述,α-β 搜索算法实际上定义了一个搜索窗口 (α, β)。此窗口越小,搜索时可能被剪掉的子树越多,搜索速度也越快。例 17.8 中开始搜索时,初始窗口选为 $(-\infty, \infty)$,其中 $-\infty$ 和 ∞ 是求值函数可能返回的最小最大值,显然此窗口过大。如果我们能用某种方法估计出根值 v 及其误差 ε,则用 $(v-\varepsilon, v+\varepsilon)$ 作为初始窗口可使搜索速度加快。当用此窗口调用 α-β 算法搜索博弈树时,若返回的值低于窗口的下界,利用 $(-\infty, v-\varepsilon)$ 作为窗口重新进行 α-β 搜索;若返回的值高于窗口的上界,则用 $(v+\varepsilon, +\infty)$ 作为窗口重新进行 α-β 搜索。如此继续进行,最后总能较快地得到正确的根值,因为窗口$(v-\varepsilon, v+\varepsilon)$实际上比$(-\infty, \infty)$要小得多。

17.4.3 MIMD 模型上 α-β 搜索算法

本节较为详细地讨论 MIMD-EREW 模型上的 α-β 搜索算法的设计原理,描述方法及其分析和讨论[11]。

1. 基本设计原理

(1) **最小 α-β 树**(Minimal Alpha-Beta Tree)

定义 17.7 一棵博弈树,如果其所有非叶节点具有相同的扇出 f,且所有叶节点与根具有同样的深度 d,则被称为**均匀树**(Uniform Tree)。

定义 17.8 一棵博弈树被称为**良序的**(Perfectly Ordered),如果从任何起始位置(节点)博弈的双方总是沿着该节点的最左分支进行移动。

定义 17.9 博弈双方在有限深度的良序博弈树中所找到的从根到某一叶的最好的移动序列称之为**主续**(Principal Continuation)。

定义 17.10 由 α-β 算法所搜索的一棵被修剪了的树称之为**最小树**(Minimal Tree)。

图 17.13 示出了一棵 $f = d = 3$ 的良序博弈树,其中粗实线部分是最小树,从根到具有分值 30 的叶节点间的一条分支就是主续。

对于一棵扇出为 f 深度为 d 的均匀良序博弈树,由 α-β 算法所产生并赋予分值的叶节点数目的下界为

$$M(f,d) = f^{\lfloor d/2 \rfloor} + f^{\lceil d/2 \rceil} - 1 \tag{17.6}$$

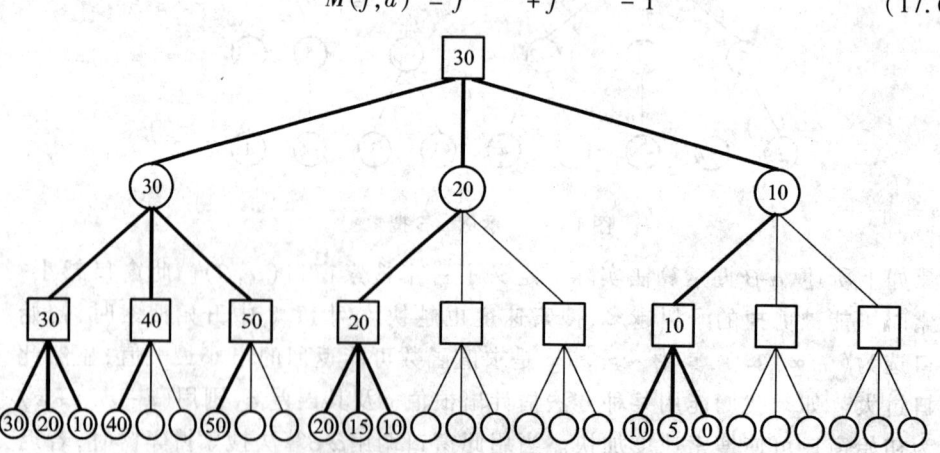

图 17.13 良序博弈树

（2）算法的高层描述

定义 17.11　博弈树中各节点最左的一个分支的子孙，叫做**左子孙**(Left Offspring)（用符号 L 表示）；包含左子孙的子树叫做**左子树**(Left Subtree)；遍历左子树的进程叫做**左进程**。

定义 17.12　博弈树中，各节点所有右分支的子孙叫做**右子孙**(Right Offspring)（用符号 R 表示）；包含右子孙的子树叫做**右子树**(Right Subtree)；遍历右子树的进程叫做**右进程**。

高层描述的并行 α-β 算法分为两个阶段：

（1）第一阶段：(i) 递归地遍历根的左子树；(ii) 只遍历根的每个右子孙的左子树。

（2）第二阶段：如果某一节点无剪修，则逐一遍历该节点的右子树，直到节点被耗尽或被剪修。

显然，在第一阶段，每个左子孙赋予了最终分值；而每个右子孙只赋予临时分值。

图 17.14 中的各节点均用上述定义做了 L 或 R 的标定（注意根标定为 L），节点旁边的数字表示遍历时所生成的进程，其中根节点生成进程 1、2、3。进程 1 是左进程，在算法第一阶段它产生进程 1.1、1.2 和 1.3 去遍历根的左子孙的所有子树；同时进程 2 和 3（右进程）只产生进程 2.1 和 3.1 去遍历根的右子孙的左子树。只有当需要时，再在算法的第一阶段生成进程 2.2 和 3.2 及其相应的后继者 2.3 和 3.3 去遍历相应的子树。注意当一个进程生成其他的进程后，本身就被挂起，直到它所生成的进程返回值给它为止。可见，那些首先要被 α-β 算法研究的节点将首先被访问，这就确保在第一阶段不会做不必要的工作；同样，剪枝的检查是在第二阶段所产生的要去搜索那些可能被剪枝的子树的进程之前。

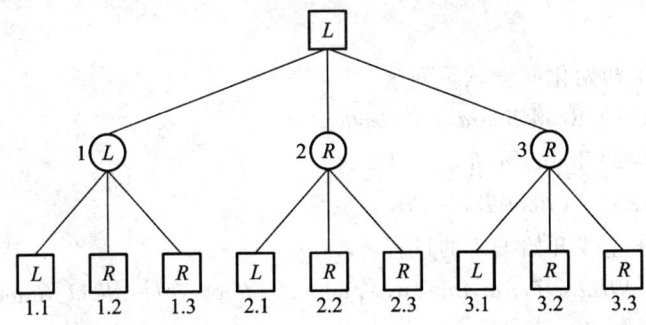

图 17.14　节点的标定和进程的生成

如前述，博弈树都是非常大的，所以假定进程数大于有效的处理器数是合理的。但为了加快树的遍历，以下均假定 MIMD 系统中的处理器数比遍历时所产生的进程数为多。在算法运行中,为了将处理器指派给等待的进程,必须约定好进程的优先度。在此假定,左进程比右进程优先级高;最深的节点进程具有最高优先级(因为所有分值的计算都是从叶节点开始)。

2. 算法的形式描述

(1) **算法约定**　一个 MIMD 算法就是一组**过程**(Procedures)和**进程**(Processes)的集合。从语法上讲,过程和进程是一样的,而且都可被别的进程和过程所调用和生成。但两者在**语义**(Semantics)亦有所差别:当过程被调用时,控制由调用者转向被调用者;当进程被唤起时,被唤起的进程开始异步地执行,而唤起者仍继续执行。

在 MIMD 算法执行时,为了进程的通信和同步,必须使用信号灯。本算法使用的**信号灯**(Semaphores)形式为

$$semaphore = \{整数值\ I, 进程队列\ Q\} = \{0, null\}_{初始化}$$

在此信号灯上施行两种不可分离的 U 和 V 操作,其中 U 操作测试 I:如 $I>0$,则 $I-1$,执行 U 的进程前进;如 $I=0$,执行 U 的进程本身挂起,且入队列。V 操作测试 Q:如队列非空,则令第一个等待的进程执行;如队列空,则 $I+1$。

在并行 α-β 算法中,当产生一个进程去搜索以该节点为根的子树时,每一个节点都设有一张**记分表**(Score Table)。此表初始化为该节点的父节点的记分表值。

(2) **算法的形式描述**　下面主算法使用了三个变量:$Board$(棋盘格局描述,由此开始移动),$Depth$(待遍历的树的深度)和 $Root\ Table$(根的记分表);同时使用了三个信号灯:$Root\ Table\ Free, Root\ Handled$ 和 $Left\ Offspring\ Done$。

算法 17.11　MIMD-EREW 模型上的 α-β 算法

输入:$Board, Depth$。

输出:主续 PC。

begin

　　(1) /* 初始化并测试队列 */

　　　　(1.1) Read $Board$ and $Depth$

　　　　(1.2) Initialize $Root\ Table$

　　　　(1.3) $V(Root\ Table\ Free)$

　　(2) /* 生成开始搜索的进程 */

　　　　HANDLE($Board$, true, true, false, 0, $Root\ Table$, $Root\ Handled$, $Left\ Offspring\ Done$)

　　(3) /* 根是否已被赋予了最终的分值? */

　　　　　$U(Root\ Handled)$

　　(4) 输出主续 PC。

end

下面给出主算法中所使用的一些子过程/进程。

① HANDLE。主算法中的进程 HANDLE 使用了下述六个变量：My Turn(如果 Ply = 奇数层,则为真,否则为假)，Left(如果进程是左进程,则为真,否则为假)，Parent left(如果父进程是左进程,则为真,否则为假)，Ply(博弈树的层号)，Parent Table(父进程的记分表)和 My Table(初始化为父节点的分值表,当此进程被唤起时自动生成记分表)；同时使用了三个信号灯：Done, Leftsibling Done 和 My Table Free。

Process HANDLE(Board, My Turn, Left, Parent Left, Ply, Parent Table, Done, Leftsibling Done)

begin

 (1) /* 如果是叶节点,则记分,否则产生其子孙 */

  (1.1) V(My Table Free)

  (1.2) **if** Ply = Depth **then** SCORE(Board, My Table)

      else GENERATE(Board)

   end if

 (2) /* 修改父节点的记分表 */

   UPDATE(Parent Table)

 (3) **if** Left **and** Parent Left **then** V(Leftsibling Done) **end if**

 (4) V(Done)

end

② SCORE。过程 SCORE 计算叶节点位置 Board 的值,并置所形成的静态分值于给定的 Table 中：

Procedure SCORE(Board, Table)

③ GENERATE。过程 GENERATE 搜索根在非叶节点的子树。它调用 Procedure GENERATE MOVES 产生始于现行位置的一系列移动,这些移动存储于数组 Moves 中,其中 Moves[i] 为第 i 个位置；移动的数目存储于变量 Number Moves 中。Offspring Done 和 Left Offspring Done 是两个信号灯。将过程 Apply 应用于对给定棋盘所生成的每次移动以产生其子孙的棋盘格局；变量 New Board 用于存储每种新的格局；Pruning 是个布尔量(如果出现剪修则为真,否则为假)。

Procedure GENERATE(Board)

begin

 (1) GENERATE MOVES(Board, Moves, Number Moves)

 (2) **if** left **then** /* 如果待搜索的子树的根是左节点,则每个子孙调用一次

进程 HANDLE。因此这些所产生的进程并行运行,并且 GENERATE 等待直到它们都结束 */

(2.1) **for** $l = 1$ **to** Number Moves **do**

　　(ⅰ) APPLY(Board, Moves[l], New Board)

　　(ⅱ) HANDLE(New Board, not My Turn, $l = 1$, Left, Ply + 1,
　　　　　My Table, Offspring Done, Left Offspring Done)

end for

(2.2) **for** $l = 1$ **to** Number Moves **do**

　　U(Offspring Done)

end for

else /* 如果待搜索的子树的根是右节点,则其子孙调用 HANDLE 依次进行搜索,等待其完成,并且在处理下一个子孙前执行剪修检查 */

(2.3) Pruning←**false**

(2.4) l←1

(2.5) **while**($l \leq$ Number Moves **and** not Pruning) **do**

　　(ⅰ) APPLY(Board, Moves[l], New Board)

　　(ⅱ) HANDLE(New Board, not My Turn, $l = 1$, Left, Ply + 1,
　　　　　My Table, Offspring Done, Left Offspring Done)

　　(ⅲ) U(Offspring Done)

　　(ⅳ) U(Leftsibling Done) /* 最左的同胞收到了最终分值否? */

　　(ⅴ) V(Leftsibling Done)

　　(ⅵ) **if** (Ply is odd **and** Offspring's score $\leq$ Parent's score)
　　　　then Pruning←**true**
　　　　else if (Ply is even **and** Offspring's score $\geq$ Parent's score)
　　　　then Pruning←**true**
　　　　end if

　　end if

　　(ⅶ) l←$l + 1$

end while

end if

end

④ UPDATE。过程 UPDATE 等待,直到父节点的记分表为空。然后如果所计

算的现行节点的分值改进了父节点的分值,则将它复制到父节点的记分表中。所使用的信号灯是 *Parent Table Free*,它用变量 *Parent Table* 初始化。

Procedure UPDATE(*Parent Table*)
begin
 (1) *U*(*Parent Table Free*)
 (2) *Copy Value if Opplicable*
 (3) *V*(*Parent Table Free*)
end

⑤ *GENERATE MOVES*。过程 *GENERATE MOVES* 产生所有从给定位置的合法移动;存放它们于数组 *Moves* 中;并将变量 *Number Moves* 置成它们的值。此过程与博弈树有关,所以留下未作说明。

Procedure GENERATE MOVES(*Board*, *Moves*, *Number Moves*)

⑥ *APPLY*。过程 *APPLY* 按所接收的变量 *Moves* 改变现行位置;结果是一个新的棋盘格局 *New Board*。此过程与博弈树有关,所以留下未作说明。

Procedure APPLY(*Board*, *Moves*, *New Board*)

3. 算法讨论和分析

(1) **并行剪修** 分析 MIMD 算法一般是困难的。先来比较一下并行和串行 α-β 算法的剪修情况:

① 串行 α-β 算法中由于左子孙返回的临时分值所造成的剪枝,在算法 17.11 运行中也会出现。这是因为所有由该节点的右子孙所获得的临时分值,为了检查剪枝要在继续遍历右子树之前与其从左子孙返回的分值相比较。

② 某些在顺序搜索时出现的剪枝,由于进程产生的方式在并行搜索时可能不出现。因为搜索那棵子树的进程,在根的右子树完成其搜索,且已更新了根的分值之前已被产生。

③ 某些顺序搜索中会失去的剪枝,由于进程产生的方式可能在并行搜索中发现。因为在并行搜索中,一棵较早结束搜索且已改变了父节点的分值的右子树,可能造成另一棵在顺序搜索中不曾出现的右子树的剪枝。

(2) **存储要求的分析** 以下我们把处理器数目分为无限和有限两种情况讨论之。为了定量分析,以下约定根的层数为第 0 层,且补充定义如下:

定义 17.13 在前述并行 α-β 算法的第一阶段所必须遍历的节点称为**主节点**(Primary Node)。其中根约定为主左子孙节点;第 k 层的主左子孙就是第 $k-1$ 层主(左或右)子孙的左子孙;第 k 层的主右子孙就是第 $k-1$ 层的主左子孙的右子孙。

① **无限处理器**:为了确定存储要求,就必须推导出搜索过程中,任何时刻同

时开发的最大节点数,此数目正好等于主节点数,也就是算法第一阶段中的最大并行度数。

令 $L(k)$ = 第 k 层的主左子孙数;$R(k)$ = 第 k 层主右子孙数。对于一棵深度为 d,扇出为 f 的均匀树,$L(k)$ 和 $R(k)$ $(k=0,1,\cdots)$ 可推导如下:

$$\left.\begin{array}{l}L(k) = L(k-1) + R(k-1), k \geq 1 \\ R(k) = L(k-1) \cdot (f-1), k \geq 1\end{array}\right\} \quad (17.7)$$

其中,$L(0) = 1, R(0) = 0$。

显然主节点数为

$$S = \sum_{k=0}^{d}[L(k) + R(k)] \quad (17.8)$$

而存储要求为 $O(S)$。求解上述递归方程,有

$$\left.\begin{array}{l}L(k) = \dfrac{1}{x \cdot 2^{k+1}}[(1+x)^{k+1} - (1-x)^{k+1}] \\ R(k) = \dfrac{1}{x \cdot 2^{k}}[(1+x)^{k} - (1-k)^{k}] \cdot (f-1)\end{array}\right\} \quad (17.9)$$

其中,$x = [1 + 4(f-1)]^{1/2}$。

② **有限处理器**:由上述讨论可知,搜索一棵深度为 d 的均匀树,算法所需的最大处理器数为

$$p(f, d) = L(d) + R(d) \quad (17.10)$$

如果搜索深度为 d,扇出为 f 的均匀树时,有效的处理器数为 N,则在第 k 层的主节点数为 $\min\{L(k) + R(k), N\}$,所以深度为 d 的均匀树中总的主节点数为

$$S(N) = \sum_{k=0}^{d} \min\{L(k) + R(k), N\} \quad (17.11)$$

在此条件下的存储要求显然为 $O(S(N))$。

17.5 动态规划

动态规划(Dynamic Programming)是为解决一类多阶段决策问题,由 R. Bellman 在 20 世纪 50 年代提出的[12]。在多阶段决策过程中,过程可以按时间顺序分解成若干个相互联系的阶段,每个阶段都需要做出决策,全部过程的决策是一个决策序列。动态规划方法采用**最优化原理**(Optimization Principle)来建立用于计算最优解的递归式。所谓最优化原理,即不管前面的策略如何,此后的决策必须是基于当前状态(由上一次决策产生)的最优决策。

动态规划算法的有效性依赖于待求解问题本身具有的两个重要的性质:最优

子结构性质和子问题重叠性质。

（1）**最优子结构**（Optimal Substructure）性质。如果问题的最优解所包含的子问题的解也是最优的，我们就称该问题具有最优子结构性质（即满足最优化原理）。

（2）**子问题重叠**（Overlapping Subproblems）性质。子问题重叠性质是指在用递归算法自顶向下对问题进行求解时，每次产生的子问题并不总是新问题，有些子问题会被重复计算多次。

由于动态规划能求解很多类问题，很难开发出一般性的并行算法。下面我们从三个具体的例子来介绍动态规划及其并行化。

17.5.1 矩阵链乘问题

1. 问题提出

给定 n 个矩阵 $A_1, A_2, \cdots, A_i, \cdots, A_n$，计算其乘积 $A_1 A_2 \cdots A_n$。因为矩阵乘法满足结合律，在乘积中加上若干括号不影响最后结果，但影响计算过程中所需要的标量乘法次数。

例 17.9 考虑下面两个乘积所需的标量乘法数

$$(A_{3\times 3} A_{3\times 1}) A_{1\times 3} \tag{17.12}$$

$$A_{3\times 3} (A_{3\times 1} A_{1\times 3}) \tag{17.13}$$

式(17.12)先做括号里的矩阵乘积，共需 $3 \times 3 \times 1$ 次乘法，得到的结果再与 $A_{1\times 3}$ 相乘，又需要 $3 \times 1 \times 3$ 次乘法，故总共需要 18 次乘法。

式(17.13)先做括号里的矩阵乘积，需 $3 \times 1 \times 3$ 次乘法，得到的结果与 $A_{3\times 3}$ 相乘，需要 $3 \times 3 \times 3$ 次乘法，故总共需要 36 次乘法。□

定义 17.14 矩阵链乘[13]（Matrix-chain Multiplication）是指给定 n 个矩阵构成的一个链 $A_1, A_2, \cdots, A_i, \cdots, A_n$，矩阵 A_i 的维数为 $p_{i-1} \times p_i$，对乘积 $A_1 A_2 \cdots A_n$ 求一种最小标量乘法次数的加括号方式。

考虑此问题的最优子结构，一个子链 $A_i \cdots A_k$，若最优解在 A_j 和 A_{j+1} 之间加括号（即 $(A_i \cdots A_j)(A_{j+1} \cdots A_k)$），$i \leq j < k$，则 $A_i \cdots A_j$ 的一个最优解必定是 $A_i \cdots A_k$ 最优解的一部分（这是因为：若非，$A_i \cdots A_j$ 存在一种非最优加括号方法是 $A_i \cdots A_k$ 最优解的一部分，则用 $A_i \cdots A_j$ 的最优解替换此方法，所得到的 $A_i \cdots A_k$ 的解所需的标量乘法数小于前面的最优解。所以出现矛盾）。同理，$A_{j+1} \cdots A_k$ 的一个最优解也是 $A_i \cdots A_k$ 最优解的一部分。令 $c_{i,j}$ 为子链 $A_i \cdots A_j$ 最优加括号所需要的标量乘法数，则可得到以下递推关系：

$$c_{i,j} = \begin{cases} 0, i = j \\ \min_{i \leq k < j} \{c_{i,k} + c_{k+1,j} + p_{i-1} p_k p_j\}, i < j \end{cases} \tag{17.14}$$

式(17.14)的求解过程可以看作是计算填充一个大的数据表格,不失一般性,假设表格的大小为 $n \times n$,数据表中的每个表项 (i,j),$1 \leq i \leq n$,$1 \leq j \leq n$,依赖于它的一些前项,这些前项是整个数据表格的一部分,包含了 $\{(r,c) | 1 \leq r \leq i, 1 \leq c \leq j, r+c \leq i+j\}$。该递推关系的依赖关系如图 17.15 所示。

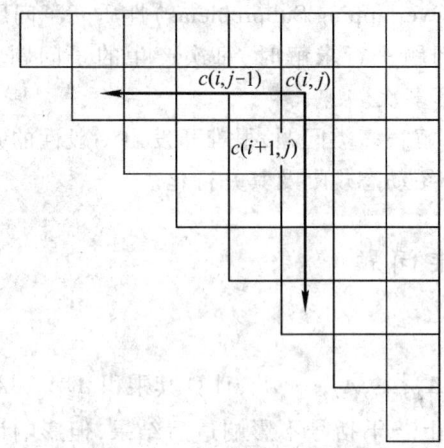

图 17.15 动态规划依赖关系图

通过计算一些小问题的结果,逐步来构建一个大的数据表,即首先解决所有的可能的子问题,在表中存储子问题结果,然后利用子问题结果解决更大的问题。这是典型的空间换时间的方法,通过存储子问题的结果来避免子问题的重复计算。具体算法如下:

算法 17.12 SIMD-SM 模型上求解矩阵链乘问题的动态规划算法
输入:递归关系及边界条件。
输出:问题的最优解。
begin
(1) **for all** i: $i \in \{1,\cdots,n\}$ **do**
  $c_{i,i} \leftarrow v_i$ /* 边界值 */
 end for
(2) **for** $d = 1$ **to** $n-1$ **do**
  for all i,j: $i \in \{1,\cdots,n-d\}$;$j = i+d$ **do**
   (i) $c_{i,j} \leftarrow \infty$
   (ii) **for** $k = i$ **to** $j-1$ **do**
    if $c_{i,j} > c_{i,k} + c_{k+1,j} + p_{i-1}p_k p_j$ **then**
     $c_{i,j} \leftarrow c_{i,k} + c_{k+1,j} + p_{i-1}p_k p_j$
    end if

                end for
              end for
            end for
          end

易知,算法 17.12 的时间复杂度为 $O\left(\sum_{d=1}^{n-1}(n-d)d\right) = O(n^3)$,空间复杂度为 $O(n^2)$。该算法沿着对角线的方向,自底向上计算最终的结果,如图 17.16 所示。

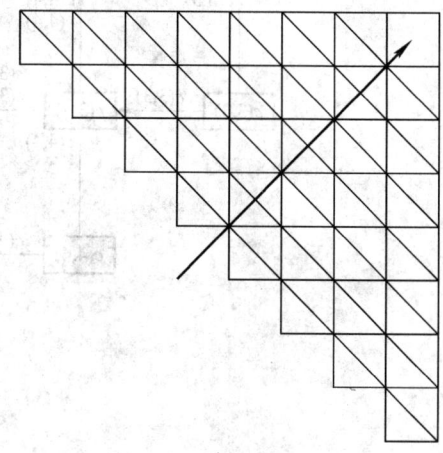

图 17.16 动态规划的计算方向

2. 并行化

我们下面分别用**流水线**(Pipeline)方法和**对角线**(Diagonal)方法对上面的串行动态规划进行并行化。

(1) **流水线算法**[14] 流水线算法可以在**心动**(Systolic)结构的并行机上使用,假设有 $n(n+1)/2$ 个处理器,每个处理器负责填充一个数据。如图 17.17 所示,每个矩形框代表一个处理器,矩形框内的内容 $c(i,j)$ 表示该处理器要计算的对应数据表格中的一项 $c(i,j)$。处理器在它需要的数据全部被计算出来以后可以立即开始一个待计算的数据项的计算。在计算完得到结果后,需要把和它同一行前面的处理器传给它的数据项连同它自己的计算结果传给同一行的右边相邻处理器,同理,需要把和它同一列下面的处理器传给它的数据项连同它自己的计算结果传给同一列的上面相邻的处理器。这种工作方式下,某一处理器所需要的数据一旦全部到达,它就由静止状态转变为工作状态。没有计算等待时间,但是以牺牲整个并行系统的效率为代价,因为某一处理器计算完成后就不再做任何计算。

流水线算法里在一个心动体系结构上使用 $n(n+1)/2$ 个处理器,可以在 $O(n)$ 的时间内求得结果。

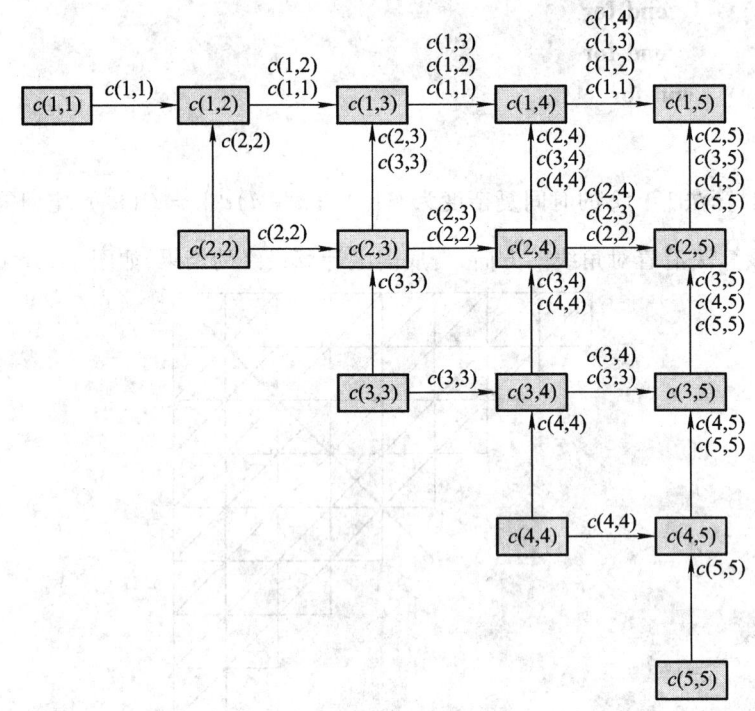

图 17.17　心动结构系统上动态规划算法数据计算和传递

（2）**对角线算法**　在对角线方法里,计算沿着对角线的方向,如图 17.16 所示,从左往右计算。每个处理器大概处理每条对角线上 $1/p$ 的数据,直到某条对角线前面的所有对角线上的数据都计算结束才开始该对角线上的数据的计算。可以通过同步路障来达到这一目的。在对角线方法里,所有处理器被强制在一个地方同步,而在流水线方法里,只要某一个数据项的前项计算结束,处理器就可以开始该数据项的计算。

算法 17.13　MIMD-SM 模型上求解矩阵链乘问题的动态规划算法

输入：递归关系及边界条件。

输出：问题的最优解。

begin

（1）for all i: $i \in \{1,\cdots,n\}$ do

　　$c_{i,i} \leftarrow v_i$　/* 边界值 */

　end for

（2）for $d=1$ to $n-1$ do

　　for all i,j: $i \in \{1,\cdots,n-d\}$, $j=i+d$ do

$c_{i,j} \leftarrow \infty$
    for $k = i$ to $j - 1$ do
      if $c_{i,j} > c_{i,k} + c_{k+1,j} + p_{i-1}p_k p_j$ then
        $c_{i,j} \leftarrow c_{i,k} + c_{k+1,j} + p_{i-1}p_k p_j$
      end if
    end for
  end for
end for
end

在共享存储的并行机上,使用 n 个处理器,该算法可在 $T_p(n) = O\left(\sum_{d=1}^{n-1} 1 \cdot d\right) = O(n^2)$ 的时间内完成。如果对最内层循环也进行并行化,则需 $O(\max_{1 \le d < n}\{(n-d)d\}) = O(n^2/4)$ 个处理器,可在 $O(n)$ 时间完成计算。

17.5.2 最短路径问题

1. 问题提出[15]

如图 17.18 所示,$r+1$ 层**加权多级图**(Weighted Multistage Graph),每层上的每个节点都与其下一层的所有节点相连,第 0 层和第 r 层均只有一个节点,其余各层有 n 个节点。用 P_i^j 表示第 j 层的第 i 个节点,用 $c_{i,k}^j$ 表示节点 P_i^j 和 P_k^{j+1} 连线的权重,用 C_i^j 表示节点 P_i^j 到 P_1^r 的最短距离。$C^j = \min_{1 \le i \le n} C_i^j$。试求图 17.18 所示的 P_1^0 到 P_1^r 的最短距离。

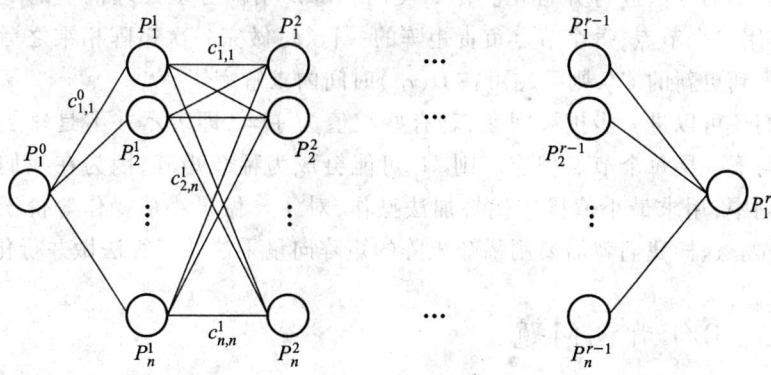

图 17.18 最短路径问题

我们考虑 C_i^j 的值，显然，其值只有 n 种可能，即 $j+1$ 层的节点到 P_1^r 的最短距离加上其与 P_i^j 连线的权重，因此有递推关系

$$C_i^j = \min_{1 \leq k \leq n} \{C_k^{j+1} + c_{i,k}^j\} \tag{17.15}$$

且有初始条件

$$C_i^{r-1} = c_{i,1}^r$$

通过进一步观测，可以将式(17.15)转化为一种特殊的矩阵相乘形式：用求最小值操作代替加法操作，用加法操作代替乘法操作，则得到

$$\begin{pmatrix} C_1^j \\ C_2^j \\ \vdots \\ C_n^j \end{pmatrix} = \begin{pmatrix} c_{1,1}^j & c_{1,2}^j & \cdots & c_{1,n}^j \\ c_{2,1}^j & c_{2,2}^j & \cdots & c_{2,n}^j \\ \vdots & \vdots & & \vdots \\ c_{n,1}^j & c_{n,2}^j & \cdots & c_{n,n}^j \end{pmatrix} \begin{pmatrix} C_1^{j+1} \\ C_2^{j+1} \\ \vdots \\ C_n^{j+1} \end{pmatrix} = M_j \begin{pmatrix} C_1^{j+1} \\ C_2^{j+1} \\ \vdots \\ C_n^{j+1} \end{pmatrix} \tag{17.16}$$

于是

$$C^0 = M_0 M_1 \cdots M_{r-2} M_{r-1} \tag{17.17}$$

其中

$$M_0 = (c_{1,1}^0 \quad c_{1,2}^0 \quad \cdots \quad c_{1,n}^0), M_{r-1} = \begin{pmatrix} c_{1,1}^{r-1} \\ c_{2,1}^{r-1} \\ \vdots \\ c_{n,1}^{r-1} \end{pmatrix}$$

易知，整个问题的时间复杂性为 $O(rn^2)$。

2. 并行化

我们已经将最短路径问题重新表示为了矩阵相乘问题，就可以使用第十二章矩阵运算中的方法进行并行化。比如使用 MIMD 紧耦合多处理机上的矩阵乘法算法，使用 n 个节点，每个节点负责矩阵的一行，每做完一次矩阵相乘之后通过全局通信得到更新的 C_i^j，则问题可在 $O(rn)$ 时间内求解完毕。

我们还可以进一步扩展问题，若有些权值为 $+\infty$，即表示并不是每层的每个节点都与下一层每个节点相连。则 M_j 可能会成为稀疏矩阵，因为在我们的矩阵相乘规则中，用求最小值操作代替加法操作，对 $+\infty$ 做最小值操作等价于对 0 做加法操作。这样我们就需要用稀疏矩阵的矩阵向量乘法并行算法做并行化。

17.5.3 0/1 背包问题

1. 问题提出

考虑如下的 **0/1 背包问题**(0/1 Knapsack Problems)：n 个物品编号为 $1, 2, \cdots,$

n,物品 i 的重量为 w_i,价值为 v_i,背包总容量为 C,其中 w_i、v_i、C 皆为整数。求在这 n 个物品中背包所能装的最大价值 P:

$$P = \max\left\{\sum_{i=1}^{n} v_i s_i \mid \sum_{i=1}^{n} w_i s_i \leq C\right\} \text{ 其中 } s_i = 0 \text{ 或 } s_i = 1 \quad (17.18)$$

此问题的解法很多,下面我们用动态规划来解决,并讨论其并行化。

设 f_i^k 为背包容量为 k 时装载前 i 个物品 $1, 2, \cdots, i$ 的最大价值,我们考虑 f_{i+1}^k,其值只能是下面两种情况之一:① 为 f_i^k(即第 $i+1$ 个物品不装在背包里);② 背包容量为 $k - w_{i+1}$ 时装前 i 个物品的最大价值加上其本身的价值(即 $f_i^{k-w_{i+1}} + p_{i+1}$)。我们取这两种情况的最大值为 f_{i+1}^k 的值,得到如下递推式:

$$f_i^k = \begin{cases} 0, i \leq 0, k > 0 \\ -\infty, k \leq 0 \\ \max\{f_{i-1}^k, f_{i-1}^{k-w_i} + p_i\}, i > 0, k > 0 \end{cases} \quad (17.19)$$

这样,我们就可以使用动态规划算法进行求解,其依赖关系如图 17.19 所示。易知,算法的时间复杂性为 $O(Cn)$。

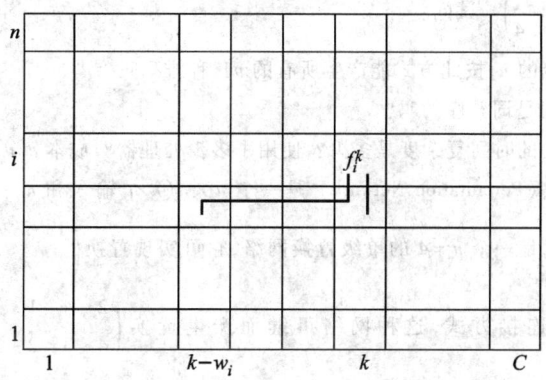

图 17.19 0/1 背包问题依赖关系

2. 并行化[15]

我们可以考虑在 PRAM-CREW 模型上对算法进行并行化。用动态规划求解 0/1 问题的基本步骤就是填如图 17.7 的表格。从表格的最下面一行依次填到最上面一行。设模型有 p 个处理器,$p = C$(背包总容量),处理器 i 负责表格的第 i 列。处理器 i 计算 f_i^k 仅需 f_{i-1}^k 的值和 $f_{i-1}^{k-w_i}$ 的值,而这两个值在常数时间内即能读取。故每行只需要常数时间即可填写完毕,因此并行计算所需时间为 $O(n)$。

若考虑分布式内存的 MIMD 模型上的并行化,同样可让 p 个处理器各自负责表格的一列,在计算每个 f_i^k 的值时需要通过消息传递得到 $f_{i-1}^{k-w_i}$ 的值,注意到填写每一行时 w_i 是常数,因此可以通过处理器间的循环移位来获得 $f_{i-1}^{k-w_i}$。设 MIMD 模型上消息循环移 k 位所需时间为 $t(k)$,$t(k)$ 的具体表达式与处理器拓扑结构有关。因此并行计算所需时间为 $O\left(\sum_{i=1}^{n} t(w_i)\right)$。

习 题

17.1 有否可能在 SIMD-EREW 模型上,设计一个从 n 产生所有 m-排列的并行算法,而运行时间为 $O(A_n^m)$ 和使用 m 个处理器? 所产生的排列是词典序的吗?

17.2 试考虑第四章所描述的排序网络,它们可以按下述方式用作排列产生器:假定 $S=\{1,2,3,4,5\}$,欲从起始排列 $(1\ 2\ 3\ 4\ 5)$ 产生排列 $(5\ 3\ 2\ 1\ 4)$。为此,先给起始排列中的每一整数指派一个下标,这些下标指明各整数在所要排列中的位置,即 $(1_4\ 2_3\ 3_2\ 4_5\ 5_1)$;然后在排序网络上排序下标序列 $(4\ 3\ 2\ 5\ 1)$。这样就可完成排列 $\begin{pmatrix} 1 & 2 & 3 & 4 & 5 \\ 5 & 3 & 2 & 1 & 4 \end{pmatrix}$。试问:

(a) 对于给定的 n,按此方式能产生所有的 $n!$ 种排列吗?

(b) 这些排列是词典序的吗?

(c) 这种算法的时间复杂度是多少? 使用了多少处理器? 成本 $c(n)$ 如何?

17.3 一个**置换网络**(Permutation Network)是一个 $n \times n$(n 个输入和 n 个输出)的互连网络。图 17.20 所示是一个 $n=4$ 的单级置换网络,它可实现置换 $\begin{pmatrix} 1 & 2 & 3 & 4 \\ 2 & 4 & 1 & 3 \end{pmatrix}$。如果按图中虚线所示的连接方式,这种网络可继而产生置换 $\begin{pmatrix} 2 & 4 & 1 & 3 \\ 4 & 3 & 2 & 1 \end{pmatrix}$、$\begin{pmatrix} 4 & 3 & 2 & 1 \\ 3 & 1 & 4 & 2 \end{pmatrix}$ 和 $\begin{pmatrix} 3 & 1 & 4 & 2 \\ 1 & 2 & 3 & 4 \end{pmatrix}$。这就意味着,此单级置换网络仅能产生 24 中全排列中的 4 种。试问你

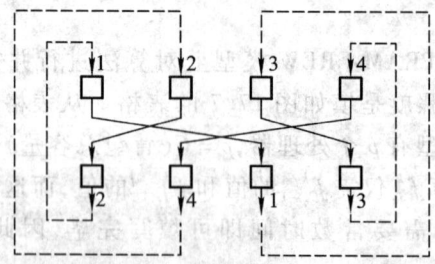

图 17.20 一种 $n=4$ 的单极置换网络

可设计一种置换网络可实现所有可能的排列吗?

17.4 图 17.21 所示是一个 $n = 4$ 的两级置换网络。试问:

(a) 此网络能实现多少种排列(按图中所示的虚线方式连接)?

(b) 你能设计一个能实现 4! 种排列的置换网络吗? 它需要多少级?

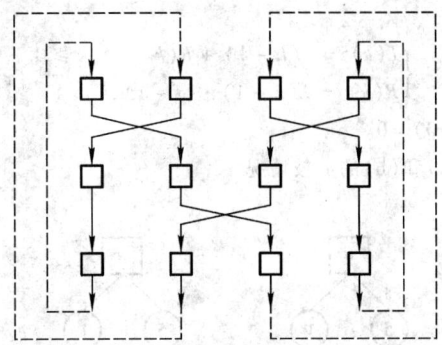

图 17.21 一种 $n = 4$ 的两极置换网络

17.5 有否可能在 SIMD-EREW 模型上,设计一个从 n 产生所有 m-组合的并行算法,而运行时间为 $O\left(\binom{n}{m}\right)$ 和使用了 m 个处理器? 所产生的组合是词典序的吗?

17.6 试用归纳法证明 17.2.2 节中 $\binom{n}{m}$ 组合的性质②。即令最后一个组合表示为 $(x_1 x_2 \cdots x_m)$。如果 $(y_1 y_2 \cdots y_m)$ 是另外一种可能的组合,则

(a) $y_1 < y_2 < \cdots < y_m$ 且 $y_i \leq x_i (1 \leq i \leq m)$;

(b) 如果存在某一下标 $i, 2 \leq i \leq m$,使得从 y_i 到 y_m 的所有 y 分别等于 x_i 到 x_m,且 $y_{i-1} < x_{i-1}$,那么下一组合为 $(y_1' y_2' \cdots y_m')$。其中,对于 $1 \leq j \leq i-2$,有 $y_j' = y_j$;对于 $i-1 \leq j \leq m$,有 $y_j' = y_{i-1} + j - i + 2$。否则的话,下一个组合为 $(y_1 y_2 \cdots y_{m-1} y_{m+1})$。

17.7 给定一个分治算法,其复杂度满足如下递归方程:

$$\begin{cases} T(n) = \Omega(n) + kT(n/k) \\ T(1) = \Omega(1) \end{cases}$$

试证明并行分治算法的下界(假定分解步具有复杂度 $\Omega(n)$ 是不能并行化的)。

17.8 试证明等式: $M(f, d) = f^{\lceil d/2 \rceil} + f^{\lfloor d/2 \rfloor} - 1$。其中 f 为扇出, d 为深度, $M(f, d)$ 为 α-β 算法所产生并赋予分值的终节点的数目。

17.9 给定某 TSP 的成本矩阵 C 如下:

(a) 试求 C 之归约矩阵 C';

$$C = \begin{pmatrix} \infty & 20 & 30 & 10 & 11 \\ 15 & \infty & 16 & 4 & 2 \\ 3 & 5 & \infty & 2 & 4 \\ 19 & 6 & 18 & \infty & 3 \\ 16 & 4 & 7 & 16 & \infty \end{pmatrix}$$

(b) 使用算法 17.8 求出其二元状态空间树,并推导出各节点的归约阵;
(c) 找出一条周游路径。

17.10 对于图 17.11 所示的博弈树,使用算法 17.10 逐步完成 α-β 搜索。

17.11 试求图 17.13 所示的良序博弈树的主节点数 S。

17.12 求解下述递归方程
$$\begin{cases} L(k) = L(k-1) + R(k-1), k \geq 1 \\ R(k) = L(k-1) \cdot (f-1), k \geq 1 \end{cases}$$
其中,$L(0) = 1, R(0) = 0$。

17.13 试分析图 17.22(a)和(b)的剪枝情况。

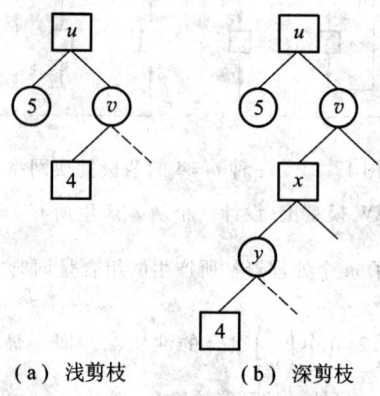

(a) 浅剪枝　　(b) 深剪枝

图 17.22　习题 17.13 图

17.14 结合图 17.23,试分析串行 α-β 搜索和并行 α-β 搜索发生剪枝的情况有何异同。

17.15 在 0/1 背包问题中,算法的并行度与背包的容量 C 成正比。请设计一种并行算法,使得并行度与物品数量 n 成正比,并给出算法分析。

17.16 旅行商问题(TSP)也可使用动态规划进行求解。设城市集合 $V = \{v_1, v_2, \cdots, v_n\}$,$c_{i,j}$ 为 v_i 和 v_j 间的距离。旅行商的起点城市为 v_1,令 $T = V - \{v_1\}$。记 $f(S,k)$ 为从 v_1 出发经过 S 集合内所有的城市停止在城市 k 的最短路径,f 为 TSP 问题的解,有如下递推关系:
$$f(S,k) = \begin{cases} c_{1,k}, & S = \{k\} \\ \min_i \{f(S - \{k\}, i) + c_{i,k}\}, & S \neq \{k\} \end{cases}$$
$$f = \min_{k \in T} \{f(T,k) + v_{1,k}\}$$
试根据上式设计并行算法,并给出算法分析。

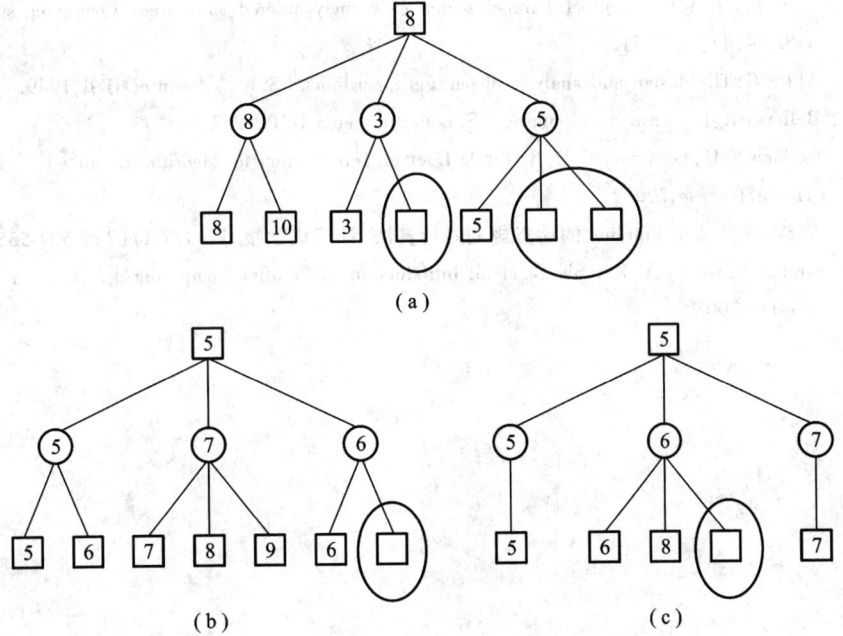

图 17.23 α-β 搜索中的剪枝情况

参考文献

[1] Akl S G. Adaptive and optimal parallel algorithm for enumerating permutations and combinations. The computer Journal, 1987, 30(5): 433-436.

[2] Mifsud C J. Algorithm 154: Combination in lexicographical order. Comm. of the ACM, 1963, 6(3): 103.

[3] Chan B, Akl S G. Generating combinations in parallel. BIT, 1986, 26(1): 2-6.

[4] 朱洪,陈增武,段振华,等. 算法设计和分析. 上海: 上海科学技术文献出版社, 1990.

[5] 邹海明, 余祥宣. 计算机算法基础. 武汉: 华中工学院出版社, 1985.

[6] Quin M J. Designing Efficient Algorithms for parallel Computers. [S. l.]: McGraw-Hill Book Company, 1987.

[7] Little J D C, Murty K G, Sweeney D W, et al. An algorithm for the travelling salesman problem. Operations Research, 1963, 11(6): 972-989.

[8] Mohan J. Experience with two parallel programs solving the TSP. Proc. 1983 Int'l Conf. On Parallel Processing, 1983, 191-193.

[9] Stockman G. A minimax algorithm better than alph-beta? Artificial Intelligence, 1979, 12: 179-196.

[10] Marsland T A, Campbell M. Parallel search of strongly ordered game trees. Computing surveys, 1982,14(4): 533-551.

[11] Akl S G. The design and analysis of parallel algorithms. [S. l.]: Prentice-Hall, 1989.

[12] Bellman R. Dynamic Programming. [S. l.]: Princeton U. P, 1957.

[13] Cormen T H, Leiserson C E, Rivest R L, et al. Introduction to Algorithms. 2nd ed: [S. l.]: The MIT Press, 2001.

[14] 何奇. 一类基于 Pipeline 的动态规划并行算法. 计算机学报, 1994.7 17(7): 527-535.

[15] Grama A, Gupta A, Karypis G, et al. Introduction to Parallel Computing. [S. l.]: Addison-Wesley, 2003.

第十八章 随 机 算 法

内容提要 至此我们所研究的算法都是**确定性算法**(Deterministic Algorithms),即算法的每一步都明确地指明下一步应如何进行,并分析其所有可能情况下的最坏复杂界。但在很多情况下,并非一定要这样做。为此就出现了一类简单快速的随机算法,也称概率算法。它通常包含两种方法:其一是根据输入的概率分布来设计算法并分析其平均性能,此法的难点在于有很多重要的计算问题是无法预先知道其输入数据的概率分布的;其二是对输入的数据的概率分布不作任何假定,而在算法设计时引入随机性,从而可望得到平均性能较好的设计简单且较实用的算法。当然这样的算法运行结果也可能是不正确的,但却具有很小的概率。

本章介绍的某些计算问题的随机算法主要取材于文献[1]。包括图论问题、计算几何问题、模式匹配问题、代数问题和排序等问题的概率算法。这些内容稍深一些,但在难易程度上,尽量安排得使一般读者都能接受。此外在算法复杂度分析时,使用了 WT 表示方法。

讲授要点 ① 概率论基础知识,介绍随机算法所涉及的概率论知识;② 随机并行算法的模型和度量,介绍 RPRAM 模型和计算时间的度量标准;③ 随机算法的设计方法,介绍随机算法常用的设计思想;④ 部分独立集问题的随机并行算法,关键体现了随机破对称技术在并行化中的应用;⑤ 多项式恒等的验证算法,这是概率证明方法的一个具体应用;⑥ 并行随机快排序算法,主要展示了随机采样技术的使用。

18.1 引　　言

概率算法(Probability Algorithm)的**性能测度**(Performance Measures)是**期望运行时间**(Expected Running Time)或者算法结束的概率,而分析它们的工具是概率论和组合数学。所以先有目的性地介绍一些有关**概率论**(Probability Theory)的基本知识[2]。

18.1.1 概率论的基本知识

当引入一些定义和定理时,常常使用**投掷硬币**(Coin Tossing)和**小球装箱**(Balls and Bins)这两个熟知的事例加以说明。

例 18.1 考虑投掷硬币 n 次的**试验**(Experiment):每次结果或为 H(头像)或为 T(尾像)。所以每次试验的结果均为可表示成长度为 n 的符号 H 和 T 的序列。所有可能的结果集合就形成了所谓的**采样空间** S(Sample Space)。每种结果构成了一个**初等事件**(Elementary Event)。所以一个初等事件可视为一个长度为 n 的 H 和 T 的特定序列。例如,正好呈现两个头像的**事件**(Event)相应于采样空间的一个子集,它由所有序列中恰好包含两个 H 符号所组成。因此该事件就是由 $\binom{n}{2}$ 个初等事件所组成的 S 的一个子集。□

例 18.2 考虑将编号 $1 \sim m$ 的 m 个小球随机置入 n 个箱子中的试验。此试验的一种结果就是将小球置入箱子中的一种放法,其中一个箱子可盛任意数目的小球。采样空间由所有这样的放法而组成,每种放法构成一个初等事件。每个结果均可视为把每个球置入 $1 \sim n$ 个箱子中的可能性。所以采样空间的尺寸为 n^m。例如,前两个箱子为空的事件就相应于将每个球置入编号从 3 到 n 之间的一个箱子中的所有可能的结果。所以,此事件包含有 $(n-2)^m$ 个初等事件。□

一般而言,采样空间 S 系由一组初等事件所组成;一个事件就是 S 的一个子集。如果 S 是有限的或无限可数的,则采样空间 S 是**离散**(Discrete)的。本章仅限于离散空间的讨论。

定义 18.1 离散采样空间 S 的**概率测度**(Probability Measure)是定义在 S 子集上的满足如下公理的实数值函数:① 对于所有的事件 A,$0 \leq P_r\{A\} \leq 1$;② $P_r\{S\} = 1$;③ 对于任何两个不相交事件(即 $A \cap B = \emptyset$),$P_r\{A \cup B\} = P_r\{A\} + P_r\{B\}$。我们将 $P_r\{A\}$ 之值称为事件 A 的**概率**(Probability)。

例 18.3 仍考虑投掷硬币的试验。其采样空间 $S = \{H, T\}^n$，其中每次试验是由一个 n 次投掷硬币的序列所组成。对 S 定义如下的概率测度：对每个事件 A，令 $P_r\{A\} = |A|/2^n$，不难证实上述所有公理均满足。从直观上讲，假定硬币是质地均匀的，因此出现 H 和 T 的概率是等同的，因为采样空间的尺寸为 2^n，所以每个的概率为 $1/2^n$。□

定义 18.2 当所有的事件都是均等的时，所得到的概率测度称之为**均匀概率分布**(Uniform Probability Distribution)。

定义 18.3 给定采样空间 S 中的任意两事件 A 和 B，使得 $P_r\{B\} > 0$，则给定 B 时 A 的**条件概率**(Conditional Probability)定义为 $P_r\{A|B\} = P_r\{A \cap B\}/P_r\{B\}$。

定义 18.4 如果 $P_r\{A \cap B\} = P_r\{A\} P_r\{B\}$，则两事件 A 和 B 是彼此**独立的**(Independent)。因此，$P_r\{A|B\} = P_r\{A\}$ 和 $P_r\{B|A\} = P_r\{B\}$。

如果事件 A_i 成对不相交时，则 $P_r\{\bigcup_i A_i\} = \sum_i P_r\{A_i\}$。但在一般情况下，应遵从如下 **Boole 不等式**(Boole's Inequality)：

定理 18.1 Boole 不等式 给定事件 A_i，则

$$P_r\{\bigcup_i A_i\} \leq \sum_i P_r\{A_i\} \tag{18.1}$$

例 18.4 再次考虑投掷硬币试验。假定用一个质地均匀的硬币投掷三次。采样空间可表示为 $S = \{HHH, HHT, HTH, HTT, THH, THT, TTH, TTT\}$。试考虑如下两个事件 A 和 B：A 是所有投掷中至少出现两个尾像的事件，即 $A = \{HTT, THT, TTH, TTT\}$；$B$ 是所有投掷中第一次出现尾像的事件，即 $B = \{THH, THT, TTH, TTT\}$。则问：给定 B 时 A 的概率是多少？

因为 $A \cap B = \{THT, TTH, TTT\}$，所以 $P_r\{A|B\} = 3/4$。注意 $P_r\{A\} = P_r\{B\} = 1/2$。此外，因为 $A \cup B = \{HTT, THH, THT, TTH, TTT\}$，所以 $P_r\{A \cup B\} = 5/8$，而 $P_r\{A\} + P_r\{B\} = 1$，显然 Boole 不等式成立。□

例 18.5 再次考虑随机置 m 个球于 n 个箱子中的试验。假定 $m \gg n$（例如 $m \geq 2nl_{nn}$）。如例 18.2 所示，总共有 n^m 种置法，且假定每种置法都是均等的。问：两个或更多箱子为空的概率是多少？

任给两个不同的整数 i, j，使得 $1 \leq i, j \leq n$。令 E_{ij} 是箱子 i 和 j 为空的事件。显然，$P_r\{E_{ij}\} = (n-2)^m/n^m = (1-2/n)^m$。使用 Boole 不等式(18.1)，得

$$P_r\{\bigcup_{i \neq j} E_{ij}\} \leq \binom{n}{2}(1-2/n)^m$$

因为 $1 + x \leq e^x$，所以上式近似为

$$P_r\{\bigcup_{i \neq j} E_{ij}\} \leq \binom{n}{2} e^{-2m/n} \leq n^{-2} \quad □$$

定义 18.5 随机变量 X 是随机现象的数量化，它是从采样空间 S 变换到实数域的一种函数。令事件 $X = x$ 是取值 x 的所有初等事件的集合，则 X 的**概率分布**(Probability Distribution)就是函数 $P_r\{X = x\}$，而 X 的**分布函数**(Distribution Function)定义为函数 $P_r\{X \leq x\}$。

本章讨论的随机算法中所出现的绝大部分随机变量都取整数值，例如随机算法所需执行的步数就是一个整值随机变量。

例 18.6 在投掷硬币 n 次的试验中出现头像的数目 X 就是一个**随机变量**(Random Variable)。试验结果中正好有 x 个头像的数目为 $\binom{n}{x}$，其中 x 是 $0 \sim n$ 之间的一个整数。假定硬币是质地均匀的，出现 x 个头像的概率为 $\binom{n}{x}1/2^n$，它就定义了 X 的概率分布，而 X 的分布函数为 $P_r\{X \leq x\} = \sum_{j=0}^{x} \binom{n}{j} 1/2^n$。□

定义 18.6 离散随机变量 X 的**数学期望**或**均值**(Expected or Mean Value)定义为 $E[X] = \sum_x x P_r\{X = x\}$，它描述了随机变量的取值中心。

本章所讨论的情况，X 取为整数，求和是有限的。通常用 μ_x 表示 $E[X]$，当不引起混淆时 X 被省去。对于随机变量 $X_1, X_2, \cdots, X_k$，有下述重要线性公式：

$$E\left[\sum_i X_i\right] = \sum_i E[X_i]$$

定义 18.7 随机变量 X 的**方差**(Variance) σ_X^2 定义为 $E[(X - \mu_X)^2]$，它等于 $E[X^2] - \mu_X^2$；而 σ_X^2 的正的平方根 σ_X 称为 X 的**标准差**(Standard Deviation)(或均方差)。

定理 18.2 Chebyshev 不等式 给定具有数学期望 μ 和标准差 σ 的随机变量 X，对任一给定的正数 ε，则

$$P_r\{|X - \mu| > \varepsilon\sigma\} \leq 1/\varepsilon^2$$

在随机算法中，**Chebyshev 不等式**(Chebyshev Inequality)有时用来估计算法运行时所需的步数远远大于期望值的概率。

下面讨论在随机算法分析中常常用到的某些特殊的概率分布。

Bernoulli 试验(Bernoulli Trial)是一种仅取成功和失败两种结果的试验。令 p 和 q 分别表示成功和失败的概率，显然 $p + q = 1$。投掷硬币的试验可视为 Bernoulli 试验，其中头像表示成功，而尾像表示失败。在随机迭代算法中，每次迭代输入大小收缩 $1/2$。这样每次迭代也可视为一次 Bernoulli 试验：其中，如果输入大小缩减 $1/2$ 则结果是成功的，否则就认为是失败的。

定理 18.3 二项分布(Binomial Distribution) 令 X 是 n 次独立 Bernoulli 试验

中成功的数目,其成功概率为 p,失败概率为 $q = 1 - p$,则取值为 $0 \sim n$ 的随机变量 X 的概率分布为 $P_r\{X = k\} = \binom{n}{k} p^k q^{n-k}$,称其为二项分布,简记之为 $b(k;n,p)$。

例 18.7 在 m 个球随机置入 n 个箱子的试验中,问:一个特定箱子中正好含有 $k(0 \leq k \leq m)$ 个球的概率是多少?因为有 $\binom{m}{k}$ 种方法选择 k 个球置入一特定箱子中,则还剩下 $m - k$ 个球可置入任何别的箱子中。因此所求的概率为

$$\binom{m}{k}(n-1)^{m-k}/n^m = \binom{m}{k}(1 - 1/n)^{m-k}/n^k$$

它就是二项分布 $b(k;m,1/n)$。□

下面来计算具有概率分布 $b(k;n,p)$ 的变量 X 的期望值,不直接根据 $E[X]$ 的定义来求,而是用另一简单的方法求出。

令 X_i 是一随机变量,使得如果第 i 次 Bernoulli 试验导致成功,则 $X_i = 1$,否则为 0。先计算 X_i 的期望值,根据定义,$E[X_i] = 0 \cdot P_r\{X_i = 0\} + 1 \cdot P_r\{X_i = 1\} = p$。而 n 次独立的 Bernoulli 试验中成功的数目正好为 $\sum_{i=1}^{n} X_i$。因此,$E[X] = E[\sum_{i=1}^{n} X_i] = \sum_{i=1}^{n} E[X_i] = np$。

我们常常感兴趣于估计二项式变量 X 大于(或小于)某一值 m 时的概率。$X \geq m$ 时的概率为 $P_r\{X \geq m\} = \sum_{j=m}^{n} \binom{n}{j} p^j q^{n-j}$;$X < m$ 时的概率方程是类似的。下面是广泛使用的估值式,称为 **Chernoff 不等式**(Chernoff Inequality)[3]:

$$P_r\{X \leq (1-\varepsilon)pn\} \leq e^{-\varepsilon^2 np/2} \qquad (18.2)$$

$$P_r\{X \geq (1+\varepsilon)pn\} \leq e^{-\varepsilon^2 np/3} \qquad (18.3)$$

其中 $0 < \varepsilon < 1$。

下面将不加证明地给出几个本章还要用到的组合论题和近似表达式。

定理 18.4 二项式定理(Binomial Theorem) 给定任意两个数 x 和 y 以及一个正整数 n,则

$$(x + y)^n = \sum_{i=0}^{n} \binom{n}{i} x^i y^{n-i} \qquad (18.4)$$

定理 18.5 二项式系数定理(Binomial Coefficients Theorem) 给定任意两个正整数 n 和 k,使得 $k \leq n$,则

$$\left(\frac{n}{k}\right)^k \leq \binom{n}{k} \leq \left(\frac{ne}{k}\right)^k \qquad (18.5)$$

Stirling 公式(Stirling Formula) 给定任意正整数 n 则

$$n! \approx \sqrt{2\pi n}\left(\frac{n}{e}\right)^n \tag{18.6}$$

Poisson 近似式(Poisson Approximation) 对于任意 α,则有

$$\left(1 - \frac{\alpha}{n}\right)^n \approx e^{-\alpha} \tag{18.7}$$

18.1.2 随机算法的模型及其度量

为了支持随机并行算法,PRAM 模型必须附加一些性质,其主要者是应能允许每个处理器在单步内产生某一范围的随机数。一个随机数在整数区间 $[1, 2, \cdots, M]$ 内均等地取 $1 \sim M$ 之间的任一整数值。限定在单步内产生的随机数的位数为 $O(\log n)$,其中 n 为输入长度。这样每个数都能置入一个存储单元中,并可在 $O(1)$ 顺序步内施行操作。还假定,k 个处理器在同一时间步所产生的 k 个随机数是彼此独立的。具有上述附加性质的 PRAM 模型则称为**随机 PRAM 模型**(Randomized PRAM Model),简记之为 **RPRAM**。

度量确定性并行算法的标准,曾使用过 WT 表示法(第一章的 1.5.3 节);同样度量随机并行算法的标准也可仿照之,即取时间 $T(n)$ 的期望值和总的运算量 $W(n)$。但使用期望值的主要弱点是,实际使用的资源可能与此差异很大。所以宁愿使用如下所定义的**高概率界**(High-Likelihood Bound)来度量随机并行算法。

如果对于任意输入尺寸 n,随机并行算法 A 所使用的资源数量,在 $1 - n^{\varepsilon}$ 的概率下至多为 $\alpha f(n)$,其中 ε 和 α 为正常数,则说算法 A 具有**高概率**的使用资源 $f(n)$。此定义隐含着,当随机并行算法 A 运行在任何输入尺寸 n 上时,它最大可能的使用 $O(f(n))$ 数量的资源。

常常区分两类随机算法:Las Vegas 算法和 Monte Carlo 算法。前者总能产生正确的结果;后者允许有误差,但概率却很小。本章上述两类算法都会涉及。18.2 节给出求图的部分独立集的一个简单的随机算法,它使用了破对称算法设计技术。

18.1.3 随机算法的设计方法

随机算法已经广泛地应用在不同的领域里,起着越来越重要的作用,Motwani 和 Raghavan 在一本随机算法的专著中专门论述了随机算法的基本思想和方法[19]。在此基础上将随机算法的设计方法归纳为以下几类:

1. 挫败对手(Foiling the Adversary)

对于一个确定性算法,总能构造一个输入实例达到或接近该算法的最坏时间

界,这个实例使算法表现得平庸,我们称这样的实例为该算法的"对手"实例。由于对于同一个问题的不同算法来说,这些"对手"实例一般是不同的,这样就可以将这些不同的算法组合起来,根据输入实例的不同选取不同的算法,以使性能达到最佳。实际上可以将随机算法看做在一个确定性算法集上的概率分布,该概率分布是由输入实例的分布确定的。这样,尽管一个"对手"实例可以"挫败"一部分确定性算法,但它无法一定能够"挫败"一个随机选取的算法。另外,也可以将博弈论应用到算法和其输入"对手"的关系中,改进算法的性能,Snir 提出了一个这样的随机算法[20]。

2. 随机采样(Random Sampling)

用计算代价不高的"小"样本群作为整体求解的指导,其思想是非常朴素的。例如在 n 个元素中选取第 k 个最大元的问题,一般的确定性算法在最坏情况下需要至少 $2n$ 次比较,然而 Floyd 和 Rivest 提出了一种基于随机采样的随机算法[21],可以只使用 $1.5n+o(n)$ 次比较就能找出第 k 个最大元。文献[31]应用随机采样的方法得到了一个估计 SAT 问题不满足解数的随机算法,对于难解 SAT 实例有较好的求解能力。

3. 随机搜索(Random Search)

许多问题可以化为在一个复杂空间中进行搜索的问题,这个空间往往很大,无法对其进行遍历搜索。但是如果把搜索空间限制在有较多解的区域,将大大提高搜索的成功概率。整数的素性判定便是这样一类问题,如果能在小于它的整数空间中找到一个因子,则可以证明该数不是素数。素性判定问题目前还不存在多项式时间的确定性算法,但是一些随机算法可以在多项式时间内以非常大的概率进行正确的判定[22,23]。

4. 指纹技术(Fingerprinting)

指纹就是研究对象的特征信息,具有数据量小且有很高的识别率,实际是较大空间的元素在较小空间上的映像。基于随机映射的指纹技术常常用在随机数生成和模式匹配等方面。通过随机映射的取指方法,Karp 和 Rabin 在串匹配问题中得到了一个明显快速的算法[6]。

5. 随机重组(Input Randomization)

有些问题,输入的顺序对算法的性能影响很大,在计算之前对输入进行随机重组往往可以改善算法的性能。例如快速排序算法[24]。输入的随机重组技术在求解计算几何和数据结构问题时尤为有效,例如在计算平面上 n 个点的凸壳时,一般的确定性算法一次处理一个点,总存在一个反例使其需要 $\Omega(n^2)$ 的计算时间,而对这些点进行随机重组以后,运行时间可以降到 $O(n\log n)$。

6. 负载平衡(Load Balancing)

在并行和分布式计算、网络通信等问题中经常遇到此类技术。对于 n 节点蝶形网络的包路由问题,随机技术可以使负载更均衡地分配到不同的资源上去,已知确定性的 Oblivious 算法至少需要 $\Omega(\sqrt{n})$ 步,而存在随机算法在高概率下只需 $O(\log n)$ 步[25]。

7. 快速混合 Markov 链(Rapidly Mixing Markov Chains)

许多组合计数问题中的组合对象数目巨大,可以使用 Monte Carlo 方法对整个空间进行抽样,但该方法基于对整个空间进行均匀的抽样,要做到这点与本身计数问题具有一样的难度,一种解决的办法就是在物体空间上定义一个 Markov 链,并证明在该链上的随机行走将是空间的一个均匀抽样。1989 年 Jerrum 和 Sinclair 提出的对图中完备匹配个数进行估计的算法就是采用了此技术[26]。

8. 孤立和破对称技术(Isolation and Symmetry Breaking)

在分布式系统中,随机化技术是避免死锁的一个有效方法[27]。类似地,在进行并行计算时,一个问题往往有多个解,为了保证各个处理器在寻找同一个解,需要在解空间未知的情况下将这个解孤立出来,一种办法就是对解空间进行随机的排序,然后让处理器总是去寻找序号最小的解。该思想在 Mulmuley 等人的寻找图的完备匹配算法中得到了应用[17]。本章 18.2 节的部分独立集问题就是应用了破对称技术。

9. 概率存在性证明(Probabilistic Methods and Existence Proofs)

用概率方法证明具有一定特性的组合物体的存在性往往基于这样的思想:如果随机选取的物体具有该特性的概率大于 0,则具有该特性的物体存在。这种技术仅仅证明存在性,并不给出找到该物体的方法,它还可以用于证明某种算法的存在性,但不给出如何构造该算法。Alon 和 Spencer 对这个方向做了很好的总结[28]。

10. 消除随机性(Derandomization)

消除随机性就是把随机算法转化为确定性算法,现在有许多优秀的确定性算法就是通过此方法得到的[29,30]。消随机性常用两种方法:第一种是使用条件概率的转化方法;第二种是使用概率空间的转化方法。

18.2 部分独立集

定义 18.8 令 $G(V,E)$ 是一个平面图。所谓**低度顶点**(Low-Degree Vertices)图 G 的**部分独立集**(Fractional Independent Set) X 是指这样的顶点集合 $X \subseteq V$,使得 ① 每个顶点 $v \in X$ 的度小于等于某一常数 d;② 集合 X 是独立的,即 X 中的任何两顶点都不相连;③ X 的大小满足 $|X| \geq c|V|$,c 为某一正常数。

18.2 部分独立集

本节将示出在任何平面图中总存在着一个部分独立集,而且可以明确地构造出。为此需要引入下述熟知的引理。

引理 18.1 令 $G(V,E)$ 是一个至少有三个顶点的平面图,则 $|E| \leq 3|V| - 6$。

此引理表明平面图是非常稀疏的,因此可以预计到能找到很多低度顶点,因为 $\sum_{v \in V} deg(v) = 2|E| \leq 6|V| - 12$。下面的定理给出了任何平面图中存在部分独立集的构造证明。

定理 18.6 对于任何平面图 $G(V,E)$,可在线性时间内构造出其部分独立集。

证明 令 V_d 是 G 中那些度 $\leq d(d \geq 6)$ 的顶点集合。首先,要示出 $|V_d|$ 至少是 $|V|$ 的一部分(占一定的比例):令 V_h 是那些度 $>d$ 的顶点集合,即 $V_h = V - V_d$,则

$$\sum_{v \in V_h} deg(v) \geq (d+1)|V_h|$$

因而 $(d+1)|V_h| \leq \sum_{v \in V} deg(v) \leq 6|V| - 12$,这就意味着 $|V_h| \leq (6|V| - 12)/(d+1)$,此不等式可导出 $|V_d| = |V| - |V_h| \geq (d-5)|V|/(d+1)$;其次,要示出如何构造部分独立集 X:先任选一顶点 $v \in V_d$ 置入 X 中,并移去所有 V_d 中与其相邻的顶点,再挑选 V_d 中另一顶点置入 X 中,并移去所有与其相邻的顶点,继续此过程直至耗尽 V_d 中所有顶点。X 中顶点的数目至少为 $|V_d|/(d+1) \geq (d-5)|V|/(d+1)^2$,因为 $d \geq 6$,所以它显然是 $|V|$ 的一部分。□

由上述定理可知,构造部分独立集时是依次挑选其顶点,每个所选择的顶点都依赖于其先前所选择的顶点,因此这种方法难以并行化。下面将研究一种简单的使用随机方法的并行算法。先从简单的有向环讲起,再讨论一般的平面图。

18.2.1 有向环图

令 $G(V,E)$ 是一**有向环**(Directed Cycles),其边由一长度为 $|V| = n$ 的数组 S 表示,使得当且仅当 $(i,j) \in E$ 时 $S(i) = j$。欲计算 G 之独立集 X,使得 X 之大小为 $|V|$ 的一部分。所使用的基本方法是**随机破对称**(Randomized Symmetry Breaking)技术:① 对每个 $v \in V$ 的顶点等概率地指派标号 1 或 0;② 将那些标号为 1 的顶点 v 且其后继者 $S(v)$ 亦为 1 的顶点重新标号。

执行下面的算法,结果标号为 1 的那些顶点就极大可能(即具有高的概率)是有向环的部分独立集。

算法 18.1 RPRAM-EREW 模型上的求有向环部分独立集随机算法

输入:有向环图 $G(V,E)$,边数组 S。

输出:$X = \{v \in V \mid label(v) = 1\}$。

begin

    for all $v \in V$ **par-do**

        (1) assign $label(v) = 1$ or 0 randomly with equal probability

                /*随机等概率指派标号为 1 或 0 */

        (2) **if** $label(v) = 1$ **and** $label(S(v)) = 1$ **then** $label(v) \leftarrow 0$ **end if**

    end for

end

引理 18.2 令 $G(V,E)$ 是一个 n 点有向环，算法 18.1 可以概率 $P_r\{|X| \leq \alpha n\} \leq e^{-\beta n} (0 < \alpha < 1/8, \beta = (1-8\alpha)^2/16)$ 确定出独立集 X，且其运算时间为 $O(1)$，运算量为 $O(n)$。

证明 当算法结束时，如果 $label(v) = 1$，则称顶点 $v \in V$ 是被选定的。令 X 是所选择的顶点的集合，则集合 X 是由所有那些在算法执行第(1)步后的 $label(v) = 1$ 且 $label(S(v)) = 0$ 的顶点所组成。因此一个顶点 $v \in V$ 被选中的概率 $= P_r\{label(v) = 1 \land label(S(v)) = 0\} = 1/4$。

不失一般性，假定 n 为偶数，试考虑沿环每隔一个取一个顶点的集合 $V' \subseteq V$。显然 V' 中任意两点间的距离至少为 2。给定 V' 中任意两点 v 和 w，则选择 v 和选择 w 两事件是彼此独立的。因此集合 X 的**基数**(Cardinality)限定于**二项变量**(Binomial Variable)，其成功概率为 1/4 且有 $n/2$ 次 Bernoulli 试验。应用 Chernoff 不等式，有

$$P_r\{|X| \leq (1-\varepsilon)\mu\} \leq e^{-\varepsilon^2\mu/2}$$

其中 $\mu = n/8$，从而得

$$P_r\{|X| \leq \alpha n\} \leq e^{-\beta n}$$

其中 $\beta = (1-8\alpha)^2/16, 0 < \alpha < 1/8$。

至于算法复杂界的证明则是很明显的。□

因为算法第(1)步不涉及并发存取内存，而第(2)步每当需要后继节点的标号时，可先复制第(1)步所产生的标号，再访问它，所以算法所使用的模型显然为 RPRAM-EREW。

18.2.2 平面图

任何**平面图**(Planar Graph) G 由其边表表示，其中每个顶点 $v \in V, v$ 的边表包含那些按沿 v 之反时针方向排列的入射到 v 上的边。

本节定义度 ≤ 6 的顶点为低度顶点，由定理 18.6 的证明可知，如设 $d = 6$，则至少有 $|V|/7$ 个这样的顶点。

和上节一样,为了确定 G 之部分独立集,给每个低度顶点等概率地随机指派标号 0 或 1。那些标号为 1 的顶点未必形成独立集。对于每条边 $(u,v) \in E$,每当 u 和 v 的标号均为 1 时,则重新标记它们。剩下那些标号为 1 的顶点才构成独立集,其尺寸在极大程度上是 $|V|$ 的一部分。

算法 18.2 RPRAM-CREW 模型上的求平面图的部分独立集随机算法

输入:平面图 $G(V,E)$ 的边表 L。

输出:标定低度顶点独立集 $X = \{v \in V \mid label(v) = 1\}$。

begin

(1) **for** each vertex $v \in V$ **par-do**

    if $deg(v) \leq 6$ **then** $lowdeg(v) \leftarrow 1$

    else $lowdeg(v) \leftarrow 0$

  end if

end for

(2) **for** each vertex $v \in V$ **par-do**

  if $lowdeg(v) = 1$ **then** randomly assign $label(v) = 0$ or 1 with equal probability

  else $label(v) \leftarrow 0$

  end if

end for

(3) **for** each vertex $v \in V$ **par-do**

  if $label(v) = 1$ **then**

    if $label(u) = 1$ for some u on the list of v **then** $label(v) \leftarrow 0$

    end if

  end if

end for

end

定理 18.7 算法 18.2 结束时所产生的集合 $X = \{v \in V \mid label(v) = 1\}$ 就是一个低度顶点的独立集,使得 $P_r\{|X| \leq \alpha n\} \leq e^{-\beta n}$,其中 α 和 β 为某些正常数,而 n 为顶点数。算法的运行时间为 $O(1)$ 而使用了 $O(n)$ 次运算。

证明 如定理 18.6 的证明所示,$d \leq 6$ 的顶点数目至少为 $n/7$。每一个被赋予标号 0 或 1 的顶点的概率为 $1/2$。因此一个低度顶点被包含在独立集 X 中的概率至少为 $(1/2)^7$,因为在执行算法的第(2)步之后那些标号为 1 且与其相邻的所有顶点之标号为 0 的顶点将被包含在 X 中。

令 V' 是低度顶点的子集,其中任意两顶点之间的距离至少为 3。因为每个包

含在 V' 中的顶点阻止所有距离 ≤2 的顶点进入,且 V' 中这样的顶点的数目至多为 36,所以 V' 的大小满足 $\geq (1/36)(n/7)$。因此 $|V'| \geq cn$,其中 c 为某一正常数(在此 $c = 1/252$)。X 中包含 V' 中顶点 v 的事件与 X 中包含 V' 中任何别的顶点的事件是彼此独立的。所以集合 X 的基数限定于二项变量,其成功的概率为 $(1/2)^7$,且有 cn 次独立的 Bernoulli 试验。应用 Chernoff 不等式,得

$$P_r\{|X| \leq \alpha n\} \leq \alpha^{-\beta n}$$

其中 α 和 β 为某些常数。

同样,算法复杂界的证明是显而易见的。□

如果注意到算法的第(3)步要求并发读,但不需要并发写,则可知算法所使用的模型为 RPRAM-CREW。

下一节基于算法 18.2,给出一个优秀的计算几何中包含问题的随机算法。

18.3 三角形平面细图中点的位置

一般而言,**随机采样**(Random Sampling)技术对于求解计算几何问题是很有效的[4]。在第 18.6 节还会用它来解决排序问题。但现在仍使用随机破对称技术来求解特定的计算几何问题。

定义 18.9 一个**平面细图**(Planar Subdivision)就是一个平面图 $G_s(V_s, E_s)$ 的直线嵌入。若平面细图中的每个区域(包括边沿区)都是一个三角形,则称其为**三角形平面细图**(Triangulated Planar Subdivision)。

例如,图 18.1(a) 就是一个平面细图,而图 18.1(b) 是一个三角形平面细图。

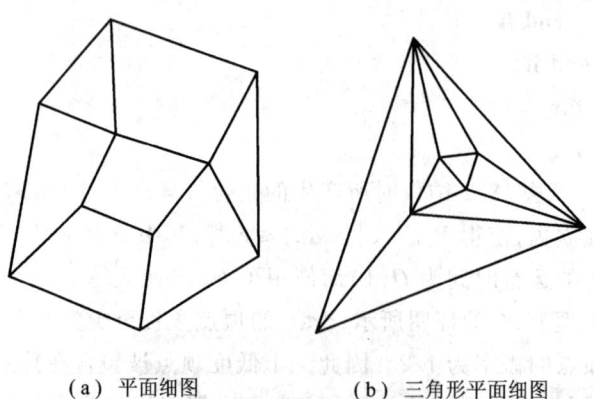

(a) 平面细图　　(b) 三角形平面细图

图 18.1　示例定义 18.10

给定一个三角形平面细图 S, 本节所指的点的位置问题就是将 S 进行预处理并设置一种合适的数据结构, 使得任意提问都可以很快地定位于 S 的某区域中。所使用的策略是渐增细图粒度的层次法, 即开始时的细图是原始细图 S, 结束的细图是只有三个顶点的细图。定位提问点时, 从最粗粒度的三个顶点的细图开始, 顺序前进直至抵达最原始的细图 S。

下面将讨论如何在 $O(\log n)$ 时间内, 以高概率构造出细图层次, 使得提问也可在 $O(\log n)$ 时间内处理之。

18.3.1 细图层次

定义 18.10 令 S 是一个 n 个顶点的三角形细图。所谓**细图层次**(Subdivision Hierarchy) 就是一系列满足如下条件的三角形细图 $S_1, S_2, \cdots, S_{h(n)}$: ① $S_1 = S$; ② $|S_{h(n)}| = 3$; ③ 每个 S_{i+1} 区域至多与 S_i 区域相交 d 个区域(d 为某一常数), 其中 $h(n)$ 称为细图的**高**(Height)。

一个细图层次可以表示为**有向无环图**(Directed Acyclic Graph) $H(U, A)$, 其中平面细图 S_i 中的每个三角形 T 可以表示为一个顶点 u_T, 该顶点射出的边进入到与 T 相交的 S_{i-1} 中一些三角形的顶点上。由此可知, 一旦知道了平面细图中的一个三角形 T, 就可在 $O(1)$ 时间内找出所有那些与 T 相交的三角形。

下面考虑怎样处理层次结构中的提问: 给定提问点 p, 开始定位 p 于 $S_{h(n)}$ 中的区域 T, 此步可在 $O(1)$ 时间内完成。给定 T, 与其非空相交的 $S_{h(n)-1}$ 中至多有 d 个三角形。因此, 可以搜索这些区域以孤立包含 p 的 $S_{h(n)-1}$ 的某一区域。继续这样作法, 直至抵达原始细图 $S_1 = S$。这时可以确认出包含 p 的 S_1 中的某一特定三角形, 所以, 一旦确定出一个高度为 $h(n)$ 的细图层次, 就可在 $O(h(n))$ 时间内完成点 p 的定位问题。

18.3.2 细图层次的构造算法

细图层次的关键假定是 S_{i+1} 的区域与 S_i 的区域至多相交为 d, 下面发展一个将 S_i 细化到 S_{i+1} 的并行算法, 而仍维持 $d = 6$ 的性质[5]。

试考虑细图 S_i 及其度 $t \leq 6$ 的内节点 v。如果移去 v 及入射到 v 上的边, 则可得到一个除了用来包含 v 的区域 R 外, 所有区域均为三角形的平面细图, 其中 R 的边界是由 t 条线段所组成的单多边形, 因而 R 可在 $O(1)$ 时间内重新三角化, 每一个所得到的新三角形至多与 S_i 相交 t 个区域。此过程可并发地用于所有不相邻的低度顶点。因此可并发地移去独立集 X 中的所有低度顶点, 使得每个新三角

形至多与 S_i 中的六个三角形相交。

层次高度依赖于顶点数目减少的速率。两个相邻的细图 S_i 和 S_{i+1} 的大小关系为 $|S_{i+1}| = |S_i| - |X|$，其中 X 是用于从 S_i 产生 S_{i+1} 的独立集。因此，如果 X 的大小是 $|S_i|$ 的一部分，则细图的大小将按几何级数递减，因而层次高度是对数的。

根据算法 18.2，使用这样的独立集，可以很高的概率得到 $|S_{i+1}| \leqslant c|S_i|$，其中 c 为某一常数，而层次的高度也在很大程度上是对数的。

算法 18.3　RPRAM-CREW 模型上的构造细图层次算法

输入：由边表表示的三角形平面细图 S，诸边按沿 v 之反时针方向排列。

输出：以高概率输出高度为 $O(\log n)$ 的细图层次。

begin

(1) $i \leftarrow 1, S_1 \leftarrow S$ /* 初始化 */

(2) **while** S_i has more than three vertices **do** /* S_i 中多于三个顶点时执行下述操作 */

 (2.1) determine a fractional independent set X of S_i by using Algorithm 18.2 /* 调用算法 18.2 求 S_i 的部分独立集 X */

 (2.2) **for** each internal vertex $v \in S$ **par-do**

  (i) remove v and its incident edges

  (ii) retriangulate the resulting simple polygon

  (iii) **for** each new triangle **do**

   determine the old triangles it intersects

  end for

 end for

 (2.3) $i \leftarrow i+1$, and let S_i be the resulting triangulated planar subdivision

end while

end

定理 18.8　算法 18.3 可以高概率构造出一个三角形细图 S 的细图层次 $\{S_i\}_{i=1}^{h(n)}$，其高为 $O(\log n)$，$\sum_{i=1}^{h(n)} |S_i| = O(n)$。算法运行时间为 $O(\log n)$，而使用了 $O(n)$ 次操作。

证明　先证明算法的正确性。算法的第(2)步执行第 i 次迭代时所产生的细图 S_{i+1} 中的每个区域 T 至多与 S_i 的六个三角形相交，因为算法 18.2 所产生的 X 中的每个顶点的度至多为 6。

令 n_i 是 S_i 中顶点数（$1 \leqslant i \leqslant h(n)$）。由定理 18.7 可知，算法 18.2 所产生的独

立集 X 之大小满足 $P_r\{|X_i| \leq \alpha n_i\} \leq e^{-\beta n_i}$,其中 $\alpha < 1$ 和 β 为某一常数。此界隐含着对任一给定下标 i,除非 n_i 甚小,则具有高概率的可使 $n_{i+1} \leq (1-\alpha)n_i$。然而,并不清楚此事实是否对所有的 $1 \leq i \leq h(n)$ 均同时成立?下面证明它的确是成立的。

令 k 是满足 $n_k = O(\log n)$ 和 $n_k \geq (\delta/\beta)\log n$($\delta$ 是任意正常数)的最大下标。很显然这样的下标总是存在的。试考虑事件 E,它在 1 和 k 之间有一下标 i,使得在第 i 次迭代所找到的独立集 X_i 满足 $|X_i| \leq \alpha n_i$。根据 Boole 不等式,此事件的概率满足

$$P_r\{E\} \leq \sum_{i=1}^{k} P_r\{|X_i| < \alpha n_i\} \leq k e^{-\beta n_k}$$

最后的不等式是由 $n_k \leq n_i (1 \leq i \leq k)$ 导出的。但因 $n_k \geq (\delta/\beta)\log n$, $ke^{-\beta n_k} < ke^{-\delta \log n}$,所以 $P_r\{E\} < n^{-c\delta}$(c 为某一正常数,δ 为任意正常数)。因此,对于所有 1 和 k 之间的 i,具有高概率可使 $|S_{i+1}| \leq (1-\alpha)|S_i|$,这就得出也具有高概率使 $k = O(\log n)$。

因为 $n_k = \Theta(\log n)$,在第 k 次迭代后,高度至多增加一个对数因子。所以,细图层次的高度 $h(n)$ 具有很大的概率为 $O(\log n)$。

接着讨论 while 循环的第 i 次迭代的复杂界。第(2.1)步要求 $O(1)$ 的时间,且使用了 $O(n_i)$ 次运算。至于第(2.2)步,要生成一种在第 i 次迭代产生的由 S_i 表示的细图 S_{i+1} 的表示方法,此步涉及从 S_i 的边表中移去并向其插入一些边。因为 X 是独立集,所以在移去一些边的过程中无两条边能连续出现在边表中。由此可知,在 $O(1)$ 时间内可移去一条边,也无两条边会被插入连续的边表中,因此每条这样的边也可在 $O(1)$ 时间内插入。所以也表示在 $O(1)$ 时间内使用了 $O(n_i)$ 次操作进行更新。

在连接 S_{i+1} 与 S_i 中的三角形形成有向无环图时,也很容易在 $O(1)$ 时间内使用 $O(n_i)$ 次操作来实现。由此得出,算法第(2)步的每次迭代可在 $O(1)$ 时间内使用 $O(n_i)$ 次操作完成之。因为对于所有 $1 \leq i \leq k$,具有高概率的可使 $n_{i+1} \leq (1-\alpha)n_i$,从而得到 $\sum_i n_i = O(n)$,因此总的运算量具有高概率的为 $O(n)$。□

因为算法 18.3 的第(2)步要求并发读,但不会出现并发写,因此模型应为 RPRAM-CREW。

*18.4 模式匹配

在第九章所讨论的串匹配算法都是比较复杂的。本节讨论的**模式匹配**(Pattern Matching)使用随机技术的串以及二维数组的匹配算法。所描述的算法是对

数时间的,它能成功地识别所有出现匹配的位置,但报告出现失配的概率却很小。所使用的最基本的策略类似于**散列**(Hashing)技术。简单地讲,散列技术就是一种建表的方法,表中元素取自于范围很大的 U。表在处理任务期间动态地确定。表的大小远远小于 U 的尺寸。造表基于一个易于计算的**散列函数**(Hash Function),它将 U 映射到一个小的整数范围(例如 $[1,2,\cdots,r]$)内。在处理任务时,元素 $u \in U$ 被映射到 $h(u)$ 指定的位置上。如果 r 和 h 选择得合适,散列函数可以在位置 $1,2,\cdots,r$ 上均匀地分布各元素。

为了处理模式长度为 m 的串匹配问题,可以将任意长为 m 的串映射到 $O(\log m)$ 整数位上,使得两个不同的串映射到同一整数上的概率非常小。相应于串 X 的整数值可被视为 X 的**指纹**(Fingerprint)。如果两个指纹匹配,则可报告模式的出现。所给出的分析算法的依据是数论中两个熟知的论题。

本节假定串取自于字母集 $\Sigma = \{0,1\}$。

18.4.1 指纹函数

如上所述,我们求串匹配的基本策略是将串映射到某些小的整数上。令 T 是长度为 n 的**正文串**(Text String),P 是长度为 $m \leqslant n$ 的**模式串**(Pattern String),匹配的目的就是识别 P 在 T 中出现的所有位置。考虑长度为 m 的 T 的所有子串集合 B。这样的起始在位置 $i(1 \leqslant i \leqslant n-m+1)$ 的子串共有 $n-m+1$ 个。于是我们的问题可重新阐述为识别与 P 相同的 B 中元素的问题。而比较串 B 和模式串 P 却要求 $\Theta(m)$ 次费时的操作,因此我们改用如下的另一方法。

令 $\mathscr{F} = \{f_p\}_{p \in S}$ 是函数集,使得 f_p 将长度为 m 的串映射到域 D,且要求集合 $\mathscr{F}$ 满足下述三个性质:

性质 1 对于任意串 $X \in B$ 和每个 $p \in S, f_p(X)$ 由 $O(\log m)$ 位组成。

性质 2 随机选择 $f_p \in \mathscr{F}$,它将两个不等的串 X 和 Y 映射到 D 中同一元素的概率是非常小的。

性质 3 对于每个 $p \in S$ 和 B 中所有串,应能很容易并行计算 $f_p(X)$。

上述三个性质,对于模式匹配问题的内涵应是很清楚的:性质 1 隐含着 $f_p(X)$ 和 $f_p(P)$ 可在 $O(1)$ 时间内施行比较,因为一个指向 P 中位置的指针要 $\Theta(\log m)$ 位(称 $f_p(X)$ 为串 X 的指纹);性质 2 是说,如果两个串 X 和 Y 的指纹相等,则 $X = Y$ 的概率很高;性质 3 的解释与利用集合 $\mathscr{F}$ 的算法的并行实现有关。

因为确定的并行串匹配算法的复杂度已达到 $O(\log n)$ 时间和 $O(n)$ 次操作,所以希望计算 B 中诸串的指纹亦应具有相同的复杂界或更快些。下面将鉴别满足性质 1、2 和 3 的函数类 $\mathscr{F}$。

*18.4 模式匹配

1. 一类指纹函数(Fingerprint Function)[6]

试考虑下述函数 f：它将取值 $\{0,1\}$ 上的串 X 集合映射到取值整数环 Z 上的 2×2 矩阵。此函数满足性质 2，但不满足性质 1 和 3。稍后将修改它，使其满足所有三个性质。

令 $f(0)$ 和 $f(1)$ 定义如下：

$$f(0) = \begin{pmatrix} 1 & 0 \\ 1 & 1 \end{pmatrix}, f(1) = \begin{pmatrix} 1 & 1 \\ 0 & 1 \end{pmatrix}$$

对于任意两个串 X 和 Y，$f(XY)$ 定义为在环 Z 上矩阵 $f(X)$ 和 $f(Y)$ 的乘积。因此，f 是一个从串集合到 Z 上 2×2 矩阵集合的**同态**(Homomorphism)。即 f 在转换**并置运算**(Concatenation Operation)到矩阵乘积时保持了两域的结构。正是此特性才允许在所要求的子串集合上有效地计算 f。

例 18.8 考虑串 $X = (1\ 0\ 1\ 1)$，则 $f(X) = f(1)f(0)f(1)f(1)$，因此

$$f(X) = \begin{pmatrix} 1 & 1 \\ 0 & 1 \end{pmatrix}\begin{pmatrix} 1 & 0 \\ 1 & 1 \end{pmatrix}\begin{pmatrix} 1 & 1 \\ 0 & 1 \end{pmatrix}\begin{pmatrix} 1 & 1 \\ 0 & 1 \end{pmatrix} = \begin{pmatrix} 2 & 5 \\ 1 & 3 \end{pmatrix} \quad \square$$

下面描述函数 f 的主要性质，这是后面需要的。

引理 18.3 函数 f 是一到一的，使得对任何串 X，$f(X)$ 的**行列式**(Determinant)为 1。如果 X 的长度为 m，则 $f(X)$ 的每一项都是一个不大于 F_{m+1} 的整数，其中 F_{m+1} 是第 $m+1$ 个 **Fibonnacci 数**(Fibonnacci Number)，即 $F_1 = F_2 = 1, F_{m+1} = F_m + F_{m-1}$。

显然，函数 f 并不满足的要求，因为 $f(X)$ 的每一项都可能像 $F_{m+1} \approx \phi^{m+1}/\sqrt{5}$ 这么大，其中 ϕ 是**黄金分割**(Golden Ratio)，其值为 $(1+\sqrt{5})/2 = 1.618\cdots$，因此性质 1 不满足。为此对其进行如下修改：

令 p 是区间 $[1,2,\cdots,M]$ 中的一个**素数**(Prime)，其中 M 是一个稍后待指定的整数；令 Z_p 是取模 p 的整数环。对于每个这样的 p，定义 $f_p(X)$ 为 $f(X) \bmod p$，即 $f_p(X)$ 是一个 2×2 的矩阵，使得 $f_p(X)$ 的 (i,j) 项等于 $f(X)$ 的相应项取模 p。

例 18.9 考虑串 $X = (1\ 0\ 1\ 1)^4$，其长度为 16，能直接证实：$f(X) = \begin{pmatrix} 206 & 575 \\ 115 & 321 \end{pmatrix}$，取素数 $p = 7$，则有

$$f_7(X) = \begin{pmatrix} 206 \bmod 7 & 575 \bmod 7 \\ 115 \bmod 7 & 321 \bmod 7 \end{pmatrix} = \begin{pmatrix} 3 & 1 \\ 3 & 6 \end{pmatrix} \quad \square$$

定义 $\mathscr{F}$ 是 f_p 函数类，其中 p 为 $[1,2,\cdots,M]$ 中的某一素数。很清楚，当 M 是 m 的多项式时 f_p 将长度为 m 的串映射为四个整数的集合，每个长度为 $O(\log m)$ 位。因此，f_p 就满足了性质 1，而 M 以 m 多项式为界，至于要满足性质 2，尚需数论中两个熟知的论题。

2. 数论(Number Theory)中的两个论题

对于任意整数 m,令 $\pi_1(m)$ 是小于等于 m 的素数的数目,则有

引理 18.4[7] 对于任意整数 $m \geq 17$,下述不等式成立:

$$\frac{m}{\ln m} \leq \pi(m) \leq 1.2551 \frac{m}{\ln m}$$

引理 18.5[7] 给定整数 $u \leq 2^m$,u 的不同质因子的数目 $< \pi(m)$。其中 $m \geq 29$。

有了上述两个引理,就可以建立满足性质 2 的函数类 $\mathcal{F}$ 了。

3. 失配概率(Probability of False Match)

令 X 和 Y 是两个长度各为 m 的串,且令 $f_p \in \mathcal{F}$。当 $X \neq Y$ 但 $f_p(X) = f_p(Y)$ 时就出现**失配**(False Match)。注意此性质与特定的指纹函数 f_p 有关。

定理 18.9 令 f_p 是从集合 $\mathcal{F} = \{f_p\}$ 中随机选定的函数,其中 p 是区间 $[1, 2, \cdots, M]$ 中的某一素数,那么任何两个长度为 m 的不同串失配概率 $\leq \pi(\lceil 2.776m \rceil)/\pi(M)$,如果 $m \geq 11$。

证明 令 $f(X) = \begin{pmatrix} a_1 & a_2 \\ a_3 & a_4 \end{pmatrix}$ 和 $f(Y) = \begin{pmatrix} b_1 & b_2 \\ b_3 & b_4 \end{pmatrix}$。因为 f 是一到一的,且 $X \neq Y$,则至少存在着一个下标 i 使得 $a_i \neq b_i$。注意,根据引理 18.3,a_i 和 b_i 的每一个都不会大于 Fibonnacci 数 $F_{m+1} \approx \phi^{m+1}/\sqrt{5}$,其中 $\phi = (1 + \sqrt{5})/2$。

另一方面,$f_p(X) = f_p(Y)$,就意味着对所有的 $a_i \neq b_i$,p 能除尽 $|a_i - b_i|$,因此,对于 $X \neq Y$,条件 $f_p(X) = f_p(Y)$ 就意味着 p 能除尽数 $u = \prod_{a_i \neq b_i} |a_i - b_i|$。所以,失配概率以 p 能除尽 u 的概率为界。然而,由引理 18.3,$u \leq F_{m+1}^4 = 2^{4\log F_{m+1}}$。使用引理 18.5,$u$ 的不同质因子数 $< \pi(\lceil 4\log F_{m+1} \rceil)$。因为在区间 $[1, 2, \cdots, M]$ 中不同素数的数目为 $\pi(M)$,得

$$P_r\{\text{失配}\} \leq \frac{\pi(\lceil 4\log F_{m+1} \rceil)}{\pi(M)} \leq \frac{\pi(\lceil 2.776m \rceil)}{\pi(M)}$$

因为 $\log \phi \approx 0.694$,因此 $\log F_{m+1} \approx 0.694m$。条件 $m \geq 11$ 就意味着 $\lceil 2.776m \rceil \geq 29$。□

系 18.1 如果素数的区间为 $[1, 2, \cdots, m^k]$,对于给定的常数 $k > 1$,则两个长度为 m 的串的失配概率 $\leq 3.48k/m^{k-1}$。

证明 由引理 18.4 可知

$$\pi(\lceil 2.776m \rceil) \leq 1.2551 \frac{2.776m}{\ln(2.776m)} \approx 3.48m/\ln(2.776m)$$

$$\pi(m^k) \geq m^k/\ln m^k = m^k/(k\ln m)$$

由这些不等式和定理 18.9 就可导出结果。□

在模式匹配算法中,人们对很多成对的等长的串之间的失配概率感兴趣。

定理 18.10 令 f_p 是从集合 $\mathscr{F} = \{f_p\}$ 中随机选定的函数,其中 p 是区间 $[1, 2, \cdots, M]$ 中的某一素数,那么在 t 对长度各为 m 的串 $\{(X_i, Y_i)\}_{1 \leq i \leq t}$ 中失配的概率 $\leq \pi(\lceil 2.776mt \rceil)/\pi(M)$,如果 $mt \geq 11$。

系 18.2 令 k 是任意的正常数,且令 $M = mt^k$。对于 M 的此种选择,在 t 对长度各为 m 的串中失配的概率以 $O(1/t^{k-1})$ 为界。

区间 $[1, 2, \cdots, mt^k]$ 中的一个素数 p,对于固定的 k 要求 $O(\log m + \log t)$ 位。对于 t 对这样的串,指向它们特定位置的指针亦要求同数量级的位数。因此,能够假定两个这样的串的指纹可在 $O(1)$ 时间内比较之。显然,此值与比较两个串需要 $\Theta(m)$ 次操作是大不一样的。

下面将讨论能满足性质 3 的指纹函数类 $\mathscr{F}$。

4. 指纹的计算

函数类 $\mathscr{F} = \{f_p\}$ 的关键性质就是每个 f_p 都是同态的,即对于任意两个串 X_1 和 X_2,$f_p(X_1 X_2) = f_p(X_1) f_p(X_2)$。现在提供一个有效的并行算法来计算由 $T(i : i + m - 1)$ 所定义的正文串 T 中所有子串的指纹,其中 $1 \leq i \leq n - m + 1$,m 为模式串 P 的长度。

对于每个 $1 \leq i \leq n$,令 $N_i = f_p(T(1:i))$。很清楚,$N_i = f_p(T(1)) f_p(T(2)) \cdots f_p(T(i))$。因为矩阵乘法是可结合的,所以此计算就是一种前缀和的计算。因每个矩阵的大小为 2×2,因此两个这样的矩阵乘法可在 $O(1)$ 时间内完成。所以,所有的 N_i 都可在 $O(\log n)$ 时间内,总共使用 $O(n)$ 次操作而计算之。

兹定义:$g_p(0) = f_p(0)^{-1} = \begin{pmatrix} 1 & 0 \\ P-1 & 1 \end{pmatrix}$,$g_p(1) = f_p(1)^{-1} = \begin{pmatrix} 1 & p-1 \\ 0 & 1 \end{pmatrix}$。则乘积 $R_i = g_p(T(i)) g_p(T(i-1)) \cdots g_p(T(1))$ 是个前缀和计算,并且对于 $1 \leq i \leq n$,它可在 $O(\log n)$ 时间内运用 $O(n)$ 次操作完成之。

很容易检查,$f_p(T(i : i + m - 1)) = R_{i-1} N_{i+m-1}$。因此,一旦所有 R_i 和 N_i 已计算出,则每个这样的矩阵均可在 $O(1)$ 时间内计算之。所以,所有的指纹均可在 $O(\log n)$ 时间使用 $O(n)$ 次操作而计算之。

引理 18.6 长度为 n 的正文串 T 中所有长度为 $m (m \leq n)$ 的子串的指纹都可在 $O(\log n)$ 时间内使用 $O(n)$ 次操作计算之。

18.4.2 串匹配

现在将使用上一节所定义的指纹函数来计算一个 Monte-Carlo 型随机的**串匹配算法**(String Matching Algorithm)。先计算模式串 $P(1 : m)$ 和子串 $T(i : i + m - 1)$

的指纹函数($1 \leq i \leq n+m-1, m \leq n$),然后每当 P 的指纹和 $T(i: i+m-1)$ 的指纹相等时,则称在正文 T 的位置 i 与 P 出现匹配。

算法 18.4　RPRAM-EREW 模型上的 Monte-Carlo 串匹配算法

输入:数组 $T(1:n)$ 和 $P(1:m)$,整数 M。

输出:数组 $MATCH$,其分量指明 P 在 T 中出现匹配的位置。

begin

　　(1) **for** $i=1$ **to** $n-m+1$ **par-do**

　　　　$MATCH(i) \leftarrow 0$

　　end for

　　(2) 在区间 $[1,2,\cdots,M]$ 中随机选择一素数,并计算 $f_p(P)$

　　(3) **for** $i=1$ **to** $n-m+1$ **par-do**

　　　　$L_i \leftarrow f_p(T(i: i+m-1))$

　　end for

　　(4) **for** $i=1$ **to** $n-m+1$ **par-do**

　　　　if $L_i = f_p(P)$ **then** $MATCH(i) \leftarrow 1$ **end if**

　　end for

end

定理 18.11　算法 18.4 可报告在 T 中出现或者不出现 P。如果取 $M = mn^{k+1}$(k 为 ≥ 1 的常数),则存在某个 i,使 $MATCH(i)=1$ 和 P 不在 T 中位置 i 出现的概率为 $O(1/n^k)$。此算法可在 $O(\log n)$ 时间内使用 $O(n)$ 次操作实现之。

证明　如果 P 出现在 T 之位置 i,则对任意素数 p,$f_p(P) = f_p(T(i: i+m-1))$。因此可报告每个这样的出现。报告失配的概率,可立即从定理 18.10 和系 18.2 导出。由引理 18.6 可直接得到算法的复杂度。□

因为算法只要求计算前缀和与播送 p 和 $f_p(P)$ 的值,所以不涉及同时访问存储器,因而它可在 RPRAM-EREW 模型上执行之。

由于上述算法的简单性和不要求模式的预处理,使其在实用中很受欢迎。此外,如果已知正文大小上界,则随机素数 p 可在一个预处理步内产生。

例 18.10　令 $m = 2^8, n = 2^{12}$,选择 $M = mn^2 = 2^{32}$。因此长度为 256 的各串被映射到一个 32 位的整数上。根据上述定理,可知失配概率 $< 2^{-9}$。□

下面将上述技术推广到二维数组的模式匹配问题。

18.4.3　二维数组的匹配

至此只限于讨论一维的串匹配问题。在实用中人们更感兴趣的是找任意形状的多维模式的匹配问题,其中元素仍取自于字母集。本节只考虑二维情况。

令 $T(n:n)$ 和 $P(m:m)$ 是取值于字母集 $\Sigma=\{0,1\}$ 上的正文和模式数组。所希望的输出也是一个数组 MATCH,使得当且仅当模式 P 作为一个子数组(其左上角定位在 (i,j))出现在 T 中时 $MATCH(i,j)=1$。即 $T(i+r-1,j+s-1)=P(r,s)$,其中 $1\leq r,s\leq m$ 和 $1\leq i,j\leq n-m+1$。如图 18.2 所示,如果 P 和 T 的重叠部分是相同的,则模式 P 出现在位置 (i,j) 上。

和以前一样,使用函数类 $\mathscr{F}=\{f_p\}$ 计算出 T 中所有合适的 $m\times m$ 的子数组的指纹,其中 p 是一个 $\leq M$ 的素数。这样的子数组可视为长度为 m^2 的单串,系由子数组的第一行继之第二、第三行……所组成。

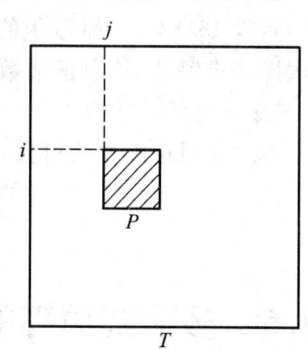

图 18.2 二维数组的匹配

例 18.11 令 P 是一个 4×4 的模式:

$$P=\begin{pmatrix}1&0&1&1\\0&0&1&1\\1&1&0&0\\1&0&1&1\end{pmatrix}$$

则 P 的指纹函数可为 $f_7(X)$,其中 X 为串 1011,0011,1100,1011。可直观地证实相应的指纹为 $\begin{pmatrix}2&0\\1&4\end{pmatrix}$。 □

令 $L_{i,j}$ 是 T 的子数组的指纹,其左上角定位在 (i,j)。这样的子数组有 $(n-m+1)^2$ 个。像算法 18.4 那样,对一个随机选定的素数 $p\geq M$,可以检查所有取值 $1\leq i,j\leq n-m+1$ 的数对 (i,j) 是否有 $L_{i,j}=f_p(P)$:如相等,则设置 $MATCH(i,j)$ 为 1。由定理 18.10 可知失配的概率 $\leq \pi(\lceil 2.776m^2(n-m+1)^2\rceil)/\pi(M)$。取 $M=m^2n^{k+2}$,得到错误概率为 $O(1/n^k),k>0$。

下面要给出如何计算指纹的步骤。计算所有大小为 $m\times m$ 的 T 的子数组的指纹 $\{L_{i,j}\}$ 可分为两步:

(1) 对于每行 $i(1\leq i\leq n)$,计算从位置 (i,j) 开始 $(1\leq j\leq n-m+1)$ 的长度为 m 的该行中子串的指纹 $S_{i,j}$。对于每一行,根据引理 18.6 可知要求 $O(\log n)$ 时间,共使用 $O(n)$ 次操作。所以所有 $S_{i,j}$ 均可在 $O(\log n)$ 时间使用 $O(n^2)$ 次操作计算之。

(2) 对于每列 $j(1\leq j\leq n-m+1)$,计算 $L_{i,j}=S_{i,j}S_{i+1,j}\cdots S_{i+m-1,j}(1\leq i\leq n-m+1)$。同样,根据引理 18.6 而得出该步需用 $O(\log n)$ 时间,共使用了 $O(n(n-m+$

1))次操作。

定理 18.12 二维数组的匹配问题可由一随机算法在 $O(\log n)$ 时间内使用线性次操作求解之,其中正文数组的大小为 $n \times n$。报告失配的概率以 $O(1/n^k)$ 为界,其中 k 为任一常数。

本节所讨论的算法可推广到多维数组的匹配和非正规形状的模式匹配等问题上。

18.5 多项式恒等的验证

令 $p(x_1, \cdots, x_n)$ 是变量 $x_1, \cdots, x_n$ 定义在任意域 F 上的**多项式**(Polynomial),则它总可以表示为诸积项 $a_{i_1, i_2, \cdots, i_n} x_1^{i_1} x_2^{i_2} \cdots x_n^{i_n}$ 之和的形式,其中 $a_{i_1, i_2, \cdots, i_n} \in F$。用 $deg(p)$ 表示多项式 $p(x_1, \cdots, x_n)$ 的阶,它等于 $\max\{i_1 + i_2 + \cdots + i_n\}$,其中最大值对 $p(x_1, \cdots, x_n)$ 的所有积项求取,使得 $a_{i_1, i_2, \cdots, i_n} \neq 0$。

例 18.12 令 X 是下列矩阵

$$\begin{pmatrix} x_1 & x_2 & x_3 \\ x_4 & x_5 & x_6 \\ x_7 & x_8 & x_9 \end{pmatrix}$$

其中 x 为未知数,考虑多项式 $p(x_1, \cdots, x_9) = det(X) = x_1 x_5 x_9 - x_1 x_6 x_8 - x_2 x_4 x_9 + x_2 x_6 x_7 + x_3 x_4 x_8 - x_3 x_5 x_7$。很清楚,所有积项均有相同的阶 $= 3$,因此多项式 $p(x_1, \cdots, x_9)$ 的阶为 3。□

本节研究一个多变量的多项式是否恒为零的问题。最直接的方法是将多项式展开为诸积项之和,检查所有的系数是否均为零。一般而言,此法运算量过大。为此,开发另一种方法,即在有限集合 I 上随机选取某一点(它是一个 n 维向量,n 为变量数),计算多项式在该点的值。我们将示出,每当 I 选择得足够大时,如果多项式不恒为零,则多项式之值至少具有 $1/2$ 的概率异于零。能够重复此试验以将出错概率减至任意常数以下。

18.5.1 基本技术

下面的定理是用于测试多项式是否恒为零的随机算法的基础。

定理 18.13[8] 令 $p(x_1, \cdots, x_n)$ 是域 F 上变量 $x_1, \cdots, x_n$ 的多项式,使得 $p(x_1, \cdots, x_n)$ 非恒为零。若令 I 是 F 的任意有限子集,则在 I^n 中有 $p(x_1, \cdots, x_n)$ 为零的元素的数目至多是 $|I|^{n-1} deg(p)$。

证明 对 n 施行**归纳**(Induction)证明。

归纳基础：当 $n=1$ 时，必须示出在 I 中单变量多项式 $p(x)$ 的根的数目至多为 $deg(p)$。这是代数学中众所周知的。因此定理对 $n-1$ 时保持为真。

归纳假定：假定 $n-1$ 个变量的多项式保持为真。试证 n 个变量时定理亦为真。

归纳步骤：令 δ 是 $p(x_1,\cdots,x_n)$ 中 x_1 的阶。很清楚，对某个多项式 q 和 r，有 $p(x_1,\cdots,x_n) = x_1^\delta q(x_2,\cdots,x_n) + r(x_1,x_2,\cdots,x_n)$。令 $(\alpha_1,\alpha_2,\cdots,\alpha_n) \in I^n$ 是 $p(x_1,\cdots,x_n)$ 的一个零，则或者 $q(\alpha_2,\cdots,\alpha_n)=0$ 或者它不同于零。如果 $q(\alpha_2,\cdots,\alpha_n)=0$，则 $p(\alpha_1,\cdots,\alpha_n)$ 对所有 $\alpha_1 \in I$(例如，在 r 恒为零的情况)可等于零。这样的零的数目至多为 $|I| \cdot (|I|^{n-2} deg(q))$，其中圆括号中的项由归纳假定而得。另一方面，如果 $q(\alpha_2,\cdots,\alpha_n) \neq 0$，因为 p 中 x_1 的阶为 δ，所以相应的 p 的这样的根的总数目至多为 $|I|^{n-1}\delta$。因此 I^n 中零的总数 $\leq |I|^{n-1}(\delta + deg(q)) \leq |I|^{n-1}(deg(p))$。 □

例 18.13 令 F 是一无限域，且令 I 是包含零的有限子集。试考虑简单多项式 $p(x_1,\cdots,x_n) = x_1 x_2 \cdots x_n$。$p(x_1,\cdots,x_n)$ 的根的数目 r 等于 I 上 n-元组的数目(每个至少一个零)。因此，$r = |I|^n - (|I|-1)^n$。因为

$$(|I|-1)^n = \sum_{i=0}^{n} (-1)^i \binom{n}{i} |I|^{n-i}$$

所以得到

$$r = \sum_{i=1}^{n} (-1)^{i+1} \binom{n}{i} |I|^{n-i} \leq n|I|^{n-1} \quad \square$$

定理 18.13 和设计验证多项式恒等的随机算法的关系可更清楚地表述在下面系中。

系 18.3 令 $p(x_1,\cdots,x_n) \neq 0$，且 I 的定义同定理 18.13，则随机元组 $(\alpha_1,\cdots,\alpha_n) \in I^n$ 是 $p(x_1,\cdots,x_n)$ 一个零的概率 $\leq deg(p)/|I|$。

上述系建议了下述用于测试多项式 $p(x_1,\cdots,x_n)$ 是否恒为零的随机方案：先选择 p 的定义域的一个有限子集，其大小至少为 $2deg(p)$；然后在 I 上选择一个随机的 n 维向量 v，即均匀且不依赖于 I 的选择 v 的每一项；再求出 v 处的多项式的值，并测试所得的结果是否等于零：如果为零，则多项式 p 无疑是恒等于零的；否则，多项式不恒为零。这种方案的错误概率至多为 $1/2$。如果相同的试验执行 k 次(或并行或串行)，则错误概率减到至多 $1/2^k$。

18.5.2 矩阵乘积的验证

作为一个简单的应用，考虑下述**验证**(Verification)问题。给定三个 $n \times n$ 的矩

阵 A、B 和 C，试确定是否 $AB = C$？此问题当用确定性算法求解时，先计算 A 和 B 之积，再检查相应的矩阵元素是否相等。这样的算法需要 $O(\log n)$ 时间和使用了 $O(M(n))$ 次操作，其中 $M(n)$ 是最好已知的 $n \times n$ 矩阵乘法所需的算术运算次数的上界。下面介绍的随机算法，能在 $O(\log n)$ 时间内完成，但只使用了 $O(n^2)$ 次操作。为此先建立如下引理。

引理 18.7 如令 u 是域 F 上的一个非零 n 维向量，即 $u \neq (0, \cdots, 0)^T$；且令 v 是一个各分量随机取值于集合 $\{0,1\}$ 上的 n 维向量，则 $\sum_{i=1}^{n} u_i v_i = 0$ 的概率 $\leq 1/2$。

证明 令 $p(x_1, \cdots, x_n)$ 是由 $p(x_1, \cdots, x_n) = \sum_{i=1}^{n} u_i x_i$ 所定义的多项式，其中 x_i 为未定元。因为 u 不是个零向量，所以多项式 p 就不恒等于零。由定理 18.13 可知，p 在集合 $I = \{0,1\}$ 上的零的数目至多为 $|I|^{n-1} deg(p) = 2^{n-1}$。因为向量 v 等概率地是 I^n 中任意向量。所以 v 恰好是 p 之一个零的概率至多为 $2^{n-1}/2^n = 1/2$。□

有了此引理，就可以证明验证矩阵乘积的定理了。

定理 18.14[9] 给定任意域 F 上三个 $n \times n$ 的矩阵 A、B 和 C。验证是否 $AB = C$ 的问题可用一个随机并行算法求解之，其运行时间为 $O(\log n)$，使用了 $O(n^2)$ 次运算，而错误概率至多为 $1/2$。

证明 算法产生一随机向量 v，其元素取值于 $\{0,1\}$。使用测试是否 $A(Bv) = Cv$ 的方法验证之。如果测试失败，则 $AB \neq C$，否则 $AB = C$。

很清楚，如果 $AB = C$，则算法总能产生正确的答案；然而，每当 $AB \neq C$ 时，则算法可能产生一个不正确的答案。所以估计一下当 $AB \neq C$ 时的 $A(Bv) = Cv$ 的概率是多少。

因为 $AB \neq C$，则至少存在着某一下标 j，其中 $1 \leq j \leq n$，使得 AB 和 C 的第 j 行是不同的。令 $u = (u_1, \cdots, u_n)$ 是 AB 中这样的一行，$w = (w_1, \cdots, w_n)$ 是 C 中相应的这样的一行。则 $e = u - w$ 是一个非零向量。$A(Bv) = Cv$ 的概率小于等于 $e \cdot v = 0$ 的概率，其中 $e \cdot v$ 是两向量的内积。按照引理 18.7，此事件的概率 $\leq 1/2$。所以，当 $AB \neq C$ 时 $A(Bv) = Cv$ 的概率至多为 $1/2$。

算法的复杂度是很明显的。□

若重复试验若干次，则可使错误概率减至很小。

系 18.4 给定三个 $n \times n$ 的矩阵 A、B 和 C，我们可用并行随机算法测试其是否 $AB = C$。算法的运行时间为 $O(\log n)$，而运算次数为 $O(n^2 k)$，且错误概率至多为 $1/2^k$。

18.6 排　　序

本节要推导出一个时间最优的**随机排序算法**(Randomized Sorting Algorithm)。为此先引入随机采样技术。

18.6.1 随机采样与随机快排序

随机采样(Random Sampling)是一种广泛使用的很得力的随机技术。在分治或划分方法中它的用法如下：令 I 是问题 P 的输入，选择 I 的某一随机样本 S，将 S 的元素进行划分以便可以并行求解。该方法的关键在于原问题被划分成近似相等大小的子问题的可能性，以及各子问题的大小加起来应和原问题的规模相当。

从大小为 n 的问题中挑选出大小为 r 的样本有好几种方法。在此仅描述两种方法：**非复原采样**(Sampling Without Replacement)和**复原采样**(Sampling With Replacement)。前者等概率地一次选择一个元素，选中的元素就从总数中移去；后者也是等概率地一次选择一个元素，但选中的元素并不从总数中移去，即同一元素可能被选择若干次。复原采样也可视投掷多个骰子的过程。它也是我们的并行随机算法所采用的策略。因为每当一个大小为 r 的样本需要时，每个处理器可从集合 $\{1,2,\cdots,n\}$ 中取出一个随机数，而利用 r 个处理器在 $O(1)$ 时间内就可随机产生 r 个样本。在采样步时，这样的一个大小为 r 的样本中很可能包含着重复元素。下面介绍使用随机采样技术所构造的快排序算法。

快排序(Quick Sort)是一种重要而实用的排序算法，它基本上可视为划分策略的应用：对将输入数组划分成一系列**桶**(Bucket) $\{B_j\}$，其中 B_j 中的任一元素小于 B_{j+1} 中的任何元素；对各个桶同时施行桶内元素的排序。具体实现时的主要难点在于如何划分输入元素，使得各桶的容量近似相当。本节所使用的划分输入元素的方法，相当于重新排列输入数组元素，使得 B_1 中的元素首先出现，继之以 B_2 中的元素，如此等等。

下面先描述串行**随机快排序**(Randomized Quicksort)算法的并行化方案，并示出具有高概率可使算法运行时间为 $O(\log^2 n)$，而总运行量为 $O(n\log n)$；然后再讨论使用 $\sqrt{n}$ 划分策略使算法的运行时间减至为 $O(\log n)$ 的并行随机算法。

不失一般性，假定待排序的元素是各不相同的。

18.6.2 并行随机快排序算法

令 A 是 n 个待排序的相异元素的数组,本节使用**两路**(Two-Way)划分策略,将 A 之元素重排成两个子数组 B_1 和 B_2(称之为桶),使得 B_1 中的每一元素均小于 B_2 中的任意元素,且 $|B_1| \approx |B_2|$。具体划分方法为:从输入数组 A 中随机挑选一个称之为**划分元素**(Splitter)$S(A)$,因此 A 的每一元素可被等同地选中;将 $S(A)$ 与 A 中各元素施行比较,且标较小者为 1 而较大者为 0;将较小的元素移向 A 的开头而较大的元素移向 A 的尾部,使得 $S(A)$ 被夹在两个子集之间。相同的策略可递归地应用于每个桶,直到每个桶的容量充分小(例如 30 或更小);然后对每个这样的小桶可用简单的排序算法进行排序。**并行随机快排序算法**(Parallel Randomized Quicksort Algorithm)可描述如下[10,11]:

算法 18.5 **RPRAM-EREW 模型上的随机快排序算法**

输入:待排序的数组 A,$|A| = n$。

输出:有序数组 A。

Procedure RANDOMIZED QUICKSORT(A)

begin

(1) **if** $n \leq 30$ **then** sort A using any sort algorithm **end if**

(2) select a random element $S(A)$ of A

(3) **for** $i = 1$ **to** n **par-do**

  (2.1) **if** $A(i) < S(A)$ **then** $mark(i) \leftarrow 1$ **end if**

  (2.2) **if** $A(i) > S(A)$ **then** $mark(i) \leftarrow 0$ **end if**

end for

(4) compact elements of A marked 1 at beginning of A,

followed by $S(A)$, which is followed by elements marked 0.

set k equal to position of the element $S(A)$

(5) RANDOMIZED QUICKSORT($A(1 : k - 1)$)

  RANDOMIZED QUICKSORT($A(k + 1 : n)$)

end

例 18.14 为了举例,假定算法 18.5 一直递归到 $n = 1$ 而不是 $n = 30$。考虑图 18.3(a)所示的输入数组 $A = (4, 16, -5, 7, 25, -8, 1, 3)$。第一次迭代时,$S(A)$ 选 $A(4) = 7$,它生成如图 18.3(b)所示的大小分别为 5 和 2 的两个桶;第二次迭代时,从两个桶中各选一划分元素 -5 和 25(如图中箭头所指的元素),从而得到如图 18.3(c)所示的划分;第三次迭代时,只选中一个划分元素 3,得出如图 18.3(d)所

示的两个大小各为 1 的桶。下一次递归调用使算法结束。□

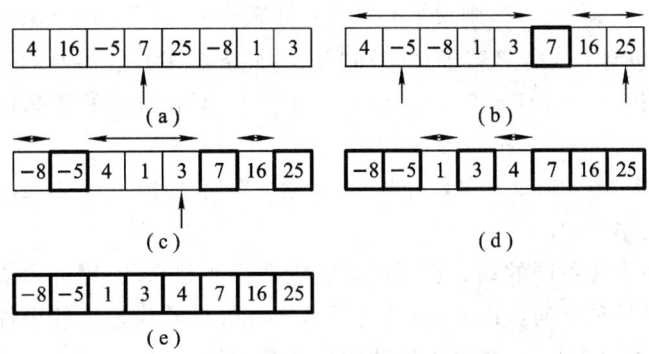

图 18.3 随机快排序算法 18.5 示例

算法 18.5 的性能与所需的递归步数有关。定义每个递归步为一个**划分步**（Partitioning Step），其数目与中间各桶容量减少的速率有关。在悲观的情况下，很多非平衡的划分将导致最大容量的桶每次迭代后只减了一个常数数目。例如，此情况可出现在最大桶中的划分元素恰好是每次迭代时的次最小元素。所以在最坏情况下，算法要迭代 $\Theta(n)$ 次，从而使算法的运行时间为 $O(n\log n)$。稍后要分析，每次迭代可在 $O(\log n)$ 时间内完成和总操作次数为 $O(n^2)$。然而，下面要示出，为了使每个桶的容量减至 30 或更少，算法具有高概率的迭代 $O(\log^2 n)$ 次就足够了。

定理 18.15[12] 算法 18.5 具有高概率地可在 $O(\log^2 n)$ 时间内使用 $O(n\log n)$ 次操作完成 n 个数的排序。

证明 显然算法第(1)步和第(2)步取用 $O(1)$ 时间；第(3)步要求 $O(1)$ 时间和 $O(n)$ 次操作；第(4)步可用计算前缀和的方法实现之，花费的时间为 $O(\log n)$，执行了 $O(n)$ 次操作，所以算法每次迭代可在 $O(\log n)$ 时间内完成，使用了线性数目的操作。剩下的问题要建立迭代次数的上界，其思路是对任意特定元素 e，我们将示出包含 e 的任何两个相邻桶的容量会以一定的概率（引理 18.8）递减一常数倍；然后示出在 $O(\log n)$ 次迭代后，包含 e 的桶的容量以 $1 - O(n^{-7})$ 的概率变为 30 或更小（引理 18.9）。

令 e 是输入数组 A 的任一元素；n_j 是第 j 次划分结束时($j \geq 1$)包含 e 的桶的容量，其中 $n_0 = n$，则有下述引理：

引理 18.8 对任意 $j \geq 0$，$P_r\{n_{j+1} \geq 7n_j/8\} \leq 1/4$。

证明 一个元素 a 将第 j 个桶划分成两个桶，当且仅当 $rank(a: B_j) \leq n_j/8$，或者 $rank(a: B_j) \geq 7n_j/8$ 时，其中之一个桶的容量至少为 $7n_j/8$。任一元素是 B_j 中 $n_j/8$ 个最小或最大元素之一的概率 $\leq 1/4$。因此引理 18.8 得证。□

现在接着证明定理 18.15。固定 A 之元素 e，试考虑不同划分步时包含 e 的桶之容量。如果 $n_j < 7n_{j-1}/8$，则说第 j 次划分是成功的。因为 $n_0 = n$，则在 k 次成功划分步之后，包含 e 的桶之容量 $\leq (7/8)^k n$，因此 e 至多只能参与 $c\log(n/30)$ 次成功的划分步，其中 $c = 1/\log(8/7)$。以下的证明中，所有对数的底都是 8/7，因而常数 $c = 1$。

引理 18.9 在 $20\log n$ 次划分步中，元素 e 经历了 $20\log n - \log(n/30)$ 次不成功划分步的概率为 $O(n^{-7})$。

证明 因为在不同的划分步所做的随机选择是独立的，因此由成功划分步所组成的事件也是独立的。由此得出，可用 Bernoulli 试验模拟这些事件。令 X 是一随机变量，它表示 $20\log n$ 步中不成功划分步数，则有

$$P_r\{X > 20\log n - \log(n/30)\} \leq P_r\{X > 19\log n\}$$

$$\leq \sum_{j > 19\log n} \binom{20\log n}{j} \left(\frac{1}{4}\right)^j \left(\frac{3}{4}\right)^{20\log n - j}$$

因为 $\binom{n}{k} \leq \left(\frac{en}{k}\right)^k$（定理 18.5），所以上述概率为

$$\leq \sum_{j > 19\log n} \left(\frac{20e\log n}{j}\right)^j \left(\frac{1}{4}\right)^j = \sum_{j > 19\log n} \left(\frac{5e\log n}{j}\right)^j$$

$$\leq \sum_{j > 19\log n} \left(\frac{5e\log n}{19\log n}\right)^j = \sum_{j > 19\log n} \left(\frac{5e}{19}\right)^j = O(n^{-7})$$

因此引理 18.9 得证。□

下面接着证明定理 18.15。至此，已经示出，给定 A 之任意元素 e，e 经历 $20\log n - \log(n/30)$ 次不成功划分步的概率为 $O(n^{-7})$。按照 Boole 不等式，A 中一个或多个元素经历如此多的成功划分步的概率至多为 $O(n \times n^{-7}) = O(n^{-6})$。因此，算法将以 $1 - O(n^{-6})$ 的概率在 $20\log n$ 次迭代内结束之。于是定理 18.15 到此证毕。□

因为算法在第 (2) 步所产生的划分元素 $S(A)$，可使用 $O(n)$ 次操作在 $O(\log n)$ 时间内复制出 n 个副本存放在不同的存储位置中，所以算法第 (3) 步和第 (4) 步可不要求同时访问存储器。因此算法 18.5 的模型为 RPRAM-EREW。

18.6.3 快速随机并行排序算法

上节所描述的两路划分策略可推广到一般情况，即从每个桶中采样 $\sqrt{n}$ 个划分元素，从而每个桶至多被划分成 $\sqrt{n}+1$ 个较小的桶，然后算法递归排序各个桶。每个划分步的成本仍保持为对数时间，而总的运行时间是对数的，直观的解释如下：

因为从输入中采样$\sqrt{n}$个划分元素,所以每个桶的容量也近似为$\sqrt{n}$。这样第i次迭代时每个桶的容量近似为$n^{1/2^i}$。在给定迭代时所产生的各个桶均可并发地处理,而第i次迭代的执行时间为$O(\log n^{1/2^i}) = O((1/2^i)\log n)$,所以总的运行时间为

$$O\left(\sum_i \log n/2^i\right) = O(\log n)。$$

算法 18.6 RPRAM-CREW 模型上的快速随机排序算法

输入:待排序数组A,$|A| = n$。

输出:有序数组A。

begin

(1) 如果$n \leq 30$,则可用任何排序算法排序之;

(2) 从输入A中独立地选出$\sqrt{n}$个划分元素,它们形成集合S;

(3) 成对比较S之元素将其排序之,并以$\sqrt{n} \times \sqrt{n}$的表T的形式存放结果;然后对T的每一行用前缀和计算S各元素的位序;

(4) 将A之元素置入桶$\{B_i\}$,$1 \leq i \leq \sqrt{n}+1$,使得B_i中的元素就是A中那些处于S中第$(i-1)$个最小者和第i个最小者之间的元素(约定:S中第0个最小者为$-\infty$,第$\sqrt{n}+1$个最小者为$+\infty$);

(5) 对所有桶,并行递归排序各个桶中的元素。

end

定理 18.16[13] 算法 18.6 具有高概率地可在$O(\log n)$时间内结束,而使用了$O(n\log n)$次操作。

证明 假定当桶之容量不大于$16(\log n)^4$时,可使用双调排序算法排序之。排序这样的一个桶所花费的时间为$O(\log \log n)^2$,使用了$O(\log^4 n(\log \log n)^2)$次操作。因为由双调排序算法所排序的诸桶的容量之和为n,所以最后将诸桶施行双调排序尚需附加$O(\log \log n)^2$的时间和$O(n(\log \log n)^2)$次操作。下面集中分析为了将每个桶的容量减至$16(\log n)^4$或更小所需的资源。先建立算法每次迭代所要求的复杂界。

引理 18.10 算法 18.6 对容量为n的桶,每次迭代花费了$O(\log n)$的时间,使用了$O(n\log n)$次操作。

证明 显然算法的第(1)步取用$O(1)$时间。按照我们的假定,在$O(1)$时间内使用$O(\sqrt{n})$次操作可从$\{1,2,\cdots,n\}$中产生$\sqrt{n}$个独立的随机数。所以算法的第(2)步可以在此复杂界内完成。第(3)步要求构造表T,这可在$O(1)$时间用$O(n)$次操作实现之。对表T的每一行应用前缀和算法,花费了$O(\log n)$时间,使用了$O(n)$次操作。执行第(4)步是比较麻烦的,可分为两个阶段:第一阶段,使用对半搜索算法,将A中每一元素定位在有序样本S的两相邻元素之间,因此A中所有

元素的桶号可在 $O(\log n)$ 时间使用 $O(n\log n)$ 次操作识别之；第二阶段，重排 A 中的各元素，使得那些其桶号为 1 的元素先出现，继之以桶号为 2 的元素次出现，等等。此问题等效于**整数排序**（Integer Sorting），其中 n 个待排序的整数属于区间 $[1, \cdots, \sqrt{n}]$。为此，可为 A 之元素构筑一棵平衡二叉树，使得树的每个节点 v 包含了一个链表集合，每个链表相应于存在根为 v 的子树中的具有相同桶号的叶子。因此，在每个节点所产生的链表系由归并存在其子节点中相同桶号的表列所组成。所以重排诸元素的问题可在 $O(\log n)$ 时间内使用 $O(n\log n)$ 次操作而完成。至此引理 18.10 证毕。□

下面要估计算法 18.6 在成功的各划分步所生成的桶之容量。令 e 是输入中的任一元素，n_j 是第 j 次划分步结束时包含 e 的桶的长度。因为在执行第 $(j+1)$ 步时选择一个 $\sqrt{n_j}$ 个元素的随机样本，所以 n_{j+1} 近似为 $\sqrt{n_j}$。先推导包含 e 的第 j 个和第 $j+1$ 个桶的容量。

引理 18.11　$P_r\{n_{j+1} \geq 8n_j^{3/4}\} \leq 2e^{-4n_j^{1/4}}$。

证明　试考虑桶 B_j 的子集 $B_{j1}, B_{j2}, \cdots$，其中每个 B_{ji} 包含 B_j 的 $4n_j^{3/4}$ 个元素，使得 B_{ji} 的每个元素 x 满足 $4(i-1)n_j^{3/4} \leq rank(x:B_j) < 4in_j^{3/4}$。于是 $P_r\{n_{j+1} \geq 8n_j^{3/4}\}$ 定界于某一下标 i 使得在第 $(j+1)$ 次划分步无一划分元素处于 B_{ji} 中的概率。对于任何固定的 i，任何特定划分元素不处于 B_{ji} 中的概率精确地等于 $(n_j - 4n_j^{3/4})/n_j = 1 - (4/n_j^{1/4})$。由于诸划分元素是独立采样的，无划分元素处于 B_{ji} 的概率（使用方程 (18.7)）为

$$\left(1 - \frac{4}{n_j^{1/4}}\right)^{\sqrt{n_j}} \leq e^{-4n_j^{1/4}}$$

令 e 处于 B_{ji} 中，则无划分元素处于 $B_{j,i-1}$ 或 $B_{j,i+1}$ 中的概率至多为 $2e^{-4n_j^{1/4}}$，因此 $P_r\{n_{j+1} \geq 8n_j^{3/4}\} \leq 2e^{-4n_j^{1/4}}$，故引理 18.11 得证。□

给定元素 e，如果 $n_{j+1} < 8n_j^{3/4}$，则称为第 $j+1$ 次划分是成功的。因此，引理 18.11 可解释为第 $j+1$ 次不成功的划分的概率至多为 $e^{-4n_j^{1/4}}$。然而假定 $n_j > 16(\log n)^4$，所以不成功的划分步的概率至多为 $2e^{-4(16(\log n)^4)^{1/4}} \leq n^{-7}$。

引理 18.12　给定任意输入元素 e，每个包含 e 的成功划分步的概率至多为 $(1 - O(n^{-6}))$。

证明　在引理 18.11 中，已知一个不成功的划分步的概率至多为 n^{-7}。因为一组事件并的概率定界于它们的概率之和（Boole 不等式），因此一个或多个不成功的划分步的概率至多为 n^{-6}，故引理 18.12 得证。□

由引理 18.12 可知，与元素 e 有关的各划分步成功的概率是很高的。同样可推知，每个元素仅经历成功的划分步的概率也是很高的。所以，总的运行时间，具有高概率地

可为 $O\left(\sum_j \log n^{(3/4)^j}\right) = O\left(\sum_j (3/4)^j \log n\right) = O(\log n)$，而总的运算数目为 $O\left(\sum_j n\log n^{(3/4)^j}\right) = O(n\log n)$。至此定理 18.16 证毕。□

因为算法 18.6 的第(2)步可能有好几个处理器同时访问 A 的同一元素；而且每个元素识别桶号的进程要求同时访问有序样本 S，所以算法 18.6 的模型是 RPRAM-CREW。

*18.7 最大匹配和完备匹配

定义 18.11 图 $G(V,E)$ 的**匹配**(Matching)是 G 的一个边集 $M\subseteq E$，在此边集中，任何两条边不会共享同一个顶点。**最大匹配**(Maximum Matching)问题就是确定 G 中不包含其他匹配 M'，使得 $|M'|>|M|$。而 G 中每一个顶点只入射到匹配 M 中的一条边上的匹配称为 G 的**完备匹配**(Prefect Matching)。

例 18.15 图 18.4(a)中由粗实线所示的匹配是最大匹配，但它不是完备匹配；而图 18.4(b)中由粗实线所示的匹配是完备匹配。□

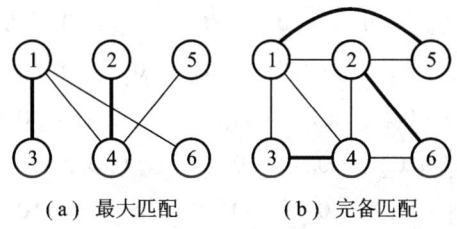

(a) 最大匹配　　(b) 完备匹配

图 18.4　图的最大匹配与完备匹配

图的匹配问题有着广泛的应用。例如很多资源分配问题都可归结为**二分图**(Bipartite Graph)的最大匹配问题。推导一个多项式时间的串行匹配算法的基本技术是**路径增广技术**(Augmenting-Path Technique)。本节研究任意图匹配的随机算法。此算法以图的代数性质为依据，从而将测试是否存在完备匹配问题归结为测试是否一个矩阵的行列式为零的问题。所描述的算法的运行时间为 $O(\log^2|V|)$，而使用的运算次数是多项式的。不幸的是，并行随机算法比熟知的串行算法的运算量大得多。然而尚不知道是否有求解最大匹配问题的运行时间为对数多项式、运算次数为多项式的确定性并行算法。

下面利用矩阵行列式的代数性质来研究图的完备匹配问题。

18.7.1 图的代数性质[14,15]

图的匹配和矩阵的行列式似乎是不相干的,但 Tutte 却发现了两者之间的关系,其关键者乃是与图相关的 Tutte 矩阵。令 A 是给定图 $G(V,E)$ 的 $n \times n$ 的邻接矩阵,其中 $|V| = n$。因此,当且仅当 E 中有一条边连接顶点 i 和 j 时,$A(i,j) = 1$。令 $\{x_{ij}\}_{(i,j) \in E}$ 且 $i < j$ 是非确定元的集合,于是有下述 Tutte 矩阵的定义:

定义 18.12 **Tutte 矩阵**(Tutte Matrix)就是从图 G 的邻接矩阵 A 中推导出的 $n \times n$ 的矩阵 T,其中每个为 1 的 $A(i,j)$ 当 $i < j$ 时代之以 x_{ij},而当 $i > j$ 时代之以 $-x_{ji}$。

例 18.16 相应于图 18.4(a) 的 Tutte 矩阵为 T_1;相应于图 18.4(b) 的 Tutte 矩阵为 T_2。

$$T_1 = \begin{pmatrix} 0 & 0 & x_{13} & x_{14} & 0 & x_{16} \\ 0 & 0 & 0 & x_{24} & 0 & 0 \\ -x_{13} & 0 & 0 & 0 & 0 & 0 \\ -x_{14} & -x_{24} & 0 & 0 & x_{45} & 0 \\ 0 & 0 & 0 & -x_{45} & 0 & 0 \\ -x_{16} & 0 & 0 & 0 & 0 & 0 \end{pmatrix}$$

$$T_2 = \begin{pmatrix} 0 & x_{12} & x_{13} & x_{14} & x_{15} & 0 \\ -x_{12} & 0 & 0 & x_{24} & x_{25} & x_{26} \\ -x_{13} & 0 & 0 & x_{34} & 0 & 0 \\ -x_{14} & -x_{24} & -x_{34} & 0 & 0 & x_{46} \\ -x_{15} & -x_{25} & 0 & 0 & 0 & 0 \\ 0 & -x_{26} & 0 & -x_{46} & 0 & 0 \end{pmatrix} \quad \square$$

为了建立 Tutte 矩阵 T 与图 G 的完备匹配之间的精确关系,先要研究一下 T 之行列式。

1. Tutte 矩阵的行列式

令 S_n 表示 n 元素的所有置换群,则矩阵 T 的**行列式**(Determinant)就是按如下和式所定义的多变量 n 阶多项式:

$$det(T) = \sum_{\pi \in S_n} sgn(\pi) t_{1\pi(1)} t_{2\pi(2)} \cdots t_{n\pi(n)}$$

其中,如果置换 π 是偶数,则 $sgn(\pi) = +1$;是奇数,则 $sgn(\pi) = -1$。所谓置换 π 是偶(奇)数的,是指如果该置换 π 可被分解为偶(奇)数个**对换**(Transposition),而对换是长度为2的**循环**(Cycle)。以下用 $val(\pi)$ 表示乘积 $t_{\pi(1)}t_{2\pi(2)}\cdots t_{n\pi(n)}$。

定义 18.13 给定下标 $i(1\leq i\leq n)$，置换 π 意义下的 i 的**轨道**(Orbit)就是元素 $i,\pi(i),\pi^2(i),\cdots,\pi^{l-1}(i)$ 的集合。其中 $\pi^2(i)=\pi(\pi(i)),\pi^l(i)=i,l\leq n$。所谓**循环**就是一个有序集合 $(i,\pi(i),\pi^2(i),\cdots,\pi^{l-1}(i))$。

显然，任意置换均可唯一地表示为不相交的循环之积。

定义 18.14 对于每个 $i,1\leq i\leq n,t_{i\pi(i)}\neq 0$，即 $(i,\pi(i))\in E$。由边 $(i,\pi(i))$ 所确定的子图叫做 π 的**轨迹**(Trail)。

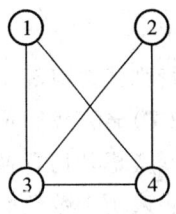

图 18.5 例 18.17 用图

显然，由 π 的 $(i,\pi(i),\pi^2(i),\cdots,\pi^l(i))$ 所给定的循环可化为长度为 l 的 π 的轨迹（注意，当 $l=2$ 时，轨迹的循环就是对一条单边遍历两次）。置换 π 的轨迹系由一组不相交的环所组成，每一个的长度和置换 π 中相应环的长度一样。

例 18.17 图 18.5 所示的图的 Tutte 矩阵 T 如下：

$$T = \begin{pmatrix} 0 & 0 & x_{13} & x_{14} \\ 0 & 0 & x_{23} & x_{24} \\ -x_{13} & -x_{23} & 0 & x_{34} \\ -x_{14} & -x_{24} & -x_{34} & 0 \end{pmatrix}$$

其行列式 $det(T_1)=x_{13}^2x_{24}^2+x_{14}^2x_{23}^2-2x_{13}x_{24}x_{14}x_{23}$。其中首项 $x_{13}^2x_{24}^2$ 相应于置换 $\pi(1)=3,\pi(2)=4,\pi(3)=1,\pi(4)=2$，它可表示为乘积 $(1\,3)(2\,4)$。因此 π 的轨迹就是完备匹配 $\{(1,3),(2,4)\}$。类似地，$x_{14}^2x_{23}^2$ 相应于完备匹配 $\{(1,4),(2,3)\}$。最后一项 $-x_{13}x_{24}x_{14}x_{23}$（它出现在 $det(T)$ 中两次）相应于置换 $\sigma(1)=3,\sigma(2)=4,\sigma(3)=2$ 和 $\sigma(4)=1$，它系由单一的偶循环 $(1\,3\,2\,4)$ 所组成。σ 的轨迹就是一个子图，其边为 $\{(1,3),(3,2),(2,4),(4,1)\}$，它相应长度为 4 的循环。□

2. Tutte 定理(Tutte Theorem)

下面的引理将 Tutte 矩阵 T 之行列式与 G 之完备匹配联系起来。

引理 18.13 如令 $G(V,E)$ 是一个 n 点图，其 Tutte 矩阵为 T。则当且仅当存在着一个置换 π 使得 $val(\pi)\neq 0$，且 π 中无奇数环时 G 有一个完备匹配。

证明 假定 π 是 S_n 中的一个置换(Permutation)，使得 $val(\pi)\neq 0$ 且 π 不包含奇数环。根据引理所述，π 的轨迹由一些不相交的环所组成，而每一个都是偶数长度的。因此，我们可以形成一个完备匹配，只要从长度大于 2 的环中相间地取每个环中的一条边，并且该条边都包含在长度为 2 的环中。

现在证明其逆。假定 G 有一个完备匹配 M，定义相应于 M 的置换 π_M 如下：当且仅当 $(i,j)\in M$，则 $\pi_M(i)=j$。因此 π_M 系由 $n/2$ 个长度为 2 的环所组成，而且

$$val(\pi_M) = (-1)^{n/2}\prod_{(i,j)\in M}x_{ij}^2 \neq 0,$$

所以引理得证。□

定理 18.17 令 $G(V,E)$ 是一个图,其 Tutte 矩阵为 T,当且仅当 G 有一个完备匹配 M 时,则 $det(T) \neq 0$。

证明 假定 G 有一个完备匹配 M,并令 π_M 是其相应的置换。则

$$val(\pi_M) = (-1)^{n/2} \prod_{(i,j) \in M, i<j} x_{ij}^2$$

设置 $x_{ij} = 1$,如果 $(i,j) \in M$;否则为 0。于是对于任意置换 $\sigma \neq \pi_M$, $val(\sigma) = 0$,因此行列式之值等于 $sgn(\pi_M) val(\pi_M) = 1$,这就意味着 $det(T)$ 不恒为零。现在假定 $det(T) \neq 0$,我们示出 G 必有一个完备匹配。

考虑任何置换 $\sigma \in S_n$,使得 $val(\sigma) \neq 0$ 且 σ 包含一个奇数环。如果以相反的次序遍历奇数环而不管所有其他的环,则可以得到另一置换 σ',使得 $val(\sigma') = -val(\sigma)$ 且 $sgn(\sigma') = sgn(\sigma)$。例如,奇数环 $c = (1\ 2\ 3)$ 可由 $c' = (3\ 2\ 1)$ 代替,因此 $val(c) = t_{12} t_{23} t_{31}$ 和 $val(c') = t_{32} t_{21} t_{13} = -val(c)$(因为 T 是斜对称的)。由此得出,包含奇数环的置换可相互抵消。所以 $det(T)$ 不恒为零的事实就隐含着存在一个置换 π,使得 $val(\pi) \neq 0$ 且 π 不包含奇数环。由引理 18.13 可知 G 有完备匹配。□

18.7.2 测试完备匹配存在的随机算法

令 $I = \{-n, -n+1, \cdots, n\}$ 是个整数集合。我们均匀、独立地指派 I 中的各个值给每个变量 x_{ij}。计算由 Tutte 矩阵得到的整数矩阵的行列式。如果行列式非零,则宣称 G 有一个完备匹配。其误差概率 $< 1/2$。

我们的随机算法的复杂度主要由计算整数矩阵的行列式决定。下面给出一条定理,但不加证明,稍后用它来判定完备匹配的存在。

定义 18.15 一个 $n \times n$ 的矩阵 A 的**伴随矩阵**(Adjoint Matrix) $adj(A)$ 就是一个 $n \times n$ 的矩阵,其元素 $(i,j) = (-1)^{i+j} det(A_{ji})$,而 A_{ji} 是删去 A 的第 j 行和第 i 列后所形成的子矩阵。

定理 18.18[16] 给定一个 $n \times n$ 的整数矩阵 A,使得 A 的每一元素均由 k 位整数表示,那么 $det(A)$ 和 $adj(A)$ 都可用一并行随机算法计算之,其时间为 $O(\log^2 n)$,总运算次数为 $O(nM(n)k)$,其中 $M(n)$ 是最好已知的两个 $n \times n$ 矩阵相乘的串行算法所需的运算次数。

系 18.5 给定 n 点图 $G(V,E)$,可以应用并行随机算法测试其是否有完备匹配,所花费的时间为 $O(\log^2 n)$,使用了 $O(n^{3.5})$ 次操作。

该系只能指出完备匹配是否存在,但不能具体找出它。将推广 18.7.1 节的某些结果以推导出识别完备匹配中一些边的随机算法。下面假定 $G(V,E)$ 已有一个

完备匹配,目的是开发出识别这样的匹配的随机方案。主要的障碍是图 G 可能有很多完备匹配,使得很难协调 G 的并发处理以朝着单一的完备匹配收敛。可采用给图 G 的边指派随机整数权的方法来避免此困难,这种方法将以至少 1/2 的概率确保一个最小权完备匹配的唯一性。

1. 孤立引理(Isolating Lemma)

一个**集合系统**(Set System)系由数对 (S,F) 组成,其中 S 是一些元素的有限集合,即 $S = \{e_1, e_2, \cdots, e_n\}$;而 F 是 S 的子集合,即 $F = \{S_1, S_2, \cdots, S_t\}$,其中 $S_j \subseteq S(1 \leq j \leq t)$。我们要给每个元素 $e_i \in S$ 指派一个整数权 w_i。子集 $S_j \in F$ 的权定义为 $w(S_j) = \sum_{e_i \in S_j} w_i$。现在的目的就是指派这些权,使得 F 中最小权子集唯一。

引理 18.14 如令 (S,F) 是一个集合系统,使得在区间 $[1, 2, \cdots, 2n]$ 上(n 为 S 中元素数目)S 中的每个元素被指派给一个随机整数权,则 F 中最小权子集是唯一的概率至少为 1/2。

证明 我们要示出,至少有 1/2 的概率使得 S 中的每个元素要么①处于 F 中每个最小权子集中;要么②不处于这样的子集中。上述性质就意味着最小权子集是唯一的。

将 F 中的子集划分成两组 G_1 和 G_2,使得 G_1 系由包含 e_i 的所有子集 $S_j \in F$ 所组成;而 G_2 系由 F 中剩下的子集所组成。假定某些权已经指派给除 e_i 之外的 S 中所有元素。令 δ_1 和 δ_2 分别是 G_1 和 G_2 中的子集的最小权,其中 G_1 中子集的权是除了 e_i 外的它的所有元素的权的和。如果 $\delta_1 \geq \delta_2$,则 e_i 不管指派给它的权,它将不处于任何最小权子集中。如果 $\delta_1 < \delta_2$,当且仅当 $w_i + \delta_1 \leq \delta_2$(即 $w_i \leq \delta_2 - \delta_1$)时,$e_i$ 属于最小权子集。事实上,每当 $w_i < \delta_2 - \delta_1$ 时,e_i 属于每个最小权子集;而当 $w_i > \delta_2 - \delta_1$ 时,e_i 不属于任何最小权子集;只有当 $w_i = \delta_2 - \delta_1$ 时才出现问题,因为有一个包含 e_i 的最小权子集,而另一个则不包含 e_i。称后者的 e_i 是**含糊的**(Ambiguous)。

因为 w_i 是从区间 $[1, 2, \cdots, 2n]$ 中均匀和独立选取的,所以 w_i 的值与 $\delta_2 - \delta_1$ 无关。因此,只要 w_i 失去这个特定的值,则 e_i 将是不含糊的,这就意味着 $P_r\{e_i$ 是含糊的$\} \leq 1/2n$。由此得出,在 S 中有一个或多个含糊元素的概率至多为 $n \times (1/2n) = 1/2$。因此,至少具有 1/2 的概率,使得 S 中的每个元素或处于 F 中的每个最小权子集中,或不在这样的子集中。□

2. 完备匹配的确定

令 $G(V, E)$ 是一个含有完备匹配的图。数对 (E, M)(M 是 G 中所有完备匹配的集合)形成了一个集合系统。给 G 的边随机指派一些整数权,它们均匀而独立地取自于区间 $[1, 2, \cdots, 2m]$ 上,其中 $m = |E|$。按照引理 18.14,在 G 中存在着唯一的最小权完备匹配。将开发一个并行算法去识别这种特定的完备匹配。首先

提供一个唯一最小权完备匹配的计算方法。令 T 是 G 之 Tutte 矩阵。用整数 $2^{w_{ij}}$ 替代不定元 x_{ji}，其中 w_{ij} 是指派给边 $(i,j) \in E$ 的权，所得到的矩阵用 $\mathscr{S}$ 表示。

引理 18.15 如令 $G(V,E)$ 是一加权图，使得 G 有一个唯一的最小权完备匹配，那么 $det(\mathscr{S}) \neq 0$，且能够整除 $det(\mathscr{S})$ 的 2 的最高幂是 2^{2w}（w 是权），其中 $\mathscr{S}$ 是从 Tutte 矩阵用 $2^{w_{ij}}$ 替代不定元 x_{ij} 所获得的矩阵，而 w_{ij} 是边 (i,j) 的权。

证明 令 S'_n 是 n 元素的置换集合，使得 S'_n 中无一置换含有奇数环。如在证明引理 18.17 中所说明的那样，包含奇数环的置换对 $det(T)$ 之值并无贡献，其中 T 是 G 之 Tutte 矩阵。令 M 是唯一的最小权完备匹配，π_M 是相应的置换。使用 $\mathscr{S}$ 之元素值，可得 $val(\pi_M) = (-1)^{n/2} 2^{2w}$。现考虑任何别的置换 $\sigma \in S'_n$。如果 σ 的每一个环长度均为 2，则 $val(\sigma) = (-1)^{n/2} 2^{2w(M')}$，其中 M' 是与 σ 有关的完备匹配，而 $w(M')$ 是其权。因为 M 是唯一的最小权完备匹配，所以得到 $w(M') > W$，因此 $val(\sigma)$ 可用 2^{2w} 整除。

假定 σ 有一些长度大于 2 的偶数环，那么可以采用从每个长度大于 2 的环中选出一组互补的边集的办法从 σ 中演绎出两个完备匹配 M_1 和 M_2。因此，$|val(\sigma)| = 2^{w(M_1) + w(M_2)}$，其中 $w(M_1)$ 和 $w(M_2)$ 中的每一个都大于 w。由此得出，$val(\sigma)$ 也可由 2^{2w} 整除。

由上可知，$det(\mathscr{S})$ 和的每一项可被 2^{2w} 整除，而且有一项（即 $val(\pi_M)$）精确地等于 2^{2w}，所以 2^{2w} 是能够整除 $det(\mathscr{S})$ 的 2 的最高幂。□

一旦计算出整数矩阵 $\mathscr{S}$，就可利用引理 18.15 决定最小权完备匹配的权。下面描述属于唯一最小权完备匹配的所有边。为此用 $\mathscr{S}_{ij}$ 表示去掉 $\mathscr{S}$ 的第 i 行和第 j 列的子矩阵。

定理 18.19 如令 $G(V,E)$ 是一个加权图，它有一个唯一最小权完备匹配的权 w，则当且仅当 $2^{w_{ij}} det(\mathscr{S}_{ij})/2^{2w}$ 是奇数时边 (i,j) 属于 M。

证明 考虑所有满足 $\pi(i) = j$ 的置换 $\pi \in S_n$ 的集合，则和式 $\sum_{\substack{\pi \in S_n \\ \pi(i) = j}} sgn(\pi) val(\pi)$ 精确地产生定义 $det(\mathscr{S}_{ij})$ 的各个元素，使得每一个这样的元素均由 $\mathscr{S}(i,j) = 2^{w_{ij}}$ 相乘。所以下面等式成立：

$$2^{w_{ij}} det(\mathscr{S}_{ij}) = \sum_{\pi \in S_n, \pi(i) = j} sgn(\pi) val(\pi) \tag{18.8}$$

考虑满足 $\pi(i) = j$ 的含有奇数环的任意置换 π。因为 n 是偶数，所以 π 必至少包含两个奇数环。采用颠倒一个奇数环的次序，可导出另一置换 π'，使得 $\pi'(i) = j, val(\pi') = -val(\pi)$ 和 $sgn(\pi') = sgn(\pi)$（同定理 18.17 的证明）。因此包含一些奇数环的置换在方程(18.8)中彼此相消。所以可假定上述和式只由包含偶数环的一些置换组成。

假定边 (i,j) 属于最小权完备匹配 M。则相应的置换 π_M 满足 $\pi_M(i)=j$,因此它被包含在和式(18.8)中。任何其他相应于不包含奇数环的置换的元素的值为 2^α,其中 $\alpha>2w$。所以,$2^{w_{ij}}det(\mathscr{S}_{ij})=2^{2w}+2^{\alpha_1}+\cdots+2^{\alpha_t}$(对于某个 t),其中 $\alpha_i>2w$(对于每个 $1\leqslant i\leqslant t$)。由此得出 $2^{w_{ij}}det(\mathscr{S}_{ij})/2^{2w}$ 是一奇数。

现在假定 $2^{w_{ij}}det(\mathscr{S}_{ij})/2^{2w}$ 是奇数,但 (i,j) 尚不在最小权完备匹配 M 中。对于任意满足 $\pi(i)=j$ 且 π 不包含奇数环的置换 $\pi\in S_n$,$|val(\pi)|=2^{2w(M')}$ 或 $2^{w(M_1)+w(M_2)}$(像在证明引理 18.15 那样,M'、M_1 和 M_2 为某些完备匹配)。所以和式 (18.8) 可以表示为 $\sum_i 2^{\alpha_i}$,其中 $\alpha_i>2w$。此事实就意味着 $2^{w_{ij}}det(\mathscr{S}_{ij})/2^{2w}$ 是偶数,这与假定矛盾。所以边 (i,j) 必定包含在最小权完备匹配中。□

3. 完备匹配随机算法[17]

算法 18.7 RPRAM-CREW 模型上的完备匹配随机算法

输入:$G(V,E)$。

输出:边集合 M,使得 M 是一个概率 $\geqslant 1/2$ 的完备匹配。

begin

  (1) 给边 $(i,j)\in E$ 赋一随机整数权 w_{ij},而 w_{ij} 均匀、独立地取自于 $[1,2,\cdots,2m]$,且 $m=|E|$;

  (2) 令 $\mathscr{S}$ 是由 G 之 Tutte 矩阵将未定元 x_{ij} 代之以 $2^{w_{ij}}$ 所导出的矩阵;

  (3) 计算 $det(\mathscr{S})$,并推导出最小权完备匹配的权 w 的值;

  (4) 计算伴随矩阵 $adj(\mathscr{S})$,其中第 (i,j) 个元素的绝对值就是 $\mathscr{S}_{ji}$ 的行列式;

  (5) **for** each $(i,j)\in E$ **par-do**

        if $2^{w_{ij}}det(\mathscr{S}_{ij})/2^{2w}$ is odd **then** include (i,j) in M **end if**

     end for

end

上述算法的主要计算工作在第(3)步和第(4)步,定理 18.18 给出了计算它们的复杂度。

定理 18.20 算法 18.7 可确定 $G(V,E)$ 的边集 M 是一个完备匹配的概率至少是 $1/2$,其运行时间为 $O(\log^2 n)$,使用了 $O(n^{3.5}m)$ 次操作,其中 $|V|=n$,$|E|=m$。

4. 最大匹配[18]

至此所讨论的都是确定输入图的完备匹配,下面示出如何确定任意图 $G(V,E)$ 的最大匹配。

令 α 是 G 的**最大匹配**(Maximum Matching)M 的尺寸,则 G 有 2α 个在 M 中被匹配的顶点和 $n-2\alpha$ 个失配的顶点。现在加入 $n-2\alpha$ 个新顶点,使其每一个都连向每个 $v\in V$。用 $G'(V',E')$ 表示此新图。很明显,G' 有一个包含 M 的完备匹配,

而且每个 G' 的完备匹配包含了一个大小为 α 的 G 的匹配。因此,如果已知 α,则就可使用算法 18.7 计算 G 的最大匹配。

一般而言,并不知道最大匹配尺寸,可使用下述方法求之:令 k 是任意整数,满足 $1 \leq k \leq n-2$,且 $k+n$ 是偶数。那么向 G 加入 k 个新顶点,并将每个新顶点连向原图 G 中的所有顶点。用 G_k 表示所得到的图。很容易检查,当且仅当 $k \geq n - 2\alpha$(α 是 G 中最大匹配尺寸)时所得到的 G_k 有一个完备匹配。所以可对 G_k 的最小 k 值施行对半搜索而确定 G 的最大匹配。

系 18.6 一个 n 个顶点 m 条边的图 G 的最大匹配可用一随机并行算法确定之,其运行时间为 $O(\log^3 n)$,使用了 $O(n^{3.5} m)$ 次操作。

习　题

18.1　令 S 是采样空间,使用概率测度公理,证明 Boole 不等式,即给定任意事件集合 $\{A_i\}$,则 $P_r\{\bigcup_i A_i\} \leq \sum_i P_r\{A_i\}$。

18.2　假定采样空间 S 被划分成不相交的集合 $\{A_i\}$,令 B 是任意事件,其 $P_r\{B\} > 0$。试证明 Bayes 定理,即 $P_r\{A_i \mid B\} = P_r\{A_i\} P_r\{B \mid A_i\} / (\sum_i P_r\{A_i\} P_r\{B \mid A_i\})$。

18.3　令 X 是非负随机变量,试证明 Markov 不等式: $P_r\{X \geq k\mu X\} \leq 1/k$。

18.4　给定具有数学期望 μ 和标准差 σ 的随机变量 X,对任一给定的正数 ε,试证明 Chebyshev 不等式: $P_r\{|X - \mu| > \varepsilon\sigma\} \leq 1/\varepsilon^2$。

18.5　令 X 是 n 次 Bernoulli 试验中成功的数目,其成功概率为 p,试证明 X 的方差为: $\sigma_X^2 = np(1-p)$。

18.6　试考虑随机分布 m 个相同的球于 n 个箱子中的试验。试问:每个箱子中至少有一个球的概率为何?

18.7　重新设计算法 18.2,使其运行在 RPRAM-EREW 模型上,并分析该算法的复杂度。

18.8　试证明引理 18.3,即函数 f 是一到一的,使得对任何串 X,$f(X)$ 的行列式为 1。如果 X 的长度为 m,则 $f(X)$ 的每一项都是一个不大于 F_{m+1} 的整数,其中 F_{m+1} 是第 $m+1$ 个 Fibonnacci 数。即 $F_1 = F_2 = 1, F_{m+1} = F_m + F_{m-1}$。

18.9　设计一个运行时间为 $O(\log n)$、操作数量为 $O(n)$ 的 Las-Vegas 串匹配算法,假定模式串是非周期的(注意一个串 $P(1:m)$ 是非周期的,如果其周期 $\geq m/2$)。

18.10　试将二维数组的匹配算法推广到 d-维数组,d 为常数。

18.11　假定正文串 $T(n:n)$,而模式串 P 是菱形的。试设计一个随机并行串匹配算法。

18.12　令 $p(x)$,$q(x)$ 和 $r(x)$ 是三个多项式,其中 $deg(p) = deg(q) = n$,$deg(r) = 2n$。试设计一个随机算法测试是否 $p(x)q(x) = r(x)$,使得该算法的 $T(n) = O(\log n)$,$w(n) = O(n)$。

18.13　假定 n 个数取值于 $[1, 2, \cdots, n]$,试设计一个在 RPRAM-EREW 模型上、运行时间为

$O(\log n)$、运算量为 $O(n\log n)$ 的排序算法。该算法的空间复杂度是多少?

18.14 所谓 n 个元素的集合 A 之近似中值是指该元素的位序为 $\alpha n(0<\alpha<1)$。试设计一随机求近似中值算法,其运行时间为 $O(\log n)$,而运算量是线性的。

18.15 试设计一随机算法计算图 $G(V,E)$($|V|=n$,$|E|=m$)的最大匹配,其运行时间为 $O(\log^2 n)$(提示:推广 G 为完全图。每条边 e 之权 $w(e)$ 取值于 $[1,2,\cdots,n^2]$。向每条新的边的权加 n^3。示出所得之图具有唯一最小权完备匹配的概率至少为 $1/2$)。

参 考 文 献

[1] JáJá J. An introduction to parallel algorithms. [S. l.]: Addison-Wesley, 1992.

[2] Chung K L. Elementary probability theory with stochastic processes. New York: Springer-Verlag, 1985.

[3] Hagerup T, Rüb C. A guided tour of Chernoff bounds. Information Processing Letters, 1990, 33(6): 305-308.

[4] Clarkson K L. New applications of random sampling in computational geometry. Discrete and Computational Geometry, 1987, 2(2): 195-222.

[5] Kirkpatrick D G. Optimal search in planar subdivisons. SIAM J. Comput., 1983, 12(1): 28-35.

[6] Karp R M, Rabin M O. Efficient randomized pattern-matching algorithms. IBM J. Res. Develop., 1987, 31(2): 249-260.

[7] Rosser J B, Schoenfeld L. Approximate formulas for some functions of prime numbers. Illinois J. of Math, 1962, 6: 64-94.

[8] Schwartz J. Fast probabilistic algorithms for verification of polynomial identities. JACM, 1980, 27(4): 701-717.

[9] Freivalds R. Fast probabilistic algorithms. Proc. Mathematical Foundations of Computer Science. New York: Springer-Verlag, 1979.

[10] Reischuk R. Probabilistic parallel algorithms for sorting and selection. SIAM J. Comput., 1985, 14(2): 396-409.

[11] Chlebus B S, Vrto I. Parallel quicksort. J. of Parallel and Distributed Computing, 1991, 11(4): 332-337.

[12] Raghaven P. Lecture notes on randomized algorithms. Tech. Rep. Yorktown Heights, NY: IBM Research Division, 1990.

[13] Rajasekaran S, Reif J. Optimal and sublogarithmic time randomized parallel sorting algorithms. SIAM J. Comput., 1989, 18(3): 594-607.

[14] Tutte W T. The factorization of linear graphs. J. London Math. Soc., 1947, 22(1): 107-111.

[15] Lovasz L. On determinants, matchings and random algorithms, In Budach L. ed. Fundamentals of Computing Theory, Berlin: Akademic-Verlag, 1979.

[16] Pan V. Fast and efficient algorithms for the exact inversion of integer matrics. Proc. 5th Annu. Foundations of Software Technology and Theoretical Computer Science Conference, New Delhi, India,1985,504-521.

[17] Mulmuley K, Vazirani U V, Vazirani V V. Matching is as easy as matrix inversion. Combinatorica. 1987,7(1): 105-113.

[18] Rabin M O, Vazirani V V. Maximum matching in general graphs through randomization. J. of Algorithms,1989,10(4): 557-567.

[19] Motwani R, Raghavan P. Randomized Algorithms. [S. l.]: Cambridge University Press, New York,1995.

[20] Snir M. Lower bounds on probabilistic linear decision trees. Theoretic Computer Science,1985, 38: 69-82.

[21] Floyed R W, Rivest R L. Expected time bounds for selection. Communication of the ACM, 1975,18: 165-172.

[22] Solovay R, Strassen V. A fast Monte-Carlo test for primality. SIAM J. Comput. 1977,6(1): 84-85.

[23] Rabin M O. Probabilistic algorithm for testing primality. Journal of Number Theory,1980,12: 128-138.

[24] Hoare C A R. Quicksort. Computer J. 1962,5: 10-15.

[25] Valiant L G. A Scheme for fast parallel communication. SIAM J. Comput,1982,11: 350-361.

[26] Jerrum M R, Sinclair A. Approximating the permanent. SIAM J. Comput. ,1989,18(6): 1149-1178.

[27] Rabin M O. The choice coordination problem. Acta Inf. 1982,17: 121-134.

[28] Alon N, Spencer J. The probabilistic method. New York: Wiley,1992.

[29] Agarwal P K. Partitioning arrangements of lines I: An efficient deterministic algorithm. Discr. Comput. Geom. 1990,5(5): 449-483.

[30] Agarwal P K. Partitioning arrangements of lines II: Applications. Discr. Comput. Geom. 1990, 5: 533-574.

[31] 徐云,陈国良,许胤龙,等. $O(m^2)$ 时间求解 SAT 问题的随机算法,计算机学报,2001, 24(11): 1136-1141.

第十九章　VLSI 计算理论

内容提要　随着 VLSI 集成度的大幅度提高、微处理器芯片功能的不断增强和价格的急剧下降，用 VLSI 芯片构成的多处理器和多计算机系统大大地提高了计算能力，在前面一些章节中，已经清楚地看到，用若干简单、高度规整的心动结构，设计一些特定的并行算法，可以高效地求解一大类问题，这充分地显示了 VLSI 在并行处理中的功效与作用。但我们对分析 VLSI 并行算法时所涉及的一些基本问题并未给予更多的关心。本章将从 VLSI 并行计算的角度出发，讨论 VLSI 理论计算模型，面积和时间下界以及旨在减少芯片面积，研究各种典型计算图按电路最小互连距离的布局方法和有关的布局理论。这些内容虽然较深一些，但在难易程度上，尽量照顾到本书的读者都可接受。

本章的内容主要取自于参考文献[1]。

讲授要点　① 讲授思路：度量 VLSI 算法复杂度标准是面积 A 和时间 T，为此要研究 AT 观点、AT^2 理论和 AT^2 下界；减少面积就要研究图的布局方法、布局面积、走线长度以及布局理论（包括图的分治布局法、交叉点数等）；最后要研究计算机科学中典型和常用的计算结构图（MC^2、T、PS、MT、BF、CCC 等）的布局方法。② VLSI 电路模型和计算模型：电路栅格模型；层数定理；Thompson 的 VLSI 计算模型。③ 典型计算图的结构布局法：树的布局；网孔和树网的布局；洗牌交换网的布局；立方环的布局；蝶形网的布局。④ 分治布局法：基本原理和方法；图的分离集；通道生成；分治布局法（布局面积公式(19.20)，分离图的拼接）。

19.1 VLSI 电路模型和计算模型

当我们研究 **VLSI 计算理论**(Computational Theory of VLSI)时,首先需将实际的 **VLSI**(Very-Large-Scale-Integration)电路抽象成电路栅格模型,然后再将其从计算的角度进一步抽象、简化,使之适合于算法设计与分析的 **VLSI 计算模型**(Computational Model of VLSI)。

19.1.1 VLSI 电路模型

1. 栅格模型

到目前为止已经提出了各种各样的 VLSI 电路模型,但是它们绝大多数和普遍使用的**栅格模型**(Grid Model)都具有很多共同之处。

在栅格模型中,通常使用一个矩形栅。电路的各种导线只能沿着**栅线**(Grid Line)(或称**格边**)走线,或水平走向,或垂直走向。允许有一个或多个层,但每一层的任何一条栅线上最多只能有一根导线沿着它走。在不加任何说明的情况下,层的数目是固定的。

可以把栅线之间的间距粗略地视为**最小栅距**(Minimum Pitch),它用涂层的可能的最大收缩量 λ 表示(20 世纪 80 年代初的工艺水平 $\lambda = 2$ μm 左右)。所有的设计参数均表示为 λ 的倍数。λ 的有限值限制了导线的宽度。

在栅格模型中,电路元件,特别是输入/输出端点和连接点只能出现在**栅点**(Grid Point)(也称**格点**),不允许导线直接穿过栅点。

因为在一个平面内的同一栅点只能有四条栅线,所以栅点的线数限制为四乘上所允许的**层数**(Layers)。

另外,还假定一个逻辑元件的输入数目即**扇入**(Fan-In)是固定不变的,而输出数目即**扇出**(Fan-out)却不加任何限制,只是要注意到输出线驱动很多门时将具有很大的电容从而影响传输速度。

人们对栅格模型能否反映实际电路的真实性存在着一些怀疑,其中有些可很容易消除,但也有一些值得考虑,不过从 VLSI 的并行计算角度来看,栅格模型是一种比较简单和实用的模型。

2. 凸面假定(Convexity Assumption)

在栅格模型中,当求一个电路的嵌入面积时,最简单的办法是将两栅线之间的空间作为单位距离,并且用电路所包围着的最少方格数目来计算面积。这就隐含着一个不能立即证实的简化假定,即所有的电路表面都是**凸面**的。如果一个电路是凸面的,且其主轴(最长的直径)平行于 x 轴或 y 轴,那么它所占据的面积就是所包围的矩形面积,最多也只不过大一个常数倍,因而并不影响复杂度的计算。

对于某一电路所占用的区域不是凸面,或者其主轴与 x/y 轴偏离的情况,可将其"弯曲"成凸面形状,同时一个电路能够旋转而其占据的总面积不会多于一个常数倍,因此关于凸面的假定,并不丧失一般性。

3. 时间单位

除了对电路所占用的面积进行如上的抽象外,还必须对电路所花费的时间进行模型化。首先要定义一个**离散计算步**(Discrete Computational Step)的概念。在一个芯片上执行逻辑运算时,涉及开关一个晶体管所需的最短时间问题。将此最小时间定义为一个**时间单位**(Time Unit),并且希望它不能太大,因为总想保持小的时间单位。所以也将假定在一个时间步内信号所穿过的逻辑级数是有限的。将此与固定扇入的假定联系在一起就意味着,如果欲计算一个 n 变量的逻辑函数,那么所花费的时间至少是 $\log n$。

在定义了时间单位的概念之后,就可以计算对于一个给定的输入,某一电路完成任何计算所需的时间了。此时间就是从第一个输入信号进入到最后一个输出信号离开所掠过的时间单位的数目。

4. 层数定理

前面仅仅假定栅格模型中层的数目是有限的,但没有确切说明需要多少层。从原理上讲,层的数目越多越好(这样便于布局),但这无关紧要,因为栅格模型中,任何一个具有有限层的电路都可以用一个具有双层的电路来取代。下面的定理阐述了这一点。

定理 19.1[2]   如果 C 是栅格模型中的一个具有 k 层的电路,则必存在着一个具有两层的电路 C',它可在相同的时间内完成 C 之所有功能,而面积只为 C 的 k^2 倍,且可保证一个层中的导线只沿水平走向,而另一层中的导线只沿垂直走向。

证明   为方便起见,假定所使用的坐标系之原点位于 C 的左下角。试在 k 条线的栅格上构造 C',这样 C 中某一维的线 i 就变成了线 ki 到 $k(i+1)-1$;C 中的每一电路元件在每维上都展开 k 倍。所以如果原来所覆盖的栅格是从 i_{low} 到 i_{high},现在它就变成了在该维中从 ki_{low} 到 $k(i_{\text{high}}+1)-1$ 了。由于这种结果,如果 C 中栅线 i 与一个电路元件相遇,那么在 C' 中它就变成 k 条线与它相遇了。

令 C 的各层编号为 $0,1,\cdots,k-1$。C 中一条在 j 层沿线 i 的走线,现在它将沿相同维中的导线 $ki+j$ 走向。在 C' 中,第一层中的导线沿水平方向走线,第二层中的导线沿垂直方向走线,当导线改变方向时,相同的线段将用**接点**进行相连。注意,C 中的接点在 C' 中将变成 $k \times k$ 的区域,所以 C 中层的变化反映在 C' 中是用些导线在那个区域内相连,同时别忘记,非连接的导线是不能穿过接点的,否则就不能在所分配的面积内进行连接。□

以后,称满足定理 19.1 之条件的电路为**标准型**(Normal Form),即它有两层,每层提供一个方向的走线。

例 19.1 图 19.1 是应用本定理的一个例子,其中 C 是由两个逻辑元件和一个接点所组成的简单电路,它们在 0、1、2 三层中布线,且分别用实线、点画线、虚线表示(图 19.1(a))。C' 中的两个逻辑元件都变成 3×3 的方块,而 C 中的接点也由 3×3 的"云状"区域所代替。C 中的实线沿着 C' 中的最低栅线行走,直到遇到第 7 根垂直线,在那里它用一个接点转向第二层,然后再向上前进。C 中的点画线沿着 C' 中的第 2 根水平线行走,直到遇到第 8 根垂直线,在那里它亦用一个接点转向第二层,然后再继续向上前进。C 中的虚线在 C' 中也按类似的方式行走,直到它遇到"云状"区域,然后,再按图 19.1(b) 所示的方式几度变换层次而继续前进。□

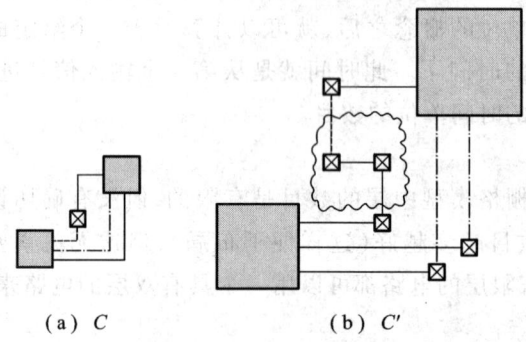

(a) C (b) C'

图 19.1 由多层构造两层方法

19.1.2 VLSI 计算模型

VLSI 计算模型[3] 是 VLSI 电路的一种抽象、简化使之适合于算法设计和性能评价的需要。这种模型是把芯片看成一个**计算图**(Computational Graph),其中顶点是用于加工信息的元器件,而边用来传递信息和分配电源及电气连接。一个计算图在芯片上的布局是指在工艺约束下,在芯片上实现该图所要求的连接。这不仅包括如何安排元件(**布局**,Layout),即计算图的合法平面嵌入,而且还包括如何走线(**布线**,Routing)。工艺的约束在芯片上反映为几何约束,这些约束经过合理的抽象和简化,我们就可把它形式化描述为一组面 – 时假定。

1. 面积 A 假定

(1) **导线面积 A_1** 所有导线的最小宽度 $\lambda > 0$,其中 λ 为特征尺寸。在一个点上最多可重叠 v 条线(这意味着假定层数有限)。

(2) **晶体管和 I/O 端口面积 A_2** 这两者的面积至少应为 λ^2,且可进一步假定 A_2 可分为独立的两部分,$A_2 = c_t \lambda^2 + c_p \lambda^2$,其中 c_t 和 c_p 是由工艺决定的常数。

(3) **芯片面积 A_3** 芯片面积至少是导线面积、晶体管和 I/O 端口面积的总和,至多为围住图的合法布局的最小面积(即平面凸图面积)。

对于面积的假定,几乎所有的学者的观点都是一致的;而对于时间的假定则有一些分歧,现介绍如下。

2. 时间 T 假定

把一个晶体管改变输出且沿着输出线传输该变化称为一个**基本动作**。对于一个给定的计算图,设计者就可以把算法的执行描述为一系列基本动作。换句话说,算法的执行可以很方便地由一个单源/单目的有向无环图来模拟,其中边相应于一些基本动作,每条边用动作的执行时间加权之,这些权值的赋值可以进行如下的形式化:

(1) **传播时间 T_1** 有三种不同的主张:① **同步模型**:不管导线多长,一位信息沿导线之传播时间 τ 为一个单位时间;② **电容模型**(Capacitance Model):一位信息沿长度为 l 的导线传播时间为 $O(l)$ 个单位时间;③ **扩散模型**(Diffusion Model):一位信息沿长度为 l 的导线传播时间为 $O(l^2)$ 个单位时间。

(2) **计算时间 T_2** 算法的计算时间定义为从算法执行开始到结束沿着最长的基本动作序列所需的时间。这一点看法是一致的。

上面对 T_1 的三种不同假定,看起来似乎扩散模型最合乎道理,因为电容、电阻都随着导线的增长而线性增加,因而电路的时间常数 RC 以二次方增加,但这也是一种渐近的分析,而且只有网孔之类的计算图才是可行的(因为芯片走线应遵循局部最近邻的假定,而洗牌交换、立方环或树连接等都不严格遵守这一假定)。

3. Thompson 模型[4]

按照上面的讨论,目前已提出好几种 VLSI 计算模型,它们之间的差别主要表现在对 I/O 的处理方式上。本章主要使用 Thompson 模型,其要求可概括如下:

(1) **嵌入假定** 一个 VLSI 电路可以抽象为嵌入在欧几里得平面内的一些点和线。每个点最多只能有两线相交;线和节点、节点和节点不能相交;线段具有单位宽度;节点占有 $O(1)$ 面积。

(2) **计时假定** 导线具有单位带宽;在单位时间内最多只能传递一位信息;一般节点具有 $O(1)$ 延迟,驱动线长为 l 的驱动节点具有 $O(\log l)$ 延迟。

(3) **输入/输出假定** 每个 I/O 位的时间和地点均是预先指定的(即 When-and-Where 是确定的);同时每个输入值必仅在片子的一处进入且只能在指定的输出口读出一次(即所谓 Semilocal 和 Semilective)。

(4) **栅格模型** 即在由两组互相平行的直线构成的长方形栅格中,导线只能沿栅格布局;电路元件只能出现在栅格的格点上,每个格点的度至多为 4。

(5) **位模型** 在 n 个输入变量中,采用近于非冗余的编码方式,即变量的位数 $q = (1 \pm \varepsilon), \varepsilon > 0$。在位模型中,数据只能按位处理,在一个"位步"内每个处理单元只能进行常数个"位操作"。VLSI 模型在某种意义下是属于位模型。

与之相应的,以前各章节所讨论的各算法所使用的模型都是字模型。在此模型下,处理器有足够的存储能力,在一个"字步"内可操作两个任意长的字。

*19.2 VLSI 面 – 时下界理论

本节主要讨论 VLSI 面 – 时下界(Lower Bounds on Area and Time)理论,包括其基本概念、下界论点、信息流、穿越序列、计算摩擦等。

19.2.1 几种基本的下界论点

用一块片子执行某种计算时,可用图 19.2 所示的长方体来推导面积 A 和时间 T 的下界,其中垂直方向表示算法所需的时间 T,而水平两维代表芯片的面积 A。具体而言,有三种基本不同的观点推导下界。

① 在图 19.2 所示的长方体内,由于任何一点最多只能存储一位信息,因此输入位数不能超过长方体的容积,而容积等于面积和时间的乘积。所以这种观点是用 AT 来表示计算的下界。

② 在图 19.2 中,沿其水平方向画一个切面,当片子用以求解某一特定问题时必定有一定数量的信息流穿越此切面。由于在水平切面的单位面积上只能穿越一位信息,所以这种观点仅用面积就可表示计算的下界。

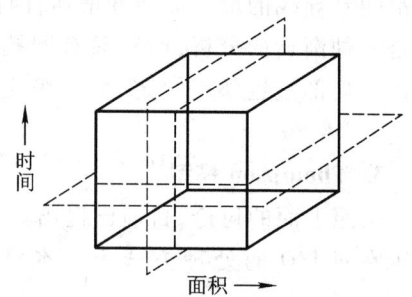

图 19.2 VLSI 计算时 – 空图

③ 在图 19.2 中，如果过 A 的长边任作一垂直于短边的垂直切面，则在整个计算过程中通过此切面的信息量不超过 $\sqrt{A \cdot T}$，此值之平方即为 AT^2。这就是著名的"**面积－时间平方**(Area-Time-Squared)"。从直观上理解，VLSI 算法设计不可能使 A 和 T 同时最佳，往往需折中考虑。随着 VLSI 工艺的进展，减少时间比减小面积更有意义，而且相对来说，减少时间比减小面积效果更好，所以 AT^2 是一个比 AT 更强的权衡参数。

1. 基于信息存储的 A-理论

如果一个电路的面积为 A，它不会多于 A 个电路元件。所以从一个单位时间到下一个单位时间它也不能"记住"多于 A 位的信息。通过所谓的"**愚弄**"(Fooling)论点，可以使这些存储位的概念更加准确。如果到时刻 t，已读入多于 A 个输入位，那么就存在着两种对于已读变量的赋值，使得在读入这两种赋值中的每一个后，电路处于同样的状态，这就意味着导线和电路元件在每种情况下都具有相同的值。因此如果后继的输入相同，那么电路响应这两种赋值而产生的输出，后来也相同。如果能证明对于"早期"输入具有 $2^{f(n)}$ 种不同的赋值，这些赋值对于同样的后继输入具有不同的输出，那么就证明了任何求解输入大小为 n 的问题的电路必须至少有面积 $f(n)$。事实上，如果面积更小，那么 $2^{f(n)}$ 个输入赋值中至少有两个允许电路处于相同状态。于是如果这两个"早期"输入继以同样的"晚期"输入，那么电路的输出不可能不同。

2. 基于输入/输出流的 AT-理论

常常可以得到一个简单的下界，它不是电路所需的时间或者面积，而是它们的乘积。其原理是：如果我们必须输入 n 位，那么因为面积为 A 的电路之焊点数不多于 A 个，它必须花费至少 n/A 个时间单位来输入或输出所有数据。如果令 D 是问题 P 的输入位和输出位数中较大者，那么求解问题 P 的任何电路其所需的面积 A 和时间 T 必须满足 $AT \geq D$。

3. 基于内部信息流的 AT^2-理论

在很多情况下，A 和 AT 的下界都是"弱"的，在此意义上似乎不存在一些和下界一样好的电路。很多与能够构造的电路匹配得很好的"强"的下界是基于 AT^2 的。这些下界的推得，都不是基于存储要求或 I/O 之速率，而是基于芯片内部的**信息流**。可以基于此概念，使用几何的方法推导出 $AT^2 = \Omega(n^2)$，其中 n 为问题的规模。

4. 基于计算摩擦的 $AT/\log A$-理论

到目前为止，已经介绍了三种下界的基本观点，这些观点从本质上讲都是把 VLSI 计算信息视为一种内部流或 I/O 流，它唯一地受限于有效带宽(容量)。然而，在有些计算中，I/O 流往往低于带宽所能提供的流量，这是因为在产生输出前，信息必须被转换,而且这种转换由于逻辑电路的有限扇入和扇出而不能瞬时完成。就此点而论,VLSI 的计算类似于流体力学中的摩擦现象,所以就称其为**计算摩擦**(Computational Friction),而由此观点所推导的面-时下界也就称之为**计算摩擦面-时下界**[5,6]。这种下界所瞄准的事实是,因为输出函数的计算时间依赖于它们的变量,信息就必须驻留在芯片内一段时间,从而得到的下界比以前所述的基于 I/O 流的面-时下界就更"强"一些。

计算摩擦面-时下界 $AT/\log A$,最初是由 Johnson 利用功能相关求取整数加法的下界时发展出来的[6],他得到了比利用信息流的方法要好的结果。

19.2.2 信息流和穿越序列

本节将根据信息流和穿越序列的概念,推导出两个著名的下界公式 $AT^2 = \Omega(n^2)$ 和 $AT^2 = \Omega(I^2)$,其中 I 为信息量。

1. 划分和愚集

定义 19.1 令 P 是一个问题,n 是其尺寸,X 和 Y 为输入和输出之集合。所谓 P 和 n 的一个**划分**(Partition)是指将 X 分成两个不相交的集合 X_L 和 X_R,$X_L \cup X_R = X$;把 Y 分成 Y_L 和 Y_R,使得 $Y_L \cup Y_R = Y$。

定义 19.2 所谓 P 和 n 的一种**输入赋值**(Input Assignment)是指把 X 映射到 $\{0,1\}$,即把 0 和 1 赋予每一个输入位。

假定 $\pi = (X_L, X_R, Y_L, Y_R)$ 是一划分,α 和 β 是两个输入赋值。约定:α_L 代表 α 划入 X_L 的部分,α_R 代表 α 划入 X_R 的部分;$\alpha_L\beta_R$ 代表在 X_L 中与 α 一致以及在 X_R 中与 β 一致的输入赋值。

定义 19.3 对于问题 P,n 和划分 $\pi = (X_L, X_R, Y_L, Y_R)$,**愚集**(Fooling Set)是这样的一组输入赋值 $\mathcal{A}$,对于 $\mathcal{A}$ 中任何不同的 α 和 β,下面四个条件之一必须满足:① $\alpha_L\beta_R$ 在 Y_L 中的某一变量上与 α 不同;② $\alpha_L\beta_R$ 在 Y_R 中的某一变量上与 β 不同;③ $\beta_L\alpha_R$ 在 Y_L 中的某一变量上与 β 不同;④ $\beta_L\alpha_R$ 在 Y_R 中的某一变量上与 α 不同。

上述的每一条件都意味着:如果 α 和 β 在左边 (X_L, Y_L) 和右边 (X_R, Y_R) 之间的分界线上引起相同的数据穿越,则片子将被"愚弄"。例如,对于条件①而言,如果在边界上数据穿越相同,则输入 $\alpha_L\beta_R$ 在左边的情况与 α 一样。这样对于两个输入赋值 $\alpha_L\beta_R$ 和 α,Y_L 的输出必定相同。

"愚弄论"是证明下界的一种最普通的方法,它示出为了解决某一问题最少数量的信息必须从电路的一部分搬运到另一部分,否则片子就"愚蠢地"认为一半的输入和另一半的输入是同一回事,其实不然。

2. 信息量和穿越序列

一个问题的**信息量**(Information Content),直观上可理解为,为了解决问题 P 所必须跨越边界线上的信息的数量。为了定量描述它,兹作如下定义:

定义 19.4 假定 Z 为 X 的一个子集,X 是问题 P 和大小 n 的输入变量。我们说一个划分 π 对 P、n、Z 是**可接受的**,如果 Z 的 $1/3 \sim 2/3$ 在 X_L 中(所以 Z 的 $1/3 \sim 2/3$ 在 X_R 中)。

定义 19.5 令 $I(P,n,\pi)$ 为 P,n,π 的最大愚集元素个数的以 2 为底的对数;令 $I(P,n,Z)$ 为 P,n,Z 的所有可接受划分 π 中的 $I(P,n,\pi)$ 的最小值;则定义 $I(P,n)$ 为 P 的**信息量**,它取所有 Z 中 $I(P,n,Z)$ 的最大值。

在不发生歧义时,可略去参数 P 和 n,从而上述三个量可分别简记之为 $I(\pi)$、$I(Z)$ 和 I。

现在结合图 19.3 来介绍一下**穿越序列**(Crossing Sequence)的概念。假定 k 是任何逻辑单元扇入的最大值,有 $h+1$ 根栅格线超过分界线,则至多有 $h+1$ 条线和逻辑单元越过分界线。因此 $k(h+1)$ 完全确定了分界线上的**事件**(高、低电平或 0、1 值)。也就是说,在任何时刻,跨越分界线上的事件可完全由一些 1 和 0 而长度至多为 $k(h+1)$ 的一个字表征之。这样给定一个输入赋值 α 和一条分界线,则相应于 α 的在此分界线上的穿越序列是 $w_0,\cdots,w_{T-1}$,其中 T 是电路所用的时间,而 w_t 是一个字,它刻画了在时间 $t=0,\cdots,T-1$ 后的分界线上的电压值。因为穿越序列中的位数最多是 $k(h+1)T$,所以有 $k(h+1)T \geq I$。在图 19.3 中,因为 $w>h$,所以也有 $k(w+1)T \geq I$。将上述两式相乘,则有 $k^2(h+1)(w+1)T^2 \geq I^2$,因为 $k^2(h+1)(w+1) = O(A)$,所以就可得出著名的 AT^2 下界,即 $AT^2 = \Omega(I^2)$。

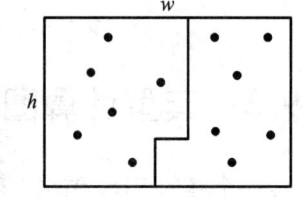

图 19.3 左右划分的电路

3. 下界 $AT^2 = \Omega(n^2)$ 的几何证明法

为了推导 $AT^2 = \Omega(n^2)$,其中 n 为问题的尺寸,考虑图 19.4(a) 所示的 n 个输

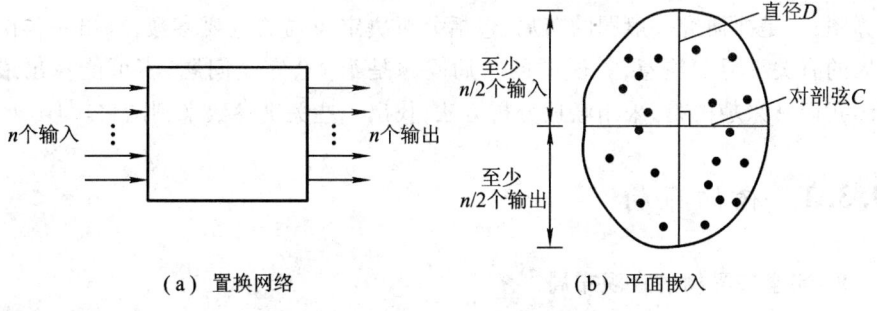

(a) 置换网络   (b) 平面嵌入

图 19.4 $AT^2 = \Omega(n^2)$ 的几何证明

入口和 n 个输出口的置换网络。因为 VLSI 本质上是二维的,所以现在的问题是要研究当将具有延迟 T 的网络(见图 19.4(a))嵌入图 19.4(b)所示的 VLSI 平面 A 中时所发生的情况。由前述 VLSI 计算模型可知,芯片可抽象为一种凸平面,导线具有单位宽度,任意节点能穿过常数条导线(例如 ν 条)。参照图 19.4(b),假定 D 是芯片凸平面的直径,令弦 C 垂直于直径 D,且将图 19.4(a)的 $2n$ 个 I/O 口对剖为两个各有 n 个 I/O 口的部分。这样一来,在一部分中至少有 $n/2$ 个输入口,另一部分中至少有 $n/2$ 个输出口。现在来考虑在 C 的一边 $n/2$ 个输入口一到一的映射到 C 的另一边 $n/2$ 个输出口上的情况。因为芯片是凸平面,所以面积 $A \geq CD/2 \geq C^2/2$。设 w 为穿过 C 的线数,显然 $w \leq C\nu/\lambda$,所以 $C \geq w\lambda/\nu$。又因为每条线在单位时间内只能传输一位信息,所以在一个单位时间内最多有 $O(w)$ 位信息越过对剖弦 C。根据信息流的观点,为了完成某一特定的置换,至少要有 $\Omega(n)$ 位信息越过 C,所以 $T = \Omega(n/w)$。于是 $AT^2 \geq (1/2)(w^2\lambda^2/\nu^2)(n^2/w^2) = \Omega(n^2)$。

19.3　典型计算图的结构布局法

一个好的 VLSI 结构一般系指:该结构适合于某一问题或某一类问题的并行计算要求;同时它能在芯片上紧凑布局。所谓 VLSI 结构是指实现某一特定计算功能的 VLSI 电路结构,我们也称其为计算图。该图支持一种规定的算法,它从算法的角度,把一个 VLSI 电路结构抽象为一种图结构,其中顶点是用于加工信息的电路元件,而边是传递信息的通信链路。做上述的抽象后,一个 VLSI 芯片就是这种计算图的二维平面嵌入,而所谓布局也就是研究这种计算图的合法平面嵌入,即按照预定的模型(例如说栅格模型)约束条件,如何巧妙地安排这些电路元件及其连线。

研究 VLSI 的布局有两个重要的方面:一是要用构造法具体布局一些典型的计算图;二是要研究一般图的布局,包括分析决定布局的重要参数,求出一类图的布局的有关下界。注意,一般图的布局问题是个 NP 完全问题,不可能找出最优解。我们感兴趣的是,采用渐近分析方法,找出一些关键参数来刻画它。

19.3.1　树的布局

1. 完全二叉树的直观布局[7]

假定一棵**完全二叉树**(Complete Binary Tree)具有 $n = 2^k - 1$ 个节点(叶节点数

为$(n+1)/2$)。一种最直观的布局法如图 19.5 所示。其中叶节点沿底边水平方向放置,则树高为 $O(\log n)$,所以面积 $A(n) = O(n\log n)$。注意,这种布局,从叶节点向根节点,节点间的连线数目逐级减半,但连线的长度却逐级加倍。这就意味着树的每一级导线所占的面积大致相同。这种布局所需的面积 $A(n)$ 的递归表达式为

$$A(n) = 2A(\lfloor n/2 \rfloor) + n/2 \tag{19.1}$$

其中,$A(1)=1, n=2^k-1, k>1$,解此方程得

$$A(n) = O(n\log n) \tag{19.1a}$$

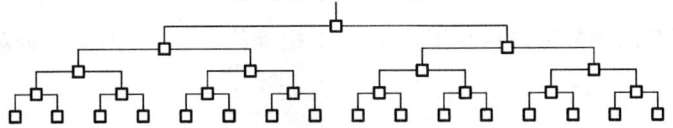

图 19.5 完全二叉树的直观布局

2. H-树布局法[8]

一种更为有效的布局是 **H-树**(H-Tree)布局法,如图 19.6 所示,二叉树的节点以递归方式布局在栅格结构上,看起来呈字母"H"的图样。在这种布局中,从叶节点向根节点的连线数目也是逐级减半,但连线的长度每两级才加倍之。H-树布局所需的面积 $A(n)$ 的递归表达式为

$$A(n) = 4A(\lfloor n/4 \rfloor) + 4\sqrt{A(\lfloor n/4 \rfloor)} + 1 \tag{19.2}$$

其中,$A(1)=1, n=2 \cdot 4^k-1, k \geq 1$,解此方程得

$$A(n) = O(n) \tag{19.2a}$$

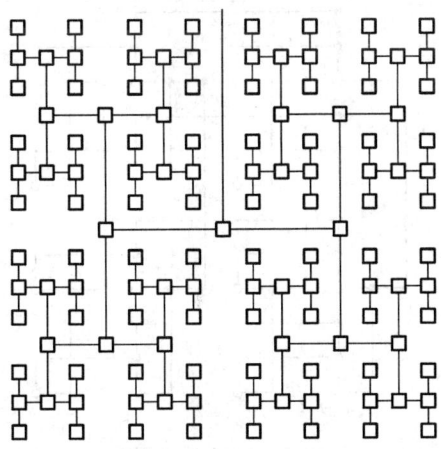

图 19.6 完全二叉树的 H-树布局

H-树布局很容易扩展之：以"H"为骨架,在 H 的 4 个端点上再构筑 4 个"H"骨架;再扩展时,在 4 个 H 的各端点上再构筑 16 个"H"骨架;如此继续下去。

19.3.2 网孔和树网的布局

1. k-维网孔的布局

一个最常用的 k-维($k>2$)的网孔图,它的每个顶点均与 k-维近邻者相连。求 2-维网孔图的布局面积是最直观不过的了。对于 $n = \sqrt{n} \times \sqrt{n}$ 个顶点,其面积 $A(n) = O(n)$。不难看出,对于任意常数 k,很容易证实,移去 $n^{1-1/k}$ 条边($k=2$ 时,此值为 $\sqrt{n}$),此网孔图可分离成两个孤立的大小相等的子图,其所需的面积,直观上也很容易推知为

$$A(n) = O(n^{2-2/k}), k \geq 2 \tag{19.3}$$

2. 树网的布局

树网(Mesh of Tree)是树和网孔的结合。对于 $n \times n$(叶节点)的树网结构,其节点数共有 $n \times n + 2n(n-1) = 3n^2 - 2n$ 个。很容易看出,如果移去行树的各根节点,则可将树网分割成大小相等的两部分,此时所移去的节点数为 n 个(以后将知道树网的分离集为 $O(n)$)。

参照图 1.4,它的一种简单布局如图 19.7 所示。因为任何两相邻的行或列都彼此相距 $O(\log n)$ 远。而这样的行距和列距的空间可用来嵌入行树和列树。因为总有 n 行和 n 列,所以总的布局面积为

$$A(n) = (n\log n) \times (n\log n) = n^2\log^2 n \tag{19.4}$$

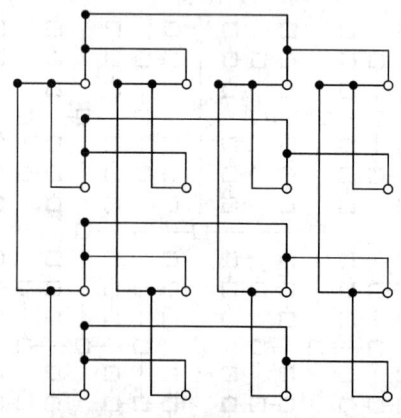

图 19.7　4×4 的树网布局

19.3.3 洗牌交换网的布局

1. 洗牌交换网的结构

洗牌交换网络的结构已在第一章的 1.2.2 节介绍过。根据第一章的式 (1.9),洗牌交换函数可以表示成轮换式的形式。其中每个轮换式在此称为一个**环**(也称为一条**项链**,Necklace),其物理意义是,位于处理器 i 中的数据 d_i 经过若干次洗牌后又回到自己的位置,其间所经过的处理器链就构成了一个环,显然环的最大长度为 $\log n$,而凡是长度 $< \log n$ 的称为**短环**。例如,$n = 16$ 时,则 0 和 15 各构成一个环;(1,2,4,8)、(3,6,12,9) 和 (7,14,13,11) 各是含一个二进制位 "1"、两个二进制 "1" 和三个二进制位 "1" 的环;而 (5,10) 就构成了一个短环。

一个 n 点洗牌交换网所可能具有的环的数目,对布局而言是一个非常重要的参数,下面的定理给出了该参数的上界。

定理 19.2 对于 $n = 2^k$ 个节点的洗牌交换网,其环的数目为 $O(2^k/k) = O(n/\log n)$。

证明 对于处在短环上的某一 i(其二进制表示为 $a_k a_{k-1} \cdots a_1 (k = \log n)$),必存在着某一整数 $m(1 \leqslant m < k)$,使得 $a_1 \cdots a_k = a_{m+1} \cdots a_k a_1 \cdots a_m$。不失一般性,假定 m 尽可能的小。

现在要证明 m 必能整除 k。令 k/m 的余数为 $r(1 \leqslant r < m)$。设想 $a_1 \cdots a_k$ 是一无穷的重复序列,其中对于所有的 $i \geqslant 1, a_i = a_{i(\bmod k)}$。图 19.8(b) 是图 19.8(a) 左移 m 位后的情况。如果将图 19.8(a) 中 $a_{k+1} \cdots a_{k+m-r}$ 与图 19.8(b) 的相应位对照一下,则发现 $a_1 \cdots a_{m-r} = a_{r+1} \cdots a_m$;将图 19.8(a) 的次 r 位与图 19.8(b) 的相应位对照一下,则发现 $a_1 \cdots a_r = a_{m-r+1} \cdots a_m$。

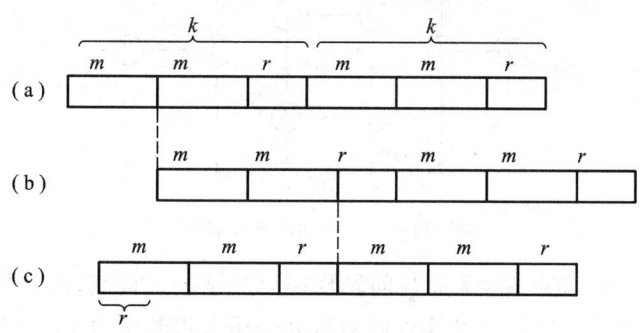

图 19.8 二进制字的循环移位

令 $a_1 \cdots a_{m-r} = \alpha, a_{m-r+1} \cdots a_m = \beta$。由上可知 $\alpha\beta = \beta\alpha$,且长度均为 m,而 r 正好等于 β。图 19.8(c) 是原来的字左移 $m - r$ 位后的情况,很显然 $\beta\alpha\beta\beta\alpha = \alpha\beta\beta\beta\beta$,即

左移 $m-r$ 位又回到原位,所以最短的短环长度应为 $m-r$,与 m 是最短的短环的长度相矛盾,因此必有 $r=0$。

接着要求长度 $m<k$ 的短环的数目。如 i 位于短环上,则其二进制必能表示成长度为该短环长度 m 的二进制码的 k/m 次重复,且 m 是 k 的一个因子。对于所有可能的 i 的值必小于

$$2^{k/2} + 2^{k/3} + 2^{k/4} + \cdots < 2^{(k/2)+1}$$

又因为 $m \geq 1$(即每个短环至少包含一个元素),因此短环之个数必少于 $2^{(k/2)+1}$ 个。对于 $n=2^k$,所有长度为 k 的环之数目必少于 $2^k/k$。因此,所有环的数目的上界为:$2^k/k + 2^{(k/2)+1} = O(2^k/k) = O(n/\log n)$。□

至于环的长度一般可简单计算如下:假定 $n=2^k$:若 k 为素数,则环长必定是 k 或 1(例如,$n=2^5$,则环长为 5、1 两种);若 k 不是素数,则环长是 k 的因数(例如,$n=2^6$,则环长有 6、3、2、1 四种)。注意同一环中,二进制 1 的个数是相同的。

2. 洗牌交换网的布局

为了布局的方便,有时也使用**交换边**(无向)和**传送边**(有向)来描述一类图,其中交换边执行数据运算,而传送边传递一对顶点间的数据。对于洗牌交换网而言:

$$\text{交换边}: EX(i) = \begin{cases} i+1, & i \text{ 为偶数} \\ i-1, & i \text{ 为奇数} \end{cases} \tag{19.5}$$

$$\text{传送边}: \begin{cases} SH(i) = 2i, \bmod(n-1), 0 \leq i < n-1 \\ SH(n-1) = n-1 \end{cases} \tag{19.6}$$

例如,$n=8$ 的洗牌交换网按上述方法构造的结果如图 19.9 所示,其中粗实线表示交换边,细实线表示传送边。

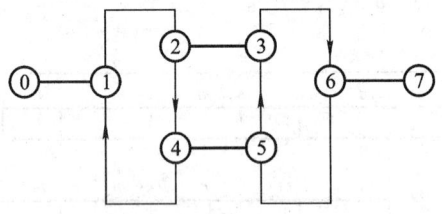

图 19.9　$n=8$ 的洗牌交换网

洗牌交换网的顶点度 =3 而与问题规模无关是一大优点,但是由于其结构图缺乏规律性和模块化,致使对其布局的研究经历了漫长的过程,至今仍未得到一个令人满意的结果。

1979 年,Thompson[9] 对洗牌交换网作了如下的布局:如果将环中各节点二进制表示式中"1"的个数定义为权,则把各环按权值大小沿水平方向自左至右排序

之,且各环亦按水平方向旋转。分析这种布局法所占用的面积时,需要计算水平和垂直方向的尺寸。水平方向的尺寸为 n 是显见的,而垂直方向的尺寸,则需计算环间的交换边数。令 m 为环的长度,则两环间最多的交换边数为

$$\max_{0 \leq i \leq m} \binom{m}{i} = \binom{m}{\lceil m/2 \rceil} \approx \frac{\sqrt{2}}{\sqrt{\pi}} \frac{2^m}{\sqrt{m}} = \sqrt{\frac{2}{\pi}} \frac{n}{\sqrt{\log n}}$$

因为环是按权值从小到大排列的,所以只有相邻的环间才有交换边,因而在垂直方向上各组交换边不会冲突,这样布局面积为

$$A(n) = O(n^2/\log^{1/2} n) \tag{19.7}$$

1980 年,Leiserson 改进了上述布局,他仍是将各环按其权值从小到大水平放置,但却将各个环竖起来沿水平方向排齐。因为环长总是 $\leq \log n$,所以水平方向最多只有 $n/\log n$ 个环;不过这样做,在垂直方向分配水平的交换边是可能出现争用水平轨道的,但因洗牌交换网总共只有 $n/2$ 条交换边,所以垂直尺寸最多为 $n/2$,因而布局面积为

$$A(n) = O(n^2/\log n) \tag{19.8}$$

其实垂直尺寸估计为 $n/2$ 过于粗糙,因为不同的交换边是可以共享同一水平轨道的。注意,在洗牌交换网中,含相同权的环可能有多个(例如,$n = 2^4$ 时,权为 2 的环有(3,6,12,9)和(5,10)两个)。一般情况下,含有相同权最多的环的个数出现在权为 $\lfloor m/2 \rfloor$ 和 $\lceil m/2 \rceil$ 的环中,这时最多有 $\binom{m}{\lceil m/2 \rceil} = \sqrt{\frac{2}{\pi}} \frac{n}{\sqrt{\log n}}$ 个环。Leiserson 用了复平面表示多项式,而多项式又和二进制位数对应,从而确定了能共享水平轨道的交换边关系,证明了垂直方向的尺寸为 $O(n/\log^{1/2} n)$,从而布局面积为

$$A(n) = O(n^2/\log^{3/2} n) \tag{19.9}$$

1981 年,Leighton[10] 用组合理论证明了 n 个点的洗牌交换的最优布局面积为 $O(n^2/\log^2 n)$,但其证明过程甚为复杂,而且是非构造的,对具体的布局没有太大的帮助。

为了给读者一个布局的直观理解,图 19.10 和图 19.11 分别示出了 $n = 32$ 和 64 的洗牌交换网的布局,这些布局显然不是最佳的。

19.3.4 立方环的布局

立方环 CCC(Cube-Connected-Cycles)的结构已在第一章的 1.2.2 节介绍过。假定,$n = 2^q, q = r + 2^r$,其中 r 取满足 $r + 2^r \geq q$ 的最小整数,则对于一个 n 点的 CCC,它可由 2^{q-r} 个环,每个环内包含有 2^r 个点组成。这样只要在平面上适当放置

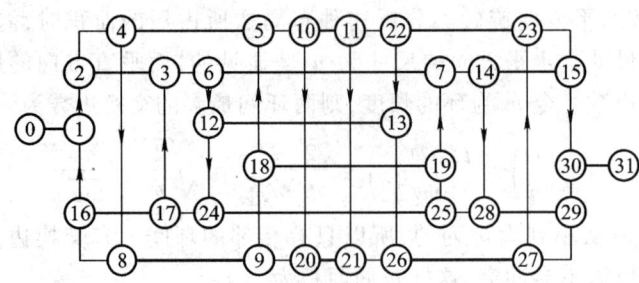

图 19.10 $n=32$ 的洗牌交换网的布局

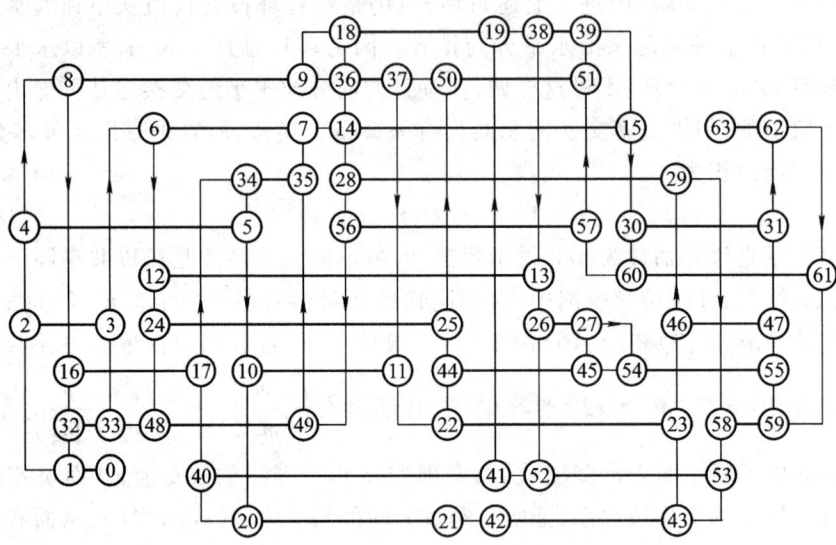

图 19.11 $n=64$ 的洗牌交换网的布局

CCC 的各个环就可实现对 CCC 网的布局。

Preparata 和 Vuillemin 曾在提出 CCC 结构的同时也给出了一个渐近最优的 $O(n^2/\log^2 n)$ 的布局[11]。令 $2^r = s$,则对于 $n_s = 2^q = s \cdot 2^s$ 个顶点的 CCC 的布局,可由两个 $(s-1) \cdot 2^{s-1}$ 个顶点的 CCC,其间再加上一些连线递归构造而成。图 19.12 示出了 $n_4 = 4 \cdot 2^4 = 64$ 个顶点的 CCC 之布局。它是由两个 $n_3 = 3 \cdot 2^3 = 24$ 个顶点的 CCC,其间再加上 8 条连线拼接而成。在这种布局方法中,2^s 个环沿水平方向垂直放置。

对于 $n = s \cdot 2^s$ 的 CCC,可用归纳法证明,它可在面积 $A = 2^s(2 \cdot 2^s - 1)$ 的芯片上布局之。因为 $s \approx \log(n/\log n)$,所以,$A(n) = O(n^2/\log^2 n)$。此外,在一个 q 维的立方图中,如果移去任一维的所有边,则可对剖原 q 维的立方图,每维的边数为 $O(n/\log n)$。以后将会讲到,布局面积可为此值的平方。

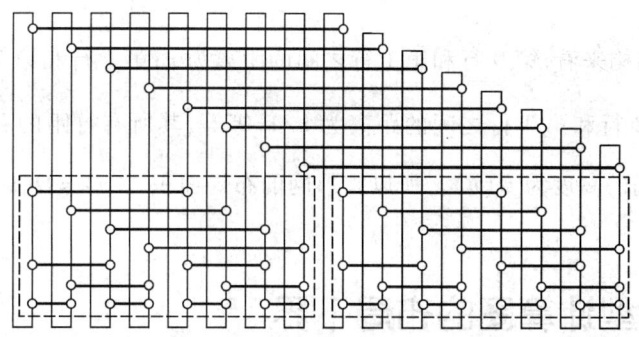

图 19.12　$n=64$ 的 CCC 之布局

文献[12]对 CCC 提出另一种布局方法。如图 19.13 所示，对于一个 $n=64$ 的 CCC，布局系由四行和四列组成，且以中心轴作镜面对称（中间空间可提 I/O 通道），各行和各列各有四个环，环内各有四个点。对于更大尺寸的 CCC 布局，可按一定的规则递归构造之。

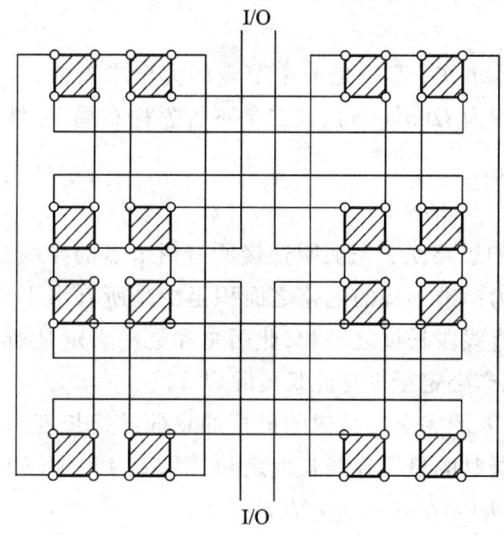

图 19.13　$n=64$ 的 CCC 另一布局法

19.3.5　蝶形网的布局

蝶形结构已在第一章的 1.2.2 节介绍过。如图 1.16 所示，其拓扑结构与多级立方网络、榕树网络和归并排序网络颇为相似。此结构和洗牌交换网一样，在布局时导线的面积占了主要部分。不过，分析其布局所需的面积时却比洗牌交换网容易得多。

从蝶形结构来看,第 0 行和第 1 行之间的距离为 n;第 1 行和第 2 行之间的距离为 $n/2$;第 2 行和第 3 行之间的距离为 $n/4$,等等,其所有行距的和 $\sum_{i=0}^{\log n-1} n/2^i = O(n)$,即布局的高度为 $O(n)$。所以蝶形网的布局面积 $A(n) = O(n^2)$。

19.4 典型计算图的布局下界

已如前述,一般图的布局问题是个 NP 完全问题,不可能找出最优解,但如能分析决定布局的某些重要参数,找出某些典型计算图的布局下界将是非常有意义的[2]。

19.4.1 树的布局下界

本节要证明两个事实:其一是 n 个节点的完全二叉树,其叶节点分布在边界上时所需的布局面积为 $\Omega(n\log n)$;其二是不管怎样布局,一棵完全二叉树的最短边长为 $\Omega(\sqrt{n}/\log n)$。

1. 面积下界

证明面积下界的思路是:先证明连接所有树节点的导线总长度之下界,然后由此导出面积。因为标准形式的电路之面积至少是所有水平线段长度之总和,并且也至少是所有垂直线段长度之总和,此两总和之一必定是所有线段总长度的一半或多些,因此面积亦必定至少是此长度除以 2。

令 $L(h)$ 是高为 h 的完全二叉树的最短的总的导线长度;$M(h)$ 是高为 h 的完全二叉树的任意布局时的最短导线长度之和,则 $L(h)$ 和 $M(h)$ 满足如下关系:

引理 19.1 $M(h) \geq L(h-1) + M(h-1)$ (19.10)

证明 考虑图 19.14 所示的高为 h 的完全二叉树。其中,从根到某一叶节点的最长的布局路径用波纹线表示。不包括此条路径的根的一棵子树,其导线长度至少为 $L(h-1)$,而另一棵子树总路径长度至少为 $M(h-1)$,所以 $M(h) \geq L(h-1) + M(h-1)$。□

引理 19.2 $L(h) \geq 2M(h-1) + 2^{h-1}$ (19.11)

证明 树的叶子虽以某种次序布局,但没有必要一定是从左到右。如图 19.15 所示,假定右子树有一叶节点 v 出现在所有节点的最左边(但 v 在哪棵子树中是无所谓的)。试考虑左子树最右边的叶节点 u。这样 v 和 u 之间的水平距离

至少是 2^{h-1}。

如果移去从 v 到 u 的路径,保留高为 $h-1$ 的两棵子树的所有边,当然在这种布局中,移去的路径不会长于从根到叶两条最长的路径。因此,剩下的边的总长度至少是 $2M(h-1)$。为此,得到所有边的长度之和的下界 $L(h)$ 为在移去的路径的长度加上下界 2^{h-1}。□

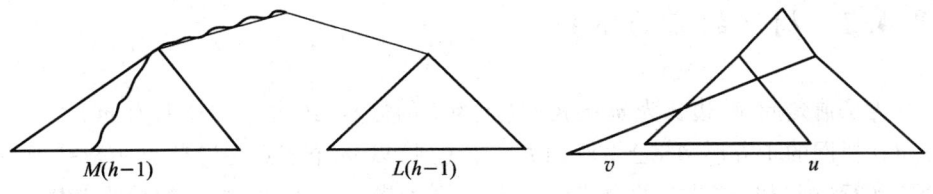

图 19.14 引理 19.1 证明示例   图 19.15 引理 19.2 证明示例

定理 19.3 对于 n 个节点的完全二叉树,其叶节点分布在矩形边界上的布局面积为 $\Omega(n\log n)$。

证明 将式(19.11)代入式(19.10),有

$$M(h) \geq 2M(h-2) + M(h-1) + 2^{h-2} \quad (19.12)$$

由观察知,$M(0)=0$,$M(1)=1$,现对 h 施行归纳法,证明 $M(h) \geq h \cdot 2^h/6$。它对 $h=0$ 和 $h=1$ 显然成立。

假定 $i < h$ 时,$M(i) \geq 2^i \cdot i/6$。将其代入式(19.12),则有

$$M(h) \geq 2(h-2)2^{h-2}/6 + (h-1)2^{h-1}/6 + 2^{h-2} = h \cdot 2^h/6 \quad □$$

2. 线长下界

最长的布线长度应加以限制,这是因为长的导线会限制芯片的速度。实际布局时,总是希望相连的节点尽量靠近。但一般情况并非如此。例如,在 n 个节点的 H-树布局中,个别导线几乎有布局边的一半长,所以其最长的导线长度为 $\Omega(\sqrt{n})$。事实上,可以做得好点,但对任何 n 个节点的完全二叉树最长的导线长度也只可能为 $\Omega(\sqrt{n}/\log n)$。下面的定理证明了这一点。

定理 19.4 高为 h 的完全二叉树的每一种布局,其线长下界是 $\Omega(2^{h/2}/h) = \Omega(\sqrt{n}/\log n)$。

证明 假定 d 为某一布局的线长之上界,则树的所有节点都将位于以树根为中心、距离为 dh 的范围内,即所有的格点都包含在 $\pi d^2 h^2$ 的圆中。因为树的节点数为 $2^{h+1}-1$,且节点数不能超过圆面积所圈住的格点数 $\pi d^2 h^2$,因此有

$$\pi d^2 h^2 \geq 2^{h+1} - 1$$

即

$$d \geq \sqrt{\frac{2^{h+1}-1}{\pi h^2}}$$

所以

$$d = \Omega(2^{h/2}/h) = \Omega(\sqrt{n}/\log n)\text{。}\square \qquad (19.13)$$

在文献[13]中,已经展示出定理 19.4 的线长下界是可以具体布局出的,这就意味着可以布局高为 h 的完全二叉树使得最长的边长为 $O(2^{h/2}/h)$。

19.4.2 树网的布局下界

为了清楚起见,边长为 m 的树网(m 为 2 的方幂)约定为:① 共有 m^2 个节点分布在树网的正方形网格上;② 对每一行(列)以 m 个节点为叶节点构造一棵完全二叉行(列)树,这些树的内节点不计入 m^2 个节点之中;③ 树网的总节点数 $n = 3m^2 - 2m$。

为了证明边长为 m 的树网布局面积下界 $\Omega(m^2\log^2 m)$[10],需引入以下两个引理,先给出一个定义:

定义 19.6 所谓深度为 i 的边是指将在深度 i 和 $i-1$ 的树的节点相连的边。

引理 19.3 假定在边长为 m 的树网的某一布局中,存在着两个 k 个叶节点的集合,使得一个集合中的叶节点到另一集合的任意叶节点的最短距离为 d。令 L_i 是此布局中深度为 i 的所有边的长度之和,那么存在某一 i,满足

$$L_i \geq k^2 d 4^i /(\beta m^3 i^2) \qquad (19.14)$$

其中,$\beta = \sum_{j=1}^{\infty} j^{-2}$。

证明 试想象从第一个集合中的各叶节点 p 到第二个集合中的各叶节点 q 画一条路径,按下列方式选路(不失一般性,假定列 p 的号码不高于列 q 的号码,否则的话可以交换 p 与 q):① 从 p 开始沿行树先向上再向下到达叶节点 r,r 与 p 处于同一行,与 q 处于同一列;② 以类似的方式,再从 r 开始沿列树到达叶节点 q。很明显,这样的路径有 k^2 条,其总长度至少为 $k^2 d$。但是为了将这些路径长度之下界转换为边长之下界,必须考虑有多少条路径穿过任一条边。

试考虑在深度 i 的一条边,它处于某一行树中,且将某一节点连向其左子节点。那么在 p 所在的行有 $m2^{-i}$ 个节点且仍要求路径穿越此边,这些节点都是沿左子节点下降的叶节点。类似地,在 q 所在的行有 $m2^{-i}$ 个节点,它们都是沿右子节点下降的叶节点。每个 r 均需要在其列中有些通往 m 中的任一叶节点的路径。我们的结论是,此边可处于 $m2^{-i} \times m2^{-i} \times m = m^3 4^{-i}$ 条路径上而不会再多。很容易表明,如果边是在深度 i 的行树中,但其连向右子节点,或如果边是在列树中,同样的结论也是有效的。

令 $l(e)$ 是布局边 e 的长度,令 $P(e)$ 是上述定义的 k^2 条路径中边 e 所在的路

径的数目。如果边 e 处在深度 i，则刚才所表明的就是 $P(e) \leq m^3 4^{-i}$。

因为从一个集合中的某一叶 p 到另一集合中的某一叶 q 的每一路径其长度至少为 d，所以有

$$k^2 d \leq \sum_{p,q} \sum_{e\text{在从}p\text{到}q\text{的路径上}} l(e)$$

交换求和次序得

$$k^2 d \leq \sum_e l(e) P(e)$$

那么，在深度 i 对所有的边的 $l(e)$ 求和，按定义就是 L_i，且对所有那些边 $P(e) \leq m^3 4^{-i}$。因此

$$k^2 d \leq \sum_{i=1}^{\log m} L_i m^3 4^{-i}$$

下一步很明显的说法是，至少存在一 i，对于它，$L_i 4^{-i}$ 至少取平均数，即 $k^2 d/m^3 \log m$，但这并不好，在证明中关键的一步是对上述的和式引入某一偏值，并声称对某个 i 必存在

$$L_i m^3 4^{-i} \geq k^2 d/\beta i^2$$

因为如果不是这样，则对 i 求和有

$$\sum_{i=1}^{\log m} \frac{k^2 d}{\beta i^2} > \sum_{i=1}^{\log m} L_i m^3 4^{-i}$$

按照 β 的定义

$$\sum_{i=1}^{\log m} 1/i^2 < \beta$$

所以证明与 $k^2 d \leq \sum_{i=1}^{\log m} L_i m^3 4^{-i}$ 相矛盾。而对 $L_i m^3 4^{-i} \geq k^2 d/\beta i^2$ 求解 L_i 就是引理所要证明的。□

如果将边长为 m 的树网做如图 19.16 所示的布局划分，其中两条垂直边界各带一个回跳（Jog）线，使得 $m^2/8$ 个叶子处于第一条边界之左，$m^2/8$ 个叶子处于第二条边界之右；类似地，可使 $m^2/8$ 个叶子处于顶上和底下两条边界之上和之下。因此中央的矩形内至少有 $m^2/2$ 个叶子。下面的引理给出中央矩形之宽度 d 的下界。

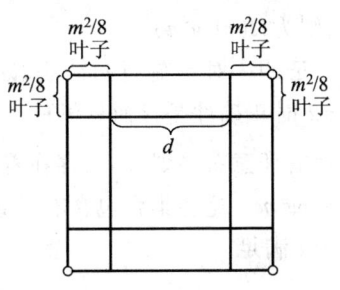

图 19.16 边长为 m 的树网布局划分

引理 19.4 如果边为 $m^{1/4}$ 的树网需要

$\frac{c}{16}\sqrt{m}\log^2 m$ 面积,其中 $0 < c \leq 1/16$,那么图 19.16 中的 $d \geq \frac{\sqrt{c}}{8}m\log m$。

证明 假定 m 是 16 的方幂,将边长为 m 的树网,采用移去深度为 $\frac{3}{4}\log n$(或小于)所有边的方法分成 $m^{3/2}$ 个边长为 $m^{1/4}$ 的树网。因为图 19.16 中的中央矩形具有 $m^2/2$ 个叶子,所以至少有一半边长为 $m^{1/4}$ 的树网必至少有一个叶子在中央,否则的话,将没有足够的叶子填充中央。即,至少 $m^{3/2}/2$ 个小树网必有一个叶子在中央。

然而中央矩形的周长不会大于 $4d$,所以没有多于 $4d$ 的小树网其一个叶子在中央内,同时一个叶子在中央外。因此,至少有 $m^{3/2}/2 - 4d$ 个小树网,其总面积至少为 $(m^{3/2}/2 - 4d)\left(\frac{c}{16}\sqrt{m}\log^2 m\right)$ 是完全处于中央。但是中央矩形面积不会多于 d^2,所以

$$d^2 \geq \frac{c}{32}m^2\log^2 m - \frac{c}{4}d\sqrt{m}\log^2 m$$

如果引理不成立,即 $d < \frac{\sqrt{c}}{8}m\log m$,那么

$$\frac{c}{64}m^2\log^2 m > \frac{c}{32}m^2\log^2 m - \frac{c^{3/2}}{32}m^{3/2}\log^3 m$$

也就是

$$\frac{1}{64} > \frac{1}{32} - \frac{\sqrt{c}}{32} \cdot \frac{\log m}{\sqrt{m}} \tag{19.15}$$

但因为我们已假定 $c \leq 1/16$,即 $\sqrt{c} \leq 1/4$,而且很容易检查 $\log m/\sqrt{m}$ 不会大于 2。因此式(19.15)不能成立,故引理为真。□

定理 19.5 边长为 m 的树网布局面积下界为 $\Omega(m^2\log^2 m)$,若以节点数 n 表示,则为 $\Omega(n\log^2 n)$。

证明 对 m 施行归纳法,证明对于某一常数 c,$0 < c < 1/16$,$A(m) \geq cm^2\log^2 m$。$m = 2$ 时正确性是显而易见的。为了归纳,使用引理 19.4,对树网进行如图 19.16 所示的任意布局划分后,存在着两个 $k = m^2/8$ 的节点集合,其间距离 d 至少为 $(\sqrt{c}/8)m\log m$。这些集合包含有垂直划分线左边和右边的叶子。应用引理 19.3,存在某个 i 满足

$$L_i \geq \sqrt{c}m^2\log m \cdot 4^i/(512\beta i^2)$$

因为没有 $i > 0$ 使 $4^i < i^3$,所以

$$L_i \geq \sqrt{c}im^2\log m/(512\beta) \tag{19.16}$$

现在可以完成归纳。在求树网布局时,注意到:一个边长为 m 的树网是由 $(2^i)^2 = 4^i$ 个小网孔再加上一些树的边所组成,所以边长为 m 的树网布局总面积至少应是 4^i 倍的边长为 $m/2^i$ 小树网的面积再加上在 i 级的树的一些边所占用的面积,即

$$A(m) \geqslant 4^i A(m2^{-i}) + L_i$$

由归纳假定, $A(m2^{-i}) \geqslant c4^{-i}m^2((\log m) - i)^2$,因此

$$A(m) \geqslant cm^2\log^2 m - 2cim^2\log m + ci^2m^2 + L_i \qquad (19.17)$$

上式的第三项是正的,所以可以略去它,现在必须阐明式(19.17)的第二项和第四项之和是非负的,即 $L_i > 2cim^2\log m$。由式(19.16),得

$$\sqrt{cim^2\log m}/(512\beta) \geqslant 2cim^2\log m$$

即 $1/512\beta \geqslant 2\sqrt{c}$,也就是说 $c \leqslant 1/(\alpha^{20}\beta^2)$。因为在归纳时,可以自由选取 c 的值,所以定理得证。□

19.4.3 洗牌交换网的布局下界

本节将展示出另一种求布局面积下界的方法。对于某一特定的问题,已经知道其 AT^2 之下界。如果此问题可以很容易地在洗牌交换网上实现,则可以求出相应的所需的时间,由此就可以间接地导出布局面积的下界。

现考虑某一特定问题如下:输入位 $x_0, \cdots, x_{n-1}$,控制位 $c_1, \cdots, c_{\log n}$,输出位 $y_0, \cdots, y_{n-1}$。令 i 的二进制表示为 $a_1 \cdots a_k$, j 的二进制表示为 $b_1 \cdots b_k$,而 $k = \log n$。在 c 的控制下设置 $y_i = x_j$,其中,对于 $1 \leqslant l \leqslant k$, $b_l = a_l \oplus c_l$。此问题类似于桶移位问题。已知其 $I = \Omega(n)$(见习题 19.3)和 $AT^2 = \Omega(I^2)$(见第 19.2.2 节),所以此问题的 $AT^2 = \Omega(n^2)$。

定理 19.6 任何 n 点洗牌交换网的布局面积下界为 $\Omega(n^2/\log^2 n)$。

证明 现在使用一个 n 点洗牌交换网来求解上述问题。假定处理器 P_i 开始读入变量 x_i,最终输出 y_i。控制位 $c_1, \cdots, c_k$ 顺序读入并分布到所有的处理器中。可以使用另一附加层来专门为这些控制位走线,根据层数定理 19.1 可知,该附加层不会改变所需面积的增长速率,最多增加一个常数倍。

处理器中的数据每次进行洗牌后,如果当前控制位 $c_i = 1$,则再继之以交换操作,使 $b_i = \bar{a}_i = a_i \oplus c_i$;若 $c_i = 0$,则不做交换操作,使 $b_i = a_i = a_i \oplus c_i$。如此连续 k 次洗牌后,处理器中的二进制数 $a_1 \cdots a_k$ 将变成 $(a_1 \oplus c_1) \cdots (a_k \oplus c_k)$,它正好是定理中的输出 y_i。显然所需的时间是 $O(\log n)$。

根据 $AT^2 = A\log^2 n = \Omega(n^2)$,可直接得 $A = \Omega(n^2/\log^2 n)$。□

19.4.4 蝶形网的布局下界

也可用前一节同样的方法来导出蝶形网络的布局下界。

定理 19.7 具有 $n\log n$ 个节点的蝶形网络之布局面积下界为 $\Omega(n^2)$。

证明 证明的思路和上一节的一样。将其在 $n+1$ 行的蝶形网络上具体实现。为此,将此特定问题复制 $k = \log n$ 次:输入 $\{x_i\}$ 的第 r 次复制在开始时读入第 r 行的诸节点中,即对于 $1 \leq r \leq k, x_i$ 读入处理器 P_{ri}。每复制一次,读进一位控制位,它被分布到该行的所有节点中。

这些副本沿着行循环进行,所以从 r 行开始复制,下一次就是 $r-1$ 行,然后 $r-2$ 行,……,再是 0 行,最后又回到 r 行,在那里输出一次副本。当从 r 行传递到 $r-1$ 行时,就有机会在节点 P_{ri} 和 P_{rj} 交换变量,如果 i 和 j 的二进制表示仅在第 r 位不同。此种机会和上一节洗牌交换网中的情况类似,在洗牌交换网中,使用交换操作完成第 r 位的取补,如果不希望取补,就略去此种操作,在蝶形网络中,使用行间斜线连接完成取补,如果不希望取补,就使用行间的垂直连接。

假定我们在相应于位置 r 时读入控制位:如果 $c_r = 1$,则执行交换,传递 P_{ri} 中的数据到 $P_{r-1,j}$ 和传递 P_{rj} 中的数据到 $P_{r-1,i}$;如果 $c_r = 0$,则不执行交换,对所有的 m 传递 P_{rm} 中的数据到 $P_{r-1,m}$。由于这种结果,当经过 k 次传递后,位于 $P_{0i} \sim P_{ki}$ 中的输出为 $y_i = y_{a_1 \cdots a_k} = x_{(a_1 \oplus c_1) \cdots (a_k \oplus c_k)} (1 \leq i \leq n, 1 \leq k \leq \log n)$,即各行的数据经 k 次循环传递后所输出的就是该问题要求的输出。所以时间 $T = O(k) = O(\log n)$。注意,我们在此所讨论的特定问题,其输入量是 $n\log n$,所以信息量 $I = \Omega(n\log n)$。因为 $AT^2 = \Omega(I^2) = \Omega(n^2\log^2 n)$(见第 19.2.2 节),所以 $A = \Omega(n^2)$。 □

19.5 分治布局法

欲找出一个复杂的计算图的最优或接近最优的布局是十分困难的事,为此可借助**分治布局法**来缓解这一困境。分治布局的基本思想是将一个复杂的计算图利用找**分离集**(Separator)的办法将其逐步分解成一些子图,直至最终只剩下很少几个(例如 2~4 个)节点,此时就可以对其做个较好的布局及连线了。但这种分离了的易于布局的诸子图并不是原来的计算图,为此还要一层一层地将这些子图拼接回去以得到原计算图的布局。两个分离了的子图再拼接在一起时,一定要把原来移去的边添上去,这些添上去的边则要通过开辟水平和垂直**通道**(Channel)连通之。本节就是讨论这些问题。首先要讲如何求出分离集,特别是**强分离集**

(Strong Separator);然后介绍如何生成拼接子图用的通道[2]。

19.5.1 分离集

我们的目的是找出一个能断开一类图的最小边集,为此先做如下定义:

定义19.7 设 $G(V,E)$,$|V|=n$,$S(n)$ 是 V 的一个子集,若删去 $S(n)$ 及其相连的边,可使原图分离成两个独立子图的话,则称 $S(n)$ 为**分离集**。

从形式上讲,说图 G 具有 $S(n)$ 分离集或者说是 $S(n)$-分离的,系指如果图 G 只有一个节点,或者下述两条件成立:① 存在至多 $S(n)$ 条边的集合,移去这些边可将 G 分离为两个子图 G_1 和 G_2,它们各包含 n_1 和 n_2 个节点,且 $n_1 \geq n/3$ 和 $n_2 \geq n/3$(因此一个子图的节点不可能多于另一子图的两倍);② G_1 和 G_2 同样也是 $S(n_1)$-分离的和 $S(n_2)$-分离的。

在分离图的过程中,常借助于**划分树**(Partition Tree)来将此递归划分过程可视化。

定义19.8 **划分树**是一棵二叉树,在根节点包含着 G 的所有 n 个节点,其左、右两个子节点相应于两个子图 G_1 和 G_2,各包含不少于 $n/3$ 个节点。此情况可逐级向叶节点推进。

引理19.5 二叉树簇是 1-分离的。

证明此引理时,任选一节点作为根节点,并且令 n 是整个树的节点数;然后从根开始向下沿着分支路径寻找一个各含 $n/3$ 和 $2n/3$ 个节点的祖先节点;于是从此节点到其父节点的一条边就将树分离成两部分,每部分至少含有 $n/3$ 个节点。

为了寻找这样的一个节点,可从根部开始,如果根的一个子节点包含有 $n/3 \sim 2n/3$ 个节点,那么这样的节点就已找到,它就是那个子节点,如果没有这样的子节点,那么必定存在着一个包含有多于 $2n/3$ 个节点的子节点;然后就从此节点开始再重复上述过程。

例19.2 图 19.17 有 $n=20$ 个节点。根节点的两个子节点各含有 18 个和 1 个节点(自身包含在内)。其中节点 2 含有多于 $2n/3 = 13\frac{1}{3}$ 个节点,所以就移向节点 2,再从它开始检查。2 的两个子节点 4 和 5 各含有 3 和 14 个节点,它们都不在所希望的范围之内,所以就移向节点 5 再检查之。5 的子节点 8 含有 12 个节点,它处于 $n/3 \sim 2n/3$ 范围内,所以它就是我们要找的节点。因此,节点 5 和节点 8 之间的边就将树分离为两棵大小各为 8 和 12 的子树。第一棵子树包含节点{1,2,3,4,5,6,7,9},它可删去节点 2 和 4 之间的边而将其再分离成两棵各含节点{1,2,3,5,9}和{4,6,7}的子树,而子树{1,2,3,5,9}又可分离为子树{1,3}和子

树$\{2,5,9\}$,如此等等。这样的一个递归分离过程可用图 19.18 所示的划分树表述之。□

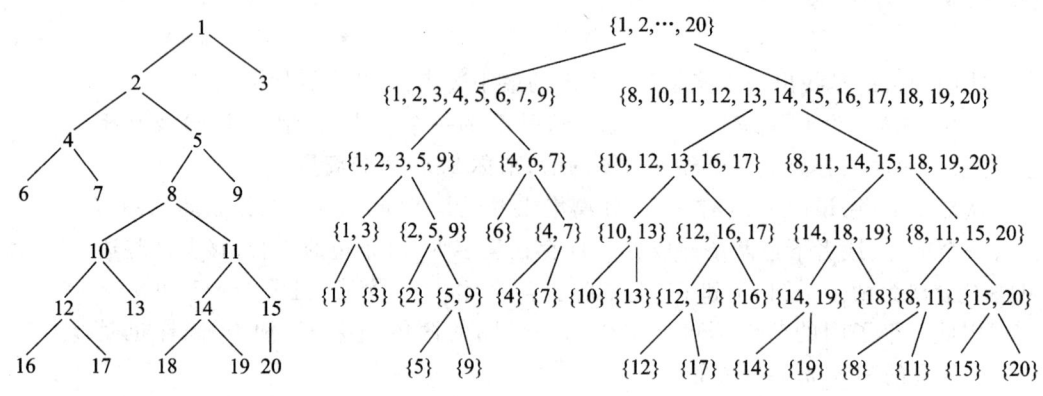

图 19.17 二叉树的分离方法　　　　　　　图 19.18 划分树

因为找一条边(它将二叉树分成两部分,其规模比不会大于 2∶1)可以在多于一个节点的任意树上继续进行,所以不管树有多少节点,二叉树的分离集为 1 是很明显的。

引理 19.6 $\sqrt{n}\times\sqrt{n}$ 的方形网格图是 $\sqrt{n}$-分离的。

这一结论,可参照图 19.19 直观上加以解释。如图 19.19 所示,先从中间将原图划分成左右两个各含 $n/2$ 个节点的子图,划分边长为 $\sqrt{n}$;再从子图的中间划分成上、下两个各含 $n/4$ 个节点的子图,划分边长为 $\sqrt{n}/2$。显然每次划分都满足分离的定义。令 i 为划分次数,每次划分边长缩小一半。当 $\sqrt{n}/2^i=1$ 时划分结束,所以共划分了 $i=\lceil\log\sqrt{n}\rceil$ 次。

同样对矩形网格 $h\times w$,其中 $h\leqslant w$,节点总数 $n=hw$,划分也不可能少于 $\sqrt{n}$ 条边。

引理 19.7 边长为 m 的树网是 $O(m)$-分离的,

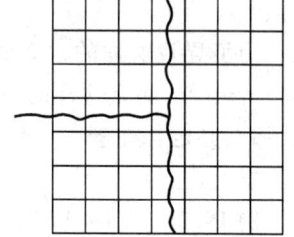

图 19.19 方形网孔的划分

如用节点数 $n=(3m^2-2m)$ 表示,则它是 $O(\sqrt{n})$-分离的。

此引理的正确性,可通过下面的论述证实之:如果移去行树的根,边长为 m 的树网被对分成两部分,此时总共移去的行树根共 m 个,若以边计算,则共移去 $2m=O(\sqrt{n})$ 条边。所得到的两部分是比例为 2 的矩形,各包含有 $2m$ 个孤立点。如再移去列树的 m 个根($2m$ 条边),则分离成 4 个子树网,每一个边长为 $m/2$,有 m 个孤立点。可以对这些子树网再进行上述同样的分离,并一直重复下去。

19.5.2 强分离集

上面所讨论的一般被分离的两个子图的大小比例是 2∶1,现在欲讨论此比例是 1∶1 的情况,即强划分的情况。

定义 19.9 所谓图 G 有**强分离集** $S(n)$,或称 G 是 $S(n)$-强分离的,系指除了 G 保持 $S(n)$ 分离集的条件外,还总能找到两个子图 G_1 和 G_2,使得每个子图的节点数至多为 $(n+1)/2$。

很显然,当 n 为偶数时,两个子图所含节点数完全相等,当 n 为奇数时,则两子图所含节点数接近相等。所以这种分离也常称为**对半分离**。

为了以下讨论的方便,要引入两个函数 Γ 和 Δ。先定义 Γ 函数,下节再定义 Δ 函数。

定义 19.10 如果 $S(n)$ 是任意函数,则 $\Gamma S(n)$ 函数定义如下:

$$\Gamma S(n) = \underbrace{S(n) + S\left(\frac{2}{3}n\right) + S\left(\frac{4}{9}n\right) + \cdots}_{\text{共}\lceil \log_{3/2} n \rceil \text{项}} \sum_{i=0}^{\lceil \log_{3/2} n \rceil} S\left(\left(\frac{2}{3}\right)^i n\right) \quad (19.18)$$

例 19.3 如果 $S(n) = n^{\alpha}$,则

$$\Gamma S(n) = n^{\alpha} + \left(\frac{2}{3}n\right)^{\alpha} + \left(\frac{4}{9}n\right)^{\alpha} + \cdots \leq n^{\alpha}/(1 - (2/3)^{\alpha}) = O(n^{\alpha})$$

如果 $S(n) = c$(常数),则

$$\Gamma S(n) = \underbrace{c + c + \cdots + c}_{\text{共}\lceil \log_{3/2} n \rceil \text{项}} = O(\log n)$$

如果 $S(n) = \log_2 n$,则

$$\Gamma S(n) = \underbrace{\log_2 n + \log_2\left(\frac{2}{3}n\right) + \log_2\left(\frac{4}{9}n\right) + \cdots}_{\text{共}\lceil \log_{3/2} n \rceil \text{项}}$$

$$= \log_2 n \lceil \log_{3/2} n \rceil + \log_2(2/3) + 2\log_2(2/3) + \cdots$$

$$= \log_2 n \lceil \log_{3/2} n \rceil - \log_2(3/2) \lceil \log_{3/2} n \rceil (\lceil \log_{3/2} n \rceil + 1)/2$$

因为第二项小于第一项,所以有

$$\Gamma S(n) = O(\log^2 n)。\square$$

由上可以看到,在大部分情况下,Γ 函数比 $S(n)$ 函数只是增加一常数倍,甚至在 $S(n)$ 增长得很慢时(如 $\log n$,甚至一个常数),$\Gamma S(n)$ 亦只增加 $\log n$ 倍。因此,对于图簇,假定是强分离而不是简单分离是非常有用的。

引理 19.8 如果图簇是 $S(n)$-分离的,那么它就是 $\Gamma S(n)$-强分离的。

证明 考虑图 G 的划分树,对于任意目标节点数 $t < n$,能够找到一条从 G 之根节点到某一叶节点的路径,使得 t 个节点所组成的一个子图分布在此条路径上。

此子图称为**选择子图**(Selected Subgraph)。证明是对划分树的高度进行归纳。划分树的高度 $h=0$ 时,它代表一个节点的图,t 为零,显然引理成立。

归纳时,设根的左、右子树分别有 n_1 和 n_2 个节点。如果 $n_1 \leq t$,路径从右边子树行进,目标节点数变为 $t-n_1$,选择子图中包含了根的左子节点表示的子图。否则,如果 $n_1 > t$,但 $n_2 < t$,则路径从左边子树行进,目标节点数变为 $t-n_2$,选择子图中包含了根的右子节点表示的子图。如果 n_1 和 n_2 均大于 t,则任选一条路径,目标节点数仍为 t,选择子图中不包含左、右子节点表示的子图。

现在必须检查连接选择子集与其余节点的边数不会超过 $TS(n)$。如图 19.20 所示,令 $v_0, v_1, \cdots$,是一条上述的路径,如果 u_1 属于选择子集,那么在最坏情况下,v_1 和 u_1 之间的所有 $S(n)$ 的边将连向不属于选择子集中的 v_1 节点。如果 u_1 不属于选择子集,那么在最坏情况下,v_1 和 u_1 之间的所有 $S(n)$ 的边将连向选择子集中的 v_1 节点。

同样,沿着这条路径向下继续上述讨论,可以发现路径上 v_i 和 u_i 之间的边数不会超过 $S(n) + S\left(\dfrac{2}{3}n\right) + S\left(\dfrac{4}{9}n\right) + \cdots$(因为 v_i 的节点数不多于 $(2/3)^i n$),此和式就是 $TS(n)$。但是,对于某个 $j \leq i$,在所选择的 u_i 中的一个节点和一个非选择节点之间的任何一条边必然

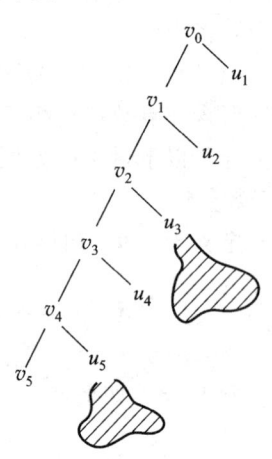

图 19.20 证明引理 19.8 所用例图

包含在连接其一个祖先节点 v_j 和 u_j 的诸边之中。因此,在选择和非选择的图 G 的一半节点之间的边数以 $TS(n)$ 为界。□

例 19.4 现在来看一看如何使用引理 19.7 将图 19.17 所示的二叉树分成两个各含 10 个节点的集合。从划分树图 19.18 的根节点开始,目标节点数为 10,其左子节点包含 8 个节点,所以选中它,并继续在右子树行进而目标节点数为 2。任意选择根的右子树的任一子节点,例如 $\{10,12,13,16,17\}$(目标节点数为 2),它的左子节点正好包含了所要求的 2 个节点,所以就选中它,并且整个过程就此结束。最终所选择的集合是 $\{1,2,3,4,5,6,7,9,10,13\}$,它通过边 $(10,12)$ 连向其余节点,边的数目为 3,它小于理论值 $TS(n) = \lceil \log_{3/2} 20 \rceil = 8$。□

19.5.3 通道生成

以下讨论**通道生成**(Channel Creation)时,假定图的度数 <4,布局是标准形式的。为了生成两条邻接的垂直格边 x 和 $x+1$ 之间的一条通道,需要:① 移动 $x+$

1 上的所有节点和边到右边较高的位置上；② 扩展从 x 到 $x+1$ 的所有水平边。

水平通道也可按类似的方式生成。

如果欲在节点 a 和 b 之间插入一条边，假定现在连向 a 和 b 的边均少于 4 条（否则再插入边时，节点的度数将超过规定值）。如图 19.21 所示，a 尚有一条水平格边未被占用，而 b 尚有一条垂直格边未被占用。可沿邻接 a 的尚未占用的水平格边开辟一条垂直通道，沿着邻接 b 的尚未占用的垂直格边开辟一条水平通道，此两通道必定交叉，所以可按如下步骤走线：

① 从节点 a 沿其未被占用的水平格边向垂直通道行进一个单位距离；
② 沿着垂直通道的格边行进；
③ 继之沿水平通道的格边行进；
④ 再沿着 b 的被未占用的垂直格边行进一个单位距离，最终抵达节点 b。

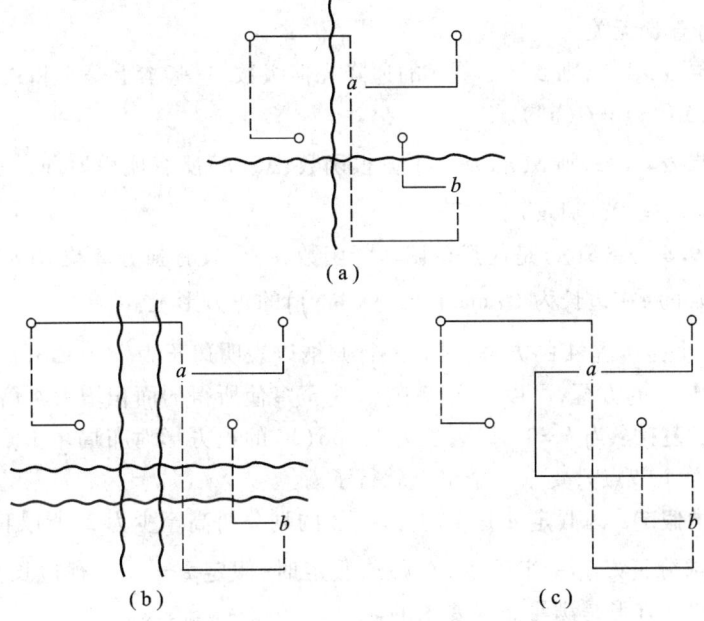

图 19.21 通道生成过程

*19.5.4 分治布局法

在继续讨论正题之前，再引入第二个函数，即 $\Delta S(n)$ 函数。

定义 19.11 为了方便起见，假定 n 是 4 的方幂，如果 $S(n)$ 是任意函数，则 $\Delta S(n)$ 函数可定义如下：

$$\Delta S(n) = S(n) + 2S(n/4) + 4S(n/16) + \cdots = \sum_{i=0}^{\log_4 n} 2^i S(n/4^i) \quad (19.19)$$

引理 19.9 如果 $S(n) = n^\alpha$，则

$$\Delta S(n) = \sum_{i=0}^{\log_4 n} 2^i \left(\frac{n}{4^i}\right)^\alpha = \sum_{i=0}^{\log_4 n} 2^{i(1-2\alpha)} n^\alpha$$

$$= \begin{cases} O(\sqrt{n}), & \alpha < 1/2 \\ O(n^\alpha), & \alpha > 1/2 \\ O(\sqrt{n}\log n), & \alpha = 1/2 \end{cases}$$

证明 兹分三种情况证明之：

① 如果 $\alpha < 1/2$，则上式基本上等于和式的最大项，即 $i = \log_4 n = (\log n)/2$ 时，$\Delta S(n)$ 不会比 $2^{(\log n)(1-2\alpha)/2} n^\alpha = n^{(1/2)-\alpha} n^\alpha = \sqrt{n}$ 大于一个常数倍。因此，$\Delta S(n) = O(\sqrt{n})$ 而与 α 无关。

② 如果 $\alpha > 1/2$，则 $\Delta S(n)$ 是 i 的递降几何级数，它基本上等于和式的第一项，即 $i = 0$ 时，$\Delta S(n) = O(n^\alpha)$。

③ 如果 $\alpha = 1/2$，则 $S(n)$ 是一平方根函数，$\Delta S(n)$ 所有项均为 $\sqrt{n}$，一共有 $\log_4 n$ 项，所以 $\Delta S(n) = O(\sqrt{n}\log n)$。□

定理 19.8 令 $S(n)$ 是任意单调非降函数，一个具有强分离集 $S(n)$ 的 n 个节点的图可以布局在边长为 $O(\max(\sqrt{n}, \Delta S(n)))$ 的正方形上。

证明 假定 n 是 4 的方幂，对 n 进行归纳以表明边长为 $\sqrt{n} + 6\Delta S(n)$ 是足够的（如果 n 不是 4 的方幂，可以引入哑节点，这至多使所得的面积增大 4 倍）。

① **归纳基础**：当 $k = 1$ 时，边长为 $1 + 6S(1)$ 的正方形对布局单节点的图是足够的，因为单个节点只要求一个格点就行了。

② **归纳假定**：因假定 n 是 4 的方幂，图的划分树高至少为 2，所以我们能够将图对分，每部分正好有一半节点，在归纳假定时，假定 $k = n/4$，有边长为 $\sqrt{n/4} + 6\Delta S(n/4)$ 的正方形是满足布局要求的。

③ **归纳步骤**：$k = n$ 时，如图 19.22 所示，n 个节点的图被分成 4 部分，每部分有 $n/4$ 个节点。在两对划分树的根的子孙节点之间至多要走 $S(n/2)$ 条线，因此，在每个方向上，对每一对节点至多要生成 $2S(n/2)$ 条通道，总共的水平和垂直通道数至多各为 $4S(n/2)$。这样，为了连接划分树的根的左、右子节点，在每个方向上至多需要生成

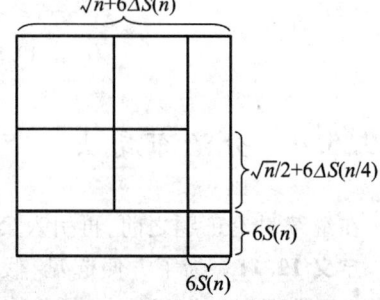

图 19.22 平面图的递归布局

$2S(n)$ 条通道。因为 $S(n/2) \le S(n)$，所以在每个方向上至多要生成 $6S(n)$ 条通道。

按此计算，在图 19.22 中，最长边为 $2((\sqrt{n}/2) + 6\Delta S(n/4)) + 6S(n)$。然而，很容易看出：$\Delta S(n) = S(n) + 2\Delta S(n/4)$，从而立即可得正方形边长是以 $\sqrt{n} + 6\Delta S(n)$ 为界。□

例 19.5 现在来看一看如何使用定理 19.8 来估算某种计算图的布局面积。

① 对于一棵 n 个节点的完全二叉树，由式(19.18)可知它是 $\log n$-强分离的。因为 $\log n$ 比 $\sqrt{n}$ 增长要慢，由引理 19.8 可以间接推知 $\Delta \log n \le \sqrt{n}$。因此在定理 19.8 中，$\sqrt{n}$ 这一项比较大，所以由此得出，所有 n 个节点的二叉树可在面积为 $O(n)$ 的正方形上布局。

② 对于一类平面图，以后将要讲到它有 $O(\sqrt{n})$-分离集。由式(19.18)可知其 $\Gamma \sqrt{n} = \sqrt{n}$，它是 $\sqrt{n}$-强分离的，由引理 19.8 知，$\Delta \sqrt{n} = O(\sqrt{n}\log n)$。在定理 19.8 中，$\sqrt{n}\log n$ 这一项比较大，所以由此得出：对于 n 点平面图可在面积为 $O(n\log^2 n)$ 的正方形上布局之。□

由上述两例，可以归纳出如下定理：

定理 19.9 如果 $S(n) = n^\alpha$，则布局面积为

$$A(n) = \begin{cases} O(n), & \alpha < 1/2 \\ O(n\log^2 n), & \alpha = 1/2 \\ O(n^{2\alpha}), & \alpha > 1/2 \end{cases} \quad (19.20)$$

此定理从直观上很容易理解，因为 $S(n)$ 是分离集，它随着 α 的增加而增加就隐含着计算图中的连线也越来越密集，从而在布局时所占用的面积亦越来越大。当 α 小时，芯片中连线所占用的面积很少，面积是线性的；当 $\alpha = 1/2$ 时，芯片中连线所占用的面积要增加 $\log^2 n$ 倍；当 $\alpha > 1/2$ 时，芯片中连线占了面积的主要部分，**面积**和**分离集**成平方关系，后一结论颇有用，例如在某些连线密集的计算图中(如 CCC 等)，可以将其分离集求平方而求得布局面积。

也可将 $S(n) = n^\alpha$ 推广到一般情况。一个 n 个顶点的图 G 有一个 $f(n)$-分离集，若移去 $f(n)$ 条边而把图分离成两个相等尺寸的子图 G_1 和 G_2，它们两者也各有一个 $f(n/2)$ 的分离集，这样可继续分离下去。正如前面所说的那样，当把两个分离了的子图再拼接在一起时，要开辟水平和垂直通道。在一般情况下，如图 19.23 所示，开辟两个垂直通道和一个水平通道就足够了。这样做，在布局时最多使水平的尺寸加 2，垂直的尺寸加 1。对于 $f(n)$-分离集而言，拼接时最多在水平尺寸加 $2cf(n)$，而垂直尺寸加 $cf(n)$，其递归关系为

$$\left. \begin{array}{l} L(n) = L(n/2) + 2cf(n) \\ W(n) = 2W(n/2) + cf(n) \end{array} \right\} \quad (19.21)$$

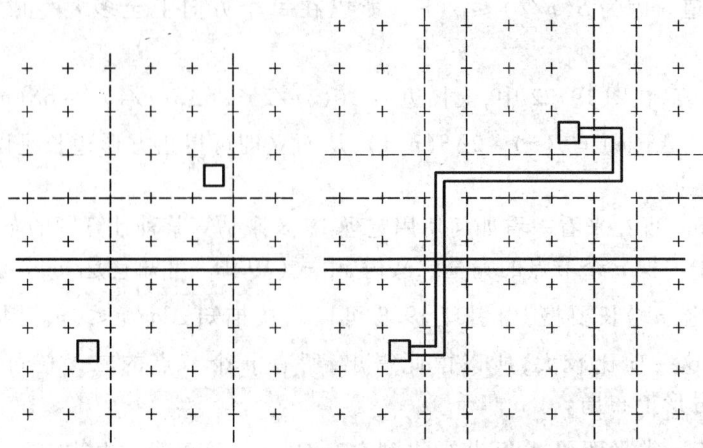

图 19.23 分离图的拼接

只要 $f(n)$ 有具体的表达式,就可解出上述递归方程。例如当 $f(n)=\sqrt{n}$ 时,则(19.21)变为

$$\left.\begin{array}{l}L(n) = L(n/2) + 2c\sqrt{n}\\ W(n) = 2W(n/2) + c\sqrt{n}\end{array}\right\} \quad (19.22)$$

求解此递归方程,并将两者相乘,可得布局面积 $A(n) = O(n\log^2 n)$。当 $f(n) = n^\alpha$ 时,它就是定理 19.9 的情况。

*19.6 VLSI 布局理论

本节主要介绍 Lipton-Tarjan 平面图分离集定理,由此推导出平面图的布局面积。为了解决布局平面图真正需要多大的面积,讨论了图的交叉点数。最后简要地讨论了一般图的布局下界定理。

19.6.1 平面图的分离定理

Lipton-Tarjan 于 1977 年提出的平面图分离集定理有着广泛的应用,它是上一节分治布局法的理论基础。设 $G(V,E)$,$|V|=n$,S 是 V 的一个子集,已如定义 19.7 所述,若删去 S(及其相连的边)可使图 G 分离的话,则称 S 为分离集。

Lipton-Tarjan 的平面图分离集定理[13]有多种陈述方式,现简述如下:

(1) $f(n)$-分离集定理 对于一个 n 点图 G,存在常数 $\alpha<1, \beta>1$,可将其顶

点分为三个集合 A、B 和 C，其中 A 和 B 之间无边相连，且 $|A|$ 和 $|B| \leq \alpha n$，$|C| \leq \beta f(n)$。

它的含意是，用不大于 $\beta f(n)$ 的点集 C，可把点集 V 划分成彼此相互分离的部分，每部分所包含的点数不多于 αn。例如，对于二叉树簇，$f(n)=1$，$\beta=1$，$\alpha=2/3$。它只要移去一个根节点就可把树划分成两部分，每部分包含的节点数少于 $(2/3)n$。

(2) **$\sqrt{n}$-分离集定理** 设 G 为 n 点平面图，G 的顶点 V 可划分成 A、B 和 C 三个子集，使得 A 和 B 之间无边相连，且各自包含的点数不超过 $(2/3)n$，而 C 中不多于 $2\sqrt{2n}$ 个顶点。

Lipton 和 Tarjan 给图的每个顶点赋予一个权，从而使上述的平面图分离集定理在更广泛的意义下成立。

(3) **对分分离集定理** 设 G 为各顶点带非负权的 n 点平面图，且顶点集权和小于 1，则顶点 V 可划分成 A、B 和 C 三个子集，使得 A 和 B 之间无边相连，且各自权和不超过 $1/2$，而 C 中点数不多于 $2\sqrt{2n}/(1-\sqrt{2/3})$。

在 Lipton-Tarjan 的平面图分离集定理中带有常数 $2\sqrt{2}$ 且允许顶点带权。在以下的讨论中，为了简便起见，用常数 4 代替 $2\sqrt{2}$，且在划分时只简单地数顶点数而不考虑它所带的权。

引理 19.10 令 G 是 n 点平面图，存在不超过 $4\sqrt{n}$ 个顶点集 S，将其移去后可使图 G 划分成两部分，每部分的顶点数不超过 $(2/3)n$。

此引理的证明比较复杂，故略去。

定理 19.10 每一度数为 4 的 n 点平面图是 $O(\sqrt{n})$-可分离的，且可布局在 $O(n\log^2 n)$ 的面积上。

证明 对于一个 n 点的度数为 4 的平面图，由引理 19.10 可找出其分离集为 $4\sqrt{n}$，两部分中的点数不超过 $2n/3$，且每一部分仍是一个度数为 4 的平面图。进而我们将分离集中的顶点数目增加到 $16\sqrt{n}$，两部分中的顶点数均不会超过 $2n/3$。

由上可知，该平面图簇（度数为 4）是 $16\sqrt{n}$-可分离的。根据引理 19.9 可很容易检查 $\Delta 16\sqrt{n} = O(\sqrt{n}\log n)$。由定理 19.8 可知，该类平面图可以布局在 $O(n\log^2 n)$ 的面积上。□

19.6.2 图的交叉点数

定义 19.12 图的交叉点数是将图画在平面上必须交叉的成对的边的数目。

除了前面讨论的如何利用分离集来寻找一个好的布局外，对于一类具有较少交叉点的图,还可通过找出交叉点构造一个好的布局。这是基于交叉点少的图犹如一个顶点不太多的平面图这一事实,然后就可利用定理 19.10 来求其布局面积。

定理 19.11 假定所有度数为 4 的 n 点平面图可以布局在 $A(n)$ 面积上,则任意度数为 4、顶点数为 n、交叉点数为 c 的图 G 可以布局在 $O(A(n+c))$ 面积上,尤其是图 G 的面积不会超过 $O((n+c)\log^2(n+c))$。

证明 在平面内画出有 c 条交叉边的图 G。在每一对边的交叉处引入一个新的顶点。这些新引入的顶点形成图 G',其度为 4,顶点数为 $n+c$,且是平面图。因此 G' 能布局在面积 $A(n+c)$ 上,且由定理 19.10 可知此面积至多为 $O((n+c)\log^2(n+c))$。

从 G' 构造 G 时,将 G' 扩展三倍,每个格点变成 3×3 的正方形。G' 中的某一顶点代表了 G 中的一个相交。在 3×3 的方形内,如果必要,就可改变一条与其他导线相交的导线的层次。□

下面我们来计算一下边长为 m 的树网的交叉点数。

定理 19.12 边长为 m 的树网的交叉点数为 $O(m^2 \log m)$,如用节点表示则为 $O(n \log n)$。

证明 对 m 施行归纳证明。当树网布局在矩形上时,从顶端引出 $2m$ 条线:前 m 条连在行树的根上,后 m 条连在列树的根上,在这样的布局下,交叉点数 $c(m)$ 至多为:$(21/8)m^2 \log m$。

① **归纳基础**:$m=2$ 时显然是正确的。

② **归纳假定**:假定 $m/2$ 时 $c(m/2) = (21/8)(m/2)^2 \log(m/2)$。

③ **归纳步骤**:为了归纳证明,将边长 m 的树网分成 4 个边长各为 $(m/2)$ 的子树网 A、B、C 和 D(如图 19.24(a)所示)。从图 19.24(b)可看出,行树根节点和列树根节点在 7 个地方相交叉,每处均有 $m/2$ 条线与 $m/2$ 条线相交叉(矩形虚框);另外 7 个地方是 $m/2$ 与 $m/2$ 条线的一半相交叉,或 $m/2$ 条线自身折下的相交叉(三角形虚框)。所以图 19.24(b)的交叉点数为:$7\times(m/2)\times(m/2) + (7/2)\times(m/2)\times(m/2) = (21/8)m^2$,再加上原 A、B、C、D 等 4 个子树网的交叉点数,所以总的交叉点数为:$c(m) = 4c(m/2) + (21/8)m^2$。由归纳假定知:$c(m/2) \leq (21/8)(m/2)^2\log(m/2)$,所以只要证明 $c(m) \leq (21/8)m^2\log m$ 就算完成了归纳。其实这是很明显的,因为

$$4c\left(\frac{m}{2}\right) + \frac{21}{8}m^2 = 4\left(\left(\frac{21}{8}\right)\left(\frac{m}{2}\right)^2 \log\left(\frac{m}{2}\right)\right) + \frac{21}{8}m^2 \geq \frac{21}{8}m^2\log m$$

因此定理得证。□

19.6.3 布局下界定理

欲求出一般图的最优布局是相当困难的,所以研究它的布局下界是十分有意

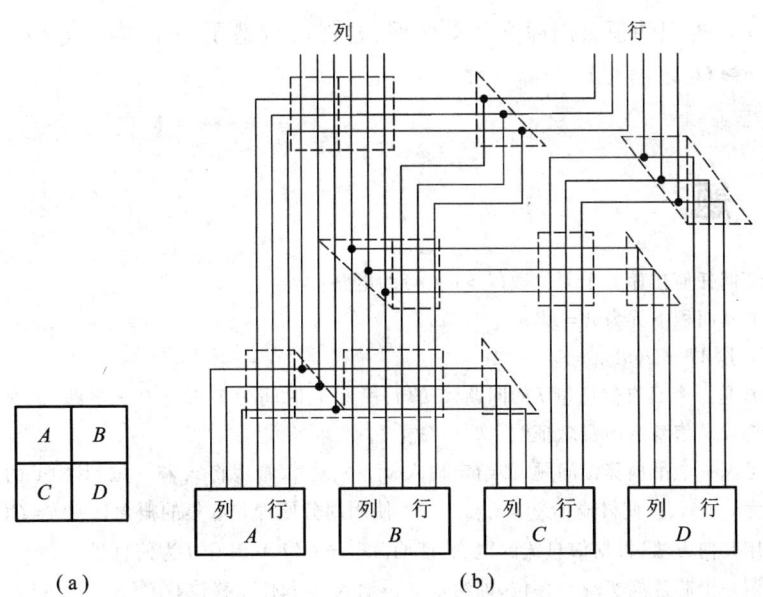

图 19.24　树网布局交叉点

义的。为了刻画下界,要引入几个基本参数,它们是图的交叉点数 c(上一节已讨论过)、对剖宽度 b 和连线面积 w。注意线段具有单位宽度,所以长度为 l 的导线自然就占用了 $l \times 1$ 的面积。

定义 19.13　一个图的**对剖宽度**(Bisection Width) b,系指把图分成两个相等尺寸的子图时所需移去的最少边数。

定义 19.14　一个图的**连线面积**(Wire Area) w,系指在矩形栅格模型上布局该图所需的最短的连线长度。

上述三个参数 b、c、w 与布局面积 A 的关系反映在如下的定理中:

定理 19.13　对任意 n 点图 G,设 b、c、w 分别为其对剖宽度、交叉点数,连线面积,则

$$\Omega(b^2) \leq c + n \leq w \leq A \tag{19.23}$$

证明　① $A \geq w$ 是显然的,因为根据 19.1.2 节关于面积 A 的假定,连线面积是总面积的一部分。

② 用交叉点数来估计面积已在定理 19.11 中阐明。

③ b 和布局面积 A 有密切关系,A 至少为 $\Omega(b^2)$。

设 D 是 G 在平面图上的嵌入,恰好有 c 个交叉点。把 c 个交叉点视为伪顶点,就得到一个 $c + n$ 个顶点的平面图 G'。根据平面图分离集定理 19.10,把真顶点赋于权 $1/n$,而伪顶点赋于权 0,这样就把 G' 对分成两半,而移去的边数不多于

$O(\sqrt{n+c})$。再把伪顶点用原交叉点代回,显然就构造了一个 $O(\sqrt{n+c})$ 对剖集,因而 $c+n \geq \Omega(b^2)$。□

习　题

19.1　试证明任何排序 n 个 k 位数 $(k > \log n)$ 的电路:
　　　(a) 其面积下界为 $A = \Omega(n)$;
　　　(b) 其 $AT = \Omega(n\log n)$。

19.2　令 P 是一个具有信息量 I 的问题, C 的面积为 A、时间为 T 求解 P 之电路,试根据划分和愚集以及信息流的概念证明 $AT^2 = \Omega(I^2)$。

19.3　试考虑一个吊桶移位问题,即给定输入 $x_0, \cdots, x_{n-1}$,希望将 x_i 移 c 位,其中 c 的二进制表示为 $c_1 \cdots c_{\log n}$,使得输出 $y_i = x_{i+c \pmod n}$。使用划分原理和愚集的概念证明 $I = \Omega(n)$。

19.4　试用几何方法,根据信息流的概念,证明 $AT^2 = \Omega(I^2)$,其中 I 为信息量。

19.5　所谓一个芯片能实现左移位,即给定 n 位输入 x_i 和任意移位数 $j (0 \leq j \leq n-1)$,输出位满足 $y_{i+j} = x_i$ 的关系,试根据信息流的观点,求出芯片完成左移位时穿过其对剖弦的信息量,从而证明下界 $AT^2 = \Omega(n^2)$。

19.6　给定两个 $n \times n$ 的矩阵,试根据芯片对剖面两侧信息交换流的分析,证明两矩阵相乘的下界 $AT^2 = \Omega(n^4)$。

19.7　求解下述递归方程:
$$A(n) = 4A(\lfloor n/4 \rfloor) + 4\sqrt{A(\lfloor n/4 \rfloor)} + 1$$
　　　其中 $A(1) = 1, n = 2 \cdot 4^k - 1, k \geq 1$。

19.8　如何布局 X-树(所谓 X-树就是一棵同一级中的兄弟彼此相连的完全二叉树)? 其布局面积 $A(n) = ?$

19.9　试写出 $n = 32$ 和 $n = 64$ 的均匀洗牌网络的项链(即环)。

19.10　对于 $n = S \cdot 2^S$ 的 CCC:
　　　(a) 试用归纳法证明其布局面积 $A(n) = 2^S(2 \cdot 2^S - 1)$;
　　　(b) 试求解 $S \approx \log(n/\log n)$。

19.11　假定 $S(n) = n^a \log^b n$,当 a 和 b 为非负数时,函数 $\Gamma S(n) = ?$

19.12　假定:(a) $S(n) = \text{const}$,则函数 $\Delta S(n) = ?$
　　　　　(b) $S(n) = n^a \log^b n$,则函数 $\Delta S(n) = ?$

19.13　求解下述递归方程:
$$\begin{cases} L(n) = L(n/2) + 2cn^\alpha \\ W(n) = 2W(n/2) + cn^\alpha \end{cases}$$
　　　其中 α 为正常数。

19.14　给定一个 $n = 2^d$ 个节点的超立方网络:
　　　(a) 试证明超立方网是 n-强可分离的;

(b) 试证明超立方网的分离集是 $\Omega(n)$。

19.15 试证明 $n \geq 5$ 的完全图的交叉点数至少为 $c(n) = (1/120)n(n-1)(n-2)(n-3)$。

19.16 试证明 n 点洗牌交换网的交叉点数至少为 $c(n) = \Omega(n^2/\log^2 n)$。

19.17 根据式(19.23)，试用连线面积 w 来估计一个 $n \times n$ 的二维树网的布局面积 A 之下界。

参 考 文 献

[1] 陈国良,陈崚. VLSI 计算理论与并行算法. 合肥：中国科学技术大学出版社,1991.

[2] Ullman J D. Computational aspects of VLSI. [S. l.]：Computer Science Press,1984.

[3] Bilardi G,Pracchi M,Preparata F P. Critique of network speed in VLSI models of computation. IEEE J. of Solid-State Circuits,1982,SC-17(4)：696-702.

[4] Thompson C D. The VLSI Complexity of sorting. IEEE Trans. on Computers,1983,C-23(12)：1171-1184.

[5] Bilardi G,Preparata F P. Area-time lower-bound techniques with applications to sorting. J. Complexity,1986,2(1)：65-91.

[6] · Johnson R B. The complexity of a VLSI adder. Infor. Proc. Lett. ,1980,11(2)：92-93.

[7] Leiserson C E. Area-efficient VLSI computation. [S. l.]：MIT Press,1983.

[8] Mead C,Rem M. Cost and performance of VLSI computing structures. IEEE J. of Solid-State Circuits,1979,SC-14(2)：455-462.

[9] Thompson C D. Area-time complexity for VLSI. Proc. 11th Annu. ACM STOC,1979,81-88.

[10] Leighton F T. New lower bound techniques for VLSI. Proc. 22th IEEE FOCS,1981,1-12.

[11] Preparata F P,Vuilemin J. The Cube-connected cycles：versatile network for parallel computation. Comm. of the ACM,1981,24(5)：300-309.

[12] 金晓龙. VLSI 中图嵌入于矩形格问题,计算机学报,1986,9(2)：128-134.

[13] Lipton R J,Tarjan R E. A planar separator theorem. SIAM J. Applied Math. ,1979,36(2)：177-189.

第二十章 并行计算理论

内容提要 以前各章,总是把注意力集中在设计某一特定问题的有效算法上。几乎对所有考虑的问题都努力高度并行化,尽量采用功能尽可能强的并行计算模型,以期达到成本最佳或接近最佳。本章专门讨论各种 SIMD-SM(以下简称为 PRAM)模型的能力和限制。研究表明:① 本书所采用的不同 PRAM 模型其能力无本质的差别;② 对于某些简单的函数,即使采用相当多的处理器,也还存在着固有的加速限制;③ 很多重要的用串行算法在低阶多项式时间内可以求解的问题,在 PRAM-CRCW 模型上,使用多项式数目的处理器似乎不可能求解得非常快。在 20.1 节先给出不同的 PRAM 模型相互模拟的结果;20.2 节和 20.3 节分别讨论 PRAM-CREW 模型和 PRAM-EREW 模型上的某些下界技术;PRAM-CRCW 模型上的下界是比较复杂的,在 20.4 节使用了间接方法,先讨论无界扇入电路的下界,然后由其推出 PRAM-CRCW 模型的下界;20.5 节讨论了与并行计算有关的 NC-理论问题,给出了一些重要问题的范例,它们似乎都不能用多项式数目的处理器快速求解。本章的内容主要取自参考文献[23]。

讲授要点 ① 不同 PRAM 模型的相互模拟:在 PRAM-EREW 上模拟 PPRAM-CRCW;在 CPRAM-CRCW 上模拟 PPRAM-CRCW。② PRAM-CREW 的下界:有临界输入问题的下界。③ PRAM-CRCW 的下界:PRAM-CRCW 与无界扇入电路间的相互模拟;奇偶函数的下界。④ P-完全导论:P 类与 NC 类;P-完全问题——电路值问题;NC 类问题与非 NC 类问题。

20.1 不同 PRAM 模型的相互模拟

在以前各章节的各种算法中使用了不同的共享存储的 SIMD 模型。因为我们的主要目的是想提供一个尽可能简洁的算法描述,所以每当需要时就比较自由地使用了功能较强的各种 SIMD-CRCW 模型。所幸的是,不同的 SIMD-SM 模型之间可以相互转换。本节将通过各模型之间的相互模拟,给出它们之间的定量关系[1,2,3]。为了叙述清晰简便,兹约定如下:允许任意处理器自由读写的 SIMD-CRCW 模型,简记之为 APRAM-CRCW;只允许所有处理器并发写同一数的 SIMD-CRCW 模型,简记之为 CPRAM-CRCW;只允许最小号码的处理器优先写的 SIMD-CRCW 模型(也称优先 PRAM-CRCW 模型),简记之为 PPRAM-CRCW;一个具有 p 个处理器的优先 PRAM-CRCW 模型,称之为 p-处理器 PPRAM-CRCW 模型。

20.1.1 在 PRAM-EREW 上模拟 PPRAM-CRCW

定理 20.1 一条 p-处理器 PPRAM-CRCW 模型上的指令,可在 p-处理器 PRAM-EREW 模型上用 $O(\log p)$ 的时间实现之。

证明 先研究并发读指令在 PRAM-EREW 模型上的执行。令 $Q_1, Q_2, \cdots, Q_p$ 为 PPRAM-CRCW 模型中的处理器,其中 Q_i 要读取 M_{j_i} 单元中的内容。指定用 $P_1, P_2, \cdots, P_p$ 作为 PRAM-EREW 上的 p 个模拟处理器。这样,处理器 P_i 将试图模拟处理器 Q_i, $1 \leq i \leq p$,PRAM-EREW 中的全局存储单元 $M_1, M_2, \cdots, M_p$ 保留用于特殊用途。

在 PRAM-EREW 上,P_i 设置数对 $\langle j_i, i \rangle$,并将其存于单元 M_i。这在 PRAM-EREW 上是一个合法的操作步,并取时间 $O(1)$。可以按字典序将诸数对 $\langle j_i, i \rangle$, $1 \leq i \leq p$,按非降顺序排序之,所花费的时间为 $O(\log p)$。现在数对 $\langle j_i, i \rangle$ 可被组织成一些块,使得每块中的数对都具有相同的第一分量(它就是全局存储单元的地址);每块的代表具有最小的第二分量,它可在 $O(1)$ 时间内选出。这样在 PRAM-EREW 上,处理器 P_i 可在 $O(1)$ 时间内并行读取由代表数对所指定的单元。可以在 $O(\log p)$ 时间内将一些数据分布到其合适的块中;最后那些存储在由其第二分量所指明的特定单元中的数据就可被合适的处理器访问之。

并发写可以类似处理,只是使用了三元组(地址,处理器号,待写数据)。□

系 20.1 给定一个可在 p-处理器 PPRAM-CRCW 上执行时间为 T 的算法,则此算法可在 p-处理器 PRAM-EREW 上运行,其时间为 $O(T\log p)$。

因为任何 EREW 算法可不变地在 PRAM-CREW 上运行,所以上述模拟本身就意味着在 PRAM-CREW 上可用同样的复杂界模拟 PPRAM-CRCW;同样,用 PRAM-EREW 模拟 PRAM-CREW 也具有同样的复杂界,这两种模拟一般不能再改进。

*20.1.2 在 CPRAM-CRCW 上模拟 PPRAM-CRCW

不同的 PRAM-CRCW 之间的关系是比较难以捉摸的。很清楚,为 CPRAM-CRCW 所设计的任何算法均可正确地运行在 APRAM-CRCW 上;而任何为 APRAM-CRCW 所设计的算法均可正确地运行在 PPRAM-CRCW 上。这似乎表明 PPRAM-CRCW 比 APRAM-CRCW 更强有力;而 APRAM-CRCW 又比 CPRAM-CRCW 更强有力。然而,如果我们对处理器的数目或有效的共享存储量不加限制,则上述三个模型是等效的。更确切地说,假定共享存储器是无界的,p-处理器 PPRAM-CRCW 上一个并发写步可以在 CPRAM-CRCW 上用 $O(1)$ 时间、用 $O(p\log p)$ 个处理器模拟之。在未证明之前,先来看看这是个什么性质的问题。

考虑 p-处理器 PPRAM-CRCW 上的一个并发写步。令 $M_1, M_2, \cdots, M_k$ 是此写步所涉及的全局存储单元。那么,对于每个 M_i,最小编号的处理器希望成功地写入 M_i,当在另一个机器上模拟这样的一个写步时,很自然的方法是使用共享存储器专门保留的空间来解决在每个存储单元所引起的冲突。这实际上是个如下所述的优先俘获问题。

1. 最左俘获(Left Prisoner)[4]

给定 p 个处理器的集合,每个均在其局存中存储一个"活跃"或"非活跃"的值。对每个活跃的处理器 P_i,指派一个取值为 1 或 0 的标号 l_i,使得当且仅当 P_i 是最小(最左)编号的活跃处理器时 l_i 才为 1。没有一个非活跃的处理器可参与此计算。

最左俘获问题似乎可抓住模拟 PPRAM-CRCW 的并发写步的实质。注意,如果我们乐于增加有效的处理器数,则 PPRAM-CRCW 上的并发写指令可在 CPRAM-CRCW 上用 $O(1)$ 时间模拟,此事实叙述在下述引理中。

引理 20.1 规模为 p 的最左俘获问题,如果每个活跃的处理器均辅以 $\lceil \log p \rceil$ 个辅助处理器,则它可在 CPRAM-CRCW 上用 $O(1)$ 时间解决之。

证明 令 $P_{i,1}, P_{i,2}, \cdots, P_{i,h}(h = \lceil \log p \rceil - 1)$ 是活跃处理器 P_i 的辅助处理器,并设置 $P_{i,0} = P_i$。处理器 $P_{i,j}(0 \leq i \leq h)$ 的作用是决定 P_i 是不是活跃处理器中的最左者。所采用的办法是将这些辅助处理器与别的活跃处理器通过一棵完全二叉树 T 进行交互作用。树的叶子由所有最左俘获问题所定义的处理器下标标记之。

令 $v_{i,0}$ 是活跃处理器 $P_{i,0}$ 的叶子。让我们归纳定义一个节点 $v_{i,j}$ 如下:节点 $v_{i,1}$

是 $v_{i,0}$ 的父亲，$v_{i,j}$ 是 $v_{i,j-1}$ 的父亲；节点 $v_{i,j}$ 的兄妹由 $sib(v_{i,j})$ 表示。注意，对于 $i \neq i'$ 和 $j \neq j'$，$v_{i,j}$ 和 $v_{i',j'}$ 可以表示 T 的同一节点。不难检查，当且仅当 $v_{i,0}$ 有祖先 $v_{i,j}$ 使得 $v_{i,j}$ 是一个右儿子，且与 $v_{i,j}$ 的兄妹有关的子树包含有一个活跃的处理器时，P_i 的标号 l_i 应置为零（即 P_i 不是最左者）。

辅助处理器 $P_{i,j}$ 的目的就是在 $v_{i,j}$ 设置一个标志 $T(v_{i,j}) = 1$，以指明根在 $v_{i,j}$ 的子树包含了一个活跃的处理器。并发写同一值可能出现在 T 的好几个节点上，此情况在 CPRAM-CRCW 上是允许的。由此得出，当且仅当节点 $v_{i,j}$ 是一个右儿子且 $T(sib(x_{i,j})) = 1$ 时 $l_i = 0$。处理器 $P_{i,j}$ 可在 $O(1)$ 时间内做此检查，所以所有活跃的处理器均可在 $O(1)$ 时间内合适地设置标号 l_i。□

引理 20.1 可立即导出如下定理。

定理 20.2 运行在 p-处理器 PPRAM-CRCW 上时间为 T 的任何算法，可以在 $p\log p$-处理器 CPRAM-CRCW 上用 $O(T)$ 的时间模拟之。

证明 假定 PPRAM-CRCW 中的每个处理器 Q_i 与 CPRAM-CRCW 中的 $\lceil \log p \rceil$ 个处理器 $P_{i,j}$ ($0 \leq j \leq \lceil \log p \rceil - 1$) 相对应。对于 PPRAM-CRCW 中的每一共享存储单元，分配一个大小为 $O(p)$ 的共享存储模块。然后可以同时解决所有被并发写入的不同存储单元的最左俘获问题。引理 20.1 表明此计算可在 $O(1)$ 时间内完成。□

虽然 CPPAM-CRCW 可以模拟 PPRAM-CRCW，且仅慢了常数倍，但模拟并非有效，因为处理器的数目必须增加 $\log p$ 倍，同时共享存储容量也从 m 个共享单元增加到 $\Theta(mp)$。根据 PRAM-CRCW 中不同的处理器数和共享存储容量，则有可能区分出不同的模拟情况。但我们仅讨论两种机器具有相同数目的处理器，而对所用的共享存储容量不做限制的这种情况。

2. 使用相同数量的处理器在 CPRAM-CRCW 上模拟 PPRAM-CRCW

假定两种机器都各有 p 个处理器，则有：

定理 20.3 p-处理器 PPRAM-CRCW 上的一条并发写指令，可以在 p-处理器 CPRAM-CRCW 上用 $O(\log p / \log \log p)$ 时间模拟之。

证明 为了简化表示，我们认为 PRAM-CRCW 上的操作是同步执行的，其中每一步分为三个阶段：第一阶段，每个处理器能执行常数个局部计算；第二阶段，一个处理器可向共享存储器写入；第三阶段，一个处理器可从共享存储器读出。先用归纳法证明如下引理：

引理 20.2 $p = (t+1)!$ 个处理器的最左俘获问题可以在共享存储容量为

$$m_t = \sum_{i=2}^{t+1} (t+1)!/i! < (t+1)!$$

的 CPRAM-CRCW 上用 t 步解决之。

证明 归纳基础 $t = 1$ 时，两个处理器 P_1 和 P_2 的最左俘获可以使用单个共享存

储单元 M 一步就可解决。在单步写阶段,如果 P_1 是活跃的,则它将 1 写入 M;在读阶段,P_2 读取 M 的内容。当且仅当 P_1 是活跃的时,P_1 的标号被赋予 1,即 $l_1 = 1$(表示最左);当且仅当 P_2 是活跃且它读取了 0 时,P_2 的标号被赋予 1,即 $l_2 = 1$。

假定归纳对 $p = t!$ 个处理器保持为真。令 A 为求解 $p = t!$ 个处理器的最左俘获算法,它花费了 $t-1$ 步,占用了 m_{t-1} 个共享存储单元。欲证明 $p = (t+1)!$ 个处理器时归纳假定亦保持为真。

将 $(t+1)!$ 个处理器分为 $t+1$ 个相等的组,其中第 i 组系由处理器 $P_{t(i-1)+1}$ 到 P_{ti} 组成,且每组伴有一个大小为 m_{t-1} 的存储模块。因为 $m_t = (t+1)m_{t-1} + 1$,所以多余的一个单元(例如说为 M)可用于不同组间的处理器交互作用。

每一组将使用其自己的存储模块执行算法 A 的 $t-1$ 步。这些步通过单元 M 进行调度,使得不同组之间可正确的相互作用。每一组执行 t 步,使得 $t-1$ 步是从算法 A 推导出的。在第 i 步的读和写阶段都专门为第 i 和 $i+1$ 组准备的。写阶段由写入单元 M 的第 i 组的所有活跃的处理器组成;读阶段系由读取 M 内容的第 $i+1$ 组的所有活跃的处理器组成,而其余的,这些步都与算法 A 的相同。因此,每组通过共享单元 M 至多执行一次读阶段和下一个写阶段。很清楚,在第 i 步之末,第 $i+1$ 组中所有活跃的处理器都将知道是否有编号比它小的活跃处理器:如果有,立即定出它们的标号;如果没有,算法 A 就可定出组内最小编号的活跃处理器。在此情况下,它也就是最小编号的活跃处理器。

注意,$e = \sum_{i \geq 0} 1/i!$,因此 $e - 2 = \sum_{i \geq 2} 1/i!$。此等式就意味着 $m_t \leq (e-2)(t+1)! < (t+1)!$。因此引理得证。□

由引理 20.2 和 Stirling 近似公式 $t! = (t/e)^t \sqrt{2\pi t}$,定理 20.3 即可得证。□

*20.1.3 在 APRAM-CRCW 上模拟 PPRAM-CRCW

假定两者都各有 p 个处理器,则 PPRAM-CRCW 的每一步至多要求 APRAM-CRCW 的 $O(\log \log p)$ 步,示之如下:

定理 20.4[5] p-处理器 PPRAM-CRCW 上的一条并发写指令,可以在 p-处理器 APRAM-CRCW 上用 $O(\log \log p)$ 时间模拟之。

证明 现在我们要示出,在 APRAM-CRCW 上如何用 $O(\log \log p)$ 时间解决 p 个处理器的最左俘获问题。不失一般性,假定 $\sqrt{p}$ 是个整数。将 APRAM-CRCW 中的 p 台处理器划分成 $\sqrt{p}$ 组 $G_j (0 \leq j \leq \sqrt{p} - 1)$,使得 G_j 包含处理器 $P_{j\sqrt{p}+1}$ 到 $P_{(j+1)\sqrt{p}}$,并为每组保留一特定的共享存储单元(例如为 G_j 保留 M_j)。对于每组 G_j,所有活跃的处理器都试图向单元 M_j 写入它们的编号。在至少有一个活跃处理器的各组内,选定一个处理器作为优胜者。如果在 G_j 内有一个优胜者,就给它赋以新编号 j,然后递归地为 $\sqrt{p}$ 个处理器求解最左俘获问题,其中活跃处理器是那些优胜者。同时,求解在每组内除了选作优胜的活跃处理器以外那些处理器所引起的最左俘获问题。在这些计算结束时,每组内所有活跃的处理器都将知道是不是最小编号的活跃处理器处于它们之中;从而每一组中最小编号的活跃处理器就可很容易确定。此结果就足够充分地求解原始的 p 个处理器的最左俘获问题。此过程的运行时间满足递归关系 $T(p) = T(\sqrt{p}) + O(1)$,所以 $T(p) = O(\log\log p)$。□

20.2 PRAM-CREW 的下界

本节先引入 PRAM 的强化模型,称其为理想的 PRAM 模型;然后用它来开发一些初等计算(如计算 n 个变量的**布尔或**,计算 n 个元素的**最大者**等)的最佳下界[6]。

20.2.1 理想的 PRAM 模型

一个理想 PRAM 系由一些可访问任意(无界)大小的全局(共享)存储单元的处理器 $P_1, P_2, \cdots, P_n$ 所组成。每个处理器等同于一个 RAM 加上无界的私有存储单元。计算系由 T 步组成,每步分为三个阶段:**读阶段**(Read Phase),处理器可读取全局存储器中某一单元的内容;**计算阶段**(Compute Phase),处理器可执行任意数量的局部计算(包括读/写其局存);**写阶段**(Write Phase),处理器可将其内容写入全局存储器的某一单元中。

在理想 PRAM 模型中,每一步允许任意数量的局部计算;无须对全局或局部存储器的各单元的容量加以约束;也不必对全局或局部存储器之大小加以限制。理想的 PRAM 之下界反映了通信方案的限制,因为无限的计算可在一个单位步内完成。很明显,理想 PRAM 模型的下界对标准的 PRAM 模型同样保持有效(其逆非真)。

在这一节,将建立一个在处理器数为任意时的理想 CREW 上计算 n 变量布尔或的时间下界 $\Omega(\log n)$[6]。此下界意味着,几乎任意非平易问题,在 PRAM-CREW 上均要求对数时间;还意味着 PRAM-CREW 是严格弱于 CPRAM-CRCW 的,因为后者使用 n 个处理器计算布尔或只需 $O(1)$ 的时间。

乍看起来,在 PRAM-CREW 上计算 n 变量布尔或,明显需要 $\log n$ 步,因为 n 个叶子(元素)的平衡二叉树就是如此。然而,有可能在小于 $\log n$ 步内计算此函数。事实上，可以不用写入全局存储器的方法进行通信。为了建立所希望的下界，需要先建立一种形式描述。

20.2.2 形式描述

1. 若干定义

令 $f(x_1,x_2,\cdots,x_n)$ 是 n 输入的布尔函数；用 $I=x_1x_2\cdots x_n$ 表示输入 $(x_1,x_2,\cdots,x_n)$；$I(i)$ 表示输入 I 的第 i 个分量的补。

定义 20.1 一个输入 I 是**临界的**（Critical），当且仅当对所有 $1\leq i\leq n$，$f(I)\neq f(I(i))$。

例 20.1 令 $f(x_1,x_2,\cdots,x_n)=x_1+x_2+\cdots+x_n$，其中"+"是布尔或，则 $I=00\cdots 0$ 对 f 是临界的。□

考虑在理想 PRAM 上计算布尔函数 $f(x_1,x_2,\cdots,x_n)$。假定输入 $x_1,x_2,\cdots,x_n$，开始时存在全局存储的单元 $M_1,M_2,\cdots,M_n$ 中，而在计算结束时函数值存于 M_1 中。如果 f 有一临界输入 I，则对任意 $i(1\leq i\leq n)$，当输入 I 之 x_i 取补时，输出之值亦取补。直观上讲，此性质意味着计算必须有足够长的时间，以允许每个 x_i 的值能够影响单元 M_1 的内容。不允许同时写的假定是个关键，因为所有 x_i 的值的效用不能迅速地传给 M_1。更形式的说法是：如果在时间 t，具有输入 I 的 M 之内容不同于在时间 t 具有输入 $I(i)$ 的 M 之内容，则我们说，在时间 t 和某输入 I 上，一个输入下标 i 影响存储单元 M。也就是说，在时间 t，输入 I 和 $I(i)$ 的 M 之内容是不同的。定义集合 $L(M,t,I)$ 如下：

$$L(M,t,I)=\{i\mid \text{在时间 } t \text{ 和输入 } I(i) \text{ 影响 } M\}$$

类似地，如果在时间 t，输入 I 时 P 的状态不同于在时间 t，输入 $I(i)$ 时 P 的状态，则说在时间 t 具有输入 I 的输入下标 i 影响处理器 P。P 之状态可以立即由所有 P 之局部寄存器和私有存储器之内容决定。在一个读阶段之后，P 的状态可以变化。同样，集合 $K(P,t,I)$ 表示在时间 t 和输入 I 情况下那些影响 P 的输入下标 i 的集合。

2. 集合 $k(P,t,I)$ 和 $L(M,t,I)$ 的特征

下面的两个引理阐明了两个集合 $K(P,t,I)$ 和 $L(M,t,I)$ 之性质。

引理 20.3 如果 $i\in K(P,t,I)$，其中 $t>1$，则下述两情况之一必成立：① $i\in K(P,t-1,I)$；② P 在时间 t 和输入 I 读一全局存储单元 M，且 $i\in L(M,t-1,I)$。

证明 令 $i\in K(P,t,I)$。即 P 在时间 t 输入 I 时之状态不同于 P 在时间 t 输入 $I(i)$ 时的状态。假定 $i\notin K(P,t-1,I)$。因此，不管输入是 I 或 $I(i)$，在时间 $t-1$ 时 P 之状态是一样的。P 在时间 t 变化状态的唯一方式是它读入全局存储单元 M，且 M 之内容对输入 I 和 $I(i)$ 是不同的。此事实就意味着 $i\in L(M,t-1,I)$，

其中 M 是由 P 在时间 t 和输入 I 所读取的全局存储单元。□

引理 20.4 如果 $i \in L(M,t,I)$，其中 $t > 1$，则下述两情况之一必成立：① 处理器 P 在时间 t 和输入 I 向 M 写入，且 $i \in K(P,t,I)$；② 如没有处理器在时间 t 和输入 I 向 M 写入，则要么 $i \in L(M,t-1,I)$，要么处理器 P 在时间 t 和输入 $I(i)$ 向 M 写入。

此引理的证明作为习题留给读者。

3. 关键事实

下述引理给出了建立 PRAM-CREW 下界的关键事实：

引理 20.5 令 P 是 PPAM-CREW 中的处理器，而 M 是共享存储单元，则任意计算的 t 步之后，有 $|L(M,t,I)| \leq b^t$ 和 $|K(P,t,I)| \leq b^t$，其中 $b = (1/2)(5 + \sqrt{21})$。

证明 令 $k_0 = 0, l_0 = 1$，且令序列 k_t 和 l_t 定义为 $k_{t+1} = k_t + l_t, l_{t+1} = 3k_t + 4l_t$。先用归纳法证明下述论断：

论断 对任何 $t \geq 0$，则 $|K(P,t,I)| \leq k_t$ 和 $|L(M,t,I)| \leq l_t$。

证明 归纳基础 $t = 0$ 时：在第一步之前无下标会影响 P，因此 $|K(P,0,I)| = 0$。另一方面，至多有一个下标能影响任意存储单元（如果一个输入存在那个单元）因此 $|L(M,t,I)| \leq 1$。

假设归纳假定对 $K(P,t,I)$ 和 $L(M,t,I)$ 成立，$t \geq 0$。欲证明 $K(P,t+1,I)$ 和 $L(M,t+1,I)$ 亦成立。

引理 20.3 意味着 $K(P,t+1,I) \subseteq K(P,t,I) \cup L(M,t,I)$，其中 M 是在时间 t 和输入 I 由 P 读取的全局存储单元。所以归纳对 $K(P,t+1,I)$ 成立。为了得到 $L(M,t+1,I)$ 的界，使用引理 20.4。为此，区分以下两种情况：

① 处理器 P 在时间 $t+1$ 和输入 I 时向单元 M 写入，所以

$$|L(M,t+1,I)| \leq |K(P,t+1,I)| \leq k_t + l_t < l_{t+1}。$$

② 无处理器在时间 $t+1$ 向 M 写入。下标 i 在 $t+1$ 时影响 M，当且仅当要么在 t 时 i 影响 M，要么在时间 $t+1$ 和输入 $I(i)$ 时处理器 P 向 M 写入。后者，我们说下标 i 致使 P 在时间 $t+1$，用输入 I 向单元 M 写入。因此，$L(M,t+1,I) \subseteq L(M,t,I) \cup Y(M,t+1,I)$，其中 $Y(M,t+1,I)$ 是那些造成某一处理器 P 在时间 $t+1$ 用输入 I 向 M 写入的下标的集合。假定下标 u_i 造成处理器 P_{w_i} 在时间 $t+1$ 用输入 I 向 M 写入，其中 $1 \leq i \leq r$，r 为某一整数。也就是，P_{w_i} 在时间 $t+1$，用输入 $I(u_i)$ 向单元 M 写入。首先注意下述事实（参见图 20.1）：

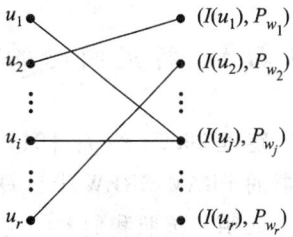

图 20.1 证明引理 20.5 的二分图

事实 对所有数对 $\langle u_i, u_j \rangle$,使得 $P_{w_i} \neq P_{w_j}$,则或者 $u_i \in K(P_{w_j}, t+1, I(u_j))$,或者 $u_j \in K(P_{w_i}, t+1, I(u_i))$。

上述事实可从下面观察导出:如果条件不成立,则根据输入 $I(u_i)(u_j)$,P_{w_i} 和 P_{w_j} 均在时间 $t+1$ 向单元 M 写入,这是 PRAM-CREW 模型不允许的。

为了完成论断的证明,我们需要建立一个界 r,即在时间 $t+1$ 和输入 I 时构成某一处理器向 M 写入的下标的数目。构造一个具有顶点集合 U 和 V 的二分图:

$$U = \{u_1, u_2, \cdots, u_r\} \text{ 和 } V = \{(I(u_1), P_{w_1}), (I(u_2), P_{w_2}), \cdots, (I(u_r), P_{w_r})\},$$

使得当且仅当在时间 $t+1$ 和输入 $I(u_j)$,u_i 影响 P_{w_j} 时,u_i 连向 $(I(u_j), P_{w_j})$。为了得到所希望的界 r,推导出二分图中边的总数 e 的下界和上界。

对于每个顶点 $(I(u_j), P_{w_j})$,根据二分图的构造,至多有

$$|K(P_{w_j}, t+1, I(u_j))| \leq k_{t+1}$$

条边。因此 $e \leq r k_{t+1}$。对 e 的下界可求得如下:令 $\langle u_i, u_j \rangle$ 是使得 $P_{w_i} \neq P_{w_j}$ 的一个数对。u_i 有 r 种选择,并且对每个 u_i 至多有 $|K(P_{w_i}, t+1, I)| \leq k_{t+1}$ 个下标 u_j 使得 $P_{w_i} = P_{w_j}$。因此,使得 $P_{w_i} \neq P_{w_j}$ 的数对 $\langle u_i, u_j \rangle$ 的总数至少是 $r(r - k_{t+1})$。根据上述事实,得到

$$e \geq \frac{1}{2} r(r - k_{t+1})$$

综合不等式 $e \leq r k_{t+1}$,就可得到 $r \leq 3 k_{t+1} = 3 k_t + 4 l_t$。但

$$|L(M, t+1, I)| \leq |L(M, t, I)| + r \leq 3 k_t + 4 l_t = l_{t+1}$$

所以论断得证。□

现在利用建立 k_t 和 l_t 的界的方法完成引理的证明。能够证实,定义 k_t 和 l_t 的递归式有如下解:

$$k_t = b^t / \sqrt{21} - \overline{b}^t / \sqrt{21}$$

$$l_t = ((3 + \sqrt{21})/2\sqrt{21}) b^t + ((-3 + \sqrt{21})/2\sqrt{21}) \overline{b}^t$$

其中,$b = (1/2)(5 + \sqrt{21})$ 和 $\overline{b} = (1/2)(5 - \sqrt{21})$。所以,$k_t \leq b^t$ 和 $l_t \leq b^t$。引理 20.5 证毕。□

20.2.3 特定问题的下界

定理 20.5 令 $f: \{0,1\}^n \to \{0,1\}$ 有一临界输入。为了在具有任意数目的处理器的 PRAM-CREW 上计算 f,则要求 $\Omega(\log x)$ 步。

证明 按照我们的约定,计算结束时输出值应出现在单元 M_1 中。因此 n 个下标必定影响单元 M_1,即 $|L(M_1, T, I)| \geq n$。使用引理 20.5,我们得到 $b^T \geq |L(M, T, I)| \geq n$,所以定理得证。□

使用或函数有一临界输入的事实,得出下述系:

系 20.2 在 PPAM-CREW 上,不管有多少处理器,计算 n 变量的布尔或需要 $\Omega(\log n)$ 的时间。

下述系的证明,可使用简单的归约技术(即将计算 n 变量的布尔或归约到每个所述问题)。

系 20.3 计算下述每个问题,在具有任意数目的处理器的 PRAM-CREW 上均需要 $\Omega(\log n)$ 的时间:① 排序一个序列 $x_1, x_2, \cdots, x_n$,其中 $x_i \in \{0,1\}$;② 计算 $x_1 + x_2 + \cdots + x_n$ 之和,其中 $x_i \in \{0,1\}$;③ 计算 n 个输入的最大值。

可将本节所开发的技术推广到下一节求取 PRAM-EREW 模型上的下界。

*20.3 PRAM-EREW 的下界

前面已经示出,最弱的 PRAM-CRCW 也是严格地比 PRAM-CREW 强有力的;本节将示出,PRAM-CREW 是严格地比 PRAM-EREW 强有力的[7]。第七章所讨论的搜索问题将是建立此事实的工具,而所使用的证明技术与上一节类似。

20.3.1 工具和方法

1. 计数零问题

在第七章中,谈到当搜索一个长度为 n 的有序表时,在 PRAM-EREW 上搜索时间为 $O(\log n)$,而在 PRAM-CREW 上搜索时间为 $O(\log(n+1)/\log(p+1))$,其中 p 为处理器数,本节将示出,即使搜索键开始时对所有 p 个处理器均已知,在 PRAM-EREW 上搜索时间的下界也为 $\Omega(\log n - \log p)$,由此可知,PRAM-CREW 是严格地强于 PRAM-EREW 的。

因为搜索键假定对所有的处理器均已知,所以搜索问题可重新定义为**计数零问题**(Zero Computing Problem):给定一个单调二元序列 $x_1, x_2, \cdots, x_n$,决定下标 i,使得 $x_i = 0$ 和 $x_{i+1} = 1$。此处,将 $x_i = 0$ 解释为小于搜索键的值,而 $x_{i+1} = 1$ 为大于搜索键的值。

像以前一样,假定仍使用理想 PRAM 模型,而且输入值 $x_1, x_2, \cdots, x_n$ 开始存在单元 $M_1, M_2, \cdots, M_n$ 中。计算结束时采用改变单元 M'_i 的内容的方法指示输出 i。

2. 影响处理器或单元的下标

令 I_i 代表由 i 个 0 继以 $n-i$ 个 1 所组成的输入。如果在第 t 步和输入 I_i 时 M 之内容不同于在第 t 步和输入 I_{i-1} 时 M 之内容,则下标 i 在第 t 步影响单元 M。定

义集含 $L(M,t) = \{i \mid 在第 t 步 i 影响 M\}$。类似地,如果 P 在第 t 步和输入 I_i 时的状态不同于 P 在第 t 步和输入 I_{i-1} 时的状态,则下标 i 在第 t 步影响处理器 P。定义集合 $K(P,t) = \{i \mid 在第 t 步 i 影响 P\}$。

下面的两个引理特征化了属于集合 $L(M,t)$ 和 $K(P,t)$ 的下标。

引理 20.6 如果 $i \in K(P,t)$,其中 $t>1$,则下述两情况之一必成立:① $i \in K(P,t-1)$;② P 在第 t 步和输入 I_i 读取某一单元 M,且 $i \in L(M,t-1)$。

证明类似于引理 20.3 的证明。

引理 20.7 如果 $i \in L(M,t)$,其中 $t>1$,则下述三情况之一必成立:① $i \in L(M,t-1)$;② 存在一处理器 P 在第 t 步和输入 I_i 向 M 写入,且 $i \in K(P,t)$;③ 存在一处理器 P 在第 t 步和输入 I_{i-1} 向 M 写入,且 $i \in K(P,t)$。

证明 假定 $i \notin L(M,t-1)$,则不管输入是 I_{i-1} 或 I_i,在第 $t-1$ 步时 M 之内容是一样的。由此得出 M 之内容在第 t 步期间被修改。在第 t 步修改 M 之内容的唯一方式是某一处理器 P 向 M 进行了写入。假定 P 在第 t 步和输入 I_i 时写入了 M,那么必有 $i \in K(P,t)$,因为否则的话,在第 t 步时 P 之状态对输入 I_i 和 I_{i-1} 是一样的,因而相同的值被写入了 M。类似地,处理器 P' 可在第 t 步和输入 I_{i-1} 向 M 写入,此时 $i \in K(P',t)$。□

20.3.2 主要下界

定理 20.6 给定长度 n 的单调二进制序列,在 PRAM-EREW 上用 p 个处理器计算零的数目要求 $\Omega(\log n - \log p)$ 的时间。

证明 令 $K(P,t)$ 和 $L(M,t)$ 定义如前。计算的进展用函数

$$c(t) = \sum_P |K(P,t)| + \sum_M \max\{0, |L(M,t)| - 1\}$$

度量之。

引理 20.8 $c(t) \leq 6c(t-1) + 3p$。

证明 ① 首先用引理 20.7 建立和式 $\sum_M |L(M,t)|$ 之上界。令 $L'(M,t) = L(M,t) - L(M,t-1)$(即所有在 $L(M,t)$ 中而不在 $L(M,t-1)$ 中的下标)。则按照引理 20.7,对每个下标 $i \in L'(M,t)$,存在一个在时间 t 和输入 I_i(或 I_{i-1},且 $i \in K(P,t)$ 的向 M 写入的处理器 P。因为一个处理器可在一个时间步向单个全局单元写入,所以每个 $i \in K(P,t)$ 在 $L'(M,t)$ 中最多出现两次(一次相应于写入输入 I_i,一次相应于写入输入 I_{i-1})。因此,

$$\sum_M |L'(M,t)| \leq 2 \sum_P |K(P,t)|$$

所以

$$\sum_M |L(M,t)| \leq \sum_M |L(M,t-1)| + 2\sum_P |K(P,t)|$$

可以归纳地假定 $L(M,t-1) \subseteq L(M,t)$，因为否则的话，可用 $L(M,t) \cup L(M,t-1)$ 代替 $L(M,t)$。很清楚，所得到的和的上界亦将是原始和的上界。因此，有 $|L(M,t)| \geq |L(M,t-1)|$，它意味着

$$\sum_M \max\{0, |L(M,t)| - 1\}$$
$$\leq \sum_M \max\{0, |L(M,t-1)| - 1\} + 2\sum_P |K(P,t)| \qquad (20.1)$$

② 其次使用引理 20.6 建立和式 $\sum_P |K(P,t)|$ 之上界。令

$$K'(P,t) = K(P,t) - K(P,t-1)$$

按照引理 20.6，对每个下标 $i \in K'(P,t)$，存在一存储单元 M，使得 P 在输入 I_i 时读取 M，且 $i \in L(M,t-1)$。因为使用的是 PRAM-EREW 模型，所以在任何时间步，不会有多于一个处理器访问全局存储单元。因此，给定 M，每个下标 $i \in L(M,t-1)$ 至多向某一处理器贡献 $K'(P,t)$ 中的一个下标。

令 $J(i,t)$ 是在时间 t 和输入 I_i 所访问的全局单元之集合，并令 $J_t = \bigcup_i J(i,t)$。很清楚，$\sum_P |K'(P,t)| \leq \sum_{M \in J_t} |L(M,t-1)|$。由此得出

$$\sum_P |K(P,t)| \leq \sum_P |K(P,t-1)| + \sum_{m \in J_t} |L(M,t-1)|$$

$|J_t|$ 的上界可用如下方法获得：给定一个处理器 P，由 P 在时间 t 所访问的不同存储单元的数目 $\leq |K(P,t-1)| + 1$，因此，$|J_t| \leq \sum_P (|K(P,t-1)| + 1) = \sum_P |K(P,t-1)| + p$，其中 p 是有效处理器总数。此观察意味着：

$$\sum_P |K(P,t)| \leq \sum_P |K(P,t-1)| + \sum_{M \in J_t} |L(M,t-1)|$$
$$= \sum_P |K(P,t-1)| + \sum_{M \in J_t} (|L(M,t-1)| - 1) + |J_t|$$
$$\leq 2\sum_P |K(P,t-1)| + \sum_M \max\{0, |L(M,t-1)| - 1\} + p \qquad (20.2)$$

将式 (20.2) 和式 (20.1) 组合在一起，得

$$\sum_M \max\{0, |L(M,t)| - 1\} + 3\sum_P |K(P,t)|$$
$$\leq 4\sum_M \max\{0, |L(M,t-1)| - 1\} + 2\sum_P |K(P,t)|$$
$$+ 6\sum_P |K(P,t-1)| + 3p$$

所以，$c(t) \leq 6c(t-1) + 3p$。引理证毕。□

现在可完成定理的证明,注意 $c(T) \geq n$,其中 T 是所需的总步数。给定我们对输出形式的假定,很容易证实,每个保留用于输出的单元至少受两个不同的下标的影响。另一方面,不等式 $c(t) \leq 6c(t-1) + 3p$ 且初始条件 $c(0) = 0$,这意味着 $c(t) \leq ((6^t - 1)/5)3p$。所以必有 $T = \Omega(\log n - \log p)$。□

*20.4 PRAM-CRCW 的下界

前面两节所讨论的理想 PRAM 的下界反映了通信假定的限制,因为计算的每一步均允许无限的计算。对 PRAM-CRCW 要建立类似的下界是困难的。首先注意到,前两节所使用的证明技术对 PRAM-CRCW 模型是不适用的,因为在给定步限定能够影响某一存储单元的处理器的数目,在并发写的假定下是不可能的。事实上,如下述定理所示,在 CPRAM-CRCW 上可在 $O(1)$ 时间内计算任意布尔函数(参照定理 20.5)。

定理 20.7 令 $f: \{0,1\}^n \rightarrow \{0,1\}$ 是任意的布尔函数,则在 CPRAM-CRCW 上,用 $\leq n \cdot 2^n$ 个处理器可在 $O(1)$ 时间内计算出 f。

证明 将 f 写成最小项之和的形式:$f = \sum_i m_i(x_1, x_2, \cdots, x_n)$,其中每个 m_i 是 n 个文字之积,而文字(Literal)可以是一个变量或者其补。最小项的数目至多为 2^n。假定每一项 m_i,为其配上 n 个处理器 $P_{ij} (1 \leq j \leq n)$。处理器 P_{ij} 的作用是计算 n 个文字的布尔**与项** m_i,因为在 CPRAM-CRCW 上使用 n 个处理器就可在 $O(1)$ 时间内计算出 n 个变量的**与**,所以 $n \cdot 2^n$ 个处理器就能在 $O(1)$ 时间内同时计算出所有的 m_i。为了计算 f,可对所有 i,使用处理器 P_{i1} 在 $O(1)$ 时间内计算 m_i 的布尔之和。所以在 CPRAM-CRCW 上至多使用 $n \cdot 2^n$ 个处理器就可在 $O(1)$ 时间内计算出 f。□

上述定理示例说明,利用并发写,很多处理器可有效地协同计算一个函数。此外,我们已经遇到了很多在 PARM-CRCW 上使用多项式数目的处理器可在 $O(1)$ 时间内求解的简单问题,但我们感兴趣的是去识别一些简单的计算,它们在 PRAM-CRCW 上使用多项式数目的处理器而不能在 $O(1)$ 时间求解之。有很多这样的简单函数,例如奇偶函数,但已知的证明甚非平易,而且要求引入一些有关电路复杂度的技术。

本节将实际证明计算奇偶函数的下界。为了明确目的,先给出欲寻找的结果:

定理 20.8 计算 n 变量的奇偶函数,在 PPRAM-CRCW 上使用多项式数目的处理器需要 $\Omega(\log n/\log \log n)$ 时间。

证明该定理的策略分两步：先将 PRAM-CRCW 与无界扇入的一类电路联系起来；再为无界扇入电路建立计算奇偶函数的下界。

20.4.1　PRAM-CRCW 与无界扇入电路

一个**布尔电路**就是一个**有向无环图**(Directed Acyclic Graph,DAG)，其中每个入度大于零的节点被标记为任意一个与门、或门或者非门。入度为零的节点称为输入，且用一个变量或常量 0 或 1 标记之。某些节点也可指定为输出节点。节点的入度和出度分别称为该节点的**扇入**(Fan-In)和**扇出**(Fan-Out)。一个电路就代表了一组布尔函数。电路 C 的**尺寸**(Size)就是电路中总的边数，记之为 $size(C)$。电路的**深度**(Depth)就是输入节点和输出节点之间最长的路径。

例 20.2　令 $f(x_1,x_2,x_3) = x_1'x_2'x_3 + x_1'x_2x_3' + x_1x_2'x_3' + x_1x_2x_3$ 是一个三变量的奇偶函数，则计算 f 的电路示于图 20.2。□

1. 无界扇入电路[8]

所谓**无界扇入电路**(Unbounded Fan-In Circuits)，就是与门或者或门可有任意个输入的那些电路。因为它们都倾向于有非常小的深度，所以也称之为**有限深度电路**(Bounded-Depth Circuits)。事实上，很容易用深度 ≤3 的电路实现布尔函数 f。电路的尺寸至多为 $n \cdot 2^n$，其中 n 为变量数。

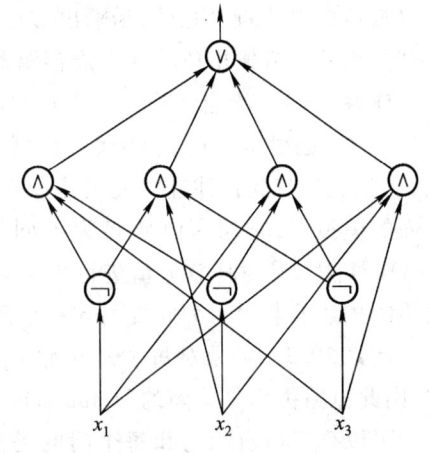

图 20.2　计算三变量奇偶函数的电路

一个富有挑战性的任务就是建立完成某些计算的电路的尺寸的非平易下界。一个这样的结果是，计算 n 变量奇偶函数的具有任意常数深度的电路的尺寸必定是指数的。无界扇入电路已经为研究很多重要下界提供了极为有用的工具。我们之所以对此电路感兴趣是因为它们与 PRAM-CRCW 模型密切有关。我们的下一个任务就是将电路模型的下界转换为 PRAM-CRCW 模型的下界。

2. 用 PRAM-CRCW 模型模拟电路

定理 20.9　令 $f:\{0,1\}^n \to \{0,1\}^m$ 是一个 n 输入和 m 输出($m \leq n$)的函数，而 C 为计算 f 的电路。假定 C 的尺寸为 $S(n)$、深度为 $D(n)$。那么在 CPRAM-CRCW 上用 $O(D(n))$ 时间和 $S(n)+n$ 个处理器可计算出 f。

证明　因为使用 **DeMorgan 定律**(DeMorgan's Law)

$$\bigwedge_{1 \leq i \leq k} g_i = (\bigvee_{1 \leq i \leq k} g_i')'$$

与门可用一组非门和或门代替,所以可以假定电路只由或门和非门组成,而这样的电路的尺寸和深度至多各增加三倍,因此这种变化不影响渐近界。

将 C 之节点从输入节点开始编号,并为每个节点 i 伴以全局存储单元 M_i,且开始时第 j 个输入存放在 $M_j(1 \leq j \leq n)$。PRAM-CRCW 将从底部开始逐级模拟 C,计算并存放在节点 i 所产生的值于 PRAM 的全局单元 M_i 中。更精确地说,为一条从节点 i 到节点 j 的边分配一个处理器 P_{ij}。假定节点 j 处于深度 d,则使用局部计数器使 P_{ij} 等待 cd 步,其中 c 是足够大的常数,以允许由 PRAM-CRCW 在较深的深度执行计算。然后,如果节点 j 是一个或门,则处理器 P_{ij} 向单元 M_j 写 1(如果单元 M_i 包含有 1);否则 P_{ij} 保持空闲。如果节点 j 是个非门,则 P_{ij} 将 M_i 取补存入单元 M_j 中。

因此,在 PRAM 上模拟电路的每一级取用 $O(1)$ 时间,所以经过 $O(D)$ 时间就足以抵达输出节点。此外,为输出节点指派了 m 个附加的处理器。等待 cD 步后,这些处理器可将输出位移入全局存储器的适当单元。□

注释 20.1 给定计算 n 输入布尔函数的一簇电路 $\{C_n\}$,能够充分地为每个 n 产生一 C_n 是很重要的,否则的话,可为每个 n 设计一种不同的电路(非均衡电路)。让我们首先论述**非均衡电路**(Nonuniform Circuits)能够计算非递归函数。在前面的模拟中,非均衡电路将为不同的输入规模产生不同的程序,然而所有的 PRAM 算法均是对任意 n 值进行描述的。所以要一个可确保每个 n 有一个 C_n 的简明的描述的假定。为此要引入一个问题的均衡表示法。

定义 20.2 如果对每个 n,电路 C_n 能由一确定的图灵机在 $O(\log n)$ 空间描述之,则此电路称为是**均衡的**(Uniform)。

可以列出所有的门和每个门的类型及输入来说明此电路。假定输入存放在只读存储器中,它们不能算做所用空间的一部分。所以只要 $O(\log n)$ 空间就能描述 C_n 的事实就表明 C_n 的确是一简单电路,它也意味着 C_n 可在多项式时间产生,所以所有电路均假定是均衡的。

本节剩下的部分,就是揭示如何用一个其尺寸为 $p(n)$ 和 $T(n)$(多项式的)而深度为 $O(T(n))$ 的电路去模拟 $p(n)$ 个处理器、时间界为 $T(n)$ 的 PRAM-CRCW 模型。如果不限制 PRAM-CRCW 所使用的指令和字长,这样的模拟是不可能的。下面就引入一些假定,它们似乎是自然的和不过分苛刻的。

3. 受限的 PRAM

令 R_i 表示局部寄存器,则受限的 PRAM 具有如下一些指令:

① $R_i \leftarrow Constant$:用常数加载局部寄存器;

② $R_i \leftarrow R_j$:R_j 之内容加载到 R_i 中;

③ $R_i \leftarrow PID$：将处理器的 ID 加载到 R_i 中；

④ $R_i \leftarrow R_j \pm R_k$：$R_j$ 与 R_k 的内容相加（减），其结果存入寄存器 R_i 中；

⑤ $R_i \leftarrow *R_j[l,g]$：R_j 中的内容视局部 l 或全局 g 作为从存储器读取指令的地址，其结果存入 R_i 中；

⑥ $*R_i \leftarrow R_j[l,g]$：将 R_j 的内容用 R_i 中的内容作地址写入局存或全局存储器中；

⑦ GOTO m IF $R_i[<,=]R_j$：如果 $R_i <$ 或 $= R_j$ 时，则控制转向标号 m；

⑧ halt：强使处理器停止。

不失一般性，假定程序中不出现负地址。一个大小为 n 的输入系由 n 个字组成，每个字至多 n 位，并且开始时存放在 PRAM 的前 n 个全局单元中。每条指令花费一个单位时间。如果对任何大小为 n 的输入，所有的处理器均在 $T(n)$ 之内停止，则称机器运行时间为 $T(n)$。

4. 加法和比较电路

我们的模拟将要求，每个时间步所执行的指令可由常数深度和小尺寸的电路模拟之。让我们暂不考虑取操作数和存放结果来推导执行加法和比较的电路（两者示于下面两例中）。减法电路与加法电路类似。

例 20.3 加法电路（Addition Circuit） 考虑两个 m 位的数 $A = a_m \cdots a_2 a_1$ 和 $B = b_m \cdots b_2 b_1$ 的相加。先行进位算法系由计算产生进位 $g_i = a_i b_i$ 和传播进位 $p_i = a_i \oplus b_i (1 \leq i \leq m)$ 所组成。那么第 i 个进位 $c_i = g_i + \sum_{1 \leq j \leq i-1} p_i p_{i-1} \cdots p_{j+1} g_j$，而第 i 位和 $s_i = p_i \oplus c_{i-1}$。每个 c_i 可由图 20.3 所示的常数深度、尺寸为 $O(m^2)$ 的电路实现之。所以，所有进位均可由常数深度、尺寸为 $O(m^3)$ 的电路来计算。产生位和 s_i 并不增加相应电路的渐近界。□

例 20.4 比较电路（Comparison Circuit） 给定两个数 $A = a_m \cdots a_2 a_1$ 和 $B = b_m \cdots b_2 b_1$，试设计一个常数深度和多项式尺寸的电路，使其当 $A < B$ 时产生输出 1。令 $x_i = a_i b_i + a'_i b'_i$。则输出可表示为：$a'_m b_m + x_m a'_{m-1} b_{m-1} + x_m x_{m-1} a'_{m-2} b_{m-2} + \cdots + x_m x_{m-1} \cdots x_2 a'_1 b_1$。很清楚，这样的布尔函数可由常数深度、尺寸为 $O(m^2)$ 的电路实现之。图 20.4 给出了相应的电路。□

5. 用电路模拟受限的 PRAM-CRCW

令 $p(n)$ 是 PRAM-CRCW 中处理器数目，n 为输入尺寸。令 $T(n)$ 是 PRAM-CRCW 算法的时间界，因此每个处理器可在 $T(n)$ 之内停止。PRAM 中的每个处理器动态地执行前述的一系列指令。与此相反，具有静态结构的电路实现一组固定的布尔函数。为了构造一模拟电路，我们必须指定一组能实现 PRAM 算法的输入/输出特性的布尔函数。

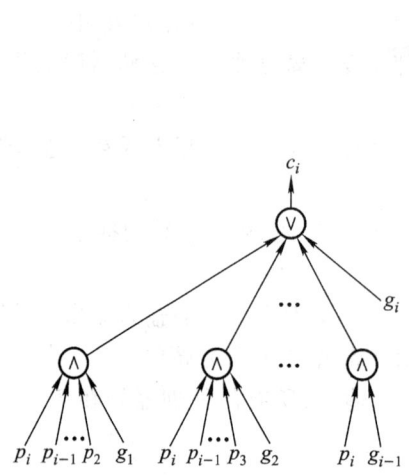
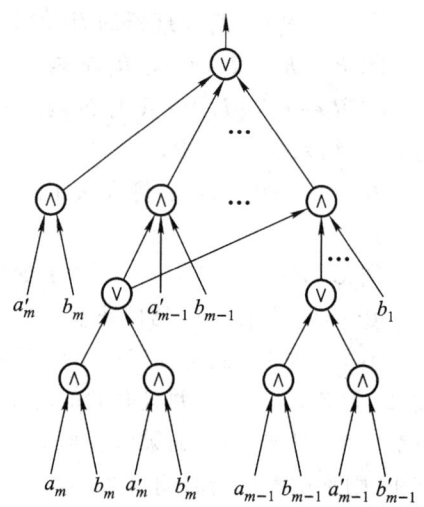

图 20.3　用于计算第 i 个进位 c_i 的电路　　图 20.4　用于测试 $A<B$ 的电路

一种简单的方法是考虑 n 个输入字所有可能的值，从而推导出与算法之输入和输出有关的函数。然而，相应的电路的尺寸可能是 n 的指数，这是不可取的。但可以有效地表示出在时间步 t 所有可能的值，并描述与这些值（在时间步 t 和 $t+1$ 之间的变化）有关的布尔函数。需要实现这种转变的电路将是常数深度的，而且尺寸也是 $p(n)$、$T(n)$ 和 n 的多项式。

首先涉及的是重新表示执行 PRAM 算法（输入大小为 n）时所引起的所有可能的值。这些值是任意一个输入值；或是处理器程序中出现的常数和地址；或是处理器产生和存储的值。要表示任意一个这样的值所需的最大位数为 $L=\max(n,\log p(n))+T(n)+1$。它可从下述实例推出：开始时存储器中或程序中任何数据的长度至多为 $\max(n,\log p(n))$，每次运算后，数据长度至多增加一位，此额外位是用来区分正数和负数的。

对于每个处理器 Q，用三元组 $(a_l(Q,k,t),v_l(Q,k,t),w_l(Q,k,t))$ 表示局部寄存器和它们的值，其中 $a_l(Q,k,t)$ 和 $v_l(Q,k,t)$ 是 L 位字，而 $w_l(Q,k,t)$ 是指示写操作位。此三元组可解释如下：如果 $w_l(Q,k,t)=1$，则地址为 $a_l(Q,k,t)$ 的 Q 之局部寄存器在时间 t 包含有值 $v_l(Q,k,t)$；如果 $w_l(Q,k,t)=0$，则三元组无意义。一个处理器在每个时间步至多向一个局部寄存器写入，因此，可取 $1\leqslant k\leqslant T$。注意，这些三元组代表了一些布尔量，其值由 PRAM 的输入所决定。

以类似的方式，可用三元组 $(a_g(k,t),v_g(k,t),w_g(k,t))$ 表示全局存储单元。此时，因为在每个时间步至多 $p(n)$ 值能写入全局存储器，所以 k 的值满足 $1\leqslant k\leqslant n+p(n)T(n)$。

现在讨论在执行 PRAM 第 t 步时所发生的存储三元组的转换。这样的转换与被执行的指令有关,因此相应于第 t 步的电路应该包含模拟不同类型的 PRAM 指令的子电路。处理器 Q 在时间 t 所执行的特定指令由布尔量 $IC(Q,j,t)$ 表示,其中 $1 \leq j \leq s(Q)$,而 $s(Q)$ 是 Q 的程序中指令的数目。更准确地讲,当且仅当在时间 t 执行第 j 条指令时,$IC(Q,j,t) = 1$。剩下的细节将在证明下述定理中给出。

定理 20.10 一个运行时间 $T(n)$ 和使用 $p(n)$ 个处理器的受限的 PPRAM-CRCW,能够由一个深度为 $O(T(n))$,尺寸为 $p(n)T(n)$ 和 n 的多项式的电路来模拟。

证明 所有局部或全局的存储单元的地址和存储在其中的值均由前述的三元组表示。令 $x_1, x_2, \cdots, x_n$ 是存储在全局存储器中前 n 个单元的输入。每个 x_i 都凑满 L 位。计算开始时,对所有的 $1 \leq k \leq n$,设置 $(a_g(k,0), v_g(k,0), w_g(k,0)) = (k, x_k, 1)$;所有其他的三元组在 $t = 0$ 时均设置为 $(0,0,0)$;而且对于 $j \neq 1$,设置 $IC(Q,j,0) = 0$ 和 $IC(Q,1,0) = 1$。IC 的这种赋值就意味着每个处理器的指令计数器被置为 1。

采用揭示在由常数深度和多项式尺寸的电路模拟 PRAM-CRCW 的每一步后,如何变化存储三元组和 IC 的各位的方法来执行模拟。每一个这样步的输入都是些存储三元组:$(a_l(Q,k,t), v_l(Q,k,t), w_l(Q,k,t))$,其中 $1 \leq k \leq T$ 和 $1 \leq PID(Q) \leq p(n)$;$(a_g(k,t), v_g(k,t), w_g(k,t))$,其中 $1 \leq k \leq n + p(n)T(n)$;$IC(Q,j,t)$,其中 $1 \leq j \leq s(Q)$ 和 $1 \leq PID(Q) \leq p(n)$。输出就是 PRAM 算法执行第 t 步所要修改的值。

模拟处理器的每一步的电路的高级描述示于图 20.5。所要求的主要电路实现如下任务:① 计算操作数;② 执行运算;③ 修改 IC 值;④ 选择结果;⑤ 更新存

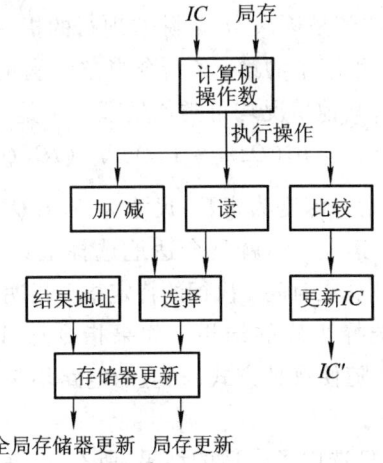

图 20.5 模拟 PRAM 单个处理器一步时的电路之高级描述

储器。下面分别考虑每一个任务。让我们固定一个处理器 Q 和时间步 t 来讨论。

① **计算操作数**：此特定子电路的输出就是执行下一条指令所需的操作数的值。一个操作数的值等于由 Q 在时间 t 执行的指令所要访问的局部寄存器的内容。令 $OP_1(Q,j)$ 是处理器 Q 的程序中第 j 条指令的第一个操作数的 L-位表示，如果指令无操作数，则置 $OP_1(Q,j)=0$。第一个操作数的值可表示为

$$\bigvee_{j=1}^{s(Q)} \bigvee_{k=1}^{T} IC(Q,j,t) \wedge EQ(OP_1(Q,j),a_l(Q,k,t)) \wedge w_l(Q,k,t) \wedge v_l(Q,k,t)$$

最后一个布尔积在 $v_l(Q,k,t)$ 上按位计算。电路 EQ，当且仅当两个 L-位长的字相等时产生 1。这样的一个常数深度和尺寸为 $O(L)$ 的 EQ 电路很容易构造。上述的表达式可用一个常数深度、尺寸为 $O(s(Q)T(n)L)$ 的电路实现之。如果有第二个操作数，也可类似计算。

② **执行运算**：在一步中所执行的运算，或是加法/减法，或者读取局部/全局存储器，或是基于两数比较的测试。已经概略地介绍了如何用深度为常数和尺寸为多项式的电路实现加法和比较。减法类似于加法。下面我们描述读取全局存储器所需的电路。

记住，存储在全局存储器中的值系由电路中的三元组 $(a_g(k,t),v_g(k,t),w_g(k,t))$ 表示，其中 $1 \leq k \leq n+p(n)T(n)$。因此，相应于全局读操作的子电路必须能识别三元组中的第一个分量就是第一步计算的操作数（例如 a_0），并且必须产生相应的存储在该三元组中的 L-位值。此运算可由下述布尔表达式完成之：

$$\bigvee_{k=1}^{n+pT} EQ(a_0,a_g(k,t)) \wedge w_g(k,t) \wedge v_g(k,t)$$

其中，EQ 电路同前。很清楚，相应于读取全局存储器的电路深度为常数，尺寸为

$$Q((n+p(n)T(n)L))$$

③ **修改 IC 值**：IC 的值是逐次增一，除非现行的指令是 GOTO 语句。令 G_m 是下标 j 的集合，使得 Q 的程序中的第 j 条指令当条件满足时转向 m。假定第 $m-1$ 条指令不是 GOTO 语句，其他情况均可类似处理。于是

$$IC(Q,m,t+1) = IC(Q,m-1,t) \bigvee_{j \in G_m} (IC(Q,j,t) \wedge condj)$$

很清楚，这样的函数，可用一深度为常数，尺寸为 $O(s(Q))$ 的电路来实现。

④ **选择结果**：这一步的目的就是合适地选择上述运算的 L-位结果，它可由 $res(Q,t)$ 表示之。因为同 Q 在时间 t 执行的特定指令指明了一种操作，所以 $IC(Q,j,t)=1$ 的下标 j 能用来选择正确的结果。如果指令加载了一个常数或者处理器 ID，则结果很容易给出。随便哪种方式，相应的电路均是常数深度和 $O(s(Q)L)$ 尺寸的。

⑤ **更新存储器**：一旦选中了合适的结果，所有在 $t+1$ 步模拟的存储三元组均要产生。这些三元组，除了其第一个分量是在 t 步所写入的单元地址外，均与在 t

步开始时所给定的相同。令 $\alpha(Q,t)$ 是在 t 步 Q 所执行的指令的 L-位结果地址。这样的一个字能从此步所执行的指令中立即得到,除非它是一条间接写指令。在后者的情况下,可以使用与在第①步计算操作数所使用的同类型的子电路。

现在几乎有了设置存储三元组所需的全部信息。仅仅遗漏的是决定局部对全局存储器变化的信息。

令 $\gamma(Q,t)$ 是一布尔函数,使得当且仅当 Q 在时间 t 存放结果于全局存储器中时 $\gamma(Q,t)=1$。可以类似方式定义局部存储器的变化函数 $\lambda(Q,t)$。令 $C(Q)$ 是全局存储器写指令号码的集合,则

$$\gamma(Q,t) = \bigvee_{j \in C(Q)} IC(Q,j,t)$$

相应于 $\lambda(Q,t)$ 的布尔函数是类似的。两个函数均可用深度为常数、尺寸为 $O(s(Q))$ 的电路实现之。

现在准备指定在 $t+1$ 步所需的局部存储三元组。首先,对所有 $1 \le k \le t$,设置 $a_l(Q,k,t+1) = a_l(Q,k,t)$ 和 $v_l(Q,k,t+1) = v_l(Q,k,t)$。至于 $w_l(Q,k,t+1)$ 的值,除了三元组中第一个分量等于 $\alpha(Q,t)$ 外(此时 $w_l(Q,k,t+1) = 0$),均被设置为 $w_l(Q,k,t)$。使用 $k = t+1$ 记录此新值。也就是说,设置 $a_l(Q,t+1,t+1) = \alpha(Q,t)$,$v_l(Q,t+1,t+1) = res(Q,t)$ 和 $w_l(Q,t+1,t+1) = \lambda(Q,t)$。至于指定全局存储三元组,必须调整 $\gamma(Q,t)$,使得我们做出强使 PRAM-CRCW 为优先写的假定。更准确地说,如果有较小编号的处理器试图写相同的单元,则 $\gamma(Q,t)$ 必须设置为零。强化优先写的假定,可推出如下布尔函数:

$$\overline{\gamma}(Q,t) = \gamma(Q,t) \wedge (\bigvee_{\{S \mid PID(S) < PID(Q)\}} \gamma(s,t) \wedge EQ(\alpha(Q,t),\alpha(s,t)))'$$

现在向三元组 $a_g(n + tp(n) + PID(Q), t+1) = \alpha(Q,t)$,$v_g(n + tp(n) + PID(Q), t+1) = res(Q,t)$ 和 $w_g(n + tp(n) + PID(Q), t+1) = \overline{\gamma}(Q,t)$ 加入新值。很容易检查,新的存储三元组能用深度为常数、尺寸为 $O((n + p(n)T(n)LP(n)))$ 的电路实现之。

重复前述电路 $T(n)$ 次,则所得到的电路其深度将为 $O(T)$,尺寸将是 $p(n)$,$T(n)$ 和 n 的多项式的。电路的输出节点由代表 PRAM-CRCW 输出的全局存储三元组指定之。□

20.4.2 无界扇入电路的下界

下面的系是 PPRAM-CRCW 下界的基础[9,10]。

系 20.4 假定函数 f 能在受限的 PPRAM-CRCW 上用多项式数目的处理器于 $T(n)$ 时间内计算出,则存在着一个深度为 $O(T(n))$、尺寸为多项式的电路能计算出 f。

当给出电路的下界时,此系能导出 PPRAM-CRCW 的下界。因为电路都有一个静态结构,所以建立其下界困难较小,但并不能说很容易,而且仍具有颇大的难度。下面描述一种代数方法以推导出计算奇偶函数的电路下界。

1. 近似子(Approximator)

令 $f(x_1, \cdots, x_m)$ 是一由无界扇入电路所实现的布尔函数。此电路可以用来得到一个低阶多项式 $p(x_1, \cdots, x_n)$,使得 p 能视为函数 f 的近似。更准确地说,令 δ-近似子是定义在域 $Z_3 = \{-1, 0, 1\}$ 上的 δ 阶多项式 $p(x_1, \cdots, x_n)$,使得 p 取值于输入 $\{0,1\}^n$ 中的 0 或 1 值。由近似子所引入的误差就是 f 和 p 值不同的输入设置数目。如果近似子 p_f 不引入误差,则 p_f 就"代表"了 f。即,p_f 是变量 $x_1, \cdots, x_n$ 的多项式,其系数取值于 $\{-1, 0, 1\}$,使得对所有的 $(x_1, \cdots, x_n) \in \{0,1\}^n$,$p_f(x_1, \cdots, x_n) = f(x_1, \cdots, x_n)$。注意 p_f 在一特定点的值是在域 Z_3 上计算的。

例 20.5 考虑补函数 $f(x) = x'$。则 $p_f(x) = 1 - x$ 就代表了 f,因为 p_f 和 f 在输入 $x = 0$ 和 $x = 1$ 时两者一致。一般而言,如果 $f(x_1, \cdots, x_n) = [g(x_1, \cdots, x_n)]'$,同时 p_g 代表了 g,则 $p_f = 1 - p_g$ 就代表了 f。□

例 20.6 布尔与函数很容易用多项式 $p_{AND} = x_1 \cdots x_n$ 代表。特别是,最小项 $m(x_1 \cdots x_n) = x_{i_1} \cdots x_{i_s} x'_{j_1} \cdots x'_{j_t}$ 可用 $p_m = x_{i_2} \cdots x_{i_s} (1 - x_{j_2}) \cdots (1 - x_{j_t})$ 代表,其中 $\{i_1, \cdots, i_s\}$ 和 $\{j_1, \cdots, j_t\}$ 是 $\{1, 2, \cdots, n\}$ 的一个划分。□

例 20.7 考虑布尔**或**函数 $f(x_1, \cdots, x_n) = x_1 + x_2 + \cdots + x_n$,则使用补和布尔积函数的表示,我们可导出 f 的代表 $p_f = 1 - (1 - x_1) \cdots (1 - x_n)$。$f$ 的 δ-近似子由 $p = 1 - (1 - x_1) \cdots (1 - x_\delta)$ 给出。此近似子与 f 在 $2^{n-\delta} - 1$ 个输入设置上不同(所有 $x_1 = x_2 = \cdots = x_\delta = 0$ 的设置和至少一个 $x_j = 1, j > \delta$)。□

引理 20.9 令 $f(x_1, \cdots, x_n)$ 是任意布尔函数,则 f 可以由取值于域 $Z_3 = \{-1, 0, 1\}$ 上的 n 阶**复合线性多项式**(Multilinear Poly-nomial)代表。

证明 因为 f 总可以写成最小项之和,所以我们可根据例 20.6 和例 20.7 获得 f 的多项式代表。可以在所有取值于 $\{0,1\}^n$ 的输入上,使用 $x_i^2 = x_i (1 \leq i \leq n)$ 做成 p 复合多项式的每一项。□

2. 由电路推导近似子

我们将示出,任意函数 f 的电路可用来推导 f 的近似子。近似子的阶和误差与电路的尺寸和深度有关。

引理 20.10 令 C 是实现 n 变量函数 f 的深度为 d 的无界扇入电路,则可由其推出一个 $(2l)^d$-近似子,使得由近似子所引入的误差对任意整数 $l \geq 1$,至多为 $size(C) 2^{n-l}$。

证明 将对 C 的每个子电路归纳地指派一近似子,从输入开始逐级向上直到输出门。每个高度 h 的子电路指派一个 $(2l)^h$-近似子,它所引入的误差至多

为 2^{n-l}。

令 D 是高度 h 的子电路。假定已经给所有直接馈给 D 的最顶端的门的子电路指派了 $(2l)^{h-1}$-近似子。指派给 D 的函数与最顶端的门有关。从简单情况开始,此时顶端的门为一非门。令馈给它的电路已被指派近似子 g,然后给子电路 D 指派多项式 $1-g$。很清楚,$1-g$ 是个 $(2l)^h$-近似子,它没有引入附加误差。

假定顶端的门为一或门(与门的情况可用非门归结为或门)。令 $f_1, f_2, \cdots, f_n$ 是指派给馈给 D 之输出或门的子电路的 $(2l)^{h-1}$-近似子。考虑一组定义于 Z_3 上的多项式 $g_i = (\sum_{j=1}^{k} \alpha_{ij} f_j)^2$,其中 $\alpha_{ij} \in \{0,1\}$ 且 $1 \leq i \leq l$。注意对于取值于 Z_3 上的所有输入,g_i 的值总是 0 或 1。给子电路 D 指派近似子 $f_D = 1 - (1-g_1)(1-g_2)\cdots(1-g_l)$。因为 f_D 的阶 $\leq (2l)^h$,且 f_D 的输出对所有取值于 $\{0,1\}^n$ 上的输入为 0 或 1,所以很明显多项式 f_D 是一个 $(2l)^h$-近似子。现在剩下的问题是去估计由 f_D 所引入的误差。

考虑使近似子 $f_1, f_2, \cdots, f_k$ 产生正确值的任意输入设置 I。如果 D 之顶端的门输出为零,则必有 $f_1(I) = f_2(I) = \cdots = f_k(I) = 0$。这就意味着,不管 α_{ij} 如何,$g_1(I) = g_2(I) = \cdots = g_l(I) = 0$,所以 $f_D(I) = 0$,此时无误差引入。假定 D 之顶端的门输出为 1,则必存在下标 j_0,使得 $f_{j_0}(I) = 1$。给定任意一组 $j \neq j_0$ 的 α_{ij} 值,则必存在唯一的一组 l 的值 $\alpha_{1j_0}, \alpha_{2j_0}, \cdots, \alpha_{lj_0}$ 强使每个 $g_i = 1$,即强使 $f_D = 0$。所以,如果随机地彼此独立地挑选所有 $\alpha_{ij} \in \{0,1\}$,则在这样的输入上 $f_D = 0$ 的概率至多为 2^{-l}。这就意味着,使 $f_D = 0$ 的输入值的期望数目至多为 2^{n-l}。因此,就存在着一组 α_{ij} 的值,相应于它的 $(2l)^h$-近似子最多在 2^{n-l} 个输入设置上引入误差。

此引理的证明可以得出如下结论:给电路的诸输入指派 1-近似子,并且逐级地执行如前所述的一般指派。因为一个子电路的每个近似子至多引入 2^{n-l} 个误差,所以给输出指派 $(2l)^d$-近似子最多具有 $size(C) 2^{n-l}$ 误差。□

如设置 $l = (1/2) n^{1/(2d)}$,则可得如下的系:

系 20.5 任何深度 d 的电路 C 有一 $\sqrt{n}$-近似子,它至多在 $size(C) 2^{n - \frac{1}{2} n^{1/(2d)}}$ 个输入设置上会引入误差。

3. 奇偶函数的近似子

令 $\pi(x_1, \cdots, x_n)$ 是个 n 变量的**奇偶函数**(Parity Function),我们将示出其任意 $\sqrt{n}$-近似子至少在 $(1/50) 2^n$ 个输入设置上与 π 不一致。

引理 20.11 令 $a(x_1, \cdots, x_n)$ 是奇偶函数 $\pi(x_1, \cdots, x_n)$ 的一个 $\sqrt{n}$-近似子。则 a 和 π 对于充分大的 n,至少在 $(1/50) 2^n$ 个输入设置上不一致。

证明 记住 $a(x_1, \cdots, x_n)$ 是取值于 $Z_3 = \{-1, 0, 1\}$ 上的多项式,使得 a 将 $\{0,$

$1\}^n$ 映射到 $\{0,1\}$。对于每个 i，做一变量代换 $y_i = x_i + 1$。注意，$x_i = 0, y_i = 1; x_i = 1, y_i = -1$。使用这种代换，$a(y_1, \cdots, y_n)$ 映射 $\{-1,1\}^n$ 到 $\{-1,1\}$。此外，奇偶函数 $\pi(y_1, \cdots, y_n)$ 现在是一个从 $\{-1,1\}^n$ 到 $\{-1,1\}$ 的映射，它可由多项式 $P_\pi(y_1, \cdots, y_n) = y_1 y_2 \cdots y_n$ 表示之。

令 $G \subset \{-1,1\}^n$ 是个输入集合，在其上 $a(y_1, \cdots, y_n)$ 和 $P_\pi(y_1, \cdots, y_n)$ 是一致的。先看一下如下的论断再继续证明我们的引理。

论断　令 f 是从 G 到 $\{-1,0,1\}$ 的任意函数，则使用近似子 $a(y_1, \cdots, y_n)$ 可将 f 表示成其阶至多为 $n/2 + \sqrt{n}$ 的复合线性多项式 $P_f(y_1, \cdots, y_n)$。

证明　推广 f 到 $\bar{f}: \{-1,1\}^n \to \{-1,0,1\}$。令 $P_{\bar{f}}$ 是代表 $\bar{f}$ 的一个多项式。则 $P_{\bar{f}}$ 能够表示成诸项之和，其中每一项都是由 $y^2 = y$（对任意变量 y）给定的复合项。令 $c y_{i_1} y_{i_2} \cdots y_{i_s}(c \neq 0)$ 是 $P_{\bar{f}}$ 中的一项。如果 $s > n/2$，则将示出这一项如何用阶至多为 $\sqrt{n} + n - s$ 的另一项代替之，使得两者从 G 的输入上取相同的值。令 $\{j_1, j_2, \cdots, j_t\} = \{1, 2, \cdots, n\} - \{i_1, i_2, \cdots, i_s\}$。再次使用 $y^2 = y$ 将 $c y_{i_1} y_{i_2} \cdots y_{i_s}$ 用等效表示式 $c y_1 y_2 \cdots y_n y_{j_1} y_{j_2} \cdots y_{j_t}$ 代替之。但 $y_1 y_2 \cdots y_n$ 可由 a 代替，因为 a 是 $P_\pi = y_1 y_2 \cdots y_n$ 的近似子，两者在 G 上一致。很清楚，新项的阶是 $\sqrt{n} + n - s$。对所有阶大于 $n/2$ 的项做这样的替换，将导致一个代表 f 的某阶至多为 $n/2 + \sqrt{n}$ 的多项式。论断证毕。□

现在继续证明引理 20.11，已经示出每一个函数 $f: G \to \{-1,0,1\}$ 能够用一个阶为 $n/2 + \sqrt{n}$ 的复合多项式表示。这样的函数的数目有 $3^{|G|}$ 个。在另一方面，阶 $\leq n/2 + \sqrt{n}$ 的复合项的数目给定如下：

$$\sum_{i=0}^{n/2+\sqrt{n}} \binom{n}{i} \approx 0.9772 \times 2^n < \frac{49}{50} 2^n$$

这就意味着，在 Z_3 上所有具有这种项的多项式的数目小于 $3^{\frac{49}{50}2^n}$，因为每一个这样的多项式都是 $\sum_i \beta_i m_i$ 的形式，其中 $\beta_i \in Z_3$，且 m_i 是一复合项。所以，$3^{|G|} < 3^{\frac{49}{50}2^n}$，即 $|G| < \frac{49}{50} 2^n$。从而得出，a 和 π 不一致的输入设置的数目至少有 $2^n - \frac{49}{50} 2^n = \frac{1}{50} 2^n$。所以引理得证。□

4. 奇偶函数的下界[11]

定理 20.11　令 C 是深度 d 的计算奇偶函数 $\pi(x_1, \cdots, x_n)$ 的任意电路，则 C 之尺寸必满足 $size(C) \geq \frac{1}{50} 2^{\frac{1}{2} n^{\frac{1}{2d}}}$。

证明　电路 C 可用来得到 π 的一个 $\sqrt{n}$-近似子，它至多引入 $size(c) 2^{n - \frac{1}{2} n^{\frac{1}{2d}}}$ 个

误差。另一方面,按照引理 20.11,此误差必至少为 $(1/50)2^n$。所以 $size(c)2^{n-\frac{1}{2}n^{\frac{1}{2d}}}$
$\geq \frac{1}{50}2^n$。□

系 20.6 任何计算 n 变量奇偶函数的尺寸为多项式的电路之深度必至少为 $\Omega(\log n/\log \log n)$。

证明 假定 C 是计算奇偶函数的一电路,其中对于某一常数 $k, size(C) \leq n^k$。则 $n^k \leq \frac{1}{50} 2^{\frac{1}{2}n^{\frac{1}{2d}}}$。由此可得 d 之下界。□

系 20.7 一个受限的具有多项式数目处理器的 PPRAM-CRCW,它计算 n 变量的奇偶函数至少需要 $\Omega(\log n/\log \log n)$ 时间。

证明 假定给定一个 PRAM-CRCW 算法,使用了 $p(n)$ 多项式数目的处理器在 $T(n)$ 时间内计算 n 变量的奇偶函数。按照定理 20.10,可以构造一个计算奇偶函数的电路 C,使得其深度为 $O(T(n))$ 而尺寸是 n 的多项式(因为 $p(n)$ 是 n 的多项式)。使用系 20.6,我们可得到 $T(n) = \Omega(\log n/\log \log n)$。□

计算奇偶函数的时间下界对理想的 PPRAM-CRCW 也成立,但证明更为复杂。下面使用计算奇偶函数的下界可导出**多数(表决)函数**(Majority Function)之下界。

引理 20.12 多数表决函数定义为 $f_m(x_1,\cdots,x_n) = 1$,当且仅当 $x_1,\cdots,x_n$ 中 1 的个数 $\geq n/2$。在受限的 PPRAM-CRCW 上计算它,需要 $\Omega(\log n/\log \log n)$ 时间,使用了多项式数目的处理器。

证明 使用**归约技术**(Reduction)来证明之。即如果计算多数函数的算法可用来计算奇偶函数,则奇偶函数的下界可用于多数函数。令 l 是 1 到 n 之间的任意函数。则**阈函数**(Threshold Function)定义为 $th_l(x_1,\cdots,x_n) = 1$,当且仅当 $x_1,\cdots,x_n$ 中至少有 l 个 1。令 $z = (00\cdots 011\cdots 1)$ 系由 l 个连续的 0 继以 $n-l$ 个连续的 1 所组成。多数函数施加输入 (x,z) 时产生 1,当且仅当 $th_l(x_1,\cdots,x_n) = 1$。因此对于每个下标 l,可使用多数函数的算法去计算 $th_l(x_1,\cdots,x_n)$。特别是,对所有的 $1 \leq l \leq n$,并行应用多数函数算法 n 次将产生 $th_l(x_1,\cdots,x_n)$。

对所有的奇数下标 $1 \leq l \leq n$(不失一般性,假定 n 为偶数),令
$$e_l(x_1,\cdots,x_n) = th_l(x_1,\cdots,x_n) \wedge (th_{l+1}(x_1,\cdots,x_n))'$$
很清楚,一旦产生了所有的阈函数,则使用 n 个处理器可在 $O(1)$ 并行步内获得函数 e_l。特别是,奇偶函数可表示为 $\pi = e_1 \vee e_3 \vee e_5 \vee \cdots \vee e_{n-1}$。所以,能够使用 n 个处理器,n 次应用多数函数算法,再加上 $O(1)$ 步就可计算奇偶函数。由此得出,具有多项式数目的处理器,相应的奇偶函数算法的运行时间就是多数函数算法的运行时间。故引理得证。□

*20.5 并行复杂性理论

并行复杂性理论(Parallel Complexity Theory)的研究类似于串行复杂性理论的研究。我们可以比照串行复杂性理论中的 P 类、NP 类和 NP-完全(NPC)类问题来相应地研究并行复杂性理论中的 P 类、NC 类和 P-完全(P-C)类问题,这样更便于理解和学习。为此,在正式讨论并行复杂性理论之前,我们先简单地复习一下串行复杂性理论中有关的基本概念和术语,熟悉此部分内容的读者,可以跳过此节,直接阅读下一节。

20.5.1 串行复杂性理论简介

复杂类问题可以典型地由**语言**(Language)类(即字母集 $G=\{0,1\}$ 上的串)来定义,因为它比较简单,且可略去与理论无关的一些细节。也可以由问题类来定义,因为我们可以把问题的每个**实例**(Instance)编码成某个字母表中的串。

1. P 类和 NP 类问题

定义 20.3 在**确定型图灵机**(Deterministic Turing Machine)上,**多项式时间**(Polynomial Time)内可以求解的一类问题,称为 **P 类问题**(P-class Problem)。

P 类问题是具有多项式时间界的算法的问题(语言)集,我们认为此类问题是算法可以实际执行的"不太难"的问题。尽管有时多项式的阶数可能很高,但至少可以肯定,一个问题如果不在 P 中,则欲求其解可能要付出极高的代价甚至无法求解之。另外,常用的计算模型都是在多项式归约意义下封闭的,即一个问题若能在某一计算模型下找到多项式界的算法,则在另一计算模型下也一定会有多项式界的算法,反之亦然。

定义 20.4 在**非确定型图灵机**(Non-deterministic Turing Machine)上,多项式时间内可以求解的一类问题,称为 **NP 类问题**(NP-class Problem)。

与 P 类问题相比,我们认为 NP 类问题是"比较难"的问题。尽管 P 类问题与NP 类问题均定义成多项式时间内算法可求解的问题类,但在确定的图灵机上和非确定的图灵机上求解问题的难度却大不一样。一个在确定的图灵机上求解问题的算法,在任何时刻不管其在做什么,下一步所做之事都是确定的,即唯一的,因而显得比较容易。但是一个在非确定的图灵机上求解问题的算法,在任何时刻不管其在做什么,下一步所做之事都是无法确定的,即非唯一的,也就是说下一步所做之事存在着多种不同的选择,我们可以在多项式时间内去**验证**(Verify)哪个解是正确的,若问题是无解的,则必须验证完所有的猜测解均不是正确解时才能确定。正是因为存在着多种不同的猜测,所以求解该问题时就显得"更难"了。

由上述两定义可知,P⊆NP 是显然的,但是 NP⊆P 是否成立目前尚无定论。

定义 20.5 给定两个问题 L' 和 L,如果通过一个多项式界的转换函数 F,可以将求解的问题 L' 转化为对问题 L 的求解,则称为 L' 到 L 是**多项式归约**(Polynomial Reduction)的。

定义 20.6 如果 NP 类中的每一个问题 L' 都可以在多项式时间内归约到 L,称问题 L 是 **NP-难**(NP-hard)的。简记 NP-难问题的集合为 NPH。

可见,NP-难问题 L 至少和 NP 中的问题 L' "一样难"。

2. NP-完全问题

上述已经按问题的计算复杂程度,划分出了 NP 问题类,在实际应用领域中有很多这样的问题,都表现出相当的难度。而 NP 类中最难的问题称为 NP-完全的。下面给出其定义。

定义 20.7 问题 L 称为 **NP-完全**(NP-Complete),如果 $L \in$ NP 且 NP 类中的每一个问题 L' 均可在多项式时间内归约到 L。简记 NP 完全问题的集合为 NPC。

NP-完全和 NP-难问题的区别是 NP-难问题无须判断 L 是否属于 NP,于是显然有 NPC = NP ∩ NPH。

按上述定义,如果 NP-完全问题属于 P 类,则 NP 类中所有问题都应属于 P 类(即 NP⊆P),意即 NP = P,但到现在为止这还是一个悬而未决的问题。目前在学术界,公认的假设是:P≠NP。

算法复杂性的 P 类、NP 类和 NP-完全这三类问题之间的关系,可用示意图 20.6 表示。

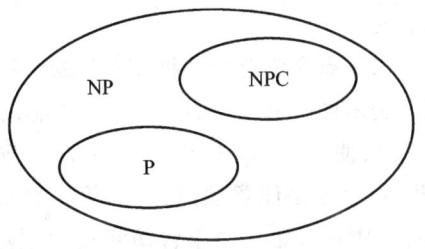

图 20.6 P、NP、NPC 三类问题之间的关系

20.5.2 问题的可并行化

和已讨论的很多问题不同,有些问题即使使用了相对多的处理器也似乎很难并行处理。所以一种可行的方法是将问题按照**可并行性**(Parallelizability)进行分类。

① 一个问题,如果处理器在某一取值范围内(例如说 $1 \leq p \leq \alpha(n)$,$\alpha(n)$ 是问题规模的增函数)随着处理器数目的增加而可较快地求解,则就定义此问题为**可并行化的**(Parallelizable)。如果在给定的 p 范围内,并行算法 $\Theta(p)$ 倍快于最好已知的串行算法,则就可达到**最佳性**(Optimality)。本书所描述的最佳并行算法的

p 的范围,对于某一固定常数 k,可取为 $1 \leq p \leq \alpha(n) = n/\log^k n$。只要 p 的取值范围足够大,则这类算法是很富有感染力的。然而如果 $\alpha(n)$ 较小,则很难把此问题视为可并行化的了,因为 p 的取值范围不能超过 $p = \alpha(n)$。

② 一个问题,如果采用适当数目的处理器就可非常快地求解,则也可定义此问题为可并行化的。所谓"非常快"的定量含义是,对于某一固定常数 k,算法的运行时间是**对数多项式**(Polylogarithmic)的,即为 $O(\log^k n)$。所谓处理器数目是"适当"的,我们可参照前述电路硬件的复杂度(在那里,如果电路的尺寸是输入长度多项式的,我们就认为是"适当"的)定义为处理器的数目是多项式的。因此,如果一个问题,可在对数多项式时间内、用多项式数目的处理器求解之,则就称此问题为可并行化的。

NC-复杂类(NC-Complexity Class)问题(稍后将会给出形式化的定义),就是指在 PRAM 模型上,使用多项式数目的处理器,在对数多项式时间内可求解的一类问题。

非 NC 类问题,用多项式数目的处理器是不能非常快地求解的(然而,属于 NC 类的问题未必意味着用给定某一数目的处理器就可能达到某种程度的加速)。下面给出几例,它们都不是 NC 类问题,使用多项式数目的处理器但不可能达到极快地加速。

(1) **有序深度优先搜索**(Ordered Depth-First Search)问题 令 $G(V,E)$ 是用邻表表示的一有向图,即对每个顶点 v,设有一张包含所有与其相邻的顶点 u 的表 $Adj(v)$,使得 $(v,u) \in E$。给定一起始顶点 s,对 G 施行深度优先遍历。首先从访问 s 开始,令 v 是任意顶点,当其第一次被访问时,将其标志为已访问过。其次从表 $Adj(v)$ 中挑选第一个未曾访问过的顶点 u(如果这样的顶点存在的话),然后在 u 处施行搜索。如果无这样的顶点存在,则搜索过程在 v 处结束,并重新从在 v 之前上一次被访问过的顶点处开始搜索。每个顶点 v,指定一个它在深度优先搜索中的次序的数 $dfs(v)$。图 20.7 示出了有向图 G 及其搜索次序表,其中弧上所标的数

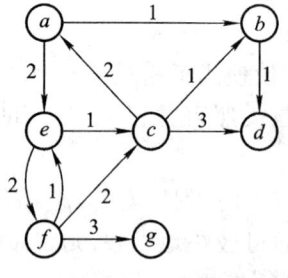

(a) 有向图 G (b) 顶点的深度优先搜索编号

图 20.7 有序深度优先搜索

字是按邻表出现的次序给出的。

深度优先搜索是图论中设计有效串行算法的重要技术,它很容易在线性时间内执行之。稍后我们将示出,此问题或许超出了 NC 类的范围,因此不大可能使用多项式数目的处理器在对数多项式时间内求解之。然而,当处理器数处于某一范围内时却可达到最佳。

(2) **最大流**(Maximum Flow)**问题** **网络**是一个具有**源**(Source)和**汇**(Sink)节点的有向图 $N(V,A)$,其中每个弧 e 上均标以称之为弧的**容量**(Capacity)的正整数 $c(e)$。网络 N 中的**流**就是定义在一组弧上的整值函数 f,使得:① **容量限制**(Capacity Constraint):对所有的弧 $e, 0 \leq f(e) \leq c(e)$;② **守恒限制**(Conservation Constraint):对每个节点 $v \in V - \{s, t\}$,

$$\sum_u f(u,v) = \sum_w f(v,w)$$

对于诸如**商品流**(Commodity Flow)的问题而言,容量限制是说,商品流不能超过运输的容量;守恒限制是说,对于任意不是源和汇的节点(即 $v \neq s, t$),其总入流应等于总出流。

令 $f^+(v) = \sum_w f(v,w)$ 和 $f^-(v) = \sum_u f(u,v)$,则流 f 的值 $val(f) = f^+(s) - f^-(s)$。因为守恒限制,流的值必须出现在汇节点,即 $val(f) = f^-(t) - f^+(t)$。对于网络 N 中任意其他的流 f',如果 $val(f) \geq val(f')$,则称此流 f 是**最大流**。图 20.8 示出了一个网络及其最大流,其中最大流值 = 6。

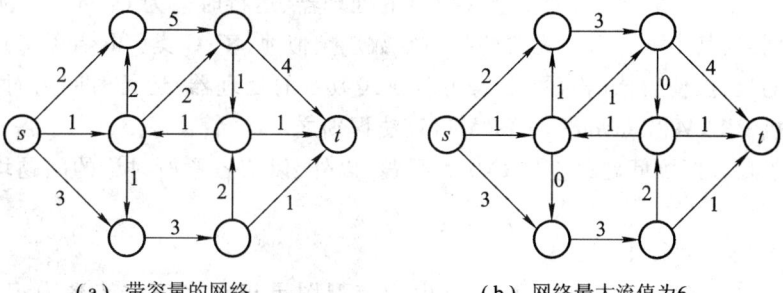

(a) 带容量的网络　　　　(b) 网络最大流值为6

图 20.8　网络最大流

网络流问题在过去的 40 年已被广泛地研究。一些有效的算法的运行时间为 $O(n^3)$。至于该问题的并行复杂度,对于一般的网络流问题尚不知道是否存在用多项式数目的处理器和对数多项式时间的并行算法。

(3) **线性规划**(Linear Programming)**问题** 假定优化满足一组线性约束的线性函数:

最小化:$\sum_{i}^{n} c_i x_i$

满足：$Ax \leq b$
$$x_i \geq 0, 1 \leq i \leq n$$

线性规划在理论和实际中都非常重要。最近已经发现了求解一般线性规划问题的多项式时间的算法。然而，如前两问题一样，它或许也超出了 NC 类的范围，不大可能使用多项式数目的处理器达到极快的加速。

下面打算进一步把 **NC 类**（Nick's Class）及其随机化 NC 类即 RNC 形式化。

20.5.3　NC 类和 RNC 类

复杂类可典型地由语言来定义。一种**语言 L**（Language L）就是取值于字母集 $\{0,1\}$ 上的串的子集。识别语言 L 的算法就是取任意串 $x \in \{0,1\}^*$ 并决定 x 是否在 L 中。很清楚，语言识别问题就是一个回答是与否的**判定问题**（Decision Problem）。

语言识别问题是比较简单的，而且可以略去一些与理论无关的细节。很容易将判定问题与计算问题联系起来。例如，可以使用询问最大流值的第 i 位是 1 或 0 的办法而将计算最大流问题转换为判定问题。一般而言，计算问题至少与求解其相关的判定问题同样困难。因此，指明不能并行化判定问题的证据，同样指明了计算问题本身也是不易并行化的。

定义 20.8[12,13]　**NC 类**（Class NC）定义为所有语言 L 的集合，使得在长度为 n 的输入上，L 可由一个采用多项式数目的处理器、运行时间为 $O(\log^k n)$ 的 PRAM 算法识别之，其中 k 为与 n 无关的某一常数。类似地，**RNC 类**（Class RNC）是所有语言 L 的集合，使得该语言可由采用多项式数目的处理器、运行时间为对数多项式的**随机 PRAM**（Randomized PRAM）算法识别之。

除了最大匹配问题（它是 RNC 类问题）以外，以前各章所讨论的问题均是 NC 类问题。

1. P 类和 NC 类

P 类的定义已如前述，是那些可由确定型图灵机在多项式步数内识别的语言类。

P 类在不同的顺序计算模型下保持不变，特别是，P 能定义为所有可在 PRAM 上用多项式时间求解的问题。P 类和 NC 类之间存在着很有兴趣的关系：一方面 NC$\subseteq$P；但另一方面是否 P$\subseteq$NC 却是复杂性理论中一个基本的问题。权威人士似乎建议 P$\not\subseteq$NC，因此在 P 中就有一些问题不能用多项式数目的处理器很快地并行求解。

2. 归约表示

定义 20.9　令 L_1 和 L_2 是两种语言。如果存在一个 NC-算法，它将 L_1 中的任

意输入 u_1 转换成 L_2 中的输入 u_2,使得当且仅当 $u_2 \in L_2$ 时 $u_1 \in L_1$,则说语言 L_1 可 **NC-归约**(NC-Reducible)到 L_2。

注意,归约表示是不对称的。NC 转换的存在意味着识别 L_1 的算法可以转换为识别 L_2 的算法。特别地,有如下引理:

引理 20.13 令 L_1 和 L_2 是两种语言,使得 L_1 可 NC-归约到 L_2,则 $L_2 \in$ NC 可推知 $L_1 \in$ NC。

证明 因为 L_1 是可 NC-归约到 L_2,所以存在着将 L_1 中任意输入 u_1 转换到 L_2 中输入 u_2 的 NC-算法 A,使得当且仅当 $u_2 \in L_2$ 时 $u_1 \in L_1$。令 u_1 是 L_1 中任意输入,为了确定是不是 $u_1 \in L_1$,使用下述步骤:应用算法 A 于 u_1,并令 u_2 是 L_2 所产生的输入。因为 $L_2 \in$ NC,所以应用相应的 NC-算法以确定是否有 $u_2 \in L_2$。因为当且仅当 $u_2 \in L_2$ 时 $u_1 \in L_1$,所以能立即确定是否有 $u_1 \in L_1$。很清楚,这些步骤处于 NC 中。□

引理 20.14 如果 L_1 是可 NC-归约到 L_2,而 L_2 是可 NC-归约到 L_3,则 L_1 是可 NC-归约到 L_3。即 NC-可归约性是**传递的**(Transitive)。

3. P-完全表示

定义 20.10 一个语言 L 是 **P-完全的**,简记之为 PC,如果:① $L \in$ P;且② P 中的每种语言均是 NC-可归约到 L 的。

由此定义可立即导出如下引理:

引理 20.15 令 L 是一个 P-完全问题,如果 $L \in$ NC,则 NC = P。

引理 20.15 可重新叙述为:如果 P ≠ NC,则没有 P-完全问题属于 NC。所以一个 P-完全问题很可能不能在 PRAM 上使用多项式数目的处理器非常快地求解。P-完全问题是 P 类中最难有效并行计算的问题。

有关 P 类、NC 类和 P-完全三者之间的关系,目前也只能表示成如图 20.9 所示的形式。

图 20.6 和图 20.9 可用一个图表示,如图 20.10 所示。

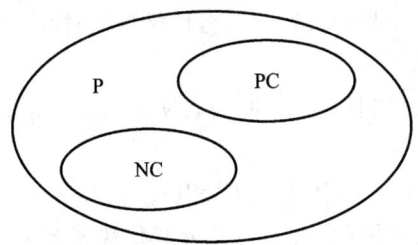
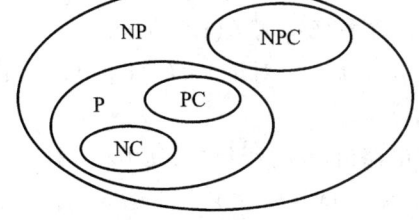

图 20.9 P、NC、PC 三类问题之间的关系   图 20.10 NP、NPC、P、NC 和 PC 之间的关系

下面给出电路值问题,并示出它是属于 P-完全问题类的。

4. 电路值问题(CVP)[14]

电路值问题(Circuit Value Problem, CVP)就是给定一组输入,试确定由非门和两值与门及或门所组成的布尔电路的单个输出的值。更准确地讲,电路 C 系由序列 $C = \langle g_1, g_2, \cdots, g_n \rangle$ 指定,其中每个 g_i 或是一个输入,或是 $g_i = g_j \vee g_k$,或是 $g_i = g_j \wedge g_k$,或是 $g_i = \neg g_j$,且 $j, k < i$。于是 CVP 可述说如下:给定由序列 $C = \langle g_1, g_2, \cdots, g_n \rangle$ 所表示的布尔电路 C,并指定一组输入,试确定电路的值是否等于 1。

下面我们将示出 CVP 是 P-完全的。为此必须示出一个任意的语言 $L \in P$ 是 NC-可归约为 CVP 的。

定理 20.12 CPV 是 P-完全的。

证明 给定序列 $C = \langle g_1, g_2, \cdots, g_n \rangle$ 和一组输入值,我们从 g_1 开始,接着 $g_2, g_3, \cdots, g_n$ 依次计算门 g_i 的值。因此在 $O(n)$ 时间内可确定出输出值,这意味着 CVP 是属于 P 的。

下面示出,给定任意 $L \in P$,L 是可 NC-归约到 CVP 的。即我们提供一个 NC-算法,它取语言 L 中任意**实例**(Instance)I_L,并映射 I_L 到 CVP 之实例 I_{CVP},使得当且仅当 I_{CVP} 有值 1 时 I_L 有一个"是"的回答。

因为 $L \in P$,所以存在一在多项式时间 $T(n)$ 内接受 L 的单-带(One-Tape)确定型图灵机 M。不失一般性,我们假定输入位出现在编号 $1 \sim n$ 的 n 个连续的带单元中,而其他单元开始均为空白。带头(Tape Head)开始正在扫描单元 1,且 $T(n)$ 步后输出写入单元 1。令 $Q = \{q_1, q_2, \cdots, q_s\}$ 是 M 之状态集合,其中 q_1 为初态,且令 $\Sigma = \{a_1, a_2, \cdots, a_m\}$ 是带字母集。状态转换函数由 δ 给出,其中 $\delta: Q \times \Sigma \to Q \times \Sigma \times \{L, R\}$。我们将示出如何构造一布尔电路 C,使得当且仅当 M 接受 L 时(即在时间 $T(n)$ 单元 1 包含 1)C 之值为 1。电路 C 由如下布尔函数所定义:

① $H(i, t)$:对于 $1 \leq i \leq T(n)$ 和 $0 \leq t \leq T(n)$,当且仅当带头在时间 t 扫描单元 i 时 $H(i, t) = 1$。

② $C(i, j, t)$:对于 $1 \leq i \leq T(n), 1 \leq j \leq s$ 和 $0 \leq t \leq T(n)$,当且仅当在时间 t 单元 i 包含字符 a_j 时 $C(i, j, t) = 1$。

③ $S(k, t)$:对于 $1 \leq k \leq s$ 和 $0 \leq t \leq T(n)$,当且仅当在时间 t,M 之状态为 q_k 时 $S(k, t) = 1$。

电路由 $T(n)$ 级组成,其中在 l 级包含了计算函数 $H(i, l), C(i, j, l)$ 和 $S(k, l)$($1 \leq i \leq T(n), 1 \leq j \leq m$ 和 $1 \leq k \leq s$)的一些门。因此,由于 s 和 m 只依赖于图灵机 M,所以每级的门的数目为 $O(T(n))$。开始指定定义电路输入是 $H(i, 0), C(i, j, 0)$ 和 $S(k, 0)$。然后示出如何使用图灵机 M 的说明,根据 $H(*, t), C(*, *, t)$ 和 $S(*, t)$ 来表示 $H(i, t+1), C(i, j, t+1)$ 和 $S(k, t+1)$。这些表示式按照要求的格

式给出了电路的合适描述。

$t=0$ 时,带头正在扫描单元 1,输入位存在单元 $1 \sim n$ 中,且 M 处于状态 q_1;布尔函数 $H(i,0)$,$C(i,j,0)$ 和 $S(k,0)$ 编码这些信息并向电路 C 提供如下输入:

$$H(i,0) = \begin{cases} 1, & \text{如果 } i = 1 \\ 0, & \text{否则} \end{cases}$$

$$C(i,j,0) = \begin{cases} 1, & \text{如果单元 } i \text{ 开始包含 } \alpha_j \\ 0, & \text{否则} \end{cases}$$

$$S(k,0) = \begin{cases} 1, & \text{如果 } k = 1 \\ 0, & \text{否则} \end{cases}$$

我们现在分别指定 $H(i,t+1)$,$C(i,j,t+1)$ 和 $S(k,t+1)$:首先,令

$$I_R = \{(k,j) \mid \delta(q_k, a_j) = (*, *, R)\}$$

和

$$I_L = \{(k,j) \mid \delta(q_k, a_j) = (*, *, L)\}$$

即 I_R 是由所有使 M 向右移动其头的数对 (q_k, a_j) 所组成;I_L 系由所有使 M 向左移动其头的数对 (q_k, a_j) 所组成。现在,$H(i,t+1)$ 能够定义如下:

$$H(i,t+1) = H(i-1,t) \sum_{(k,j) \in I_R} C(i-1,j,t) S(k,t)$$
$$+ H(i+1,t) \sum_{(k,j) \in I_L} C(i+1,j,t) S(k,t)$$

其中,$+$ 和 Σ 指明布尔和,同时**并置**(Juxtaposition)指明布尔积。

很明显,$H(i,t+1)$ 可以表示成一系列其长度 $O(|Q||\Sigma| = sm)$ 为常数的与门及或门,并且所有的 $H(i,t)$ 均可使用 $O(T^2(n))$ 个处理器在 $O(1)$ 时间内产生。其次,考虑 $C(i,j,t+1)$。记住 $C(i,j,t+1)$ 代表在时间 $t+1$,单元 i 包含着 a_j。因此,如果要么单元 i 包含 a_j 且带头在时间 t 没有扫描单元 i,要么带头在时间 $t+1$ 向单元 i 写入 a_j,则 $C(i,j,t+1) = 1$,所以

$$C(i,j,t+1)$$
$$= \overline{H(i,t)} C(i,j,t) + H(i,t) \sum_{\{(k,j') \mid \delta(q_k, a_{j'}) = (*, j, *)\}} C(i,j',t) S(k,t)$$

和 $H(i,t+1)$ 一样,$C(i,j,t+1)$ 可以表示成常数长度的与门及或门序列,因而,所有的 $C(i,j,t)$ 均可使用 $O(T^2(n))$ 个处理器在 $O(1)$ 时间内产生。最后,考虑 $S(k,t+1)$。令 $I_k = \{(k',j) \mid \delta(q_{k'}, a_j) = (q_k, *, *)\}$,则 $S(k,t+1)$ 可表示如下:

$$S(k,t+1) = \sum_{1 \leq i \leq T(n), (k',j) \in I_k} S(k',t) \wedge H(i,t) \wedge C(i,j,t)$$

因此,$S(k,t+1)$ 可以表示成其长度为 $O(T(n))$ 的与门及或门序列。这样的序列可使用 $O(T^2(n))$ 个处理器在 $O(\log n)$ 时间内产生。

电路的值由 $C(1, *, T(n))$ 给定。从前面描述可知,因为 $T(n)$ 是 n 的多项式,所以定义电路 C 的序列可由 NC-算法产生。C 的输出当且仅当 M 识别了 L 时

为 1。因为 L 是 P 中的任意语言,由此得出 CVP 是 P-完全的。□

如下面将要看到的,CVP 及其一些变体,对建立很多其他问题的 P-完全性提供了一个强有力的工具,其中几个变体可概述如下:

① **单调电路值问题**(Monotone Circuit Value Problem,MCVP):给定一个仅由与门及或门构成的布尔电路,且指定一组输入及其补。试确定电路值是否为 1。

② **或非电路值问题 NOR-CVP**:给定一布尔电路 $C = \langle g_1, g_2, \cdots, g_n \rangle$,其中 g_i 要么是一个等于 1 的输入,要么对于 $j, k < i, g_i = \neg(g_j \vee g_k)$。试确定电路 C 之输出是否为 1。

③ **2 扇出单调电路值问题**(Fan-out 2 Monotone Circuit Value Problem,MCVP2):给定一个仅由与门及或门构成的单调布尔电路 $C = \langle g_1, g_2, \cdots, g_n \rangle$,使得每个内部门的扇出至多为 2,而每个输入门的扇出至多为 1,且 g_n 是个输出或门;同时指定一组输入及其补,试确定输出值是否为 1。

定理 20.13 MCVP、NOR-CVP 和 MCVP2 都是 P-完全的。

证明 只证明 MCVP 是 P-完全的,其余两个的证明作为习惯留给读者。很清楚,MCVP 处于 P 中。而且注意到在证明定理 20.12 时,只是在推导表达式 $C(i, j, i+1)$ 的地方使用了负值。但因带头必须在时间 t 扫描一个单元,所以很明显。

$$\overline{H(i,t)} = \sum_{1 \leq l \leq T(n), l \neq i} H(l,t)$$

否则的话,证明如前一样成立。因此 MCVP 是 P-完全的。□

20.5.4 P-完全问题范例

既然已经示出 CVP 及其若干个变体都是 P-完全的,那么可以利用下述引理再追加几个 P-完全问题[15]。

引理 20.16 令 L 是一个已知为 P-完全的语言,如果 L 可 NC-归约到其他语言 $L' \in P$,则 L' 也是 P-完全的。

下面考虑几个与以前讨论过的有序深度优先搜索、最大流和线性规划问题相关的问题:

① **有序深度优先搜索**(Ordered DFS):给定一个由固定邻表表示和三个顶点 s, u, v 的有向图 $G(V, E)$,试确定在从 s 开始的深度优先遍历中,顶点 u 是否在顶点 v 之前被访问过?

② **最大流**(MAXFLOW):给定一个具有整值容量及源和汇节点 s 和 t 的网络 N,试确定最大流值是否为奇数?

③ **线性不等式**(Linear Inequality,LI):给定一个 $n \times n$ 的矩阵 A 和 n-维向量 b(所有元素均为整数)。试确定是否存在一个有理向量 x 使得 $Ax \leq b$?

1. 有序深度优先搜索[16]

定理 20.14 有序 DFS 是 P-完全的。

证明 我们将示出一个从 P-完全问题 NOR-CVP 到有序 DFS 的 NC-归约。因为我们已经知道 DFS 是在 P 中,所以这样的归约就建立了本定理。

令 $C = \langle g_1, g_2, \cdots, g_n \rangle$ 是 NOR-CVP 的任意实例。将构造一个具有三个特殊顶点 s, u 和 v 的有向图 G,使得当且仅当对于从 s 开始的 G 之有序 DFS 的 $dfs(u) \leq dfs(v)$ 时 C 之输出为 1。图 G 是由一条 n 分量 G_i 的链组成,使得 G_i 与 C 中节点 g_i 有关。一个分量 G_i 将与别的一些分量共享某些顶点。有两种可能的方式去遍历分量 G_i,它相应于是不是 y_i 的值为 1 或 0。换句话说,g_i 的值唯一地决定了遍历 G_i 的方式;相反地,G_i 的遍历将唯一地决定了 g_i 的值。

从输入节点开始,即所有的 g_i 的初始值均为 1(记住,在 NOR-CVP 实例中所有的输入均等于 1)。令 g_i 是这样的一个节点,使得它作为 C 中一些节点 $g_{j_1}, g_{j_2}, \cdots, g_{j_k}$ 的输入。分量 G_i 示于图 20.11 中。边上的数指明在相应的顶点的邻表中边的位序。没有数则表明从一个顶点只射出一条边。注意,如果 $i = 1$,则用 $exit(i-1)$ 标记的节点不存在。

现在假定 g_i 不是输入节点。那么,对于 $j, k < i$,必有 $g_i = \neg(g_j \vee g_k)$。如前一样,令 $g_{j_1}, g_{j_2}, \cdots, g_{j_k}$ 是有 g_i 作为输入的一些节点。与 g_i 相关的分量 G_i 示于图 20.12。同样,边旁所注明的数代表在它的顶点邻表中边的位序。因为 $j_1, \cdots, j_k$ 每个都大于 i,所以分量 $G_1, \cdots, G_k$ 将在链中稍后出现,使得对于 $1 \leq l \leq k$,G_{j_l} 包含顶点 $\langle i, j_l \rangle$。此外,顶点 $\langle j, i \rangle$ 和 $\langle k, i \rangle$ 都已出现在分量 G_j 和 G_k 中。它们都示于图 20.13 中,而 G 之整个的结构示于图 20.14 中,其中方框内的一条边可代表 $enter(i)$ 和 $s(i)$ 之间的一条路径。注意,分量 G_i 共享顶点这一事实在图 20.14 中未示出。

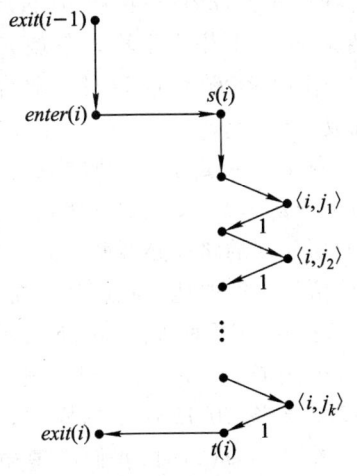

图 20.11 相应于输入 g_i 分量 G_i

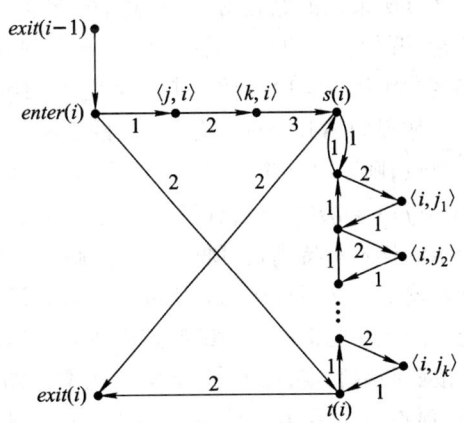

图 20.12 与电路内节点 g_i 相关的分量 G_i

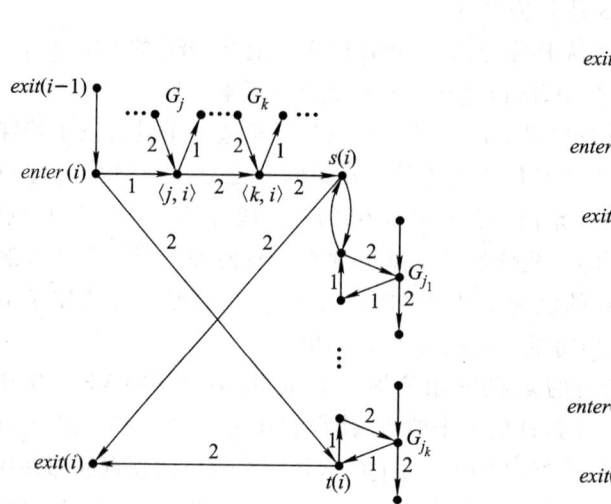
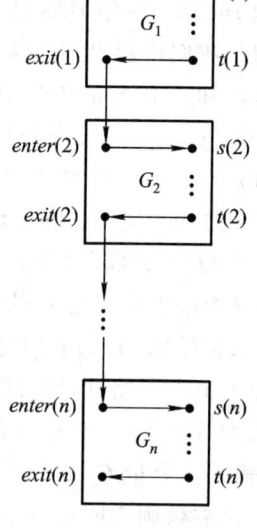

图 20.13　分量 G_i 和其他分量的关系　　图 20.14　整个图及其相关的电路 C 之结构

令 $s = enter(1)$，先证明下述一条引理：

引理 20.17　开始在 s 的 G 之有序深度优先遍历导出一种编号，使得对于每个 $1 \leqslant i \leqslant n$，当且仅当节点 g_i 之值等于 1 时 $dfs(s(i)) < dfs(t(i))$。

证明　证明一个比引理稍强的结果。因为将使用归纳法证明之，所以要有一个**精确的归纳假定**（Induction Hypothesis）：如果节点 g_i 的值等于 1，则 $dfs(s(i)) < dfs(t(i))$，并且 $enter(i)$ 正被访问，从 $s(i)$ 到 $t(i)$ 所采取的路径必如图 20.15 所示；若节点 g_i 的值等于 0，则 $dfs(s(i)) > dfs(t(i))$，并且 $enter(i)$ 正被访问，从 $t(i)$ 到 $s(i)$ 所采取的路径必如图 20.16 所示。归纳基础 $i = 1$ 相应于输入节点 g_1。很清楚，开始在 s 的 G_1 的深度优先遍历强使 $dfs(s(1)) < dfs(t(1))$，且采取合适的路径（因为 $g_1 = 1$）。因此归纳假定对归纳基础成立。

假设归纳假定对所有小于 i 的下标均成立。令 $g_i = \neg(g_j \vee g_k)$（如果 g_i 是一输入节点，则证明是简单的）。如果 $g_i = 1$，则必有 $g_j = g_k = 0$。按照归纳假定，我们有 $dfs(s(j)) > dfs(t(j))$，且经由正被访问的 $enter(j)$ 所采取的路径必遵循着如图 20.16 所示的样式。特别是，顶点 $\langle j, i \rangle$ 在此遍历中不被访问。类似地，顶点 $\langle k, i \rangle$ 在 G_k 的开始遍历中亦不被访问。所以在进入分量 G_i 时，我们必定采取如图 20.15 所示的路径。因此在此情况下归纳假定亦成立。如果 $g_i = 0$，则或 $g_j = 1$ 或 $g_k = 1$。假定 $g_j = 1$，按照归纳假定，在 G_j 遍历中所采取的路径必遵循着图 20.15 所示的样式。特别是，顶点 $\langle j, i \rangle$ 在 G_j 开始遍历中被访问，所以，在访问 $enter(i)$ 时，我们必遵循着图 20.16 所示的路径。因此在此情况下归纳假定亦成立。故引理得证。□

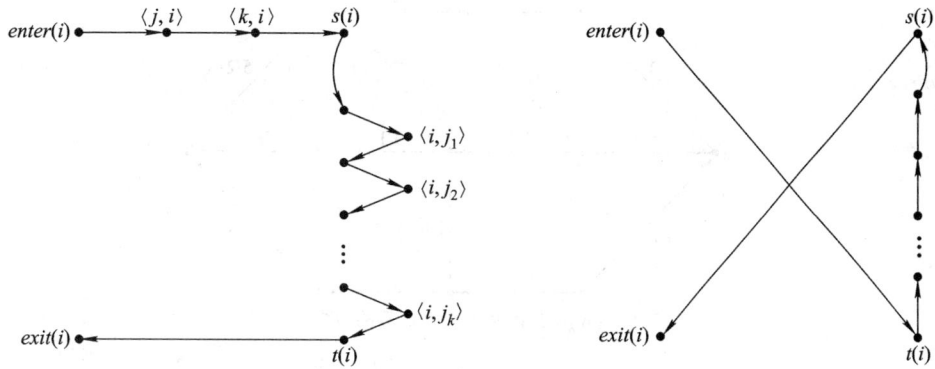

图 20.15　$g_i = 1$ 时访问 $enter(i)$ 所采取的路径　　　图 20.16　$g_i = 0$ 时访问 $enter(i)$ 所采取的路径

令 $u = s(n)$ 和 $v = s(n)$。使用上述引理,当且仅当 $dfs(u) < dfs(v)$ 时 $g_n = 1$,因为构造很容易由 NC-算法执行,所以定理 20.17 的证明已完成。□

2. 最大流问题[17,18]

为了研究最大流,必须引入增广路径。令 $N(V, A)$ 是一个具有源 s 和汇 t 的网络,边 (u, v) 的容量由 $c(u, v)$ 表示。令 f 是 N 中的一个流。欲决定是否有可能增大给定的流 f,使得在每条弧 $e \in A$ 上仍保持容量限制,以及在每个节点 $v \in V - \{s, t\}$ 上仍能保持守恒限制。如果我们能找到如下定义的一条增广路径,则这样的增广是可能的。

定义 20.11　相对于网络 N 中给定流 f 的**增广路径**(Augmenting Path)是一条从 s 到 t 的无向路径 Q,使得 Q 上每对相继的节点 i 和 j 必满足下述条件之一:① 前向边: $(i, j) \in A$,且 $f(i, j) < c(i, j)$;② 后向边: $(j, i) \in A$,且 $f(j, i) > 0$。

相对于给定流 f 的增广路径的存在,就意味着从 s 到 t 可以注入较多的流,而仍能保持必要的限制,兹示例如下:

例 20.8　图 20.17(a)示出了一个网络 N,在每条弧上标出了 $a/b = $ 容量/流量。网络 N 有一条增广路径 (s, u, v, w, t),其边除了 (v, u) 外都是前向边。使用此增广路径。如图 20.17(b)所示,我们可以增加流值了。相对于 N 中如新流无增广路径就意味着流是最大的。□

定理 20.15　网络 $N(V, A)$ 中的流 f,当且仅当相对于 f 无增广路径时是最大的。

定理 20.16　MAXFLOW 是 P-完全的。

证明　我们已观察出 MAX FLOW 处于 P 中。现在描述一个从 MCVP2 到 MAXFLOW 的 NC-归约。

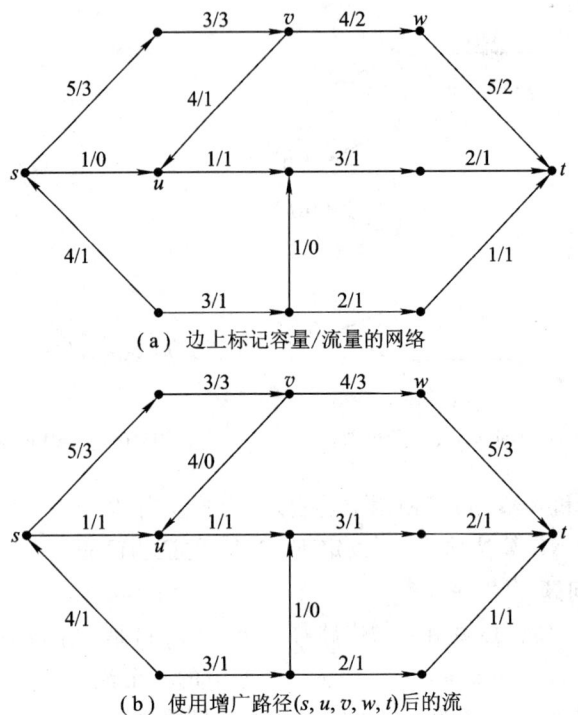

(a) 边上标记容量/流量的网络

(b) 使用增广路径(s,u,v,w,t)后的流

图 20.17 增广路径法求最大流

令电路 C 和一组特定的输入是 MCVP2 的一个实例。将构造一个网络 $N(V, A)$ 使得当且仅当 C 之输出等于 1 时 N 中最大流为奇数。此外,网络 N 可由电路 C 用 NC-算法构造之。

为使描述 N 简单些,用 $C = \langle g_n, \cdots, g_0 \rangle$ 表示定义 C 的序列,其中 g_0 是输出或门。网络 N 的构造,除了两个附加顶点 s 和 t 及其入射到它们上面的弧外,与表示 C 的有向无环图几乎相同。更准确地说,顶点 V 之集合系由 $\{0, 1, \cdots, n\} \cup \{s, t\}$ 组成,其中 s 和 t 是表示源和汇的两个不同的顶点。对于 $0 \leq i \leq n$,顶点 i 相应于 C 之节点 g_i。弧的集合定义如下:

① 对于 C 的每个输入节点 g_i,定义两条弧 (s,i) 和 (i,s),其容量为 $c(i,s) = 2^i$,且如果 $g_i = 1$ 则 $c(s,i) = 2^i$;如果 $g_i = 0$ 则 $c(s,i) = 0$。图 20.18(a) 图示了相应于两个输入 g_i 和 g_j 的弧。

② 对于如 $g_i = g_j \wedge g_k$ 的每个与门,有三条弧 $(j,i), (k,i)$ 和 (i,t)。它们的容量分别为 $c(j,i) = 2^j, c(k,i) = 2^k$ 和 $c(i,t) = 2^j + 2^k - d2^i$,其中 d 是门 g_i 的 ≤ 2 的扇出。图 20.18(b) 示例了相应于一个与门的弧。

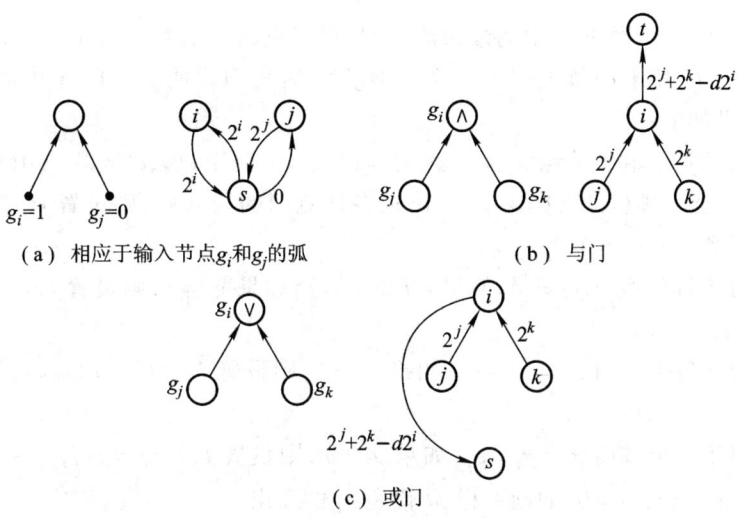

图 20.18 证明定理 20.16 示例 1

③ 对于如 $g_i = g_j \vee g_k$ 的每个或门,有三条弧 $(j,i),(k,i)$ 和 (i,s)。它们的容量分别为 $c(j,i) = 2^j, c(k,i) = 2^k$ 和 $c(i,s) = 2^j + 2^k - d2^i$,其中 d 是门 g_i 的扇出。图 20.18(c)示例了这种情况。

④ 最后,有弧 $(0,t) \in A$,使得 $c(0,t) = 1$。

一个电路及其相应的网络示例于图 20.19 中。

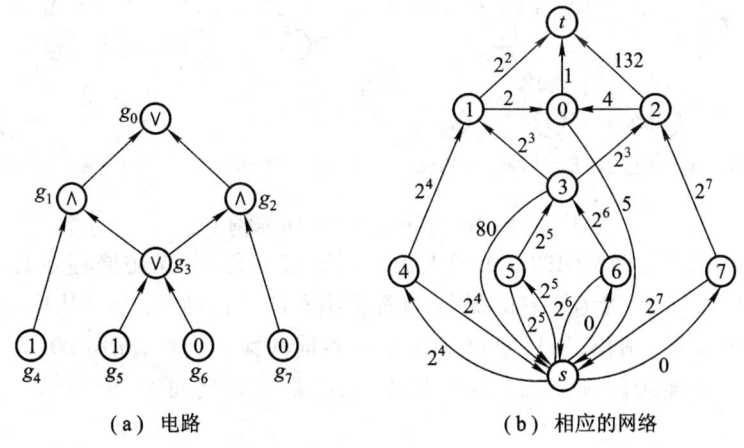

图 20.19 证明定理 20.16 示例 2

所构造的网络 $N(V,A)$ 基本上由用 N 中至多三条弧替代 C 的每个门 g_i 而组成。很清楚,这样的构造可由 NC-算法执行之。其余的证明将完全建立在下述的引理上：

引理 20.18 网络 N 中的最大流，当且仅当电路 C 之输出为 1 时是奇数。

证明 在 N 中的弧上引入一个函数 f；稍后我们说明 f 就是 N 中的最大流。函数 f 定义如下：

① 对于每个输入节点 g_i，令 $f(s,i) = c(s,i)$。记住 $c(s,i) = 2^i$ 或 0（依赖于 $g_i = 1$ 或 0），至于弧 (i,s)，如果 g_i 不出现在任意门的输入中，则设置 $f(i,s) = f(s,i)$；否则设置 $f(i,s) = 0$。

② 对于每条弧 $(i,j) \in A$，使得 $i,j \notin \{s,t\}$，如果 $g_i = 1$，则设置 $f(i,j) = 2^i$，否则设置 $f(i,j) = 0$。

③ 对于每个与门 $g_i = g_j \wedge g_k$，如果 $g_i = 1$，则设置 $f(i,t) = c(i,t)$；否则设置 $f(i,t) = f(j,i) + f(k,i)$。

④ 对于每个或门 $g_i = g_j \vee g_k$，如果 $g_i = 1$，则设置 $f(i,s) = f(j,i) + f(k,i) - d2^i$；否则设置 $f(i,s) = 0$，如前一样，d 代表 g_i 的扇出。

⑤ 最后，如果 $g_0 = 1$，则设置 $f(0,t) = 1$；否则设置 $f(0,t) = 0$。

函数 f 定义了 N 中的流。很明显，N 中每条弧的容量限制都是满足的。只要简单地验证一下，就知道守恒限制也是满足的。图 20.20 示出了与门及或门的两种情况。

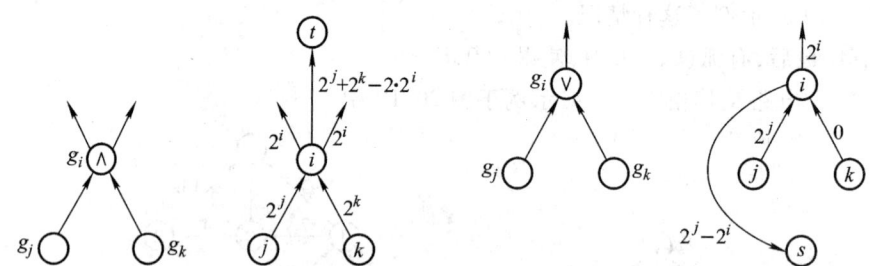

(a) 两输入均为1的与门及其相应弧上的流　　(b) 一个输入为1的或门及其相应弧上的流

图 20.20　证明定理 20.16 示例 3

流 f 总是定义了 N 中的一个最大流。假定它不是，则 N 中必存在着与 f 有关的一条增广路径 Q，因为所有的弧 (s,i) 都是饱和的，所以路径 Q 必从反向边开始；同时因为无弧从 t 射出，所以 Q 必结束于一条前向弧。因此，如图 20.21 所示，在 Q 上必有三个连续的顶点 j,i 和 k，使得 (j,i) 是一条反向边，而 (i,k) 是一条前向边。

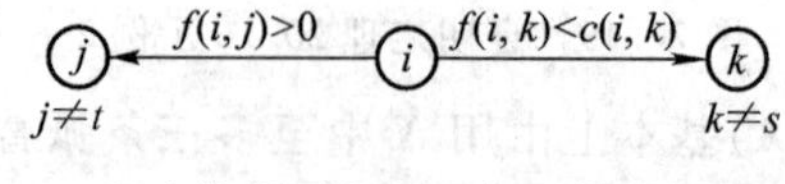

图 20.21　三个连续的顶点出现在一条可能的增广路径上

下面将示出不可能存在着这样的组态,从而完成证明,有三种可能的情况是:
① g_i 是一个输入节点:因此 $j=s$,这意味着 $f(i,s)=0$,这产生矛盾。② g_i 是一个与门:注意 (i,j) 和 (i,k) 是由顶点 i 射出的两条弧,且 $j\neq t$。因此 g_i 是 g_j 的一个输入。$f(i,j)>0$ 的事实意味着 $f(i,k)=c(i,k)$,这是不可能的。③ g_i 是一个或门:流 f 要么在或门 g_i 的所有射出弧上为 0;要么由 g_i 射出的弧都是饱和的(可能除了弧 (i,s) 外)。因为 $k\neq s$ 且 $f(i,k)<c(i,k)$,此事实意味着 $f(i,j)=0$,这与 (i,j) 是一条反向边相矛盾。所以增广路径 Q 不能存在,因此 f 定义了 N 中的一个最大流。$val(f)$ 的奇偶性只依赖于 $f(0,t)$,因为所有其他入射到 t 的弧均赋以偶数流。由此得出,当且仅当 C 之最大流为奇数时,电路 C 之输出等于 1,因此 MAXFLOW 是 P-完全的。□

3. 线性不等式(Linear Inequalities)[19,20]

定理 20.17 LI 是 P-完全的。

证明 从 20.5.2 节可知 LI 是属于 P 类的。现在我们将示出 CVP 可 NC-归约到 LI。

令 $C=\langle g_1,\cdots,g_n\rangle$ 和指定的一组输入是 CVP 的一个实例。如果 C 的每个节点 g_i 附以变量 x_i,则一组不等式如下:

① 如果 g_i 是个输入节点,则当 $g_i=1$ 时 $x_i=1$;否则 $x_i=0$;

② 如果 g_i 是个与门 $g_i=g_j\wedge g_k$,则形成下述不等式:

$$\left.\begin{array}{r}-x_i\leq 0\\ x_i-x_j\leq 0\\ x_i-x_k\leq 0\\ x_j+x_k-x_i\leq 1\end{array}\right\}$$

③ 如果 g_i 是个或门 $g_i=g_j\vee g_k$,则形成下述不等式:

$$\left.\begin{array}{r}x_i\leq 1\\ x_j-x_i\leq 0\\ x_k-x_i\leq 0\\ x_i-x_j-x_k\leq 0\end{array}\right\}$$

相应于节点 g_i 的一组不等式,每当输入是 0 或 1 时,强使 x_i 为 0 或 1。将 $x_n\leq 1$ 和 $-x_n\leq -1$ 加入上述不等式,其中 g_n 是输出门,当且仅当 $x_n=1$ 时(因此当且仅当相应的联立不等式有一可行解时)电路的输出为 1。因为 CVP 是 P-完全的,由此可知 LI 是 P-完全的。□

20.5.5 小结

本节所讨论的课题涉及**并行复杂度理论**(Parallel Complexity Theory)中的一些问题,而我们的介绍基本上倾向于 PRAM 模型。但为了开阔眼界,应注意到**并行时间**(Parallel Time)、**顺序空间**(Sequential Space)和**电路深度**(Circuit Depth)这三个测度之间的密切关系,它们形成了并行复杂度一个完美的理论基础[12,21,22]。我们不可能详细讨论它,在此只概要地给出该理论的结果:

定义 NC^k 类是由一簇均衡电路 $\{C_n\}$ 可计算的一组函数,其中 C_n 的尺寸是 n 的多项式,深度为 $O(\log^k n)$, $k \geq 1$。类似地,定义 $EREW^k$、$CREW^k$ 和 $CRCW^k$ 是分别由使用多项式数目的处理器,运行时间为 $O(\log^k n)$ 的 PRAM-EREW、PRAM-CREW 和 PRAM-CRCW 可计算的一类函数。它们之间的关系为

$$NC^k \subseteq EREW^k \subseteq CREW^k \subseteq CRCW^k \subseteq NC^{k+1} \qquad (20.3)$$

因此,NC-类可定义为:$NC = \bigcup_{k \geq 1} NC^k$,它完全不涉及 PRAM 模型。事实上,NC-类在不同的并行模型上保持不变,因此它的复杂度是至关重要的。确定这些类之间的精确关系还是一个主要的待研究的课题。

习 题

20.1 p-处理器 PPRAM-CRCW 模型上一条并发写指令可在 p-处理器 PRAM-EREW 模型上用 $O(\log p)$ 时间实现之。试写出该模拟算法。

20.2 p-处理器 PPRAM-CRCW 模型上一条并发写指令可在 p-处理器 CPRAM-CRCW 模型上用 $O(\log p/\log \log p)$ 时间模拟之。试写出该模拟算法。

20.3 p-处理器 PPRAM-CRCW 模型上一条并发写指令可在 p-处理器 APRAM-CRCW 模型上用 $O(\log \log p)$ 时间模拟之,试写出该模拟算法。

20.4 试证明引理 20.4:如果 $i \in L(M,t,I)$,其中 $t > 1$,则下述两情况之一必成立:
   (a) 处理器 P 在时间 t 和输入 I 向 M 写入,且 $i \in k(P,t,I)$;
   (b) 没有处理器在时间 t 和输入 I 向 M 写入,且或者 $i \in L(M,t-1,I)$,或者处理器 P 在时间 t 和输入 $I(i)$ 向 M 写入。

20.5 试证明引理 20.6:如果 $i \in k(P,t)$,其中 $t > 1$,则下述两情况之一必成立:
   (a) $i \in k(P,t-1)$;
   (b) P 在第 t 步和输入 I_i 读取某一单元 M,且 $i \in L(M,t-1)$。

20.6 示出如何将在 APRAM-CRCW 上模拟 PRAM-CRCW 的问题归约为整数排序问题,它花费了 $O(\log n)$ 的时间使用了 $O(n)$ 次操作。

20.7 试举一个 n 变量布尔函数的例子,它不要求临界输入,其计算可在 PRAM-CREW 上用任意数目的处理器于 $\Omega(\log n)$ 时间内完成计算。

20.8 试证明系 20.3：在具有任意数目的处理器的 PRAM-CREW 上计算下述每个问题均需要 $\Omega(\log n)$ 的时间：

(a) 排序序列 $x_1,\cdots,x_n$,其中 $x_i \in \{0,1\}$；

(b) 计算 $\sum_{i=1}^{n} x_i$,其中 $x_i \in \{0,1\}$；③ 求 $\max\{x_i\}_{i=1}^{n}$.

20.9 给定 $x_1,x_2,\cdots,x_n$ 位集合。试证明在受限的 PRAM-CRCW 上用多项式数目的处理器计算 $\sum_{i=1}^{n} x_i$ 需要 $\Omega(\log n/\log\log n)$ 的时间。

20.10 给定 $x_1,x_2,\cdots,x_n$ 位集合。试证明在受限优先的 PRAM-CRCW 上用多项式数目的处理器计算 $\prod_{i=1}^{n} x_i$ 需要 $\Omega(\log n/\log\log n)$ 的时间。

20.11 试证明 NOR-CVP 是 P-完全的。

20.12 试证明 MCVP2 是 P-完全的。

20.13 给定由序列 $AC = \langle a_1,\cdots,a_n \rangle$,所定义的算术运算电路,使得对于某个 $j,k<i$,每个 $a_i = 0$ 或 1,或 $a_i = a_j \pm a_k$,或 $a_i = a_j \times a_k$；

(a) 试确定 g_n 是否等于 1？

(b) 试证明此问题是 P-完全的。

20.14 平面电路值问题(Planar Circuit Value Problem,PCVP)可描述如下：给定一个代表平面电路的电路 $C = \langle g_1,\cdots,g_n \rangle$：

(a) 试确定其输出值是否为 1？

(b) 试证明 PCVP 是 P-完全的。

参 考 文 献

[1] Eckstein D M. Simultaneous memory access. Tech. Rep. TR79~6,Computer Science Department,Iowa State Univ. Ames,IA,1979.

[2] Kucera L. Parallel computation and conflicts in memory access. Info. Proces. Lett. ,1982,14(2)：93-96.

[3] Vishkin U. Implementation of simultaneous memory address access in models that forbit it. J. of Algorithms,1983,4(1)：45-50.

[4] Fich F E,Ragde P,Wigderson A. Simulations among concurrent-write PRAMs. Algorith-mica,1988,3(1)：43-51.

[5] Chlebus B S,Diks K,Hagerup T,et al. Efficient Simulations between concurrent-read concurrent-write PRAM models. Proc. 13th Symp. Math. Found. Comp. Sci. ,Carlsbad,Czechoslovakia,1988,231-239.

[6] Cook S A, Dwork C, Reischuk R. Upper and lower time bounds for parallel random access machines without simultaneous writes. SIAM J. Comput., 1986, 15(1): 87-97.

[7] Snir M. On parallel searching. SIAM J. Comput., 1985, 14(3): 688-707.

[8] Stockmeyer L, Vishkin U. Simulation of parallel random access machines by circuits. SIAM J. Comput., 1984, 13(2): 409-422.

[9] Smolensky R. Algebraic methods in the theory of lower bounds for Boolean circuit complexity. Proc. 19th Annu. ACM Symp. on Theory of Computing, New York, 1987, 77-82.

[10] Boppana R B, Sipser M. The complexity of finite functions, Handbook of Theoretical computer science. vol. A: Algorithms and complexity, J. Van Leuwen ed., Cambridge, MA: MIT Press, 1990.

[11] Beame P, Hastad J. Optimal bounds for decision problems on the CRCW PRAM. J. of the ACM, 1989, 36(3): 643-670.

[12] Cook S A. Towards a complexity theory of synchronous parallel computation, in L'Enseignement Mathematique, 1981, 27(1,2): 99-124.

[13] Pippenger N. On simultaneous resource bounds. Proc. 20th Annu. IEEE Symp. on Foundations of Computer Science, San Juan, Puerto Rico, 1979, 307-311.

[14] Ladner R E. The circuit value problem is log space complete for P. SIGACT News, 1975, 7(1): 18-20.

[15] Jones N D, Laaser W T. Complete problems for deterministic polynomial time. Theoretical Computer Science, 1976, 3: 105-117.

[16] Reif J H. Depth first search is inherently sequential. Infor. Proc. Lett., 1985, 20(5): 229-234.

[17] Goldschlager L M, Shaw R A, Staples J. The maximum flow problem is log space complete for P. Theoretical Computer Science, 1982, 21(1): 105-111.

[18] Papadimitriou C H, Steiglitz K. Combinatorial Optimization: Algorithms and Complexity. Englewood Cliffs, NJ: Prentice Hall, 1982.

[19] Karmarkar N. A new polynomial time algorithm for linear programming. Combinatorica, 1984, 4(4): 373-395.

[20] Khachian L G. A polynomial time algorithm for linear programming. Soviet Math. Dokl., 1979 20(1): 191-194.

[21] Goldschlager L M. A universal interconnection pattern for parallel computers. J. of the ACM, 1982, 29(4): 1073-1086.

[22] Parberry I. Parallel Complexity Theory. Research notes in Theoretical Computer Science. New York: John Wiley & Sons, 1987.

[23] Já Já J. An Introduction to Parallel Algorithms. [S. l.]: Addison-Wesley, 1992.

附录 A 复杂度表示及其符号

A.1 大-O 及其运算

像表达式"$f(n)$ 是 $O(n^2)$",其含义是函数 $f(n)$ 的增长率不大于 n^2 的增长率。它并非是说 $f(n)$ 简单地正比于 n^2,可能低于 n^2(如 $n\log n$ 或 $\sqrt{n}$ 等)。其实,"大-O"是一种量级表示符号,它允许用"="号代表"≈"号。从形式上讲,令 $f(n)$ 和 $g(n)$ 是定义在自然数集合上的两个整数,则

定义 A.1 如果存在两个正的常数 c 和 n_0,对于所有 $n \geq n_0$,有 $f(n) \leq c \cdot g(n)$,则记作 $f(n) = O(g(n))$,也称 $g(n)$ 是 $f(n)$ 的上界。

因此,对于小的 n,$f(n)$ 可以大于 $g(n)$。但当变量抵达 n_0 之后,$f(n)$ 最多正比于 $g(n)$,而比例常数就是由 c 所限定的上界

例如,$4n = O(n^2)$。因为对于所有 $n > 1$,令 $c = 2$,$n_0 = 1$,就可使 $4n \leq 2n^2$ 为真。又如,$2n^2 = O(n^3)$,因为对于所有 $n \geq 2$,令 $c = 1$,$n_0 = 2$,就可使 $2n^2 \leq n^3$ 为真。但 n^3 不是 $O(n^2)$,因为假如对所有 $n \geq n_0$,有 $n^3 \leq cn^2$ 成立。挑选 $n = \max\{n_0, c+1\}$,那么有 $c+1 \leq c$,这显然不对。

在近似计算中,大-O 记号具有简明性;同时又隐藏着通常未曾顾及的详细的信息;而且只要稍加留心,还能以熟悉的方式进行代数上的处理。很多重要的代数规则都可以同大-O 记号一起使用,但也有重大差别。约定:一个等式的右边不能给出比其左边更多的信息,右边乃是其左边的**粗略化**。

对于大-O,可以进行如下的简单运算:

(1) $f(n) = O(f(n))$
(2) $c \cdot O(f(n)) = O(f(n))$,$c$ 是一常数
(3) $O(f(n)) + O(f(n)) = O(f(n))$
(4) $O(O(f(n))) = O(f(n))$
(5) $O(f(n))O(g(n)) = O(f(n)g(n))$
(6) $O(f(n)g(n)) = f(n)O(g(n))$

A.2 大-Ω 和大-Θ

表示式"$f(n)$ 是 $\Omega(g(n))$",其含意是从下面(From Below)限定 $f(n)$ 的增长

速率。特别是当 $g(n) = O(f(n))$ 时,$f(n) = \Omega(g(n))$ 总是真的。从形式上讲,令 $f(n)$ 和 $g(n)$ 是定义在自然数集合上的两个整数,则

定义 A.2 如果存在两个正常数 c 和 n_0,对于所有的 $n \geq n_0$,有 $f(n) \geq c \cdot g(n)$。则记作 $f(n) = \Omega(g(n))$,也称 $g(n)$ 是 $f(n)$ 的**下界**。

例如,$f(n) = 0.001n^2$,$g(n) = n^2$,则 $f(n) = \Omega(n^2)$,因为只要令 $c = 0.001$ 即可。

定义 A.3 如果存在正的常数 c_1,c_2 和 n_0,对于所有 $n \geq n_0$,有 $c_1 \cdot g(n) \leq f(n) \leq c_2 \cdot g(n)$。则记作 $f(n) = \Theta(g(n))$,也称 $g(n)$ 是 $f(n)$ 的**紧致界**(Tight Bound)。

例如,$n/2 = \Theta(n)$。

注意,一个算法的 $f(n) = \Theta(g(n))$,就意味着此算法在最好和最坏情况下的复杂度,在一个常量因子范围内是相同的。

A.3 小-o 和小-ω

相对于大-O 和大-Ω,也可以引入符号小-o 和小-ω。令 $f(n)$ 和 $g(n)$ 是定义在自然数集合上的两个函数,则

定义 A.4 如果存在两个正的常数 c 和 n_0,使得对于所有 $n \geq n_0$,均有 $f(n) < c \cdot g(n)$,则记作 $f(n) = o(g(n))$。

定义 A.5 如果存在两个正的常数 c 和 n_0,使得对于所有 $n \geq n_0$,均有 $f(n) > c \cdot g(n)$,则记作 $f(n) = \omega(g(n))$。

例如,假定 $f(n) = 10n$,$g(n) = n^2/5$,则 $f(n) = o(g(n))$ 和 $g(n) = \omega(f(n))$。

附录 B 算法复杂界一览表

B.1 第一章绪论中的算法

算法号	算法名称	时间复杂度	处理器数目(p)	总运算量	页码
1.1	APRAM 模型上的求和算法	$\Theta\left(\dfrac{n}{p}+p\right)$	$p\leq n$		45
1.2	MIMD 分布存储模型上的矩阵向量乘算法	$\alpha\left(\dfrac{n^2}{p}\right)+p(\sigma+n\tau)^*$	p		46
1.3	PRAM 模型上的 n 个数的求和算法	$O(\log n)$		$O(n)$	50
1.4	PRAM 模型上的求和算法(处理器 P_s)	$O\left(\dfrac{n}{p}+\log n\right)$	$p\leq n$		51

* α 为常数,σ 为传输建立时间,τ 为传输率

B.2 第二章中的设计技术算法

算法号	算法名称	时间复杂度	处理器数目(p)	总运算量	页码
2.1	SIMD-TC 模型上求最大值算法	$O(\log n)$	$n/2$	$O(n)$	63
2.2	SIMD-TC 模型上非递归求前缀和算法	$O(\log n)$		$O(n)$	64
2.3	SIMD-TC 模型上处理器 P_s 求前缀和算法	$O\left(\dfrac{n}{p}+\log n\right)$	$p\leq n$		66
2.4	SIMD-EREW 模型上求元素表序算法	$O(\log n)$	n		68
2.5	SIMD-CREW 模型上求森林根的算法	$O(\log n)$		$O(n\log n)$	69
2.7	SIMD-EREW 模型上的 FFT 算法	$O(\log n)$		$O(n\log n)$	73
2.8	SIMD-CREW 模型上的划分算法	$O(\log n)$		$O(n+m)$ n,m 为序列长度	74
2.9	SIMD-LC 模型上的归并排序算法	$O(n)$	$1+\log n$		76
2.10	SIMD-CRCW 模型上的枚举求最大值算法	$O(1)$		$O(n^2)$	78
2.11	SIMD-EREW 模型上的基本着色算法	$O(1)$		$O(n)$	81
2.12	SIMD-EREW 模型上的有向环 3-着色算法	$O(\log n)$		$O(n)$	83

B.3 第三章中的前缀计算算法

算法号	算法名称	时间复杂度	处理器数目(p)	页码
3.1	SIMD-CC 模型上的前缀计算算法	$O(\log n)$	n	96
3.2	SIMD-MC^2 模型上的前缀计算算法	$O(\sqrt{n})$	n	97
3.3	SIMD-EREW 模型上的前缀计算算法	$O(\log n)$	n	100
3.4	SIMD-EREW 模型上的成本最优前缀计算算法	$O(\log n)$	$n/\log n$	101
3.5	SIMD-EREW 模型上的线性递归方程求解算法	$O(n^\varepsilon \log m)$ $2 < \varepsilon < 2.38$	$m/\log m$ m 为矩阵个数	104
3.6	SIMD-EREW 模型上的更优线性递归方程求解算法	$O(n^\varepsilon \log m)$ $2 < \varepsilon < 2.38$	$m/\log m$ m 为矩阵个数	105
3.7	SIMD-EREW 模型上的基排序算法	$O\left(\left(\dfrac{n}{p} + \log p\right)m\right)$ m 为数组元素的最大位数	p	108
3.8	SIMD-EREW 模型上的快排序算法	$O(\log^2 n)$	$n/\log n$	110
3.9	计算最大和子序列的串行算法	$O(n)$		112
3.10	计算最大和子序列的易于并行化的串行算法	$O(n)$		114
3.11	SIMD-CRCW 模型上的最大和子序列求解算法	$O(\log n)$	$n/\log n$	116

B.4 第四章中的排序和选择网络算法

比较器网络算法名称	比较器数	延迟级数	页码
奇偶归并网络	$C_{OE}^{M}(n) = O(n\log n)$	$D_{OE}^{M}(n) = O(\log n)$	122
双调归并网络	$C_{BIT}^{M}(n) = O(n\log n)$	$D_{BIT}^{M}(n) = O(\log n)$	124
奇偶排序网络	$C_{OE}^{S}(n) = O(n\log^2 n)$	$D_{OE}^{S}(n) = O(\log^2 n)$	126
双调排序网络	$C_{BIT}^{S}(n) = O(n\log^2 n)$	$D_{BIT}^{S}(n) = O(\log^2 n)$	127
分组选择网络	$C_{A}^{P}(m,n) = O(n\log^2 m)$	$D_{A}^{P}(m,n) = O(\log n\log^2 m)$	128
平衡分组选择网络	$C_{C}^{P}(m,n) = O(n\log^2 m)$	$D_{C}^{P}(m,n) = O(\log n\log m)$	132
AKS 排序网络	$C_{AKS}^{S}(n) = O(n\log n)$	$D_{AKS}^{S}(n) = O(\log n)$	138

B.5 第五章中的排序、归并和选择的算法

算法号	算 法 名 称	时间复杂度	处理器数目	存储空间	页码
5.1	SIMD-SE 模型上的双调排序算法	$O(\log^2 n)$	$n/2$		149
5.2	SIMD-CCC 模型上的双调排序算法	$O(\log^2 n)$	n		159
5.3	SIMD-EREW 模型上的 k-选择算法	$O(n^\varepsilon)$	$n^{1-\varepsilon}$ $0<\varepsilon<1$		162
5.4	SIMD-CREW 模型上的 Valiant 归并算法 ($k=\lfloor\sqrt{pq}\rfloor$)	$\log\log p$	$\lfloor\sqrt{pq}\rfloor$ p,q 为序列长度		165
5.5	SIMD-CREW 模型上的 Valiant 归并算法 ($k=\lfloor r\sqrt{pq}\rfloor, r>1$)	$\log\log p$ $-\log\log r$	$\lfloor r\sqrt{pq}\rfloor$ ($r>1$)		166
5.6	SIMD-EREW 模型上的 Hirschberg 并行桶排序算法	$O(\log n)$	n	$O(mn)$ m 为数的范围	168
5.8	SIMD-CREW 模型上的 Preparata 枚举排序算法	$O(\log n)$	$O(n\log n)$		171
5.9	SIMD-CREW 模型上的流水线归并排序算法	$O(\log n)$	$O(n)$		176
5.10	MIMD-CREW 模型上的异步枚举排序算法	$\lceil n/p \rceil O(n)$	$p\leqslant n$		183
5.11	MIMD-TC 模型上的异步快排序算法	$O\left(n+\dfrac{n}{p}\log n\right)$	$p\leqslant n$		186

B.6 第六章中的分布式算法

算法号	算 法 名 称	时间复杂度	消息复杂度	页码
6.1	MIMD-AC 模型上的洪泛算法	$O(D)$ D 为网络直径	$O(e)$ $e=\|E\|$ 为总信道数	196
6.2	MIMD-AC 模型上的敛播算法	$O(h)$ h 为树的高度	$O(n)$ n 为节点数	198
6.3	MIMD-AC 模型上的构造生成树算法	$O(D)$ D 为网络直径	$O(e)$ e 为网络边数	199
6.4	MIMD-AC 模型上的构造深度优先生成树算法	$O(e)$	$O(e)$	202

续表

算法号	算法名称	时间复杂度	消息复杂度	页码
6.5	MIMD-AC 模型上的不指定根构造深度优先生成树算法	$O(t+e)$ t 为启动时间	$O(pn^2)$ p 为启动节点数	204
6.6	MIMD-AC 模型上的最小生成树算法	$O(n\log n)$	$O(e+n\log n)$	209
6.7	MIMD-AC 模型上的 LCR 算法	$O(n)$	$O(n^2)$	211
6.8	MIMD-AC 模型上的环领导选举算法		$O(n\log n)$	213
6.10	MIMD-AC 模型上的随机 k-选择算法	空间复杂度 $O(1)$	平均:$O(p\log n)$ 最坏:$O(pn)$,p 为节点数	215
6.12	MIMD-AC 模型上的确定 k-选择算法	空间复杂度 $O(n^{0.9114})$	$O(pn^{0.9114})$	217
6.13	MIMD-AC 模型上的求中值算法	时空复杂度:$O(n)$	$2\log n$	219
6.14	MIMD-AC 模型上的定序算法	空间复杂度 $O(p)$	$\dfrac{p^2}{2}+O(P)$	221
6.15	MIMD-AC 模型上的静态排序算法		平均:$O(p^2\max\{\log\log k,\log p\})$ 最坏:$O(p^2\log n)$	224

B.7 第七章中的搜索算法

算法号	算法名称	时间复杂度	处理器数目(N)	页码
7.1	单处理机上的顺序搜索算法	$O(n)$		229
7.2	单处理机上有序表的对半搜索算法	$O(\log n)$		229
7.3	SIMD-EREW 模型上的有序表的搜索算法	$O(\log n)$	$1<N\leq n$	230
7.4	SIMD-CREW 模型上的有序表的搜索算法	$O(\log_{N+1}(n+1))$	$1<N\leq n$	232
7.5	SIMD-SM 模型上的随机序列的搜索算法: SIMD-EREW SIMD-ERCW SIMD-CREW SIMD-CRCW	 $O(\log N)+O(n/N)$ $O(\log N)+O(n/N)$ $O(\log N)+O(n/N)$ $O(n/N)$	$1<N\leq n$	235
7.6	串行输入和输出的网孔上的搜索算法	$O(\sqrt{n})$	n	239

B.8 第八章中的选路算法

算法号	算法名称	选路步数	队列长度	页码
8.1	$\sqrt{n}\times\sqrt{n}$ 阵列上的贪心选路算法	$2\sqrt{n}-2$	$\frac{2}{3}\sqrt{n}-3$	253
8.2	$\sqrt{n}\times\sqrt{n}$ 阵列上的随机选路算法	$2\sqrt{n}+o(\sqrt{n})$	$O(\log n)$ 概率为:$1-O\left(\frac{1}{n}\right)$	257
8.3	超立方上自左向右选路算法	$8\log n$ ($<0.74^{\log n}$ 的概率)		260
8.4	$\sqrt{n}\times\sqrt{n}$ 阵列上的确定选路算法	$6\sqrt{n}+o(\sqrt{n})$	1	260
8.5	n 点超立方中的数据分布算法	$O(\log n)$		263
8.6	SIMD-SM 模型上的多到一选路和应答算法	$O(\log n)$		266
8.7	单处理机上 Waksman 路由设置算法	$O(N\log N)$		273
8.8	Benes 网络中级选路算法	$O(N)$, N 为输入/输出对的数目		277

B.9 第九章的串匹配算法

算法号	算法名称	时间复杂度	处理器数目	页码
9.1	改进的 KMP 串匹配算法	$O(m+n)$, m 为模式串长度, n 为正文串长度		285
9.2	计算 next 函数和 newnext 函数的算法	$O(m)$		286
9.4	KMP 串匹配分布式并行算法	$O(n/p+m)$	通信复杂度: $O(u\log p)$, u 为最小周期串的长度	288
9.5	$m\leq n\leq 3m/2$ 时的串匹配算法	平均: $O(\log_\sigma \lceil n-m+2 \rceil)$, σ 为字符集 Σ 的大小		292

续表

算法号	算法名称	时间复杂度	处理器数目	页码
9.6	$m \leq n \leq 3m/2$ 时更优的串匹配算法	平均：$O\left(\log_\sigma\left(\dfrac{d+1}{\ln m}\right)\right)$, $d = n - m$		295
9.7	SIMD-CRCW 模型上的子串描述符算法	$O(\log n)$	总运算量：$W(n) = O(n\log n)$	303
9.8	SIMD-CRCW 模型上的精化 T_{i-1} 到 T_i 算法	$O(1)$	总运算量：$W(n) = O(n)$	305
9.9	SIMD-CRCW 模型上的串匹配算法	$O(\log m)$	总运算量：$W(m) = O(m)$	308
9.10	RMESH 机器上的多模式匹配并行算法	$O(1)$	n^2	313
9.11	SIMD-CREW 模型上的并行计算编辑距离的允许 k-差别的近似串匹配并行算法	$O(n)$	$m+1$	318
9.12	SIMD-CREW 模型上的双并行计算编辑距离的允许 k-差别的近似串匹配并行算法	$O\left(\dfrac{n}{\alpha} + m\right)$	$\alpha(m+1)$, α 为正整数且 $1 < \alpha \leq \left\lceil\dfrac{n}{m+1}\right\rceil$	321
9.13	LARPBS 系统上的允许 k-误配的近似串匹配并行算法	$O(m)$	n	328
9.14	LARPBS 系统上的允许 k-误配的近似串匹配并行算法	$O(1)$	nm	329
9.15	求 LCS 动态规划串行算法	$O(nm)$	空间复杂度：$O(nm)$	333
9.16	BSR 计算模型上的 LCS 并行算法	$O(1)$	nm	337
9.17	半 MESH 心动阵列处理器结构上的 LCS 并行算法	$O(n + 3m + l)$, l 为 LCS 中第 l 个元素	$\dfrac{m(m+1)}{2}$	341
9.18	计算失效函数 $F[i]$ 的顺序算法	$O(m)$		347

B.10　第十章中的表达式求值算法

算法号	算 法 名 称	时间复杂度	处理器数目	页码
10.1	表达式树上计算匹配函数的算法	$O(\log n)$	$O(n)$	354
10.2	SIMD-SM 模型上求 $match(i)$ 的算法	$O(\log n)$	$n/\log n$	355
10.3	SIMD-CREW 模型上算术表达式求值的算法	$O(\log n)$	$n/\log n$	360
10.4	SIMD-CREW 模型上的 HU 转换算法	$O(\log n)$	$n/\log n$	372
10.5	SIMD-CREW 模型上的 DFA 确定化算法	$O(\log n)$	$n/\log n$	375
10.6	SIMD-CRCW 模型上的 DFA 最小化算法	$O(n\log n)$	$O(n/\log n)$	377

B.11　第十一章中的上下文无关语言类算法

算法号	算 法 名 称	时间复杂度	处理器数目	页码
11.1	SIMD-CREW 模型上歧义的上下文无关语言识别算法	$O(\log^2 n)$	$O(n^6)$	389
11.2	SIMD-CREW 模型上一般上下文无关语言的语法分析算法	$O(T(n))$　$T(n)$为识别语言所需的时间	$O(R(n)n^2+n^3)$　$R(n)$为识别语言所需处理器数	393
11.3	SIMD-LC 模型上任意上下文无关语言并行语法分析算法	$O(n^3/p)$	p	399
11.4	SIMD-CREW 模型上括号语言的语法分析算法	$O(\log n)$	$n/\log n$	407

B.12　第十二章中的矩阵运算算法

算法号	算 法 名 称	时间复杂度	处理器数目	页码
12.1	单处理机上的矩阵转置算法	$O(n^2)$		411
12.2	SIMD-MC^2 模型上的矩阵转置算法	$O(n)$	n^2	412
12.3	SIMD-PS 模型上的矩阵转置算法	$O(\log n)$	n^2	414
12.4	SIMD-CC 模型上的矩阵转置算法	$O(1)$	$O(n^2)$	416

算法号	算 法 名 称	时间复杂度	处理器数目	页码
12.5	单处理机上的矩阵相乘算法	$O(n^3)$		418
12.6	SIMD-MC^2 模型上的矩阵乘法算法	$O(n)$	n^2	420
12.7	SIMD-CC 模型上的矩阵乘法算法	$O(\log n)$	n^3	422
12.8	MIMD 紧耦合多处理机上的矩阵乘法算法	$\Theta\left(\dfrac{n^3}{p}+p\right)$ p 为进程数	p	425
12.9	SIMD-BT 模型上的矩阵乘向量算法	$(m-1)+\log n$ m 为矩阵行数	$2n$ n 为矩阵列数	428
12.10	SIMD-MT 模型上的矩阵乘向量算法	$2\log n$	n^2	429
心动阵列上的矩阵运算	二维六角形阵列上的矩阵乘法	$4n$	n^2 - PE	430
	二维六角形阵列上方阵的 LU 分解	$4n$	n^2 - PE	432
	六角形阵列上的方阵求逆	$2n-1$	n^2 - PE	435
	一维阵列上求三角形线性系	$3n-1$	n - PE	437

B.13 第十三章中的数值计算算法

算法号	算 法 名 称	时间复杂度	处理器数目	页码
13.1	SISD 上直接求解三对角方程组算法	$O(n)$		446
13.2	SISD 上三对角方程组奇偶归约求解算法	$O(n)$		448
13.3	SIMD-CREW 模型上的 Gauss-Jordan 算法	$O(n)$	n^2+n	451
13.4	MIMD-CREW 模型上的修改的 Gauss-Seidel 算法		$\leqslant n$	453
13.5	SISD 机器上的 LU 分解算法	$O(n^2)$		455
13.6	SISD 机器上的等分求根算法	$O(\log(b_0-a_0))$ (a_0,b_0) 为区间		458
13.7	SIMD-CREW 模型上的牛顿求根算法	$O(\log_{N+1} w)$ $w=b-a$	N	458
13.8	MIMD-CREW 模型上的牛顿求根算法	$O(\log m)$ m 为精度位数	N	460
13.9	SIMD-MC^2 模型上的 PDE 求解算法	$O(n)$	$O(n^2)$	466
13.10	SIMD-CC 模型上的求特征值算法	$O(n^2\log n)$	n^3	472

B.14 第十四章中的快速傅氏变换算法

算法号	算法名称	时间复杂度	处理器数目	页码
14.1	SISD 机器上的 FFT 迭代算法	$O(n\log n)$		478
14.2	SIMD-MT 模型上的 DFT 算法	$O(\log n)$	n^2	482
14.3	SIMD-MC^2 模型上的 FFT 算法	$O(\sqrt{n})$	n	484
14.4	SIMD-BF 模型上的 FFT 算法	$O(\log n)$	$n\log n$	487
心动阵列算法	一维心动阵列上计算 DFT	$2n-1$	$(n-1)$-PE	495
心动阵列算法	一维心动阵列上计算卷积	$O(n)$	$O(n)$-PE	497
心动阵列算法	一维心动阵列上计算无限冲激滤波	$O(n)$	$O(n)$-PE	499
心动阵列算法	一维心动阵列上计算中值滤波	$O(m)$ m 为输入序列长度	n-PE n 为窗口长度	500
14.6	SISD 机器上的 FFT 递归算法	$O(n\log n)$		502

B.15 第十五章中的图论算法

算法号	算法名称	时间复杂度	处理器数目(p)	页码
图的搜索	p-深度优先搜索	$\dfrac{T_s\lceil \log p\rceil+1}{p}+n(1+\lceil \log p\rceil)$, $T_s=2m+n$, n 为顶点数,m 为边数	p p 为处理器数	505
图的搜索	p-宽深优先搜索	$\dfrac{T_s}{p}+n(3+\lceil \log p\rceil)$	p	506
图的搜索	p-宽度优先搜索	$\dfrac{T_s}{p}+L\cdot\lceil \log p\rceil+2n$ L 是从始点至最远点距离	p	506
15.1	SIMD-CC 模型上的图的连通性算法	$O(\log^2 n)$	n^3	509
15.2	二维心动阵列上的传递闭包算法	$O(n)$	n^2-PE	510

续表

算法号	算法名称	时间复杂度	处理器数目(p)	页码
15.3	SIMD-CC 模型上的图的连通分量算法	$O(\log^2 n)$	n^3	513
15.4	SIMD-CREW 模型上 Hirschberg 连通分量算法	$O(\log^2 n)$	n^2	515
15.5	SIMD-TC 模型上 Lipton-Valdes 连通分量算法	$O(n\log^2 n)$	n	516
15.6	SIMD-MT 模型上的连通分量算法	$O(\log^4 n)$	n^2	518
15.7	SIMD-CC 模型上的所有点对间最短路径算法	$O(\log^2 n)$	n^3	522
15.8	SISD 机器上的单源最短路径算法	$O(n^2)$		524
15.9	MIMD 紧耦合多处理机上的单源最短路径算法			525
15.10	SIMD-EREW 模型上的 MST 算法	$O(n^{1+\varepsilon})$	$n^{1-\varepsilon}$	529
15.11	SISD 机器上的 Sollin MST 算法	$O(n^2 \log n)$		533
15.12	心动树机上的 MST 算法	$O(n\log n)$	$O(n)$	535
15.13	SIMD-CREW 模型上二分图的欧拉着色算法	$O(\log^2 n)$	$O(m)$	538
15.14	SIMD-CREW 模型上双连通外平面图最优顶点着色算法	$O(\log^2 n)$	$O(n^3/\log^2 n)$	540
15.15	SIMD-CREW 模型上 $\Delta > 3$ 的双连通外平面图的最优边着色算法	$O(\log^3 n)$	$O(n^2)$	547
15.16	SIMD-CREW 模型上 Halin 图的最优边着色算法	$O(\log^2 n)$	$O(n)$	549

B.16　第十六章中的计算几何算法

算法号	算法名称	时间复杂度	处理器数目	页码
16.1	Remesh 模型上的平面点集 S 的 k-近邻并行算法	$O(k)$	$N \times N$	562
16.2	SIMD-CREW 模型上的判断线段相交预处理算法	$O(\log n\log\log n)$	空间复杂度：$O(n)$	565

续表

算法号	算 法 名 称	时间复杂度	处理器数目	页码
16.3	SIMD-CREW 模型上的构造平面扫描树 T_2 算法	$O(\log n \log \log n)$	n	566
16.4	SIMD-CREW 模型上的判断平面 S 上是否有任意两条线段相交算法	$O(\log n \log \log n)$	$O(n)$	566
16.5	SIMD-CREW 模型上的加强补充算法	$O(\log n)$		567
16.6	SISD 上的两个多边形相交串行算法	$O(mn)$		568
16.7	MIMD-AC 模型上的多边形相交并行算法	$O(n)$		568
16.8	SIMD-BT 模型上的判断点在多边形中的算法	$O(\log n)$	n	570
16.9	SIMD-MT 模型上的判断点在平面细图中的算法	$O(\log n)$	$O(n^2)$	573
16.10	SISD 机器上的求凸壳算法	$O(n \log n)$		575
16.11	SIMD-MT 模型上的求凸壳算法	$O(\log n)$	n^2	578
16.12	SIMD-EREW 模型上的最佳凸壳算法	$O(n^\varepsilon \log h)$，h 为凸壳上的边数	$n^{1-\varepsilon}, 0 < \varepsilon < 1$	580
16.13	SIMD-EREW 模型上的求上凸壳算法	$O(n^\varepsilon \log h_u)$，$h_u$ 为上凸壳边数	$n^{1-\varepsilon}, 0 < \varepsilon < 1$	581
16.14	SIMD-EREW 模型上的求桥边算法	$O(n^\varepsilon)$	$n^{1-\varepsilon}, 0 < \varepsilon < 1$	583
16.15	SISD 上的构造 Voronoi 图的串行分治算法	$O(n \log n)$		587
16.16	SIMD-CC 模型上的构造 Voronoi 图并行算法	$O(\log^3 n)$	$O(n)$	589
16.17	SIMD-CC 模型上的 Voronoi 交点集合 X 构造算法	$O(\log n)$	$O(n)$	591

续表

算法号	算法名称	时间复杂度	处理器数目	页码
16.18	SIMD-CREW 模型上的构造 Voronoi 图并行算法	$O(\log^2 n)$	$O(n)$	594
16.19	SISD 机器上的直接构造 Delaunay 三角剖分随机增量插入算法	平均：$O(n\log n)$ 最坏：$O(n^2)$		600
16.20	SISD 上的三角剖分 $T(S)$ 中边局部合法化串行算法	平均：$O(\log n)$ 最坏：$O(n)$		602
16.21	SISD 上的三角剖分 $T(S)$ 中点定位串行算法	平均：$O(n\log n)$ 最坏：$O(n)$		602

B.17 第十七章排列和组合算法

算法号	算法名称	时间复杂度	处理器数目(N)	页码
17.1	单处理机上产生排列的顺序算法	$O(m \cdot A_n^m)$		615
17.2	SIMD-EREW 模型上并行产生排列算法	$O(A_n^m \cdot \log m)$		618
17.3	SIMD-EREW 模型上自适应排列产生算法	$O\left(\left\lceil \dfrac{A_n^m}{N} \right\rceil \cdot m\right)$	$1 < N \leq A_n^m / m$	621
17.4	单处理机上产生组合的顺序算法	$O\left(m \cdot \binom{n}{m}\right)$		623
17.5	SIMD-EREW 模型上并行产生组合算法	$O\left(\binom{n}{m} \cdot \log m\right)$	m	625
17.6	SIMD-EREW 模型上自适应组合产生算法	$O\left(\left\lceil \dfrac{\binom{n}{m}}{N} \right\rceil \cdot m\right)$	$1 < N \leq \binom{n}{m}$	628
17.12	SIMD-SM 模型上求解矩阵链乘问题的动态规划算法	$O(n^3)$		650
17.13	MIMD-SM 模型上求解矩阵链乘问题的动态规划算法	$O(n^2)$		652

B.18　第十八章中的随机算法

算法号	算法名称	时间复杂度	总运算量	页码
18.1	RPRAM-EREW 模型上的求有向环部分独立集随机算法	$O(1)$	$O(n)$	669
18.2	RPRAM-CREW 模型上的求平面图的部分独立集随机算法	$O(1)$	$O(n)$	671
18.3	RPRAM-CREW 模型上的构造细图层次算法	$O(\log n)$	$O(n)$	674
18.4	RPRAM-EREW 模型上的 Monte-Carlo 串匹配算法	$O(\log n)$	$O(n)$	680
18.5	RPRAM-EREW 模型上的随机快排序算法	$O(\log^2 n)$	$O(n\log n)$	686
18.6	RPRAM-CREW 模型上的快速随机排序算法	$O(\log n)$	$O(n\log n)$	689
18.7	RPRAM-CREW 模型上的完备匹配随机算法	$O(\log^2 n)$ n 为顶点数	$O(n^{3.5} \cdot m)$ m 为边数	697

B.19 备用表

算 法 名 称	研究者	计算模型	时间复杂度	处理器数目	参考文献

附录 C 专业术语中英文对照表及索引

$\alpha-\beta$ 修剪 Alpha-Beta Pruning 640
$\alpha-\beta$ 搜索算法 Alpha-Beta Search Algorithm 630
(k,ε)-扩展器 (k,ε)-Expander 134
(m,n)-选择 (m,n)-Selection 128
$(\lambda,\sigma,\varepsilon)$-分离器 $(\lambda,\sigma,\varepsilon)$-Separator 137
[0,1]原理 [0,1]Principle 122
0/1 背包问题 0/1 Knapsack Problems 654
2 扇出单调电路值问题(MCVP2) Fan-out 2 Monotone Circuit Value Problem 770
8-谜问题 8-Puzzle Problem 630
AVL 树 AVL Tree 243
Bernoulli 试验 Bernoulli Trial 664
Boole 不等式 Boole's Inequality 663
Brent 定理 Brent's Theorem 50
Bruijn 网络 Bruijn Network 54
B-胞体 B-Cell 597
Cannon 矩阵相乘 Cannon's Matrix Multiplication 419
CCC Cube-Connected-Cycles 715
Chebyshev 不等式 Chebyshev Inequality 664
Chernoff 不等式 Chernoff Inequality 665
Delaunay 三角剖分 Delaunay Triangulation 598
DeMorgan 定律 DeMorgan's Law 751
DFT 的逆 Inverse DFT 478
e-岬 e-Promontory 595
Fibonacci 数 Fibonacci Number 244
FOX 乘法 Fox's Multiplication 442

Gatt 图 Gatt Chart 456
Gauss-Jordan 算法 Gauss-Jordan Algorithm 451
Gauss-Seidel 算法 Gauss-Seidel Algorithm 453
HMM-BT 模型 HMM with Block Transfer Model 34
HMM 模型 Hierarchical Memory Model 34
H-树 H-Tree 711
k 边染色 Edge k-Colouring 134
k-差别的近似串匹配 Approximate String Matching with k-Differences 314
k-近邻 k-Nearest-Neighbor 559
k-误配的近似串匹配 Approximate String Matching with k-Mismatches 324
k 正则图 k-Regular Graph 133
k-着色 k-Coloring 81
LU 分解 LU Factorization 455
Minsky 猜想 Minsky's Conjecture 48
Moore 定律 Moore's Law 2
m-排列 m-Permutation 614
NC-复杂类 NC-Complexity Class 764
NC-归约 NC-Reduction 767
NC 类 Class NC 766
NP 类问题 NP-class Problem 762
NP-难 NP-hard 763
NP-完全(NPC) NP-Complete 763
n-角形 n-Gons 540
n 阶线性递归 nth-Order Linear

Recurrence 103
Poisson 近似式　Poisson Approximation 666
P-管道　P-Conduit 594
p-宽深优先搜索　p-Breadth and Depth First Search 505
P 类问题　P-class Problem 762
RNC 类　Class RNC 766
Stirling 公式　Stirling Formula 665
Toeplitz 矩阵　Toeplitz Matrix 441
Tutte 定理　Tutte Theorem 693
Tutte 矩阵　Tutte Matrix 692
VLSI 计算理论　Computational Theory of VLSI 702
VLSI 计算模型　Computational Model of VLSI 702
Voronoi 胞体　Voronoi Cell 585
Voronoi 顶点　Voronoi Vertex 586
Voronoi 图　Voronoi Diagram 585
WT　Work-Time 50
ε-对分器　ε-Halver 135

A

安全性　Safety 194

B

伴随矩阵　Adjoint Matrix 694
包含　Inclusion 635
包含问题　Inclusion Problem 569
包交换　Packet-Switching 250
悲观方法　Pessimistic Method 606
倍增技术　Doubling Technique 67
比较电路　Comparison Circuit 753
比较和条件交换　Compare and Conditionally Interchange 121
比较器　Comparator 37
比较器网络　Comparator Network 37, 121
边　Edge 586
边翻转　Edge Flip 598
边界值问题　Boundary-Value Problem 464
边缘树　Skirted Tree 549
边着色　Edge-Colouring 538
编辑距离　Edit Distance 315
变换　Transformation 405
标号　Label 401
标量处理　Scalar Processing 4
标识符　Identifier 303
标准差　Standard Deviation 664
标准型　Normal Form 704
标准中值　Standard Median 218
表达式求值　Expression Evaluation 356
表达式树　Expression Tree 352
表序问题　List Ranking Problem 67
并行度　Degree of Parallelism 50
并行复杂度理论　Parallel Complexity Theory 762
并行计算机　Parallel Computer 3
并行计算模型　Parallel Computational Model 25
并行宽松度　Parallel Slackness 30
并行时间　Parallel Time 778
并行算法　Parallel Algorithm 2, 40
并行随机存取机器（PRAM）　Parallel Random Access Machine 25
并行随机快排序算法　Parallel Randomized Quicksort Algorithm 686
并行向量处理机（PVP）　Parallel Vector Processor 6
并置　Juxtaposition 769

并置运算　Concatenation Operation　677
波前阵列　Wave Front Array　38
播送　Broadcast　481
播送算法　Broadcast Algorithm　161
泊松方程　Poisson's Equation　464
博弈树　Game Tree　639
不包含　Exclusion　635
不可约简序列　Irreducible Sequence　353
不允许同时读和同时写(EREW)　Exclusive-Read and Exclusive-Write　26
布尔邻接矩阵　Boolean Neighbour Matrix　508
布尔与　Boolean AND　78
布局　Layout　704
布线　Routing　704
部分独立集　Fractional Independent Set　668
部分语法树　Partial Syntatic Trees　384

C

采样空间　Sample Space　662
侧边　Side　540
层　Level　79
层次并行和存储(HPM)　Hierarchical Parallelism and Memory　36
层数　Layers　702
插入　Insert　237
差分方程　Difference Equation　464
差商　Difference Quotient　464
产生式　Productions　384
场点　site　40
超(级)步　Supersteps　25,29
超大规模集成(VLSI)　Very-Large-Scale-Integration　702
超大型　Very Large-Scale　7
超顶点　Supervertex　515
超立方　Hypercube　15,587
超线性加速　Superlinear Speedup　48
成本函数　Cost Function　25
成本矩阵　Cost Matrix　633
成本最优　Cost Optimality　49
尺寸　Size　751
虫蚀　Wormhole　18
重复因子　Multiplicity　365
初等事件　Elementary Event　662
初始权重　Initial Weight　294
处理器利用率　Processor Utilization　456
穿越序列　Crossing Sequence　709
传递闭包　Transitive Closure　508
传递的　Transitive　74,767
串接　Cascading　78
串匹配　String Matching　282
串匹配算法　String Matching Algorithm　679
串行计算机　Serial Computer　3
串行搜索　Sequential Search　229
词典　Dictionary　228
词典操作　Dictionary Operation　228
词典序　Lexicographic Order　614
次第　Rank　74
存冲突　Memory-store Conflict　167
存储转发　Store-and-Forward　250
挫败对手　Foiling the Adversary　666
错位元素　Strangers　135

D

大规模并行处理机(MPP)　Mas-

sively Parallel Processor 6
大同步并行（BSP） Bulk Synchronous Parallel 29
代表节点 Representative Node 262
代价函数 Cost Function 630
代数表达式 Algebraic Expressions 361
代数表达式树 Algebraic Expression Tree 403
带 Strip 594
带宽 Bandwidth 23
带阵 Banded Matrix 431
单调电路值问题（MCVP） Monotone Circuit Value Problem 770
单调序列 Monotonic Sequence 124
单图 Simple 569
单位方阵 Unit Matrix 435
单位时间 Unit Time 44
单一消息 Single-Message 34
单源最短路径 Single-Source Shortest Path 521
单指令流单数据流（SISD） Single Instruction Stream Single Data Stream 5
单指令流多数据流（SIMD） Single Instruction Stream Multiple Data Stream 6
倒塌 Collapsing 85
等分求根法 Bisection Method for Finding Root 457
等速度 ISO-Speed 49
等效率 ISO-Efficiency 49
低度顶点 Low-Degree Vertices 668
笛卡儿坐标 Cartesian Coordinate 577
底节点 Bottom Node 402

递归 Recursion 70
递归前缀计算网络 Recursive Prefix Computation Circuit 91
递归选择网络 Recursive Selection Network 128
点簇 Cluster of Points 575
点积 Dot-product 420
点在多边形中 Point in Polygon 569
点在平面细图中 Point in Plannar Subvision 572
电路深度 Circuit Depth 778
电路值问题（CVP） Circuit Value Problem 768
电容模型 Capacitance Model 705
调度策略 Scheduling Policy 184
迭代 Iteration 452
蝶形 Butterfly 17
顶点倒塌法 Vertices Collapsed 515
顶点着色 Vertex-Colouring 538
定位 Location 236
定制 Custom-Made 6
动态规划 Dynamic Programming 648
动态互连网络 Dynamic Interconnection Networks 19
动态选路 Dynamic Routing 250
读阶段 Read Phase 743
独立的 Independent 663
度 Degree 364
段 Segment 22
对半搜索 Binary Search 74, 229
对称多处理机（SMP） Symmetric Multiprocessor 6
对换 Transposition 692
对角线 Diagonal 540

对角占优　Diagonal Dominant　449

对偶图　Dual Graph　599

对剖宽度　Bisection Width　735

对数多项式　Polylogarithmic　2,764

多边形相交　Polygon Intersection　568

多处理机　Multiprocessors　4

多到一　Many-to-One　250

多级互连网络　Multistage Interconnection Networks　20

多计算机　Multicomputers　4

多模式匹配　Multiple Pattern Matching　310

多数(表决)函数　Majority Function　761

多维模式匹配　Multi-Dimensional Pattern Matching　310

多线程　Multithreading　33

多项式　Polynomial　682

多项式乘积　Polynomial Multiplication　442

多项式归约　Polynomial Reduction　763

多项式时间算法　Polynomial-time Algorithm　42

多指令流单数据流(MISD)　Multiple Instruction Stream Single Data Stream　6

多指令流多数据流(MIMD)　Multiple Instruction Stream Multiple Data Stream　6

E

二次收敛　Quadratic Convergence　460

二分图　Bipartite Graph　133,691

二维卷积　Two-Dimention Convolution　497

二项变量　Binomial Variable　670

二项分布　Binomial Distribution　664

二项式定理　Binomial Theorem　665

二项式系数定理　Binomial Coefficients Theorem　665

二元的　Binary　89

F

法线　Normal　595

反对称的　Antisymmetric　73

反向遍历　Backward Traversal　64

方差　Variance　664

非法边　Illegal Edge　598

非复原采样　Sampling Without Replacement　685

非降序列　Non-decreasing Order　121

非均衡电路　Nonuniform Circuits　752

非均匀存储访问(NUMA)　Nonuniform Memory Access　9

非奇异方阵　Non-Singular Matrix　435

非确定型图灵机　Non-Deterministic Turing Machine　762

非确定有限自动机　Non-Deterministic Finite Automaton　370

非数值并行算法　Non-numerical Parallel Algorithm　40

非数值计算　Non-Numerical Computation　40

非远程存储访问(NORMA)　No-Remote Memory Access　10

非终结符　Non-terminals　384

非阻塞网络　Nonblocking Network　273

分布　Distribution　250

分布(式)定序　Distributed Ranking　220

分布(式)排序　Distributed Sorting　167,220

分布(式)求中值　Distributed Finding Median　219

分布(式)中值　Distributed Median　218

分布函数　Distribution Function　664

分布计算　Distributed Computing　40

分布式 RAM(h)　Distributed RAM(h)　36

分布式共享存储(DSM)　Distributed Shared Memory　6

分布式确定 k-选择算法　Distributed Deterministic k-selection Algorithm　217

分布式算法　Distributed Algorithm　37,192

分布式随机 k-选择算法　Distributed Random k-selection Algorithm　216

分布式系统　Distributed System　192

分布算法　Distributed Algorithm　40

分块矩阵乘法　Block Matrix Multiplication　426

分类　Classification　559

分离集　Separator　724

分析树　Parse Tree　391

分支限界(B&B)　Branch-and-Bound　630

分支限界算法　Branch-and-Bound-Algorithm　630

分值　Score　640

分治　Divide and Conquer　70

分治法　Divide-and-Conquer　587

分治算法　Divide-and-Conquer Algorithm　630

分组选择网络　Partitioning Selection Network　128

封闭的　Closed　89

负载平衡　Load Balancing　667

复合函数　Composition Function　404

复合线性多项式　Multilinear Polynomial　758

复图　Multigraph　366

复原采样　Sampling With Replacement　685

复杂度　Complexity　42

覆盖　Cover　173

G

概率　Probability　662

概率测度　Probability Measures　662

概率存在性证明　Probabilistic Methods and Existence Proofs　668

概率分布　Probability Distribution　664

概率论　Probability Theory　662

概率算法　Probability Algorithm　662

高　Height　673

高低前缀计算网络　High-Low Prefix Computation Circuit　92

高概率界　High-Likelihood Bound　666

高阶　High Order　586
高速缓存行　Cache Line　22
高速缓存一致性非均匀存储访问
　（CC-NUMA）　Coherent Cache Nonuniform Memory Access　10
割点　Cutpoint　595
葛莱　Gray　18
更新　Update　24
工作量　Workload　50
工作站机群（COW）　Cluster of Workstations　6,7,41
公共　Common　26
公共子序列　Common Subsequence　332
公共总线　Common Bus　20
共享变量　Shared Variable　193
构造问题　Construction Problem　574
估计函数　Approximate Function　631
估计函数　Evaluation Function　639
孤立和破对称技术　Isolation and Symmetry Breaking　668
孤立引理　Isolating Lemma　695
骨架　Shape　402
关节点　Articulation Point　540
广播　Broadcast　195,250
广度优先生成树　Breadth First Spanning Tree　201
归并　Merging　73,121
归纳　Induction　683
归纳假定　Induction Hypothesis　772
归约　Reduction　575,634
归约技术　Reduction　761
归约矩阵　Reduction Matrix　634
轨道　Trajectory　264

轨道　Orbit　693
轨迹　Trail　693
过程　Procedures　644

H

哈密顿回路　Hamiltonian Circuit　540
海岸线　Beachline　594
含糊的　Ambiguous　695
汉明距离　Hamming Distance　324
合成　Composition　387
合法化　Legalizing　599,604
合法三角剖分　Legal Triangulation　598
合法执行　Legal Execution　194
红－黑着色法　Red-Black Coloring　465
洪泛　Flooding　196
后缀计算　Suffix Computation　90
后缀树　Suffix Tree　301
划分步　Partitioning Step　687
划分树　Partition Tree　725
划分网络　Splitting Circuit　135
划分元素　Splitter　686
划分原理　Partitioning Principle　73
黄金分割　Golden Ratio　677
回代　Back Substitution　450
回溯　Backtracking　630
汇　Sink　765
汇集　Converge　197
活节点　Active Node　630
活性　Liveness　194
活跃的　Active　327
或　Or　89
或节点　OR Node　629
或树　OR Tree　630

J

奇偶归并网络　Odd-Even Merging Network　122
奇偶归约　Odd-Even Reduction　447
奇偶函数　Parity Function　759
奇偶排序网络　Odd-Even Sorting Network　126
奇偶前缀计算网络　Odd-Even Prefix Computation Circuit　93
基点　Sites　585
基排序　Radix Sort　90,107
基数　Cardinality　670
基准网络　Baseline Network　270
级　Stages　176
级联　Concatenation　372
级联分治　Cascading Divide-and-Conquer　71
极点　Extreme Point　577
极坐标　Polar Coordinate　575
集合系统　Set System　695
集中　Concentration　250
几何结构　Geometric Structure　585
计数零问题　Zero Computing Problem　747
计算步　Computational Steps　44
计算几何　Computational Geometry　558
计算阶段　Compute Phase　743
计算摩擦　Computational Friction　708
计算图　Computational Graph　704
记分表　Score Table　644
加法电路　Addition Circuit　753
加法器　Adder　91
加权 σ 叉树　Weighed σ-ary Tree　294
加权多级图　Weighted Multistage Graph　653
加速　Speedup　48
加速级联算法　Accelerated Cascading Algorithm　78
假共享　False Sharing　24
简单表达式　Simple Expressions　352
渐近表示　Asymptotic Notation　42
交叉开关　Cross-Bar　20
交换　Exchange　16
角度向量　Angle Vector　598
角度最优三角剖分　Angle Optimal Triangulation　598
阶段　Phase　212
节点　Node　192
节点度　Node Degree　17
结合律　Associative　63,89
金字塔　Pyramid　14
紧耦合多处理机　Tightly Coupled Multiprocessor　424
紧耦合系统　Tightly Coupled System　8
近邻问题　Proximity Problems　559
近似算法　Approximate Algorithm　41
近似子　Approximator　758
进程　Process　183
进程　Processes　644
精度　Precision　453
精确界　Tight Bound　42
静态互连网络　Static Interconnection Networks　11
静态选路　Static Routing　250
矩阵乘法　Matrix Multiplication

418

矩阵的 LU 分解　LU Factorization of Matrix　430

矩阵和向量相乘　Matrix-By-Vector Multiplication　428

矩阵链乘　Matrix-Chain Multiplication　649

矩阵转置　Matrix Transposition　411

拒绝凭证　Negative Certificate　298

聚类　Clustering　559

卷积　Convolution　497

均衡的　Uniform　752

均匀存储层次　Uniform Memory Hierarchy　35

均匀存储访问(UMA)　Uniform Memory Access　8

均匀概率分布　Uniform Probability Distribution　663

均匀树　Uniform Tree　642

均匀洗牌　Perfect Shuffle　16,414

K

开销　Overhead　34

可并行化的　Parallelizable　763

可并行性　Parallelizability　763

可达的　Reachable　194

可交换的　Commutative　89

可扩放(展)性　Scalability　49

可实现的　Realiable　385

可压缩的　Reducible　405

可约简叶　Reducible Leaves　360

可重构流水线总线系统线性阵列(LARPBS)　Linear Arrays with Reconfigurable Pipelined Bus System　325

可重构网孔　Remesh　559

可重构网孔结构　Reconfigurable Mesh Architecture　311

可重排网络　Rearrangeable Network　54,273

空串　Empty String　353

跨步　Hops　32,44,264

块　Block　22

快排序　Quick Sort　90,109,185,685

快速傅里叶变换(FFT)　Fast Fourier Transform　477

快速混合 Markov 链　Rapidly Mixing Markov Chains　668

宽度优先搜索(BFS)　Breadth First Search　505

扩散模型　Diffusion Model　705

扩展节点　Expand Node　630

扩展器　Expander　133

括号文法　Bracket Grammar　401

括号语言　Bracket Language　401

L

乐观方法　Optimistic Method　607

离散　Discrete　662

离散傅里叶变换(DFT)　Discrete Fourier Transform　477

离散计算步　Discrete Computational Step　703

立方环(CCC)　Cube-Connected-Cycles　15

立方连接　Cube-Connected　14

连通分量　Connected Component　513

连通矩阵　Connectivity Matrix　509

连线面积　Wire Area　735

联机　On-Line　250

敛播　Convergecast　195

链表　List　228
良序的　Perfectly Ordered　642
两路　Two-Way　686
邻接表　Neighbour Table　505
邻接矩阵　Neighbour Matrix　505
邻接矩阵　Adjacency Matrix　365
临界的　Critical　744
临界节点　Critical Node　244
临界区　Critical Section　45, 606
领导者　Leader　210
流水线　Pipelining　75
流水线　Pipeline　651
滤波计算　Filter Computation　496
滤波器　Filter　498
路径增广技术　Augmenting-Path Technique　691
路障　Barrier　34
旅行商问题（TSP）　Traveling Salesman Problem　633
轮　Round　194
轮廓线　Contour　593

M

脉动　Systolic　6
枚举排序　Enumeration Sorting　169
面积-时间平方　Area-Time-Squared　707
面-时下界　Lower Bounds on Area and Time　706
描述符　Descriptor　303
模式串　Pattern String　676
模式匹配　Pattern Matching　675
末端权重　Terminal Weight　294

N

内积器　Inner Product　430
内积运算　Inner Product Operation　480
逆矩阵　Inverse Matrix　435
逆洗牌　Unshuffle　16
牛顿求根法　Newton's Method for Finding Root　459

O

欧拉划分　Euler Partition　538
欧拉回路　Euler Circuit　538

P

排列　Permutation　614
排序网络　Sorting Network　125
判定　Decision　613
判定树　Decision Tree　38
判定问题　Decision Problem　766
配置　Configuration　193
膨胀　Dilation　18
批处理方法　Batch Method　605
匹配　Matching　691
匹配函数　Matching Function　353
片　Slice　595
偏微分方程（PDE）　Partial Differential Equation　464
偏序　Partial Order　73
平衡二叉树　Balanced Binary Tree　63
平衡分组选择网络　Balanced-well Selection Network　128
平衡树　Balanced Tree　63
平均延迟　Average Latency　49
平面扫描树　Plane-Sweep Tree　564
平面图　Planar　569
平面图　Planar Graph　670
平面细图　Planar Subdivision　569, 672
平面旋转　Plane Rotation　469

平易算法　Naive Algorithm　358
凭证　Certificate　297
破对称　Symmetry Breaking　81

Q

期望复杂度　Expected Complexity　44
期望运行时间　Expected Running Time　662
前驱　Predecessor　81
前缀和　Prefix Sum　63
前缀计算　Prefix Computation　89
嵌入　Embedding　18
强分离集　Strong Separator　724
桥边　Bridge　580
求和　Summation　481
求和算法　Allsums Algorithm　161
求解线性递归　Solving Linear Recurrences　90
求森林的根　Finding the Roots of A Forest　69
全高速缓存访问(COMA)　Cache-Only Memory Access　9
全括号表达式　Fully Bracketed Expressions　352
全排列　Factorial　614
全序　Totally Ordered　74
权　Weight　365
确定 k-选择算法　Deterministic k-selection Algorithm　214
确定型图灵机　Deterministic Turing Machine　762
确定性算法　Deterministic Algorithm　41, 260
确定有限自动机　Deterministic Finite Automaton　370

R

任务调度　Task Scheduling　456

任意　Arbitrary　26
容量　Capacity　23, 765
容量限制　Capacity Constraint　765

S

三对角方程组　System of Tridiagonal Eguations　445
三角剖分　Triangulation　598
三角形平面细图　Triangulated Planar Subdivision　672
三角形线性系　Triangular Linear System　437
散列　Hashing　676
散列函数　Hash Function　676
森林　Forest　69
删除　Delete　237
栅点(格点)　Grid Point　702
栅格模型　Grid Model　702
栅线(格边)　Grid Line　702
扇出　Fan-Out　702
扇区　Sector　595
扇入　Fan-In　702
商品流　Commodity Flow　765
上界　Upper Bound　42
上三角方程组　Upper Triangular System　445
上三角方阵　Upper Triangular Matrix　435
上凸壳　Upper Convex Hull　579
上下文无关文法　Context-Free Grammar　384
蛇形行主编号　Snake-Like Row-Major Indexing　151
深度　Depth　751
深度优先生成树　Depth First Spanning Tree　201
深度优先搜索(DFS)　Depth First

Search 505
生成森林 Spanning Forest 206
生成树 Spanning Tree 196, 528
失配 False Match 678
失配概率 Probability of False Match 678
时间单位 Unit of Time 703
实例 Instance 762
事件 Event 662
试验 Experiments 662
收敛 Convergence 453
守恒限制 Conservation Constraint 765
输入赋值 Input Assignment 708
树连接 Tree-Connected 12
树网 Mesh of Tree 13, 712
数据分布 Data Distribution 262
数据集中 Data Concentration 262
数据驱动 Data Driven 38
数论 Number Theory 678
数学期望（均值） Expected or Mean Value 664
数值并行算法 Numerical Parallel Algorithm 40
数值计算 Numerical Computation 40
数字搜索树 Digital Search Tree 300
数字信号处理（DSP） Digital Signal Processing 496
双调归并网络 Bitonic Merging Network 124
双调排序网络 Bitonic Sorting Netwotr 127
双调序列 Bitonic Sequence 124
双对数深度树 Doubly Logarithmic-Depth Tree 79
双连通图 Two-Connected Graph 540

顺序计算机 Sequential Computer 4
顺序空间 Sequential Space 778
顺序确定 k-选择算法 Sequential Deterministic k-selection Algorithm 216
顺序随机 k-选择算法 Sequential Random k-selection Algorithm 214
死节点 Inactive Node 630
搜索窗口 Searching Window 641
搜索工作线程 The Searching Thread 605
素数 Prime 677
素子串 Prime Substring 292
算法 Algorithm 2
算术表达式 Arithmetical Expressions 363
随从 Follower 262
随机 k-选择算法 Random k-selection Algorithm 214
随机 PRAM Randomized PRAM 766
随机 PRAM 模型 Randomized PRAM Model 666
随机变量 Random Variable 664
随机采样 Random Sampling 672, 685
随机访问存储（RAM） Random Access Memory 35
随机快排序 Randomized Quicksort 685
随机排序算法 Randomized Sorting Algorithm 685
随机破对称 Randomized Symmetry Breaking 669
随机搜索 Random Search 667

随机搜索算法　Random Searching Algorithm　235
随机算法　Randomized Algorithm　41
随机选路　Random Routing　257
随机重组　Input Randomization　667
锁步　Lockstep　27
所有点对间最短路径　All Vertices shortest Path　521

T

贪心选路算法　Greedy Routing Algorithm　251
滩头　Beachhead　594
特征方程　Characteristic Equation　469
特征向量　Eigenkector　469
特征值　Eigenvalues　469
提问　Inquiry　236
填充　Pebbling　351
填充节点　Pebbling Node　388
条件概率　Conditional Probability　663
通道　Channel　724
通道生成　Channel Creation　728
通信　Communication　46
通信原语　Communication Primitive　46
同步　Synchronization　45
同步　Synchronous　194
同步(路)障　Synchronization Barrier　27
同步并行算法　Synchronous Parallel Algorithm　40
同步算法　Synchronized Algorithm　40
同态　Homomorphism　677

桶　Bucket　685
桶排序　Bucket Sorting　167
投掷硬币　Coin Tossing　662
凸边　Hull Edge　577
凸的　Convex　586
凸点　Hull Point　578
凸多边形　Convex Polygon　574
凸多面体相交　Pdyhedra Intersection　569
凸壳　Convex Hull　574,586
凸壳边界　Boundary of the Convex Hull　586
凸面假定　Convexity Assumption　702
脱机　Off-Line　250

W

外面　Exterior Face　540
外平面图　Outerplanar Graph　540
完备匹配　Perfect Matching　134,691
完全二叉树　Complete Binary Tree　710
网格　Mesh　464
网孔连接　Mesh-Connected　11
网络计算　Network Computing　41
网络直径　Network Diameter　18
维护　Maintenance　237
位反　Bit Reverse　487
位序　Rank　67,74,237
无界扇入电路　Unbounded Fan-In Circuits　751
无限冲激响应(IIR)　Infinite Impulse Response　499
无效　Invalidate　24
无效性　Invalidation　10
无序表　Unordered List　229
五点格式　Fire-Point Stencil　464

误差 Error 453

X

洗牌交换 Shuffle-Exchange 16
洗牌行主编号 Shuffle Row-Major Indexing 151
细分 Subdivision 604
细图层次 Subdivision Hierarchy 673
下界 Lower Bound 42
下三角带阵 Lower Triangular Band Matrix 437
下三角方阵 Lower Triangular Matrix 435
下凸壳 Lower Convex Hull 579
先进先出（FIFO） First-In First-Out 37
先行 Look-Ahead 4
线路相交 Intersection of Line Segments 564
线路交换 Circuit-Switching 250
线性不等式 Linear Inequality 770
线性方程组 System of Linear Equations 449
线性规划 Linear Programming 765
线性加速 Linear Speedup 48
线性序 Linearly Ordered 74
线性阵列 Linear Array 11
相 Phase 25
相互作用 Interact 595
相交问题 Intersection Problem 564
向量流水线 Vector-Pipelining 4
项链 Necklace 713
项目 Item 397
消除随机性 Derandomization 668
消息传递 Message Passing 45
消息生成函数 Message Generation Function 193
小球装箱 Balls and Bins 662
效率 Efficiency 49
写阶段 Write Phase 743
心动 Systolic 651
心动阵列 Systolic Array 38
信包 Packet 250
信包选路问题 Packet Routing Problem 250
信号灯 Semaphores 644
信息量 Information Content 709
行列式 Determinant 677,692
行主编号 Row-Major Indexing 151
性能测度 Performance Measures 662
修改树 Modified Tree 360
修剪 Pruning 630
虚树 Empty Tree 243
选路步 Routing Steps 44
选路模式 Routing Model 250
选路算法 Routing Algorithm 250
选择归约广播（BSR） Broadcasting with Selective Reduction 334
选择子图 Selected Subgraph 728
循环 Cycle 693

Y

压缩 Compression 85
亚线性函数 Sublinear Function 49
延迟 Latency 23
验证 Verification 683
页 Page 22
一般化的二元有向无环图 Gener-

alized Binary Dag　366
一到多　One-to-Many　250
一到一　One-to-One　250
一维卷积　One-Dimention Convolution　497
一致性　Coherence　24
依赖函数　Dependency Function　403
异步　Asynchronous　194
异步 PRAM　Asynchronization PRAM　27
异步并行算法　Asynchronized Parallel Algorithm　40
异步算法　Asynchronized Algorithm　40
异步算法　Asynchronous Algorithm　184
异或　Exclusive-Or　89
应着　Replied　639
优度　Goodness　640
优化　Optimization　613
优先　Priority　26
优先信包　Priority Packet　253
有歧义　Unambiguous　389
有限冲激响应（FIR）　Finite Impulse Response　499
有限深度电路　Bounded-Depth Circuits　751
有向环　Directed Cycle　81,669
有向无环图　Directed Acyclic Graph　39,363,673,751
有效并行算法　Efficient Parallel Algorithm　41
有序表　Ordered List　229
有序深度优先搜索　Ordered Depth-First Search　764
右子树　Right Subtree　643
右子孙　Right Offspring　643

愚集　Fooling Set　708
愚弄　Fooling　707
与　And　89
与或树　AND/OR Tree　630
与节点　AND Node　629
与树　AND Tree　629
语法树　Syntatic Trees　384
语言　Language　762
语言 L　Language L　766
语义　Semantics　644
预调度　Prescheduling　525
阈函数　Threshold Function　761
元计算　Metacomputing　41
源　Source　765
源端　Source　271
约简树　Reducible Tree　360
约简形式　Reduced Form　353
允许同时读但不允许同时写（CREW）　Concurrent-Read and Exclusive-Write　26
允许同时读和同时写（CRCW）　Concurrent-Read and Concurrent-Write　26
运行时间　Running Time　47

Z

增广路径　Augmenting Path　773
栈　Stack　505
折叠　Folding　239
整数排序　Integer Sorting　690
整体大同步　Bulk Synchronization　33
正文串　Text String　676
正向遍历　Forward Traversal　64
正则表达式　Regular Expressions　370
正则集　Regular Sets　370
执行　Execution　194

执行时间　Execution Time　44
直线程序　Straight Line Program　363
指派　Assignment　183
指数时间算法　Exponential-time Algorithm　42
指纹　Fingerprint　289, 676
指纹函数　Fingerprint Function　677
指纹技术　Fingerprinting　667
指针跳跃　Pointer Jumping　67
置换　Permutation　54, 250, 268, 693
置换网络　Permutation Network　656
中点三角形　Median Triangle　595
中值滤波　Median Filter　499
终端标记　Destination Tag　271
终结符　Terminal Symbols　384
终局　End-Game Configuration　639
周期　Period　287
主节点　Primary Node　647
主位　Pivot　147
主续　Principal Continuation　642
主元　Pivot　450
主元消去法　Elimination Method With Maximal Pivoting　450
转置　Transpose　268
状态集　State Set　193
状态空间树　State Space Tree　629
状态转移函数　State Transition Function　193
子集同步　Subset Synchronization　33
子问题重叠　Overlapping Subproblems　649
字符串　Strings　282
字符串近似匹配　Approximate String Matching　282
字符串精确匹配　Exact String Matching　282
自反的　Reffexive　73
自模拟　Self Simulation　103
自选路算法　Self-Routing Algorithm　271
自左向右　Left-to-Right　259
走着　Move　639
阻塞网络　Blocking Network　270
组合　Combination　623
组合目标　Combinational Objects　613
组合搜索　Combinatorial Searching　613
组合网络　Combinational Circuit　91
组合最优原理　Combinatorially Optintal Principle　522
最长公共子序列(LCS)　Longest Common Subsequence　332
最长公共子序列问题　Longest Common Subsequence Problem　331
最大和子序列　Maximum Sum Subsequence　90, 112
最大流　Maximum Flow　765
最大匹配　Maximum Matching　691, 697
最短路径　Shortest Path　521
最坏情况下复杂度　Worst-Case Complexity　44
最佳性　Optimality　763
最小 $\alpha\text{-}\beta$ 树　Minimal Alpha-Beta Tree　642

最小代价生成树(MCST) Minimum Cost Spanning Tree 196,528

最小代价搜索 Least Cost Search 631

最小树 Minimal Tree 642

最小有限自动机 Minimum Finite Automaton 371

最小栅距 Minimum Pitch 702

最小最大原理 Minimax Principle 639

最新近优先 Least-Recently Priority 258

最优化原理 Optimization Principle 648

最优子结构 Optimal Substructure 649

最左俘获 Left Prisoner 740

左子树 Left Subtree 643

左子孙 Left Offspring 643

郑 重 声 明

高等教育出版社依法对本书享有专有出版权。任何未经许可的复制、销售行为均违反《中华人民共和国著作权法》，其行为人将承担相应的民事责任和行政责任，构成犯罪的，将被依法追究刑事责任。为了维护市场秩序，保护读者的合法权益，避免读者误用盗版书造成不良后果，我社将配合行政执法部门和司法机关对违法犯罪的单位和个人给予严厉打击。社会各界人士如发现上述侵权行为，希望及时举报，本社将奖励举报有功人员。

反盗版举报电话：(010) 58581897/58581896/58581879
反盗版举报传真：(010) 82086060
E - mail：dd@hep.com.cn
通信地址：北京市西城区德外大街 4 号
　　　　　　高等教育出版社打击盗版办公室
邮　　编：100120

购书请拨打电话：(010)58581118